普通高等教育“十一五”国家级规划教材

# 金属学与热处理

## 第3版

哈尔滨工业大学　崔忠圻　覃耀春　编　著

机 械 工 业 出 版 社

本书内容包括金属学、热处理原理和工艺以及金属材料三部分，比较全面系统地介绍了金属与合金的晶体结构、金属与合金的相图和结晶、塑性变形与再结晶、固态金属中的扩散和相变的基本理论、强化材料的基本工艺方法以及常用的金属材料。对于不同种类金属材料的合金化问题也分别进行了介绍，并指出了提高材料强韧性的途径。各章均附有一定量的习题和作业，并提供了进一步阅读的参考文献。

本书是热加工专业的技术基础课教材，主要对象是高等学校的材料成形及控制工程、焊接技术与工程、材料加工工程等专业的学生，也可供非材料专业（如机械制造、化工）的学生以及工程技术人员参考。

**图书在版编目（CIP）数据**

金属学与热处理/崔忠圻，覃耀春编著. —3版. —北京：机械工业出版社，2020.3（2025.2重印）

普通高等教育“十一五”国家级规划教材

ISBN 978-7-111-64362-3

Ⅰ.①金…　Ⅱ.①崔…②覃…　Ⅲ.①金属学－高等学校－教材②热处理－高等学校－教材　Ⅳ.①TG1

中国版本图书馆CIP数据核字（2019）第290425号

机械工业出版社（北京市百万庄大街22号　邮政编码100037）
策划编辑：冯春生　责任编辑：冯春生
责任校对：樊钟英　封面设计：张　静
责任印制：刘　媛
涿州市般润文化传播有限公司印刷
2025年2月第3版第13次印刷
184mm×260mm · 27.25印张 · 679千字
标准书号：ISBN 978-7-111-64362-3
定价：69.00元

电话服务　　网络服务
客服电话：010-88361066　　机　工　官　网：www.cmpbook.com
010-88379833　　机　工　官　博：weibo.com/cmp1952
010-68326294　　金　书　网：www.golden-book.com
封底无防伪标均为盗版
机工教育服务网：www.cmpedu.com

# 前　言

金属材料的制备与加工既是传统制造业转型升级的产业基础，又是信息、生物、航天、能源等高新技术产业的基础。我国必须依靠自主研发和制造关键金属材料及零部件，掌握制备加工工艺的核心技术，才能成为金属材料制造领域的科技强国。我国能够大批量、高效率地生产出性能卓越、稳定、可靠的汽车发动机螺栓、高铁制动片、飞机发动机涡轮叶片和起落架、航母舰载机的阻拦索等零部件，那是多么巨大的成就！

《金属学与热处理》（第2版）内容包括金属学、热处理原理和工艺以及金属材料三部分，研究金属材料的化学成分、微观结构、制备加工工艺与性能之间的关系及其变化规律，分析材料制备加工工艺中成分、温度和载荷的变化对材料微观结构的影响规律，介绍在材料制备加工过程中控制材料的化学成分和微观结构，充分挖掘材料性能潜力的理论与方法。自2007年出版以来，由于内容丰富全面，叙述简洁流畅，便于教和学，一直深受读者的欢迎。

本次修订按现行国家标准修改了力学性能指标名称及符号，更新了“金属材料”部分的表格和数据，重新编写了“碳素结构钢和低合金高强度结构钢”“弹簧钢”“高碳铬轴承钢”“球墨铸铁的等温淬火”“蠕墨铸铁”，补充了“铝锂合金”，其他部分则在原书基础上做了局部更正。

本书是热加工专业的技术基础课教材，主要读者对象是高等学校的材料成形及控制工程、焊接技术与工程、材料加工工程等专业的学生，也可作为非材料专业（如机械制造、化工）工程技术人员的参考书。

由于编者水平有限，书中难免有错误和不妥之处，恳请读者批评指正。

编　者

# 目 录


前言

**第一章 金属的晶体结构** …… 1

第一节 金属 …… 1

一、金属原子的结构特点 …… 1

二、金属键 …… 2

三、结合力与结合能 …… 3

第二节 金属的晶体结构 …… 4

一、晶体的特性 …… 4

二、晶体结构与空间点阵 …… 5

三、三种典型的金属晶体结构 …… 6

四、晶向指数和晶面指数 …… 13

五、晶体的各向异性 …… 18

六、多晶型性 …… 19

第三节 实际金属的晶体结构 …… 19

一、点缺陷 …… 20

二、线缺陷 …… 21

三、面缺陷 …… 27

习题 …… 31

**第二章 纯金属的结晶** …… 33

第一节 金属结晶的现象 …… 33

一、结晶过程的宏观现象 …… 33

二、金属结晶的微观过程 …… 34

第二节 金属结晶的热力学条件 …… 36

第三节 金属结晶的结构条件 …… 37

第四节 晶核的形成 …… 38

一、均匀形核 …… 39

二、非均匀形核 …… 42

第五节 晶核长大 …… 46

一、固液界面的微观结构 …… 46

二、晶体长大机制 …… 48

三、固液界面前沿液体中的温度梯度 …… 49

四、晶体生长的界面形状——晶体形态 …… 50

五、长大速度 …… 53

六、晶粒大小的控制 …… 53

第六节 金属铸锭的宏观组织与缺陷 …… 55

一、铸锭三晶区的形成 …… 56

二、铸锭组织的控制 …… 57

三、铸锭缺陷 …… 58

习题 …… 60

**第三章 二元合金的相结构与结晶** …… 61

第一节 合金中的相 …… 61

第二节 合金的相结构 …… 62

一、固溶体 …… 62

二、金属化合物 …… 68

第三节 二元合金相图的建立 …… 70

一、二元相图的表示方法 …… 71

二、二元合金相图的测定方法 …… 71

三、相律及杠杆定律 …… 72

第四节 匀晶相图及固溶体的结晶 …… 74

一、相图分析 …… 74

二、固溶体合金的平衡结晶过程 …… 74

三、固溶体的不平衡结晶 …… 77

四、区域偏析和区域提纯 …… 79

五、成分过冷及其对晶体成长形状和铸锭组织的影响 …… 82

第五节 共晶相图及其合金的结晶 …… 85

一、相图分析 …… 86

二、典型合金的平衡结晶及其组织 …… 86

三、不平衡结晶及其组织 …… 92

四、比重偏析和区域偏析 …… 94

第六节 包晶相图及其合金的结晶 …… 95

一、相图分析 …… 95

二、典型合金的平衡结晶过程及其组织 …… 96

三、不平衡结晶及其组织 …… 98

四、包晶转变的实际应用 …… 98

第七节 其他类型的二元合金相图 …… 99

一、组元间形成化合物的相图 …… 99

二、偏晶、熔晶和合晶相图 …… 101

三、具有固态转变的二元合金相图 …… 102

第八节　二元相图的分析和使用 …… 104

一、相图分析步骤 …… 104

二、应用相图时要注意的问题 …… 106

三、根据相图判断合金的性能 …… 106

习题 …… 108

**第四章　铁碳合金 …… 111**

第一节　铁碳合金的组元及基本相 …… 111

一、纯铁 …… 111

二、渗碳体 …… 113

第二节　$Fe-Fe_3C$ 相图分析 …… 113

一、相图中的点、线、区及其意义 …… 113

二、包晶转变（水平线 *HJB*） …… 114

三、共晶转变（水平线 *ECF*） …… 115

四、共析转变（水平线 *PSK*） …… 115

五、三条重要的特性曲线 …… 115

第三节　铁碳合金的平衡结晶过程及其组织 …… 116

一、$w_C=0.01\%$ 的工业纯铁 …… 117

二、共析钢 …… 118

三、亚共析钢 …… 118

四、过共析钢 …… 120

五、共晶白口铸铁 …… 120

六、亚共晶白口铸铁 …… 121

七、过共晶白口铸铁 …… 122

第四节　含碳量对铁碳合金平衡组织和性能的影响 …… 123

一、对平衡组织的影响 …… 123

二、对力学性能的影响 …… 124

三、对工艺性能的影响 …… 125

第五节　钢中的杂质元素及钢锭组织 …… 127

一、钢中的杂质元素及其影响 …… 127

二、钢锭的宏观组织及其缺陷 …… 130

习题 …… 134

**第五章　三元合金相图 …… 135**

第一节　三元合金相图的表示方法 …… 135

一、成分三角形 …… 135

二、在成分三角形中具有特定意义的直线 …… 136

第二节　三元系平衡相的定量法则 …… 137

一、直线法则和杠杆定律 …… 137

二、重心法则 …… 138

第三节　三元匀晶相图 …… 139

一、相图分析 …… 139

二、三元固溶体合金的结晶过程 …… 140

三、等温截面（水平截面） …… 141

四、变温截面（垂直截面） …… 142

五、投影图 …… 143

第四节　三元共晶相图 …… 144

一、组元在固态完全不溶的共晶相图 …… 144

二、组元在固态有限溶解，具有共晶转变的相图 …… 150

第五节　三元相图总结 …… 156

一、三元系的两相平衡 …… 156

二、三元系的三相平衡 …… 156

三、三元系的四相平衡 …… 157

四、相区接触法则 …… 160

第六节　三元合金相图应用举例 …… 160

一、Fe-C-Si 三元系变温截面 …… 160

二、Fe-C-Cr 三元系等温截面 …… 161

三、Al-Cu-Mg 三元系液相面投影图 …… 162

习题 …… 163

**第六章　金属及合金的塑性变形与断裂 …… 166**

第一节　金属的变形特性 …… 166

一、工程应力-应变曲线 …… 166

二、真应力-真应变曲线 …… 168

三、金属的弹性变形 …… 168

第二节　单晶体的塑性变形 …… 169

一、滑移 …… 169

二、孪生 …… 177

第三节　多晶体的塑性变形 …… 179

一、多晶体的塑性变形过程 …… 179

二、晶粒大小对塑性变形的影响 …… 180

第四节　合金的塑性变形 …… 181

一、单相固溶体合金的塑性变形 …… 182

二、多相合金的塑性变形 …… 182

第五节　塑性变形对金属组织和性能的影响 …… 185

一、塑性变形对组织结构的影响 …… 185

二、塑性变形对金属性能的影响 …… 188

三、残余应力 …… 190

第六节　金属的断裂 …… 190

一、塑性断裂 …… 191

二、脆性断裂 …… 192

三、影响材料断裂的基本因素 …… 194

四、断裂韧度及其应用 …… 196

习题 …… 198

第七章　金属及合金的回复与再结晶 …… 200

第一节　形变金属与合金在退火过程中的变化 …… 200

一、显微组织的变化 …… 200

二、储存能及内应力的变化 …… 201

三、力学性能的变化 …… 201

四、其他性能的变化 …… 202

五、亚晶粒尺寸 …… 202

第二节　回复 …… 202

一、退火温度和时间对回复过程的影响 …… 202

二、回复机制 …… 203

三、亚结构的变化 …… 204

四、回复退火的应用 …… 205

第三节　再结晶 …… 205

一、再结晶晶核的形成与长大 …… 205

二、再结晶温度及其影响因素 …… 207

三、再结晶晶粒大小的控制 …… 207

第四节　晶粒长大 …… 210

一、晶粒的正常长大 …… 210

二、晶粒的反常长大 …… 212

三、再结晶退火后的组织 …… 213

第五节　金属的热加工 …… 215

一、金属的热加工与冷加工 …… 215

二、动态回复与动态再结晶 …… 216

三、热加工后的组织与性能 …… 217

习题 …… 219

第八章　扩散 …… 220

第一节　概述 …… 220

一、扩散现象和本质 …… 220

二、扩散机制 …… 222

三、固态金属扩散的条件 …… 223

四、固态扩散的分类 …… 224

第二节　扩散定律 …… 226

一、菲克第一定律 …… 226

二、菲克第二定律 …… 226

三、扩散应用举例 …… 227

第三节　影响扩散的因素 …… 231

一、温度 …… 231

二、键能和晶体结构 …… 232

三、固溶体类型 …… 232

四、晶体缺陷 …… 233

五、化学成分 …… 233

习题 …… 234

第九章　钢的热处理原理 …… 236

第一节　概述 …… 236

一、热处理的作用 …… 236

二、热处理与相图 …… 237

三、固态相变的特点 …… 238

四、固态相变的类型 …… 240

第二节　钢在加热时的转变 …… 240

一、共析钢奥氏体的形成过程 …… 240

二、影响奥氏体形成速度的因素 …… 242

三、奥氏体晶粒大小及其影响因素 …… 244

第三节　钢在冷却时的转变 …… 246

一、概述 …… 246

二、共析钢过冷奥氏体的等温转变图 …… 246

三、影响过冷奥氏体等温转变的因素 …… 248

四、珠光体转变 …… 250

五、马氏体转变 …… 255

六、贝氏体转变 …… 265

七、过冷奥氏体连续冷却转变图及其应用 …… 271

第四节　钢在回火时的转变 …… 274

一、淬火钢的回火转变及其组织 …… 275

二、淬火钢在回火时性能的变化 …… 279

三、回火脆性 …… 280

四、淬火后的回火产物与奥氏体直接分解产物的性能比较 …… 282

习题 …… 283

第十章　钢的热处理工艺 …… 285

第一节　钢的退火与正火 …… 285

一、退火目的及工艺 …… 285

二、正火目的及工艺 …… 288

三、退火和正火的选用 …… 289

第二节　钢的淬火与回火 …… 290

一、钢的淬火 …… 290

二、钢的回火 …… 300

三、淬火加热缺陷及其防止 …… 301

第三节　其他类型热处理 …… 302

一、钢的形变热处理 …… 302

二、钢的表面淬火 …… 304

三、钢的化学热处理 …… 306

习题 …… 311
第十一章 工业用钢 …… 312
第一节 钢的分类和编号 …… 312
一、钢的分类 …… 312
二、钢的编号 …… 313
第二节 合金元素在钢中的作用 …… 315
一、合金元素在钢中的分布 …… 315
二、合金元素与铁和碳的相互作用 …… 315
三、合金元素对相变的影响 …… 317
第三节 工程结构用钢 …… 321
一、概述 …… 321
二、工程结构用钢的力学性能特点 …… 321
三、合金元素对工程结构用钢性能的影响 …… 323
四、常用的工程结构用钢 …… 325
五、铸钢 …… 326
第四节 机器零件用钢 …… 328
一、概述 …… 328
二、机器零件用钢的合金化特点 …… 329
三、渗碳钢 …… 332
四、调质钢 …… 335
五、弹簧钢 …… 339
六、滚动轴承钢 …… 342
第五节 工具钢 …… 344
一、概述 …… 344
二、刃具钢 …… 345
三、模具钢 …… 354
四、量具钢 …… 359
第六节 特殊性能钢 …… 361
一、不锈钢 …… 361
二、耐热钢 …… 366
三、耐磨钢 …… 371
习题 …… 372
第十二章 铸铁 …… 374
第一节 概述 …… 374
一、铸铁组织的形成 …… 374
二、石墨与基体对铸铁性能的影响 …… 378
第二节 常用铸铁 …… 381
一、灰铸铁 …… 381
二、可锻铸铁 …… 382
三、球墨铸铁 …… 385
四、蠕墨铸铁 …… 390
第三节 特殊性能铸铁 …… 391
一、耐磨铸铁 …… 391
二、耐热铸铁 …… 393
三、耐蚀铸铁 …… 394
习题 …… 394
第十三章 有色金属及合金 …… 396
第一节 铝及铝合金 …… 396
一、铝及铝合金的性能特点及分类编号 …… 396
二、铝合金的强化 …… 397
三、变形铝合金 …… 401
四、铸造铝合金 …… 406
第二节 钛及钛合金 …… 410
一、纯钛 …… 410
二、钛的合金化 …… 411
三、工业用钛合金 …… 412
四、钛合金的热处理 …… 414
第三节 铜及铜合金 …… 416
一、纯铜 …… 416
二、黄铜 …… 416
三、青铜 …… 418
第四节 轴承合金 …… 421
一、轴承合金的性能要求 …… 421
二、锡基轴承合金 …… 421
三、铅基轴承合金 …… 422
四、铝基轴承合金 …… 422
习题 …… 423
参考文献 …… 425

Chapter 1

# 第一章 金属的晶体结构

金属材料的化学成分不同，其性能也不同。但是对于同一种成分的金属材料，通过不同的加工处理工艺，改变材料内部的组织结构，也可以使其性能发生极大的变化。由此可以看出，除化学成分外，金属的内部结构和组织状态也是决定金属材料性能的重要因素。这就促使人们致力于金属及合金内部结构的研究，以寻求改善和发展金属材料的途径。

金属和合金在固态下通常都是晶体。要了解金属及合金的内部结构，首先必须了解晶体的结构，其中包括：晶体中原子是如何相互作用并结合起来的；原子的排列方式和分布规律；各种晶体的特点及差异等。

## 第一节 金　属

在着手研究金属时，首先应回答：什么是金属？传统的回答是：金属是具有良好的导电性、导热性、延展性（塑性）和金属光泽的物质。在化学元素周期表中，已发现的化学元素有109种，其中有87种是金属元素。在这些金属元素中，有些元素，例如锑，并不具有良好的延展性，铈、镨的导电性还不如某些非金属元素（例如石墨）好。显然这一定义没有揭示出金属与非金属之间的本质差别。比较严格的定义是：金属是具有正的电阻温度系数的物质，其电阻随温度的升高而增加；而非金属的电阻温度系数为负值。为了搞清楚金属与非金属这一区别的本质，应当从金属的原子结构及原子间的结合方式入手进行研究。

### 一、金属原子的结构特点

原子结构理论指出，孤立的自由原子由带正电的原子核和带负电的核外电子所组成。原子的直径很小，为$10^{-10}$m数量级，原子核的直径更小，为$10^{-15}$m数量级。原子核中又包括质子和中子，质子与中子的质量相等。质子具有正电荷，每个质子所带电荷与一个电子所带电荷相等，但符号相反。每个原子中的质子数与核外电子数相等。核外电子按能级不同由低至高分层排列着。内层电子的能量低，最为稳定。最外层电子的能量高，与核结合得弱，这样的电子通常称为价电子。原子中的所有电子都按照量子力学规律运动着。

金属原子的结构特点是，其最外层的电子数很少，一般为1～2个，最多不超过3个。由于这些外层电子与原子核的结合力弱，所以很容易脱离原子核的束缚而变成自由电子，此时的原子即变为正离子。因此，常将金属元素称为正电性元素。非金属元素的原子结构与此相反，其外层电子数较多，最多7个，最少4个，它易于获得电子，此时的原子即变为负离子。因此，非金属元素又称为负电性元素。过渡族金属元素，如钛、钒、铬、锰、铁、钴、镍等，它们的原子结构，除具有上述金属原子的特点外，还有一个特点，即在次外层尚未填满电子的情况下，最外层就先填充了电子。因此，过渡族金属的原子，不仅容易丢失最外层电子，而且还容易丢失次外层1~2个电子，这样就出现过渡族金属化合价可变的现象。当过渡族金属的原子彼此结合时，不仅最外层电子参与结合，而且次外层电子也参与结合。因此，过渡族金属的原子间结合力特别强，宏观表现为熔点高、强度高。由此可见，原子外层参与结合的电子数目，不仅决定着原子间结合键的本质，而且对其化学性能和强度等特性也具有重要影响。

## 二、金属键

由于金属与非金属的原子结构不同，因而使原子间的相互结合产生了很大差别。现以食盐（氯化钠）、金刚石（碳）和铜为例进行分析。当正电性元素钠和负电性元素氯相接触时，由于电子一失一得，使它们各自变成正离子和负离子，两者靠静电作用结合起来，氯化钠的这种结合方式称为离子键。碳的价电子数是4个，得失电子的机会近似，既可形成正离子，也可形成负离子。事实上，虽然它偶尔也能与别的元素形成离子键，但它本身原子之间多以共价键方式结合。所谓共价键，即相邻原子共用它们外部的价电子，形成稳定的电子满壳层。金刚石中的碳原子之间即完全以共价键结合。铜原子之间的结合，既不同于离子键，也不同于共价键。近代物理学的观点认为，处于集聚状态的金属原子，全部或大部分将它们的价电子贡献出来，为其整个原子集体所公有，称为电子云或电子气。这些价电子或自由电子，已不再只围绕自己的原子核转动，而是与所有的价电子一起在所有原子核周围按量子力学规律运动着。贡献出价电子的原子，则变为正离子，沉浸在电子云中，它们依靠运动于其间的公有化的自由电子的静电作用而结合起来，这种结合方式称为金属键，它没有饱和性和方向性。图1-1示意地绘出了金属键模型。这种模型认为，在固态金属中，并非所有原子都变为正离子，而是绝大部分处于正离子状态，但仍有少部分原子处于中性原子状态。

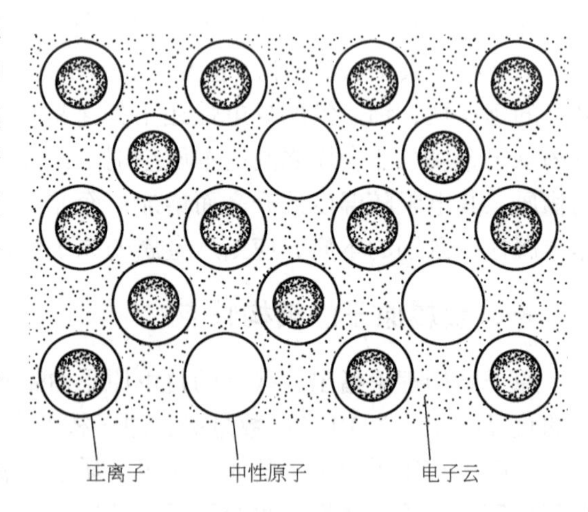


图1-1　金属键模型

金属及合金主要以金属键的方式结合，但也会出现金属键与共价键或离子键混合的情况。

根据金属键的本质，可以解释固态金属的一些特性。例如，在外加电场作用下，金属中的自由电子能够沿着电场方向做定向运动，形成电流，从而显示出良好的导电性。自由电子的运动和正离子的振动使金属具有良好的导热性。随着温度升高，正离子或原子本身振动的振幅加大，可阻碍电子通过，使电阻增大，因而金属具有正的电阻温度系数。由于自由电子很容易吸收可见光的能量，而被激发到较高的能级，当它跳回到原来的能级时，就把吸收的可见光能量重新辐射出来，从而使金属不透明，具有金属光泽。由于金属键没有饱和性和方向性，所以当金属的两部分发生相对位移时，金属的正离子始终被包围在电子云中，从而保持着金属键结合。这样，金属就能经受变形而不断裂，使其具有延展性。

## 三、结合力与结合能

在固态金属中，众多的原子依靠金属键牢固地结合在一起。但是，原子的聚集状态如何，即金属中原子的排列方式如何尚未述及。下面进一步从原子间的结合力与结合能来说明，沉浸于电子云中的金属原子（或正离子）为什么像图 1-1 所示的那样规则排列着，并往往趋于紧密地排列。

为简便起见，首先分析两个原子之间的相互作用情况（即双原子作用模型）。当两个原子相距很远时，它们之间实际上不发生相互作用，但当它们相互逐渐靠近时，其间的作用力就会随之显示出来。分析表明，固态金属中两原子之间的相互作用力包括：正离子与周围自由电子间的吸引力，正离子与正离子以及电子与电子之间的排斥力。吸引力力图使两原子靠近，而排斥力却力图使两原子分开，它们的大小都随原子间距离的变化而变化，如图 1-2 所示。图 1-2 的上半部分为 $A$、$B$ 两原子间的吸引力和排斥力曲线，两原子结合力为吸引力与排斥力的代数和。吸引力是一种长程力，排斥力是一种短程力，当两原子间距较大时，吸引力大于排斥力，两原子自动靠近。当两原子靠近至使其电子层发生重叠时，排斥力便急剧增大，一直到两原子距离为 $d_0$ 时，吸引力与排斥力相等，即原子间结合力为零，好像位于原子间距 $d_0$ 处的原子既不受吸引力，也不受排斥力一样。$d_0$ 即相当于原子的平衡间距，原子既不会自动靠近，也不会自动离开。任何对平衡位置的偏离，都立刻会受到一个力的作用，促使其回到平衡位置。例如，当距离小于 $d_0$ 时，排斥力大于吸引力，原子间要相互排斥；当距离大于 $d_0$ 时，吸引力大于排斥力，两原子要相互吸引。如果把 $B$ 原子拉开，远离其平衡位置，则必须施加外力，以克服原子间的吸引力。当把 $B$ 原子拉至 $d_c$ 位置时，外力达到原子结合力曲线上的最大值，超过 $d_c$ 之后，所需的外力就越来越小。可见，原子间的最大结合力不是出现在平衡位置，而是在 $d_c$ 位置上。这个最大结合力就对应着金属的理论抗拉强度。金属不同，则原子的最大结合力值也不同。此外，从图上可以看出，在 $d_0$ 点附近，结合力与距离的关系接近直线关系。该段曲线的斜率越大，将原子从平衡位置移开所需的力越大，金属的弹性模量越大。

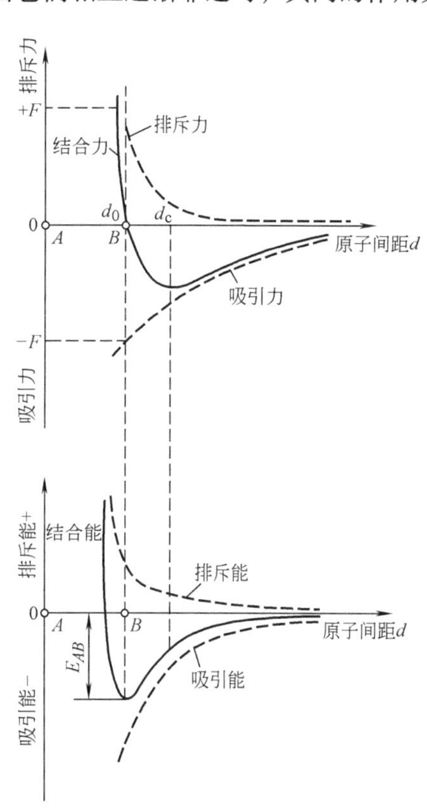


图 1-2　双原子作用模型

图 1-2 的下半部分是吸引能和排斥能与原子间距离的关系曲线，结合能是吸引能与排斥能的代数和。当形成原子集团比分散孤立的原子更稳定，即势能更低时，那么，在吸引力的作用下把远处的原子移近所做的功是使原子的势能降低，所以吸引能是负值。相反，排斥能

是正值。当原子移至平衡距离 $d_0$ 时，其结合能达到最低值，即此时原子的势能最低、最稳定。任何对 $d_0$ 的偏离，都会使原子的势能增加，从而使原子处于不稳定状态，原子就有力图回到低能状态，恢复到平衡距离的倾向。这里的 $E_{AB}$ 称为原子间的结合能或键能。键能决定了金属的熔点和线膨胀系数，键能较高的金属具有较高的熔点和较小的线膨胀系数。

将上述双原子作用模型加以推广，不难理解，当大量金属原子结合成固体时，为使固态金属具有最低的能量，以保持其稳定状态，大量原子之间必须保持一定的平衡距离，这就是固态金属中的原子趋于规则排列的重要原因。

如果试图从固态金属中把某个原子从平衡位置拿走，就必须对它做功，以克服周围原子对它的作用力。显然，这个要被拿走的原子周围近邻的原子数越多，所需要做的功便越大。由此可见，原子周围最近邻的原子数越多，原子间的结合能（势能）越低。能量最低的状态是最稳定的状态，而任何系统都有自发从高能状态向低能状态转化的趋势。因此，常见金属中的原子总是自发地趋于紧密的排列，以保持最稳定的状态。

当原子间以离子键或共价键结合时，原子达不到紧密排列状态，这是由于这些结合方式对原子周围的原子数有一定的限制之故。

最后，应当指出，所有的离子和原子在各自的平衡位置上并不是固定不动的，而是各自以其平衡位置为中心做微弱的热振动。温度越高，则热振动的振幅越大。

## 第二节　金属的晶体结构

从双原子作用模型已经了解到，金属中原子的排列是有规则的，而不是杂乱无章的。人们将这种原子在三维空间做有规则的周期性排列的物质称为晶体，金属一般均为晶体。在晶体中，原子排列的规律不同，则其性能也不同，因而必须研究金属的晶体结构，即原子的实际排列情况。为了方便起见，首先把晶体当作没有缺陷的理想晶体来研究。

### 一、晶体的特性

谈到晶体，人们很容易联想到价格昂贵的钻石和晶莹剔透的各种宝石。这些的确是晶体，并且这些天然的晶体往往都具有规则的几何外形。事实上，在人们周围，各种晶体物质比比皆是，例如，人们吃的食盐，冬天河里结的冰，天上飞舞的雪花，各种金属制品，如门锁、钥匙以及汽车上各种金属构件等。金属制品与天然晶体的主要差别是，它们一般都不具有规则的几何外形，但是研究证明，金属制品内部的原子确实呈规则排列。可见，晶体与非晶体的区别不在于外形，主要在于内部的原子排列情况。在晶体中，原子按一定的规律周期性地重复排列，而所有的非晶体，如玻璃、木材、棉花等，其内部的原子则是散乱分布的，至多有些局部的短程规则排列。

由于晶体中的原子按一定规则重复排列，这就造成了晶体在性能上区别于非晶体的一些重要特点。首先，晶体具有一定的熔点（熔点就是晶体向非结晶状态的液体转变的临界温度）。在熔点以上，晶体变为液体，处于非结晶状态；在熔点以下，液体又变为晶体，处于结晶状态。从晶体至液体或从液体至晶体的转变是突变的。而非晶体则不然，它从固体至液体，或从液体至固体的转变是逐渐过渡的，没有确定的熔点或凝固点，所以可以把固态非晶体看成为过冷状态的液体，它只是在物理性质方面不同于通常的液体而已，玻璃就是一个典型的例子。

晶体的另一个特点是在不同的方向上测量其性能（如导电性、导热性、热膨胀性、弹性和强度等）时，表现出或大或小的差异，称为各向异性或异向性。非晶体在不同方向上的性能则是一样的，不因方向而异，称为各向同性或等向性。

由此可见，晶体与非晶体之间存在着本质的差别，但这并不意味着两者之间必然存在着不可逾越的鸿沟。在一定条件下，可以将原子呈不规则排列的非晶体转变为原子呈规则排列的晶体，反之亦然。例如，玻璃经长时间高温加热后能形成晶态玻璃；用特殊的设备，使液态金属以极快的速度冷却下来，可以制出非晶态金属。当然，这些转变的结果，必然使其性能发生极大的变化。

## 二、晶体结构与空间点阵

晶体结构是指晶体中原子在三维空间有规律的周期性的具体排列方式。组成晶体的原子种类不同或者排列规则不同，就可以形成各种各样的晶体结构，也就是说，实际存在的晶体结构可以有很多种。由于金属键没有方向性和饱和性，可以假定金属晶体中的原子都是固定的刚球，晶体就由这些刚球堆垛而成。图 1-3a 所示即为这种原子堆垛模型。从图中可以看出，原子在各个方向的排列都是很规则的。这种模型的优点是立体感强，很直观；缺点是很难看清原子排列的规律和特点，不便于研究。为了清楚地表明原子在空间排列的规律性，常常将构成晶体的原子（或原子群）忽略，而将其抽象为纯粹的几何点，称为阵点。这些阵点可以是原子的中心，也可以是彼此等同的原子群的中心，所有阵点的物理环境和几何环境都相同。由这些阵点有规则地周期性重复排列所形成的三维空间阵列称为空间点阵。为了方便起见，常人为地将阵点用直线连接起来形成空间格子，称为晶格（图 1-3b）。它的实质仍是空间点阵，通常不加以区别。

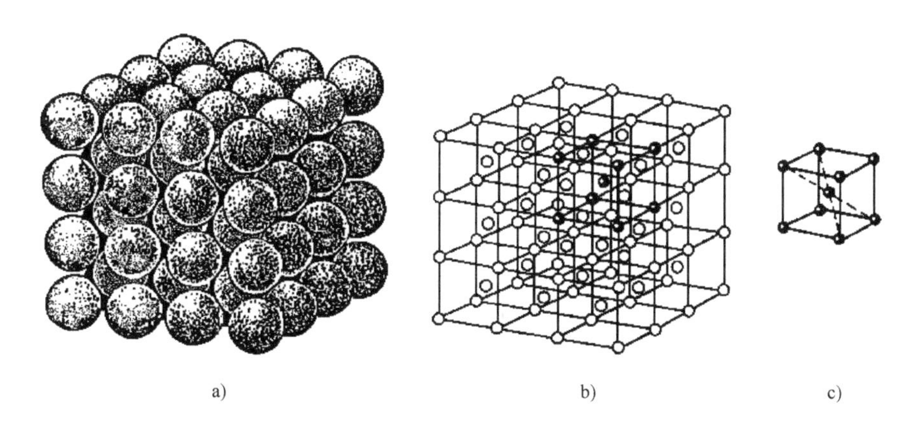


图 1-3 晶体中原子排列示意图

a）原子堆垛模型 b）晶格 c）晶胞

由于晶格中原子排列具有周期性的特点，因此，为了简便起见，可以从晶格中选取一个能够完全反映晶格特征的最小的几何单元，来分析晶体中原子排列的规律性，这个最小的几何单元称为晶胞（图 1-3c）。晶胞的大小和形状常以晶胞的棱边长度 $a$、$b$、$c$ 及棱间夹角 $\alpha$、$\beta$、$\gamma$ 表示，如图 1-4 所示。图中沿晶胞三条相交于一点的棱边设置了三个坐标轴（或晶轴）

$X$、$Y$、$Z$。习惯上，以原点的前、右、上方为轴的正方向，反之为负方向。晶胞的棱边长度一般称为晶格常数或点阵常数，在 $X$、$Y$、$Z$ 轴上分别以 $a$、$b$、$c$ 表示。晶胞的棱间夹角又称为轴间夹角，通常 $Y$-$Z$ 轴、$Z$-$X$ 轴和 $X$-$Y$ 轴之间的夹角分别用 $\alpha$、$\beta$ 和 $\gamma$ 表示。

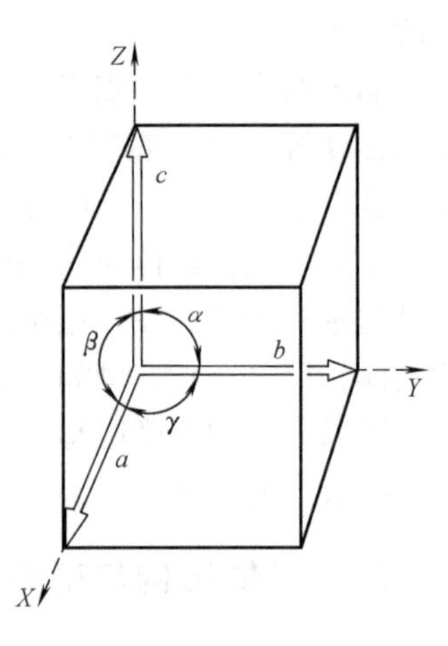

图 1-4　晶胞的晶格常数和轴间夹角表示法

## 三、三种典型的金属晶体结构

自然界中的晶体有成千上万种，它们的晶体结构各不相同，但若根据晶胞的三个晶格常数和三个轴间夹角的相互关系对所有的晶体进行分析，则发现它们的空间点阵只有 14 种类型，称为布拉菲点阵。若进一步根据空间点阵的基本特点进行归纳整理，又可将 14 种空间点阵归属于 7 个晶系，见表 1-1。由于金属原子趋向于紧密排列，所以在工业上使用的金属元素中，除了少数具有复杂的晶体结构外，绝大多数都具有比较简单的晶体结构，其中最典型、最常见的金属晶体结构有三种类型，即体心立方结构、面心立方结构和密排六方结构。前两种属于立方晶系，后一种属于六方晶系。

**表 1-1　7 个晶系和 14 种点阵**

| 晶系和实例 | 点阵类型 | | | |
|---|---|---|---|---|
| | 简　单 | 底　心 | 体　心 | 面　心 |
| 三斜晶系<br>$a \neq b \neq c$<br>$\alpha \neq \beta \neq \gamma \neq 90°$<br>$K_2CrO_7$ | 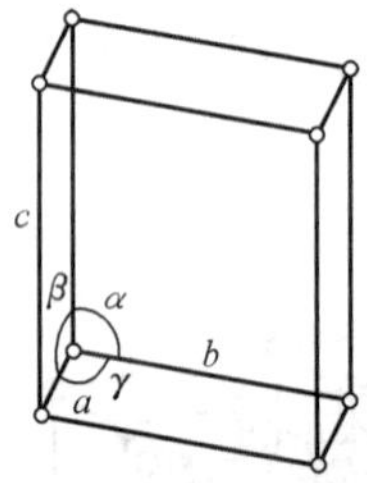 | | | |
| 单斜晶系<br>$a \neq b \neq c$<br>$\alpha = \gamma = 90° \neq \beta$<br>$\beta$－S | 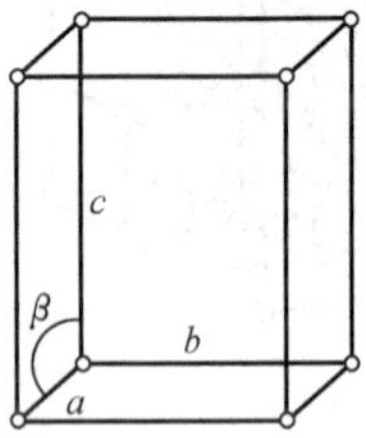 | 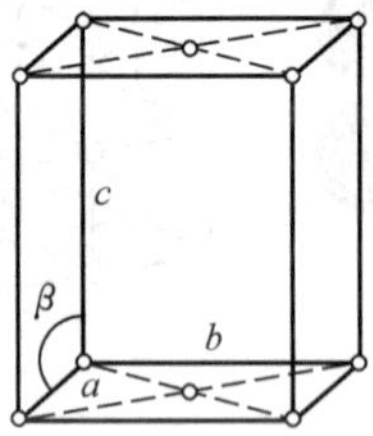 | | |
| 正交晶系<br>$a \neq b \neq c$<br>$\alpha = \beta = \gamma = 90°$<br>$\alpha$－S，$Fe_3C$ | 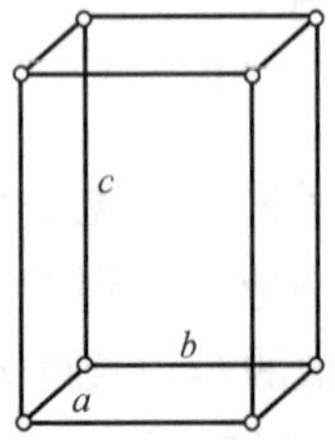 | 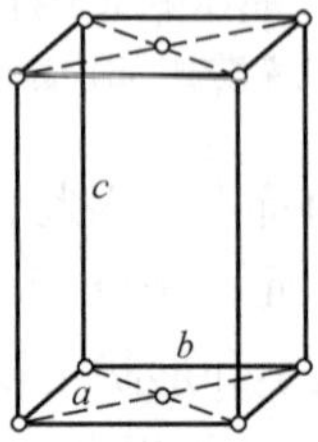 | 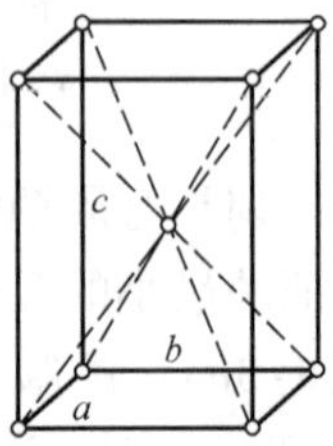 | 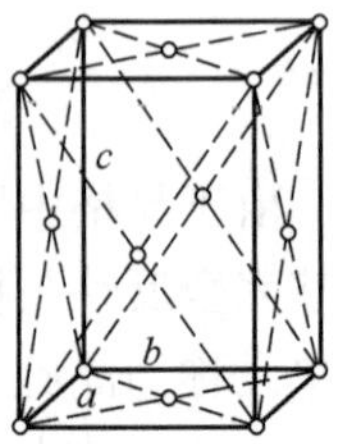 |

（续）

| 晶系和实例 | 点阵类型 | | | |
|---|---|---|---|---|
| | 简　单 | 底　心 | 体　心 | 面　心 |
| 六方晶系<br>$a_1 = a_2 = a_3 \neq c$<br>$\alpha = \beta = 90°$，$\gamma = 120°$<br>Zn，Cd，Mg | 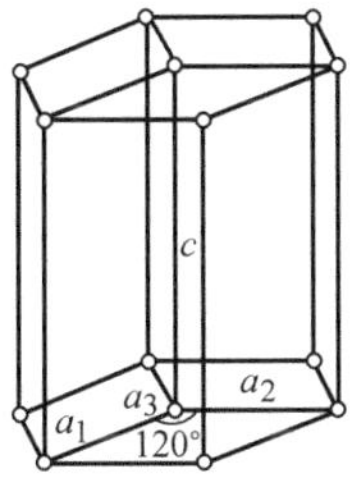 $c$, $a_1$, $a_2$, $a_3$, 120° | | | |
| 菱方晶系<br>$a = b = c$<br>$\alpha = \beta = \gamma \neq 90°$<br>As，Sb，Bi | 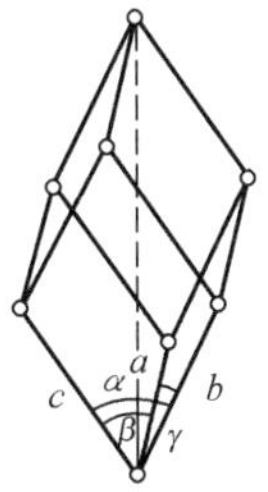 $a$, $b$, $c$, $\alpha$, $\beta$, $\gamma$ | | | |
| 四方晶系<br>$a = b \neq c$<br>$\alpha = \beta = \gamma = 90°$<br>β - Sn，$TiO_2$ | 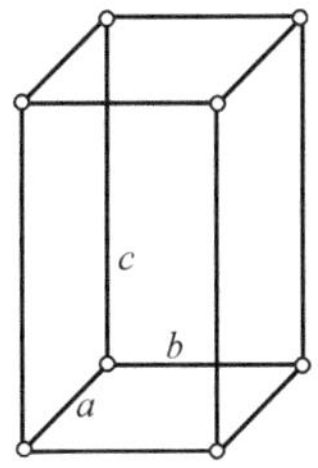 $c$, $b$, $a$ | | 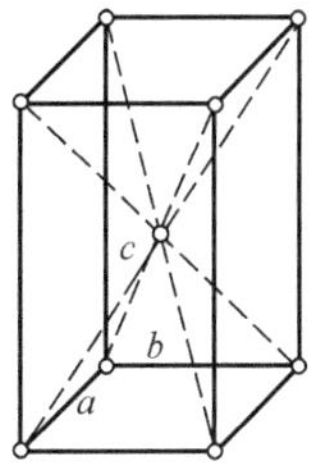 $c$, $b$, $a$ | |
| 立方晶系<br>$a = b = c$<br>$\alpha = \beta = \gamma = 90°$<br>Fe，Cr，Cu，Ag | 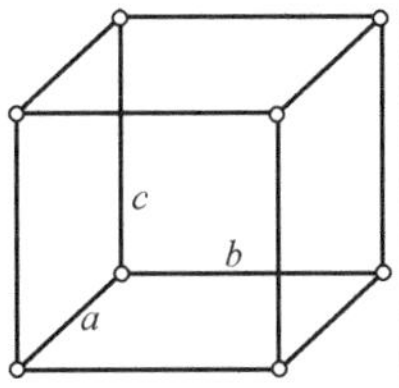 $c$, $b$, $a$ | | 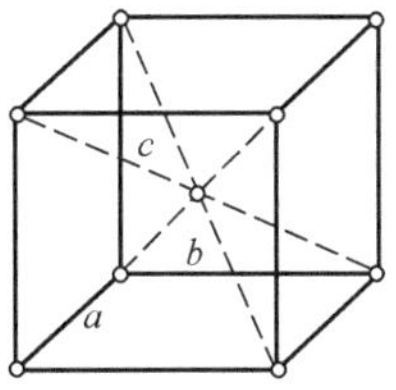 $c$, $b$, $a$ | 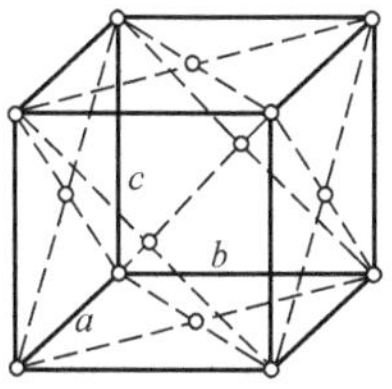 $c$, $b$, $a$ |

### （一）体心立方结构

体心立方结构的晶胞模型如图 1-5 所示。晶胞的三个棱边长度相等，三个轴间夹角均为 90°，构成立方体。除了在晶胞的八个角上各有一个原子外，在立方体的中心还有一个原子。具有体心立方结构的金属有 α-Fe、Cr、V、Nb、Mo、W 等 30 多种。

1. 原子半径

在体心立方晶胞中，原子沿立方体对角线紧密地接触着，如图 1-5a 所示。设晶胞的点阵常数（或晶格常数）为 $a$，则立方体对角线的长度为$\sqrt{3}a$，等于 4 个原子半径，所以体心立方晶胞中的原子半径 $r = \frac{\sqrt{3}}{4}a$。

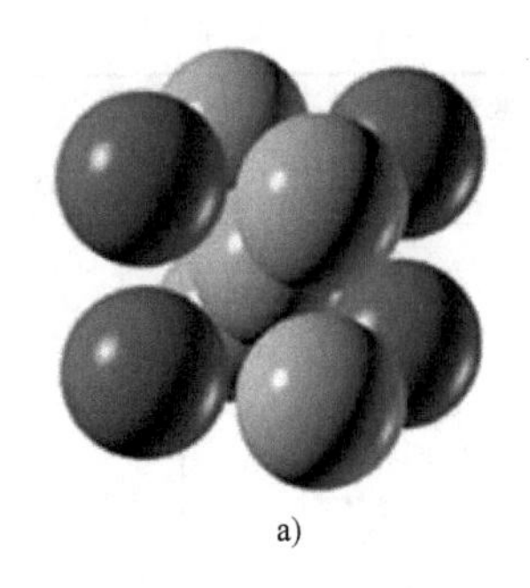
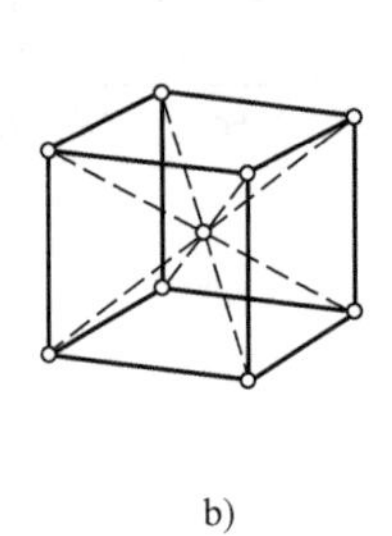
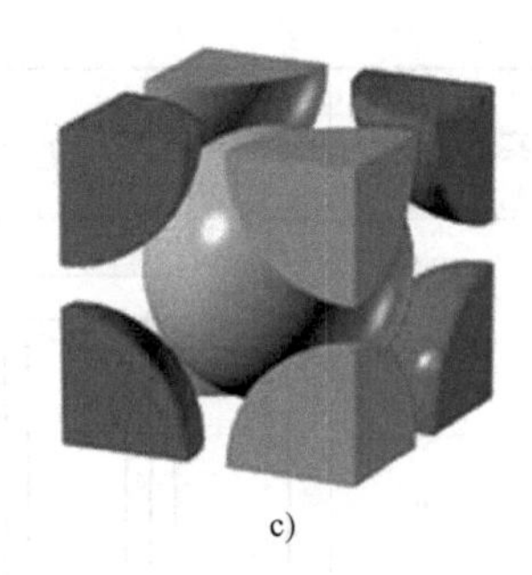

a) b) c)

图 1-5 体心立方结构晶胞

a) 刚球模型 b) 质点模型 c) 晶胞原子数

2. 原子数

由于晶格由大量晶胞堆垛而成，因而晶胞每个角上的原子为相邻的八个晶胞所共有，故只有 1/8 个原子属于这个晶胞，晶胞中心的原子完全属于这个晶胞，所以体心立方晶胞中的原子数为 $8\times1/8+1=2$，如图 1-5c 所示。

3. 配位数和致密度

晶胞中原子排列的紧密程度也是反映晶体结构特征的一个重要因素，通常用两个参数来表征：一个是配位数，另一个是致密度。

（1）配位数　所谓配位数是指晶体结构中与任一个原子最近邻、等距离的原子数目。显然，配位数越大，晶体中的原子排列便越紧密。在体心立方结构中，以立方体中心的原子来看，与其最近邻、等距离的原子数有 8 个，所以体心立方结构的配位数为 8。

（2）致密度　若把原子看作刚性圆球，那么原子之间必然有空隙存在，原子排列的紧密程度可用原子所占体积与晶胞体积之比表示，称为致密度或密集系数，可用下式表示：

$$K=\frac{nV_1}{V}$$

式中，$K$ 为晶体的致密度；$n$ 为一个晶胞实际包含的原子数；$V_1$ 为一个原子的体积；$V$ 为晶胞的体积。

体心立方结构的晶胞中包含 2 个原子，晶胞的棱边长度（晶格常数）为 $a$，原子半径为 $r=\frac{\sqrt{3}}{4}a$，其致密度为：

$$K=\frac{nV_1}{V}=\frac{2\times\frac{4}{3}\pi r^3}{a^3}=\frac{2\times\frac{4}{3}\pi\left(\frac{\sqrt{3}}{4}a\right)^3}{a^3}\approx0.68$$

此值表明，在体心立方结构中，有 68% 的体积被原子所占据，其余 32% 为间隙体积。

**（二）面心立方结构**

面心立方结构的晶胞如图 1-6 所示。在晶胞的八个角上各有一个原子，构成立方体，在立方体六个面的中心各有一个原子。γ-Fe、Cu、Ni、Al、Ag 等约 20 种金属具有这种晶体结构。

由图 1-6c 可以看出，每个角上的原子为 8 个晶胞所共有，每个晶胞实际占有该原子的 1/8，而位于六个面中心的原子同时为相邻的两个晶胞所共有，所以每个晶胞只分到面心原

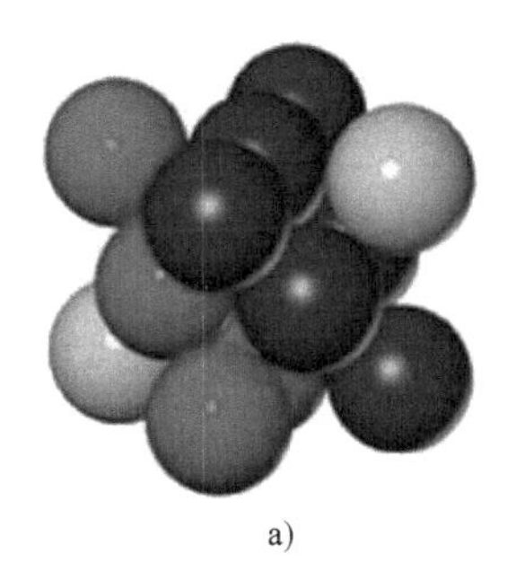
a)

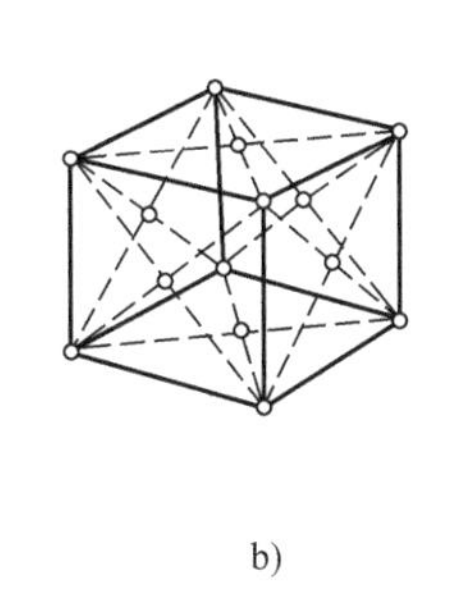
b)

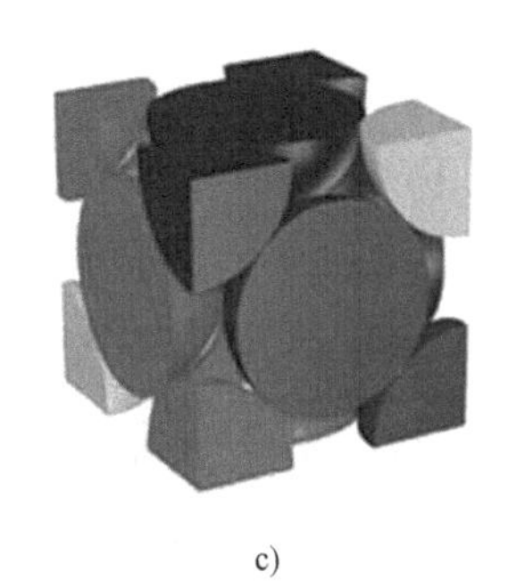
c)

图 1-6　面心立方结构晶胞
a）刚球模型　b）质点模型　c）晶胞原子数

子的 1/2，因此面心立方晶胞中的原子数为：$1/8\times8+1/2\times6=4$。

在面心立方晶胞中，只有沿着晶胞六个面的对角线方向，原子是互相接触的，面对角线的长度为$\sqrt{2}a$，它与 4 个原子半径的长度相等，所以面心立方晶胞的原子半径 $r=\dfrac{\sqrt{2}}{4}a$。

从图 1-7 可以看出，以面中心那个原子为例，与之最邻近的是它周围顶角上的四个原子，这五个原子构成了一个平面，这样的平面共有三个，三个面彼此相互垂直，结构型式相同，所以与该原子最近邻、等距离的原子共有$4\times3=12$ 个。因此面心立方结构的配位数为 12。

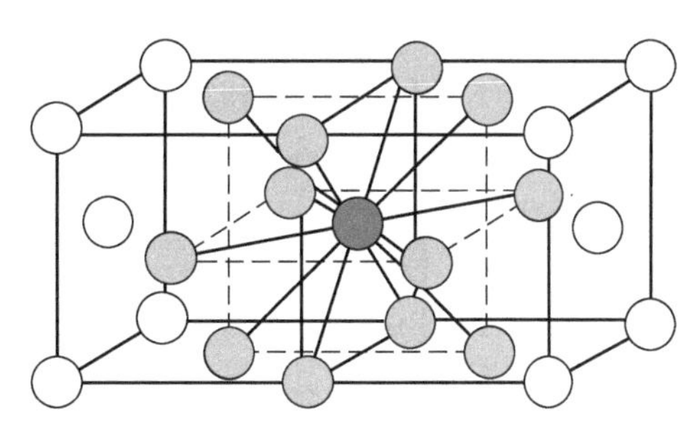
图 1-7　面心立方晶格的配位数

由于已知面心立方晶胞中的原子数和原子半径，因此可以计算出它的致密度：

$$K=\frac{nV_1}{V}=\frac{4\times\frac{4}{3}\pi r^3}{a^3}=\frac{4\times\frac{4}{3}\pi\left(\frac{\sqrt{2}}{4}a\right)^3}{a^3}\approx0.74$$

此值表明，在面心立方晶格中，有 74% 的体积被原子所占据，其余 26% 为间隙体积。

**（三）密排六方结构**

密排六方结构的晶胞如图 1-8 所示。在晶胞的 12 个角上各有一个原子，构成六方柱体，上底面和下底面的中心各有一个原子，晶胞内还有三个原子。具有密排六方结构的金属有 Zn、Mg、Be、α-Ti、α-Co、Cd 等。

晶胞中的原子数可参照图 1-8c 计算如下：六方柱每个角上的原子均属六个晶胞所共有，上、下底面中心的原子同时为两个晶胞所共有，再加上晶胞内的三个原子，故晶胞中的原子数为：$1/6\times12+1/2\times2+3=6$。

密排六方结构的晶格常数有两个：一个是正六边形的边长 $a$，另一个是上下两底面之间的距离 $c$，$c$ 与 $a$ 之比（$c/a$）称为轴比。在典型的密排六方结构中，原子刚球十分紧密地堆垛排列。以晶胞上底面中心的原子为例，它不仅与周围六个角上的原子相接触，而且与其下面的位于晶胞之内的三个原子以及与其上面相邻晶胞内的三个原子相接触（见图 1-9），故配位数为 12，此时的轴比 $c/a=\sqrt{\dfrac{8}{3}}\approx1.633$。但是，实际的密排六方金属轴比或大或小地

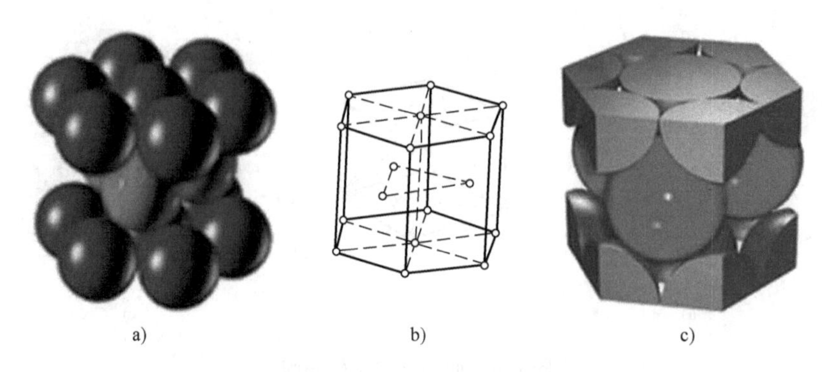

图 1-8 密排六方结构晶胞
a）刚球模型 b）质点模型 c）晶胞原子数

偏离这一数值，大约在 1.57～1.64 之间波动。

对于典型的密排六方金属，其原子半径为 $a/2$，致密度为：

$$K=\frac{nV_1}{V}=\frac{6\times\frac{4}{3}\pi r^3}{\frac{3\sqrt{3}}{2}a^2\sqrt{\frac{8}{3}}a}=\frac{6\times\frac{4}{3}\pi\left(\frac{a}{2}\right)^3}{3\sqrt{2}a^3}=\frac{\sqrt{2}}{6}\pi\approx 0.74$$

密排六方结构的配位数和致密度均与面心立方结构相同，这说明两者晶胞中的原子具有相同的紧密排列程度。

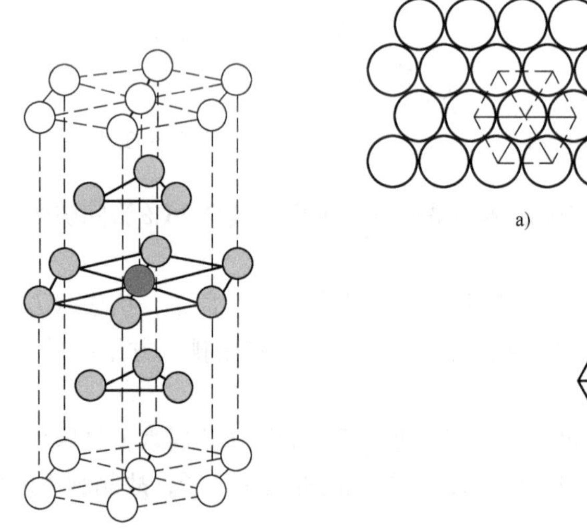

图 1-9 密排六方结构的配位数

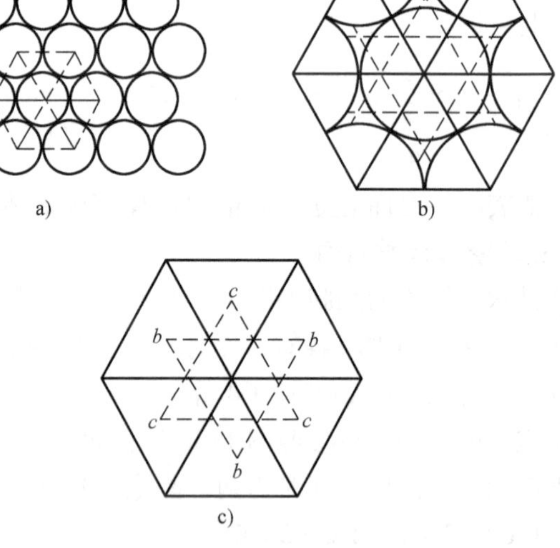


图 1-10 密排面上原子排列示意图

**（四）晶体中的原子堆垛方式及间隙**

1. 晶体中的原子堆垛方式

对各类晶体的配位数和致密度进行分析计算的结果表明，配位数以 12 为最大，致密度以 0.74 为最高。因此，面心立方结构和密排六方结构均属于最紧密排列的结构。为什么两者的晶体结构不同却会有相同的密排程度？为了回答这一问题，需要了解晶体中的原子堆垛方式。

现仍采用晶体的刚球模型，图 1-10a 为在一个平面上原子最紧密排列的情况，原子之间彼此紧密接触。这个原子最紧密排列的平面（密排面），对于密排六方结构而言是其底面，对于面心立方结构而言，则为垂直于立方体空间对角线的对角面。可以把密排面的原子中心连接成六边形网格，该六边形网格又可分为六个等边三角形，而这六个三角形的中心又与原子的六个空隙中心相重合（图 1-10b）。从图 1-10c 可以看出，这六个空隙可分为 *b*、*c* 两组，每组分别构成一个等边三角形。为了获得最紧密的排列，第二层密排面（*B* 层）的每个原子应当正好坐落在下面一层（*A* 层）密排面的 *b* 组（或 *c* 组）空隙上，如图 1-11 所示。关键是第三层密排面，它有两种堆垛方式：第一种是第三层密排面的每个原子中心正好对应第一层（*A* 层）密排面的原子中心，第四层密排面又与第二层重复，以下依次类推。因此，密排面的堆垛顺序是 *AB AB AB*……按照这种堆垛方式，即构成密排六方结构，如图 1-12 所示。第二种堆垛方式是第三层密排面（*C* 层）的每个原子中心不与第一层密排面的原子中心重复，而是位于既是第二层原子的空隙中心，又是第一层原子的空隙中心处。之后，第四层的原子中心与第一层的原子中心重复，第五层的又与第二层的重复，照此类推，它的堆垛方式为 *ABC ABC ABC*……这就构成了面心立方结构，如图 1-13 所示。由此可见，两种结构的堆垛方式虽然不同，但其致密程度显然完全相等。

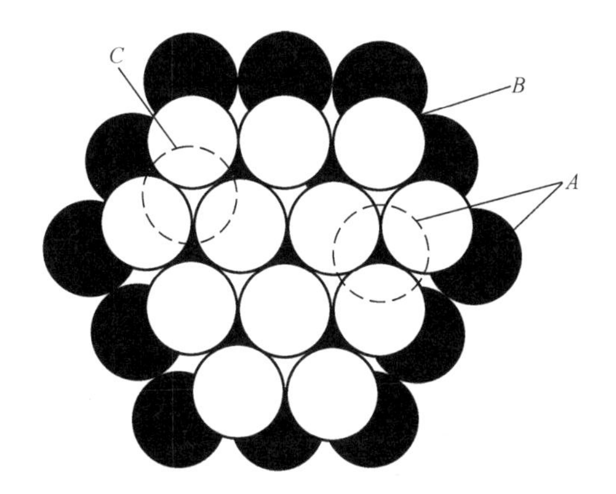


图 1-11　面心立方结构和密排六方结构的原子堆垛方式

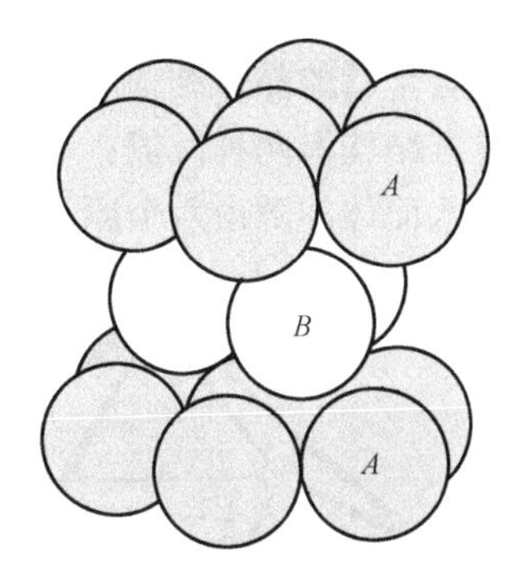


图 1-12　密排六方结构密排面的堆垛方式

在体心立方晶胞中，除位于体心的原子与位于顶角的八个原子相切外，八个顶角上的原子彼此间并不相互接触。显然，原子排列较为紧密的面相当于连结晶胞立方体的两个斜对角线所组成的面，若将该面取出并向四周扩展，则可画成如图 1-14a 所示的形式。由图可以看出，这层原子面的空隙由四个原子构成，而密排六方结构和面心立方结构密

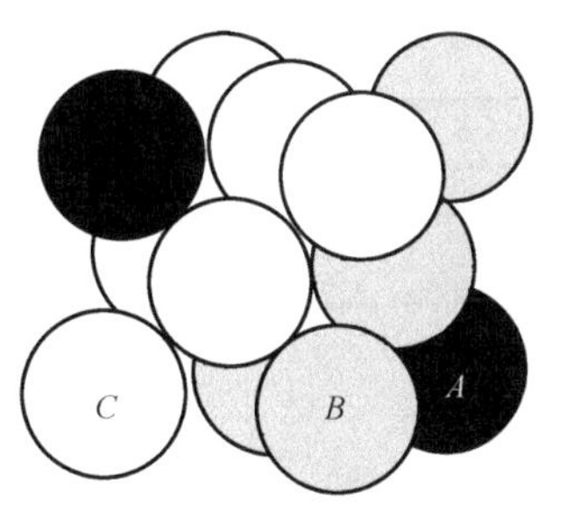


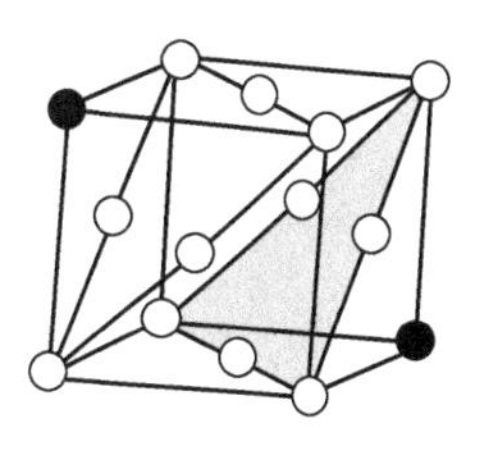

图 1-13　面心立方结构密排面的堆垛方式

排面的空隙由三个原子所构成，显然，前者的空隙较后者大，原子排列的紧密程度较差，通常称其为次密排面。为了获得较为紧密的排列，第二层次密排面（*B* 层）的每个原子应坐落在第一层（*A* 层）的空隙中心上，第三层的原子位于第二层的原子空隙处并与第一层的原子中心相重复，依次类推。因而它的堆垛方式为 *AB AB AB*……由此构成体心立方结构，如图 1-14b 所示。

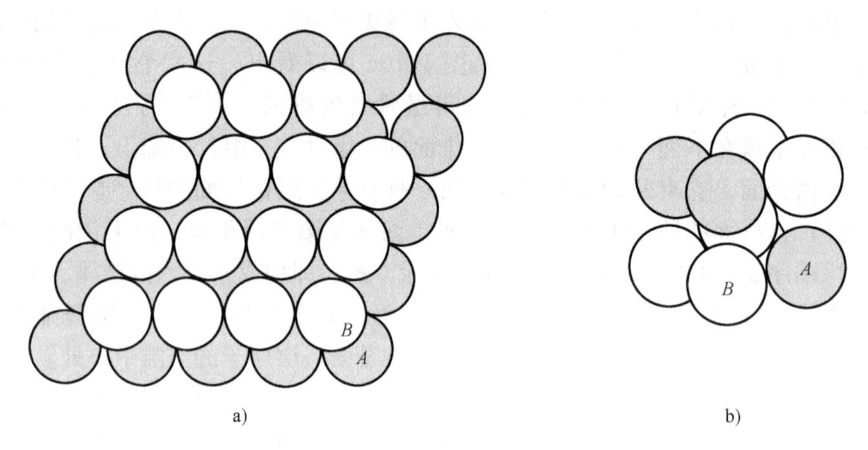


图 1-14　体心立方结构原子的堆垛方式

2. 晶体结构中的间隙

不管原子以哪种方式进行堆垛，在原子刚球之间都必然存在间隙，这些间隙对金属的性能以及形成合金后的晶体结构等都有重要的影响。

体心立方结构有两种间隙：一种是八面体间隙，另一种是四面体间隙，如图 1-15 所示。由图可见，八面体间隙由六个原子所围成，四个角上的原子中心至间隙中心的距离较远，为

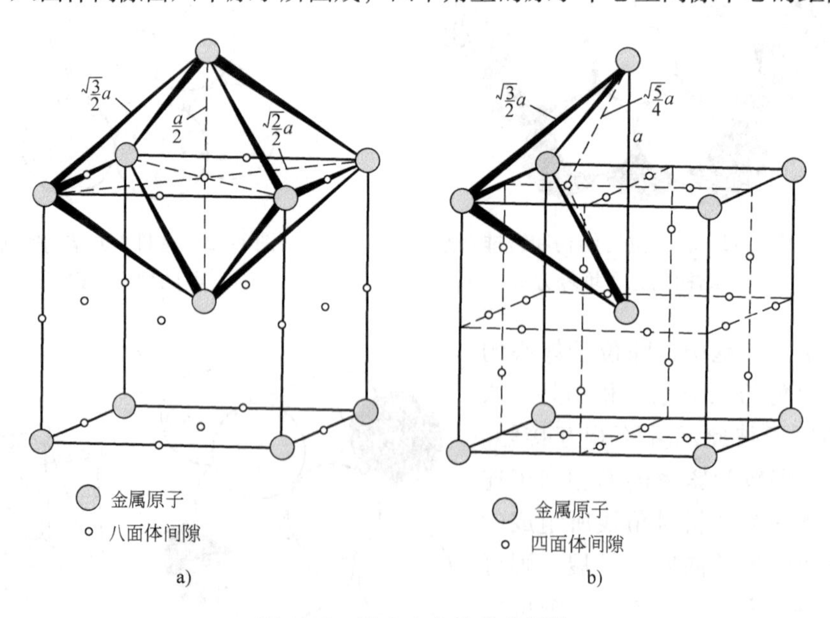


图 1-15　体心立方结构的间隙

a）八面体间隙　b）四面体间隙

$\frac{\sqrt{2}}{2}a$，上下顶点的原子中心至间隙中心的距离较近，为$\frac{1}{2}a$。间隙的棱边长度不全相等，是一个不对称的扁八面体间隙，间隙半径为顶点原子至间隙中心的距离减去原子半径：$\frac{1}{2}a-\frac{\sqrt{3}}{4}a=\frac{2-\sqrt{3}}{4}a\approx0.067a$。八面体间隙中心位于立方体各面的中心及棱边的中点处。四面体间隙由四个原子所围成，棱边长度不全相等，也是不对称间隙。原子中心到间隙中心的距离皆为$\frac{\sqrt{5}}{4}a$，因此间隙半径为$\frac{\sqrt{5}}{4}a-\frac{\sqrt{3}}{4}a\approx0.126a$。显然四面体间隙比八面体间隙大得多。立方体的每个面上均有四个四面体间隙位置。

面心立方结构也存在两种间隙，即八面体间隙和四面体间隙。由于各个棱边长度相等，各个原子中心至间隙中心的距离也相等，所以它们属于正八面体间隙和正四面体间隙。图1-16中标出了两种不同间隙在晶胞中的位置。八面体间隙的原子至间隙中心的距离为$\frac{1}{2}a$，原子半径为$\frac{\sqrt{2}}{4}a$，所以间隙半径为$\frac{1}{2}a-\frac{\sqrt{2}}{4}a=\frac{2-\sqrt{2}}{4}a\approx0.146a$。四面体间隙的原子至间隙中心的距离为$\frac{\sqrt{3}}{4}a$，所以间隙半径为$\frac{\sqrt{3}}{4}a-\frac{\sqrt{2}}{4}a=\frac{\sqrt{3}-\sqrt{2}}{4}a\approx0.06a$。可见，在面心立方结构中，八面体间隙比四面体间隙大得多。

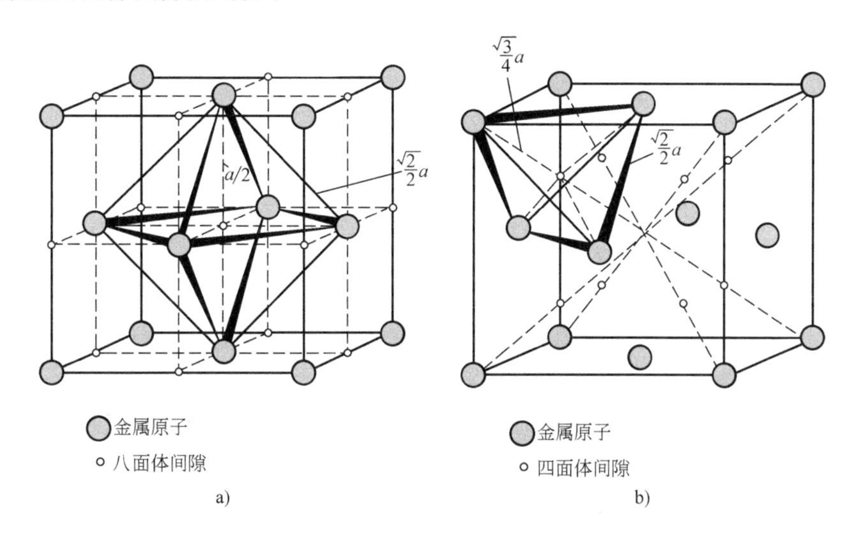


图1-16　面心立方结构的间隙
a）八面体间隙　b）四面体间隙

密排六方结构的八面体间隙和四面体间隙的形状与面心立方晶格的完全相似，当原子半径相等时，间隙大小完全相等，只是间隙中心在晶胞中的位置不同，如图1-17所示。

## 四、晶向指数和晶面指数

在晶体中，由一系列原子所组成的平面称为晶面，任意两个原子之间连线所指的方向称为晶向。为了便于研究和表述不同晶面和晶向的原子排列情况及其在空间的位向，需要有一

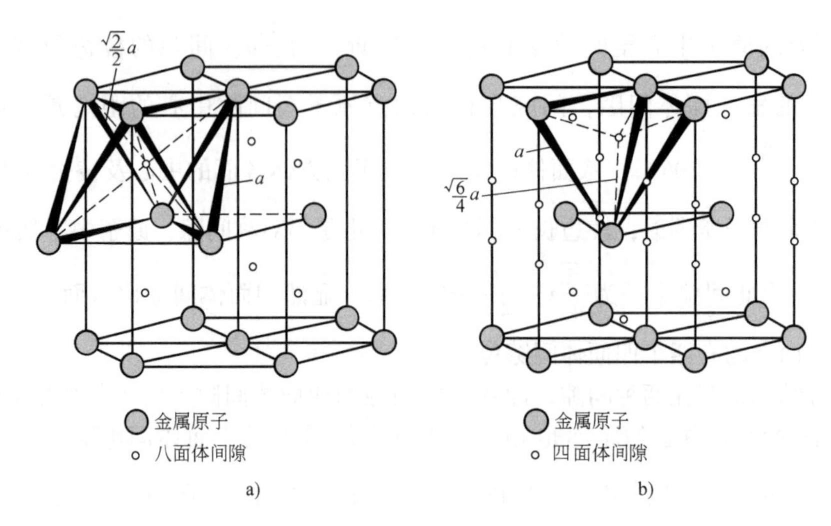


图 1-17　密排六方结构的间隙位置
a）八面体间隙　b）四面体间隙

种统一的表示方法，这就是晶面指数和晶向指数。

1. 晶向指数

晶向指数的确定步骤如下：

1）以晶胞的三个棱边为坐标轴 $X$、$Y$、$Z$，以棱边长度（即晶格常数）作为坐标轴的长度单位。

2）从坐标轴原点引一有向直线平行于待定晶向。

3）在所引有向直线上任取一点（为了分析方便，可取距原点最近的那个原子），求出该点在 $X$、$Y$、$Z$ 轴上的坐标值。

4）将三个坐标值按比例化为最小简单整数，依次写入方括号 [　] 中，即得所求的晶向指数。

通常以 [$uvw$] 表示晶向指数的普遍形式，若晶向指向坐标为负方向，则坐标值中出现负值，这时在晶向指数的这一数字之上冠以负号。

现以图 1-18 中 $AB$ 方向的晶向为例说明。通过坐标原点引一平行于待定晶向 $AB$ 的直线 $OB'$，$B'$点的坐标值为 -1、1、0，故其晶向指数为 [$\bar{1}10$]。

应当指出，从晶向指数的确定步骤可以看出，晶向指数所表示的不仅仅是一条直线的位向，而是一族平行线的位向。即所有相互平行的晶向，都具有相同的晶向指数。

立方晶系中一些常用的晶向指数示于图 1-19，现加以扼要说明。如 $X$ 轴方向，其晶向指数可用 $A$ 点表示，$A$ 点的坐标值为 1、0、0，所以 $X$ 轴的晶向指数为 [100]；同理，$Y$ 轴的晶向为 [010]，$Z$ 轴的晶向为 [001]。$D$ 点的坐标值为 1、1、0，所以 $OD$ 方向的晶向指数为 [110]。$F$ 点的坐标值为 1、1、1，所以 $OF$ 方向的晶向指数为 [111]。$H$ 点的坐标值为 1、$\frac{1}{2}$、0，所以 $OH$ 方向的晶向指数为 [210]。

同一直线有相反的两个方向，其晶向指数的数字和顺序完全相同，只是符号相反。它相当于用 -1 乘晶向指数中的三个数字，如 [123] 与 [$\bar{1}\bar{2}\bar{3}$] 方向相反，[$1\bar{2}0$] 与 [$\bar{1}20$]

方向相反，等等。

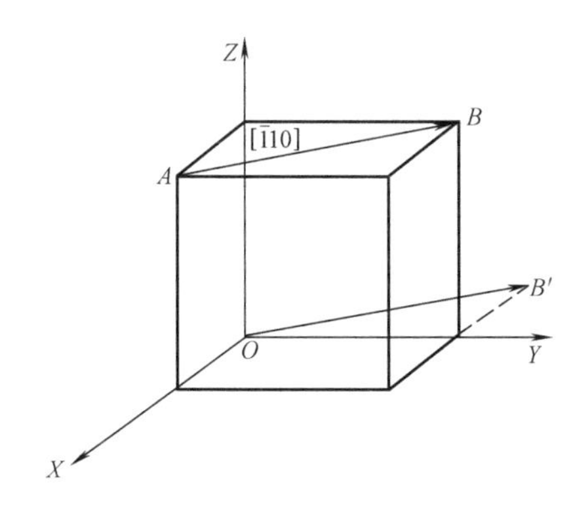


图 1-18　确定晶向指数的示意图

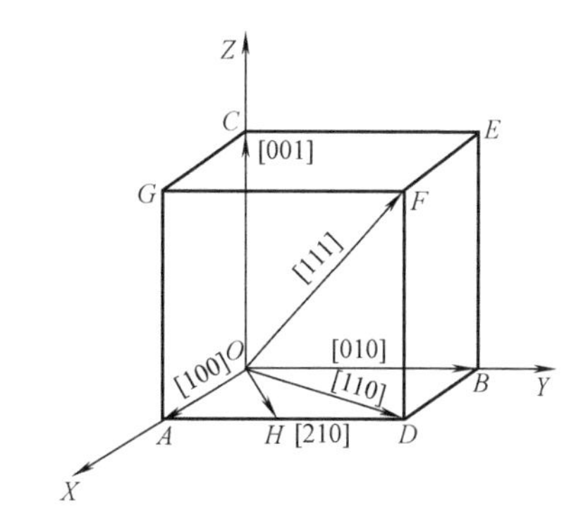


图 1-19　立方晶系中一些常用的晶向指数

原子排列相同但空间位向不同的所有晶向称为晶向族，以 <*uvw*> 表示。在立方晶系中，[100]、[010]、[001] 以及方向与之相反的 $[\bar{1}00]$、$[0\bar{1}0]$、$[00\bar{1}]$ 共六个晶向上的原子排列完全相同，只是空间位向不同，属于同一晶向族，用 <100> 表示。同样，<110> 晶向族包括 [110]、[101]、[011]、$[\bar{1}10]$、$[\bar{1}01]$、$[0\bar{1}1]$ 以及方向与之相反的晶向 $[\bar{1}\bar{1}0]$、$[\bar{1}0\bar{1}]$、$[0\bar{1}\bar{1}]$、$[1\bar{1}0]$、$[10\bar{1}]$、$[01\bar{1}]$ 共 12 个晶向。<111> 晶向族包括 [111]、$[\bar{1}11]$、$[1\bar{1}1]$、$[11\bar{1}]$ 以及 $[\bar{1}\bar{1}\bar{1}]$、$[1\bar{1}\bar{1}]$、$[\bar{1}1\bar{1}]$、$[\bar{1}\bar{1}1]$ 八个晶向。

应当指出，对于立方结构的晶体，改变晶向指数的顺序，所表示的晶向上的原子排列情况完全相同，这种方法对于其他结构的晶体则不一定适用。

2. 晶面指数

晶面指数的确定步骤如下：

1）以晶胞的三条相互垂直的棱边为参考坐标轴 *X*、*Y*、*Z*，坐标原点 *O* 应位于待定晶面之外，以免出现零截距。

2）以棱边长度（即晶格常数）为度量单位，求出待定晶面在各轴上的截距。

3）取各截距的倒数，并化为最小简单整数，放在圆括号内，即为所求的晶面指数。

晶面指数的一般表示形式为（*hkl*）。如果所求晶面在坐标轴上的截距为负值，则在相应的指数上加一负号，如 $(\bar{h}kl)$、$(h\bar{k}l)$ 等。

现以图 1-20 中的晶面为例予以说明。该晶面在 *X*、*Y*、*Z* 坐标轴上的截距分别为 1、$\frac{1}{2}$、$\frac{1}{2}$，取其倒数为 1、2、2，故其晶面指数为（122）。

在某些情况下，晶面可能只与两个或一个坐标轴相交，而与其他坐标轴平行。当晶面与坐标轴平行时，就认为在该轴上的截距为无穷大∞，其倒数为 0。

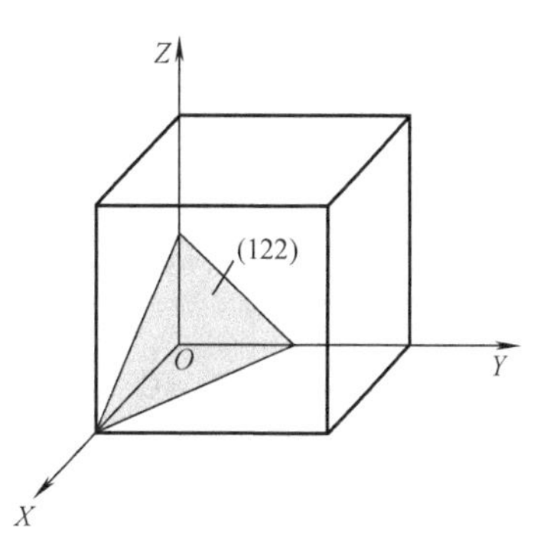


图 1-20　晶面指数表示方法

图 1-21 为立方晶体中一些晶面的晶面指数。其中 *A* 晶面在三个坐标轴上的截距分别为 1、∞、∞，其倒数为 1、0、0，故其晶面指数为（100）。*B* 晶面在坐标轴上的截距为 1、1、∞，倒数为 1、1、0，晶面指数为（110）。*C* 晶面在坐标轴上的截距为 1、1、1，

其倒数不变，故晶面指数为（111）。$D$ 晶面在坐标轴上的截距为 1、1、$\frac{1}{2}$，倒数为 1、1、2，晶面指数为（112）。

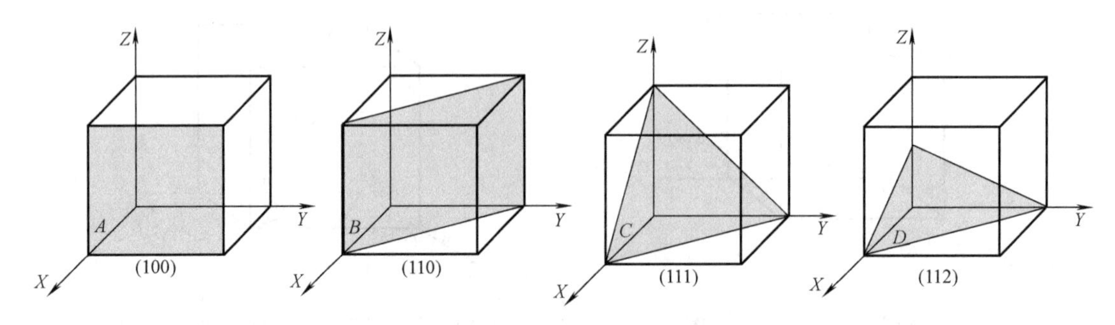


图 1-21　立方晶系的一些晶面

与晶向指数相似，某一晶面指数并不只代表某一具体晶面，而是代表一组相互平行的晶面，即所有相互平行的晶面都具有相同的晶面指数。这样一来，当两个晶面指数的数字和顺序完全相同而符号相反时，则这两个晶面相互平行。它相当于用 $-1$ 乘以某一晶面指数中的各个数字。例如，(100) 晶面平行于 $(\bar{1}00)$ 晶面，$(\bar{1}11)$ 与 $(1\bar{1}\bar{1})$ 平行等。

在同一种晶体结构中，有些晶面虽然在空间的位向不同，但其原子排列情况完全相同，这些晶面均属于一个晶面族，其晶面指数用大括号 $\{hkl\}$ 表示。例如，在立方晶系中：$\{100\}$ 包括 (100)、(010)、(001)，$\{111\}$ 包括 (111)、$(\bar{1}11)$、$(1\bar{1}1)$、$(11\bar{1})$，$\{110\}$ 包括 (110)、(101)、(011)、$(\bar{1}10)$、$(\bar{1}01)$、$(0\bar{1}1)$，$\{112\}$ 包括 (112)、(121)、(211)、$(\bar{1}12)$、$(1\bar{1}2)$、$(11\bar{2})$、$(\bar{1}21)$、$(1\bar{2}1)$、$(12\bar{1})$、$(\bar{2}11)$、$(2\bar{1}1)$、$(21\bar{1})$。

从上面的例子可以看出，在立方晶系中，$\{hkl\}$ 晶面族所包括的晶面可以用 $h$、$k$、$l$ 数字的排列组合方法求出，但这一方法不适用于非立方结构的晶体。图 1-22、图 1-23 和图 1-24 分别为立方晶系的 $\{100\}$、$\{110\}$ 和 $\{111\}$ 晶面族。

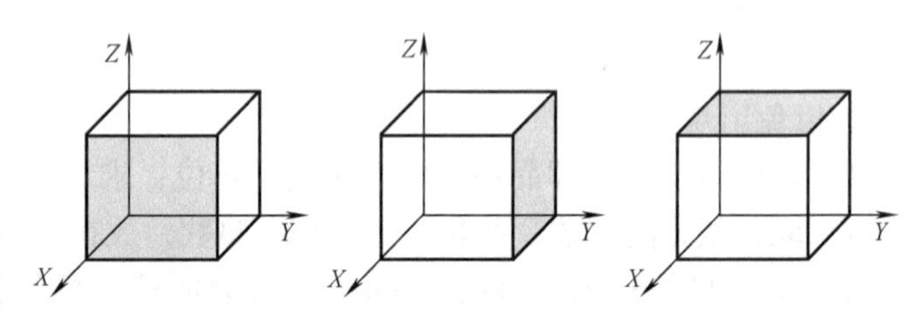


图 1-22　立方晶系的 $\{100\}$ 晶面族

此外，在立方结构的晶体中，当一晶向 $[uvw]$ 位于或平行于某一晶面 $(hkl)$ 时，必须满足以下关系：

$$hu + kv + lw = 0$$

当某一晶向与某一晶面垂直时，则其晶向指数和晶面指数必须完全相等，即 $u = h$、$v = k$、$w = l$。例如，$[100] \perp (100)$、$[111] \perp (111)$、$[110] \perp (110)$。

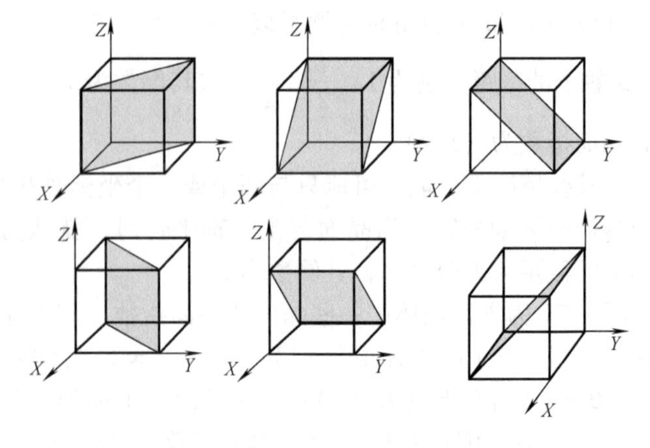


图 1-23　立方晶系的 $\{110\}$ 晶面族

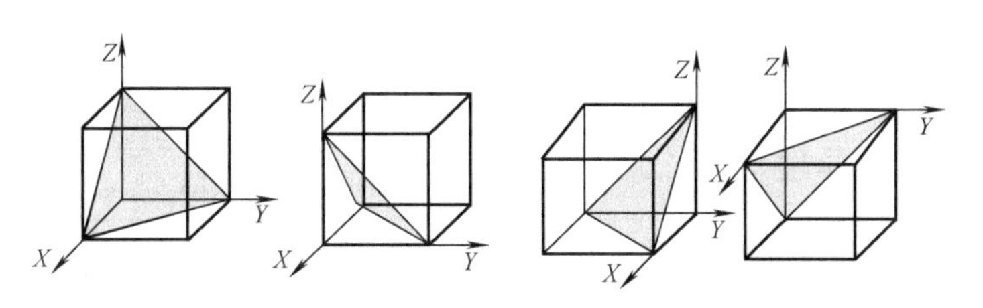


图 1-24　立方晶系的｛111｝晶面族

3. 六方晶系的晶面指数和晶向指数

六方晶系的晶面指数和晶向指数同样可以应用上述方法，$X_1$、$X_2$、$Z$ 为三个坐标轴，$X_1$ 轴与 $X_2$ 轴夹角为 120°，$Z$ 轴与 $X_1$、$X_2$ 轴相垂直。但这样表示有缺点，如晶胞的六个柱面是等同的，但按上述三轴坐标系，其晶面指数却分别为（100）、（010）、（110）、（100）、（010）、（110）。可见，用这种方法标定晶面指数，同类型晶面的晶面指数不相类同，往往看不出它们之间的等同关系。为了克服这一缺点，通常采用四个坐标轴的方法，专用于六方晶系。

根据六方晶系的对称特点，在确定晶面指数时，采用 $X_1$、$X_2$、$X_3$ 及 $Z$ 四个坐标轴。其中 $X_1$、$X_2$、$X_3$ 三个坐标轴位于同一底面上并互成 120°，轴上的度量单位为六角底面的棱边长度，即晶格常数 $a$，$Z$ 轴垂直于底面，其度量单位为棱边高度，即晶格常数 $c$，如图 1-25 所示。这样，晶面指数就以（$hkil$）四个指数来表示，分别为晶面在 $X_1$、$X_2$、$X_3$ 及 $Z$ 轴上的截距的倒数化成的最小简单整数。此时六个柱面的指数分别为：$(10\bar{1}0)$、$(01\bar{1}0)$、$(\bar{1}100)$、$(\bar{1}010)$、$(0\bar{1}10)$ 和 $(1\bar{1}00)$，这六个晶面可归并为 $\{10\bar{1}0\}$ 晶面族。采用这种标定方法，等同的晶面就可以从指数上反映出来。根据立体几何，在三维空间中独立的坐标轴不会超过三个。而应用上述方法标定的晶面指数形式上是四个，不难看出，前三个指数中只有两个是独立的，它们之间有以下关系：

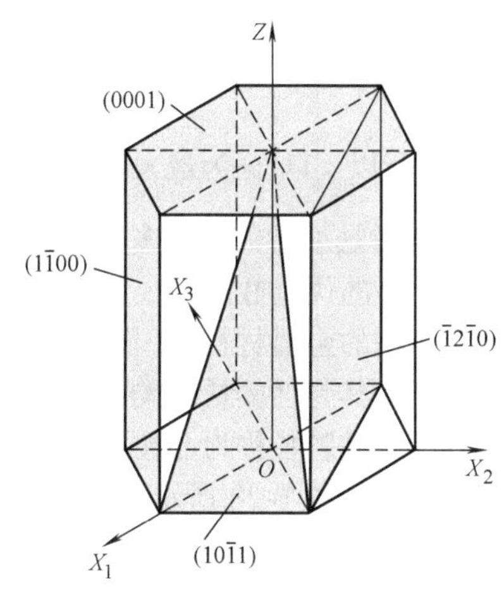


图 1-25　六方晶系的一些晶面指数

$$i = -(h+k)$$

六方晶系的晶向指数既可以用三个坐标轴标定，也可以用四个坐标轴标定。当用三个坐标轴时，其标定方法与立方晶系完全相同。比较方便而容易的方法是用三个坐标轴求出晶向指数 $[UVW]$，然后根据以下关系

$$u = \frac{2}{3}U - \frac{1}{3}V \quad v = \frac{2}{3}V - \frac{1}{3}U \quad t = -(u+v) \quad w = W$$

换算成四个坐标轴的晶向指数 $[uvtw]$。图 1-26 示出了六方晶系的一些晶向指数。$X_1$ 轴的晶向指数为 $[2\bar{1}\bar{1}0]$，$X_2$ 轴为 $[\bar{1}2\bar{1}0]$，$X_3$ 轴为 $[\bar{1}\bar{1}20]$，再加上方向与之相反的晶向 $[\bar{2}110]$、$[1\bar{2}10]$、$[11\bar{2}0]$，它们属于同一晶向族，可用 $<11\bar{2}0>$ 表示。$Z$ 轴的晶向指数为 $[0001]$。

在立方晶系中判断晶向垂直于晶面或平行于晶面的关系式，在六方晶系中仍然适用。例

如，[0001]⊥(0001)、$[11\bar{2}0]$⊥$(11\bar{2}0)$，$[11\bar{2}0]$ 晶向位于或平行于（0001）晶面等。

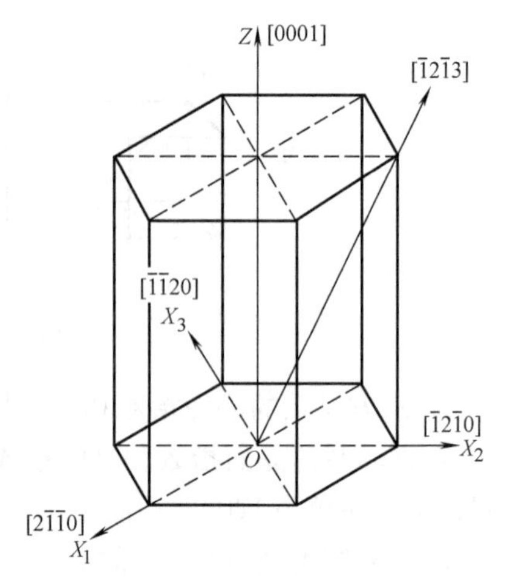

图 1-26　六方晶系的一些晶向指数

## 五、晶体的各向异性

如前所述，各向异性是晶体的一个重要特性，是区别于非晶体的一个重要标志。

晶体具有各向异性是由于在不同晶向上的原子紧密程度不同。原子的紧密程度不同，意味着原子之间的距离不同，则导致原子间的结合力不同，从而使晶体在不同晶向上的物理、化学和力学性能不同，即无论是弹性模量、断裂抗力、屈服强度，还是电阻率、磁导率、线膨胀系数以及在酸中的溶解速度等方面都表现出明显的差异。例如，具有体心立方晶格的α-Fe 单晶体，<100>晶向的原子密度（单位长度的原子数）为$\frac{1}{a}$（$a$ 为晶格常数），<110>晶向为$\frac{0.7}{a}$，而<111>晶向为$\frac{1.16}{a}$，所以<111>为最大原子密度晶向，其弹性模量 $E$=290GPa，而<100>晶向的 $E$=135GPa，前者是后者的 2 倍多。同样，沿原子密度最大的晶向的屈服强度、磁导率等性能，也显示出明显的优越性。

在工业用的金属材料中，通常见不到这种各向异性特征。如上述α-Fe 的弹性模量，不论方向如何，其弹性模量 $E$ 均在 210GPa 左右。这是因为，一般固态金属由很多结晶颗粒所组成，这些结晶颗粒称为晶粒。图 1-27 所示为纯铁的显微组织，晶粒与晶粒之间存在着位向上的差别，如图 1-28 所示。凡由两颗以上晶粒所组成的晶体称为多晶体，一般金属都是多晶体。由于多晶体中的晶粒位向是任意的，晶粒的各向异性被互相抵消，因此在一般情况下整个晶体不显示各向异性，称为伪等向性。如果用特殊的加工处理工艺，使组成多晶体的每个晶粒的位向大致相同，那么就将表现出各向异性，这点已在工业生产中得到了应用。

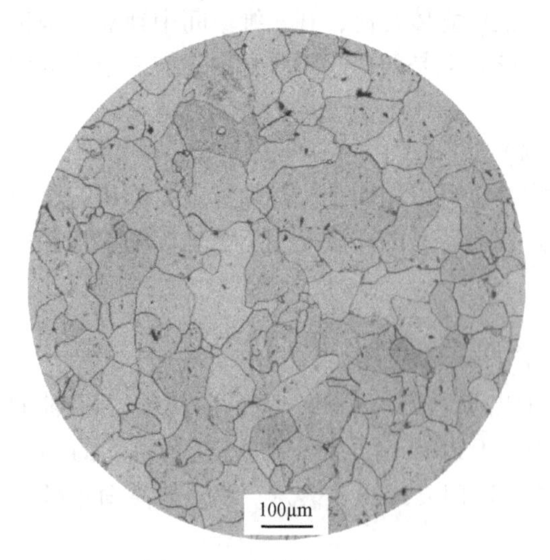

图 1-27　纯铁的显微组织

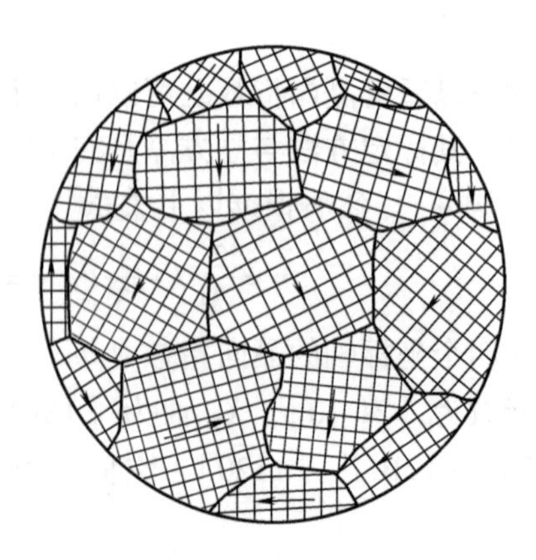
图 1-28　多晶体金属中晶粒位向示意图

用特殊的工艺可以制备单个的晶体，即单晶体。少数金属以单晶体形式使用。例如，单晶铜由于伸长率高、电阻率低和极高的信号传输性能，可作为生产集成电路、微型电子器件及高保真音响设备所需的高性能材料。

### 六、多晶型性

大部分金属只有一种晶体结构，但也有少数金属如 Fe、Mn、Ti、Be、Sn 等具有两种或几种晶体结构，即具有多晶型。当外部条件（如温度和压强）改变时，金属内部由一种晶体结构向另一种晶体结构的转变称为多晶型转变或同素异构转变。如 Fe 在 912℃以下时为体心立方结构，称为 α-Fe；在 912 ~ 1394℃时，具有面心立方结构，称为 γ-Fe；而从 1394℃至熔点时，又转变为体心立方结构，称为 δ-Fe。由于不同的晶体结构具有不同的致密度，因而当发生多晶型转变时，将伴有比体积或体积的突变。图 1-29 为纯铁加热时的膨胀曲线，α-Fe 的致密度小，γ-Fe 的致密度大，δ-Fe 的致密度又小，所以在 912℃由 α-Fe 转变为 γ-Fe 时体积突然减小，而 γ-Fe 在 1394℃转变为 δ-Fe 时体积又突然增大，在曲线上出现了明显的转折点。除体积变化外，多晶型转变还会引起其他性能的变化。

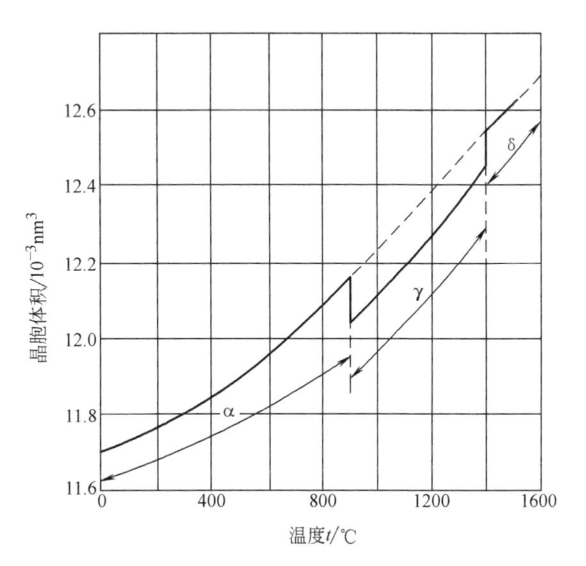


图 1-29　纯铁加热时的膨胀曲线

## 第三节　实际金属的晶体结构

在实际应用的金属材料中，总是不可避免地存在着一些原子偏离规则排列的不完整性区域，这就是晶体缺陷。一般说来，金属中这些偏离其规定位置的原子数目很少，即使在最严重的情况下，金属晶体中位置偏离很大的原子数目至多占原子总数的 1/1000。因此，从总的来看，其结构还是接近完整的。尽管如此，这些晶体缺陷不但对金属及合金的性能，其中特别是那些对结构敏感的性能，如强度、塑性、电阻等产生重大的影响，而且还在扩散、相变、塑性变形和再结晶等过程中扮演着重要角色。由此可见，研究晶体的缺陷具有重要的实际意义。

根据晶体缺陷的几何形态特征，可以将它们分为以下三类：

（1）点缺陷　其特征是三个方向上的尺寸都很小，相当于原子的尺寸，例如空位、间隙原子等。

（2）线缺陷　其特征是在两个方向上的尺寸很小，另一个方向上的尺寸相对很大。属于这一类的主要是位错。

（3）面缺陷　其特征是在一个方向上的尺寸很小，另外两个方向上的尺寸相对很大，例如晶界、亚晶界等。

## 一、点缺陷

常见的点缺陷有三种，即空位、间隙原子和置换原子，如图 1-30 所示。

### （一）空位

在任何温度下，金属晶体中的原子都是以其平衡位置为中心不间断地进行着热振动。原子的振幅大小与温度有关，温度越高，振幅越大。在一定的温度下，每个原子的振动能量并不完全相同，在某一瞬间，某些原子的能量可能高些，其振幅就要大些；而另一些原子的能量可能低些，振幅就要小些。对一个原子来说，这一瞬间能量可能高些，另一瞬间可能反而低些，这种现象叫能量起伏。根据统计规律，在某一温度下的某一瞬间，总有一些原子具有足够高的能量，以克服周围原子对它的约束，脱离开原来的平衡位置迁移到别处，于是，在原位置上出现了空结点，这就是空位。

脱离平衡位置的原子大致有三个去处：一是迁移到晶体的表面上，这样所产生的空位叫肖脱基空位（图 1-31a）；二是迁移到晶格的间隙中，这样所形成的空位叫弗兰克尔空位（图 1-31b）；三是迁移到其他空位处，这样虽然不产生新的空位，但可使空位变换位置。

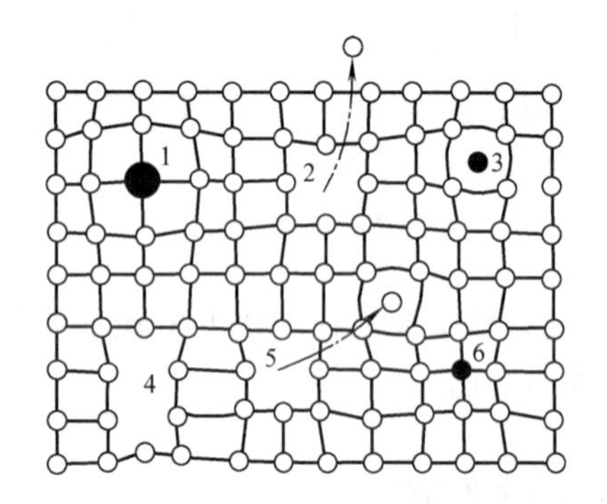


图 1-30　晶体中的各种点缺陷

1—大的置换原子　2—肖脱基空位
3—异类间隙原子　4—复合空位
5—弗兰克尔空位　6—小的置换原子

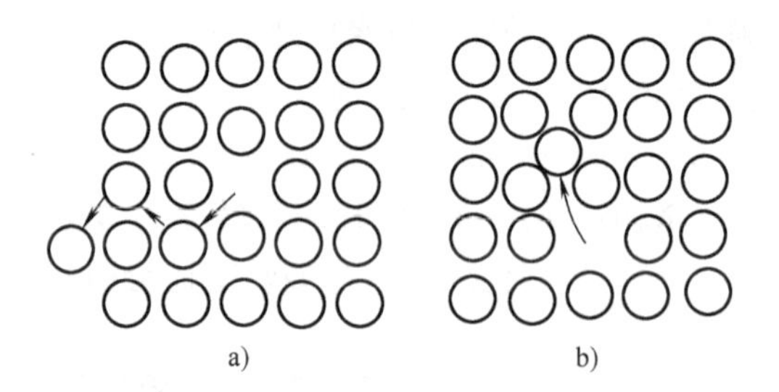


图 1-31　肖脱基空位和弗兰克尔空位

a）肖脱基空位　b）弗兰克尔空位

空位是一种热平衡缺陷，即在一定温度下，空位有一定的平衡浓度。温度升高，则原子的振动能量提高，振幅增大，从而使脱离其平衡位置往别处迁移的原子数增多，空位浓度提高。温度降低，则空位的浓度随之减小。但是，空位在晶体中的位置不是固定不变的，而是处于运动、消失和形成的不断变化之中（图1-32）。一方面，周围原子可以与空位换位，使空位移动一个原子间距，如果周围原子不断与空位换位，就造成空位的运动；另一方面，空位迁移至晶体表面或与间隙原子相遇而消失，但在其他地方又会有新的空位形成。

空位的平衡浓度是极小的。例如，当铜的温度接近其熔点时，空位的平衡浓度约为 $10^{-5}$数量级，即在十万个原子中才出现一个空位。形成肖脱基空位所需能量比弗兰克尔空位要小得多，所以在固态金属中，主要是形成肖脱基空位。尽管空位的浓度很小，在固态金属的扩散过程中却起着极为重要的作用。此外，空位还会两个、三个或多个聚在一起，形成复合空位。

由于空位的存在，其周围原子失去了一个近邻原子而使相互间的作用失去平衡，因而它们朝空位方向稍有移动，偏离其平衡位置，这就在空位的周围出现一个涉及几个原子间距范围的弹性畸变区，简称为晶格畸变。

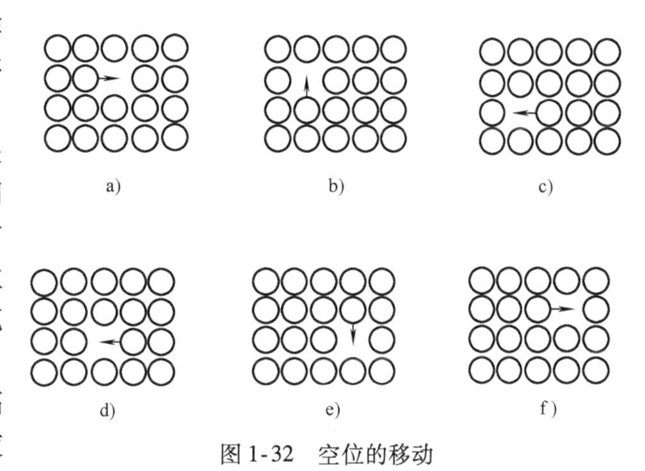

图 1-32　空位的移动

通过某些处理，如高能粒子辐照、从高温急冷以及冷加工等，可使晶体中的空位浓度高于平衡浓度而处于过饱和状态，这种过饱和空位是不稳定的。当温度升高时，原子具有了较高的能量，空位浓度便大大下降。

### (二) 间隙原子

处于晶格间隙中的原子即为间隙原子。从图 1-31b 可以看出，在形成弗兰克尔空位的同时，也形成一个间隙原子，硬挤入很小的晶格间隙中后，会造成严重的晶格畸变。异类间隙原子大多是原子半径很小的原子，如钢中的氢、氮、碳、硼等，尽管原子半径很小，但仍比晶格中的间隙大得多，所以造成的晶格畸变远较空位严重。

间隙原子也是一种热平衡缺陷，在一定温度下有一平衡浓度，对于异类间隙原子来说，常将这一平衡浓度称为固溶度或溶解度。

### (三) 置换原子

占据在原来基体原子平衡位置上的异类原子称为置换原子。由于置换原子的大小与基体原子不可能完全相同，因此其周围邻近原子也将偏离其平衡位置，造成晶格畸变。置换原子在一定温度下也有一个平衡浓度值，一般称为固溶度或溶解度，通常它比间隙原子的固溶度要大得多。

综上所述，不管是哪类点缺陷，都会造成晶格畸变，这将对金属的性能产生影响，如使屈服强度升高、电阻增大、体积膨胀等。此外，点缺陷的存在，将加速金属中的扩散过程，因而凡与扩散有关的相变、化学热处理、高温下的塑性变形和断裂等，都与空位和间隙原子的存在和运动有着密切的关系。

## 二、线缺陷

晶体中的线缺陷就是各种类型的位错，它是在晶体中某处有一列或若干列原子发生了有规律的错排现象，使长度达几百至几万个原子间距、宽约几个原子间距范围内的原子离开其平衡位置，发生了有规律的错动。虽然位错有多种类型，但其中最简单、最基本的类型有两种：一种是刃型位错，另一种是螺型位错。位错是一种极为重要的晶体缺陷，它对于金属的强度、断裂和塑性变形等起着决定性的作用。这里主要介绍位错的基本类型和一些基本概念，关于位错的运动、位错的增殖和交割等内容将在第六章中讲述。

### （一）刃型位错

刃型位错的模型如图1-33所示。设有一简单立方晶体，某一原子面在晶体内部中断，这个原子平面中断处的边缘就是一个刃型位错，犹如用一把锋利的钢刀将晶体上半部分切开，沿切口硬插入一额外半原子面一样，将刃口处的原子列称为刃型位错线。

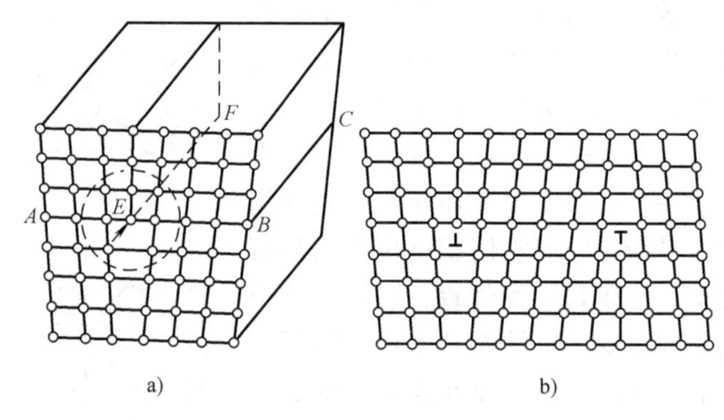


图1-33　刃型位错示意图

a）立体示意图　b）垂直于位错线的原子平面

刃型位错有正负之分，若额外半原子面位于晶体的上半部，则此处的位错线称为正刃型位错，以符号“⊥”表示。反之，若额外半原子面位于晶体的下半部，则称为负刃型位错，以符号“T”表示。实际上这种正负之分并无本质上的区别，只是为了表示两者的相对位置，便于以后讨论而已。

事实上，晶体中的位错并不是由于外加额外半原子面造成的，它的形成可能有多种原因。例如，晶体在塑性变形时，由于局部区域的晶体发生滑移即可形成位错，如图1-34所示。设想在晶体右上角施加一切应力，促使右上部晶体中的原子沿着滑移面*ABCD*自右至左移动一个原子间距（图1-34a），由于此时晶体左上角的原子尚未滑移，于是在晶体内部就出现了已滑移区和未滑移区的边界，在边界附近，原子排列的规则性遭到了破坏，此边界线*EF*就相当于图1-33中额外半原子面的边缘，其结构恰好是一个正刃型位错。因此，可以把位错理解为晶体中已滑移区和未滑移区的边界。

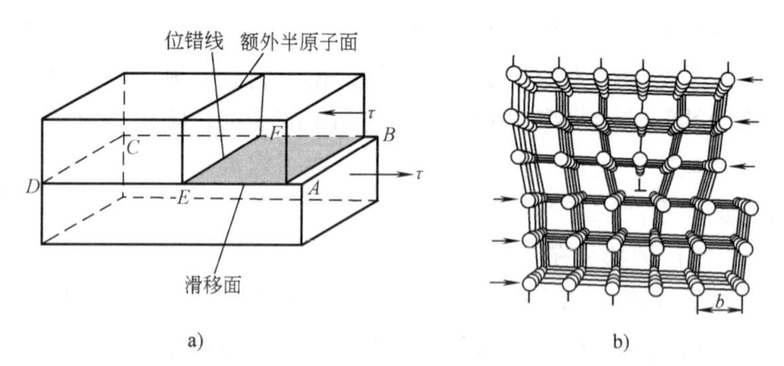


图1-34　晶体局部滑移造成的刃型位错

从图1-34b可以看出，在位错线周围一个有限区域内，原子离开了原来的平衡位置，即产生了晶格畸变，并且在额外半原子面左右两边的畸变是对称的。就好像通过额外半原子面对周围原子施加一弹性应力，这些原子就产生一定的弹性应变一样，所以可以把位错线周围的晶格畸变区看成是存在着一个弹性应力场。就正刃型位错而言，滑移面上边的原子显得拥挤，原子间距变小，晶格受到压应力；滑移面下边的原子则显得稀疏，原子间距变大，晶格受到拉应力；而在滑移面上，晶格受到的是切应力。在位错中心，即额外半原子面的边缘处，晶格畸变最大，随着距位错中心距离的增加，畸变程度逐渐减小。通常把晶格畸变程度大于其正常原子间距1/4的区域称为位错宽度，其值约为3～5个原子间距。位错线的长度很长，一般为数百到数万个原子间距，相形之下，位错宽度显得非常小，所以把位错看成是线缺陷，但事实上，位错是一条具有一定宽度的细长管道。

从以上的刃型位错模型中，可以看出其具有以下几个重要特征：

1）刃型位错有一额外半原子面。

2）位错线是一个具有一定宽度的细长晶格畸变管道，其中既有正应变，又有切应变。对于正刃型位错，滑移面之上的晶格受压应力，滑移面之下的晶格受拉应力。负刃型位错与此相反。

3）位错线与晶体的滑移方向相垂直，位错线运动的方向垂直于位错线。

**（二）螺型位错**

如图1-35a所示，设想在立方晶体右端施加一切应力，使右端上下两部分沿滑移面 $ABCD$ 发生了一个原子间距的相对切变，于是就出现了已滑移区和未滑移区的边界 $BC$，$BC$ 就是螺型位错线。从滑移面上下相邻两层晶面上原子排列的情况可以看出（图1-35b），在 $aa'$ 的右侧，晶体的上下两部分相对错动了一个原子间距，但在 $aa'$ 和 $BC$ 之间，则发现上下两层相邻原子发生了错排和不对齐的现象。这一地带称为过渡地带，此过渡地带的原子被扭曲成了螺旋形。如果从 $a$ 开始，按顺时针方向依次连接此过渡地带的各原子，每旋转一周，原子面就沿滑移方向前进一个原子间距，犹如一个右旋螺纹一样（图1-35c）。由于位错线附近的原子是按螺旋形排列的，所以这种位错叫作螺型位错。

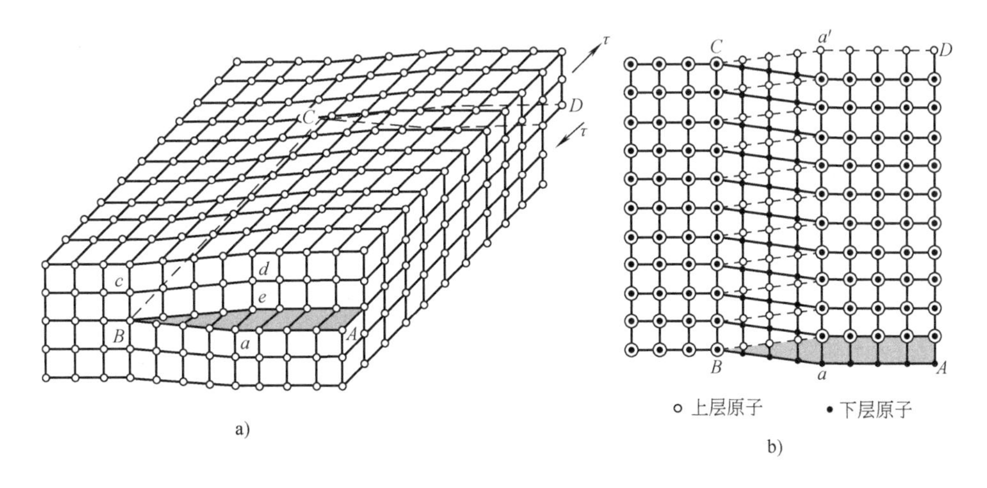


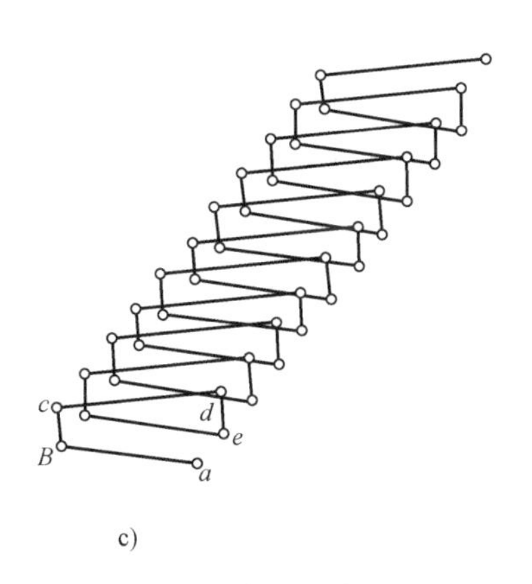


图1-35 螺型位错示意图

根据位错线附近呈螺旋形排列的原子的旋转方向的不同，螺型位错可分为左螺型位错和右螺型位错两种。通常用拇指代表螺旋的前进方向，而以其余四指代表螺旋的旋转方向。凡符合右手法则的称为右螺型位错，符合左手法则的称为左螺型位错。

螺型位错与刃型位错不同，它没有额外半原子面。在晶格畸变的细长管道中，只存在切应变，而无正应变，并且位错线周围的弹性应力场呈轴对称分布。此外，从螺型位错的模型中还可以看出，螺型位错线与晶体滑移方向平行，但位错线前进的方向与位错线相垂直。

综上所述，螺型位错具有以下重要特征：

1）螺型位错没有额外半原子面。

2）螺型位错线是一个具有一定宽度的细长的晶格畸变管道，其中只有切应变，而无正应变。

3）位错线与晶体的滑移方向平行，位错线运动的方向与位错线垂直。

**（三）柏氏矢量**

从上面介绍的两种基本类型的位错模型得知，在位错线附近的一定区域内，均发生了晶格畸变。位错的类型不同，则位错区域内的原子排列情况与晶格畸变的大小和方向都不相同。人们设想，最好能有一个量，用它不但可以表示位错的性质，而且可以表示晶格畸变的大小和方向，从而使人们在研究位错时能够摆脱位错区域内原子排列具体细节的约束，这就是所谓的柏氏矢量。现以刃型位错为例，说明柏氏矢量的确定方法（图1-36）。

1）在实际晶体中（图1-36a），从距位错一定距离的任一原子 $M$ 出发，以至相邻原子为一步，沿逆时针方向环绕位错线作一闭合回路，称为柏氏回路。

2）在完整晶体中（图1-36b），以同样的方向和步数作相同的回路，此时的回路没有封闭。

3）由完整晶体的回路终点 $Q$ 到始点 $M$ 引一矢量 $\boldsymbol{b}$，使该回路闭合，这个矢量 $\boldsymbol{b}$ 即为这条位错线的柏氏矢量。

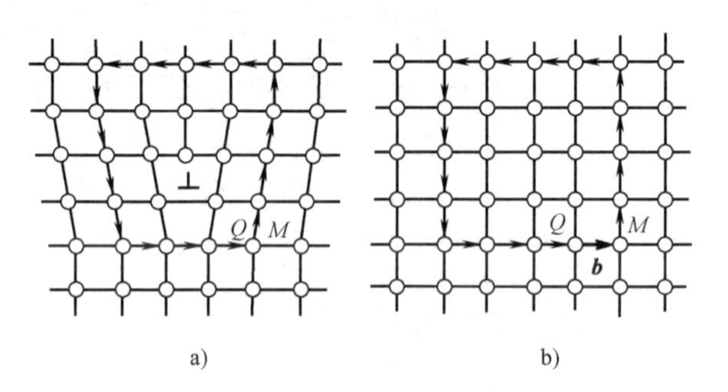


图1-36 刃型位错柏氏矢量的确定

a）实际晶体的柏氏回路 b）完整晶体的相应回路

从柏氏回路可以看出，刃型位错的柏氏矢量与其位错线相垂直，这是刃型位错的一个重要特征。

螺型位错的柏氏矢量，同样可用柏氏回路求出。与刃型位错一样，也是在含有螺型位错的晶体中作柏氏回路（图1-37），然后在完整晶体中作相似的回路，前者的回路闭合，后者的回路则不闭合，自终点向始点引一矢量 $\boldsymbol{b}$，使回路闭合，这个矢量就是螺型位错的柏氏矢量。螺型位错的柏氏矢量与其位错线相平行，这是螺型位错的重要特征。

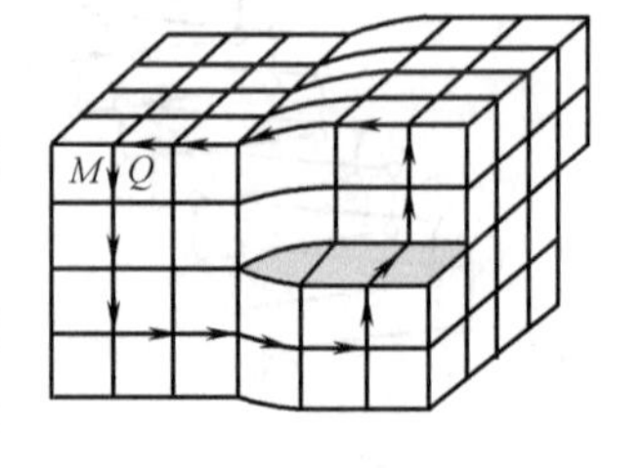


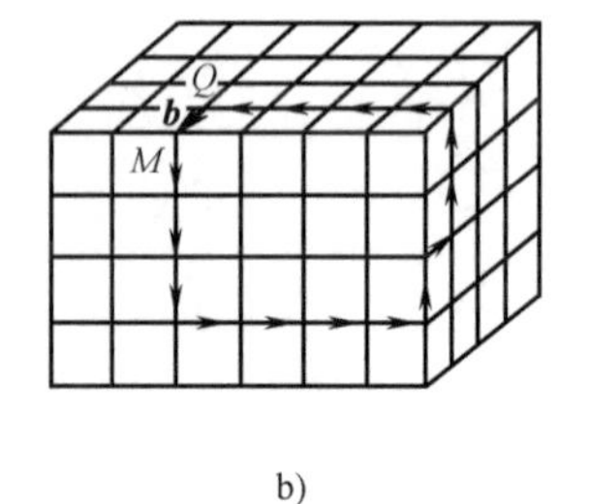


图1-37 螺型位错柏氏矢量的确定

a）实际晶体的柏氏回路 b）完整晶体的相应回路

柏氏矢量是描述位错实质的一

个很重要的标志，它集中地反映了位错区域内畸变总量的大小和方向，现将它的一些重要特性归纳如下：

1）用柏氏矢量可以判断位错的类型，不需要再去分析晶体中是否存在额外半原子面等原子排列的具体细节。如位错线与柏氏矢量垂直就是刃型位错，位错线与柏氏矢量平行，就是螺型位错。

2）用柏氏矢量可以表示位错区域晶格畸变总量的大小。位错周围的所有原子，都不同程度地偏离其平衡位置，位错中心的原子偏移量最大，离位错中心越远的原子，偏离平衡位置的量越小。通过柏氏回路将这些畸变叠加起来，畸变总量的大小即可由柏氏矢量表示出来。显然，柏氏矢量越大，位错周围的晶格畸变越严重。因此，柏氏矢量是一个反映位错引起的晶格畸变大小的物理量。

3）用柏氏矢量可以表示晶体滑移的方向和大小。已知位错线是晶体在滑移面上已滑移区和未滑移区的边界线，位错线运动时扫过滑移面，晶体即发生滑移，其滑移量的大小即柏氏矢量 $\boldsymbol{b}$，滑移的方向即柏氏矢量的方向。

4）一条位错线的柏氏矢量是恒定不变的，它与柏氏回路的大小和回路在位错线上的位置无关，回路沿位错线任意移动或任意扩大，都不会影响柏氏矢量。

5）对于一个位错来说，同时包含位错线和柏氏矢量的晶面是潜在的滑移面。刃型位错线和与之垂直的柏氏矢量所构成的平面就是该刃型位错唯一的滑移面，它只能在这个面移动。由于螺型位错线与柏氏矢量平行，任一包含位错线的晶面都是潜在的滑移面，螺型位错可以从一个滑移面滑移到另一个滑移面。

前面所描述的刃型位错线和螺型位错线都是一条直线，这是一种特殊情况。在实际晶体中，位错线一般是弯曲的，具有各种各样的形状，但是由于一根位错线具有唯一的柏氏矢量，所以当柏氏矢量与位错线既不平行又不垂直而是交成任意角度时，则位错是刃型和螺型的混合类型，因而称为混合型位错，它是晶体中较常见的一种位错线。

从图 1-38a 可以看出，晶体的右上角在外力的作用下发生切变时，其滑移面 $ACB$ 的上层原子相对于下层原子移动了一段距离（其大小等于 $b$）之后，就出现了已滑移区与未滑移区的边界线$\overset{\frown}{AC}$，这条边界线就是一条位错线。若它的柏氏矢量为 $\boldsymbol{b}$，那么可以看出，位错线上的不同线段与柏氏矢量具有不同的交角，如图 1-38b 所示。位错线在 $A$ 点处与柏氏矢量平行，为螺型位错；在 $C$ 点处与柏氏矢量垂直，为刃型位错；其余部分与柏氏矢量斜交，为

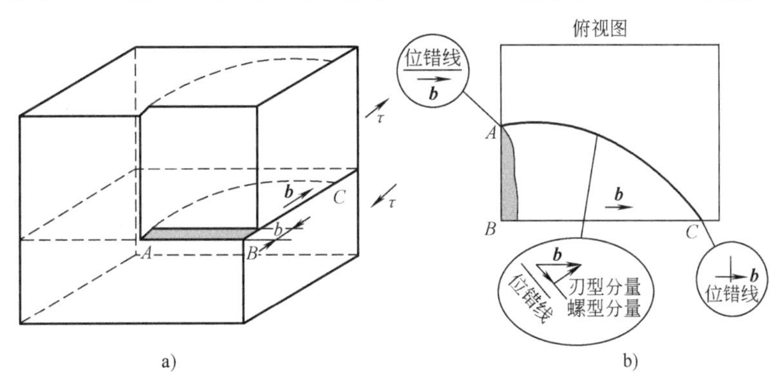


图 1-38　混合型位错

混合型位错，它可以分解为刃型位错分量和螺型位错分量，分别具有刃型位错和螺型位错的特征。图 1-39 给出了混合型位错滑移面上下层原子的排列情况。

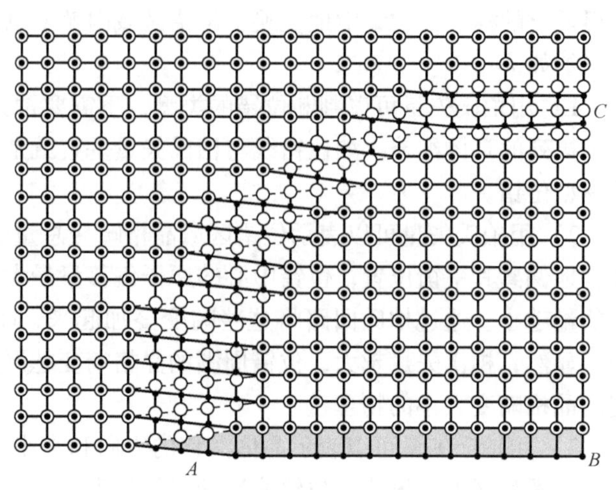


图 1-39　混合型位错的原子排列

**（四）位错密度**

应用一些物理的和化学的试验方法可以将晶体中的位错显示出来。如用浸蚀法可得到位错腐蚀坑，由于位错附近的能量较高，所以位错在晶体表面露头的地方最容易受到腐蚀，从而产生蚀坑。位错腐蚀坑与位错是一一对应的。此外，用电子显微镜可以直接观察金属薄膜中的位错组态及分布，还可以用 X 射线衍射等方法间接地检查位错的存在。

由于位错是已滑移区和未滑移区的边界，所以位错线不能中止在晶体内部，而只能中止在晶体的表面或晶界上。在晶体内部，位错线一定是封闭的，或者自身封闭成一个位错圈，或者构成三维位错网络。图 1-40 是晶体中三维位错网络示意图，图 1-41 是晶体中位错的实际照片。

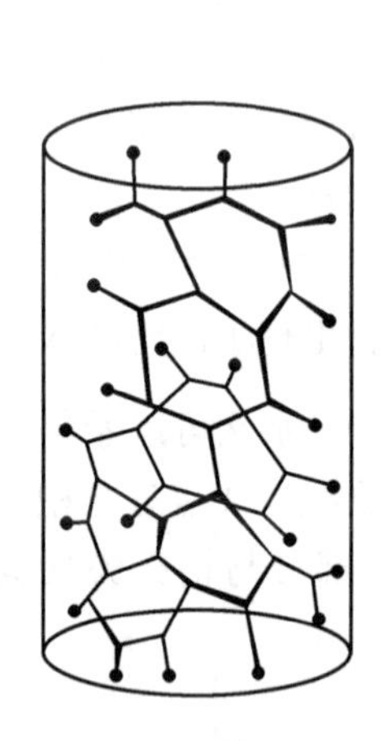

图 1-40　晶体中的位错网络示意图

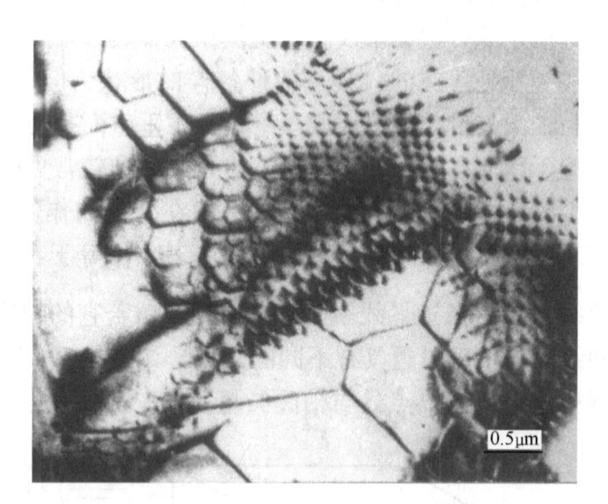


图 1-41　实际晶体中的位错网络

在实际晶体中经常含有大量的位错，通常把单位体积中所包含的位错线的总长度称为位错密度，即

$$\rho = \frac{L}{V}$$

式中，$V$ 为晶体体积；$L$ 为该晶体中位错线的总长度；$\rho$ 的单位为 $m^{-2}$。位错密度的另一个定义是：穿过单位截面面积的位错线数目，单位也是 $m^{-2}$。一般在经过充分退火的多晶体金属

中，位错密度达$10^{10} \sim 10^{12} m^{-2}$，而经剧烈冷塑性变形的金属，其位错密度高达$10^{15} \sim 10^{16} m^{-2}$，即在$1cm^3$的金属内，含有千百万公里长的位错线！

位错的存在，对金属材料的力学性能、扩散及相变等过程有着重要的影响。如果金属中不含位错，那么它将有极高的强度，目前采用一些特殊方法已能制造出几乎不含位错的结构完整的小晶体——直径约为0.05～2μm、长度为2～10mm的晶须，其变形抗力很高。例如，直径为1.6μm的铁晶须，其抗拉强度竟高达13400MPa，而工业上应用的退火纯铁，抗拉强度则低于300MPa，两者相差40多倍。不含位错的晶须，不易塑性变形，因而强度很高；而工业纯铁中含有位错，易于塑性变形，所以强度很低。如果采用冷塑性变形等方法使金属中的位错密度大大提高，则金属的强度也可以随之提高。金属强度与位错密度之间的关系如图1-42所示。图中位错密度$\rho_m$处，晶体的抗拉强度最小，相当于退火状态下的晶体强度；经加工变形后，位错密度增加。由于位错之间的相互作用和制约，晶体的强度增加。

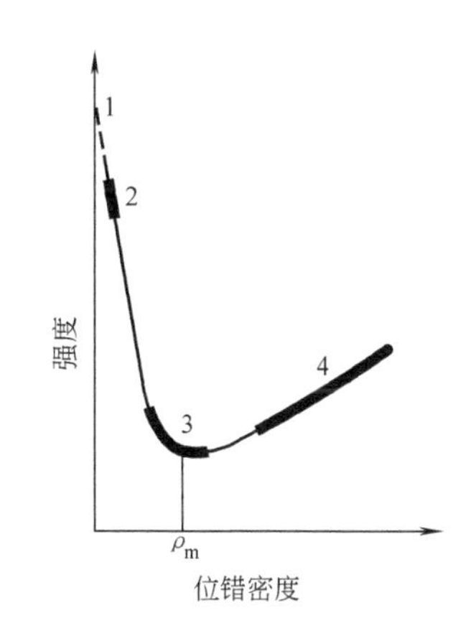


图1-42　晶体的塑性变形抗力与位错密度的关系
1—理论强度　2—晶须强度　3—未强化的纯金属强度　4—合金化、加工硬化或热处理的合金强度

## 三、面缺陷

晶体的面缺陷包括晶体的外表面（表面或自由界面）和内界面两类，其中的内界面又有晶界、亚晶界、孪晶界、堆垛层错和相界等。

### （一）晶体表面

晶体表面是指金属与真空或气体、液体等外部介质相接触的界面。处于这种界面上的原子，会同时受到晶体内部的自身原子和外部介质原子或分子的作用力。显然，这两个作用力不会平衡，内部原子对界面原子的作用力显著大于外部原子或分子的作用力。这样，表面原子就会偏离其正常平衡位置，并因而牵连到邻近的几层原子，造成表面层的晶格畸变。

由于在表面层产生了晶格畸变，所以其能量就要升高，将这种单位面积上升高的能量称为比表面能，简称表面能，单位为$J/m^2$；表面能还可以用单位长度上的表面张力表示，单位为N/m。

影响表面能的因素主要有：

（1）外部介质的性质　介质不同，则表面能不同。外部介质的分子或原子对晶体界面原子的作用力与晶体内部原子对界面原子的作用力相差越悬殊，则表面能越大，反之则表面能越小。

（2）裸露晶面的原子密度　试验结果表明，表面能的大小随裸露晶面的不同而异，当裸露的表面是密排晶面时，则表面能最小，非密排晶面的表面能则较大，因此，晶体易于使其密排晶面裸露在表面。

（3）晶体表面的曲率　表面能的大小与表面的曲率有关，表面的曲率越大，则表面能越大。即表面的曲率半径越小，则表面能越高。

此外，表面能的大小还和晶体的性质有关，如晶体本身的结合能高，则表面能大。结合能的大小与晶体的熔点有关，熔点高，则结合能大，因而表面能也往往较高。

**（二）晶界**

晶体结构相同但位向不同的晶粒之间的界面称为晶粒间界，或简称晶界。当相邻晶粒的位向差小于10°时，称为小角度晶界；位向差大于10°时，称为大角度晶界。晶粒的位向差不同，则其晶界的结构和性质也不同。现已查明，小角度晶界基本上由位错构成，大角度晶界的结构却十分复杂，目前尚不十分清楚，而多晶体金属材料中的晶界大都属于大角度晶界。

1. 小角度晶界

小角度晶界的一种类型是对称倾侧晶界，如图1-43所示，它是由两个晶粒相互倾斜$\theta/2$角（$\theta<10°$）所构成的，相当于晶界两侧的晶粒相对于晶界对称地倾斜了$\theta/2$角（图1-44）。由图1-43中可以看出，对称倾侧晶界由一系列相隔一定距离的刃型位错所组成，有时将这一列位错称为“位错墙”。

小角度晶界的另一种类型是扭转晶界，图1-45示出了扭转晶界的形成模型，它是将一个晶体沿中间平面切开（图1-45a），然后使右半晶体沿垂直于切面的$Y$轴旋转$\theta$角（$\theta<10°$），再与左半晶体会合在一起（图1-45b），结果使晶体的两部分之间形成了扭转晶界。该晶界上的原子排列如图1-46所示，它由互相交叉的螺型位错所组成。

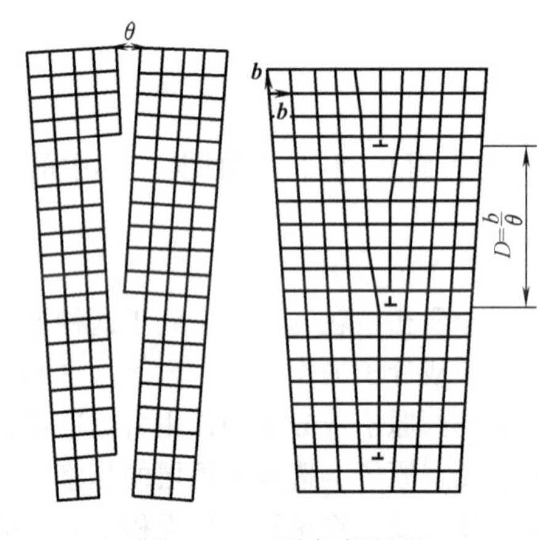


图1-43　对称倾侧晶界

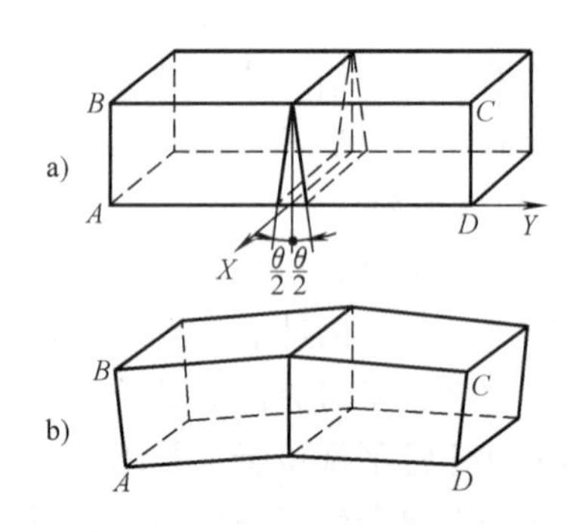


图1-44　对称倾侧晶界的形成
a）倾侧前　b）倾侧后

小角度晶界的位错结构已由试验证明，图1-47示出$PbMoO_4$单晶亚晶界上位错腐蚀坑的分布。对称倾侧晶界和扭转晶界是小角度晶界的两种简单形式，大多数小角度晶界一般是刃型位错和螺型位错的组合。

2. 大角度晶界

当相邻晶粒间的位向差大于10°时，晶粒间的界面属于大角度晶界。一般认为，大角度晶界可能接近于图1-48所示的模型，即相邻晶粒在邻接处的形状由不规则的台阶所组成。界面上既包含有不属于任一晶粒的原子$A$，也含有同时属于两晶粒的原子$D$；既包含有压缩区$B$，也包含有扩张区$C$。总之，大角度晶界中的原子排列比较紊乱，但也存在一些比较整齐的区域。因此可以把晶界看作是原子排列紊乱的区域（简称为坏区）与原子排列较整齐的区域（简称为好区）交替相间而成。晶界很薄，纯金属中大角度晶界的厚度不超过三个原子间距。

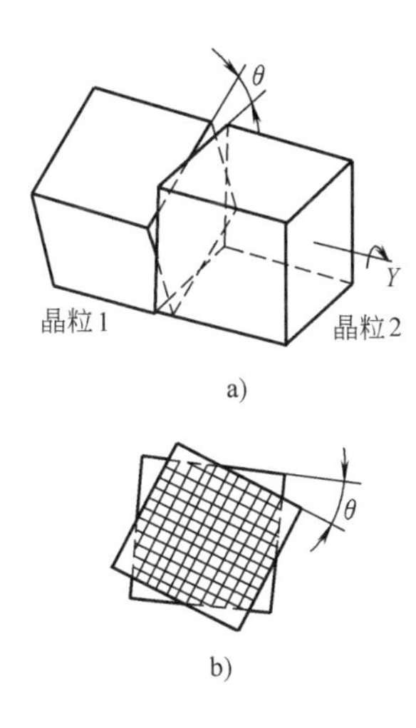


图 1-45 扭转晶界形成模型

a）晶粒 2 相对于晶粒 1 绕 $Y$ 轴旋转 $\theta$ 角

b）晶粒 1、2 之间的螺型位错交叉网络

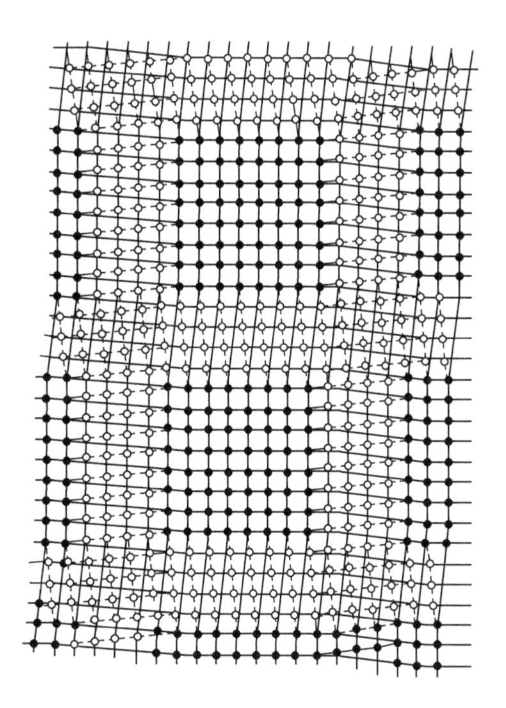

图 1-46 扭转晶界的结构

（小黑点代表晶界下面的原子，小圆圈代表晶界上面的原子）

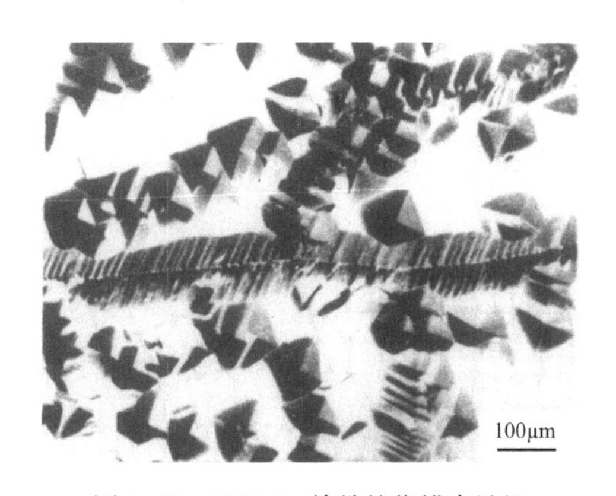


图 1-47 $PbMoO_4$ 单晶的位错腐蚀坑

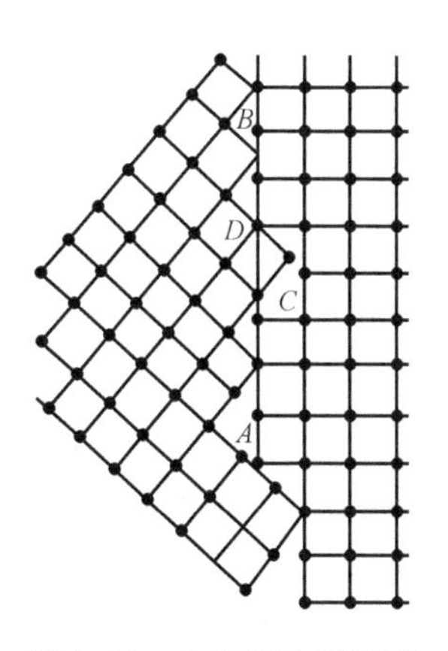


图 1-48 大角度晶界模型

**（三）亚晶界**

实际晶体中，每个晶粒内的原子排列并不是十分整齐的，往往能够观察到这样的亚结构，由直径为10～100μm 的晶块组成，彼此间存在极小的位向差（通常 <2°）。这些晶块之间的内界面称为亚晶粒间界，简称亚晶界，如图 1-49 所示。

亚结构和亚晶界的含义是广泛的，它们分别泛指尺寸比晶粒更小的所有细微组织及其分界面。它们可在凝固时形成，可在形变时形成，也可在回复再结晶时形成，还可在固态相变时形成，如形变亚结构和形变退火时（多边形化）形成的亚晶和它们之间的界面均属于此类。亚晶界为小角度晶界，这点已由大量试验结果所证明。

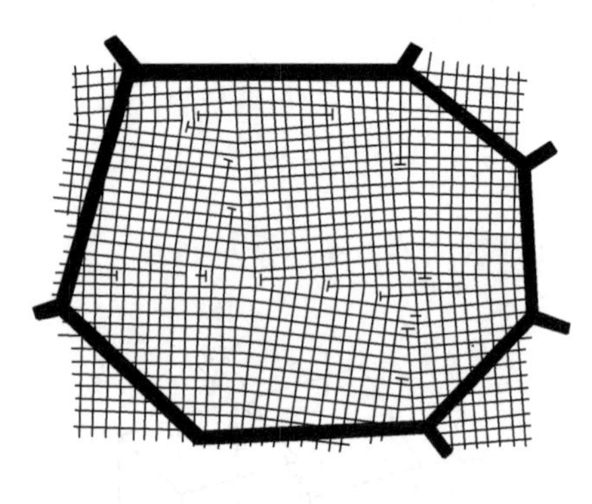

图 1-49　金属晶粒内的结构示意图

**（四）堆垛层错**

在实际晶体中，晶面堆垛顺序发生局部差错而产生的一种晶体缺陷称为堆垛层错，简称层错，它也是一种面缺陷，通常发生于面心立方金属。完整面心立方结构是以密排面{1 1 1}按 *ABC ABC ABC* 顺序堆垛的，但假设晶体的堆垛顺序为：

$$A\ B\ C\ A\ B\ A\ B\ C\ A\ B\ C$$

相当于抽掉了第二个 *C* 层，在局部区域出现了密排六方结构的 *AB AB* 堆垛顺序的特征。这样一来，就破坏了晶体的周期性、完整性，引起能量升高。通常把产生单位面积层错所需的能量称为层错能，表 1-2 列举了一些金属的层错能。金属的层错能越小，则层错出现的概率越大，如在奥氏体不锈钢和 α 黄铜中，可以看到大量的层错，而在铝中则根本看不到层错。

**表 1-2　某些金属及合金的层错能**

| 金　属 | Ni | Al | Cu | Au | Ag | 黄铜（$r_{Zn}=10\%$） | 不锈钢 |
|---|---|---|---|---|---|---|---|
| 层错能/$J\cdot m^{-2}$ | 0.4 | 0.2 | 0.075 | 0.06 | 0.02 | 0.035 | 0.015 |

**（五）相界**

具有不同晶体结构的两相之间的分界面称为相界。相界的结构有三类，即共格界面、半共格界面和非共格界面。所谓共格界面是指界面上的原子同时位于两相晶格的结点上，为两种晶格所共有。界面上原子的排列既符合这个相晶粒内的原子排列规律，又符合另一个相晶粒内原子排列的规律。图 1-50a 所示为一种具有完善共格关系的相界，在相界上，两相原子匹配得很好，几乎没有畸变，虽然，这种相界的能量最低，但这种相界很少。一般两相的晶体结构或多或少地会有所差异，因此在共格界面上，两相晶体的原子间距存在着差异，从而必然或多或少地存在着弹性畸变，即使相界一侧的晶体（原子间距大）受到压应力，而另一侧（原子间距小）受到拉应力（图 1-50b）。界面两边原子排列相差越大，则弹性畸变越大，这时相界的能量

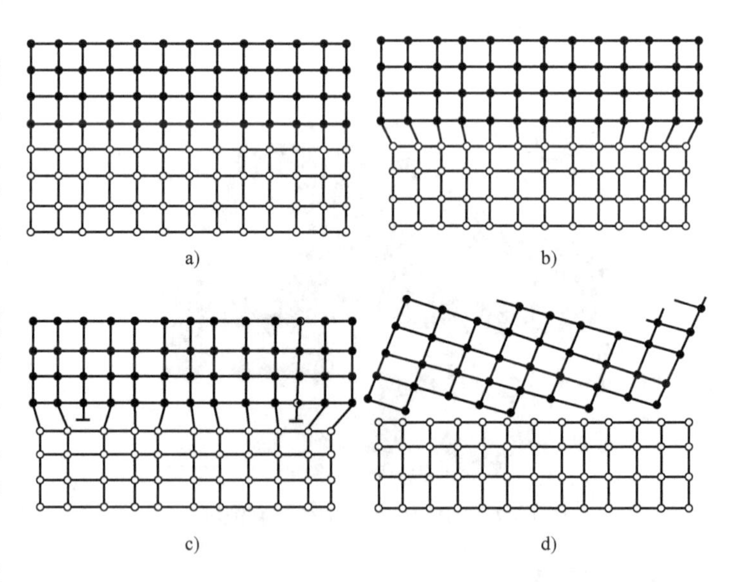


图 1-50　各种相界面结构示意图

a）具有完善共格关系的相界　b）具有弹性畸变的共格相界

c）半共格相界　d）非共格相界

提高，当相界的畸变能高至不能维持共格关系时，则共格关系破坏，变成一种非共格相界（图 1-50d）。介于共格与非共格之间的是半共格相界（图 1-50c），界面上的两相原子部分地保持着对应关系。其特征是沿相界面每隔一定距离即存在一个刃型位错。非共格界面的界面能最高，半共格界面的界面能次之，共格界面的界面能最低。

**（六）晶界特性**

由于晶界的结构与晶粒内部有所不同，就使晶界具有一系列不同于晶粒内部的特性。首先，由于晶界上的原子或多或少地偏离了其平衡位置，因而就会或多或少地具有晶界能，一般为 $1 \sim 3 J \cdot m^{-2}$。晶界能越高，则晶界越不稳定。因此，高的晶界能就具有向低的晶界能转化的趋势，这就导致了晶界的运动。晶粒长大和晶界的平直化都可减少晶界的总面积，从而降低晶界的总能量。理论和试验结果都表明，大角度晶界的晶界能远高于小角度晶界的晶界能，所以大角度晶界的迁移速率较小角度晶界大。当然，晶界的迁移是原子的扩散过程，只有在比较高的温度下才有可能进行。

由于晶界能的存在，当金属中存在有能降低晶界能的异类原子时，这些原子就将向晶界偏聚，这种现象称为内吸附。例如，往钢中加入微量的硼（$w_B < 0.005\%$），即向晶界偏聚，这对钢的性能有重要影响。相反，凡是提高晶界能的原子，将会在晶粒内部偏聚，这种现象叫作反内吸附。内吸附和反内吸附现象对金属及合金的性能和相变过程有着重要的影响。

由于晶界上存在着晶格畸变，因而在室温下对金属材料的塑性变形起着阻碍作用，在宏观上表现为使金属材料具有更高的强度和硬度。显然，晶粒越细，金属材料的强度和硬度便越高。因此，对于在较低温度下使用的金属材料，一般总是希望获得较细小的晶粒。

此外，由于晶界能的存在，使晶界的熔点低于晶粒内部，且易于腐蚀和氧化。晶界上的空位、位错等缺陷较多，因此原子的扩散速度较快，在发生相变时，新相晶核往往首先在晶界形成。

## 习　题

1-1　作图表示出立方晶系 $(1\,2\,3)$、$(0\,\bar{1}\,\bar{2})$、$(4\,2\,1)$ 等晶面和 $[\bar{1}\,0\,2]$、$[\bar{2}\,1\,1]$、$[3\,4\,6]$ 等晶向。

1-2　立方晶系的 $\{1\,1\,1\}$ 晶面构成一个八面体，试作图画出该八面体，并注明各晶面的晶面指数。

1-3　某晶体的原子位于四方晶格的结点上，其晶格常数 $a = b \neq c$，$c = \frac{2}{3}a$。今有一晶面在 $X$、$Y$、$Z$ 坐标轴上的截距分别为 5 个原子间距、2 个原子间距和 3 个原子间距，求该晶面的晶面指数。

1-4　体心立方晶格的晶格常数为 $a$，试求出 $(1\,0\,0)$、$(1\,1\,0)$、$(1\,1\,1)$ 晶面的面间距大小，并指出面间距最大的晶面。

1-5　已知面心立方晶格的晶格常数为 $a$，试求出 $(1\,0\,0)$、$(1\,1\,0)$、$(1\,1\,1)$ 晶面的晶面间距，并指出面间距最大的晶面。

1-6　试从面心立方晶格中绘出体心正方晶胞，并求出它的晶格常数。

1-7　证明理想密排六方晶胞中的轴比 $c/a = 1.633$。

1-8　试证明面心立方晶格的八面体间隙半径 $r = 0.414R$，四面体间隙半径 $r = 0.225R$；体心立方晶格的八面体间隙半径：$\langle 1\,0\,0 \rangle$ 晶向的 $r = 0.154R$，$\langle 1\,1\,0 \rangle$ 晶向的 $r = 0.633R$；四面体间隙半径 $r = 0.291R$（$R$ 为原子半径）。

1-9　a）设有一刚球模型，球的直径不变，当由面心立方晶格转变为体心立方晶格时，试计算其体积膨胀。b）经 X 射线测定，在 912℃时 γ-Fe 的晶格常数为 0.3633nm，α-Fe 的晶格常数为 0.2892nm，当由

γ-Fe 转变为 α-Fe 时，试求其体积膨胀，并与 a）相比较，说明其差别的原因。

1-10　已知铁和铜在室温下的晶格常数分别为 0.286nm 和 0.3607nm，求 $1cm^3$ 中铁和铜的原子数。

1-11　一个位错环能否各部分都是螺型位错或各部分都是刃型位错，试说明之。

1-12　在一个简单立方的二维晶体中，画出一个正刃型位错和一个负刃型位错，并

1）用柏氏回路求出正负刃型位错的柏氏矢量。

2）若将正负刃型位错反向，其柏氏矢量是否也随之改变？

3）具体写出该柏氏矢量的方向和大小。

1-13　试计算体心立方晶格 {1 0 0}、{1 1 0}、{1 1 1} 等晶面的原子密度和 <1 0 0>、<1 1 0>、<1 1 1>等晶向的原子密度，并指出其最密晶面和最密晶向。（提示：晶面的原子密度为单位面积上的原子数，晶向的原子密度为单位长度上的原子数。）

1-14　当晶体为面心立方晶格时，重复回答题 1-13 所提出的问题。

1-15　有一正方形位错线，其柏氏矢量及位错线的方向如图 1-51 所示。试指出图中各段位错线的性质，并指出刃型位错额外串排原子面所处的位置。

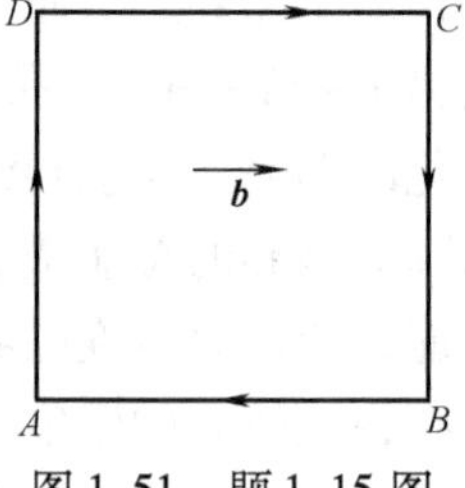

图 1-51　题 1-15 图

Chapter 2

# 第二章 纯金属的结晶

金属由液态转变为固态的过程称为凝固，由于凝固后的固态金属通常是晶体，所以又将这一转变过程称为结晶。一般的金属制品都要经过熔炼和铸造，也就是说都要经历由液态转变为固态的结晶过程。金属在焊接时，焊缝中的金属也要发生结晶。金属结晶后所形成的组织，包括各种相的形状、大小和分布等，将极大地影响到金属的加工性能和使用性能。对于铸件和焊接件来说，结晶过程基本上决定了它的使用性能和使用寿命，而对于尚需进一步加工的铸锭来说，结晶过程既直接影响它的轧制和锻压工艺性能，又不同程度地影响其制成品的使用性能。因此，研究和控制金属的结晶过程，已成为提高金属力学性能和工艺性能的一个重要手段。

此外，液相向固相的转变又是一个相变过程。因此，掌握结晶过程的基本规律将为研究其他相变奠定基础。纯金属和合金的结晶，两者既有联系又有区别，显然，合金的结晶比纯金属的结晶要复杂些，为了便于研究问题，这里先介绍纯金属的结晶。

## 第一节　金属结晶的现象

结晶过程是一个十分复杂的过程，尤其是金属不透明，它的结晶过程不能直接观察，这给研究带来了困难。为了揭示金属结晶的基本规律，这里先从结晶的宏观现象入手，进而再去研究结晶过程的微观本质。

### 一、结晶过程的宏观现象

利用图 2-1 所示的试验装置，先将纯金属放入坩埚中加热熔化成液态，然后插入热电偶以测量温度，让液态金属缓慢而均匀地冷却，并用 X-Y 记录仪将冷却过程中的温度与时间记录下来，便获得了图 2-2 所示的冷却曲线。这一试验方法称为热分析法，冷却曲线又称热分析曲线。从热分析曲线可以

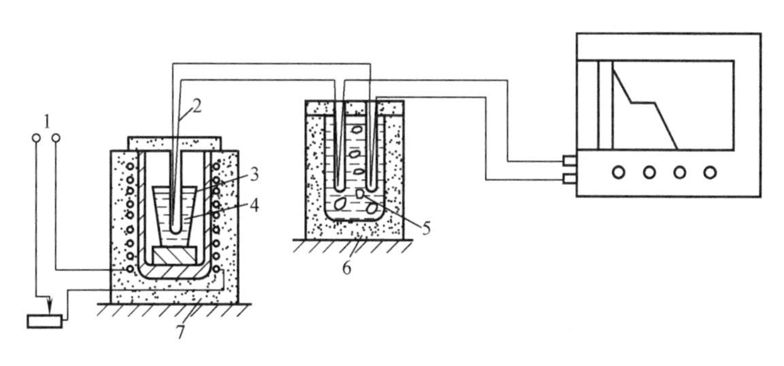


图 2-1　热分析装置示意图

1—电源　2—热电偶　3—坩埚　4—金属

5—冰水（0℃）　6—恒温器　7—电炉

看出结晶过程的两个十分重要的宏观特征。

### （一）过冷现象

从图2-2可以看出，金属在结晶之前，温度连续下降，当液态金属冷却到理论结晶温度 $T_m$（熔点）时，并未开始结晶，而是需要继续冷却到 $T_m$ 之下某一温度 $T_n$，液态金属才开始结晶。金属的理论结晶温度 $T_m$ 与实际结晶温度 $T_n$ 之差，称为过冷度，以 $\Delta T$ 表示，$\Delta T = T_m - T_n$。过冷度越大，则实际结晶温度越低。

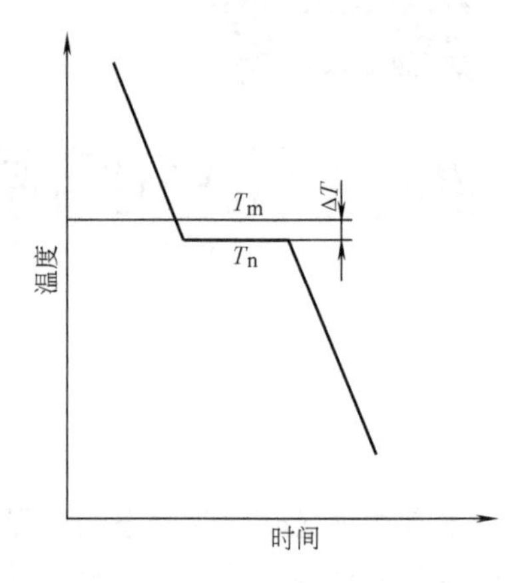


图2-2　纯金属结晶时的冷却曲线示意图

过冷度随金属的本性和纯度的不同，以及冷却速度的差异可以在很大的范围内变化。金属不同，过冷度的大小也不同；金属的纯度越高，则过冷度越大。当以上两因素确定之后，过冷度的大小主要取决于冷却速度，冷却速度越大，则过冷度越大，即实际结晶温度越低。反之，冷却速度越慢，则过冷度越小，实际结晶温度越接近理论结晶温度。但是，不管冷却速度多么缓慢，也不可能在理论结晶温度进行结晶，即对于一定的金属来说，过冷度有一最小值，若过冷度小于这个值，结晶过程就不能进行。

### （二）结晶潜热

1mol 物质从一个相转变为另一个相时，伴随着放出或吸收的热量称为相变潜热。金属熔化时从固相转变为液相是吸收热量，而结晶时从液相转变为固相则放出热量，前者称为熔化潜热，后者称为结晶潜热，它可从图2-2冷却曲线上反映出来。当液态金属的温度到达结晶温度 $T_n$ 时，由于结晶潜热的释放，补偿了散失到周围环境的热量，所以在冷却曲线上出现了平台，平台延续的时间就是结晶过程所用的时间，结晶过程结束，结晶潜热释放完毕，冷却曲线便又继续下降。冷却曲线上的第一个转折点，对应着结晶过程的开始，第二个转折点则对应着结晶过程的结束。

在结晶过程中，如果释放的结晶潜热大于向周围环境散失的热量，温度将会回升，甚至发生已经结晶的局部区域的重熔现象。因此，结晶潜热的释放和散失，是影响结晶过程的一个重要因素，应当予以重视。

## 二、金属结晶的微观过程

结晶过程是怎样进行的？它的微观过程怎样？为了搞清这一问题，20世纪20年代，人们首先研究了透明的易于观察的有机物的结晶过程。后来发现，无论是非金属还是金属，在结晶时均遵循着相同的规律，即结晶过程是形核与长大的过程。结晶时首先在液体中形成具有某一临界尺寸的晶核，然后这些晶核再不断凝聚液体中的原子继续长大。形核过程与长大过程既紧密联系又相互区别。图2-3示意地表示了微小体积的液态金属的结晶过程，图2-4为氯化铵形核和长大过程的照片。当液态金属过冷至理论结晶温度以下的实际结晶温度时，晶核并未立即出生，而是经一定时间后才开始出现第一批晶核。结晶开始前的这段停留时间称为孕育期。随着时间的推移，已形成的晶核不断长大，与此同时，液态金属中又产生第二批晶核。依次类推，原有的晶核不断长大，同时又不断产生新的第三批、第四批晶核……就这样液态金属中不断形核，不断长大，使液态金属越来越少，直到各个晶体相互接触，液态

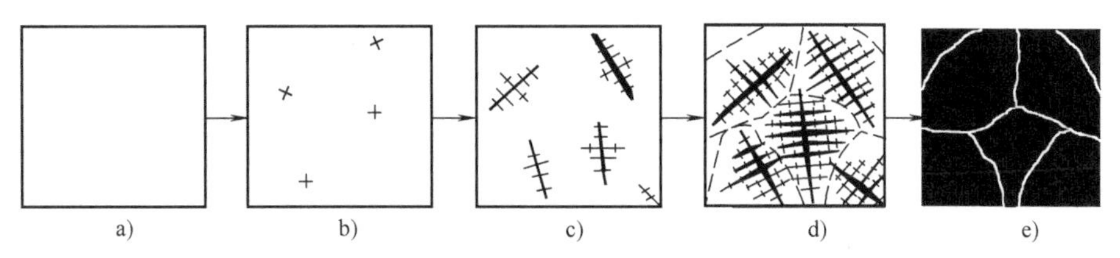


图 2-3 纯金属结晶过程示意图

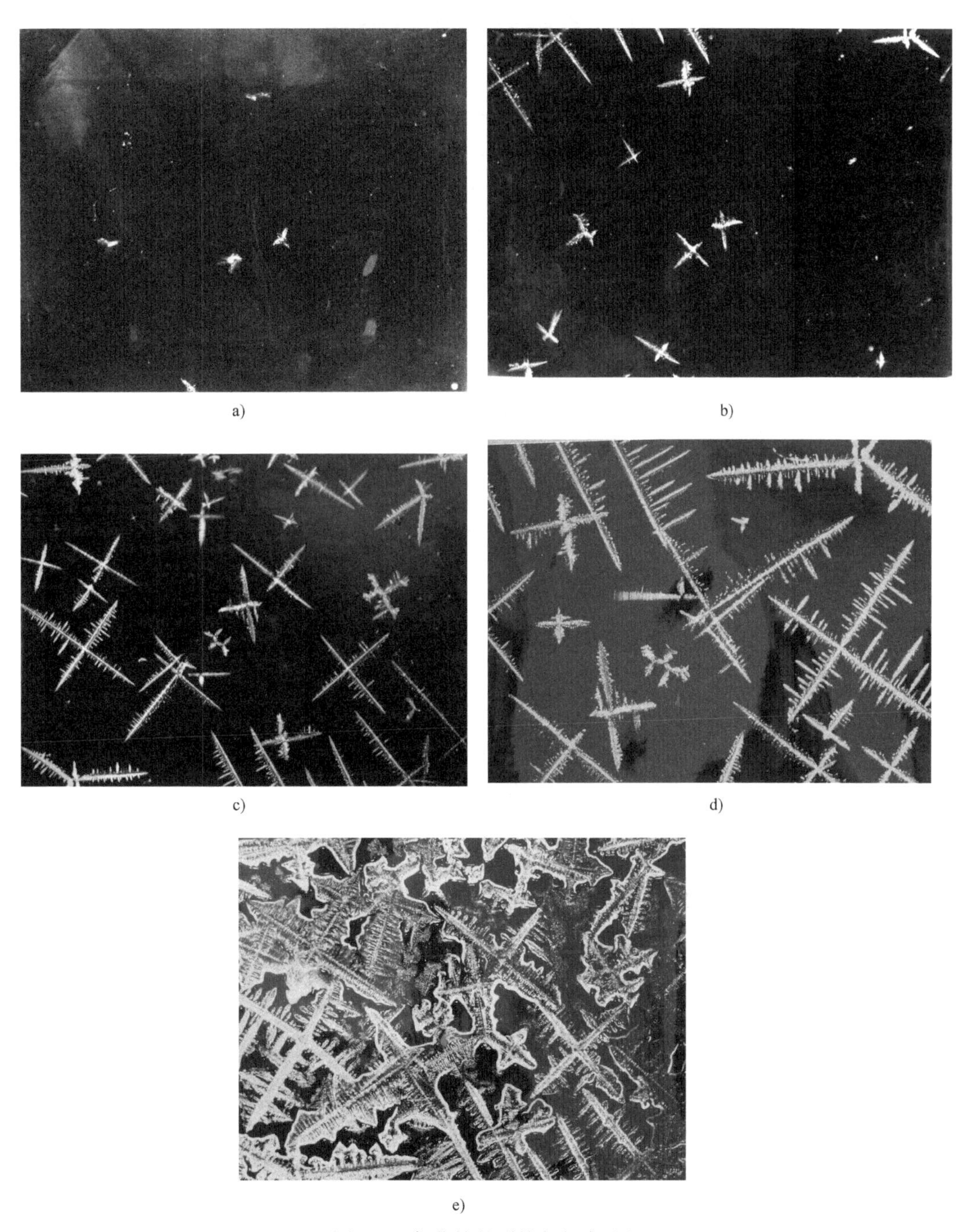


图 2-4 氯化铵的形核与长大过程

金属耗尽，结晶过程便告结束。由一个晶核长成的晶体，就是一个晶粒。由于各个晶核是随机形成的，其位向各不相同，所以各晶粒的位向也不相同，这样就形成一块多晶体金属。如果在结晶过程中只有一个晶核形成并长大，那么就形成一块单晶体金属。

总之，结晶过程是由形核和长大两个过程交错重叠在一起的，对一个晶粒来说，它严格地区分为形核和长大两个阶段，但从整体上来说，两者是互相重叠交织在一起的。

## 第二节　金属结晶的热力学条件

为什么液态金属在理论结晶温度不能结晶，而必须在一定的过冷条件下才能进行呢？这是由热力学条件决定的。热力学第二定律指出：在等温等压条件下，物质系统总是自发地从自由能较高的状态向自由能较低的状态转变。这就说明，对于结晶过程而言，结晶能否发生，取决于固相的自由能是否低于液相的自由能。如果液相的自由能高于固相的自由能，那么液相将自发地转变为固相，即金属发生结晶，从而使系统的自由能降低，处于更为稳定的状态。液相金属和固相金属的自由能之差，就是促使这种转变的驱动力。

热力学指出，金属的状态不同，则其自由能也不同。状态的吉布斯自由能定义为：

$$G = H - TS \tag{2-1}$$

式中，$H$ 为焓；$S$ 为熵；$T$ 为热力学温度。而且

$$G = U + pV - TS \tag{2-2}$$

式中，$U$ 为内能；$p$ 为压力；$V$ 为体积。$G$ 的全微分为：

$$\mathrm{d}G = \mathrm{d}U + p\mathrm{d}V + V\mathrm{d}p - T\mathrm{d}S - S\mathrm{d}T \tag{2-3}$$

根据热力学第一定律

$$\mathrm{d}U = T\mathrm{d}S - p\mathrm{d}V \tag{2-4}$$

将式（2-4）代入式（2-3）得到：

$$\mathrm{d}G = V\mathrm{d}p - S\mathrm{d}T \tag{2-5}$$

由于结晶一般在等压条件下进行，即 $\mathrm{d}p = 0$，所以式（2-5）可以写为：

$$\mathrm{d}G = -S\mathrm{d}T$$

或

$$\frac{\mathrm{d}G}{\mathrm{d}T} = -S \tag{2-6}$$

熵的物理意义是表征系统中原子排列混乱程度的参数。温度升高，原子的活动能力提高，因而原子排列的混乱程度增加，即熵值增加，系统的自由能也就随着温度的升高而降低。图2-5是纯金属液、固两相自由能随温度变化的示意图，由图可见，液相和固相的自由能都随着温度的升高而降低。由于液态金属原子排列的混乱程度比固态金属的大，即 $S_L > S_S$，也就是液相自由能曲线的斜率较固相的大，所以液相自由能降低得更快些。既然两条曲线的斜率不同，因而两条曲线必然在某一温度相交，此时的液、固两相自由能相等，即 $G_L = G_S$，它表示两相可以同时共存，具有同样的稳定性，既不熔化，

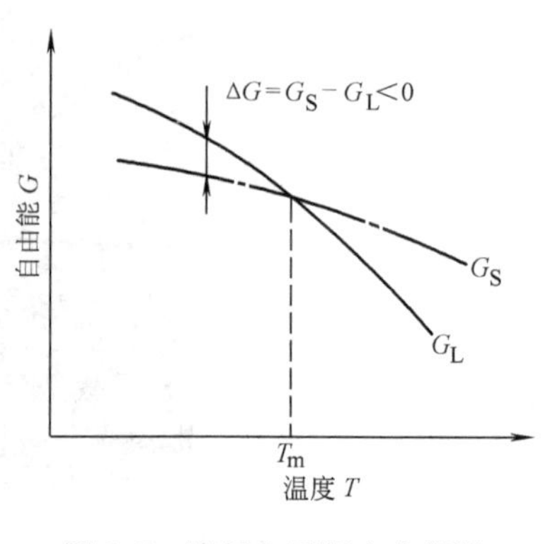


图2-5　液相和固相自由能随温度变化示意图

也不结晶，处于热力学平衡状态，这一温度就是理论结晶温度 $T_m$。从图 2-5 还可以看出，只有当温度低于 $T_m$ 时，固态金属的自由能才低于液态金属的自由能，液态金属可以自发地转变为固态金属。如果温度高于 $T_m$，液态金属的自由能低于固态金属的自由能，此时固态金属要熔化成液态，因为只有这样自由能才能降低。由此可见，液态金属要结晶，其结晶温度一定要低于理论结晶温度 $T_m$，此时的固态金属的自由能低于液态金属的自由能，两相自由能之差构成了金属结晶的驱动力。

现在分析当液相向固相转变时，单位体积自由能的变化 $\Delta G_V$ 与过冷度 $\Delta T$ 的关系。

由于 $\Delta G_V = G_S - G_L$，由式（2-1）可知：

$$\Delta G_V = H_S - TS_S - (H_L - TS_L) = H_S - H_L - T(S_S - S_L) = -(H_L - H_S) - T\Delta S$$

式中，$H_L - H_S = \Delta H_f$ 为熔化潜热，且 $\Delta H_f > 0$。因此

$$\Delta G_V = -\Delta H_f - T\Delta S \tag{2-7}$$

当结晶温度 $T = T_m$ 时，$\Delta G_V = 0$，即 $\Delta H_f = -T_m \Delta S$。此时

$$\Delta S = -\frac{\Delta H_f}{T_m} \tag{2-8}$$

当结晶温度 $T < T_m$ 时，由于 $\Delta S$ 的变化很小，可视为常数。将式（2-8）代入式（2-7），得到：

$$\Delta G_V = -\Delta H_f + T\frac{\Delta H_f}{T_m} = -\Delta H_f\left(\frac{T_m - T}{T_m}\right) = -\Delta H_f\frac{\Delta T}{T_m} \tag{2-9}$$

可见，要获得结晶过程所必需的驱动力，一定要使实际结晶温度低于理论结晶温度，这样才能满足结晶的热力学条件。过冷度越大，固、液两相自由能的差值越大，即相变驱动力越大，结晶速度便越快。这就是金属结晶时必须过冷的根本原因。

## 第三节　金属结晶的结构条件

金属的结晶是晶核的形成和长大的过程，而晶核是由晶胚生成的，那么，晶胚又是什么呢？它是怎样转变成晶核的？这些问题都涉及液态金属的结构条件，因此，了解液态金属的结构，对于深入理解结晶时的形核和长大过程十分重要。

大量的试验结果表明，液态金属的结构与固态相似，而与气态金属根本不同。例如，金属熔化时的体积增加很小（3%~5%），说明固态金属与液态金属的原子间距相差不大；液态金属的配位数比固态金属的有所降低，但变化不大，而气态金属的配位数却是零；金属熔化时的熵值较室温时的熵值有显著增加，这意味着其原子排列的有序程度受到很大的破坏；液态金属结构的 X 射线研究结果表明，在液态金属的近邻原子之间具有某种与晶体结构类似的规律性，这种规律性不像晶体那样延伸至长距离。

根据以上的试验结果，可以勾画出液态金属结构的示意图，如图 2-6 所示。在液体中的微小范围内，存在着按紧密接触规则排列的原子集团，称为短程有序，但在大范围内原子是无序分布的。而在晶体中大范围内的原子却是呈有序排列的，称为长程有序。

应当指出，液态金属中短程规则排列的原子集团并不是固定不动、一成不变的，而是处于不断地变化之中。由于液态金属原子的热运动很激烈，而且原子间距较大，结合较弱，所以液态金属原子在其平衡位置停留的时间很短，很容易改变自己的位置，这就使短程有序的原子集团只能维持短暂的时间即被破坏而消失。与此同时，在其他地方又会出现新的短程有

序的原子集团。前一瞬间属于这个短程有序原子集团的原子，下一瞬间可能属于另一个短程有序的原子集团。短程有序的原子集团就是这样处于瞬间出现，瞬间消失，此起彼伏，变化不定的状态之中，仿佛在液态金属中不断涌现出一些极微小的固态结构一样。这种不断变化着的短程有序原子集团称为结构起伏，或称为相起伏。

在液态金属中，每一瞬间都涌现出大量的尺寸不等的相起伏，在一定的温度下，不同尺寸的相起伏出现的概率不同，如图 2-7 所示。尺寸大的和尺寸小的相起伏出现的概率都很小，在每一温度下出现的尺寸最大的相起伏存在着一个极限值 $r_{max}$，$r_{max}$ 的尺寸大小与温度有关。温度越高，则 $r_{max}$ 尺寸越小；温度越低，则 $r_{max}$ 尺寸越大（图 2-8）。在过冷的液相中，$r_{max}$ 尺寸可达几百个原子的范围。根据结晶的热力学条件可以判断，只有在过冷液体中出现的尺寸较大的相起伏才有可能在结晶时转变成为晶核，这些相起伏就是晶核的胚芽，称为晶胚。

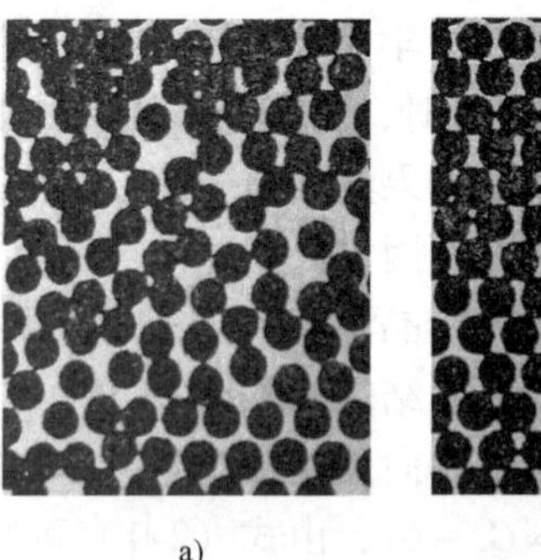

a)

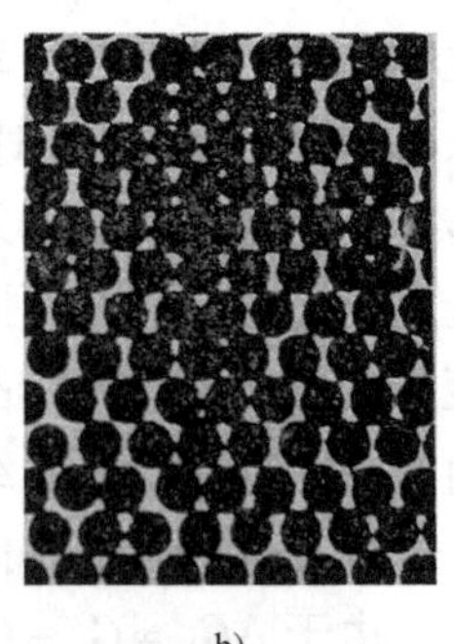

b)

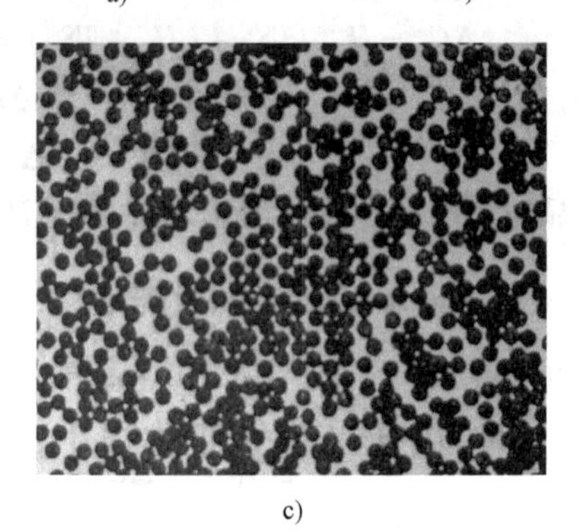

c)

图 2-6　液体、晶体和液体中的相起伏示意图

a）液体　b）晶体　c）液体中的相起伏

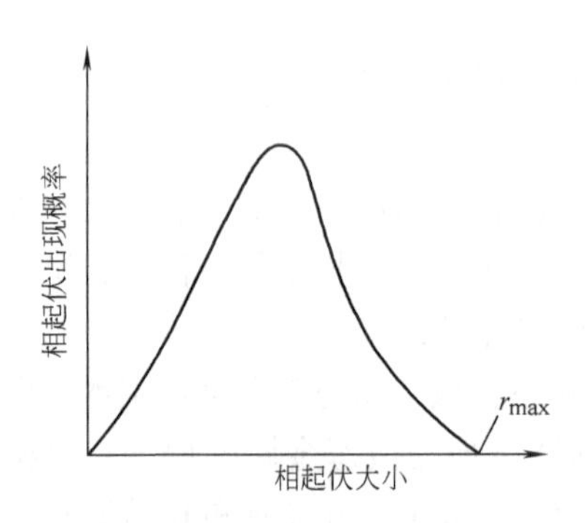


图 2-7　液态金属中不同尺寸的相起伏出现的概率

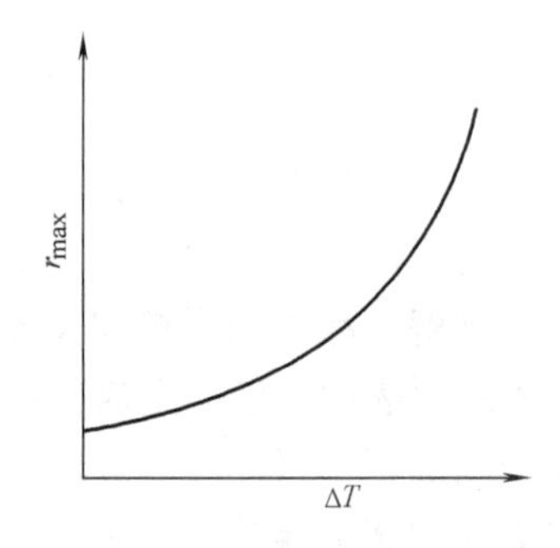


图 2-8　最大相起伏尺寸与过冷度的关系

总之，液态金属的一个重要特点是存在着相起伏，只有在过冷液体中的相起伏才能成为晶胚。但是，并不是所有的晶胚都可以转变成为晶核。要转变成为晶核，必须满足一定的条件，这就是形核规律所要讨论的问题。

## 第四节　晶核的形成

在过冷液体中形成固态晶核时，可能有两种形核方式：一种是均匀形核，又称均质形核或自发形核；另一种是非均匀形核，又称异质形核或非自发形核。若液相中各个区域出现新

相晶核的概率都是相同的，这种形核方式即为均匀形核；反之，新相优先出现于液相中的某些区域称为非均匀形核。前者是指液态金属绝对纯净，无任何杂质，也不和型壁接触，只是依靠液态金属的能量变化，由晶胚直接生核的过程。显然这是一种理想情况，在实际液态金属中，总是或多或少地含有某些杂质，因此晶胚常常依附于这些固态杂质质点（包括型壁）上形成晶核，所以实际金属的结晶主要按非均匀形核方式进行。为了便于讨论，首先研究均匀形核，由此得出的基本规律不但对研究非均匀形核有指导作用，而且是研究固态相变的基础。

## 一、均匀形核

### （一）形核时的能量变化和临界晶核半径

前面曾经指出，在过冷的液体中并不是所有的晶胚都可以转变成为晶核，只有那些尺寸等于或大于某一临界尺寸的晶胚才能稳定地存在，并能自发地长大。这种等于或大于临界尺寸的晶胚即为晶核。为什么过冷液体形核要求晶核具有一定的临界尺寸，这需要从形核时的能量变化进行分析。

在一定的过冷度条件下，固相的自由能低于液相的自由能，当在此过冷液体中出现晶胚时，一方面原子从液态转变为固态将使系统的自由能降低，它是结晶的驱动力；另一方面，由于晶胚构成新的表面，固液界面间产生界面能，从而使系统的自由能升高，它是结晶的阻力。若晶胚的体积为 $V$，表面积为 $S$，固、液两相单位体积自由能差为 $\Delta G_V$，单位面积界面能为 $\sigma$，则系统自由能的总变化为：

$$\Delta G = V\Delta G_V + S\sigma \tag{2-10}$$

式（2-10）右端的第一项是液体中出现晶胚时所引起的体积自由能的变化，如果是过冷液体，则 $\Delta G_V$ 为负值，否则为正值。第二项是液体中出现晶胚时所引起的界面能变化，这一项总是正值。显然，第一项的绝对值越大，越有利于结晶；第二项的绝对值越小，也越有利于结晶。为了计算上的方便，假设过冷液体中出现一个半径为 $r$ 的球状晶胚，它所引起的自由能变化为：

$$\Delta G = \frac{4}{3}\pi r^3 \Delta G_V + 4\pi r^2 \sigma \tag{2-11}$$

由式（2-11）可知，体积自由能的变化与晶胚半径的立方成正比，而界面能的变化与半径的平方成正比。总的自由能是体积自由能和界面能的代数和，它与晶胚半径的变化关系如图 2-9 所示，它是由式（2-11）中第一项和第二项两条曲线叠加而成的。由于第一项即体积自由能随 $r$ 的立方而减小，而第二项即界面能随 $r$ 的平方而增加，所以当 $r$ 增大时，体积自由能的减小比界面能的增加更快。但在开始时，界面能项占优势，当 $r$ 增加到某一临界尺寸后，体积自由能的减小将占优势。于是在 $\Delta G$ 与 $r$ 的关系曲线上出现了一个极大值 $\Delta G_K$，与之相对应的 $r$ 值为 $r_K$。由图可知，当 $r < r_K$ 时，随着晶胚尺寸 $r$ 的增大，则系统的自由能增加，显然这个过程不能自动进行，这种晶胚不能成为稳定的晶核，而是瞬时形成，

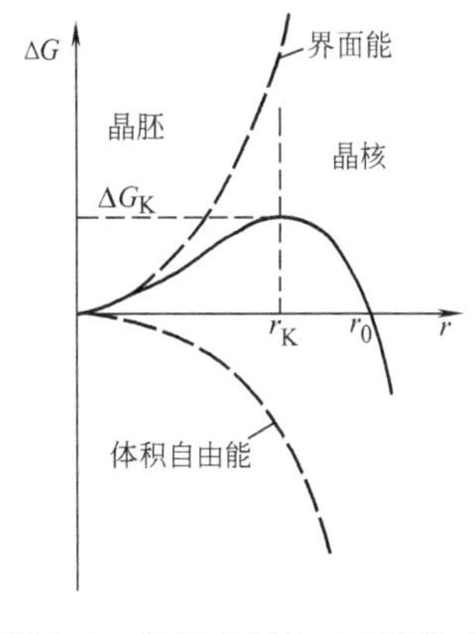

图 2-9　晶胚半径与 $\Delta G$ 的关系

又瞬时消失。但当 $r>r_K$ 时，则随着晶胚尺寸的增大，伴随着系统自由能的降低，这一过程可以自动进行，晶胚可以自发地长大成稳定的晶核，因此它将不再消失。当 $r=r_K$ 时，这种晶胚既可能消失，也可能长大成为稳定的晶核，因此把半径为 $r_K$ 的晶胚称为临界晶核，$r_K$ 称为临界晶核半径。

对式（2-11）进行求导并令其等于零，就可以求出临界晶核半径 $r_K$：

$$r_K=-\frac{2\sigma}{\Delta G_V} \tag{2-12}$$

由式（2-12）可知，无论是设法增大 $\Delta G_V$ 的绝对值，还是减小 $\sigma$，均可使临界晶核半径减小。

将式（2-9）代入式（2-12）可得：

$$r_K=\frac{2\sigma T_m}{\Delta H_f\Delta T} \tag{2-13}$$

表明临界晶核半径 $r_K$ 与过冷度 $\Delta T$ 成反比，过冷度越大，则临界晶核半径越小，如图 2-10 所示。

此外，在过冷液体中所存在的最大相起伏尺寸 $r_{max}$ 与过冷度的关系曾示于图 2-8，现将图 2-10 和图 2-8 结合起来，可得图 2-11。从此图中可以看出，两条曲线的交点所对应的过冷度 $\Delta T_K$ 就是临界过冷度。显然，当 $\Delta T<\Delta T_K$ 时，在过冷液体中存在的最大晶胚尺寸 $r_{max}$ 小于临界晶核半径 $r_K$，不能转变成为晶核；当 $\Delta T=\Delta T_K$ 时，$r_{max}=r_K$，正好达到临界晶核半径，这些晶胚就有可能转变成为晶核，当 $\Delta T>\Delta T_K$ 时，无论是最大尺寸的晶胚，还是较小尺寸的晶胚，其半径均达到或超过了 $r_K$，此时液态金属的结晶过程易于进行。

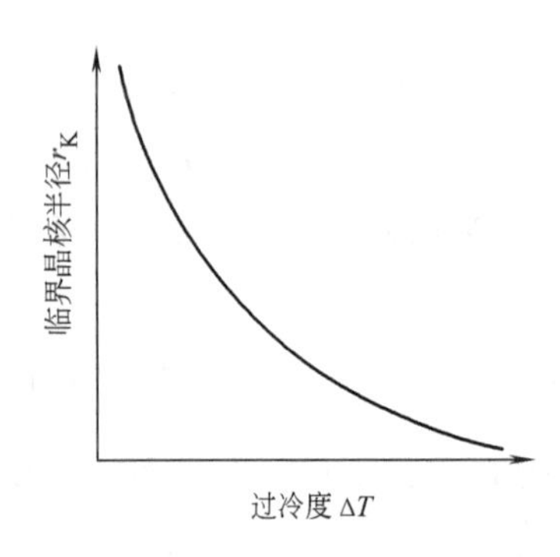


图 2-10　临界晶核半径随过冷度的变化情况

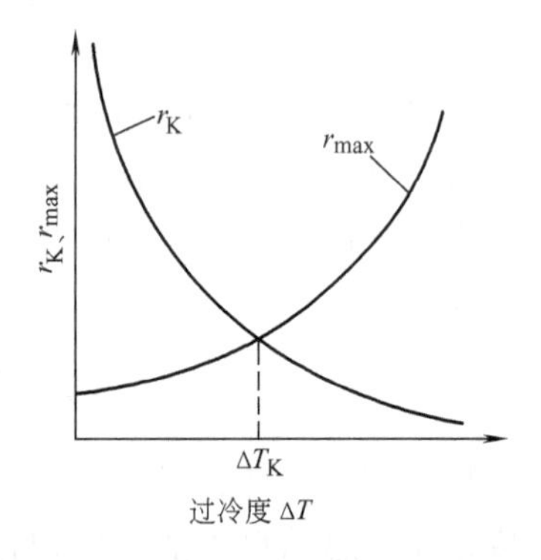


图 2-11　最大晶胚尺寸 $r_{max}$ 和临界晶核半径 $r_K$ 随过冷度的变化

由此可见，液态金属能否结晶，液体中的晶胚能否生成晶核，很重要的一点就是看晶胚的尺寸是否达到了临界晶核半径的要求。而要满足这一点，就必须使液体的过冷度达到或超过临界过冷度，只有此时，过冷液体中的最大晶胚尺寸才能达到或超过临界晶核半径 $r_K$，过冷度越大，则超过 $r_K$ 的晶胚数量越多，结晶越易于进行。纯金属结晶时均匀形核的过冷度 $\Delta T$ 大约为 $0.2T_m$（$T_m$ 用热力学温度表示），在这样大的过冷度下，晶核的临界半径 $r_K$ 约为 1nm，这样尺寸大小的晶核，约包含 600 个原子。

**（二）形核功**

从图 2-9 已知，当晶胚半径大于 $r_K$ 时，随着 $r$ 的增加，系统的自由能下降，过程可以自

发进行，即晶胚可以转变成为晶核。但是，晶核半径在 $r_K \sim r_0$ 范围内时，系统的自由能 $\Delta G$ 仍然大于零，即晶核的界面能大于体积自由能，阻力大于驱动力，这与 $r > r_0$ 时的情况不同，此时的 $\Delta G < 0$，这种晶核肯定是稳定的。那么，尺寸在 $r_K \sim r_0$ 范围内的晶核能够成为稳定晶核吗？

为了回答这一问题，首先将晶核半径在 $r_K \sim r_0$ 范围内的 $\Delta G$ 极大值求出，显然，当 $r = r_K$ 时，$\Delta G$ 的极大值为 $\Delta G_K$。现将式（2-12）代入式（2-11），求得：

$$\begin{aligned}\Delta G_K &= \frac{4}{3}\pi\left(-\frac{2\sigma}{\Delta G_V}\right)^3 \Delta G_V + 4\pi\left(-\frac{2\sigma}{\Delta G_V}\right)^2 \sigma \\ &= \frac{1}{3}\left[4\pi\left(\frac{2\sigma}{\Delta G_V}\right)^2 \sigma\right] \\ &= \frac{1}{3}4\pi r_K^2 \sigma = \frac{1}{3}S_K \sigma \end{aligned} \tag{2-14}$$

式中，$S_K = 4\pi r_K^2$ 为临界晶核的表面积。

由式（2-14）可见，形成临界晶核时自由能的变化为正值，且恰好等于临界晶核固液界面能的 1/3。这表明，形成临界晶核时，体积自由能的下降只补偿了界面能的 2/3，还有 1/3 的界面能没有得到补偿，需要另外供给，即需要对形核做功，故称 $\Delta G_K$ 为形核功。这一形核功是过冷液体形核时的主要障碍，过冷液体需要一段孕育期才开始结晶的原因正在于此。

形核功从哪里来？事实上，这部分能量可以由晶核周围的液体对晶核做功来提供。在液态金属中不但存在着结构起伏，而且存在着能量起伏。在一定温度下，系统有一定的自由能值与之相对应，但这指的是宏观平均能量。其实在各微观区域内的自由能并不相同，有的微区高些，有的微区低些，即各微区的能量也是处于此起彼伏、变化不定的状态。这种微区内暂时偏离平衡能量的现象即为能量起伏。当液相中的某一微观区域的高能原子附着于晶核上时，将释放一部分能量，一个稳定的晶核便在这里形成，这就是形核时所需能量的来源。

由此可见，过冷液相中的相起伏和能量起伏是形核的基础，任何一个晶核都是这两种起伏的共同产物。当然，如若晶胚的半径大于 $r_0$，此时的固、液两相体积自由能差值大于晶胚的界面能，驱动力大于阻力，那么晶胚就可以转变成为稳定晶核，而不再需要外界提供能量了。

形核功的大小也与过冷度有关，将式（2-13）代入式（2-14）中，可得：

$$\Delta G_K = \frac{1}{3}4\pi r_K^2 \sigma = \frac{4}{3}\pi\left(\frac{2\sigma T_m}{\Delta H_f \Delta T}\right)^2 \sigma = \frac{16\pi\sigma^3 T_m^2}{3\Delta H_f^2}\frac{1}{\Delta T^2} \tag{2-15}$$

表明临界形核功与过冷度的平方成反比，过冷度增大，临界形核功显著降低，从而使结晶过程易于进行。

**（三）形核率**

形核率是指在单位时间单位体积液相中形成的晶核数目，以 $\dot{N}$ 表示，单位为$\mathrm{cm^{-3} \cdot s^{-1}}$。形核率对于实际生产十分重要，形核率高意味着单位体积内的晶核数目多，结晶结束后可以获得细小晶粒的金属材料。这种金属材料不但强度高，塑性、韧性也好。

形核率受两个方面因素的控制：一方面是随着过冷度的增加，临界晶核半径和形核功都随之减小，结果使晶核易于形成，形核率增加；另一方面，无论是临界晶核的形成，还是临界晶核的长大，都必须伴随着液态原子向晶核的扩散迁移，没有液态原子向晶核上的迁移，临界晶核就不可能形成，即使形成了也不可能长大成为稳定晶核。但是增加液态金属的过冷度，就势必降低原子的扩散能力，结果给形核造成困难，使形核率减少。这一对相互矛盾的因素决定了形核率的大小。因此形核率可用下式表示：

$$\dot{N} = N_1 N_2 \tag{2-16}$$

式中，$N_1$ 为受形核功影响的形核率因子；$N_2$ 为受原子扩散能力影响的形核率因子；形核率 $\dot{N}$ 则是以上两者的综合。图 2-12 为 $N_1$、$N_2$ 和 $\dot{N}$ 与温度关系的示意图。

由于 $N_1$ 主要受形核功的控制，而形核功 $\Delta G_K$ 与过冷度的平方成反比，过冷度越大，则形核功越小，因而形核率增加，故 $N_1$ 随过冷度的增加，即温度的降低而增大。$N_2$ 主要取决于原子的扩散能力，温度越高（过冷度越小），则原子的扩散能力越大，因而 $N_2$ 越大。在由两者综合而成的形核率 $\dot{N}$ 的曲线上出现了极大值。从该曲线可以看出，开始时形核率随过冷度的增加而增大，当超过极大值之后，形核率又随过冷度的增加而减小。当过冷度非常大时，形核率接近于零。这是因为温度较高、过冷度较小时，原子有足够高的扩散能量，此时的形核率主要受形核功的影响，过冷度增加，形核功减少，晶核易于形成，因而形核率增大；但当过冷度很大（超过极大值）时，原子的扩散能力转而起主导作用，所以尽管随着过冷度的增加，形核功进一步减少，但原子扩散越来越困难，形核率反而明显降低。

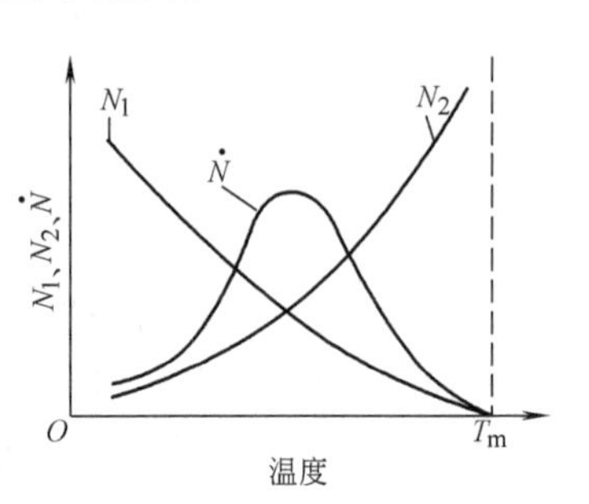

图 2-12　形核率与温度的关系

实际上，对于纯金属而言，其均匀形核的形核率与过冷度的关系如图 2-13 所示，这一试验结果说明，在到达一定的过冷度之前，液态金属中基本不形核。一旦到达临界过冷度 $\Delta T_K$ 时，形核率急剧增加，相应的温度称为有效形核温度。由于一般金属的晶体结构简单，从固态到液态的原子重构比较容易实现，凝固倾向十分强烈，结晶结束时，形核率未达到图 2-12 中的极大值。

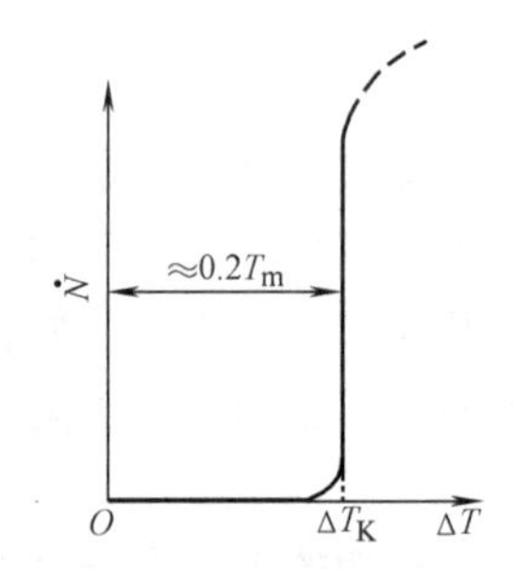

图 2-13　纯金属凝固的形核率与过冷度的关系

如果能使液体金属急速地降温（冷却速度大约为 $10^5 \sim 10^8 K \cdot s^{-1}$），获得极大过冷度，以至于没有形核（即形核率为零）就降温到原子扩散难以进行的温度，得到固体金属，它的原子排列状况与液态金属相似，这种材料称为非晶态金属，又称金属玻璃。非晶态金属具有高的强度和断裂韧度、优良的磁学性能和卓越的耐蚀性，是电子、电力、军事、体育等领域的高新技术材料。

## 二、非均匀形核

理论和试验均已证明，均匀形核需要很大的过冷度。例如，纯铝结晶时的过冷度为 130℃，而纯铁的过冷度则高达 420℃。如果相变只能通过均匀形核实现，那么我们周围的物质世界就要改变样子。例如，雨云中只有少数蒸汽压较高的才能凝为雨滴，降雨量将大大减少，人工降雨也无法实现。又如铸锭和铸件，也将在很大的过冷度下凝固，造成其中的偏析严重，内应力很大，甚至在冷却过程中即可能开裂。然而在空气中悬浮着大量的尘埃，它能有效地促进雨云中雨滴的形成。在液态金属中总是存在一些微小的固相杂质质点，并且液态金属在凝固时还要和型壁相接触，于是晶核就可以优先依附于这些现成的固体表面上形成，这种形核方式就是非均匀形核，或称异质形核、非自发形核，它将使形核的过冷度大大降低，一般不超过20℃。

**（一）临界晶核半径和形核功**

均匀形核时的主要阻力是晶胚与液相之间的界面能，对于非均匀形核，当晶胚依附于液体金属中存在的固相质点的表面上形核时，就有可能使界面能降低，从而使形核可以在较小的过冷度下进行。但是，在固相质点表面上形成的晶胚可能有各种形状。为了便于计算，设晶胚为球冠形，如图2-14所示。$\theta$表示晶胚与基底的接触角（或称润湿角），$\sigma_{\alpha L}$表示晶胚与液相之间的界面能，$\sigma_{\alpha B}$表示晶胚与基底之间的界面能，$\sigma_{LB}$表示液相与基底之间的界面能。界面能在数值上可以用表面张力的数值表示。当晶胚稳定存在时，三种表面张力在交点处达到平衡，即

$$\sigma_{LB}=\sigma_{\alpha B}+\sigma_{\alpha L}\cos\theta \tag{2-17}$$

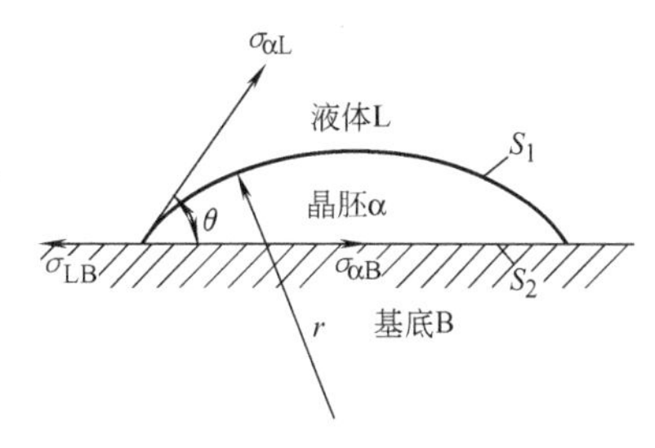


图2-14　非均匀形核示意图

根据初等几何，可以求出晶胚与液体的接触面积$S_1$，晶胚与基底的接触面积$S_2$和晶胚的体积$V$：

$$S_1=2\pi r^2(1-\cos\theta)$$

$$S_2=\pi r^2\sin^2\theta$$

$$V=\frac{1}{3}\pi r^3(2-3\cos\theta+\cos^3\theta)$$

在基底B上形成晶胚时总的自由能变化$\Delta G'$应为：

$$\Delta G'=V\Delta G_V+\Delta G_S \tag{2-18}$$

总的界面能$\Delta G_S$由三部分组成：一是晶胚球冠面上的界面能$\sigma_{\alpha L}S_1$；二是晶胚底面上的界面能$\sigma_{\alpha B}S_2$；三是已经消失的原来基底底面上的界面能$\sigma_{LB}S_2$。于是：

$$\Delta G_S=\sigma_{\alpha L}S_1+\sigma_{\alpha B}S_2-\sigma_{LB}S_2=\sigma_{\alpha L}S_1+(\sigma_{\alpha B}-\sigma_{LB})S_2 \tag{2-19}$$

将各有关项代入式（2-18），可得：

$$\Delta G'=\frac{1}{3}\pi r^3(2-3\cos\theta+\cos^3\theta)\Delta G_V+2\pi r^2(1-\cos\theta)\sigma_{\alpha L}+\pi r^2\sin^2\theta(\sigma_{\alpha B}-\sigma_{LB})$$

将式（2-17）和公式$\sin^2\theta=1-\cos^2\theta$代入上式，并整理后，即得：

$$\Delta G'=\left(\frac{4}{3}\pi r^3\Delta G_V+4\pi r^2\sigma_{\alpha L}\right)\left(\frac{2-3\cos\theta+\cos^3\theta}{4}\right) \tag{2-20}$$

按照均匀形核求临界晶核半径和形核功的方法，即可求出非均匀形核的临界晶核球冠半径$r'_K$和形核功$\Delta G'_K$。

$$r'_K=-\frac{2\sigma_{\alpha L}}{\Delta G_V}=\frac{2\sigma_{\alpha L}T_m}{\Delta H_f\Delta T} \tag{2-21}$$

$$\Delta G'_K=\frac{1}{3}(4\pi r'^2_K)\ \sigma_{\alpha L}\left(\frac{2-3\cos\theta+\cos^3\theta}{4}\right) \tag{2-22}$$

将式（2-21）和式（2-22）分别与均匀形核的式（2-13）和式（2-14）相比较，可以看出，非均匀形核的临界球冠半径与均匀形核的临界晶核半径是相等的。当 $\theta=0$ 时，非均匀形核的球冠体积等于零（图 2-15a），$\Delta G'_K=0$，表示完全润湿，不需要形核功。这说明液体中的固相杂质质点就是现成的晶核，可以在杂质质点上直接结晶长大，这是一种极端情况。当 $\theta=180°$时，晶胚为一球体（图 2-15c），$\Delta G'_K=\Delta G_K$，非均匀形核与均匀形核所需的能量起伏相同，这是另一种极端情况。一般的情况是 $\theta$ 角在 0～180°之间变化，非均匀形核的球冠体积小于均匀形核的晶胚体积（图 2-15b），$\Delta G'_K$ 恒小于 $\Delta G_K$。$\theta$ 越小，$\Delta G'_K$ 越小，非均匀形核越容易，需要的过冷度也越小。

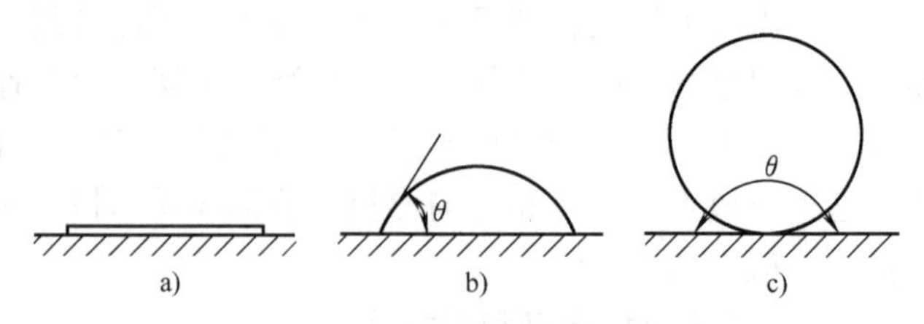

图 2-15　不同润湿角的晶胚形状

**（二）形核率**

非均匀形核的形核率与均匀形核的相似，但除了受过冷度和温度的影响外，还受固态杂质的结构、数量、形貌及其他一些物理因素的影响。

1. 过冷度的影响

由于非均匀形核所需的形核功 $\Delta G'_K$ 很小，因此在较小的过冷度条件下，当均匀形核还微不足道时，非均匀形核就明显开始了。图 2-16 为均匀形核与非均匀形核的形核率随过冷度变化的比较。从两者的对比可知，当非均匀形核的形核率相当可观时，均匀形核的形核率还几乎是零，并在过冷度约为 $0.02T_m$ 时，非均匀形核具有最大的形核率，这只相当于均匀形核达到最大形核率时，所需过冷度（$0.2T_m$）的 1/10。由于非均匀形核取决于适当的夹杂物质点的存在，因此其形核率可能具有极大值，并在大的过冷度下中止。这是因为在非均匀形核时，晶胚在夹杂物底面上的分布，逐渐使那些有利于新晶核形成的表面减少。当可被利用的形核基底全部被晶核所覆盖时，非均匀形核也就中止了。

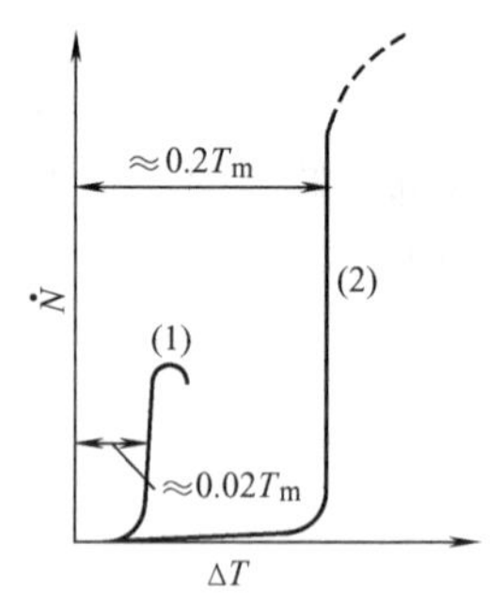

图 2-16　非均匀形核率
（1）与均匀形核率
（2）随过冷度而变化的比较

2. 固体杂质结构的影响

非均匀形核的形核功与接触角 $\theta$ 有关，$\theta$ 角越小，形核功越小，形核率越高。那么，影响 $\theta$ 角的因素是什么呢？

由式（2-17）可知，$\theta$ 角的大小取决于液体、晶胚及固态杂质三者之间界面能的相对大小，即

$$\cos\theta=\frac{\sigma_{LB}-\sigma_{\alpha B}}{\sigma_{\alpha L}}$$

当液态金属确定之后，$\sigma_{\alpha L}$便固定不变，那么 $\theta$ 角便只取决于 $\sigma_{LB}-\sigma_{\alpha B}$。为了获得较小的 $\theta$ 角，应使 $\cos\theta$ 趋近于 1。只有当 $\sigma_{\alpha B}$越小时，$\sigma_{\alpha L}$便越接近于 $\sigma_{LB}$，$\cos\theta$ 才能越接近于 1。也就是说，固态质点与晶胚的界面能越小，它对形核的催化效应就越高。很明显，$\sigma_{\alpha B}$取决于晶胚（晶体）与固态杂质的结构（原子排列的几何形状、原子的大小、原子间的距离等）上的相似程度。两个相互接触的晶面结构越近似，它们之间的界面能就越小，即使只在接触

面的某一个方向上的原子排列配合得比较好，也会使界面能降低一些。这样的条件（结构相似、尺寸相当）称为点阵匹配原理，凡满足这个条件的界面，就可能对形核起到催化作用，它本身就是良好的形核剂，或称为活性质点。

在铸造生产中，往往在浇注前加入形核剂增加非均匀形核的形核率，以达到细化晶粒的目的。例如，锆能促进镁的非均匀形核，这是因为两者都具有密排六方结构。镁的晶格常数为 $a=0.32022$nm，$c=0.51991$nm；锆的晶格常数为 $a=0.3223$nm，$c=0.5123$nm，两者的大小很相近。而且锆的熔点（1855℃）远高于镁的熔点659℃。所以，在液态镁中加入很少量的锆，就可大大提高镁的形核率。

又如，铁能促进铜的非均匀形核，这是因为，在铜的结晶温度1083℃以下，γ-Fe 和 Cu 都具有面心立方结构，而且晶格常数相近：γ-Fe 的 $a\approx0.3652$nm，Cu 的 $a\approx0.3688$nm。所以在液态铜中加入少量的铁，就能促进铜的非均匀形核。

再如，纯铝及铝合金中加入钛，可形成 $TiAl_3$，它与铝的结构类型不同：铝为面心立方结构，晶格常数 $a=0.405$nm，$TiAl_3$ 为四方结构，晶格常数 $a=b=0.543$nm，$c=0.859$nm。不过当 $(0\,0\,1)_{TiAl_3}$ // $(0\,0\,1)_{Al}$时，Al 的晶格只要旋转45°，即$[1\,0\,0]_{TiAl_3}$ // $[1\,1\,0]_{Al}$时，即可与 $TiAl_3$ 较好对应（图2-17），从而有效地细化铝的晶粒组织。

3. 固体杂质形貌的影响

固体杂质表面的形状各种各样，有的呈凸曲面，有的呈凹曲面，还有的为深孔，这些基面具有不同的形核率。例如，有三个不同形状的固体杂质，如图2-18所示，形成三个晶核，它们具有相同的曲率半径 $r$ 和相同的 $\theta$ 角，但三个晶核的体积却不一样。凹面上形成的晶核体积最小（图2-18a），平面上次之（图2-18b），凸面上最大（图2-18c）。由此可见，在曲率半径、接触角相同的情况下，晶核体积随界面曲率的不同而改变。凹曲面的形核效能最高，因为较小体积的晶胚便可达到临界晶核半径，平面居中，凸曲面的效能最低。因此，对于相同的固体杂质颗粒，若其表面曲率不同，它的催化作用也不同，在凹曲面上形核所需过冷度比在平面、凸面上形核所需过冷度都要小。铸型壁上的深孔或裂纹是属于凹曲面情况，在结晶时，这些地方有可能成为促进形核的有效界面。

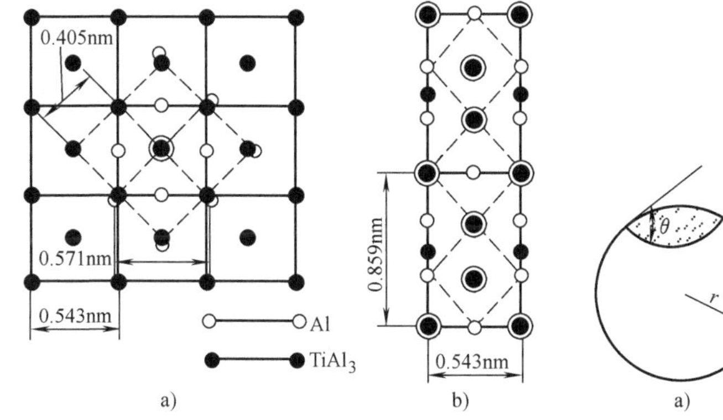

图2-17　Al 与 $TiAl_3$ 晶格对应情况

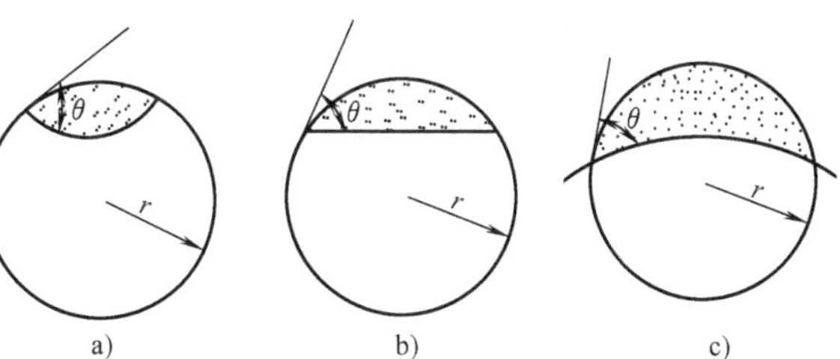


图2-18　不同形状的固体杂质表面形核的晶核体积

4. 过热度的影响

过热度是指液态金属温度与金属熔点之差。液态金属的过热度对非均匀形核有很大的影响。当过热度不大时，可能不使现成质点的表面状态有所改变，这对非均匀形核没有影响。当过热度较大时，有些质点的表面状态改变了，如质点内微裂纹及小孔减少，凹曲面变为平面，使非均匀形核的核心数目减少。当过热度很大时，将使固态杂质质点全部熔化，这就使非均匀形核转变为均匀形核，形核率大大降低。

5. 其他影响因素

非均匀形核的形核率除受以上因素影响外，还受其他一系列物理因素的影响，例如，在液态金属凝固过程中进行振动或搅动，一方面可使正在长大的晶体碎裂成几个结晶核心，另一方面又可使受振动的液态金属中的晶核提前形成。用振动或搅动提高形核率的方法，已被大量试验结果所证明。

综上所述，金属的结晶形核有以下要点：

1）液态金属的结晶必须在过冷的液体中进行，液态金属的过冷度必须大于临界过冷度，晶胚尺寸必须大于临界晶核半径 $r_K$。前者提供形核的驱动力，后者是形核的热力学条件所要求的。

2）$r_K$ 值大小与晶核的界面能成正比，与过冷度成反比。过冷度越大，则 $r_K$ 值越小，形核率越大，但是形核率有一极大值。如果界面能越大，形核所需的过冷度也应越大。凡是能降低界面能的办法都能促进形核。

3）均匀形核既需要结构起伏，也需要能量起伏，两者皆是液体本身存在的自然现象。

4）晶核的形成过程是原子的扩散迁移过程，因此结晶必须在一定的温度下进行。

5）在工业生产中，液体金属的凝固总是以非均匀形核方式进行。

## 第五节　晶 核 长 大

当液态金属中出现第一批略大于临界晶核半径的晶核后，液体的结晶过程就开始了。结晶过程的进行，固然依赖于新晶核连续不断地产生，但更依赖于已有晶核的进一步长大。对每一个单个晶体（晶粒）来说，稳定晶核出现之后，马上就进入了长大阶段。晶体的长大从宏观上来看，是晶体的界面向液相中逐步推移的过程；从微观上看，则是依靠原子逐个由液相中扩散到晶体表面上，并按晶体点阵规律要求，逐个占据适当的位置而与晶体稳定牢靠地结合起来的过程。由此可见，晶体长大的条件是：第一要求液相能继续不断地向晶体扩散供应原子，这就要求液相有足够高的温度，以使液态金属原子具有足够的扩散能力；第二要求晶体表面能够不断而牢靠地接纳这些原子，晶体表面接纳这些原子的位置多少及难易程度与晶体的表面结构有关，并应符合结晶过程的热力学条件，这就意味着晶体长大时的体积自由能的降低应大于晶体界面能的增加，因此，晶体的长大必须在过冷的液体中进行，只不过它所需要的过冷度远比形核时小得多而已。一般说来，液态金属原子的扩散迁移并不怎么困难，因而，决定晶体长大方式和长大速度的主要因素是晶核的界面结构和界面前沿液体中的温度梯度。这两者的结合，就决定了晶体长大后的形态。由于晶体的形态与结晶后的组织有关，因此对于晶体的形态及其影响因素应予以重视。

### 一、固液界面的微观结构

研究生长着的晶体的界面状况，可以将其微观结构分为两类，即光滑界面和粗糙界面。

（一）光滑界面

图2-19a属于光滑界面。从原子尺度看，界面是光滑平整的，液、固两相被截然分开（图2-19a下图）。界面上的固相原子都位于固相晶体结构所规定的位置，形成平整的原子平面，通常为固相的密排晶面。在光学显微镜下，光滑界面由曲折的若干小平面组成，所以又称为小平面界面，如图2-19a上图所示。

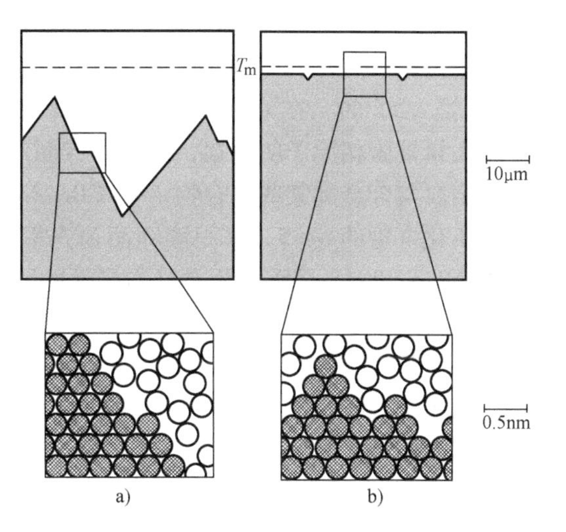


图2-19　固液界面的微观结构
a）光滑界面　b）粗糙界面

（二）粗糙界面

图2-19b属于粗糙界面。从原子尺度观察时，这种界面高低不平，并存在着几个原子间距厚度的过渡层。在过渡层中，液相与固相的原子犬牙交错地分布着（图2-19b下图）。由于过渡层很薄，在光学显微镜下，这类界面是平直的，又称为非小平面界面（图2-19b上图）。

除了少数透明的有机物之外，大多数材料（包括金属材料）是不透明的，因此不能用直接观察的方法确定界面的性质。那么，如何判断材料界面的微观结构类型呢？杰克逊（K. A. Jackson）对此进行了深入的研究。当晶体与液体处于平衡状态时，从宏观上看，其界面是静止的。但是从原子尺度看，晶体与液体的界面并不是静止的，每一时刻都有大量的固相原子离开界面进入液相，同时又有大量液相原子进入固相晶格上的原子位置，与固相连接起来，只不过两者的速率相等。设界面上可能具有的原子位置数为$N$，其中$N_A$个位置为固相原子所占据，那么界面上被固相原子占据位置的比例为$x=N_A/N$，被液相原子占据的位置比例则为$1-x$。如果界面上有近50%的位置被固相原子所占据，即$x\approx50\%$（或$1-x\approx50\%$），这样的界面即为粗糙界面（图2-19b）。如果界面上有近于0%或100%的位置为晶体原子所占据，则这样的界面称为光滑界面（图2-19a）。

界面的平衡结构应当是界面能最低的结构，当在光滑界面上任意添加原子时，其界面自由能的变化$\Delta G_S$可以用下式表示：

$$\frac{\Delta G_S}{NkT_m}=\alpha x(1-x)+x\ln x+(1-x)\ln(1-x)$$

式中，$k$为玻耳兹曼常数；$T_m$为熔点；$\alpha$为杰克逊因子。

$\alpha$是一个重要的参量，它取决于材料的种类和晶体在液相中生长系统的热力学性质。取不同的$\alpha$值，作$\Delta G_S/(NkT_m)$与$x$的关系曲线，如图2-20所示。由此图可得出如下结论：

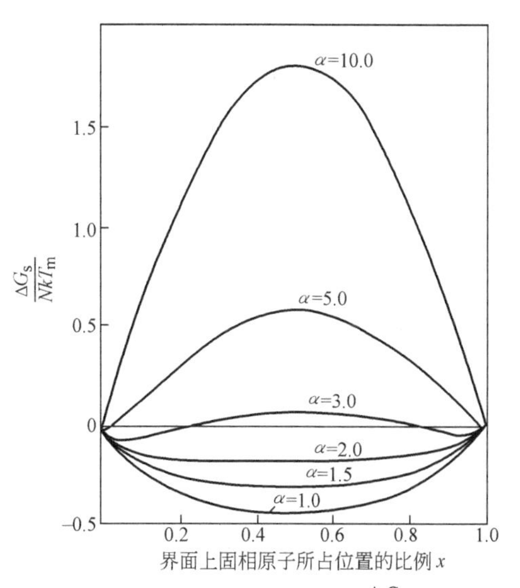


图2-20　取不同的$\alpha$值时，$\frac{\Delta G_S}{NkT_m}$与$x$的关系曲线图

1）当 $\alpha \leqslant 2$ 时，在 $x=0.5$ 处，界面能处于最小值，即相当于相界面上的一半位置被固相原子所占据，这样的界面即对应于粗糙界面。

2）当 $\alpha \geqslant 5$ 时，在 $x$ 靠近 0 处或 1 处，界面能最小，即相当于界面上的原子位置有极少量或极大量被固相原子所占据，这样的界面对应于光滑界面。

纯金属与合金和某些化合物（如 $CBr_4$）的杰克逊因子 $\alpha \leqslant 2$，其固液界面为粗糙界面；许多有机化合物的 $\alpha \geqslant 5$，其固液界面为光滑界面；少数材料如 Bi、Sb、As、Ge、Si 和氢化物晶体等的 $\alpha=2\sim5$，固液界面类型与界面的取向有关。

## 二、晶体长大机制

界面的微观结构不同，则其接纳液相中迁移过来的原子能力也不同，因此在晶体长大时将有不同的机制。

### （一）二维晶核长大机制

当固液界面为光滑界面时，液相原子单个扩散迁移到界面上是很难形成稳定状态的，这是由于它所带来的界面能的增加，远大于其体积自由能的降低。在这种情况下，晶体的长大只能依靠所谓的二维晶核方式，即依靠液相中的结构起伏和能量起伏，使一定大小的原子集团差不多同时降落到光滑界面上，形成具有一个原子厚度并且有一定宽度的平面原子集团，如图 2-21 所示。这个原子集团带来的体积自由能的降低必须大于其界面能的增加，它才能在光滑界面上形成稳定状态。它好像是润湿角 $\theta=0°$时的非均匀形核，形成了一个大于临界半径的晶核。这种晶核即为二维晶核，它的形成需要较大的过冷度。二维晶核形成后，它的四周就出现了台阶，后迁移来的液相原子一个个填充到这些台阶处，这样所增加的界面能较小。直到整个界面铺满一层原子后，便又变成了光滑界面，而后又需要新的二维晶核的形成，否则成长即告中断。晶体以这种方式长大时，其长大速度十分缓慢（单位时间内晶核长大的线速度称为长大速度，用 $G$ 表示，单位为 $cm \cdot s^{-1}$）。

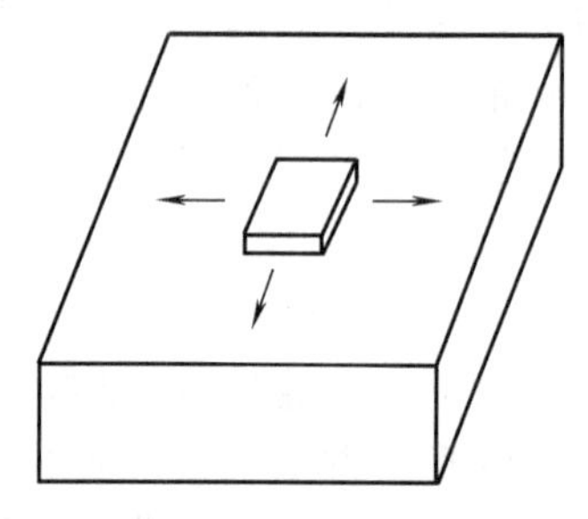
图 2-21　二维晶核长大机制

### （二）螺型位错长大机制

在通常情况下，具有光滑界面的晶体，其长大速度比按二维晶核长大方式快得多。这是由于在晶体长大时，可能形成种种缺陷，这些缺陷所造成的界面台阶使原子容易向上堆砌，因而长大速度大为加快。

图 2-22 表示光滑界面出现螺型位错露头时的晶体长大过程。螺型位错在晶体表面露头处，即在晶体表面形成台阶，这样，液相原子一个个地堆砌到这些台阶处，新增加的界面能很小，完全可以被体积自由能的降低所补偿。每铺一排原子，台阶即向前移动一个原子间距，所以，台阶各处沿着晶体表面向前移动的线速度相等。但由

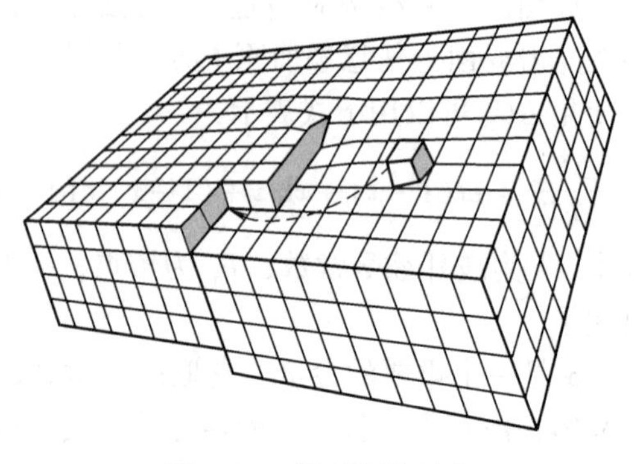
图 2-22　螺型位错露头

于台阶的起始点不动，所以台阶各处相对于起始点移动的角速度不等。离起始点越近，角速度越大；离起始点越远，则角速度越小。于是随着原子的铺展，台阶先是发生弯曲，而后即以起始点为中心回旋起来，如图 2-23 所示。这种台阶永远不会消失，所以这个过程也就一直进行下去。台阶每横扫界面一次，晶体就增厚一个原子间距，但由于中心回旋的速度快，中心必将突出起来，形成螺钉状的晶体。螺旋上升的晶面称为“生长蜷线”。图 2-24 是 SiC 晶体的生长蜷线，是用光学显微镜观察的结果。

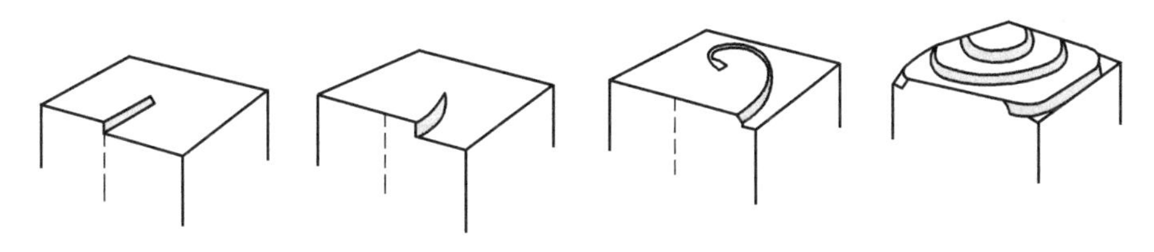

图 2-23 螺型位错露头处生长蜷线的形成

**（三）连续长大机制**

在光滑界面上，不同位置接纳液相原子的能力也不同，在台阶处，液相原子与晶体接合得比较牢固，因而在晶体的长大过程中，台阶起着十分重要的作用。然而光滑界面上的台阶不能自发地产生，只能通过二维晶核产生，这意味着光滑界面上生长的不连续性（当晶体生长了一层以后，必须通过重新形成二维晶核才能产生新的台阶）以及晶体缺陷（如螺型位错）在光滑界面生长中的重要作用，这些缺陷提供了永远没有穷尽的台阶。

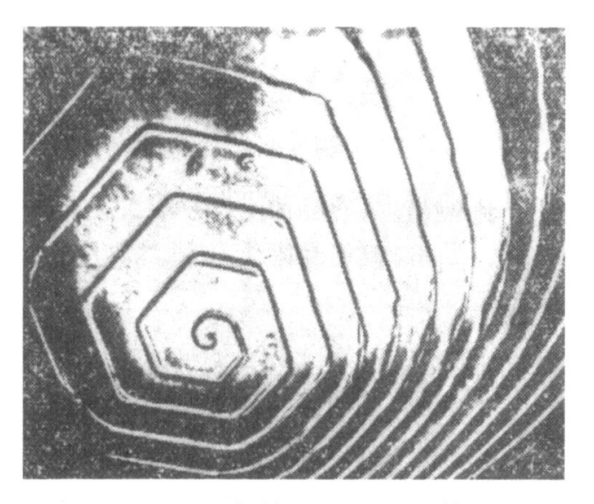

图 2-24 螺旋长大的 SiC 晶体

但是在粗糙界面上，几乎有一半应按晶体规律而排列的原子位置正虚位以待，从液相中扩散来的原子很容易填入这些位置，与晶体连接起来，如图 2-19b 所示。由于这些位置接纳原子的能力是等效的，在粗糙界面上的所有位置都是生长位置，所以液相原子可以连续地向界面添加，界面的性质永远不会改变，从而使界面迅速地向液相推移。晶体缺陷在粗糙界面的生长过程中不起明显作用，这种长大方式称为连续长大或均匀长大。它的长大速度很快，大部分金属晶体均以这种方式长大。

## 三、固液界面前沿液体中的温度梯度

除了固液界面的微观结构对晶体长大有重大影响外，固液界面前沿液体中的温度梯度也是影响晶体长大的一个重要因素。它可分为正温度梯度和负温度梯度两种。

**（一）正温度梯度**

正温度梯度是指液相中的温度随至界面距离的增加而提高的温度分布状况。一般的液态金属均在铸型中凝固，金属结晶时放出的结晶潜热通过型壁传导散出，故靠近铸型壁处的液体温度最低，结晶最早发生，而越接近熔液中心的温度越高，这种温度的分布情况即为正温度梯度，如图 2-25a 所示，其结晶前沿液体中的过冷度随至界面距离的增加而减小。

### （二）负温度梯度

负温度梯度是指液相中的温度随至界面距离的增加而降低的温度分布状况，如图2-25b所示，也就是说，过冷度随至界面距离的增加而增大。此时所产生的结晶潜热主要通过尚未结晶的过冷液相散失。

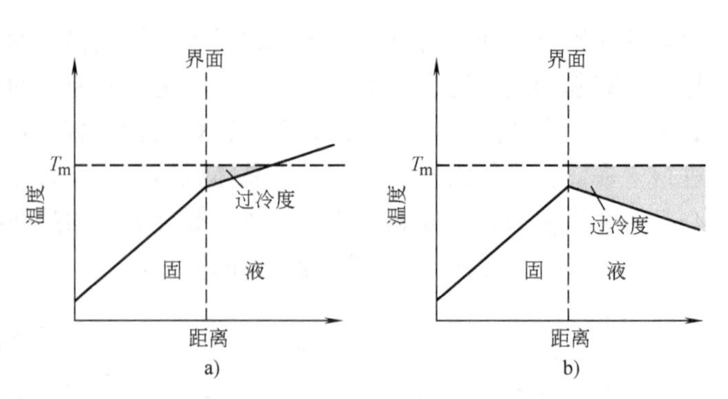


图2-25　两种温度分布方式

a）正温度梯度　b）负温度梯度

关于负温度梯度可以这样理解：液态金属在形核时通常要发生若干度甚至数十度的过冷，而晶体长大时，只需要界面处有若干分之一度的过冷度就可以进行。晶核长大时所放出的结晶潜热使界面的温度很快升高到接近金属熔点 $T_m$ 的温度，随后放出的结晶潜热就由已结晶的固相流向周围的液体，于是在固液界面前沿的液体中建立起负的温度梯度。此外，实际金属总是或多或少地含有某些杂质，这样，在界面前沿的液相中就会出现随至界面距离的增加而过冷度增大的现象，这种现象即为成分过冷，这将在下一章详细介绍。

## 四、晶体生长的界面形状——晶体形态

晶体的形态问题是一个十分复杂而未能彻底解决的问题。自然界中存在的各式各样美丽的雪晶，就体现了形态的复杂性。晶体的形态不仅与其生长机制有关（螺型位错在界面的露头处所形成的生长蜷线令人信服地证明了这一点），而且与界面的微观结构、界面前沿的温度分布及生长动力学规律等很多因素有关。鉴于问题的复杂性，下面仅就界面的微观结构和界面前沿温度分布的几种典型情况加以叙述。

### （一）在正的温度梯度下生长的界面形态

在这种条件下，结晶潜热只能通过已结晶的固相和型壁散失，相界面向液相中的推移速度受其散热速率的控制。根据界面微观结构的不同，晶体形态有两种类型。

1. 光滑界面的情况

对于具有光滑界面的晶体来说，其显微界面为某一晶体学小平面，它们与散热方向成不同的角度分布着，与熔点 $T_m$ 等温面成一定角度。但从宏观来看，仍为平行于 $T_m$ 等温面的平直面，如图2-26a所示。这种情况有利于形成具有规则形状的晶体，现以简单立方晶体为例进行说明。

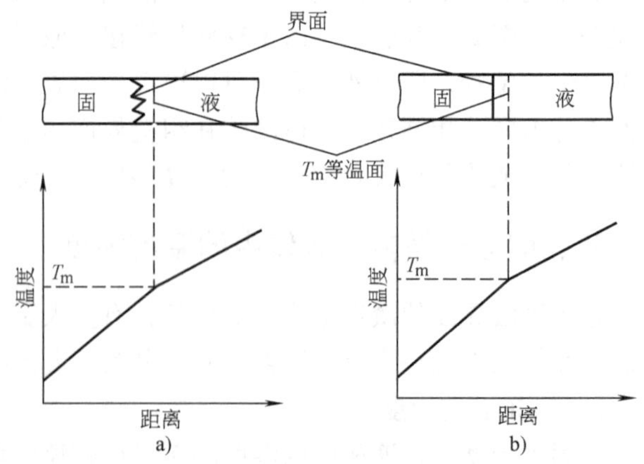


图2-26　在正的温度梯度下，纯金属凝固时的两种界面形态

a）光滑界面　b）粗糙界面

在讨论形核问题时曾经假定，形成一个球形晶核时，其界面上各处的界面能相同。但实际上晶体的界面由许多晶

体学小平面所组成，晶面不同，则原子密度不同，从而导致其具有不同的界面能。研究结果表明，原子密度大的晶面长大速度较小；原子密度小的晶面长大速度较大，但长大速度较大的晶面易于被长大速度较小的晶面所制约。这个关系可示意地用图 2-27 来说明。图中实线八边形代表简单立方晶体从$\tau_1$ 开始生长，依次经历$\tau_2$、$\tau_3$、$\tau_4$ 等不同时间时的截面，箭头表示长大速度。简单立方晶体的｛100｝晶面原子密度大，｛110｝晶面原子密度小，因此［100］、［001］等方向的长大速度小，［101］方向长大速度大，｛110｝晶面将逐渐缩小而消失，最后晶体的界面将完全变为｛100｝晶面，显然这是一个必然的结果。所以，以光滑界面结晶的晶体，如 Sb、Si 及合金中的某些金属化合物，若无其他因素干扰，大多可以成长为以密排晶面为表面的晶体，具有规则的几何外形。

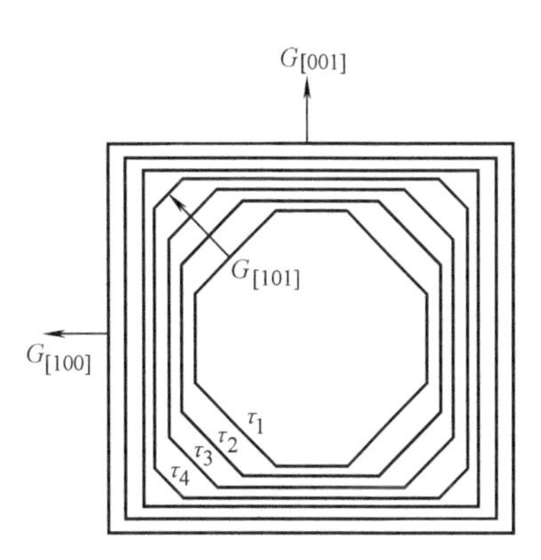


图 2-27　晶体形状与各界面长大速度 $G$ 的关系

2. 粗糙界面的情况

具有粗糙界面结构的晶体，在正的温度梯度下长大时，其界面为平行于熔点 $T_m$ 等温面的平直界面，它与散热方向垂直，如图 2-26b 所示。一般说来，这种晶体成长时所需的过冷度很小，界面温度与熔点 $T_m$ 十分接近，所以晶体长大时界面只能随着液体的冷却而均匀一致地向液相推移，如果一旦局部偶有突出，那么它便进入低于临界过冷度甚至高于熔点 $T_m$ 的温度区域，长大立刻减慢下来，甚至被熔化掉，所以固液界面始终近似地保持平面。这种长大方式称为平面长大方式。

**（二）在负的温度梯度下生长的界面形态**

具有粗糙界面的晶体在负的温度梯度下生长时，由于界面前沿的液体中的过冷度较大，如果界面的某一局部发展较快而偶有突出，则它将伸入到过冷度更大的液体中，从而更加有利于此突出尖端向液体中的成长（图 2-28）。虽然此突出尖端在横向也将生长，但结晶潜热的散失提高了该尖端周围液体的温度，而在尖端的前方，潜热的散失要容易得多，因而其横向长大速度远比朝前方的长大速度小，故此突出尖端很快长成一个细长的晶体，称为主干。如果刚开始形成的晶核为多面体晶体，那么这些光滑的小平面界面在负的温度梯度下是不稳定的，在多面体晶体的尖端或棱角处，很快长出细长的主干。这些主干即为一次晶轴或一次晶枝。在主干形成的同时，主干与周围过冷液体的界面也是不稳定的，主干上同样会出现很多凸出尖端，它们长大成为新的晶枝，称为二次晶轴或二次晶枝。对一定的晶体来说，二次晶轴与一

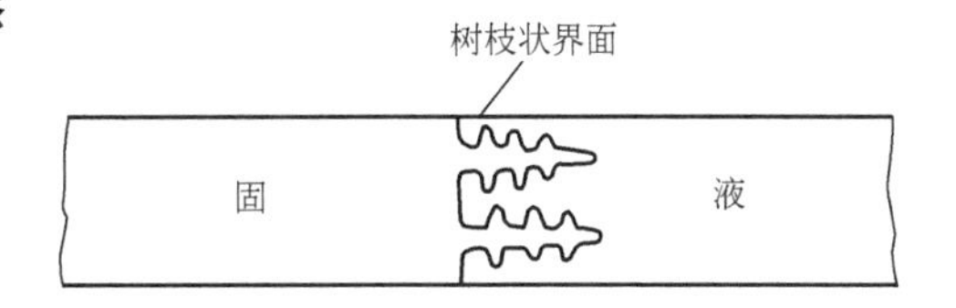


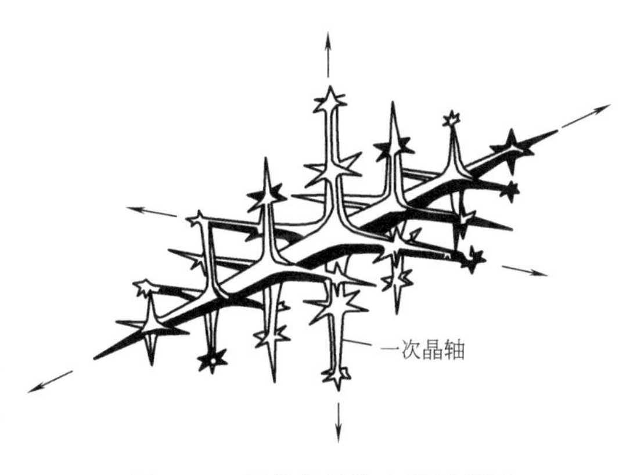


图 2-28　树枝状晶体生长示意图

次晶轴具有确定的角度，如在立方晶系中，两者是相互垂直的。二次晶枝发展到一定程度后，又在它上面长出三次晶枝，如此不断地枝上生枝，同时各次枝晶又在不断地伸长和壮大，由此而形成如树枝状的骨架，故称为树枝晶，简称枝晶，每一个枝晶长成为一个晶粒（图 2-29a）。当所有的枝晶都严密合缝地对接起来，并且液相也消失时，就分不出树枝状了，只能看到各个晶粒的边界（图 2-29b）。如果金属不纯，则在枝与枝之间最后凝固的地方留存杂质，其树枝状轮廓仍然可见。如若在结晶过程中间，在形成了一部分金属晶体之后，立即把其余的液态金属抽掉，这时就会看到，正在长大着的金属晶体确实呈树枝状。有时在金属锭的表面最后结晶终了时，由于晶枝之间缺乏液态金属去填充，结果就留下了树枝状的花纹。图 2-30 所示为在钢锭中所观察到的树枝晶。

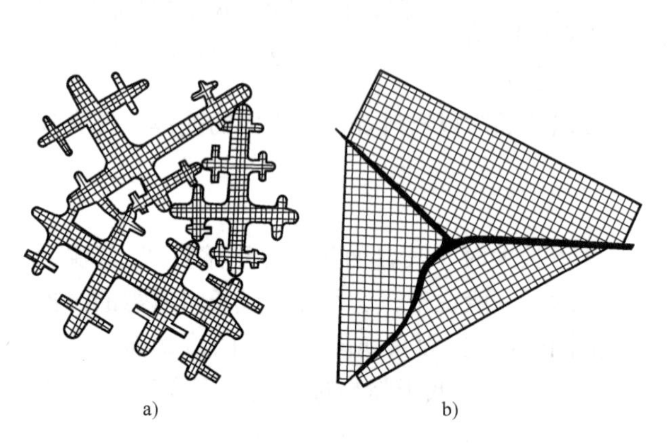


图 2-29　由树枝状长成晶粒

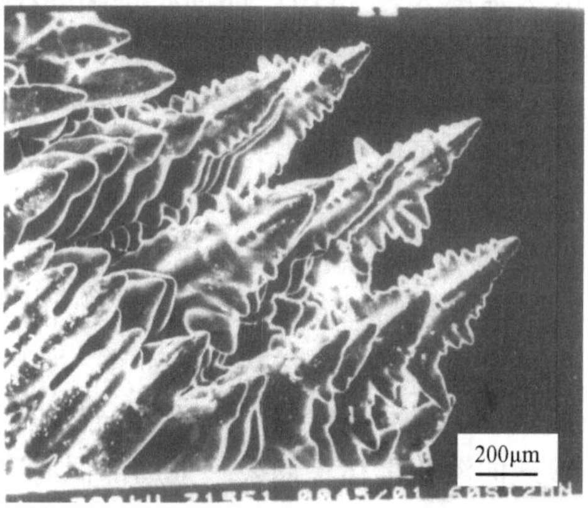

图 2-30　钢锭中的树枝状晶体

不同结构的晶体，其晶轴的位向可能不同，如表 2-1 所示。面心立方结构和体心立方结构的金属，其树枝晶的各次晶轴均沿 <100> 的方向长大，各次晶轴之间相互垂直。其他不是立方晶系的金属，各次晶轴彼此可能并不垂直。

**表 2-1　树枝晶的晶轴位向**

| 金　属 | 晶格类型 | 晶轴位向 |
|---|---|---|
| Ag、Al、Au、Cu、Pb | 面心立方 | <100> |
| α-Fe | 体心立方 | <100> |
| β-Sn（$c/a$ = 0.5456） | 体心正方 | <110> |
| Mg（$c/a$ = 1.6235） | 密排六方 | <10$\bar{1}$0> |
| Zn（$c/a$ = 1.8563） | 密排六方 | <0001> |

长大条件不同，则树枝晶的晶轴在各个方向上的发展程度也会不同，如果枝晶在三维空间得以均衡发展，各方向上的一次晶轴近似相等，这时所形成的晶粒称为等轴晶粒。如果枝晶某一个方向上的一次晶轴长得很长，而在其他方向长大时受到阻碍，这样形成的细长晶粒称为柱状晶粒。

树枝状生长是具有粗糙界面物质的最常见的晶体长大方式，一般的金属结晶时，均以树枝状生长方式长大。

具有光滑界面的物质在负的温度梯度下长大时，如果杰克逊因子 α 值不太大，仍有可能长成树枝状晶体，但往往带有小平面的特征，例如，锑出现带有小平面的树枝状晶体即为此例（图2-31）。但是负的温度梯度较小时，仍有可能长成规则的几何外形。对于 $\alpha$ 值很大的晶体来说，即使在较大的负温度梯度下，仍有可能形成规则形状的晶体。

图2-31 纯锑表面的树枝晶

## 五、长大速度

晶体的长大速度主要与其生长机制有关。当界面为光滑界面并以二维晶核机制长大时，其长大速度非常小。当以螺型位错机制长大时，由于界面上的缺陷所能提供的、向界面上添加原子的位置也很有限，故长大速度也较小。大量的研究结果表明，对于具有粗糙界面的大多数金属来说，由于它们是连续长大机制，所以长大速度较以上两者要快得多。具有光滑界面的非金属和具有粗糙界面的金属，它们的长大速度与过冷度的关系如图2-32所示。可以看出，当过冷度为零时，非金属与金属的长大速度均为零。非金属的长大速度随过冷度的增大可出现极大值。显然，这也是两个相互矛盾因素共同作用的结果。过冷度小时，固液两相自由能的差值较小，结晶的驱动力小，所以长大速度小；当过冷度很大时，温度过低，原子的扩散迁移困难，所以长大速度也小；当过冷度为中间某个数值时，固液两相的自由能差足够大，原子扩散能力也足够大，所以长大速度达到极大值。但对于金属来说，由于结晶温度较高，形核和长大都快，它的过冷能力小，即不等过冷到较低的温度时结晶过程已经结束，所以长大速度与过冷度的关系曲线上一般不出现极大值。

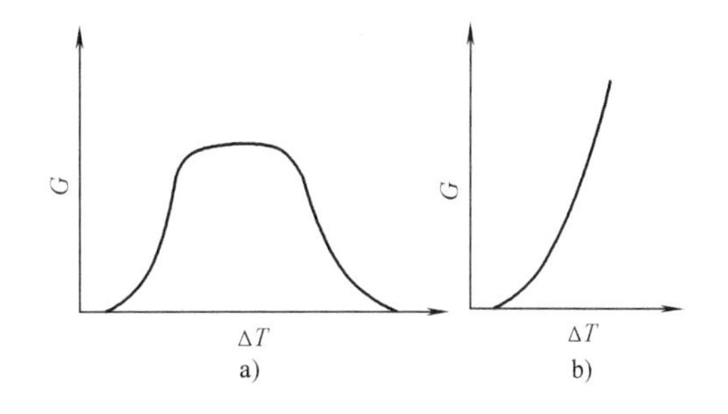


图2-32 晶体的长大速度 $G$ 与过冷度 $\Delta T$ 的关系

a）非金属 b）金属

综上所述，晶体长大的要点如下：

1）具有粗糙界面的金属，其长大机制为连续长大，所需过冷度小，长大速度快。

2）具有光滑界面的金属化合物、半金属或非金属等，其长大机制可能有两种方式，其一为二维晶核长大方式，其二为螺型位错长大方式，所需的过冷度较大，它们的长大速度都很慢。

3）晶体成长的界面形态与界面前沿的温度梯度和界面的微观结构有关，在正的温度梯度下长大时，光滑界面的一些小晶面互成一定角度，呈锯齿状；粗糙界面的形态为平行于 $T_m$ 等温面的平直界面，呈平面长大方式。在负的温度梯度下长大时，一般金属和半金属的界面都呈树枝状，只有那些杰克逊因子 $\alpha$ 值较高的物质仍然保持着光滑界面形态。

## 六、晶粒大小的控制

晶粒的大小称为晶粒度，通常用晶粒的平均面积或平均直径来表示。

晶粒大小对金属的力学性能有很大影响，在常温下，金属的晶粒越细小，强度和硬度则越高，同时塑性韧性也越好。表2-2列出了晶粒大小对纯铁力学性能的影响。由表可见。细化晶粒对于提高金属材料的常温力学性能作用很大，这种用细化晶粒来提高材料强度的方法称为细晶强化。但是，对于在高温下工作的金属材料，晶粒过于细小性能反而不好，一般希望得到适中的晶粒度。对于制造电机和变压器的硅钢片来说，晶粒反而越粗大越好。因为晶粒越大，其磁滞损耗越小，效应越高。此外，除了钢铁等少数金属材料外，其他大多数金属不能通过热处理改变其晶粒度大小，因此通过控制铸造及焊接时的结晶条件，来控制晶粒度的大小，便成为改善力学性能的重要手段。

**表2-2　晶粒大小对纯铁力学性能的影响**

| 晶粒平均直径/mm | 抗拉强度/MPa | 屈服强度/MPa | 伸长率（%） |
|---|---|---|---|
| 9.7 | 165 | 40 | 28.8 |
| 7.0 | 180 | 38 | 30.6 |
| 2.5 | 211 | 44 | 39.5 |
| 0.20 | 263 | 57 | 48.8 |
| 0.16 | 264 | 65 | 50.7 |
| 0.10 | 278 | 116 | 50.0 |

金属结晶时，每个晶粒都是由一个晶核长大而成的。晶粒的大小取决于形核率和长大速度的相对大小。形核率越大，则单位体积内的晶核数目越多，每个晶粒的长大余地越小，因而长成的晶粒越细小。同时长大速度越小，则在长大过程中将会形成更多的晶核，因而晶粒也将越细小。反之，形核率越小而长大速度越大，则会得到越粗大的晶粒。因此，晶粒度取决于形核率 $\dot{N}$ 和长大速度 $G$ 之比，比值 $\dot{N}/G$ 越大，晶粒越细小。根据分析计算，单位体积内的晶粒数目 $Z_V$ 为：

$$Z_V = 0.9\left(\frac{\dot{N}}{G}\right)^{3/4}$$

单位面积中的晶粒数目 $Z_S$ 为：

$$Z_S = 1.1\left(\frac{\dot{N}}{G}\right)^{1/2}$$

由此可见，凡能促进形核、抑制长大的因素，都能细化晶粒。相反，凡是抑制形核、促进长大的因素，都使晶粒粗化。根据结晶时的形核和长大规律，为了细化铸锭和焊缝区的晶粒，在工业生产中可以采用以下几种方法。

1. 控制过冷度

形核率和长大速度都与过冷度有关，增大结晶时的过冷度，形核率和长大速度均随之增加，但两者的增大速率不同，形核率的增长率大于长大速度的增长率，如图2-33所示。在一般金属结晶时的过冷范围内，过冷度越大，则比值 $\dot{N}/G$ 越大，因而晶粒越细小。

增加过冷度的方法主要是提高液态金属的冷却速度。在铸造生产中，为了提高铸件的冷却速度，可以采用金属型或石墨型代替砂型，增加金属型的厚度，降低金属型的温度，采用蓄热多散热快的金属型，局部加冷铁，以及采用水冷铸型等。增加过冷度的另一种方法是降低浇注温度和浇注速度，这样一方面可使铸型温度不至于升高太快，另一方面由于延长了凝固时间，晶核形成的数目增多，可获得较细小的晶粒。

2. 变质处理

用增加过冷度的方法细化晶粒只对小型或薄壁的铸件有效，而对较大的厚壁铸件就不适用。因为当铸件断面较大时，只是表层冷得快，而心部冷得很慢，因此无法使整个铸件体积内都获得细小而均匀的晶粒。为此，工业上广泛采用变质处理的方法。

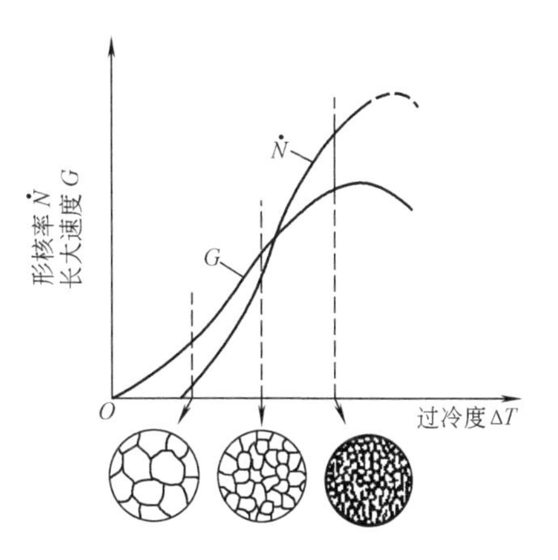

图 2-33　金属结晶时形核率和长大速度与过冷度的关系

变质处理是在浇注前往液态金属中加入形核剂（又称变质剂），促进形成大量的非均匀晶核来细化晶粒。例如，在铝合金中加入钛和硼，在钢中加入钛、锆、钒，在铸铁中加入硅铁或硅钙合金就是如此。表 2-3 说明了某些铸造铝合金中加入 B、Zr、Ti 等变质剂后晶粒细化的情况。还有一类变质剂，它虽不能提供结晶核心，但能起阻止晶粒长大的作用，因此又称其为长大抑制剂。例如，将钠盐加入 Al-Si 合金中，钠能富集于硅的表面，降低硅的长大速度，使合金的组织细化。

**表 2-3　铸造铝合金中加入 B、Zr、Ti 细化晶粒的情况**

| 材　料 | 加入元素 | $1cm^2$ 面积上的晶粒数 | 铸模材料 |
|---|---|---|---|
| 铸造铝合金 ZL104<br>（$w_{Si}=10\%$，$w_{Mg}=0.2\%$，$w_{Mn}=0.02\%$，$w_{Fe}=0.5\%$） | 不加元素<br>$w_B=0.1\%\sim0.2\%$<br>$w_{Ti}=0.05\%$，$w_B=0.05\%$ | 8～12<br>120～150<br>180～200 | 砂型<br>砂型<br>砂型 |
| 铸造铝合金 ZL301<br>（$w_{Si}=0.2\%$，$w_{Mn}=0.3\%$，$w_{Mg}=8\%\sim10\%$，$w_{Fe}=0.3\%$） | 不加元素<br>$w_{Zr}=0.1\%\sim0.2\%$ | 8～10<br>130～150 | 砂型<br>砂型 |

3. 振动、搅动

对即将凝固的金属进行振动或搅动，一方面是依靠从外面输入能量促使晶核提前形成，另一方面是使成长中的枝晶破碎，使晶核数目增加，这已成为一种有效的细化晶粒组织的重要手段。

进行振动或搅动的方法很多，例如，用机械的方法使铸型振动或变速转动；使液态金属流经振动的浇注槽；进行超声波处理；在焊枪上安装电磁线圈，造成晶体和液体的相对运动等，均可细化晶粒组织。

## 第六节　金属铸锭的宏观组织与缺陷

在实际生产中，液态金属是在铸锭模或铸型中凝固的，前者得到铸锭，后者得到铸件。虽然它们的结晶过程均遵循结晶的普遍规律，但是由于铸锭或铸件冷却条件的复杂性，给铸态组织带来很多特点。铸态组织包括晶粒的大小、形状和取向，合金元素和杂质的分布以及铸锭中的缺陷（缩孔、气孔……）等。对铸件来说，铸态组织直接影响到它的力学性能和使用寿命；对铸锭来说，铸态组织不但影响到它的压力加工性能，而且还影响到压力加工后的金属制品的组织及性能。因此，应该了解铸锭（铸件）的组织及其形成规律，并设法改善铸锭（铸件）的组织。

## 一、铸锭三晶区的形成

纯金属铸锭的宏观组织通常由三个晶区所组成，即外表层的细晶区、中间的柱状晶区和心部的等轴晶区，如图2-34所示。根据浇注条件的不同，铸锭中晶区的数目及其相对厚度可以改变。

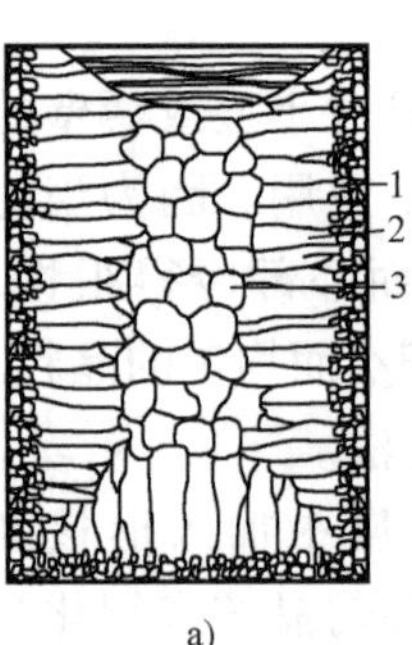

a)

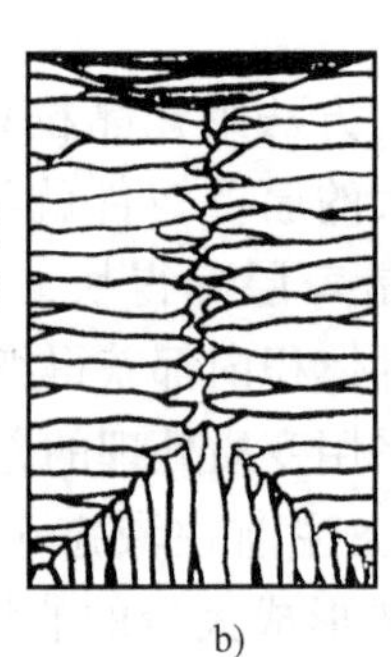
b)

c)

图2-34　铸锭组织示意图
1—细晶区　2—柱状晶区　3—等轴晶区

### （一）表层细晶区

当高温的金属液体倒入铸型后，结晶首先从型壁处开始。这是由于温度较低的型壁有强烈的吸热和散热作用，使靠近型壁的一薄层液体产生极大的过冷度，加上型壁可以作为非均匀形核的基底，因此在此一薄层液体中立即产生大量的晶核，并同时向各个方向生长。由于晶核数目很多，故邻近的晶粒很快彼此相遇，不能继续生长，这样便在靠近型壁处形成一很细的薄层等轴晶粒区，又称为激冷区。

表层细晶区的形核数目取决于下列因素：型壁的形核能力以及型壁处所能达到的过冷度大小，后者主要依赖于铸型的表面温度、铸型的热传导能力和浇注温度等因素。如果铸型的表面温度低，热传导能力好以及浇注温度较低，就可获得较大的过冷度，从而使形核率增加，增加细晶区的厚度。相反，如果浇注温度高，铸型的散热能力小而使其温度很快升高，就大大降低了晶核数目，细晶区的厚度也要减小。

细晶区的晶粒十分细小，组织致密，力学性能很好。但由于细晶区的厚度一般都很薄，有的只有几个毫米厚，因此没有多大的实际意义。

### （二）柱状晶区

柱状晶区由垂直于型壁的粗大柱状晶所构成。在表层细晶区形成的同时，一方面型壁的温度由于被液态金属加热而迅速升高，另一方面由于金属凝固后的收缩，使细晶区和型壁脱离，形成一空气层，给液态金属的继续散热造成困难。此外，细晶区的形成还释放出了大量的结晶潜热，也使型壁的温度升高。上述种种原因，均使液态金属冷却减慢，温度梯度变得平缓，这时即开始形成柱状晶区。这是因为：①尽管在结晶前沿液体中有适当的过冷度，但这一过冷度很小，不能生成新的晶核，但有利于细晶区内靠近液相的某些小晶粒的继续长大，而离柱状晶前沿稍远处的液态金属尚处于过热之中，无法另行生核，因此结晶主要靠晶粒的继续长大来进行。②垂直于型壁方向的散热最快，因而晶体沿其相反方向择优生长成柱状晶。晶体的长大速度是各向异性的，一次晶轴方向长大速度最大，但是由于散热条件的影响，因此只有那些一次晶轴垂直于型壁的晶粒长大速度最快，迅速地并排优先长入液体中，如图2-35所示。由于这些优先成长的晶粒并排向液体中生长，侧面受到彼此的限制而不能侧向生长，只能沿散热方向生长，从而形成了柱状晶区。各柱状晶的位向都是一次晶轴方向，例如，立方晶系各个柱状晶的一次晶轴都是 <001> 方向，结果柱状晶区在性能上就显示出了各向异性，这种晶体学位向一致的铸态组织称为“铸造织构”或“结晶织构”。

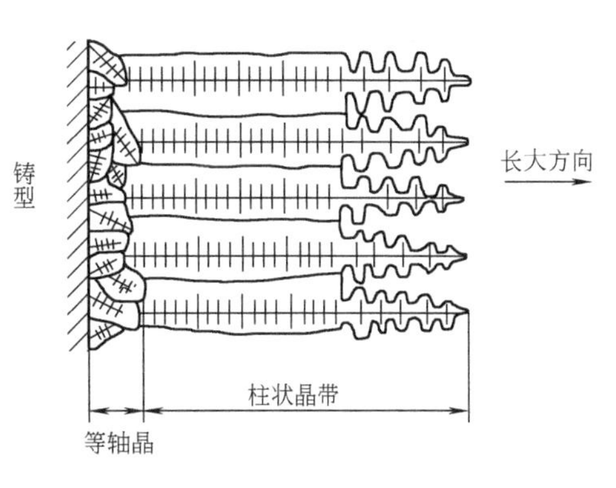


图 2-35　由表层细晶区晶粒发展成柱状晶

由此可见，柱状晶区形成的外因是散热的方向性，内因是晶体生长的各向异性。柱状晶的长大速度与已凝固固相的温度梯度和液相的温度梯度有关，固相的温度梯度越大，或液相的温度梯度越小时，则柱状晶的长大速度就越大。如果已结晶的固相的导热性好，散热速度很快，始终能保持定向散热，并且在柱状晶前沿的液体中没有新形成的晶粒阻挡，那么柱状晶就可以一直长大到铸锭中心，直到与其他柱状晶相遇而止，这种铸锭组织称为穿晶组织，如图 2-36 所示。

在柱状晶区中，晶粒彼此间的界面比较平直，气泡缩孔很小，所以组织比较致密。但当沿不同方向生长的两组柱状晶相遇时，会形成柱晶间界。柱晶间界是杂质、气泡、缩孔较富集的地区，因而是铸锭的脆弱结合面，简称弱面。例如，在方形铸锭中的对角线处就很容易形成弱面，当压力加工时，易于沿这些弱面形成裂纹或开裂。此外，柱状晶区的性能有方向性，对塑性好的金属或合金，即使全部为柱状晶组织，也能顺利通过热轧而不至于开裂，而对塑性差的金属或合金，如钢铁和镍合金等，则应力求避免形成发达的柱状晶区，否则往往导致热轧开裂而产生废品。

图 2-36　穿晶组织

**（三）中心等轴晶区**

随着柱状晶的发展，经过散热，铸锭中心部分的液态金属的温度全部降至熔点以下，再加上液态金属中杂质等因素的作用，满足了形核对过冷度的要求，于是在整个剩余液体中同时形核。由于此时的散热已经失去了方向性，晶核在液体中可以自由生长，在各个方向上的长大速度差不多相等，因此即长成了等轴晶。当它们长到与柱状晶相遇，全部液体凝固完毕后，即形成明显的中心等轴晶区。

与柱状晶区相比，等轴晶区的各个晶粒在长大时彼此交叉，枝杈间的搭接牢固，裂纹不易扩展；不存在明显的弱面；各晶粒的取向各不相同，其性能也没有方向性。这是等轴晶区的优点。但其缺点是等轴晶的树枝状晶体比较发达，分枝较多，因此显微缩孔较多，组织不够致密。但显微缩孔一般均未氧化，因此铸锭经热压力加工之后，一般均可焊合，对性能影响不大。由此可见，一般的铸锭，尤其是铸件，都要求得到发达的等轴晶组织。

## 二、铸锭组织的控制

在一般情况下，金属铸锭的宏观组织有三个晶区，当然这并不是说，所有铸锭（件）的宏观组织均由三个晶区所组成。由于凝固条件的复杂性，纯金属的铸锭在某些条件下只有柱状晶区（图 2-34b）或只有等轴晶区（图 2-34c），即使有三个晶区，不同铸锭中各晶区

所占的比例往往不同。由于不同的晶区具有不同的性能，因此必须设法控制结晶条件，使性能好的晶区所占比例尽可能大，而使所不希望的晶区所占比例尽量减少以至完全消失。例如，柱状晶的特点是组织致密，性能具有方向性，缺点是存在弱面，但是这一缺点可以通过改变铸型结构（如将断面的直角连接改为圆弧连接）来解决，因此塑性好的铝、铜等铸锭都希望得到尽可能多的致密的柱状晶。影响柱状晶生长的因素主要有以下几点。

1. 铸型的冷却能力

铸型及刚结晶的固体的导热能力越大，越有利于柱状晶的生成。生产上经常采用导热性好与热容量大的铸型材料，增大铸型的厚度及降低铸型温度等，以增大柱状晶区。但是对于较小尺寸的铸件，如果铸型的冷却能力很大，以致使整个铸件都在很大的过冷度下结晶，这时不但不能得到较大的柱状晶区，反而促进等轴晶区的发展（形核率增大）。当采用水冷结晶器进行连续铸锭时，就可以使铸锭全部获得细小的等轴晶粒。

2. 浇注温度与浇注速度

由图2-37可以看出，柱状晶的长度随浇注温度的提高而增加。当浇注温度达到一定值时，可以获得完全的柱状晶区。这是由于浇注温度或者浇注速度的提高，均将使温度梯度增大，因而有利于柱状晶区的发展。

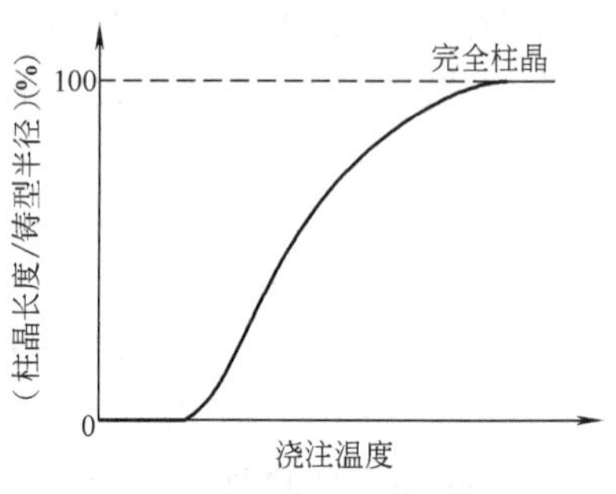


图2-37　柱状晶的长度与浇注温度的关系

3. 熔化温度

熔化温度越高，液态金属的过热度越大，非金属夹杂物溶解得越多，非均匀形核数目越少，从而减少了柱状晶前沿液体中形核的可能性，有利于柱状晶区的发展。

通过单向散热使整个铸件获得全部柱状晶的技术称为定向凝固技术，已应用于工业生产中。例如，磁性铁合金的最大磁导率方向是<001>方向，而柱状晶的一次晶轴正好是这一方向，所以可利用定向凝固技术来制备磁性铁合金。又如，喷气发动机的涡轮叶片最大负荷方向是纵向，具有等轴晶组织的涡轮叶片容易沿横向晶界失效，利用定向凝固技术生产的涡轮叶片，使柱状晶的一次晶轴方向与最大负荷方向保持一致，从而提高涡轮叶片在高温下对塑性变形和断裂的抗力。为了得到更好的高温力学性能，还可利用保持小过冷度的单晶制备技术获得单晶叶片，避免高温下由晶界弱化造成的强度降低，并且其晶面和晶向可控制为最佳性能取向。

对于钢铁等许多材料的铸锭和大部分铸件来说，一般都希望得到尽可能多的等轴晶。提高液态金属中的形核率，限制柱状晶的发展，细化晶粒是改善铸锭组织、提高铸件性能的重要途径。

## 三、铸锭缺陷

铸锭或铸件中经常存在一些缺陷，常见的缺陷有缩孔、气孔及夹杂物等。

### （一）缩孔

铸件在冷却和凝固过程中，由于金属的液态收缩和凝固收缩，原来填满铸型的液态金属，凝固后就不再能填满，此时如果没有液体金属继续补充，就会出现收缩孔洞，称为缩孔。

铸件中存在缩孔，会使铸件中有效承载面积减小，导致应力集中，可能成为裂纹源；并且降低铸件的气密性，特别是承受压应力的铸件，容易发生渗漏而报废。缩孔的出现是不可避免的，人们只能通过改变结晶时的冷却条件和铸锭的形状来控制其出现的部位和分布状况。缩孔分为集中缩孔和分散缩孔（缩松）两类。

1. 集中缩孔

图2-38为集中缩孔形成过程示意图。当液态金属浇入铸型后，与型壁先接触的一层液体先结晶，中心部分的液体后结晶，先结晶部分的体积收缩可以由尚未结晶的液态金属来补充，而最后结晶部分的体积收缩则得不到补充。因此整个铸锭结晶时的体积收缩都集中到最后结晶的部分，于是便形成了集中缩孔。缩孔的另一种形式叫二次缩孔或中心线缩孔，如图2-39所示。由于铸锭上部先已基本凝固，而下部分仍处于液体状态，当其凝固收缩时便得不到液态金属的及时补充，因此便在下部形成缩孔。

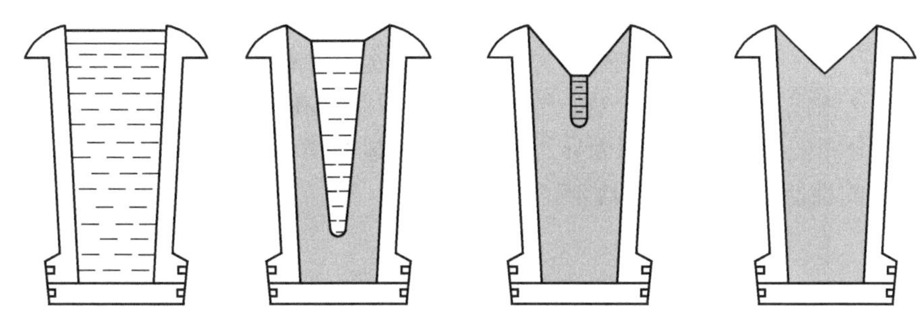

图2-38　集中缩孔形成过程示意图

集中缩孔和二次缩孔都破坏了铸锭的完整性，并使其附近含有较多的杂质，在以后的轧制过程中随铸锭整体的延伸而伸长，不能焊合，造成废品，所以必须在铸锭时予以切除。如果铸型设计得不当，浇注工艺掌握得不好，则缩孔长度可能增大，甚至贯穿铸锭中心，严重影响铸锭质量。如果只切除了明显的集中缩孔，未切除暗藏的二次缩孔（中心线缩孔），将给以后的机械产品留下隐患，造成事故。

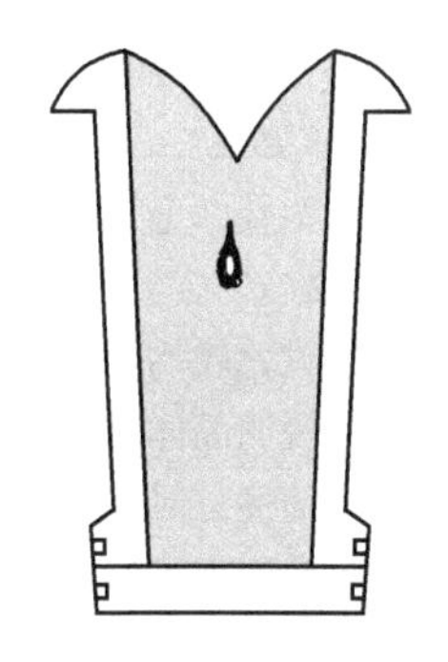

图2-39　铸锭中的二次缩孔示意图

为了缩短缩孔的长度，使铸锭的收缩尽可能地提高到顶部，从而减少切头率，提高材料的利用率，通常采用的方法是：①加快底部的冷却速度，如在铸型底部安放冷铁，使凝固尽可能地自下而上进行，从而使缩孔大大减小；②在铸锭顶部加保温冒口，使铸锭上部的液体最后凝固，收缩时可得到液体的补充，把缩孔集中到顶部的保温冒口中。此外，使铸型壁上薄下厚，锭子上大下小，可缩短缩孔长度。

2. 分散缩孔（缩松）

大多数金属结晶时以树枝晶方式长大。在柱状晶尤其是粗大的中心等轴晶形成过程中，由于树枝晶的充分发展以及各晶枝间相互穿插和相互封锁作用，使一部分液体被孤立分隔于各枝晶之间，凝固收缩时得不到液体的补充，结晶结束后，便在这些区域形成许多分散的形状不规则的缩孔，称为缩松。在一般情况下，缩松处没有杂质，表面也未被氧化，在压力加工时可以焊合。

**（二）气孔**（气泡）

在液态金属中总会或多或少地溶有一些气体，主要是氢气、氧气和氮气，而气体在固体中的溶解度往往比在液体中小得多。当液体凝固时，其中所溶解的气体将以分子状态逐渐富集于固液界面前沿的液体中，形成气泡。这些气泡长大到一定程度后便可能上浮，若浮出表面，即逸散到周围环境中；如果气泡来不及上浮，或者铸锭表面已经凝固，则气泡将保留在铸锭内部，形成气孔。

气孔对铸件造成的危害与缩孔类似。在生产中可采取措施减小液体金属的吸气量或对液体金属进行除气处理。铸锭内部的气孔在压力加工时一般都可以焊合，而靠近铸锭表层的皮下气孔，则可能由于表皮破裂而被氧化，在压力加工时不能焊合，故在压力加工前必须车去，否则易在表面形成裂纹。

**（三）夹杂物**

铸锭中的夹杂物，根据其来源可分为两类：一类称为外来夹杂物，如在浇注过程中混入的耐火材料等；另一类称为内生夹杂物，它是在液态金属冷却过程中形成的。如金属与气体形成的金属氧化物或其他金属化合物，当除不尽时即残留在铸锭（如铝锭、铜锭）内，其形状、大小和分布随夹杂物的不同而异，通常在光学显微镜下都可以观察到。夹杂物的存在对铸锭（件）的性能会产生一定的影响。

## 习　　题

2-1　a）试证明均匀形核时，形成临界晶粒的 $\Delta G_K$ 与其体积 $V$ 之间的关系式为 $\Delta G_K = -\frac{V}{2}\Delta G_V$；

b）当非均匀形核形成球冠形晶核时，其 $\Delta G_K$ 与 $V$ 之间的关系如何？

2-2　如果临界晶核是边长为 $a$ 的正方体，试求出其 $\Delta G_K$ 和 $a$ 的关系。为什么形成立方体晶核的 $\Delta G_K$ 比球形晶核要大？

2-3　为什么金属结晶时一定要有过冷度？影响过冷度的因素是什么？固态金属熔化时是否会出现过热？为什么？

2-4　试比较均匀形核与非均匀形核的异同点。

2-5　说明晶体成长形状与温度梯度的关系。

2-6　简述三晶区形成的原因及每个晶区的性能特点。

2-7　为了得到发达的柱状晶区，应该采取什么措施？为了得到发达的等轴晶区应该采取什么措施？其基本原理如何？

2-8　指出下列各题错误之处，并改正。

1）所谓临界晶核，就是体系自由能的减少完全补偿表面自由能增加时的晶胚大小。

2）在液态金属中，凡是涌现出小于临界晶核半径的晶胚都不能成核，但是只要有足够的能量起伏提供形核功，还是可以形核。

3）无论温度分布如何，常用的纯金属都是以树枝状方式生长。

Chapter 3

# 第三章 二元合金的相结构与结晶

虽然纯金属在工业生产上获得了一定的应用，但由于其强度一般都很低，如铁的抗拉强度约为200MPa，而铝还不到100MPa，显然都不适合作为结构材料。因此，目前应用的金属材料绝大多数是合金。所谓合金，是指两种或两种以上的金属，或金属与非金属，经熔炼或烧结，或用其他方法组合而成的具有金属特性的物质。例如，应用最广泛的碳钢和铸铁是由铁和碳组成的合金，黄铜是由铜和锌组成的合金等。

要了解合金的性能较纯金属性能优良的原因，首先要了解各合金组元相互作用形成哪些合金相，它们的化学成分及其晶体结构如何，然后再研究合金结晶后各组成相的形态、大小、数量和分布状况，即其组织状态，并进一步探讨合金的化学成分、晶体结构、组织状态和性能之间的变化规律。合金相图正是研究这些规律的有效工具。掌握相图的分析和使用方法，有助于了解合金的组织状态和预测合金的性能，并根据要求研制新的合金。在生产实践中，合金相图可作为制订合金熔炼、铸造、锻造及热处理工艺的重要依据。

## 第一节　合金中的相

组成合金最基本的、独立的物质称为组元，或简称为元。一般说来，组元就是组成合金的元素，也可以是稳定的化合物。例如，黄铜的组元是铜和锌，碳钢的组元是铁和碳，确切地说是铁和金属化合物 $Fe_3C$。由两个组元组成的合金称为二元合金，由三个组元组成的合金称为三元合金，由三个以上组元组成的合金称为多元合金。

由给定的组元可以以不同的比例配制成一系列成分不同的合金，这一系列合金就构成一个合金系统，简称合金系。两个组元组成的为二元系，三个组元组成的为三元系，更多组元组成的为多元系。例如，凡是由铜和锌组成的合金，不论其成分如何，都属于铜锌二元合金系。已知周期表中的元素有100多种，除了少数气体元素外，几乎都可以用来配制合金。如果从其中取出80种元素配制合金，那么，由80种元素中任取两种元素组成的二元系合金就有3160种，由80种元素中任取三种元素组成的三元系合金就有82160种。这些合金除具有更高的力学性能外，有的还可能具有强磁性、耐蚀性等特殊的物理性能和化学性能。

当不同的组元经熔炼或烧结组成合金时，这些组元间由于物理的和化学的相互作用，形成具有一定晶体结构和一定成分的相。相是指合金中结构相同、成分和性能均一并以界面相互分开的组成部分。如纯金属在固态时为一个相（固相），在熔点以上为另一个相（液相）。而在熔点时，固体与液体共存，两者之间有界面分开，它们各自的结构不同，所以此时为固相和液相共存的混合物。由一种固相组成的合金称为单相合金，由几种不同固相组成的合金称为多相合金。锌的含量⊖ $w_{Zn}=30\%$ 的 Cu-Zn 合金是单相合金，一般称为单相黄铜，它是锌溶入铜中的固溶体。而当 $w_{Zn}=40\%$ 时，则是两相合金，即除了形成固溶体外，铜和锌还形成另外一种新相，称为金属化合物，它的晶体结构与固溶体完全不同，成分与性能也不相同，相界把两种不同的相分开。

在金属与合金中，由于形成的条件不同，可能形成不同的相，相的数量、形态及分布状态也可能不同，从而形成不同的组织。组织是一个与相紧密相关的概念。通常，将用肉眼或放大镜观察到的形貌图像称为宏观组织，用显微镜观察到的微观形貌图像称为显微组织。相是组织的基本组成部分。但是，同样的相，当它们的形态及分布不同时，就会出现不同的组织，使材料表现出不同的性能。因此，在工业生产中，控制和改变合金的组织具有极为重要的意义。

## 第二节　合金的相结构

不同的相具有不同的晶体结构，虽然相的种类极为繁多，但根据相的晶体结构特点可以将其分为固溶体和金属化合物两大类。

### 一、固溶体

合金的组元之间以不同比例相互混合后形成的固相，其晶体结构与组成合金的某一组元的相同，这种相就称为固溶体，这种组元称为溶剂，其他的组元即为溶质。工业上所使用的金属材料，绝大部分以固溶体为基体，有的甚至完全由固溶体所组成。例如，广泛应用的碳钢和合金钢，均以固溶体为基体相，其含量占组织中的绝大部分。因此，对固溶体的研究有很重要的实际意义。

#### （一）固溶体的分类

根据固溶体的不同特点，可以将其进行分类。

1. 按溶质原子在晶格中所占位置分类

（1）置换固溶体　它是指溶质原子位于溶剂晶格的某些结点位置所形成的固溶体，犹如这些结点上的溶剂原子被溶质原子所置换一样，因此称为置换固溶体，如图 3-1a 所示。

（2）间隙固溶体　溶质原子不是占据溶剂晶格的正常结点位置，而是填入溶剂原子间的一些间隙中，如图 3-1b 所示。

2. 按固溶度分类

（1）有限固溶体　在一定条件下，溶质组元在固溶体中的浓度有一定的限度，超过这个限度就不再溶解了。这一限度称为溶解度或固溶度，这种固

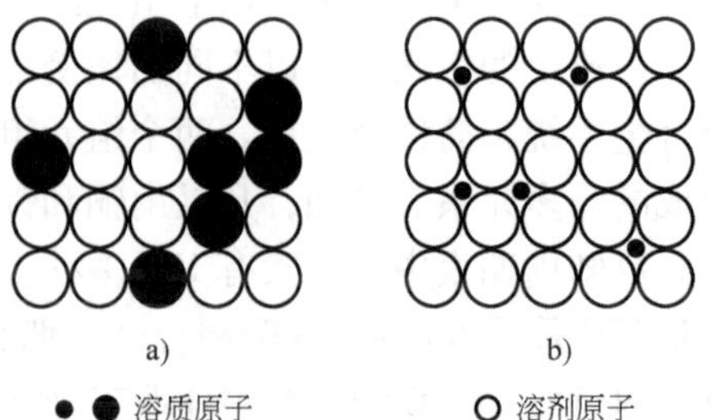


图 3-1　固溶体的两种类型
a）置换固溶体　b）间隙固溶体

⊖ 某物质的含量及后面将要提到的成分、浓度等概念在没有特别标注的情况下，均指质量分数。

溶体就称为有限固溶体。大部分固溶体都属于这一类。

（2）无限固溶体　溶质能以任意比例溶入溶剂，固溶体的溶解度可达 100%，这种固溶体就称为无限固溶体。事实上此时很难区分溶剂与溶质，两者可以互换。通常以含量大于 50% 的组元为溶剂，含量小于 50% 的组元为溶质。图 3-2 为无限固溶体的示意图。由此可见，无限固溶体只可能是置换固溶体。能形成无限固溶体的合金系不很多，Cu-Ni、Ag-Au、Ti-Zr、Mg-Cd 等合金系可形成无限固溶体。

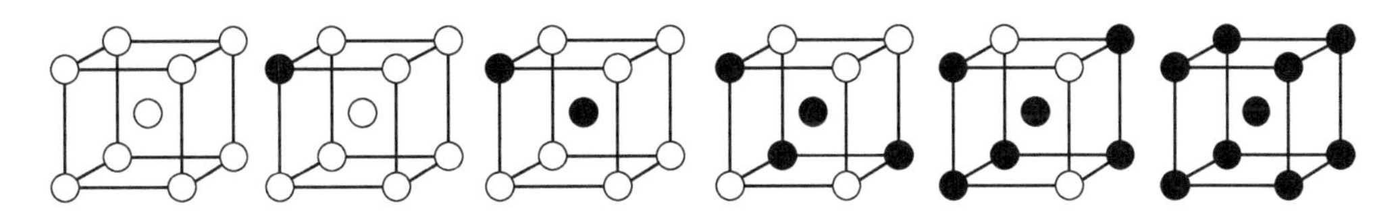

图 3-2　无限置换固溶体中两组元素原子置换示意图

3. 按溶质原子与溶剂原子的相对分布分类

（1）无序固溶体　溶质原子统计地或随机地分布于溶剂的晶格中，它或占据着与溶剂原子等同的一些位置，或占据着溶剂原子间的间隙中，看不出有什么次序性或规律性，这类固溶体称为无序固溶体。

（2）有序固溶体　当溶质原子按适当比例并按一定顺序和一定方向，围绕着溶剂原子分布时，这种固溶体就称为有序固溶体，它既可以是置换式的有序，也可以是间隙式的有序。但是应当指出，有的固溶体由于有序化的结果，会引起结构类型的变化，所以也可以将它看作是金属化合物。

除上述分类方法外，还有一些其他的分类方法。如以纯金属为基的固溶体称为一次固溶体或端际固溶体，以化合物为基的固溶体称为二次固溶体，等等。

**（二）置换固溶体**

金属元素彼此之间一般都能形成置换固溶体，但固溶度的大小往往相差悬殊。例如，铜与镍可以无限互溶，锌仅能在铜中溶解（$w_{Zn} \approx 39\%$），而铅在铜中几乎不溶解。大量的实践表明，随着溶质原子的溶入，往往引起合金的性能发生显著的变化，因而研究影响固溶度的因素很有实际意义。很多学者做了大量的研究工作，发现不同元素间的原子尺寸、负电性、电子浓度和晶体结构等因素对固溶度均有明显的规律性影响。

1. 原子尺寸因素

设 $A$、$B$ 两组元的原子半径分别为 $r_A$、$r_B$，则两组元间的原子尺寸相对大小 $\Delta r = \left|\frac{r_A - r_B}{r_A}\right|$。$\Delta r$ 对置换固溶体的固溶度有重要影响。组元间的原子半径越相近，即 $\Delta r$ 越小，则固溶体的固溶度越大；而当 $\Delta r$ 越大时，则固溶体的固溶度越小。有利于大量固溶的原子尺寸条件是 $\Delta r$ 不大于 15%，或者说溶质与溶剂的原子半径比 $r_{溶质}/r_{溶剂}$ 在 0.85～1.15 之间。当超过以上数值时，就不能大量固溶。在以铁为基的固溶体中，当铁与其他溶质元素的原子半径相对差别 $\Delta r$ 小于 8% 且两者的晶体结构相同时，才有可能形成无限固溶体，否则，就只能形成有限固溶体。在以铜为基的固溶体中，只有 $\Delta r$ 小于 10%～11% 时，才可能形成无限固溶体。

原子尺寸因素对固溶度的影响可以做如下定性说明。当溶质原子溶入溶剂晶格后，会引起晶格畸变，即与溶质原子相邻的溶剂原子要偏离其平衡位置，如图3-3所示。当溶质原子比溶剂原子半径大时，则溶质原子将排挤它周围的溶剂原子；若溶质原子小于溶剂原子，则其周围的溶剂原子将向溶质原子靠拢。不难理解，形成这样的状态必然引起能量的升高，这种升高的能量称为晶格畸变能。组元间的原子半径相差越大，晶格畸变能越高，晶格便越不稳定。同样，当溶质原子溶入越多时，则单位体积的晶格畸变能也越高，直至溶剂晶格不能再维持时，便达到了固溶体的固溶度极限。如此时再继续加入溶质原子，溶质原子将不再溶入固溶体中，只能形成其他新相。

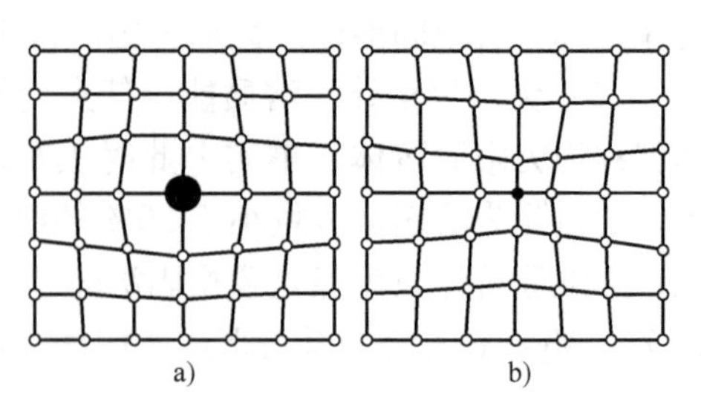

图3-3 固溶体中大、小溶质原子所引起的点阵畸变示意图
a）大 b）小

2. 电负性因素

元素的电负性定义为元素的原子获得或吸引电子的相对倾向。在元素周期表中，同一周期的元素，其电负性自左至右依次递增；同一族的元素，其电负性自下而上依次递增。若两元素在元素周期表中的位置相距越远，电负性差值越大，则越不利于形成固溶体，而易于形成金属化合物。若两元素间的电负性差值越小，则形成的置换固溶体的固溶度越大。

3. 电子浓度因素

在研究以ⅠB族金属为基的合金（即铜基、银基和金基）时，发现这样一个规律：在尺寸因素比较有利的情况下，溶质元素的原子价越高，则其在Cu、Ag、Au中的固溶度越小。例如，二价的锌在铜中的最大固溶度（以摩尔分数表示）为 $r_{Zn}=38\%$，三价的镓为 $r_{Ga}=20\%$，四价的锗为 $r_{Ge}=12\%$，五价的砷为 $r_{As}=7\%$。以上数值表明，溶质元素的原子价与固溶体的固溶度之间有一定的关系。进一步的分析表明，溶质原子价的影响实质上是由合金的电子浓度决定的。合金的电子浓度是指合金晶体结构中的价电子总数与原子总数之比，即 $e/a$。如果合金中溶质原子的摩尔分数为 $r\%$，溶剂原子和溶质原子的价电子数分别为 $V_A$、$V_B$，合金的电子浓度可用下式表示：

$$e/a=\frac{V_A(100-r)+V_Br}{100} \tag{3-1}$$

根据式（3-1）可以计算出，溶质元素在一价铜中的固溶度达到最大值时所对应的电子浓度值约为1.4。由此说明，溶质在溶剂中的固溶度受电子浓度的控制，固溶体的电子浓度有一极限值，超过此极限值，固溶体就不稳定，而要形成另外的新相。

4. 晶体结构因素

溶质与溶剂的晶体结构相同，是置换固溶体形成无限固溶体的必要条件。只有晶体结构类型相同，溶质原子才有可能连续不断地置换溶剂晶格中的原子，一直到溶剂原子完全被溶质原子置换完为止。如果组元的晶格类型不同，则组元间的固溶度只能是有限的，只能形成有限固溶体。即使晶格类型相同的组元间不能形成无限固溶体，那么，其固溶度也将大于晶格类型不同的组元间的固溶度。

综上所述，原子尺寸因素、电负性因素、电子浓度因素和晶体结构因素是影响固溶体固溶度大小的四个主要因素。当以上四因素都有利时，所形成的固溶体的固溶度就可能较大，

甚至形成无限固溶体。但上述的四个条件只是形成无限固溶体的必要条件，还不是充分条件，无限固溶体的形成规律，还有待于进一步研究。一般情况下，各元素间大多只能形成有限固溶体。固溶体的固溶度除与以上因素有关外，还与温度有关，温度越高，固溶度越大。因此，在高温下已达到饱和的有限固溶体，当其冷却至低温时，由于其固溶度的降低，将使固溶体发生分解而析出其他相。

**（三）间隙固溶体**

一些原子半径很小的溶质原子溶入到溶剂中时，不是占据溶剂晶格的正常结点位置，而是填入到溶剂晶格的间隙中，形成间隙固溶体，其结构如图 3-4 所示。形成间隙固溶体的溶质元素，都是一些原子半径小于 0.1nm 的非金属元素，如氢（0.046nm）、氧（0.061nm）、氮（0.071nm）、碳（0.077nm）、硼（0.097nm），而溶剂元素则都是过渡族元素。试验证明，只有当溶质与溶剂的原子半径比值 $r_{溶质}/r_{溶剂}<0.59$ 时，才有可能形成间隙固溶体。

间隙固溶体的固溶度与溶质原子的大小及溶剂的晶格类型有关。当溶质原子（间隙原子）溶入溶剂后，将使溶剂的晶格常数增加，并使晶格发生畸变（图 3-5），溶入的溶质原子越多，引起的晶格畸变越大，当畸变量达到一定数值后，溶剂晶格将变得不稳定。当溶质原子较小时，它所引起的晶格畸变也较小，因此就可以溶入更多的溶质原子，固溶度也较大。晶格类型不同，则其中的间隙形状、大小也不同。例如，面心立方晶格的最大间隙是八面体间隙，所以溶质原子都位于八面体间隙中。体心立方晶格的致密度虽然比面心立方晶格的低，但因它的间隙数量多，每个间隙半径都比面心立方晶格的小，所以它的固溶度要比面心立方晶格的小。

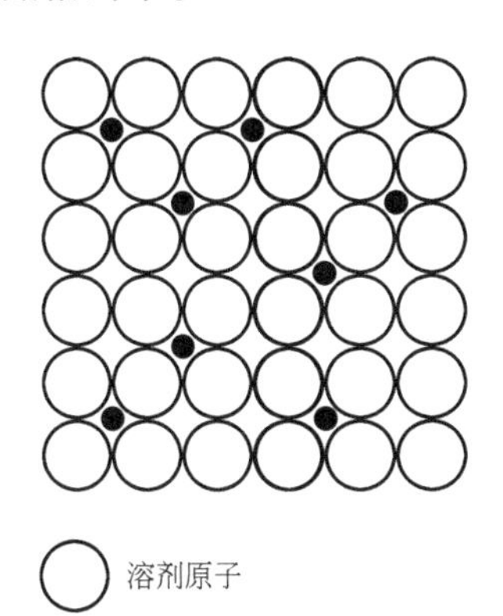


图 3-4　间隙固溶体的结构示意图

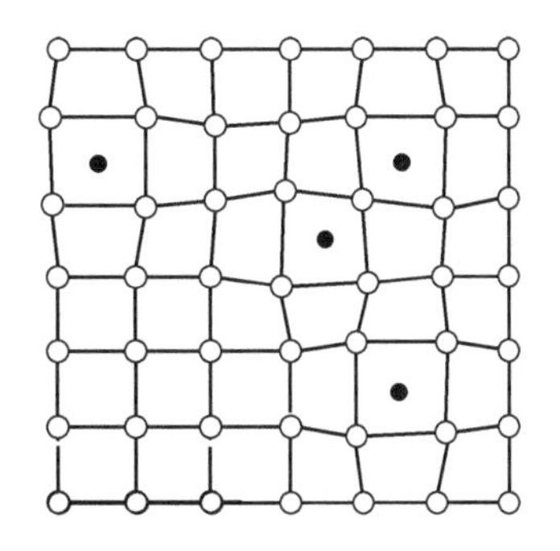

图 3-5　间隙固溶体中的晶格畸变

C、N 与铁形成的间隙固溶体是钢中的重要合金相。在面心立方的 γ-Fe 中，C、N 原子位于间隙较大的八面体间隙中。在体心立方的 α-Fe 中，虽然四面体间隙较八面体间隙大，但是 C、N 原子仍是位于八面体间隙中。这是因为体心立方晶格的八面体间隙是不对称的，在 <001> 方向间隙半径比较小，只有 $\frac{a}{2}-\frac{\sqrt{3}}{4}a=0.067a$，而在 <110> 方向，间隙半径为 $\frac{\sqrt{2}}{2}a-\frac{\sqrt{3}}{4}a=0.274a$，所以当 C（或 N）原子填入八面体间隙时受到 <001> 方向两个原子的压力较大，而受到 <110> 方向四个原子的压力则较小（图 3-6）。总的来说，C、N 原子溶入八面体间隙所受到的阻力比溶入四面体间隙的小，所以它们易溶入八面体间隙中。由于八面体间隙本身不对称，所以C、N原子溶入后所引起的晶格畸变也是不对称的。由于溶剂晶格中的间隙位置是有一定限度的，所以间隙固溶体只能是有限固溶体。

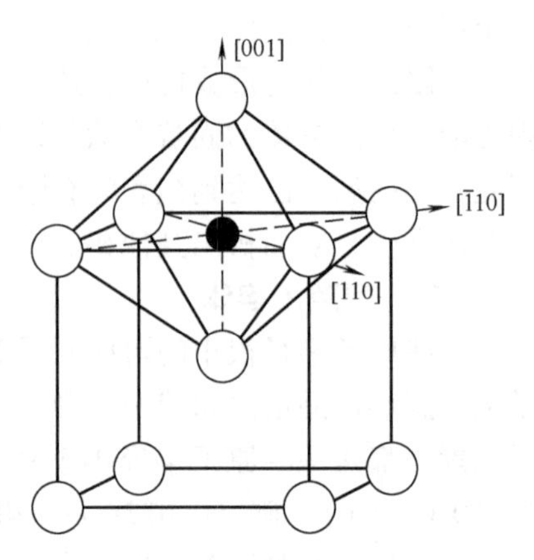


图3-6　间隙原子在体心立方晶格中的位置

**（四）固溶体的结构**

虽然固溶体仍保持着溶剂的晶格类型，但与纯组元相比，结构还是发生了变化，有的变化还相当大，主要表现在以下几个方面。

1. 晶格畸变

由于溶质与溶剂的原子大小不同，因而在形成固溶体时，必然在溶质原子附近的局部范围内造成晶格畸变，并因此而形成一弹性应力场。晶格畸变的大小可由晶格常数的变化所反映。对置换固溶体来说，当溶质原子较溶剂原子大时，晶格常数增加；反之，当溶质原子较溶剂原子小时，则晶格常数减小。形成间隙固溶体时，晶格常数总是随着溶质原子的溶入而增大。工业上常见的以铝、铜、铁为基的固溶体，其晶格常数的变化如图3-7所示。

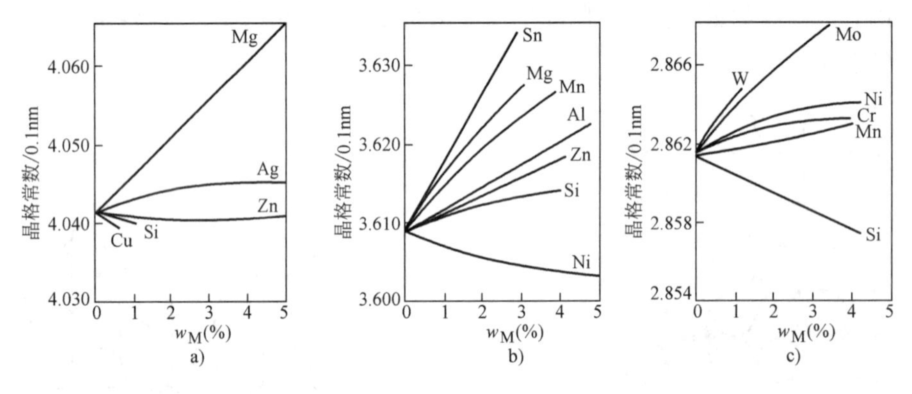


图3-7　各元素溶入铝、铜、铁中形成置换固溶体时晶格常数的变化（M表示金属元素）
a）Al　b）Cu　c）Fe

2. 偏聚与有序

长期以来，人们认为溶质原子在固溶体中的分布是统计的、均匀的和无序的，如图3-8a所示。但经X射线精细研究表明，溶质原子在固溶体中的分布，总是在一定程度上偏离完全无序状态，存在着分布的不均匀性，当同种原子间的结合力大于异种原子间的结合力时，溶质原子倾向于成群地聚集在一起，形成许多偏聚区（图3-8b）；反之，当异种原子间的结合力较大时，则溶质原子的近邻皆为溶剂原子，溶质原子倾向于按一定的规则呈有序分布，这种有序分布通常只在短距离小范围内存在，称为短程有序（图3-8c）。

3. 有序固溶体

具有短程有序的固溶体，当低于某一温度时，可能使溶质和溶剂原子在整个晶体中都按一定的顺序排列起来，即由短程有序转变为长程有序，这样的固溶体称为有序固溶体，或称

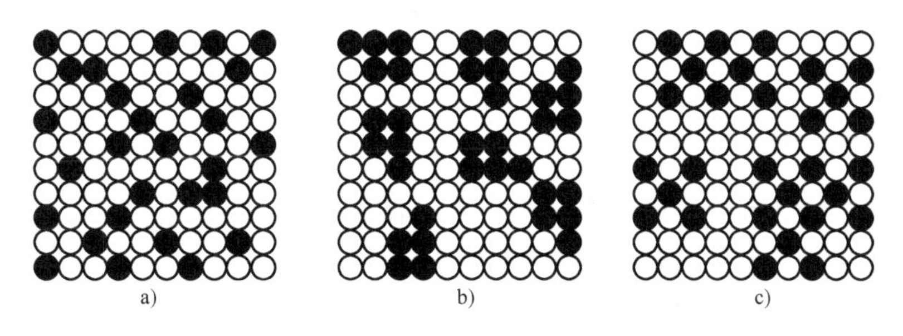


图 3-8　固溶体中溶质原子分布情况示意图
a）无序分布　b）偏聚分布　c）短程有序分布

为超结构、超点阵。有序固溶体有确定的化学成分，可以用化学式来表示。例如，在 Cu-Au 合金中，当两组元的原子数之比（即 Cu∶Au）等于 1∶1（CuAu）或 3∶1（$Cu_3Au$）时，在缓慢冷却条件下，两种元素的原子在固溶体中将由无序排列转变为有序排列，Cu、Au 原子在晶格中均占有确定的位置，如图 3-9 所示。对于 CuAu 来说，铜原子和金原子按层排列于（001）晶面上，一层晶面上全部是铜原子，相邻的一层全部是金原子。由于铜原子较小，故使原来的面心立方晶格略变形为 $c/a=0.93$ 的四方晶格。对于 $Cu_3Au$ 来说，金原子位于晶胞的顶角上，铜原子则占据面心位置。

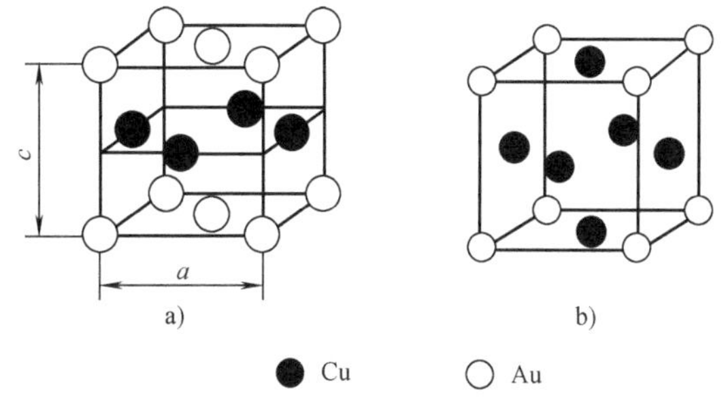


图 3-9　有序固溶体的晶体结构
a）CuAu　b）$Cu_3Au$

当有序固溶体加热至某一临界温度时，将转变为无序固溶体，而在缓慢冷却至这一温度时，又可转变为有序固溶体。这一转变过程称为有序化，发生有序化的临界温度称为固溶体的有序化温度。

由于溶质和溶剂原子在晶格中占据着确定的位置，因而发生有序化转变时有时会引起晶格类型的改变。严格说来，有序固溶体实质上是介于固溶体和化合物之间的一种相，但更接近于金属化合物。当无序固溶体转变为有序固溶体时，性能发生突变：硬度及脆性显著增加，而塑性和电阻则明显降低。

**（五）固溶体的性能**

在固溶体中，随着溶质浓度的增加，固溶体的强度、硬度提高，而塑性、韧性有所下降，这种现象称为固溶强化。溶质原子与溶剂原子的尺寸差别越大，所引起的晶格畸变也越大，强化效果则越好。由于间隙原子造成的晶格畸变比置换原子的大，所以其强化效果也较好。一般说来，固溶体的硬度、屈服强度和抗拉强度等总是比组成它的纯金属的平均值高；在塑性、韧性方面，如伸长率、断面收缩率和冲击吸收功等，固溶体要比组成它的两个纯金属的平均值低，但比一般的金属化合物要高得多。因此，综合起来看，固溶体具有比纯金属和金属化合物更为优越的综合力学性能，因此，各种金属材料总是以固溶体为基体相。

在物理性能方面，随着溶质原子含量的增加，固溶体的电阻率升高，电阻温度系数下降。因此工业上应用的精密电阻和电热材料等，都广泛应用固溶体合金。此外，Fe-Si、Fe-Ni的固溶体合金可用作磁性材料。

## 二、金属化合物

合金组元间相互作用，除可形成固溶体外，当超过固溶体的固溶度极限时，还可形成金属化合物，又称为中间相。金属化合物的晶体结构及性能均不同于任一组元，一般可以用分子式来大致表示其组成。金属化合物的原子间结合方式取决于元素的电负性差值，是金属键与离子键或共价键相混合的方式，因此它具有一定的金属性质，所以称为金属化合物。碳钢中的 $Fe_3C$、黄铜中的 CuZn、铝合金中的 $CuAl_2$ 等都是金属化合物。

由于结合键和晶体结构的多样性，使金属化合物具有许多特殊的物理化学性能，其中已有不少正在开发应用，作为新的功能材料和耐热材料，对现代科学技术的进步起着重要的推动作用。例如，具有半导体性能的金属化合物砷化镓（GaAs），其性能远远超过了现正广泛应用的硅半导体材料，已应用于发光二极管、太阳电池；$Nb_3Sn$ 具有高的超导转变温度，已成为重要的实用超导材料；NiAl 和 $Ni_3Al$ 是超声速飞机喷气发动机的候选材料。此外，还有能记住原始形状的记忆合金 NiTi 和 CuZn，能吸放固态氢的储氢材料 $LaNi_5$ 等。对于工业上应用最广泛的结构材料和工具材料，由于金属化合物一般均具有较高的熔点、硬度和脆性，当合金中出现金属化合物时，将使合金的强度、硬度、耐磨性及耐热性提高（但塑性和韧性有所降低），因此金属化合物已是这些材料中不可缺少的合金相。

金属化合物的种类很多，下面主要介绍三种：服从原子价规律的正常价化合物、晶体结构取决于电子浓度的电子化合物、小尺寸原子与过渡族金属之间形成的间隙相和间隙化合物。

### （一）正常价化合物

正常价化合物通常是由金属元素与周期表中ⅣA、ⅤA、ⅥA 族元素组成的，例如 MgS、MnS、$Mg_2Si$、$Mg_2Sn$、$Mg_2Pb$ 等。其中，MnS 是钢铁材料中常见的夹杂物，$Mg_2Si$ 则是铝合金中常见的强化相。

正常价化合物由电负性相差较大的元素形成，根据电负性差值的大小，原子间结合键的类型分别以离子键、共价键或金属键为主。正常价化合物具有严格的化合比，成分固定不变，可用化学式表示。这类化合物一般具有较高的硬度，脆性较大。

### （二）电子化合物

电子化合物是由ⅠB 族或过渡族金属元素与ⅡB、ⅢA、ⅣA 族金属元素形成的金属化合物，它不遵守原子价规律，而是按照一定电子浓度的比值形成的化合物，电子浓度不同，所形成的化合物的晶体结构也不同。例如，电子浓度为 3/2（21/14）时，具有体心立方结构，简称为 β 相；电子浓度为 21/13 时，为复杂立方结构，称为 γ 相；电子浓度为 7/4（21/12）时，则为密排六方结构，称为 ε 相。表 3-1 列出了一些常见的电子化合物及其结构类型。

电子化合物虽然可以用化学式表示，但其成分可以在一定的范围内变化，因此可以把它看作是以化合物为基的固溶体。电子化合物的原子间结合键以金属键为主。通常具有很高的熔点和硬度，但脆性很大。

表 3-1　常见的电子化合物及其结构类型

| 电子浓度 | $\frac{3}{2}\left(\frac{21}{14}\right)$ | $\frac{21}{13}$ | $\frac{7}{4}\left(\frac{21}{12}\right)$ |
| --- | --- | --- | --- |
| 结构类型 | 体心立方结构（β 相） | 复杂立方结构（γ 相） | 密排六方结构（ε 相） |
| 电子化合物 | CuZn | $Cu_5Zn_8$ | $CuZn_3$ |
| | $Cu_3Al$ | $Cu_9Al_4$ | $Cu_5Al_3$ |
| | $Cu_5Si$ | $Cu_{31}Si_8$ | $Cu_3Si$ |
| | $Cu_5Sn$ | $Cu_{31}Sn_8$ | $Cu_3Sn$ |
| | AgZn | $Ag_5Zn_8$ | $AgZn_3$ |
| | AuCd | $Au_5Cd_8$ | $AuCd_3$ |
| | FeAl | $Fe_5Zn_{21}$ | $Ag_5Al_3$ |
| | CoAl | $Co_5Zn_{21}$ | $Au_3Sn$ |
| | NiAl | $Ni_5Be_{21}$ | $Au_5Al_3$ |

### （三）间隙相和间隙化合物

间隙相和间隙化合物主要受组元的原子尺寸因素控制，通常是由过渡族金属与原子半径很小的非金属元素 H、N、C、B 所组成。根据非金属元素（以 X 表示）与金属元素（以 M 表示）原子半径的比值，可将其分为两类：当 $r_x/r_M<0.59$ 时，形成具有简单结构的化合物，称为间隙相；当 $r_x/r_M>0.59$ 时，则形成具有复杂晶体结构的化合物，称为间隙化合物。由于氢和氮的原子半径较小，所以过渡族金属的氢化物和氮化物都是间隙相。硼的原子半径最大，所以过渡族金属的硼化物都是间隙化合物。碳的原子半径也比较大，但比硼的小，所以一部分碳化物是间隙相，另一部分则为间隙化合物。间隙相和间隙化合物中的原子间结合键为金属键与共价键相混合。

1. 间隙相

间隙相都具有简单的晶体结构，如面心立方、体心立方、密排六方或简单六方等，金属原子位于晶格的正常结点上，非金属原子则位于晶格的间隙位置。间隙相的化学成分可以用简单的分子式表示：$M_4X$、$M_2X$、MX、$MX_2$，但是它们的成分可以在一定的范围内变动，这是由于间隙相的晶格中的间隙未被填满，即某些本应为非金属原子占据的位置出现空位，相当于以间隙相为基的固溶体，这种以缺位方式形成的固溶体称为缺位固溶体。

间隙相不但可以溶解组元元素，而且可以溶解其他间隙相，有些具有相同结构的间隙相甚至可以形成无限固溶体，如 TiC-ZrC、TiC-VC、TiC-NbC、TiC-TaC、ZrC-NbC、ZrC-TaC、VC-NbC、VC-TaC 等。

应当指出，间隙相与间隙固溶体之间有本质的区别，间隙相是一种化合物，它具有与其组元完全不同的晶体结构，而间隙固溶体则仍保持着溶剂组元的晶格类型。钢中常见到的间隙相见表 3-2。

间隙相具有极高的熔点和硬度（表 3-3），具有明显的金属特性，如具有金属光泽和良好的导电性。它们是硬质合金的重要相组成，用硬质合金制作的高速切削刀具、拉丝模及各种冲模已得到了广泛的应用。间隙相还是合金工具钢和高温金属陶瓷的重要组成相。此外，用渗入或涂层的方法使钢的表面形成含有间隙相的薄层，可显著增加钢的表面硬度和耐磨性，延长零件的使用寿命。

表 3-2 钢中常见的间隙相

| 间隙相的化学式 | 钢中的间隙相 | 结构类型 |
|---|---|---|
| $M_4X$ | $Fe_4N$、$Mn_4N$ | 面心立方 |
| $M_2X$ | $Ti_2H$、$Zr_2H$、$Fe_2N$、$Cr_2N$、$V_2N$、$Mn_2C$、$W_2C$、$Mo_2C$ | 密排六方 |
| MX | TaC、TiC、ZrC、VC、ZrN、VN、TiN、CrN、ZrH、TiH | 面心立方 |
| | TaH、NbH | 体心立方 |
| | WC、MoN | 简单六方 |
| $MX_2$ | $TiH_2$、$ThH_2$、$ZnH_2$ | 面心立方 |

2. 间隙化合物

间隙化合物一般具有复杂的晶体结构，Cr、Mn、Fe 的碳化物均属此类。它的种类很多，在合金钢中经常遇到的有 $M_3C$（如 $Fe_3C$、$Mn_3C$）、$M_7C_3$（如 $Cr_7C_3$）、$M_{23}C_6$（如 $Cr_{23}C_6$）和 $M_6C$（如 $Fe_3W_3C$、$Fe_4W_2C$）等。其中的 $Fe_3C$ 是钢铁材料中的一种基本组成相，称为渗碳体。$Fe_3C$ 中的铁原子可以被其他金属原子（如 Mn、Cr、Mo、W 等）所置换，形成以间隙化合物为基的固溶体，如 $(Fe, Mn)_3C$、$(Fe, Cr)_3C$ 等，称为合金渗碳体。其他的间隙化合物中金属原子也可被其他金属元素置换。

间隙化合物也具有很高的熔点和硬度，但与间隙相相比，它们的熔点和硬度要低些，而且加热时也较易分解。这类化合物是碳钢及合金钢中的重要组成相。钢中常见的碳化物的硬度及熔点列于表 3-3。

表 3-3 钢中常见碳化物的硬度及熔点

| 类型 | 间隙相 | | | | | | | | 间隙化合物 | |
|---|---|---|---|---|---|---|---|---|---|---|
| | NbC | $W_2C$ | WC | $Mo_2C$ | TaC | TiC | ZrC | VC | $Cr_{23}C_6$ | $Fe_3C$ |
| 熔点/℃ | 3770±125 | 3130 | 2867 | 2960±50 | 4150±140 | 3410 | 3805 | 3023 | 1577 | 1227 |
| 硬度 HV | 2050 | — | 1730 | 1480 | 1550 | 2850 | 2840 | 2010 | 1650 | ≈800 |

## 第三节 二元合金相图的建立

纯金属结晶后只能得到单相的固体，合金结晶后，既可获得单相的固溶体，也可获得单相的金属化合物，但更常见的是获得既有固溶体又有金属化合物的多相组织。组元不同，获得的固溶体和化合物的类型也不同，即使组元确定之后，结晶后所获得的相的性质、数目及其相对含量也随着合金成分和温度的变化而变化，即在不同的成分和温度时，合金将以不同的状态存在。为了研究不同合金系中的状态与合金成分和温度之间的变化规律，就要利用相图这一工具。

相图是表示在平衡条件下合金系中合金的状态与温度、成分间关系的图解，又称为状态图或平衡图。利用相图，可以一目了然地了解到不同成分的合金在不同温度下的平衡状态，它存在哪些相，相的成分及相对含量如何，以及在加热或冷却时可能发生哪些转变等。显

然，相图是研究金属材料的一个十分重要的工具。

## 一、二元相图的表示方法

合金存在的状态通常由合金的成分、温度和压力三个因素确定，合金的化学成分变化时，则合金中所存在的相及相的相对含量也随之发生变化，同样，当温度和压力发生变化时，合金所存在的状态也要发生改变。由于合金的熔炼、加工处理等都是在常压下进行，所以合金的状态可由合金的成分和温度两个因素确定。对于二元系合金来说，通常用横坐标表示成分，纵坐标表示温度，如图3-10所示。横坐标上的任一点均表示一种合金的成分，如$A$、$B$两点表示组成合金的两个组元，$C$点的成分为$w_B=40\%$、$w_A=60\%$，$D$点的成分为$w_B=60\%$、$w_A=40\%$等。

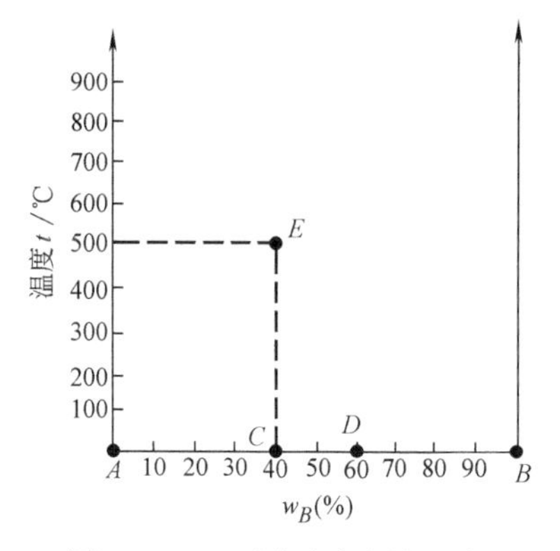


图3-10　二元合金相图的坐标

在成分和温度坐标平面上的任意一点称为表象点，一个表象点的坐标值表示一个合金的成分和温度。如图3-10中的$E$点表示合金的成分为$w_A=40\%$，$w_B=60\%$，温度为500℃。

## 二、二元合金相图的测定方法

建立相图的方法有试验测定和理论计算两种，但目前所用的相图大部分都是根据试验方法建立起来的。通过试验测定相图时，首先要配制一系列成分不同的合金，然后再测定这些合金的相变临界点（温度），如液相向固相转变的临界点（结晶温度）、固态相变临界点，最后把这些点标在温度-成分坐标图上，把各相同意义的点连接成线，这些线就在坐标图中划分出一些区域，这些区域即称为相区，将各相区所存在的相的名称标出，相图的建立工作即告完成。

测定临界点的方法很多，如热分析法、金相法、膨胀法、磁性法、电阻法、X射线结构分析法等。除金相法及X射线结构分析法外，其他方法都是利用合金的状态发生变化时，将引起合金某些性质的突变来测定其临界点的。下面以Cu-Ni合金为例，说明用热分析法测定二元合金相图的过程。

首先配制一系列不同成分的Cu-Ni合金，测出从液态到室温的冷却曲线。图3-11a给出纯铜、含镍量$w_{Ni}$分别为30%、50%、70%的Cu-Ni合金及纯镍的冷却曲线。可见，纯铜和纯镍的冷却曲线都有一水平阶段，表示其结晶的临界点。其他三种合金的冷却曲线都没有水平阶段，但有两次转折，两个转折点所对应的温度代表两个临界点，表明这些合金都是在一个温度范围内进行结晶的，温度较高的临界点是结晶开始的温度，称为上临界

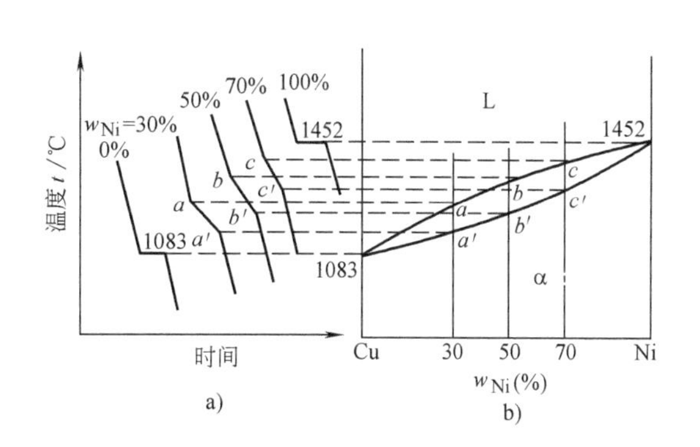


图3-11　用热分析法建立Cu-Ni相图
a）冷却曲线　b）相图

点，温度较低的临界点是结晶终了的温度，称为下临界点。结晶开始后，由于放出结晶潜热，致使温度的下降变慢，在冷却曲线上出现了一个转折点；结晶终了后，不再放出结晶潜热，温度的下降变快，于是又出现了一个转折点。

然后，将上述的临界点标在温度-成分坐标图中，再将两类临界点连接起来，就得到图3-11b所示的Cu-Ni相图。其中上临界点的连线称为液相线，表示合金结晶的开始温度或加热过程中熔化终了的温度；下临界点的连线称为固相线，表示合金结晶终了的温度或在加热过程中开始熔化的温度。这两条曲线把Cu-Ni合金相图分成三个相区：在液相线之上，所有的合金都处于液态，是液相单相区，以L表示；在固相线以下，所有的合金都已结晶完毕，处于固态，是固相单相区，经X射线结构分析或金相分析表明，所有的合金都是单相固溶体，以α表示；在液相线和固相线之间，合金已开始结晶，但结晶过程尚未结束，是液相和固相的两相共存区，以α+L表示。至此，相图的建立工作即告完成。

为了精确地测定相图，应配制较多数目的合金，采用高纯度金属和先进的试验设备，并同时采用几种不同的方法在极慢的冷却速度下进行测定。

## 三、相律及杠杆定律

### （一）相律及其应用

相律是检验、分析和使用相图的重要工具，所测定的相图是否正确，要用相律检验。在研究和使用相图时，也要用到相律。相律是表示在平衡条件下，系统的自由度数、组元数和相数之间的关系，是系统的平衡条件的数学表达式。相律可用下式表示：

$$F = C - P + 2 \tag{3-2}$$

式中，$F$为平衡系统的自由度数；$C$为平衡系统的组元数；$P$为平衡系统的相数。相律的含义是：在只受外界温度和压力影响的平衡系统中，它的自由度数等于系统的组元数和相数之差再加上2。平衡系统的自由度数是指平衡系统的独立可变因素（如温度、压力、成分等）的数目。这些因素可在一定范围内任意独立地改变而不会影响到原有的共存相数。当系统的压力为常数时，相律可表达为：

$$F = C - P + 1 \tag{3-3}$$

此时，合金的状态由成分和温度两个因素确定。因此，对纯金属而言，成分固定不变，只有温度可以独立改变，所以纯金属的自由度数最多只有1个。而对二元系合金来说，已知一个组元的含量，则合金的成分即可确定，因此合金成分的独立变量只有1个，再加上温度因素，所以二元合金的自由度数最多为2个，依次类推，三元系合金的自由度数最多为3个，四元系为4个……

下面讨论应用相律的几个例子。

1. 利用相律确定系统中可能共存的最多平衡相数

例如，对单元系来说，组元数$C=1$，由于自由度不可能出现负值，所以当$F=0$时，同时共存的平衡相数应具有最大值，代入相律公式（3-3），即得：

$$P = 1 - 0 + 1 = 2$$

可见，对单元系来说，同时共存的平衡相数不超过2个。例如，纯金属结晶时，温度固定不变，自由度为零，同时共存的平衡相为液、固两相。

同样，对二元系来说，组元数 $C=2$，当 $F=0$ 时，$P=2-0+1=3$，说明二元系中同时共存的平衡相数最多为 3 个。

2. 利用相律解释纯金属与二元合金结晶时的一些差别

例如，纯金属结晶时存在液、固两相，其自由度为零，说明纯金属在结晶时只能在恒温下进行。二元合金结晶时，在两相平衡条件下，其自由度 $F=2-2+1=1$，说明温度和成分中只有一个独立可变因素，即在两相区内任意改变温度，则成分随之而变；反之亦然。此时，二元合金将在一定温度范围内结晶。如果二元合金出现三相平衡共存，则其自由度 $F=2-3+1=0$，说明此时的温度不但恒定不变，而且三个相的成分也恒定不变，结晶只能在各个因素完全恒定不变的条件下进行。

**（二）杠杆定律**

在合金的结晶过程中，随着结晶过程的进行，合金中各个相的成分以及它们的相对含量都在不断地发生着变化。为了了解某一具体合金中相的成分及其相对含量，需要应用杠杆定律。在二元系合金中，杠杆定律主要适用于两相区，因为对单相区来说无此必要，而三相区又无法确定，这是由于三相恒温线上的三个相可以以任何比例相平衡。

要确定相的相对含量，首先必须确定相的成分。根据相律可知，当二元系处于两相共存时，其自由度为 1，这说明只有一个独立变量。例如温度变化时，两个平衡相的成分均随温度的变化而改变；当温度恒定时，自由度为零，两个平衡相的成分也随之固定不变。两个相成分点之间的连线（等温线）称为连接线。实际上两个平衡相成分点即为连接线与两条平衡曲线的交点，下面以 Cu-Ni 合金为例进行说明。

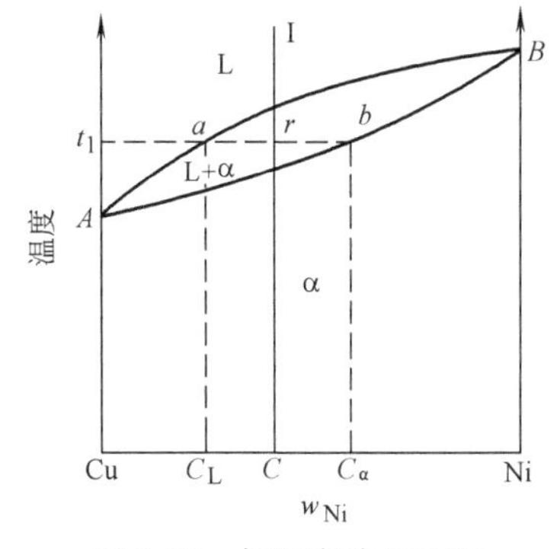


图 3-12 杠杆定律的证明

如图 3-12 所示，在 Cu-Ni 二元相图中，液相线是表示液相的成分随温度变化的平衡曲线，固相线是表示固相的成分随温度变化的平衡曲线，含 Ni 量为 $C\%$ 的合金 I 在温度 $t_1$ 时，处于两相平衡状态，即 $L \rightleftharpoons \alpha$，要确定液相 L 和固相 α 的成分，可通过温度 $t_1$ 作一水平线段 $arb$，分别与液、固相线相交于 $a$ 和 $b$，$a$、$b$ 两点在成分坐标轴上的投影 $C_L$ 和 $C_\alpha$，即分别表示液、固两相的成分。

下面计算液相和固相在温度 $t_1$ 时的相对含量。设合金的总质量为 1，液相的质量为 $w_L$，固体的质量为 $w_\alpha$，则有

$$w_L + w_\alpha = 1$$

此外，合金 I 中的含镍量应等于液相中镍的含量与固相中镍的含量之和，即

$$w_L C_L + w_\alpha C_\alpha = 1 \cdot C$$

由以上两式可以得出

$$\frac{w_L}{w_\alpha} = \frac{rb}{ar} \tag{3-4}$$

如果将合金 I 成分 $C$ 的 $r$ 点看作支点，将 $w_L$、$w_\alpha$ 看作作用于 $a$ 和 $b$ 的力，则按力学的杠杆原理就可得出式（3-4）（图 3-13）。因此将式（3-4）称为杠杆定律，但这只是一种比喻。

式（3-4）也可以换写成下列形式：

$$w_L = \frac{rb}{ab} \times 100\%$$

$$w_\alpha = \frac{ar}{ab} \times 100\%$$

这两式可以直接用来求出两相的含量。

值得注意的是，在推导杠杆定律的过程中，并没有涉及 Cu-Ni 相图的性质，而是基于相平衡的一般原理导出的。因而不管怎样的系统，只要满足相平衡的条件，那么在两相共存时，其两相的含量都能用杠杆定律确定。

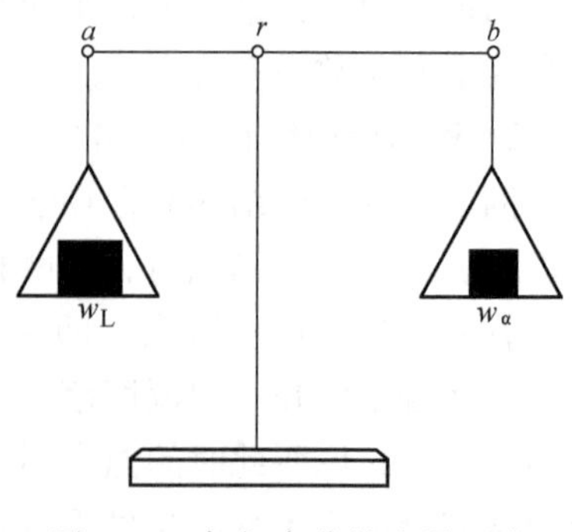

图 3-13　杠杆定律的力学比喻

# 第四节　匀晶相图及固溶体的结晶

两组元不但在液态无限互溶，而且在固态也无限互溶的二元合金系所形成的相图，称为匀晶相图。具有这类相图的二元合金系主要有 Cu-Ni、Ag-Au、Cr-Mo、Cd-Mg、Fe-Ni、Mo-W 等。在这类合金中，结晶时都是从液相结晶出单相的固溶体，这种结晶过程称为匀晶转变。应该指出，几乎所有的二元合金相图都包含有匀晶转变部分，因此掌握这一类相图是学习二元合金相图的基础。现以 Cu-Ni 相图为例进行分析。

## 一、相图分析

Cu-Ni 二元合金相图如图 3-14 所示。该相图十分简单，只有两条曲线，上面一条是液相线，下面一条是固相线，液相线和固相线把相图分为三个区域：即液相区 L、固相区 α 以及液固两相并存区 L + α。

## 二、固溶体合金的平衡结晶过程

平衡结晶是指合金在极缓慢冷却条件下进行结晶的过程。下面以 $w_{Ni} = 30\%$ 的 Cu-Ni 合金为例进行分析。

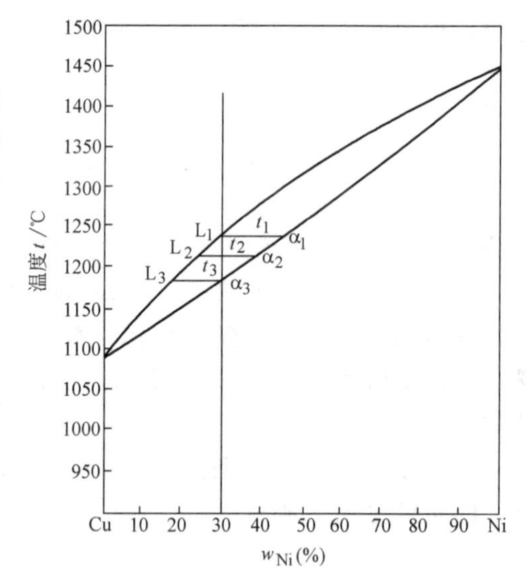

图 3-14　Cu-Ni 相图及典型合金平衡结晶过程分析

由图 3-14 可以看出，当合金自高温缓慢冷至 $t_1$ 温度时，开始从液相中结晶出 α 固溶体，根据平衡相成分的确定方法，可知液相成分为 $L_1$，固相成分为 $\alpha_1$，此时的相平衡关系是 $L_1 \overset{t_1}{\rightleftharpoons} \alpha_1$。运用杠杆定律，可以求出 $\alpha_1$ 的含量为零，说明在温度 $t_1$ 时，结晶刚刚开始，实际固相尚未形成。当温度缓冷至 $t_2$ 温度时，便有一定数量的 α 固溶体结晶出来，此时的固相成分为 $\alpha_2$，液相成分为 $L_2$，合金的相平衡关系是：$L_2 \overset{t_2}{\rightleftharpoons} \alpha_2$。为了达到这种平衡，除了在 $t_2$ 温度直接从液相中结晶出的 $\alpha_2$ 外，原有的 $\alpha_1$ 相也必须改变为与 $\alpha_2$ 相同的成分。与此同时，液相成分

也由 $L_1$ 向 $L_2$ 变化。在温度不断下降的过程中，α 的成分将不断地沿固相线变化，液相成分也将不断地沿液相线变化。同时，α 相的数量不断增多，而液相 L 的数量不断减少，两相的含量可用杠杆定律求出。当冷却到 $t_3$ 温度时，最后一滴液体结晶成固溶体，结晶终了，得到了与原合金成分相同的 α 固溶体。图3-15示意地说明了该合金平衡结晶时的组织变化过程。

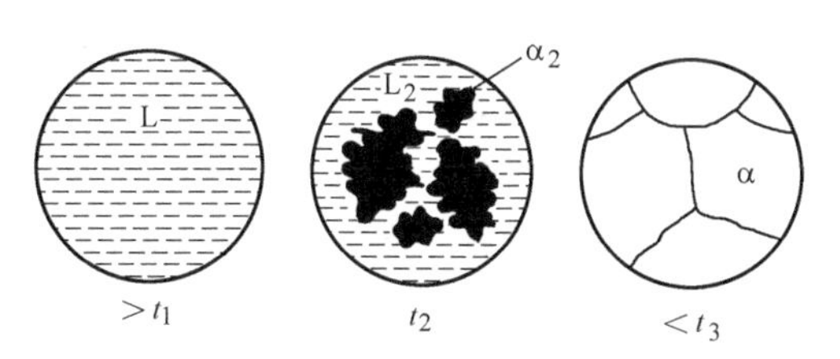


图 3-15　固溶体合金平衡结晶过程示意图

固溶体合金的结晶过程也是一个形核和长大的过程，形核的方式可以是均匀形核，也可以是依靠外来质点的非均匀形核。和纯金属相同，固溶体在形核时，既需要结构起伏，以满足其晶核大小超过一定临界值的要求，又需要能量起伏，以满足形成新相对形核功的要求。此外，由于固溶体结晶时所结晶出的固相成分与原液相的成分不同，因此它还需要成分（浓度）起伏。

通常所说的液态合金成分是指的宏观平均成分，但是，从微观角度来看，由于原子运动的结果，在任一瞬间，液相中总会有某些微小体积可能偏离液相的平均成分，这些微小体积的成分、大小和位置都是在不断地变化着，这就是成分起伏。固溶体合金的形核地点便是在那些结构起伏、能量起伏和成分起伏都能满足要求的地方。结晶时过冷度越大，则临界晶核半径越小，形核时所需的能量起伏越小，并且结晶出来的固相成分和原液相成分也越接近，即越容易满足对成分起伏的要求。可见，过冷度越大，则固溶体合金的形核率越大，越容易获得细小的晶粒组织。

和纯金属不同，固溶体合金的结晶有其显著特点，主要表现在以下两个方面。

1. 异分结晶

固溶体合金结晶时所结晶出的固相成分与液相的成分不同，这种结晶出的晶体与母相化学成分不同的结晶称为异分结晶或选择结晶。而纯金属结晶时，所结晶出的晶体与母相的化学成分完全一样，所以称为同分结晶。既然固溶体的结晶属于异分结晶，那么在结晶时的溶质原子必然要在液相和固相之间重新分配，这种溶质原子的重新分配程度通常用分配系数表示。溶质平衡分配系数 $k_0$ 定义为：在一定温度下，固液两平衡相中的溶质浓度的比值，即

$$k_0 = C_\alpha / C_L \tag{3-5}$$

式中，$C_\alpha$ 和 $C_L$ 为固相和液相的平衡浓度。假定液相线和固相线为直线，则 $k_0$ 为常数，如图 3-16 所示。当液相线和固相线随着溶质浓度的增加而降低时，则 $k_0<1$，如图 3-16a 所示；反之，则 $k_0>1$，如图 3-16b 所示。

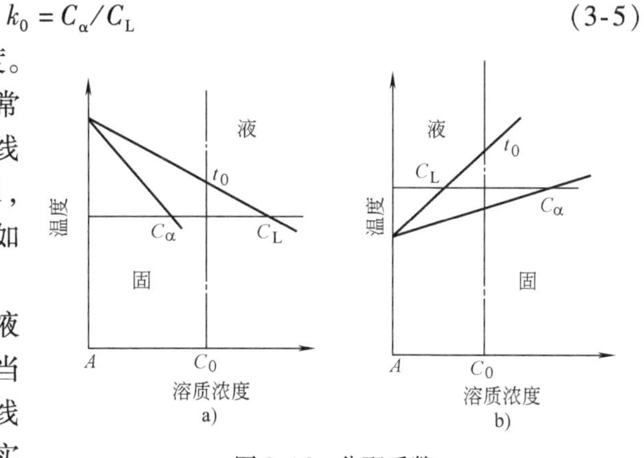


图 3-16　分配系数

a) $k_0<1$　b) $k_0>1$

显然，当 $k_0<1$ 时，$k_0$ 值越小，则液相线和固相线之间的水平距离越大；当 $k_0>1$ 时，$k_0$ 值越大，则液相线和固相线之间的水平距离也越大。$k_0$ 值的大小，实际上反映了溶质组元重新分配的强弱

程度。

2. 固溶体合金的结晶需要一定的温度范围

固溶体合金的结晶需要在一定的温度范围内进行，在此温度范围内的每一温度下，只能结晶出来一定数量的固相。随着温度的降低，固相的数量增加，同时固相的成分和液相的成分分别沿着固相线和液相线而连续地改变，直至固相线的成分与原合金的成分相同时，才结晶完毕。这就意味着，固溶体合金在结晶时，始终进行着溶质和溶剂原子的扩散，其中不但包括液相和固相内部原子的扩散，而且包括固相与液相通过界面进行的原子相互扩散，这就需要足够长的时间，才得以保证平衡结晶过程的进行。

固溶体合金在结晶时，溶质和溶剂原子必然发生重新分配，而这种重新分配的结果，又导致原子之间的相互扩散。由图 3-17 可知，假如成分为 $C_0$ 的合金在温度 $t_1$ 时开始结晶，按照相平衡关系，此时形成成分为 $k_0C_1$ 的固溶体晶核。但是由于固相的晶核是在成分为 $C_0$ 的原液相中形成，因此势必要将多余的溶质原子通过固液界面向液相中排出，使界面处的液相成分达到该温度下的平衡成分 $C_1$，但此时远离固液界面处的液相成分仍保持着原来的成分 $C_0$，这样，在界面的邻近区域即形成了浓度梯度，如图 3-18a 所示。由于浓度梯度的存在，必然引起液相内溶质原子和溶剂原子的相互扩散，即界面处的溶质原子向远离界面的液相内扩散，而远处液相内的溶剂原子向界面处扩散，结果使界面处的溶质原子浓度自 $C_1$ 降至 $C_0'$，如图 3-18b 所示。但是，在 $t_1$ 温度下，只能存在 $L_{C_1} \rightleftharpoons \alpha_{k_0C_1}$ 的相平衡，界面处液相成分的任何偏离都将破坏这一相平衡关系，这是不能允许的。为了保持界面处原来的相平衡关系，只有使界面向液相中移动，即晶体长大，通过晶体长大所排出的溶质原子使相界面处的液相浓度恢复到平衡成分 $C_1$（图 3-18c）。相界面处相平衡关系的重新建立，又造成液相成分的不均匀，出现浓度梯度，这势必又引起原子的扩散，破坏相平衡，最后导致晶体进一步长大，以维持原来的相平衡。如此反复，直到液相成分全部变到 $C_1$ 为止，如图 3-18d 所示。

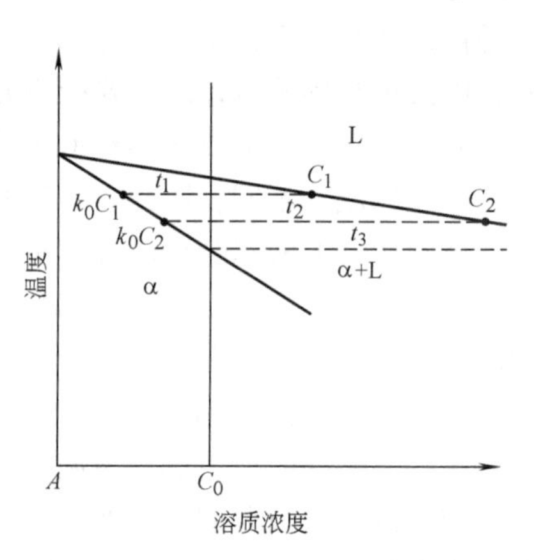

图 3-17　固溶体合金的平衡结晶

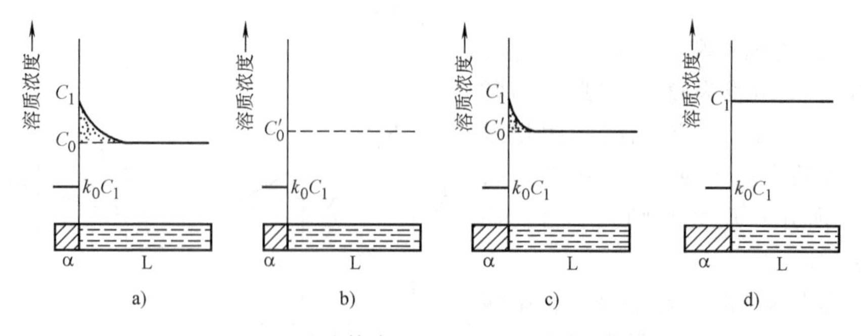

图 3-18　固溶体合金在温度 $t_1$ 时的结晶过程

当温度自 $t_1$ 降至 $t_2$ 时，结晶过程的继续进行，一方面依赖于在温度 $t_1$ 时所形成晶体的继续长大，另一方面是在温度 $t_2$ 时重新形核并长大。在 $t_2$ 时的重新形核和长大过程与 $t_1$ 时相似，只不过此时液相的成分已是 $C_1$，新的晶核是在 $C_1$ 成分的液相中形成的，且晶核的成分为 $k_0C_2$，与其相邻的液相成分为 $C_2$，建立了新的相平衡：$L_{C_2} \rightleftharpoons \alpha_{k_0C_2}$，远离固液界面的液相成分仍为 $C_1$。此外，在 $t_1$ 温度时形成的晶体在 $t_2$ 继续长大时，由于在 $t_2$ 时新生长的晶体成分为 $k_0C_2$，因此又出现了新旧固相间的成分不均匀问题。这样一来，无论在液相内还是在固相内都形成了浓度梯度。于是，不但在液相内存在扩散过程，而且在固相内也存在扩散过程，这就使相界面处液相和固相的浓度都发生了改变，从而破坏了相界面处的相平衡关系。这是不能允许的。为了建立 $t_2$ 温度下的相平衡关系，使相界面处的液相成分仍为 $C_2$，固相成分仍为 $k_0C_2$，只有使已结晶的固相进一步长大或由液相内结晶出新的晶体，以排出一部分溶质原子，达到相平衡时所需要的溶质浓度。这样的过程需要反复进行，直到液相成分完全变为 $C_2$，固相成分完全变为 $k_0C_2$ 时，液相和固相内的相互扩散过程才会停止。由于原子在液相中扩散较快，因此液相中的成分较快地达到均匀。固相内不断地进行扩散过程，使固溶体的成分和数量逐渐达到平衡状态的要求，在 $t_2$ 温度下的结晶过程完成。上述过程可以用图 3-19 示意地表示。

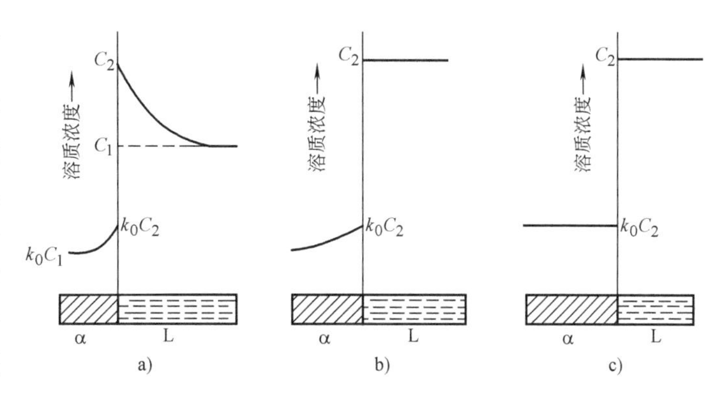

图 3-19　固溶体合金在温度 $t_2$ 时的结晶过程

结晶的进一步进行，有待于进一步降低温度。以此类推，直到温度达到 $t_3$ 时，最后一滴液体结晶成固体后，固溶体的成分完全与合金的成分（$C_0$）一致，成为均匀的单相固溶体的多晶体组织时，结晶过程即告终了。

综上所述，可以将固溶体的结晶过程概述如下：固溶体晶核的形成（或原晶体的长大），造成相内（液相或固相）的浓度梯度，从而引起相内的扩散过程，这就破坏了相界面处的平衡（造成不平衡），因此，晶体必须长大，才能使相界面处重新达到平衡。可见，固溶体晶体的长大过程是平衡→不平衡→平衡→不平衡的辩证发展过程。

## 三、固溶体的不平衡结晶

由上述固溶体的结晶过程可知，固溶体的结晶过程是和液相及固相内的原子扩散过程密切相关的，只有在极缓慢的冷却条件下，即平衡结晶条件下，才能使每个温度下的扩散过程进行完全，使液相或固相的整体处处均匀一致。然而在实际生产中，液态合金浇入铸型之后，冷却速度较大，在一定温度下扩散过程尚未进行完全时温度就继续下降了，这样就使液相尤其是固相内保持着一定的浓度梯度，造成各相内成分的不均匀。这种偏离平衡结晶条件的结晶，称为不平衡结晶。不平衡结晶的结果，对合金的组织和性能有很大影响。

在不平衡结晶时，设液体中存在着充分混合条件，即液相的成分可以借助扩散、对流或搅拌等作用完全均匀化，而固相内却来不及进行扩散。显然这是一种极端情况。由图 3-20 可知，成分为 $C_0$ 的合金过冷至 $t_1$ 温度开始结晶，首先析出成分为 $\alpha_1$ 的固相，液相的成分为 $L_1$，当温度下降至 $t_2$ 时，析出的固相成分为 $\alpha_2$，它是依附在 $\alpha_1$ 晶体的周围而生长的。如果是平衡结晶，通过扩散，晶体内部由 $\alpha_1$ 成分可以变化至 $\alpha_2$，但是由于冷却速度快，固相内来不及进行扩散，结果使晶体内外的成分很不均匀。此时整个已结晶的固相成分为 $\alpha_1$ 和 $\alpha_2$ 的平均成分 $\alpha_2'$。在液相内，由于能充分进行混合，使整个液相的成分时时处处均匀一致，沿液相线变化至 $L_2$。当温度继续下降至 $t_3$ 时，结晶出的固相成分为 $\alpha_3$，同样由于固相内无扩散，使整个结晶固相的实际成分为 $\alpha_1$、$\alpha_2$、$\alpha_3$ 的平均值 $\alpha_3'$，液相的成分沿液相线变至 $L_3$，此时如果是平衡结晶，$t_3$ 温度已相当于结晶完毕的固相线温度，全部液体应当在此温度下结晶完毕，已结晶的固相成分应为合金成分 $C_0$。但是由于是不平衡结晶，已结晶固相的平均成分不是 $\alpha_3$，而是 $\alpha_3'$，与合金的成分 $C_0$ 不同，仍有一部分液体尚未结晶，一直要到 $t_4$ 温度才能结晶完毕。此时固相的平均成分由 $\alpha_3'$变化到 $\alpha_4'$，与合金原始成分 $C_0$ 一致。

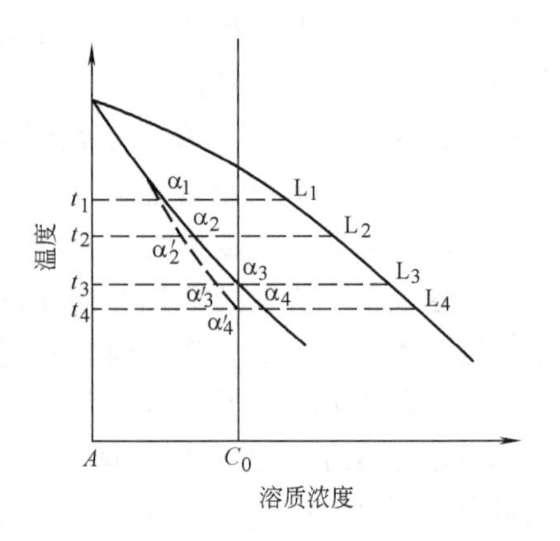


图 3-20 匀晶系合金的不平衡结晶

若把每一温度下的固相平均成分点连接起来，就得到图 3-20 虚线所示的 $\alpha_1\alpha_2'\alpha_3'\alpha_4'$固相平均成分线。但是应当指出，固相平均成分线与固相线的意义不同，固相线的位置与冷却速度无关，位置固定；而固相平均成分线则与冷却速度有关，冷却速度越大，则偏离固相线的程度越大。当冷却速度极为缓慢时，则与固相线重合。

图 3-21 为固溶体合金不平衡结晶时的组织变化示意图。由图可见，固溶体合金不平衡结晶的结果，使先后从液相中结晶出的固相成分不同，再加上冷却速度较快，不能使成分扩散均匀，结果就使每个晶粒内部的化学成分很不均匀。先结晶的部分含高熔点组元较多，后结晶的部分含低熔点组元较多，在晶粒内部存在着浓度差别，这种在一个晶粒内部化学成分不均匀的现象，称为晶内偏析。由于固溶体晶体通常呈树枝状，使枝干和枝间的化学成分不同，所以又称为枝晶偏析。对存在晶内偏析的组织进行显微分析，即可对上述分析进行验证。图 3-22a 为 Cu-Ni 合金的铸态组织，经浸蚀后枝干和枝间的颜色存在着明显的差别，说明它们的化学成分不同。其中枝干先结晶，含高熔点的镍较多，不易浸蚀，呈亮白色。枝间后结晶，含低熔点的铜较多，易受浸蚀，呈暗黑色。图 3-22b 为电子探针测试结果，进一步证实了枝干富镍、枝间富铜这一枝晶偏析现象。

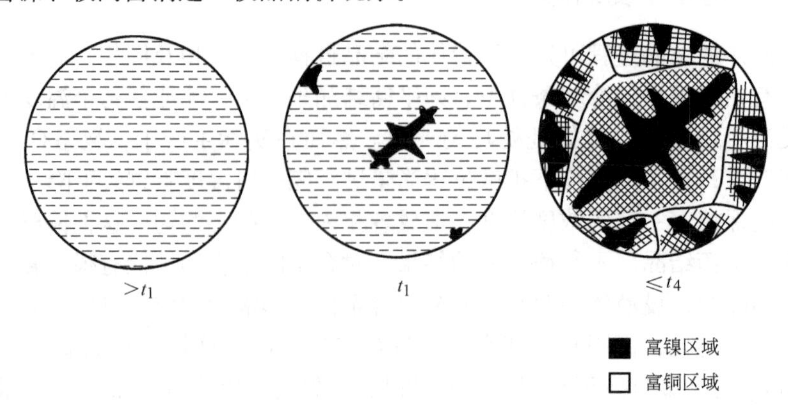


图 3-21 固溶体在不平衡结晶时的组织变化示意图

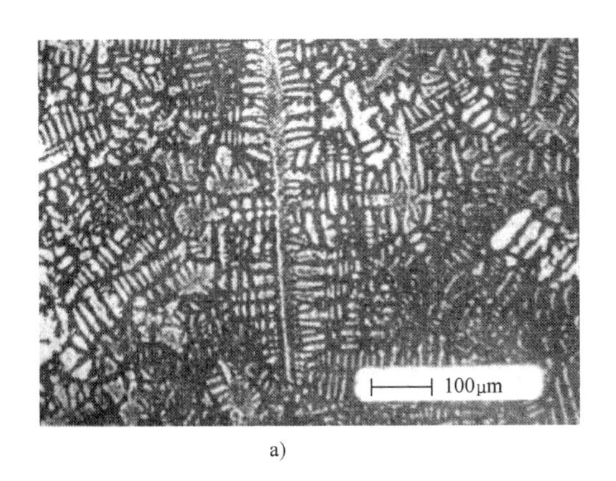


a)

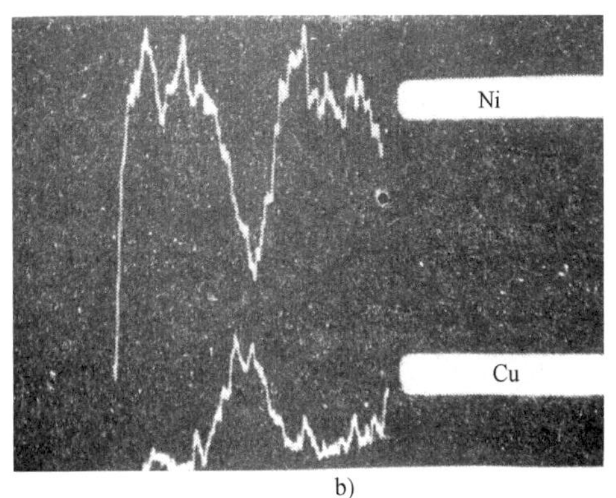


b)

图 3-22　Cu-Ni 合金的铸态组织与微区分析
a）铸态组织　b）微区分析

晶内偏析的大小与分配系数 $k_0$ 有关，即与液相线和固相线间的水平距离或成分间隔有关。在上面所讨论的情况下，偏析的最大程度为：

$$C_0 - C_{\alpha 1} = C_0 - k_0 C_0 = C_0(1 - k_0)$$

当 $k_0 < 1$ 时，$k_0$ 值越小，则偏析越大；当 $k_0 > 1$ 时，$k_0$ 值越大，偏析也越大。

溶质原子的扩散能力对偏析程度也有影响，如果结晶的温度较高，溶质原子扩散能力又大，则偏析程度较小；反之，则偏析程度较大。例如，钢中的硅的扩散能力比磷大，所以硅的偏析较小，而磷的偏析较大。

冷却速度对偏析的影响比较复杂，一般说来，冷却速度越大，则晶内偏析程度越严重。但是冷却速度大，过冷度也大，可以获得较为细小的晶粒，尤其是对于小型铸件，当以极大的速度过冷至很低的温度（例如图 3-20 的 $t_3$ 温度）才开始结晶时，反而能够得到成分均匀的铸态组织。

晶内偏析对合金的性能有很大的影响，严重的晶内偏析会使合金的力学性能下降，特别是使塑性和韧性显著降低，甚至使合金不容易进行压力加工。晶内偏析也使合金的耐蚀性降低。为了消除晶内偏析，工业生产上广泛应用均匀化退火的方法，即将铸件加热至低于固相线 100～200℃的温度，进行较长时间保温，使偏析元素充分进行扩散，以达到成分均匀化的目的。图 3-23 为经均匀化退火后的 Cu-Ni 合金组织，电子探针分析结果表明，其化学成分是均匀的，枝晶偏析已经消除。

## 四、区域偏析和区域提纯

### （一）区域偏析

固溶体合金在不平衡结晶时所形成的晶内偏析，是属于一个晶粒范围内晶轴与枝间的微观偏析，除此之外，固溶体合金在不平衡结晶时还往往造成区域偏析，即在大范围内化学成分不均匀的现象。下面仍以固相内无扩散，液相借助于扩散、对流或搅拌，化学成分可以充分混合的情况为例，阐述晶体在长大过程中的溶质原子分布情况，说明造成区域偏析的原因。

如图 3-24 所示，假定成分为 $C_0$、$k_0 < 1$ 的液态合金在圆管内自左端向右端逐渐凝固，

a)

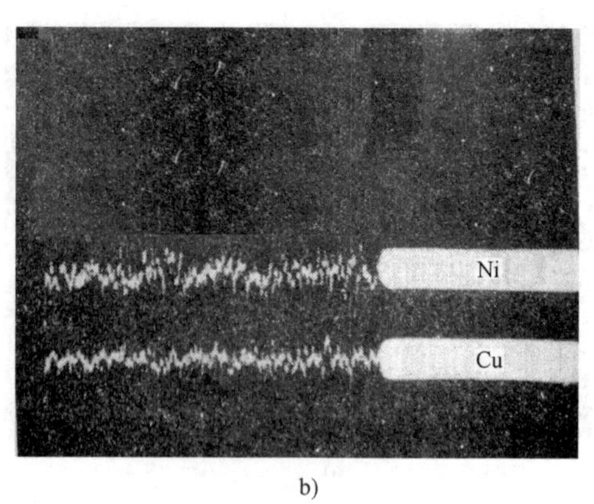


b)

图 3-23　经均匀化退火后的 Cu-Ni 合金组织与微区分析

a）均匀化退火后的组织　b）微区分析

固液界面保持平面，界面始终处于局部平衡状态，即界面两侧的浓度符合相应界面温度下相图所给出的平衡浓度。当合金在 $t_1$ 温度开始结晶时，结晶出的固相成分为 $k_0C_1$，液相成分为 $C_1$（图 3-24a），晶体长度为 $x_1$（图 3-24b）。当温度降至 $t_2$ 时，析出的固相成分为 $k_0C_2$，晶体长大至 $x_2$ 的位置，由于液相成分能够充分混合，所以晶体长大时向液相中排出的溶质原子使液相成分整体而均匀地沿液相线由 $C_1$ 变至 $C_2$。当温度降至 $t_3$ 时，晶体由 $x_2$ 长大至 $x_3$，此时晶体的成分为 $C_0$，即原合金的成分，晶体长大时所排出的溶质原子使液相成分变至 $C_0/k_0$。由于固相内无扩散，故先后结晶的固相成分依次为 $k_0C_1 \rightarrow k_0C_2 \rightarrow C_0$。尽管此时相界面处的固相成分已达到 $C_0$，但已结晶的固相成分的平均值仍低于合金成分，因此仍保持着较多的液相，在此后的结晶过程中，液相中的溶质原子越来越富集，结晶出来的固相成分也越来越高，以至最后结晶的固相成分往往要比原合金成分高好多倍。从左端开始结晶到右端结晶终了，固相中的成分分布曲线如图 3-25 中的曲线 $b$ 所示。由此可见，对于铸锭或铸件来说，这就造成大范围内的化学成分不均匀，即区域偏析。

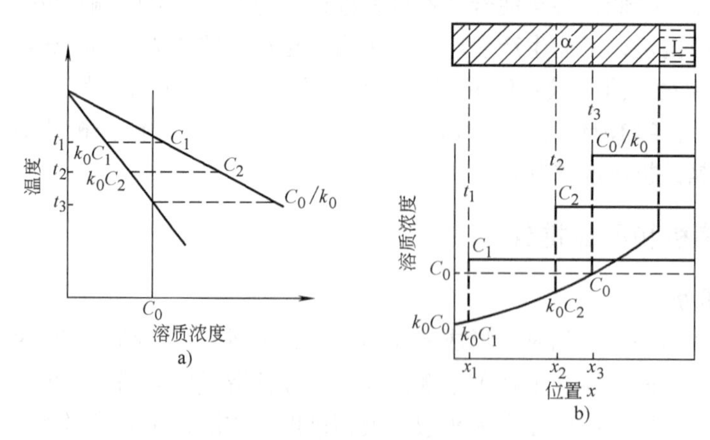


图 3-24　区域偏析形成过程

上述结晶过程若是平衡结晶，由于结晶过程十分缓慢，无论是在液相还是在固相，溶质原子均可以充分进行混合，虽然刚开始结晶出的固相成分为 $k_0C_1$，但当结晶至右端时，整个固相的成分都达到了均匀的合金成分 $C_0$，溶质原子的分布相当于图 3-25 中的水平直线 $a$。

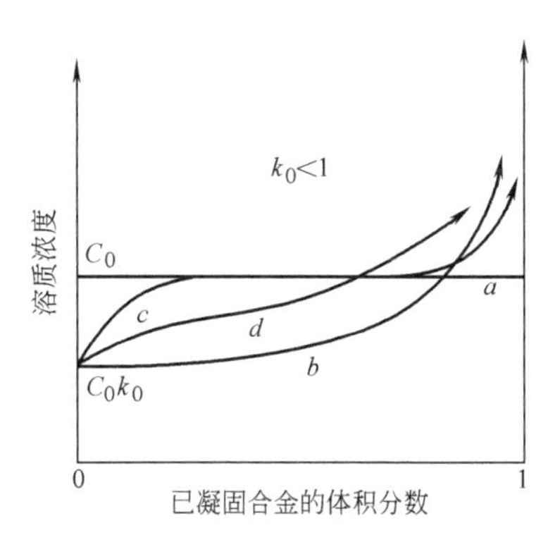


图 3-25　单向结晶时的溶质分布
$a$—平衡凝固　$b$—液相中溶质完全混合
$c$—液相中溶质只借扩散而混合
$d$—液相中溶质部分地混合

在实际的结晶过程中，液相中的溶质原子不可能时时处处混合得十分均匀，因此上面讨论的是一种极端情况。下面讨论另外一种极端情况，即固相中无扩散，液相中除了扩散之外，没有对流或搅拌，即液相中的溶质原子混合得很差。为了讨论问题方便，仍然假设液态合金于圆管中单向凝固，液固相界面为一平面，界面始终处于局部平衡状态，如图 3-26所示。成分为 $C_0$ 的液态合金在 $t_1$ 温度开始，结晶出的固相成分为 $k_0C_1$（图 3-26a），此时将从已结晶的固相向液相排出一部分溶质原子。但是由于液相中无对流或搅拌的作用，不能将这部分溶质原子迅速输送到远处的液体中，于是界面附近的液相中形成了浓度梯度，溶质原子只能借助于浓度梯度的作用向远处的液相中输送。由于扩散速度慢，溶质原子在界面附近有所富集（图 3-26b）。随着温度的不断降低，晶体的不断长大和界面向液相中的逐渐推移，溶质的富集层便越来越厚，浓度梯度越来越大，溶质原子的扩散速度也随着浓度梯度的增加而加快。

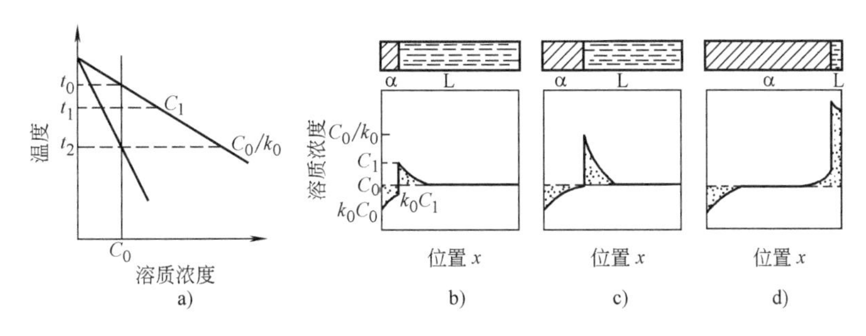


图 3-26　液相中只有扩散的单向结晶过程

当温度达到 $t_2$ 时，相界面处液相的成分达到 $C_0/k_0$，固相成分达到 $C_0$，此时从固相中排到界面上的溶质原子数恰好等于扩散离开界面的溶质原子数，即达到了稳定态。此后结晶即在 $t_2$ 温度下进行，固相成分保持原合金成分 $C_0$，界面处的液相成分保持 $C_0/k_0$，由于扩散进行得很慢，远离相界面的液体成分仍保持 $C_0$，如图 3-26c 所示。直至结晶临近终了，最后剩下的少量液体，其浓度又开始升高（图 3-26d）。最后结晶的一小部分晶体浓度往往较合金浓度高出许多。溶质浓度沿整个晶体的分布曲线见图 3-25 中的曲线 $c$。

实际的不平衡结晶，既不会像第一种情况那样，液体中的成分随时都可以混合均匀，也不会像第二种情况那样，液体中仅仅存在扩散，液体的成分很不均匀。大多数是介于以上两种极端的中间情况，其溶质原子的分布情况如图 3-25 中的曲线 $d$ 所示。在分析铸件或铸锭的结晶时，应当结合凝固的具体条件进行分析。

### （二）区域提纯

区域偏析对合金的性能有很大影响，应当予以避免，但可依据这一原理，用以提纯金属。如从图 3-25 中的曲线 $b$ 可以看出，$k_0<1$ 的合金在定向凝固和加强对流或搅拌的情况下，可以使试棒起始凝固端部的纯度得以提高。设想，将杂质富集的末端切去，然后再熔化，再凝固，金属的纯度就可不断得到提高，但是这种提纯方法步骤颇为繁复。

如果在提纯时不是将金属棒全部熔化，而是将圆棒分小段进行熔化和凝固，也就是使金属棒从一端向另一端顺序地进行局部熔化，凝固过程也随之顺序地进行（图 3-27）。由于固溶体是选择结晶，先结晶的晶体将杂质排入熔化部分的液体中。如此当熔区走过一遍之后，圆棒中的杂质就富集于另一端，重复多次，即可达到目的，这种方法就是区域提纯。

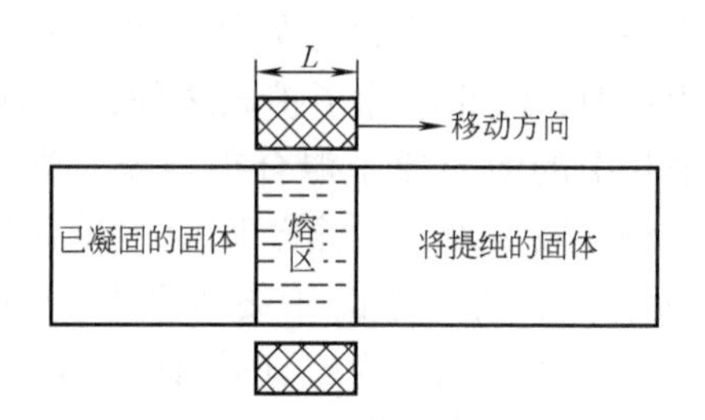


图 3-27　区域提纯示意图

提纯效果与熔区长度、$k_0$ 的大小及液体搅拌的激烈程度有关。熔区的长度（$L$）越短，则提纯效果越好。这是由于熔区较长时，会将已经推到另一端的溶质原子重新熔化而又跑向低的一端。通常熔区的长度不大于试样全长的 1/10。$k_0$ 越小，则提纯效果越好；搅拌越激烈，液体的成分越均匀，则结晶出的固相成分越低，提纯效果也越好。为此，最好采用感应加热，熔区内有电磁搅拌，使液相内的溶质浓度易于均匀，这样熔区的前进速度也可大些。如此反复几次，就可将金属棒的纯度大大提高。例如，对于 $k_0=0.1$ 的情况，只需进行五次区域熔炼，就可使金属棒前半部分的杂质含量降低至原来的 1/1000。因此，区域提纯已广泛应用于金属及半导体材料的提纯。

## 五、成分过冷及其对晶体成长形状和铸锭组织的影响

在讨论纯金属的结晶过程时曾经指出，如果固液界面前沿液体中的温度梯度为正，固液界面呈平面状成长；而当温度梯度为负时，则固液界面呈树枝状成长。在固溶体合金结晶时，即使固液界面前沿液体中的温度梯度为正，也经常发现其呈树枝状成长，还有的呈胞状成长。造成这一现象的原因是由于固溶体合金在结晶时，溶质组元重新分布，在固液界面处形成溶质的浓度梯度，从而产生成分过冷。

### （一）形成成分过冷的条件及其影响因素

为了讨论问题方便起见，设 $C_0$ 成分的固溶体合金为定向凝固，在液体中只有扩散而无对流或搅拌，分配系数 $k_0<1$，液相线和固相线均为直线，如图 3-28a 所示。液态合金中的温度分布如图 3-28b 所示，其温度梯度是正值，它只受散热条件的影响，而与液体中的溶质分布情况无关。当 $C_0$ 成分的液态合金温度降至 $t_0$ 时，结晶出的固相成分为 $k_0C_0$。由于液相中只有扩散而无对流或搅拌，所以随着温度的降低，在晶体长大的同时，不断排出的溶质便在固液界面处堆集，形成具有一定浓度梯度的溶质边界层，界面处的液相成分和固相成分分别沿着液相线和固相线变化。当温度达到 $t_2$ 时，固相的成分为 $C_0$，液相的成分为 $C_0/k_0$，界面处的浓度梯度达到了稳定态，而远离界面处的液体成分仍为合金成分 $C_0$。在固液界面处的溶质边界层的溶质分布情况如图 3-28c 所示。

固溶体合金的平衡结晶温度与纯金属不同，纯金属的平衡结晶温度（熔点）是确定不变的，而固溶体合金的平衡结晶温度则随合金成分的不同而变化。当 $k_0<1$ 时，合金的平衡

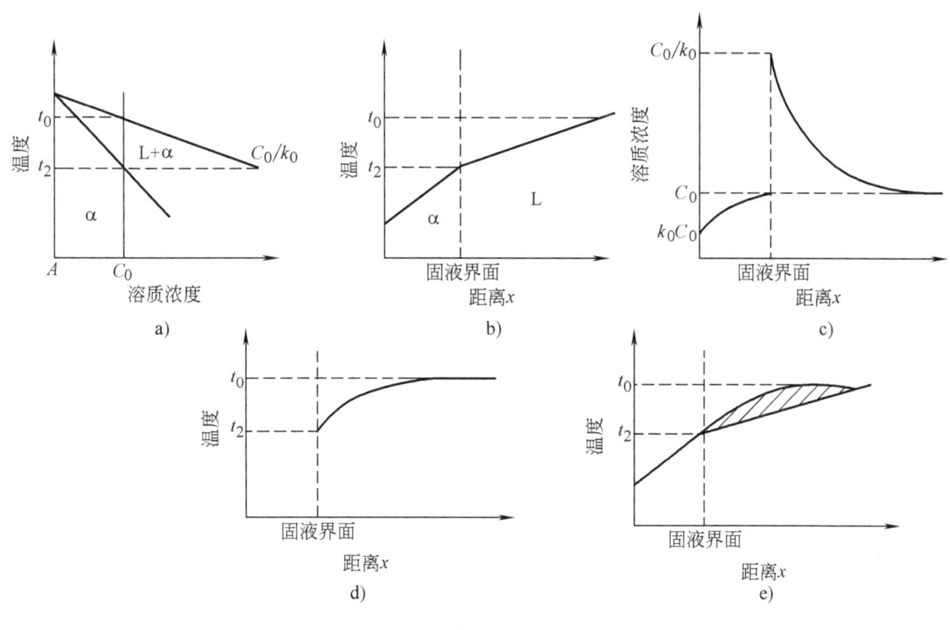


图 3-28　成分过冷示意图

结晶温度随液相中溶质浓度的增加而降低（图 3-28a），这一变化规律由液相线表示。这样一来，由于液相边界层中的溶质浓度随距界面的距离 $x$ 的增加而减小，故边界层中的平衡结晶温度也将随距离 $x$ 的增加而上升，如图 3-28d 所示。在 $x=0$ 处，边界层中的溶质浓度最高，其值为 $C_0/k_0$（图 3-28c），相应的结晶温度也最低（图 3-28a、d）；随距离 $x$ 增加，溶质浓度不断降低，平衡结晶温度随之升高；当溶质浓度达到原液态合金的成分 $C_0$ 时，平衡结晶温度升高至相应的 $t_0$ 温度。

如果将图 3-28b 和图 3-28d 叠加在一起，就构成了图 3-28e。由图可见，在固液界面前沿一定范围内的液相，其实际温度低于平衡结晶温度，出现了一个过冷区域，过冷度为平衡结晶温度与实际温度之差，这个过冷度是由于界面前沿液相中的成分差别引起的，所以称为成分过冷。

从图 3-28e 还可以看出，出现成分过冷的极限条件是液体的实际温度梯度与界面处的平衡结晶曲线恰好相切。实际温度梯度进一步增大，就不会出现成分过冷；而实际温度梯度减小，则成分过冷区增大。形成成分过冷的这一临界条件可以用以下数学式表达：

$$\frac{G}{R}=\frac{mC_0}{D}\frac{1-k_0}{k_0} \tag{3-6}$$

式中，$G$ 为固液界面前沿液相中的实际温度梯度；$R$ 为晶体长大速度（固液界面向液相中的推进速度）；$m$ 为相图上液相线斜率的绝对值；$D$ 为液相中溶质的扩散系数；$k_0$ 为分配系数。

只有$\frac{G}{R}<\frac{mC_0}{D}\frac{1-k_0}{k_0}$时才会产生成分过冷。对一定的合金系而言，其液相线斜率 $m$、分配系数 $k_0$ 和液相中溶质原子的扩散系数 $D$ 均为定值，因此，液相中的温度梯度越小，晶体长大速度 $R$ 和合金元素的含量 $C_0$ 越大，则越有利于产生成分过冷。图 3-29 给出了几种不同

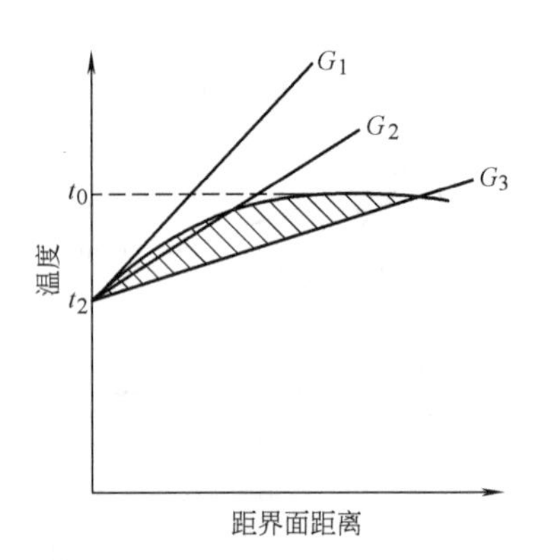

图 3-29　温度梯度对成分过冷的影响

的温度梯度对成分过冷区的影响，由图可见，温度梯度越平缓，成分过冷区就越大，生产上一般就是通过控制温度梯度的大小来控制成分过冷区的大小的。对于不同的合金系而言，液相线越陡，液体中的 $D$ 值越小，$k_0<1$ 时 $k_0$ 值越小，或 $k_0>1$ 时 $k_0$ 值越大，则产生成分过冷的倾向越大。

**（二）成分过冷对晶体成长形状和铸锭组织的影响**

金属的固液界面一般为粗糙界面，因此纯金属的晶体形态主要受界面前沿液相中温度梯度的影响，而对固溶体合金来说，除受温度梯度的影响外，更主要的是受成分过冷的影响。在温度梯度为负时，固溶体与纯金属一样，结晶时晶体易长成树枝状；而在温度梯度为正时，由溶质在固液界面前沿液相中的富集而引起的成分过冷，将对固溶体合金的晶体形态产生很大的影响。

将成分为 $C_0$ 的液态合金浇入铸型后，只有待型壁温度降至液体的平衡结晶温度 $t_0$ 时才能开始结晶，如图3-28a所示。随着晶体的形成，在固液界面前沿液相中形成溶质富集的边界区，从而形成成分过冷区，此时界面处的平衡结晶温度降至 $t_2$（图 3-28e），于是晶体不能继续生长，必须由型壁散热，使界面温度降至 $t_2$ 后晶体才能继续生长。应当指出，界面温度由 $t_0$ 降至 $t_2$ 时，并不改变液体中的温度梯度，因而温度梯度仍为正值，且大小不变。从图 3-29 可以看出，如果温度梯度为 $G_1$，则晶体呈平面状生长，长大速度完全由散热条件所控制，最后形成平面状的晶粒界面。如果温度梯度为 $G_2$，在固液界面前沿存在较小的成分过冷区，于是平滑界面上的偶然突出部分可伸入过冷区长大，如图 3-30a 所示。由于突出部分不仅沿原生长方向（纵向）生长，而且在垂直于原生长方向（横向）也在生长，于是不仅要在纵向排出溶质，在横向也要排出，但是由于突出部分顶端的溶质原子向远离界面的液体中的扩散条件比两侧的好，使得相邻突出部分之间的沟槽的溶质浓度增加得比顶端快，于是沟槽内溶质富集，如图 3-30b 所示。我们知道，液体的平衡结晶温度随着溶质浓度的增加而降低，并且晶体的长大速度与过冷度有关。因此，溶质富集的沟槽的平衡结晶温度较低，过冷度较小，其长大速度不如顶部快，因而使沟槽不断加深。在一定条件下，界面最终可达到一稳定形状，此后的晶体生长就是稳定的凹凸不平界面以恒速向液体中推进，如图 3-30c 所示。

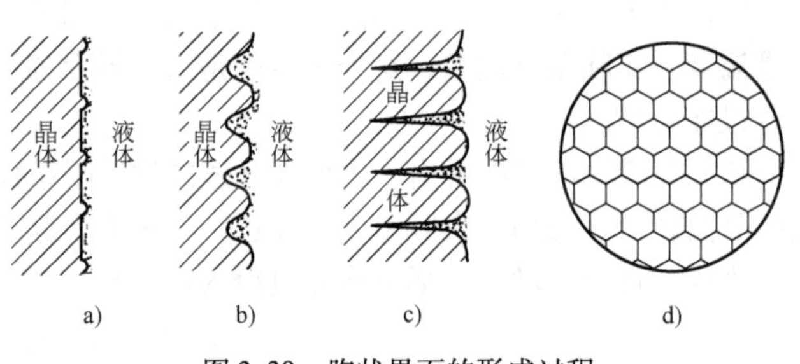

图 3-30　胞状界面的形成过程

这种凹凸不平的界面通常称为胞状界面，具有胞状界面的晶粒组织称为胞状组织或胞状晶，因为它的显微形态很像蜂窝，所以又称为蜂窝组织，它的横截面的典型形态呈规则的六边形，如图 3-30d 所示。应当指出，在一个晶粒内各个胞具有基本相同的结晶学位向，最多只有几分的偏离，胞与胞之间并没有被分离成晶粒，所以，胞状组织是晶粒内的一种亚结构。在胞状组织的交界面上，存在着溶质的富集（$k_0<1$）或贫乏（$k_0>1$），形成显微偏析，因此在抛光腐蚀后，可显现出胞状组织。

形成胞状组织时成分过冷区域很小，突出部分约为0.1～1mm，当成分过冷区进一步增大时，如图3-29中的$G_3$，则合金的结晶条件与纯金属在负温度梯度下时的结晶条件相似，在界面上的突出部分可以向液相中突出相当大的距离，在纵向生长的同时，又从其侧面产生突出部分的分枝，从而发展成树枝晶。图3-31为Al-Cu合金在不同的成分过冷度下所形成的三种晶粒组织。应当指出，在工业生产中，晶体呈平面状生长所需要的温度梯度很大，一般很难达到。通常铸锭和铸件中的温度梯度均小于3～5℃·$cm^{-1}$，因此固溶体合金凝固后，总是形成树枝晶组织。

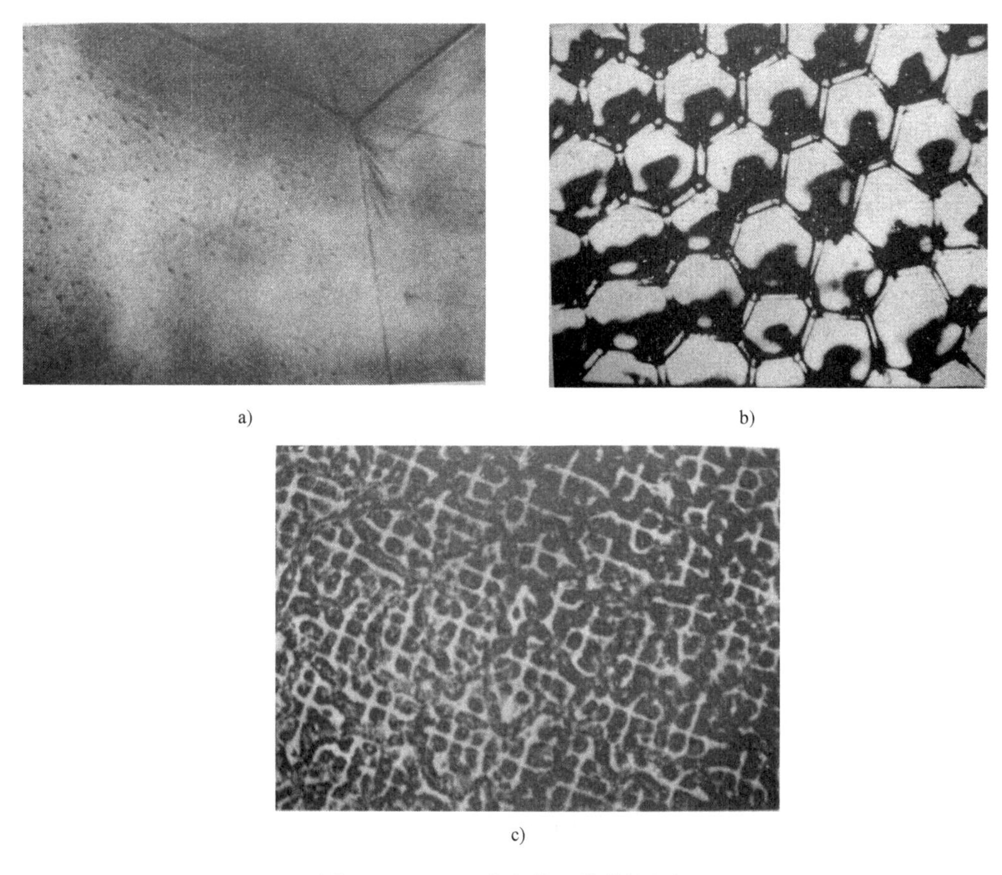

图3-31　Al-Cu合金的三种晶粒组织
a）平面晶　b）胞状晶　c）树枝晶

## 第五节　共晶相图及其合金的结晶

两组元在液态时无限互溶，在固态时有限互溶，发生共晶转变，形成共晶组织的二元系相图，称为二元共晶相图。Pb-Sn、Pb-Sb、Ag-Cu、Pb-Bi等合金系的相图都属于共晶相图，在Fe-C、Al-Mg等相图中，也包含有共晶部分。下面以Pb-Sn相图为例，对共晶相图及其合金的结晶进行分析。

## 一、相图分析

图3-32为Pb-Sn二元共晶相图，图中*AEB*为液相线，*AMENB*为固相线，*MF*为Sn在Pb中的溶解度曲线，也叫固溶度曲线，*NG*为Pb在Sn中的溶解度曲线。

相图中有三个单相区：即液相L、固溶体α相和固溶体β相。α相是Sn溶于Pb中的固溶体，β相是Pb溶于Sn中的固溶体。各个单相区之间有三个两相区，即L+α、L+β和α+β。在L+α、L+β与α+β两相区之间的水平线*MEN*表示α+β+L三相共存区。

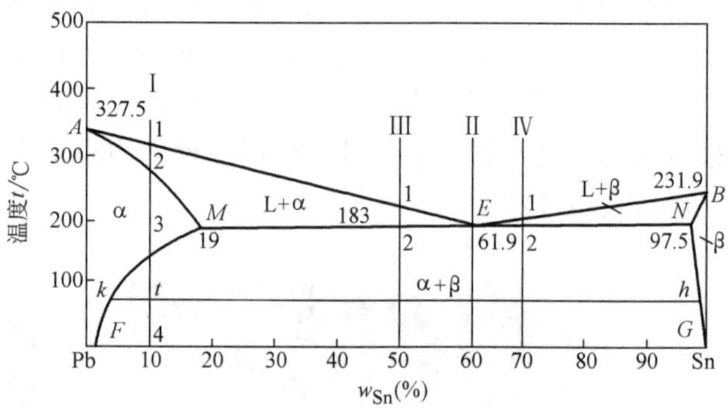


图3-32　Pb-Sn合金相图

在三相共存水平线所对应的温度下，成分相当于*E*点的液相（$L_E$）同时结晶出与*M*点相对应的$\alpha_M$和*N*点所对应的$\beta_N$两个相，形成两个固溶体的混合物。这种转变的反应式是：

$$L_E \xrightleftharpoons{t_E} \alpha_M + \beta_N$$

根据相律可知，在发生三相平衡转变时，自由度等于零（$F=2-3+1=0$），所以这一转变必然在恒温下进行，而且三个相的成分应为恒定值，在相图上的特征是三个单相区与水平线只有一个接触点，其中液体单相区在中间，位于水平线之上，两端是两个固相单相区。这种在一定的温度下，由一定成分的液相同时结晶出成分一定的两个固相的转变过程，称为共晶转变或共晶反应。共晶转变的产物为两个固相的混合物，称为共晶组织。

相图中的*MEN*水平线称为共晶线，*E*点称为共晶点，*E*点对应的温度称为共晶温度，成分对应于共晶点的合金称为共晶合金，成分位于共晶点以左、*M*点以右的合金称为亚共晶合金，成分位于共晶点以右、*N*点以左的合金称为过共晶合金。

此外，应当指出，当三相平衡时，其中任意两相之间也必然相互平衡，即α-L、β-L、α-β之间也存在着相互平衡关系，*ME*、*EN*和*MN*分别为它们之间的连接线，在这种情况下就可以利用杠杆定律分别计算平衡相的含量。

## 二、典型合金的平衡结晶及其组织

### （一）含锡量$w_{Sn}\leqslant 19\%$的合金（合金Ⅰ）

现以$w_{Sn}=10\%$的合金Ⅰ为例进行分析。从图3-32可以看出，当合金Ⅰ缓慢冷却到1点时，开始从液相中结晶出α固溶体。随着温度的降低，α固溶体的数量不断增多，而液相的数量不断减少，它们的成分分别沿固相线*AM*和液相线*AE*发生变化。合金冷却到2点时，结晶完毕，全部结晶成单相α固溶体，其成分与原始的液相成分相同。这一过程与匀晶系合金的结晶过程完全相同。

继续冷却时，在2~3点温度范围内，α固溶体不发生变化。当温度下降到3点以下时，锡在α固溶体中呈过饱和状态，因此，多余的锡就以β固溶体的形式从α固溶体中析出。

随着温度的继续降低，α 固溶体的溶解度逐渐减小，因此这一析出过程将不断进行，α 相和 β 相的成分分别沿 $MF$ 线和 $NG$ 线变化，如在 $t$ 温度时，析出的 β 相成分为 $h$，与成分为 $k$ 的 α 相维持平衡。由固溶体中析出另一个固相的过程称为脱溶过程，也即过饱和固溶体的分解过程，也称为二次结晶。二次结晶析出的相称为次生相或二次相，次生的 β 固溶体以 $\beta_{\mathrm{II}}$ 表示，以区别于从液体中直接结晶出来的 β 固溶体（初晶 β）。$\beta_{\mathrm{II}}$ 优先从 α 相晶界析出，有时也从晶粒内的缺陷部位析出。由于固态下的原子扩散能力小，析出的次生相不易长大，一般都比较细小。

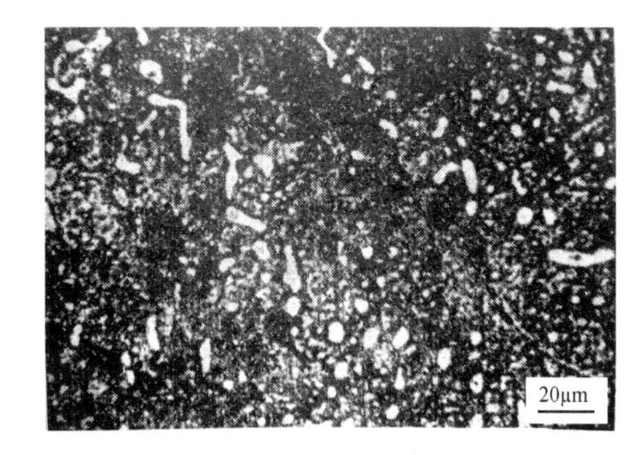


图 3-33　$w_{\mathrm{Sn}}=10\%$ 的 Pb-Sn 合金显微组织

合金结晶结束后形成以 α 相为基体的两相组织。图 3-33 为该合金的显微组织。图中黑色基体为 α 相，白色颗粒为 $\beta_{\mathrm{II}}$。$\beta_{\mathrm{II}}$ 分布在 α 相的晶界上，或在 α 相晶粒内部析出。该合金的冷却曲线见图 3-34，图 3-35 是其平衡结晶过程示意图。

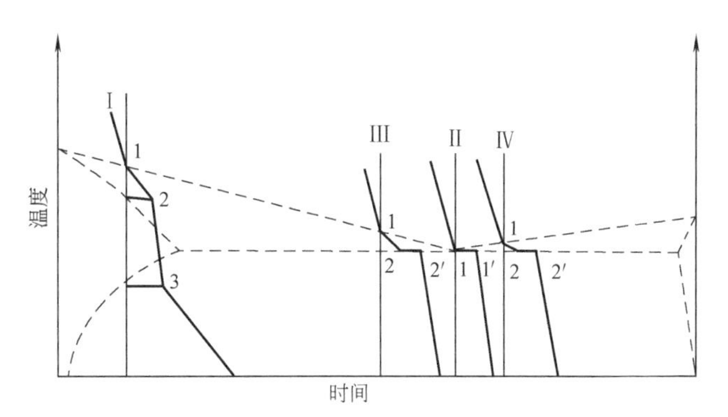


图 3-34　各种典型 Pb-Sn 合金的冷却曲线

成分位于 $F$ 和 $M$ 之间的所有合金，平衡结晶过程均与上述合金相似，其显微组织也是由 $\alpha+\beta_{\mathrm{II}}$ 两相所组成的，只是两相的相对含量不同。合金成分越靠近 $M$ 点，$\beta_{\mathrm{II}}$ 的含量越多。两相的含量可用杠杆定律求出。如合金Ⅰ的 α 和 $\beta_{\mathrm{II}}$ 相的含量分别为：

$$w_{\beta_{\mathrm{II}}}=\frac{F4}{FG}\times100\%$$

$$w_{\alpha}=\frac{4G}{FG}\times100\%$$

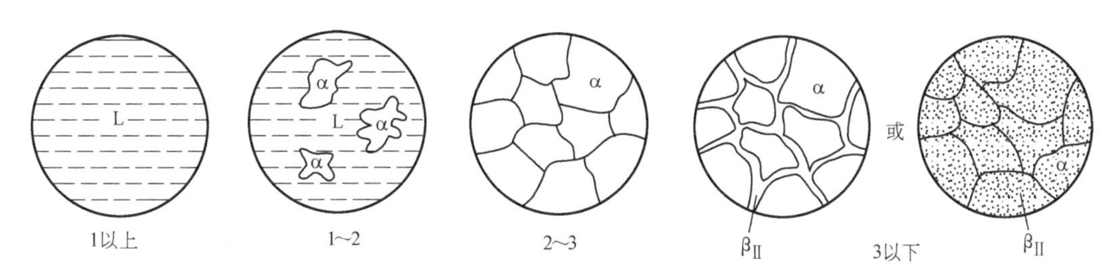


图 3-35　$w_{\mathrm{Sn}}=10\%$ 的 Sn-Pb 合金平衡结晶过程

**（二）共晶合金**（合金Ⅱ）

共晶合金Ⅱ中，含锡量 $w_{Sn}=61.9\%$，其余为铅。当合金Ⅱ缓慢冷却至温度 $t_E$（183℃）时，发生共晶转变：

$$L_E \xrightleftharpoons{t_E} \alpha_M + \beta_N$$

这个转变一直在183℃进行，直到液相完全消失为止。这时所得到的组织是 $\alpha_M$ 和 $\beta_N$ 两个相的混合物，亦即共晶组织。$\alpha_M$ 和 $\beta_N$ 相的含量可分别用杠杆定律求出：

$$w_{\alpha_M}=\frac{EN}{MN}\times 100\%=\frac{97.5-61.9}{97.5-19}\times 100\%$$

$$\approx 45.4\%$$

$$w_{\beta_N}=\frac{ME}{MN}\times 100\%=\frac{61.9-19}{97.5-19}\times 100\%$$

$$\approx 54.6\%$$

继续冷却时，共晶组织中的 α 和 β 相都要发生溶解度的变化，α 相成分沿着 $MF$ 线变化，β 相的成分沿着 $NG$ 线变化，分别析出次生相 $\beta_{\mathrm{II}}$ 和 $\alpha_{\mathrm{II}}$，这些次生相常与共晶组织中的同类相混在一起，在显微镜下难以分辨。

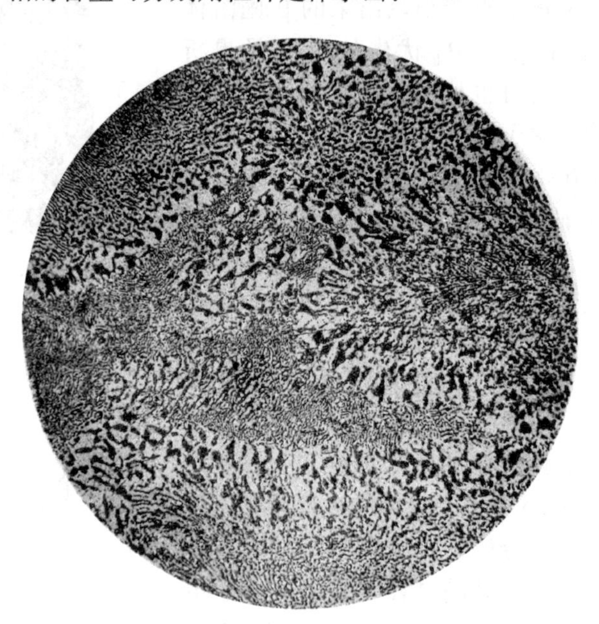
图 3-36　铅锡共晶合金的显微组织

图 3-36 是 Pb-Sn 共晶合金的显微组织，α 和 β 呈层片状交替分布，其中黑色的为 α 相，白色的为 β 相。该合金的冷却曲线如图 3-34 所示，图 3-37 是该合金平衡结晶过程的示意图。

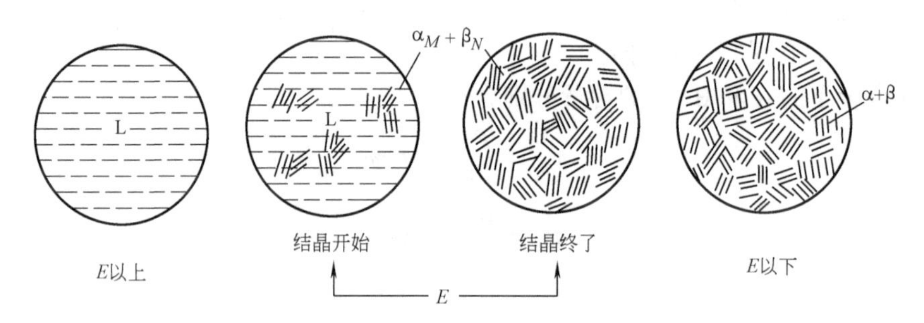

图 3-37　共晶合金的平衡结晶过程

共晶组织是怎样形成的？现以层片状的共晶组织说明如下。

和纯金属及固溶体合金的结晶过程一样，共晶转变同样要经过形核和长大的过程，在形核时两个相中总有一个在先，另一个在后，首先形核的相叫领先相。如果领先相是 α，由于 α 相中的含锡量比液相中的少，多余的锡从晶体中排出，使界面附近的液相中锡量富集。这就给 β 相的形核在成分上创造了条件，而 β 相的形核又要排出多余的铅，使界面前沿的液相中铅量富集，这又给 α 相的形核在成分上创造了条件，于是两相就交替地形核和长大，构成了共晶组织（图 3-38a）。进一步的研究表明，共晶组织中的两个相都不是孤立的，α

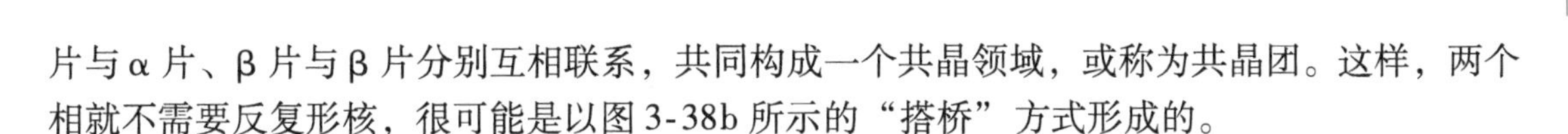

片与α片、β片与β片分别互相联系，共同构成一个共晶领域，或称为共晶团。这样，两个相就不需要反复形核，很可能是以图3-38b所示的“搭桥”方式形成的。

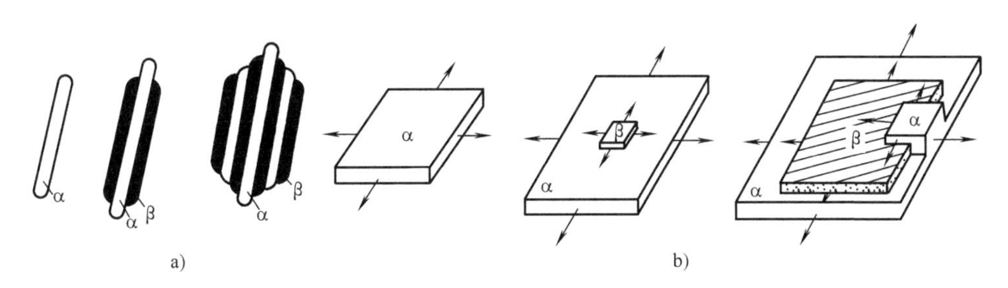


图3-38　层片状共晶的形核与生长示意图

a）层片状交替形核生长　b）搭桥机构

共晶组织的形态很多，按其中两相的分布形态，可将它们分为层片状、棒状（条状或纤维状）、球状（短棒状）、针片状、螺旋状等，如图3-39所示。共晶组织的具体形态受到多种因素的影响。近年来有人提出，共晶组织中两个组成相的本质是其形态的决定性因素。在研究纯金属结晶时已知，晶体的生长形态与固液界面的结构有关。金属的界面为粗糙界面，半金属和非金属为光滑界面。因此，金属-金属型的两相共晶组织大多为层片状或棒状，金属-非金属型的两相共晶组织通常具有复杂的形态，表现为树枝状、针片状或骨骼状等。

**（三）亚共晶合金**（合金Ⅲ）

下面以含锡量 $w_{Sn}=50\%$ 的合金Ⅲ为例，分析亚共晶合金的平衡结晶过程。

当合金Ⅲ缓冷至1点时，开始结晶出α固溶体。在1～2点温度范围内，随着温度的缓慢下降，α固溶体的数量不断增多，α相的成分和液相成分分别沿着 $AM$ 和 $AE$ 线变化。这一阶段的转变属于匀晶转变。

当温度降至2点时，α相和剩余液相的成分分别达到 $M$ 点和 $E$ 点，两相的含量分别为：

$$w_{\alpha}=\frac{E2}{ME}\times100\%=\frac{61.9-50}{61.9-19}\times100\%\approx27.8\%$$

$$w_{L}=\frac{M2}{ME}\times100\%=\frac{50-19}{61.9-19}\times100\%\approx72.2\%$$

在 $t_E$ 温度时，成分为 $E$ 点的液相便发生共晶转变：

$$L_E\xrightleftharpoons{t_E}\alpha_M+\beta_N$$

这一转变一直进行到剩余液相全部形成共晶组织为止。共晶转变前形成的α固溶体称为初晶或先共晶相。亚共晶合金在共晶转变刚刚结束之后的组织是由先共晶α相和共晶组织（α+β）所组成的。其中共晶组织的量即为温度刚到达 $t_E$ 时液相的量。

在2点以下继续冷却时，将从α相（包括先共晶α相和共晶组织中的α相）和β相（共晶组织中的）分别析出次生相 $\beta_{\text{Ⅱ}}$ 和 $\alpha_{\text{Ⅱ}}$。在显微镜下，只有从先共晶α相中析出的 $\beta_{\text{Ⅱ}}$ 可能观察到，共晶组织中析出的 $\alpha_{\text{Ⅱ}}$ 和 $\beta_{\text{Ⅱ}}$ 一般难以分辨。图3-40为合金Ⅲ的显微组织。图中暗黑色树枝状晶部分是先共晶α相，之中的白色颗粒是 $\beta_{\text{Ⅱ}}$，黑白相间分布的是共晶组织。该合金的冷却曲线见图3-34，平衡结晶过程示意图如图3-41所示。

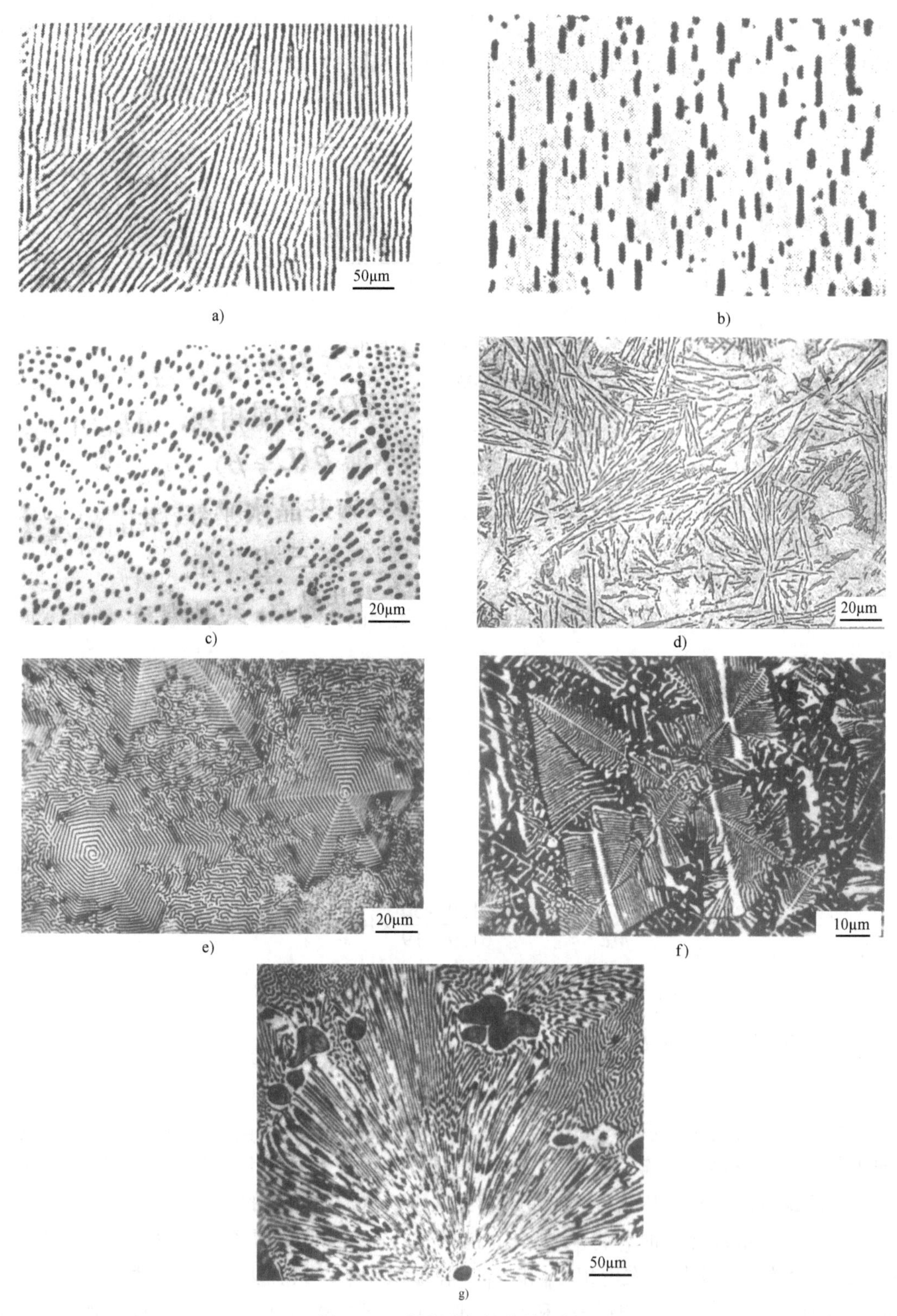


图3-39　各种形态的共晶组织

a）层片状（Pb-Cu）　b）棒状　c）球状（$Cu-Cu_2O$）

d）针状（Al-Si）　e）螺旋状（Zu-MgZn）　f）蛛网状　g）放射状（Cu-P）

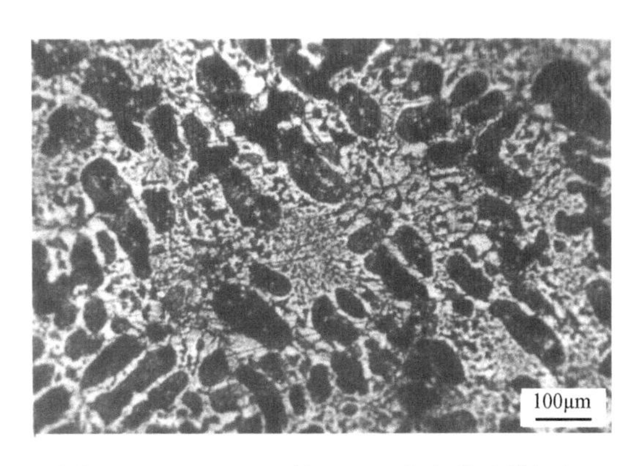


图 3-40　$w_{Sn}=50\%$ 的 Pb-Sn 合金的显微组织

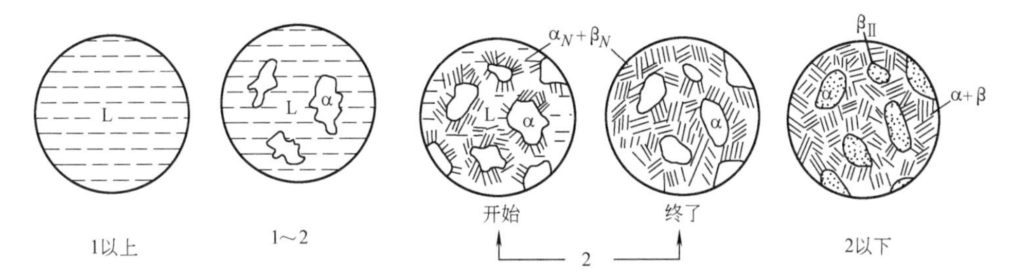


图 3-41　亚共晶合金的平衡结晶过程

关于先共晶相的形态，如果是固溶体，则一般呈树枝状，图 3-40 组织中的呈卵形的先共晶相，实际上是树枝状晶体。若先共晶相为半金属和非金属（如 Sb、Bi、Si 等）或化合物时，则一般具有较规则的外形。如在 Pb-Sb 二元系合金中，过共晶合金的先共晶相是锑晶体，它呈白色的规则片状，如图 3-42 所示。

**（四）过共晶合金**（合金Ⅳ）

过共晶合金的平衡结晶过程和显微组织与亚共晶合金相似，所不同的是先共晶相不是 α，而是 β。图 3-43 是 $w_{Sn}=70\%$ 的合金Ⅳ的显微组织。图中亮白色卵形部分为先共晶 β 固溶体，其余部分为共晶组织。

图 3-42　过共晶 Pb-Sb 合金的显微组织
（初晶 Sb 呈多边形，余为 Pb-Sb 共晶）

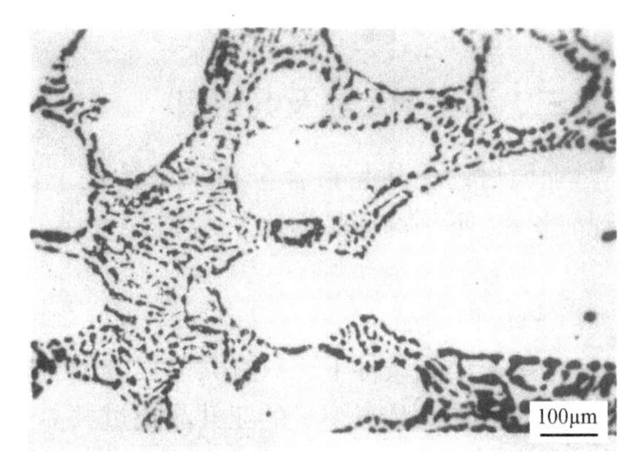


图 3-43　$w_{Sn}=70\%$ 的 Sn-Pb 合金的显微组织

根据图3-32的相图，综合上述分析可知，虽然 $F\sim G$ 点之间的合金均由 α 和 β 两相所组成，但是由于合金成分和结晶过程的变化，相的大小、数量和分布状况，即合金的组织差别很大，甚至完全不同。如在 $F\sim M$ 成分范围内，合金的组织为 $\alpha+\beta_{\mathrm{II}}$，亚共晶合金的组织为 $\alpha+\beta_{\mathrm{II}}$ +共晶组织（α+β），共晶合金完全为共晶组织（α+β），过共晶合金的组织为 $\beta+\alpha_{\mathrm{II}}$ +共晶组织（α+β），在 $N\sim G$ 点之间的合金组织为 $\beta+\alpha_{\mathrm{II}}$。其中的α、β、$\alpha_{\mathrm{II}}$、$\beta_{\mathrm{II}}$ 及（α+β）在显微组织中均能清楚地区分开，是组成显微组织的独立部分，称为组织组成物。从相的本质看，它们都是由 α 和 β 两相所组成的，所以 α 和 β 两相称为合金的相组成物。

为了分析研究组织的方便，常常把合金平衡结晶后的组织直接填写在合金相图上，如图3-44所示。这样，相图上所表示的组织与显微镜下所观察到的显微组织能互相对应，便于了解合金系中任一合金在任一温度下的组织状态，以及该合金在结晶过程中的组织变化。

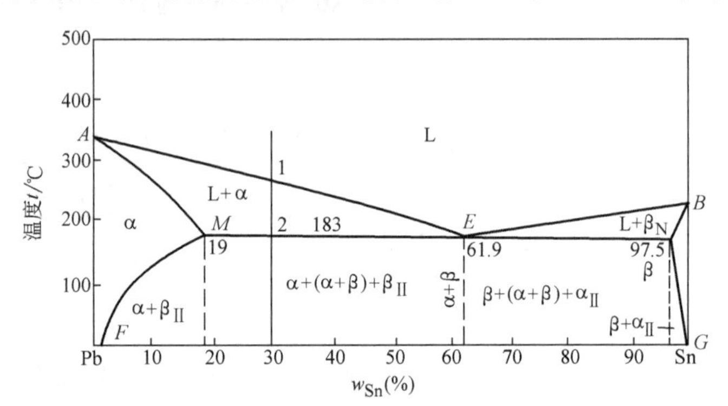

图3-44　标明组织组成物的Pb-Sn合金相图

无论是合金的组织组成物，还是相组成物，它们的相对含量都可以用杠杆定律来计算。例如，含锡量 $w_{\mathrm{Sn}}=30\%$ 的亚共晶合金在183℃共晶转变结束后，先共晶 α 相和共晶组织（α+β）的含量分别为（图3-44）：

$$w_{\alpha}=\frac{2E}{ME}\times100\%=\frac{61.9-30}{61.9-19}\times100\approx74.4\%$$

$$w_{(\alpha+\beta)}=\frac{2M}{ME}\times100\%=\frac{30-19}{61.9-19}\times100\%\approx25.6\%$$

相组成物 α 和 β 相的含量分别为：

$$w_{\alpha}=\frac{2N}{MN}\times100\%=\frac{97.5-30}{97.5-19}\times100\%\approx86\%$$

$$w_{\beta}=\frac{M2}{MN}\times100\%=\frac{30-19}{97.5-19}\times100\%\approx14\%$$

## 三、不平衡结晶及其组织

前面讨论了共晶系合金在平衡条件下的结晶过程，但铸件和铸锭的凝固都是不平衡结晶过程，不平衡结晶远比平衡结晶复杂。下面仅定性地讨论不平衡结晶中的一些重要规律。

### （一）伪共晶

在平衡结晶条件下，只有共晶成分的合金才能获得完全的共晶组织。但在不平衡结晶条件下，成分在共晶点附近的亚共晶或过共晶合金，也可能得到全部共晶组织，这种非共晶成分的合金所得到的共晶组织称为伪共晶组织。由于伪共晶组织具有较高的力学性能，所以研究它具有一定的实际意义。

从图3-45可以看出，在不平衡结晶条件下，由于冷却速度较大，将会产生过冷，当液态合金过冷到两条液相线的延长线所包围的阴影线区时，就可得到共晶组织。这是因为这时的合金液体对于 α 相和 β 相都是过饱和的，所以既可以结晶出 α，又可以结晶出 β，它们同时结晶出来就形成了共晶组织。通常将形成全部共晶组织的成分和温度范围称为伪共晶区，如图中的阴影线区所示。当亚共晶合金 Ⅰ 过冷至 $t_1$ 温度以下进行结晶时就可以得到全部共晶组织。从形式上看，越靠近共晶成分的合金越容易得到伪共晶组织，可是事实并不全如此，例如，工业上广泛应用的 Al-Si 系合金的伪共晶区就不是液相线的延长线所包围的区域。在合金系中，伪共晶区的形状有两类，如图 3-46 所示。两组成相具有相近熔点时，随温度的降低伪共晶区相对于共晶点近乎对称地扩大，如图 3-46a 所示，属于这一类的为金属-金属型共晶，如 Pb-Sn、Ag-Cu 系等；两组成相熔点相差悬殊、共晶点偏向低熔点相时，伪共晶区偏向高熔点相的一边扩大，如图 3-46b 所示，Al-Si、Fe-C系等属于这一类。伪共晶区的形状与两组成相的结晶速度差别有关。

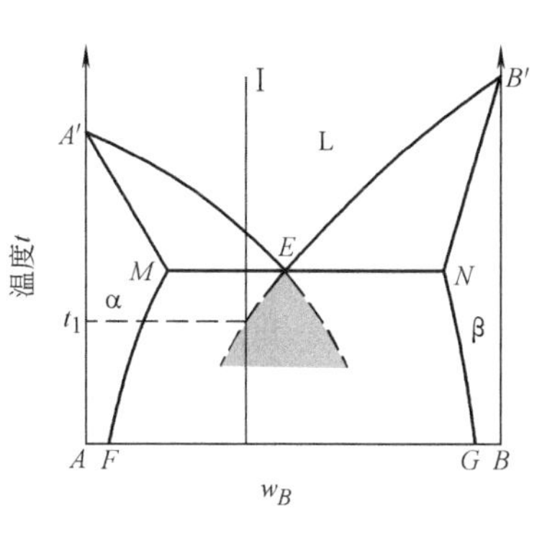


图 3-45　伪共晶示意图

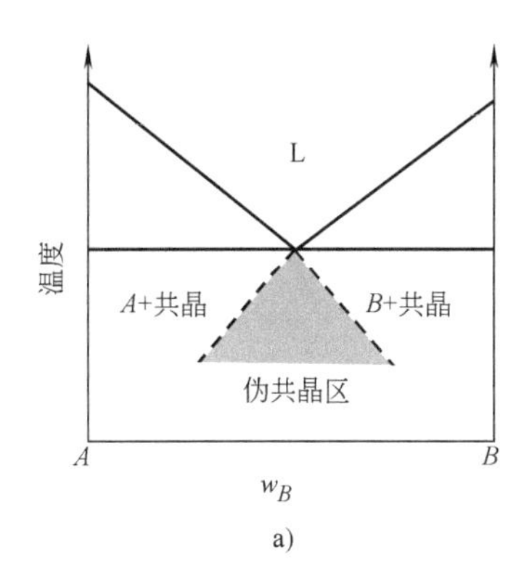


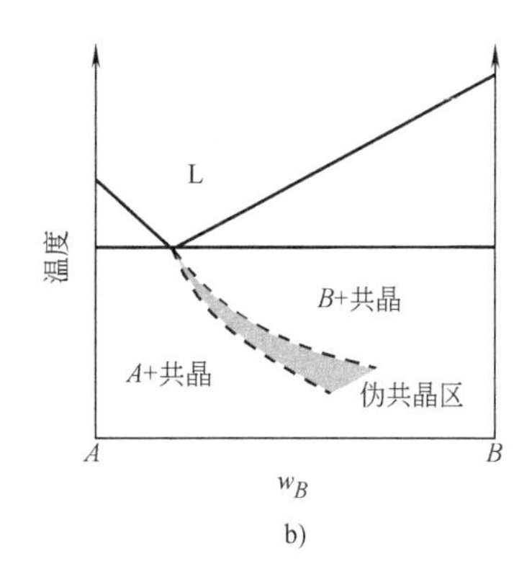


图 3-46　两类伪共晶区相图

伪共晶区在相图中的位置对说明合金中出现的不平衡组织很有帮助。例如，在 Al-Si 合金系中，共晶合金在快冷条件下结晶后会得到亚共晶组织，其原因可以从图 3-47 得到说明。图中的伪共晶区偏向硅的一侧，这样，共晶成分的液相表象点 $a$ 不会过冷到伪共晶区内，只有先结晶出 α 相，α 相向液体中排出溶质原子 Si，当液体的成分达到 $b$ 点时，才能发生共晶转变。其结果好像共晶点向右移动了一样，共晶合金变成了亚共晶合金。

**（二）离异共晶**

在先共晶相数量较多而共晶相组织甚少的情况下，有时共晶组织中与先共晶相相同的那一相，会依附于先共晶相上生长，剩下的另一相则单独

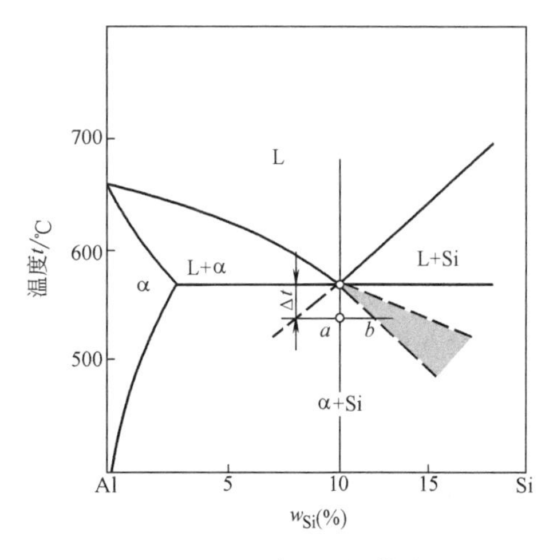


图 3-47　Al-Si 合金系的伪共晶区

存在于晶界处，从而使共晶组织的特征消失，这种两相分离的共晶称为离异共晶。离异共晶可以在平衡条件下获得，也可以在不平衡条件下获得。例如，在合金成分偏离共晶点很远的亚共晶（或过共晶）合金中，它的共晶转变是在已存在大量先共晶相的条件下进行的。此时如果冷却速度十分缓慢，过冷度很小时，那么共晶中的α相如果在已有的先共晶α上长大，要比重新生核再长大容易得多。这样，α相易于与先共晶α相合为一体，而β相则存在于α相的晶界处。当合金成分越接近 *M* 点（或 *N* 点）时（图3-48合金Ⅰ），越易发生离异共晶。

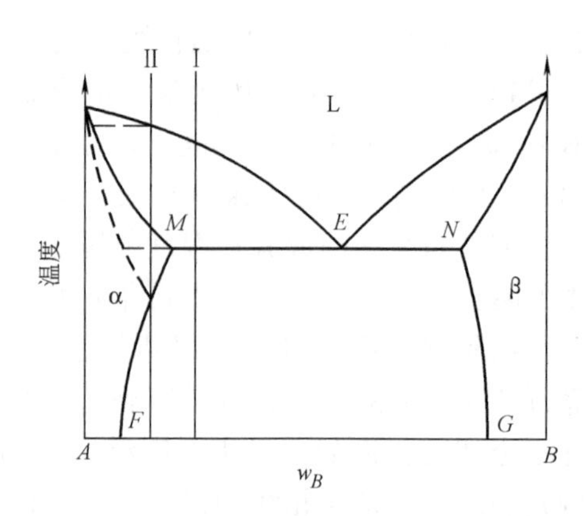


图3-48　可能产生离异共晶示意图

此外，*M* 点以左的合金（合金Ⅱ）在平衡冷却时，结晶的组织中不可能存在共晶组织，但是在不平衡结晶条件下，其固相的平均成分线将偏离平衡固相线，如图3-48中的虚线所示。于是合金冷却至共晶温度时仍有少量的液相存在。此时的液相成分接近于共晶成分，这部分剩余液体将会发生共晶转变，形成共晶组织。但是，由于此时的先共晶相数量很多，共晶组织中的α相可能依附于先共晶相长大，形成离异共晶。$w_{Cu}=4\%$ 的 Al-Cu 合金，在铸造条件下，将会出现离异共晶，如图3-49所示。在钢中因偏析而形成的 Fe-FeS 共晶，也往往是离异共晶，其中 FeS 分布在晶界上。

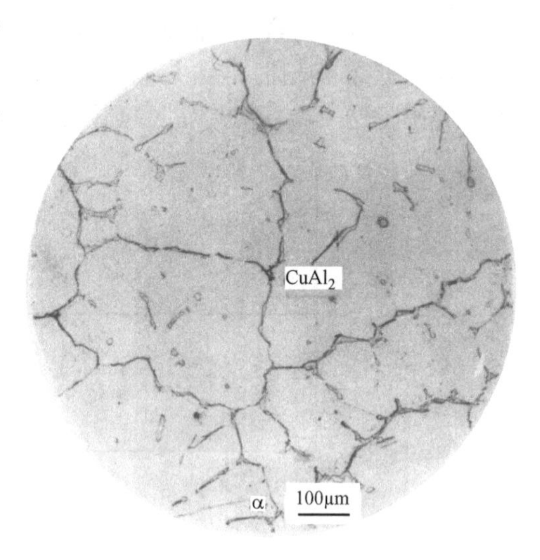


图3-49　$w_{Cu}=4\%$ 的 Al-Cu 铸造合金中的离异共晶组织

离异共晶可能会给合金的性能带来不良影响，对于不平衡结晶所出现的这种组织，经均匀化退火后能转变为平衡态的固溶体组织。

## 四、比重偏析和区域偏析

### （一）比重偏析

比重偏析是由组成相与熔液之间密度的差别所引起的一种区域偏析。如对亚共晶或过共晶合金来说，如果先共晶相与熔液之间的密度相差较大，则在缓慢冷却条件下凝固时，先共晶相便会在液体中上浮或下沉，从而导致结晶后铸件上下部分的化学成分不一致，产生比重偏析。例如，Pb-Sb 合金在凝固过程中，先共晶相锑的密度小于液相，因而锑晶体上浮，形成了比重偏析。铸铁中石墨漂浮也是一种比重偏析。

比重偏析与合金组元的密度差、相图的结晶的成分间隔及温度间隔等因素有关。合金组元间的密度差越大，相图的结晶的成分间隔越大，则初晶与剩余液相的密度差也越大；相图的结晶的温度间隔越大，冷却速度越小，则初晶在液体中有更多的时间上浮或下沉，合金的

比重偏析也越严重。

防止或减轻比重偏析的方法有两种：一是增大冷却速度，使先共晶相来不及上浮或下沉；二是加入第三种元素，凝固时先析出与液体密度相近的新相，构成阻挡先共晶相上浮或下沉的骨架。例如，在 Pb-Sb 轴承合金中加入少量的 Cu 和 Sn，使其先形成 $Cu_3Sn$ 化合物，即可减轻或消除比重偏析。另外，热对流、搅拌也可以克服显著的比重偏析。

在生产中，有时可利用比重偏析来除去合金中的杂质或提纯贵金属。

**（二）区域偏析**

前面在讨论匀晶相图时曾经谈到，固溶体合金在结晶时，如果凝固从一端开始顺序进行，则可能产生区域偏析。共晶相图中也包含有匀晶转变，因此在结晶时也可能形成区域偏析。

1. 正偏析

铸锭（件）中低熔点元素的含量从先凝固的外层到后凝固的内层逐渐增多，高熔点元素的含量则逐渐减少，这种区域偏析称为正偏析。例如 $k_0<1$ 的合金，根据溶质原子的分配规律，在不平衡结晶过程中，溶质原子在固相中基本上不扩散，则先凝固的固相中溶质原子浓度低于平均成分。如果结晶速度慢，液体内的原子扩散比较充分，溶质原子通过对流可以向远离结晶前沿的区域扩散，使后结晶液体的浓度逐渐提高，结晶结束后，铸锭（件）内外溶质浓度差别较大，即正偏析严重；如果结晶速度较快，液相内不存在对流，原子扩散不充分，溶质原子只在枝晶间富集，则正偏析较小。

正偏析一般难以完全避免，通过压力加工和热处理也难以完全改善，它的存在使铸锭（件）性能不均匀，因此在浇注时应采取适当的控制措施。

2. 反偏析

反偏析也称负偏析。与正偏析相反，是低熔点元素富集在铸锭（件）先凝固的外层的现象。这种偏析多发生在结晶范围较大的合金中。如锡青铜铸件表面出现的“锡汗”就是比较典型的反偏析，它使铸件的切削加工性能变差。

反偏析形成的原因大致是，原来铸件中心地区富集低熔点元素的液体，由于铸件凝固时发生收缩而在树枝晶之间产生空隙（此处为负压），加上温度降低使液体中的气体析出而形成压强，把铸件中心低熔点元素浓度较高的液体沿着柱状晶之间的“渠道”压至铸件的外层，形成反偏析。

## 第六节　包晶相图及其合金的结晶

两组元在液态相互无限溶解，在固态相互有限溶解，并发生包晶转变的二元合金系相图，称为包晶相图。具有包晶转变的二元合金系有 Pt-Ag、Sn-Sb、Cu-Sn、Cu-Zn 等。下面以 Pt-Ag 合金系为例，对包晶相图及其合金的结晶过程进行分析。

### 一、相图分析

Pt-Ag 二元合金相图如图 3-50 所示。图中 *ACB* 为液相线，*APDB* 为固相线，*PE* 及 *DF* 分别是银溶于铂中和铂溶于银中的溶解度曲线。

相图中有三个单相区：即液相 L 及固相 α 和 β。其中 α 相是银溶于铂中的固溶体，β 相是铂溶于银中的固溶体。单相区之间有三个两相区，即 L + α、L + β 和 α + β。两相区之间存在一条三相（L、α、β）共存水平线，即 *PDC* 线。

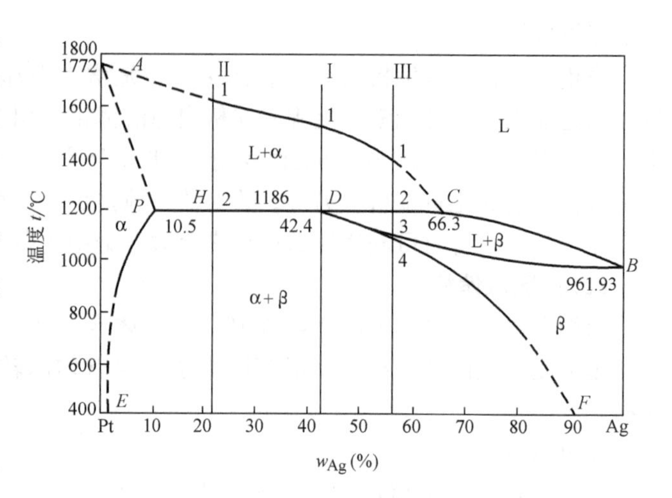


图 3-50　Pt-Ag 合金相图

水平线 *PDC* 是包晶转变线，所有成分在 *P* 与 *C* 范围内的合金在此温度都将发生三相平衡的包晶转变，这种转变的反应式为：

$$L_C + \alpha_P \xrightleftharpoons{t_D} \beta_D$$

这种在一定的温度下，由一定成分的固相与一定成分的液相作用，形成另一个一定成分的固相的转变过程，称为包晶转变或包晶反应。根据相律可知，在包晶转变时，其自由度为零（$F=2-3+1=0$），即三个相的成分不变，且转变在恒温下进行。在相图上，包晶转变区的特征是：反应相是液相和一个固相，其成分点位于水平线的两端，所形成的固相位于水平线中间的下方。

相图中的 *D* 点称为包晶点，*D* 点所对应的温度（$t_D$）称为包晶温度，*PDC* 线称为包晶线。

## 二、典型合金的平衡结晶过程及其组织

### （一）含银量 $w_{Ag}$=42.4%的 Pt-Ag 合金（合金Ⅰ）

由图 3-50 可以看出，当合金Ⅰ自液态缓慢冷却到与液相线相交的 1 点时，开始从液相中结晶出 α 相。在继续冷却的过程中，α 相的数量不断增多，液相的数量不断减少，α 相和液相的成分分别沿固相线 *AP* 和液相线 *AC* 变化。

当温度降低到 $t_D$（1186℃）时，合金中 α 相的成分达到 *P* 点，液相的成分达到 *C* 点，它们的含量可分别由杠杆定律求出：

$$w_L = \frac{PD}{PC} \times 100\% = \frac{42.4 - 10.5}{66.3 - 10.5} \times 100\% \approx 57.17\%$$

$$w_\alpha = \frac{DC}{PC} \times 100\% = \frac{66.3 - 42.4}{66.3 - 10.5} \times 100\% \approx 42.83\%$$

在温度 $t_D$ 时，液相 L 和固相 α 发生包晶转变：

$$L_C + \alpha_P \xrightleftharpoons{t_D} \beta_D$$

转变结束后，液相和 α 相消失，全部转变为 β 固溶体。

合金继续冷却时，由于 Pt 在 β 相中的溶解度随着温度的降低而沿 *DF* 线不断减小，将不断地从 β 固溶体中析出次生相 $\alpha_{\text{II}}$。合金的室温组织为 $\beta + \alpha_{\text{II}}$，其平衡结晶过程示意图如图 3-51 所示。

包晶转变是液相 $L_C$ 和固相 $\alpha_P$ 发生作用而生成新相 β 的过程，这种作用应首先发生在

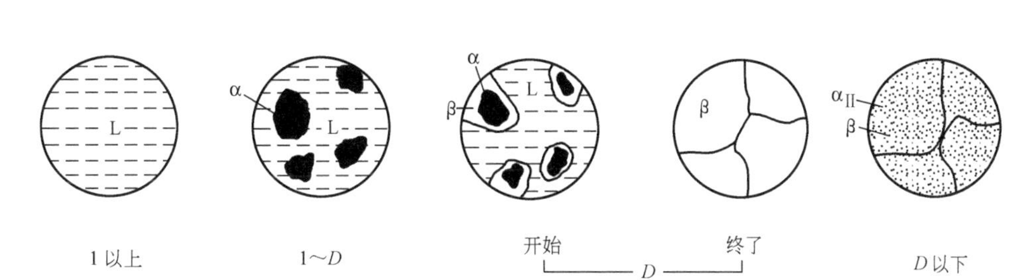


图3-51　合金Ⅰ的平衡结晶过程

$L_C$ 和 $\alpha_P$ 的相界面上，所以β相通常依附在α相上生核并长大，将α相包围起来，β相成为α相的外壳，故称为包晶转变。但是，这样一来L和α就被β相分隔开了，它们之间的进一步作用只有通过β进行原子互相扩散才能进行，即α相中的铂原子通过β相向液相中扩散，液相中的银原子通过β相向α相中扩散。这样，β相将不断地消耗着液相和α相而生长，液相和α相的数量不断减少。随着时间的延长，β相越来越厚，扩散距离越来越远，包晶转变也必将越加困难。因此，包晶转变需要花费相当长的时间，直到最后把液相和α相全部消耗完毕为止。包晶转变结束后，在平衡组织中已看不出任何包晶转变过程的特征。

**（二）含银量 $w_{Ag}$ =10.5%~42.4%的Pt-Ag合金**（合金Ⅱ）

现以图3-50中的合金Ⅱ为例进行分析。当合金缓慢冷却至液相线的1点时，开始结晶出初晶α，随着温度的降低，初晶α的数量不断增多，液相的数量不断减少，α相和液相的成分分别沿着 $AP$ 线和 $AC$ 线变化。在1~2点之间属于匀晶转变。

当温度降低至2点时，α相和液相的成分分别为 $P$ 点与 $C$ 点，两者的含量分别为：

$$w_L = \frac{PH}{PC} \times 100\%$$

$$w_\alpha = \frac{HC}{PC} \times 100\%$$

在温度为 $t_D$（2点）时，成分相当于 $P$ 点的α相与 $C$ 点的液相共同作用，发生包晶转变，转变为β固溶体。即

$$L_C + \alpha_P \xrightleftharpoons{t_D} \beta_D$$

与合金Ⅰ相比较，合金Ⅱ在 $t_D$ 温度时的α相的相对量较多，因此，包晶转变结束后，除了新形成的β相外，还有剩余的α相。在 $t_D$ 温度以下，由于β和α固溶体的溶解度变化，随着温度的降低，将不断地从β固溶体中析出 $\alpha_{Ⅱ}$，从α固溶体中析出 $\beta_{Ⅱ}$，因此该合金的室温组织为 $\alpha+\beta+\alpha_{Ⅱ}+\beta_{Ⅱ}$。合金的平衡结晶过程示意图如图3-52所示。

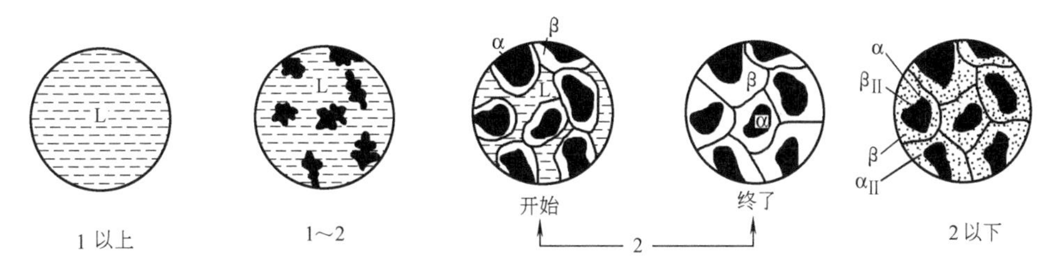


图3-52　合金Ⅱ的平衡结晶过程

### （三）含银量 $w_{Ag}$ =42.4%~66.3%的 Pt-Ag 合金（合金Ⅲ）

当合金Ⅲ冷却到与液相线相交的1点时，开始结晶出初晶 α 相，在1~2点之间，随着温度的降低，α 相数量不断增多，液相数量不断减少，这一阶段的转变属于匀晶转变。当冷却到 $t_P$ 温度时，发生包晶转变，即 $L_C + \alpha_P \xrightleftharpoons{t_D} \beta_D$。用杠杆定律可以计算出，合金Ⅲ中液相的相对量大于合金Ⅰ中液相的相对量，所以包晶转变结束后，仍有液相存在。

当合金的温度从2点继续降低时，剩余的液相继续结晶出 β 固溶体，在2~3点之间，合金的转变属于匀晶转变，β 相的成分沿 *DB* 线变化，液相的成分沿 *CB* 线变化。在温度降低到3点时，合金Ⅲ全部转变为 β 固溶体。

在3~4点之间的温度范围内，合金Ⅲ为单相固溶体，不发生变化。在4点以下，将从 β 固溶体中析出 $\alpha_{\text{II}}$。因此，该合金的室温组织为 $\beta + \alpha_{\text{II}}$。合金的平衡结晶过程示意图如图3-53所示。

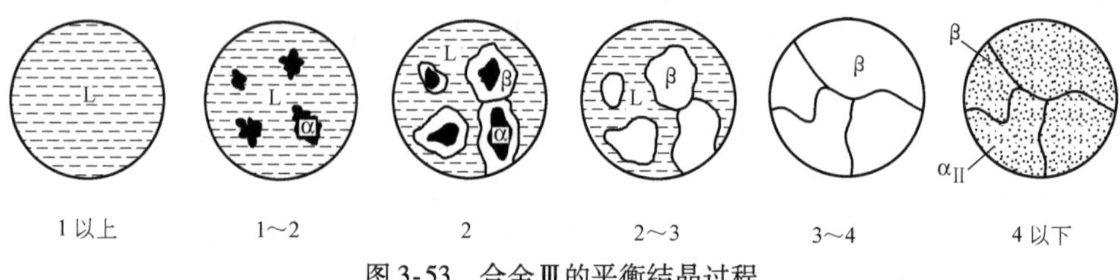


图3-53　合金Ⅲ的平衡结晶过程

## 三、不平衡结晶及其组织

如上所述，当合金发生包晶转变时，新生成的 β 相依附于已有的 α 相上生核并长大，β 相很快将 α 相包围起来，从而使 α 相和液相被 β 相分隔开。欲继续进行包晶转变，则必须通过 β 相进行原子扩散，液体才能和 α 相继续相互作用形成 β 相。原子在固体中的扩散速度比在液相中低得多，所以包晶转变是一个十分缓慢的过程。在实际生产条件下，由于冷却速度较快，包晶转变将被抑制而不能继续进行，剩余的液体在低于包晶转变温度下，直接转变为 β 相。这样一来，在平衡转变时本来不存在的 α 相就被保留下来，同时 β 相的成分也很不均匀。这种由于包晶转变不能充分进行而产生的化学成分不均匀现象称为包晶偏析。

应当指出，如果包晶转变温度很高（如铁碳合金），原子扩散较快，则包晶转变有可能彻底完成。

和共晶系合金一样，位于 *P* 点左侧的（图3-54）在平衡冷却条件下本来不应发生包晶转变的合金，在不平衡条件下，由于固相平均成分线的向下偏移，使最后凝固的液相可能发生包晶反应，形成一些不应出现的 β 相。

包晶转变产生的不平衡组织，可采用长时间的均匀化退火来减少或消除。

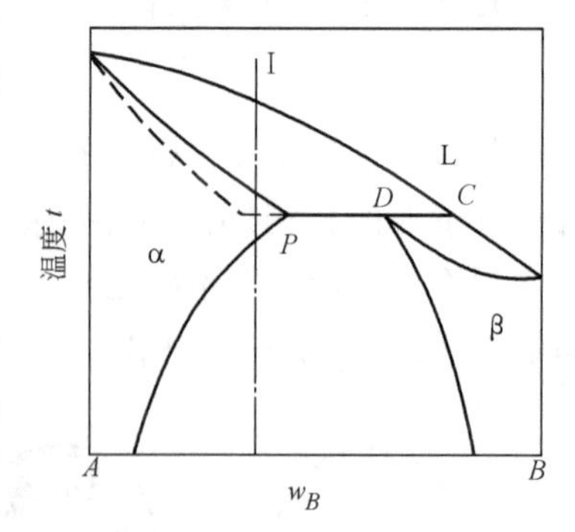


图3-54　因快冷而可能发生的包晶反应示意图

## 四、包晶转变的实际应用

包晶转变有两个显著特点：一是包晶转变的形成相依附在初晶相上形成；二是包晶转变

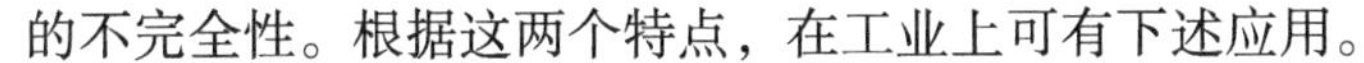

的不完全性。根据这两个特点，在工业上可有下述应用。

**（一）在轴承合金中的应用**

滑动轴承是一种重要的机器零件。当轴在滑动轴承中运转时，轴和轴承之间必然有强烈的摩擦和磨损。由于轴是机器中非常重要的零件，价格昂贵，更换困难，所以希望轴在工作中所受的磨损最小。为此，希望轴承材料的组织由具有足够塑性和韧性的基体及均匀分布的硬质点所组成，这些硬质点一般是金属化合物，所占的体积分数为5%～50%。软的基体使轴承具有良好的磨合性，不会因受冲击而开裂；硬的质点使轴承具有小的摩擦因数和抗咬合性能。图3-55阴影线区中的合金有可能满足以上要求，这些合金先结晶出硬的化合物，然后通过包晶反应形成软的固溶体，并把硬的化合物质点包围起来，从而得到在软的基体上分布着硬的化合物质点的组织。在轴运转时，软的基体很快被磨损而凹下去，贮存润滑油，硬的质点比较抗磨便凸起来，支承轴所施加的压力，这样就保证了理想的摩擦条件和极低的摩擦因数。Sn-Sb系轴承合金就属此例。

**（二）包晶转变的细化晶粒作用**

利用包晶转变可以细化晶粒。例如，在铝及铝合金中添加少量的钛，可获得显著的细化晶粒效果。由Al-Ti相图（图3-56）可以看出，当$w_{Ti}>0.15\%$以后，合金首先从液体中析出初晶$TiAl_3$，然后在665℃发生包晶转变：$L+TiAl_3 \rightleftharpoons \alpha$。α相依附于$TiAl_3$上形核并长大，$TiAl_3$起促进非均匀形核（形核质点）的作用。由于从液体中析出的$TiAl_3$细小而弥散，其非均匀形核作用效果很好，细化晶粒作用显著。

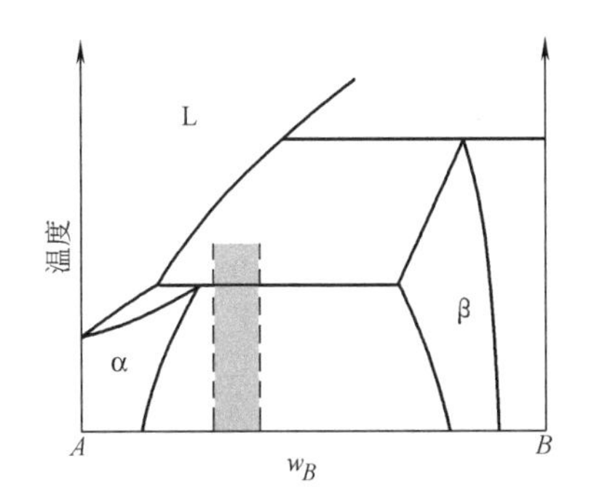


图3-55 适宜用作轴承合金的成分范围

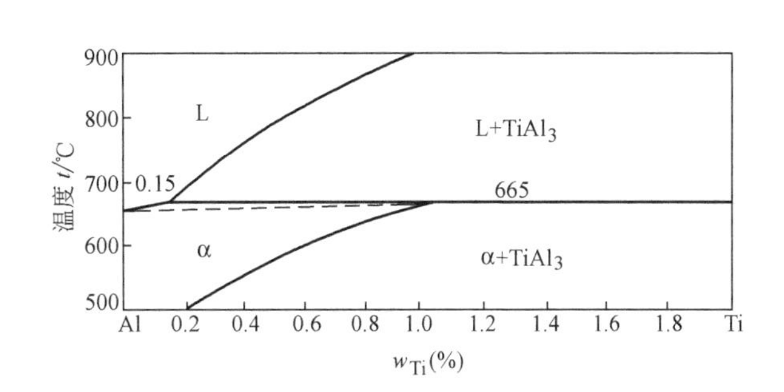


图3-56 Al-Ti相图一角

# 第七节 其他类型的二元合金相图

除了匀晶、共晶和包晶三种最基本的二元相图之外，还有其他类型的二元合金相图，现简要介绍如下。

## 一、组元间形成化合物的相图

在有些二元合金系中，组元间可能形成金属化合物，这些化合物可能是稳定的，也可能是不稳定的。根据化合物的稳定性，形成金属化合物的二元合金相图也有两种不同的类型。

### （一）形成稳定化合物的相图

稳定化合物是指具有一定熔点，在熔点以下保持其固有结构不发生分解的化合物。

Mg-Si 二元合金相图（图 3-57）就是一种形成稳定化合物的相图。当 $w_{Si}=36.6\%$ 时，Mg 与 Si 形成稳定的化合物 $Mg_2Si$，它具有一定的熔点，在熔点以下能保持其固有的结构。在相图中，稳定化合物是一条垂线，它表示 $Mg_2Si$ 的单相区。这样，可把 $Mg_2Si$ 看作一个独立组元，把相图分成两个独立部分，Mg-Si 相图则由 Mg-$Mg_2Si$ 和 $Mg_2Si$-Si 两个共晶相图并列而成，可以分别进行分析。

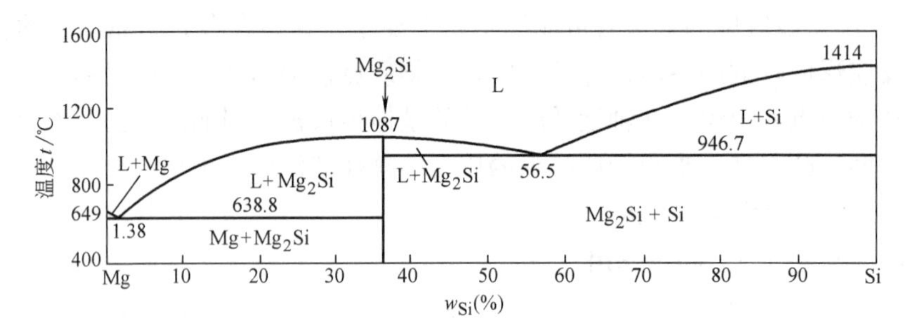


图 3-57　Mg-Si 合金相图

有时，两个组元可以形成多个稳定化合物，这样就可将相图分成更多的简单相图来进行分析。如在 Mg-Cu 相图（图 3-58）中，存在两个稳定化合物 $Mg_2Cu$ 和 $MgCu_2$，其中的 $MgCu_2$ 对组元有一定的溶解度，即形成以化合物为基的固溶体，在相图中就不是一条垂线，而是一个区域了，此时，可以用虚线（垂线）把这一单相区分开，这样就把 Mg-Cu 相图分成了 Mg-$Mg_2Cu$、$Mg_2Cu$-$MgCu_2$、$MgCu_2$-Cu 三个简单的共晶相图。图中的 γ 相是以 $MgCu_2$ 为基的固溶体。

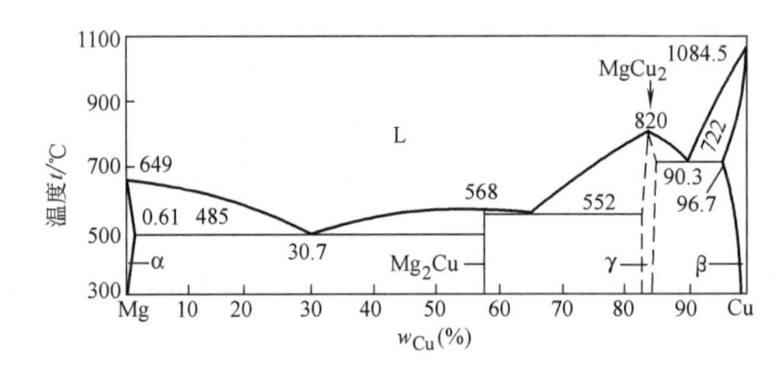


图 3-58　Mg-Cu 合金相图

形成稳定化合物的二元系很多，除了 Mg-Si、Mg-Cu 外，还有 Cu-Th、Cu-Ti、Fe-B、Fe-P、Fe-Zr、Mg-Sn 等。

### （二）形成不稳定化合物的二元相图

不稳定化合物是指加热时发生分解的那些金属化合物。

图 3-59 为 K-Na 合金相图。从图中可以看出，K-Na 合金在 6.9℃以下形成不稳定的化合物 $KNa_2$，将其加热至 6.9℃时分解为液体和钠晶体。这个化合物是包晶转变的产物：$L+Na \rightleftharpoons KNa_2$。

如果包晶转变形成的不稳定化合物与组元间有一定的溶解度，那么，它在相图上就不再

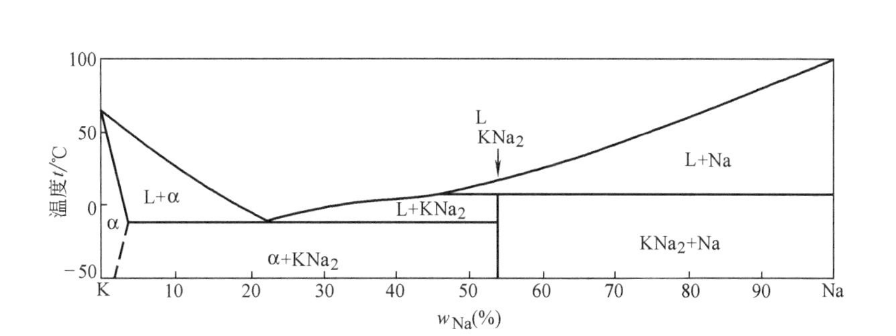


图 3-59　K-Na 合金相图

是一条垂线，而是变成为一个相区。图 3-60 所示的 Sn-Sb 合金相图就是这种类型的二元合金相图，β′（或 β）即为以不稳定化合物为基的固溶体。通过以上两例可以看出，凡是由包晶转变所形成的化合物都是不稳定化合物，不能把不稳定化合物作为独立组元。

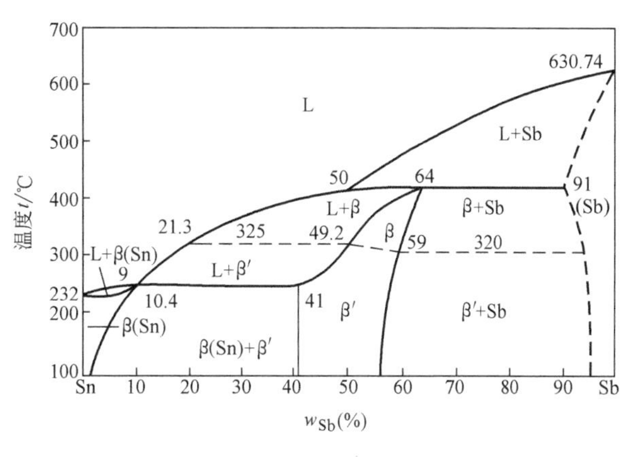


图 3-60　Sn-Sb 合金相图

## 二、偏晶、熔晶和合晶相图

### （一）偏晶相图

某些合金冷却到一定温度时，由一定成分的液相 $L_1$ 分解为一定成分的固相和另一个一定成分的液相 $L_2$，这种转变称为偏晶转变。

图 3-61 为 Cu-Pb 二元合金相图。在两相区 $L_1+L_2$ 之内是两种不相混合的液体。这两种共存的液体的成分和数量可由杠杆定律确定。在 $E$ 点（温度为 991℃），$L_1$、$L_2$ 相的成分均为 $w_{Pb}\approx 63\%$，两相的差异消失，变为恒等。而在两相区内，不相混合的两种液体由于密度差在容器中通常分为两层。在 955℃，合金发生偏晶转变：

$$L_{36} \rightleftharpoons L_{87} + Cu$$

水平线 $BD$ 为偏晶线，$M$ 点为偏晶点，955℃为偏晶温度。偏晶转变与共晶转变类似，都是由一个相分解为另外两个相。所不同的只是两个生成相中有一个是液相。图中下面一条水平线为共晶线，因为共晶点（$w_{Pb}=99.94\%$）和共晶温度（326℃）与纯铅和它的熔点（327.5℃）很接近，在图上难以表示出来。

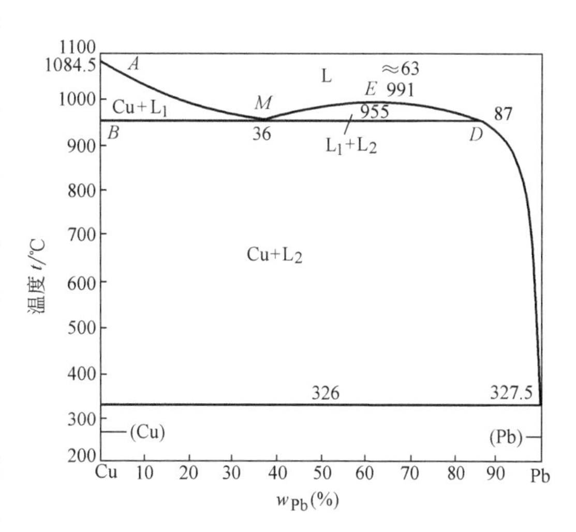


图 3-61　Cu-Pb 合金相图

下面考察具有偏晶成分合金的结晶过程。当温度高于955℃时，合金为液体 $L_1$，温度降至955℃时发生偏晶反应，$L_1$ 分解为 Cu 和 $L_2$，进一步降低温度时，进入了 Cu + $L_2$ 两相区。由杠杆定律可知，在此两相区内，Cu 的数量比较多，数量较少的 $L_2$ 分散在固相 Cu 之内。当温度下降至326℃时，分散在固相 Cu 中的 $L_2$ 发生共晶反应，形成（Cu + Pb）的共晶组织。但是，由于这类共晶组织分散地存在于 Cu 基体中，当该共晶组织形成时，共晶组织中的 Cu 将依附于四周的 Cu 基上生长，而共晶组织中的 Pb 则存在于 Cu 的晶界上，这就是前面指出的离异共晶现象。

此外还应指出，Cu 和 Pb 两组元的密度相差较大，在该合金的结晶过程中，先析出的固相 Cu 与含 Pb 较多的液相 $L_2$ 之间的密度差别也较大，因此密度小的 Cu 晶体就有可能上浮至铸锭上部，使凝固后的合金铸锭上部含 Cu 多，下部含 Cu 少，造成比重偏析。冷却过程越缓慢，则越容易产生比重偏析，防止的办法是充分地搅拌和尽快地凝固。

**（二）熔晶相图**

某些合金冷却到一定温度时，会从一个已经结晶完毕的固相转变为一个液相和另一个固相，这种转变称为熔晶转变。Fe-B 相图中就含有熔晶转变，如图 3-62 所示。在该相图的左上角的1381℃水平线即为熔晶线，熔晶反应式为：

$$\delta \rightleftharpoons \gamma + L$$

此外，Fe-S、Cu-Sb、Cu-Sn 等合金系均存在熔晶转变。

**（三）合晶相图**

合晶转变是由两个一定成分的液相 $L_1$ 和 $L_2$ 相互作用，形成一个固相的恒温转变。图 3-63 为 Na-Zn 相图，557℃水平线为合晶线，反应式如下：

$$L_1 + L_2 \rightleftharpoons \beta$$

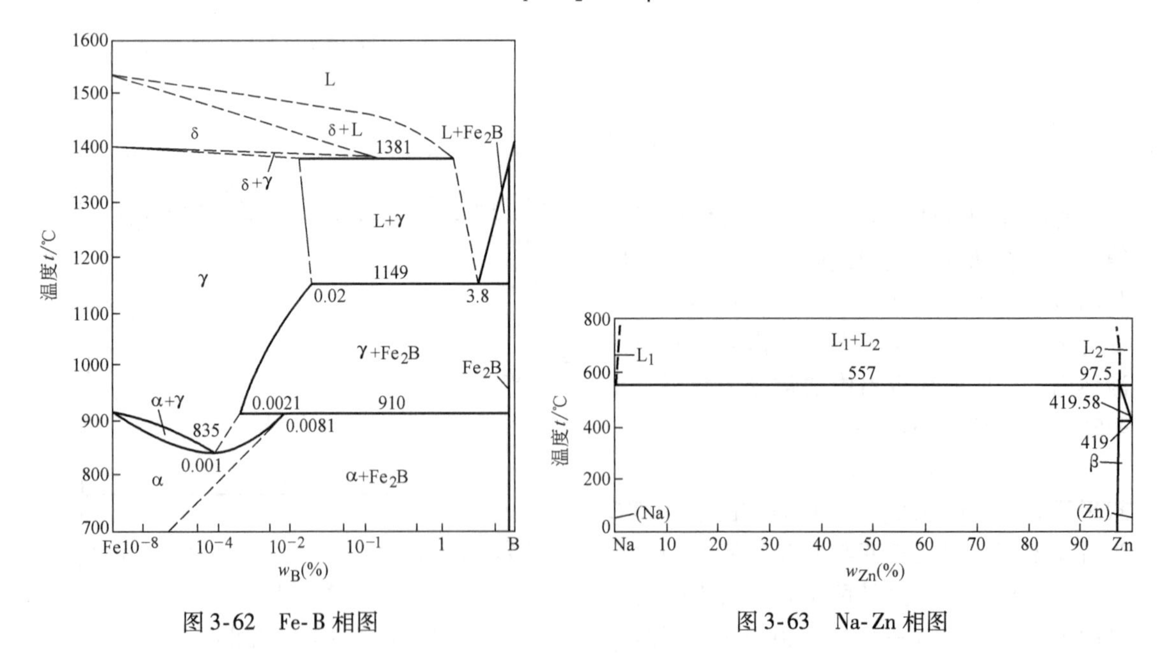


图 3-62　Fe-B 相图　　　　图 3-63　Na-Zn 相图

## 三、具有固态转变的二元合金相图

在有些二元系合金中，当液体凝固完毕后继续降低温度时，在固态下还会继续发生各种形式的相转变，如前面提到的固溶体的脱溶转变。除此之外，常见的还有共析转变、包析转变、固溶体的同素异构转变、有序-无序转变、磁性转变等，现在分别说明它们在相图上的特征。

**(一) 共析转变**

一定成分的固相，在一定温度下分解为另外两个一定成分固相的转变过程，称为共析转变。在相图上，这种转变与共晶转变相类似，都是由一个相分解为两个相的三相恒温转变，三相成分点在相图上的分布也一样。所不同的只是共析转变的反应相是固相，而不是液相。例如，Fe-C合金相图（图3-64）的 *PSK* 线即共析线，*S* 点为共析点，成分为 *S* 点的 γ 固溶体（奥氏体）于727℃分解为成分为 *P* 点的 α 固溶体（铁素体）和 $Fe_3C$，形成两个固相混合物的共析组织，其反应式为 $\gamma_S \xrightleftharpoons{727℃} \alpha_P + Fe_3C$。由于是固相分解，原子扩散比较困难，所以共析组织远比共晶组织细密。共析转变对合金的热处理强化有重大意义，钢铁和钛合金的热处理就是建立在共析转变基础上的。

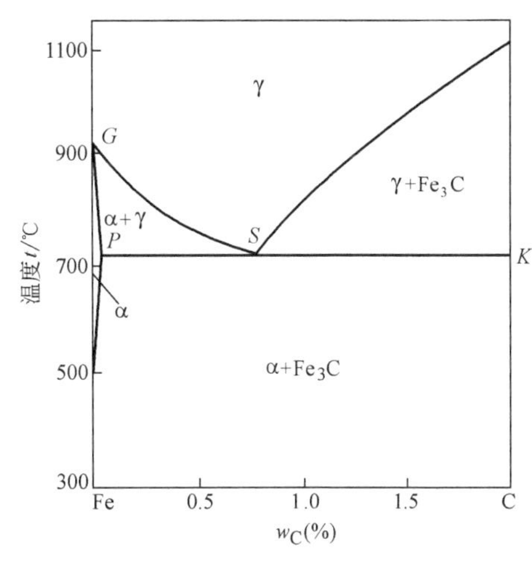


图3-64　Fe-C相图的左下角

**(二) 包析转变**

包析转变是两个一定成分的固相在恒温下转变为一个新的一定成分固相的过程。包析转变在相图上的特征与包晶转变相类似，所不同的就是包析转变的两个反应相都是固相，而包晶转变的反应相中有一个液相。例如，Fe-B系相图（图3-62）中的910℃水平线即为包析线，其反应式为：

$$\gamma + Fe_2B \rightleftharpoons \alpha$$

**(三) 固溶体的同素异构转变**

当合金中的组元具有同素异构转变时，以组元为基的固溶体也常有同素异构转变。例如Fe-Ti合金（图3-65），Fe与Ti在固态下均发生同素异构转变，所以在相图上靠近Ti的一边有 β 相（体心立方）⟶α 相（密排六方）的固溶体同素异构转变，在靠近Fe的一边有 α 相（体心立方）⟶γ 相（面心立方）的固溶体同素异构转变。

**(四) 有序-无序转变**

有些合金系在一定成分和一定温度范围内会发生有序-无序转变。例如Cu-Zn相图（图3-66），Cu和Zn两组元形成的 β 相在高温下为无序固溶体，但在一定温度下会转变

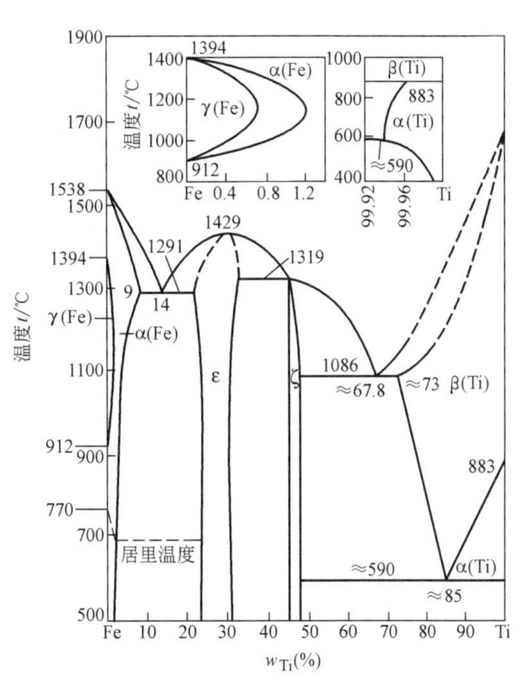


图3-65　Fe-Ti相图

为有序固溶体β′。有序-无序转变在相图中常用虚线或细直线表示。

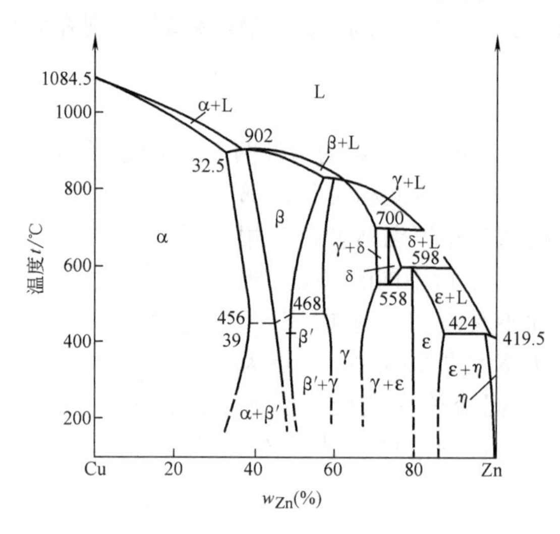


图 3-66 Cu-Zn 相图

**(五）磁性转变**

合金中的某些相会因温度改变而发生磁性转变，在相图中常用点线表示。如 Fe-C 相图中的 770℃和 230℃的点线分别表示铁素体和 $Fe_3C$ 的磁性转变温度。

## 第八节　二元相图的分析和使用

二元相图反映了二元系合金的成分、温度和平衡相之间的关系，根据合金的成分及温度（即表象点在相图中的位置），即可了解该合金存在的平衡相、相的成分及其相对含量。掌握了相的性质及合金的结晶规律，就可以大致判断合金结晶后的组织及性能。因此，合金相图在新材料的研制及制订加工工艺过程中起着重要的指导作用。但是，实际的二元合金相图线条繁多，看起来十分复杂，往往感到难以分析。事实上，任何复杂的相图都是一些基本相图的综合，只要掌握了这些基本相图的特点和转变规律，就能化繁为简，易于分析和使用。

### 一、相图分析步骤

1）首先看相图中是否存在稳定化合物，如存在，则以稳定化合物为独立组元，把相图分成几个部分进行分析。

2）在分析各相区时先要熟悉单相区中所标的相，然后根据相接触法则辨别其他相区。相接触法则是指在二元相图中，相邻相区的相数相差一个（点接触情况除外），即两个单相区之间必定有一个由这两个相所组成的两相区，两个两相区之间必须以单相区或三相共存水平线隔开。

3）找出三相共存水平线及与其相接触（以点接触）的三个单相区，从这三个单相区与水平线相互配置位置，可以确定三相平衡转变的性质。这是分析复杂相图的关键步骤。表 3-4 列出了各类恒温转变图形，可用以帮助分析二元相图。

**表 3-4　二元相图各类恒温转变类型、反应式和相图特征**

| 恒温转变类型 | | 反 应 式 | 相 图 特 征 |
|---|---|---|---|
| 分解型 | 共晶转变 | $L \rightleftharpoons \alpha + \beta$ | |
| | 共析转变 | $\gamma \rightleftharpoons \alpha + \beta$ | |
| | 偏晶转变 | $L_1 \rightleftharpoons L_2 + \alpha$ | |
| | 熔晶转变 | $\delta \rightleftharpoons L + \gamma$ | |
| 合成型 | 包晶转变 | $L + \beta \rightleftharpoons \alpha$ | |
| | 包析转变 | $\gamma + \beta \rightleftharpoons \alpha$ | |
| | 合晶转变 | $L_1 + L_2 \rightleftharpoons \alpha$ | |

4）利用相图分析典型合金的结晶过程及组织。

掌握了以上规律和相图分析方法，就可以对各种相图进行分析。现以 Cu-Sn 相图为例进行分析。

图 3-67 为 Cu-Sn 合金相图。可以看出，图中只有不稳定化合物，不存在稳定化合物。共有五个单相区，其中的 γ 为 $Cu_3Sn$、δ 为 $Cu_{31}Sn_8$、ε 为 $Cu_3Sn$、ζ 为 $Cu_{20}Sn_6$、η 和 η′ 为 $Cu_6Sn_5$，它们都溶有一定的组元。

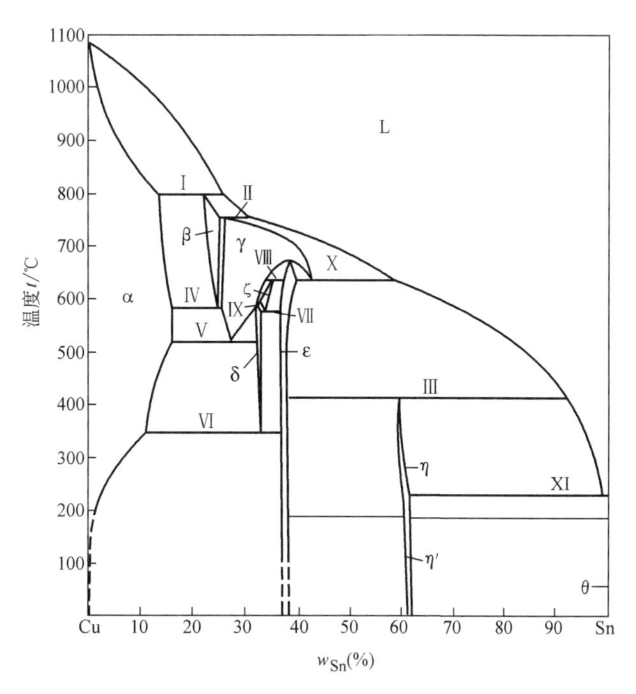


图 3-67　Cu-Sn 相图

图中共有 11 条水平线，表示存在下述恒温反应：

Ⅰ　包晶反应：$L + \alpha \rightleftharpoons \beta$

Ⅱ　包晶反应：$L + \beta \rightleftharpoons \gamma$

Ⅲ　包晶反应：$L + \varepsilon \rightleftharpoons \eta$

Ⅳ　共析反应：$\beta \rightleftharpoons \alpha + \gamma$

Ⅴ　共析反应：$\gamma \rightleftharpoons \alpha + \delta$

Ⅵ　共析反应：$\delta \rightleftharpoons \alpha + \varepsilon$

Ⅶ 共析反应：$\zeta \rightleftharpoons \delta + \varepsilon$

Ⅷ 包析反应：$\gamma + \varepsilon \rightleftharpoons \zeta$

Ⅸ 包析反应：$\gamma + \zeta \rightleftharpoons \delta$

Ⅹ 熔晶反应：$\gamma \rightleftharpoons \varepsilon + L$

Ⅺ 共晶反应：$L \rightleftharpoons \eta + \theta$

## 二、应用相图时要注意的问题

1. 相图反映的是在平衡条件下相的平衡，而不是组织的平衡

相图只能给出合金在平衡条件下存在的相、相的成分及其相对量，并不能表示相的形状、大小和分布等，即不能给出合金的组织状态。例如，固溶体合金的晶粒大小及形态，共晶系合金的先共晶相及共晶的形态及分布等，而这些主要取决于相的特性及其形成条件。因而在使用相图分析实际问题时，既要注意合金中存在的相、相的成分及相对含量，还要注意相的特性和结晶条件对组织的影响，了解合金的成分、相的结构、组织与性能之间的变化关系，并考虑在生产实际条件下如何加以控制。

2. 相图给出的是平衡状态时的情况

相图只表示平衡状态的情况，而平衡状态只有在非常缓慢加热和冷却，或者在给定温度长期保温的情况下才能达到。在生产实际条件下很少能够达到平衡状态，当冷却速度较快时，相的相对含量及组织会发生很大变化，甚至于将高温相保留到室温来，或者出现一些新的亚稳相。如前所述的不平衡结晶时产生的枝晶偏析、区域偏析，共晶相图的固溶体合金可能出现部分共晶组织，亚（或过）共晶合金可能获得全部共晶组织（伪共晶），包晶反应可能不完全。因此，在应用相图时，不但要掌握合金在平衡条件下的相变过程，而且要掌握在不平衡条件下的相变过程及组织变化规律，否则，以相图上的平衡观点来分析合金在不平衡条件下的组织，并以此制订合金的热加工工艺，就往往会产生错误，甚至造成废品。例如，共晶相图的固溶体合金，若按平衡条件分析，结晶后应为单相固溶体，但当冷却速度较快时，会出现部分共晶组织，若还按平衡结晶条件将此铸件加热到略高于共晶温度，则其共晶部分就会熔化，造成废品，因此，在制订热加工工艺时，必须予以注意。

3. 二元相图只反映二元系合金相的平衡关系

二元相图只反映了二元系合金相的平衡关系，实际生产中所使用的金属材料不只限于两个组元，往往含有或有意加入其他元素，此时必须考虑其他元素对相图的影响，尤其是当其他元素含量较高时，相图中的平衡关系会发生重大变化，甚至完全不能适用。此外，在查阅相图资料时，也要注意到数据的准确性，因为原材料的纯度、测定方法的正确性和灵敏度以及合金是否达到平衡状态等，都会影响临界点的位置、平衡相的成分，甚至相区的位置和形状等。

## 三、根据相图判断合金的性能

由相图可以看出在一定温度下合金的成分与其组成相之间的关系，而组成相的本质及其相对含量又与合金的力学性能和物理性能密切相关。此外，相图还反映了不同合金的结晶特点，所以相图与合金的铸造性能也有一定的联系。因此，在相图、合金成分与合金性能之间

存在着一定的联系，当熟悉了这些规律之后，便可以利用相图大致判断不同合金的性能，作为选用和配制合金的参考。

### （一）根据相图判断合金的力学性能和物理性能

图3-68表示了匀晶系合金、共晶系合金和包晶系合金的成分与力学性能和物理性能之间的关系。对于匀晶系合金而言，合金的强度和硬度均随溶质组元含量的增加而提高。若$A$、$B$两组元的强度大致相同，则合金的最高强度应是$r_B=50\%$的地方，若$B$组元的强度明显高于$A$组元，则其强度的最大值稍偏向$B$组元一侧。合金塑性的变化规律正好与上述相反，固溶体的塑性随着溶质组元含量的增加而降低。这正是固溶强化的现象。固溶强化是提高合金强度的主要途径之一，在工业生产中获得了广泛应用。

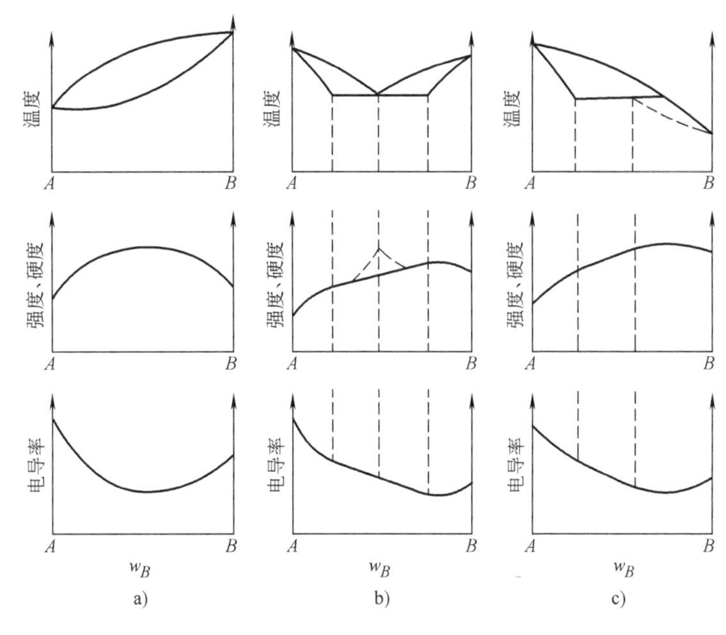


图3-68　相图与合金硬度、强度及电导率之间的关系
a）匀晶系合金　b）共晶系合金　c）包晶系合金

固溶体合金的电导率与成分的变化关系呈曲线变化。这是由于随着溶质组元含量的增加，晶格畸变增大，增大了合金中自由电子的阻力。同理可以推测，热导率的变化关系与电导率相同，随着溶质组元含量的增加，热导率逐渐降低。因此工业上常采用含镍量为$w_{Ni}=50\%$的Cu-Ni合金作为制造加热元件、测量仪表及可变电阻器的材料。

共晶相图和包晶相图的端部均为固溶体，其成分与性能间的关系已如上述。相图的中间部分为两相混合物，在平衡状态下，当两相的大小和分布都比较均匀时，合金的性能大致是两相性能的算术平均值。例如，合金的硬度HBW为：

$$HBW = HBW_{\alpha}\varphi_{\alpha} + HBW_{\beta}\varphi_{\beta}$$

式中，$HBW_{\alpha}$、$HBW_{\beta}$分别为α相和β相的硬度；$\varphi_{\alpha}$、$\varphi_{\beta}$分别为α相和β相的体积分数。因此，合金的力学性能和物理性能与成分的关系呈直线变化。但是应当指出，当共晶组织十分细密，且在不平衡结晶出现伪共晶时，其强度和硬度将偏离直线关系而出现峰值，如图3-68b中虚线所示。

### （二）根据相图判断合金的铸造性能

合金的铸造性能主要表现为流动性（即液态金属本身的流动能力，它决定了合金的充型能力）、缩孔及热裂倾向等。对于固溶体合金而言，这些性能主要取决于合金相图上液相线与固相线之间的水平距离与垂直距离，即结晶的成分间隔与温度间隔。

相图上的成分间隔与温度间隔越大，则合金的流动性越差，因此固溶体合金的流动性不如纯金属高，如图 3-69 所示。这是由于具有宽的成分间隔和温度间隔时，固液界面前沿的液体中很容易产生宽的成分过冷区，使整个液体都可以成核，并呈枝晶向四周均匀生长，形成较宽的液固两相混合区，这些多枝的晶体阻碍了液体的流动，这种结晶方式称为“糊状凝固”，如图 3-70a 所示。结晶的温度间隔越大，则给树枝晶的长大提供了更多的时间，使枝晶彼此错综交叉，更加降低了液体的流动性。若合金具有较窄的成分间隔和温度间隔，则固液界前沿液体中不易产生宽的成分过冷区，结晶自铸件表面开始后循序向心部推进，难以在液相中生核，使固液之间的界面分明，已结晶固相表面也比较光滑，对液体的流动阻力小，这种结晶方式称为“壳状凝固”或“逐层凝固”，如图 3-70b 所示。

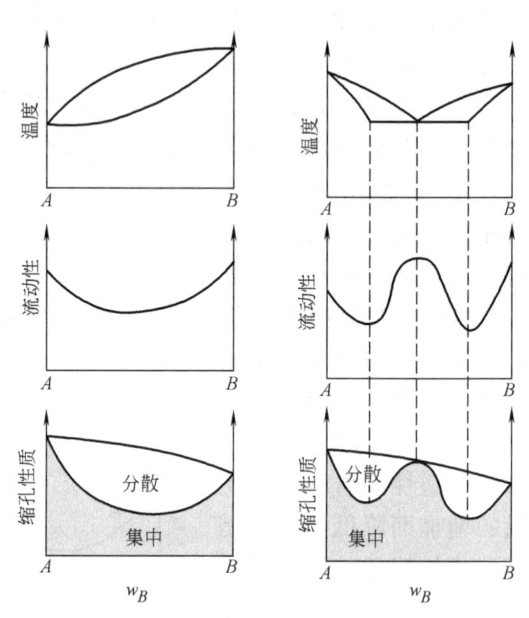

图 3-69　相图与合金铸造性能之间的关系

当糊状凝固时，枝晶越发达，则液体被枝晶分隔得越严重，这些被分割开的枝晶间的液体，在凝固收缩时，由于得不到液体的补充，将形成较多的分散缩孔，而集中缩孔较小。如果结晶温度间隔很大，合金晶粒间存在一定量液相的状态会保持较长时间，合金的强度很低，在已结晶的固相不均匀收缩应力的作用下，有可能引起铸件内部裂纹，称为热裂。凡是具有糊状凝固的合金，如球墨铸铁、铝合金、镁合金及锡青铜等铸件，不但致密性较差，而且缩松（分散缩孔）严重，热裂倾向也较大。相反，具有壳状凝固的合金，如灰铸铁、低碳合金钢、铝青铜等，不但流动性好，液体易于补缩，铸件中分散缩孔很少，在结晶的最后部分形成集中缩孔，而且铸件的致密性较好，热裂倾向也很小。

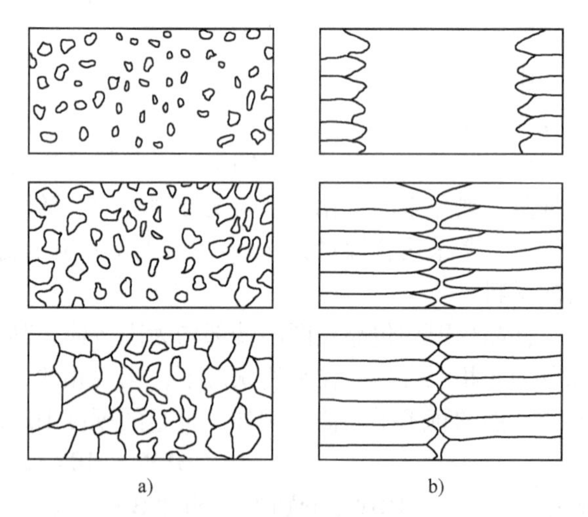

图 3-70　两种凝固方式

a）糊状凝固　b）壳状凝固

对于共晶系合金来说，共晶成分的合金熔点低，并且是恒温凝固，故液体的流动性好，凝固后容易形成集中缩孔，而分散缩孔（缩松）少，热裂倾向也小。因此，铸造合金宜选择接近共晶成分的合金。

## 习　题

3-1　在正温度梯度下，为什么纯金属凝固时不能呈树枝状成长，而固溶体合金却能呈树枝状成长？

3-2　何谓合金平衡相图？相图能给出任一条件下合金的显微组织吗？

3-3　有两个形状、尺寸均相同的 Cu-Ni 合金铸件，其中一个铸件的 $w_{Ni}=90\%$，另一个铸件的 $w_{Ni}=50\%$，铸后自然冷却。凝固后哪一个铸件的偏析严重？为什么？找出消除偏析的措施。

3-4　何谓成分过冷？成分过冷对固溶体结晶时晶体长大方式和铸锭组织有何影响？

3-5　共晶点和共晶线有什么关系？共晶组织一般是什么形态？如何形成？

3-6　铋（熔点为 271.5℃）和锑（熔点为 630.7℃）在液态和固态时均能彼此无限互溶，$w_{Bi}=50\%$ 的合金在 520℃时开始凝固出成分为 $w_{Sb}=87\%$ 的固相。$w_{Bi}=80\%$ 的合金在 400℃时开始凝固出成分为 $w_{Sb}=64\%$ 的固相。根据上述条件，要求：

1）绘出 Bi-Sb 相图，并标出各线和各相区的名称。

2）从相图上确定 $w_{Sb}=40\%$ 合金的开始结晶和结晶终了温度，并求出它在 400℃时的平衡相成分及其含量。

3-7　根据下列实验数据绘出概略的二元共晶相图：组元 $A$ 的熔点为 1000℃，组元 $B$ 的熔点为 700℃；$w_B=25\%$ 的合金在 500℃结晶完毕，并由 $73\frac{1}{3}\%$ 的先共晶 α 相与 $26\frac{2}{3}\%$ 的（α+β）共晶体所组成；$w_B=50\%$ 的合金在 500℃结晶完毕后，则由 40% 的先共晶 α 相与 60% 的（α+β）共晶体组成，而此合金中的 α 相总量为 50%。

3-8　组元 $A$ 的熔点为 1000℃，组元 $B$ 的熔点为 700℃，在 800℃时存在包晶反应：$\alpha(w_B=5\%)+L(w_B=50\%)\rightleftharpoons\beta(w_B=30\%)$；在 600℃时存在共晶反应：$L(w_B=80\%)\rightleftharpoons\beta(w_B=60\%)+\gamma(w_B=95\%)$；在 400℃时发生共析反应：$\beta(w_B=50\%)\rightleftharpoons\alpha(w_B=2\%)+\gamma(w_B=97\%)$。根据这些数据画出相图。

3-9　在 $C$-$D$ 二元系中，$D$ 组元比 $C$ 组元有较高的熔点，$C$ 在 $D$ 中没有固溶度。该合金系存在下述恒温反应：

1）$L(w_D=30\%)+D\xrightleftharpoons{700℃}\beta(w_D=40\%)$；

2）$L(w_D=5\%)+\beta(w_D=25\%)\xrightleftharpoons{500℃}\alpha(w_D=10\%)$；

3）$\beta(w_D=45\%)+D\xrightleftharpoons{600℃}\gamma(w_D=70\%)$；

4）$\beta(w_D=30\%)\xrightleftharpoons{400℃}\alpha(w_D=5\%)+\gamma(w_D=50\%)$。

根据以上数据，绘出概略的二元相图。

3-10　由实验获得 $A$-$B$ 二元系的液相线和各等温反应的成分范围（图 3-71）。在不违背相律的条件下，试将此相图绘完，并填写其中各相区的相名称（自己假设名称），写出各等温反应式。

3-11　试指出图 3-72 中的错误之处，说明理由，并加以改正。

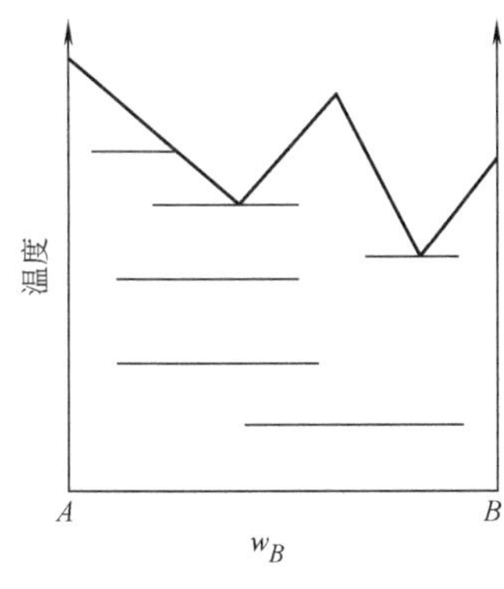


图 3-71　题 3-10 图

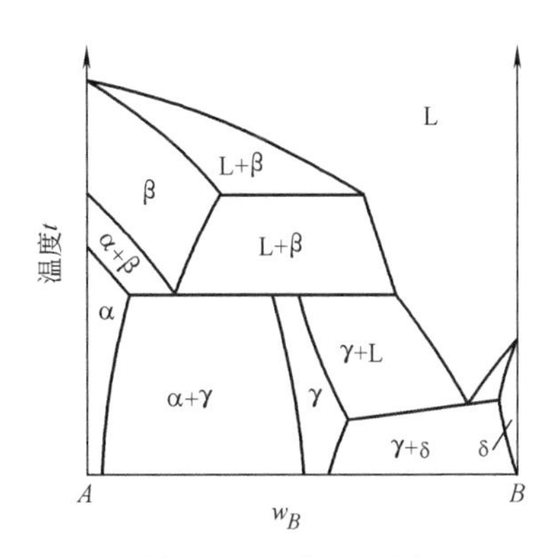


图 3-72　题 3-11 图

3-12　假定需要用 $w_{Zn}=30\%$ 的 Cu-Zn 合金和 $w_{Sn}=10\%$ 的 Cu-Sn 合金制造尺寸、形状相同的铸件，参照 Cu-Zu 和 Cu-Sn 二元合金相图，回答下述问题：

1）哪种合金的流动性好？

2）哪种合金形成缩松的倾向大？

3）哪种合金的热裂倾向大？

4）哪种合金的偏析倾向大？

Chapter 4

# 第四章 铁碳合金

碳钢和铸铁都是铁碳合金，是使用最广泛的金属材料。铁碳合金相图是研究铁碳合金的重要工具，了解与掌握铁碳合金相图，对于钢铁材料的研究和使用，各种热加工工艺的制订以及工艺废品产生原因的分析等方面都有很重要的指导意义。

铁碳合金中的碳有两种存在形式：渗碳体 $Fe_3C$ 和石墨。在通常情况下，碳以 $Fe_3C$ 形式存在，即铁碳合金按 Fe-$Fe_3C$ 系转变。但是 $Fe_3C$ 是一个亚稳相，在一定条件下可以分解为铁（实际上是以铁为基的固溶体）和石墨，所以石墨是碳存在的更稳定状态。这样一来，铁碳相图就存在 Fe-$Fe_3C$ 和 Fe-石墨两种形式。下面先研究 Fe-$Fe_3C$ 相图。

## 第一节 铁碳合金的组元及基本相

### 一、纯铁

铁是元素周期表上的第 26 个元素，相对原子质量为 55.85，属于过渡族元素。在一个大气压⊖下，它于 1538℃熔化，2738℃汽化。在 20℃时的密度为 7.87g/cm$^3$。

#### （一）铁的同素异构转变

如前所述，铁具有多晶型性，图 4-1 是铁的冷却曲线。由图可以看出，纯铁在 1538℃结晶为 δ-Fe，X 射线结构分析表明，它具有体心立方晶格。当温度继续冷却至 1394℃时，δ-Fe 转变为面心立方晶格的 γ-Fe，通常把 δ-Fe $\rightleftharpoons$ γ-Fe 的转变称为 $A_4$ 转变，转变的平衡临界点称为 $A_4$ 温度。当温度继续降至 912℃时，面心立方晶格的 γ-Fe 又转变为体心立方晶格的 α-Fe，把 γ-Fe $\rightleftharpoons$ α-Fe 的转变称为 $A_3$ 转变，转变的平衡

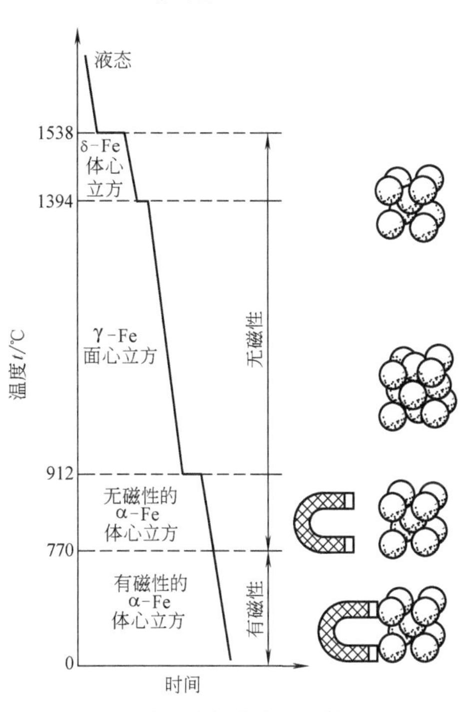


图 4-1 纯铁的冷却曲线及晶体结构变化

⊖ 一个大气压 1atm = 101325Pa。

临界点称为 $A_3$ 温度。在912℃以下，铁的结构不再发生变化。这样，铁就具有三种同素异构状态，即δ-Fe、γ-Fe和α-Fe。纯铁在凝固后的冷却过程中，经两次同素异构转变后晶粒得到细化，如图4-2所示。铁的同素异构转变具有很大的实际意义，它是钢的合金化和热处理的基础。

应当指出，α-Fe在770℃还将发生磁性转变，即由高温的顺磁性转变为低温的铁磁性状态。通常把这种磁性转变称为 $A_2$ 转变，把磁性转变温度称为铁的居里点。在发生磁性转变时铁的晶格类型不变，所以磁性转变不属于相变。

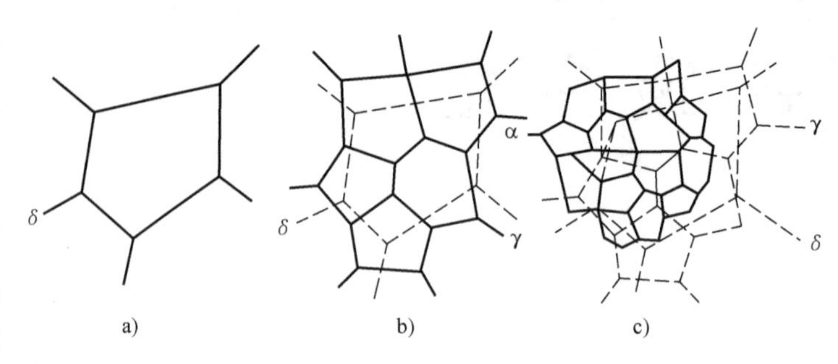


图4-2 纯铁结晶后的组织

a）初生的δ-Fe晶粒 b）γ-Fe晶粒 c）室温组织——α-Fe晶粒

### （二）铁素体与奥氏体

铁素体是碳溶于α-Fe中的间隙固溶体，为体心立方晶格，常用符号F或α表示。奥氏体是碳溶于γ-Fe中的间隙固溶体，为面心立方晶格，常用符号A或γ表示。铁素体和奥氏体是铁碳相图中两个十分重要的基本相。

铁素体的溶碳能力比奥氏体小得多，根据测定，奥氏体的最大溶碳量 $w_C=2.11\%$（于1148℃），而铁素体的最大溶碳量仅为 $w_C=0.0218\%$（于727℃），在室温下铁素体的溶碳能力就更低了，一般在0.0008%以下。

碳溶于体心立方晶格δ-Fe中的间隙固溶体，称为δ铁素体，以δ表示。其最大溶解度于1495℃时 $w_C=0.09\%$。

铁素体的性能与纯铁基本相同，居里点也是770℃；奥氏体的塑性很好，但它具有顺磁性。

### （三）纯铁的性能与应用

工业纯铁的含铁量一般为 $w_{Fe}=99.8\%\sim99.9\%$，含有 $w=0.1\%\sim0.2\%$ 的杂质，其中主要是碳。纯铁的力学性能因其纯度和晶粒大小的不同而差别很大，其大致范围如下：

| | |
|---|---|
| 抗拉强度 $R_m$ | 176～274MPa |
| 屈服强度 $R_{p0.2}$ | 98～166MPa |
| 断后伸长率 $A$ | 30%～50% |
| 断面收缩率 $Z$ | 70%～80% |
| 冲击韧度 $a_K$ | 160～200J·cm$^{-2}$ |
| 硬度 | 50～80HBW |

纯铁的塑性和韧性很好，但其强度很低，很少用作结构材料。纯铁的主要用途是利用它所具有的铁磁性。工业上炼制的电工纯铁和工程纯铁具有高的磁导率，可用于要求软磁性的场合，如各种仪器仪表的铁心等。

## 二、渗碳体

渗碳体是铁与碳形成的间隙化合物 $Fe_3C$，含碳量 $w_C$ 为6.69%，可以用符号 $C_m$ 表示，是铁碳相图中的重要基本相。

渗碳体属于正交晶系，晶体结构十分复杂，三个晶格常数分别为 $a=0.452nm$，$b=0.509nm$，$c=0.674nm$。图4-3示出了渗碳体的晶体结构，晶胞中含有12个铁原子和4个碳原子，符合Fe:C=3:1的关系。

渗碳体具有很高的硬度，约为800HBW，但塑性很差，伸长率接近于零。渗碳体于低温下具有一定的铁磁性，但是在230℃以上，这种铁磁性就消失了，所以230℃是渗碳体的磁性转变温度，称为 $A_0$ 转变。根据理论计算，渗碳体的熔点为1227℃。

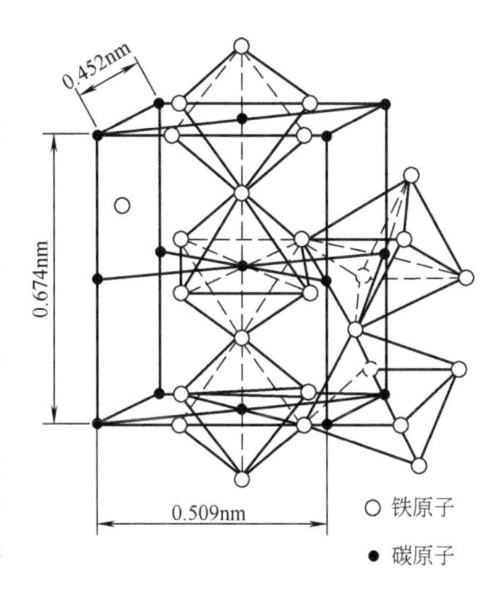


图4-3 渗碳体晶胞中的原子配置

# 第二节 $Fe\text{-}Fe_3C$ 相图分析

## 一、相图中的点、线、区及其意义

图4-4是 $Fe\text{-}Fe_3C$ 相图，图中各特性点的温度、碳浓度及意义示于表4-1中。各特性点

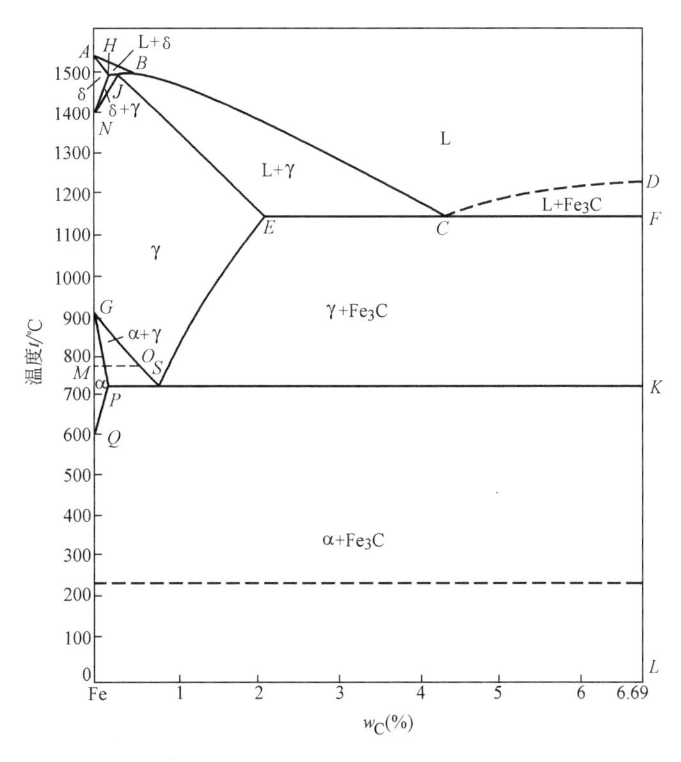


图4-4 以相组成表示的铁碳相图

的符号是国际通用的，不能随意更换。

**表 4-1　铁碳合金相图中的特性点**

| 符号 | 温度/℃ | $w_C$(%) | 说　明 | 符号 | 温度/℃ | $w_C$(%) | 说　明 |
|---|---|---|---|---|---|---|---|
| *A* | 1538 | 0 | 纯铁的熔点 | *J* | 1495 | 0.17 | 包晶点 |
| *B* | 1495 | 0.53 | 包晶转变时液态合金的成分 | *K* | 727 | 6.69 | 渗碳体的成分 |
| *C* | 1148 | 4.30 | 共晶点 | *M* | 770 | 0 | 纯铁的磁性转变点 |
| *D* | 1227 | 6.69 | 渗碳体的熔点 | *N* | 1394 | 0 | $\gamma$-Fe $\rightleftharpoons$ $\delta$-Fe 的转变温度 |
| *E* | 1148 | 2.11 | 碳在 $\gamma$-Fe 中的最大溶解度 | *O* | 770 | ≈0.5 | $w_C$≈0.5% 合金的磁性转变点 |
| *F* | 1148 | 6.69 | 渗碳体的成分 | *P* | 727 | 0.0218 | 碳在 $\alpha$-Fe 中的最大溶解度 |
| *G* | 912 | 0 | $\alpha$-Fe $\rightleftharpoons$ $\gamma$-Fe 转变温度（$A_3$） | *S* | 727 | 0.77 | 共析点（$A_1$） |
| *H* | 1495 | 0.09 | 碳在 $\delta$-Fe 中的最大溶解度 | *Q* | 600 | 0.0057 | 600℃时碳在 $\alpha$-Fe 中的溶解度 |

相图的液相线是 *ABCD*，固相线是 *AHJECF*，相图中有五个单相区：

*ABCD* 以上——液相区（L）

*AHNA*——$\delta$ 固溶体区（$\delta$）

*NJESGN*——奥氏体区（$\gamma$ 或 A）

*GPQG*——铁素体区（$\alpha$ 或 F）

*DFKL*——渗碳体区（$Fe_3C$ 或 $C_m$）

相图中有七个两相区，它们分别存在于相邻两个单相区之间。这些两相区分别是：L + $\delta$、L + $\gamma$、L + $Fe_3C$、$\delta+\gamma$、$\gamma+\alpha$、$\gamma+Fe_3C$ 及 $\alpha+Fe_3C$。

此外，相图上有两条磁性转变线：*MO* 为铁素体的磁性转变线，230℃虚线为渗碳体的磁性转变线。

铁碳相图上有三条水平线，即 *HJB*——包晶转变线；*ECF*——共晶转变线；*PSK*——共析转变线。事实上，Fe-$Fe_3C$ 相图即由包晶反应、共晶反应和共析反应三部分连接而成。下面对这三部分进行分析。

## 二、包晶转变(水平线 *HJB*)

在 1495℃的恒温下，$w_C$ = 0.53% 的液相与 $w_C$ = 0.09% 的 $\delta$ 铁素体发生包晶反应，形成 $w_C$ = 0.17% 的奥氏体，其反应式为：

$$L_B + \delta_H \xrightleftharpoons{1495℃} \gamma_J$$

进行包晶反应时，奥氏体沿 $\delta$ 相与液相的界面生核，并向 $\delta$ 相和液相两个方向长大。包晶反应终了时，$\delta$ 相与液相同时耗尽，变为单相奥氏体。含碳量 $w_C$ 在 0.09% ~ 0.17% 之间的合金，由于 $\delta$ 铁素体的量较多，当包晶反应结束后，液相耗尽，仍残留一部分 $\delta$ 铁素体。这部分 $\delta$ 相在随后的冷却过程中，通过同素异构转变而变成奥氏体。含碳量 $w_C$ 在 0.17% ~ 0.53% 之间的合金，由于反应前的 $\delta$ 相较少，液相较多，所以在包晶反应结束后，仍残留一定量的液相，这部分液相在随后冷却过程中结晶成奥氏体。

$w_C$ < 0.09% 的合金，在按匀晶转变结晶为 $\delta$ 固溶体之后，继续冷却时将在 *NH* 与 *NJ* 线之间发生固溶体的同素异构转变，变为单相奥氏体。含碳量 $w_C$ 在 0.53% ~ 2.11% 之间的合

金，按匀晶转变凝固后，组织也是单相奥氏体。

总之，含碳量 $w_C<2.11\%$ 的合金在冷却过程中，都可在一定的温度区间内得到单相的奥氏体组织。

应当指出，对于铁碳合金来说，由于包晶反应温度高，碳原子的扩散较快，所以包晶偏析并不严重。但对于高合金钢来说，合金元素的扩散较慢，就可能造成严重的包晶偏析。

## 三、共晶转变（水平线 *ECF*）

Fe-$Fe_3C$ 相图上的共晶转变是在 1148℃ 的恒温下，由 $w_C=4.3\%$ 的液相转变为 $w_C=2.11\%$ 的奥氏体和渗碳体组成的混合物，其反应式为：

$$L_C \xrightleftharpoons{1148℃} \gamma_E + Fe_3C$$

共晶转变所形成的奥氏体和渗碳体的混合物，称为莱氏体，以符号 Ld 表示。凡是含碳量 $w_C$ 在 2.11%～6.69% 范围内的合金，都要进行共晶转变。

在莱氏体中，渗碳体是连续分布的相，奥氏体呈颗粒状分布在渗碳体的基底上。由于渗碳体很脆，所以莱氏体是塑性很差的组织。

## 四、共析转变（水平线 *PSK*）

Fe-$Fe_3C$ 相图上的共析转变是在 727℃ 恒温下，由 $w_C=0.77\%$ 的奥氏体转变为 $w_C=0.0218\%$ 的铁素体和渗碳体组成的混合物，其反应式为：

$$\gamma_S \xrightleftharpoons{727℃} \alpha_P + Fe_3C$$

共析转变的产物称为珠光体，用符号 P 表示。共析转变的水平线 *PSK*，称为共析线或共析温度，常用符号 $A_1$ 表示。凡是含碳量 $w_C>0.0218\%$ 的铁碳合金都将发生共析转变。

经共析转变形成的珠光体是层片状的，其中的铁素体和渗碳体的含量可以分别用杠杆定律进行计算：

$$w_F=\frac{SK}{PK}=\frac{6.69-0.77}{6.69-0.0218}\times 100\% \approx 88.7\%$$

$$w_{Fe_3C}=100\%-w_F\approx 11.3\%$$

渗碳体与铁素体含量的比值为 $w_{Fe_3C}/w_F\approx 1/8$。这就是说，如果忽略铁素体和渗碳体比体积上的微小差别，铁素体的体积是渗碳体的 8 倍。在金相显微镜下观察时，珠光体组织中较厚的片是铁素体，较薄的片是渗碳体。在腐蚀金相试样时，被腐蚀的是铁素体和渗碳体的相界面，但在一般金相显微镜下观察时，由于放大倍数不足，渗碳体两侧的界面有时分辨不清，看起来合成了一条线。

图 4-5 是不同放大倍率下的珠光体组织照片。珠光体组织中片层排列方向相同的领域称为一个珠光体领域或珠光体团。相邻珠光体团的取向不同。在显微镜下，不同的珠光体团的片层粗细不同，这是由于它们的取向不同所致。

## 五、三条重要的特性曲线

### （一）*GS* 线

*GS* 线又称为 $A_3$ 线，它是在冷却过程中由奥氏体析出铁素体的开始线，或者说在加热过

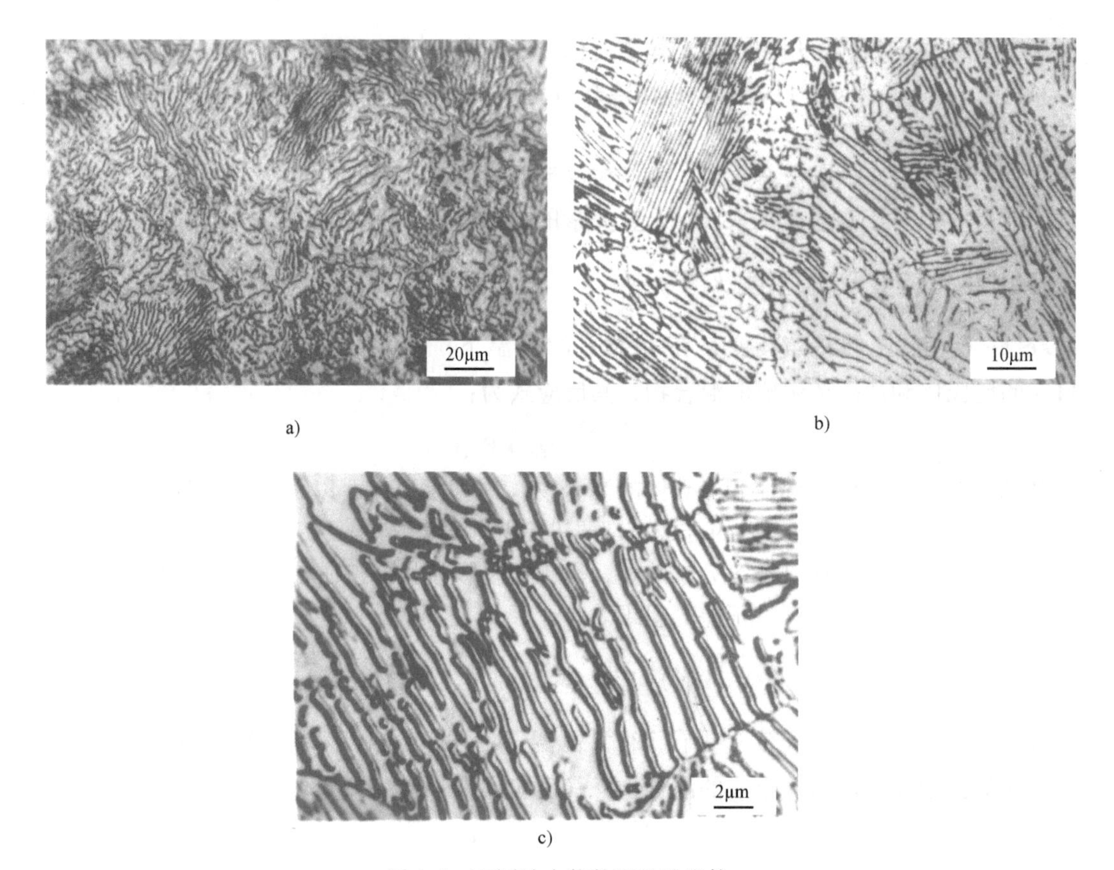

a) b) c)

图4-5 不同放大倍数下的珠光体

程中铁素体溶入奥氏体的终了线。事实上，*GS*线是由*G*点（$A_3$点）演变而来，随着含碳量的增加，奥氏体向铁素体的同素异构转变温度逐渐下降，使得$A_3$点变成了$A_3$线。

**（二）*ES*线**

*ES*线是碳在奥氏体中的溶解度曲线。当温度低于此曲线时，就要从奥氏体中析出次生渗碳体，通常称为二次渗碳体，用$Fe_3C_{II}$表示，因此该曲线又是二次渗碳体的开始析出线。*ES*线也叫$A_{cm}$线。

由相图可以看出，*E*点表示奥氏体的最大溶碳量，即奥氏体的溶碳量在1148℃时为$w_C=2.11\%$，其摩尔比相当于9.1%。这表明，此时铁与碳的摩尔比差不多是10∶1，相当于2.5个奥氏体晶胞中才有一个碳原子。

**（三）*PQ*线**

*PQ*线是碳在铁素体中的溶解度曲线。铁素体中的最大溶碳量，于727℃时达到最大值$w_C=0.0218\%$。随着温度的降低，铁素体中的溶碳量逐渐减少，在300℃以下，溶碳量$w_C$小于0.001%。因此，当铁素体从727℃冷却下来时，要从铁素体中析出渗碳体，称为三次渗碳体，用$Fe_3C_{III}$表示。

## 第三节 铁碳合金的平衡结晶过程及其组织

铁碳合金的组织是液态结晶及固态相变的综合结果，研究铁碳合金的结晶过程，目的在于分析合金的组织形成，以考虑其对性能的影响。为了讨论方便起见，先将铁碳合金进行分类。通常按有无共晶转变将其分为碳钢和铸铁两大类，即 $w_C<2.11\%$ 的为碳钢，$w_C>2.11\%$ 的为铸铁。$w_C<0.0218\%$ 的为工业纯铁。按 $Fe$-$Fe_3C$ 系结晶的铸铁，碳以 $Fe_3C$ 形式存在，断口呈亮白色，称为白口铸铁。

根据组织特征，将铁碳合金按含碳量划分为七种类型：

（1）工业纯铁　$w_C<0.0218\%$。

（2）共析钢　$w_C=0.77\%$。

（3）亚共析钢　$w_C=0.0218\%\sim0.77\%$。

（4）过共析钢　$w_C=0.77\%\sim2.11\%$。

（5）共晶白口铸铁　$w_C=4.3\%$。

（6）亚共晶白口铸铁　$w_C=2.11\%\sim4.3\%$。

（7）过共晶白口铸铁　$w_C=4.30\%\sim6.69\%$。

现从每种类型中选择一种合金来分析其平衡结晶过程和组织。所选取的合金成分在相图上的位置如图 4-6 所示。

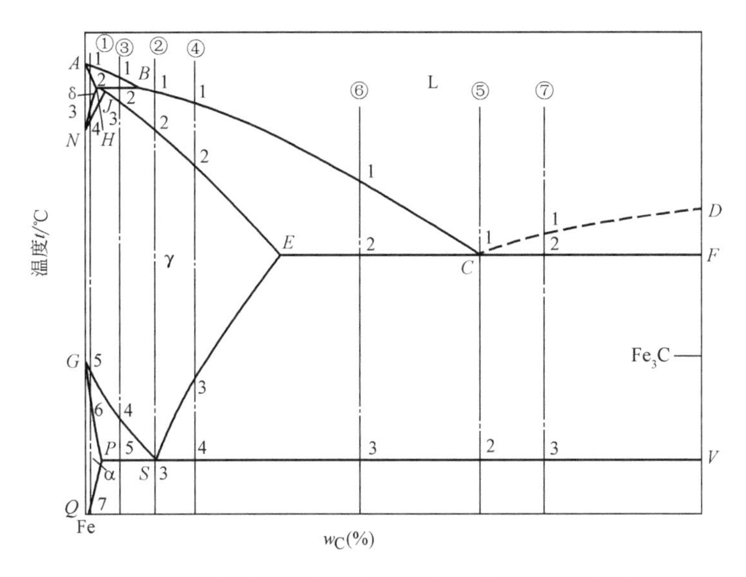


图 4-6　典型铁碳合金冷却时的组织转变过程分析

## 一、$w_C=0.01\%$的工业纯铁

图 4-7 示出了合金①的结晶过程示意图。合金熔液在 1 ~ 2 点温度区间内，按匀晶转变结晶出 δ 固溶体，δ 固溶体冷却至 3 点时，开始发生固溶体的同素异构转变 δ→γ。奥氏体的晶核通常优先在 δ 相的晶界上形成并长大。这一转变在 4 点结束，合金全部呈单相奥氏体。奥氏体冷却到 5 点时又发生同素异构转变 γ→α，同样，铁素体也是在奥氏体晶界上优先形核，然后长大。当温度达到 6 点时，奥氏体全部转变为铁素体。铁素体冷却到 7 点时，碳在铁素体中的溶解量达到饱和，因此，当将铁素体冷却到 7 点以下时，渗碳体将从铁素体中析出，这种从铁素体中析出的渗碳体即为三次渗碳体。在缓慢冷却条件下，这种渗碳体常沿铁素体晶界呈片状析出。工业纯铁的室温组织如图 4-8 所示。

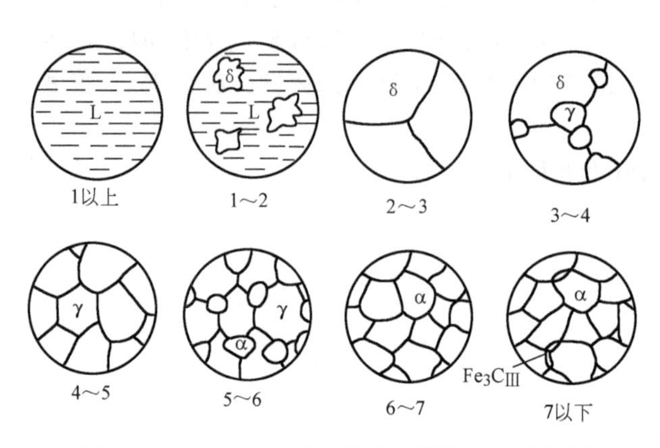


图 4-7　$w_C=0.01\%$ 的工业纯铁结晶过程示意图

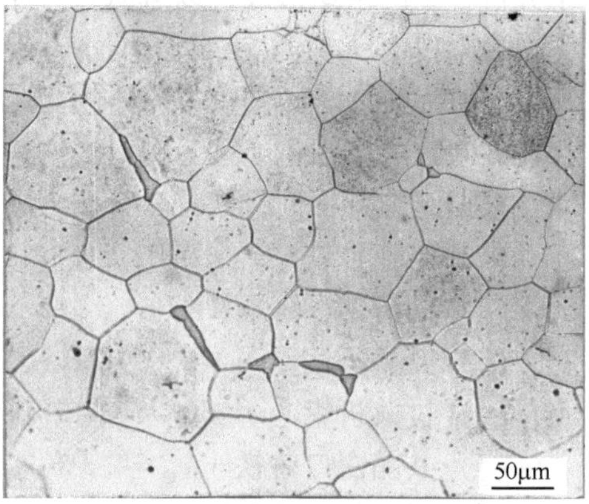

图 4-8　工业纯铁的室温组织

在室温下，三次渗碳体含量最大的是 $w_C=0.0218\%$ 的铁碳合金，其含量可用杠杆定律求出：

$$w_{Fe_3C_{III}}=\frac{0.0218}{6.69}\times100\%\approx0.33\%$$

## 二、共析钢

共析钢即图 4-6 中的合金②，其结晶过程示意图如图 4-9 所示。在1 ~2 点温度区间，合金按匀晶转变结晶出奥氏体。奥氏体冷却到 3 点（727℃），在恒温下发生共析转变：$\gamma_{0.77}\rightleftharpoons\alpha_P+Fe_3C$，转变产物为珠光体。珠光体中的渗碳体称为共析渗碳体。在随后的冷却过程中，铁素体中的含碳量沿 $PQ$ 线变化，于是从珠光体的铁素体相中析出三次渗碳体。在缓慢冷却条件下，三次渗碳体在铁素体与渗碳体的相界上形成，与共析渗碳体连结在一起，在显微镜下难以分辨，同时其数量也很少，对珠光体的组织和性能没有明显影响。

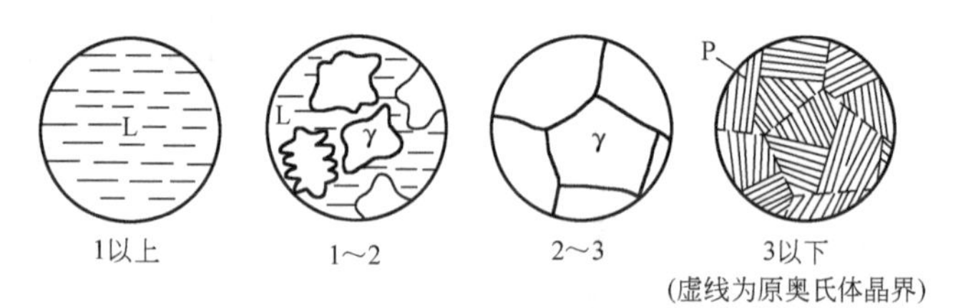


图 4-9　$w_C=0.77\%$ 的碳钢结晶过程示意图

## 三、亚共析钢

现以 $w_C=0.40\%$ 的碳钢为例进行分析，其在相图上的位置见图 4-6 中的合金③，结晶过程示意图如图 4-10 所示。在结晶过程中，冷却至 1 ~2 温度区间，合金按匀晶转变结晶出 δ 固溶体。当冷到 2 点时，δ 固溶体的含碳量 $w_C=0.09\%$，液相的含碳量 $w_C=0.53\%$，此时的温度为 1495℃，

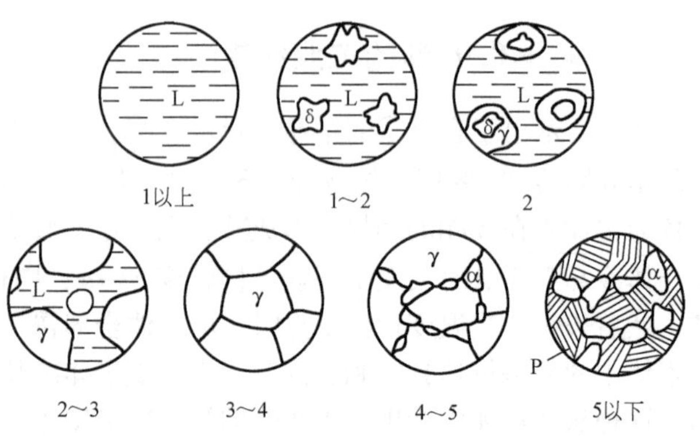


图 4-10　$w_C=0.40\%$ 的碳钢结晶过程示意图

于是液相和 δ 固溶体在恒温下发生包晶转变：$L_B + \delta_H \rightleftharpoons \gamma_J$，形成奥氏体。但由于钢中含碳量 $w_C$（0.40%）大于0.17%，所以包晶转变终了后，仍有液相存在，这些剩余的液相在2～3点之间继续结晶成奥氏体，此时液相的成分沿 *BC* 线变化，奥氏体的成分则沿 *JE* 线变化。温度降到3点，合金全部由 $w_C$ =0.40%的奥氏体所组成。

单相的奥氏体冷却到4点时,在晶界上开始析出铁素体。随着温度的降低，铁素体的数量不断增多，此时铁素体的成分沿 *GP* 线变化，而奥氏体的成分则沿 *GS* 线变化。当温度降至5点与共析线（727℃）相遇时，奥氏体的成分达到了 *S* 点，即含碳量达到 $w_C$ =0.77%，于恒温下发生共析转变：$\gamma_S \rightleftharpoons \alpha_P + Fe_3C$，形成珠光体。在5点以下，先共析铁素体和珠光体中的铁素体都将析出三次渗碳体，但其数量很少，一般可忽略不计。因此，该钢在室温下的组织由先共析铁素体和珠光体所组成（图4-11b）。

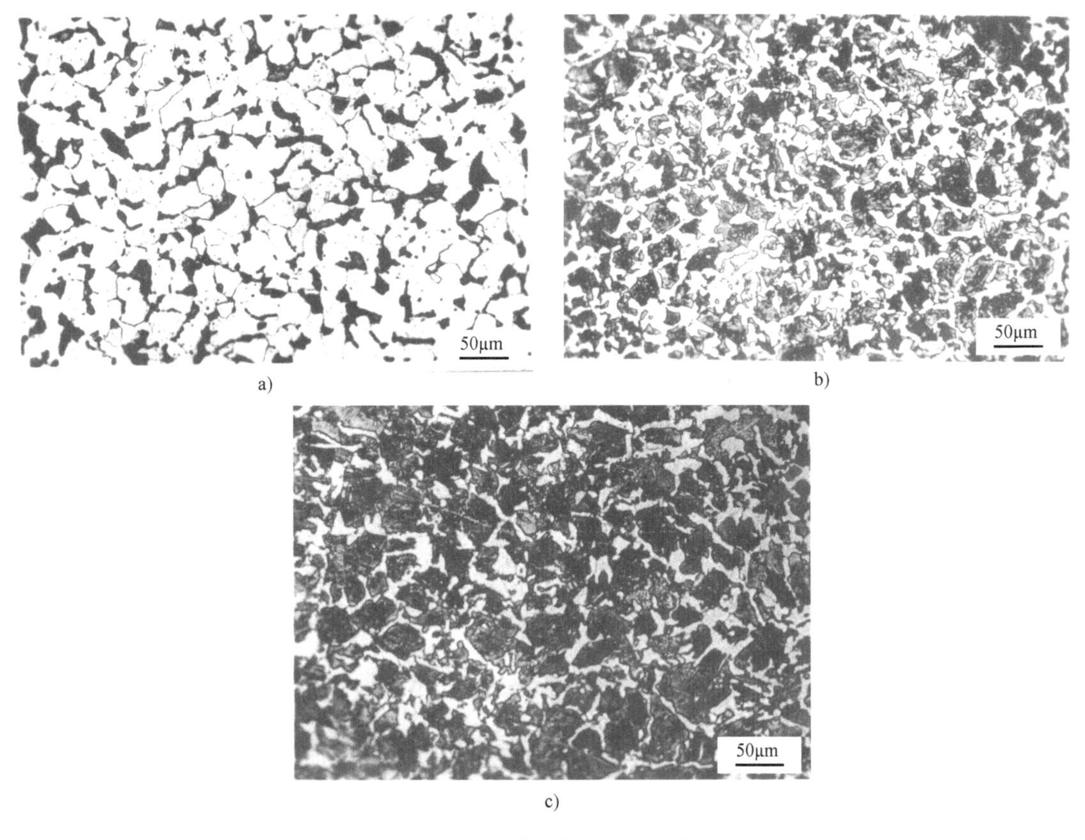


图4-11　亚共析钢的室温组织

a）$w_C$ =0.20%　b）$w_C$ =0.40%　c）$w_C$ =0.60%

亚共析钢的室温组织均由铁素体和珠光体组成。钢中含碳量越高，则组织中的珠光体量越多。图4-11为 $w_C$ =0.20%、$w_C$ =0.40%和 $w_C$ =0.60%的亚共析钢的显微组织。由于放大倍数较小，不能清晰地观察到珠光体的片层特征，观察到的只是灰黑一片。

利用杠杆定律可以分别计算出钢中的组织组成物——先共析铁素体和珠光体的含量：

$$w_\alpha = \frac{0.77-0.40}{0.77-0.0218} \times 100\% \approx 49.5\%$$

$$w_P = 1 - 49.5\% \approx 50.5\%$$

同样，也可以算出相组成物的含量：

$$w_\alpha = \frac{6.69 - 0.40}{6.69 - 0.0218} \times 100\% \approx 94.3\%$$

$$w_{Fe_3C} = 1 - 94.3\% \approx 5.7\%$$

根据亚共析钢的平衡组织，也可近似地估计其含碳量：$w_C \approx P \times 0.8\%$，其中 $P$ 为珠光体在显微组织中所占面积的百分比，0.8%是珠光体含碳量0.77%的近似值。

应当指出，含碳量接近 $P$ 点的亚共析钢（低碳钢），在铁素体的晶界处常出现一些游离的渗碳体。这种游离的渗碳体既包括三次渗碳体，也包括珠光体离异的渗碳体，即在共析转变时，珠光体中的铁素体依附在已经存在的先共析铁素体上生长，最后把渗碳体留在晶界处。当继续冷却时，从铁素体中析出的三次渗碳体又会再附加在离异的共析渗碳体之上。渗碳体在晶界上的分布，将引起晶界脆性，使低碳钢的工艺性能（主要是冲压性能）恶化，也使钢的综合力学性能降低。渗碳体的这种晶界分布状况应设法避免。

## 四、过共析钢

以 $w_C = 1.2\%$ 的过共析钢为例，其在相图上的位置见图4-6中的合金④，结晶过程示意图如图4-12所示。合金在1～2点按匀晶转变为单相奥氏体。当冷至3点与 $ES$ 线相遇时，开始从奥氏体中析出二次渗碳体，直到4点为止。这种先共析渗碳体一般沿着奥氏体晶界呈网状分布。由于渗碳体的析出，奥氏体中的含碳量沿 $ES$ 线变化，当温度降至4点时（727℃），奥氏体的含碳量正好达到 $w_C = 0.77\%$，在恒温下发生共析转变，形成珠光体。因此，过共析钢的室温平衡组织为珠光体和二次渗碳体，如图4-13所示。

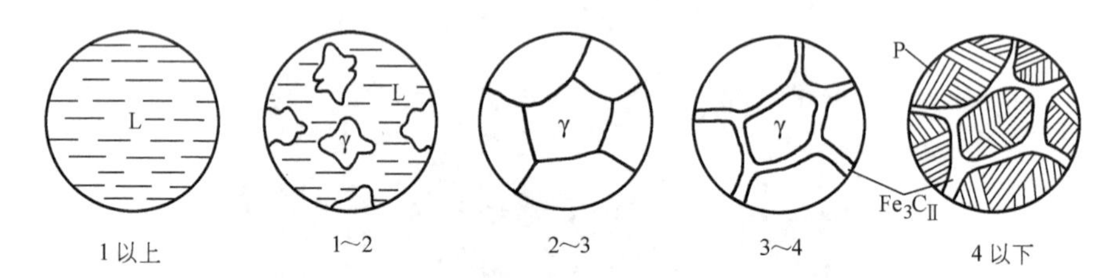


图4-12　$w_C = 1.2\%$ 的碳钢结晶过程示意图

在过共析钢中，二次渗碳体的数量随钢中含碳量的增加而增加，当含碳量较多时，除了沿奥氏体晶界呈网状分布外，还在晶内呈针状分布。当含碳量 $w_C$ 达到2.11%时，二次渗碳体的数量达到最大值，其含量可用杠杆定律算出：

$$w_{Fe_3C_{II}} = \frac{2.11 - 0.77}{6.69 - 0.77} \times 100\% \approx 22.6\%$$

## 五、共晶白口铸铁

共晶白口铸铁中含碳量 $w_C = 4.3\%$，如图4-6中的合金⑤，其结晶过程示意图如图4-14所示。液态合金冷却到1点（1148℃）时，在恒温下发生共晶转变：$L_C \rightleftharpoons \gamma_E + Fe_3C$，形成莱氏体（Ld）。当冷至1点以下时，碳在奥氏体中的溶解度不断下降，因此从共晶奥氏体中不断析出二次渗碳体，但由于它依附在共晶渗碳体上析出并长大，所以难以分辨。当温度

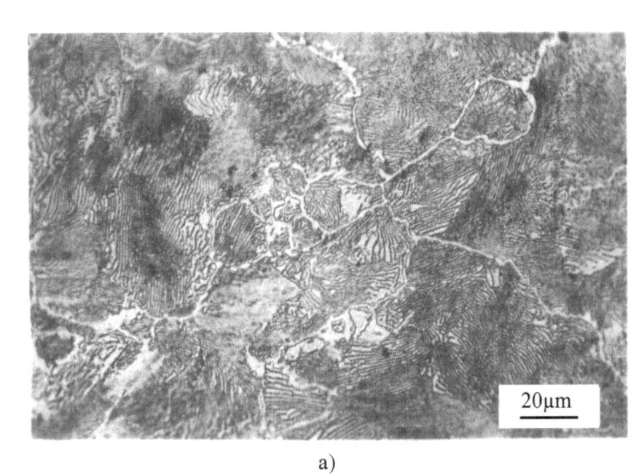


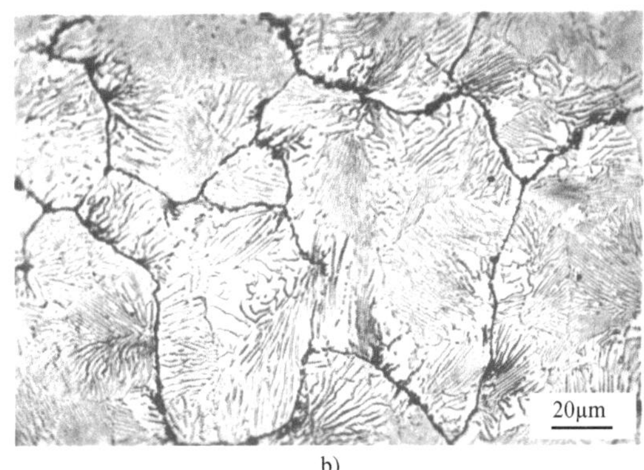


图 4-13 $w_C$ =1.2% 的过共析钢缓冷后的组织

a）硝酸酒精浸蚀，白色网状相为二次渗碳体，暗黑色为珠光体

b）苦味酸钠浸蚀，黑色为二次渗碳体，浅白色为珠光体

降至 2 点（727℃）时，共晶奥氏体的含碳量 $w_C$ 降至 0.77%，在恒温下发生共析转变，即共晶奥氏体转变为珠光体。最后室温下的组织是珠光体分布在共晶渗碳体的基体上。室温莱氏体保持了在高温下共晶转变后所形成的莱氏体的形态特征，但组成相发生了改变。因此，常将室温莱氏体称为低温莱氏体或变态莱氏体，用符号L′d表示，其显微组织如图 4-15 所示。

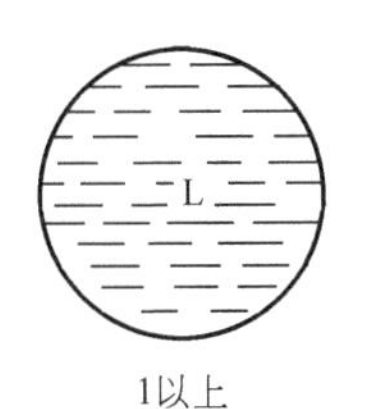


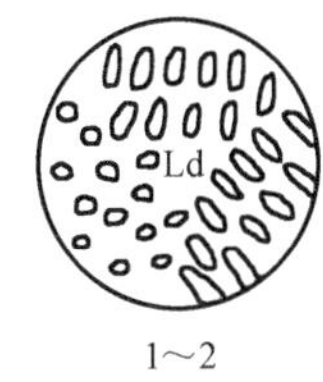

图 4-14 $w_C$ =4.3% 的白口铸铁结晶过程示意图

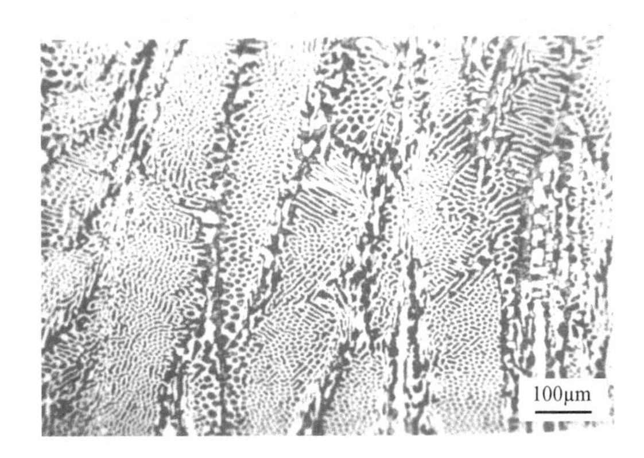


图 4-15 共晶白口铸铁的室温组织

## 六、亚共晶白口铸铁

亚共晶白口铸铁的结晶过程比较复杂，现以 $w_C$ =3.0% 的合金⑥（图 4-6）为例进行分析。在结晶过程中，在 1～2 点之间按匀晶转变结晶出初晶（或先共晶）奥氏体，奥氏体的成分沿 *JE* 线变化，而液相的成分沿 *BC* 线变化，当温度降至 2 点时，液相成分达到共晶点 *C*，于恒温（1148℃）下发生共晶转变，即 $L_C \rightleftharpoons \gamma_E + Fe_3C$，形成莱氏体。当温度冷却至 2～3 点温度区间时，从初晶奥氏体和共晶奥氏体中都析出二次渗碳体。随着二次渗碳体的析出，奥氏体的成分沿着 *ES* 线不断降低，当温度到达 3 点（727℃）时，奥氏体的成分也到达了 *S* 点，于恒温下发生共析转变，所有的奥氏体均转变为珠光体。图 4-16 为其平衡结

晶过程示意图，图 4-17 为该合金的显微组织。图中大块黑色部分是由初晶奥氏体转变成的珠光体，由初晶奥氏体析出的二次渗碳体与共晶渗碳体连成一片，难以分辨。

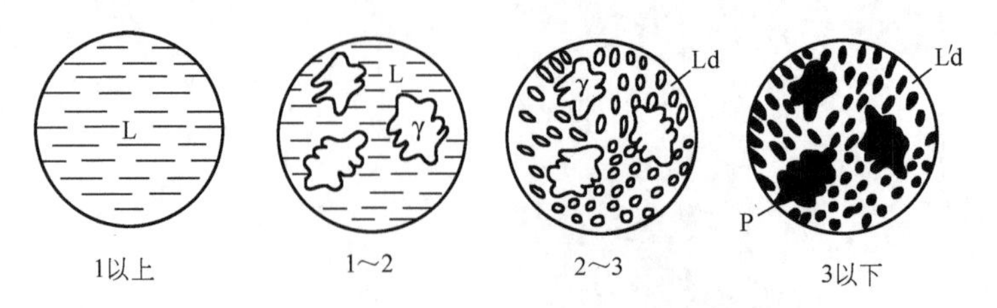


图 4-16　$w_C=3.0\%$ 的白口铸铁结晶过程示意图

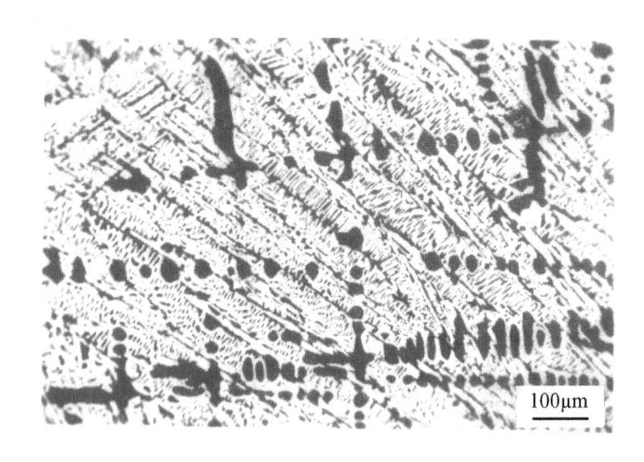


图 4-17　亚共晶白口铸铁的室温组织

根据杠杆定律计算，该铸铁的组织组成物中，初晶奥氏体的含量为：

$$w_{\gamma}=\frac{4.3-3.0}{4.3-2.11}\times100\%\approx59.4\%$$

莱氏体的含量为：

$$w_{Ld}=\frac{3.0-2.11}{4.3-2.11}\times100\%\approx40.6\%$$

从初晶奥氏体中析出二次渗碳体的含量为：

$$w_{Fe_3C_{II}}=\frac{2.11-0.77}{6.69-0.77}\times59.4\%\approx13.4\%$$

## 七、过共晶白口铸铁

以 $w_C=5.0\%$ 的过共晶白口铸铁为例，其在相图中的位置见图 4-6 合金⑦，结晶过程的示意图如图 4-18 所示。在结晶过程中，该合金在 1～2 温度区间从液体中结晶出粗大的先共晶渗碳体，称为一次渗碳体，用 $Fe_3C_I$ 表示。随着一次渗碳体量的增多，液相成分沿着 *DC* 线变化。当温度降至 2 点时，液相成分达到 $w_C=4.3\%$，于恒温下发生共晶转变，形成莱氏体。在继续冷却过程中，共晶奥氏体先析出二次渗碳体，然后于 727℃ 恒温下发生共析转变，形成珠光体。因此，过共晶白口铸铁室温下的组织为一次渗碳体和低温莱氏体。其显微组织如图 4-19 所示。

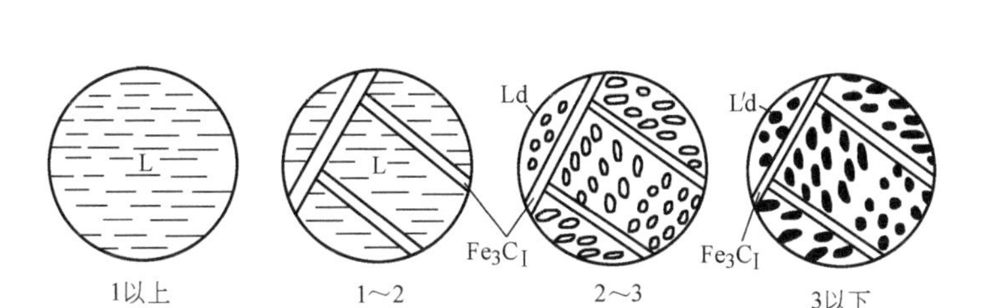


图 4-18 $w_C=5.0\%$ 的过共晶白口铸铁结晶过程示意图

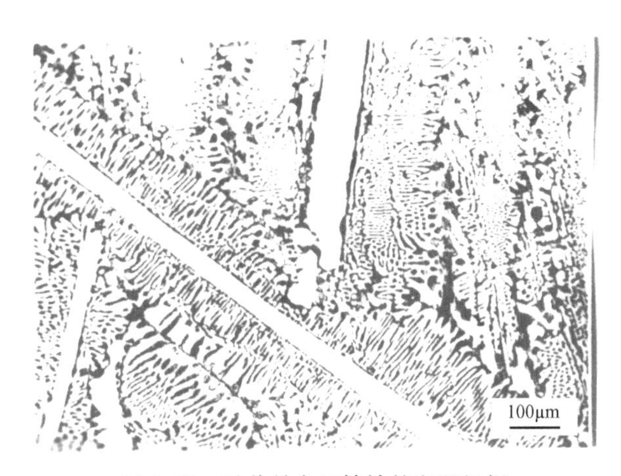


图 4-19 过共晶白口铸铁的室温组织

# 第四节 含碳量对铁碳合金平衡组织和性能的影响

## 一、对平衡组织的影响

根据上一节对各类铁碳合金平衡结晶过程的分析，可将 Fe-$Fe_3C$ 相图中的相区按组织组成物加以标注，如图 4-20 所示。

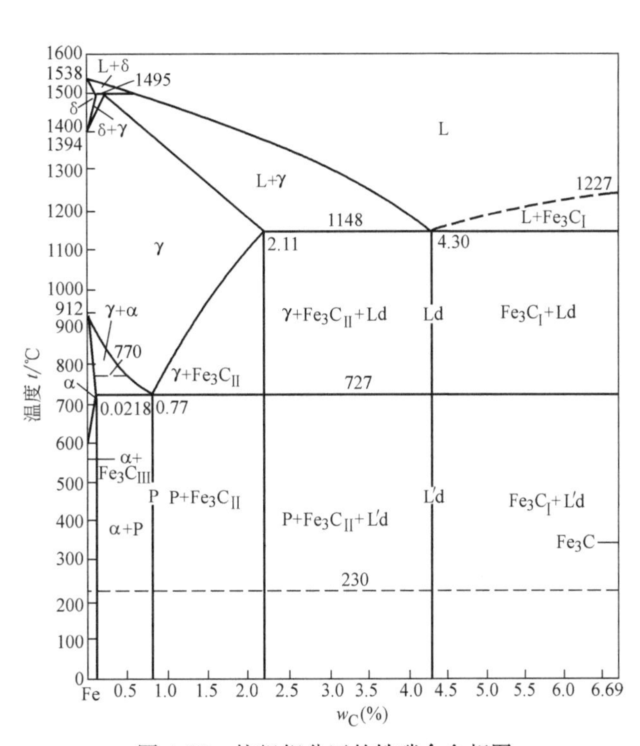


图 4-20 按组织分区的铁碳合金相图

根据运用杠杆定律进行计算的结果，可将铁碳合金的成分与平衡结晶后的组织组成物及相组成物之间的定量关系总结如图 4-21 所示。从相组成的角度来看，铁碳合金在室温下的平衡组织皆由铁素体和渗碳体两相所组成。当含碳量为零时，合金全部由铁素体所组成，随着含碳量的增加，铁素体的含量呈直线下降，直到 $w_C=6.69\%$ 时降低到零。与此相反，渗碳体的含量则由零增至100%。含碳量的变化还引起组织的变化，显然，这是由于成分的变化引起不同性质的结晶过程，使得相发生变化造成的。从图4-20和图4-21可以看出，随着含碳量的增加，铁碳合金的组织变化顺序为：

$$F \rightarrow F+P \rightarrow P \rightarrow P+Fe_3C_{II} \rightarrow P+Fe_3C_{II}+L'd \rightarrow L'd \rightarrow L'd+Fe_3C_{I}$$

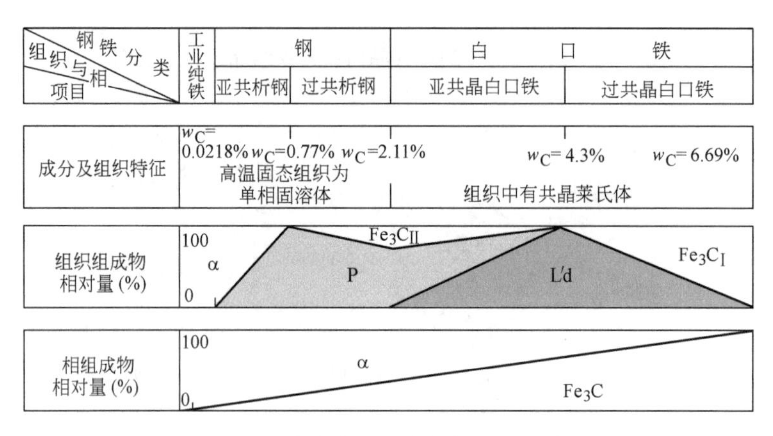


图4-21 铁碳合金的成分与组织的关系

可见，同一种组成相，由于生成条件的不同，虽然相的本质未变，但其形态可以有很大的差异。例如，从奥氏体中析出的铁素体一般呈块状，而经共析反应生成的珠光体中的铁素体，由于同渗碳体相互制约，呈交替层片状。又如渗碳体，由于生成条件的不同，使其形态变得十分复杂，铁碳合金的上述组织变化主要是由它引起的。当含碳量很低时（$w_C <$ 0.0218%），三次渗碳体从铁素体中析出，沿晶界呈小片状分布。共析渗碳体是经共析反应生成的，与铁素体呈交替层片状。而从奥氏体中析出的二次渗碳体，则以网络状分布于奥氏体的晶界。共晶渗碳体是与共晶奥氏体同时形成的，在莱氏体中为连续的基体，比较粗大，有时呈鱼骨状。一次渗碳体是从液体中直接形成的，呈规则的长条状。由此可见，成分的变化，不仅引起相的相对含量的变化，而且引起组织的变化，对铁碳合金的性能产生很大影响。

## 二、对力学性能的影响

铁素体是软韧相，渗碳体是硬脆相。珠光体由铁素体和渗碳体所组成，渗碳体以细片状分散地分布在铁素体基体上，起了强化作用。因此珠光体有较高的强度和硬度，但塑性较差。珠光体内的层片越细，则强度越高。在平衡结晶条件下，珠光体的力学性能大体是：

| | |
|---|---|
| 抗拉强度 $R_m$ | 1000MPa |
| 屈服强度 $R_{p0.2}$ | 600MPa |
| 断后伸长率 $A$ | 10% |
| 断面收缩率 $Z$ | 12%～15% |
| 硬度 | 241HBW |

图4-22反映了含碳量对退火碳钢力学性能的影响。由图可以看出，在亚共析钢中，随着含碳量的增加，珠光体逐渐增多，强度、硬度升高，而塑性、韧性下降。当含碳量 $w_C$ 达

到0.77%时，其性能就是珠光体的性能。在过共析钢中，含碳量 $w_C$ 在接近1%时其强度达到最高值，含碳量继续增加，强度下降。这是由于脆性的二次渗碳体在含碳量 $w_C$ 高于1%时，于晶界形成连续的网络，使钢的脆性大大增加。因此在用拉伸试验测定其强度时，会在脆性的二次渗碳体处出现早期裂纹，并发展至断裂，使抗拉强度下降。

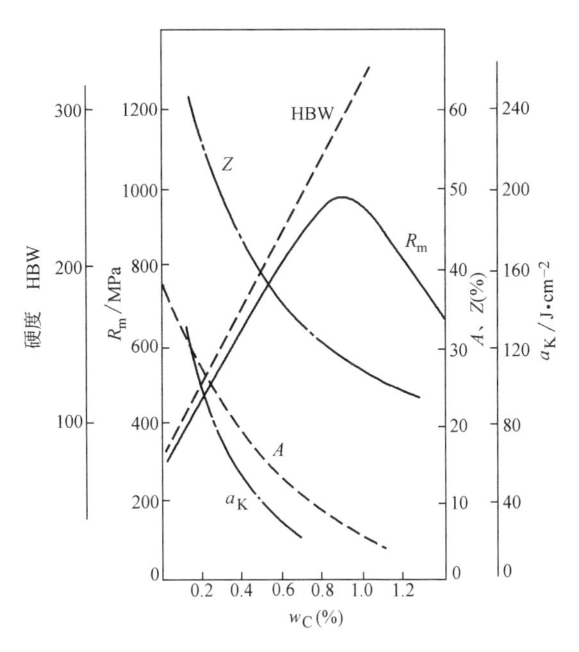


图4-22 含碳量对平衡状态下碳钢力学性能的影响

在白口铁中，由于含有大量渗碳体，故脆性很大，强度很低。

渗碳体的硬度很高，且极脆，不能使合金的塑性提高，合金的塑性变形主要由铁素体来提供。因此，合金中含碳量增加而使铁素体减少时，铁碳合金的塑性不断降低。当组织中出现以渗碳体为基体的低温莱氏体时，塑性降低到接近于零值。

冲击韧度对组织十分敏感。含碳量增加时，脆性的渗碳体增多，当出现网状的二次渗碳体时，韧性急剧下降。总的来看，韧性比塑性下降的趋势要大。

硬度是对组织组成物或组成相的形态不十分敏感的性能，它的大小主要取决于组成相的数量和硬度。因此，随着含碳量的增加，高硬度的渗碳体增多，低硬度的铁素体减少，铁碳合金的硬度呈直线升高。

为了保证工业上使用的铁碳合金具有适当的塑性和韧性，合金中渗碳体相的数量不应过多。对碳素钢及普通低中合金钢而言，其含碳量 $w_C$ 一般不超过1.3%。

## 三、对工艺性能的影响

### （一）切削加工性能

金属材料的切削加工性问题，是一个十分复杂的问题，一般可从允许的切削速度、切削力、表面粗糙度等几个方面进行评价，材料的化学成分、硬度、韧性、导热性以及金属的组织结构和加工硬化程度等对其均有影响。

钢的含碳量对切削加工性能有一定的影响。低碳钢中的铁素体较多，塑性韧性好，切削加工时产生的切削热较大，容易粘刀，而且切屑不易折断，影响表面粗糙度，因此切削加工性能不好。高碳钢中渗碳体多，硬度较高，严重磨损刀具，切削性能也差。中碳钢中的铁素体与渗碳体的比例适当，硬度和塑性也比较适中，其切削加工性能较好。一般认为，钢的硬度大致为250HBW时，切削加工性能较好。

钢的导热性对切削加工性具有很大的意义。具有奥氏体组织的钢导热性低，切削热很少为工件所吸收，而基本上集聚在切削刃附近，因而使刀具的切削刃变热，降低了刀具寿命。因此，尽管奥氏体钢的硬度不高，但切削加工性能不好。

钢的晶粒尺寸并不显著影响硬度，但粗晶粒钢的韧性较差，切屑易断，因而切削性能较好。

珠光体的渗碳体形态同样影响切削加工性，亚共析钢的组织是铁素体+片状珠光体，具有较好的切削加工性，若过共析钢的组织为片状珠光体+二次渗碳体，则其加工性能很差，若其组织是由粒状珠光体组成的，则可改善切削加工性能。

**（二）可锻性**

金属的可锻性是指金属在压力加工时，能改变形状而不产生裂纹的性能。

钢的可锻性首先与含碳量有关。低碳钢的可锻性较好，随着含碳量的增加，可锻性逐渐变差。

奥氏体具有良好的塑性，易于塑性变形，钢加热到高温可获得单相奥氏体组织，具有良好的可锻性。因此钢材的始轧或始锻温度一般选在固相线以下100~200℃范围内。终锻温度不能过低，以免钢材因温度过低而使塑性变差，导致产生裂纹。但终锻温度也不能太高，以免奥氏体晶粒粗大。亚共析钢终锻温度控制在略高于*GS*线，以避免变形时出现大量铁素体，形成带状组织而使韧性降低；过共析钢终锻温度控制在略高于*PSK*线，以利于打碎呈网状析出的二次渗碳体。

白口铸铁无论在低温或高温，其组织都是以硬而脆的渗碳体为基体，其可锻性很差。

**（三）铸造性**

金属的铸造性，包括金属的流动性、收缩性和偏析倾向等。

1. 流动性

流动性决定了液态金属充满铸型的能力。流动性受很多因素的影响，其中最主要的是化学成分和浇注温度的影响。

在化学成分中，碳对流动性影响最大。随着含碳量的增加，钢的结晶温度间隔增大，流动性应该变差。但是，随着含碳量的提高，液相线温度降低，因而，当浇注温度相同时，含碳量高的钢，其钢液温度与液相线温度之差较大，即过热度较大，对钢液的流动性有利。所以钢液的流动性随含碳量的增加而提高。浇注温度越高，流动性越好。当浇注温度一定时，过热度越大，流动性越好。

铸铁因其液相线温度比钢低，其流动性总是比钢好。亚共晶铸铁随含碳量的增加，结晶温度间隔缩小，流动性也随之提高。共晶铸铁的结晶温度最低，同时又是在恒温下凝固，流动性最好。过共晶铸铁随着含碳量的增加，流动性变差。

2. 收缩性

铸件从浇注温度至室温的冷却过程中，其体积和线尺寸减小的现象称为收缩性。收缩是铸造合金本身的物理性质，是铸件产生许多缺陷，如缩孔、缩松、残余内应力、变形和裂纹的基本原因。

金属从浇注温度冷却到室温要经历三个互相联系的收缩阶段：

（1）液态收缩　从浇注温度到开始凝固（液相线温度）这一温度范围内的收缩称为液态收缩。

（2）凝固收缩　从凝固开始到凝固终止（固相线温度）这一温度范围内的收缩称为凝固收缩。

（3）固态收缩　从凝固终止至冷却到室温这一温度范围内的收缩称为固态收缩。

液态收缩和凝固收缩表现为合金体积的缩小，其收缩量用体积分数表示，称为体收缩，它们是铸件产生缩孔、缩松缺陷的基本原因。合金的固态收缩虽然也是体积变化，但它只引起铸件外部尺寸的变化，其收缩量通常用长度百分数表示，称为线收缩，它是铸件产生内应力、变形和裂纹等缺陷的基本原因。

影响碳钢收缩性的主要因素是化学成分和浇注温度等。对于化学成分一定的钢，浇注温度越高，则液态收缩越大；当浇注温度一定时，随着含碳量的增加，钢液温度与液相线温度之差增加，体积收缩增大。同样，含碳量增加，其凝固温度范围变宽，凝固收缩增大。含碳量对钢的体收缩的影响列于表4-2。由表可见，随着含碳量的增加，钢的体收缩不断增大。与此相反，钢的固态收缩则是随着含碳量的增加，其固态收缩不断减小，尤其是共析转变前的线收缩减少得更为显著。

**表4-2　碳对碳素钢体积收缩率的影响**

| $w_C$(%) | 0.10 | 0.35 | 0.75 | 1.00 |
|---|---|---|---|---|
| 钢的体积收缩率（%）（自1600℃冷却到20℃） | 10.7 | 11.8 | 12.9 | 14.0 |

3. 枝晶偏析

固相线和液相线的水平距离和垂直距离越大，枝晶偏析越严重。铸铁的成分越靠近共晶点，偏析越小；相反，越远离共晶点，则枝晶偏析越严重。

# 第五节　钢中的杂质元素及钢锭组织

## 一、钢中的杂质元素及其影响

在钢的冶炼过程中，不可能除尽所有的杂质，所以实际使用的碳钢中除碳以外，还含有少量的锰、硅、硫、磷、氧、氢、氮等元素，它们的存在，会影响钢的质量和性能。

**（一）锰和硅的影响**

锰和硅是炼钢过程中必须加入的脱氧剂，用以去除溶于钢液中的氧。它还可把钢液中的FeO还原成铁，并形成MnO和$SiO_2$。锰除了脱氧作用外，还有除硫作用，即与钢液中的硫结合成MnS，从而在相当大程度上消除硫在钢中的有害影响。这些反应产物大部分进入炉渣，小部分残留于钢中，成为非金属夹杂物。

脱氧剂中的锰和硅总会有一部分溶于钢液中，冷至室温后即溶于铁素体中，提高铁素体的强度。此外，锰还可以溶入渗碳体中，形成$(Fe,Mn)_3C$。

锰对碳钢的力学性能有良好的影响，它能提高钢的强度和硬度，当含锰量不高（$w_{Mn}<0.8\%$）时，可以稍微提高或不降低钢的塑性和韧性。锰提高强度的原因是它溶入铁素体而引起的固溶强化，并使钢材在轧后冷却时得到层片较细、强度较高的珠光体，在同样含锰量和同样冷却条件下珠光体的相对量增加。

碳钢中的含硅量$w_{Si}$一般小于0.5%，它也是钢中的有益元素，在沸腾钢中的含量很低，而镇静钢的含量较高。硅溶于铁素体后有很强的固溶强化作用，显著提高了钢的强度和硬度，但含量较高时，将使钢的塑性和韧性下降。

### （二）硫的影响

硫是钢中的有害元素，它是在炼钢时由矿石和燃料带到钢中来的杂质。从 Fe-S 相图（图 4-23）可以看出，硫只能溶于钢液中，在固态铁中几乎不能溶解，而是以 FeS 夹杂的形式存在于固态钢中。

硫的最大危害是引起钢在热加工时开裂，这种现象称为热脆。造成热脆的原因是 FeS 的严重偏析。即使钢中的含硫量不算高，也会出现（Fe + FeS）共晶。钢在凝固时，共晶组织中的铁依附在先共晶相——铁晶体上生长，最后把 FeS 留在晶界处，形成离异共晶。（Fe + FeS）共晶的熔化温度很低（989℃），而热加工的温度一般为 1150 ~ 1250℃，这时位于晶界上的（Fe + FeS）共晶已处于熔融状态，从而导致热加工时开裂。如果钢液中含氧量也高，还会形成熔点更低（940℃）的 Fe + FeO + FeS 三相共晶，其危害性更大。

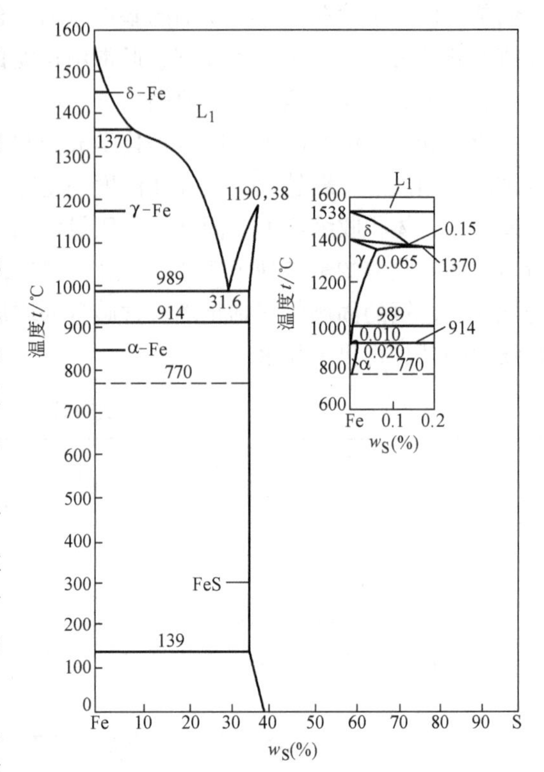


图 4-23　Fe-S 相图

防止热脆的方法是往钢中加入适当的锰。由于锰与硫的化学亲和力大于铁与硫的化学亲和力，所以在含锰的钢中，硫便与锰形成 MnS，避免了 FeS 的形成。MnS 的熔点为 1600℃，高于热加工温度，并在高温下具有一定的塑性，故不会产生热脆。在一般工业用钢中，含锰量常为含硫量的 5 ~ 10 倍。

此外，含硫量高时，还会使钢铸件在铸造应力作用下产生热裂纹，同样，也会使焊接件在焊缝处产生热裂纹。在焊接时产生的 $SO_2$ 气体，还使焊缝产生气孔和缩松。

硫能提高钢的切削加工性能。在易切削钢中 $w_S = 0.08\% \sim 0.2\%$，同时 $w_{Mn} = 0.50\% \sim 1.20\%$。

### （三）磷的影响

一般说来，磷是有害的杂质元素，它是由矿石和生铁等炼钢原料带入的。从 Fe-P 相图（图 4-24）可以看出，无论是在高温，还是在低温，磷在铁中具有较大的溶解度，所以钢中的磷一般都固溶于铁中。磷具有很强的固溶强化作用，它使钢的强度、硬度显著提高，但剧烈地降低了钢的韧性，尤其是低温韧性，称为冷脆。磷的

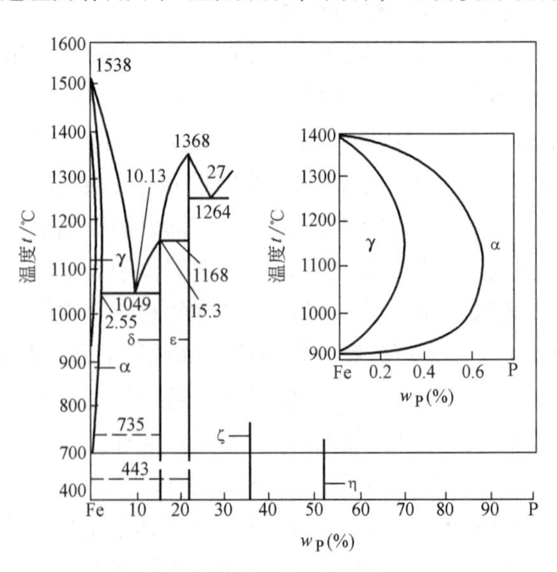


图 4-24　Fe-P 相图

有害影响主要就在于此。

此外，磷还具有严重的偏析倾向，并且它在 γ-Fe 和 α-Fe 中的扩散速度很小，很难用热处理的方法予以消除。

在一定条件下磷也具有一定的有益作用。由于它降低了铁素体的韧性，可以用来提高钢的切削加工性。它与铜共存时，可以显著提高钢的耐大气腐蚀能力。

**（四）氮的影响**

一般认为，钢中的氮是有害元素，但是氮作为钢中合金元素的应用，已日益受到重视。

氮的有害作用主要是通过淬火时效和应变时效造成的。氮在 α-Fe 中的溶解度在 591℃时最大，约为 $w_N=0.1\%$。随着温度的降低，溶解度急剧下降，在室温时小于 0.001%。如果将含氮较高的钢从高温急速冷却下来（淬火），就会得到氮在 α-Fe 中的过饱和固溶体，将此钢材在室温下长期放置或稍加热时，氮就逐渐以氮化铁的形式从铁素体中析出，使钢的强度、硬度升高，塑性、韧性下降，使钢材变脆，这种现象称为淬火时效。

另外，含有氮的低碳钢材经冷塑性变形后，性能也将随着时间而变化，即强度、硬度升高，塑性、韧性明显下降，这种现象称为应变时效。不管是淬火时效，还是应变时效，对低碳钢材性能的影响都是十分有害的。解决的方法是往钢中加入足够数量的铝，铝能与氮结合成 AlN，这样就可以减弱或完全消除这两种在较低温度下发生的时效现象。此外，AlN 还阻碍加热时奥氏体晶粒的长大，从而起到细化晶粒的作用。

**（五）氢的影响**

钢中的氢是由锈蚀含水的炉料或从含有水蒸气的炉气中吸入的。此外，在含氢的还原性气氛中加热钢材、酸洗及电镀等，氢均可被钢件吸收，并通过扩散进入钢内。

氢对钢的危害是很大的。一是引起氢脆，即在低于钢材强度极限的应力作用下，经一定时间后，在无任何预兆的情况下突然断裂，往往造成灾难性的后果。钢的强度越高，对氢脆的敏感性往往越大。二是导致钢材内部产生大量细微裂纹缺陷——白点，在钢材纵断面上呈光滑的银白色的斑点，在酸洗后的横断面上则呈较多的发丝状裂纹，如图 4-25 所示。白点使钢材的伸长率显著下降，尤其是断面收缩率和冲击韧度降低得更多，有时可接近于零值。因此存在白点的钢是不能使用的。这种缺陷主要发生在合金钢中。

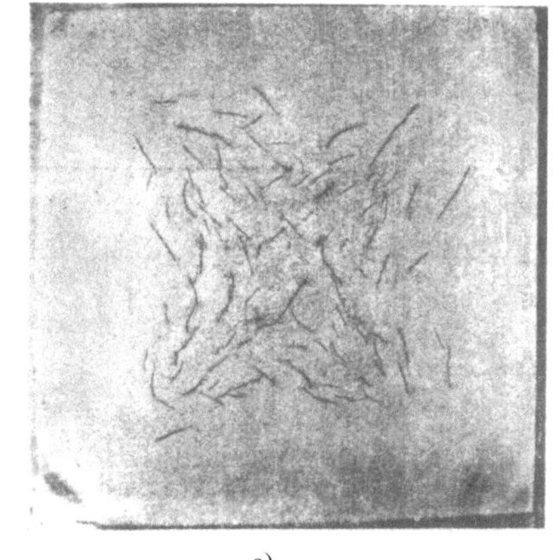

a)

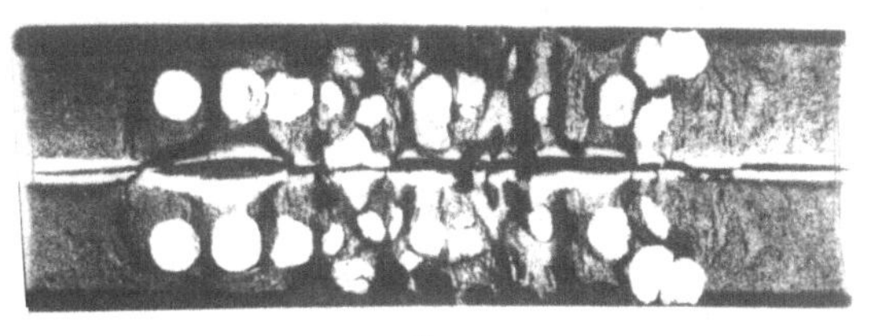

b)

图 4-25　钢中白点

a）横向低倍　b）纵向断口

**（六）氧及其他非金属夹杂物的影响**

氧在钢中的溶解度非常小，几乎全部以氧化物夹杂的形式存在于钢中，如 FeO、$Al_2O_3$、$SiO_2$、MnO、CaO、MgO 等。除此之外，钢中往往还存在硫化铁（FeS）、硫化锰（MnS）、硅酸盐、氮化物及磷化物等。这些非金属夹杂物破坏了钢的基体连续性，在静载荷和动载荷的作用下，往往成为裂纹的起点。它们的性质、大小、形状、数量及分布状态不同程度地影响着钢的各种性能，尤其是对钢的塑性、韧性、疲劳强度和耐蚀性等危害很大。因此，对非金属夹杂物应严加控制。在要求高质量的钢材时，炼钢生产中应用真空技术、渣洗技术、惰性气体净化、电渣重熔等炉外精炼手段，可以卓有成效地减少钢中气体和非金属夹杂物。

## 二、钢锭的宏观组织及其缺陷

钢在冶炼后，除少数直接铸成铸件外，绝大部分都要先铸成钢锭，然后轧成各种钢材，如板、棒、管、带材等。用于制造工具和某些机器零件时需要进行热处理，但更多的情况是在热轧状态下直接使用。可见钢锭的宏观组织与缺陷，不但直接影响其热加工性能，而且对热变形后钢的性能有显著影响。因此，钢锭的宏观组织特征是钢的质量的重要标志之一。

根据钢中的含氧量和凝固时放出一氧化碳的程度，可将钢锭分为镇静钢、沸腾钢和半镇静钢三类。下面简单介绍镇静钢和沸腾钢两类钢锭的组织。

### （一）镇静钢

钢液在浇注前用锰铁、硅铁和铝进行充分脱氧，使所含氧的质量分数不超过0.01%（一般常在0.002%~0.003%），以至钢液在凝固时不析出一氧化碳，得到成分比较均匀，组织比较致密的钢锭，这种钢称为镇静钢。

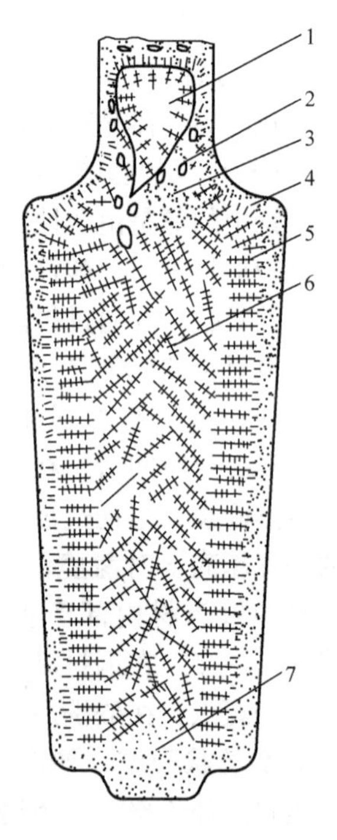

图4-26　镇静钢锭宏观组织示意图

1—缩孔　2—气泡　3—缩松　4—表面细晶粒区　5—柱状晶粒区　6—中心等轴晶粒区　7—下部锥体

图4-26为镇静钢锭纵剖面的宏观组织示意图。由图可以看出，镇静钢锭的宏观组织与纯金属铸锭基本相同，也是由表面细晶区、柱状晶区和中心等轴晶区所组成的。所不同的是，在镇静钢锭的下部还有一个由等轴晶粒组成的致密的沉积锥体，这是镇静钢的组织特点。

外表面的激冷层是由细小的等轴晶粒所组成的，它的厚度与钢液的浇注温度有关，浇注温度越高，则激冷层越薄。激冷层的厚度通常为5~15mm。

在激冷层形成的同时，型壁温度迅速升高，冷却速度变慢，固液界面上的过冷度大大减小，新晶核的形成变得困难，只有那些一次轴垂直于型壁的晶体才能得以优先生长，这就形成了柱状晶区。尽管此时在液体中仍是正温度梯度，但对于钢来说，由于在固液界面前沿的液体中存在着成分过冷区，所以柱状晶以树枝晶方式生长。

随着柱状晶的向前生长，液相中的成分过冷区越来越大，当成分过冷区增大到液相能够不均匀形核时，便在剩余液相中形成许多新晶核，并沿各个方向均匀地生长而形成等轴晶，这样就阻碍了柱状晶区的发展，形成了中心等轴晶区。

由于中心等轴晶区的凝固时间较长，密度较大（比钢液约大4%）的等轴晶体将往下沉，大量等轴晶的降落现象被称为“结晶雨”，降落到钢锭的底部，形成锥形体。锥形体晶粒间彼此挤压，将晶体周围被硫、磷、碳所富集的钢液挤出上浮，所以钢锭底部锥形体是由含硫、磷、碳等杂质少，含硅酸盐杂质多的等轴晶粒所组成的。钢锭越粗，其底部的锥形体就越大。因此，镇静钢锭上部的硫、磷等杂质较多，而下部的硅酸盐夹杂较多，中间部分的质量最好。一般钢锭的质量问题主要在上部，特大型钢锭（数十吨以上）的质量问题则往往在下部。

镇静钢钢锭的缺陷主要有缩孔、缩松、偏析、气泡等，简要介绍如下。

1. 缩孔及缩孔残余

和纯金属铸锭一样，钢液在凝固时要发生收缩，因此在凝固后的钢锭中就出现缩孔（图 4-26）。缩孔处是钢锭最后凝固的地方，是偏析、夹杂物和缩松密集的区域。在开坯时，一定要将缩孔切除干净。如果切头时未被除净，遗留下的残余部分，称为缩孔残余。缩孔残余的存在，在热加工时会引起严重的内部裂纹。

除了浇注工艺和锭模设计因素外，含碳量对缩孔也有重要影响。随着含碳量的增加，钢液的凝固温度范围增大，因此其凝固收缩量也增大。高碳钢的缩孔比低碳钢要严重得多，因此更要注意缩孔残余，浇注时最好使用体积较大的保温冒口。

2. 缩松

缩松是钢不致密性的表现，多出现于钢锭的上部和中部。在横向切片上，缩松有的分布在整个截面，有的集中在中心。前者称为一般缩松，后者称为中心缩松。不同程度的缩松，对钢的塑性和韧性的影响程度也不同，一般情况下，经压力加工可使之得到改善。但若中心缩松严重，也可能由此使锻、轧件产生内部裂纹。图 4-27 为钢锭的中心缩松。

当钢中含有较多的气体和夹杂物时，会增加缩松的严重程度。

3. 偏析

偏析一般是无法避免的。其中枝晶偏析可经高温塑性变形和均匀化退火后消除，而区域偏析主要体现为方框形偏析和点状偏析，会影响钢材的质量。

方框形偏析是一种最常见的正偏析，在经酸浸的低倍横向切片上常可见到（图 4-28），其特征是在钢材半径的一半处，大致呈正方形，出现内外两个色泽不同的区域。方框形偏析的形成与钢锭的结晶过程有关。钢锭表层的细晶粒区，因结晶速度快，基本上不产生偏析。在柱状晶的形成过程中，由于是选择结晶，把碳、硫、磷等杂质不同程度地推向钢液内部，

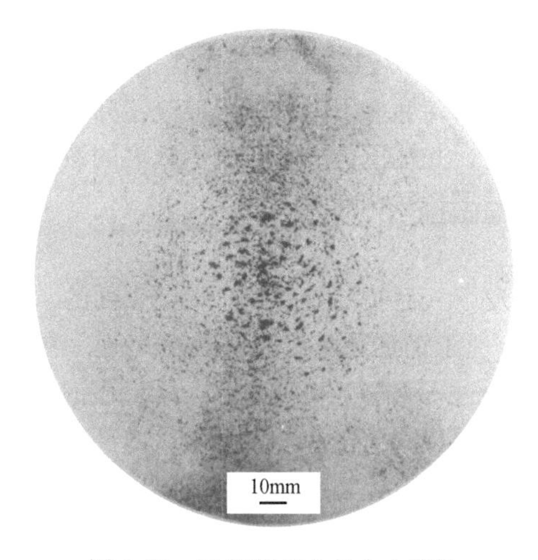


图 4-27 20 钢圆坯上的中心缩松

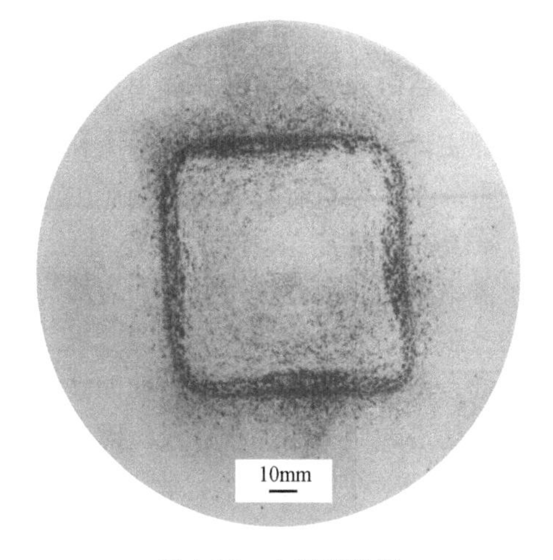


图 4-28 方框形偏析

结果在柱状晶与中心等轴晶区之间，集聚了较多杂质，形成区域偏析。由于此处含碳量高于先结晶的表面细晶区的含碳量，所以它属于正偏析。

点状偏析是在钢锭的横截面上呈分散的、形状和大小不同并略为凹陷的暗色斑点（图4-29）。化学分析表明，斑点中碳和硫的含量都超过正常含量，夹杂物的含量也较高，并有大量的氧化铝。通常认为，点状偏析的产生与夹杂物和气体有关。

在钢锭的纵剖面上，可以观察到有三个明显的偏析带（图4-30）：Λ形偏析带（或倒V形偏析带）、V形偏析带和底部锥形反偏析带。Λ形偏析带在横截面上即为方框形偏析或点状偏析。V形偏析带是由于保温冒口内钢液向下补缩而形成的，因为保温冒口内钢液杂质富集，所以向下补缩时形成了漏斗形偏析。在钢锭的横截面上，V形偏析表现为中心偏析。钢锭底部的锥形反偏析带，含有粗大的硅酸盐夹杂。锥形体的高低及夹杂物的多少与钢的脱氧程度有关，钢液脱氧程度高时，钢锭内部的氧化物夹杂少，底部的锥形体也较低。相反，则氧化物夹杂多，锥形体也较高。

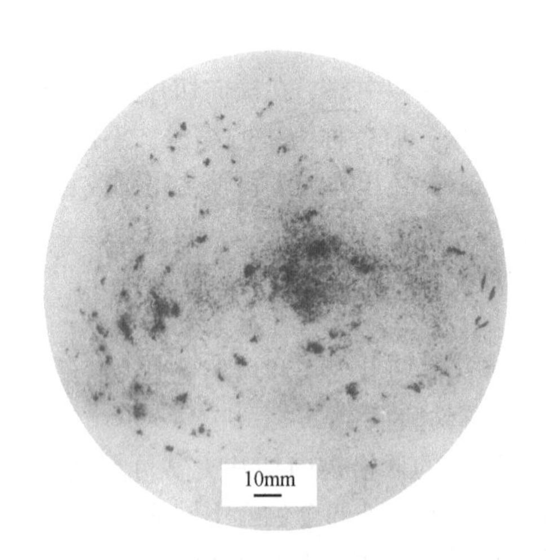


图4-29　点状偏析

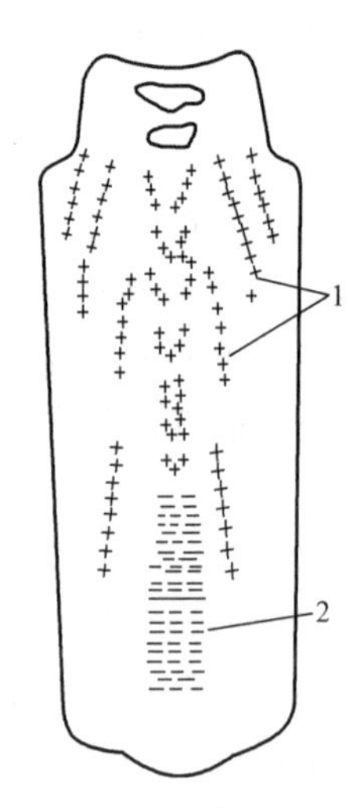


图4-30　镇静钢锭的偏析带

1—正偏析　2—反偏析

严重的方框形偏析对钢材质量有显著影响：轧钢时易产生夹层，又会恶化钢的力学性能，如产生热脆和冷脆，使塑性指标降低，尤其是使横向性能下降。减轻或改善方框形偏析的方法，主要是提高钢液纯度，采用合理的浇注工艺，并在压力加工时采用较大的锻压比。

严重的点状偏析容易在斑点处产生应力集中，并导致早期疲劳断裂。

4. 气泡（气孔）

镇静钢中的气泡分皮下气泡和内部气泡两种。皮下气泡指的是暴露于钢锭表面的、肉眼可见的孔眼和靠近表面的针状孔眼。皮下气泡多出现于钢锭尾部，时常成群出现。在加热时，钢锭表皮被烧掉后，气泡内壁即被氧化，无法通过压力加工将其焊合，结果在钢材表面出现成簇的沿轧制方向的小裂纹。因此，在轧制前必须将皮下气泡予以清除。内部气泡均产生在钢锭内部，在低倍试片上呈蜂窝状，内壁较光滑，未氧化，在热加工时可以焊合。

**（二）沸腾钢**

沸腾钢是脱氧不完全的钢。在冶炼末期仅添加少量的铝进行轻度脱氧，使相当数量的氧

（$w_O$ = 0.03%～0.07%）留在钢液中。钢液注入锭模后，钢中的氧与碳发生反应，析出大量的一氧化碳气体，引起钢液的沸腾。钢液凝固后，未排出的气体在锭内形成气泡，补偿了凝固收缩，所以沸腾钢锭的头部没有集中缩孔，轧制时的切头率低（3%～5%），成材率高。

沸腾钢的结晶过程与镇静钢基本相同，但是由于钢液沸腾，使其宏观组织具有与镇静钢锭不同的特点。图4-31为沸腾钢锭纵剖面的宏观组织示意图。从表面至心部由五个带组成：坚壳带、蜂窝气泡带、中心坚固带、二次气泡带和锭心带。

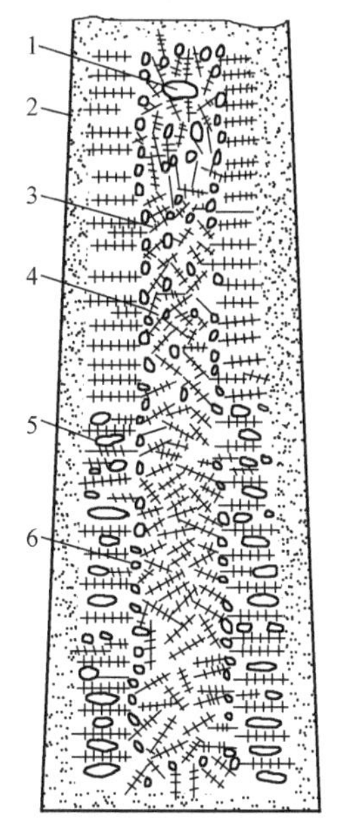

图4-31 沸腾钢锭宏观组织示意图

1—头部大气泡 2—坚壳带 3—锭心带 4—中心坚固带 5—蜂窝气泡带 6—二次气泡带

1. 坚壳带

坚壳带由致密细小的等轴晶粒所组成。由于受到模壁的激冷，模内因沸腾而强烈循环的钢液把附在晶粒之间的气泡带走，从而形成无气泡的坚壳带。通常要求坚壳带的厚度不小于18mm。

2. 蜂窝气泡带

蜂窝气泡带由分布在柱状晶带内的长形气泡所构成。在柱状晶生长过程中，由于选择结晶的结果，使碳氧富集于柱状晶粒间的钢液内，继续发生反应生成气泡；在此同时，钢液温度不断下降，钢中的气体如氢、氮等不断析出并向CO气泡内扩散。这样，随着柱状晶的成长，其中的气泡也逐渐长大，最后形成长形气泡。在一般情况下，蜂窝气泡带分布在钢锭下半部，这是因为钢锭上部的气流较大，已形成的气泡易被冲走。

3. 中心坚固带

当浇注完毕，钢锭头部凝固封顶后，钢锭内部形成气泡需要克服的压力突然增大，碳氧反应受到抑制，气泡停止生成。这时，结晶过程仍继续进行，从而形成没有气泡的由柱状晶粒组成的中心坚固带。

4. 二次气泡带

由于结晶过程中碳氧含量不断积聚，以晶粒的凝固收缩在柱状晶之间形成小空隙，促使碳氧反应在此处重新发生，但生成的气泡已不能排出，按界面能最小原则呈圆形气泡留在钢锭内，形成二次气泡带。

5. 锭心带

锭心带由粗大等轴晶所组成。在继续结晶过程中，碳氧含量高的地方仍有碳氧反应发生，生成许多分散的小气泡。这时，锭心温度下降，钢液黏度很大，气泡便留在锭心带，有的可能上浮到钢锭上部汇集成较大的气泡。

沸腾钢的成分偏析较大，这是由于模内钢液的过分沸腾造成的。一般从钢锭外缘到锭心和从下部到上部，偏析程度不断增大，因而钢锭的头、中、尾三段性能颇不一致，中段较好，头部硫化物较多，尾部氧化物较多。

沸腾钢通常为低碳钢，含碳量 $w_C$ 一般不超过0.27%，加之不用硅脱氧，钢中含硅量也很低。这些都使沸腾钢具有良好的塑性和焊接性能。它的成材率高，成本低，又由于表层有一定厚度的致密细晶带，轧成的钢板表面质量好，宜于轧制成薄钢板，在机器制造中的许多冲压件，如拖拉机油箱、汽车壳体等，常用08F一类沸腾钢板制造。

但是，沸腾钢的成分偏析大，组织不致密，力学性能不均匀，冲击韧度值较低，时效倾向较大，所以对力学性能要求较高的零件需要采用镇静钢。

## 习　题

4-1　分析 $w_C=0.2\%$、$w_C=0.6\%$、$w_C=1.2\%$ 的铁碳合金从液态平衡冷却至室温的转变过程，用冷却曲线和组织示意图说明各阶段的组织，并分别计算室温下的相组成物及组织组成物的含量。

4-2　分析 $w_C=3.5\%$、$w_C=4.7\%$ 的铁碳合金从液态到室温的平衡结晶过程，画出冷却曲线和组织变化示意图，并计算室温下的组织组成物和相组成物。

4-3　计算铁碳合金中二次渗碳体和三次渗碳体的最大可能含量。

4-4　分别计算莱氏体中共晶渗碳体、二次渗碳体、共析渗碳体的含量。

4-5　为了区分两种弄混的碳钢，工作人员分别截取了 A、B 两块试样，加热至 850℃保温后以极缓慢的速度冷却至室温，观察金相组织，结果如下：

A 试样的先共析铁素体面积为 41.6%，珠光体的面积为 58.4%。

B 试样的二次渗碳体的面积为 7.3%，珠光体的面积为 92.7%。

设铁素体和渗碳体的密度相同，铁素体中的含碳量为零，试求 A、B 两种碳钢的含碳量。

4-6　利用 Fe-$Fe_3C$ 相图说明铁碳合金的成分、组织和性能之间的关系。

4-7　Fe-$Fe_3C$ 相图有哪些应用？又有哪些局限性？

Chapter 5

# 第五章 三元合金相图

工业上使用的金属材料多数是二元以上的合金，即使是二元合金，由于存在某些杂质，尤其是当发生偏析，这些杂质在某些局部地方富集时，也应该把它作为多元合金来讨论。于是,为了查知合金的相变温度，确定它在给定温度下的平衡相，各平衡相的成分及相对含量，就应该使用多元相图。但是多元相图的测定比较困难，在实际工作中通常是以合金中两种主要组元为基础，参考相应的二元合金相图，结合其他组元的影响来进行分析研究。这是一种简便实用的方法。但是实践经验表明，采用这种方法进行分析往往会在量的方面，甚至在质的方面产生偏差。这是由于组元间的交互作用往往不是加和性的。在二元合金中加入其他组元后会改变原来组元间的溶解度，还可能会出现新的化合物，出现新的转变等。

基于以上原因，研究多元相图还是很有必要的。在多元相图中，三元相图是最简单的较易测定的一种，但与二元相图相比，三元相图的类型多而复杂，至今比较完整的相图只测定出了十几种，更多的是三元相图中某些有用的截面图和投影图。本章主要介绍三元相图的表达方式和几种基本类型的三元相图。通过学习，初步掌握分析和应用各种等温截面、变温截面和各种相区在成分三角形上投影图的能力。

## 第一节　三元合金相图的表示方法

二元合金的成分中只有一个变量，其成分坐标轴用一条直线表示，二元合金相图的主要部分是由一个成分坐标轴和一个温度坐标轴所构成的平面中的一系列曲线。三元相图与二元相图比较，组元数增加了一个，成分变量是两个，故表示成分的坐标轴应为两个，两个坐标轴构成一个平面，这样，再加上垂直于平面的温度坐标轴，三元相图便成为一个三维空间的立体图形。构成三元相图的主要部分应该是一系列空间曲面，而不是二元相图中的那些平面曲线。

### 一、成分三角形

三元合金的成分通常用三角形表示，这个三角形称为成分三角形或浓度三角形。常用的成分三角形有等边三角形、直角三角形和等腰三角形，这里主要介绍用等边三角形表示三元合金成分的方法。

取一等边三角形 *ABC*，如图 5-1 所示。三角形的三个顶点 *A*、*B*、*C* 分别表示三个组元，

三角形的边 $AB$、$BC$、$CA$ 分别表示三个二元系 $A$-$B$、$B$-$C$ 和 $C$-$A$ 的成分。三角形内的任一点则代表一定成分的三元合金。下面以三角形内任一点 $O$ 为例，说明合金成分的求法。

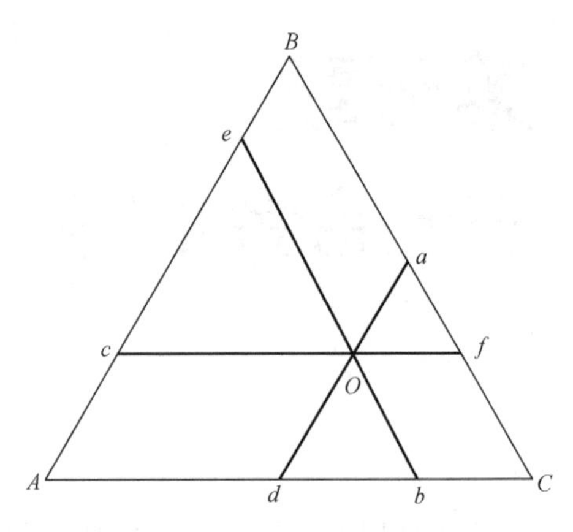

图 5-1　等边三角形的几何特性

设等边三角形的三边 $AB$、$BC$、$CA$ 按顺时针方向分别代表三组元 $B$、$C$、$A$ 的含量。自三角形内任一点 $O$ 顺次引平行于三边的线段 $Oa$、$Ob$ 和 $Oc$，则 $Oa+Ob+Oc=AB=BC=CA$。之所以能够如此，是由于等边三角形存在这样的几何特性：由等边三角形内任一点作平行于三边的三条线段之和为一定值，且等于三角形的任一边长。因此，如果以三角形的边长当作合金的总量，定为 100%，则三个线段之和正好是 100%，所以可以利用 $Oa$、$Ob$ 和 $Oc$ 依次表示合金 $O$ 中三个组元 $A$、$B$、$C$ 的含量。另外由图 5-1 可知，$Oa=Cb$、$Ob=Ac$、$Oc=Ba$，这样就可以顺次从三角形三个边上的刻度直接读出三组元的含量了。为了避免初学时读数的混乱，应特别注意刻度和读数顺序的一致性。例如，刻度是顺时针方向，则读数时也应按顺时针方向，或者都按逆时针方向。

为了便于使用，在成分三角形内常画出平行于成分坐标的网格，如图 5-2 所示。为了确定成分三角形中合金 $x$ 的成分，通过 $x$ 点作 $A$ 点对边 $BC$ 的平行线，截 $CA$ 或 $AB$ 边于 55% 处，这就是合金中 $A$ 组元的含量。由 $x$ 点作 $B$ 点对边 $CA$ 的平行线，截 $AB$ 边于 20% 处，这就是合金中 $B$ 组元的含量。同样可以确定 $C$ 组元的含量为 25%。

反过来，若已知合金中三个组元的含量，欲求该合金在成分三角形内的位置时，即可在三个边上代表各组元成分的相应点，分别作其对边的平行线，这些平行线的交点即为该合金的成分点。

## 二、在成分三角形中具有特定意义的直线

在成分三角形中，有两条具有特定意义的直线，如图 5-3 所示。

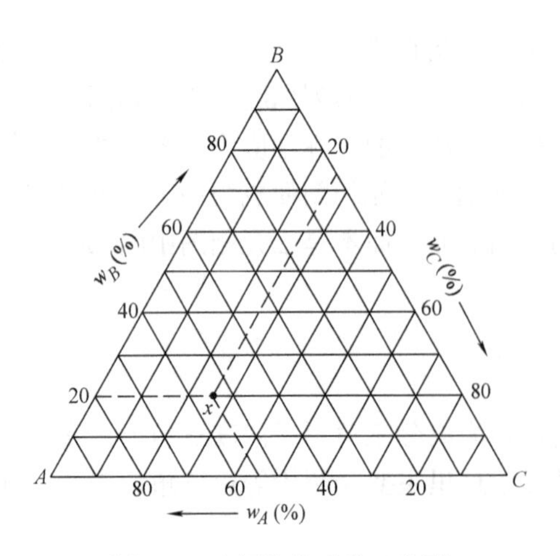

图 5-2　有网格的成分三角形

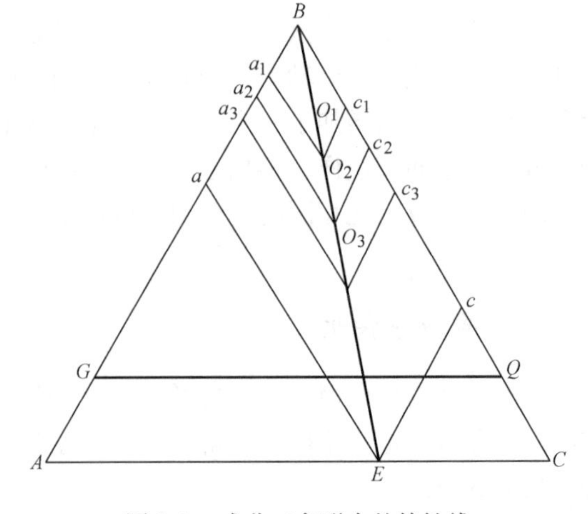

图 5-3　成分三角形中的特性线

### (一) 平行于三角形某一条边的直线

凡成分位于该线上的合金，它们所含的、由这条边对应顶点所代表的组元的含量为一定值。如成分位于 $GQ$ 线上的所有合金，$B$ 组元的含量都是 $w_B = AG\%$ 。

### (二) 通过三角形顶点的任一直线

凡成分位于该直线上的三元合金，它们所含的、由另两个顶点所代表的两组元的量之比是恒定的。例如，在 $BE$ 线上的各种合金，其 $A$、$C$ 两组元的含量之比为一常数，即：

$$\frac{w_A}{w_C} = \frac{Ba_1}{Bc_1} = \frac{Ba_2}{Bc_2} = \frac{Ba}{Bc} = \frac{EC}{AE}$$

## 第二节　三元系平衡相的定量法则

在三元合金的研究中经常遇到一些定量计算问题，例如，若将两个已知成分的合金熔配到一起，那么，所得到的新的合金成分是什么？又如，在分析合金的结晶过程时，若从液相中结晶出一个固相，或者从液相中结晶出两个固相，那么，平衡相的成分是多少？它们的含量该怎样计算？在讨论二元系时曾经指出，两相平衡时平衡相的含量可以用杠杆定律进行计算。那么在三元系中，两相平衡可以仿照二元系，应用杠杆定律进行计算。当为三相平衡时，平衡相含量的定量计算则需要应用重心法则。

### 一、直线法则和杠杆定律

根据相律，二元合金两相平衡时，有一个自由度，若温度恒定，则自由度为零。说明两个平衡相的成分不变，其连接线的两个端点即为两平衡相的成分，这样就可以应用杠杆定律计算两个平衡相的含量。对于三元合金来说，根据相律，两相平衡时有两个自由度，若温度恒定，还剩下一个自由度，说明两个相中只有一个相的成分可以独立改变，而另一个相的成分则必须随之改变。也就是说，两个平衡相的成分存在着一定的对应关系，这个关系便是直线法则。所谓直线法则（共线法则）是指三元合金在两相平衡时，合金的成分点和两个平衡相的成分点，必定在同一条直线上。利用这一法则可以确定，当合金 $O$ 在某一温度处于 $\alpha+\beta$ 两相平衡时（图 5-4），这两个相的成分点分别为 $a$ 和 $b$，则 $aOb$ 三点一定在一条直线上，且 $O$ 点位于 $a$、$b$ 点之间。然后应用杠杆定律，求出两相的质量之比为：

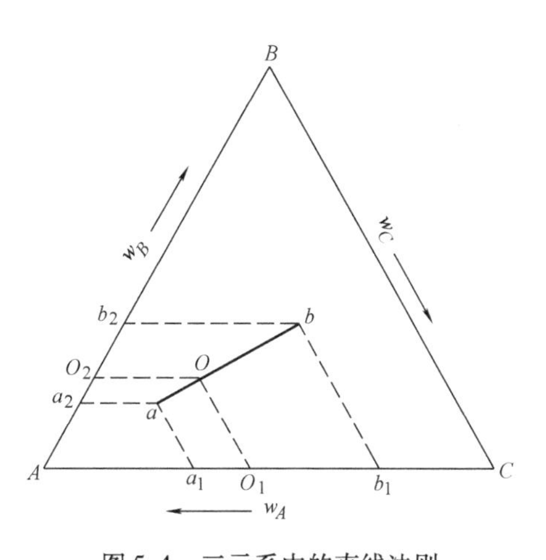


图 5-4　三元系中的直线法则

$$\frac{w_\alpha}{w_\beta} = \frac{Ob}{Oa}$$

直线法则的证明如下：

设合金质量为 $w_O$，α 相质量为 $w_\alpha$，β 相质量为 $w_\beta$，则：

$$w_O = w_\alpha + w_\beta$$

根据成分的表示方法，由图中可以读出，合金 $O$、α 相和 β 相中 $A$ 组元含量分别为

$CO_1$、$Ca_1$ 和 $Cb_1$；$B$ 组元的含量分别为 $AO_2$、$Aa_2$ 和 $Ab_2$。而 α 相与 β 相中 $A$ 组元质量之和等于合金中 $A$ 组元的质量，即：

$$w_\alpha Ca_1 + w_\beta Cb_1 = w_O CO_1$$

$$w_\alpha Ca_1 + w_\beta Cb_1 = (w_\alpha + w_\beta) CO_1$$

$$w_\alpha (Ca_1 - CO_1) = w_\beta (CO_1 - Cb_1)$$

$$\frac{w_\alpha}{w_\beta} = \frac{CO_1 - Cb_1}{Ca_1 - CO_1} = \frac{O_1 b_1}{a_1 O_1}$$

同理可以证明：

$$\frac{w_\alpha}{w_\beta} = \frac{O_2 b_2}{a_2 O_2}$$

因为在平衡状态下 $w_\alpha / w_\beta$ 只能有一个值，所以 $O_1b_1/a_1O_1$ 应该与 $O_2b_2/a_2O_2$ 相等。而正由于 $O_1b_1/a_1O_1 = O_2b_2/a_2O_2$，从图 5-4 的几何关系可见，$O$ 点必定在连接 $a$、$b$ 的直线上，而且有 $w_\alpha / w_\beta = \frac{Ob}{Oa}$的关系。

直线法则和杠杆定律对于使用和加深理解三元相图都很有用。在以后分析三元相图时，可以利用以下规律：

1）当给定合金在一定温度下处于两相平衡状态时，若其中一相的成分给定，则根据直线法则，另一相的成分点必位于两个已知成分点的延长线上。

2）若两个平衡相的成分点已知，合金的成分点必然位于两个已知成分点的连线上。

现在可以回答本节刚开始提出的问题，将两个已知成分的合金熔配在一起，新的合金成分是多少？

设两个具有平衡相成分的合金 $P$、$Q$ 的成分为：$P$—$w_A = 60\%$、$w_B = 20\%$、$w_C = 20\%$；$Q$—$w_A = 20\%$、$w_B = 40\%$、$w_C = 40\%$，并且 $P$ 合金的质量分数占新合金 $R$ 的 75%。

根据成分表示方法，可以将 $P$、$Q$ 合金成分点标于成分三角形上（图 5-5），根据直线法则，新合金 $R$ 的成分点必然位于 $PQ$ 连线上。由于已知

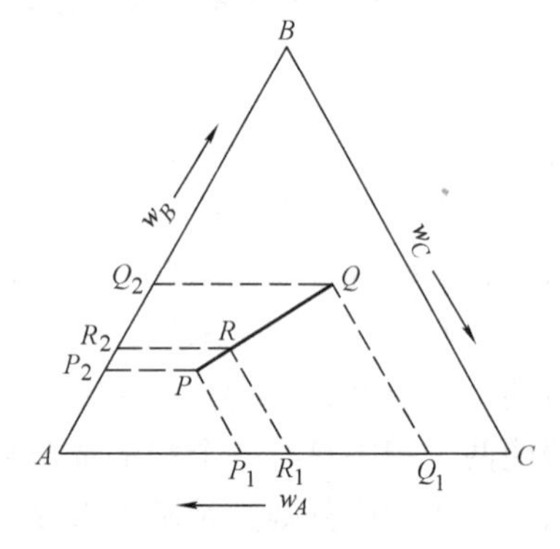

图 5-5　直线法则的应用举例

$$\frac{RQ}{PQ} = 75\%$$

因为

$$\frac{RQ}{PQ} = \frac{R_1Q_1}{P_1Q_1}$$

所以

$$\frac{R_1Q_1}{P_1Q_1} = \frac{R_1C - 20}{60 - 20} = 0.75$$

$$R_1C = 50\%$$

同理可求出 $R_2A = 25\%$，所以新合金 $R$ 的成分为：$w_A = 50\%$、$w_B = 25\%$、$w_C = 25\%$。

## 二、重心法则

当三个已知成分的合金熔配在一起时，所得到的新的合金成分是多少？或者从一个相中

析出两个新相，要想了解这些相的成分和它们含量的关系，就要用重心法则。

根据相律可知，某一三元合金处于三相平衡时，其自由度为1，这表明，三个平衡相的成分是依赖温度而变化的，当温度恒定时，则自由度为零，三个平衡相的成分为确定值。显然，在三相平衡时意味着存在三个两相平衡，由于两相平衡时的连接线为直线，三条连接线必然会组成一个三角形，称为连接三角形。

在图5-6中，如由$N$成分的合金分解为α、β、γ三个相，三个相的成分点为$D$、$E$、$F$，则合金$N$的成分必定位于三个两相平衡的连接线所组成的$\triangle DEF$的重心（是三相的质量重心，不是三角形的几何重心）位置上，而且合金质量与三个相质量有以下关系：

$$w_N \cdot Nd = w_\alpha \cdot Dd$$
$$w_N \cdot Ne = w_\beta \cdot Ee$$
$$w_N \cdot Nf = w_\gamma \cdot Ff$$

式中，$w_N$、$w_\alpha$、$w_\beta$、$w_\gamma$分别代表$N$合金及α、β、γ相的质量，这就是三元系的重心法则，或称为重心定律。

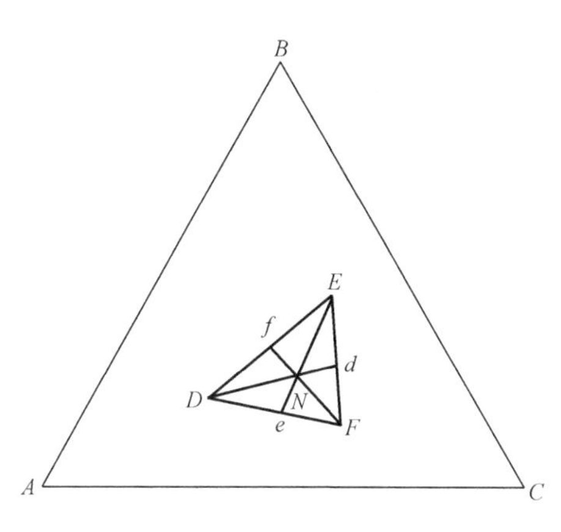

图5-6　三元系中的重心法则

根据上式可以求出各相的含量：

$$w_\alpha = \frac{Nd}{Dd} \times 100\%$$

$$w_\beta = \frac{Ne}{Ee} \times 100\%$$

$$w_\gamma = \frac{Nf}{Ff} \times 100\%$$

重心法则可以由下述方式证明：设想把β和γ两相混合成一个整体，根据直线法则，这个混合体的成分点$d$应在$EF$线上。又根据杠杆定律，$w_\beta \cdot Ed = w_\gamma \cdot Fd$，所以$d$点为$EF$的重心。此时，可以把合金看成是处于α相与β相和γ相的混合体的两相平衡状态，根据直线法则，$DNd$必在一条直线上，并且$w_N \cdot Nd = w_\alpha \cdot Dd$。所以$N$为$Dd$的重心。用类似的方法可以导出：

$$w_N \cdot Ne = w_\beta \cdot Ee,\ N\text{为}Ee\text{的重心}$$
$$w_N \cdot Nf = w_\gamma \cdot Ff,\ N\text{为}Ff\text{的重心}$$

因此，$N$为$\triangle DEF$的质量重心。

## 第三节　三元匀晶相图

三个组元在液态及固态均无限溶解的相图称为三元匀晶相图。

### 一、相图分析

图5-7为三元匀晶相图的立体模型。图中$ABC$是成分三角形，三根垂线是温度轴，$t_A$、

$t_B$、$t_C$ 分别为三个组元 $A$、$B$、$C$ 的熔点，三棱柱体的三个侧面是组元间形成的二元匀晶相图，它们的液相线和固相线分别构成了三元相图的两个空间曲面：上面那个向上凸的曲面称为液相面，下面那个向下凹的曲面称为固相面。图中有三个相区：液相面以上的空间为液相区，记为 L；固相面以下的空间为固相区，记为 α；液相面和固相面之间的空间为液固两相共存区，记为 L + α。

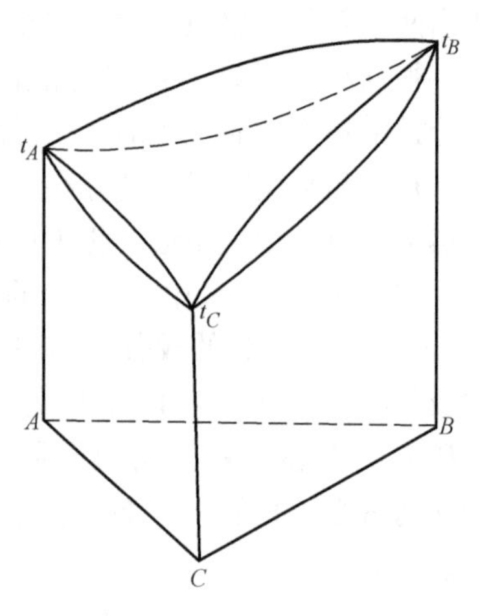


图 5-7　三元匀晶相图

## 二、三元固溶体合金的结晶过程

应用三元匀晶相图分析合金结晶过程的方法与二元相图相似，但也有它自己的特点。现在分析合金 $O$ 的结晶过程（图 5-8）。当合金自液态缓慢冷却至 $t_1$ 温度与液相面相交时，开始从液相中结晶出 α 固溶体，此时液相的成分 $l_1$ 即为合金成分，而固相的成分为固相面上的某一点 $S_1$。当温度缓慢降至 $t_2$ 时，液相数量不断减少，固相的数量不断增多，此时固相的成分由 $S_1$ 点沿固相面移至 $S_2$ 点，液相成分自 $l_1$ 点沿液相面移至 $l_2$ 点。直线法则指出，在两相平衡时，合金及两个平衡相的成分点必定位于一条直线上，由此可以确定，合金的成分必位于液相和固相成分点的连接线上。在 $t_1$ 时，其连接线为 $l_1S_1$；在 $t_2$ 时，连接线为 $l_2S_2$。以此类推，在 $t_3$ 温度时为 $l_3S_3$；在凝固终了的 $t_4$ 温度为 $l_4S_4$，此时固相的成分即为合金的成分。这些连接线虽然都是水平线，但是在合金的凝固过程中，液相的成分和固相的成分分别沿着液相面和固相面上的 $l_1l_2l_3l_4$ 和 $S_1S_2S_3S_4$ 空间曲线变化，这两条曲线既不都处于同一垂直平面上，也不都处于同一水平平面上，它们在成分三角形上的投影很像一只蝴蝶，所以称为固溶体合金结晶过程的蝴蝶形轨迹。

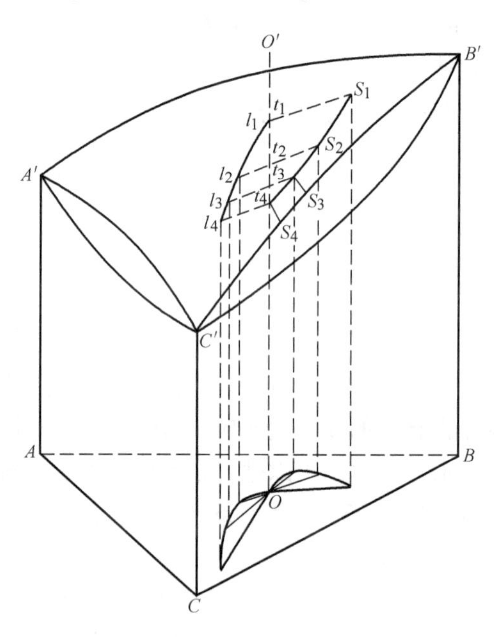


图 5-8　三元固溶体在结晶过程中液、固相成分的变化

从以上的分析可以看出，三元匀晶转变与二元匀晶转变基本相同，两者都是选择结晶，当液固两相平衡时，固相中高熔点组元的含量较液相高；两者的结晶过程均需在一定温度范围内进行，异类原子之间都要发生相互扩散。如果冷速较慢，原子间的扩散能够充分进行，则可获得成分均匀的固溶体；如果冷速较快，液固两相中原子扩散进行得不完全，则和二元固溶体合金一样，获得存在枝晶偏析的组织。欲使其成分均匀，需进行长时间的均匀化退火。但是两者之间也有差别，在结晶过程中，在同一温度下，尽管三元合金的液相和固相成分的连接线是条水平线，但液相和固相成分的变化轨迹不位于同一个平面上。

三元相图立体模型的优点是比较直观，利用它可以确定合金的相变温度、相变过程及室

合金 $o$ 冷却至液相面时开始结晶，析出初晶 $A$。随着温度的不断降低，$A$ 晶体不断增加，液相的数量不断减少。由于 $A$ 晶体的成分固定不变，根据直线法则，液相的成分由 $o$ 点沿 $Ao$ 的延长线逐渐变化。当液相的成分变化到与 $E_1E$ 线相交的 $m$ 点时，开始发生二元共晶转变：$L \rightarrow A+B$。随着温度的不断降低，两相共晶体（$A+B$）逐渐增多，同时液相的成分沿 $E_1E$ 二元共晶线变化。当液相的成分变化到 $E$ 点时，发生三元共晶转变：$L \rightarrow A+B+C$，直到液体全部消失为止。之后温度继续降低，组织不再发生变化。故合金 $o$ 在室温下的平衡组织是初晶 $A$ + 两相共晶体（$A+B$）+ 三相共晶体（$A+B+C$）。图 5-21 为该合金室温下的组织示意图及与此相对应的 Pb-Sn-Bi 三元合金的室温组织（初晶 + 两相共晶体 + 三相共晶体）。

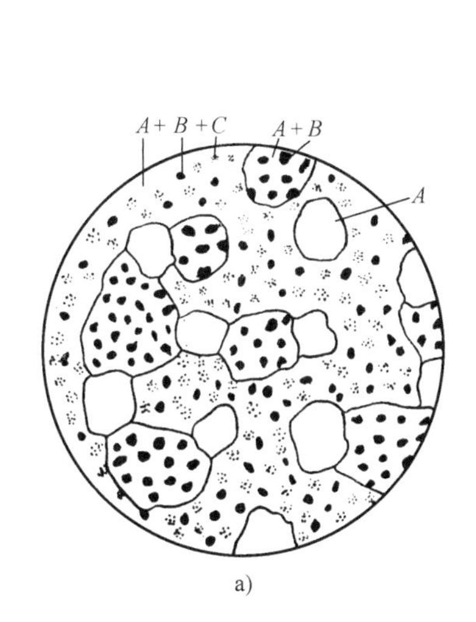

a)

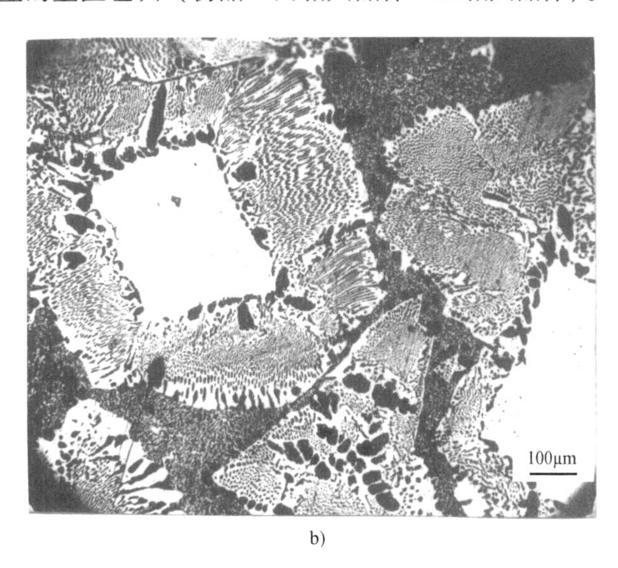

b)

图 5-21　合金 $o$ 在室温下的组织示意图及 Pb-Sn-Bi 三元合金室温组织

a）初晶 $A$ + 两相共晶体（$A+B$）+ 三相共晶体（$A+B+C$）

b）初晶 Bi + 两相共晶体（Sn + Bi）+ 三相共晶体（Bi + Sn + Pb）

如果在投影图上还画有液相等温线，并标有温度值，则合金结晶过程的温度（如 $t_1$、$t_2$、$t_3$ 等）就可以直接读出了。

合金 $o$ 在三元结晶完成后进入 $A+B+C$ 三相区，这三相的含量可分别用重心定律求出：

$$w_A = \frac{oa_1}{Aa_1} \times 100\%$$

$$w_B = \frac{ob_1}{Bb_1} \times 100\%$$

$$w_C = \frac{oc_1}{Cc_1} \times 100\%$$

合金的组织组成物含量可以利用杠杆定律求出。当液相的成分刚刚到达二元共晶线 $E_1E$ 上的 $m$ 点时，初晶 $A$ 的含量为：

$$w_A = \frac{om}{Am} \times 100\%$$

当液相的成分到达 $E$ 点刚要发生三元共晶转变时，剩余的液相可以利用杠杆定律求出，然而这部分液体随即发生三元共晶转变，形成三相共晶体。因此这部分液相的相对量也就是三相共晶体（$A+B+C$）的含量。

$$w_{(A+B+C)}=\frac{og}{Eg}\times 100\%$$

两相共晶体的含量则为：

$$w_{(A+B)}=\left(1-\frac{om}{Am}-\frac{og}{Eg}\right)\times 100\%$$

用同样的方法可以分析投影图中其他区域合金的结晶过程，结晶完成后的组织组成物见表5-1。

**表5-1　平衡结晶后的组织**

| 成分点的区域 | 组织组成物 | 成分点的区域 | 组织组成物 |
|---|---|---|---|
| 1 | $A+(A+B)+(A+B+C)$ | $AE$ 线 | $A+(A+B+C)$ |
| 2 | $B+(A+B)+(A+B+C)$ | $BE$ 线 | $B+(A+B+C)$ |
| 3 | $B+(B+C)+(A+B+C)$ | $CE$ 线 | $C+(A+B+C)$ |
| 4 | $C+(B+C)+(A+B+C)$ | $E_1E$ | $(A+B)+(A+B+C)$ |
| 5 | $C+(A+C)+(A+B+C)$ | $E_2E$ | $(B+C)+(A+B+C)$ |
| 6 | $A+(A+C)+(A+B+C)$ | $E_3E$ | $(A+C)+(A+B+C)$ |
| | | $E$ 点 | $A+B+C$ |

## 二、组元在固态有限溶解，具有共晶转变的相图

上面讨论了三组元在固态互不溶解的三元共晶相图。但实际上经常遇到的情况往往是组元间有一定的互溶能力，因此，掌握固态下有限溶解的三元共晶相图更有实际意义。

### （一）相图分析

图5-22为固态下有限溶解的三元共晶相图立体模型。它与组元在固态完全不溶的共晶相图（图5-12）基本相同，其区别仅在于在相图中增加了三个单相固溶体区 α、β、γ 以及与之相应的固态溶解度曲面。

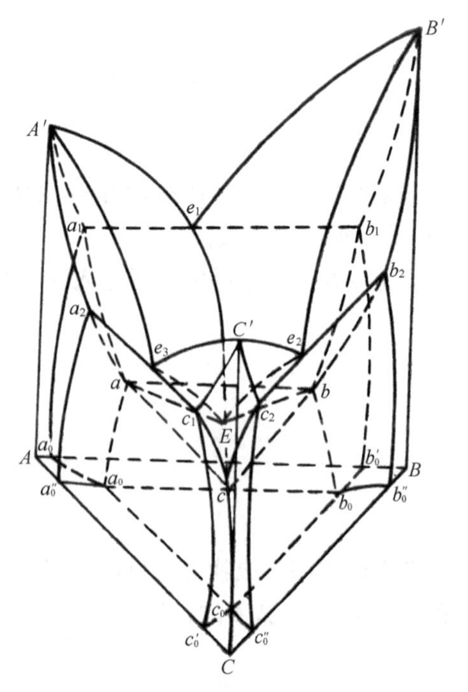

图5-22　固态下有限溶解的三元共晶相图

1. 液相面

从图5-22可以看出，液相面共有三个，即 $A'e_1Ee_3A'$、$B'e_1Ee_2B'$、$C'e_2Ee_3C'$。在液相面之上为液相区，当合金冷却到与液相面相交时，分别从液相中析出 α、β 和 γ 相。

三个液相面的交线 $e_1E$、$e_2E$、$e_3E$ 为三条二元共晶线，位于这些曲线上的液相，当温度降低至与这些线相交时，将发生三相平衡的二元共晶反

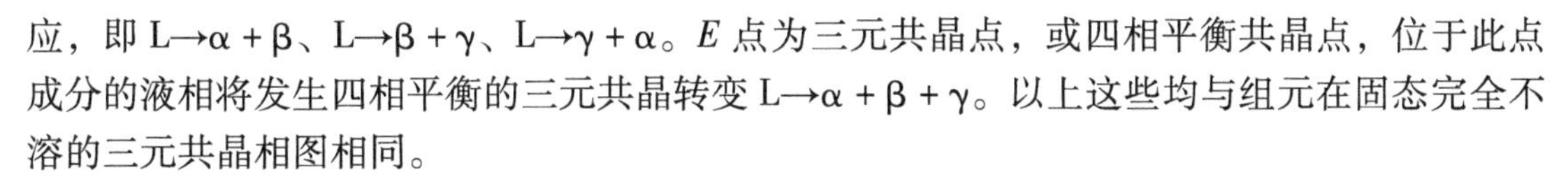

应，即 L→α + β、L→β + γ、L→γ + α。$E$ 点为三元共晶点，或四相平衡共晶点，位于此点成分的液相将发生四相平衡的三元共晶转变 L→α + β + γ。以上这些均与组元在固态完全不溶的三元共晶相图相同。

2. 固相面

图 5-12 的固相面只有一个，即三元共晶面，但在图 5-22 中，由于三组元在固态下相互溶解，形成三个固溶体 α、β、γ，因此在相图中形成三种类型的固相面：

1）三个固溶体（α、β、γ）相区的固相面：$A'a_1aa_2A'$(α)、$B'b_1bb_2B'$(β)、$C'c_1cc_2C'$(γ)，它们分别是在液相全部消失的条件下，L→α、L→β、L→γ 的两相平衡转变结束的曲面。

2）一个三元共晶面：$abc$。

3）三个二元共晶转变结束面：$a_1abb_1$（α + β）、$b_2bcc_2$（β + γ）、$c_1caa_2$（γ + α），它们分别表示二元共晶转变：L→α + β、L→β + γ、L→γ + α 至此结束，并分别与三个两相区相邻接，如图 5-23 所示。

3. 二元共晶区

共有三组，每组构成一个三棱柱体，每个三棱柱体是一个三相平衡区。

图 5-24 画出了三元共晶相图中四个三相区和部分两相区。在 L + α + β 三相平衡棱柱中，其 $a_1aEe_1a_1$ 和 $b_1bEe_1b_1$ 是二元共晶开始面，当液相冷至与此两曲面相交时，开始发生二元共晶转变 L→α + β，$a_1abb_1$ 是二元共晶转变结束面（同时也是一个固相面）。三棱柱体的底面是三元共晶转变的水平面，上端封闭成一条水平线。三棱柱体的三条棱边 $e_1E$、$a_1a$、$b_1b$ 分别是三相 L、α 和 β 的成分变温线，即单变量曲线。

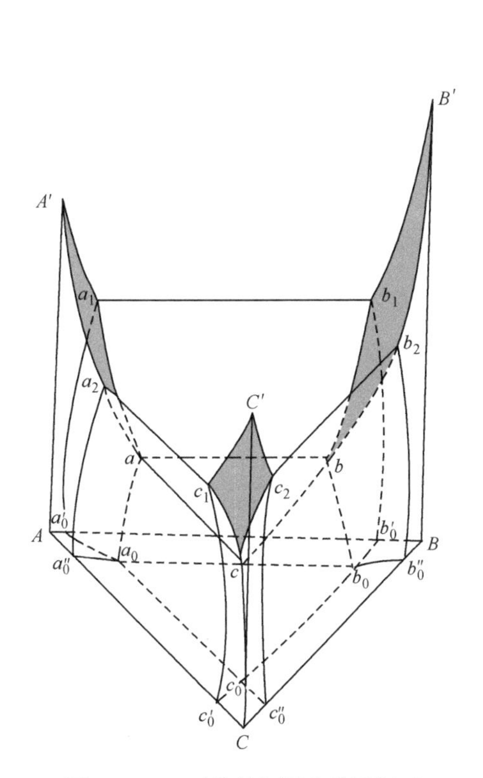


图 5-23　三元共晶相图中的固相面

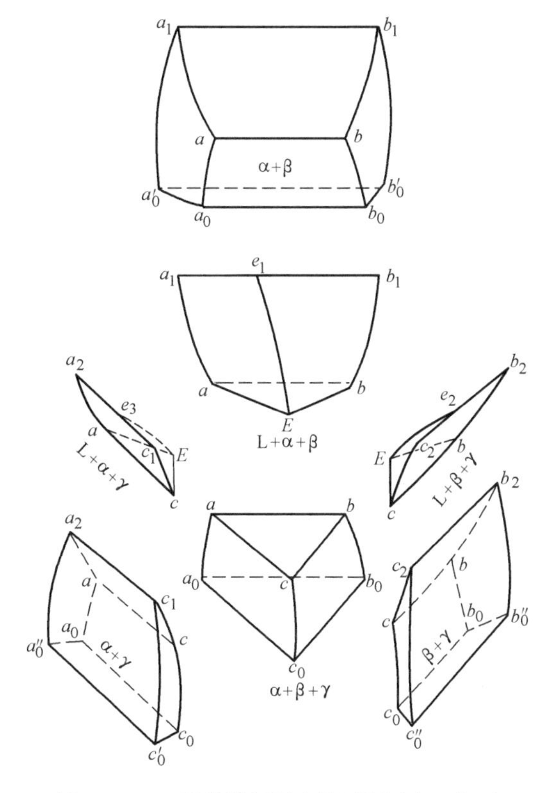


图 5-24　三元共晶相图中的两相区和三相区

另外两个三相平衡棱柱与此大致相同。从图 5-22 可以看出，$b_2bEe_2b_2$ 和 $c_2cEe_2c_2$ 为（β+γ）的二元共晶转变开始面，$b_2bcc_2$ 为（β+γ）二元共晶转变结束面。三个曲面构成的三棱柱体是 L+β+γ 的三相平衡区，$b_2b$、$c_2c$、$e_2E$ 分别是 β、γ 和 L 相的单变量曲线。$c_1cEe_3c_1$ 和 $a_2aEe_3a_2$ 是（γ+α）二元共晶转变的开始面，$a_2acc_1$ 是其转变结束面，三个曲面所构成的三棱柱体是 γ+α+L 的三相平衡区。$c_1c$、$a_2a$、$e_3E$ 分别是 γ、α 和 L 相的单变量曲线。

4. 溶解度曲面

在三个二元共晶相图中，各有两条溶解度（或固溶度）曲线，如 $a_1a_0'$、$b_1b_0'$等。随着温度的降低，固溶体的溶解度下降，从中析出次生相。在三元相图中，由于第三组元的加入，溶解度曲线变成了溶解度曲面，随着温度的降低，同样将从固溶体中析出次生相来，这些溶解度曲面的存在，是三元合金进行热处理强化的重要依据。

图 5-25 示出了 α 和 β 两个溶解度曲面：$a_1aa_0a'_0a_1$ 和 $b_1bb_0b_0'b_1$，其中的 $a$ 点表示组元 $B$ 和 $C$ 在 α 相中的溶解度极限，$a_0$ 表示组元 $B$ 和 $C$ 在 α 相中于室温时的溶解度极限；$b$ 点表示组元 $A$ 和 $C$ 在 β 相中的溶解度极限，$b_0$ 表示 $A$、$C$ 两组元在室温 β 相中的溶解度极限。通过上述一对溶解度曲面，分别发生脱溶转变：

$$\alpha \rightarrow \beta_{\mathrm{II}} \qquad \beta \rightarrow \alpha_{\mathrm{II}}$$

这样的溶解度曲面还有四个，即 $b_2bb_0b''_0b_2$、$c_2cc_0c''_0c_2$、$c_1cc_0c'_0c_1$、$a_2aa_0a''_0a_2$。

此外，$aa_0$、$bb_0$、$cc_0$ 分别为两两溶解度曲面的交线，它们又是三相平衡区 α+β+γ 三棱柱体的三个棱边（图 5-24），是 α、β、γ 三相的成分变温线，即单变量曲线。成分相当于 $aa_0$ 线上的 α 固溶体，当温度降低时，将从 α 相中同时析出 $\beta_{\mathrm{II}}$ 和 $\gamma_{\mathrm{II}}$ 两种次生相。同样，相当于 $bb_0$、$cc_0$ 线上的合金，当温度降低时，也分别从 β 和 γ 相中同时析出 $\gamma_{\mathrm{II}}+\alpha_{\mathrm{II}}$ 和 $\alpha_{\mathrm{II}}+\beta_{\mathrm{II}}$ 两种次生相来，所以又称这三条线为同析线。

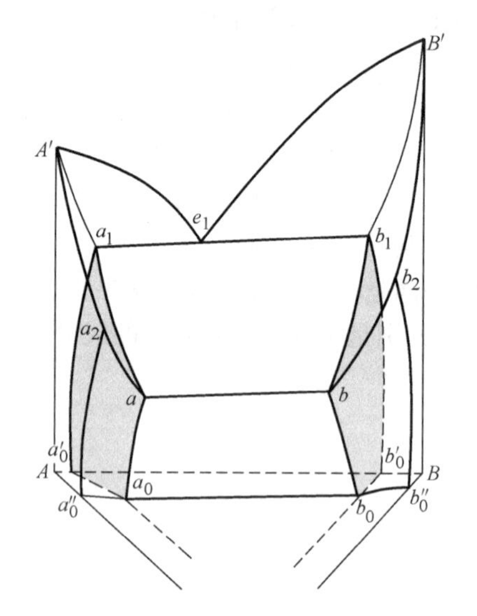

图 5-25　α 和 β 相的溶解度曲面

5. 相区

该相图共有四个单相区，即液相区 L 和 α、β、γ 三个单相固溶体区。有六个两相区，即 L+α、L+β、L+γ；α+β、β+γ、γ+α。有四个三相区，其中位于三元共晶面之上的有三个：L+α+β、L+β+γ、L+γ+α。位于三元共晶面之下的有一个：α+β+γ。此外，还有一个四相共存区：L+α+β+γ，三角形的顶点是三个固相的成分点，液相的成分点位于三角形之中。

**（二）等温截面**

图 5-26 为该相图在几个不同温度时的等温截面。从图中可以看出，二元相图中的相区接触法则对三元相图同样适用：即相图中相邻相区平衡相的数目总是相差 1 个。此外，单相区与两相区的相界线往往是曲线，而两相区与三相区的相界线则是直线。三相区总是呈直边三角形，三角形的三个顶点与三个单相区相连，这三个顶点就是该温度下三个平衡相的成

分点。

利用杠杆定律和重心法则可以计算两相平衡及三相平衡时的平衡相的含量。如合金 $O$ 在 $t=t_{e_2}$ 温度时处于 L + α + β 三相平衡状态，三个相的成分分别为 $z$、$x$、$y$，根据重心法则可知合金 $O$ 中三相的含量为：

$$w_{\mathrm{L}}=\frac{Oq}{zq}\times 100\%$$

$$w_{\alpha}=\frac{Ot}{xt}\times 100\%$$

$$w_{\beta}=\frac{Os}{ys}\times 100\%$$

**（三）变温截面**

图 5-27 为图 5-22 的两个变温截面图，两个截面在成分三角形的位置示于图 5-27a。从这两变温截面图中可以清楚地看出共晶型相图的典型特征：凡截到四相平衡平面（三元共晶面）时，在变温截面中形成水平线；在该水平线之上，有三个三相平衡区，在水平线之下，有一个由三个固相组成的三相平衡区，如图 5-27b 所示。如果未截到四相平衡平面，但截到了三相（L + α + β）共晶转变的开始面（$a_1aEe_1a_1$、$b_1bEe_1b_1$）和共晶转变结束面（$a_1b_1baa_1$）（图5-23），则形成顶点朝上的曲边三角形，这是三相共晶（二元共晶）平衡区的典型特征，如图 5-27c 所示。

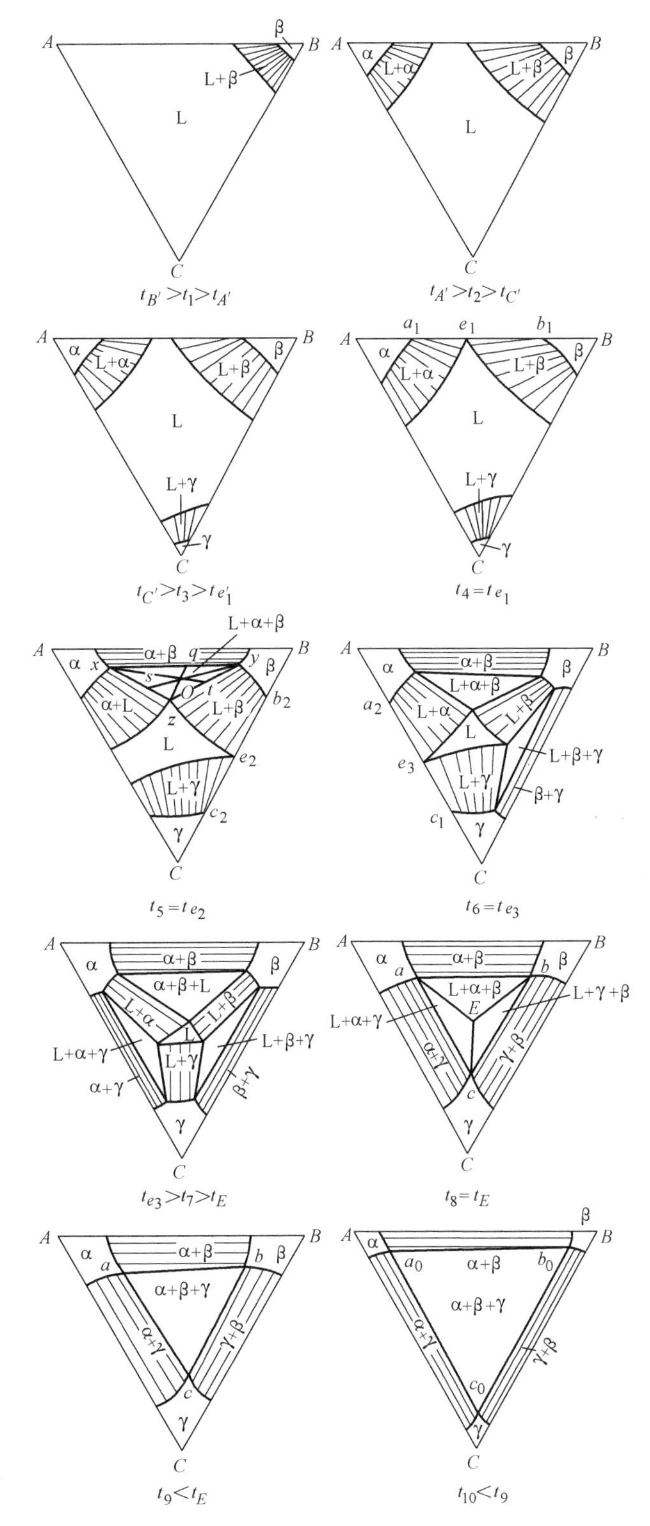


图 5-26　共晶相图的一些等温截面

利用变温截面分析合金的结晶过程显得很方便。如图 5-27b 中的合金 $p$，从 1 点开始结晶出初晶 α，至 2 点开始进入三相区，发生 L→α + γ 二元共晶转变，冷至 3 点，凝固过程即告终止。在 4 点以下，由于溶解度的变化而进入三相区，析出 $\beta_{\mathrm{II}}$ 相，室温组织为 α +（α + γ）+ 少量次生相 $\beta_{\mathrm{II}}$。

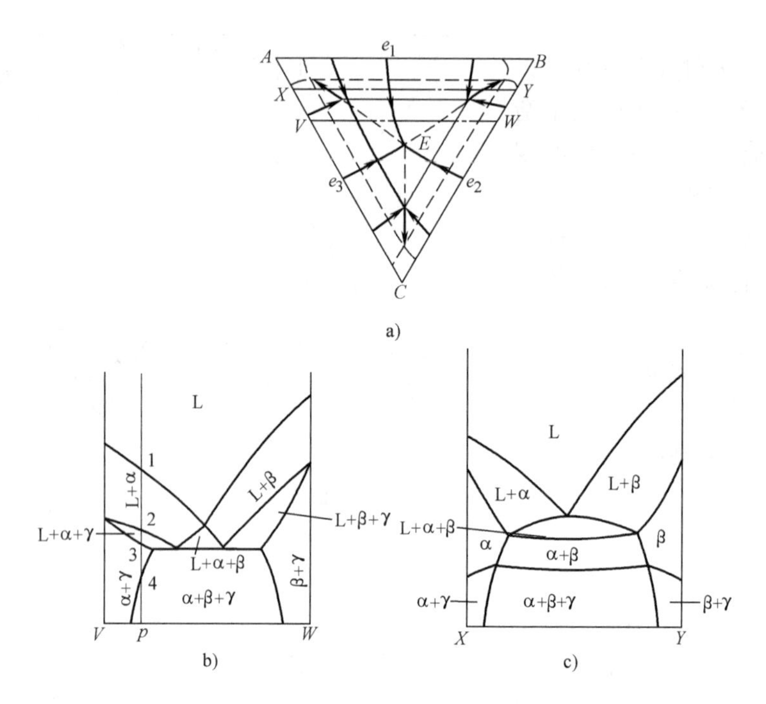


图 5-27　三元共晶相图的变温截面

### （四）投影图

固态有溶解度的三元共晶相图的投影图如图 5-28 所示。图中的 $e_1E$、$e_2E$、$e_3E$ 是三条二元共晶转变线的投影，箭头表示从高温到低温的方向。这三条线把液相面分成三个部分，即 $Ae_1Ee_3A$、$Be_1Ee_2B$、$Ce_2Ee_3C$，合金冷却到这三个液相面时将分别从液相中结晶出初晶 α、β 和 γ 相。α、β 和 γ 三个单相区的固相面投影分别为 $Aa_2aa_1A$、$Bb_1bb_2B$、$Cc_2cc_1C$。

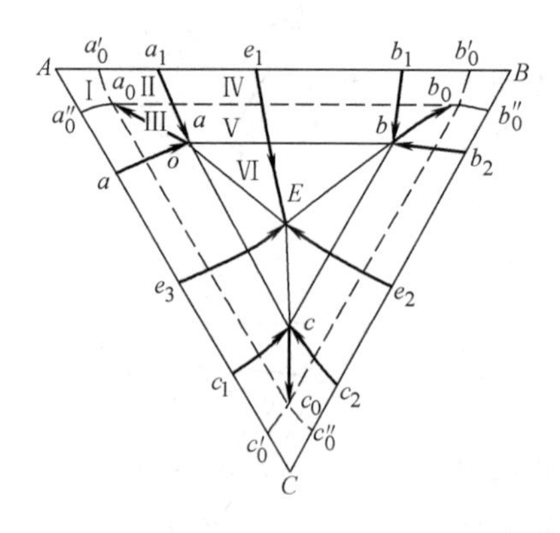


图 5-28　三元共晶相图投影图

在分析立体模型时曾经指出，三相平衡区的立体模型是三棱柱体，三条棱边是三个相的成分随温度而变化的曲线，即单变量线。从投影图中可以看出，$e_1E$、$a_1a$、$b_1b$ 分别为 L + α + β 三相区中三个相的单变量线、箭头表示从高温到低温的走向。L + β + γ 三相区中的三个相的单变量线分别为 $e_2E$、$b_2b$、$c_2c$。L + γ + α 三相区中 L、γ、α 的单变量线为 $e_3E$、$c_1c$

和 $a_2a$。这三个三相平衡区分别起始于二元系的共晶转变线 $a_1b_1$、$b_2c_2$ 和 $c_1a_2$，终止于四相共存平面上的连接线三角形：$\triangle abE$、$\triangle bcE$、$\triangle cEa$。

投影图中间的 $\triangle abc$ 是四相平衡共晶平面。在这里发生四相平衡共晶转变之后，形成 $\alpha+\beta+\gamma$ 三相平衡区（图 5-24）。该三相平衡区的上底面是连接三角形 $abc$，下底面是连接三角形 $a_0b_0c_0$。α、β、γ 三相的单变量线分别是 $aa_0$、$bb_0$、$cc_0$。α 单相区的极限区域是 $Aa_1aa_2A$，β 和 γ 单相区的极限区域分别为：$Bb_1bb_2B$ 和 $Cc_1cc_2C$。α、β、γ 在室温下的单相区域分别为 $Aa_0'a_0a_0''A$、$Bb_0'b_0\ b_0''B$、$Cc_0'c_0c_0''C$。

投影图中的所有单变量线都用箭头表示其从高温到低温的走向。可以看出，三条液相单变量线都自高温而下聚于四相平衡共晶转变点 $E$，这是三元共晶型转变投影图的共同特征。

下面以合金 $o$ 为例，分析合金的结晶过程。当合金缓冷至与 $Ae_1Ee_3A$ 液相面相交时，开始从液相中结晶出初晶 α。随着温度的不断降低，α 相数量不断增多，液相 L 和固相 α 的成分分别沿着液相面和固相面呈蝴蝶形规律变化，这一过程与三元匀晶合金相同。当合金冷却到与二元共晶曲面 $a_1e_1Eaa_1$ 相交时，进入 $L+\alpha+\beta$ 三相平衡区，并发生 $L\to\alpha+\beta$ 共晶转变，在转变过程中，液相的成分沿 $e_1E$ 变化，α 相和 β 相的成分相应地沿 $a_1a$ 和 $b_1b$ 变化。当温度到达四相平衡共晶温度 $t_E$ 时，液相的成分为 $L_E$，α 和 β 相的成分分别为 $\alpha_a$ 和 $\beta_b$，发生四相平衡共晶转变 $L_E\to\alpha_a+\beta_b+\gamma_c$，直至液相全部消失为止。此时合金的组织为：初晶 α + 两相共晶体（α + β）+ 三相共晶体（α + β + γ）。

继续降温时，α、β、γ 相的成分分别沿 $aa_0$、$bb_0$、$cc_0$ 变化，由于溶解度的改变，这三条曲线又都是同析线，即从每个固相中不断地析出另外两相，这个转变可以表示为：

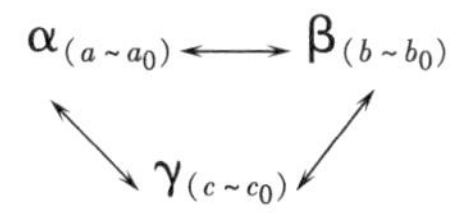


可以用同样的方法分析其他合金的结晶过程，图5-28中所标注的六个区域，可以反映该三元系各种类型合金的凝固特点，它们的平衡结晶过程及组织组成物和相组成物列于表 5-2 中。

**表 5-2　三元共晶相图中合金的结晶过程及其组织组成物与相组成物**

| 区域 | 冷却通过的曲面 | 转　变 | 组织组成物 | 相组成物 |
|---|---|---|---|---|
| Ⅰ | α 相液相面 $Ae_1Ee_3A$<br>α 相固相面 $Aa_1aa_2A$ | $L\to\alpha$<br>α 相凝固完毕 | α | α |
| Ⅱ | α 相液相面 $Ae_1Ee_3A$<br>α 相固相面 $Aa_1aa_2A$<br>α 相溶解度曲面 $a_1aa_0a_0'a_1$ | $L\to\alpha_{初}$<br>α 相凝固完毕<br>α 相均匀冷却 $\alpha\to\beta_{Ⅱ}$ | $\alpha_{初}+\beta_{Ⅱ}$ | α + β |
| Ⅲ | α 相液相面 $Ae_1Ee_3A$<br>α 相固相面 $Aa_1aa_2A$<br>α 相溶解度曲面 $a_1aa_0a_0'a_1$<br>三相区（α + β + γ）侧面 $aa_0b_0ba$ | $L\to\alpha_{初}$<br>α 相凝固完毕<br>α 相均匀冷却 $\alpha\to\beta_{Ⅱ}$<br>$\alpha\to\beta_{Ⅱ}+\gamma_{Ⅱ}$ | $\alpha_{初}+\beta_{Ⅱ}+\gamma_{Ⅱ}$ | α + β + γ |

（续）

| 区域 | 冷却通过的曲面 | 转　变 | 组织组成物 | 相组成物 |
|---|---|---|---|---|
| Ⅳ | α 相液相面 $Ae_1Ee_3A$<br>三相平衡共晶开始面 $a_1aEe_1a_1$<br>三相平衡共晶终了面 $a_1abb_1a_1$<br>溶解度曲面$a_1aa_0a_0'a_1$<br>$b_1bb_0b_0'b_1$ | $L \to \alpha_{初}$<br>$L \to \alpha+\beta$<br>$(\alpha+\beta)$ 共晶转变完毕<br>$\alpha \to \beta_{Ⅱ}$<br>$\beta \to \alpha_{Ⅱ}$ | $\alpha_{初}+(\alpha+\beta)+\alpha_{Ⅱ}+\beta_{Ⅱ}$ | $\alpha+\beta$ |
| Ⅴ | α 相液相面 $Ae_1Ee_3A$<br>三相平衡共晶开始面 $a_1aEe_1a_1$<br>三相平衡共晶终了面 $a_1abb_1a_1$<br>溶解度曲面$a_1aa_0a_0'a_1$<br>$b_1bb_0b_0'b_1$<br>三相区（$\alpha+\beta+\gamma$）侧面 $aa_0b_0ba$ | $L \to \alpha_{初}$<br>$L \to \alpha+\beta$<br>$(\alpha+\beta)$ 共晶转变完毕<br>$\alpha \to \beta_{Ⅱ}$<br>$\beta \to \alpha_{Ⅱ}$<br>$\alpha \to \beta_{Ⅱ}+\gamma_{Ⅱ}$，$\beta \to \alpha_{Ⅱ}+\gamma_{Ⅱ}$ | $\alpha_{初}+(\alpha+\beta)+\alpha_{Ⅱ}+\beta_{Ⅱ}+\gamma_{Ⅱ}$ | $\alpha+\beta+\gamma$ |
| Ⅵ | α 相液相面 $Ae_1Ee_3A$<br>三相平衡共晶开始面 $a_1aEe_1a_1$<br>四相平衡共晶面 $abc$<br>三相区（$\alpha+\beta+\gamma$）侧面 $abb_0a_0a$<br>$bcc_0b_0b$，$cc_0a_0ac$ | $L \to \alpha_{初}$<br>$L \to \alpha+\beta$<br>$L \to \alpha+\beta+\gamma$<br>$\alpha \to \beta_{Ⅱ}+\gamma_{Ⅱ}$<br>$\beta \to \alpha_{Ⅱ}+\gamma_{Ⅱ}$，$\gamma \to \alpha_{Ⅱ}+\beta_{Ⅱ}$ | $\alpha_{初}+(\alpha+\beta)+(\alpha+\beta+\gamma)+\alpha_{Ⅱ}+\beta_{Ⅱ}+\gamma_{Ⅱ}$ | $\alpha+\beta+\gamma$ |

## 第五节　三元相图总结

三元相图的种类繁多，结构复杂，以上仅以几种典型的三元相图为例，说明其立体结构模型、等温截面、变温截面、投影图及合金结晶过程的一些规律。现把所涉及的某些规律再进行归纳整理，掌握了这些规律，就可以举一反三，有助于对其他相图的分析和使用。

### 一、三元系的两相平衡

二元相图的两相区以一对共轭曲线为边界，三元相图的两相区以一对共轭曲面为边界，投影图上就有这两个面的投影。由于两相区的自由度为 2，所以无论是等温截面还是变温截面都截取一对曲线为边界的区域。在等温截面上，平衡相的成分由两相区的连接线确定，可以应用杠杆定律计算相的含量。当温度变化时，如果其中一个相的成分不变，则另一个相的成分沿不变相的成分点与合金成分点的延长线变化。如果两相成分均随温度而变化，则两相的成分按蝴蝶形规律变化。在变温截面上，只能判断两相转变的温度范围，不反映平衡相的成分，故不能用杠杆定律计算相的含量。

### 二、三元系的三相平衡

三元系的三相平衡，其自由度数为 1。三相平衡区的立体模型是一个三棱柱体，三条棱边为三个相成分的单变量线。三相区的等温截面是一个直边三角形，三个顶点即三个相的成分点，各连接一个单相区，三角形的三个边各邻接一个两相区，可以用重心法则计算各相的含量。在变温截面上，如果垂直截面截过三相区的三个侧面，则呈曲边三角形，三角形的顶点并不代表三个相的成分，所以不能用重心法则计算三个相的含量。

如何判断三相平衡为二元共晶反应还是二元包晶反应呢？一是从三相空间结构的连接线三角形随温度下降的移动规律进行判定，如图5-29所示。三相共晶和三相包晶的空间模型虽然都是三棱柱体，但其结构有所不同，a图中的αβ线为二元共晶线，位于中间的L为共晶点。加入第三组元之后，随着温度的降低，L的单变量线走在前面，α和β的单变量线在后面。b图的αL线为二元包晶线，中间的β为包晶点，加入第三组元后，随着温度的降低，α和L的单变量线在前面，β的单变量线在后面。凡是位于前面的都是参加反应相，位于后面的是反应生成相。故图5-29a为二元共晶反应，图5-29b为二元包晶反应。另一方面还可以从变温截面上三相区的曲边三角形来判定。如果垂直截面截过三相区的三个侧面，就会出现图5-30所示的两种不同的图形。

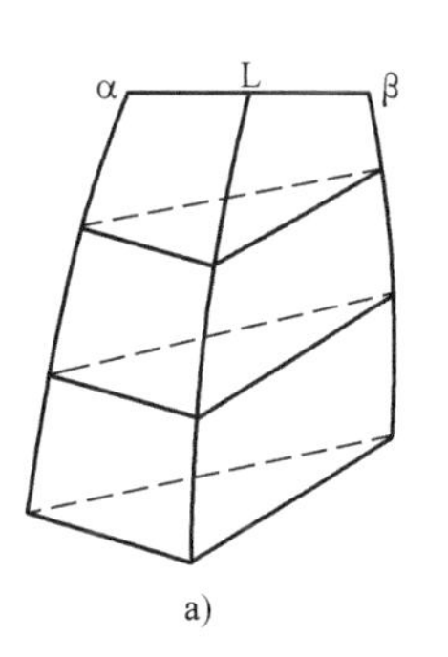


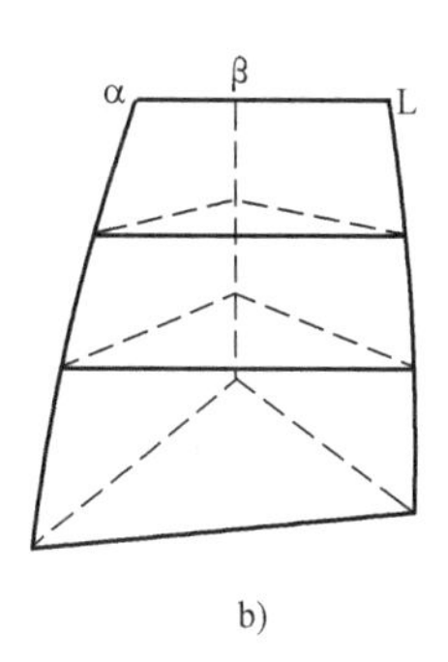


图5-29　三元相图中三相平衡的两种基本形式

a）共晶型　b）包晶型

两个曲边三角形的顶点均与单相区衔接，其中图5-30a居中的单相区（L）在三相平衡区上方；图5-30b居中的单相区（β）在三相平衡区的下方，遇到这种情况，可以立刻断定，图a中的三相区内发生二元共晶反应，图b的三相区内发生二元包晶反应，这与二元相图的情况非常相似，差别仅在于水平直线已改换为三角形。如果曲边三角形的三个顶点邻接的不是单相区，则不能据此判定反应的类型，而需要根据邻区分布特点进行分析。

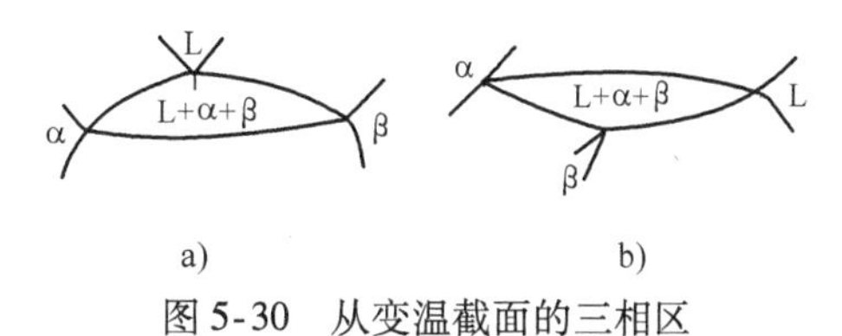


图5-30　从变温截面的三相区特点判断三相平衡反应

a）二元共晶反应　b）二元包晶反应

三相区的投影图就是三根单变量线的投影，这三条线两两组成三相区的三个二元共晶曲面，在看相图时要仔细辨认。

## 三、三元系的四相平衡

三元系的四相平衡，自由度数等于零，为恒温反应。如果四相平衡中有一相是液体，另三相是固体，则四相平衡可能有三种类型：

三元共晶反应　　$L \rightleftharpoons \alpha + \beta + \gamma$

包共晶反应　　$L + \alpha \rightleftharpoons \beta + \gamma$

三元包晶反应　　$L + \alpha + \beta \rightleftharpoons \gamma$

三元相图立体模型中的四相平衡是由四个成分点所构成的等温面，这四个成分点就是四个相的成分，因此，四相平面和四个单相区相连，以点接触；四相平衡时其中任两相之间也必然平衡，所以四个成分点中的任两点之间的连接线必然是两相区的连接线，这样的连接线共有六根，即四相平面和六个两相区相连，以线接触。四相平衡时其中任意三相之间也必然平衡，四个点中任三个点连成的三角形必然是三相区的连接三角形，这样的三角形共有四个，所以四相平面和四个三相区相连，以面接触。这一点最重要，因为根据三相区和四相平面的邻接关系，就可以确定四相平衡平面的反应性质。

四个三相区与四相平面的邻接关系有三种类型：

1）在四相平面之上邻接三个三相区，在四相平面之下邻接一个三相区。这样的四相平面为一三角形，三角形的三个顶点连接三个固相区，液相的成分点位于三角形之中。这种四相平衡反应为三元共晶反应。

2）在四相平面之上邻接两个三相区，在其之下邻接另两个三相区，这种四相平面为四边形，属于包共晶反应。反应式左边的两相（参加反应相）和反应式右边的两相（反应生成相）分别位于四边形对角线的两个端点。

3）在四相平面之上邻接一个三相区，在其之下邻接三个三相区，这种四相平衡属于三元包晶反应。四相平面为一三角形，参与反应相的三个成分点即三角形的顶点，反应生成相的成分点位于三角形之中。

四相平衡平面上下三相区的三种邻接关系总结于表 5-3 中。

**表 5-3　三元系三种四相平衡的相成分点和反应前后的三相平衡情况**

| 反应类型 | 三元共晶反应 $L \rightleftharpoons \alpha+\beta+\gamma$ | 包共晶反应 $L+\alpha \rightleftharpoons \beta+\gamma$ | 三元包晶反应 $L+\alpha+\beta \rightleftharpoons \gamma$ |
|---|---|---|---|
| 四相平衡时的相成分 | 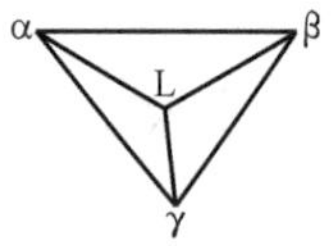 α β L γ | 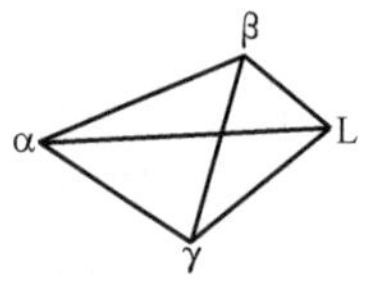 β α L γ | 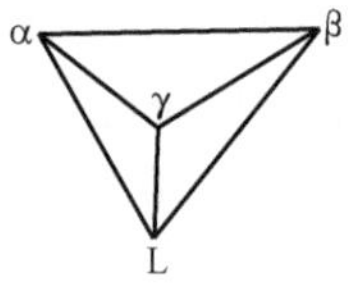 α β γ L |
| 反应前的三相平衡 | 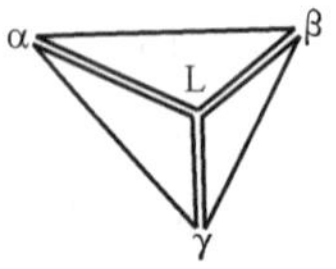 α β L γ | 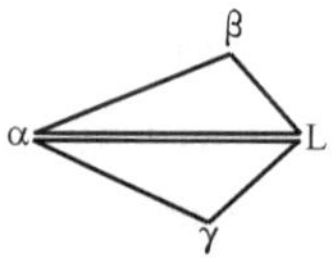 β α L γ | 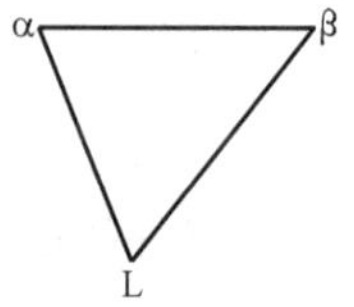 α β L |
| 反应后的三相平衡 | 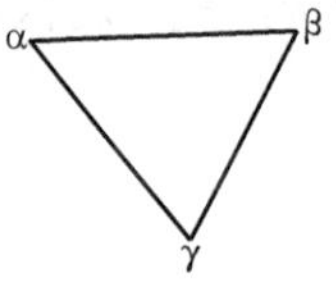 α β γ | 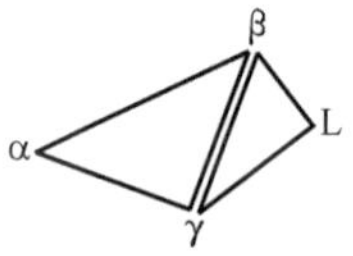 β α L γ | 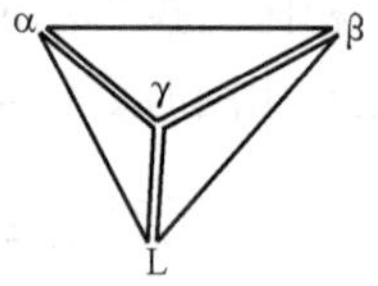 α β γ L |

从表中可以看出，对于三元共晶反应，反应之前为三个小三角形 Lαβ、Lαγ、Lβγ 所代表的三个三相平衡，反应之后则为一个大三角形 αβγ 所代表的三相平衡；三元包晶反应前后的三相平衡情况恰好与三元共晶反应相反；包共晶反应之前为两个三角形 Lαβ 和 Lαγ 所代表的三相平衡，反应之后则为另两个三角形 αβγ 和 Lβγ 所代表的三相平衡。

在等温截面图上，当截面温度稍高于四相平衡平面时，则三元共晶反应的有三个三相区，包共晶反应的有两个三相区，三元包晶反应的仅有一个三相区。当截面温度稍低于四相平面时，则三元共晶反应的有一个三相区，包共晶反应的有两个三相区，三元包晶反应的有三个三相区。

在变温截面图上，由于四相平面是一个水平面，所以四相区一定是一条水平线。如果垂直截面能都截过四个三相区，那么对于三元共晶反应，在四相水平线之上有三个三相区，水平线之下有一个三相区，如图 5-31a 所示。对于包共晶反应，在四相水平线之上有两个三相区，水平线之下也有两个三相区，如图 5-31b 所示。对于三元包晶反应，在四相水平线之上有一个三相区，水平线之下有三个三相区，如图 5-31c 所示。如果垂直截面不能同时与四个三相区相截，那么就不能靠变温截面图来判断四相反应的类型。

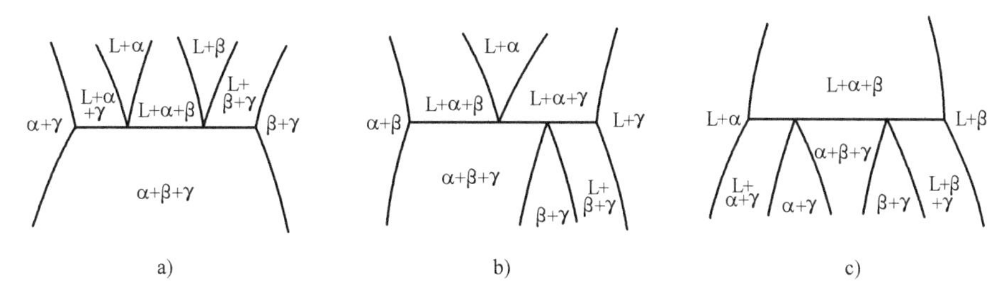


图 5-31　从截过四个三相区的变温截面上判断四相平衡类型

a) $L \rightleftharpoons \alpha+\beta+\gamma$　b) $L+\alpha \rightleftharpoons \beta+\gamma$　c) $L+\alpha+\beta \rightleftharpoons \gamma$

四相平衡平面和四个三相区相连，每一个三相区都有三根单变量线，四相平面必然与 12 根单变量线相连接。因此，投影图主要就反映这 12 根线的投影关系。根据单变量线的位置和温度走向，可以判断四相平衡类型，如图 5-32 所示。

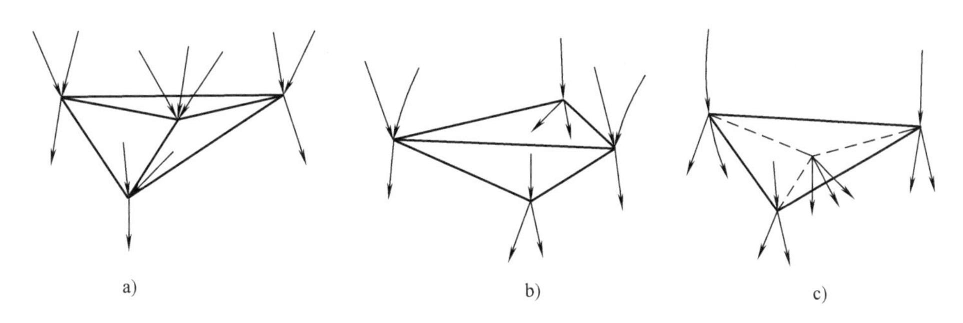


图 5-32　根据单变量线的位置和走向判断四相平衡类型

a) 三元共晶反应　b) 包共晶反应　c) 三元包晶反应

液相面的投影图应用十分广泛，等温线常用细实线画出并标明温度，液相单变量线常用粗实线画出并用箭头标明从高温到低温的方向。在以单变量线的走向判断四相反应类型时，最常用的是液相的单变量线。当三条液相单变量线相交于一点时，在交点所对应的温度必然发生四相平衡转变。若三条液相单变量线上的箭头同时指向交点，则在交点所对应的温度发生三元共晶转变（图 5-33a）；若两条液相单变量线的箭头指向

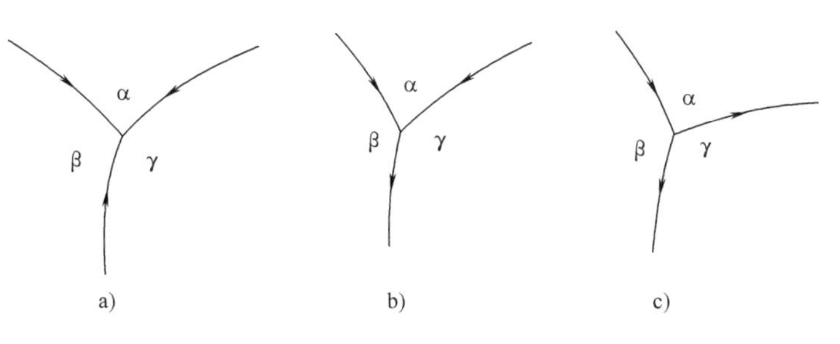


图 5-33　根据三条单变量线的走向判断四相平衡类型

a) $L \rightleftharpoons \alpha+\beta+\gamma$　b) $L+\alpha \rightleftharpoons \beta+\gamma$　c) $L+\alpha+\beta \rightleftharpoons \gamma$

交点，一条背离交点，此时发生包共晶转变（图5-33b）；若一条液相单变量线的箭头指向交点，两条背离交点，这种四相平衡属于包晶型（图5-33c）。反应式的写法遵循以下原则：三元共晶反应是由液相生成这三条液相单变量线组成的三个液相面所对应的相；包共晶反应是由液相和箭头指向交点的那两根单变量线组成的液相面所对应的相生成另两个液相面所对应的相；三元包晶反应是由液相以及箭头背离交点的两条液相单变量线外侧的两液相面所对应的相反应生成另一液相面所对应的相。根据以上原则，图5-33中三种类型的四相反应式可分别写为 a：L→α+β+γ；b：L+α→γ+β；c：L+α+β→γ。

图5-34为Cu-Al-Ni系的液相面的投影图。根据液相单变量线的温度走向，可以判断其四相反应类型，并写出反应式：$P_1$ 为包共晶反应，反应式为 L + $Ni_3Al$→α+β；$P_2$ 为包共晶反应，反应式为 L+γ→β+ε；$P_3$、$P_4$ 和 $P_5$ 均为包共晶反应，反应式依次为：L+β→ε+Y；L+ε→Y+CuAl；L+CuAl→Y+θ；$P_T$ 为包晶反应，反应式为：L+β+$Ni_2Al_3$→Y。

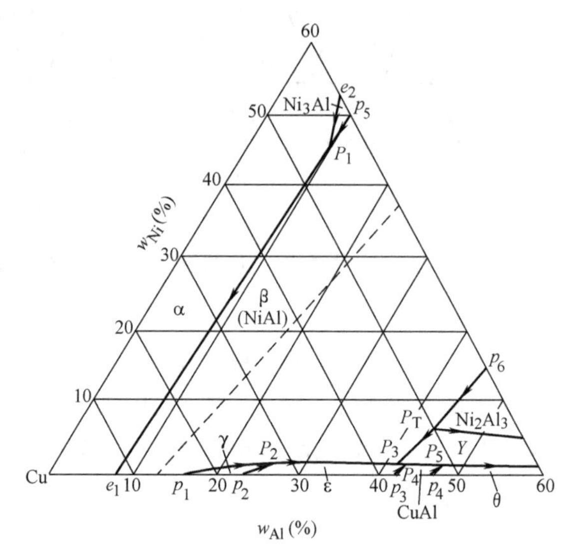


图5-34　Cu-Al-Ni系的液相面投影图

## 四、相区接触法则

二元系的相区接触法则同样适用于三元系的各种截面图，即相邻相区中的相数相差为1。

# 第六节　三元合金相图应用举例

## 一、Fe-C-Si三元系变温截面

铸铁中的碳和硅对铸铁的凝固过程及组织有着重大的影响。图5-35为Fe-C-Si三元系的两个变温截面，其中图 *a* 的含硅量 $w_{Si}$ = 2.4%，图b的含硅量 $w_{Si}$ = 4.8%，由此可知它们在成分三角形中都是平行于Fe-C边的。

两个变温截面与Fe-C相图十分相似，图中存在四个单相区：液相L、铁素体α、高温铁素体δ和奥氏体γ。此外还有七个两相区和三个三相区。在分析相图时，要设法搞清楚各相区转变的类型，两相区比较简单，很容易分析（例如，L+δ两相区是L⇌δ之间的两相平衡；L+γ是L⇌γ的两相平衡等），而判断三相区的转变类型就比较复杂。

L+δ+γ三相区是一曲边三角形，三个顶点分别与三个单相区相衔接，并且居中的单相区在三相区的下方，根据上节介绍的原则，可知该三相区中发生二元包晶转变L+δ→γ，它与二元相图中的包晶转变差别仅在于不是在等温下进行，而是在一个温度区间进行。

L+γ+C（石墨）三相区上面的顶点与单相区L相衔接，左面的顶点与单相区γ相连，但右面不与单相区相连接。由此可知，该截面未通过三棱柱体的三个侧面。在这种情况下，

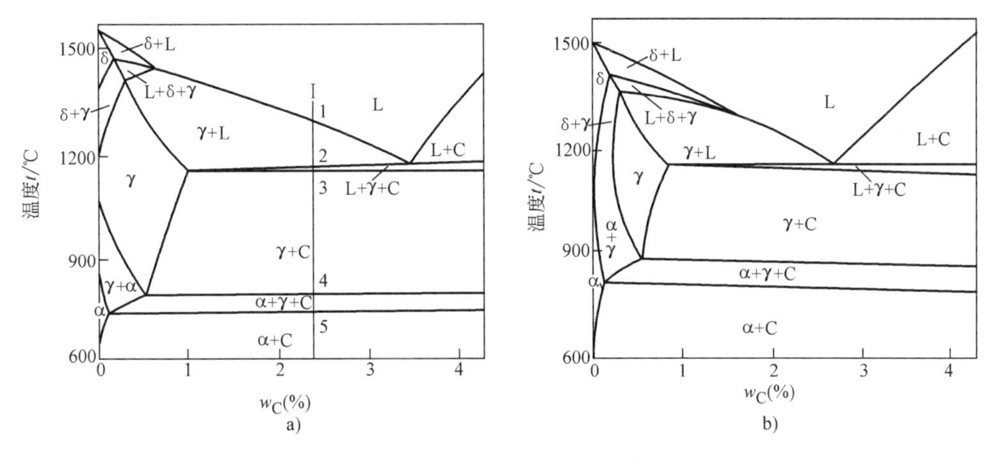


图 5-35　Fe-C-Si 三元系垂直截面

a）$w_{Si}=2.4\%$　b）$w_{Si}=4.8\%$

可根据与之相邻接的两相平衡区来判断它的转变类型：在 L + γ + C 三相区的下方是 γ + C 两相区，说明这里将要发生旧相 L 消失而形成 γ 和 C 的共晶转变，即 L→γ + C。用同样的方法可以判断在 γ + α + C 三相区发生的是 γ→α + C 的共析转变。此处的共晶转变和共析转变都是在一个温度区间进行。

现在以合金Ⅰ为例，分析其结晶过程。当温度高于 1 点时，合金处于液态；在 1 ~ 2 点之间，从液相中结晶出 γ，即 L→γ；从 2 点开始发生共晶转变，L→γ + C。冷却到 3 点，共晶转变结束；在 4 ~ 5 点之间发生共析转变，γ→α + C。在室温下该合金的相组成为铁素体和石墨。

利用 Fe-C-Si 三元系的变温截面可以确切地了解合金的相变温度，以作为制订热加工工艺的依据。例如，$w_{Si}=2.4\%$、$w_C=2.5\%$ 的灰铸铁，由于距共晶点很近，结晶温度间隔很小，所以它的流动性很好。在相图上可以直接读出该合金的熔点（≈1200℃），据此可确定它的熔炼温度和浇注温度。又如 $w_{Si}=2.4\%$、$w_C=0.1\%$ 的硅钢片，由截面图可知，只有将其加热到 980℃以上，才能得到单相奥氏体。因此，对这种钢进行轧制时，其始轧温度应为 1120 ~ 1190℃。

此外，从这两个截面图可以看出 Si 对 Fe-C 合金系的影响。随着硅含量的增加，包晶转变温度降低，共晶转变和共析转变温度升高，γ 相区逐渐缩小。而且，Si 使共晶点左移，从图可知，大约每增加 $w_{Si}=2.4\%$，就使共晶点的含碳量减少 $w_C=0.8\%$。也就是说，为了获得流动性好的共晶灰铸铁，对于 $w_C=3.5\%$ 的铁碳合金，只要加入质量分数为 2.4% 的 Si 即可。

## 二、Fe-C-Cr 三元系等温截面

图 5-36 为 Fe-C-Cr 三元系在 1150℃的等温截面，C 和 Cr 的含量在这里是用直角坐标表示的。当研究的合金成分以一个组元为主，含其他两个组元很少时，为了把这部分相图能清楚地表示出来，常采用直角坐标系。

图中有六个单相区、九个两相区和四个三相区。由于存在液相区 L，表明有些合金在

1150℃已经熔化。$C_1$、$C_2$ 和 $C_3$ 分别表示碳化物（Cr，Fe）$_7C_3$、（Cr，Fe）$_{23}C_6$、（Fe，Cr）$_3$C。

利用等温截面图可以分析合金在该温度下的相组成，并可运用杠杆定律和重心法则对合金的相组成进行定量计算。下面以几个典型合金为例进行分析。

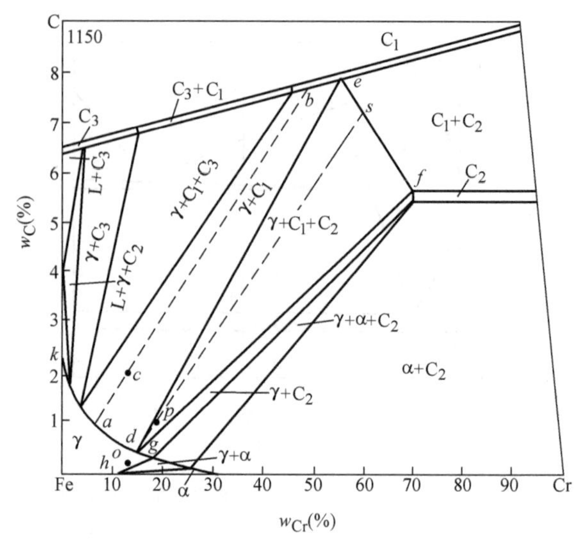


图 5-36　Fe-C-Cr 三元系的等温截面

**（一）2Cr13 不锈钢**（$w_{Cr}=13\%$、$w_C=0.2\%$）

从 Fe-Cr 轴上的 $w_{Cr}=13\%$ 处和 Fe-C 轴上的 $w_C=0.2\%$ 处分别作坐标轴的垂线，两条垂线的交点 $o$ 就是合金的成分点。$o$ 点落在 γ 单相区中，表明这个合金在 1150℃时的相组成为单相奥氏体。

**（二）Cr12 模具钢**（$w_{Cr}=13\%$、$w_C=2\%$）

合金的成分点 $c$，落在 $\gamma+C_1$ 两相区，说明该合金在 1150℃处于奥氏体与（Cr，Fe）$_7C_3$ 两相平衡状态。为了计算相的含量，需要作出两平衡相间的连接线。近似的画法是将两条相界直线延长相交，自交点向 $c$ 作直线，$acb$ 即为近似的连接线。由 $a$、$b$ 两点可读出，γ 相中 $w_{Cr}$约 7%，$w_C$ 约 0.95%；$C_1$ 相中 $w_{Cr}$约 47%，$w_C$ 约 7.6%。这样，用杠杆定律就可求出：

$$w_\gamma=\frac{cb}{ab}=\frac{7.6-2}{7.6-0.95}\times100\%=84.2\%$$

$$w_{C_1}=(100-84.2)\%=15.8\%$$

计算结果表明，当加热到 1150℃时，Cr12 模具钢仍有大约 15.8% 的碳化物未能溶入奥氏体。

**（三）Cr18 不锈钢**（$w_{Cr}=18\%$、$w_C=1\%$）

合金的成分点 $p$ 位于 $\gamma+C_1+C_2$ 三相区内，表明在 1150℃时该合金处于 γ 与 $C_1$ 和 $C_2$ 三相平衡状态，连接三角形的三个顶点 $d$、$e$、$f$ 分别代表三个平衡相 γ、$C_1$ 和 $C_2$ 的成分。根据重心法则可以计算出三个相的相对含量。首先连接 $dp$ 交 $ef$ 于 $s$ 点，则

$$w_\gamma=\frac{ps}{ds}\times100\%$$

$$w_{C_1}=\frac{sf}{ef}(1-w_\gamma)\times100\%$$

$$w_{C_2}=\frac{es}{ef}(1-w_\gamma)\times100\%$$

## 三、Al-Cu-Mg 三元系液相面投影图

图 5-37 是 Al-Cu-Mg 三元系富铝部分的液相面投影图。图中的细实线为等温线，带箭头的粗实线是液相面交线的投影，也是三相区液相单变量线的投影。其中一条单变量线上有两个方向相反的箭头。

这部分投影图的液相面由七块组成，因此，相对应的初生相也有七个，这在图中均已标明。其中的 α-Al 是以铝为基的固溶体，θ($CuAl_2$)、β($Mg_2Al_3$)、γ($Mg_{17}Al_{12}$) 是二元化合物，S($CuMgAl_2$)、T[$Mg_{32}(Al,Cu)_{40}$] 及Q($Cu_3Mg_6Al_7$) 是三元化合物。液相单变量线的交点共四个，分别为 $E_T$、$P_1$、$P_2$、$E_u$，对应有四个四相平衡转变。根据上节介绍的判断反应类型的方法，这些四相平衡反应应该是：

$E_T$ 温度下　　L→α + θ + S

$P_1$ 温度下　　L + Q→S + T

$P_2$ 温度下　　L + S→α + T

$E_u$ 温度下　　L + T→α + β

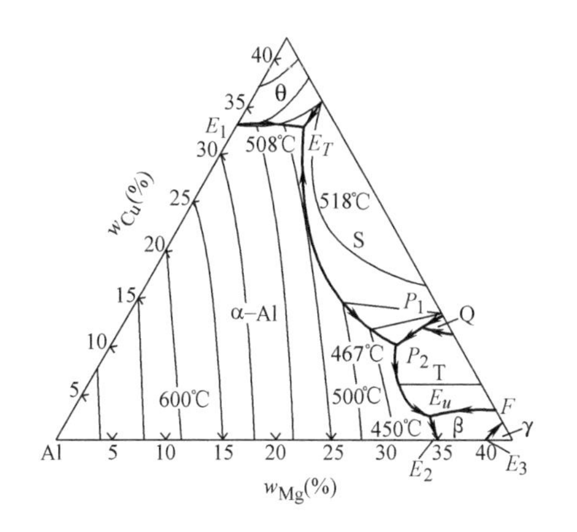


图 5-37　Al-Cu-Mg 三元系液相面投影

2A12 是航空工业中广泛应用的硬铝型合金，常用作飞机的蒙皮和骨架，其化学成分为 Al-4.5%Cu-1.5%Mg。由图 5-37 可以查知，其熔点约为 645℃，初生相为 α。

图 5-38 为 Al-Cu-Mg 三元系溶解度面等温线投影图，表示溶解度随温度下降时的变化情况。图中用细实线表示等温线，并标明温度。此外还用细实线画出不同温度下的三相区的两条直边，以反映不同温度下的单相区、两相区和三相区所占的范围。

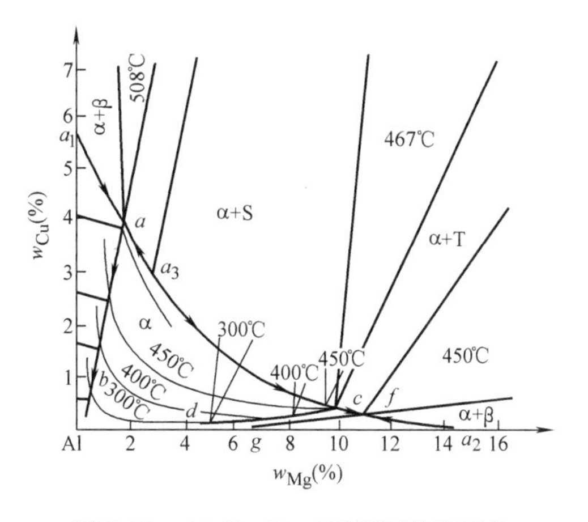


图 5-38　Al-Cu-Mg 三元相图的富铝角

$a_1aa_3cfa_2$ 线表示 α 相的最大固溶度范围，箭头方向表示 α 固溶体在凝固过程中的成分变化。凝固完毕后，随着温度的降低，固溶度不断减小，$ab$、$cd$ 和 $fg$ 线分别表示从 α 固溶体中同时析出两种次生相（θ + S)、(S + T）和（T + β）的同析线。

## 习　题

5-1　试在 $ABC$ 成分三角形中，点出下列合金的位置：

1）$w_B = 10\%$，$w_C = 10\%$，其余为 $A$；

2）$w_B = 20\%$，$w_C = 15\%$，其余为 $A$；

3）$w_B = 30\%$，$w_C = 15\%$，其余为 $A$；

4）$w_B = 20\%$，$w_C = 30\%$，其余为 $A$；

5）$w_C = 40\%$，$A$ 和 $B$ 组元的质量比为 1:4；

6）$w_A = 30\%$，$B$ 和 $C$ 组元的质量比为 2:3。

5-2　在成分三角形中找出 $P$($w_A = 70\%$、$w_B = 20\%$、$w_C = 10\%$)、$Q$($w_A = 30\%$、$w_B = 50\%$、$w_C = 20\%$) 和 $N$($w_A = 30\%$、$w_B = 10\%$、$w_C = 60\%$) 合金的位置，然后将 5kg$P$ 合金、5kg$Q$ 合金和 10kg$N$ 合金熔合在一

起，试问新合金的成分如何。

5-3　试比较匀晶型三元相图的变温截面与二元相图的异同，并举合金的结晶过程为例说明。

5-4　根据 *A-B-C* 三元共晶投影图（图 5-39），分析合金 $n_1$、$n_2$ 和 $n_3$（*E* 点）三种合金的结晶过程，绘出冷却曲线和室温下的组织示意图，并求出结晶完成后的组织组成物和相组成物的含量，作出 *Bb* 变温截面。

5-5　绘出图 5-40 中 1、2、3 和 4 合金的冷却曲线和室温下的组织示意图。

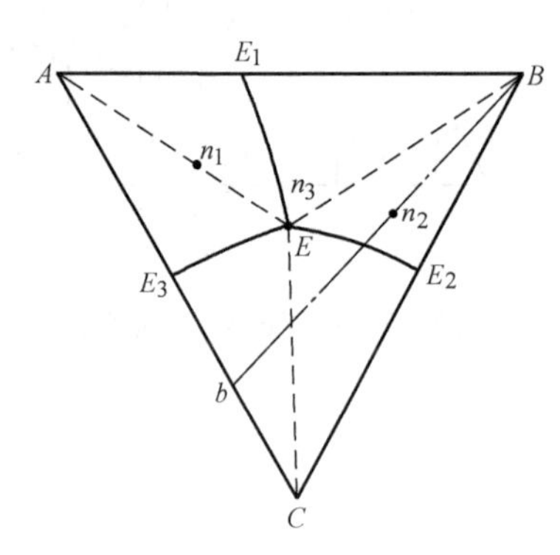


图 5-39　题 5-4 图

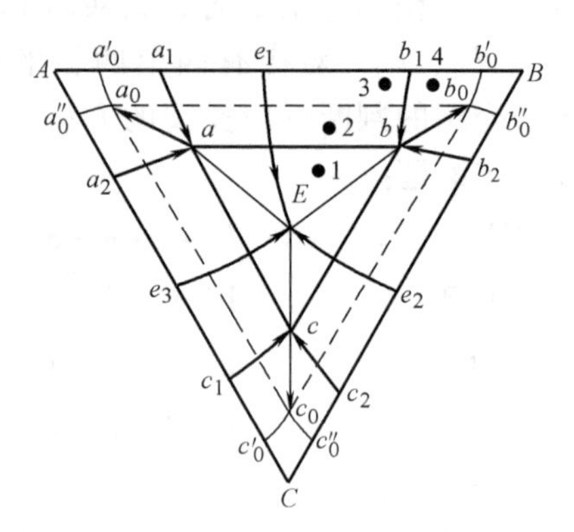


图 5-40　三元共晶系的投影图

5-6　绘出图 5-27 中的①、②、③、④和⑤合金的冷却曲线和室温下的组织示意图。

5-7　在 Al-Cu-Mg 三元系液相面投影图（图 5-37）中标出 $w_{Cu}=5\%$、$w_{Mg}=5\%$、$w_{Al}=90\%$ 和 $w_{Cu}=20\%$、$w_{Mg}=20\%$、$w_{Al}=60\%$ 两合金的成分点，并指出其初生相及开始结晶的温度。

5-8　根据 Al-Cu-Mg 三元相图 200℃、500℃和 510℃等温截面（图 5-41），回答下述问题：

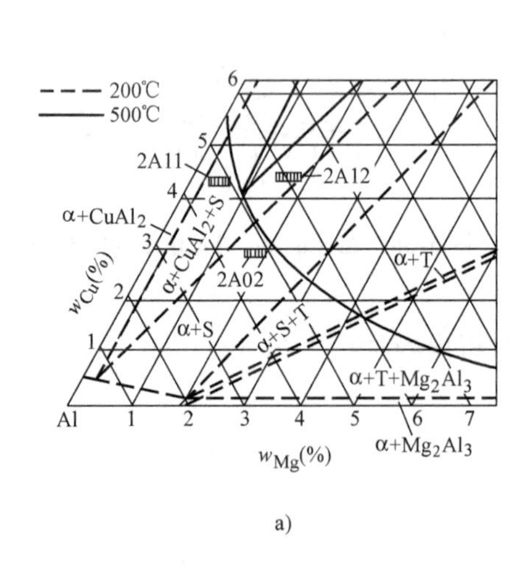


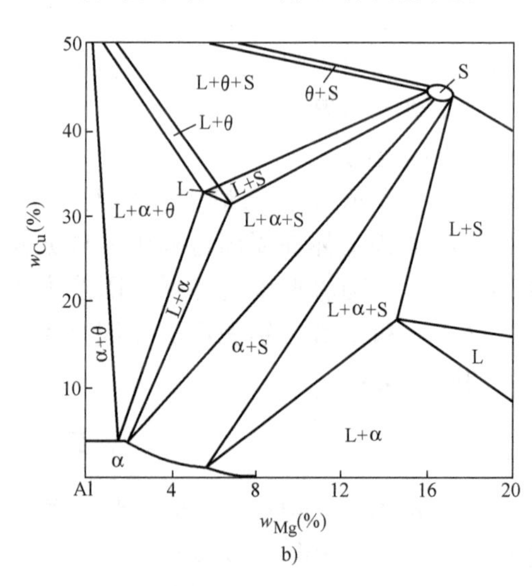


图 5-41　Al-Cu-Mg 系的等温截面

a）200℃、500℃等温截面　b）510℃等温截面

1）写出 2A02、2A11 和 2A12 合金的化学成分。

2）上述三个合金在 500℃和 200℃由哪些相组成？

3）如果将上述三个合金加热到 510℃，哪个合金会出现过烧现象（即有液相存在）？

5-9　利用 $w_{Cr}=13\%$ 的 Fe-Cr-C 变温截面（图 5-42）分析：

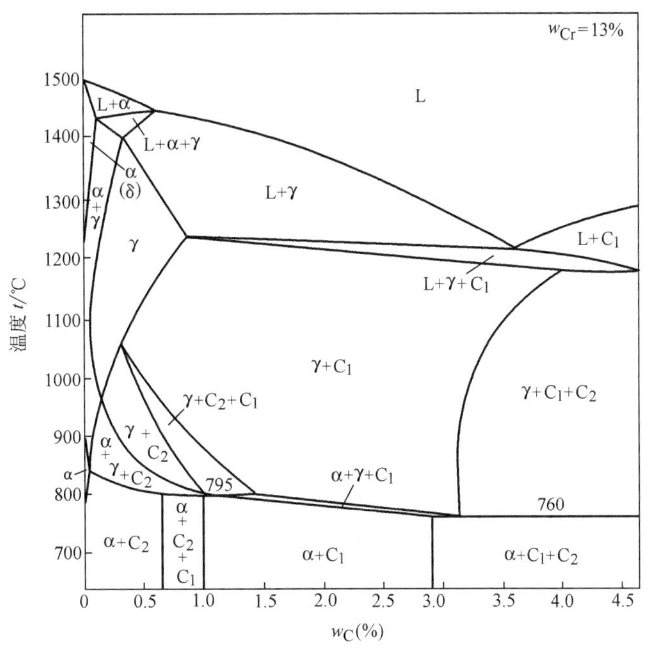


图 5-42　$w_{Cr}=13\%$ 的 Fe-Cr-C 三元系变温截面

1）$w_C=0.2\%$ 的合金从液态到室温的平衡结晶过程。若将此合金加热至 1000℃，这时的相组成如何？

2）$w_C=2\%$ 的合金从液态到室温时的平衡结晶过程。为何会在组织中出现粗大碳化物？

5-10　图 5-43 为 Fe-W-C 三元系的液相面投影图，写出其中各四相平衡反应式。

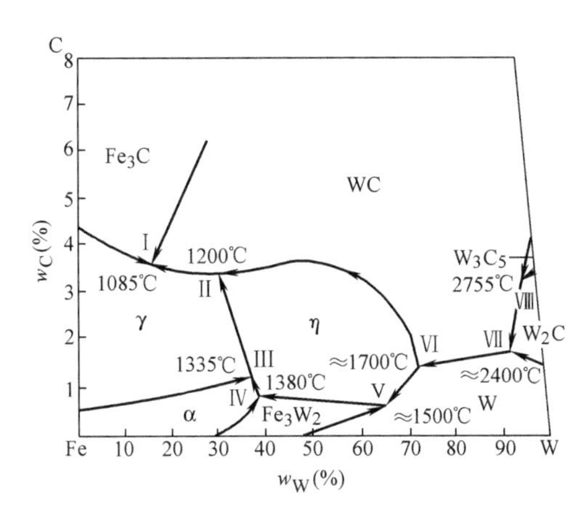


图 5-43　Fe-W-C 三元系的液相面投影图

Chapter 6

# 第六章 金属及合金的塑性变形与断裂

铸态组织往往具有晶粒粗大且不均匀、组织不致密和成分偏析等缺陷，所以金属材料经冶炼浇注后大多数要进行各种压力加工（如轧制、锻造、挤压、拉丝和冲压等），制成型材和工件。金属材料经压力加工变形后，不仅改变了其外形尺寸，而且也使内部组织和性能发生变化。例如，经冷轧、冷拉等冷塑性变形后，金属的强度显著提高而塑性下降；经热轧、锻造等热塑性变形后，强度的提高虽不明显，但塑性和韧性较铸态时有明显改善。若压力加工工艺不当，使其变形量超过金属的塑性值，则将产生裂纹或断裂。

由此可见，探讨金属及合金的塑性变形规律具有十分重要的理论和实际意义。一方面可以揭示金属材料强度和塑性的实质，并由此探索强化金属材料的方法和途径；另一方面为处理生产上各种有关塑性变形问题提供重要的线索和参考，或作为改进加工工艺和提高加工质量的依据。

本章主要讨论金属及合金的冷塑性变形，对于断裂只进行扼要的介绍。

## 第一节　金属的变形特性

金属在外力（载荷）的作用下，首先发生弹性变形，载荷增加到一定值后，除了发生弹性变形外，同时还发生塑性变形，即弹塑性变形。继续增加载荷，塑性变形也将逐渐增大，直至金属发生断裂。金属在外力作用下的变形过程可分为弹性变形、弹塑性变形和断裂三个连续的阶段。为了研究金属受力变形特性，一般都利用拉伸试验测得的“载荷-变形曲线”或“应力-应变曲线”。

### 一、工程应力-应变曲线

低碳钢的应力-应变曲线如图 6-1 所示。在工程应用中，应力和应变是按下式计算的：

应力（工程应力或名义应力）

$$\sigma = \frac{F}{S_0}$$

应变（工程应变或名义应变）

$$\varepsilon = \frac{L - L_0}{L_0}$$

式中，$F$ 为载荷；$S_0$ 为试样的原始截面面积；$L_0$ 为试样的原始标距长度；$L$ 为试样变形后的长度。

这种应力-应变曲线通常称为工程应力-应变曲线，它与载荷-变形曲线相似，只是坐标不同。从此曲线上，可以看出低碳钢的变形过程有如下特点：

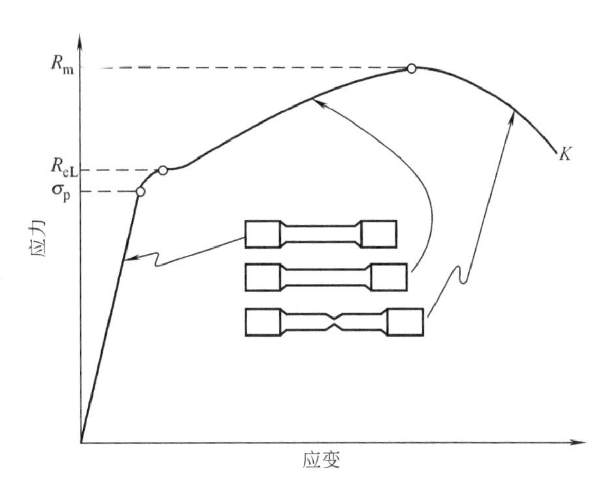


图 6-1　低碳钢的应力-应变曲线

当应力低于 $\sigma_p$ 时，应力与试样的应变成正比，应力去除，变形消失，即试样处于弹性变形阶段，$\sigma_p$ 为材料的比例极限，它表示材料保持均匀弹性变形时的最大应力。

当应力超过 $\sigma_p$ 后，应力与应变之间的直线关系被破坏，并出现屈服平台或屈服齿。如果卸载，试样的变形只能部分恢复，而保留一部分残余变形，即塑性变形，这说明钢的变形进入弹塑性变形阶段。$R_{eL}$ 称为材料的屈服强度，对于无明显屈服的金属材料，规定以产生 0.2% 规定塑性延伸率的应力值为其屈服强度，称为规定塑性延伸强度。$R_{eL}$ 或 $R_{p0.2}$ 均表示材料对起始微量塑性变形的抗力。

当应力超过 $R_{eL}$ 后，试样发生明显而均匀的塑性变形，若使试样的应变增大，则必须增加应力值，这种随着塑性变形的增大，塑性变形抗力不断增加的现象称为加工硬化或形变强化。当应力达到 $R_m$ 时，试样的均匀变形阶段即告终止，此最大应力值 $R_m$ 称为材料的强度极限或抗拉强度，它表示材料对最大均匀塑性变形的抗力。

在 $R_m$ 值之后，试样开始发生不均匀塑性变形并形成缩颈，应力下降，最后应力达 $\sigma_K$ 时试样断裂。$\sigma_K$ 为材料的条件断裂强度，它表示材料对塑性变形的极限抗力。应当指出，断裂作为金属丧失连续性的过程并不是在 $K$ 点突然发生的，而是在 $K$ 点之前就已开始，$K$ 点只是断裂过程的最终表现，这种产生一定量塑性变形后的断裂称为塑性断裂。

材料的塑性是指材料在断裂前的塑性变形量，通常用断后伸长率 $A$ 和断面收缩率 $Z$ 来表征：

$$A = \frac{L_u - L_0}{L_0} \times 100\%$$

式中，$L_0$、$L_u$ 分别为试样断裂前后的标距长度。

$$Z = \frac{S_0 - S_u}{S_0} \times 100\%$$

式中，$S_0$、$S_u$ 分别为试样断裂前后的横截面面积。

材料对断裂的抵抗能力常称为材料的韧性，可由曲线下的面积进行量度。

不同的金属材料可能有不同类型的应力-应变曲线。铝、铜及其合金、经热处理的钢材的应力-应变曲线如图 6-2a 所示，其特点是没有明显的屈服平台；铝青

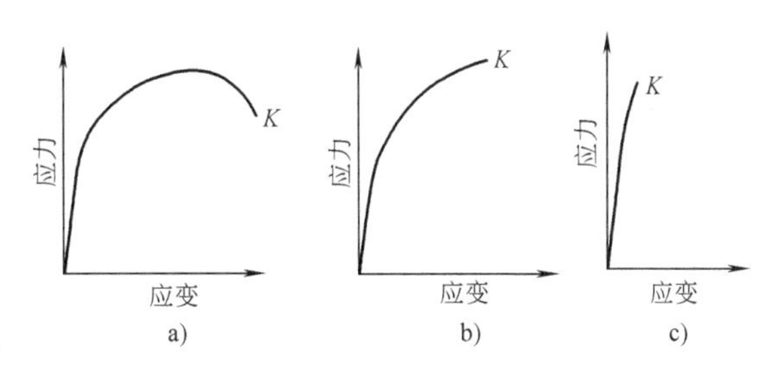


图 6-2　不同类型的工程应力-应变曲线

铜和某些奥氏体钢，在断裂前虽也产生一定量的塑性变形，但不形成缩颈（图 6-2b）；而某些脆性材料，如淬火状态下的中、高碳钢，灰铸铁等，在拉伸时几乎没有明显的塑性变形，即发生断裂（图 6-2c）。

## 二、真应力-真应变曲线

上述应力-应变曲线中的应力和应变是以试样的初始尺寸进行计算的，事实上，在拉伸过程中试样的尺寸是在不断变化的，此时的真实应力 $\sigma_t$ 应该是瞬时载荷 $F$ 除以试样的瞬时截面面积 $S$，即

$$\sigma_t = \frac{F}{S}$$

同样，真实应变为：

$$\varepsilon_t = \int_{L_0}^{L} \frac{dL}{L} = \ln \frac{L}{L_0}$$

图 6-3 是真应力-真应变曲线，它不像工程应力-应变曲线那样在载荷达到最大值后转而下降，而是继续上升直至断裂，这说明金属在塑性变形过程中不断地发生加工硬化，从而外加应力必须不断增大，才能使变形继续进行，即使在出现缩颈之后，缩颈处的真应力仍在升高，这就排除了工程应力-应变曲线中应力下降的假象。

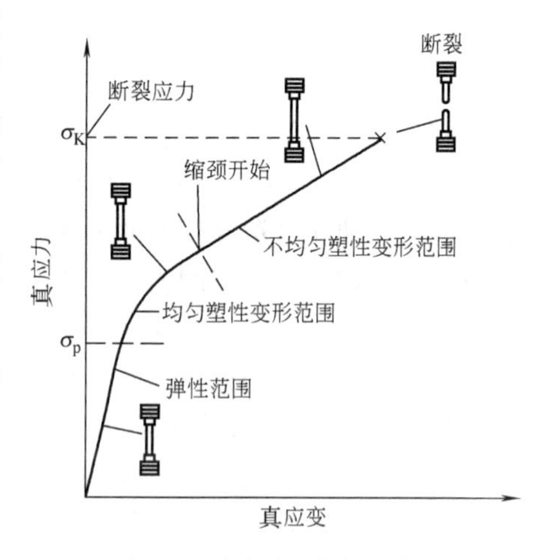

图 6-3　真应力-真应变曲线

通常把均匀塑性变形阶段的真应力-真应变曲线称为流变曲线，它可以用以下经验公式表达：

$$\sigma_t = K\varepsilon_t^n \text{ 或 } \ln\sigma_t = \ln K + n\ln\varepsilon_t$$

式中，$K$ 为常数；$n$ 为加工硬化指数，它表征金属在均匀变形阶段的加工硬化能力。$n$ 值越大，则变形时的加工硬化越显著。大多数金属材料的 $n$ 值在 0.10 ~ 0.50 范围内，取决于材料的晶体结构和加工状态。

## 三、金属的弹性变形

弹性是金属的一种重要特性，弹性变形是塑性变形的先行阶段，而且在塑性变形阶段中还伴生着一定的弹性变形。

金属弹性变形的实质就是金属晶格在外力作用下产生的弹性畸变。从双原子模型可以看出弹性变形的实质（图 1-2）。当未加外力时，晶体内部的原子处于平衡位置，它们之间的相互作用力为零，此时原子间的作用能也最低。当金属受到外力后，其内部原子偏离平衡位置，由于所加的外力未超过原子间的结合力，所以外力与原子间的结合力暂时处于平衡。当外力去除后，在原子间结合力的作用下，原子立即恢复到原来的平衡位置，金属晶体在外力作用下产生的宏观变形便完全消失，这样的变形就是弹性变形。

在弹性变形阶段应力与应变呈线性关系，服从胡克定律，即

在正应力下　$\sigma = E\varepsilon$

在切应力下　　　　　　　　　　　　$\tau = G\gamma$

式中，$\sigma$ 为正应力；$\varepsilon$ 为正应变；$E$ 为正弹性模量；$\tau$为切应力；$\gamma$ 为切应变；$G$ 为切变模量。由此可知，弹性模量 $E$、切变模量 $G$ 是应力-应变曲线上直线部分的斜率，弹性模量 $E$ 或切变模量 $G$ 越大，弹性变形越不容易进行。因此，弹性模量 $E$、切变模量 $G$ 是表征金属材料对弹性变形的抗力。工程上经常将构件产生弹性变形的难易程度称为构件的刚度。拉伸件的截面刚度常用 $A_0E$ 表示。其中，$A_0$ 为拉伸件的截面面积。$A_0E$ 越大，拉伸件的弹性变形越小。因此，$E$ 是决定构件刚度的材料性能，又称为材料的刚度，它在工程选材时有重要意义。例如，镗床的镗杆，它的弹性变形越小，则加工精度越高，因此，在设计镗杆时除了要有足够的截面面积，还应选用弹性模量高的材料。

金属的弹性模量是一个对组织不敏感的性能指标，它取决于原子间结合力的大小，其数值只与金属的本性、晶体结构、晶格常数等有关，金属材料的合金化、加工过程及热处理对它的影响很小。表 6-1 列出了部分常用金属的弹性模量。

**表 6-1　一些金属材料室温下的弹性模量与切变模量**　　　　（单位：GPa）

| 金属类别 | *E* | | | *G* | | |
|---|---|---|---|---|---|---|
| | 单晶体 | | 多晶体 | 单晶体 | | 多晶体 |
| | 最大值 | 最小值 | | 最大值 | 最小值 | |
| 铝 | 76.1 | 63.7 | 70.3 | 28.4 | 24.5 | 26.1 |
| 铜 | 191.1 | 66.7 | 129.8 | 75.4 | 30.6 | 48.3 |
| 金 | 116.7 | 42.9 | 78.0 | 42.0 | 18.8 | 27.0 |
| 银 | 115.1 | 43.0 | 82.7 | 43.7 | 10.3 | 30.3 |
| 铅 | 38.6 | 13.4 | 18.0 | 14.4 | 4.9 | 6.2 |
| 铁 | 272.7 | 125.0 | 211.4 | 115.8 | 59.9 | 81.6 |
| 钨 | 384.6 | 384.6 | 411.0 | 151.4 | 151.4 | 160.6 |
| 镁 | 50.6 | 42.9 | 44.7 | 18.2 | 16.7 | 17.3 |
| 锌 | 123.5 | 34.9 | 100.7 | 48.7 | 27.3 | 39.4 |
| 钛 | — | — | 115.7 | — | — | 43.8 |
| 铍 | — | — | 260.0 | — | — | — |
| 镍 | — | — | 199.5 | — | — | 76.0 |

# 第二节　单晶体的塑性变形

当应力超过弹性极限后，金属将产生塑性变形。尽管工程上应用的金属及合金大多为多晶体，但为方便起见，还是首先研究单晶体的塑性变形，这是因为多晶体的塑性变形与各个晶粒的变形行为相关联，因而掌握了单晶体的变形规律，将有助于了解多晶体的塑性变形本质。

在常温和低温下金属塑性变形主要通过滑移方式进行，此外，还有孪生等其他方式。

## 一、滑移

### （一）滑移带

如果将表面抛光的单晶体金属试样进行拉伸，当试样经适量的塑性变形后，在金相显微镜下可以观察到，在抛光的表面上出现许多相互平行的线条，这些线条称为滑移带，如图6-4所示。用电子显微镜观察，发现每条滑移带均是由一组相互平行的滑移线所组成的，这些滑移线实际上是在塑性变形后在晶体表面产生的一个个小台阶（图6-5），其高度约为1000个原子间距。相互靠近的一组小台阶在宏观上的反映是一个大台阶，这就是滑移带。用X射线对变形前后的晶体进行结构分析，发现晶体结构未发生变化。以上事实说明，晶体的塑性变形是晶体的一部分相对于另一部分沿某些晶面和晶向发生滑动的结果，这种变形方式称为滑移。当滑移的晶面移出晶体表面时，在滑移晶面与晶体表面的相交处，即形成了滑移台阶，一个滑移台阶就是一条滑移线，每一条滑移线所对应的台阶高度，标志着某一滑移面的滑移量，这些台阶的累积就造成了宏观的塑性变形效果。

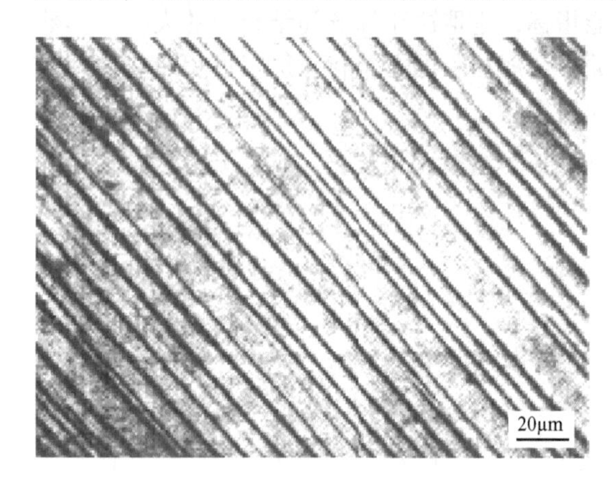


图6-4　铜中的滑移带

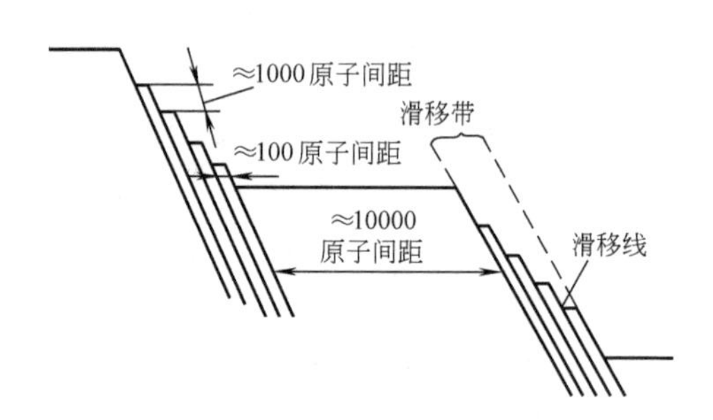


图6-5　滑移线和滑移带示意图

对滑移带的观察还表明了塑性变形的不均匀性。在滑移带内，每条滑移线间的距离约为100原子间距，而滑移带间的彼此距离约为10000原子间距，这说明，滑移集中发生在一些晶面上，而滑移带或滑移线间的晶体层片则未产生变形。滑移带的发展过程首先是出现滑移线，到后来才发展成带，并且滑移线的数目总是随着变形程度的增大而增多，它们之间的距离则在不断地缩短。

**（二）滑移系**

如前所述，滑移是晶体的一部分沿着一定的晶面和晶向相对于另一部分做相对的滑动，这种晶面称为滑移面，晶体在滑移面上的滑动方向称为滑移方向。一个滑移面和此面上的一个滑移方向结合起来，组成一个滑移系。滑移系表示金属晶体在发生滑移时滑移动作可能采取的空间位向。当其他条件相同时，金属晶体中的滑移系越多，则滑移时可供采用的空间位向也越多，故该金属的塑性也越好。

金属的晶体结构不同，其滑移面和滑移方向也不同。几种常见金属的滑移面及滑移方向见表6-2。

一般说来，滑移面总是原子排列最密的晶面，而滑移方向也总是原子排列最密的晶向。这是因为在晶体的原子密度最大的晶面上，原子间的结合力最强，而面与面之间的距离却最大，即密排晶面之间的原子间结合力最弱，滑移的阻力最小，因而最易于滑移。沿原子密度最大的晶向滑动时，阻力也最小。

**表 6-2　三种常见金属结构的滑移系**

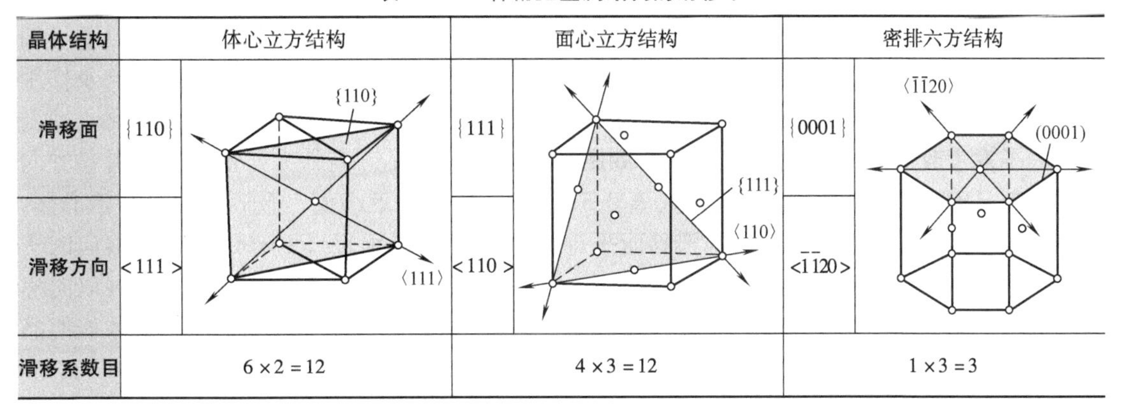


| 晶体结构 | 体心立方结构 | | 面心立方结构 | | 密排六方结构 | |
|---|---|---|---|---|---|---|
| 滑移面 | {110} | | {111} | | {0001} | |
| 滑移方向 | <111> | | <110> | | <$\bar{1}\bar{1}20$> | |
| 滑移系数目 | 6×2=12 | | 4×3=12 | | 1×3=3 | |

面心立方金属的密排面是 {111}，滑移面共有 4 个。密排晶向，即滑移方向为 <110>，每个滑移面上有 3 个滑移方向，因此共有 12 个滑移系。晶体在实际滑移时，不能沿着这 12 个滑移系同时滑移，只能沿着位向最有利的滑移系产生滑移。体心立方金属的滑移面为 {110}，共有 6 个滑移面，滑移方向为 <111>，每个滑移面上有 2 个滑移方向，因此共有 12 个滑移系。密排六方金属的滑移面在室温时只有 {0001} 1 个，滑移方向为 <$\bar{1}\bar{1}20$>，滑移面上有 3 个滑移方向，所以它的滑移系只有 3 个。由此可以看出，面心立方和体心立方金属的塑性较好，而密排六方金属的塑性较差。

然而，金属塑性的好坏，不只是取决于滑移系的多少，还与滑移面上原子的密排程度和滑移方向的数目等因素有关。例如 α-Fe，它的滑移方向不及面心立方金属多；同时其滑移面上的原子密排程度也比面心立方金属低，因此，它的滑移面间距离较小，原子间结合力较大，必须在较大的应力作用下才能开始滑移，所以它的塑性要比铜、铝、银、金等面心立方金属差些。

### （三）滑移的临界分切应力

滑移是在切应力的作用下发生的。当晶体受力时，并不是所有的滑移系都同时开动，而是由受力状态决定。晶体中的某个滑移系是否发生滑移，取决于力在滑移面内沿滑移方向上的分切应力大小。当分切应力达到一定的临界值时，滑移才能开始，此应力称为临界分切应力，它是使滑移系开动的最小分切应力。

临界分切应力可根据图 6-6 求得。设有一圆柱形金属单晶体受到轴向拉力 $F$ 的作用，晶体的横截面面积为 $A$，$F$ 与滑移方向的夹角为 $\lambda$，与滑移面法线的夹角为 $\phi$，那么，滑移面的面积应为 $A/\cos\phi$，$F$ 在滑移方向上的分力为 $F\cos\lambda$。这样，外力 $F$ 在滑移方向上的分切应力为：

$$\tau = \frac{F\cos\lambda}{A/\cos\phi} = \frac{F}{A}\cos\phi\cos\lambda$$

当外力 $F$ 增加，使拉伸应力 $F/A$ 达到屈服强度 $R_{eL}$ 时，这一滑移系中的分切应力达到临界值 $\tau_K$，晶体就在该滑移系上开始滑移，临界分切应力为：

$$\tau_K = R_{eL}\cos\phi\cos\lambda$$

或

$$R_{eL} = \frac{\tau_K}{\cos\phi\cos\lambda}$$

式中，$\cos\phi\cos\lambda$ 称为取向因子。

临界分切应力$\tau_K$ 的数值大小取决于金属的晶体结构、纯度、加工状态、试验温度与加载速度。当条件一定时，各种晶体的临界分切应力各有定值，而与外力的大小、方向及作用方式无关。单晶体的屈服强度 $R_{eL}$则随外力与滑移面和滑移方向之间的取向关系变化，即当取向因子发生改变时，$R_{eL}$也随之改变，如图 6-7 所示。可见，当外力与滑移面、滑移方向的夹角都是 45°时，取向因子具有最大值 0.5，此时 $R_{eL}$具有最小值，金属最容易开始滑移，这种取向称为软取向。而当外力与滑移面平行（$\phi=90°$）或垂直（$\lambda=90°$）时，取向因子为 0，则无论$\tau_K$ 的数值如何，$R_{eL}$均为无穷大，晶体在此情况下根本无法滑移，这种取向称为硬取向。当取向因子介于 0～0.5 之间时，$R_{eL}$较高，这意味着需要较大的拉应力才能使晶体开始滑移，产生塑性变形。

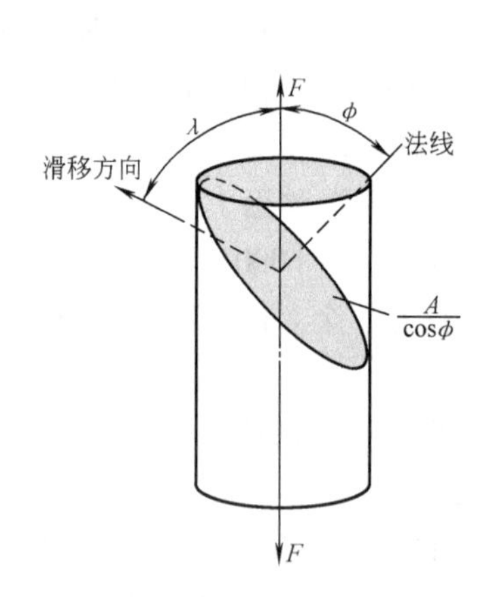


图 6-6　计算分切应力的分析图

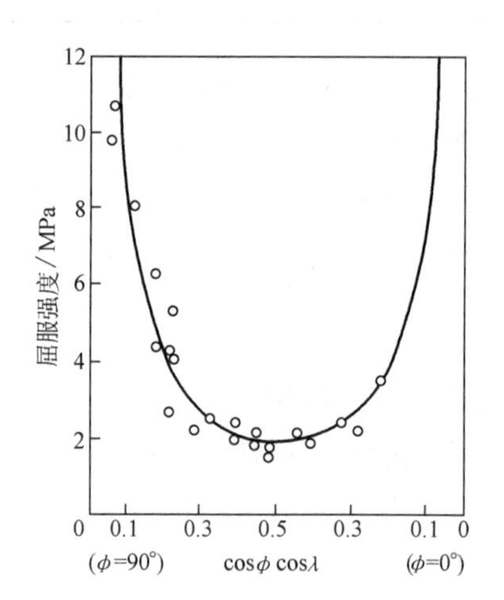


图 6-7　镁单晶体拉伸时的屈服强度与晶体取向的关系

## （四）滑移时晶体的转动

如果金属在单纯的切应力作用下滑移，则晶体的取向不会改变。但当任意一个力作用在晶体之上时，总是可以分解为沿滑移方向的分切应力和垂直于滑移面的分正应力。这样，在晶体发生滑移的同时，还将发生滑移面和滑移方向的转动。现以只有一个滑移面的密排六方金属为例进行分析（图 6-8）。当晶体在拉伸力 $F$ 作用下产生滑移时，假如不受夹头的限制，即拉伸机的夹头可以自由移动，使滑移面的滑移方向保持不变，则拉伸轴的取向必然发生不断的变化（图6-8a、b）。但是事实上夹头固定不动，拉伸轴的方向不能改变，这样，晶体的取向就必须不断地发生变化（图 6-8c），即试样中部

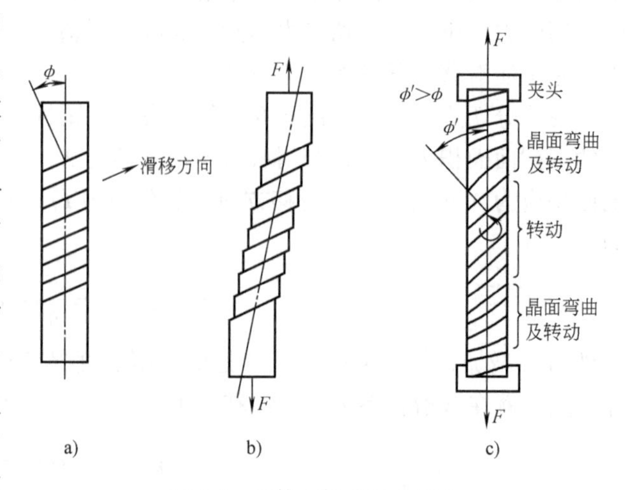


图 6-8　晶体在拉伸时的转动

a）原试样　b）自由滑移变形　c）受夹头限制时的变形

的滑移面朝着与拉伸轴平行的方向发生转动，使 $\phi$ 角增大，$\phi' > \phi$，$\lambda$ 角减小，即拉伸轴和滑移方向的夹角不断变小，结果就造成了晶体位向的改变。

在滑移过程中晶体转动的机制可由图 6-9 来说明，从图 6-9a 中部取出相邻的三层很薄的晶体，在滑移前，这一部分取样的图形如图中的虚线所示，作用在 $B$ 层晶体上的施力点 $O_1$ 和 $O_2$ 处于同一拉力轴上，开始滑移之后，$O_1$ 和 $O_2$ 分别移动至 $O_1'$ 和 $O_2'$。如果将作用在 $O'_1$ 和 $O'_2$ 上的外加应力分解为滑移面上沿最大切应力方向上的切应力 $\tau_1$ 及 $\tau_2$ 和沿滑移面法线方向上的正应力 $\sigma_{n1}$ 及 $\sigma_{n2}$，则 $\sigma_{n1}$ 与 $\sigma_{n2}$ 组成一个力偶将使滑移面转向与外力平行的方向。此外，当外力作用在滑移面上的最大切应力方向与滑移方向不一致时，晶体还会产生以滑移面法线方向为轴的旋转，此时的切应力 $\tau_1$ 和 $\tau_2$ 可以分解为滑移方向的分切应力 $\tau_1'$ 和 $\tau_2'$，以及垂直于滑移方向上的 $\tau_b$ 和 $\tau_b'$，其中的 $\tau_b$ 及 $\tau_b'$ 组成的力偶将使滑移方向转向最大切应力方向。

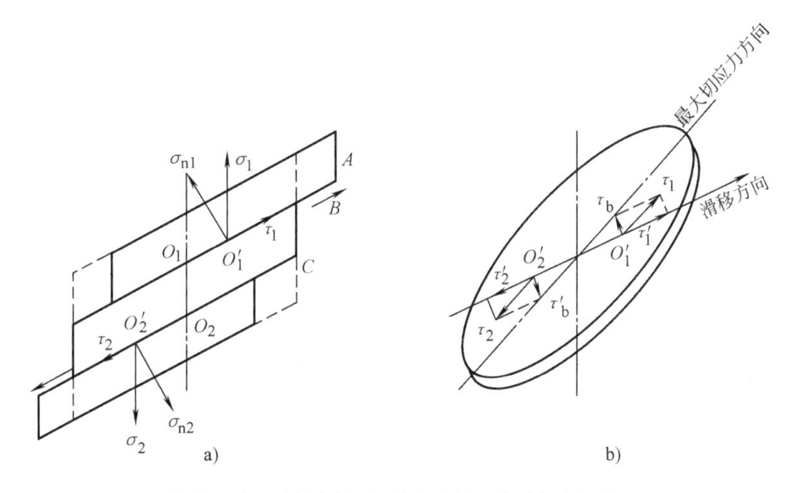


图 6-9 在拉伸时金属晶体发生转动的机制示意图

同理，在压缩时，晶体的滑移面则力图转至与压力方向垂直的位置，使滑移面的法线与压力轴相重合，如图 6-10 所示。

由上述可见，在滑移过程中，不仅滑移面在转动，而且滑移方向也在旋转，即晶体的位向在不断地发生改变，取向因子也必然随之而改变。如果某一滑移系的取向处于软取向（即滑移面的法向与外力轴的夹角接近于 45°），那么，在拉伸时随着晶体取向的改变，滑移面的法向与外力轴的夹角越来越远离 45°，从而使滑移越来越困难，这种现象称为“几何硬化”。与此相反，经滑移和转动后，滑移面的法向与外力轴的夹角越来越接近 45°，那么就越容易进行，这种现象称为“几何软化”。

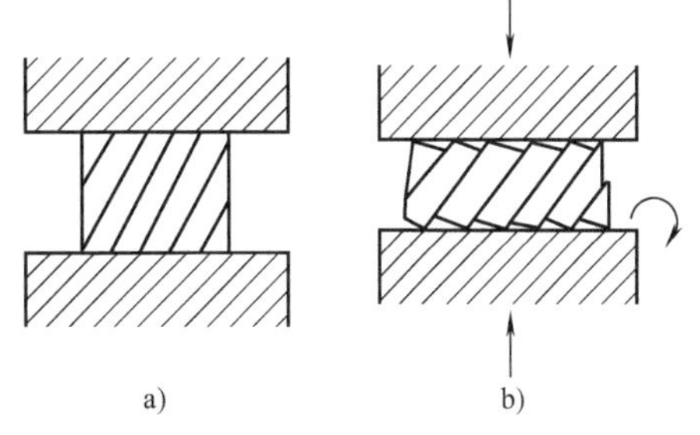


图 6-10 晶体压缩时的晶面转动

a）压缩前 b）压缩后

**（五）多系滑移**

上面的讨论仅限于一个滑移系开动时的滑移情况（即单系滑移），这种情况多出现在滑移系较少的密排六方结构的金属中。对于滑移系多的立方晶系单晶体来说，起始滑移首先在取向最有利的滑移系中进行，但由于晶体转动的结果，其他滑移系中的分切应力有可能达到足以引起滑移的临界值。于是滑移过程将在两个或多个滑移系中同时进行或交替地进行。如果外力轴的方向合适，滑移一开始就可以在一个以上的滑移系上同时进行。这种在两个或更多的滑移系上进行的滑移称为多系滑移，简称多滑移。多滑移时所产生的滑移带常呈交叉形，如图 6-11 所示。

图 6-11　铝晶体中的滑移带

单滑移和多滑移的加工硬化效果不同。从图 6-12 可以看出，曲线的第 Ⅰ 阶段只有一个滑移系起作用，加工硬化效果很小，但到达第 Ⅱ 阶段时，由于晶体的转动发生了多滑移，此时由于不同滑移系间的相互交割，使加工硬化效果突然上升。到了滑移的第 Ⅲ 阶段，由于晶体取向的改变可能使两个或多个相交的滑移面沿一个滑移方向进行滑移，因而使加工硬化效果逐渐下降，这个过程称为交滑移。发生交滑移时会出现曲折或波纹状的滑移带（图6-13）。

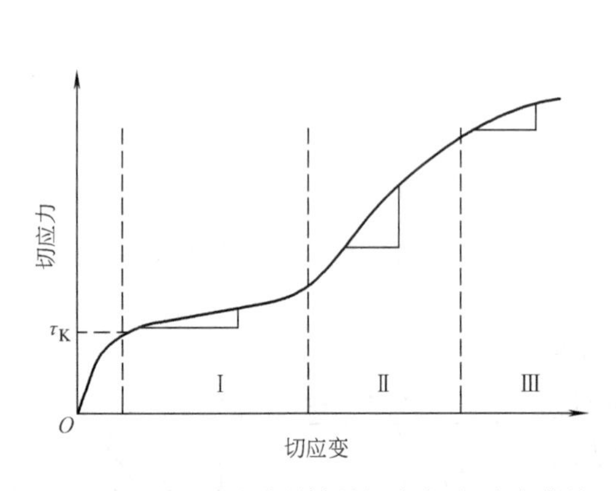


图 6-12　面心立方单晶体的切应力-切应变曲线

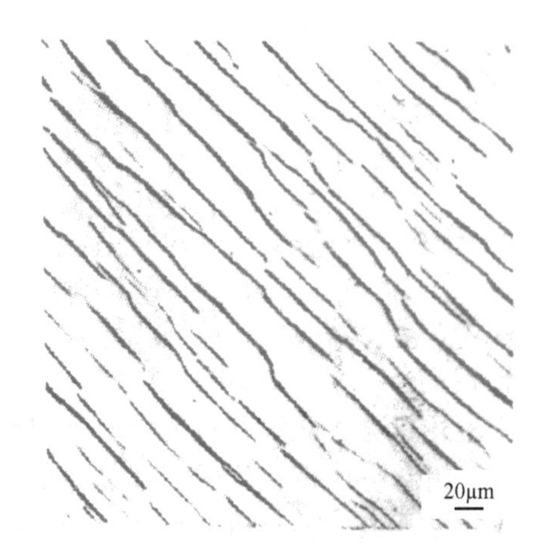


图 6-13　铝晶体中的交滑移

**（六）滑移的位错机制**

1. 位错的运动与晶体的滑移

若晶体中没有任何缺陷，原子排列得十分齐整，经理论计算，在切应力的作用下，晶体的上下两部分沿滑移面做整体刚性的滑移，此时所需的临界切应力$\tau_K$与实际强度相差悬殊。例如铜，理论计算的$\tau_K \approx 1500$MPa，而实际测出的$\tau_K \approx 0.98$MPa，两者相差竟达 1500 倍！对这一矛盾现象的研究，导致了位错学说的诞生。理论和试验都已证明，在实际晶体中存在着位错。晶体的滑移不是晶体的一部分相对于另一部分同时做整体的刚性移动，而是位错在切应力的作用下沿着滑移面逐步移动的结果，如图 6-14 所示。当一条位错线移到晶体表面时，便会在晶体表面上留下一个原子间距的滑移台阶，其大小等于柏氏矢量的量值。如果有大量

位错重复按此方式滑过晶体，就会在晶体表面形成显微镜下能观察到的滑移痕迹，这就是滑移线的实质。由此可见，晶体在滑移时并不是滑移面上的全部原子一齐移动，而是像接力赛跑一样，位错中心的原子逐一递进，由一个平衡位置转移到另一个平衡位置，如图6-15所示，图中的实线表示位错（半原子面 $PQ$）原来的位置，虚线表示位错移动了一个原子间距（$P'Q'$）后的位置。可见，位错虽然移动了一个原子间距，但位错中心附近的少数原子只做远小于一个原子间距的弹性偏移，而晶体其他区域的原子仍处于正常位置。显然，这样的位错运动只需要一个很小的切应力就可实现，这就是实际滑移的$\tau_K$ 比理论计算的$\tau_K$ 低得多的原因。

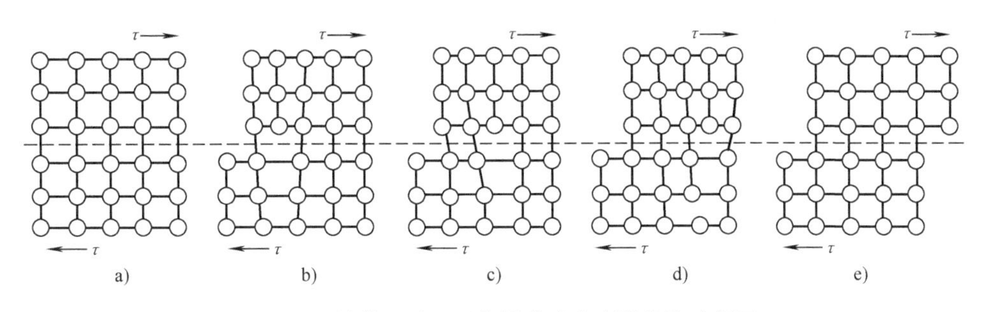


图6-14　晶体通过刃型位错移动造成滑移的示意图

2. 位错的增殖

形成一条滑移线常常需要上千个位错，晶体在塑性变形时产生大量的滑移带就需要为数极多的位错。人们不禁要问，晶体中有如此大量的位错吗？此外，由于滑移是位错扫过滑移面并移出晶体表面造成的，因此，随着塑性变形过程的进行，晶体中的位错数目应当越来越少，最终导致形成无位错的理想晶体。然而事实恰恰与此相反，变形后晶体中的位错数目不是少了，而是显著增多了，例如退火金属中的位错密度为$10^{10}m^{-2}$，经剧烈塑性变形后，位错密度反而增至$10^{15}\sim10^{16}m^{-2}$。这些增加的位错是怎样来的？这些现象启示人们，在晶体中必然存在着在塑性变形过程中能不断增殖位错的位错源。常见的一种位错增殖机制是弗兰克-瑞德位错源机制。

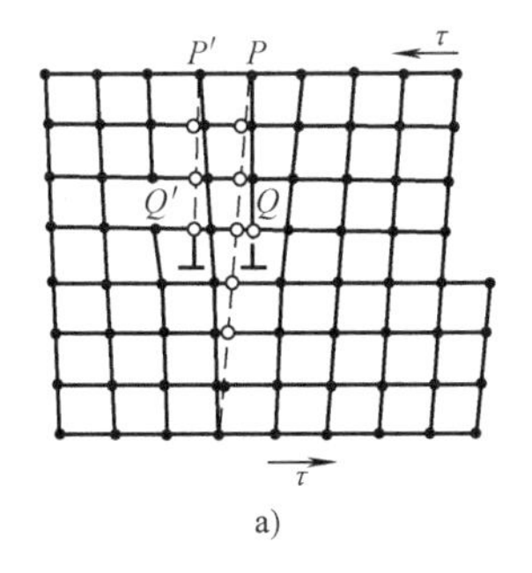


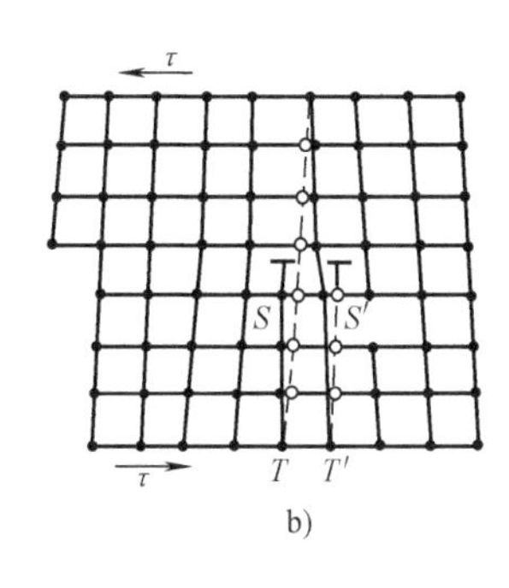


图6-15　刃型位错的滑移
a）正刃型位错　b）负刃型位错

晶体中的位错呈空间网络状分布，位错网络中的各个位错线段不会位于同一个晶面上。这样，相交于一个结点的几个位错线段在滑移时不能一致行动，只有位于滑移面上的位错线才能运动。因此，位错网络上的结点即可能成为固定的结点，图6-16中的 $D$、$D'$即为两个固定的结点，它们之间的位错线段 $DD'$位于平行于纸面的滑移面上，位错线的柏氏矢量为 $\boldsymbol{b}$。当滑移面上的分切应力足够大时，位错线将向垂直于位错线的方向运动。但 $D$、$D'$两结点是固定不动的，运动的结果使位错线弯曲，同时产生线张力。线张力使弯曲位错有恢复直线状的倾向，一旦切应力减小或消除，位错线将复原而无增殖。当切应力大到足以使位错线弯曲成半圆时，其曲率半径达到最大。如果位错线半圆继续扩大，其曲率半径反而变小。这是因为，尽管位错线上各点的受力大小相同，运动线速度相等，但角速度不等。距结点越近，则角速度越大；距结点越远，则角速度越小。这样，就使位错线形成了一个位错蜷线。蜷线内部是位错扫过的区域，晶体产生了一个柏氏矢量的位移。当回转蜷线相互靠近时，$m$、$n$ 两处的异号螺型位错便要相遇（图 6-16d），进而消失。蜷线状的位错环就分成了两部分：其一是一个封闭的位错环线，在外力的作用下继续向外扩展；其二是一个重新连接 $D$ 和 $D'$的线段，在线张力的作用下，将迅速变直，还原为原来的位错线段 $DD'$。这样一来，原来的两个固定结点和它们之间的位错线段，在切应力的作用下，变成了一个位错线段和一个位错环。在外力的继续作用下，$DD'$又开始弯曲并重复上述过程。每重复一次，就产生一个新的位错环，如此反复不断地进行下去，便在晶体中产生大量的位错环。当一个位错环移出晶体时，就使晶体沿着滑移面产生一个原子间距的位移，大量的位错环一个一个地移出晶体，晶体也就不断地产生滑移，并在晶体表面上形成高达近千个原子间距的滑移台阶。这就是弗兰克-瑞德位错增殖机制。近年来一些直接的试验观察，证实了弗兰克-瑞德位错源的存在。

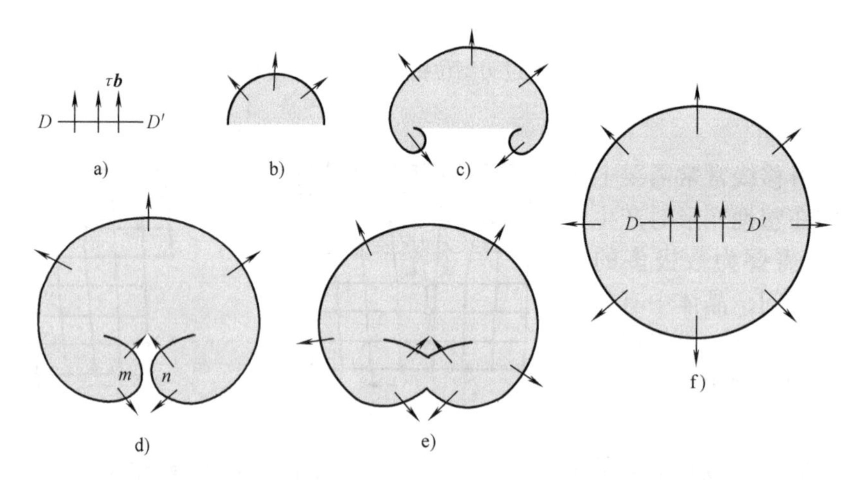


图 6-16　弗兰克-瑞德位错源

3. 位错的交割与塞积

晶体的滑移，实际上是源源不断的位错沿着滑移面的运动。在多滑移时，由于各滑移面相交，因而在不同滑移面上运动着的位错也就必然相遇，发生相互交割。此外，在滑移面上运动着的位错还要与晶体中原有的以不同角度穿过滑移面的位错相交割。图 6-17 是位错相互交割的一个简单例子。位错线 $AB$ 位于 $P_a$ 滑移面上，位错线 $CD$ 位于与 $P_a$ 相垂直的 $P_b$ 滑移面上，它们的柏氏矢量分别为 $\boldsymbol{b}_1$ 和 $\boldsymbol{b}_2$。假定位错线 $CD$ 固定不动，当位错线 $AB$ 自右向左运动时，在位错所扫过的区域内，晶体的上下两部分产生相当于 $\boldsymbol{b}_1$ 距离的位移，当通过两滑移面的交线时，则与位错线 $CD$ 发生交割，此时，位错线 $CD$ 也随晶体一起被切成两段（$Cm$ 和 $nD$），并相对位移 $mn$，整个位错线变成一条折线 $CmnD$。因为 $mn$ 不在原位错线 $CD$ 的滑移面 $P_b$ 上，故称之为割阶。显然，$mn$ 是一段新的短位错线，它的柏氏矢量仍为 $\boldsymbol{b}_2$，$\boldsymbol{b}_2$ 与 $mn$ 相垂直，因而 $mn$ 也是刃型位错，它的滑移面为 $mn$ 和 $\boldsymbol{b}_2$ 所决定的平面，即 $P_a$ 面。这种割阶仍可运动，但由于增加了位错线的长度，需消耗一定的能量。此外，尚有刃型位错与螺型位错、螺型位错与螺型位错的交割，交割的结果都可能形成割阶，这一方面增加了位错线的长度，另一方面还导致带割阶的位错运动困难，从而成为后续位错运动的障碍。这就是多滑移加工硬化效果较大的主要原因。

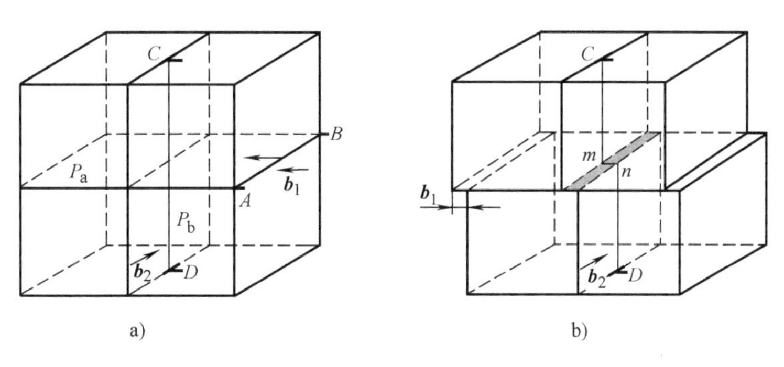


图 6-17　两个相互垂直的刃型位错的交割

a）交割前　b）交割后

在切应力的作用下，弗兰克-瑞德位错源所产生的大量位错沿滑移面的运动过程中，如果遇到障碍物（固定位错、杂质粒子、晶界等）的阻碍，领先的位错在障碍前被阻止，后续的位错被堵塞起来，结果形成位错的平面塞积群（图 6-18），并在障碍物的前端形成高度应力集中。

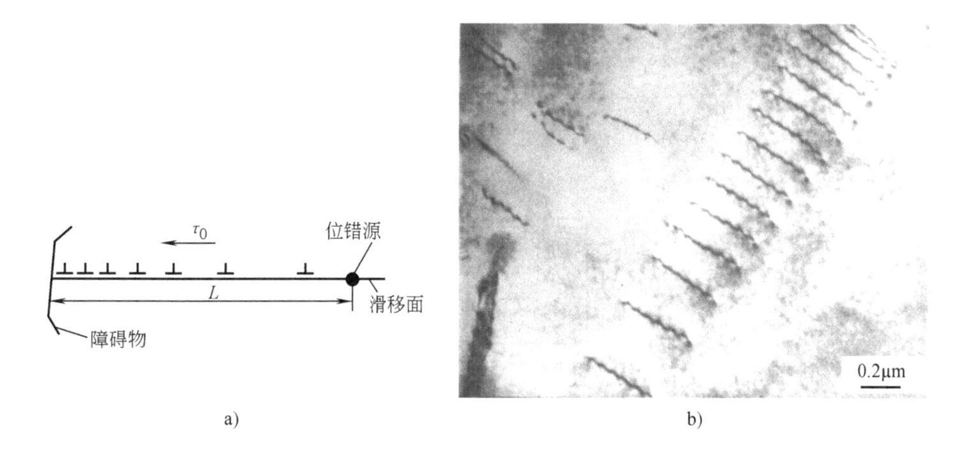


图 6-18　位错的平面塞积

a）示意图　b）高温合金中的位错塞积

位错塞积群的位错数 $n$ 与障碍物至位错源的距离 $L$ 成正比。经计算，塞积群在障碍处产生的应力集中$\tau$为：

$$\tau = n\,\tau_0$$

式中，$\tau_0$ 为滑移方向的分切应力值。此式说明，在塞积群前端产生的应力集中是$\tau_0$ 的 $n$ 倍。$L$ 越大，则塞积的位错数目 $n$ 越多，造成的应力集中便越大。

## 二、孪生

塑性变形的另一种重要方式是孪生。当晶体在切应力的作用下发生孪生变形时，晶体的一部分沿一定的晶面（孪生面）和一定的晶向（孪生方向）相对于另一部分晶体做均匀地切变，在切变区域内，与孪生面平行的每层原子的切变量与它距孪生面的距离成正比，并且不是原子间距的整数倍。这种切变不会改变晶体的点阵类型，但可使变形部分的位向发生变化，并与未变形部分的晶体以孪晶界为分界面构成了镜面对称的位向关系。通常把对称的两部分晶体称为孪晶，而将形成孪晶的过程称为孪生。由于变形部分的位向与未变形的不同，因此经抛光和浸蚀之后，在显微镜下极易看出，其形态为条带状，有时呈透镜状，如图6-19所示。

图6-19　锌中的变形孪晶

晶体结构不同，其孪生面和孪生方向也不同。如密排六方金属的孪生面为｛$10\bar{1}2$｝，孪生方向为<$\bar{1}011$>；体心立方金属的孪生面为｛112｝，孪生方向为<111>；面心立方金属的孪生面为｛111｝，孪生方向为<112>。

下面以面心立方金属为例，说明孪生变形过程。图6-20a中的（111）面为面心立方的孪生面，它与（$\bar{1}10$）晶面的交截线为［$11\bar{2}$］，此方向也就是其孪生方向。为了便于观察，以（$\bar{1}10$）晶面平行于纸面，则（111）晶面即垂直于纸面（图6-20b）。由图可知，孪生变形时，变形区域产生了均匀切变，每层（111）面都相对于其相邻晶面移动了一定的距离，如果以孪生面$AB$作为基面，那么第一层晶面$CD$沿［$11\bar{2}$］晶向移动了原子间距的1/3，第二层晶面$EF$相对于$AB$移动了［$11\bar{2}$］晶向原子间距的2/3，而第三层$GH$则相对于$AB$的位移量为一个原子间距，表明各层晶面的位移量是与它距孪生面的距离成正比的，并且变形部分与未变形部分以孪生面为对称面形成了镜面对称。

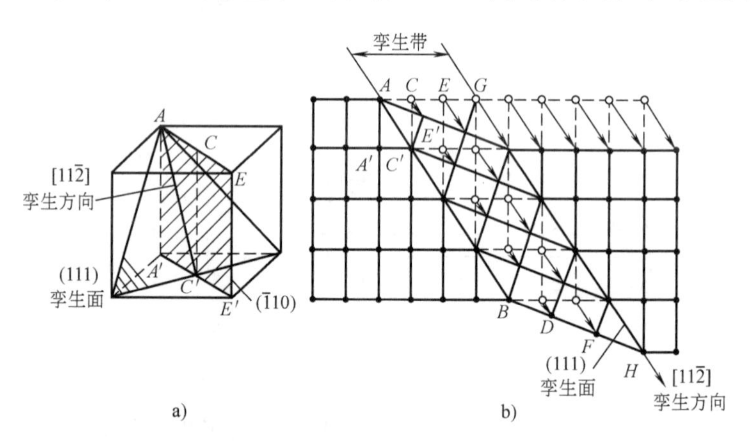

图6-20　面心立方晶体的孪生变形过程示意图
a）孪生面与孪生方向　b）孪生变形时的晶面移动情况

与滑移相似，只有当外力在孪生方向的分切应力达到临界分切应力值时，才开始孪生变形。一般说来，孪生的临界分切应力要比滑移的临界分切应力大得多，只有在滑移很难进行的条件下，晶体才进行孪生变形。对于密排六方金属，如Zn、Mg等，由于它的对称性低，滑移系少，在晶体的取向不利于滑移时，常以孪生方式进行塑性变形。对于体心立方金属，如α-Fe，室温下只有承受冲击载荷时才产生孪生变形；但在室温以下，由于滑移的临界切应力显著提高，滑移不易进行，因此在较慢的变形速度下也可引起孪生。面心立方金属的对

称性高，滑移系多，其滑移面和孪生面又都是同一晶面，滑移方向与孪生方向的夹角又不大（图6-20a），因此要求外力在滑移方向上的分切应力不超过滑移的$\tau_K$，而同时要求在孪生方向分切应力达到孪生的临界分切应力值，此值又是$\tau_K$的几倍乃至数十倍，这是相当困难的，所以面心立方金属很少发生孪生变形，只有少数金属如铜、银、金等，在极低的温度下（4～47K）滑移很困难时才发生孪生变形。

孪生变形的速度极大，常引起冲击波，发出音响。

孪生对塑性变形的贡献比滑移小得多，如镉单纯依靠孪生变形只能获得7.4%的伸长率。但是，由于孪生后变形部分的晶体位向发生改变，可使原来处于不利取向的滑移系转变为新的有利取向，这样就可以激发起晶体的进一步滑移，提高金属的塑性变形能力。例如，滑移系少的密排六方金属，当晶体相对于外力的取向不利于滑移时，如果发生孪生，那么孪生后的取向大多会变得有利于滑移。这样，滑移和孪生两者交替进行，即可获得较大的变形量。正是由于这一原因，当金属中存在大量孪晶时，可以较顺利地进行形变。可见，对于密排六方金属来说，孪生对于塑性变形的贡献，还是不能忽略的。

## 第三节　多晶体的塑性变形

除了极少数的场合，实际上使用的金属材料大部分是多晶体。多晶体的塑性变形也是以滑移和孪生为其塑性变形的基本方式，但是多晶体由许多形状、大小、取向各不相同的单晶体晶粒所组成，这就使多晶体的变形过程增加了若干复杂因素，具有区别于单晶体变形的一些特点。首先，多晶体的塑性变形受到晶界的阻碍和位向不同的晶粒的影响；其次，任何一个晶粒的塑性变形都不是处于独立的自由变形状态，需要其周围的晶粒同时发生相适应的变形来配合，以保持晶粒之间的结合和整个物体的连续性。因此，多晶体的塑性变形要比单晶体的情况复杂得多。

### 一、多晶体的塑性变形过程

多晶体中由于各晶粒的位向不同，则各滑移系的取向也不同，因此在外加拉伸力的作用下，各滑移系上的分切应力值相差很大。由此可见，多晶体中的各个晶粒不是同时发生塑性变形，只有那些位向有利的晶粒，取向因子最大的滑移系，随着外力的不断增加，其滑移方向上的分切应力首先达到临界切应力值，才开始塑性变形。而此时周围位向不利的晶粒，由于滑移系上的分切应力尚未达到临界值，所以尚未发生塑性变形，仍然处于弹性变形状态。此时虽然金属的塑性变形已经开始，但并未造成明显的宏观的塑性变形效果。

由于位向最有利的晶粒已经开始发生塑性变形，这就意味着它的滑移面上的位错源已经开动，位错源源不断地沿着滑移面进行运动，但是由于周围晶粒的位向不同，滑移系也不同，因此运动着的位错不能越过晶界，滑移不能发展到另一个晶粒中，于是位错在晶界处受阻，形成位错的平面塞积群。

位错平面塞积群在其前沿附近区域造成很大的应力集中，随着外加载荷的增加，应力集中也随之增大。这一应力集中值与外加应力相叠加，使相邻晶粒某些滑移系上的分切应力达到临界切应力值，于是位错源开动，开始塑性变形。但是多晶体中的每个晶粒都处于其他晶粒的包围之中，它的变形不能是孤立的和任意的，必然要与邻近晶粒相互协调配合，否则就难以进行变形，甚至不能保持晶粒之间的连续性，造成孔隙而导致材料的破裂。为了与先变形的晶粒相协调，就要求相邻晶粒不只在取向最有利的滑移系中进行滑移，还必须在几个滑移系，其中包括取向并非有利的滑移系上同时进行滑移，这样才能保证其形状做各种相应改变。也就是说，为了协调已发生塑性变形的晶粒形状的改变，相邻各晶粒必须进行多系滑移。根据理论推算，每个晶粒至少需要 5 个独立的滑移系启动。

这样，在外加应力以及已滑移晶粒内位错平面塞积群所造成的应力集中的作用下，就会使越来越多的晶粒参与塑性变形。

在多晶体的塑性变形过程中，开始由外加应力直接引起塑性变形的晶粒只占少数，不引起明显的宏观效果，多数晶粒的塑性变形是由已塑性变形的晶粒中位错平面塞积群所造成的应力集中所引起的，只有此时，才能造成一定的宏观塑性变形效果。

由以上的分析可知多晶体变形的特点：一是各晶粒变形的不同时性，即各晶粒的变形有先有后，不是同时进行的；二是各晶粒变形的相互协调性。面心立方和体心立方金属的滑移系多，各个晶粒的变形协调得好，因此多晶体金属表现出良好的塑性。而密排六方金属的滑移系少，很难使晶粒的变形彼此协调，所以它们的塑性差，冷加工较困难。

此外，多晶体的塑性变形具有不均匀性。由于晶界及晶粒位向不同的影响，各个晶粒的变形是不均匀的，有的晶粒变形量较大，而有的晶粒变形量则较小。对一个晶粒来说，变形也是不均匀的，一般说来，晶粒中心区域的变形量较大，晶界及其附近区域的变形量较小。图 6-21 为双晶粒试样变形后的形状，由此可见，在拉伸变形后，在晶界处呈竹节状，这说明晶界附近滑移受阻，变形量较小，而晶粒内部变形量较大，整个晶粒变形是不均匀的。

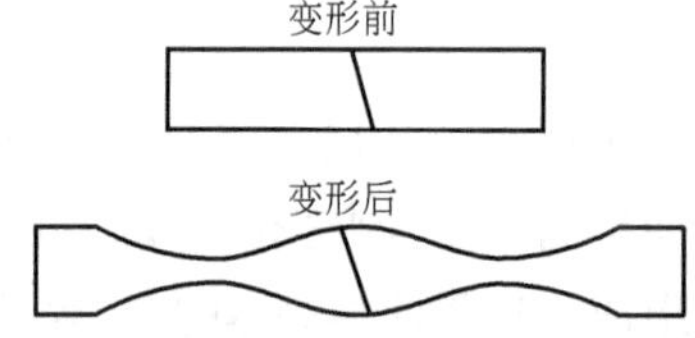

图 6-21　经拉伸后晶界处呈竹节状

## 二、晶粒大小对塑性变形的影响

通过分析多晶体的塑性变形过程可以看出，一方面由于晶界的存在，使变形晶粒中的位错在晶界处受阻，每一晶粒中的滑移带也都终止在晶界附近；另一方面，由于各晶粒间存在着位向差，为了协调变形，要求每个晶粒必须进行多滑移，而多滑移时必然要发生位错的相互交割。这两者均将大大提高金属材料的强度。从图 6-22 可以看出，铜的多晶体的强度显著高于单晶体的强度。显然，晶界越多，即晶粒越细小，则其强化效果越显著。这种用细化晶粒增加晶界提高金属强度的方法称为细晶强化。

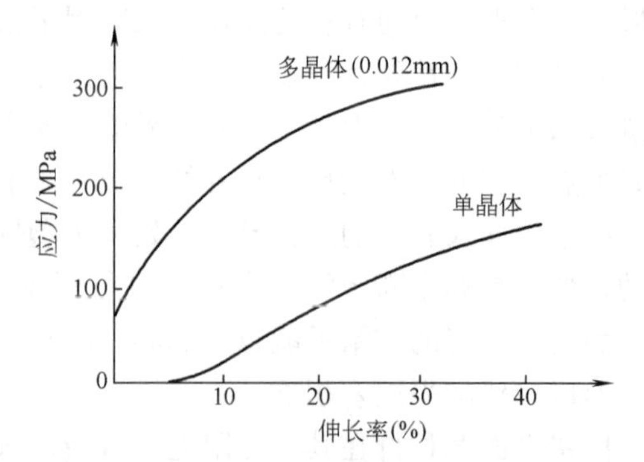

图 6-22　铜的单晶体与多晶体的应力-应变曲线

图 6-23 为低碳钢的屈服强度与晶粒直径的关系曲线。从此图可以看出，钢的屈服强度与晶粒直径平方根的倒数呈线性关系。其他金属材料的试验结果也证实了这种关系。根据试验结果和理论分析，可得到常温下金属材料的屈服强度与晶粒直径的关系式：

$$R_{eL} = \sigma_0 + Kd^{-\frac{1}{2}}$$

该式称为霍尔-佩奇公式。式中，$\sigma_0$ 为常数，反映晶内对变形的阻力，大体相当于单晶体金属的屈服强度；$K$ 为常数，表征晶界对强度影响的程度，与晶界结构有关；$d$ 为多晶体中各晶粒的平均直径。进一步的试验证明，材料的屈服强度与其亚晶尺寸之间也满足这一关系式。图 6-24 示出铜和铝的屈服强度与亚晶尺寸之间的关系。

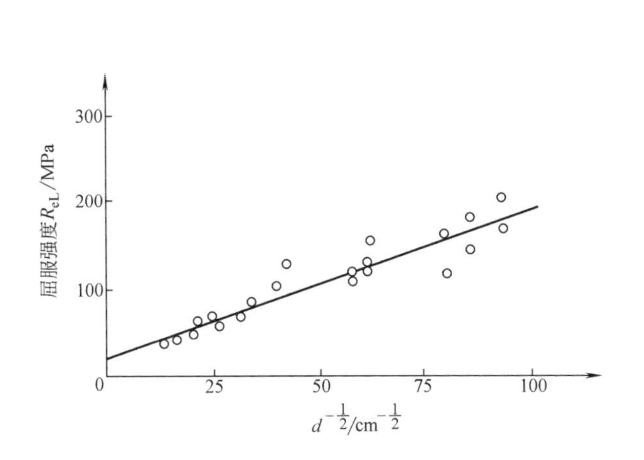


图 6-23　低碳钢的屈服强度与晶粒大小的关系

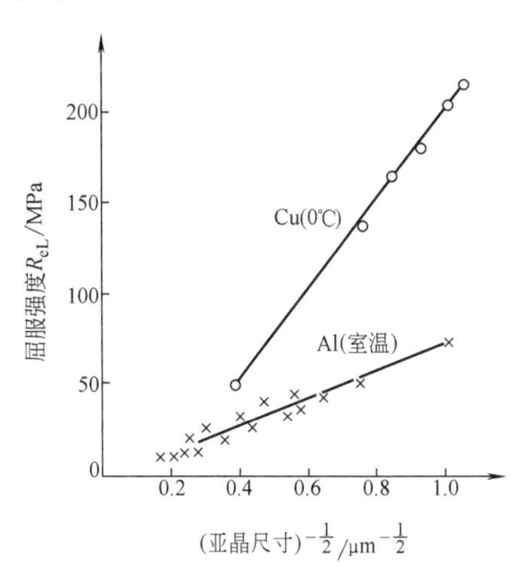


图 6-24　铜和铝的屈服强度与其亚晶尺寸的关系

对霍尔-佩奇关系式可做如下说明：

在多晶体中，屈服强度是与滑移从先塑性变形的晶粒转移到相邻晶粒密切相关的，而这种转移能否发生，主要取决于在已滑移晶粒晶界附近的位错塞积群所产生的应力集中，能否激发相邻晶粒滑移系中的位错源也开动起来，从而进行协调的多滑移。根据$\tau = n\,\tau_0$ 的关系式，应力集中$\tau$的大小取决于塞积的位错数目，$n$ 越大，则应力集中也越大。当外加应力和其他条件一定时，位错数目 $n$ 是与引起塞积的障碍——晶界到位错源的距离成正比。晶粒越大，这个距离越大，$n$ 则就越大，所以应力集中也越大，激发相邻晶粒发生塑性变形的机会比小晶粒要大得多。已滑移小晶粒晶界附近的位错塞积造成较小的应力集中，则需要在较大的外加应力下才能使相邻晶粒发生塑性变形。这就是晶粒越细、屈服强度越高的主要原因。

细晶强化是金属材料的一种极为重要的强化方法，细化晶粒不但可提高材料的强度，同时还可改善材料的塑性和韧性，这是材料的其他强化方法所不能比拟的。这是因为在相同外力的作用下，细小晶粒的晶粒内部和晶界附近的应变相差较小，变形较均匀，相对来说，因应力集中引起开裂的机会也较少，这就有可能在断裂之前承受较大的变形量，所以可以得到较大的伸长率和断面收缩率。由于细晶粒金属中的裂纹不易产生也不易扩展，因而在断裂过程中吸收了更多的能量，即表现出较高的韧性。因此，在工业生产中通常总是设法获得细小而均匀的晶粒组织，使材料具有较好的综合力学性能。

## 第四节　合金的塑性变形

工业上使用的金属材料绝大多数是合金，根据合金的组织可将其分为两大类：一是具有以基体金属为基的单相固溶体组织，称为单相固溶体合金；二是加入的合金元素量超过了它在基体金属中的饱和溶解度，在显微组织中除了以基体金属为基的固溶体外，还将出现第二相（各组元形成的化合物或以合金元素为基形成的另一固溶体），构成了多相合金。多晶体合金的塑性变形方式，总的来说与多晶体纯金属的情况基本相同，但由于合金元素的存在，组织也不相同，故塑性变形也各有特点，下面分别进行讨论。

## 一、单相固溶体合金的塑性变形

由于单相固溶体合金的显微组织与多晶体纯金属相似，因而其塑性变形过程也基本相同。但是由于固溶体中存在着溶质原子，使合金的强度、硬度提高，而塑性、韧性有所下降，即产生固溶强化。固溶强化是提高金属材料强度的一个重要途径，如在碳钢中加入能溶于铁素体的 Mn、Si 等合金元素，即可使其强度明显提高。

合金中产生固溶强化的主要原因，一是在固溶体中溶质与溶剂的原子半径差所引起的弹性畸变，与位错之间产生的弹性交互作用，对在滑移面上运动着的位错有阻碍作用；二是在位错线上偏聚的溶质原子对位错的钉扎作用。例如，正刃型位错线的上半部分晶格受挤压而处于压应力状态，位错线的下半部分晶格被拉开而处于拉应力状态。比溶剂原子大的置换原子及间隙原子往往扩散至位错线的下方受拉应力的部位，比溶剂原子小的置换原子扩散至位错线的上方受压应力的部位（图 6-25）。这样，偏聚于位错周围的溶质原子好像形成了一个溶质原子“气团”，称为“柯氏气团”。柯氏气团的形成，减小了晶格畸变，降低了溶质原子与位错的弹性交互作用能，使位错处于较稳定的状态，减少了可动位错数目。这就是柯氏气团对位错的束缚或钉扎作用。若使位错线运动，脱离开气团的钉扎，就需要更大的外力，从而增加了固溶体合金的塑性变形抗力。

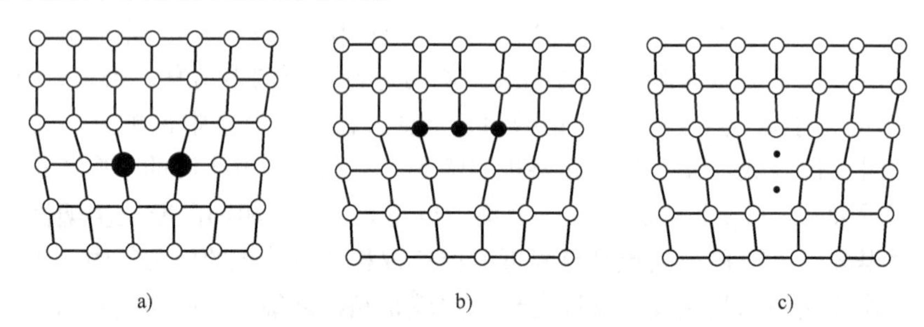


图 6-25　溶质原子在位错附近的分布

a）溶质原子大于溶剂原子的置换固溶体

b）溶质原子小于溶剂原子的置换固溶体　c）间隙固溶体

合金元素形成固溶体时其固溶强化的规律如下。

1）在固溶体的溶解度范围内，合金元素的质量分数越大，则强化作用越大。

2）溶质原子与溶剂原子的尺寸相差越大，则造成的晶格畸变越大，因而强化效果越大。

3）形成间隙固溶体的溶质元素的强化作用大于形成置换固溶体的元素。当两者的质量分数相同时，前者的强化效果比后者大 10 ~ 100 倍。

4）溶质原子与溶剂原子的价电子数相差越大，则强化作用越大。

## 二、多相合金的塑性变形

多相合金也是多晶体，但其中有些晶粒是另一相，有些界面是相界面。多相合金的组织

主要分为两类：一类是两相晶粒尺寸相近，两相的塑性也相近；另一类由塑性较好的固溶体基体及其上分布的硬脆的第二相所组成。这类合金除了具有固溶强化效果外，还有因第二相的存在而引起的强化（这种强化方法称为第二相强化），它们的强度往往比单相固溶体合金高。多相合金的塑性变形除与固溶体基体密切相关外，还与第二相的性质、形状、大小、数量及分布状况等有关，后者在塑性变形时有时甚至起着决定性的作用。现分述如下。

**（一）合金中两相的性能相近**

合金中两相的含量相差不大，且两相的变形性能相近，则合金的变形性能为两相的平均值，如 Cu-40% Zn 合金。此时合金的强度 $\sigma$ 可以用下式表达：

$$\sigma = \varphi_{\alpha}\sigma_{\alpha} + \varphi_{\beta}\sigma_{\beta}$$

式中，$\sigma_{\alpha}$ 和 $\sigma_{\beta}$ 分别为两相的强度极限；$\varphi_{\alpha}$、$\varphi_{\beta}$ 分别为两相的体积分数，$\varphi_{\alpha} + \varphi_{\beta} = 1$。可见，合金的强度极限随较强的一相的含量增加而呈线性增加。

**（二）合金中两相的性能相差很大**

合金中两相的变形性能相差很大，若其中的一相硬而脆，难以变形，另一相的塑性较好，且为基体相，则合金的塑性变形除与相的相对量有关外，在很大程度上取决于脆性相的分布情况。脆性相的分布有三种情况：

1. 硬而脆的第二相呈连续网状分布在塑性相的晶界上

这种分布情况是最恶劣的，因为脆性相在空间把塑性相分隔开，从而使其变形能力无从发挥，经少量的变形后，即沿着连续的脆性相开裂，使合金的塑性和韧性急剧下降。这时，脆性相越多，分布越连续，合金的塑性也就越差，甚至强度也随之下降。例如，过共析钢中的二次渗碳体在晶界上呈网状分布时，使钢的脆性增加，强度和塑性下降。生产上可通过热加工和热处理的相互配合来破坏或消除其网状分布。

2. 脆性的第二相呈片状或层状分布在塑性相的基体上

例如，钢中的珠光体组织，铁素体和渗碳体呈片状分布，铁素体的塑性好，渗碳体硬而脆，所以塑性变形主要集中在铁素体中，位错的移动被限制在渗碳体片之间的很短距离内，此时位错运动至障碍物渗碳体片之前，即形成位错平面塞积群，当其造成的应力集中足以激发相邻铁素体中的位错源开动时，相邻的铁素体才开始塑性变形。因此，也可用霍尔-佩奇公式描述珠光体的屈服强度：

$$R_{eL} = \sigma_{i} + K_{s}s_{0}^{-\frac{1}{2}}$$

式中，$\sigma_{i}$ 为铁素体的屈服强度；$K_{s}$ 为材料常数；$s_{0}$ 为珠光体片间距。

由上式可以看出，珠光体片间距越小，则强度越高，且其变形越均匀，变形能力越大。对于细珠光体，甚至渗碳体片也可发生滑移、弯曲变形（图6-26），表现出一定的变形能力。所以细珠光体不但强度高，塑性也好。

亚共析钢的塑性变形首先在先共析铁素体中进行，当铁素体由于加工硬化使其流变应力达到珠光体的屈服强度时，珠光体才开始塑性变形。

3. 脆性相在塑性相中呈颗粒状分布

如共析钢或过共析钢经球化退火后得到的粒状珠光体组织，由于粒状的渗碳体对铁素体的变形阻碍作用大大减弱，故强度降低，塑性和韧性得到显著改善。一般说来，颗粒状的脆性第二相对塑性的危害要比针状和片状的小。倘若硬脆的第二相呈弥散粒子均匀地分布在塑性相基体上，则可显著提高合金的强度，这种强化的主要原因是由于弥散细小的第二相粒子与位错的交互作用，阻碍了位错的运动，从而提高了合金的塑性变形抗力。根据两者相互作用的方式，有两种强化机制。

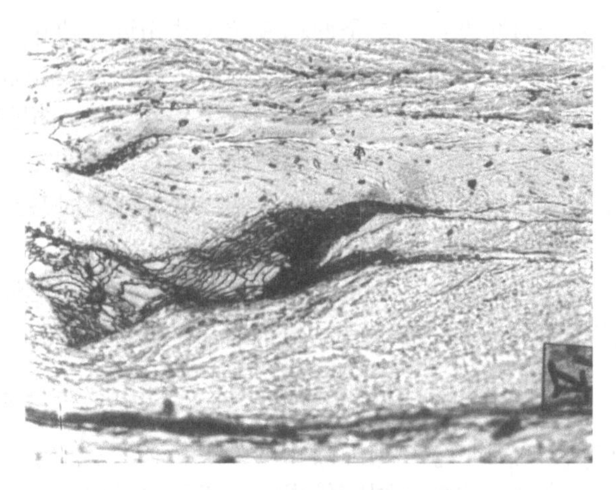

图 6-26　珠光体中渗碳体片的变形

（1）位错绕过第二相粒子　在滑移面上运动着的位错遇到坚硬不变形并且比较粗大的第二相粒子时，将受到粒子的阻挡而弯曲。随着外加应力的增加，位错线受阻部分的弯曲加剧，以致围绕着粒子的位错线在左右两边相遇时，正负号位错彼此抵消，形成了包围着粒子的位错环而被留下，其余部分位错线又恢复直线继续前进，如图 6-27 所示。根据计算，位错线绕过间距为 $\lambda$ 的第二相粒子时，所需的切应力$\tau$为：

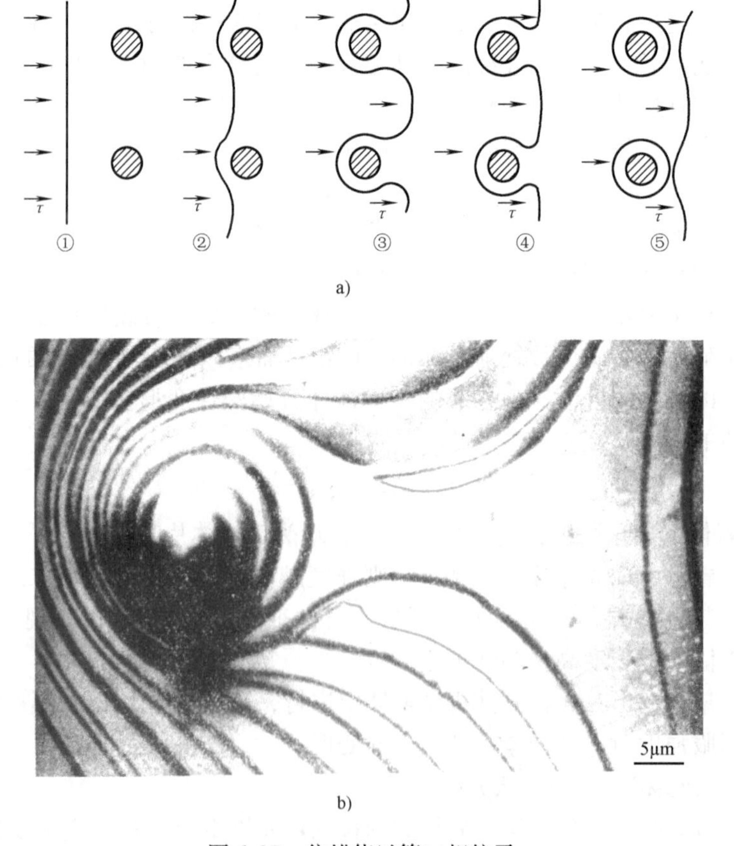


图 6-27　位错绕过第二相粒子

a）示意图　b）铬中位错线绕过第二相粒子

$$\tau = \frac{Gb}{\lambda}$$

式中，$G$ 为切变模量；$\boldsymbol{b}$ 为柏氏矢量。可见，这种强化作用与第二相粒子的间距成反比，间距 $\lambda$ 越小，则强化作用越大。

这种第二相粒子是借助粉末冶金的方法加入基体而起强化作用的，这种强化方式称为弥散强化，其典型的例子是烧结铝。它是利用粉末冶金成形再加上冷挤压加工，得到在铝基体上分布着高弥散度的氧化铝粒子的合金（粒子间距约为 0.1μm）。烧结铝不仅具有高的室温强度，而且具有优良的耐热性。此外，当过饱和固溶体进行过时效处理时，可以得到与基体非共格的析出相，此时位错也是以绕过机制通过障碍，也称为弥散强化。

（2）位错切过第二相粒子　若第二相粒子是硬度不太高、尺寸也不大的可变形的第二相粒子，或者是过饱和固溶体时效处理初期产生的共格析出相，则运动着的位错与其相遇时，将切过粒子与基体一起变形，如图 6-28 所示。位错切过第二相粒子时必须做额外的功，消耗足够大的能量，从而提高合金的强度。这种强化方式称为沉淀强化。

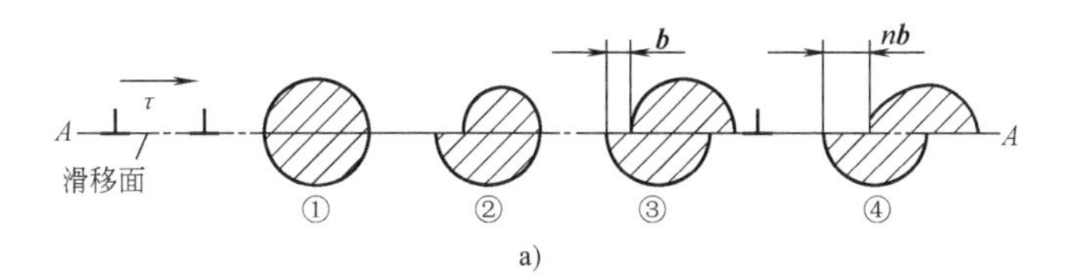


a)

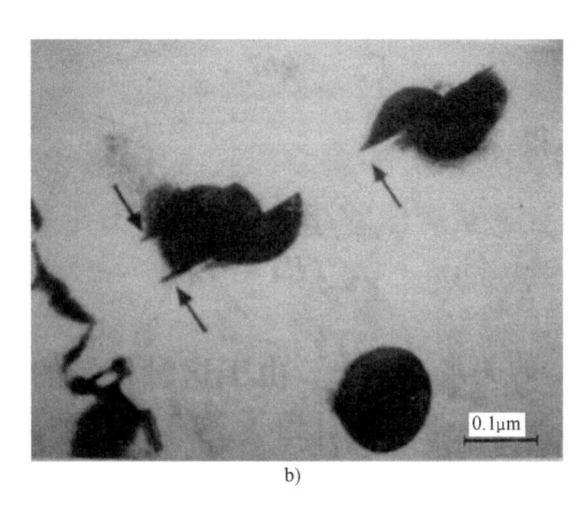


b)

图 6-28　位错切过第二相粒子

a）示意图　b）镍基合金中位错线切过第二相粒子

# 第五节　塑性变形对金属组织和性能的影响

## 一、塑性变形对组织结构的影响

多晶体金属经塑性变形后，除了在晶粒内出现滑移带和孪晶等组织特征外，还具有下述组织结构的变化。

### （一）显微组织的变化

金属与合金经塑性变形后，其外形、尺寸的改变是内部晶粒变形的总和。原来没有变形的晶粒，经加工变形后，晶粒形状逐渐发生变化，随着变形方式和变形量的不同，晶粒形状的变化也不一样，如在轧制时，各晶粒沿变形方向逐渐伸长，变形量越大，晶粒伸长的程度也越大。当变形量很大时，晶粒呈现出一片如纤维状的条纹，称为纤维组织（图 6-29）。纤维的分布方向即金属变形时的伸展方向。当金属中有杂质存在时，杂质也沿变形方向拉长为细带状（塑性杂质）或粉碎成链状（脆性杂质），这时光学显微镜已经分辨不清晶粒和杂质。

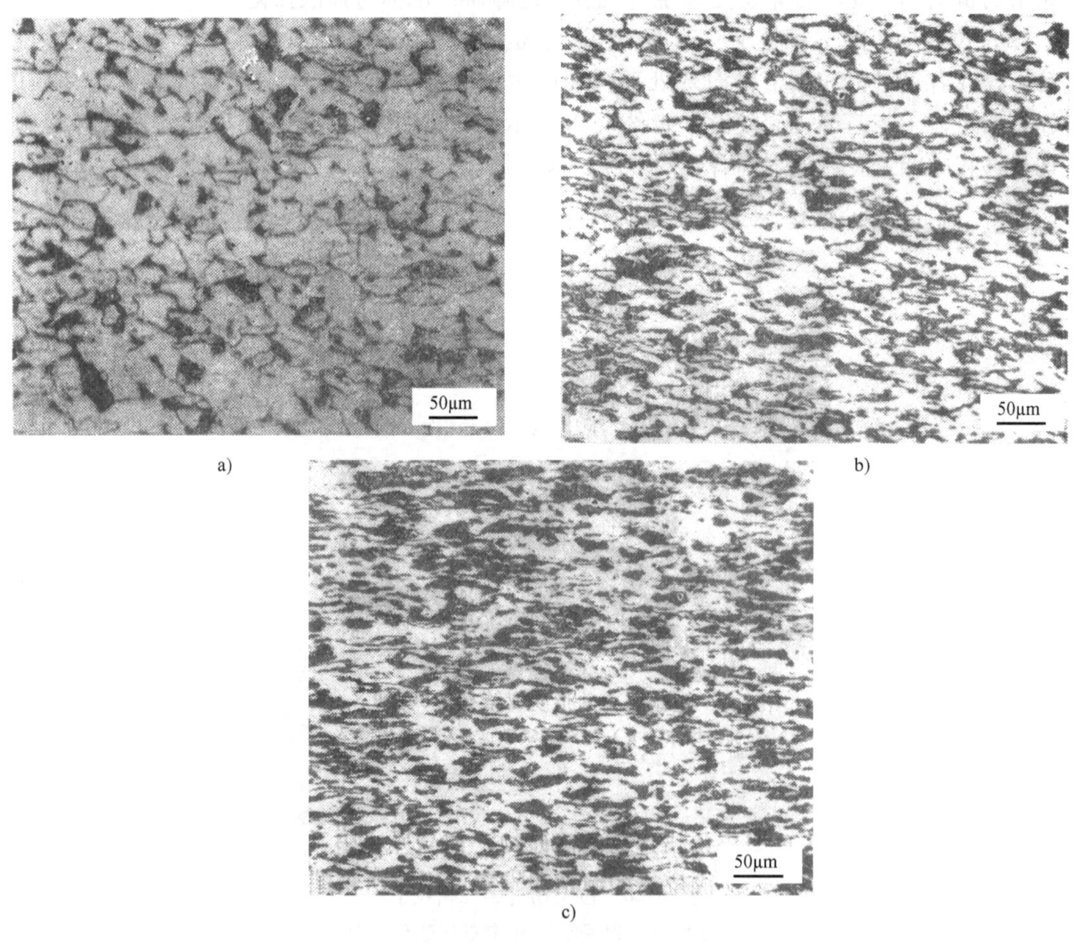


a)　b)　c)

图 6-29　低碳钢冷塑性变形后的纤维组织

a）30% 压缩率　b）50% 压缩率　c）70% 压缩率

### （二）亚结构的细化

实际晶体的每一个晶粒内存在着许多尺寸很小、位向差也很小的亚结构，塑性变形前，铸态金属的亚结构直径约为 $10^{-2}$cm，冷塑性变形后，亚结构直径将细化至 $10^{-4}\sim10^{-6}$cm。图 6-30 为低碳钢中的形变亚结构。

形变亚结构的边界是晶格畸变区，堆积有大量的位错，而亚结构内部的晶格则相对地比

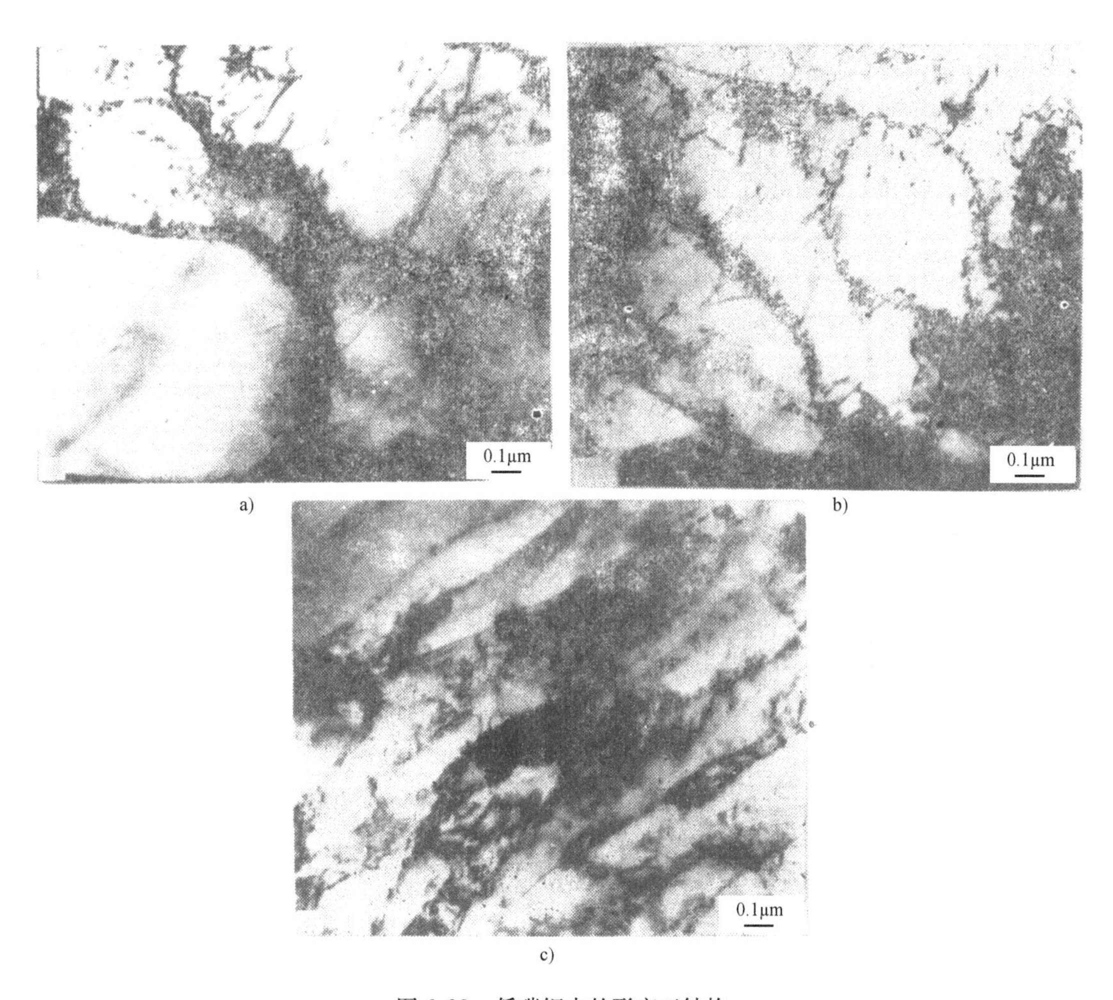


图 6-30　低碳钢中的形变亚结构

a）30%压缩率　b）50%压缩率　c）70%压缩率

较完整，这种亚结构常称为胞状亚结构或形变胞。胞块间的夹角不超过 2°，胞壁的厚度约为胞块直径的 1/5。位错主要集中在胞壁中，胞内仅有稀疏的位错网络。变形量越大，则胞块的数量越多，尺寸减小，胞块间的取向差也在逐渐增大，且其形状随着晶粒形状的改变而变化，均沿着变形方向逐渐拉长。

形变亚结构是在塑性变形过程中形成的。在切应力的作用下位错源所产生的大量位错沿滑移面运动时，将遇到各种阻碍位错运动的障碍物，如第二相颗粒、割阶及亚晶界等，造成位错缠结。这样，金属中便出现了由高密度的缠结位错分隔开的位错密度较低的区域，形成形变亚结构。

**（三）形变织构**

与单晶体一样，多晶体在塑性变形时也伴随着晶体的转动过程，故当变形量很大时，多晶体中原为任意取向的各个晶粒会逐渐调整其取向而彼此趋于一致，这一现象称为晶粒的择优取向，这种由于金属塑性变形使晶粒具有择优取向的组织称为形变织构。

同一种材料随加工方式的不同，可能出现不同类型的织构：

（1）丝织构　在拉拔时形成，其特征是各晶粒的某一晶向与拉拔方向平行或接近平行。

（2）板织构　在轧制时形成，其特征是各晶粒的某一个晶面平行于轧制平面，而某一晶向平行于轧制方向。

几种金属的丝织构及板织构见表6-3。

**表6-3　常见金属的丝织构与板织构**

| 金属或合金 | 晶体结构 | 丝　织　构 | 板　织　构 |
|---|---|---|---|
| α-Fe、Mo、W、铁素体钢 | 体心立方 | <110> | {100}　<011> + {112}　<110> + {111}　<112> |
| Al、Cu、Au、Ni、Cu－Ni、Cu＋Zn（$w_{Zn}<50\%$） | 面心立方 | <111><br><111> + <100> | {110}　<112> + {112}　<111><br>{110}　<112> |
| Mg、Mg合金、Zn | 密排六方 | <2130><br><0001>与丝轴成70° | {0001}　<10$\bar{1}$0><br>{0001}与轧制面成70° |

当出现织构后，多晶体金属就不再表现为等向性而显示出各向异性。这对材料的性能和加工工艺有很大的影响。例如，当用有织构的板材冲压杯状零件时，将会因板材各个方向变形能力的不同，使冲压出来的工件边缘不齐，壁厚不均，即产生所谓“制耳”现象，如图6-31所示。

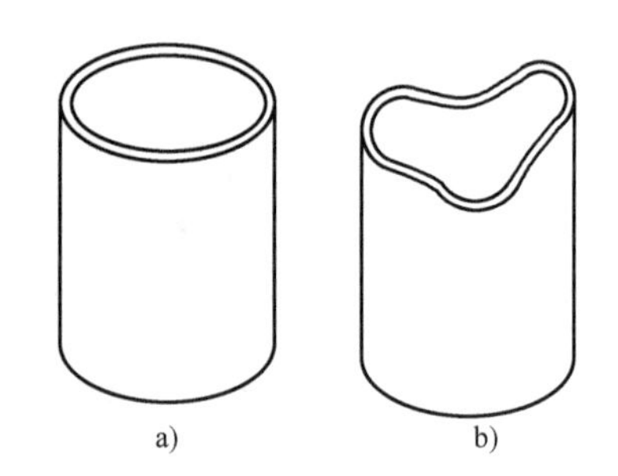


图6-31　因变形织构所造成的“制耳”
a）无织构　b）有织构

但是在某些情况下，织构的存在却是有利的。例如，变压器铁心用的硅钢片，沿<100>方向最易磁化，因此，当采用具有这种织构（(110)［001］）的硅钢片制作电机、电器时，将减少铁损，提高设备效率，减轻设备重量，并节约钢材。

## 二、塑性变形对金属性能的影响

### （一）加工硬化

在塑性变形过程中，随着金属内部组织的变化，金属的力学性能也将产生明显的变化，即随着变形程度的增加，金属的强度、硬度增加，而塑性、韧性下降（图6-32），这一现象即为加工硬化或形变强化。如$w_C=0.3\%$的碳钢，变形度为20%时，抗拉强度$R_m$由原来的500MPa升高到700MPa，当变形度为60%时，则$R_m$提高到900MPa。

关于加工硬化的原因，目前普遍认为与位错的交互作用有关。随着塑性变形的进行，位错密度不断增加，因此位错在运动时的相互交割加剧，产生固定割阶、位错缠结等障碍，使位错运动的阻力增大，引起变形抗力的增加，因此就提高了金属的强度。

加工硬化现象在金属材料生产过程中有重要的实际意义，目前已广泛用来提高金属材料的强度。例如，自行车链条的链板，材料为低合金钢，原来的硬度为150HBW，抗拉强度约为520MPa，经过五次轧制，使钢板厚度由3.5mm压缩到1.2mm（变形度为65%），这时硬度提高到275HBW，抗拉强度提高到接近1000MPa，这使链条的负荷能力提高了将近一倍。对于用热处理方法不能强化的材料来说，用加工硬化方法提高其强度就显得更加重要。如塑性很好

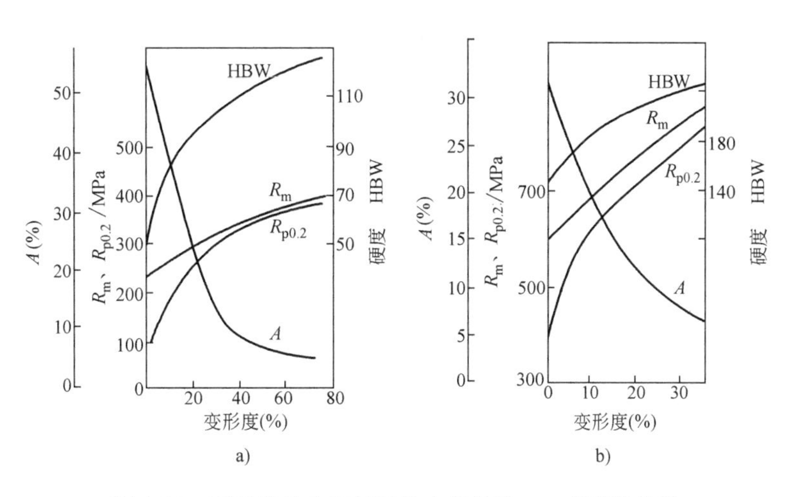


图 6-32 两种常见金属材料的力学性能——变形度曲线

a）工业纯铜 b）45 钢

而强度较低的铝、铜及某些不锈钢等，在生产上往往制成冷拔棒材或冷轧板材供应用户。

加工硬化也是某些工件或半成品能够加工成形的重要因素。例如，冷拔钢丝拉过模孔后（图 6-33），其断面尺寸必然减小，而单位面积上所受应力却会增加，如果金属不是产生加工硬化并提高强度，那么钢丝在出模后就可能被拉断。由于钢丝经塑性变形后产生了加工硬化，尽管钢丝断面缩减，但其强度显著增加，因此便不再继续变形，而使变形转移到尚未拉过模孔的部分。这样，钢丝可以持续地、均匀地通过模孔而成形。又如金属薄板在拉深过程中（图 6-34），弯角处变形最严重，首先产生加工硬化，因此该处变形到一定程度后，随后的变形就转移到其他部分，这样便可得到厚薄均匀的冲压件。

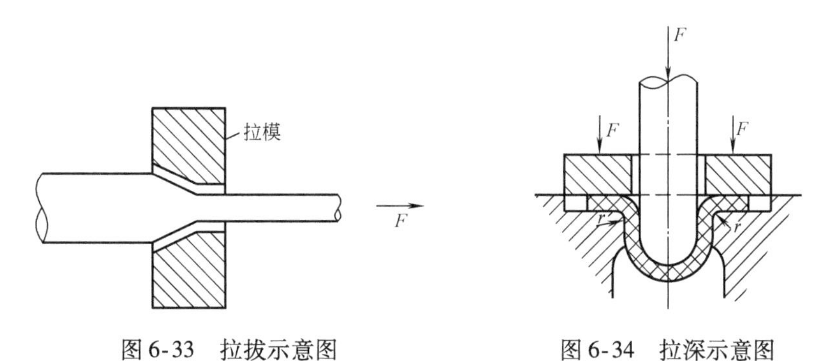


图 6-33 拉拔示意图　　图 6-34 拉深示意图

加工硬化还可提高零件或构件在使用过程中的安全性。任何最精确的设计和加工出来的零件，在使用过程中各个部位的受力也是不均匀的，往往会在某些部位出现应力集中和过载现象，使该处产生塑性变形。如果金属材料没有加工硬化，则该处的变形会越来越大，应力也会越来越高，最后导致零件失效或断裂。但正因为金属材料具有加工硬化这一性质，故这种偶尔过载部位的变形会自行停止，应力集中也可以自行减弱，从而提高了零件的安全性。

但是加工硬化现象也给金属材料的生产和使用带来不利影响。因为金属冷加工到一定程度以后，变形抗力就会增加，进一步的变形就必须加大设备功率，增加动力消耗。另外，金属经加工硬化后，金属的塑性大为降低，继续变形就会导致开裂。为了消除这种硬化现象以便继续进行冷变形加工，中间需要进行再结晶退火处理。

**（二）塑性变形对其他性能的影响**

经塑性变形后，金属材料的物理性能和化学性能也将发生明显变化。如使金属及合金的比电阻增加，导电性能和电阻温度系数下降，热导率也略为下降。塑性变形还使磁导率、磁饱和度下降，但磁滞和矫顽力增加。塑性变形提高金属的内能，使其化学活性提高，腐蚀速度加快。塑性变形后由于金属中的晶体缺陷（位错及空位）增加，因而使扩散激活能减少，扩散速度增加。

### 三、残余应力

金属在塑性变形过程中，外力所做的功大部分转化为热能，但尚有一小部分（约占总变形功的10%）保留在金属内部，形成残余内应力和点阵畸变。

**（一）宏观内应力**（第一类内应力）

宏观内应力是由于金属工件或材料各部分的不均匀变形所引起的，它是在整个物体范围内处于平衡的力，当除去它的一部分后，这种力的平衡就遭到了破坏，并立即产生变形。例如冷拉圆钢，由于外圆变形度小，中间变形度大，所以表面受拉应力，心部受压应力，就圆钢整体来说，两者相互抵消，处于平衡。但如果表面车去一层，这种力的平衡遭到了破坏，结果就产生了变形。

**（二）微观内应力**（第二类内应力）

它是金属经冷塑性变形后，由于晶粒或亚晶粒变形不均匀而引起的，它是在晶粒或亚晶粒范围内处于平衡的力。此应力在某些局部地区可达很大数值，可能致使工件在不大的外力下产生显微裂纹，进而导致断裂。

**（三）点阵畸变**（第三类内应力）

塑性变形使金属内部产生大量的位错和空位，使点阵中的一部分原子偏离其平衡位置，造成点阵畸变。这种点阵畸变所产生的内应力作用范围更小，只在晶界、滑移面等附近不多的原子群范围内维持平衡。它使金属的硬度、强度升高，而塑性和耐蚀能力下降。

残余应力的存在对金属材料的性能是有害的，它导致材料及工件的变形、开裂和产生应力腐蚀。例如，当工件表面存在的是拉应力时，它与外加应力或腐蚀介质共同作用，可能引起工件的变形和开裂，深冲黄铜弹壳的季裂就是应力腐蚀断裂的突出例子。但是，当工件表面残余一薄层压应力时，反而对使用寿命有利。例如，采用喷丸和化学热处理方法使工件表面产生一压应力层，可以有效地提高零件（如弹簧和齿轮等）的疲劳寿命。对于承受单向扭转载荷的零件（如某些汽车中的扭力轴）沿载荷方向进行适量的超载预扭，可以使工件表面层产生相当数量的与载荷方向相反的残余应力，从而在工作时抵消部分外加载荷，提高使用寿命。

## 第六节　金属的断裂

在应力-应变曲线的最后阶段，试样断成两段。断裂是金属材料在外力的作用下丧失连续性的过程，它包括裂纹的萌生和裂纹的扩展两个基本过程。断裂过程的研究在工程上有很大的实际意义，从各种机器零件到巨大的船舶、桥梁、容器等在使用过程中都有不少断裂的

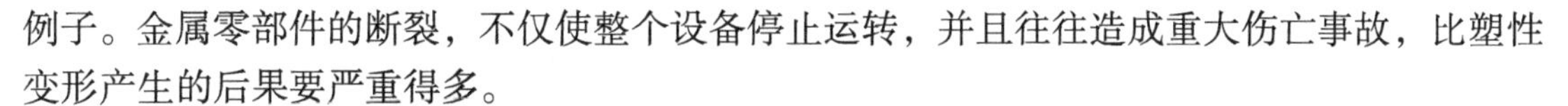

例子。金属零部件的断裂，不仅使整个设备停止运转，并且往往造成重大伤亡事故，比塑性变形产生的后果要严重得多。

金属材料的抗断裂性能不但与其化学成分和显微组织等内部条件有关，而且与应力状态、环境温度和介质等外部条件有关，人们可以通过调整材料的化学成分，进行合适的冷热加工，以及了解外部条件对断裂过程的影响来控制其断裂性能，从而改善金属零部件的使用性能和工艺性能。目前对断裂的研究涉及断裂力学、断裂物理、断裂化学及断口学等几个方面。本节仅介绍一些断裂的基本概念，作为进一步研究的基础。

## 一、塑性断裂

塑性断裂又称为延性断裂，断裂前发生大量的宏观塑性变形，断裂时承受的工程应力大于材料的屈服强度。由于塑性断裂前产生显著的塑性变形，容易引起人们的注意，从而可及时采取措施防止断裂的发生，即使局部发生断裂，也不会造成灾难性事故。对于使用时只有塑性断裂可能的金属材料，设计时只需按材料的屈服强度计算承载能力，一般就能保证安全使用。

在塑性和韧性好的金属中，通常以穿晶方式（即裂纹穿过晶粒内部扩展）发生塑性断裂，在断口附近会观察到大量的塑性变形的痕迹，如缩颈。在简单的拉伸试验中，塑性断裂是微孔形成、扩大和连接的过程（图6-35）。在大的应力作用下，基体金属产生塑性变形后，在基体与非金属夹杂物、析出相粒子（统称为异相颗粒）周围产生应力集中，使界面拉开，或使异相颗粒折断而形成微孔。微孔扩大和连接也是基体金属塑性变形的结果。当微孔扩大到一定程度，相邻微孔间的金属产生较大塑性变形后就发生微观塑性失稳，就像宏观试样产生缩颈一样，此时微孔将迅速扩大，直至细缩成一条线，最后由于金属与金属间的连接太少，不足以承载而发生断裂。结果形成一个刀刃状的孔坑边缘，这样，两个相邻的微孔就连接成一个较大的微孔。

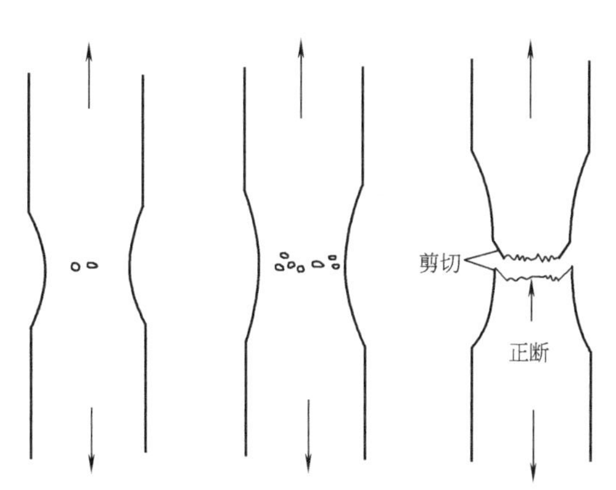


图6-35 微孔聚集型断裂示意图

连续的滑移变形也会导致塑性断裂。当滑移面及滑移方向与外加拉应力成45°时，分切应力最大。当分切应力达到临界分切应力时，会发生滑移。微孔可能在滑移带与异相颗粒相交处形成，沿滑移面逐渐扩大并相互连接。

上述两方面原因使工程用金属材料的塑性断裂具有典型的宏观断口形貌。试样尺寸较大时，形成杯锥状断口——暗灰色纤维状的底部断面及其边缘的一圈剪切唇。底部断面是微孔形成和聚集之处，剪切唇与外加拉应力成45°，表明发生了滑移。

用扫描电子显微镜可观察到微观断口形貌——韧窝。韧窝是断裂过程中微孔分离的痕迹，在韧窝底部常可见夹杂物或析出相粒子。通常，当拉应力造成失效时，这些韧窝是等轴状的，如图6-36a所示。但在剪切唇，韧窝是椭圆形的或者说是拉长的，如图6-36b所示。

在薄板中，很少观察到缩颈，甚至可能整个断口都是剪切面。这时微观断口形貌为拉长

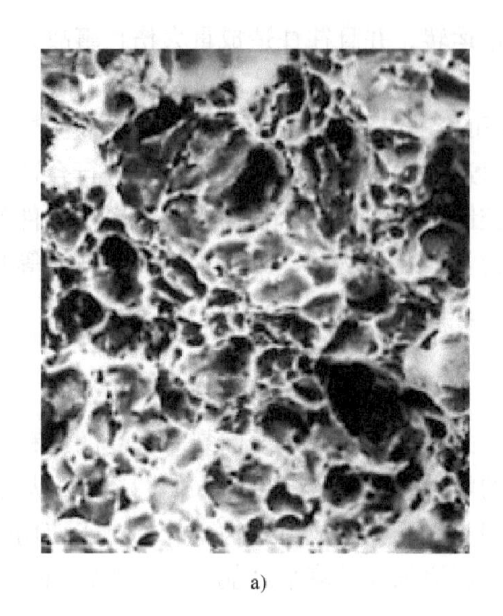

a)

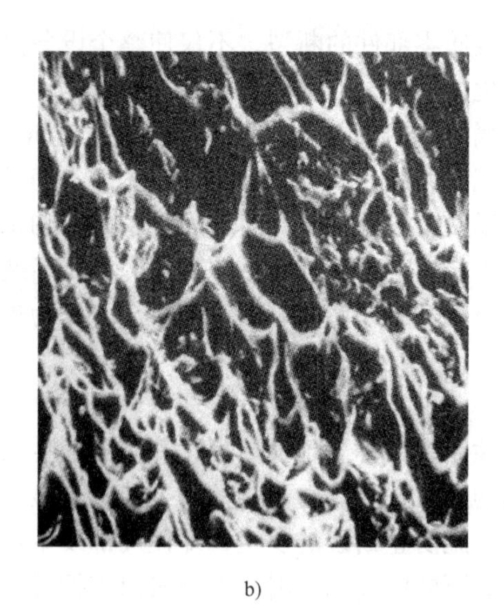

b)

图 6-36　塑性断裂微观断口形貌——韧窝
a）等轴韧窝　b）剪切韧窝

的韧窝而不是等轴韧窝，表明发生 45°滑移的比例大于厚板。

## 二、脆性断裂

金属脆性断裂过程中，极少或没有宏观塑性变形，但在局部区域仍存在一定的微观塑性变形。断裂时承受的工程应力通常不超过材料的屈服强度，甚至低于按宏观强度理论确定的许用应力。因此，又称为低应力断裂。由于脆性断裂前既无宏观塑性变形，又无其他预兆，并且一旦开裂后，裂纹扩展迅速，造成整体断裂或很大的裂口，有时还产生很多碎片，容易导致严重事故。选择可能发生脆断的金属材料，必须从脆断角度计算其承载能力，并充分估计过载的可能性。

脆性断裂通常发生于高强度或塑性和韧性差的金属或合金中，而且，塑性较好的金属在低温、厚的截面或高的应变速率等条件下或当裂纹起重要作用时，都可能以脆性方式断裂。

脆性断裂起源于引起应力集中的微裂纹，并在金属中以接近声速的速度扩展。通常，裂纹更易沿特定的晶面扩展、劈开，称为解理断裂，这些特定晶面称为解理面，多是面间距较大、键合较弱而易于开裂的低指数面。如在体心立方金属中，解理面通常为｛100｝晶面；密排六方金属的解理面为｛0001｝。此外，当合金沿晶界析出连续或不连续的脆性相时，或者是当偏析或杂质弱化晶界时，裂纹可能沿晶界扩展，造成沿晶脆性断裂。

脆性断裂可通过宏观断口观察出来。通常，断口是齐平的并垂直于外加拉应力。如果是解理断裂，新鲜的断口都是晶粒状的，可以看到许多强烈反光的小平面，即解理面。微观断口形貌特征是“河流花样”，如图 6-37 所示。“河流花样”是如何形成的呢？我们来看解理裂纹的形成和扩展过程。解理初裂纹的形成与塑性变形有关。例如，在体心立方金属中，某个晶粒内的位错沿滑移面（011）和$(0\bar{1}1)$运动，在滑移面交叉处形成位错塞积，造成应力集中，如图 6-38 所示。若此应力集中不能通过其他方式松弛，就会在（001）晶面上形成初裂纹，(001) 晶面即为解理面。解理初裂纹在晶粒内部的扩展还是比较容易的，但由于各个晶粒的空间位向不同，解理初裂纹扩展到晶界后，会受到晶界的阻碍，在晶界附近造成很大的应力集中，使得在相邻晶粒内与初裂纹所在晶面相交的解理面上形成新的裂纹源，如图 6-39 所示。此时的解理面是一组相互平行且处于不同高度的晶面。当这些解理裂纹向前扩展并相互接近时，其间连接的金属因承受很大的应力而很快被撕裂，形成解理台阶或撕裂棱。解理裂纹继续扩展的过程中，解理台阶相互汇合，因此，在电子显微镜下可以看到由这些高低不平的解理台阶组成的“河流花样”，并且“河流”都发源于晶界（图 6-37）。解理裂纹在此后的扩展过程中还会遇到晶界的阻碍，但由于此时的裂纹尺寸较大，因此，克服晶界阻力所需的应力要小于克服第一个晶界所需的应力。由此可见，解理初裂纹一旦通过晶界扩展就能很快继续扩展，直到造成金属断裂。

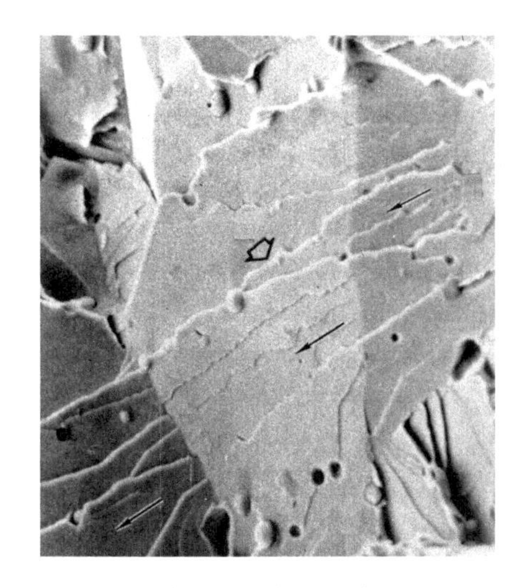

图 6-37　解理断裂微观断口形貌——河流花样

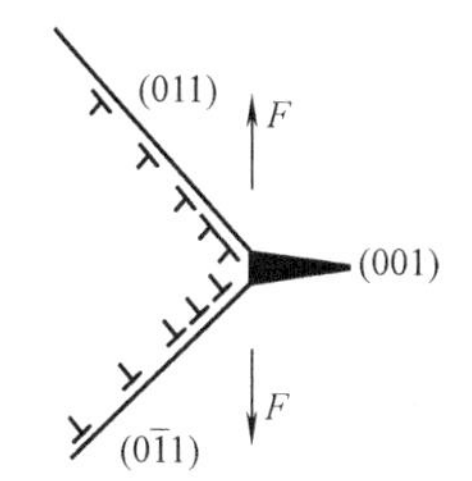


图 6-38　解理初裂纹形成示意图

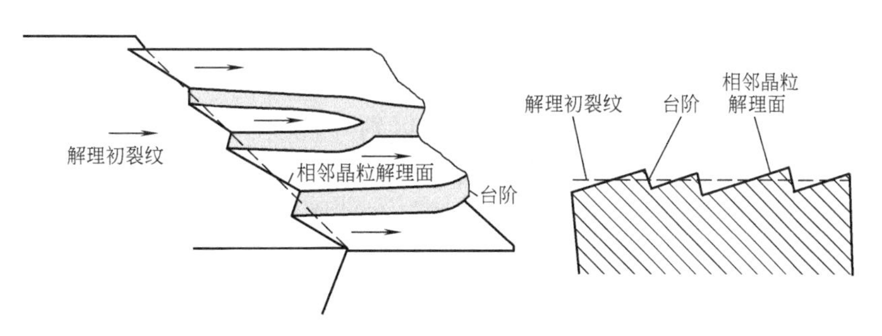


图 6-39　河流花样形成示意图

沿晶脆性断裂的宏观断口呈细瓷状，较亮，也可看到许多强烈反光的小刻面。微观断口形貌特征为“冰糖状”，每一个断裂晶粒表面清洁光滑，棱角清晰，有很强的多面体感，如图 6-40 所示。

塑性断裂前需要大量的能量，相反，如果不存在吸收能量的机制，就会发生脆性断裂。严格地说，一般金属断裂前不发生塑性变形的现象是不存在的。故此分类只有相对意义，但在工程中具有重要指导作用。

## 三、影响材料断裂的基本因素

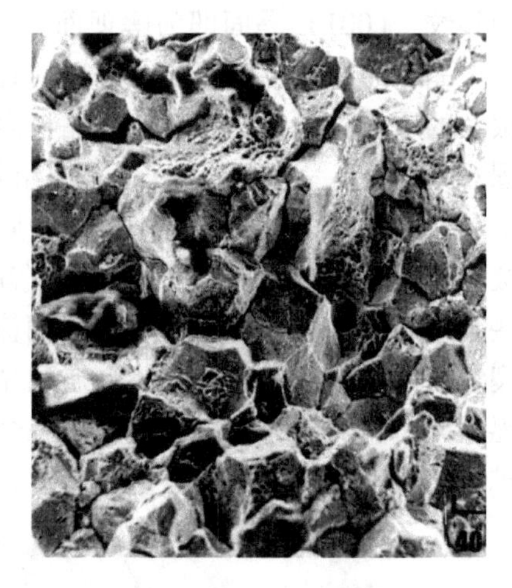

图 6-40　沿晶脆性断裂微观断口形貌

不同的材料，可能有不同的断裂方式，但是断裂属于延性断裂还是脆性断裂，不仅与材料的化学成分和组织结构有关，而且受工作环境、加载方式的影响。塑性材料在一定的条件下可以是脆性断裂，而脆性材料在一定条件下也表现出一定的塑性。如在室温拉伸时呈脆性断裂的铸铁等材料，当在压应力的作用下却有一定的塑性。因此在生产实际中，拉伸时呈脆性断裂的材料通常只用来制造在受压状态下工作的零件，而不用来制造重要零件。可见，研究影响材料断裂的因素对工程实际应用十分重要。下面扼要介绍几个主要影响因素。

### （一）裂纹和应力状态的影响

对大量脆性断裂事故的调查表明，大多数断裂是由于材料中存在微小裂纹和缺陷引起的。为了说明裂纹的影响，可做下述试验。将屈服强度 $R_{p0.2}$ 为 1400MPa 的高强度钢板状试样中部预制不同深度的半椭圆表面裂纹，裂纹平面垂直于拉伸应力，求出裂纹深度 $a$ 与实际断裂强度 $\sigma_c$ 的关系，如图 6-41 所示。

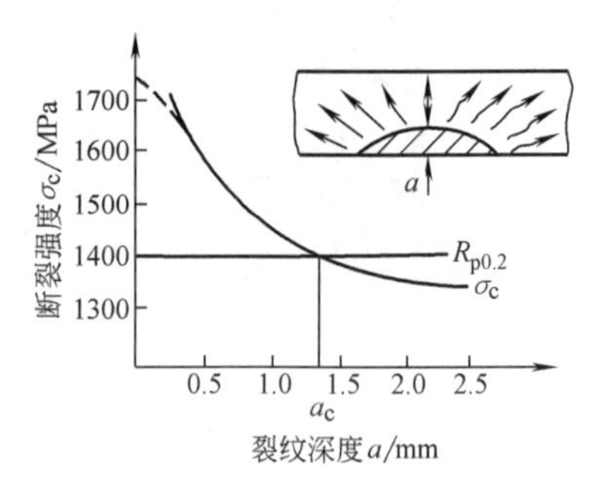


图 6-41　一种高强度钢断裂强度与表面裂纹深度的关系

由图可以看出，随着裂纹深度的增大，试样的断裂强度逐渐下降，当裂纹深度达到 $a_c$ 时，则 $\sigma_c = R_{p0.2}$。当 $a < a_c$ 时，$\sigma_c > R_{p0.2}$，意味着此时发生塑性断裂；当 $a > a_c$ 时，$\sigma_c < R_{p0.2}$，发生脆性断裂。由于高强度钢对裂纹十分敏感，所以用它制造零件时，必须从断裂的角度考虑其承载能力，如只根据其屈服强度或抗拉强度来设计，往往出现低应力断裂事故。

但是这种断裂与完全脆性断裂有本质上的区别。裂纹的存在能引起应力集中，且产生复杂的应力状态。断裂力学分析表明（图 6-42），当裂纹深度较小且靠近试样表面时，裂纹尖端区域仅在试样宽、长方向受 $\sigma_x$、$\sigma_y$ 的作用，与板垂直方向的应力 $\sigma_z = 0$，应力状态是二维平面型的，称为平面应力状态。但当裂纹较深且试样厚度较大时，则 $\sigma_z \neq 0$，所以应力是三维的，处于三向拉伸状态。当板厚相当大时，三向拉伸状态达到极限状态，即与板垂直的 $z$ 向应变为零，而应力最大，这种应力状态称为平面应变状态。此时在外力作用下裂纹尖端区域的应力很快超过材料的屈服强度，形成一个塑性变形区，微孔很易在此区形成、扩大，并与裂纹连接，导致裂纹扩展。对于高强度材料，其塑性较差，并且在裂纹尖端区域出现析出相质点的概率很大，因此，一旦在裂纹尖端附近形成一个不大的塑性变形区后，此区的析出相质点附近就可能形成微孔并导致裂纹扩展，直至断裂。此时整个裂纹截面的平均应力 $\sigma_c$ 仍低于 $R_{p0.2}$。这就是说，含裂纹的高强度材料往往表现出低应力断裂，但断裂源于微孔聚集方式，微观断口形貌仍具有韧窝特征。

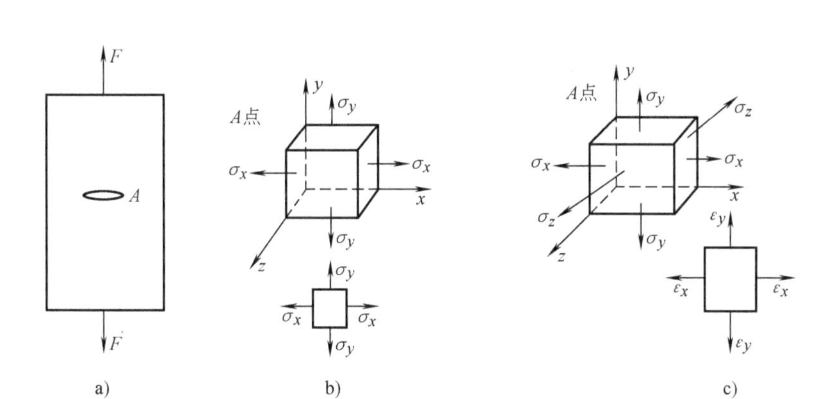


图 6-42　缺口或裂纹尖端应力状态示意图

a）带裂纹的拉伸试样　b）平面应力状态　c）平面应变状态

由此可见，由于裂纹的存在，改变了应力状态，也就改变了构件的断裂行为。同样，由于受载方式不同，而造成应力状态的改变，也能改变材料的断裂行为。例如，在拉伸或弯曲时很脆的材料（如大理石），在受三向压应力时，却表现出良好的塑性。

**（二）温度的影响**

研究表明，中、低强度钢的断裂过程都有一个重要现象，就是随着温度的降低，都有从塑性断裂逐渐过渡为解理断裂的现象。尤其是当试件上带有缺口和裂纹时，更加剧了这种过渡倾向。这就是说，在室温拉伸时呈塑性断裂的中、低强度钢材，在较低的温度下可能产生解理断裂，其断裂应力可能远远低于室温的屈服强度。因此，当使用此种钢材时，必须注意温度这一影响因素。

这种塑性断裂向脆性断裂的过渡可用一个简单的示意图（图 6-43）来说明。中、低强度钢光滑试样的屈服极限 $R_{eL}$ 随着温度的下降而升高，而解理裂纹扩展所需的临界应力值 $\sigma_f$ 则基本不变。因此，存在着一个两应力相等的温度 $T_c$。当 $T > T_c$ 时，$\sigma_f > R_{eL}$，当应力达到 $R_{eL}$ 时就产生塑性变形，也导致微裂纹的形成，但裂纹还不能扩展。只有当应力达到裂纹扩展所需的临界应力时才能造成断裂，即试样要经一定量的塑性变形后才断裂，此时为塑性断裂；当 $T < T_c$ 时，$\sigma_f < R_{eL}$，当应力达到 $\sigma_f$ 时并不发生断裂，因为此时金属中尚无裂纹，只有当应力增加到 $R_{eL}$ 时，裂纹才能形成，随即迅速扩展，导致解理断裂。一般将此温度称为脆性转折温度。当试样中存在裂纹及缺口时，会使脆性转折温度升高。

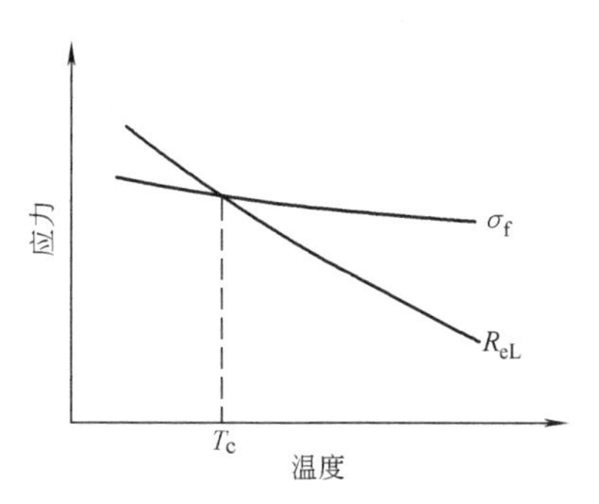


图 6-43　塑性断裂向解理断裂过渡的示意图

通常用带缺口的试样进行系列冲击试验来测定这一温度。图 6-44 为冲击韧度随温度的变化曲线。从图中可以看出，当温度降至某一数值时，试样急剧脆化，这个温度就是脆性转折温度。高于这一温度，材料呈塑性断裂；低于这一温度，则为脆性的解理断裂。

脆性转折温度一般是一个范围，它的宽度和高低与金属的晶体结构、晶粒大小、应变速率、应力状态、化学成分、杂质元素等因素有关。一般来说，体心立方结构的金属冷脆断裂倾向大，脆性转折温度高，密排六方金属次之，面心立方金属则基本上没有这种温度效应。晶粒越细，裂纹形成和扩展的阻力越大，所以细化晶粒可使脆性转折温度降低。此外，合金元素 Ni 具有显著降低脆性转折温度的作用。

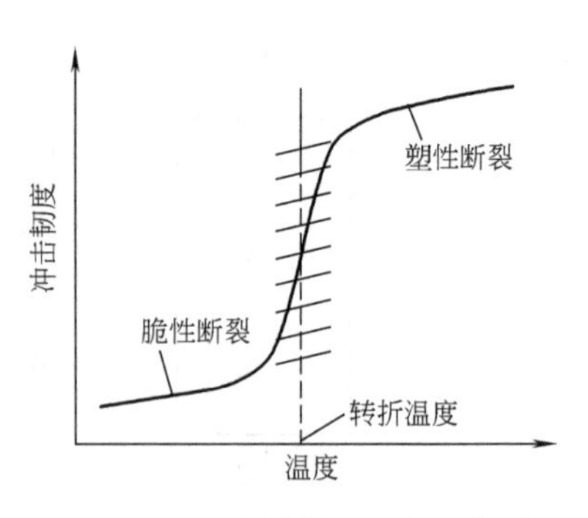


图 6-44　脆性转折温度示意图

**（三）其他影响因素**

如不考虑材料本身因素，影响材料断裂的外界因素还很多。例如，环境介质对断裂有很大影响，某些金属与合金在腐蚀介质和拉应力的同时作用下，产生应力腐蚀断裂。金属材料经酸洗、电镀，或从周围介质中吸收了氢之后，产生氢脆断裂。变形速度的影响比较复杂，一方面，变形速度增加，使金属加工硬化严重，因而塑性降低。但另一方面又使变形热来不及散出，促使加工硬化消除而提高塑性。至于哪个因素占主导地位，要视具体情况而定。

## 四、断裂韧度及其应用

工程上的脆断事故，总是由材料中的裂纹扩展引起的。这些裂纹可能是冶金缺陷，或在加工过程中产生，也可能在使用过程中产生，因而是难以避免的。而材料的断裂应力，与存在于材料中的裂纹和缺陷有密切关系。断裂力学就是根据材料和物件中不可避免地存在裂纹这一客观实际研究裂纹的扩展规律，并确定反映材料抵抗裂纹扩展能力的指标及测定方法。

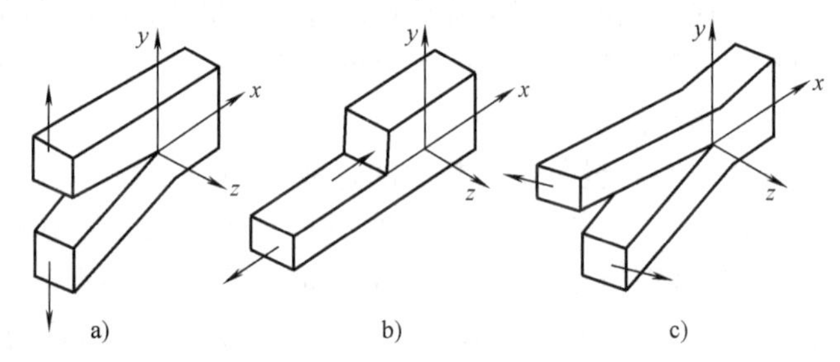


图 6-45　裂纹扩展的三种类型

a）张开型　b）滑开型　c）撕开型

在外力的作用下，材料中的裂纹扩展方式可能有三种类型，如图 6-45 所示。其中第一种类型称为张开型（Ⅰ型），其外加应力与裂纹表面相垂直，即外力沿 $y$ 轴方向，裂纹扩展沿 $x$ 轴方向。这是工程上最常见和最易造成低应力断裂的裂纹扩展类型。第二种类型是滑开型（Ⅱ型），第三种类型称为撕开型（Ⅲ型）。相应的三种断裂方式分别称为Ⅰ型、Ⅱ型、Ⅲ型断裂。由于最危险的断裂是张开型（Ⅰ型），所以下面利用线弹性断裂力学研究它的断裂条件。

假设在均匀厚度的无限宽的弹性板中，有一长度为 $2a$ 的穿透裂纹，垂直于裂纹方向作用均匀的单向拉伸应力 $\sigma$，则在裂纹尖端任意点 $A$ 的应力分量为（图 6-46）：

$$\sigma_x = \sigma\sqrt{\frac{\pi a}{2\pi r}}\cos\frac{\theta}{2}\left(1-\sin\frac{\theta}{2}\sin\frac{3\theta}{2}\right)$$

$$=\frac{K_{\mathrm{I}}}{\sqrt{2\pi r}}\cos\frac{\theta}{2}\left(1-\sin\frac{\theta}{2}\sin\frac{3\theta}{2}\right)$$

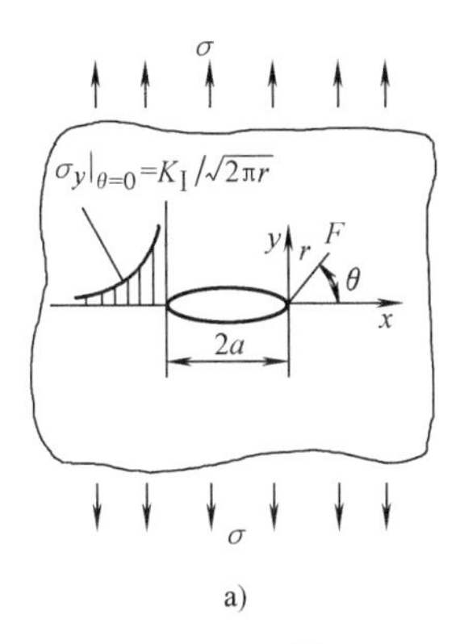

a)

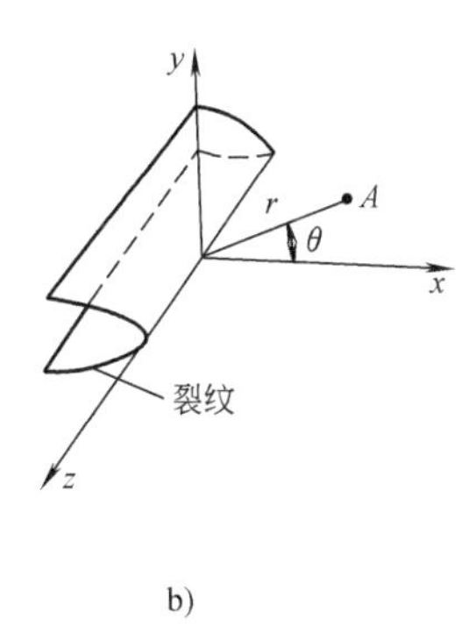

b)

图 6-46　裂纹尖端点 $A$ 的应力状态

$$\alpha_{\sigma} = \sigma\sqrt{\frac{\pi a}{2\pi r}}\cos\frac{\theta}{2}\left(1+\sin\frac{\theta}{2}\sin\frac{3\theta}{2}\right)$$

$$= \frac{K_{\mathrm{I}}}{\sqrt{2\pi r}}\cos\frac{\theta}{2}\left(1+\sin\frac{\theta}{2}\sin\frac{3\theta}{2}\right) \qquad \left.\begin{array}{ll}\sigma_z = 0 & (\text{平面应力状态}) \\ \sigma_z = \upsilon(\sigma_x+\sigma_y) & (\text{平面应变状态})\end{array}\right\}$$

$$\tau_{xy} = \sigma\sqrt{\frac{\pi a}{2\pi r}}\sin\frac{\theta}{2}\cos\frac{\theta}{2}\cos\frac{3\theta}{2}$$

$$= \frac{K_{\mathrm{I}}}{\sqrt{2\pi r}}\sin\frac{\theta}{2}\cos\frac{\theta}{2}\cos\frac{3\theta}{2}$$

式中，$\theta$ 与 $r$ 为点 $A$ 的极坐标，由它们确定点 $A$ 相对于裂纹尖端的位置；$\sigma$ 为远离裂纹并与裂纹面平行的截面上的正应力（名义应力）；$\upsilon$ 为泊松比。

由上式可知，如果 $A$ 点位于裂纹延长线即 $x$ 轴上，$\theta=0$，$\sin\theta=0$，因而

$$\sigma_y = \sigma_x = \frac{K_{\mathrm{I}}}{\sqrt{2\pi r}}$$

$$\tau_{xy} = 0$$

即裂纹所在平面上的切应力为零，拉伸正应力最大，故裂纹容易沿该平面扩展。

各应力分量中均有一个共同因子 $K_{\mathrm{I}}$（$K_{\mathrm{I}}=\sigma\sqrt{\pi a}$）。对于裂纹尖端任意给定点，其坐标 $r$、$\theta$ 都有确定值，这时该点的应力分量完全取决于 $K_{\mathrm{I}}$。因此 $K_{\mathrm{I}}$ 表示在名义应力作用下，含裂纹体处于弹性平衡状态时，裂纹尖端附近应力场的强弱。故 $K_{\mathrm{I}}$ 是表示裂纹尖端应力强弱的因子，简称应力强度因子。

当外加应力达到临界值 $\sigma_c$ 时，裂纹开始失稳扩展，引起断裂，相应地，$K_{\mathrm{I}}$ 值达到临界值 $K_C$，这个临界应力强度因子 $K_C$ 称为材料的断裂韧度，可通过试验测出，它是表示材料抵抗裂纹失稳扩展能力的力学性能指标，反映了含裂纹材料的承载能力。对于同一种材料来说，$K_C$ 取决于试样的厚度：随着试样厚度的增加，$K_C$ 单调减小至一常数 $K_{\mathrm{IC}}$，这时裂纹尖端区域处于平面应变状态，$K_{\mathrm{IC}}$称为平面应变断裂韧度。由于 $K_{\mathrm{IC}}$值与试样厚度无关，因此反映了材料本身的特性。工程上常根据 $K_{\mathrm{IC}}=\sigma_c\sqrt{\pi a}$可以分析计算一些实际问题，为选材和设计提供依据。现分述如下：

1. 确定构件的安全性

根据探伤测定构件中的缺陷尺寸，并确定构件工作应力后，即可计算出裂纹尖端应力强

度因子 $K_{\mathrm{I}}$。如果 $K_{\mathrm{I}} < K_{\mathrm{IC}}$，则构件是安全的，否则将有脆断危险。

根据传统计算方法，为了提高构件的安全性，总是加大安全系数，这势必提高材料的强度等级。对于高强度钢来说，往往导致低应力断裂。例如某一部件，本来设计工作应力为1400MPa，由于提出 1.5 安全系数，就必须采用2100MPa 高屈服强度的材料，这种高强度钢材的 $K_{\mathrm{IC}}$值一般为 47.5MPa·m$^{1/2}$。对 1mm 长的裂纹而言，则依据上式计算断裂应力 $\sigma_{\mathrm{c}}=$ 1200MPa。这就是说，远在设计应力 1400MPa 以下就要发生断裂。反之，如将安全系数降为 1.2，则此时所需钢材的屈服强度为 1700MPa，其 $K_{\mathrm{IC}}$可达 79.3MPa·m$^{1/2}$左右，对于同样长的裂纹，计算出断裂应力为 2000MPa。由此可见，工作应力 1400MPa 是绝对安全的，为了保证构件安全，目前有降低安全系数的趋势。

2. 确定构件承载能力

若试验测定了材料的断裂韧度 $K_{\mathrm{IC}}$，探伤测出材料中最大裂纹尺寸，这样就可根据 $\sigma_{\mathrm{c}}=\dfrac{K_{\mathrm{IC}}}{\sqrt{\pi a}}$计算出断裂应力，从而确定构件的承载能力。

3. 确定临界裂纹尺寸 $a_{\mathrm{c}}$

若已知材料的断裂韧度 $K_{\mathrm{IC}}$和构件的工作应力，则可计算出材料中允许的裂纹临界尺寸：$a_{\mathrm{c}}=\dfrac{K_{\mathrm{IC}}^{2}}{\pi\sigma_{\mathrm{c}}^{2}}$。如果探伤测出的实际裂纹 $a<a_{\mathrm{c}}$，则构件是安全的，由此可建立相应的质量验收标准。

## 习　题

6-1　锌单晶体试样截面面积 $A=78.5\mathrm{mm}^2$，经拉伸试验测得的有关数据如下表：

| 屈服载荷/N | 620 | 252 | 184 | 148 | 174 | 273 | 525 |
|---|---|---|---|---|---|---|---|
| $\phi$ 角/(°) | 83 | 72.5 | 62 | 48.5 | 30.5 | 176 | 5 |
| $\lambda$ 角/(°) | 25.5 | 26 | 38 | 46 | 63 | 74.8 | 82.5 |
| $\tau_{\mathrm{K}}$ | | | | | | | |
| $\cos\lambda\cos\phi$ | | | | | | | |

1）根据以上数据求出临界分切应力并填入上表。

2）求出屈服载荷下的取向因子，作出取向因子和屈服应力的关系曲线，说明取向因子对屈服应力的影响。

6-2　画出铜晶体的一个晶胞，在晶胞上指出：

1）发生滑移的一个晶面。

2）在这一晶面上发生滑移的一个方向。

3）滑移面上的原子密度与｛001｝等其他晶面相比有何差别。

4）沿滑移方向的原子间距与其他方向相比有何差别。

6-3　假定有一铜单晶体，其表面恰好平行于晶体的（001）晶面，若在［001］晶向施加应力，使该晶体在所有可能的滑移面上产生滑移，并在上述晶面上产生相应的滑移线，试预计在表面上可能看到的滑移线形貌。

6-4　试用多晶体的塑性变形过程说明金属晶粒越细强度越高、塑性越好的原因是什么？

6-5　口杯由低碳钢板冲压而成，如果钢板的晶粒大小很不均匀，那么冲压后常常发现口杯底部出现裂

纹，这是为什么？

6-6 滑移和孪生有何区别？试比较它们在塑性变形过程中的作用。

6-7 试述金属经塑性变形后组织结构与性能之间的关系，阐明加工硬化在机械零构件生产和服役过程中的重要意义。

6-8 金属材料经塑性变形后为什么会保留残余内应力？研究这部分残余内应力有什么实际意义？

6-9 何谓脆性断裂和塑性断裂？若在材料中存在裂纹，试述裂纹对脆性材料和塑性材料断裂过程的影响。

6-10 何谓断裂韧度？它在机械设计中有何功用？

Chapter 7

# 第七章 金属及合金的回复与再结晶

金属及合金经塑性变形后，强度、硬度升高，塑性、韧性下降，这对于拉拔、轧制、挤压等成形工艺是重要的，但给进一步的冷成形加工（例如深冲）带来困难，常常需要将金属加热进行退火处理，以使其性能向塑性变形前的状态转化：塑性、韧性提高，强度、硬度下降。本章的目的是讨论塑性变形后的金属与合金在加热时，其组织结构发生转变的过程，主要包括回复、再结晶和晶粒长大等，了解这些过程的发生和发展的规律，对于控制和改善变形材料的组织和性能，具有重要意义。

## 第一节 形变金属与合金在退火过程中的变化

金属与合金在塑性变形时所消耗的功，绝大部分转变成热而散发掉，只有一小部分能量以弹性应变和增加金属中晶体缺陷（空位和位错等）的形式储存起来。形变温度越低，形变量越大，则储存能越高。其中的弹性应变能只占储存能的一小部分，约为3%～12%。晶体缺陷所储存的能量又叫畸变能，空位和位错是其中最重要的两种。这两种相比较，空位能所占的比例较小，而位错能所占比例较大，约占总储存能的80%～90%。总的来看，储存能还是比较小的。但是，由于储存能的存在，使塑性变形后的金属材料的自由能升高，在热力学上处于不稳定的亚稳状态，它具有向形变前的稳定状态转化的趋势，但在常温下，原子的活动能力很小，使形变金属的亚稳状态可维持相当长的时间而不发生明显变化。如果温度升高，原子有了足够高的活动能力，那么，形变金属就能由亚稳状态向稳定状态转变，从而引起一系列的组织和性能变化。由此可见，储存能的降低是这一转变过程的驱动力。

形变金属的组织和性能在加热时逐渐发生变化，向稳定态转变，这个过程称为退火。典型的退火过程，随保温时间的延长或温度的升高，可分为回复、再结晶和晶粒长大三个阶段。这三者又往往重叠交织在一起。这里先进行概括介绍，然后再分别进行讨论。

### 一、显微组织的变化

将塑性变形后的金属材料加热到$0.5T_m$温度附近，进行保温，随着时间的延长，金属的组织将发生一系列的变化，这种变化可以分为三个阶段，如图7-1所示。第一阶段为$0\sim\tau_1$，在这段时间内从显微组织上几乎看不出任何变化，晶粒仍保持伸长的纤维状，称为回复阶段；第二阶段为$\tau_1 \sim \tau_2$，从$\tau_1$开始，在变形的晶粒内部开始出现新的小晶粒，随着时间的延长，新晶粒不断出现并长大，这个过程一直进行到塑性变形后的纤维状晶粒完全改组为新的等轴晶粒为止，称为再结晶阶段；第三阶段为$\tau_2 \sim \tau_3$，新的晶粒逐步相互吞并而长大，直到$\tau_3$，晶粒长大到一个较为稳定的尺寸，称为晶粒长大阶段。

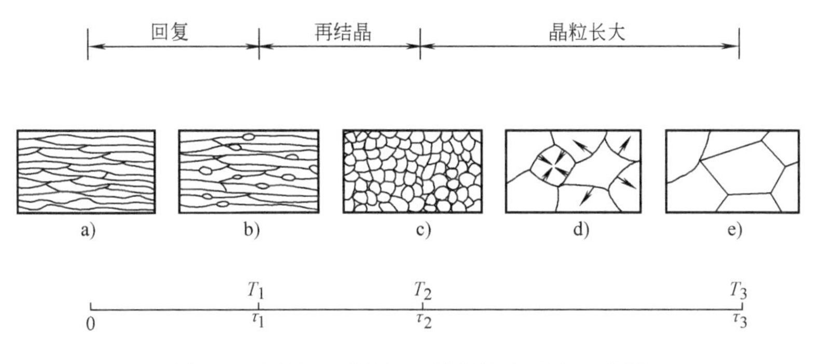


图 7-1　回复、再结晶、晶粒长大过程示意图

若将保温时间确定不变，而使加热温度由低温逐步升高，也可以得到相似的三个阶段，$0 \sim T_1$为回复阶段，$T_1 \sim T_2$为再结晶阶段，$T_2 \sim T_3$为晶粒长大阶段。

## 二、储存能及内应力的变化

在加热过程中，由于原子具备足够的活动能力，偏离平衡位置大、能量较高的原子，将向能量较低的平衡位置迁移，使内应力得以松弛，储存能也将逐渐释放出来。根据材料种类的不同，储存能释放曲线有图 7-2 所示的 1、2、3 三种形式，其中 1 代表纯金属的，而 2、3 分别代表非纯金属和合金的。它们的共同特点是每一曲线都出现一个高峰，高峰开始出现的地方（如图中箭头所示）对应于第一批再结晶晶粒出现的温度。在此温度之前，只发生回复，不发生再结晶。

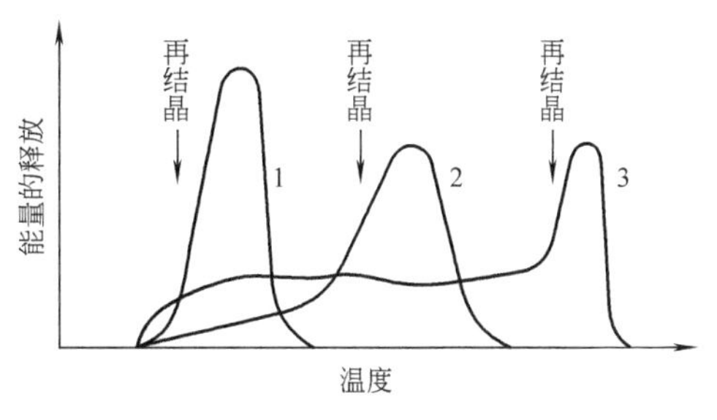


图 7-2　退火过程中能量的释放

在回复阶段，大部分甚至全部第一类内应力可以得到消除，第二类或第三类内应力只能消除一部分，经再结晶之后，因塑性变形而造成的内应力可以完全被消除。

## 三、力学性能的变化

从图 7-3 中的硬度变化曲线可以看出，在回复阶段，硬度值略有下降，但数值变化很小，而塑性有所提高。强度一般是和硬度成正比的一个性能指标，所以由此可以推知，回复过程中强度的变化也应该与硬度的变化相似。在再结晶阶段，硬度与强度均显著下降，塑性大大提高。如前所述，金属与合金因塑性变形所引起的硬度和强度的增加与位错密度的增加有关，由此可以推知，在回复阶段，位错密度的减少有限，只有在再结晶阶段，位错密度才会显著下降。

## 四、其他性能的变化

与力学性能的变化不同，电阻在回复阶段发生了较显著的变化，这种变化与再结晶过程中的电阻变化相差无几。随着加热温度的升高，电阻不断下降（图7-3）。

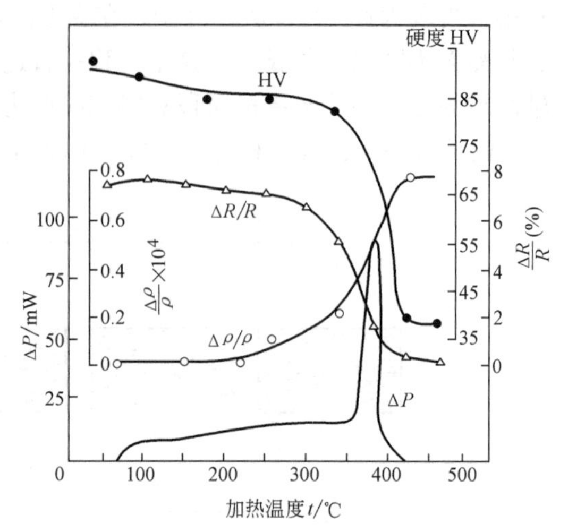


图7-3　冷拉伸变形后的工业纯铜在以6℃/min的速度加热到不同温度后的硬度HV、电阻变化率$\frac{\Delta R}{R}$、密度变化率$\frac{\Delta\rho}{\rho}$和功率差$\Delta P$

金属的电阻与晶体中点缺陷的密度相关，点缺陷所引起的晶格畸变会使电子产生散射，提高电阻率，它的散射作用比位错所引起的更为强烈。由此可知，在回复阶段，形变金属中的点缺陷密度将有明显的降低。此外，点缺陷密度的降低，还将使金属的密度不断增加，应力腐蚀倾向显著减小。

## 五、亚晶粒尺寸

在回复阶段的前期，亚晶粒尺寸变化不大，但在后期，尤其在接近再结晶温度时，亚晶粒尺寸显著增大。

# 第二节　回　　复

## 一、退火温度和时间对回复过程的影响

回复是指冷塑性变形的金属在加热时，在光学显微组织发生改变前（即在再结晶晶粒形成前）所产生的某些亚结构和性能的变化过程。通常指冷塑性变形金属在退火处理时，其组织和性能变化的早期阶段。上面曾经指出，此时的硬度和强度等力学性能变化很小，但电阻率有明显变化。图7-4为经拉伸变形后的纯铁在不同温度下回复时屈服强度随时间的变化。图中的横坐标为加热时间，纵坐标表示剩余加工硬化分数$1-R$。其中$R=(\sigma_m-\sigma_r)/(\sigma_m-\sigma_0)$，$\sigma_0$是纯铁经充分退火后的屈服强度，$\sigma_m$是冷变形后的屈服强度，$\sigma_r$是冷变形后经不同规程回复处理的屈服强度。显然$1-R$越小，则$R$越大，表示回复的程度越大。

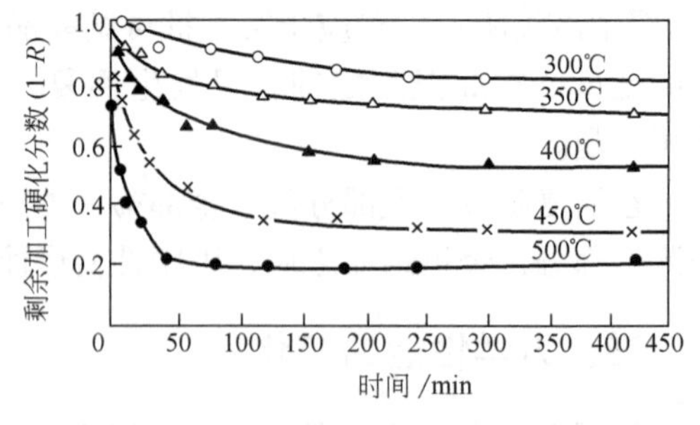


图7-4　经拉伸变形的纯铁在不同温度退火时，屈服强度的回复动力学曲线

从图中的各条曲线不难看出，回复的程度是温度和时间的函数。温度越高，回复的程度越大。当温度一定时，回复的程度随时间的延长而逐渐增加。但在回复初期，变化较大，随后就逐渐变慢，当达到了一个极限值后，回复也就停止了。在每一温度，回复程度大都有一个相应的极限值，温度越高，这个极限值越大，同时达到这个极限值所需的时间越短。达到极限值后，进一步延长回复退火时间，没有多大的实际意义。

从温度和时间对铁的回复过程影响的试验结果可以推知，回复过程是原子的迁移扩散过程。原子迁移的结果，导致金属内部缺陷数量的减少，储存能下降。试验表明，纯金属和合金在回复时储存能的释放程度不同（图7-2），纯金属的储存能释放得很少，而合金的储存能释放得较多，尤其是曲线3，释放的储存能大约占整体储存能的70%，从而使以后再结晶的驱动力大大降低。这说明，杂质原子和合金元素能够显著推迟金属的再结晶过程。

## 二、回复机制

一般认为，回复是空位和位错在退火过程中发生运动，从而改变了它们的数量和组态的过程。

在低温回复时，主要涉及空位的运动，它们可以移至表面、晶界或位错处消失，也可以聚合起来形成空位对、空位群，还可以与间隙原子相互作用而消失。总之，空位运动的结果，使空位密度大大减小。由于电阻率对空位比较敏感，所以它的数值有较显著的下降，而力学性能对空位的变化不敏感，所以不出现变化。

在较高温度回复时，主要涉及位错的运动。此时不仅原子有很大的活动能力，而且位错也开始运动起来：同一滑移面上的异号位错可以互相吸引而抵消。当温度更高时，位错不但可以滑移，而且可以攀移，发生多边化。多边化是冷变形金属加热时，原来处在滑移面上的位错，通过滑移和攀移，形成与滑移面垂直的亚晶界的过程。多边化的驱动力来自弹性应变能的降低。冷变形后，单晶体中同号的刃型位错处在同一滑移面时它们的应变能是相加的，可能导致晶格弯曲（图7-5a）；而多边化后，上下相邻的两个同号刃型位错之间的区域内，上面位错的拉应变场正好与下面位错的压应变场相叠加，互相部分地抵消，从而降低了系统的应变能（图7-5b）。

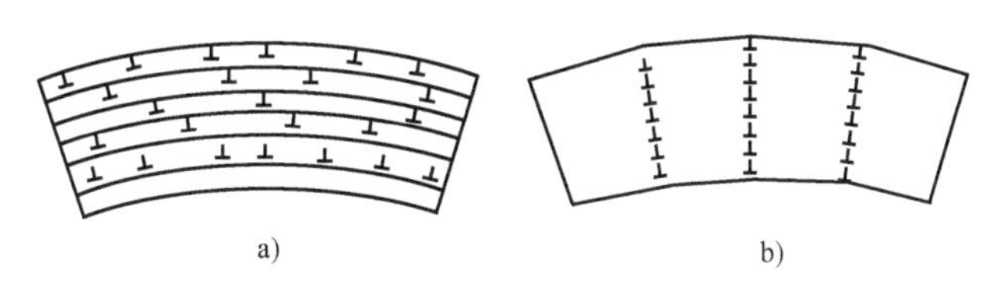

图7-5　多边化前、后刃型位错的排列情况

a）多边化前　b）多边化后

发生多边化时，除了需要位错的滑移（沿滑移面运动）外，还需要位错的攀移，如图7-6所示。所谓攀移是指刃型位错沿垂直于滑移面的方向运动，如图7-7所示。如果额外半原子面下端的原子扩散出去，或者与空位交换位置，就会使位错线的一部分或整体移到另一个新的滑移面上（即额外半原子面缩短），这种运动称为正攀移。相反，假若在额外半原子面下端添加原子，使额外半原子面扩大，称为负攀移。

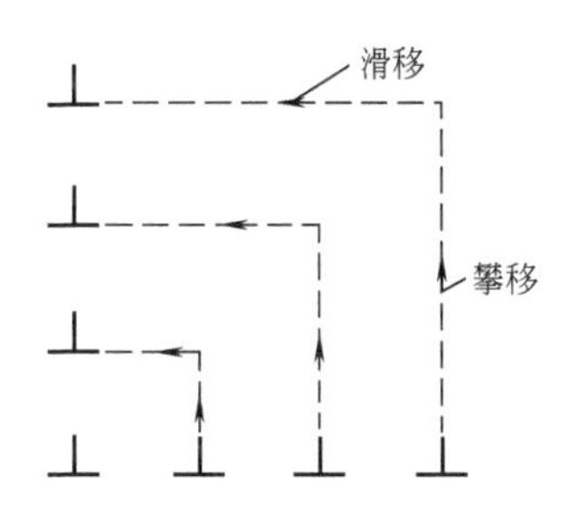

图7-6　刃型位错的攀移和滑移示意图

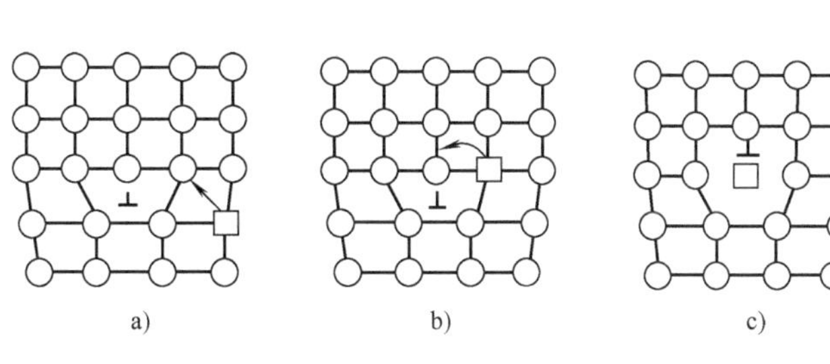

图7-7　刃型位错攀移示意图

可见，攀移相当于额外半原子面的扩张或收缩，通常要依靠原子的扩散过程才能实现，因此比滑移要困难得多，只有在较高的温度下原子的扩散能力足够大时攀移才易于进行。

多边化完成后，亚晶粒会长大。这是因为两个取向差小的亚晶界合并成一个取向差较大的亚晶界，也可降低能量。

## 三、亚结构的变化

金属材料经多滑移变形后形成胞状亚结构，胞内位错密度较低，胞壁处集中着缠结位错，位错密度很高。在回复退火阶段，当用光学显微镜观察其显微组织时，看不到有明显的变化。但当用电子显微镜观察时，则可看到胞状亚结构发生了显著的变化。图 7-8 为纯铝多晶体进行回复退火时亚结构变化的电镜照片。在回复退火之前的冷变形状态，缠结位错构成了胞状亚结构的边界（图 7-8a）。经短时回复退火后，空位密度大大下降，胞内的位错向胞壁滑移，与胞壁内的异号位错相抵消，位错密度有所下降（图 7-8b）。随着回复过程的进一步发展，由于发生多边化，胞壁中的位错逐渐形成低能态的位错网络，胞壁变得比较明晰而成为亚晶界（图 7-8c），接着这些亚晶粒通过亚晶界的迁移而逐渐长大（图 7-8d），亚晶粒

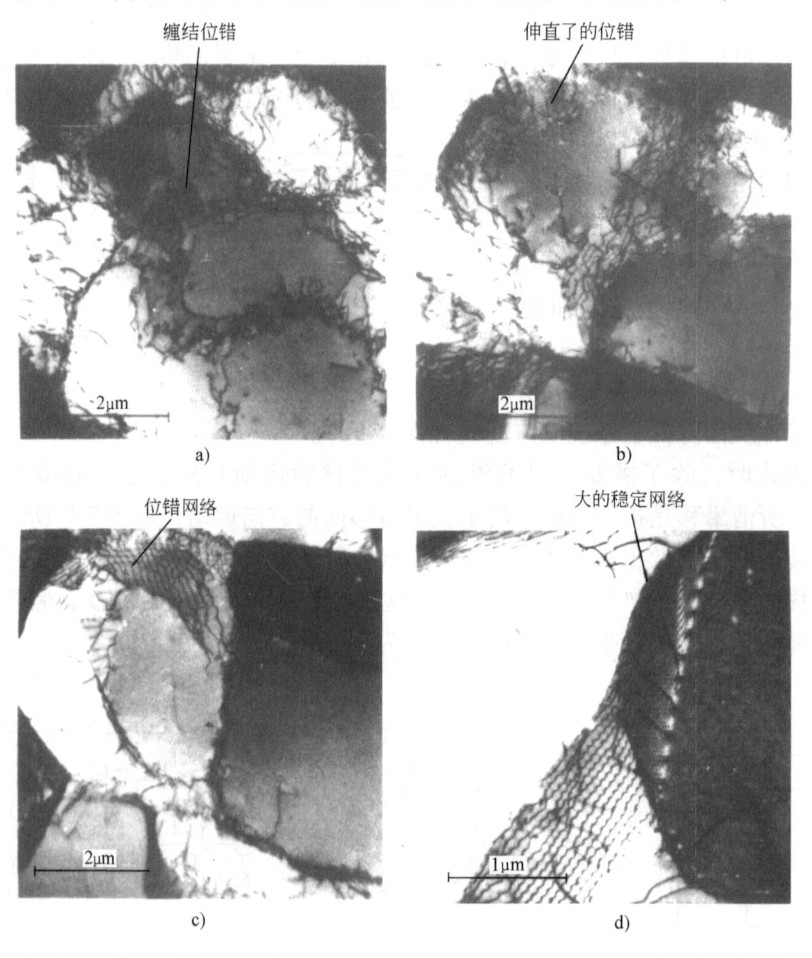


图 7-8 纯铝多晶体（冷变形 5%）在 200℃ 回复退火时亚结构变化的电镜照片

a）回复退火前的冷变形状态 b）回复退火 0.1h c）回复退火 50h d）回复退火 300h

内的位错密度则进一步下降。回复温度越低，变形度越大，则回复后的亚晶粒尺寸越小。

### 四、回复退火的应用

回复退火在工程上称为去应力退火，使冷加工的金属件在基本上保持加工硬化状态的条件下降低其内应力（主要是第一类内应力），减轻工件的翘曲和变形，降低电阻率，提高材料的耐蚀性并改善其塑性和韧性，提高工件使用时的安全性。例如，在第一次世界大战时，经深冲成形的黄铜弹壳，放置一段时间后自动发生晶间开裂（称为季裂）。经研究，这是由于冷加工残余内应力和外界的腐蚀性气氛的联合作用而造成的应力腐蚀开裂。要解决这一问题，只需在深冲加工之后于260℃进行去应力退火，消除弹壳中残余的第一类内应力，这一问题即迎刃而解。又如用冷拉钢丝卷制弹簧，在卷成之后，要在250～300℃进行去应力退火，以降低内应力并使之定形，而硬度和强度则基本保持不变。此外，对于铸件和焊接件都要及时进行去应力退火，以防其变形和开裂。对于精密零件，如机床厂制造机床丝杠时，在每次车削加工之后，都要进行去应力退火处理，防止变形和翘曲，保持尺寸精度。

## 第三节 再结晶

冷变形后的金属加热到一定温度或保温足够时间后，在原来的变形组织中产生了无畸变的新晶粒，位错密度显著降低，性能也发生显著变化，并恢复到冷变形前的水平，这个过程称为再结晶。再结晶的驱动力与回复一样，也是预先冷变形所产生的储存能的降低。随着储存能的释放，新的无畸变的等轴晶粒的形成及长大，使之在热力学上变得更为稳定。再结晶与同素异构转变的共同点，是两者都经历了形核与长大两个阶段；两者的区别是，再结晶前后各晶粒的晶格类型不变，成分不变，而同素异构转变则发生了晶格类型的变化。

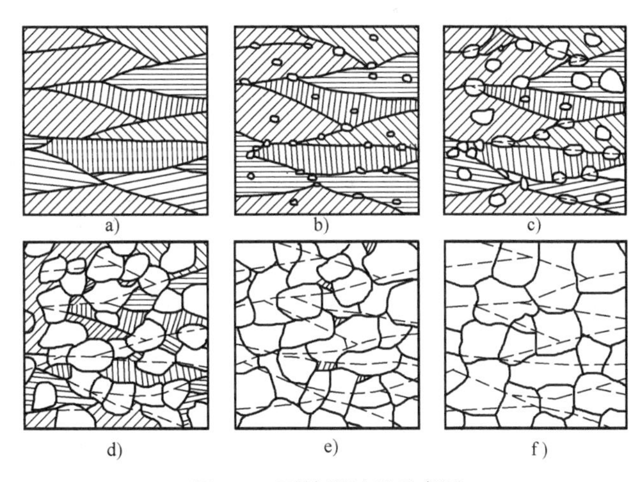

图7-9 再结晶过程示意图

图7-9为再结晶过程中新晶粒的形核和长大过程示意图，影线部分代表塑性变形基体，白色部分代表无畸变的新晶粒。从图中可以看出，再结晶并不是一个简单地恢复到变形前组织的过程，两者的晶粒大小并不一定相同，这就启示人们掌握再结晶过程的规律，以便使组织向着更有利的方向变化，从而达到改善性能的目的。

### 一、再结晶晶核的形成与长大

#### （一）形核

再结晶的形核是一个复杂问题，存在着很多不同的看法。最初有人用经典的结晶形核理论来处理再结晶的形核问题，但计算得到的临界晶核半径过大，与试验结果不符。大量的试验结果表明，再结晶晶核总是在塑性变形引起的最大畸变处形成，并且回复阶段发生的多边化是为再结晶形核所做的必要准备。随着高倍透射电镜技术的发展，人们根据对不同冷变形度的不同金属材料发生再结晶时的试验观察，提出了不同的再结晶形核机制。

1. 亚晶长大形核机制

亚晶长大形核一般在大的变形度下发生。前面曾经指出，在回复阶段，塑性变形所形成的胞状组织经多边形化后转变为亚晶，其中有些亚晶粒会逐渐长大，发展成为再结晶的晶核。大量的试验观察证明，这种亚晶长大成为再结晶晶核的方式可能有两种，其一为亚晶合并形核，即相邻亚晶界上的位错，通过攀移和滑移，转移到周围的晶界或亚晶界上，导致原来亚晶界的消失，然后通过原子扩散和位置的调整，终于使两个或更多个亚晶粒的取向变为一致，合并成为一个大的亚晶粒，成为再结晶的晶核，如图 7-10a 所示，图中的 *A*、*B*、*C* 三个亚晶粒合并成一个再结晶晶核。其二为亚晶界移动形核（图 7-10b），它是依靠某些局部位错密度很高的亚晶界的移动，吞并相邻的变形基体和亚晶而成长为再结晶晶核的。

无论是亚晶合并形核，还是亚晶界移动形核，它们都是依靠消耗周围的高能量区才能长大成为再结晶晶核的。因此，随着变形度的增大，就会产生更多的高能量区，从而有利于再结晶晶核的形成。

2. 晶界凸出形核机制

晶界凸出形核又称为晶界弓出形核，当金属材料的变形度较小（约小于 40%）时，再结晶晶核常以这种方式形成。由于变形度小，所以金属的变形很不均匀，有的晶粒变形度大，位错密度也大；有的晶粒变形度小，位错密度也小。回复退火后，它们的亚晶粒大小也不同。当再结晶退火时，在显微镜下可以直接观察到，晶界中的某一段就会向亚晶粒细小、位错密度高的一侧弓出，被这段晶界扫过的区域，位错密度下降，成为无畸变的晶体，这就是再结晶晶核（图 7-10c）。

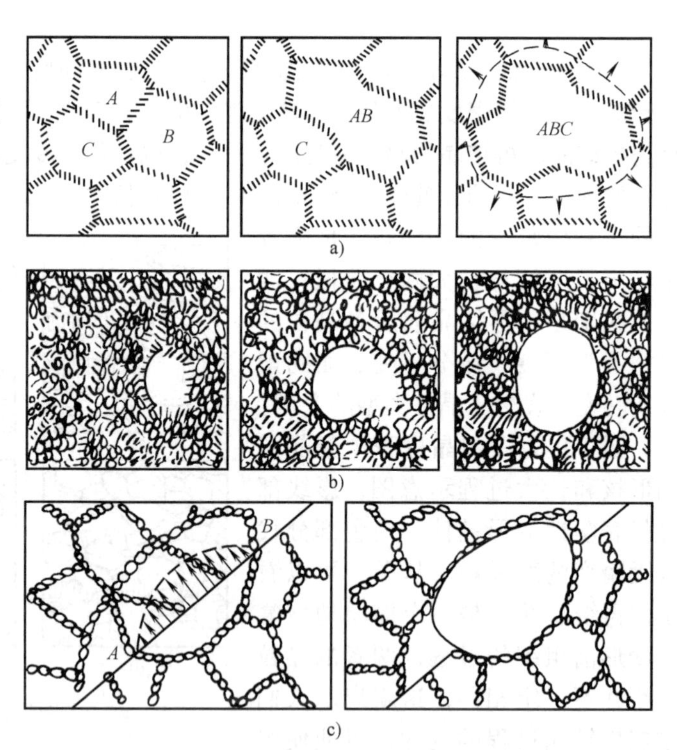


图 7-10　再结晶形核机制示意图

a）亚晶粒合并形核　b）亚晶界移动形核　c）凸出形核

**（二）长大**

当再结晶晶核形成之后，它就可以自发、稳定地生长。晶核在生长时，其界面总是向畸变区域推进。界面移动的驱动力是无畸变的新晶粒与周围基体的畸变能差。界面移动的方向总是背离界面曲率中心（图 7-10）。当旧的畸变晶粒完全消失，全部被新的无畸变的再结晶晶粒所取代时，再结晶过程即告完成，此时的晶粒大小即为再结晶初始晶粒。

## 二、再结晶温度及其影响因素

再结晶晶核的形成与长大都需要原子的扩散，因此必须将冷变形金属加热到一定温度之上，足以激活原子，使其能进行迁移时，再结晶过程才能进行。通常把再结晶温度定义为：经过严重冷变形（变形度在70%以上）的金属，在约1h的保温时间内能够完成再结晶（>95%转变量）的温度。但是，应当指出，再结晶温度并不是一个物理常数，这是因为再结晶前后的晶格类型不变，化学成分不变，所以再结晶不是相变，没有一个恒定的转变温度，而是随条件的不同（如变形程度、材料纯度、退火时间等），再结晶温度可以在一个较宽的范围内变化。大量试验结果统计表明，金属的最低再结晶温度与其熔点之间存在以下经验关系：

$$T_{再} \approx \delta T_{m}$$

式中，$T_{再}$和$T_{m}$均以热力学温度表示；$\delta$为一系数。对于工业纯金属来说，经大变形并通过1h退火的$\delta$值为0.35～0.4，对于高纯金属，$\delta$为0.25～0.35甚至更低。表7-1为一些工业纯度和高纯度金属的$T_{再}$和$\delta$值（$T_{再}/T_{m}$）。应当指出，为了消除冷加工金属的加工硬化现象，再结晶退火温度通常要比其最低再结晶温度高出100～200℃。

影响再结晶温度的因素很多。例如，金属的变形度越大，金属中的储存能越多，再结晶的驱动力越大，故金属的再结晶温度越低（图7-11），但当变形度增加到一定数值后，再结晶温度趋于一定稳定值；当变形度小于一定程度（约30%～40%）时，则再结晶温度将趋向于金属的熔点，即不会有再结晶过程的发生。又如，金属的纯度越高，则其再结晶温度越低（见表7-1）。这是因为杂质和合金元素溶入基体后，趋向于位错、晶界处偏聚，阻碍位错的运动和晶界的迁移，同时杂质及合金元素还阻碍原子的扩散，因此显著提高再结晶温度。此外，变形金属的晶粒越细小，其再结晶温度越低。这是由于变形金属的晶粒越细小，单位体积内晶界总面积越大，位错在晶界附近塞积导致晶格强烈扭曲的区域也越多，提供了较多的再结晶成核场所。

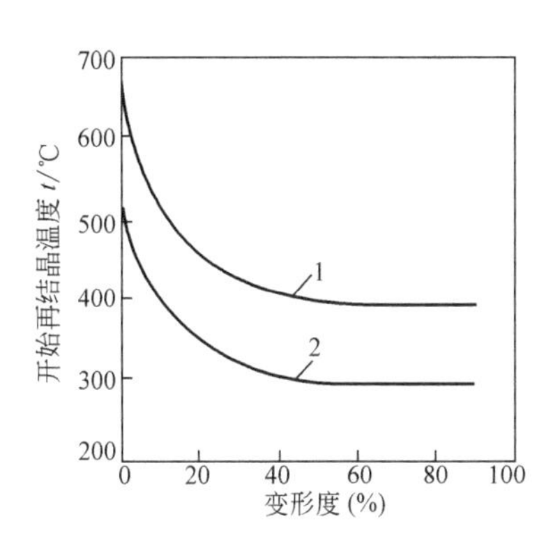

图7-11　铁和铝的开始再结晶温度与预先冷变形度的关系
1—电解铁　2—铝（$w_{Al}$=99%）

加热速度和保温时间也影响再结晶温度。若加热速度十分缓慢时，则变形金属在加热过程中有足够的时间进行回复，使储存能减少，减少了再结晶的驱动力，导致再结晶温度升高，如Al-Mg合金缓慢加热时再结晶温度比一般的要高50～70℃。但极快的加热速度也使再结晶温度升高，如对钛和Fe-Si合金进行通电快速加热，其再结晶温度可提高100～200℃。其原因在于再结晶的形核和长大都需要时间，若加热速度太快，来不及进行形核及长大，所以推迟到更高的温度下才会发生再结晶。在一定范围内增加退火保温时间有利于新的再结晶晶粒的形核和长大，可降低再结晶温度。

## 三、再结晶晶粒大小的控制

变形金属经再结晶退火后，力学性能发生了重大变化，强度、硬度降低，塑性、韧性增加。但这并不意味着与变形前的金属完全相同，其中心问题是再结晶后的晶粒大小。

表 7-1　一些工业纯度和高纯度金属的再结晶温度

| 金　　属 | $T_m$/K | 工业纯度 | | 高纯度 | |
|---|---|---|---|---|---|
| | | $T_再$/K | $T_再/T_m$ | $T_再$/K | $T_再/T_m$ |
| Al | 933 | 423 ~ 500 | 0.45 ~ 0.50 | 220 ~ 275 | 0.24 ~ 0.29 |
| Au | 1336 | 475 ~ 525 | 0.35 ~ 0.40 | — | — |
| Ag | 1234 | 475 | 0.38 | — | — |
| Be | 1553 | 950 | 0.6 | — | — |
| Bi | 554 | — | — | 245 ~ 265 | 0.51 ~ 0.52 |
| Co | 1765 | 800 ~ 855 | 0.4 ~ 0.46 | — | — |
| Cu | 1357 | 475 ~ 505 | 0.35 ~ 0.37 | 235 | 0.20 |
| Cr | 2148 | 1065 | 0.50 | 1010 | 0.46 |
| Fe | 1808 | 678 ~ 725 | 0.38 ~ 0.40 | 575 | 0.31 |
| Ni | 1729 | 775 ~ 935 | 0.45 ~ 0.54 | 575 | 0.30 |
| Mo | 2898 | 1075 ~ 1175 | 0.37 ~ 0.41 | — | — |
| Mg | 924 | 375 | 0.4 | 250 | 0.27 |
| Nb | 2688 | 1325 ~ 1375 | 0.49 ~ 0.51 | — | — |
| V | 1973 | 1050 | 0.53 | 925 ~ 975 | 0.45 ~ 0.49 |
| W | 3653 | 1325 ~ 1375 | 0.36 ~ 0.38 | — | — |
| Ti | 1933 | 775 | ≈0.4 | 723 | 0.37 |
| Ta | 3123 | 1375 | ≈0.44 | 1175 | 0.37 |
| Pb | 600 | 260 | 0.42 | 165 | 0.28 |
| Pt | 2042 | 725 | 0.25 | — | — |
| Sn | 505 | 275 ~ 300 | 0.35 ~ 0.38 | — | — |
| Zn | 692 | 300 ~ 320 | 0.43 ~ 0.46 | — | — |
| Zr | 2133 | 725 | 0.34 | 445 | 0.21 |
| U | 1403 | 625 ~ 705 | 0.44 ~ 0.50 | 545 | 0.38 |

再结晶晶粒的平均直径 $d$ 可用下式表达：

$$d = K\left(\frac{G}{\dot{N}}\right)^{1/4}$$

式中，$\dot{N}$ 为形核率；$G$ 为长大线速度；$K$ 为比例常数。由此式可知，再结晶后的晶粒大小取决于 $G/\dot{N}$。要细化晶粒，就必须使 $G/\dot{N}$ 减小。因此，控制影响 $\dot{N}$ 和 $G$ 的各种因素即可达到细化再结晶晶粒的目的。控制再结晶晶粒大小具有重要的实际意义，下面分别讨论这些影响因素。

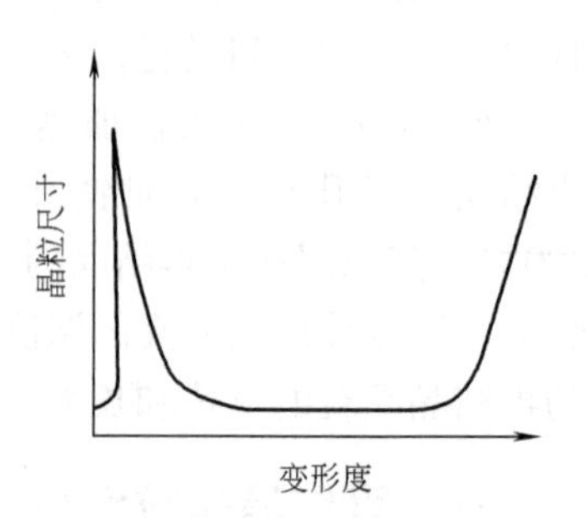


图 7-12　金属的冷变形度对再结晶晶粒大小的影响

**（一）变形度**

变形度对金属再结晶晶粒大小的影响如图 7-12 所示，图 7-13为铝板经不同程度冷变形后的再结晶晶粒大小照片。由图可见，当变形度很小时，金属材料的晶粒仍保持原状，这是由于变形度小，畸变能很小，不足以引起再结晶，所以晶粒大小没有变化。当变形度达到某一数值（一般金属均在2%～10%范围内）时，再结晶后的晶粒变得特别粗大。这是由于此时的变形度不大，$G/\dot{N}$ 很大，因此得到特别粗大的晶粒。通常把对应于得到特别粗大晶粒的变形度称为临界变形度。当变形度超过临界变形度后，则变形度越大，晶粒越细小。这是由于变形度增加，则储存能增加，从而导致 $\dot{N}$ 和 $G$ 同时增加，但是由于 $\dot{N}$ 的增加率大于 $G$ 的增加率，所以 $G/\dot{N}$ 减小，使再结晶后的晶粒变细。当变形度达到一定程度后，再结晶晶粒大小基本保持不变，然而对于某些金属与合金，当变形度相当大时，再结晶晶粒又会出现重新粗化的现象，这是二次再结晶造成的，这种现象只在特殊条件下产生，不是普遍现象。

图7-13　纯铝的再结晶晶粒度与变形度的关系
变形度自左至右依次为：3%、4%、5%、6%、7%、8%、10%、12%、14%

粗大的晶粒对金属的力学性能十分不利，故在压力加工时，应当避免在临界变形度范围内进行加工，以免再结晶后产生粗晶。此外，在锻造零件时，如锻造工艺或锻模设计不当，局部区域的变形量可能在临界变形度范围内，则退火后造成局部粗晶区，使零件工作时在这些部位破坏。图7-14所示为一拉深件，杯底（$A$ 区）未变形，杯壁（$B$ 区）变形度很大，$C$ 区的变形量恰好在临界变形度范围内，因而退火后 $A$ 区晶粒大小未变，$B$ 区晶粒细化，而 $C$ 区的晶粒则显著粗化。有时为了某种目的，可以利用这种现象，制取粗晶粒甚至单晶。

**（二）再结晶退火温度**

提高再结晶退火温度，不仅使再结晶后的晶粒长大，而且还减小临界变形度的具体值。

**（三）原始晶粒尺寸**

当变形度一定时，材料的原始晶粒度越细，则再结晶后的晶粒也越细。这是由于细晶粒金属存在着较多的晶界，而晶界又往往是再结晶形核的有利地区，所以原始细晶粒金属经再结晶退火后仍会得到细晶粒组织，如图7-15所示。

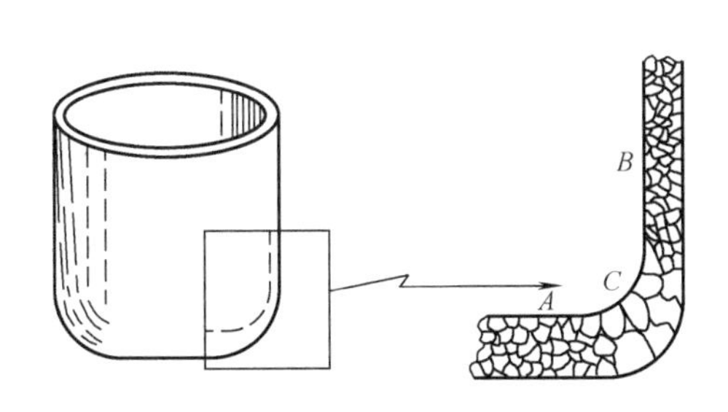


图7-14　拉深零件退火后的晶粒尺寸变化

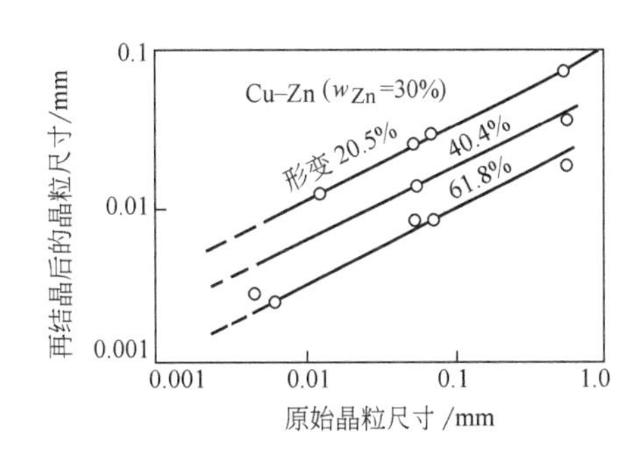


图7-15　原始晶粒尺寸对再结晶后晶粒大小的影响

**（四）合金元素及杂质**

溶于基体中的合金元素及杂质，一方面增加变形金属的储存能，另一方面阻碍晶界的运动，一般均起细化晶粒的作用。

## 第四节　晶 粒 长 大

再结晶阶段刚刚结束时，得到的是无畸变的等轴的再结晶初始晶粒。随着加热温度的升高或保温时间的延长，晶粒之间会互相吞并而长大，这一现象称为晶粒长大，或聚合再结晶。根据再结晶后晶粒长大过程的特征，可将晶粒长大分为两种类型：一种是随温度的升高或保温时间的延长晶粒均匀连续地长大，称之为正常长大；另一种是晶粒不均匀不连续地长大，称为反常长大，或二次再结晶。现分述如下。

### 一、晶粒的正常长大

再结晶刚刚完成时，一般得到的是细小的等轴晶粒，当温度继续升高或进一步延长保温时间时，晶粒仍然可以继续长大，其中某些晶粒缩小甚至消失，另一些晶粒则继续长大。再结晶完成之后，塑性变形产生的储存能已经消耗完毕，那么此时晶粒长大的驱动力是什么呢?

**（一）晶粒长大的驱动力**

从整体来看，晶体长大的驱动力是晶粒长大前后总的界面能差。细晶粒的晶界多，界面能高；粗晶粒的晶界少，界面能低。所以细晶粒长大成为粗晶粒是使金属自由能下降的自发过程。但是对于某一段晶界来说，它的驱动力与界面能和晶界的曲率有关。试验结果表明，在晶粒长大阶段，晶界移动的驱动力与其界面能成正比，而与晶界的曲率半径成反比。即晶界的界面能越大，曲率半径越小（或曲率越大)，则晶界移动的驱动力越大。图 7-16 为铝晶粒长大过程的实际照片，图中所标数字 1、2 分别表示晶界移动前后的实际位置。很明显，所有晶界的新位置都朝向晶界的曲率中心移动，这和再结晶时晶界移动的方向正好相反。图 7-17 为晶界移动的示意图，图中表明，在足够高的温度下，原子具有足够大的扩散能力时，原子就由界面的凹侧晶粒向凸侧晶粒扩散，而界面则朝向曲率中心方向移动，结果使凸面一侧晶粒不断长大，而凹面一侧的晶粒不断缩小而消失，直到晶界变为平面，界面移动的驱动力为零时，才可能达到相对稳定状态。

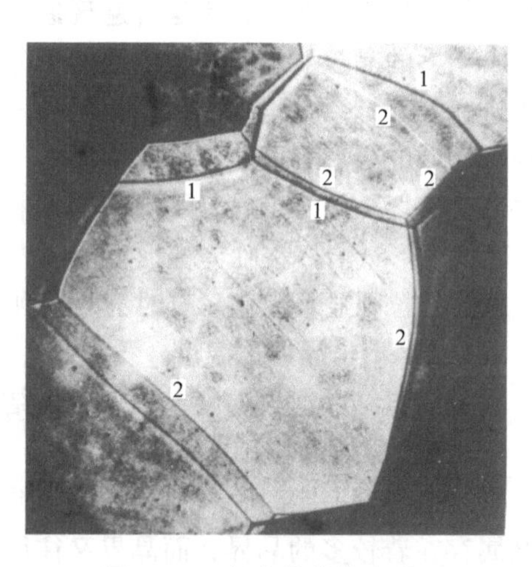

图 7-16　铝中晶粒长大时，晶界由位置 1 移至位置 2

**（二）晶粒的稳定形状**

以正常长大方式长大的晶粒，当达到稳定状态时，晶粒究竟是什么形状呢？若从整体界面能来考虑，那么，在同样体积条件下，球体的总界面能最小，因此球状晶粒最为稳定。但是，如果晶粒都变为球状，那么一方面它无法填充金属所占据的整个空间，势必出现空隙，

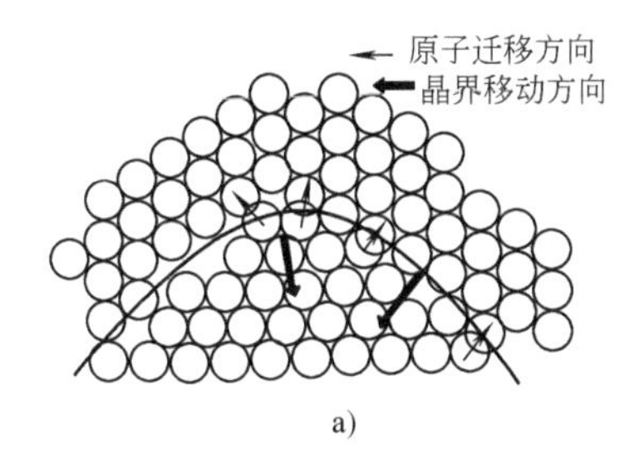


a)

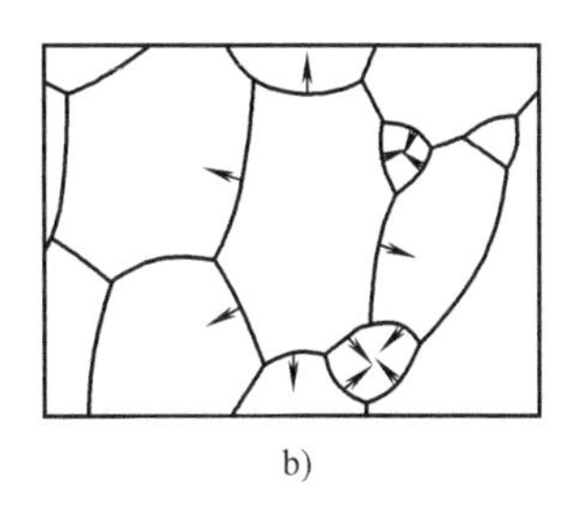

b)

图 7-17　晶粒长大时的晶界移动示意图

a）原子通过晶界扩散　b）晶界移动方向

这是不允许的；另一方面，由于球面弯曲，使晶界产生了移动的驱动力，势必使晶界发生移动。因此，晶粒的稳定形状不能是球形。图 7-18 为晶粒的十四面体组合模型，它尚较接近实际情况。根据这一模型，每个晶粒都是一个十四面体。若垂直于该模型的一个棱边作截面图，则其为等边六角形的网络，如图 7-19 所示。其所有的晶界均为直线；晶界间的夹角均为 120°。这是晶粒稳定形状的两个必备条件，两者缺一不可。这可用图 7-20 来说明。若晶界的边数小于 6（即通常所说的较小的晶粒），例如为正四边形的晶粒，则无法同时满足上述两个条件；若晶界为直线，则其夹角为 90°，小于 120°，这就难以达到平衡；反之，要保持 120°夹角，晶界势必向内凹，如图 7-20a 所示。但这样第一个条件又不能满足了，这就会使晶界自发地向内迁移，以趋于平直。而晶界平直后，其夹角又将小于 120°，这就又需内凹，如此反复，此晶粒只能逐步缩小，直至消失为止。若晶界的边数大于 6（即通常所说的较大的晶粒），例如等十二边形晶粒，则相邻界面间夹角为 150°（>120°），要使其变为平衡角 120°，晶界势必向外凹，如图 7-20c 所示。但是这样一来，必驱使晶界自发地向外迁移以趋于平直，而一旦平直后其夹角又将大于 120°，这就又需向外凹，如此反复，此晶粒便会不断长大，直至达到晶粒的稳定形状为止。

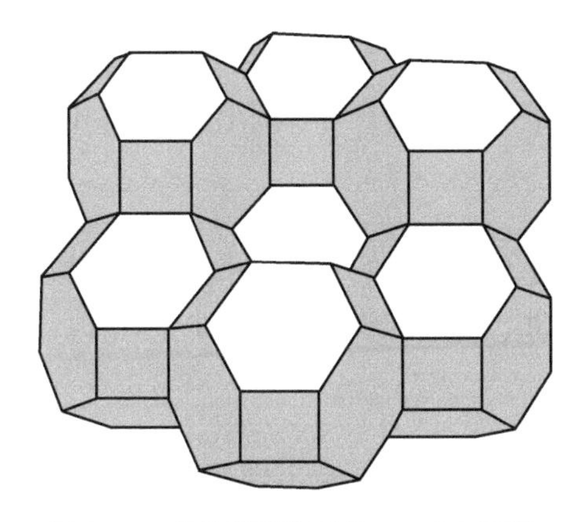

图 7-18　晶粒的平衡形状——十四面体

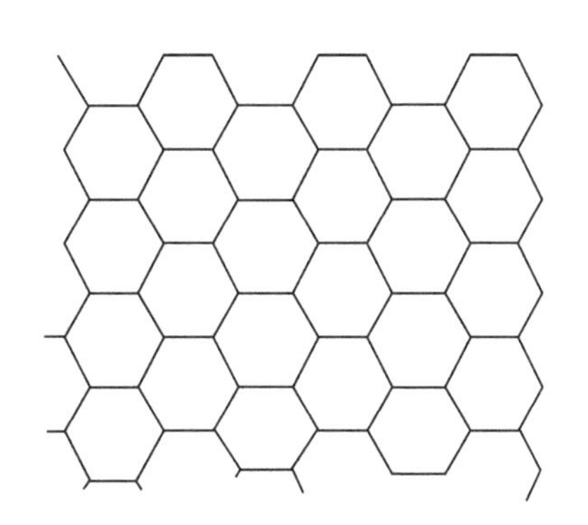

图 7-19　二维晶粒的稳定形状

由此可见，晶粒在正常长大时应遵循以下规律：晶界迁移总是朝向晶界的曲率中心方向；随着晶界迁移，小晶粒（晶粒边数小于 6）逐渐被吞并到相邻的较大晶粒（晶粒边数大于 6），晶界本身趋于平直化；三个晶粒的晶界交角趋于 120°，使晶界处于平衡状态。在实际情况下，虽然由于各种原因，晶粒不会长成这样规则的六边形，但是它仍然符合晶粒长大的一般规律。

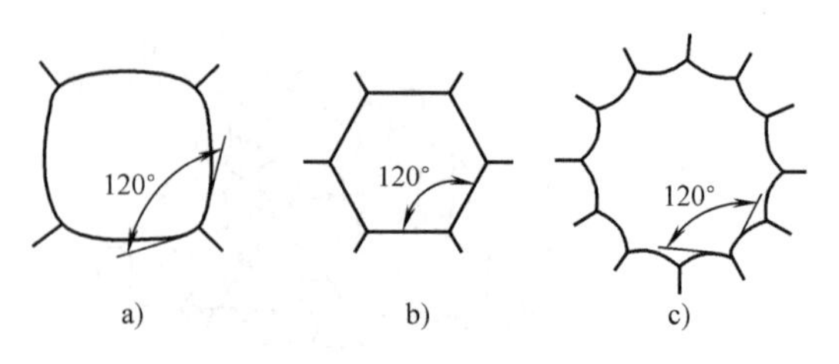

图 7-20　晶界曲率与晶粒形状

### （三）影响晶粒长大的因素

晶粒长大是通过晶界迁移来实现的，所有影响晶界迁移的因素都会影响晶粒长大，这些因素主要有：

1. 温度

由于晶界迁移的过程就是原子的扩散过程，所以温度越高，晶粒长大速度就越快。通常在一定温度下晶粒长大到一定尺寸后就不再长大，但升高温度后晶粒又会继续长大。

2. 杂质及合金元素

杂质及合金元素溶入基体后都能阻碍晶界运动，特别是晶界偏聚现象显著的元素，其作用更大。一般认为被吸附在晶界的溶质原子会降低晶界的界面能，从而降低了界面移动的驱动力，使晶界不易移动。

3. 第二相质点

弥散的第二相质点对于阻碍晶界移动起着重要的作用。大量的试验研究结果表明，第二相质点对晶粒长大速度的影响与第二相质点半径（$r$）和单位体积内的第二相质点的数量（体积分数 $\varphi$）有关。达到平衡时的稳定晶粒尺寸 $d$ 与 $r$、$\varphi$ 有下述关系：

$$d = \frac{4r}{3\varphi}$$

可见，晶粒大小与第二相质点半径成正比，与第二相质点的体积分数成反比。也就是说，第二相质点越细小，数量越多，则阻碍晶粒长大的能力越强，晶粒越细小。

工业上利用第二相质点控制晶粒大小的实例很多。例如，电灯泡钨丝的早期断裂，是由于钨丝在高温下晶粒长大变脆所致。如在钨丝中加入适量的钍，形成弥散分布的 $ThO_2$ 质点，以阻止钨丝晶粒在高温时的不断长大，就可以显著提高灯泡寿命。在钢中加入少量的 Al、Ti、V、Nb 等元素，形成适当体积分数和尺寸的 AlN、TiN、VC、NbC 等第二相质点，就能有效地阻碍高温下钢的晶粒长大，使钢在焊接或热处理后仍具有较细小的晶粒，以保证良好的力学性能。

4. 相邻晶粒的位向差

晶界的界面能与相邻晶粒间的位向差有关，小角度晶界的界面能小于大角度晶界的界面能，而界面移动的驱动力又与界面能成正比，因此，前者的移动速度要小于后者。

## 二、晶粒的反常长大

某些金属材料经过严重冷变形后，在较高温度下退火时，会出现反常的晶粒长大现象，即少数晶粒具有特别大的长大能力，逐步吞食掉周围的大量小晶粒，其尺寸超过原始晶粒的几十倍或者上百倍，比临界变形后形成的再结晶晶粒还要粗大得多，这个过程称为二次再结晶。这样，前面所讨论的再结晶可以称为一次再结晶，以资区别。

二次再结晶并不是重新形核和长大的过程，它是以一次再结晶后的某些特殊晶粒作为基础而长大的，因此，严格说来它是在特殊条件下的晶粒长大过程，并非是再结晶。二次再结晶的重要特点是，在一次再结晶完成之后，在继续保温或提高加热温度时，绝大多数晶粒长大速度很慢，只有少数晶粒长大得异常迅速，以至到后来造成晶粒大小越来越悬殊，从而就更加有利于大晶粒吞食周围的小晶粒，直至这些迅速长大的晶粒相互接触为止。在一般情况下，这种异常粗大的晶粒只是在金属材料的局部区域出现，这就使金属材料具有明显不均匀的晶粒尺寸，对性能产生不利的影响。图 7-21 为二次再结晶过程示意图，图 7-22 为 $w_{Si}$ = 3% 的 Fe-Si 于 1200℃退火后的组织。

一般认为，发生异常晶粒长大的原因是弥散的夹杂物、第二相粒子或织构对晶粒长大过程的阻碍，例如，弥散的夹杂物可阻碍晶粒长大，但夹杂物在各个晶粒中的分布不均匀，而且它们在温度很高时要发生聚集或者溶解于金属基体中。因此，含适量夹杂物的金属材料于适当高的温度下退火时，可能有少数晶粒能脱离夹杂物的约束，获得优先长大的机会，但大多数晶粒的晶界仍然被夹杂物阻挡，不能移动，这样就为反常的不均匀的晶粒长大创造了条件。此时每个大晶粒均与很多小晶粒为邻，在截面图上晶界的边数已大大超过 6 个边，晶界间的夹角也不等于 120°，晶界弯曲，且都弯向小晶粒，于是大晶粒吞食周围的小晶粒，直到这些大晶粒完全相互靠拢在一起为止。

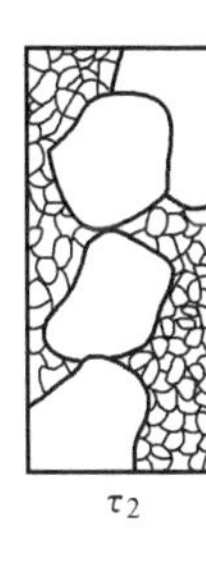

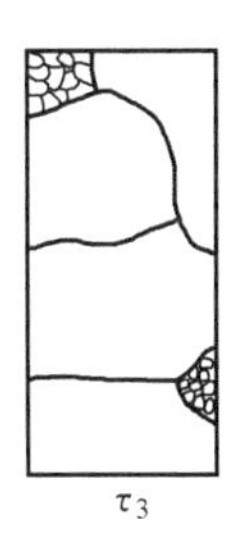


图 7-21　二次再结晶过程示意图（时间$\tau_1 < \tau_2 < \tau_3$）

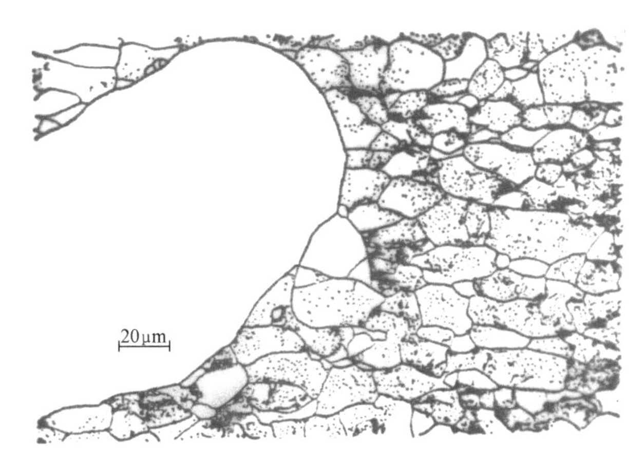


图 7-22　高纯 Fe-Si（$w_{Si}$ = 3%）箔材于 1200℃真空中退火时所产生的二次再结晶现象

二次再结晶导致材料晶粒粗大，降低材料的强度、塑性和韧性。尤其是当晶粒很不均匀时，对产品的性能非常有害，在零件服役时，往往在粗大晶粒处产生裂纹，导致零件的破坏。此外，粗大晶粒还会提高材料冷变形后的表面粗糙度值，因此，在制订材料的再结晶退火工艺时，一般应避免发生二次再结晶。但在某些情况下，如在硅钢片的生产中，反而可以利用二次再结晶，以形成所希望的晶粒择优取向（再结晶织构），从而使硅钢片沿某些方向具有最佳的导磁性。

## 三、再结晶退火后的组织

再结晶退火是将冷变形金属加热到规定温度，并保温一定时间，然后缓慢冷却到室温的一种热处理工艺。其目的是降低硬度，提高塑性，恢复并改善材料的性能。再结晶退火对于冷成形加工十分重要。在成形时因塑性变形而产生加工硬化，这就给进一步的冷变形造成困难。因此，为了降低硬度，提高塑性，再结晶退火成为冷成形工艺中间不可缺少的工序。对于没有同素异构转变的金属（如铝、铜等）来说，采用冷塑性变形和再结晶退火的方法是获得细小晶粒的一个重要手段。

### （一）再结晶图

在再结晶退火过程中，回复、再结晶和晶粒长大往往是交错重叠进行的。对于一个变形晶粒来说，它具有独立的回复、再结晶和晶粒长大三个阶段，但对于金属材料整体来说，三者是相互交织在一起的。因此，在控制再结晶退火后的晶粒大小时，影响再结晶温度、再结晶晶粒大小及晶粒长大的诸因素都必须全面地予以考虑。对于给定的金属材料来说，在这些影响因素中，以变形程度和退火温度对再结晶退火后的晶粒大小影响最大。一般说来，变形程度越大，则晶粒越细；而退火温度越高，则晶粒越粗大。通常将这三个变量——晶粒大小、变形程度和退火温度之间的关系，绘制成立体图形，称为“再结晶图”，它可以用作制订生产工艺、控制冷变形金属退火后晶粒大小的依据。

图 7-23 为工业纯铝的再结晶图，图 7-24 为工业纯铁的再结晶图。从图中可以看出，在临界变形度下，经高温退火后，两者均出现一个粗大晶粒区，但在工业纯铝中还存在另一个粗大晶区，它是经强烈冷变形后，在再结晶退火时发生二次再结晶而出现的。对于一般结构材料来说，除非特殊要求，都必须避开这些区域。

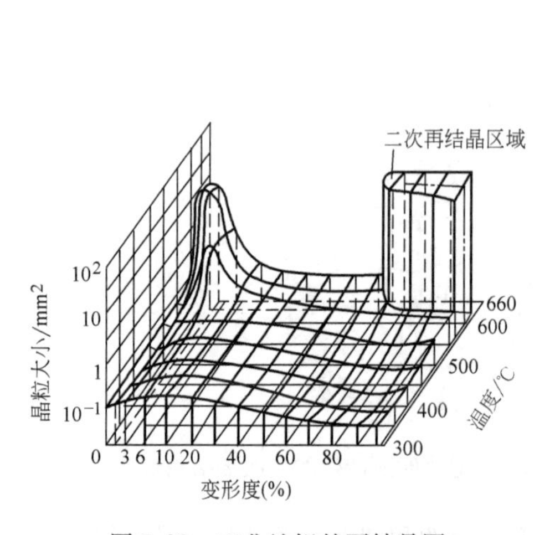


图 7-23　工业纯铝的再结晶图

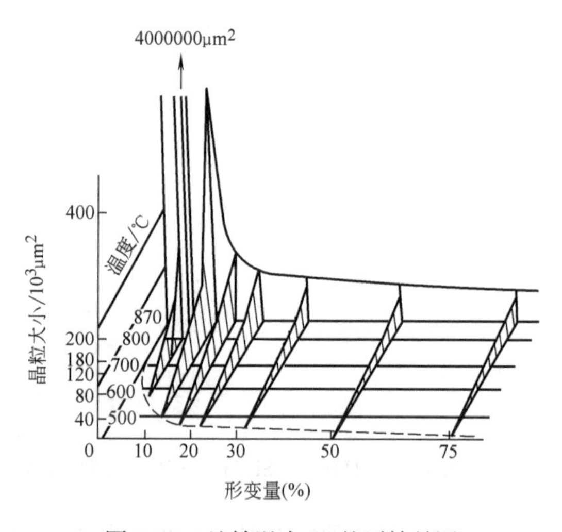


图 7-24　纯铁退火 1h 的再结晶图

### （二）再结晶织构和退火孪晶

金属再结晶退火后所形成的织构称为再结晶织构。金属经大量冷变形之后会形成形变织构，具有形变织构的金属经再结晶之后，可能将形变织构保留下来，或出现新织构，也可能将织构消除。

再结晶织构的形成与变形程度和退火温度有关。变形度越大，退火温度越高，所产生的织构越显著。例如，铜板经 90% 冷变形并在 800℃退火后，即产生织构，如果变形度减为 50%～70%，仍于 800℃退火，则不出现织构。即使变形程度很大，若降低退火温度也不会出现织构。

再结晶织构的形成有时是不利的。如用于冲压的铜板，如果存在这种织构，则在加工过程中形成制耳。避免形成再结晶织构的方法是往铜中加入少许杂质，如 P（$w_P$ = 0.05%）、Be（$w_{Be}$ = 0.5%）、Cd（$w_{Cd}$ = 0.5%）或 Sn（$w_{Sn}$ =1%）。或者采用适当的变形度，较低的退火温度，较短的保温时间；或者采用两次变形、两次退火处理，上述措施都能够避免再结晶织构的形成。对于一些磁性材料，则希望获得一定的织构。

某些面心立方结构的金属及合金，如铜及铜合金、奥氏体不锈钢等经再结晶退火后，经常出现孪晶组织，这种孪晶称为退火孪晶或再结晶孪晶，以便与在塑性变形时得到的形变孪晶相区别。图 7-25 为冷变形单相黄铜经退火后形成的退火孪晶组织。

图 7-25 冷变形 α 黄铜退火时形成的退火孪晶组织

# 第五节 金属的热加工

## 一、金属的热加工与冷加工

在工业生产中，热加工通常是指将金属材料加热至高温进行锻造、热轧等的压力加工过程，除了一些铸件和烧结件之外，几乎所有的金属材料都要进行热加工，其中一部分成为成品，在热加工状态下使用；另一部分为中间制品，尚需进一步加工。无论是成品还是中间制品，它们的性能都受热加工过程所形成组织的影响。

从金属学的角度来看，所谓热加工是指在再结晶温度以上的加工过程；在再结晶温度以下的加工过程称为冷加工。例如，铅的再结晶温度低于室温，因此，在室温下对铅进行加工属于热加工。钨的再结晶温度约为 1200℃，因此，即使在 1000℃拉制钨丝也属于冷加工。

如前所述，只要有塑性变形，就会产生加工硬化现象，而只要有加工硬化，在退火时就会发生回复和再结晶。由于热加工是在高于再结晶温度以上的塑性变形过程，所以因塑性变形引起的硬化过程和回复再结晶引起的软化过程几乎同时存在。由此可见，在热加工过程中，在金属内部同时进行着加工硬化与回复再结晶软化两个相反的过程。不过，这时的回复再结晶是边加工边发生的，因此称为动态回复和动态再结晶，而把变形中断或终止后的保温过程中，或者是在随后的冷却过程中所发生的回复与再结晶，称为静态回复和静态再结晶。它们与前面讨论的回复与再结晶（也属于静态回复和静态再结晶）一致，唯一不同的地方是它们利用热加工的余热进行，而不需要重新加热。图 7-26 示意地表示了动、静态再结晶的概念。

由此可见，金属材料热加工后的组织与性能受着热加工时的硬化过程和软化过程的影响，而这个过程又受着变形温度、应变速率、变形度以及金属本身性质的影响。例如，当变形度大而加热温度低时，由变形引起的硬化过程占优势，随着加工过程的进行，金属的强度和硬度上升而塑性逐渐下降，金属内部的晶格畸变得不到完全恢复，变形阻力越来越大，甚至会使金属断裂。反之，当金属变形度较小而变形温度较高时，由于再结晶和晶粒长大占优势，金属的晶粒会越来越粗大，这时虽然不会引起金属断裂，也会使金属的性能恶化。可见，了解动态回复和动态再结晶的规律对于控制热加工时的组织与性能具有重要意义。

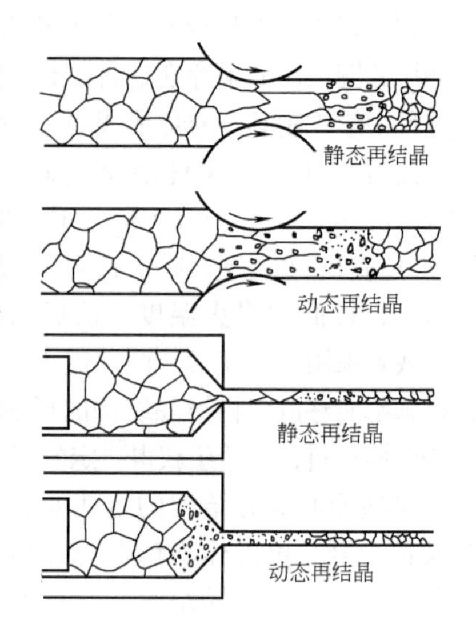


图 7-26　动、静态再结晶的示意图

## 二、动态回复与动态再结晶

热加工的真应力-真应变曲线有两类，其中的一种如图 7-27 所示，铝及铝合金、工业纯铁、铁素体钢、镁、锌等材料均属于这一类。从图可以看出，它与冷加工时的真应力-真应变曲线显著不同，变形开始时，应力先随应变而增大，但增加率越来越小，继而材料开始均匀塑性变形，并发生加工硬化，最后曲线转为水平，加工硬化率为零，达到稳定态。在应力 $\sigma_1$ 的作用下，可以实现持续形变。相应地，金属内部的显微组织也在发生变化。变形开始时，位错密度由退火状态的 $10^{10} \sim 10^{11} m^{-2}$ 增加到$10^{11} \sim 10^{12} m^{-2}$，均匀流变时，位错密度继续增加，此时出现位错缠结，形成胞状亚结构。由于位错密度的增大，导致了回复过程的发生，位错消失率也在不断增加，达到稳定状态时，位错的增殖率与消失率相等。此时的位错主要集中在胞壁上，形成亚晶。尽管晶粒的形状随材料外形的改变而改变，但亚晶始终保持着等轴状，即使形变量很大时也是如此。这类材料在热加工过程中只发生动态回复，没有发生动态再结晶。

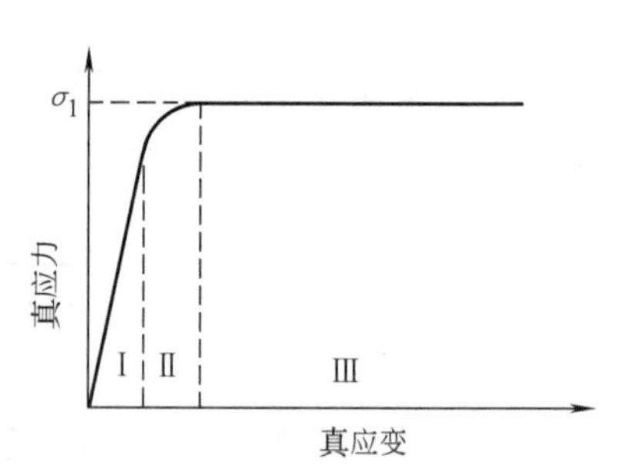


图 7-27　在热加工温度发生动态回复时的真应力-真应变曲线的特征

亚晶尺寸的大小与变形温度和应变速率有关，变形温度越低，应变速率越大，则形成的亚晶尺寸越小。因此，通过调整变形温度和应变速率，可以控制亚晶的大小。动态回复组织的强度要比再结晶组织的强度高得多。在热加工终止后迅速冷却，将动态回复组织保存下来已成功地用于提高建筑用铝镁合金挤压型材的强度。但是，如果加工过程停止，在保温或随后的缓慢冷却过程中即可发生静态再结晶。

热加工的另一类真应力-真应变曲线如图 7-28 所示，表明材料在热加工过程中发生了动态再结晶，铜及铜合金、镍及镍合金、γ 铁、奥氏体钢、金、银等材料属于这一类。从图可以看出，在高应变速率的情况下，应力随应变不断增大，直至达到峰值后又随应变下降，最后达到稳定态。由此可知，在峰值之前，加工硬化占主导地位，在金属中只发生部分动态再结晶，硬化作用大于软化作用。当应力达到极大值之后，随着动态再结晶的加快，软化作用开始大于硬化作用，于是曲线下降。当由变形造成的硬化与再结晶所造成的软化达到动态平衡时，曲线进入稳定态阶段。在低应变速率下，与其对应的稳定态阶段的曲线呈波浪形变化，这是由于反复出现动态再结晶—变形—动态再结晶，即交替进行软化—硬化—软化而造成的。

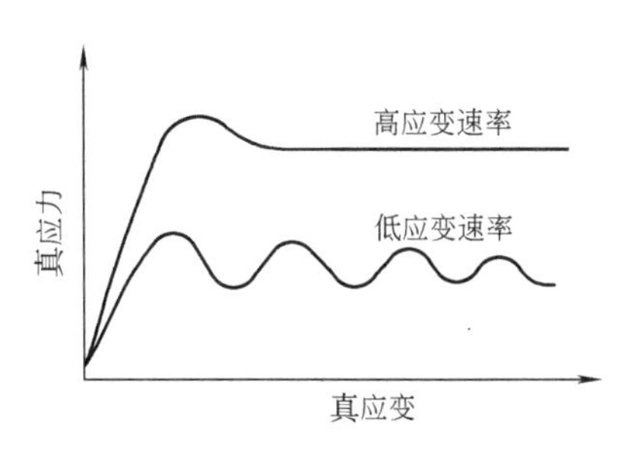


图 7-28　发生动态再结晶时真应力-真应变曲线的特征

与再结晶过程相似，动态再结晶也是形核和长大的过程，但是由于在形核和长大的同时还进行着变形，因而使动态再结晶的组织具有一些新的特点：首先，在稳定态阶段的动态再结晶晶粒呈等轴状，但在晶粒内部包含着被位错缠结所分割的亚晶粒。显然这比静态再结晶后晶粒中的位错密度要高；其次，动态再结晶时的晶界迁移速度较慢，这是由于边形变、边发生再结晶造成的。因此动态再结晶的晶粒比静态再结晶的晶粒要细些。如果能将动态再结晶的组织迅速冷却下来，就可以获得比冷变形加再结晶退火要高的强度和硬度。

## 三、热加工后的组织与性能

### （一）改善铸锭组织

金属材料在高温下的变形抗力低，塑性好，因此热加工时容易变形，变形量大，可使一些在室温下不能进行压力加工的金属材料（如钛、镁、钨、钼等）在高温下进行加工。通过热加工，使铸锭中的组织缺陷得到明显改善，如气泡焊合、缩松压实，使金属材料的致密度增加。铸态时粗大的柱状晶通过热加工后一般都能变细，某些合金钢中的大块碳化物初晶可被打碎并较均匀分布。由于在温度和压力作用下扩散速度增快，扩散距离减小，因而偏析可部分地消除，使成分比较均匀。这些变化都使金属材料的力学性能有明显提高（表 7-2）。

**表 7-2　$w_C=0.3\%$的碳钢锻态和铸态时力学性能的比较**

| 状　　态 | $R_m$/MPa | $R_{p0.2}$/MPa | $A$（%） | $Z$（%） | $a_K$/J·cm$^{-2}$ |
|---|---|---|---|---|---|
| 锻　　态 | 530 | 310 | 20 | 45 | 56 |
| 铸　　态 | 500 | 280 | 15 | 27 | 28 |

### （二）纤维组织

在热加工过程中，铸锭中的粗大枝晶和各种夹杂物都要沿变形方向伸长，这样就使枝晶间富集的杂质和非金属夹杂物的走向逐渐与变形方向一致，一些脆性杂质如氧化物、碳化物、氮化物等破碎成链状，塑性的夹杂物如 MnS 等则变成条带状、线状或片层状，在试样上沿着变形方向呈现一条条细线，这就是热加工钢中的流线。由一条条流线勾画出来的宏观组织，称为纤维组织。

纤维组织的出现，将使钢的力学性能呈现各向异性。沿着流线的方向具有较高的力学性能，垂直于流线方向的性能则较低，特别是塑性和韧性表现得更为明显（表 7-3）。疲劳性能、耐蚀性能、力学性能和线膨胀系数等，均有显著的差别。为此，在制订工件的热加工工艺时，必须合理地控制流线的分布状态，尽量使流线与应力方向一致。对所受应力状态比较简单的零件，如曲轴、吊钩、扭力轴、齿轮、叶片等，尽量使流线分布形态与零件的几何外形一致，图 7-29 所示为两种不同纤维分布的拖钩，显然图 a 的分布状况是正确的，图 b 的分布状况是错误的。对于在腐蚀介质中工作的零件，不应使流线在零件表面露头。如果零件的尺寸精度要求很高，在配合表面有流线露头时，将影响机械加工时的表面粗糙度和尺寸精度。近年来，我国广泛采用“全纤维锻造工艺”生产高速曲轴，流线与曲轴外形完全一致，其疲劳性能比机械加工的提高30%以上。

**表7-3　45钢的力学性能与测定方向的关系**

| 测定方向 | $R_m$/MPa | $R_{p0.2}$/MPa | $A$（%） | $Z$（%） | $a_K$/J·cm$^{-2}$ |
|---|---|---|---|---|---|
| 纵　向 | 715 | 470 | 17.5 | 62.8 | 53.6 |
| 横　向 | 672 | 440 | 10.0 | 31.0 | 24 |

**（三）带状组织**

复相合金中的各个相，在热加工时沿着变形方向交替地呈带状分布，这种组织称为带状组织，在经过压延的金属材料中经常出现这种组织，但不同材料中产生带状组织的原因不完全一样。一种是在铸锭中存在着偏析和夹杂物，压延时偏析区和夹杂物沿变形区伸长呈条带状分布，冷却时即形成带状组织。例如，在含磷偏高的亚共析钢内，铸态时树枝晶间富磷贫碳，即使经过热加工也难以消除，它们沿着金属变形方向被延伸拉长，当奥氏体冷却到析出先共析铁素体的温度时，先共析铁素体就在这种富磷贫碳的区域形核并长大，形成铁素体带，而铁素体两侧的富碳区域则随后转变成珠光体带。若夹杂物被加工拉成带状，先共析铁素体通常依附于它们之上而析出，也会形成带状组织。图7-30为热轧低碳钢板的带状组织。

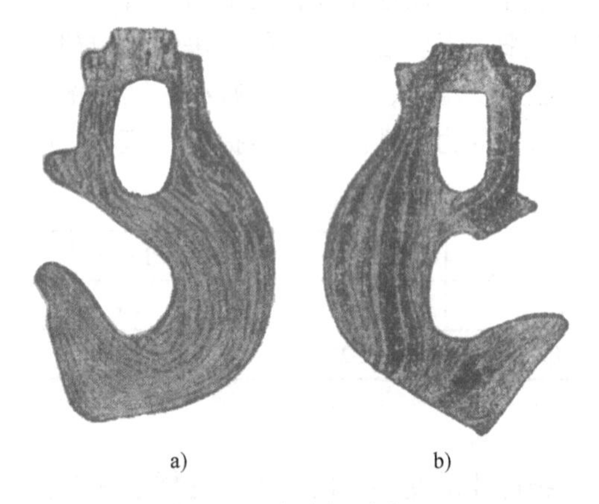


图7-29　拖钩的纤维组织
a）模锻钩　b）切削加工钩

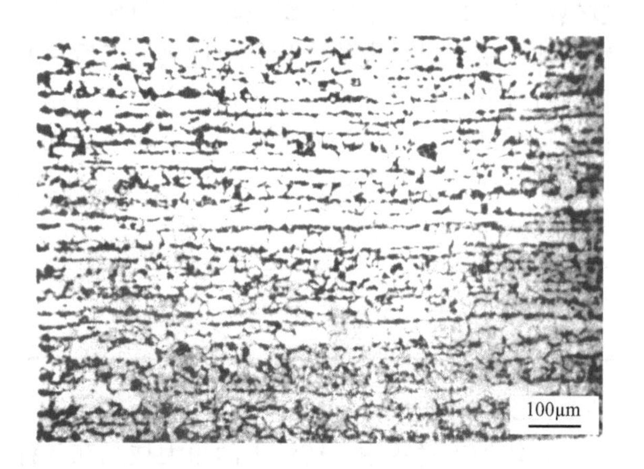


图7-30　亚共析钢中的带状组织

形成带状组织的另一种原因，是材料在压延时呈现两相组织，如碳的质量分数偏下限的12Cr13（$w_C=0.15\%$、$w_{Cr}=11.50\%\sim13.50\%$）钢，在热加工时由奥氏体和碳化物组成，压延后奥氏体和碳化物都延长成带，奥氏体经共析转变后形成珠光体。又如Cr12钢，在热加工时由奥氏体和碳化物组成，压延后碳化物即呈带状分布（图7-31）。

带状组织使金属材料的力学性能产生方向性，特别是横向塑性和韧性明显降低，并使材料的切削性能恶化。对于在高温下能获得单相组织的材料，带状组织有时可用正火处理来消除，但严重的磷偏析引起的带状组织甚难消除，需用高温均匀化退火及随后的正火来改善。

**（四）晶粒大小**

正常的热加工一般可使晶粒细化。但是晶粒能否细化取决于变形量、热加工温度尤其是终锻（轧）温度及锻后冷却等因素。一般认为，增大变形量，有利于获得细晶粒，当铸锭的晶粒十分粗大时，只有足够大的变形量才能使晶粒细化。特别注意不要在临界变形度范围内加工，否则会得到粗大的晶粒组织。变形度不均匀，则热加工后的晶粒大小往往也不均匀。当变形量很大（大于90%），且变形温度很高时，易于引起二次再结晶，得到异常粗大的晶粒组织。终锻温度如超过再结晶温度过多，且锻后冷却速度过慢，会造成晶粒粗大。终锻温度如过低，又会造成加工硬化及残余应力。因此，对于无相变的合金或者加工后不再进行热处理的钢件，应对热加工过程，特别是终锻温度、变形量及加工后的冷却等因素认真进行控制，以获得细小均匀的晶粒，提高材料的性能。

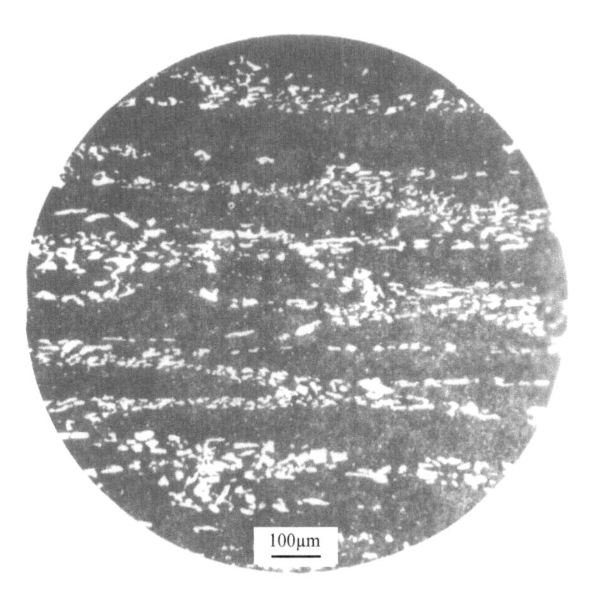


图 7-31　Cr12 钢中的带状组织

## 习　题

7-1　用冷拔铜丝制作导线，冷拔之后应如何处理？为什么？

7-2　一块厚纯金属板经冷弯并再结晶退火后，试画出截面上的显微组织示意图。

7-3　已知 W、Fe、Cu 的熔点分别为 3399℃、1538℃ 和 1083℃，试估算其再结晶温度。

7-4　说明以下概念的本质区别：

1）一次再结晶和二次再结晶。

2）再结晶时晶核长大和再结晶后的晶粒长大。

7-5　分析回复和再结晶阶段空位与位错的变化及其对性能的影响。

7-6　何谓临界变形度？它在工业生产中有何实际意义？

7-7　一块纯锡板被枪弹击穿，经再结晶退火后，弹孔周围的晶粒大小有何特征？请说明原因。

7-8　某厂对高锰钢制碎矿机颚板进行固溶处理时，经 1100℃ 加热后，用冷拔钢丝绳吊挂，由起重吊车送往淬火水槽。行至中途，钢丝绳突然断裂。这条钢丝绳是新的，事先经过检查，并无疵病。试分析钢丝绳断裂原因。

7-9　设有一楔形板坯经过冷轧后得到相同厚度的板材（图 7-32），然后进行再结晶退火，该板材的晶粒大小是否均匀？为什么？

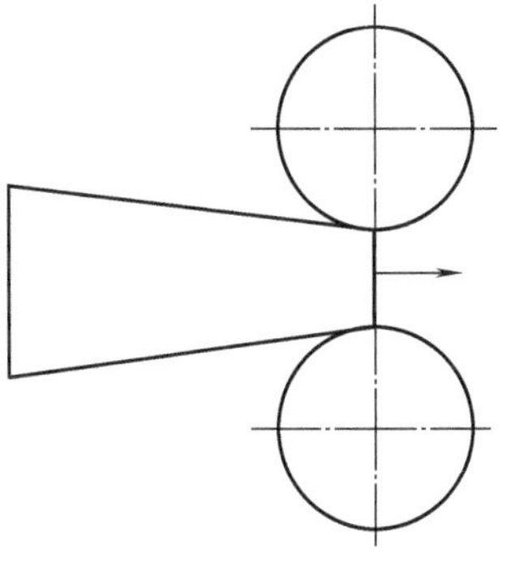

图 7-32　题 7-9 图

7-10　金属材料在热加工时为了获得细小晶粒组织，应该注意一些什么问题？

7-11　为获得细小的晶粒组织，应该根据什么原则制订塑性变形及其退火工艺？

Chapter 8

# 第八章 扩　　散

扩散是物质中原子（或分子）的迁移现象，是物质传输的一种方式。气体和液体中的扩散现象易于被人们察觉，事实上，在固态金属中也同样地存在着扩散现象。在金属材料的生产和使用过程中，有许多问题与扩散有关，例如，金属与合金的熔炼及结晶，偏析与均匀化，钢及合金的各种热处理和焊接，加热过程中的氧化和脱碳，冷变形金属的回复与再结晶等。要深入了解这些过程，就必须掌握有关扩散的知识。本章概要介绍扩散的微观机理、宏观规律以及影响扩散的因素等内容。

## 第一节　概　　述

### 一、扩散现象和本质

人们对气体和液体中的扩散现象并不陌生，例如，当走入鲜花盛开的房间时，会感到满室芳香；往静水中加入一粒胆矾（$CuSO_4$），不久即染蓝一池清水。这种气味和颜色的均匀化，是由物质的原子或分子的迁移造成的，是物质传输的结果，并不一定要借助于对流和搅动。扩散通常自浓度高的向浓度低的方向进行，直至各处浓度均匀后为止。

“近朱者赤，近墨者黑”可以作为固态物质中一种扩散现象的描述。固体中的扩散速率十分缓慢，不像气体和液体中扩散那样易于察觉，但它确确实实地存在着。为了证实固态扩散的存在，可做下述试验：把 Cu、Ni 两根金属棒对焊在一起，在焊接面上镶嵌上几根钨丝作为界面标志。然后加热到高温并长时间保温后，令人惊异的事情发生了：作为界面标志的钨丝竟向纯 Ni 一侧移动了一段距离。经分析，界面的左侧（Cu）含有 Ni 原子，而界面的右侧（Ni）也含有 Cu 原子，但是左侧 Ni 的浓度大于右侧 Cu 的浓度，这表明，Ni 向左侧扩散过来的原子数目大于 Cu 向右侧扩散过来的原子数目。过剩的 Ni 原子使得左侧的点阵膨胀，而右边原子减少的地方发生点阵收缩，其结果必然导致界面向右漂移（图 8-1）。这就是著名的克肯达尔（Kirkendall）效应，置换互溶的组元所构成的扩散偶中都有类似的情况。

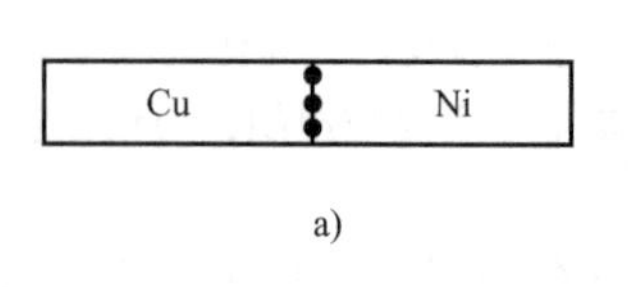


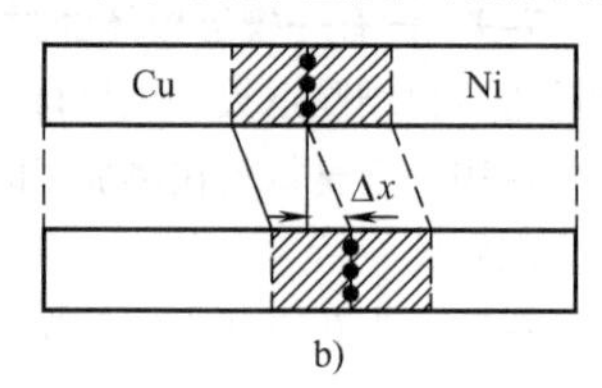


图 8-1　克肯达尔效应
a）扩散前　b）扩散后

扩散时固态金属中原子的迁

移是如何进行的呢？金属晶体中的原子按一定的规律周期性地重复排列着，每个原子都处于一个低能的相对稳定的位置，在相邻的两原子之间都隔着一个能垒 $Q$，如图 8-2 所示。因此，两个原子不会合并在一起，也很难相互换位。但是，原子在其平衡位置并不是静止不动的，而是无时无刻不在以其结点为中心以极高的频率进行着热振动。由于存在着能量起伏，总会有部分原子具有足够高的能量，跨越能垒 $Q$，从原来的平衡位置跃迁到相邻的平衡位置上去。原子克服能垒所必需的能量称为激活能，它在数值上等于能垒高度 $Q$。显然，原子间的结合力越大，排列得越紧密，则能垒越高，激活能越大，原子依靠能量起伏实现跃迁换位越困难。但是，只要热力学温度不是零度，金属晶体中的原子就有热振动，依靠能量起伏，就可能有一部分原子进行扩散迁移。温度越高，原子迁移的概率则越大。

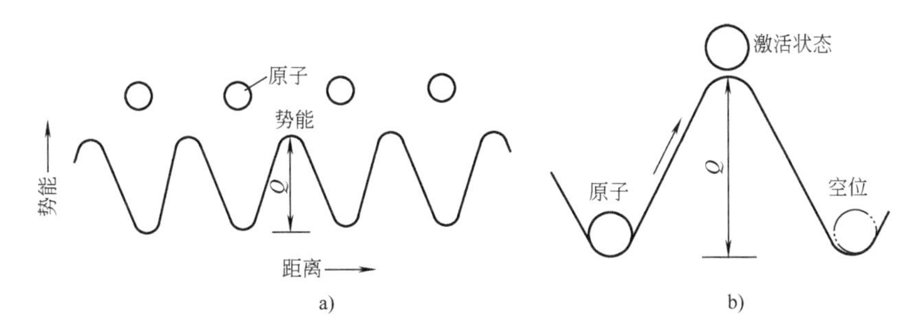


图 8-2 固态金属中的周期势场

a）金属的周期势场示意图 b）激活原子的跃迁示意图

应当指出，固态扩散是大量原子无序跃迁的统计结果。在晶体的周期势场中，原子向各个方向跃迁的概率相等，这就引不起物质传输的宏观扩散效果。如果晶体周期场的势能曲线是倾斜的（图 8-3），那么原子自左向右跃迁的激活能为 $Q$，而自右向左的激活能在数值上为 $Q+\Delta G$（图 8-3c）。这样一来，原子向右跳动的概率将大于向左跳动的概率，在同一时间内，向右跳过去的原子数大于反向跳回来的原子数，大量原子无序跃迁的统计结果，就造成物质的定向传输，即发生扩散。所以，扩散不是原子的定向跃迁过程，扩散原子的这种随机跃迁过程，被称为原子的随机行走。

可用图 8-4 示意地表示上面所描述的扩散过程。设想从纯金属中取出 8 列原子，在中间的四列原子中各含有 4 个它自己的放射性同位素原子，其浓度为 $C_1$（图 8-4a）。每个原子平均跃迁一次之后可能出现的放射性原子的分布情况如图 8-4b 所示。一般原子和放射性原子的扩散行为本质上是相同的，即每个原子均存在着向上、向下、向左、向右跃迁的可能性。可以看出，对于第 4、5 两列原子来说，每个原子做任意方向跃迁的结果，将保持这两列中放射性原子的数目不变，但都改变了它们原来的位置。对于第 3 列原子来说，将有 1 个放射性原子跃迁

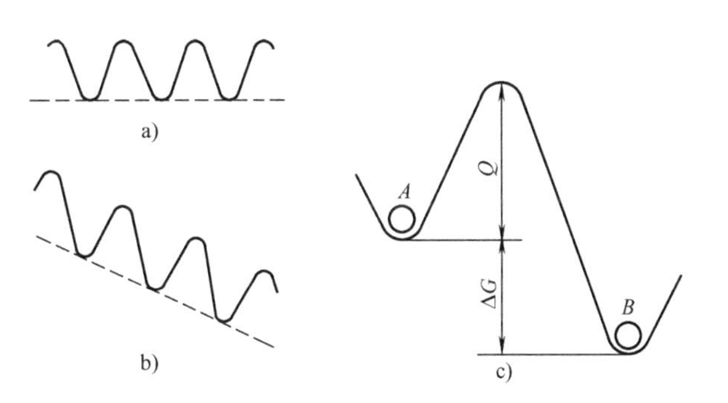


图 8-3 对称和倾斜的势能曲线

到第 2 列，第 6 列也有一个放射性原子跃迁到第 7 列，图 8-4b 中的浓度曲线记录了放射性原子跃迁后的浓度分布状况。进一步的跃迁，将使放射性原子继续散布，直至达到如图 8-4c 所示的均匀分布。以后虽然每个原子和以前一样在不停地跃迁，但是放射性原子浓度分布曲线保持不变，所以不再可能像浓度曲线有变动时那样观察到扩散效果。

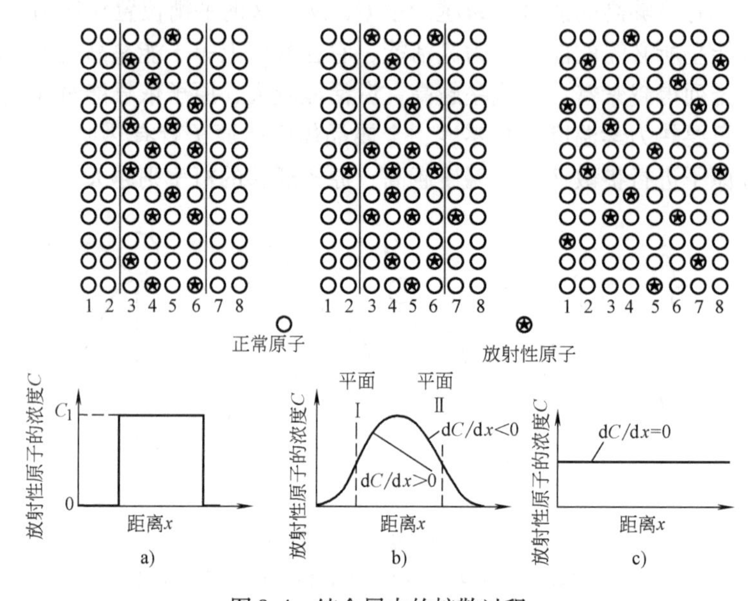


图 8-4　纯金属中的扩散过程

## 二、扩散机制

在扩散过程中，如果晶格的每个结点都被原子占据着，那么，尽管有部分原子被激活，具备了跳动的能力，但向何处跳动呢？如果没有供其跳动的适当位置，那么原子的跃迁也就难以成为事实。由此可见，扩散不仅由原子的热运动所控制，而且还要受具体的晶体结构所制约。即对于不同晶体结构的金属材料来说，原子的跳动方式可能不同，即扩散的机制可能随晶体结构的不同而变化。对于固态金属来说，原子扩散机制主要有两种。

（1）空位扩散机制　在自扩散和涉及置换原子的扩散过程中，原子可离开其点阵位置，跳入邻近的空位，这样就会在原来的点阵位置产生一个新的空位。当扩散继续，就产生原子与空位两个相反的迁移流向，称为空位扩散。自扩散和置换原子的扩散程度取决于空位的数目。温度越高，空位浓度越大，金属中原子的扩散越容易。

（2）间隙扩散机制　当间隙原子存在晶体结构中，可从一个间隙位置移动到另一个间隙位置。这种机制不需要空位。间隙原子尺寸越小，扩散越快。由于间隙位置比空位位置多，间隙扩散比空位扩散更易发生。如在奥氏体中，碳原子位于面心立方晶胞的八面体间隙中，每个晶胞的八面体间隙位置有 4 个。当奥氏体中的含碳量 $w_C=2.11\%$ 时，相当于在 5 个晶胞中才有两个碳原子，因此在每个碳原子周围有大量空余的间隙位置任其跳动。

间隙原子或置换原子为了跃迁到一个新位置，扩散原子必须克服一个能垒，这个能垒就是激活能 $Q$，激活能越低，表示扩散越容易。通常，间隙原子越过周围的原子所需的能量较低，所以，间隙扩散比空位扩散的激活能要低，如图 8-5 所示。不同原子在不同基体金属中的扩散激活能示于表 8-1 中。

表 8-1　原子扩散激活能 $Q$　　（单位：kJ/mol）

| 间隙扩散 | | 自扩散（空位扩散） | | 异类原子扩散（空位扩散） | |
|---|---|---|---|---|---|
| γ-Fe 中的 C | 138 | Pb（面心立方）中的 Pb | 108 | Cu 中的 Ni | 242 |
| α-Fe 中的 C | 88 | Cu（面心立方）中的 Cu | 206 | Ni 中的 Cu | 258 |
| γ-Fe 中的 N | 145 | Fe（面心立方）中的 Fe | 279 | Cu 中的 Al | 165 |
| α-Fe 中的 N | 77 | Mg（密排六方）中的 Mg | 135 | Cu 中的 Zn | 184 |
| γ-Fe 中的 H | 43 | Fe（体心立方）中的 Fe | 247 | Ag 中的 Au | 191 |
| α-Fe 中的 H | 15 | W（体心立方）中的 W | 600 | Au 中的 Ag | 168 |

## 三、固态金属扩散的条件

固态扩散是在晶体点阵中进行的原子跃迁过程，但只有大量原子的迁移才能表现出宏观的物质输送效果，这就需要一定的条件。固态金属中的扩散只有在满足以下四个条件时才能进行。

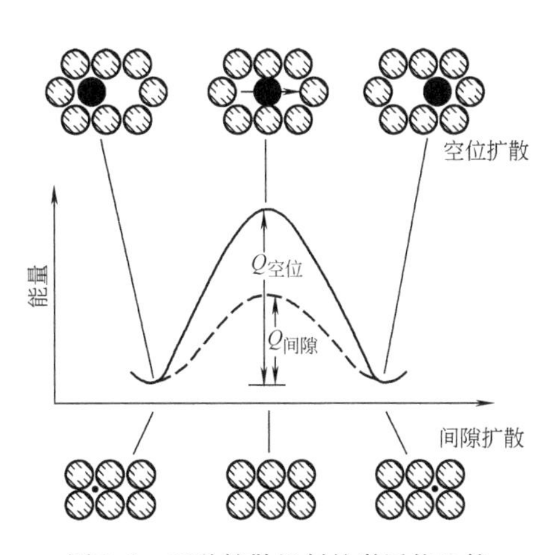


图 8-5　两种扩散机制的激活能比较

### （一）扩散要有驱动力

扩散过程都是在扩散驱动力作用下进行的，如果没有扩散驱动力，也就不可能发生扩散。墨水向周围水中的扩散，锡向钢表面层中的扩散，其扩散过程都是沿着浓度降低的方向进行，使浓度趋于均匀化。相反，有些杂质原子向晶界的偏聚，使晶界上的杂质浓度要比晶内高几倍至几十倍，又如共析转变和过饱和固溶体的分解，扩散过程却是沿着浓度升高的方向进行。可见，浓度梯度并不是导致扩散的本质原因。

从热力学来看，在等温等压条件下，不管浓度梯度如何，组元原子总是从化学位高的地方自发地迁移到化学位低的地方，以降低系统的自由能。只有当每种组元的化学位在系统中各点都相等时，才达到动态平衡，宏观上再看不到物质的转移。当浓度梯度与化学位梯度方向一致时，溶质原子就会从高浓度地区向低浓度地区迁移；相反，当浓度梯度与化学位梯度不一致时，溶质原子就会朝浓度梯度相反的方向迁移。可见，扩散的驱动力不是浓度梯度，而是化学位梯度。

此外，在温度梯度、应力梯度、表面自由能差以及电场和磁场的作用下，也可以引起扩散。

### （二）扩散原子要固溶

扩散原子在基体金属中必须有一定的固溶度，能够溶入基体晶格，形成固溶体，这样才能进行固态扩散。如果原子不能进入基体晶格，也就不能扩散。例如，在水中滴一滴墨水，不久就扩散均匀了，可是如若在水中滴一滴油，放置多久也不会扩散均匀。原因就是油不溶于水。又如，由于铅不能固溶于铁，因此钢可以在铅浴中加热，获得光亮清洁的表面，而不用担心铅层黏附钢材表面的危险。相反，当需要在钢板表面黏附一薄层铅，以起耐蚀作用时，就必须在熔融铅中加入少量能固溶于铁中的锡才行，铅锡合金中的锡扩散到铁中以后就可形成粘接牢靠的镀层，目前工业上已广泛采用此法来生产盖屋顶用的镀铅锡合金薄钢板。

**（三）温度要足够高**

固态扩散是依靠原子热激活而进行的过程。金属晶体中的原子始终以其阵点为中心进行着热振动，温度越高，原子的热振动越激烈，原子被激活而进行迁移的概率就越大。原则上讲，只要热力学温度不是零度，总有部分原子被激活而迁移。但当温度很低时，则原子被激活的概率很低，甚至在低于一定温度时，原子热激活的概率趋近于零，表现不出物质输送的宏观效果，就好像扩散过程被“冻结”一样。由此可见，固态扩散必须在足够高的温度以上才能进行。不同种类的扩散原子，其扩散被“冻结”的温度也不相同。例如，碳原子在室温下的扩散过程极其微弱，在100℃以上时才较为显著，而铁原子必须在500℃以上时才能有效地进行扩散。

**（四）时间要足够长**

扩散原子在晶体中每跃迁一次最多也只能移动0.3～0.5nm的距离，要扩散1mm的距离，必须跃迁亿万次才行，何况原子跃迁的过程是随机的，迈着“醉步”，只有经过相当长的时间才能造成物质的宏观定向迁移。由此可以想见，如果采用快速冷却到低温下的方法，使扩散过程“冻结”，就可以把高温下的状态保持下来。例如，在热加工刚刚完成时，迅速将金属材料冷却到室温，抑制扩散过程，避免发生静态再结晶，就可把动态回复或动态再结晶的组织保留下来，以达到提高金属材料性能的目的。

## 四、固态扩散的分类

**（一）根据扩散过程中是否发生浓度变化分类**

1. 自扩散

自扩散就是不伴有浓度变化的扩散，它与浓度梯度无关。自扩散只发生在纯金属和均匀固溶体中。例如，纯金属和均匀固溶体的晶粒长大是大晶粒逐渐吞并小晶粒的过程。在晶界移动时，金属原子由小晶粒向大晶粒迁移，并不伴有浓度的变化，扩散的驱动力为表面能的降低。尽管自扩散在所有的材料中连续发生，总体来说，它对材料行为的影响并不重要。

2. 互（异）扩散

互扩散是伴有浓度变化的扩散，它与异类原子的浓度差有关。如在不均匀固溶体中、不同相之间或不同材料制成的扩散偶之间的扩散过程中，异类原子相对扩散，互相渗透，所以又称为“异扩散”或“化学扩散”。

**（二）根据扩散方向是否与浓度梯度的方向相同进行分类**

1. 下坡扩散

下坡扩散是沿着浓度降低的方向进行的扩散，使浓度趋于均匀化。如铸锭（件）的均匀化退火、渗碳等过程都属于下坡扩散。

2. 上坡扩散

上坡扩散是沿着浓度升高的方向进行的扩散，即由低浓度向高浓度方向扩散，使浓度发生两极分化。例如，奥氏体向珠光体转变的过程中，碳原子从浓度较低的奥氏体向浓度较高的渗碳体扩散，就是上坡扩散。如果将含碳量相近的碳钢（$w_C=0.441\%$）与硅钢（$w_C=0.478\%$、$w_{Si}=3.80\%$）对焊在一起，在1050℃加热13d后，在焊接面两侧的碳浓度变化情况如图 8-6 所示。显然，碳在退火过程中发生了扩散，硅钢一侧的碳浓度降低，碳钢一侧的碳浓度升高，即碳由低浓度一侧向高浓度一侧进行扩散，发生上坡扩散。这是由于硅提高了碳的化学位，因而碳从含硅的棒向无硅的棒扩散，以消除碳的化学位梯度，化学位梯度是其扩散的驱动力。

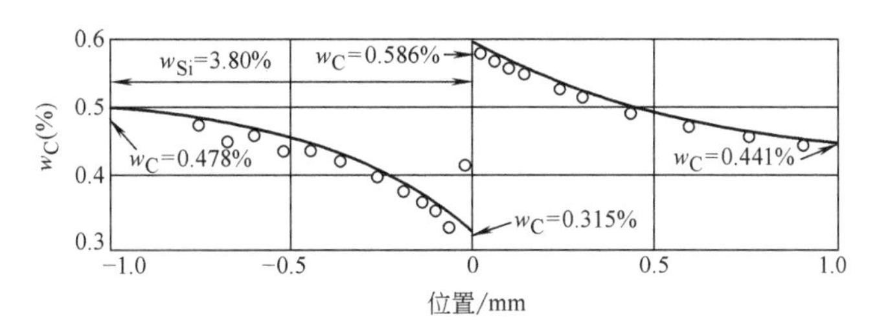


图 8-6　碳的上坡扩散

此外在弹性应力梯度、电位梯度、温度梯度等的作用下也可以发生上坡扩散。如将均匀的单相固溶体 Al-Cu 合金方棒加以弹性弯曲，并在一定温度下加热，使之发生扩散。结果发现，直径较大的铝原子向受拉伸的一边扩散，而直径较小的铜原子则向受压缩的一边扩散，如图 8-7 所示，合金的浓度越来越不均匀。这种上坡扩散的驱动力是应力梯度。

**（三）根据扩散过程中是否出现新相进行分类**

1. 原子扩散

在扩散过程中晶格类型始终不变，没有新相产生，这种扩散就称为原子扩散。

2. 反应扩散

通过扩散使固溶体的溶质组元浓度超过固溶度极限而形成新相的过程称为反应扩散或相变扩散。反应扩散所形成的新相，既可以是新的固溶体，也可以是各种化合物。

由反应扩散所形成的相可参考相应的相图进行分析。例如，铁在 1000℃加热时被氧化，氧化层的组织可根据 Fe-O 相图分析，如图 8-8 所示。若铁的表面含氧量 $w_O$ 达到 31% 时，那么由表面向内将依次出现 $Fe_2O_3$、$Fe_3O_4$、FeO 等氧化层，最后才是 γ-Fe。

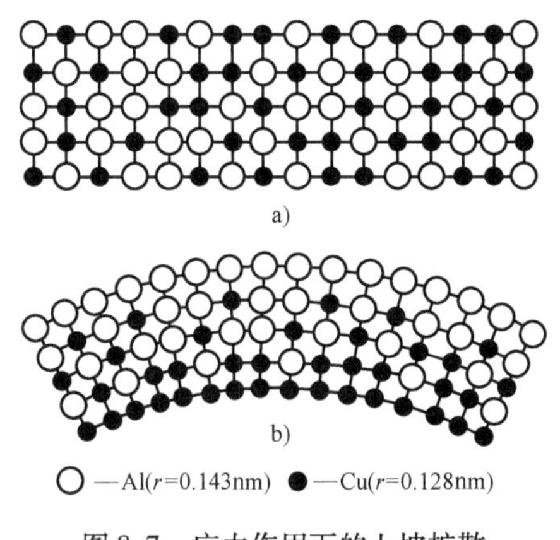


图 8-7　应力作用下的上坡扩散

a）扩散前　b）扩散后

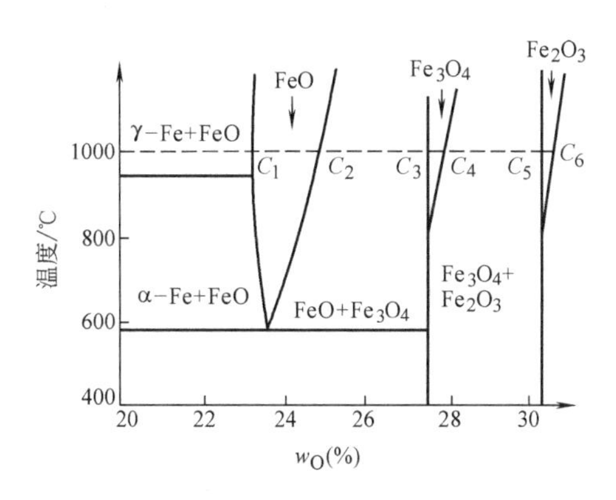


图 8-8　Fe-O 相图

反应扩散的特点是在相界面处产生浓度突变，突变的浓度正好对应于相图中相的极限溶解度，如图 8-9 所示。这可以用相律来解释，在常压下，系统的自由度 $F=C-P+1$，当扩散的温度一定时，则 $F=C-P$。因此在单相区，$P=1$，$C=2$，于是 $F=2-1=1$，即自由度等于1，这说明单相区的浓度是可以改变的，因此在单相区中存在着浓度梯度。然而在两相区，$F=2-2=0$，这意味着各相的浓度不能改变，其大小分别相当于与其相邻的单相区的浓度，即与相邻的单相区的极限溶解度相对应。这样一来，由于每种组元的化学位在两相区中的各点都相等，即不存在化学位梯度，扩散失去了驱动力，所以二元系的扩散层中不可能存在两相区，每一层都为单相区，这也是反应扩散的重要特点。

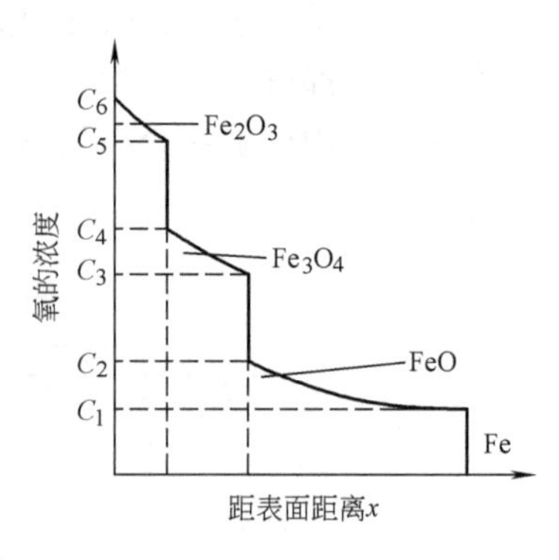


图 8-9　氧化层中含氧量的变化

## 第二节　扩散定律

### 一、菲克第一定律

将两根不同溶质浓度的固溶体合金棒料对焊起来，加热到高温，则溶质原子将从浓度较高的一端向浓度较低的一端扩散，并沿长度方向形成一浓度梯度，如图 8-10 所示。如若在扩散过程中各处的体积浓度 $C$ 只随距离 $x$ 变化，不随时间 $t$ 变化，那么，单位时间通过单位垂直截面的扩散物质的量（扩散通量）$J$ 对于各处都相等，即每一时刻从左边扩散来多少原子，就向右边扩散走多少原子，没有盈亏，所以浓度不随时间变化。这种扩散称为稳定态扩散。气体通过金属薄膜且不与金属发生反应时就会发生稳定态扩散。

菲克（A. Fick）于 1855 年通过试验获得了关于稳定态扩散的第一定律，定律指出：在扩散过程中，在单位时间内通过垂直于扩散方向的单位截面面积的扩散通量 $J$ 与浓度梯度$\frac{dC}{dx}$成正比。其数学表达式为：

$$J=-D\frac{dC}{dx} \tag{8-1}$$

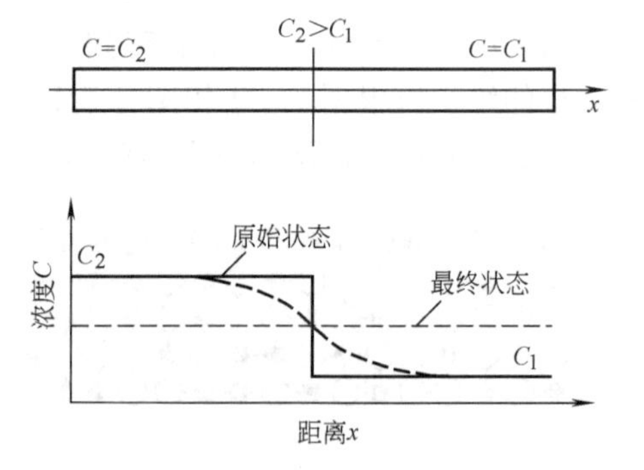


图 8-10　扩散对溶质原子分布的影响

式中，$D$ 为扩散系数；$\frac{dC}{dx}$为体积浓度梯度，负号表示物质的扩散方向与浓度梯度的方向相反。

扩散系数 $D$ 是描述扩散速度的重要物理量。从式中可以看出，它相当于浓度梯度为 1 时的扩散通量。$D$ 值越大，则扩散越快。第一定律仅适用于稳定态扩散，即在扩散过程中合金各处的浓度及浓度梯度都不随时间改变的情况，实际上稳定态扩散的情况是很少的，大部分属于非稳定态扩散，这就需要应用菲克第二定律。

### 二、菲克第二定律

所谓非稳定态扩散，是指在扩散过程中，各处的浓度不仅随距离变化，而且还随时间发生变化。为了描述在非稳定态扩散过程中各截面的浓度与距离（$x$）和时间（$t$）两个独立变量间的关系，就要建立偏微分方程。采取的方法是，在扩散通道中取出相距 $\mathrm{d}x$ 的两个垂直于 $x$ 轴的平面所割取的微小体积（图 8-11），进行质量平衡运算，即：

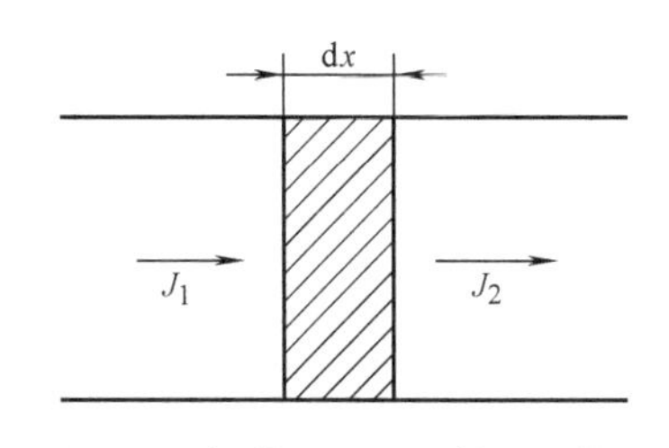


图 8-11　扩散通过微小体积的情况

在微小体积中积存的物质量 = 流入的物质量 - 流出的物质量

设两平面的截面面积均为 $A$，在某一时间间隔内流入和流出微小体积的物质扩散通量分别为 $J_1$ 和 $J_2$。由于

$$J_2 = J_1 + \frac{\partial J}{\partial x}\mathrm{d}x \tag{8-2}$$

故

$$\text{微小体积 } A\mathrm{d}x \text{ 内的物质积存速率} = J_1 A - J_2 A = -\frac{\partial J}{\partial x}A\mathrm{d}x \tag{8-3}$$

微小体积 $A\mathrm{d}x$ 内的物质积存速率，也可用体积浓度 $C$ 的变化率表示为：

$$\frac{\partial(CA\mathrm{d}x)}{\partial t} = \frac{\partial C}{\partial t}A\mathrm{d}x \tag{8-4}$$

因此

$$\frac{\partial C}{\partial t} = -\frac{\partial J}{\partial x} \tag{8-5}$$

将扩散第一定律式（8-1）代入式（8-5），可得：

$$\frac{\partial C}{\partial t} = \frac{\partial}{\partial x}\left(D\frac{\partial C}{\partial x}\right) \tag{8-6}$$

式（8-6）称为菲克第二定律，如果扩散系数 $D$ 与浓度 $C$、距离 $x$ 无关，则式（8-6）可写为：

$$\frac{\partial C}{\partial t} = D\frac{\partial^2 C}{\partial x^2} \tag{8-7}$$

## 三、扩散应用举例

扩散第二定律是由第一定律推导出来的，所以它普遍适用于一般的扩散过程。但是，式（8-6）、式（8-7）都是偏微分方程，不能直接应用，必须结合实际的扩散过程，运用具体的起始条件和边界条件，求出其解后才能应用。从式（8-7）可以知道，$C$ 是因变量，$x$ 和 $t$ 是两个独立变量，因此方程的解将具有 $C=f(x,t)$ 的关系式。关于方程的解，这里不做具体推导，仅结合几个例子，说明扩散在生产实际中的应用。

### （一）铸锭（件）的均匀化退火

固溶体合金在非平衡结晶时，往往出现不同程度的枝晶偏析，这种偏析可以采用高温长时间均匀化退火工艺，使合金中的溶质原子通过扩散以减轻偏析程度。图 8-12a 为一树枝状晶体示意图，在沿一横截二次晶轴的 $AB$ 直线上，溶质原子的浓度一般呈正弦波形变化（图 8-12b）。因此，溶质原子沿距离 $x$ 方向的分布，采用正弦曲线方程表示：

$$C_x = C_p + A_0 \sin\frac{\pi x}{\lambda} \tag{8-8}$$

式中，$A_0$ 表示铸态合金中原始成分偏析的振幅，它代表溶质原子浓度最高值 $C_{max}$ 与平均值

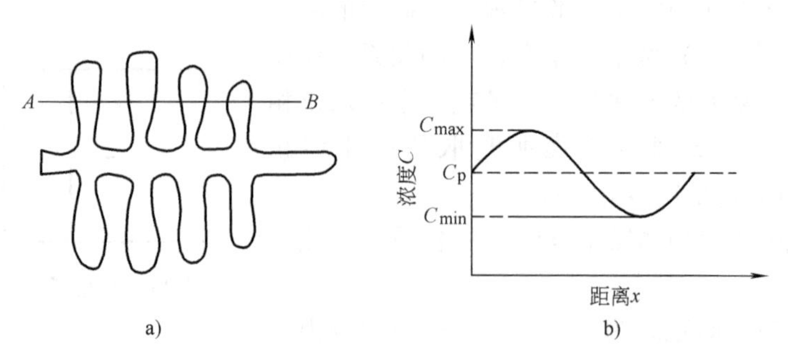


图 8-12　铸锭中的枝晶偏析 a）及溶质原子在枝晶二次轴之间的浓度分布 b）

$C_p$ 之差，即 $A_0=C_{max}-C_p$；$\lambda$ 为溶质原子浓度的最高点与最低点之间的距离，即枝晶间距（或偏析波波长）的一半。在均匀化退火时，由于溶质原子从高浓度区域流向低浓度区域，因而正弦波的振幅会逐渐减小，但波长 $\lambda$ 不变，这样就可以得到两个边界条件：

$$C(x=0,\ t)=C_p \tag{8-9}$$

$$\frac{dC}{dx}\left(x=\frac{\lambda}{2},\ t\right)=0 \tag{8-10}$$

式(8-9)说明在 $x=0$ 位置时，浓度为 $C_p$。式(8-10)说明在 $x=\dfrac{\lambda}{2}$时，浓度正处于正弦波的峰值，所以$\dfrac{dC}{dx}=0$。利用式(8-8)作为初始条件，式(8-9)和式(8-10)作为边界条件就可求出菲克第二定律的解为：

$$C(x,\ t)=C_p+A_0\sin\left(\frac{\pi x}{\lambda}\right)\exp(-\pi^2Dt/\lambda^2) \tag{8-11}$$

即

$$C(x,\ t)-C_p=A_0\sin\left(\frac{\pi x}{\lambda}\right)\exp(-\pi^2Dt/\lambda^2) \tag{8-12}$$

由于此时只考虑函数的最大值$\left(\text{即对应于 } x=\dfrac{\lambda}{2}\text{的值}\right)$，此时 $\sin\left(\dfrac{\pi x}{\lambda}\right)=1$

因而

$$C\left(\frac{\lambda}{2},\ t\right)-C_p=A_0\exp(-\pi^2Dt/\lambda^2) \tag{8-13}$$

因为

$$A_0=C_{max}-C_p$$

所以

$$\exp(-\pi^2Dt/\lambda^2)=\left[C\left(\frac{\lambda}{2},\ t\right)-C_p\right]\Big/(C_{max}-C_p) \tag{8-14}$$

设铸锭经均匀化退火后，成分偏析的振幅要求降低到原来的1%，此时

$$\frac{C\left(\dfrac{\lambda}{2},t\right)-C_p}{C_{max}-C_p}=\frac{1}{100}$$

则

$$\exp(-\pi^2Dt/\lambda^2)=\frac{1}{100}$$

$$\exp(\pi^2Dt/\lambda^2)=100 \tag{8-15}$$

取式（8-15）的对数，可算出要使枝晶中心成分偏析的振幅降低到1%所需的退火时间

$t$ 为：

$$t = 0.467\,\frac{\lambda^2}{D} \tag{8-16}$$

这一结果表明，铸锭均匀化退火所需时间与枝晶间距的平方成正比，与扩散系数 $D$ 成反比。这就启示人们，如果采取措施，减少枝晶间距，就可以显著减少均匀化退火时间。如用快速凝固或采用锻打的方法以使枝晶破碎，均可使枝晶间距减小，当使 $\lambda$ 值缩到原来的 1/4 时，均匀化退火的时间就可缩短为原来的 1/16。增加扩散系数 $D$ 的方法，通常是提高均匀化退火温度，温度越高，则扩散系数 $D$ 越大，所需退火时间越短。

**（二）金属的粘接**

工业上广泛应用的把两种金属粘接在一起的方法如钎焊、扩散焊、电镀、包金属、浸镀等，都是应用扩散的良好例子。要使两种金属粘接在一起，它们之间必须发生一定程度的扩散，否则就不能粘接牢固。下面以钎焊和镀锌为例进行说明。

1. 钎焊

钎焊是连接金属的一种方法。钎焊时，先将零件（母材）搭接好，将钎料安放在母材的间隙内或间隙旁（图 8-13），然后将它们一起加热到稍高于钎料熔点的温度，此时钎料熔化并填满母材间隙，冷却之后即将零件牢固地连接起来。由于钎焊时只是钎料熔化，而母材仍处于固体状态，因此，要求钎料的熔化温度一定要低于母材的熔点。此外，为使零件连接牢固，还要求钎料和母材不但液态时能互溶，固态时也必须互溶，依靠它们之间的相互扩散形成牢固的金属结合。

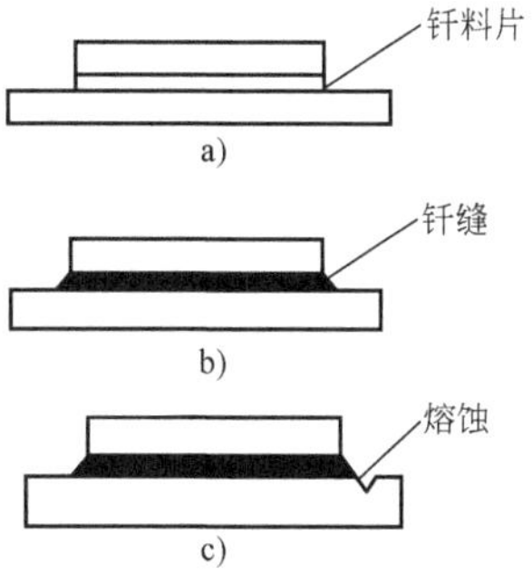

钎料片
a)
钎缝
b)
熔蚀
c)

图 8-13　钎焊示意图
a）钎料安置　b）钎缝
c）熔蚀缺陷

钎料和母材之间的相互扩散有两种情况：一是母材向液态钎料中的扩散；二是液态钎料成分向母材中的扩散。这两者之间的相互扩散作用对钎焊接头的作用影响极大。

母材在液态钎料中的扩散（溶解）量，除了与钎料成分有关外，主要取决于加热温度和保温时间。因为固态金属在液态金属中的扩散系数 $D$ 比在固体中的要大 3～4 个数量级，所以加热温度和保温时间对溶解量有很大影响。加热温度越高，保温时间越长，则其溶解量越大。当母材的溶解量适当时，有利于提高接头强度（钎料合金化所致）；但若溶解量过大，可使钎料的熔点提高，流动性变差，致使钎料不能填满母材间隙，并往往出现熔蚀缺陷（图 8-13c）。因此，在钎焊时必须严格控制加热温度和保温时间。

钎料成分向母材中的扩散量 $J'$ 通常按扩散第一定律计算：

$$J' = JSt = -D\,\frac{\mathrm{d}C}{\mathrm{d}x}St \tag{8-17}$$

此式表明，钎料成分在母材中的扩散量（$J'$）与浓度梯度（$\mathrm{d}C/\mathrm{d}x$）、扩散系数（$D$）、扩散面积（$S$）和扩散时间（$t$）有关。图 8-14 为以铜作为钎料于 1100℃ 钎焊铁时铜在铁中的分布情况。可以看出，随着保温时间的延长，不但铜的扩散

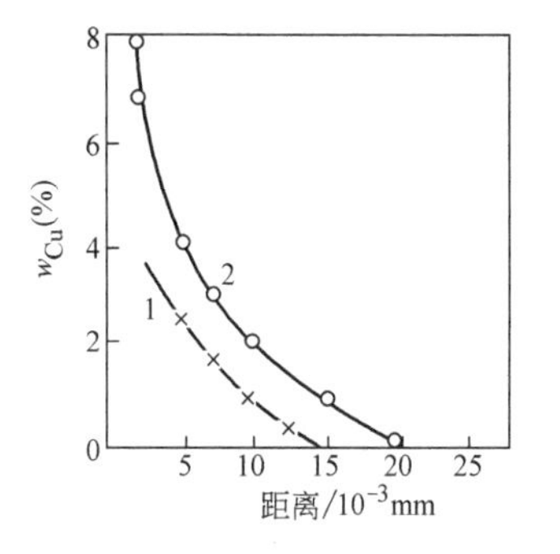


图 8-14　铜钎焊铁时，铜在扩散区中的分布
1—保温 1min　2—保温 60min

深度增大，扩散层的含铜量也明显提高。

钎缝组织可以根据相应的相图进行判断。一般说来，如果在相图上钎料与母材形成固溶体，那么钎焊后在界面区即可能出现固溶体。固溶体组织具有良好的强度和塑性，对接头性能有利。如果在钎料（*B*）与母材（*A*）的相图中存在化合物，那么在钎焊后的界面区中即可能出现化合物，如图 8-15 所示。如钎焊加热温度为 $t_1$，母材 *A* 将迅速向钎料 *B* 中溶解，使界面区的浓度达到 *C*，冷至室温后，即在界面区出现金属间化合物 γ，此时接头的性能便显著下降。

值得指出的是，由于钎料成分在母材晶界中的扩散速度较大，所以当母材（*A*）与钎料（*B*）形成共晶相图（图 8-16）时，如 *B* 在 *A* 中的溶解度超过了 β 相的固溶度极限，即在晶界上形成低熔点的共晶体，钎焊温度常高于共晶体的熔点，因此便在晶界上形成一液体层，对接头性能产生不利影响。因此在钎焊时应尽量避免在接头中产生晶间渗入。

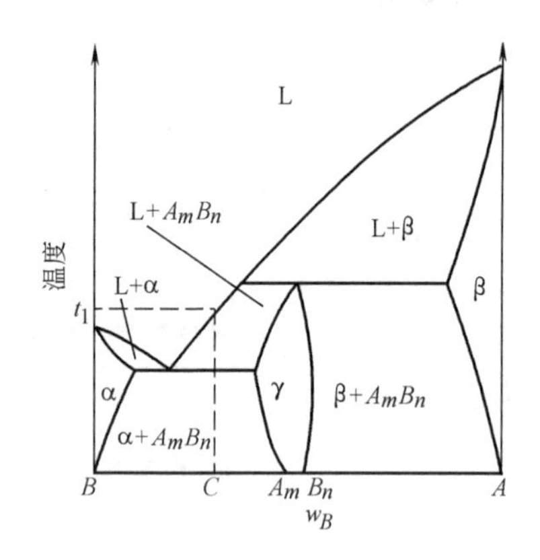


图 8-15　形成化合物的相图

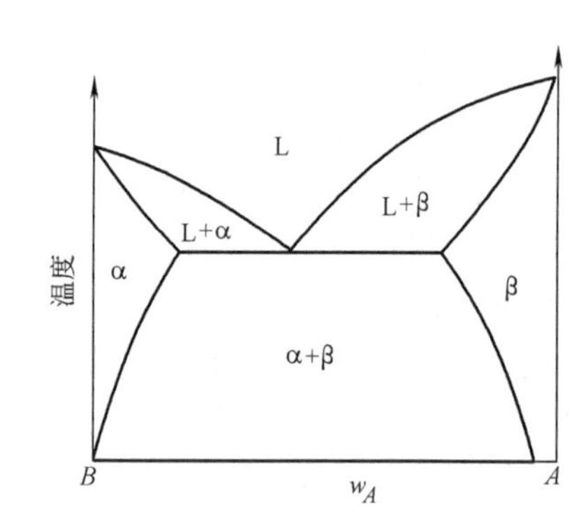


图 8-16　钎料与母材形成的共晶相图

2. 镀锌

钢板在镀锌时会发生反应扩散，除了锌通过扩散形成锌在铁中的固溶体外，还会形成脆性的金属化合物，如果控制不当，则镀层便易于剥落。镀锌的一般工艺过程是，在镀锌之前，先将钢板表面清洗干净，然后浸入 450℃熔融锌槽中若干分钟，就可在钢板表面镀上一层锌。镀锌层的组织可以根据 Fe-Zn 相图进行分析，如图 8-17 所示。由图可见，镀锌层由表到里应包括 Zn、θ、ζ、ε 和 α 等五个单相区。在这些相区之间，浓度会发生突然的变化（图 8-18），而不存在两相区。这种具有金属化合物的镀锌层在弯曲时容易剥落，必须加以避免。常用的方法是设法减小镀层总的厚度，或者在熔融锌槽中加入适量的铝，以减少脆性金属化合物的量，从而防止剥落。

3. 粉末冶金的烧结

尽管熔炼和铸造是非常普遍的材料制备和成形方法，但一般熔炼方法难以得到高熔点金属和多孔材料制品，这时，可制取金属或合金粉末并以其为原料，经成形和烧结获得零件制品，这个工艺过程称为粉末冶金。采用粉末冶金生产金属零件，常采用烧结工艺，以提高零件制品的强度和密度。烧结是一种使材料微粒连接在一起并且逐渐减小微粒间的空隙体积的高温加工方法。将微米尺寸的粉末材料压制成一定形状后，粉末微粒在很多部位彼此接触，微粒之间有大量的孔隙。在烧结过程中，接触面的曲率半径较小，原子首先向接触面大量扩散，使孔隙尺寸减小；同时由于晶粒长大，原子通过晶界扩散使大量孔隙消失。若进行长时间的烧结，即可消除孔隙，使材料致密。在其他条件都相同的情况下，粉末微粒越细，则扩散距离越短，达到一定致密度所需的烧结时间越短。

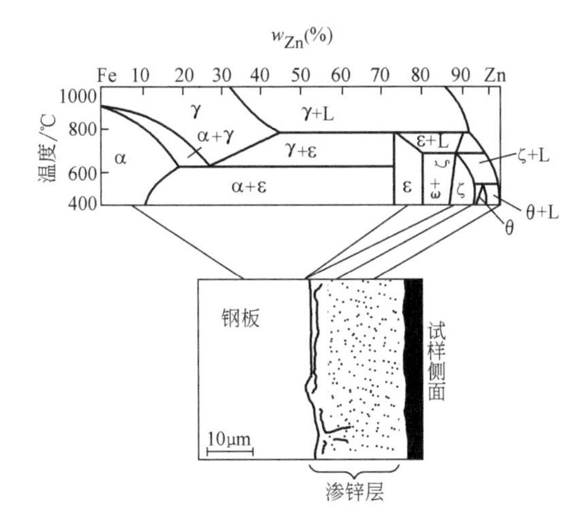


图 8-17 在 450℃镀锌时钢板的扩散层显微组织

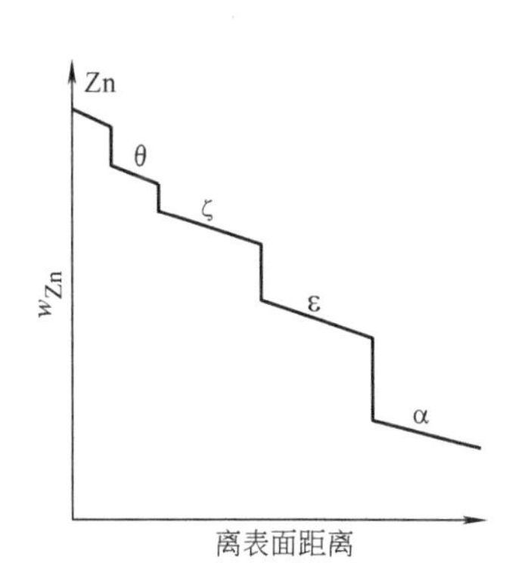


图 8-18 在 450℃镀锌时镀锌层的五个单相区

## 第三节 影响扩散的因素

由扩散第一定律可以看出，单位时间内的扩散量大小取决于两个参数：一个是扩散系数 $D$；另一个是浓度梯度 $\mathrm{d}C/\mathrm{d}x$。浓度梯度取决于有关条件，因此在一定条件下，扩散的快慢主要由扩散系数 $D$ 决定。扩散系数 $D$ 可用下式表示：

$$D = D_0 \exp\left[-Q/(RT)\right] \tag{8-18}$$

式中，$D_0$ 为扩散常数；$Q$ 为扩散激活能；$R$ 为气体常数；$T$ 为热力学温度。可见，温度、$D_0$ 和 $Q$ 影响着扩散过程。这些因素既与外部条件（如温度、应力、压力、介质等）有关，又受着内部条件（如组织、结构和化学成分）的影响。现择其要者，讨论如下。

### 一、温度

温度是影响扩散系数的最主要因素。由式（8-18）可以看出，扩散系数 $D$ 与温度 $T$ 呈指数关系。随着温度的升高，扩散系数急剧增大。这是由于温度越高，则原子的振动能越大，因此借助于能量起伏而越过势垒进行迁移的原子概率越大。此外，温度升高，金属内部的空位浓度提高，也有利于扩散。

对于任何元素的扩散，只要测出 $D_0$ 和 $Q$ 值，便可根据式（8-18）计算出任一温度下的扩散系数。表 8-2 列出了不同原子在不同基体金属中的扩散常数 $D_0$。由表 8-2 和表 8-1 可以查出，碳在 γ-Fe 中扩散时，$D_0 = 0.23\text{cm}^2/\text{s}$，$Q = 138\times10^3\text{J/mol}$，已知 $R = 8.31\text{J/(mol}\cdot\text{K)}$，这样就可以算出在 927℃和 1027℃时碳的扩散系数分别为：

$$D_{1200} = 0.23\mathrm{e}^{-\frac{138\times10^3}{8.31\times1200}}\text{cm}^2/\text{s} = 2.3\times10^{-7}\text{cm}^2/\text{s}$$

$$D_{1300}=0.23\mathrm{e}^{-\frac{138\times10^3}{8.31\times1300}}\mathrm{cm^2/s}=6.5\times10^{-7}\mathrm{cm^2/s}$$

可见，1027℃时的扩散系数约为927℃时的3倍。

**表8-2　原子扩散常数 $D_0$**　　（单位：$\mathrm{cm^2/s}$）

| 间隙扩散 | | 自扩散（空位扩散） | | 异类原子扩散（空位扩散） | |
|---|---|---|---|---|---|
| γ-Fe中的C | 0.23 | Pb（面心立方）中的Pb | 1.27 | Cu中的Ni | 2.3 |
| α-Fe中的C | 0.011 | Cu（面心立方）中的Cu | 0.36 | Ni中的Cu | 0.65 |
| γ-Fe中的N | 0.0034 | Fe（面心立方）中的Fe | 0.65 | Cu中的Al | 0.045 |
| α-Fe中的N | 0.0047 | Mg（密排六方）中的Mg | 1.0 | Cu中的Zn | 0.78 |
| γ-Fe中的H | 0.0063 | Fe（体心立方）中的Fe | 4.1 | Ag中的Au | 0.26 |
| α-Fe中的H | 0.0012 | W（体心立方）中的W | 1.88 | Au中的Ag | 0.072 |

## 二、键能和晶体结构

由于原子扩散激活能取决于原子间的结合能，即键能，所以高熔点纯金属的扩散激活能较高。

不同的晶体结构具有不同的扩散系数。在具有同素异构转变的金属中，扩散系数随晶体结构的改变会有明显的变化。例如，Fe在912℃发生α-Fe⇌γ-Fe转变时，铁的自扩散系数可根据式（8-18）进行计算：

$$D_\alpha=4.1\mathrm{e}^{-\frac{247\times10^3}{8.31\times1185}}\mathrm{cm^2/s}=5.2\times10^{-11}\mathrm{cm^2/s}$$

$$D_\gamma=0.65\mathrm{e}^{-\frac{279\times10^3}{8.31\times1185}}\mathrm{cm^2/s}=3.2\times10^{-13}\mathrm{cm^2/s}$$

$$D_\alpha/D_\gamma\approx163$$

结果表明，α-Fe的自扩散系数大约是γ-Fe的163倍。所有原子在α-Fe中的扩散系数都比在γ-Fe中的大，例如，在900℃时，置换原子Ni在α-Fe中的扩散系数比在γ-Fe中约大1400倍，间隙原子N在527℃时于α-Fe中的扩散系数比在γ-Fe中约大1500倍。通常致密度大的晶体结构中，原子扩散激活能较高，扩散系数较小。在生产上，渗氮温度一般都选在共析转变温度（590℃）以下，目的就是缩短工艺周期。

应当指出，尽管碳原子在α-Fe中的扩散系数比在γ-Fe中的大，可是渗碳温度仍选在奥氏体区域。其原因一方面是由于奥氏体的溶碳能力远比铁素体大，可以获得较大的渗层深度；另一方面是考虑到温度的影响，温度提高，扩散系数也将大大增加。

在某些晶体结构中，原子的扩散还具有各向异性的特点。如密排六方结构的锌，当在340~410℃范围内加热时，平行于基面方向的扩散系数要比垂直于基面方向的扩散系数大200倍。但在立方晶系金属中，却看不到扩散的各向异性。

## 三、固溶体类型

不同类型的固溶体，溶质原子的扩散激活能不同，间隙原子的扩散激活能都比置换原子的小，所以扩散速度比较大。例如在927℃时，碳在γ-Fe中的扩散常数 $D_0$ 为 $0.23\mathrm{cm^2/s}$，

扩散激活能 $Q$ 为 $138\times10^3$J/mol，而镍的扩散常数 $D_0$ 为 0.44$cm^2/s$，扩散激活能 $Q$ 为 $283\times10^3$J/mol，根据式（8-18）可计算出它们的扩散系数 $D$ 分别为：

$$D_{1200}^{C}=0.23e^{-\frac{138\times10^3}{8.31\times1200}}cm^2/s=2.3\times10^{-7}cm^2/s$$

$$D_{1200}^{Ni}=0.44e^{-\frac{283\times10^3}{8.31\times1200}}cm^2/s=2.1\times10^{-13}cm^2/s$$

$$D_{1200}^{C}/D_{1200}^{Ni}\approx1\times10^6$$

结果表明，间隙原子碳的扩散系数是置换原子镍的 $1\times10^6$ 倍。因此在钢化学热处理时，要获得相同的渗层浓度，渗碳、渗氮要比渗金属的周期短。同样，在铸锭（件）均匀化退火时，间隙原子 C、N 等易于均匀化，而置换型溶质原子必须加热到更高的温度才能趋于均匀化。

## 四、晶体缺陷

在金属及合金中，扩散既可以在晶内进行，也可以沿外表面、晶界、相界及位错线进行（图 8-19）。对于一定的晶体结构来说，表面扩散最快，晶界次之，亚晶界又次之，晶内扩散最慢。在位错、空位等缺陷处的原子比完整晶格处的原子扩散容易得多。图 8-20 表明钍在钨中沿自由表面、晶界和晶粒内部的扩散系数与温度的关系。从图中可以看出，外表面的扩散系数最大，晶内的扩散系数最小，而晶界的扩散系数介于两者之间。需要指出的是，三者的相对差别与温度有关，温度越低，三者间的差别越大；相反，温度越高，则三者间的差别越小，当温度达到 $0.75T_m$ 以上时，三者的差别就很小了，接近于相等。

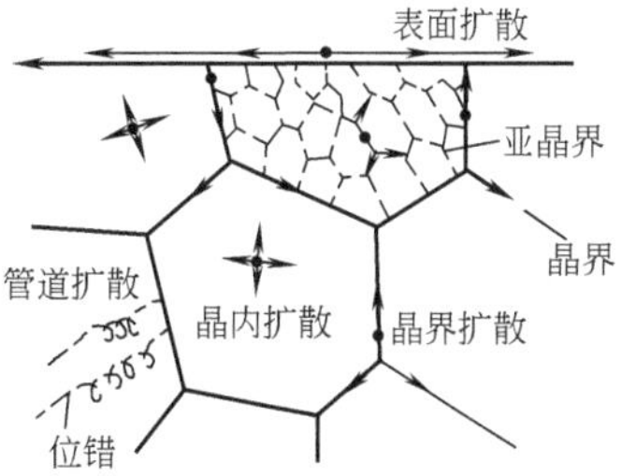

图 8-19　固态晶体中的各种扩散

原子沿晶界扩散比晶内快的原因，是由于晶界处的晶格畸变较大，能量较高，所以其扩散激活能要比晶内的小，原子易于扩散迁移。试验结果表明，一般晶界的扩散激活能约为晶内扩散激活能的 0.6~0.7，金属外表面的扩散激活能比晶界的还要小。

原子沿位错线扩散比整齐晶体的内部扩散也要容易些。位错线是晶格畸变的管道，并互相连通，形成网络。原子沿着位错管道的扩散激活能还不到晶格扩散激活能的一半，因此位错加速晶体中的扩散过程。位错密度增加，会使晶体中的扩散速度加快。例如，冷加工后金属中的扩散速度比退火金属中的大，位错的影响是一个因素。

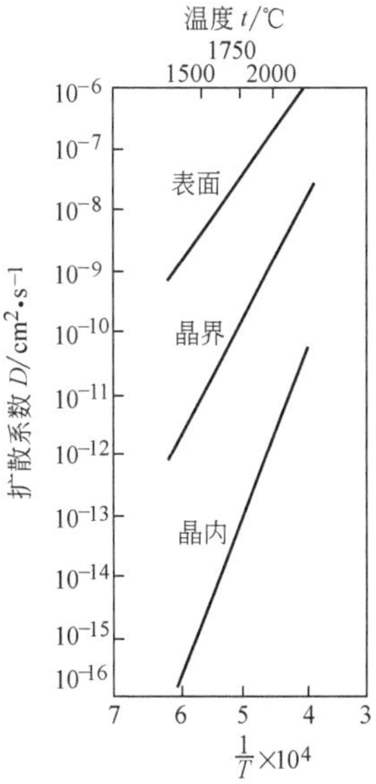

图 8-20　钍在钨中沿自由表面、晶界和晶内进行扩散时，$D$ 与温度的关系

## 五、化学成分

在金属或合金中加入第二或第三元素时，有时会对扩散产生明显的影响。有的可以加速扩散，有的可以减慢扩散，情况比较

复杂，目前尚缺乏完整普遍的理论。经对部分合金系统的扩散系数与成分间关系的研究，总结出了一些规律。

1. 加入的合金元素影响合金熔点时的情况

当加入的合金元素使合金的熔点或使合金的液相线温度降低时，则该合金元素会使在任何温度下的扩散系数增加。反之，如若提高合金的熔点或液相线温度，则使扩散系数降低，如图 8-21 所示。

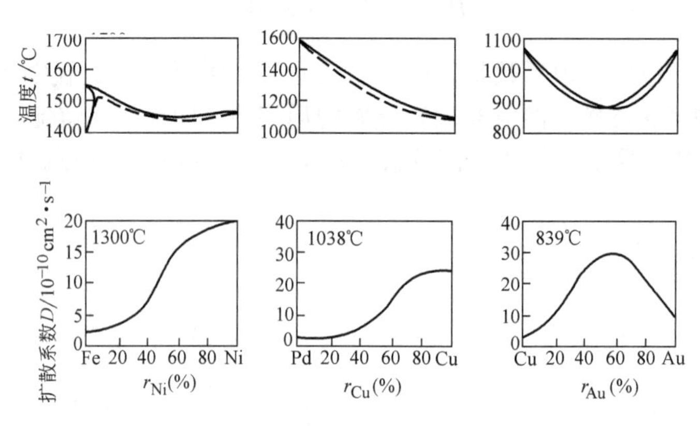


图 8-21　无限互溶固溶体的相图以及互扩散系数与合金元素摩尔分数的关系

扩散系数出现上述变化规律，是由于溶剂或溶质原子的扩散激活能与点阵中的原子间结合力有关，金属或合金的熔点越高，则原子间的结合力越强，而扩散激活能又往往正比于原子间结合力，所以当固溶体浓度的增加导致合金的熔点下降时，合金的互扩散系数增加。

2. 合金元素对碳在 γ-Fe 中扩散系数的影响

其影响可分为以下三种情况，如图 8-22 所示。

1）形成碳化物的元素，如 W、Mo、Cr 等，由于它们和碳的亲和力较大，能够强烈阻止碳的扩散，因而降低碳的扩散系数。

2）不能形成稳定碳化物，但易溶解于碳化物中的元素，如 Mn 等，它们对碳的扩散系数影响不大。

3）不形成碳化物而溶于固溶体中的元素，如 Co、Ni、Si 等，它们的影响各不相同，前两个元素提高碳的扩散系数，后一个元素则降低碳的扩散系数。

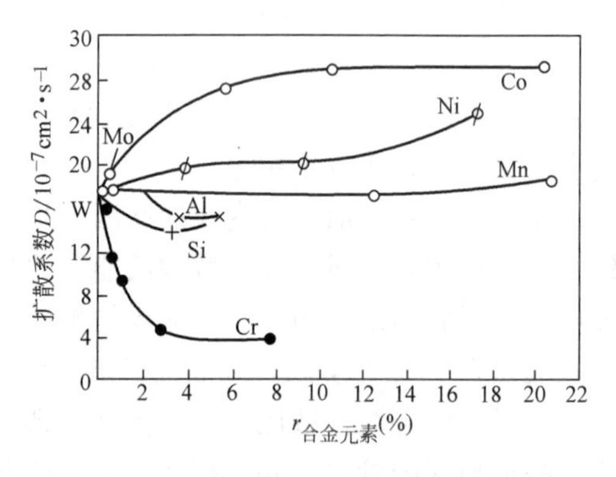


图 8-22　合金元素对碳的扩散系数的影响（$w_C$ = 0.4%，1200℃）

## 习　题

8-1　何谓扩散？固态扩散有哪些种类？

8-2　何谓上坡扩散和下坡扩散？试举几个实例说明之。

8-3　扩散系数的物理意义是什么？影响因素有哪些？

8-4　固态金属中要发生扩散必须满足哪些条件？

8-5　铸造合金均匀化退火前的冷塑性变形对均匀化过程有何影响？是加速还是减缓？为什么？

8-6　已知铜在铝中的扩散常数 $D_0 = 0.084\text{cm}^2/\text{s}$，$Q = 136 \times 10^3\text{J/mol}$，试计算在477℃和497℃时铜在铝中的扩散系数。

8-7　有一铝铜合金铸锭，内部存在枝晶偏析，二次枝晶轴间距为0.01cm，试计算该铸锭在477℃和497℃均匀化退火时使成分偏析振幅降低到1%所需的保温时间。

8-8　可否用铅代替铅锡合金作为对铁进行钎焊的材料？试分析说明之。

8-9　铜的熔点为1083℃，银的熔点为962℃，若将质量相同的一块纯铜板和一块纯银板紧密地压合在一起，置于900℃炉中长期加热，将出现什么样的变化？冷至室温后会得到什么样的组织（图8-23为Cu-Ag相图）。

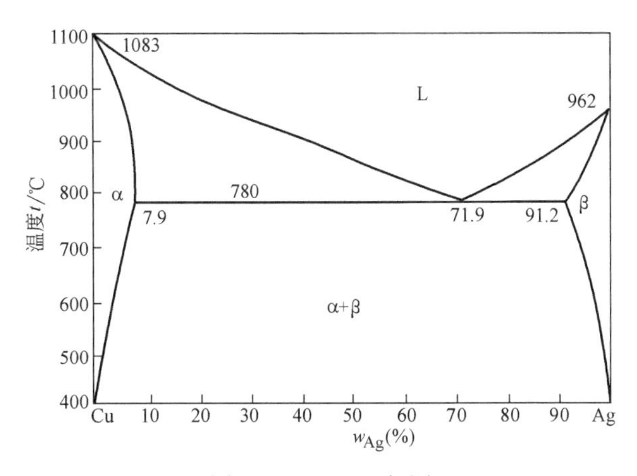


图8-23　Cu-Ag相图

8-10　渗碳是将零件置于渗碳介质中使碳原子进入工件表面，然后以下坡扩散的方式使碳原子从表层向内部扩散的热处理方法。试问：

1）温度高低对渗碳速度有何影响？

2）渗碳应当在γ-Fe中进行还是应当在α-Fe中进行？

3）空位密度、位错密度和晶粒大小对渗碳速度有何影响？

Chapter 9

# 第九章 钢的热处理原理

## 第一节 概　述

### 一、热处理的作用

热处理是将钢在固态下加热到预定的温度，并在该温度下保持一段时间，然后以一定的速度冷却到室温的一种热加工工艺（图 9-1）。其目的是改变钢的内部组织结构，以改善其性能。通过适当的热处理可以显著提高钢的力学性能，延长机器零件的使用寿命。例如，用 T7 钢制造一把钳工用的錾子，若不热处理，即使錾子刃口磨得很好，在使用时刃口也会很快发生卷刃；若将已磨好錾子的刃口局部加热至一定温度以上，保温以后进行水冷及其他热处理工艺，则錾子将变得锋利而有韧性。在使用过程中，即使用锤子经常敲打，錾子也不易发生卷刃和崩裂现象。热处理工艺不但可以强化金属材料，充分挖掘材料性能潜力，降低结构重量，节省材料和能源，而且能够提高机械产品质量，大幅度延长机器零件的使用寿命，做到一个顶几个甚至十几个。

恰当的热处理工艺可以消除铸、锻、焊等热加工工艺造成的各种缺陷，细化晶粒，消除偏析，降低内应力，使钢的组织和性能更加均匀。

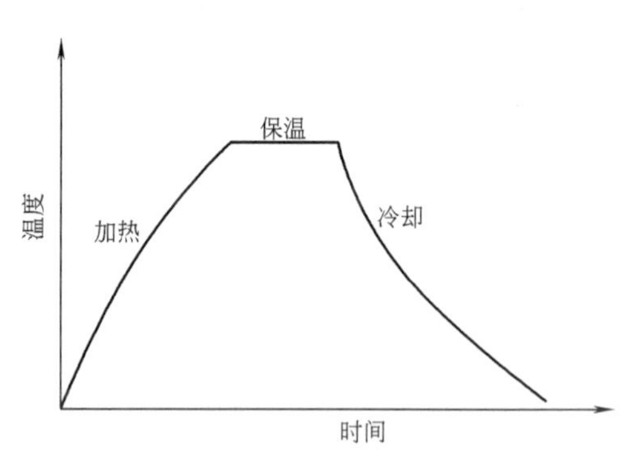

图 9-1　热处理工艺曲线示意图

热处理也是机器零件加工工艺过程中的重要工序。例如，用高速钢制造钻头，必须先经过预备热处理，改善锻件毛坯组织，降低硬度（达到 207～255HBW），这样才能进行切削加工。加工后的成品钻头又必须进行最终热处理，提高钻头的硬度（达到 60～65HRC）和耐磨性并进行精磨，以切削其他金属。

此外，通过热处理还可使工件表面具有抗磨损、耐腐蚀等特殊物理化学性能。

钢经热处理后性能之所以发生如此重大的变化，是由于经过不同的加热和冷却过程，钢的组织结构发生了变化。因此，要制订正确的热处理工艺规范，保证热处理质量，必须了解钢在不同加热和冷却条件下的组织变化规律。钢中组织转变的规律，就是热处理的原理。

## 二、热处理与相图

钢为什么可以进行热处理？是不是所有金属材料都能进行热处理呢？这个问题与合金相图有关。原则上只有在加热或冷却时发生溶解度显著变化或者发生类似纯铁的同素异构转变，即有固态相变发生的合金才能进行热处理。纯金属、某些单相合金等不能用热处理强化，只能采用加工硬化的方法。在图9-2a相图中，位于*F*点以左的合金，在固态加热或冷却过程中均无相变发生，因此不能进行热处理。成分在*FF′*之间的合金加热时可使过剩相β全部溶解，形成均匀的α相；冷却时过剩相β在α相中的溶解度又会发生显著变化。如果合金从α相状态快速冷却，会得到过饱和的α固溶体，随后再加热时，过剩相β又会从α固溶体中析出。因此该成分范围的合金在加热或冷却时全部组织都将参与热处理过程。而成分位于*D*点以右的合金，有部分β相残留未溶解，这部分组织不参与热处理过程。如果相图9-2a中的溶解度曲线变成垂直线*DF′*，表示溶解度不随温度而变化，那么所有合金在固态下均无相变发生，因此不能进行热处理。

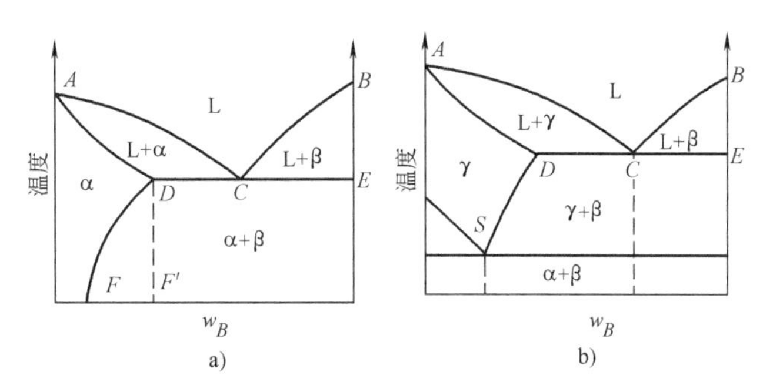


图9-2　合金相图

在图9-2b所示的一类相图中，所有合金在常温下的组织均由α+β相组成。当加热至共析温度以上时，α和β相将全部转变为γ固溶体，随后在冷却过程中通过共析转变温度，γ相又会发生相变结晶过程。因此这类合金可以进行热处理。

现以Fe-$Fe_3C$相图为例进一步说明钢的固态转变。

共析钢加热至Fe-$Fe_3C$相图*PSK*线（$A_1$线）以上全部转变为奥氏体；亚、过共析钢则必须加热到*GS*线（$A_3$线）和*ES*线（$A_{cm}$线）以上才能获得单相奥氏体。钢从奥氏体状态缓慢冷却至$A_1$线以下，将发生共析转变，形成珠光体。而在通过$A_3$线或$A_{cm}$线时，则分别从奥氏体中析出过剩相铁素体和渗碳体。因为钢具有共析转变这一重要特性，像纯铁具有同素异构转变一样，碳钢在加热或冷却过程中越过上述临界点就要发生固态相变，所以能进行热处理。

但是铁碳相图反映的是热力学上近于平衡时铁碳合金的组织状态与温度及合金成分之间的关系。$A_1$线、$A_3$线和$A_{cm}$线是钢在缓慢加热和冷却过程中组织转变的临界点。实际上，钢进行热处理时其组织转变并不按铁碳相图上所示的平衡温度进行，通常都有不同程度的滞后现象，即实际转变温度要偏离平衡的临界温度。加热或冷却速度越快，则滞后现象越严重。图9-3表示钢加热和冷却速度对碳钢临界温度的影响。通常把加热时的实际临界温度标以字母“*c*”，如$Ac_1$、$Ac_3$、$Ac_{cm}$；而把冷却时的实际临界温度标以字母“*r*”，如$Ar_1$、$Ar_3$、$Ar_{cm}$等。

虽然铁碳相图对研究钢的相变和制订热处理工艺有重要参考价值，但是对钢进行热处理时不仅要考虑温度因素，还必须考虑时间和速度的重要影响。因为所有的固态转变过程都是通过原子的迁移来进行的，而原子的迁移需要时间，没有足够的时间，转变就不能充分进行，其结果将得不到稳定的平衡组织，而只能得到不稳定的过渡型组织。

例如，钢从奥氏体状态以不同速度冷却时，将形成不同的转变产物，获得不同的组织和性能。碳钢从奥氏体状态缓慢冷却至 $Ar_1$ 以下将发生共析反应，形成珠光体。奥氏体转变为成分和结构都不同的另外两个新相 α 和 $Fe_3C$，可见相变过程中伴随着碳和铁原子的扩散。冷却速度越慢，相变温度越接近 $A_1$ 点。珠光体就是在 $A_1$ 点以下较高温度时奥氏体的转变产物，由于温度较高，碳、铁原子可以进行较充分的扩散，α 相的碳浓度接近于平衡浓度。

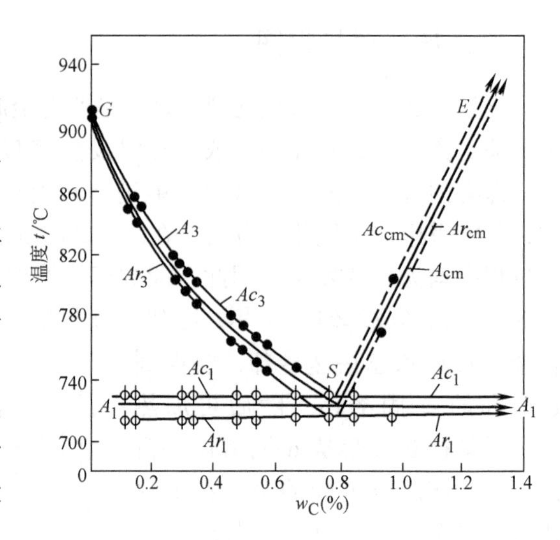


图 9-3　加热与冷却速度为 0.125℃/min 时对临界点 $A_1$、$A_3$ 和 $A_{cm}$ 的影响

当冷却速度较快时，相变发生的温度较低。当冷却速度增大至铁原子扩散极为困难而碳原子尚能进行扩散时，奥氏体仍然分解为 α 和 $Fe_3C$ 两相。但与珠光体不同，α 相中碳浓度较平衡浓度高，而 $Fe_3C$ 的分散度很大，这种转变产物称为贝氏体。

如果冷却速度很快，如在水中冷却（又称淬火），则相变发生的温度就更低。此时铁原子和碳原子的扩散能力极低，奥氏体不可能分解为 α 和 $Fe_3C$ 两个相，只能形成成分与 γ 相相同的 α 相（称为 α′相），其碳浓度大大超过平衡 α 相的溶解度，这种过饱和的 α 固溶体称为马氏体。

由上可知，钢从奥氏体状态冷却时，由于冷却速度不同将分别转变为珠光体、贝氏体和马氏体等组织，各种热处理工艺就是为了分别得到性能不同的组织。

## 三、固态相变的特点

金属固态相变与液态结晶相比，有一些规律是相同的。例如，相变的驱动力都是新、旧两相之间的自由能差；相变都包含形核和长大两个基本过程。但是，固态相变是由固相转变为固相，新相和母相都是晶体，因此又与结晶有着显著不同的特点。

### （一）相变阻力大

固态相变时，由于新、旧两相比体积不同，母相 γ 转变为新相时要产生体积变化，或者由于新、旧两相相界面不匹配而引起弹性畸变。故新相必然受到母相的约束，不能自由胀缩而产生应变。因此导致弹性应变能的额外增加。而液态金属结晶时能量的增加仅仅只有表面能一项。

固态相变时，系统总的自由能变化为：

$$\Delta G = V\Delta G_V + S\sigma + V\omega$$

式中，$\omega$ 为固态相变产生的单位体积应变能，$\omega \propto E\varepsilon^2$；$E$、$\varepsilon$ 分别为金属的弹性模量和线应变。其他物理量意义与式（2-10）相同。设新相为半径为 $r$ 的球体，可求得新相的临界晶核半径 $r_K$ 和临界形核功 $\Delta G_K$ 分别为：

$$r_{K} = -\frac{2\sigma}{\Delta G_{V} + \omega}$$

$$\Delta G_{K} = \frac{16\pi\sigma^{3}}{3(\Delta G_{V} + \omega)^{2}}$$

可见，与液态金属结晶相比，临界晶核半径 $r_K$ 和临界形核功 $\Delta G_K$ 较大。也就是说，由于应变能的作用，使固态相变阻力增大，比液体金属结晶困难得多。为使相变得以进行，必须有更大的过冷度。此外，固态相变时原子的扩散更为困难，例如，固态合金中原子的扩散速度约为 $10^{-7} \sim 10^{-8}$cm/d，而液态金属原子的扩散速度高达 $10^{-7}$cm/s。这是固态相变阻力大的又一个原因。

新相的形状是相变产生的总应变能与总表面能综合影响的结果。在体积相同的条件下，新相呈凸透镜状或针状时，应变能较低，界面能较高；新相呈球状时，应变能最高，界面能最低。一般地，新相与母相形成共格或半共格界面时，应变能较高，如果新、旧相比体积差较大，新相通常呈凸透镜状或针状；若形成非共格界面，界面能高，则新相通常呈球状。

**（二）新相晶核与母相之间存在一定的晶体学位向关系**

液态金属在已存在固相质点上形成非自发晶核时，新固相与现存固相质点之间必须符合结构和大小相适应原理，才能降低形核功，促进非自发晶核的形成。

固态相变时，为了减小新、旧两相之间的界面能，新相与母相晶体之间往往存在一定的晶体学位向关系，常以低指数、原子密度大且匹配较好的晶面和晶向互相平行。例如，在一定温度下 γ-Fe 转变为 α-Fe 时，新相 α 和母相 γ 就存在如下晶体学位向关系：$\{110\}_{\alpha} /\!/ \{111\}_{\gamma}$，$<111>_{\alpha} /\!/ <110>_{\gamma}$。并且，新相往往在母相某一特定晶面上形成，母相的这个面称为惯习面，这种现象称为惯习现象。惯习现象实际就是形核的取向关系在成长过程中的一种特殊反映。可保证界面能最小，使相界面充分地发展，这样可以减小固态相变的阻力，促进新相晶核的成长。例如，从 Al-Ag 合金的过饱和固溶体（面心立方结构）中析出 $Ag_2Al$（密排六方结构）时，晶体学位向关系为$(0001)_{HCP} \parallel (111)_{FCC}$，$<1120>_{HCP} \parallel <110>_{FCC}$；惯习面是 $(111)_{FCC}$。

**（三）母相晶体缺陷对相变起促进作用**

固态相变时，母相中各种晶体缺陷，如晶界、相界、位错、空位等各种点、线、面缺陷对相变有明显的促进作用。新相晶核往往优先在这些缺陷处形成。这是由于在缺陷周围晶格有畸变，自由能较高，因此容易在这些区域首先形成晶核。试验表明，母相晶粒越细，晶界越多，晶内缺陷越多，则转变速度越快。

**（四）易于出现过渡相**

固态相变的另一特征是易于出现过渡相。过渡相是一种亚稳定相，其成分和结构介于新相和母相之间。因固态相变阻力大，原子扩散困难，尤其当转变温度较低，新、旧相成分相差很远时，难以形成稳定相。过渡相是为了克服相变阻力而形成的一种协调性中间转变产物。通常首先在母相中形成成分与母相接近的过渡相，然后在一定条件下由过渡相逐渐转变为稳定相。例如，钢中奥氏体在进行共析分解时，从热力学分析，应该发生 $\gamma \rightarrow \alpha + C$ 反应。式中的 α 是以 α-Fe 为溶剂的固溶体，C 表示石墨碳。但实际上即使在缓慢冷却条件下也只能发生 $\gamma \rightarrow \alpha + Fe_3C$ 的共析反应。这里的 $Fe_3C$ 从结构和成分来看都介于 γ 相和石墨碳（C）之间，因此是一个亚稳定的过渡相。在一定温度下，$Fe_3C$ 会发生分解：$Fe_3C \rightarrow 3Fe + C$，形成稳定的石墨碳。同样，奥氏体快速冷却时转变为马氏体，其成分虽然与奥氏体相同，但晶体结构介于 α-Fe 和 γ-Fe 之间。所以马氏体也是一个过渡相，在一定条件下可以分解为 α 和 $Fe_3C$，进而再分解为 Fe 和 C。

上述固态相变的特点都是由固态介质区别于液态介质的一些基本特性决定的。固态转变过程表现出的这些特征都受控于下述的基本规律，即固态转变一方面力求使自由能尽可能降低，另一方面又力求沿着阻力最小、做功最少的途径而进行。

### 四、固态相变的类型

无论是液态金属结晶，还是固态金属各种类型的相变都是通过生核和长大两个基本过程进行的。根据固态相变过程中生核和长大的特点，可将固态相变分为三类。

第一类是扩散型相变。在这类相变过程中，新相的生核和长大主要依靠原子进行长距离的扩散，或者说，相变是依靠相界面的扩散移动而进行的。相界面是非共格的。珠光体转变和奥氏体转变等都属于这一类相变。

第二类是非扩散型相变，或切变型相变。在这类相变过程中，新相的成长不是通过扩散，而是通过类似塑性变形过程中的滑移和孪生那样，产生切变和转动而进行的。在相变过程中，旧相中的原子有规则地、集体地循序转移到新相中，相界面是共格的，转变前后各原子间的相邻关系不发生变化，化学成分也不发生变化。马氏体转变就属于这种类型的相变。

第三类是介于上述两类转变之间的一种过渡型相变。钢中贝氏体转变就属于这种类型的相变。这类相变接近于马氏体转变，铁素体晶格改组是按照切变机构进行的，同时在相变过程中还伴着碳原子的扩散。

## 第二节　钢在加热时的转变

热处理通常是由加热、保温和冷却三个阶段组成的。钢的热处理过程，大多数是首先把钢加热到奥氏体状态，然后以适当的方式冷却以获得所期望的组织和性能。通常把钢加热获得奥氏体的转变过程称为“奥氏体化”。加热时形成的奥氏体的化学成分、均匀化程度、晶粒大小以及加热后未溶入奥氏体中的碳化物等过剩相的数量和分布状况，直接影响钢在冷却后的组织和性能。因此，研究钢在加热时的组织转变规律，控制加热规范以改变钢在高温下的组织状态，对于充分挖掘钢材性能潜力、保证热处理产品质量有重要意义。

### 一、共析钢奥氏体的形成过程

以共析钢为例讨论奥氏体的形成过程。若共析钢的原始组织为片状珠光体，当加热至 $Ac_1$ 以上温度时，珠光体转变为奥氏体。这种转变可用下式表示：

$$\underset{\substack{w_C=0.0218\% \\ \text{体心立方}}}{\alpha} + \underset{\substack{w_C=6.69\% \\ \text{正交晶格}}}{Fe_3C} \xrightarrow{>Ac_1} \underset{\substack{w_C=0.77\% \\ \text{面心立方}}}{\gamma}$$

这一过程是由碳含量很高、具有正交晶格的渗碳体和碳含量很低、具有体心立方晶格的铁素体转变为碳含量介于两者之间、具有面心立方晶格的奥氏体。因此，奥氏体的形成过程就是

铁晶格的改组和铁、碳原子的扩散过程。共析钢中奥氏体的形成由下列四个基本过程组成：奥氏体形核、奥氏体长大、剩余渗碳体溶解和奥氏体成分均匀化，如图 9-4 所示。

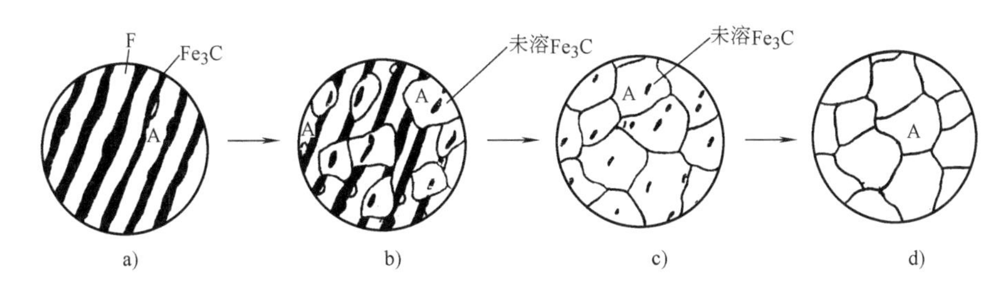


图 9-4　共析钢中奥氏体形成过程示意图
a）A 形核　b）A 长大　c）残余 $Fe_3C$ 溶解　d）A 均匀化

### （一）奥氏体的形核

将钢加热到 $Ac_1$ 以上某一温度保温时，珠光体处于不稳定状态，通常首先在铁素体和渗碳体相界面上形成奥氏体晶核，这是由于铁素体和渗碳体相界面上碳浓度分布不均匀，原子排列不规则，易于产生浓度起伏和结构起伏区，为奥氏体形核创造了有利条件。珠光体群边界也可成为奥氏体的形核部位。在快速加热时，由于过热度大，也可以在铁素体亚晶边界上形核。某些研究者认为，当过热度很大或在超快速加热条件下，$\alpha \rightarrow \gamma$ 的晶格改组是共格界面条件下的切变机制。碳原子从渗碳体扩散进入按切变机构形成的片状 $\gamma$ 相区域中，使这些区域成为能长大的奥氏体晶核。

### （二）奥氏体的长大

奥氏体晶核形成以后即开始长大。奥氏体晶粒长大是通过渗碳体的溶解、碳在奥氏体和铁素体中的扩散和铁素体向奥氏体转变而进行的，其长大机制示于图 9-5。假定在 $Ac_1$ 以上某一温度 $t_1$ 形成一奥氏体晶核，其与铁素体和渗碳体相接触的两个相界面是平直的（图 9-5a），那么相界面处各相的碳浓度可由 Fe-$Fe_3C$ 相图（图 9-5b）确定。图中 $C_{\gamma\text{-}\alpha}$ 表示与铁素体交邻界面上奥氏体的碳浓度，$C_{\gamma\text{-}C}$ 表示与渗碳体相邻界面上奥氏体的碳浓度，$C_{\alpha\text{-}\gamma}$ 表示与奥氏体相邻界面上铁素体的碳浓度，$C_{\alpha\text{-}C}$ 表示与渗碳体相邻界面上铁素体的碳浓度。由于 $C_{\gamma\text{-}C} > C_{\gamma\text{-}\alpha}$，在奥氏体内就造成一个碳浓度梯度，故奥氏体内的碳原子将从奥氏体-渗碳体相界面向奥氏体-铁素体相界面扩散。扩散的结果破坏了在 $t_1$ 温度下相界面的平衡浓度，使与渗碳体交界处奥氏体的碳浓度低于 $C_{\gamma\text{-}C}$，而使与铁素体交界处奥氏体碳浓度大于 $C_{\gamma\text{-}\alpha}$。为了维持相界面上各相的平衡浓度，高碳的渗碳体必溶入奥氏体，以使与渗碳体相邻界面上奥氏体碳浓度恢复到 $C_{\gamma\text{-}C}$；低碳的铁素体将转变为奥氏体，使与铁素体交界面上奥氏体碳浓度恢复为 $C_{\gamma\text{-}\alpha}$。这样，奥氏体的两个相界面自然地向铁素体和渗碳体两个方向推移，奥氏体便不断长大。

碳在奥氏体中扩散的同时，碳在铁素体中也进行着扩散（图 9-5a），这是由于分别与渗碳体和奥氏体相接触的铁素体两个相界面之间也存在着碳浓度差 $C_{\alpha\text{-}C} - C_{\alpha\text{-}\gamma}$，扩散的结果也使与奥氏体相接触的铁素体碳浓度升高，促使铁素体向奥氏体转变，从而也能促进奥氏体长大。

试验表明，由于铁素体与奥氏体相界面上的浓度差（$C_{\gamma\text{-}\alpha} - C_{\alpha\text{-}\gamma}$）远小于渗碳体与奥氏

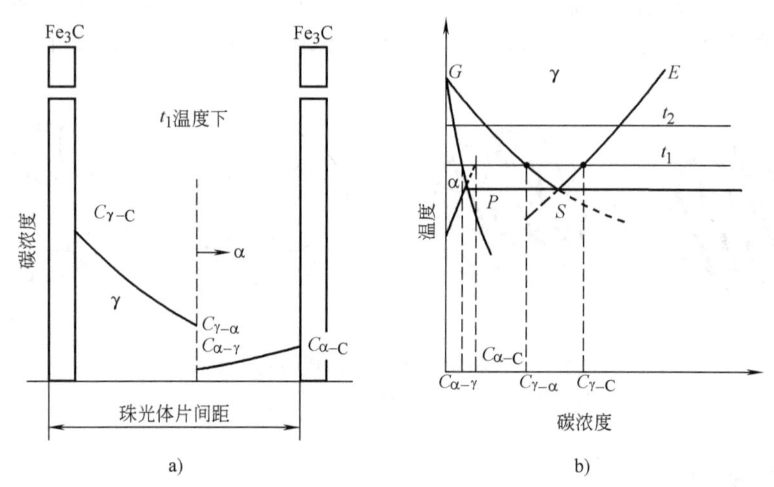


图 9-5　共析钢奥氏体晶核长大示意图

a）奥氏体相界面推移示意图　b）在 $t_1$ 温度下奥氏体形核时各相的碳浓度

体相界面上的浓度差（$C_{Fe_3C}-C_{\gamma\text{-}C}$），使铁素体向奥氏体的转变速度比渗碳体溶解的速度快得多。因此，珠光体中的铁素体总是首先消失。由于仍有部分剩余渗碳体尚未溶解，此时奥氏体的平均碳浓度低于共析成分，说明奥氏体化过程仍在继续。

**（三）剩余渗碳体的溶解**

铁素体消失后，在 $t_1$ 温度下继续保温或继续加热时，随着碳在奥氏体中继续扩散，剩余渗碳体不断向奥氏体中溶解。

**（四）奥氏体成分均匀化**

当渗碳体刚刚全部溶入奥氏体后，奥氏体内碳浓度仍是不均匀的，原来是渗碳体的地方碳浓度较高，而原来是铁素体的地方碳浓度较低，只有经长时间的保温或继续加热，让碳原子进行充分的扩散才能获得成分均匀的奥氏体。

由于珠光体中铁素体和渗碳体的相界面很多，$1mm^3$ 体积的珠光体中铁素体和渗碳体的相界面就有 2000～$10000mm^2$，所以奥氏体形核部位很多，当奥氏体化温度不高，但保温时间足够长时，可以获得极细小而又均匀的奥氏体晶粒。

亚共析钢和过共析钢的奥氏体化过程与共析钢基本相同。但是加热温度仅超过 $Ac_1$ 时，只能使原始组织中的珠光体转变为奥氏体，仍保留一部分先共析铁素体或先共析渗碳体。只有当加热温度超过 $Ac_3$ 或 $Ac_{cm}$ 并保温足够时间后，才能获得均匀的单相奥氏体。

## 二、影响奥氏体形成速度的因素

奥氏体的形成是通过形核与长大过程进行的，整个过程受原子扩散所控制。因此，凡是影响扩散、影响形核与长大的一切因素，都会影响奥氏体的形成速度。

**（一）加热温度和保温时间**

为了描述珠光体向奥氏体的转变过程，将共析钢试样迅速加热到 $Ac_1$ 以上各个不同的温度保温，记录各个温度下珠光体向奥氏体转变开始、铁素体消失、渗碳体全部溶解和奥氏体成分均匀化所需要的时间，绘制在转变温度和时间坐标图上，便得到共析钢的奥氏体等温形成图（图9-6）。

由图9-6可见，在 $Ac_1$ 以上某一温度保温时，奥氏体并不立即出现，而是保温一段时间后才开始形成。这段时间称为孕育期。这是由于形成奥氏体晶核需要原子的扩散，而扩散需要一定的时间。随着加热温度的升高，原子扩散速率急剧加快，相变驱动力 $\Delta G_V$ 迅速增加以及奥氏体中碳的浓度梯度显著增大，使得奥氏体的形核率和长大速度大大增加，故转变的孕育期和转变完成所需时间也显著缩短，即奥氏体的形成速度越快。在影响奥氏体形成速度的诸多因素中，温度的作用最为显著。因此，控制奥氏体的形成温度至关重要。但是，从图9-6也可以看到，在较低温度下长时间加热和较高温度下短时间加热都可以得到相同的奥氏体状态。因此，在制订加热工艺时，应当全面考虑加热温度和保温时间的影响。

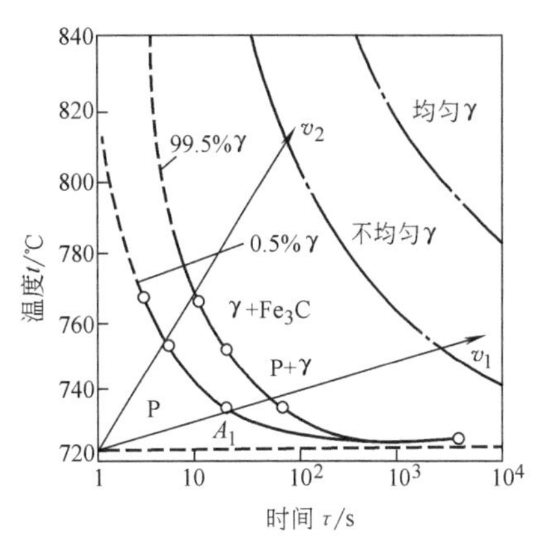


图9-6　共析钢奥氏体等温形成图

在实际生产采用的连续加热过程中，奥氏体等温转变的基本规律仍是不变的。图9-6所画出的不同速度的加热曲线（如 $v_1$、$v_2$），可以定性地说明钢在连续加热条件下奥氏体形成的基本规律。加热速度越快（如 $v_2$），孕育期越短，奥氏体开始转变的温度和转变终了的温度越高，转变终了所需要的时间越短。加热速度较慢（如 $v_1$），转变将在较低温度下进行。

**（二）原始组织的影响**

钢的原始组织为片状珠光体时，铁素体和渗碳体组织越细，它们的相界面越多，则形成奥氏体的晶核越多，晶核长大速度越快，因此可加速奥氏体的形成过程。如共析钢的原始组织为淬火马氏体、正火索氏体等非平衡组织时，则等温奥氏体化曲线如图9-7所示。每组曲线的左边一条是转变开始线，右边一条是转变终了线，由图可见，奥氏体化最快的是淬火状态的钢，其次是正火状态的钢，最慢的是球化退火状态的钢。这是因为淬火状态的钢在 $A_1$ 点以上升温过程中已经分解为微细粒状珠光体，组织最弥散，相界面最多，有利于奥氏体的形核与长大，所以转变最快。正火态的细片状珠光体，其相界面也很多，所以转变也很快。球化退火态的粒状珠光体，其相界面最少，因此奥氏体化最慢。

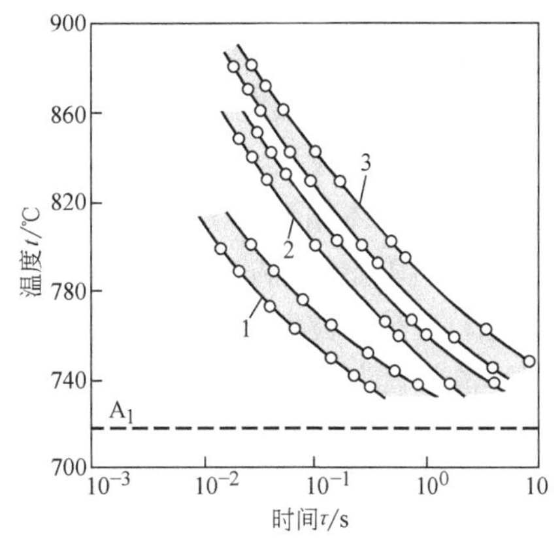


图9-7　不同原始组织共析钢等温奥氏体曲线

1—淬火态　2—正火态　3—球化退火态

**（三）化学成分的影响**

1. 碳

钢中的含碳量对奥氏体形成速度的影响很大。这是因为钢中的含碳量越高，原始组织中渗碳体数量越多，从而增加了铁素体和渗碳体的相界面，使奥氏体的形核率增大。此外，含碳量增加又使碳在奥氏体中的扩散速度增大，从而增大了奥氏体长大速度。

2. 合金元素

合金元素主要从以下几个方面影响奥氏体的形成速度。首先，合金元素影响碳在奥氏体中的扩散速度。非碳化物形成元素 Co 和 Ni 能提高碳在奥氏体中的扩散速度，故加快了奥氏体的形成速度。Si、Al、Mn 等元素对碳在奥氏体中的扩散能力影响不大。而 Cr、Mo、W、V 等碳化物形成元素显著降低了碳在奥氏体中的扩散速度，故大大减慢了奥氏体的形成速度。其次，合金元素改变了钢的临界点和碳在奥氏体中的溶解度，于是就改变了钢的过热度和碳在奥氏体中的扩散速度，从而影响了奥氏体的形成过程。此外，钢中合金元素在铁素体和碳化物中的分布是不均匀的，在平衡组织中，碳化物形成元素集中在碳化物中，而非碳化物形成元素集中在铁素体中。因此，奥氏体形成后碳和合金元素在奥氏体中的分布都是极不均匀的。所以在合金钢中除了碳的均匀化之外，还有一个合金元素的均匀化过程。在相同条件下，合金元素在奥氏体中的扩散速度远比碳小得多，仅为碳的万分之一到千分之一。因此，合金钢的奥氏体均匀化时间要比碳钢长得多。在制订合金钢的加热工艺时，与碳钢相比，加热温度要高，保温时间要长，原因就在这里。

## 三、奥氏体晶粒大小及其影响因素

钢在加热后形成的奥氏体组织，特别是奥氏体晶粒大小对冷却转变后钢的组织和性能有着重要的影响。一般说来，奥氏体晶粒越细小，钢热处理后的强度越高，塑性越好，冲击韧度越高。但是奥氏体化温度过高或在高温下保持时间过长，将使钢的奥氏体晶粒长大，显著降低钢的冲击韧度、减少裂纹扩展功和提高脆性转折温度。此外，晶粒粗大的钢件，淬火变形和开裂倾向增大。尤其当晶粒大小不均时，还显著降低钢的结构强度，引起应力集中，易于产生脆性断裂。因此，在热处理过程中应当十分注意防止奥氏体晶粒粗化。为了获得所期望的奥氏体晶粒尺寸，必须弄清奥氏体晶粒度的概念，了解影响奥氏体晶粒大小的各种因素以及控制奥氏体晶粒大小的方法。

### （一）奥氏体晶粒度

晶粒度是晶粒大小的量度。当以单位面积内晶粒的个数或每个晶粒的平均面积与平均直径来描述晶粒大小时，可以建立晶粒大小的清晰概念，但要测定这样的数据是很麻烦的。实际生产中通常使用显微晶粒度级别数 $G$ 来表示金属材料的平均晶粒度（GB/T 6394—2017）。显微晶粒度级别数 $G$ 常用与标准系列评级图进行比较的方法确定。它与晶粒尺寸有如下关系：

$$N = 2^{G-1}$$

式中，$N$ 表示在 100 倍下每平方英寸（645.16mm$^2$）面积内观察到的晶粒个数。显微晶粒度级别数 $G$ 越大，单位面积内晶粒数越多，则晶粒尺寸越小。$G<5$ 级为粗晶粒，$G \geqslant 5$ 级为细晶粒。显微晶粒度级别数 $G$ 还可定为半级，如 0.5、3.5、7.5 等。

在测定钢的奥氏体晶粒度之前，为了准确显示晶粒的特征，需对奥氏体晶粒度的形成和显示方法做出规定。通常采用标准试验方法，例如，对于 $w_C = 0.35\% \sim 0.60\%$ 的碳钢与合金钢，将试样加热到（860±10）℃，保温 1h 后淬入冷水或盐水中，然后测定奥氏体晶粒度。奥氏体晶粒度决定了钢件冷却后的组织和性能。细小的奥氏体晶粒可使钢在冷却后获得细小的室温组织，从而具有优良的综合力学性能。

### （二）影响奥氏体晶粒大小的因素

由于奥氏体晶粒大小对钢件热处理后的组织和性能影响极大，因此必须了解影响奥氏体

晶粒长大的因素，以寻求控制奥氏体晶粒大小的方法。奥氏体晶粒形成以后，其大小主要取决于升温或保温过程中奥氏体晶粒的长大过程，这个过程可视为晶界的迁移过程，其实质就是原子在晶界附近的扩散过程。因此，凡是影响晶界原子扩散的因素都会影响奥氏体晶粒长大。

1. 加热温度和保温时间的影响

由于奥氏体晶粒长大与原子扩散有密切关系，所以加热温度越高，保温时间越长，则奥氏体晶粒越粗大。图 9-8 表示加热温度和保温时间对奥氏体晶粒长大过程的影响。由图可见，加热温度越高，晶粒长大速度越快，最终晶粒尺寸越大。在每一加热温度下，都有一个加速长大期，当奥氏体晶粒长大到一定尺寸后，再延长时间，晶粒将不再长大而趋于一个稳定尺寸。比较而言，加热温度对奥氏体晶粒长大起主要作用，因此生产上必须严加控制，防止加热温度过高，以避免奥氏体晶粒粗化。通常要根据钢的临界点、工件尺寸及装炉量确定合理的加热规程。

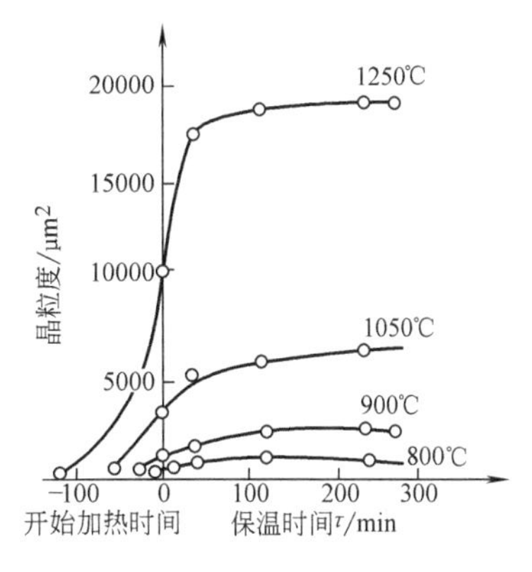


图 9-8　加热温度和保温时间对奥氏体晶粒大小的影响
（$w_C$ = 0.48%、$w_{Mn}$ = 0.82% 的钢）

2. 加热速度的影响

加热温度相同时，加热速度越快，过热度越大，奥氏体的实际形成温度越高，形核率的增加大于长大速度，使奥氏体晶粒越细小（图 9-9）。生产上常采用快速加热短时保温工艺来获得超细化晶粒。

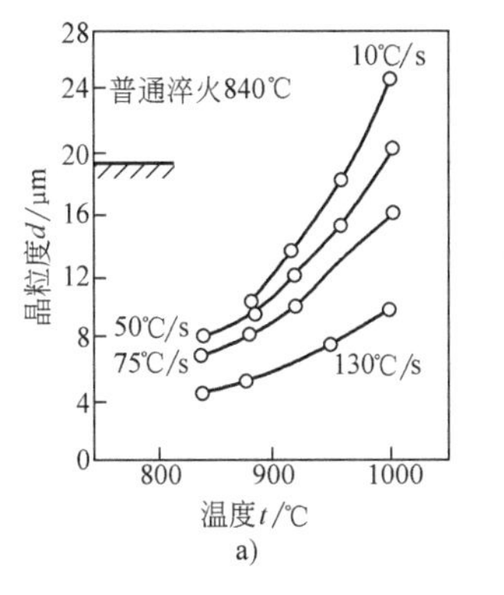


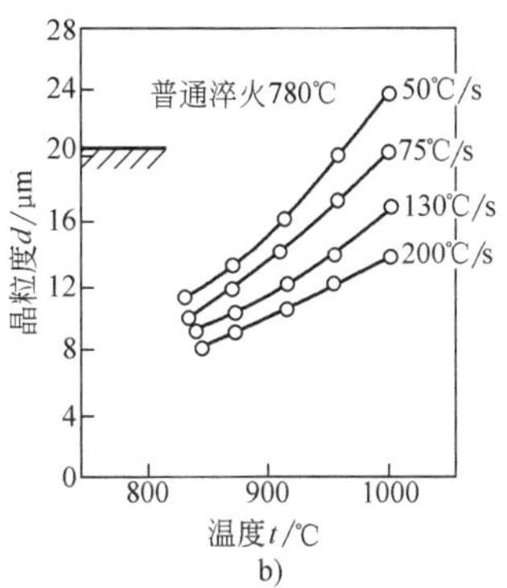


图 9-9　加热速度对奥氏体晶粒大小的影响
a）40 钢　b）T10 钢

3. 钢的化学成分的影响

在一定的含碳量范围内，随着奥氏体中碳含量的增加，由于碳在奥氏体中扩散速度及铁的自扩散速度增大，晶粒长大倾向增加。但当含碳量超过一定量以后，碳能以未溶碳化物的形式存在，奥氏体晶粒长大受到第二相的阻碍作用，反使奥氏体晶粒长大倾向减小。例如，过共析钢在 $Ac_1 \sim A_{cm}$之间加热时，由于细粒状渗碳体的存在，可以得到细小的晶粒，而共析钢在相同温度下加热则得到较大的奥氏体晶粒。

前已述及，用铝脱氧或在钢中加入适量的 Ti、V、Zr、Nb 等强碳化物形成元素时，能形成高熔点的弥散碳化物和氮化物，可以得到细小的奥氏体晶粒。Mn、P、C、N 等元素溶入奥氏体后削弱了铁原子结合力，加速铁原子的扩散，因而促进奥氏体晶粒的长大。

4. 钢的原始组织的影响

一般来说，钢的原始组织越细，碳化物弥散度越大，则奥氏体晶粒越细小。与粗珠光体相比，细珠光体总是易于获得细小而均匀的奥氏体晶粒度。在相同的加热条件下，和球状珠光体相比，片状珠光体在加热时奥氏体晶粒易于粗化，因为片状碳化物表面积大，溶解快，奥氏体形成速度也快，奥氏体形成后较早地进入晶粒长大阶段。

对于原始组织为非平衡组织的钢，如果采用快速加热、短时保温的工艺方法，或者多次快速加热冷却的方法，便可获得非常细小的奥氏体晶粒。

# 第三节　钢在冷却时的转变

## 一、概述

钢的加热转变，或者说钢的热处理加热是为了获得均匀、细小的奥氏体晶粒。因为大多数零构件都在室温下工作，钢的性能最终取决于奥氏体冷却转变后的组织，钢从奥氏体状态的冷却过程是热处理的关键工序。因此，研究不同冷却条件下钢中奥氏体组织的转变规律，对于正确制订钢的热处理冷却工艺、获得预期的性能具有重要的实际意义。

钢在铸造、锻造、焊接以后，也要经历由高温到室温的冷却过程。虽然不作为一个热处理工序，但实质上也是一个冷却转变过程，正确控制这些过程，有助于减小或防止热加工缺陷。

在热处理生产中，钢在奥氏体化后通常有两种冷却方式：一种是等温冷却方式，如图 9-10 曲线 1 所示，将奥氏体状态的钢迅速冷却到临界点以下某一温度保温，让其发生恒温转变过程，然后再冷却下来；另一种是连续冷却方式，如图 9-10 曲线 2 所示，钢从奥氏体状态一直连续冷却到室温。

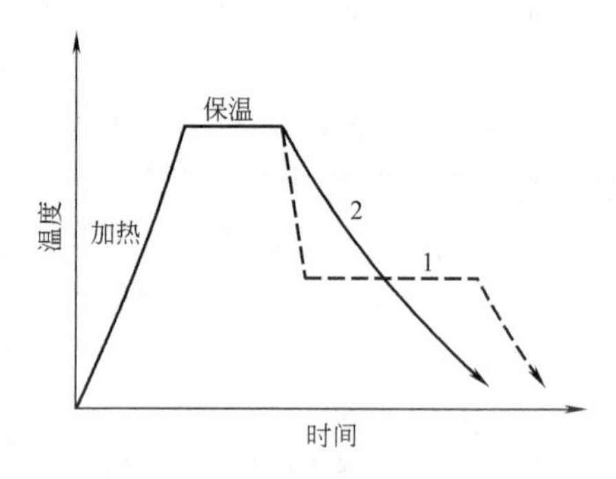


图 9-10　奥氏体不同冷却方式示意图
1—等温冷却　2—连续冷却

奥氏体在临界转变温度以上是稳定的，不会发生转变。奥氏体冷却至临界温度以下，在热力学上处于不稳定状态，要发生分解转变。这种在临界温度以下存在且不稳定的、将要发生转变的奥氏体，称为过冷奥氏体。过冷奥氏体在连续冷却时的转变是在一个温度范围内发生的，其过冷度是不断变化的，因而可以获得粗细不同或类型不同的混合组织。虽然这种冷却方式在生产上广泛采用，但分析起来却比较困难。

钢在等温冷却的情况下，可以控制温度和时间这两个因素，分别研究温度和时间对过冷奥氏体转变的影响，从而有助于弄清过冷奥氏体的转变过程及不同转变产物的组织和性能，并能方便地测定过冷奥氏体等温转变曲线。

## 二、共析钢过冷奥氏体的等温转变图

过冷奥氏体在临界温度 $A_1$ 点以下冷却时，由于过冷度不同，将转变为不同类型的组织，或分解为珠光体、贝氏体，或转变为马氏体。那么，共析钢从奥氏体状态冷却至 $A_1$ 点以下不同温度范围内将得到什么样的转变产物？转变的过程和速度又怎样呢？

过冷奥氏体的转变，同加热相变一样，也是一个形核和长大过程。过冷奥氏体的转变过程和转变速度可用等温转变动力学曲线，即转变量和转变时间的关系曲线来描述。

由于过冷奥氏体在转变过程中有体积膨胀和磁性转变，有组织和性能的变化，因此，可以用膨胀法、磁性法和金相硬度法等多种方法显示出过冷奥氏体恒温转变过程。现以金相硬度法为例，测定共析钢等温转变动力学曲线。

将共析钢加工成 $\phi$10mm×1.5mm 圆片状薄试样并分成若干组。各组试样在相同加热温度下奥氏体化，保温一段时间（通常为 10~15min）得到均匀奥氏体组织，再将其迅速冷却到 $A_1$ 点以下不同温度的盐浴中保温，每隔一定时间，取出一组试样立即淬入盐水中，使未转变的奥氏体转变为马氏体。如果过冷奥氏体尚未发生等温转变，则试样的组织全为白色的马氏体；如果过冷奥氏体已开始发生分解（产物为黑色），那么尚未分解的过冷奥氏体则转变为马氏体；如果过冷奥氏体已经分解完毕，那么水淬后试样的组织将没有马氏体。根据上述显微观察、定量分析和硬度测定，即可确定过冷奥氏体在 $A_1$ 点以下不同温度保温不同时间时，转变产物的类型及转变的体积分数。由此测定各个等温温度下转变开始时间和终了时间。一般将奥氏体转变的体积分数为 1%~3% 所需要的时间定为转变开始时间，而把转变的体积分数为 95%~98% 所需时间视为转变终了时间。最后得到不同温度下奥氏体的转变体积分数与等温时间的关系曲线，如图 9-11 上所示。由图可见，经一段时间后，过冷奥氏体才发生转变，这段时间称为孕育期。转变开始后转变速度逐渐加快，当奥氏体转变体积分数达 50% 时转变速度最大，随后转变速度趋于缓慢，直至转变结束。为了清晰地显示出各个等温温度下过冷奥氏体等温转变进行的时间以及不同温度范围内的转变产物，把各个等温温度下转变开始和转变终了时间画在温度-时间坐标上，并将所有开始转变点和转变终了点分别连接起来，形成开始转变线和转变终了线，即得到共析钢过冷奥氏体等温转变图（图 9-11 下）。因其具有英文字母“C”的形状，也称为 C 曲线，亦称 TTT 图。

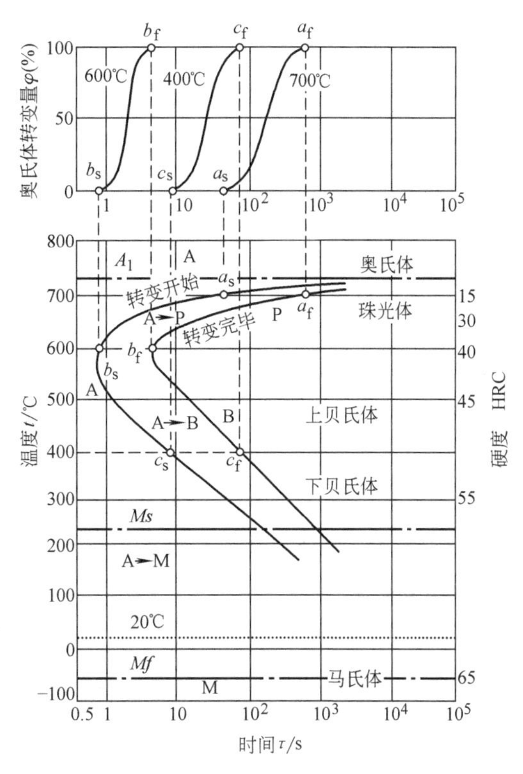

图 9-11 共析钢过冷奥氏体等温转变图的建立

等温转变图上部的水平线 $A_1$ 是奥氏体与珠光体的平衡温度。等温转变图下面还有两条水平线分别表示奥氏体向马氏体开始转变温度 *Ms* 点和奥氏体向马氏体转变终了温度 *Mf* 点。*Ms* 和 *Mf* 温度多采用膨胀法或磁性法等物理方法测定。

$A_1$ 线以上钢处于奥氏体状态，$A_1$ 线以下、*Ms* 线以上和转变开始曲线之间区域为过冷奥氏体区，转变开始曲线和转变终了曲线之间为过冷奥氏体正在转变区，转变终了曲线以右为转变终了区。

研究表明，根据转变温度和转变产物不同，共析钢等温转变图由上至下可分为三个区：$A_1$~550℃之间为珠光体转变区；550~*Ms* 之间为贝氏体转变区；*Ms*~*Mf* 之间为马氏体转变区。由此可以看出，珠光体转变是在不大过冷度的高温阶段发生的，属于扩散型相变；马氏体转变是在很大过冷度的低温阶段发生的，属于非扩散型相变；贝氏体转变是中温区间的转变，属于半扩散型相变。

从纵坐标至转变开始线之间的线条长度表示不同过冷度下奥氏体稳定存在的时间，即孕育期。孕育期的长短表示过冷奥氏体稳定性的高低，反映了过冷奥氏体的转变速度。由等温转变图可知，共析钢约在550℃孕育期最短，表示过冷奥氏体最不稳定，转变速度最快，称为等温转变图的“鼻子”。$A_1$线至鼻温之间，随着过冷度增大，孕育期缩短，过冷奥氏体稳定性降低；鼻温至$Ms$线之间，随着过冷度增大，孕育期增大，过冷奥氏体稳定性提高。在靠近$A_1$点和$Ms$点附近温度，过冷奥氏体比较稳定，孕育期较长，转变速度很慢。

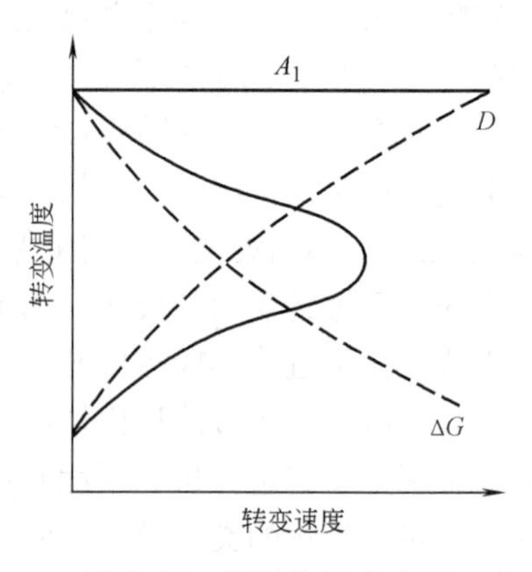


图9-12　奥氏体转变速度与过冷度的关系

为什么过冷奥氏体稳定性具有这种特征呢？这是由于过冷奥氏体转变速度与形核率和生长速度有关，而形核率和生长速度又取决于过冷度。过冷度较小时，由于相变驱动力$\Delta G_V$较小，转变速度也很小。随过冷度增加，相变驱动力$\Delta G_V$增加，而原子扩散系数$D$减小。在温度降至某一确定值之前，转变速度受相变驱动力$\Delta G_V$控制，随过冷度增加而增加；之后，转变速度受原子扩散速度控制，随过冷度增加而减小。相变驱动力$\Delta G_V$和原子扩散系数$D$两个因素综合作用的结果，导致转变速度在鼻温附近达到一个极大值，如图9-12所示。这就使得过冷奥氏体等温转变曲线具有C形曲线的特征。

## 三、影响过冷奥氏体等温转变的因素

过冷奥氏体等温转变的速度反映过冷奥氏体的稳定性，而过冷奥氏体的稳定性可在等温转变图上反映出来。过冷奥氏体越稳定，孕育期越长，则转变速度越慢，等温转变图越往右移。反之亦然。因此，凡是影响等温转变图位置和形状的一切因素都影响过冷奥氏体等温转变。

### （一）奥氏体成分的影响

过冷奥氏体等温转变速度在很大程度上取决于奥氏体的成分，改变奥氏体的化学成分，影响了等温转变图的形状和位置，从而可以控制过冷奥氏体的等温转变速度。

1. 含碳量的影响

与共析钢等温转变图不同，亚、过共析钢等温转变图的上部各多出一条先共析相析出线（图9-13），说明过冷奥氏体在发生珠光体转变之前，在亚共析钢中要先析出铁素体，在过共析钢中要先析出渗碳体。

亚共析钢随奥氏体含碳量增加，等温转变图逐渐右移，说明过冷奥氏体稳定性升高，孕育期变长，转变速度减慢。这是由于在相同转变条件下，随着亚共析钢中碳含量的升高，铁素体形核的概率减少，铁素体长大需要扩散离去的碳量增大，故减慢铁素体的析出速度。一般认为，先共析铁素体的析出可以促进珠光体的形成。因此，由于亚共析钢先共析铁素体孕育期增长且析出速度减慢，珠光体的转变速度也随之减慢。

过共析钢中含碳量越高，等温转变图反而左移，说明过冷奥氏体稳定性减小，孕育期缩短，转变速度加快。这是由于过共析钢热处理加热温度一般在$Ac_1 \sim Ac_{cm}$之间，如过共析钢加热到$Ac_1$以上一定温度后进行冷却转变，随着钢中含碳量的增加，奥氏体中的含碳量并不

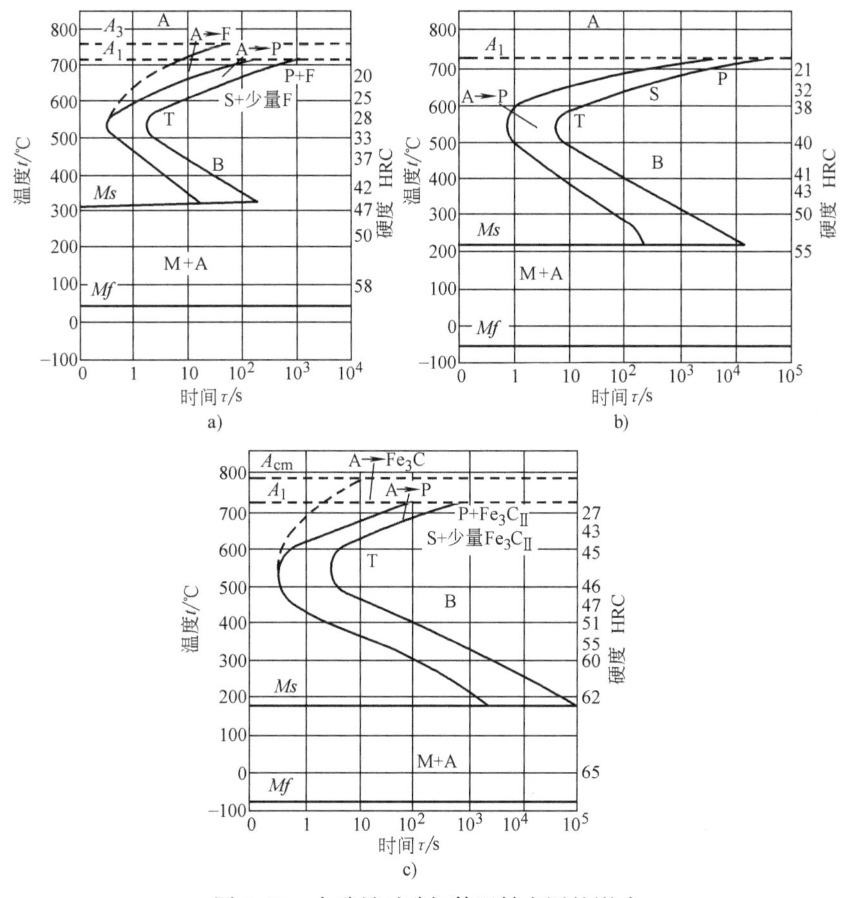


图 9-13 含碳量对碳钢等温转变图的影响

a）亚共析钢的等温转变图 b）共析钢的等温转变图 c）过共析钢的等温转变图

增加，反而增加了未溶渗碳体的数量，从而降低过冷奥氏体的稳定性，使等温转变图左移。只有当加热温度超过 $Ac_{cm}$ 使渗碳体完全溶解的情况下，奥氏体的含碳量才与钢的含碳量相同，随着钢中含碳量的增加，等温转变图才向右移。所以，共析钢等温转变图鼻子最靠右，其过冷奥氏体最稳定。

奥氏体中的含碳量越高，贝氏体转变孕育期越长，贝氏体转变速度越慢。故碳素钢等温转变图下半部的贝氏体转变开始线和终了线随含碳量的增大一直向右移。

奥氏体中含碳量越高，则马氏体开始转变的温度 *Ms* 点和马氏体转变终了温度 *Mf* 点越低。

2. 合金元素的影响

总的来说，除 Co 和 Al（$w_{Al}>2.5\%$）以外的所有合金元素，当其溶解到奥氏体中后，都增大过冷奥氏体的稳定性，使等温转变图右移，并使 *Ms* 点降低。其中 Mo 的影响最为强烈，W、Mn 和 Ni 的影响也很明显，Si、Al 影响较小。钢中加入微量的 B 可以显著提高过冷奥氏体的稳定性，但随着含碳量的增加，B 的作用逐渐减小。

Cr、Mo、W、V、Ti 等碳化物形成元素溶入奥氏体中不但使等温转变图右移，而且改变了等温转变图的形状。例如，图 9-14 表示 Cr 对 $w_C=0.5\%$ 的钢等温转变图的影响。由图可见，等温转变图分离成上下两个部分，形成了两个“鼻子”，中间出现了一个过冷奥氏体较为稳定的区域。等温转变图上面部分相当于珠光体转变区，下面部分相当于贝氏体转变区。应当指出，V、Ti、Nb、Zr 等强碳化物形成元素，当其含量较多时，能在钢中形成稳定的碳化物，在一般加热温度下不能溶入奥氏体中而以碳化物形式存在，则反而降低过冷奥氏体的稳定性，使等温转变图左移。

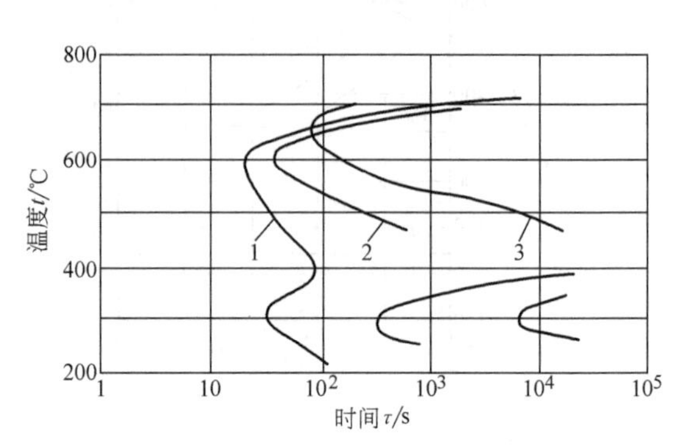


图 9-14 铬对 $w_C=0.5\%$ 的钢等温转变图的影响

1—$w_{Cr}=2.2\%$ 2—$w_{Cr}=4.2\%$ 3—$w_{Cr}=8.2\%$

**（二）奥氏体状态的影响**

奥氏体晶粒越细小，单位体积内晶界面积越大，从而使奥氏体分解时形核率增多，降低奥氏体的稳定性，使等温转变图左移。

铸态原始组织不均匀，存在成分偏析，而经轧制后，组织和成分变得均匀。因此在同样加热条件下，铸锭形成的奥氏体很不均匀，而轧材形成的奥氏体则比较均匀，不均匀的奥氏体可以促进奥氏体分解，使等温转变图左移。

奥氏体化温度越低，保温时间越短，奥氏体晶粒越细，未溶第二相越多，同时奥氏体的碳浓度和合金元素浓度越不均匀，从而促进奥氏体在冷却过程中分解，使等温转变图左移。

**（三）应力和塑性变形的影响**

在奥氏体状态下承受拉应力将加速奥氏体的等温转变，而加等向压应力则会阻碍这种转变。这是因为奥氏体比体积最小，发生转变时总是伴随比体积的增大，尤其是马氏体转变更为剧烈，所以加拉应力促进奥氏体转变。而在等向压应力下，原子迁移阻力增大，使 C、Fe 原子扩散和晶格改组变得困难，从而减慢奥氏体的转变。

对奥氏体进行塑性变形也有加速奥氏体转变的作用。这是由于塑性变形使点阵畸变加剧并使位错密度增大，有利于 C 和 Fe 原子的扩散和晶格改组。同时形变还有利于碳化物弥散质点的析出，使奥氏体中碳和合金元素贫化，因而促进奥氏体的转变。

## 四、珠光体转变

共析钢过冷奥氏体在等温转变图 $A_1$ 线至鼻温之间较高温度范围内等温停留时，将发生珠光体转变，形成含碳量和晶体结构相差悬殊并与母相奥氏体截然不同的两个固态新相：铁素体和渗碳体。因此，奥氏体到珠光体的转变必然发生碳的重新分布和铁晶格的改组。由于相变在较高温度下发生，铁、碳原子都能进行扩散，所以珠光体转变是典型的扩散型相变。

根据奥氏体化温度和奥氏体化程度不同，过冷奥氏体可以形成片状珠光体和粒状珠光体两种组织形态。前者渗碳体呈片状，后者呈粒状。它们的形成条件、组织和性能均不同。

**（一）片状珠光体的形成、组织和性能**

由 $Fe\text{-}Fe_3C$ 相图可知，$w_C=0.77\%$ 的奥氏体在近于平衡的缓慢冷却条件下形成的珠光体是由渗碳体和铁素体组成的片层相间的组织。在较高奥氏体化温度下形成的均匀奥氏体于 $A_1\sim550℃$之间温度等温时也能形成片状珠光体。

片状珠光体的形成，同其他相变一样，也是通过形核和长大两个基本过程进行的。

珠光体是由铁素体和渗碳体组成的，那么珠光体形核自然包括这两相的形核过程。铁素体或渗碳体哪个为领先相问题已争论很久，现今已基本清楚，两个相都可能成为领先相。如果奥氏体很均匀，渗碳体或铁素体的核心大多在奥氏体晶界上形成。这是由于晶界上缺陷多，能量高，原子易于扩散，有利于产生成分、能量和结构起伏，易于满足形核的条件。

早期片状珠光体形成机制认为，首先在奥氏体晶界上形成渗碳体核心，核刚形成时可能与奥氏体保持共格关系，为减小形核时的应变能而呈片状。渗碳体不仅向奥氏体晶粒纵深方向发展，而且还侧向长大。渗碳体长大的同时，使其两侧的奥氏体出现贫碳区，从而为铁素体在渗碳体两侧形核创造条件，在渗碳体两侧形成铁素体片后，也随渗碳体片一起向前发展，同时也往侧向长大。铁素体侧向长大的同时必然在其与奥氏体界面处附近形成富碳区，这又促使在铁素体两侧形成新的渗碳体片。铁素体和渗碳体如此交替形核并长大形成一个片层相间并大致平行的珠光体领域，当其与其他部位形成的各个珠光体领域相遇并占据整个奥氏体时，珠光体转变结束，得到片状珠光体组织。

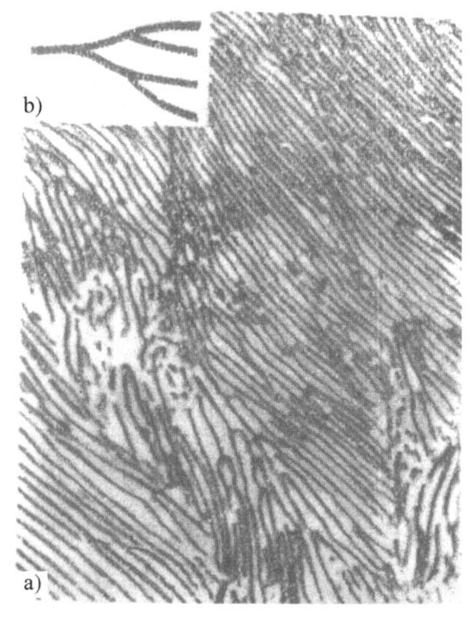

图 9-15　珠光体中渗碳片分枝长大的情况
a）渗碳体分枝的金相照片
b）渗碳体分枝长大形态示意图

另一种片状珠光体形成机制认为，珠光体形成层片状是渗碳体以分枝形式长大的结果，如图 9-15 所示。在奥氏体晶界上形成渗碳体晶核，然后向晶内长大。长大过程中渗碳体不断分枝长大，同时使相邻的奥氏体贫碳，促使铁素体在渗碳体侧面形成并随之长大，最后形成片层相间的珠光体。选区电子衍射花样分析结果表明，一个珠光体领域中所有渗碳体晶体学取向是相同的。这就是说，在一个珠光体领域内的铁素体或渗碳体是连贯着的同一个晶粒，可以把珠光体领域描述为两个相互贯穿的铁素体与渗碳体单晶体。一般在金相显微组织中看不到渗碳体分枝长大的形貌，这是由于渗碳体片的分枝处不容易恰好为试样磨面所剖到。

珠光体团中相邻两片渗碳体（或铁素体）之间的距离（$s_0$）称为珠光体的片间距（图 9-16）。珠光体的片间距与奥氏体晶粒度关系不大，主要取决于珠光体的形成温度。过冷度越大，奥氏体转变为珠光体的温度越低，则片间距越小。碳钢中珠光体的片间距 $s_0$（nm）与过冷度的关系可用如下经验公式表示：

$$s_0 = \frac{8.02}{\Delta T} \times 10^3$$

式中，$\Delta T$ 为过冷度。

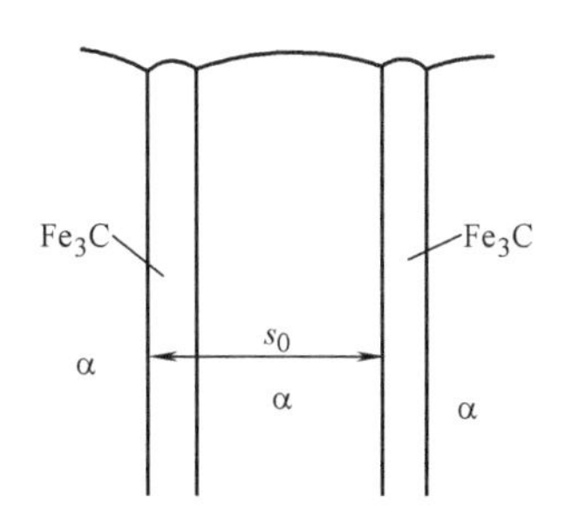

图 9-16　珠光体片间距示意图

根据片间距的大小，可将珠光体分为三类。在 $A_1$～650℃较高温度范围内形成的珠光体比较粗，其片间距为 0.6～1.0μm，称为珠光体，通常在光学显微镜下极易分辨出铁素体和渗碳体层片状组织形态（图 9-17a）。在 650～600℃温度范围内形成的珠光体，其片间距较细，约为 0.25～0.3μm，只有在高倍光学显微镜下才能分辨出铁素体和渗碳体的片层形态，这种细片状珠光体又称为索氏体（图 9-17b）。在 600 ~ 550℃更低温度下形成的珠光体，其片间距极细，只有 0.1 ~ 0.15μm。在光学显微镜下无法分辨其层片状特征而呈黑色，只有在电子显微镜下才能区分出来。这种极细的珠光体又称为托氏体（图 9-17c）。图 9-18 中的黑色组织即为托氏体。由此可见，珠光体、索氏体和托氏体都属于珠光体类型的组织，都是铁素体和渗碳体组成的片层相间的机械混合物，它们之间的界限是相对的，其差别仅仅是片间距粗细不同而已。但是，与珠光体不同，索氏体和托氏体可称为后面将要讲到的伪共析体，属于奥氏体在较快速度冷却时得到的不平衡组织。

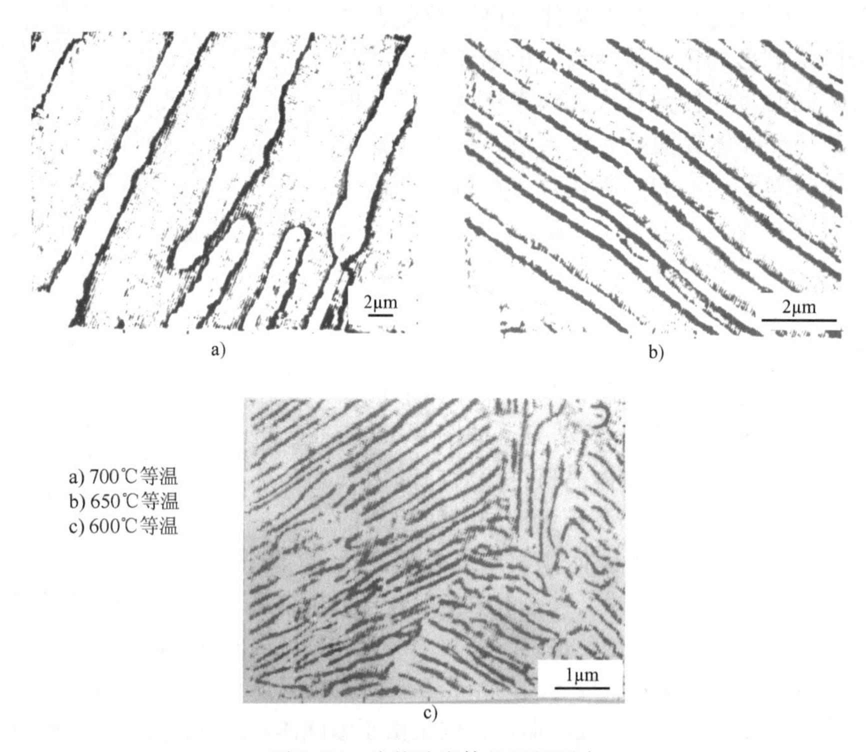


图 9-17　片状珠光体的组织形态

a）珠光体（700℃等温）　b）索氏体（650℃等温）　c）托氏体（600℃等温）

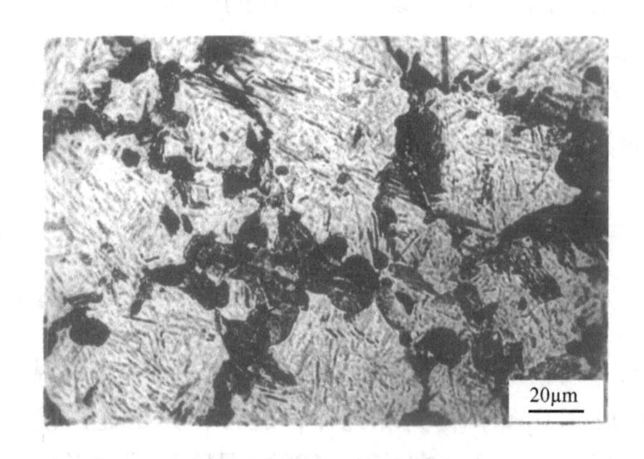


图 9-18　45 钢油冷后的显微组织

片状珠光体的力学性能主要取决于珠光体的片间距。珠光体的硬度和断裂强度与片间距的关系如图9-19和图9-20所示。由图可见，共析钢珠光体的硬度和断裂强度均随片间距的缩小而增大。这是由于珠光体在受外力拉伸时，塑性变形基本上在铁素体片内发生，渗碳体层则有阻止位错滑移的作用，滑移的最大距离就等于片间距。片间距越小，单位体积钢中铁素体和渗碳体的相界面越多，对位错运动的阻碍越大，即塑性变形抗力越大，因而硬度和强度都增大。

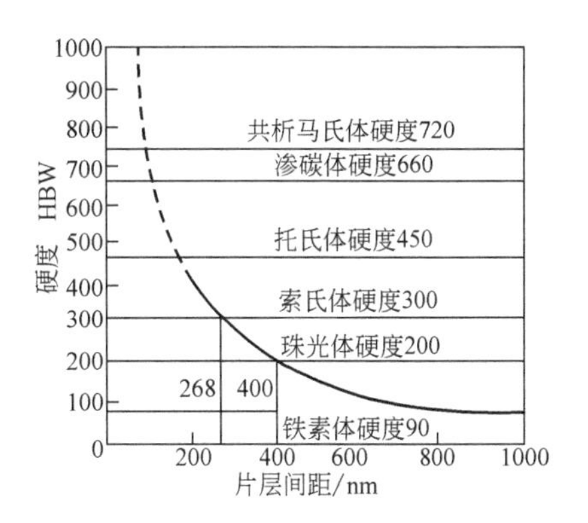


图9-19　珠光体的片间距与硬度的关系

片状珠光体的塑性也随片间距的减小而增大（图9-21）。这是由于片间距越小，铁素体和渗碳体片越薄，从而使塑性变形能力增大。

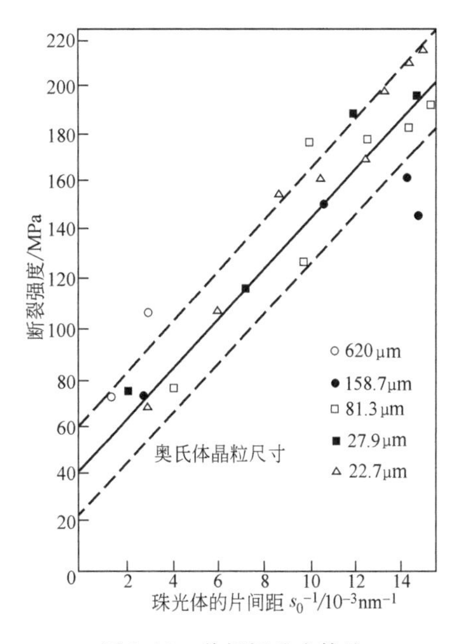


图9-20　共析钢珠光体片间距对断裂强度的影响

**（二）粒状珠光体的形成、组织和性能**

粒状珠光体组织是渗碳体呈颗粒状分布在连续的铁素体基体中，如图9-22所示。粒状珠光体组织既可以由过冷奥氏体直接分解而成，也可以由片状珠光体球化而成，还可以由淬火组织回火形成。原始组织不同，其形成粒状珠光体的机理也不同。

要由过冷奥氏体直接形成粒状珠光体，必须使奥氏体晶粒内形成大量均匀弥散的渗碳体晶核。这只有通过非均匀形核才能实现。如果控制钢加热时的奥氏体化程度，使奥氏体中残存大量未溶的渗碳体颗粒；同时，使奥氏体的碳浓度不均匀，存在许多高碳区和低碳区。此时将奥氏体过冷到 $A_1$ 以下较高温度等温保温或以极慢冷却速度冷却，在过冷度较小时就能在奥氏体晶粒内形成大量均匀弥散的渗碳体晶核，每个渗碳体晶核在独立长大的同时，必然使其周围母相奥氏体贫碳而形成铁素体，从而直接形成粒状珠光体。

在生产上，片状珠光体或片状珠光体加网状二次渗碳体可通过球化退火工艺得到粒状珠光体。球化退火工艺分两类：一类是利用上述原理，将钢奥氏体化，通过控制奥氏体化温度和时间，使奥氏体的碳浓度分布不均匀或保留大量未溶渗碳体质点，并在 $A_1$ 以下较高温度范围内缓冷，获得粒状珠光体；另一类是将钢加热至略低于 $A_1$ 温度长时间保温，得到粒状珠光体。此时，片状珠光体球化的驱动力是铁素体与渗碳体之间相界面（或界面能）的减少。

与片状珠光体相比，粒状珠光体的硬度和强度较低，塑性和韧性较好，如图9-23所示。因此，许多重要的机器零件都要通过热处理，使之变成碳化物呈颗粒状的回火索氏体组织，其强度和韧性都较高，具有优良的综合力学性能。此外，粒状珠光体的冷变形性能、可加工性能以及淬火工艺性能都比片状珠光体好，而且，钢中含碳量越高，片状珠光体的工艺性能越差。所以，高碳钢具有粒状珠光体组织，才利于切削加工和淬火；中碳和低碳钢的冷挤压成形加工也要求具有粒状珠光体的原始组织。

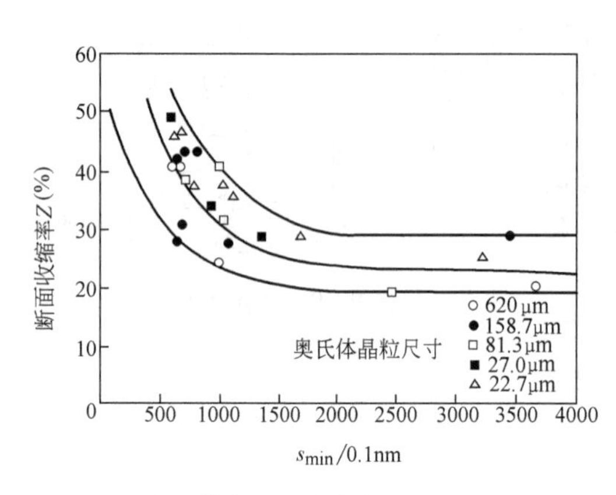


图 9-21　珠光体断面收缩率与最小片间距之关系

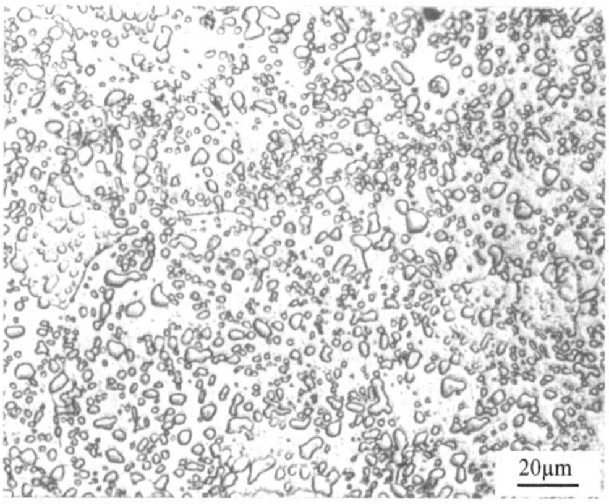

图 9-22　粒状珠光体组织

### （三）伪共析体

由 Fe-$Fe_3C$ 相图可知，在平衡冷却条件下，亚共析钢从奥氏体状态首先转变为铁素体，剩余奥氏体中含碳量不断增加；过共析钢首先析出渗碳体，剩余奥氏体中含碳量则不断降低。当剩余奥氏体中含碳量达到 $S$ 点（$w_C=0.77\%$）时，则发生珠光体转变。但在实际冷却条件下，先共析相铁素体或渗碳体的析出数量是随着冷却速度的加快而减少的。图 9-24 可用来示意说明奥氏体在一定过冷条件下先共析相的析出。若将 $A_3$ 和 $A_{cm}$ 线分别延伸到 $A_1$ 温度以下，$SE'$线表示渗碳体在过冷奥氏体中的饱和溶解度极限，$SG'$则为铁素体在过冷奥氏体中的饱和溶解度极限。显然，共析成分奥氏体冷却至 $SE'$、$SG'$线以下将同时析出铁素体和渗碳体，发生珠光体转变。同样，偏离共析成分的奥氏体快速冷却至 $SE'G'$组成的区域等温时，将不发生先共析相的析出而全部转变为珠光体。这种由偏离共析成分的过冷奥氏体所形成的珠光体称为伪共析体或伪珠光体。

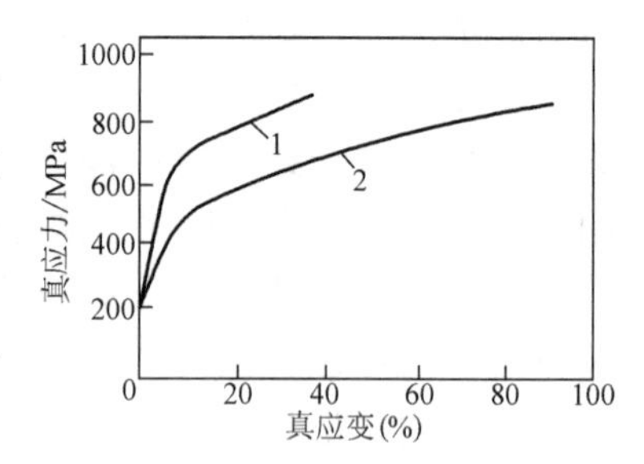


图 9-23　共析钢片状 1 和粒状 2 珠光体真应力-真应变曲线

从图 9-24 还可看到，亚、过共析钢从奥氏体态冷却时的冷却速度越快，转变温度越低，则珠光体转变之前析出的先共析铁素体或渗碳体越少，伪珠光体越多。例如，成分为 $x_1$ 的亚共析钢自奥氏体状态缓慢冷却至 $a_0$ 温度时，其铁素体含量为($a_0S/PS$) ×100%；当钢过冷到 $a_1$ 温度时，铁素体含量减少至（$a_1b_1/b_0b_1$） ×100%。此时，由于先共析铁素体析出使奥氏体中的含碳量增加，当奥氏体碳浓度由 $a_1$ 增加到 $b_1$ 点以后，剩余奥氏体转变为珠光体，最终获得铁素体加珠光体组织。先共析铁素体量还与奥氏体中含碳量有关，含碳量越低，先共析铁素体量越多。如果将钢急冷至 $a_2$ 温度，先共析铁素体数量为零，奥氏体全部转变为珠光体。同样，过共析钢自奥氏体区冷至 $ES$ 和 $SG'$温度范围内将析出先共析渗碳体，使奥氏体中含碳量降低，当其降低至$SE'G'$区范围内时，剩余奥氏体转变为珠光体。冷却速度越快，先共析渗碳体越少，当奥氏体迅速冷却至 $SG'$线以下，将抑制渗碳体的析出，奥氏体全部转变为珠光体，上述亚、过共析钢在过冷条件下先共析相与珠光体的变化规律可从钢的过冷奥氏体等温转变曲线上看出（图 9-13a、c）。随着过冷度增大，析出先共析相时间缩短，先析出相量减少，珠光体量增多。当过冷奥氏体冷至鼻温附近，将直接形成全部珠光体组织。

在生产过程中，为了提高低碳钢板的强度，可采用热轧后立即水冷或喷雾冷却的方法减少先共析铁素体量，增加伪珠光体量。对于存在网状二次渗碳体的过共析钢，可以采用加快冷却速度的方法（如从奥氏体状态空冷），抑制先共析渗碳体的析出，从而消除网状二次渗碳体。

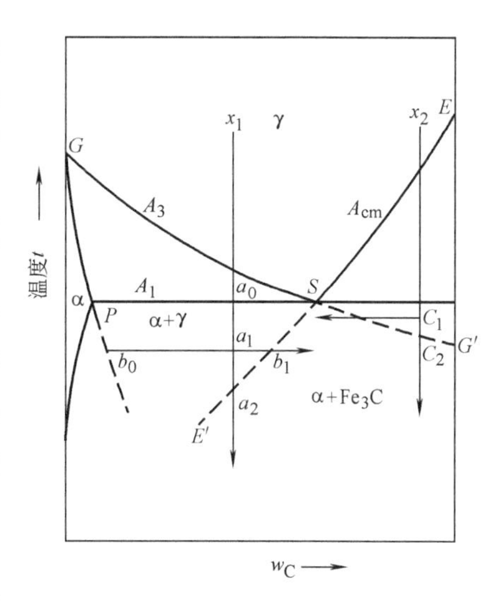


图 9-24　铁碳系准平衡图示意图

片状珠光体组织在工业上的主要应用之一是铅浴淬火获得高强度的绳用钢丝、琴钢丝和某些弹簧钢丝。铅浴淬火可使高碳钢获得细珠光体（即索氏体）组织，再经深度冷拔，获得高强度钢丝。索氏体具有良好的冷拔性能，这是由于其片间距小，滑移可沿最短途径进行；加上渗碳体很薄（0.001μm），在强烈变形时能够弹性弯曲，使塑性变形能力增强。片状珠光体经塑性变形提高钢丝强度的原因是位错密度增大和亚晶粒的细化。

## 五、马氏体转变

钢从奥氏体状态快速冷却，抑制其扩散性分解，在较低温度下（低于 *Ms* 点）发生的无扩散型相变称为马氏体转变。马氏体转变是强化金属的重要手段之一，各种钢件、机器零件及工、模具都要经过淬火和回火获得最终的使用性能。钢在淬火时发生强化和硬化是由于形成了马氏体。马氏体转变最早是在钢铁中发现的，但现今除铁合金外，许多有色金属和合金以及陶瓷材料等也都发现了马氏体转变。因此，凡是基本特征属于马氏体转变的相变，其相变产物都称为马氏体。本节重点讨论钢中马氏体转变的一般规律及其应用。

### （一）马氏体的晶体结构、组织和性能

1. 马氏体的晶体结构

钢中的马氏体就其本质来说，是碳在 α-Fe 中过饱和的间隙固溶体。在平衡状态下，碳在 α-Fe 中的溶解度在 20℃时不超过 $w_C=0.002\%$。快速冷却条件下，由于铁、碳原子失去扩散能力，马氏体中的含碳量可与原奥氏体含碳量相同，最大可达到 $w_C=2.11\%$。

钢中的马氏体一般有两种类型的结构：一种是体心立方，如含碳极微的低碳钢或无碳合金中的马氏体；另一种是体心四方，在含碳较高的钢中出现，其晶体结构如图 9-25 所示，碳原子呈部分有序排列。假定碳原子占据图中可能存在的位置，则 α-Fe 的体心立方晶格将发生正方畸变，$c$ 轴伸长，而另外两个 $a$ 轴稍有缩短，轴比 $c/a$ 称为马氏体的正方度。由图 9-26可以看到，随着含碳量的增加，点阵常数 $c$ 呈线性增加，而 $a$ 的数值略有减小，马氏体的正方度不断增大。$c/a=1+0.046w_C$。由于马氏体的正方度取决于马氏体中的含碳量，故马氏体的正方度可用来表示马氏体中碳的过饱和程度。合金元素对马氏体点阵常数影响不大，这是因为合金元素在钢中形成置换式固溶体。

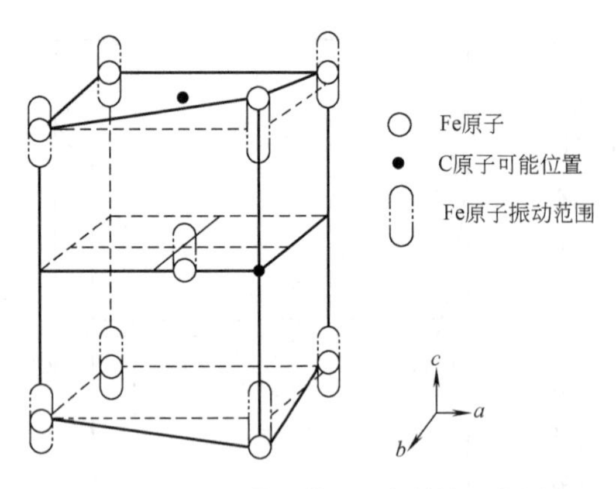

图 9-25　马氏体的体心四方晶格示意图

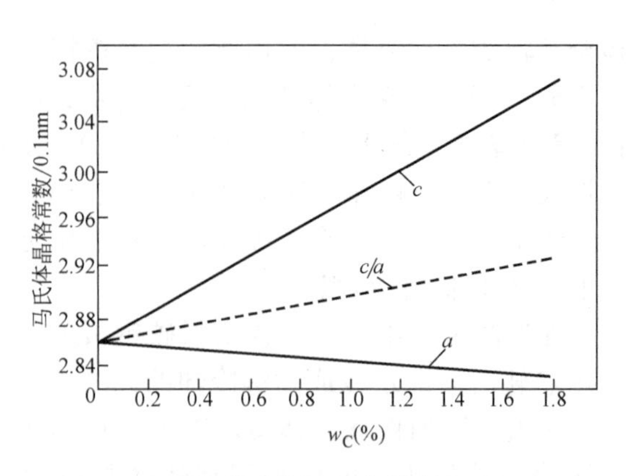


图 9-26　马氏体的点阵常数与含碳量的关系

此外，在复杂铁基合金中，低温下可能形成其他晶体结构的马氏体，如六方晶格的 ε-马氏体，原子呈菱面体排列的 ε′-马氏体，以及具有反常轴比的马氏体。这时马氏体的正方度与含碳量的关系不符合上述关系式。

2. 马氏体的组织形态

由于钢的种类、化学成分及热处理条件不同，淬火马氏体的组织形态及精细结构多种多样。但是，大量研究结果表明，钢中马氏体有两种基本形态：一种是板条状马氏体；另一种是片状马氏体。

（1）板条状马氏体　板条状马氏体是在低碳钢、中碳钢、马氏体时效钢、不锈钢等铁基合金中形成的一种典型的马氏体组织。图 9-27 是低碳钢在光学显微镜下的马氏体组织。其显微组织是由成群的板条组成的，故称为板条状马氏体。板条状马氏体显微组织示意图如图 9-28 所示。由图可见，一个奥氏体晶粒可以形成几个（常为 3～5 个）位向不同的板条群，板条群可以由两种板条束组成（图 9-28 中 $B$），也可由一种板条束组成（图 9-28 中 $C$），一个板条群内的两种板条束之间由大角度晶界分开，而一个板条束内包括很多近于平行排列的细长的马氏体板条。每一个板条马氏体为一个单晶体，其立体形态为扁条状，宽度在 0.025～2.2μm 之间。透射电镜和原子探针分析表明，这些密集的板条之间通常由含碳量较高的残留奥氏体分隔开（图 9-29 中白色部分），这一薄层残留奥氏体的存在显著地改善了钢的力学性能。

图 9-27　$w_C$ = 0.2% 钢的马氏体组织

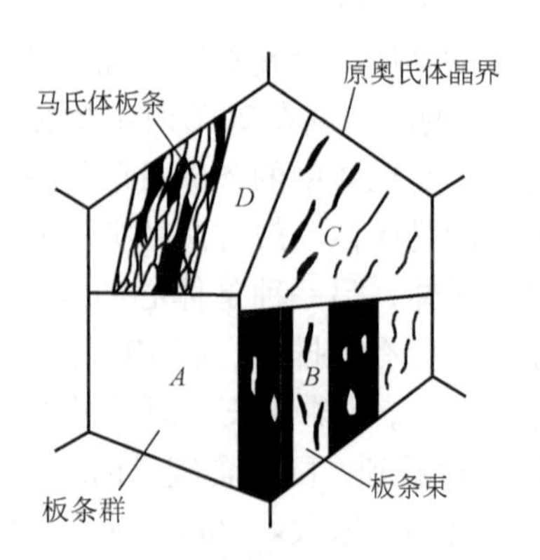


图 9-28　板条状马氏体显微组织示意图

透射电镜观察证明，板条状马氏体内有大量的位错，位错密度高达（0.3～0.9）$\times 10^{12} cm^{-2}$。这些位错分布不均匀，形成胞状亚结构，称为位错胞（图9-30）。因此，板条状马氏体又称“位错马氏体”。

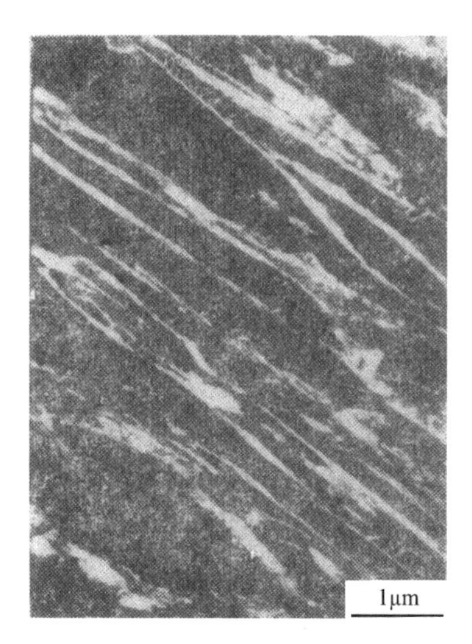

图9-29　板条马氏体的薄膜透射组织

（2）片状马氏体　高碳钢（$w_C > 0.6\%$）、$w_{Ni} = 30\%$的不锈钢及一些有色金属和合金，淬火时形成片状马氏体组织。高碳钢典型的片状马氏体组织如图9-31所示。片状马氏体的空间形态呈凸透镜状，由于试样磨面与其相截，因此在光学显微镜下呈针状或竹叶状，故片状马氏体又称针状马氏体或竹叶状马氏体。片状马氏体的显微组织特征是马氏体片相互不平行，在一个奥氏体晶粒内，第一片形成的马氏体往往贯穿整个奥氏体晶粒并将其分割成两半，使以后形成的马氏体长度受到限制，所以片状马氏体大小不一，越是后形成的马氏体片尺寸越小，如图9-32所示。马氏体周围往往存在残留奥氏体。片状马氏体的最大尺寸取决于原始奥氏体晶粒大小，奥氏体晶粒越大，则马氏体片越粗大。当最大尺寸的马氏体片细小到光学显微镜下不能分辨时，便称为“隐晶马氏体”。

图9-30　板条马氏体中的位错胞

图9-31　高碳型马氏体的典型组织

图9-33是片状马氏体薄膜试样的透射电镜像。可见片状马氏体的亚结构主要为孪晶。因此，片状马氏体又称孪晶马氏体。图9-34为片状马氏体亚结构示意图。孪晶通常分布在马氏体片的中部，不扩展到马氏体片的边缘区，在边缘区存在高密度的位错。在含碳量$w_C > 1.4\%$的钢中常可见到马氏体片的中脊线（图9-31），它是高密度的微细孪晶区。

片状马氏体的另一个重要特点，就是存在大量显微裂纹。马氏体形成速度极快，在其相互碰撞或与奥氏体晶界相撞时将产生相当大的应力场，片状马氏体本身又很脆，不能通过滑移或孪生变形使应力得以松弛，因此容易形成撞击裂纹（图9-31）。通常奥氏体晶粒越大，马氏体片越大，淬火后显微裂纹越多。显微裂纹的存在增加了高碳钢件的脆性，在内应力的作用下显微裂纹将会逐渐扩展成为宏观裂纹，可以导致工件开裂或使工件的疲劳寿命明显下降。

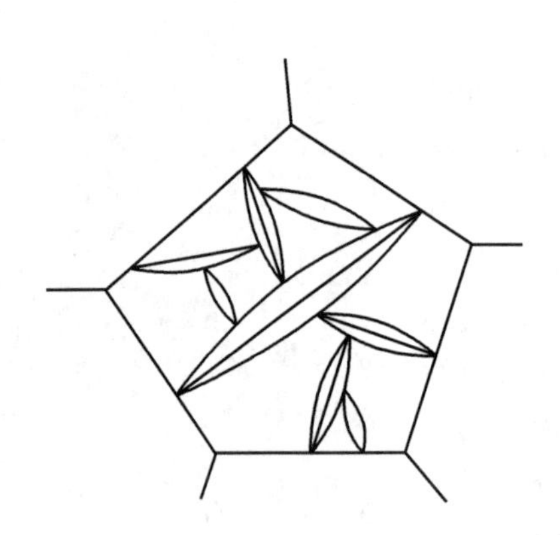

图 9-32　高碳型片状马氏体组织示意图

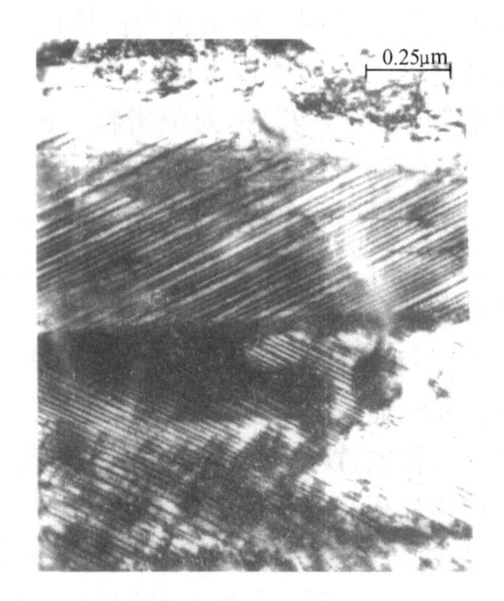


图 9-33　片状马氏体的透射电镜像

碳钢中马氏体的形态，主要取决于奥氏体的含碳量，从而与钢的马氏体转变开始温度 *Ms* 点有关。图 9-35 示出了奥氏体的含碳量对马氏体形态及 *Ms*、*Mf* 点的影响。由图可见，奥氏体的含碳量越高，则 *Ms*、*Mf* 点越低。含碳量 $w_C<0.2\%$ 的奥氏体几乎全部形成板条马氏体，而含碳量 $w_C>1.0\%$ 的奥氏体几乎只形成片状马氏体。含碳量 $w_C=0.2\%\sim1.0\%$ 的奥氏体则形成板条马氏体和片状马氏体的混合组织。一些资料中，板条马氏体过渡到片状马氏体的含碳量并不一致，这主要是由于淬火冷却速度的影响。增大淬火冷却速度，形成片状马氏体的最小含碳量降低。一般认为，板条状马氏体大都在 200℃ 以上形成，片状马氏体主要在 200℃ 以下形成。含碳量在 $w_C=0.2\%\sim1.0\%$ 的奥氏体，在马氏体区上部温度先形成板条状马氏体，然后在马氏体区下部形成片状马氏体。含碳量越高，*Ms* 点越低，形成板条状马氏体的量越少，而片状马氏体量越多。

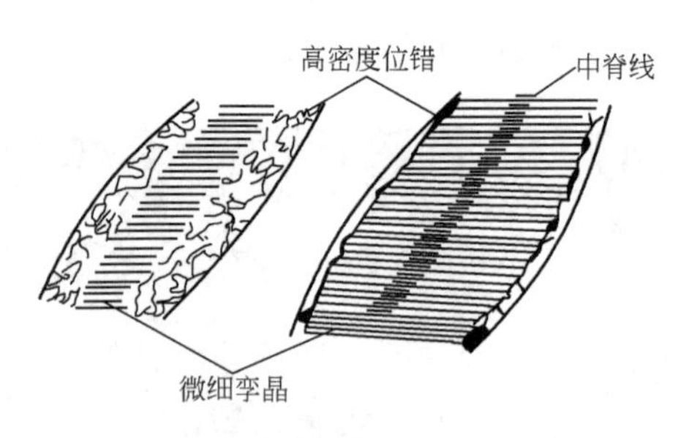


图 9-34　片状马氏体亚结构示意图

溶入奥氏体中的合金元素对马氏体形态也产生重要影响。如 Cr、Mo、Mn、Ni（降低 *Ms* 点的一些元素）和 Co（升高 *Ms* 点的元素）都增加形成片状马氏体的倾向，但程度有所不同。如 Cr、Mo 等影响较大，而 Ni 形成片状马氏体的倾向较小。

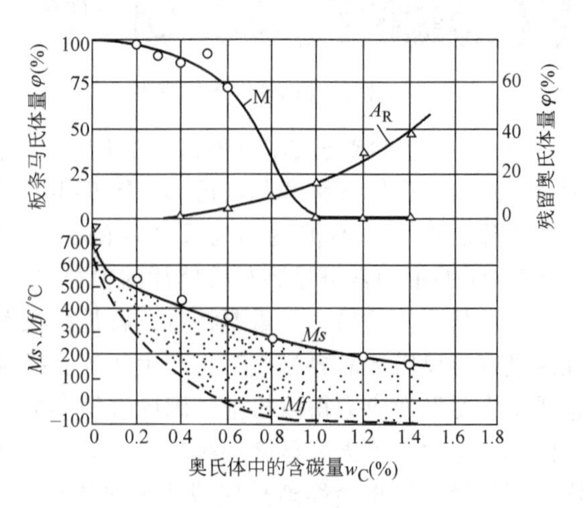


图 9-35　奥氏体中的含碳量对马氏体形态的影响

3. 马氏体的性能

马氏体力学性能的显著特点是具有高硬度和高强度。马氏体的硬度主要取决于其含碳量。由图9-36可见，马氏体的硬度随含碳量的增加而增高。当含碳量 $w_C<0.5\%$ 时，马氏体的硬度随含碳量的增加而急剧增大。当含碳量 $w_C$ 增至0.6%左右时，虽然马氏体硬度会有所增大，但是由于残留奥氏体量增加，反使钢的硬度有所下降。合金元素对马氏体的硬度影响不大，但可以提高强度。

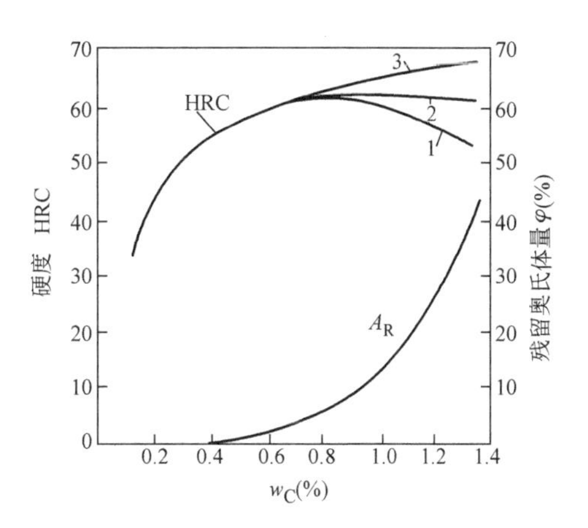

图9-36　淬火钢的最大硬度与含碳量的关系
1—高于 $Ac_3$ 淬火　2—高于 $Ac_1$ 淬火
3—马氏体硬度

马氏体高强度、高硬度的原因是多方面的，其中主要包括碳原子的固溶强化、相变强化以及时效强化。

间隙原子碳处于α相晶格的扁八面体间隙中，造成晶格的正方畸变并形成一个应力场。该应力场与位错发生强烈的交互作用，从而提高马氏体的强度。这就是碳对马氏体晶格的固溶强化。

马氏体转变时在晶体内造成密度很高的晶格缺陷，无论板条状马氏体中的高密度位错还是片状马氏体中的孪晶都阻碍位错运动，从而使马氏体强化，这就是所谓的相变强化。例如，无碳马氏体的屈服强度为284MPa，接近于形变强化铁素体的屈服强度，而退火铁素体的强度仅为98～137MPa。这表明，相变强化使强度提高了147～186MPa。

时效强化也是一个重要的强化因素。马氏体形成以后，碳及合金元素的原子向位错或其他晶体缺陷处扩散偏聚或析出，钉扎位错，使位错难以运动，从而造成马氏体强化。

此外，马氏体板条群或马氏体片尺寸越小，则马氏体强度越高。这是由马氏体相界面阻碍位错运动造成的。所以，原始奥氏体晶粒越细，则马氏体的强度越高。

马氏体的塑性和韧性主要取决于它的亚结构。大量试验结果证明，在相同屈服强度条件下，位错马氏体比孪晶马氏体的韧性好得多。孪晶马氏体具有高的强度，但韧性很差，其性能特点是硬而脆。这是由于孪晶亚结构使滑移系大大减少以及在回火时碳化物沿孪生面不均匀析出造成的。孪晶马氏体中含碳量高，晶格畸变大，淬火应力大以及存在高密度显微裂纹也是其韧性差的原因。而位错马氏体中的含碳量低，*Ms* 点较高，可以进行自回火，而且碳化物分布均匀；其次，胞状亚结构位错分布不均匀，存在低密度位错区，为位错提供了活动余地，位错的运动能缓和局部应力集中而对韧性有利；此外，淬火应力小，不存在显微裂纹，裂纹也不易通过马氏体条扩展。因此，位错马氏体具有很高的强度和良好的韧性，同时还具有脆性转折温度低、缺口敏感性和过载敏感性小等优点。目前，力图得到尽量多的位错马氏体是提高结构钢以及高碳钢强韧性的重要途径。

在钢的各种组织中，奥氏体的比体积最小，马氏体的比体积最大。例如，$w_C=0.2\%\sim1.44\%$ 的奥氏体比体积为 $0.122\text{cm}^3/\text{g}$，而马氏体的比体积为 $0.127\sim0.13\text{cm}^3/\text{g}$。因此，淬火形成马氏体时钢的体积膨胀是淬火时产生较大内应力、引起工件变形甚至开裂的主要原因之一。淬火时钢的体积增加与马氏体的含碳量有关，当含碳量由0.4%增加至0.8%时，钢的体积增加1.13%～1.2%。

### （二）马氏体转变的特点

马氏体转变同其他固态相变一样，相变驱动力也是新相与母相的化学自由能差，即单位体积马氏体与奥氏体的自由能差。相变阻力也是新相形成时的界面能及应变能。尽管马氏体形成时与奥氏体存在共格界面，界面能很小，但是由于共格应变能较大，特别是马氏体与奥氏体比体积相差较大以及需要克服切变阻力并产生大量晶体缺陷，增加很大的弹性应变能，导致马氏体转变的相变阻力很大，需要足够大的过冷度才能使相变驱动力大于相变阻力，以发生奥氏体向马氏体的转变。因此，与其他相变不同，马氏体转变并不是在略低于两相自由能相等的温度 $T_0$ 以下发生的，其所需过冷度较大，必须过冷到远低于 $T_0$ 的 *Ms* 点以下才能发生。马氏体转变开始温度 *Ms* 点则可定义为马氏体与奥氏体的自由能差达到相变所需的最小驱动力值时的温度。马氏体转变是过冷奥氏体在低温范围内的转变，相对于珠光体转变和贝氏体转变具有如下一系列特点：

1. 马氏体转变的无扩散性

马氏体转变是奥氏体在很大过冷度下进行的，此时无论是铁原子、碳原子还是合金元素原子，其活动能力很低。因而，马氏体转变是在无扩散的情况下进行的。点阵的重构是由原子集体的、有规律的、近程的迁动完成的。原来在母相中相邻的两个原子在新相中仍然相邻，它们之间的相对位移不超过一个原子间距。表现为：钢中奥氏体转变为马氏体时，仅由面心立方点阵改组为体心四方（或体心立方）点阵，而无成分变化；马氏体转变可以在相当低的温度下以极快的速度进行。例如，Fe-C 和 Fe-Ni 合金在 $-20\sim-195$℃之间，每片马氏体的形成时间约为 $5\times10^{-5}\sim5\times10^{-7}$s。这时，原子扩散速度极小，转变不可能以扩散方式进行。

2. 马氏体转变的切变共格性

马氏体转变时，在预先抛光的试样表面上出现倾动，产生表面浮凸（图 9-37）。这个现象说明马氏体转变和母相的宏观切变有着直接的联系。如果在抛光的单晶试样表面刻有直线划痕，则马氏体转变后，划痕由直线变为折线，但无弯曲或中断现象（图 9-38）。这说明马氏体是以切变方式形成的，而且马氏体和母相奥氏体保持共格，界面上的原子既属于马氏体，又属于奥氏体。相界面是一个切变共格界面，又称为惯习面。马氏体转变时，惯习面是一个尺寸、形状不变的平面，也不发生转动。换句话说，马氏体转变是新相在母相特定的晶面（惯习面）上形成，并以母相的切变来保持共格关系的相变过程。其切变共格界面示意

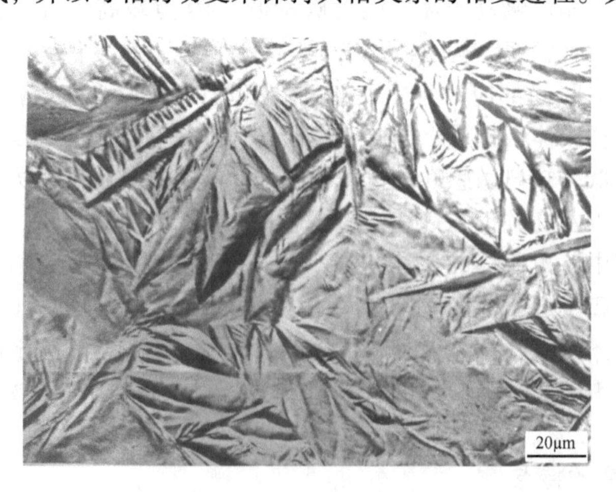


图 9-37　马氏体的表面浮凸

图如图 9-39 所示。

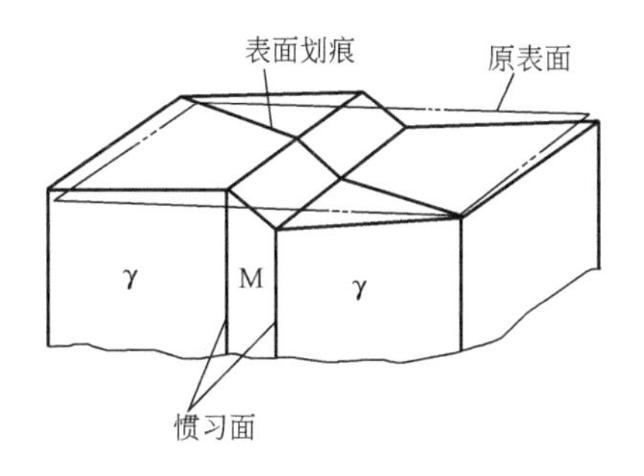


图 9-38　马氏体转变时在晶体表面引起倾动示意图

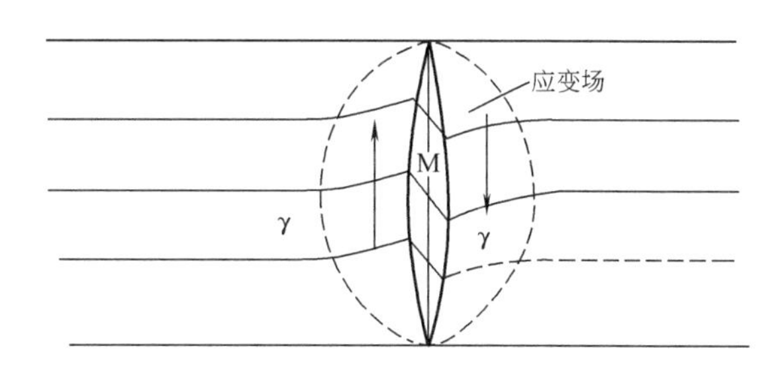


图 9-39　马氏体和奥氏体切变共格界面示意图

关于马氏体转变的切变理论，自 1924 年 Bain 以来，人们设想了各种转变机制。每一种机制模型不同程度地说明马氏体相变的特征，但都有一定的局限性。这里主要介绍两次切变模型（*G-T* 模型）。这种模型如图 9-40 和图 9-41 所示。第一次切变是沿惯习面在母相奥氏体中发生均匀切变，产生宏观变形，在磨光试样表面上形成浮凸。但是这次切变后，原子排列仍与马氏体不同，其转变产物是复杂的三棱结构，还不是马氏体，不过它有一组晶面间距及原子排列与马氏体的 $(112)_M$ 晶面相同，如图 9-41a、b 所示。第二次切变是微观不均匀切变，在 $(112)_M$ 面的 $[11\bar{1}]_M$ 方向上发生 12°～13°的切变，如图 9-41c、d 所示。这一次切变是在不继续发生宏观变形条件下，使原子迁动，从三棱点阵转变为体心四方的马氏体结构。当转变温度高时，以滑移方式进行第二次切变（图 9-41c）；当转变温度低时，则以孪生方式进行第二次切变（图 9-41d）。第二次切变的结果便形成了马氏体的亚结构。可见第二次切变的两种方式与马氏体的两种基本形态是对应的。

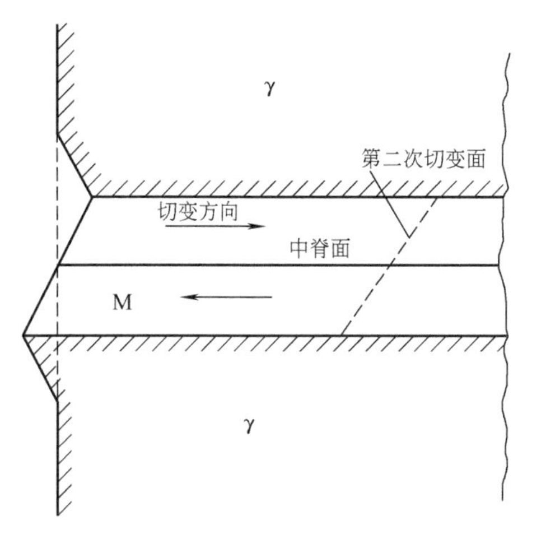


图 9-40　*G-T* 模型示意图

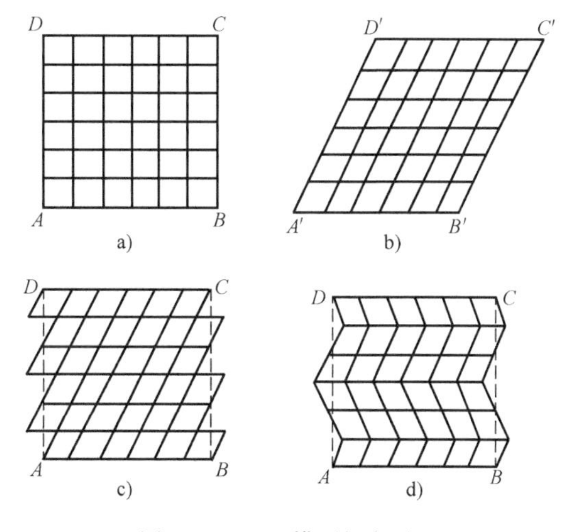


图 9-41　*G-T* 模型切变过程
a）切变前　b）均匀切变（宏观切变）
c）滑移切变　d）孪生切变

两次切变模型圆满地解释了马氏体转变的宏观变形、惯习面、位向关系和显微结构变化等现象，但没有解决惯习面的不应变、无转动，而且也不能解释碳钢（$w_C<1.4\%$）的位向关系等问题。马氏体转变机理是相当复杂的，许多问题还有待深入研究。

3. 马氏体转变具有特定的惯习面和位向关系

前已述及，马氏体是在奥氏体一定的结晶面上形成的，此面称为惯习面，它在相变过程中不发生应变、也不转动。惯习面通常以母相的晶面指数来表示。钢中马氏体的惯习面随着含碳量及形成温度不同而异。$w_C<0.6\%$ 时为 $(111)_\gamma$；$w_C$ 在 $0.6\%\sim1.4\%$ 之间，为 $(225)_\gamma$；$w_C>1.4\%$ 时，为 $(259)_\gamma$。随着马氏体形成温度的下降，惯习面向高指数方向变化。因此，同一成分的钢，也可能出现两种惯习面，如先形成的马氏体惯习面为 $(225)_\gamma$，而后形成的马氏体惯习面为 $(259)_\gamma$，中脊面可看成惯习面。

由于马氏体转变时新相和母相始终保持切变共格性，因此马氏体转变后新相和母相之间存在一定的结晶学位向关系。例如，$w_C$ 低于 1.4% 碳钢中马氏体与奥氏体有下列取向关系：$\{110\}_M // \{111\}_\gamma$；$\langle111\rangle_M // \langle101\rangle_\gamma$。这种关系是由库尔久莫夫（Курдюмов）和萨克斯（Sachs）在 1934 年首先测定的，故称为 K-S 关系。

西山测定 Fe-Ni 合金（$w_{Ni}=30\%$）低温下的位向关系为：$\{110\}_M // \{111\}_\gamma$；$\langle110\rangle_M // \langle211\rangle_\gamma$。这种关系称为西山（N）关系。$w_C>1.4\%$ 的碳钢，马氏体与奥氏体的位向关系也符合西山关系。

马氏体转变的惯习面和位向关系对于研究马氏体转变机制、推测马氏体转变时原子的位移规律提供了重要依据。

4. 马氏体转变是在一个温度范围内进行的

马氏体转变与其他固态相变一样，也是通过形核和长大的方式进行的。试验结果表明，马氏体核胚不是在合金中均匀分布的，而是在母相中某些有利的位置（如晶体缺陷处、形变区以及贫碳区）优先形成的。当奥氏体过冷至某一温度，尺寸大于临界晶核半径的马氏体核胚就能成为晶核。由于马氏体转变是原子集体的短程迁动，晶核形成后长大速度极快（$10^2\sim10^6$mm/s），甚至在极低温度下仍能高速长大。长大到一定尺寸后，共格关系破坏，长大即停止。因此，马氏体转变速度主要取决于马氏体的形核率。当大于临界晶核半径的核胚全部耗尽时，相变终止。由于过冷度越大，临界晶核尺寸越小，只有进一步降温才能使更小的核胚成为晶核并长成马氏体。

马氏体转变动力学的主要形式有变温转变和等温转变两种。马氏体等温转变情况仅仅发生在某些特殊合金中（如 Fe-Ni-Mn、Fe-Cr-Ni 以及高碳高锰钢等），也可用类似奥氏体等温转变图的温度-时间等温图描述。但是等温转变一般都不能使马氏体转变进行到底，完成一定转变量后即停止。

一般工业用碳钢及合金钢，马氏体转变是在连续（即变温）冷却过程中进行的。钢中奥氏体以大于临界淬火速度的速度冷却到 $Ms$ 点以下，立即形成一定数量的马氏体，相变没有孕育期；随着温度下降，又形成一定数量的马氏体，而先形成的马氏体不再长大。马氏体转变量随温度的降低而逐渐增加（图 9-42）。如在某一温度停留，不能使马氏体数量增加，要使马氏体数量增加，必须继续降温冷却，如图 9-43 所示。降温过程中马氏体瞬间形核，瞬间长大，可持续到 $Mf$ 点。因此，马氏体转变量仅取决于冷却所到达的温度（或 $Ms$ 点以下的过冷度 $\Delta T$），而与保温时间无关。因此，对钢进行热处理时不要企图延长时间来增加马氏体量。马氏体转变量与转变温度的关系可用下列经验公式近似地计算：$\varphi=1-\exp$

$(-1.10\times10^{-2}\Delta T)$，式中的 $\varphi$ 为转变为马氏体的体积分数，$\Delta T$ 为 $Ms$ 点以下的过冷度。

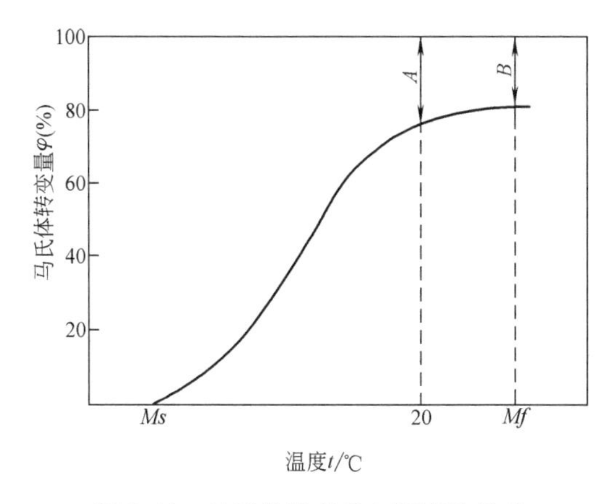


图 9-42　马氏体转变量与温度的关系

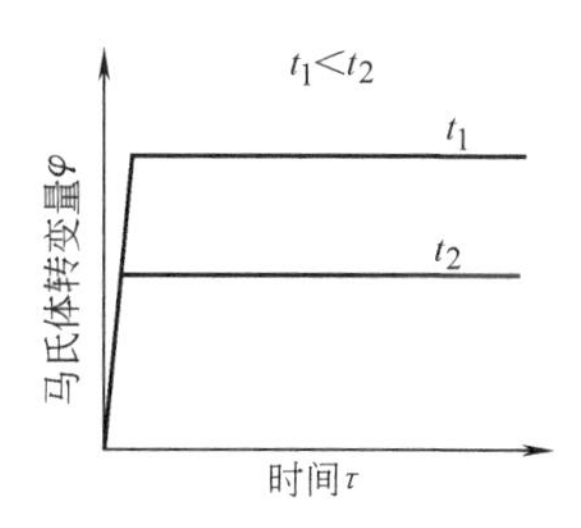


图 9-43　马氏体转变量与时间的关系

一般钢淬火都是冷却到室温，如果一种钢的 $Ms$ 点低于室温，则淬火冷却到室温得到的全是奥氏体。高碳钢和许多合金钢的 $Ms$ 点在室温以上，而 $Mf$ 点在室温以下，则淬火冷却到室温将保留相当数量未转变的奥氏体，这个部分未转变的奥氏体称为残留奥氏体，常用 $A_R$ 表示。为了尽可能减少残留奥氏体以提高钢的硬度和耐磨性，增加工件的尺寸稳定性，必须在冷至室温之后继续深冷到零度以下，使残留奥氏体继续转变为马氏体。这种低于室温的冷却处理工艺，生产上称为“冷处理”。

在很多情况下，即使冷却到 $Mf$ 点以下仍然得不到 100% 的马氏体，而保留一部分残留奥氏体。这是由于奥氏体转变为马氏体时，要发生体积膨胀，最后尚未转变的奥氏体受到周围马氏体的附加压力，失去长大的条件而保留下来的。残留奥氏体的数量与奥氏体中的碳含量有关（图 9-35）。奥氏体中的碳含量越多，$Ms$ 和 $Mf$ 点越低，则残留奥氏体量越多。一般低、中碳钢 $Mf$ 点在室温以上，淬火后室温组织中残留奥氏体量很少；高碳钢则不同，随着碳含量的增加，残留奥氏体量不断增加。碳的质量分数为 0.6%~1.0% 的钢，残留奥氏体量一般不超过 10%，而 $w_C$ 为 1.3%~1.5% 的钢，残留奥氏体量可达到 $\varphi(A_R)=30\%\sim50\%$。奥氏体中含有降低 $Ms$ 点的合金元素，可使残留奥氏体量增加。

如果过冷奥氏体冷却到 $Ms$ 和 $Mf$ 点之间某一温度，停止冷却并保持一定时间，那么冷却至该温度保留下来的未转变的奥氏体将变得更为稳定。如果再继续冷却时奥氏体向马氏体的转变并不立即开始，而是经过一段时间才能恢复转变，转变将在更低的温度下进行，而且转变量也达不到连续冷却时的转变量（图 9-44）。这种因冷却缓慢或在冷却过程停留引起奥氏体稳定性提高而使马氏体转变滞后的现象称为奥氏体的热稳定化。这种热稳定化现象只在冷却到低于某一温度时才出现，这个温度用“$Mc$”来表示。钢中奥氏体热稳定化现象可能与 C、N 等间隙原子的

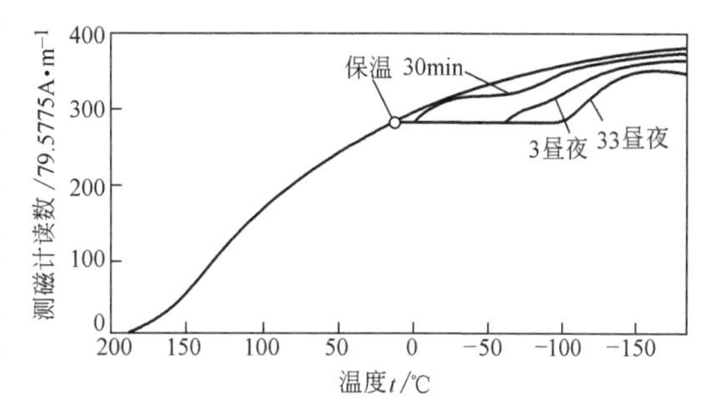


图 9-44　$w_C=1.17\%$ 的钢经淬火并在室温停留后，继续在不同温度下冷却，马氏体的转变量（纵坐标读数值表示马氏体量 $\varphi_M$）

存在有关。C、N 原子在适当的温度下偏聚于点阵缺陷处并钉轧位错，因而强化了奥氏体，增大了马氏体相变的切变阻力。奥氏体热稳定化程度与在 *Ms* 点以下停留的温度和时间有关。在某一温度下停留时间越长，在相同停留时间下停留温度越低，奥氏体的热稳定化程度越大，最终得到的马氏体总量越少。

由于奥氏体在淬火过程中受到较大塑性变形或者受到压应力而造成的稳定化现象称为奥氏体的机械稳定化。前已述及的残留奥氏体就与机械稳定化有关，被包围在马氏体之间的奥氏体处于受压缩状态无法进行转变而残留下来。

在 *Ms* 点以上对奥氏体进行塑性变形可引起马氏体转变，变形量越大，马氏体转变量越多，这种现象称为形变诱发马氏体相变。当温度升高到某一温度时，塑性变形不能使奥氏体转变为马氏体，这一温度称为形变马氏体点，用“*Md*”表示。如果在 *Md* 点以上对奥氏体进行大量塑性变形，可使随后的马氏体转变变得困难，使 *Ms* 点降低，马氏体转变量减少，即发生了奥氏体机械稳定化。

5. 马氏体转变的可逆性

在某些铁合金、镍与其他有色金属中，奥氏体冷却转变为马氏体，重新加热时已形成的马氏体又能无扩散地转变为奥氏体。这就是马氏体转变的可逆性。但是在一般碳钢中不发生按马氏体转变机构的逆转变，因为在加热时马氏体早已分解为铁素体和碳化物。

如同奥氏体在 *Ms*~*Mf* 点范围内转变为马氏体一样，马氏体到奥氏体的逆转变也是发生在一定温度范围内的，逆转变开始点用 *As* 表示，逆转变终了点用 *Af* 表示。通常，*As* 温度高于 *Ms* 温度。对于不同合金，*As* 和 *Ms* 的温差不同。例如，Fe-Ni 合金的 *As* 较 *Ms* 高 410℃，而 Au-Ca 合金 *As* 比 *Ms* 仅高 16℃。*As* 和 *Af* 温度范围也与奥氏体的成分有关。

对于具有马氏体逆转变而 *Ms* 和 *As* 相差很小的合金，如 Au-Cd、In-Ti 以及 Cu-Al 合金，若将它们冷却到 *Ms* 以下后，马氏体晶核随温度下降而逐渐长大，当温度回升时，马氏体反过来又同步地随温度的上升而缩小。这种马氏体叫热弹性马氏体，热弹性马氏体的形成是制造形状记忆合金的基础。

**（三）马氏体转变应用举例**

利用马氏体及马氏体相变的特点，在创制新型高强度、高韧性材料，发展强韧化热处理新工艺及其他热加工工艺方面有着许多实际应用。

在发展强韧化热处理工艺方面，低碳钢或低碳合金钢采用强烈淬火（在 $w_{NaCl}$ 或 $w_{NaOH}$ 为 5%~10% 的水溶液或冷盐水中冷却）可以获得几乎全部是板条状的马氏体。不但得到较高的强度和塑（韧）性的良好配合，还具有较低的缺口敏感性和过载敏感性。另外，低碳钢本身又具有良好的冷成形性、焊接性能等，因此，这种工艺近年来在矿山、石油、汽车、机车车辆、起重机制造等行业得到了广泛应用。

中碳（$w_C$ = 0.3%~0.6%）低合金钢或中碳合金钢是大量应用的钢种。我们知道，$w_C$ 在 0.3%~1.0% 范围内将得到板条状和片状马氏体的混合组织。如将这些钢种进行高温加热淬火，在屈服强度保持不变的情况下，可以大幅度提高钢的韧性。这是由于高温加热使奥氏体化学成分均匀，消除富碳区，淬火冷却可在组织中少出现片状马氏体而获得较多甚至全部的板条状马氏体。

对于高碳钢件，为了获得较多的板条状马氏体，可以采用较低温度快速、短时间加热淬火方法，保留较多的未溶碳化物，降低奥氏体中的含碳量并阻止富碳微区的形成。

在防止焊接冷裂纹方面，马氏体转变点 *Ms* 和 *Mf* 对焊接过程形成冷裂纹的敏感性影响很大。*Ms* 点高的钢，在较高温度下可以形成板条状马氏体，产生“自回火”现象，转变过程产生的内应力可以局部消除。此外焊接过程所吸收的氢可以扩散逸出一部分，从而可以减少形成氢裂的可能性。因此，焊接结构用钢，其 *Ms* 点应不低于 300℃，如果 *Mf* 点高于 260℃，则在 260℃以前完成马氏体转变，焊接时不易形成冷裂纹。

焊接结构用钢希望含碳量要低（不超过 0.2%），这是由于含碳量低等温转变图左移，过冷奥氏体不稳定，临界淬火速度大，因而焊接冷却时不易形成马氏体；另一方面，即使形成低碳马氏体，因其强韧性好，焊接冷裂纹的敏感性也不大。

对于中碳高强度焊接构件，焊接冷却时容易得到强硬的马氏体组织，必须采取充分预热、缓冷等措施，以防片状马氏体的形成。预热温度与含碳量有关，一般可在 *Ms* 点附近。焊后应缓冷，尽量采用多层焊，必要时焊后立即进行热处理以降低形成焊接冷裂纹的倾向性。

中锰耐磨铸铁也是利用马氏体的例子。Mn 是一个扩大奥氏体相区、降低 *Ms* 点并使等温转变图显著右移的元素。当铸铁中锰的质量分数大于 2% 时，基体中会出现马氏体。$w_C$ = 5.0% ~ 6.0% 的稀土镁中锰球墨铸铁，基体组织中含有 $\varphi$ = 70% ~ 80% 的马氏体和下贝氏体，使球墨铸铁的抗拉强度大于 400MPa，硬度大于 48HRC，显著提高了铸铁的耐磨性，广泛用来制作球磨机的磨球和煤粉机的锤头等耐磨零件。

## 六、贝氏体转变

钢在珠光体转变温度以下、马氏体转变温度以上的温度范围内，过冷奥氏体将发生贝氏体转变，又称中温转变。贝氏体转变具有某些珠光体转变和马氏体转变的特点，又有区别于它们的独特之处。同珠光体转变相似，贝氏体也是由铁素体和碳化物组成的机械混合物，在转变过程中发生碳在铁素体中的扩散。但贝氏体转变特征和组织形态又与珠光体不同。和马氏体转变一样，奥氏体向铁素体的晶格改组是通过切变方式进行的。新相铁素体和母相奥氏体保持一定的位向关系。但贝氏体是两相组织，通过碳原子扩散，可以发生碳化物沉淀。因此，贝氏体转变是有扩散、有共格的转变。

贝氏体，特别是下贝氏体通常具有优良的综合力学性能。生产上钢从奥氏体状态快速冷却到贝氏体转变温度区发生恒温转变的等温淬火工艺就是为了得到贝氏体组织。因此，研究贝氏体的组织、性能及其转变特点具有重要意义。

### （一）贝氏体的组织形态

由于奥氏体中含碳量、合金元素以及转变温度不同，钢中贝氏体组织形态有很大差异。通常含碳量 $w_C$ 高于 0.4% 的碳素钢，在贝氏体区较高温度范围内（600 ~ 350℃）形成的贝氏体叫上贝氏体，在较低温度范围内（350℃ ~ *Ms*）形成的贝氏体叫下贝氏体。中、高碳钢的上贝氏体组织在光学显微镜下的典型特征呈羽毛状（图 9-45a）。在电子显微镜下，上贝氏体由许多从奥氏体晶界向晶内平行生长的条状铁素体和在相邻铁素体条间存在的断续的、短杆状的渗碳体所组成（图 9-45b）。其中的铁素体含过饱和的碳，存在位错缠结；铁素体的形态和亚结构与板条马氏体相似，但其位错密度比马氏体要低 2 ~ 3 个数量级，约为 $10^8$ ~ $10^9$cm$^{-2}$。随着形成温度下降，上贝氏体中铁素体条宽度变细，渗碳体细化且弥散度增大。

在上贝氏体中的铁素体条间还可能存在未转变的残留奥氏体。特别是钢中含有 Si 和 Al

a)

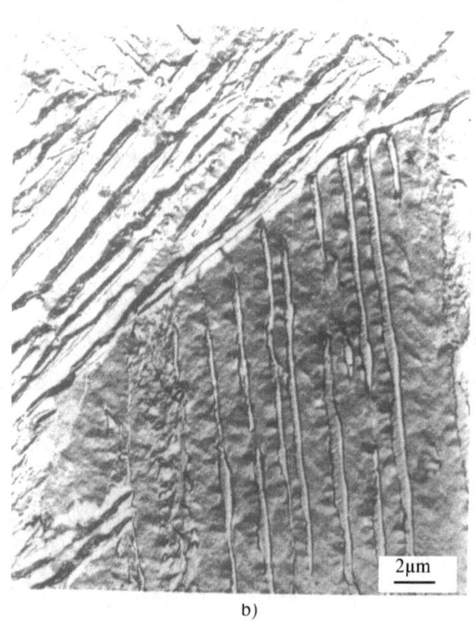


b)

图 9-45　上贝氏体的显微组织

a）光学显微组织（羽毛状）　b）透射电镜组织

时，由于 Si 和 Al 延缓渗碳体沉淀，使铁素体条间的奥氏体为碳所富集而趋于稳定，形成条状铁素体之间存在残留奥氏体的上贝氏体组织。

下贝氏体组织也是由铁素体和碳化物组成的。在光学显微镜下观察，下贝氏体呈黑色针状（图 9-46a）。它可以在奥氏体晶界上形成，但更多的是在奥氏体晶粒内沿某些晶面单独地或成堆地长成针叶状。在电子显微镜下，下贝氏体由含碳过饱和的片状铁素体和其内部析出的微细ε-碳化物组成。其中铁素体的含碳量高于上贝氏体中的铁素体；其立体形态，同片状马氏体一样，也是呈双凸透镜状；亚结构为高密度位错，位错密度比上贝氏体中铁素体

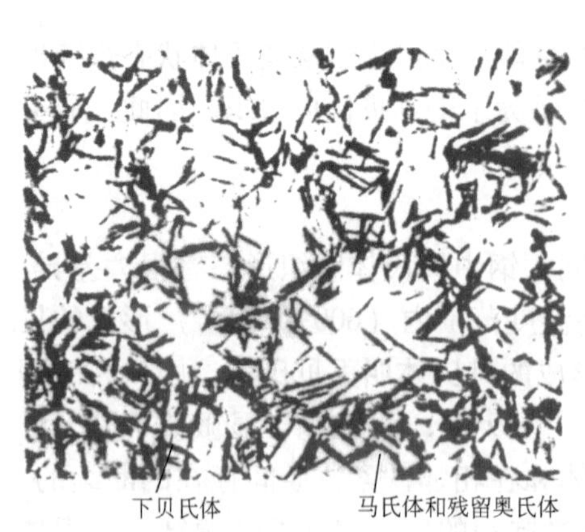


a)

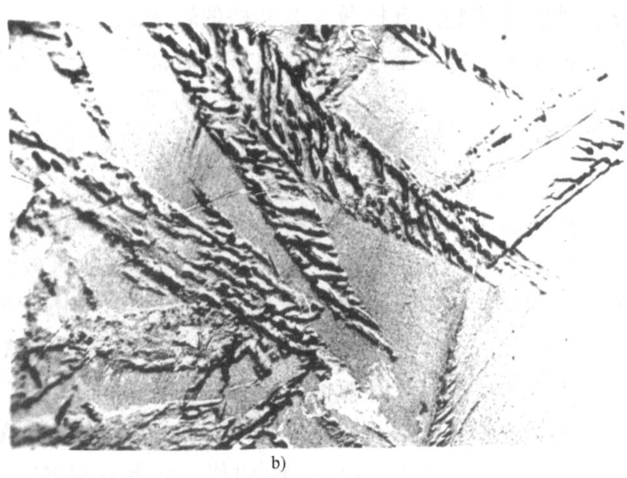

b)

图 9-46　下贝氏体显微组织

a）光学显微镜组织　b）电子显微镜组织

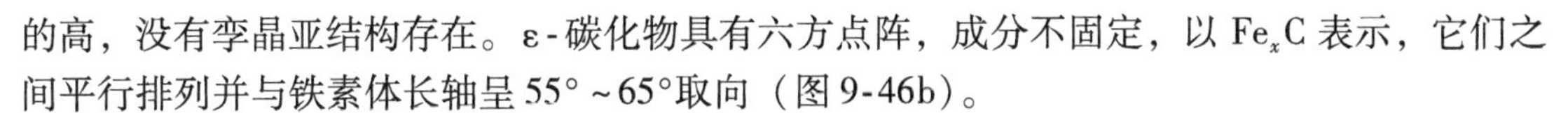

的高，没有孪晶亚结构存在。ε-碳化物具有六方点阵，成分不固定，以 $Fe_xC$ 表示，它们之间平行排列并与铁素体长轴呈 55°～65°取向（图 9-46b）。

近年来，在一些低碳钢及低、中碳合金钢中还发现一种粒状贝氏体（图 9-47）。其形成温度一般在上贝氏体形成温度以上和奥氏体转变为贝氏体最高温度（$B_s$ 点）以下的温度范围内。其组织特征是在大块状铁素体内分布着一些小岛。这些小岛在高温下原是奥氏体富碳区。在冷却过程中由于冷却条件和奥氏体稳定性不同，可以分解为铁素体和碳化物，形成珠光体，可以转变为马氏体，也可以以残留奥氏体的形式保留下来。一些研究工作表明，大多数结构钢，无论等温转变图形状如何，也无论是连续冷却还是等温冷却，只要冷却过程控制在一定温度范围内，都可以形成粒状贝氏体，并且其组织组成物也是多种多样的。

**（二）贝氏体的性能**

贝氏体的力学性能主要取决于其组织形态。贝氏体是铁素体和碳化物组成的双相组织，其中各相的形态、大小和分布都影响贝氏体的性能。

上贝氏体形成温度较高，铁素体晶粒和碳化物颗粒较粗大，碳化物呈短杆状平行分布在铁素体板条之间，铁素体和碳化物分布有明显的方向性。这种组织状态使铁素体条间易产生脆断，铁素体条本身也可能成为裂纹扩展的路径。如图 9-48 所示，在 400～550℃温度区间形成的上贝氏体不但硬度低，而且冲击韧度也显著降低。所以在工程材料中一般应避免上贝氏体组织的形成。

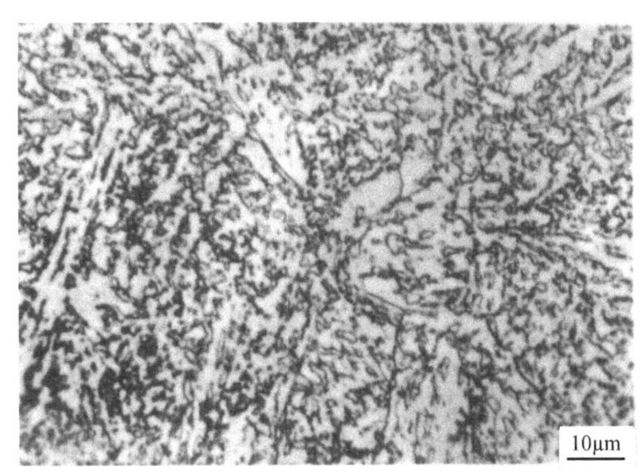


图 9-47　25Cr2MoV 钢粒状贝氏体

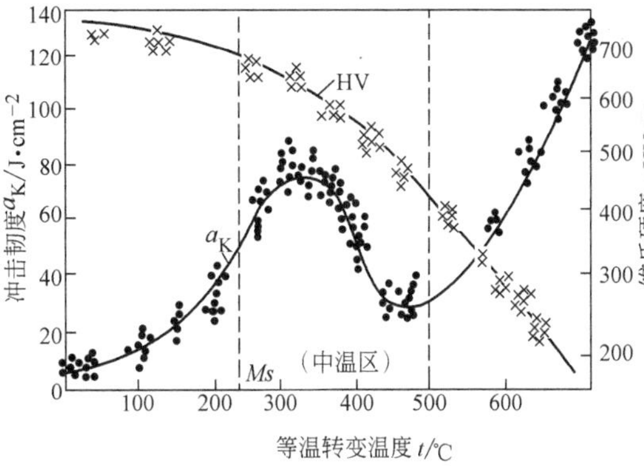

图 9-48　等温转变温度对共析钢力学性能的影响

下贝氏体中铁素体针细小而均匀分布，位错密度很高，在铁素体内部又沉淀析出细小、多量而弥散的ε-碳化物。因此下贝氏体不但强度高，而且韧性也很好，即具有良好的综合力学性能。生产上广泛采用等温淬火工艺就是为了得到这种强、韧结合的下贝氏体组织。

粒状贝氏体组织中，在颗粒状或针状铁素体基体中分布着许多小岛。这些小岛无论是残留奥氏体、马氏体，还是奥氏体的分解产物，都可起到第二相强化作用。如图 9-49 所示，粒状贝氏体的抗拉强度和屈服强度随小岛所占面积的增多而提高。

一些研究结果表明，下贝氏体比回火高碳马氏体具有更高的韧性、较低的缺口敏感性和裂纹敏感性。这可能是由于高碳马氏体有大量孪晶。在相同强度水平下，下贝氏体的断裂韧度不如板条型回火马氏体，但要高于孪晶型回火马氏体。因此，对于高碳孪晶型马氏体的钢种以及其他中碳钢结构零件，采用等温淬火工艺是适宜的。

### （三）贝氏体转变的特点

1. 贝氏体转变是一个形核与长大的过程

贝氏体转变和珠光体相似，是一个相分解为两个相，其转变过程也是一个形核和长大的过程。贝氏体转变通常需要一定的孕育期（图 9-11），在孕育期内，由于碳在奥氏体中重新分布，造成浓度起伏，随着过冷度增大，奥氏体成分越来越不均匀，因而有可能形成富碳区和贫碳区，在含碳较低的部位首先形成铁素体晶核。上贝氏体中铁素体晶核一般优先在奥氏体晶界贫碳区上形成，下贝氏体由于过冷度大，铁素体晶核可在奥氏体晶粒内形成。铁素体形核后，当浓度起伏合适且晶核尺寸超过临界尺寸时便开始长大，在其长大的同时，过饱和的碳从铁素体向奥氏体中扩散，并于铁素体条之间或在铁素体片内部沉淀析出碳化物。因此贝氏体长大速度受碳的扩散所控制。通常，上贝氏体的长大速度取决于碳在奥氏体中的扩散，而下贝氏体的转变速度取决于碳在铁素体中的扩散。因此，贝氏体转变速度远比马氏体低。

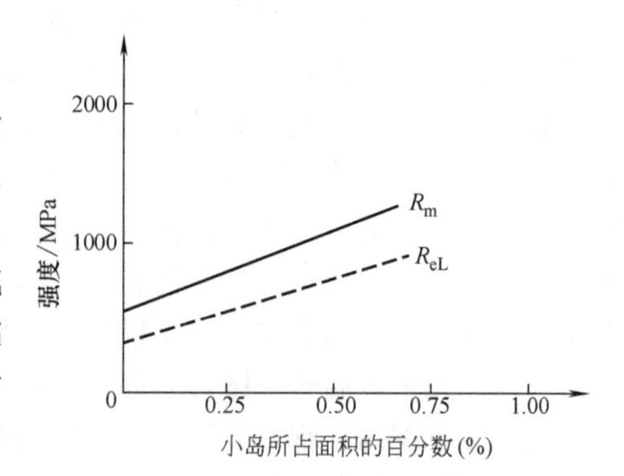


图 9-49 粒状贝氏体内小岛面积对强度的影响（每个原奥氏体晶粒）（钢的化学成分：$w_{Cr}=1\%$、$w_{Mo}=0.5\%$、微量 B）

2. 贝氏体中铁素体的形成是按马氏体转变机制进行的

试验证明，上、下贝氏体形成时，在事先抛光的试样表面上可以观察到表面浮凸现象，说明贝氏体转变时铁素体是通过马氏体转变机制，即切变机制转变而成的。贝氏体中铁素体和奥氏体保持共格联系并沿母相奥氏体特定的晶面依靠切变而长大。在中、高碳钢里，上贝氏体中铁素体的惯习面近于 $\{111\}_\gamma$，而下贝氏体的惯习面近于 $\{225\}_\gamma$。

贝氏体中铁素体与母相奥氏体也保持严格的结晶学位向关系。例如，共析钢在 350～450℃之间形成的上贝氏体中，铁素体与奥氏体间存在西山关系；而共析钢在 250℃形成的下贝氏体中，铁素体与奥氏体中的位向关系符合 K-S 关系。此外，上、下贝氏体中渗碳体与母相奥氏体、渗碳体与铁素体之间也都遵循一定的结晶学位向关系。

为什么在 *Ms* 点以上贝氏体温度范围内，贝氏体中的铁素体可以通过马氏体机制形成呢？图 9-50 可示意地说明这个问题。图中在 Fe-$Fe_3C$相图上画出马氏体相变平衡温度 $T_0$ 及 *Ms* 点。当奥氏体过冷至中温区某一温度 $T_1$ 等温时，在孕育期内由于碳原子的扩散重新分布，奥氏体内形成贫碳区和富碳区。当某一贫碳区的碳含量低于 $C_1$ 时，其 *Ms* 点已高于 $T_1$ 温度，此时，这一贫碳区在 $T_1$ 温度就通过马氏体转变机制形成铁素体。等温温度越低，转变所需的贫碳区碳含量降低越少，铁素体的含碳过饱和度越大。因此，与马氏体转变的 *Ms* 点相对应，存在贝氏体转变开始温度 *Bs* 点，奥氏体必须过冷到 *Bs* 点以下才能发生贝氏体转变。

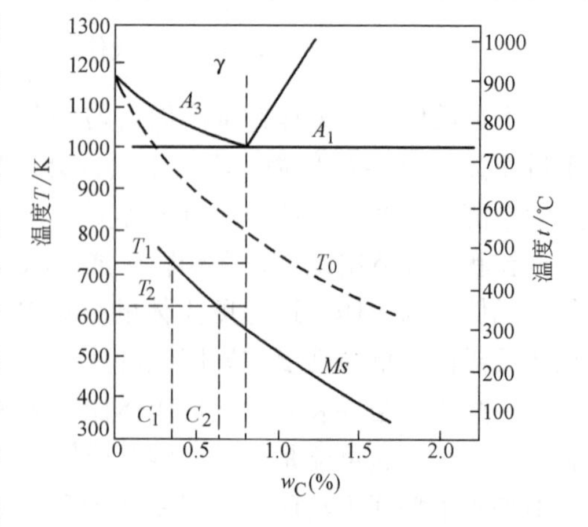


图 9-50 贝氏体转变与马氏体转变的关系

3. 贝氏体中碳化物的分布与形成温度有关

奥氏体在中温区不同温度等温，由于贝氏体中碳化物分布不同，可以形成不同类型的贝氏体。

对于低碳钢，如果转变温度比较高，碳原子扩散能力比较强，在贝氏体中铁素体形成的同时，碳原子可以由铁素体通过铁素体-奥氏体相界面向奥氏体进行充分的扩散，从而得到由条状铁素体组成的无碳化物贝氏体（图9-51a）。由于形成温度高，过冷度小，新相和母相自由能差小，故铁素体条较宽，数量少，条间距离较大。未转变的奥氏体在继续保温过程中转变为珠光体或冷却至室温时转变为马氏体，也可能以残留奥氏体的形式保留下来。

如果奥氏体转变温度较低，处于上贝氏体转变温度范围内，此时碳原子由铁素体通过铁素体-奥氏体相界面向奥氏体的扩散不能充分进行，因此在奥氏体晶界上形成相互平行的铁素体条的同时，碳仍可从铁素体向奥氏体中扩散。由于碳在铁素体中的扩散速度大于在奥氏体中的扩散速度，故当铁素体条间奥氏体的碳浓度富集到一定程度时便析出渗碳体，从而得到在铁素体条间分布断续渗碳体的羽毛状贝氏体（图9-51b）。

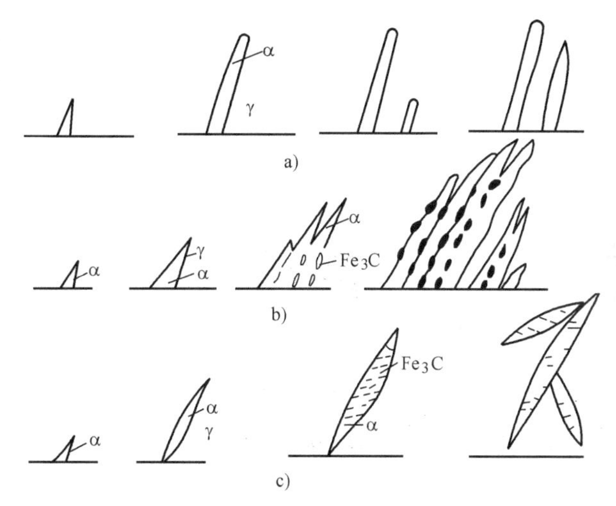


图9-51　贝氏体转变示意图
a）无碳化物贝氏体　b）上贝氏体　c）下贝氏体

当奥氏体转变温度更低时，碳在奥氏体中的扩散更加困难，而碳在铁素体中的扩散仍可进行。因而使碳原子只能在铁素体内某些特定晶面上偏聚，进而析出ε-碳化物，得到针状的下贝氏体（图9-51c）。

**（四）魏氏组织的形成**

在实际生产中，含碳量 $w_C = 0.2\% \sim 0.6\%$ 的亚共析钢和 $w_C > 1.2\%$ 的过共析钢，经铸造、热轧、热锻或熔化焊后的空冷过程中，或者当加热温度过高并以较快速度冷却时，先共析铁素体或先共析渗碳体从奥氏体晶界沿奥氏体一定晶面往晶内生长，呈针片状析出。在金相显微镜下可以观察到从奥氏体晶界生长出来的近于平行的或其他规则排列的针状铁素体或渗碳体以及其间存在的珠光体组织，这种组织称为魏氏组织（图9-52）。前者称为铁素体魏氏组织（图9-52a），后者称为渗碳体魏氏组织（图9-52b）。

魏氏组织中铁素体是按切变机制形成的，与贝氏体中铁素体形成机制相似，在试样表面上也会出现浮凸现象。由于铁素体是在较快冷却速度下形成的，因此铁素体只能沿奥氏体某一特定晶面（惯习面 $\{111\}_\gamma$）析出，并与母相奥氏体存在晶体学位向关系（K-S关系）。这种针状铁素体可以从奥氏体中直接析出，也可以沿奥氏体晶界首先析出网状铁素体，然后再从网状铁素体平行地向晶内长大。当魏氏组织中的铁素体形成时，铁素体中的碳扩散到两侧母相奥氏体中，从而使铁素体针之间的奥氏体碳含量不断增加，最终转变为珠光体。按贝氏体转变机制形成的魏氏组织，其铁素体实际上就是无碳贝氏体。

魏氏组织的形成与钢中含碳量、奥氏体晶粒大小及冷却速度（转变温度）有关。图9-53

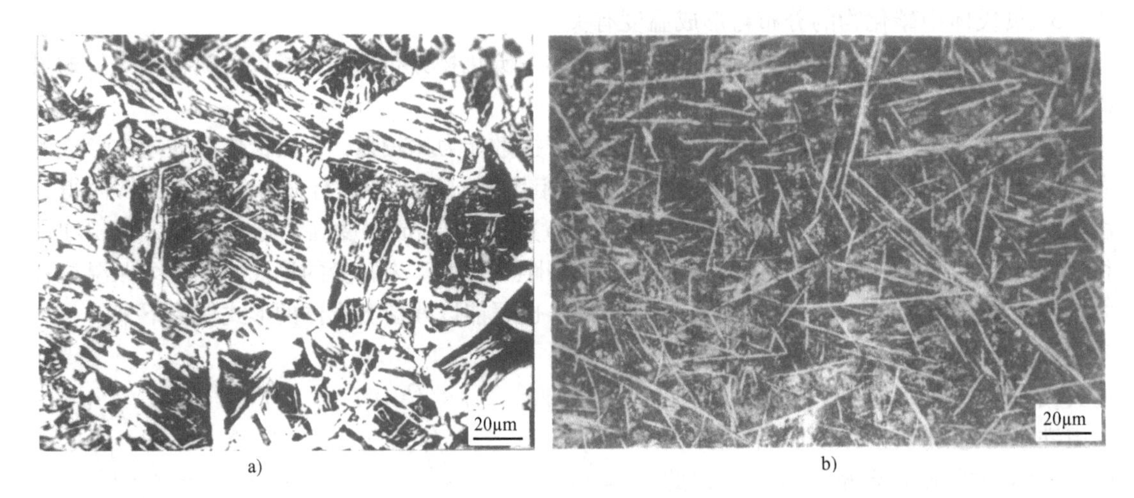


图 9-52　铁素体魏氏组织和渗碳体魏氏组织

表示各类铁素体及渗碳体的形成温度和含碳量的范围。由图可见，只有在较快冷却速度和一定碳含量范围内才能形成魏氏组织（W 区）。当亚共析钢中碳的质量分数超过 0.6% 时，由于含碳量高，形成贫碳区的概率很小，故魏氏组织难以形成。研究表明（图 9-54），对于亚共析钢，当奥氏体晶粒较细小时，只有含碳量在 $w_C$ = 0.15% ~ 0.35% 的狭窄范围内，冷却速度较快时才能形成魏氏组织。奥氏体晶粒越细小，越容易形成网状铁素体，而不容易形成魏氏组织。奥氏体晶粒越粗大，越容易形成魏氏组织，形成魏氏组织的含碳量的范围变宽。因此魏氏组织通常伴随奥氏体粗晶组织出现。

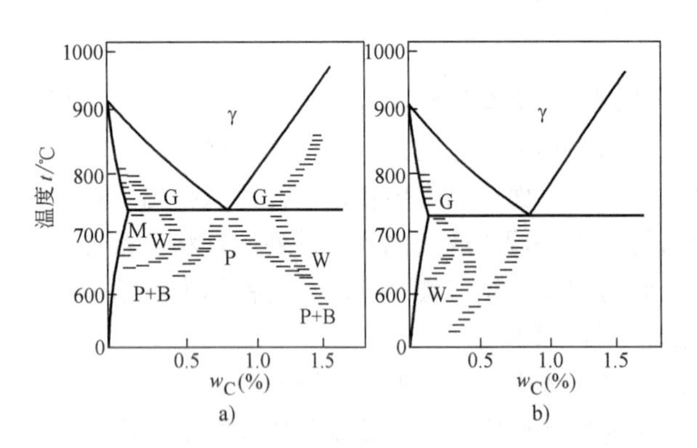


图 9-53　铁碳合金中先共析铁素体、先共析渗碳体的形态与转变温度和含碳量的关系

a）奥氏体晶粒度为 0 ~ 1 级

b）奥氏体晶粒度为 7 ~ 8 级

M—析出块状组织　W—形成魏氏组织

G—沿奥氏体晶界析出网状组织

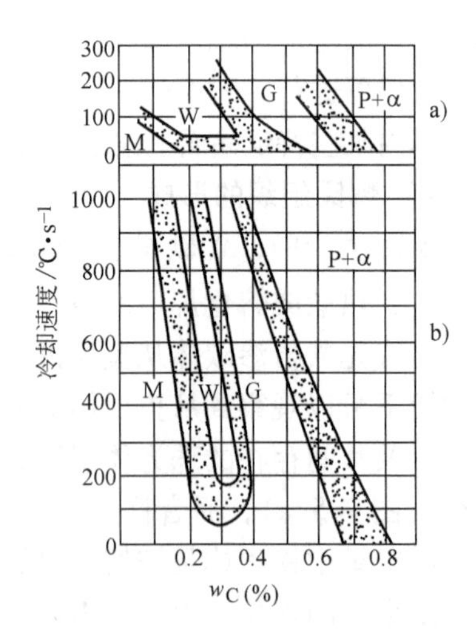


图 9-54　亚共析钢析出先共析铁素体形貌与含碳量和冷却速度的关系

a）奥氏体晶粒粗大　b）奥氏体晶粒较大

魏氏组织是钢的一种过热缺陷组织。它使钢的力学性能，特别是冲击韧度和塑性显著降低，并提高钢的脆性转折温度，因而使钢容易发生脆性断裂。所以比较重要的工件都要对魏氏组织进行金相检验和评级。

但是，一些研究指出，只有当奥氏体晶粒粗化，出现粗大的铁素体或渗碳体魏氏组织并严重切割基体时，才使钢的强度和冲击韧度显著降低。而当奥氏体晶粒比较细小时，即使存在少量针状的铁素体魏氏组织，并不显著影响钢的力学性能。这是由于魏氏组织中的铁素体有较细的亚结构、较高的位错密度。因此所说的魏氏组织降低钢的力学性能总是和奥氏体晶粒粗化联系在一起的。

当钢或铸钢中出现魏氏组织降低其力学性能时，首先应当考虑是否由于加热温度过高，使奥氏体晶粒粗化造成的。对易出现魏氏组织的钢材可以通过控制轧制、降低终锻温度、控制锻（轧）后的冷却速度或者改变热处理工艺，例如，通过细化晶粒的调质、正火、退火、等温淬火等工艺来防止或消除魏氏组织。

## 七、过冷奥氏体连续冷却转变图及其应用

等温转变图反映过冷奥氏体在等温条件下的转变规律，可以用来指导等温热处理工艺。但是，钢的正火、退火、淬火等热处理以及钢在铸、锻、焊后的冷却都是从高温连续冷却至低温，过冷奥氏体在一个温度范围内发生转变。这种转变可变的外部因素就是过冷奥氏体的冷却速度，研究连续冷却转变实质上就是研究冷却速度对过冷奥氏体分解及分解产物的影响。而这种影响又是通过温度起作用的。连续冷却过程实际上是过冷奥氏体通过了由高温到低温的整个区间。连续冷却速度不同，到达各个温度区间的时间以及在各个温度区间停留的时间也不同。由于过冷奥氏体在不同温度区间的分解产物不同，因此连续冷却转变得到的往往是不均匀的混合组织。

过冷奥氏体连续冷却转变图又称为 CCT 图，它是分析连续冷却过程中奥氏体转变过程及转变产物组织和性能的依据，也是制定钢的热处理工艺的重要参考资料。

### （一）过冷奥氏体连续冷却转变图的建立

通常应用膨胀法、金相法和热分析法测定过冷奥氏体的连续冷却转变图。利用快速膨胀仪可将 $\phi$3mm×10mm 试样真空感应加热到奥氏体状态，程序控制冷却速度，并能方便地从不同冷却速度的膨胀曲线上确定转变开始点（转变量 $\varphi$ 为1%）、转变终了点（转变量 $\varphi$ 为99%）所对应的温度和时间，将试验测得的数据标在温度-时间对数坐标中，连接相同意义的点便得到过冷奥氏体连续冷却转变图。图9-55为用膨胀法测得的共析钢连续冷却转变图。图中 $v_1$、$v_2$、$v_3$……是不同的冷却速度。为了提高测量精度可配合使用金相法或热分析法，以得到较精确的连续冷却转变图。

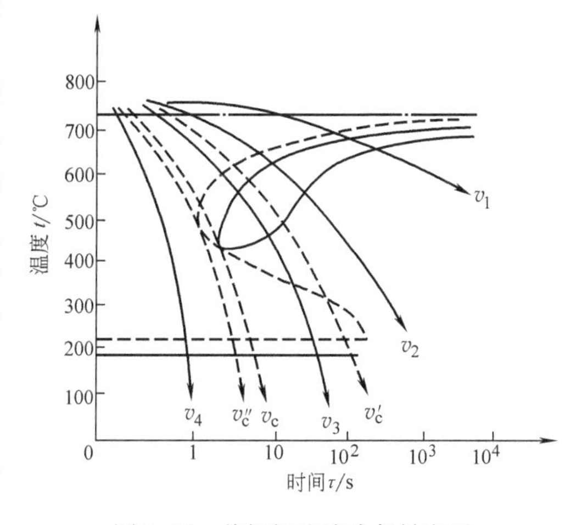


图9-55　共析钢连续冷却转变图

### （二）连续冷却转变图分析

共析钢连续冷却转变图最为简单，只有珠光体转变区和马氏体转变区，说明共析钢连续冷却时没有贝氏体形成。图9-55中珠光体转

变区左边一条线叫过冷奥氏体转变开始线，右边一条线叫过冷奥氏体转变终了线，下面一条线叫过冷奥氏体转变中止线。*Ms* 和冷速 $v_c$ 线以下为马氏体转变区。由图 9-55 还可看出，过冷奥氏体连续冷却速度不同，发生的转变及室温组织也不同。当以很慢的速度冷却时（如 $v_1$），发生转变的温度较高，转变开始和转变终了的时间很长。冷却速度增大，发生转变的温度降低，转变开始和终了的时间缩短，而转变经历的温度区间增大。但是，只要冷却速度小于冷却曲线 $v_c'$，冷却至室温将得到全部珠光体组织，只是组织弥散程度不同而已。如果冷却速度在 $v_c$ 和 $v_c'$之间，当冷至珠光体转变开始线时，开始发生珠光体转变，但冷至过冷奥氏体转变中止线，则中止珠光体转变，继续冷却至 *Ms* 点以下，未转变的奥氏体转变为马氏体，室温组织为珠光体加马氏体。如果冷却速度大于 $v_c$，奥氏体过冷至 *Ms* 点以下发生马氏体转变，冷至 *Mf* 点，转变终止，最终得到马氏体加残留奥氏体组织。由此可见，冷却速度 $v_c$ 和 $v_c'$是获得不同转变产物的分界线。$v_c$ 表示过冷奥氏体在连续冷却过程中不发生分解，而全部过冷至 *Ms* 点以下发生马氏体转变的最小冷却速度，称为上临界冷却速度，又称临界淬火速度；$v_c'$表示过冷奥氏体在连续冷却过程中全部转变为珠光体的最大冷却速度，又称下临界冷却速度。

图 9-56 和图 9-57 分别为亚、过共析钢连续冷却转变图。与共析钢不同，亚共析钢连续冷却转变图出现了先共析铁素体析出区域和贝氏体转变区域。此外，*Ms* 线右端下降，是由于先共析铁素体的析出和贝氏体的转变使周围奥氏体富碳。过共析钢连续冷却转变图与共析钢较为相似，在连续冷却过程中也无贝氏体区。所不同的是有先共析渗碳体析出区域，此外 *Ms* 线右端升高，这是由先共析渗碳体的析出使周围奥氏体贫碳造成的。

现以图 9-56 为例分析冷却速度对亚共析钢转变产物组织和性能的影响。图中 α、P、B、M 分别代表铁素体、珠光体、贝氏体及马氏体转变区。每一条冷却曲线代表一定的冷却速度，每条冷却曲线下端的数字为室温组织的平均硬度值，各条冷却曲线与各转变终了线相交的数字表示已转变组织组成物所占体积分数。图 9-56 中的 $v_1$、$v_2$、$v_3$ 标志了三种不同的冷却速度，当以速度 $v_2$ 冷却时，与珠光体转变开始线（即先共析铁素体析出终了线）相交处

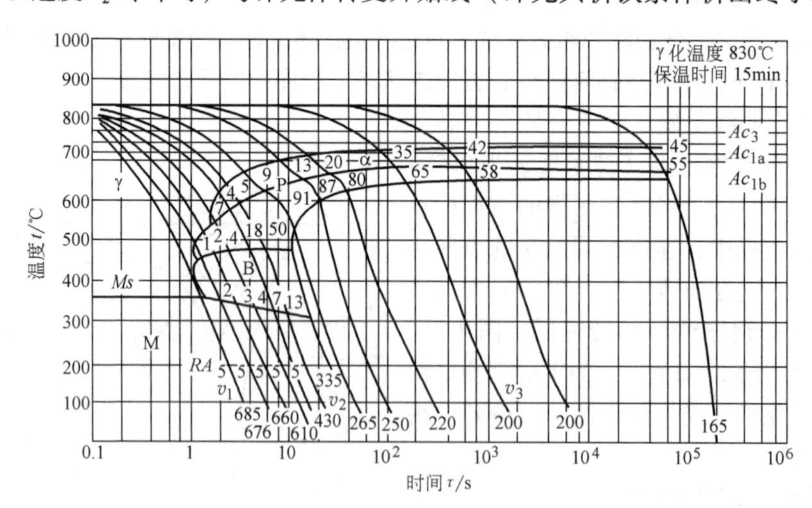


图 9-56　亚共析钢的连续冷却转变图

（$w_C=0.46$　$w_{Si}=0.26$　$w_{Mn}=0.39$　$w_P=0.012$　$w_S=0.026$

$w_{Al}=0.003$　$w_{Cr}=0.12$　$w_{Ca}=0.215$　$w_N=0.06$）

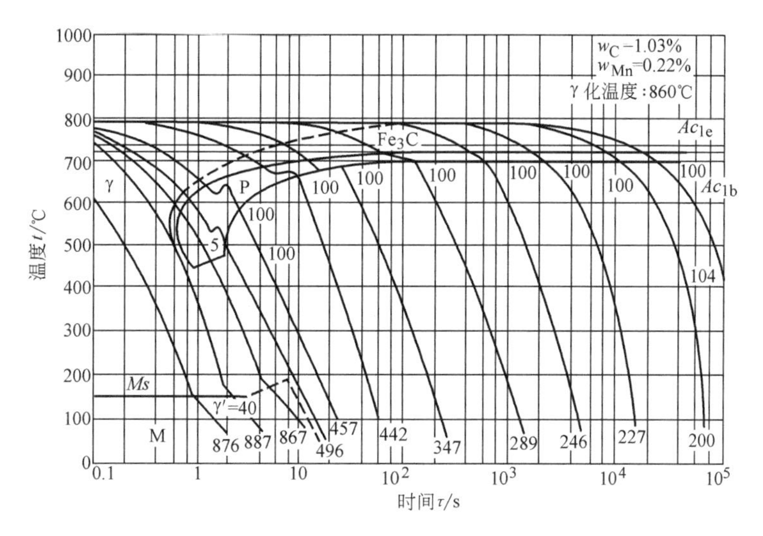


图 9-57 过共析钢的连续冷却转变图

（$w_C$ = 1.03 $w_{Mn}$ = 0.22）

的数字 4 表示过冷奥氏体有 4% 转变为先共析铁素体；与过冷奥氏体转变中止线相交处的数字 18，表示珠光体转变量占全部组织的 18%；而与 Ms 相交处的数字 7 表示全部组织的 7% 为贝氏体，剩余 71% 的奥氏体大部分转变为马氏体并保留少量的残留奥氏体。最终得到铁素体、珠光体、贝氏体、马氏体和残留奥氏体的混合组织，其硬度为 430HV。

合金钢连续冷却转变时可以有珠光体转变而无贝氏体转变，也可以有贝氏体转变而无珠光体转变，或者两者兼而有之。具体的连续冷却转变图则由加入钢中合金元素的种类和含量而定。但是合金元素对连续冷却转变图的影响规律与对等温转变图的影响基本上相似。

由上可见，根据钢的连续冷却转变图，可以知道过冷奥氏体在不同冷却速度下所经历的转变以及最终得到的组织和性能，同时还能清楚地确定钢的临界淬火速度。这对于确定钢的淬火方法、选择淬火冷却介质提供了重要依据。

**（三）连续冷却转变图和等温转变图比较**

连续冷却转变过程可以看成是无数个温度相差很小的等温转变过程。由于连续冷却时过冷奥氏体的转变是在一个温度范围内发生的，故转变产物是不同温度下等温转变组织的混合。但是由于冷却速度对连续冷却转变的影响，使某一温度范围内的转变得不到充分的发展。因此，连续冷却转变又有不同于等温转变的特点。

如前所述，在共析钢和过共析钢中连续冷却时不出现贝氏体转变，这是由于奥氏体碳浓度高，使贝氏体孕育期大大延长，在连续冷却时贝氏体转变来不及进行便冷却至低温。同样，在某些合金钢中，连续冷却时不出现珠光体转变也是这个原因。

图 9-55 中虚线为共析钢的等温转变图，实线为同种钢的连续冷却转变图。两者相比，连续冷却转变图中珠光体开始转变线和珠光体转变终了线均在等温转变图的右下方，在合金钢中也是如此。这说明与等温转变相比，连续冷却转变的转变温度较低，孕育期较长。

图 9-55 中与等温转变图珠光体开始转变线相切的冷却速度 $v_c''$ 也可视为钢的临界冷却速

度。显然，$v_c''$大于连续冷却转变曲线的 $v_c$。因此，用 $v_c''$代替 $v_c$，用等温转变图来估计连续冷却过程是不合适的。但是由于连续冷却转变曲线比较复杂而且难以测试，在没有连续冷却转变图而只有等温转变图的情况下，可用 $v_c''$定性地分析钢淬火时得到马氏体的难易程度，还可利用等温转变图估算连续冷却临界淬火速度 $v_c$，$v_c''$大致等于实际测定 $v_c$ 的 1.5 倍。

**（四）连续冷却转变图应用举例**

钢的热处理多数是在连续冷却条件下进行的，因此连续冷却转变图对热处理生产具有直接指导作用。

1. 从连续冷却转变图上可以获得真实的钢的临界淬火速度

钢的临界淬火速度 $v_c$ 是过冷奥氏体不发生分解直接得到全部马氏体（含残留奥氏体）的最低冷却速度，它可直接从连续冷却转变图上获得。钢的临界淬火速度与连续冷却转变图的形状和位置有关。若某钢连续冷却转变图中珠光体转变孕育期较短，而贝氏体转变孕育期较长，那么该钢的临界淬火速度可用与连续冷却转变图中珠光体开始转变线相切的冷却曲线对应的冷却速度表示。反之，对于珠光体转变孕育期比贝氏体长的钢件，其临界淬火速度可用与连续冷却转变图贝氏体开始转变线相切的冷却曲线表示。对于亚共析钢、低合金钢及过共析钢，临界淬火速度则取决于抑制先共析铁素体或抑制先共析碳化物的临界冷却速度。

临界淬火速度 $v_c$ 表示钢接受淬火的能力，也表示钢淬火获得马氏体的难易程度。它是研究钢的淬透性、合理选择钢材和制定正确的热处理工艺的重要依据之一。例如，钢淬火时的冷却速度必须大于钢的临界淬火速度 $v_c$，而铸、锻、焊后的冷却希望得到珠光体型组织，则其冷却速度必须小于与连续冷却转变图珠光体转变终了线相切的冷却曲线所表示的冷却速度（如图 9-55 中 $v_c'$）。

2. 连续冷却转变图是制定正确的冷却规范的依据

由于钢的连续冷却转变图给出了不同冷却速度下所得到的组织和性能以及钢的临界淬火速度。那么根据钢件的材质、尺寸、形状及组织性能要求，查出相应钢的连续冷却转变图，即可选择适当的冷却速度和淬火冷却介质来满足组织性能的要求。通常选择以最小冷却速度而淬火成马氏体为原则。例如，某钢连续冷却转变图中，过冷奥氏体的最短孕育期为 1 ~ 2s，那么相应尺寸的钢在油中冷却不能淬硬。若最短孕育期为 5 ~ 10s，则可进行油淬。若最短孕育期为 100s，则空冷也可以淬硬。

3. 根据连续冷却转变图可以估计淬火以后钢件的组织和性能

由于连续冷却转变图精确反映了钢在不同冷却速度下所经历的各种转变、转变温度、时间以及转变产物的组织和性能，因此，根据连续冷却转变图可以预计钢件表面或内部某点在某一具体热处理条件下的组织和硬度。只要知道钢件截面上各点的冷却曲线和该钢的连续冷却转变图，就可以判断钢件沿截面的组织和硬度分布。而不同直径碳钢及低合金钢棒料在水、油、空气等介质中的冷却曲线已用试验方法测定出来，根据这些资料可以确定不同直径钢件在水、油和空气中冷却时截面上各点的冷却曲线。

## 第四节　钢在回火时的转变

回火是将淬火钢加热到低于临界点 $A_1$ 的某一温度保温一定时间，使淬火组织转变为稳

定的回火组织，然后以适当方式冷却到室温的一种热处理工艺。

淬火钢的组织主要是马氏体或马氏体加残留奥氏体，并且钢中内应力很大。马氏体和残留奥氏体在室温下都处于亚稳定状态，马氏体处于含碳过饱和状态，残留奥氏体处于过冷状态，它们都趋于向铁素体加渗碳体（碳化物）的稳定状态转化。但在室温下，原子扩散能力很低，这种转化很困难，回火则促进组织转化，因此淬火钢件必须立即回火，以消除或减小内应力，防止变形或开裂，并获得稳定的组织和所需的性能。

为了保证淬火钢回火获得所需的组织和性能，必须研究淬火钢在回火过程中的组织转变，探讨回火钢性能和组织形态的关系，并为正确制定回火工艺（温度、时间等）提供理论依据。

## 一、淬火钢的回火转变及其组织

淬火碳钢回火时，随着回火温度升高和回火时间的延长，相应地要发生如下几种转变。

### （一）马氏体中碳的偏聚

马氏体中过饱和的碳原子处于体心立方晶格扁八面体间隙位置，使晶体产生很大的晶格畸变，处于受挤压状态的碳原子有从晶格间隙位置脱溶出来的自发趋势。但在80～100℃以下温度回火时，铁原子和合金元素难以进行扩散迁移，碳原子也只能进行短距离的扩散迁移。板条状马氏体存在大量位错，碳原子倾向于偏聚在位错线附近的间隙位置，形成碳的偏聚区，降低马氏体的弹性畸变能。例如，含碳量 $w_C<0.25\%$ 的低碳马氏体，间隙原子进入马氏体晶格中刃型位错旁的拉应力区形成所谓“柯氏气团”，使马氏体晶格不呈现正方度，而成为立方马氏体。只有当马氏体中含碳量 $w_C>0.25\%$，晶格缺陷中容纳的碳原子达到饱和时，多余碳原子才形成碳原子偏聚区，从而使马氏体的正方度增大。

片状马氏体的亚结构主要为孪晶，除少量碳原子向位错线偏聚外，大量碳原子将向垂直于马氏体 $c$ 轴的（100）面富集，形成小片富碳区，碳原子偏聚区厚度只有零点几纳米，直径约为1.0nm。

碳原子的偏聚现象不能用金相方法直接观察到，但可用电阻法或内耗法间接证实。

### （二）马氏体分解

当回火温度超过80℃时，马氏体开始发生分解，碳原子偏聚区的碳原子将发生有序化，继而转变为碳化物从过饱和α固溶体中析出。随着马氏体的碳含量降低，晶格常数 $c$ 逐渐减小，$a$ 增大，正方度 $c/a$ 减小。马氏体的分解持续到350℃以上，在高合金钢中可持续到600℃。

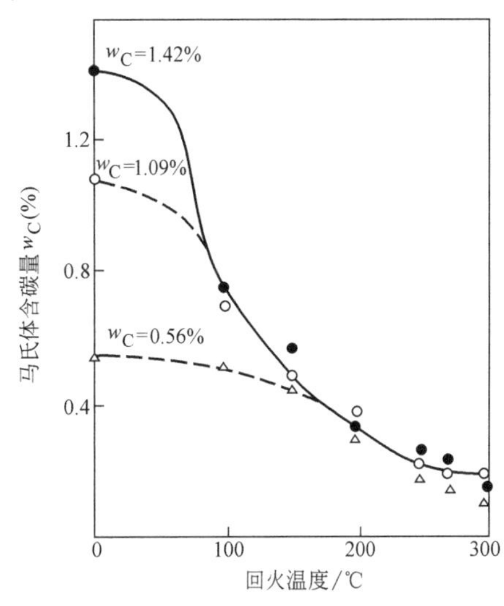


图9-58　马氏体的含碳量与回火温度的关系

回火温度对马氏体的分解起决定作用。马氏体的含碳量随回火温度的变化规律如图9-58所示。马氏体的含碳量随回火温度升高不断降低，高碳钢的马氏体含碳量降低较快。回火时间对马氏体中含碳量影响较小（图9-59）。当回火温度高于150℃后，在一定温度下，随回火时间延长，在开始1～2h内，过饱和碳从马氏体中析出很快，然后逐渐减慢，随后再延长时间，马氏体中含碳量变化不大。因此钢的回火保温时间常在 2h 左右。回火温度越高，回火初期碳含量下降越多，最终马氏体碳含量越低。

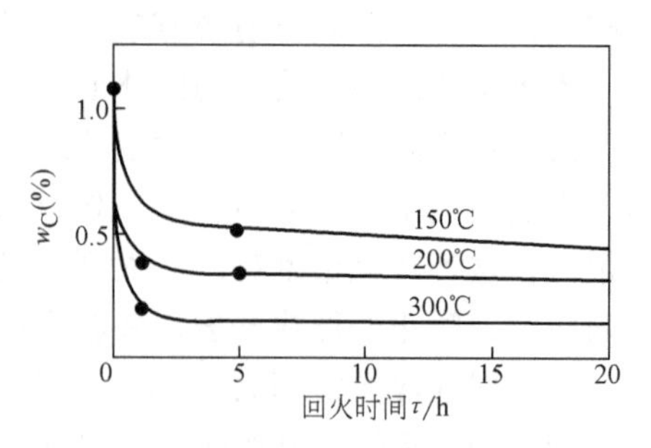


图 9-59　$w_C$ = 1.09% 的钢在不同温度回火时马氏体中含碳量与回火时间的关系

高碳钢在 350℃以下回火时，马氏体分解后形成的低碳 α 相和弥散 ε-碳化物组成的双相组织称为回火马氏体。这种组织较淬火马氏体容易腐蚀，故在光学显微镜下呈黑色针状组织（图 9-60）。回火马氏体中 α 相含碳量 $w_C$ = 0.2% ~ 0.3%，ε-碳化物具有密排六方晶格，通常用 ε-$Fe_xC$ 表示，其中 $x = 2 \sim 3$。经 X 射线测出，ε-$Fe_xC$ 与母相之间有共格关系（惯习面为 $\{100\}_M$），并保持一定的结晶学位向关系。

图 9-60　$w_C$ = 1.3% 的钢经 1150℃水淬、200℃回火 1h 后的金相显微组织

高碳钢在 80 ~ 150℃回火时，由于碳原子活动能力低，马氏体分解只能依靠 ε-碳化物在马氏体晶体内不断生核、析出，而不能依靠 ε-碳化物的长大进行。在紧靠 ε-碳化物的周围，马氏体的碳含量急剧降低，形成贫碳区，而距 ε-碳化物较远的马氏体仍保持淬火后较高的原始碳含量。于是在低温加热后，钢中除弥散 ε-碳化物外，还存在碳含量高、低不同的两种 α 相（马氏体）。这种类型的马氏体分解称为两相式分解。当回火温度在 150 ~ 350℃之间时，碳原子活动能力增加，能进行较长距离扩散。因此，随着回火保温时间延长，ε-碳化物可从较远处获得碳原子而长大，故低碳 α 相增多，高碳 α 相逐渐减少。最终不存在两种不同碳含量的 α 相，马氏体的碳含量连续不断地下降。这就是连续式分解。直到 350℃左右，α 相碳含量达到平衡时，正方度趋近于 1。至此，马氏体分解基本结束。

含碳量 $w_C$ < 0.2% 的板条状马氏体在淬火冷却时已发生自回火，析出碳化物。在 100 ~ 200℃之间回火时，绝大部分碳原子都偏聚到位错线附近，没有 ε-碳化物析出。

### （三）残留奥氏体的转变

钢淬火后总是多少存在一些残留奥氏体。残留奥氏体随淬火加热时奥氏体中碳和合金元素的含量的增加而增多。含碳量 $w_C$ > 0.5% 的碳钢或低合金钢淬火后，有可观数量的残留奥氏体。高碳钢淬火后于 250 ~ 300℃之间回火时，将发生残留奥氏体分解。图 9-61 是 $w_C$ = 1.06% 的钢于 1000℃淬火，并经不同温度回火保温 30min 后，用 X 射线测定的残留奥氏体量变化（淬火后残留奥氏体体积分数尚存 35%）。可见，随回火温度升高，残留奥氏体量减少。

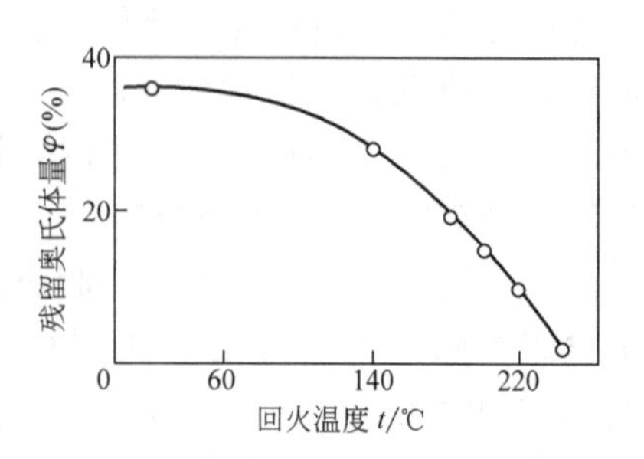


图 9-61　$w_C$ = 1.06% 的钢油淬后残留奥氏体量和回火温度的关系

残留奥氏体与过冷奥氏体并无本质区别，它们的等温转变图很相似，只是两者的物理状态不同而使转变速度有所差异而已。图 9-62 是高碳铬钢残留奥氏体和过冷奥氏体的等温转变图。由图可见，与过冷奥氏体相比，残留奥氏体向贝氏体转变速度较快，而向珠光体转变速度则较慢。残留奥氏体在高温区内回火时，先析出先共析碳化物，随后分解为珠光体；在低温区内回火时，将转变为贝氏体。在珠光体和贝氏体转变温度区间也存在一个残留奥氏体的稳定区。

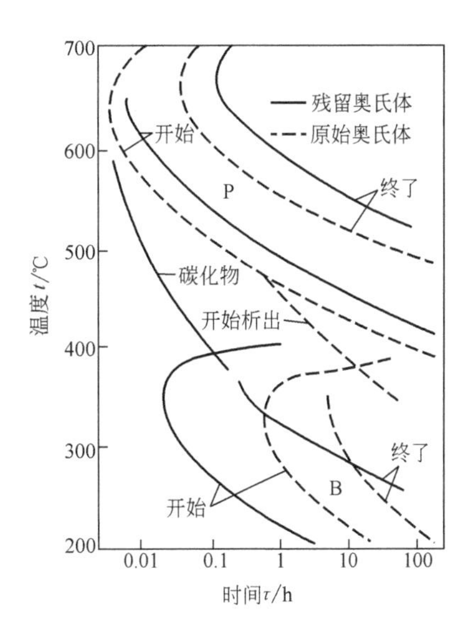


图 9-62　铬钢两种奥氏体的等温转变图（$w_C=1.0\%$、$w_{Cr}=4\%$）

淬火高碳钢在 200～300℃ 回火时，残留奥氏体分解为 α 相和 ε-$Fe_xC$ 组成的机械混合物，称为回火马氏体或下贝氏体。

**（四）碳化物的转变**

马氏体分解及残留奥氏体转变形成的 ε-碳化物是亚稳定的过渡相。当回火温度升高至 250～400℃ 时，形成比 ε-碳化物更稳定的碳化物。

碳钢中比 ε-碳化物稳定的碳化物有两种：一种是 χ-碳化物，又称 Hägg 碳化物，化学式是 $Fe_5C_2$，具有单斜晶格；另一种是更稳定的 θ-碳化物，即渗碳体（$Fe_3C$）。

碳化物的转变主要取决于回火温度，也与回火时间有关。图 9-63 表示回火温度和回火时间对淬火钢中碳化物变化的影响。由图可见，随着回火时间的延长，发生碳化物转变的温度降低。

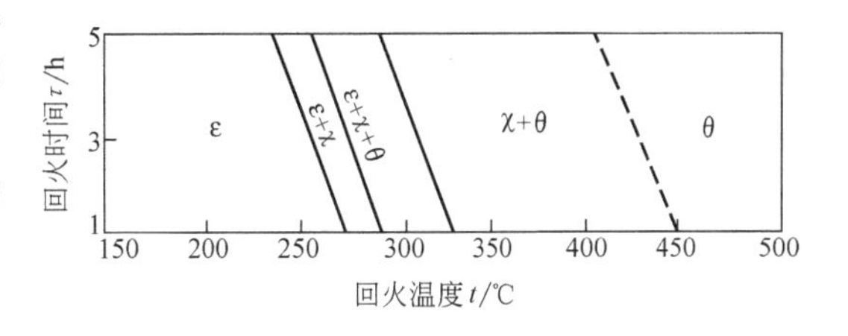


图 9-63　淬火高碳钢（$w_C=1.34\%$）回火时碳化物转变温度和时间的关系

回火温度高于 250℃ 时，含碳量 $w_C>0.4\%$ 的马氏体中 ε-碳化物逐渐溶解，同时沿 $\{112\}_M$ 晶面析出 χ-碳化物。χ-碳化物呈小片状平行地分布在马氏体中，尺寸约 5nm，它和母相马氏体有共格界面并保持一定的位向关系。由于 χ-碳化物与 ε-碳化物的惯习面和位向关系不同，所以 χ-碳化物不是由 ε-碳化物直接转变来的，而是通过 ε-碳化物溶解并在其他地方重新形核、长大的方式形成的。这种所谓“单独形核”的方式，通常称为“离位析出”。

随着回火温度升高，钢中除析出 χ－碳化物以外，还同时析出 θ-碳化物，即 $Fe_3C$。析出 θ-碳化物的惯习面有两组：一组是 $\{112\}_M$ 晶面，与 χ-碳化物的惯习面相同，说明这组 θ-碳化物可能是从 χ-碳化物直接转变过来的，即“原位析出”；另一组是 $\{100\}_M$ 晶面，说明这组 θ-碳化物不是由 χ-碳化物直接转变得到的，而是由 χ-碳化物首先溶解，然后重新形核长大，以“离位析出”方式形成的。刚形成的 θ-碳化物与母相仍保持共格关系，当长大到一定尺寸时，共格关系难以维持，在 300～400℃ 时共格关系陆续破坏，渗碳体脱离 α 相而析出。

当回火温度升高到 400℃ 以后，淬火马氏体完全分解，但 α 相仍保持针状外形，先前形成的ε-碳化物和χ-碳化物此时已经消失，全部转变为细粒状θ-碳化物，即渗碳体。这种由针状α相和无共格联系的细粒状渗碳体组成的机械混合物称为回火托氏体。图9-64为淬火高碳钢400℃回火时得到的回火托氏体金相显微组织，其渗碳体颗粒难以分辨。在电子显微镜下可以清楚地看出回火托氏体中α相和细粒状渗碳体（图9-65）。

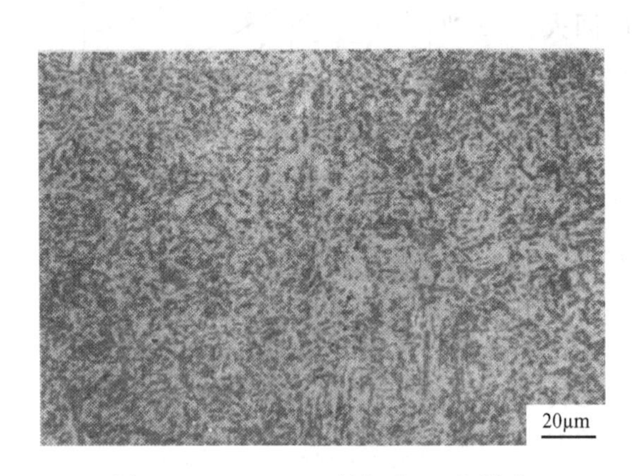


图9-64　$w_C$ = 0.8%的钢在850℃淬火并经400℃回火1h后的组织

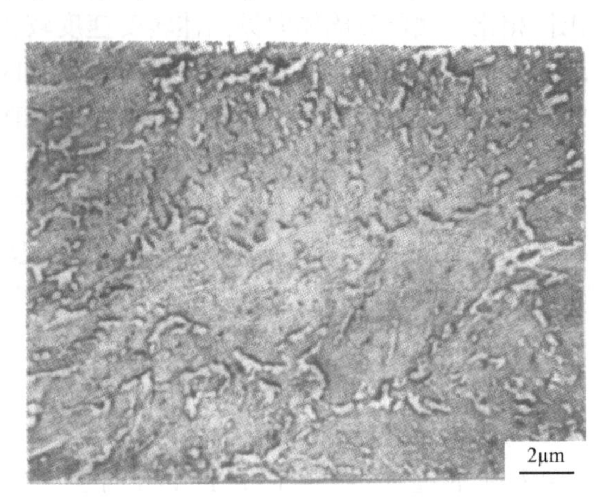


图9-65　$w_C$ = 0.8%的钢在820℃淬火并经430℃回火1h后的透射电镜复型组织

回火温度高于200℃时，含碳量 $w_C$ < 0.2%的马氏体将在碳原子偏聚区通过连续式分解方式直接析出θ-碳化物。含碳量 $w_C$ 介于0.2%～0.4%的马氏体可由ε-碳化物直接转变为θ-碳化物，而不形成χ-碳化物。

**（五）渗碳体的聚集长大和α相回复、再结晶**

当回火温度升高至400℃以上时，已脱离共格关系的渗碳体开始明显地聚集长大。片状渗碳体长度和宽度之比逐渐缩小，最终形成粒状渗碳体。碳化物的球化和长大过程，是按照细颗粒溶解、粗颗粒长大的机制进行的。淬火碳钢经高于500℃的回火后，碳化物已经转变为粒状渗碳体。当回火温度超过600℃时，细粒状渗碳体迅速聚集并粗化。$w_C$ = 0.34%的钢中渗碳体颗粒直径与回火温度、回火时间的关系示于图9-66中。

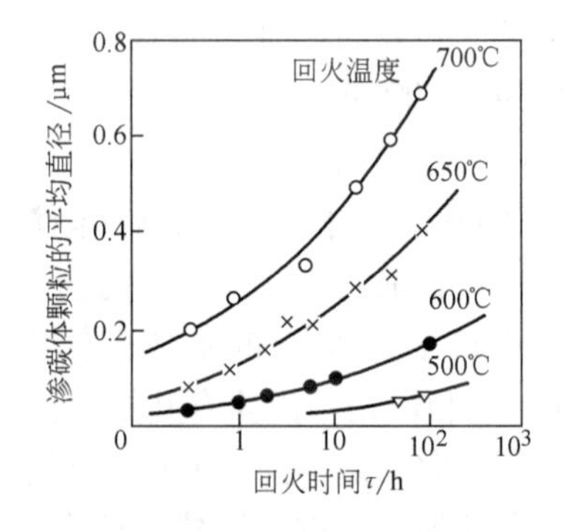


图9-66　$w_C$ = 0.34%的钢回火温度和回火时间对渗碳体颗粒直径的影响

在碳化物聚集长大的同时，α相的状态也在不断发生变化。马氏体晶粒不呈等轴状，而是通过切变方式形成的，晶格缺陷密度很高，因此，在回火过程中α相也会发生回复和再结晶。

板条状马氏体的回复过程主要是α相中位错胞和胞内位错线逐渐消失，使晶体的位错密度减小，位错线变得平直。回火温度从400℃到500℃以上时，剩余位错发生多边化，形成亚晶粒，α相发生明显回复，此时α相的形态仍然具有板条状特征（图9-67）。随着回火温度的升高，亚晶粒逐渐长大，亚晶界移动的结果可以形成大角度晶界。当回火温度超过600℃时，α相开始发生再结晶，由板条晶逐渐变成位错密度很低的等轴晶。图9-68为α相发生部分再结晶的组织。对于片状马氏体，当回火温度高于250℃时，马氏体片中的孪晶亚结构开始消失，出现位错网络。回火温度升高到400℃以上时，孪晶全部消失，α相发生回复过程。当回火温度超过600℃时，α相发生再结晶过程，α相的针状形态消失，形成等轴的铁素体晶粒。

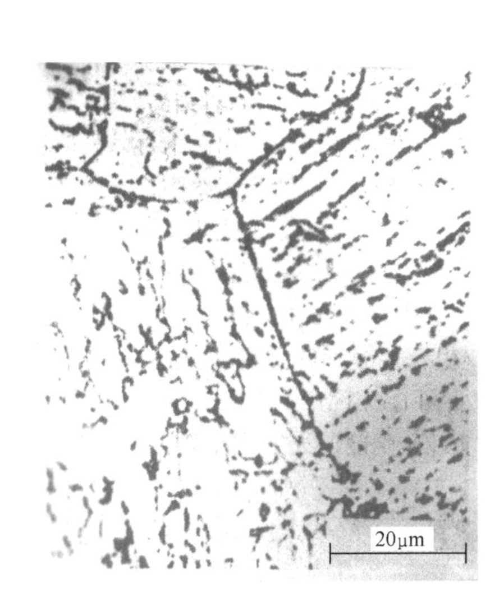


图9-67　淬火低碳钢（$w_C$=0.18%）中α相的回复组织（600℃回火10min）

图9-68　淬火低碳钢（$w_C$=0.18%）中α相部分再结晶的组织（600℃回火96h）

淬火钢在500～650℃回火得到的回复或再结晶了的铁素体和粗粒状渗碳体的机械混合物称为回火索氏体。在光学显微镜下能分辨出颗粒状渗碳体（图9-69），在电子显微镜下可看到渗碳体颗粒明显粗化（图9-70）。

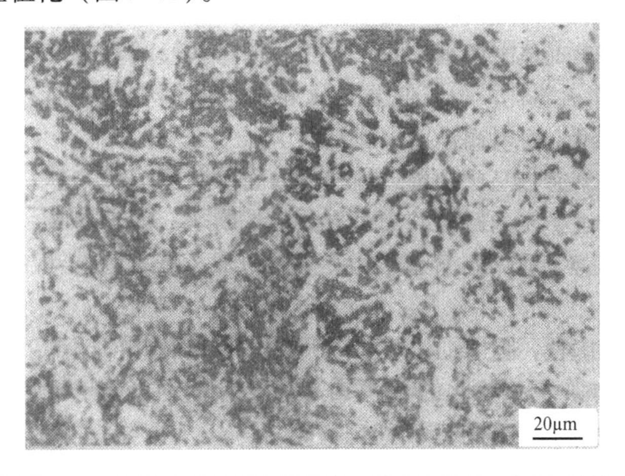


图9-69　$w_C$=0.80%的钢在990℃淬火并经600℃回火1h后的组织

另一方面，当回火温度为400～600℃时，由于马氏体分解、碳化物转变、渗碳体聚集长大及α相回复或再结晶，淬火钢的残余内应力基本消除。

## 二、淬火钢在回火时性能的变化

淬火钢回火时，力学性能随回火温度的变化而发生一定的变化，这种变化与显微组织的变化有密切关系。淬火钢在回火时硬度变化的总趋势是，随着回火温度的升高，钢的硬度不断下降，如图9-71所示。含碳量$w_C$>0.8%的高碳钢在100℃左右回火时，硬度反而略有升高，这是由马氏体中碳原子的偏聚及ε-碳化物析出引起弥散强化造成的。在200～300℃回火时，硬度下降的趋势变得平缓。显然，这是由于马氏体分解使钢的硬度下降及残留奥氏体转变使钢的硬度升高两方面因素综合作用的结果。回火温度在300℃以上时，由于渗碳体与母相的共格关系破坏以及渗碳体的聚集长大而使钢的硬度呈直线下降。

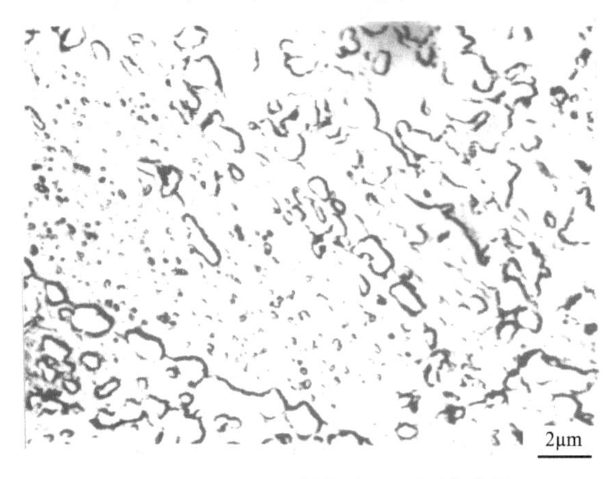


图9-70　$w_C$=0.8%的钢在820℃淬火并经540℃回火1h后透射电镜复型组织

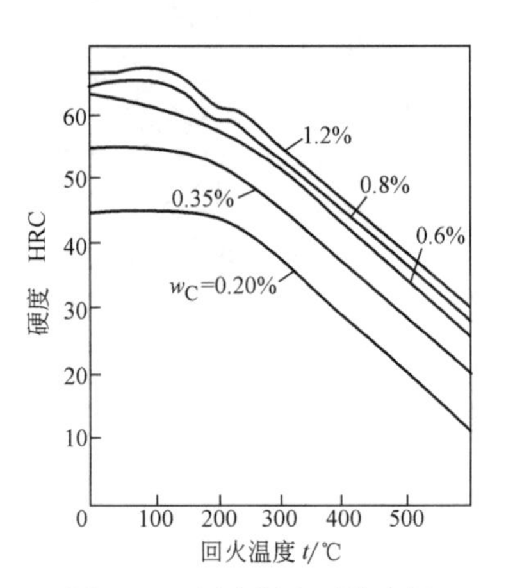


图9-71　回火温度对淬火钢回火后硬度的影响

碳钢随着回火温度的升高，其强度$R_m$、$R_{eL}$不断下降，而塑性$A$和$Z$不断升高（图9-72）。但在200～300℃较低温度回火时，由于内应力的消除，钢的强度和硬度都得到提高。对于一些工具材料，可采用低温回火以保证较高的强度和耐磨性（图9-72c）。但高碳钢低温回火后塑性较差，而低碳钢低温回火后具有良好的综合力学性能（图9-72a）。在300～400℃回火时，钢的比例极限$\sigma_p$最高，因此一些弹簧钢件均采用中等温度回火。当回火温度进一步提高，钢的强度迅速下降，但钢的塑性和韧性却随回火温度升高而增长。在500～600℃回火时，塑性达到较高的数值，并且保留相当高的强度。因此中碳钢采用淬火加高温回火可以获得良好的综合力学性能（图9-72b）。

合金元素可使钢的各种回火转变温度范围向高温推移，可以减少钢在回火过程中硬度下降的趋势，说明合金钢耐回火性高，比碳钢具有更高的抵抗回火软化过程的能力，即回火抗力高。与相同含碳量的碳钢相比，在高于300℃回火时，在相同回火温度和回火时间情况下，合金钢具有较高的强度和硬度。反过来，为得到相同的强度和硬度，合金钢可以在更高温度下回火，这又有利于钢的韧性和塑性的提高。

## 三、回火脆性

淬火钢回火时的冲击韧度并不总是随回火温度的升高单调地增大，有些钢在一定的温度范围内回火时，其冲击韧度显著下降，这种脆化现象称为钢的回火脆性（图9-73）。钢在250～400℃温度范围内出现的回火脆性叫第一类回火脆性，也称低温回火脆性；在450～650℃温度范围内出现的回火脆性叫第二类回火脆性，也称高温回火脆性。

第一类回火脆性几乎在所有的工业用钢中都会出现。一般认为，第一类回火脆性是由于

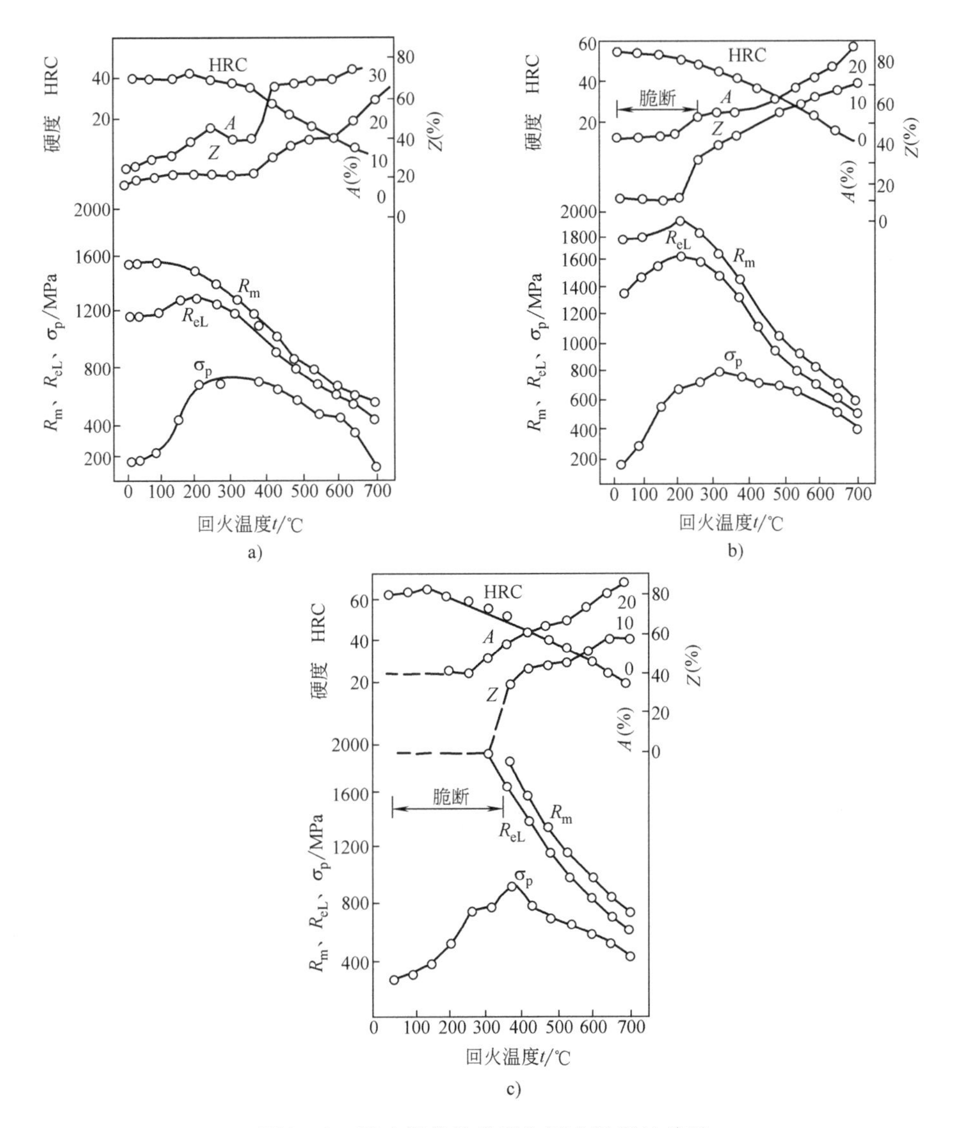


图 9-72　淬火钢拉伸性能与回火温度的关系

a）$w_C$ = 0.2%　b）$w_C$ = 0.41%　c）$w_C$ = 0.82%

马氏体分解时沿马氏体条或片的界面析出断续的薄壳状碳化物，降低了晶界的断裂强度，使之成为裂纹扩展的路径，因而导致脆性断裂。如果提高回火温度，由于析出的碳化物聚集和球化，改善了脆化界面状况而使钢的韧性又重新恢复或提高。

钢中含有合金元素一般不能抑制第一类回火脆性，但 Si、Cr、Mn 等元素可使脆化温度推向更高温度。例如，$w_{Si}$ = 1.0% ~ 1.5% 的钢，产生脆化的温度为 300 ~ 320℃；而 $w_{Si}$ = 1.0% ~ 1.5%、$w_{Cr}$ = 1.5% ~ 2.0% 的钢，脆化温度可达 350 ~ 370℃。

到目前为止，还没有一种有效地消除第一类回火脆性的热处理或合金化方法。为了防止低温回火脆性，通常的办法是避免在脆化温度范围内回火。

第二类回火脆性主要在合金结构钢中出现，碳钢一般不出现这种脆性。第二类回火脆性通常在回火保温后缓冷的情况下出现（图 9-73 下部虚线），若快速冷却，脆化现象将消失或受到抑制。因此这种回火脆性可以通过再次高温回火并快冷的办法消除，但是若将已消除脆性的钢件重新高温回火并随后缓冷，脆化现象又再次出现。为此，高温回火脆性又称可逆回火脆性。

钢中含有 Cr、Mn、P、As、Sb 等元素时，会使第二类回火脆性倾向增大。如果钢中除 Cr 以外，还含有 Ni 或相当量的 Mn 时，则第二类回火脆性更为显著。而 W、Mo 等元素能减弱第二类回火脆性的倾向。例如，钢中含有 $w_{Mo}$ 为 0.5% 左右或 $w_W$ 为 1% 时，可以有效地抑制第二类回火脆性。

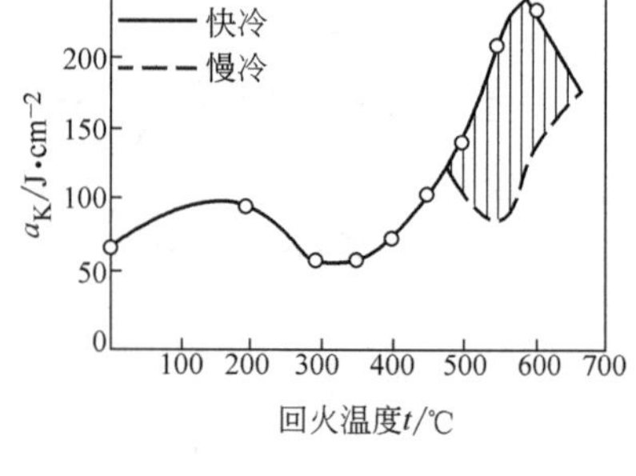


图 9-73 $w_C = 0.3\%$、$w_{Cr} = 1.74\%$、$w_{Ni} = 3.4\%$ 钢的冲击韧度与回火温度的关系

第二类回火脆性产生的原因亦有许多说法。目前比较引人注意的是晶界偏聚机制。Sb、Sn、P、As 等杂质元素在回火处理时向原奥氏体晶界偏聚，减弱了奥氏体晶界上原子间的结合力，降低晶界断裂强度是产生第二类回火脆性的主要原因。Ni、Cr 等合金元素不但促进这些杂质元素的偏聚，而且本身也向晶界偏聚，进一步降低了晶界断裂强度，从而增大了回火脆性倾向。Mo 与杂质元素发生交互作用，抑制杂质元素向晶界偏聚，从而能减轻回火脆性倾向。

上述杂质元素偏聚机制能较好地解释第二类回火脆性的许多现象，并能有力地说明钢在 450 ~ 550℃ 长期停留使杂质原子有足够时间向晶界偏聚而造成脆化的原因，却难以说明这类回火脆性对冷速的敏感性。

防止或减轻第二类回火脆性的方法很多。采用高温回火后快冷的方法可抑制回火脆性，但这种方法不适用于对回火脆性敏感的较大工件。在钢中加入 Mo、W 等合金元素阻碍杂质元素在晶界上偏聚，也可以有效地抑制第二类回火脆性。此外，对亚共析钢采用在 $A_1 \sim A_3$ 临界区亚温淬火方法，使 P 等杂质元素溶入残留的铁素体中，减轻 P 等杂质元素在原奥氏体晶界上的偏聚，也可以减小第二类回火脆性倾向。还有，选择含杂质元素极少的优质钢材以及采用形变热处理等方法都可以减轻第二类回火脆性。

## 四、淬火后的回火产物与奥氏体直接分解产物的性能比较

同一钢件经淬火加回火处理后，可以得到回火托氏体或回火索氏体组织；由过冷奥氏体直接分解可得到托氏体或索氏体组织。这两类转变产物的组织和性能有什么差别呢？它们都是铁素体加碳化物的珠光体类型组织，但是回火托氏体和回火索氏体中的碳化物是呈颗粒状的，而托氏体和索氏体中的碳化物是片状的。碳化物呈颗粒状的组织使钢的许多性能得到改善。图 9-74 表示在相同硬度下共析钢片状组织和粒状组织的力学性能。硬度在 20 ~ 35HRC 范围内，淬火加回火产物是回火索氏体；而直接分解产物是细珠光体，即索氏体。由图可见，在相同硬度时，两类组织的抗拉强度相近，但回火索氏体组织的 $R_{eL}$、$A$、$Z$ 等性能均比索氏体高。尤其是硬度在 25 ~ 30HRC 范围内，$R_{eL}$ 和 $Z$ 的差别最大。可见，硬度为 25 ~ 30HRC 的回火索氏体组织综合力学性能远比索氏体好得多。这是由于片状碳化物受力时会使基体产生很大的应力集中，易使碳化物片产生脆断或形成微裂纹。而粒状碳化物造成的应力集中小，微裂纹不易产生，故钢的塑性、韧性好。因此，工程上凡是承受冲击并要求优良综合力学性能的工件都要进行淬火加高温回火处理，即调质处理，以得到具有优良综合力学

性能的回火索氏体组织。

对于具有回火脆性的钢种，与进行淬火加低温回火获得的回火马氏体相比，进行等温淬火获得的下贝氏体性能更为优越。图 9-75 是在相同强度条件下 40CrNiMo 钢两种转变产物冲击韧度的比较。图上的数字表示回火温度或奥氏体等温分解温度。由图可见，钢分别进行淬火后在第一类回火脆性温度范围回火及在第一类回火脆性温度范围等温淬火后，当强度相同时，下贝氏体的冲击韧度显著高于回火马氏体。所以生产上在条件可能的情况下尽量采用等温淬火方法，取代淬火加低温回火，以获得优良的综合力学性能。

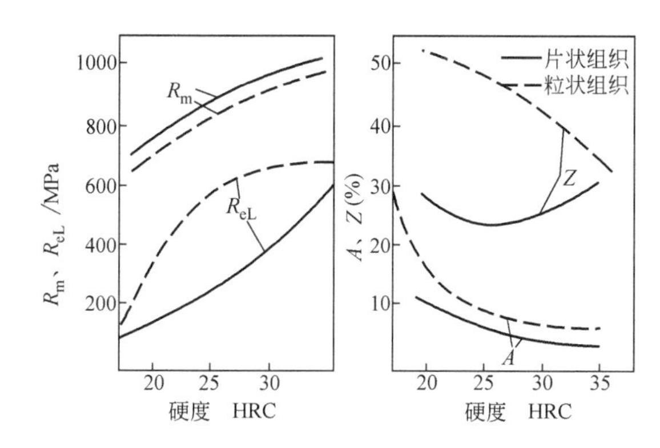


图 9-74　$w_C=0.84\%$ 钢的淬火组织与奥氏体直接分解组织力学性能的比较

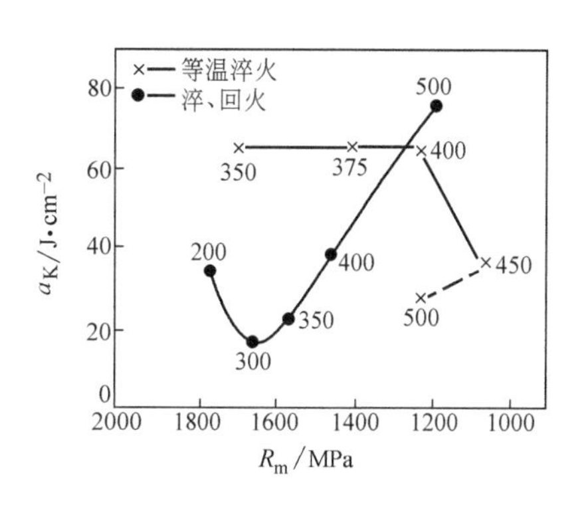


图 9-75　40CrNiMo 钢经等温淬火和淬、回火处理后冲击韧度的比较

## 习　题

9-1　金属固态相变有哪些主要特征？哪些因素构成相变的阻力？

9-2　何谓奥氏体晶粒度？说明奥氏体晶粒大小对钢的性能的影响。

9-3　试述珠光体形成时钢中碳的扩散情况及片、粒状珠光体的形成过程。

9-4　试比较贝氏体转变与珠光体转变和马氏体转变的异同。

9-5　简述钢中板条马氏体和片状马氏体的形貌特征和亚结构，并说明它们在性能上的差异。

9-6　试述钢中典型的上、下贝氏体的组织形态、立体模型并比较它们的异同。

9-7　何为魏氏组织？简述魏氏组织的形成条件、对钢的性能的影响及其消除方法。

9-8　简述碳钢的回火转变和回火组织。

9-9　比较珠光体、索氏体、托氏体和回火珠光体、回火索氏体、回火托氏体的组织和性能。

9-10　为了获得均匀奥氏体，在相同奥氏体化加热温度下，是原始组织为球状珠光体的保温时间短，还是细片状珠光体保温时间短？试利用奥氏体形成机构说明。

9-11　何为第一类回火脆性和第二类回火脆性？它们产生的原因及消除方法是什么？

9-12　比较过共析钢的等温转变图（图 9-13c）和连续冷却转变图（图 9-57）的异同点。为什么在连续冷却过程中得不到贝氏体组织？与亚共析钢连续冷却转变图中的 *Ms* 线相比较，过共析钢的 *Ms* 线有何不同点？为什么？

9-13　阐述获得粒状珠光体的两种方法。

9-14　金属和合金的晶粒大小对其力学性能有何影响？获得细晶粒的方法有哪些？

9-15　有一共析钢试样，其显微组织为粒状珠光体。问通过何种热处理工序可分别得到细片状珠光体、粗片状珠光体和比原组织明显细小的粒状珠光体？

9-16　为了提高过共析钢的强韧性，希望淬火时控制马氏体使其具有较低的含碳量，并希望有部分板条马氏体。如何进行热处理才能达到上述目的？

9-17 如何把 $w_C=0.8\%$ 的碳钢的球化组织转变为：①细片状珠光体；②粗片状珠光体；③比原来组织更细的球化组织？

9-18 如何把 $w_C=0.4\%$ 的退火碳钢处理成：①在大块游离铁素体和铁素体基体上分布着细球状碳化物；②铁素体基体上均匀分布着细球状碳化物？

9-19 假定将已淬火而未回火的 $w_C=0.8\%$ 的碳钢件（马氏体组织）放入800℃炉内，上述组织对800℃时奥氏体化时间有什么影响？如果随后淬火发现零件上有裂纹，试解释裂纹产生的原因。

Chapter 10

# 第十章 钢的热处理工艺

钢的热处理工艺就是通过加热、保温和冷却的方法改变钢的组织结构，以获得工件所要求性能的一种热加工工艺。钢在加热和冷却过程中的组织转变规律为制定正确的热处理工艺提供了理论依据，其热处理工艺参数的确定必须使具体工件满足钢的组织转变规律，以获得所需性能。

根据加热、冷却方式及获得的组织和性能的不同，钢的热处理工艺可分为普通热处理（退火、正火、淬火和回火）、表面热处理（表面淬火和化学热处理）及形变热处理等。按照热处理在零件整个生产工艺过程中位置和作用的不同，热处理工艺又分为预备热处理和最终热处理。

## 第一节　钢的退火与正火

退火和正火是生产上应用很广泛的预备热处理工艺。大部分机器零件及工、模具的毛坯经退火或正火后，不仅可以消除铸件、锻件及焊接件的内应力及成分和组织的不均匀性，也能改善和调整钢的力学性能和工艺性能，为下道工序做好组织性能准备。对于一些受力不大、性能要求不高的机器零件，退火和正火也可作为最终热处理。对于铸件，退火和正火通常就是最终热处理。

### 一、退火目的及工艺

退火是将钢加热至临界点 $Ac_1$ 以上或以下温度，保温以后随炉缓慢冷却以获得近于平衡状态组织的热处理工艺。其主要目的是均匀钢的化学成分及组织，细化晶粒，调整硬度，消除内应力和加工硬化，改善钢的成形及切削加工性能，并为淬火做好组织准备。

退火工艺种类很多，根据加热温度可分为在临界温度（$Ac_1$ 或 $Ac_3$）以上或以下的退火。前者包括完全退火、均匀化退火、不完全退火和球化退火；后者包括再结晶退火及去应力退火。各种退火方法的加热温度范围如图 10-1 所示。按照冷却方式，退火可分为等温退火和连续冷却退火。

#### （一）完全退火

完全退火是将钢件或钢材加热至 $Ac_3$ 以上20～30℃，保温足够长时间，使组织完全奥氏体化后缓慢冷却，以获得近于平衡组织的热处理工艺。它主要用于亚共析钢（$w_C$ = 0.3%～0.6%），其目的是细化晶粒，均匀组织，消除内应力，降低硬度和改善钢的切削加工性。

低碳钢和过共析钢不宜采用完全退火，低碳钢完全退火后硬度偏低，不利于切削加工。过共析钢加热至$Ac_{cm}$以上奥氏体状态缓冷退火时，有网状二次渗碳体析出，使钢的强度、塑性和冲击韧度显著降低。

在中碳结构钢的铸件、锻（轧）件中，常见的缺陷组织有魏氏组织、晶粒粗大和带状组织等。在焊接工件焊缝处的组织也不均匀，热影响区存在过热组织和魏氏组织，产生很大的内应力。魏氏组织和晶粒粗大显著降低钢的塑性和冲击韧度；带状组织使钢的力学性能出现各向异性，断面收缩率较低，尤其是横向冲击韧度很低。通过完全退火或正火，使钢的晶粒细化，组织均匀，魏氏组织难以形成，并能消除带状组织。

完全退火采用随炉缓冷可以保证先共析铁素体的析出和过冷奥氏体在$Ar_1$以下较高温度范围内转变为珠光体，从而达到消除内应力、降低硬度和改善切削加工性能的目的。

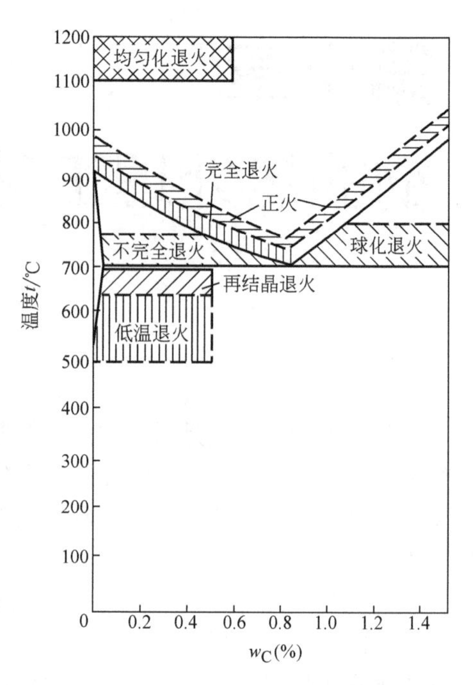

图10-1　退火、正火加热温度示意图

工件在退火温度下的保温时间不仅要使工件烧透，即工件心部达到要求的加热温度，而且要保证全部得到均匀化的奥氏体。完全退火保温时间与钢材成分、工件厚度、装炉量和装炉方式等因素有关。通常，加热时间以工件的有效厚度来计算。一般碳素钢或低合金钢工件，当装炉量不大时，在箱式炉中退火的保温时间可按下式计算：$\tau = KD$（单位为min），式中的$D$是工件有效厚度（单位为mm）；$K$是加热系数，一般$K = 1.5 \sim 2.0$min/mm。若装炉量过大，则应根据具体情况延长保温时间。

实际生产时，为了提高生产率，退火冷却至600℃左右即可出炉空冷。

完全退火需要的时间很长，尤其是过冷奥氏体比较稳定的合金钢更是如此。如果将奥氏体化后的钢较快地冷至稍低于$Ar_1$温度等温，使奥氏体转变为珠光体，再空冷至室温，则可大大缩短退火时间，这种退火方法称为等温退火。等温退火适用于高碳钢、合金工具钢和高合金钢，它不但可以达到和完全退火相同的目的，而且有利于钢件获得均匀的组织和性能。但是对于大截面钢件和大批量炉料，却难以保证工件内外达到等温温度，故不宜采用等温退火。

### （二）不完全退火

不完全退火是将钢加热至$Ac_1 \sim Ac_3$（亚共析钢）或$Ac_1 \sim Ac_{cm}$（过共析钢）之间，经保温后缓慢冷却以获得近于平衡组织的热处理工艺。由于加热至两相区温度，基本上不改变先共析铁素体或渗碳体的形态及分布。如果亚共析钢原始组织中的铁素体已均匀细小，只是珠光体片间距小，硬度偏高，内应力较大，那么只要进行不完全退火即可达到降低硬度、消除内应力的目的。由于不完全退火的加热温度低，过程时间短，因此对于亚共析钢的锻件来说，若其锻造工艺正常，钢的原始组织分布合适，则可采用不完全退火代替完全退火。

不完全退火用于过共析钢主要为了获得球状珠光体组织，以消除内应力，降低硬度，改

善切削加工性能，故又称球化退火。实际上球化退火是不完全退火的一种。

**（三）球化退火**

球化退火是使钢中碳化物球化，获得粒状珠光体的一种热处理工艺，主要用于共析钢、过共析钢和合金工具钢。其目的是降低硬度，均匀组织，改善切削加工性，并为淬火做组织准备。

过共析钢锻件锻后组织一般为片状珠光体，如果锻后冷却不当，还存在网状渗碳体。不仅硬度高、难以切削加工，而且增大钢的脆性，淬火时容易产生变形或开裂。因此，锻后必须进行球化退火，获得粒状珠光体。球化退火的关键在于奥氏体中要保留大量未溶碳化物质点，并造成奥氏体碳浓度分布的不均匀性。为此，球化退火加热温度一般在 $Ac_1$ 以上 20～30℃不高的温度下，保温时间也不能太长，一般以 2～4h 为宜。冷却方式通常采用炉冷，或在 $Ar_1$ 以下 20℃左右进行较长时间等温。

图 10-2 是碳素工具钢的几种球化退火工艺。图 10-2a 的工艺特点是将钢在 $Ac_1$ 以上 20～30℃保温后以极缓慢速度冷却，以保证碳化物充分球化，冷至 600℃时出炉空冷。这种一次加热球化退火工艺要求退火前的原始组织为细片状珠光体，不允许有渗碳体网存在。因此在退火前要进行正火，以消除网状渗碳体。目前生产上应用较多的是等温球化退火工艺（图 10-2b），即将钢加热至 $Ac_1$ 以上 20～30℃保温 4h 后，再快冷至 $Ar_1$ 以下 20℃左右等温 3～6h，以使碳化物达到充分球化的效果。为了加速球化过程，提高球化质量，可采用往复球化退火工艺（图 10-2c），即将钢加热至略高于 $Ac_1$ 点的温度，然后冷至略低于 $Ar_1$ 温度保温，并反复加热和冷却多次，最后空冷至室温，以获得更好的球化效果。

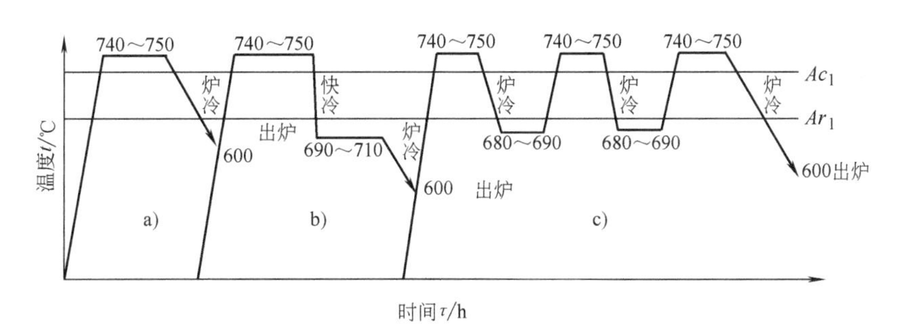


图 10-2　碳素工具钢（T7～T10）的几种球化退火工艺

**（四）均匀化退火**

均匀化退火又称扩散退火，它是将钢锭、铸件或锻坯加热至略低于固相线的温度下长时间保温，然后缓慢冷却以消除化学成分不均匀现象的热处理工艺。其目的是消除铸锭或铸件在凝固过程中产生的枝晶偏析及区域偏析，使成分和组织均匀化。为使各元素在奥氏体中充分扩散，均匀化退火加热温度很高（图 10-1），通常为 $Ac_3$ 或 $Ac_{cm}$ 以上 150～300℃，具体加热温度视偏析程度和钢种而定。碳钢一般为 1100～1200℃，合金钢多采用 1200～1300℃。保温时间也与偏析程度和钢种有关，通常可按最大有效截面或装炉量大小而定。一般均匀化退火时间为 10～15h。

由于均匀化退火需要在高温下长时间加热，因此奥氏体晶粒十分粗大，需要再进行一次完全退火或正火，以细化晶粒、消除过热缺陷。

均匀化退火生产周期长，消耗能量大，工件氧化、脱碳严重，成本很高。只是一些优质合金钢及偏析较严重的合金钢铸件及钢锭才使用这种工艺。

**（五）去应力退火和再结晶退火**

为了消除铸件、锻件、焊接件及机械加工工件中的残余内应力，以提高尺寸稳定性，防止工件变形和开裂，在精加工或淬火之前将工件加热到 $Ac_1$ 以下某一温度，保温一定时间，然后缓慢冷却的热处理工艺称为去应力退火。

钢的去应力退火加热温度较宽，但不超过 $Ac_1$ 点，一般在 500～650℃之间。铸铁件去应力退火温度一般为 500～550℃，超过 550℃容易造成珠光体的石墨化。焊接钢件的退火温度一般为 500～600℃。一些大的焊接构件，难以在加热炉内进行去应力退火，常常采用火焰或工频感应加热局部退火，其退火加热温度一般略高于炉内加热。去应力退火保温时间也要根据工件的截面尺寸和装炉量决定。钢的保温时间为 3min/mm，铸铁的保温时间为 6min/mm。去应力退火后的冷却应尽量缓慢，以免产生新的应力。

有些合金结构钢，由于合金元素的含量高，奥氏体较稳定，在锻、轧后空冷时能形成马氏体或贝氏体，硬度很高，不能切削加工，为了消除应力和降低硬度，也可在 $A_1$ 点以下低温退火温度范围进行软化处理，使马氏体或贝氏体在加热过程中发生分解。这种处理实质上是高温回火。

再结晶退火是把冷变形后的金属加热到再结晶温度以上保持适当的时间，使变形晶粒重新转变为均匀等轴晶粒，同时消除加工硬化和残余内应力的热处理工艺。经过再结晶退火，钢的组织和性能恢复到冷变形前的状态。

再结晶退火既可作为钢材或其他合金多道冷变形之间的中间退火，也可作为冷变形钢材或其他合金成品的最终热处理。再结晶退火温度与金属的化学成分和冷变形量有关。当钢处于临界冷变形度（6%～10%）时，应采用正火或完全退火来代替再结晶退火。一般钢材再结晶退火温度为 650～700℃，保温时间为 1～3h，通常在空气中冷却。

## 二、正火目的及工艺

正火是将钢加热到 $Ac_3$（或 $Ac_{cm}$）以上适当温度，保温以后在空气中冷却得到珠光体类组织的热处理工艺。对于亚共析钢来说，正火与完全退火的加热温度相近，但正火的冷却速度较快，转变温度较低，正火组织中铁素体数量较少，珠光体组织较细，钢的强度、硬度较高。

正火过程的实质是完全奥氏体化加伪共析转变。当钢中碳含量 $w_C$ 为 0.6%～1.4% 时，正火组织中不出现先共析相，只有伪共析体或索氏体。碳含量 $w_C$ 小于 0.6% 的钢，正火后除了伪共析体外，还有少量铁素体。

正火可以作为预备热处理，为机械加工提供适宜的硬度，又能细化晶粒，消除应力，消除魏氏组织和带状组织，为最终热处理提供合适的组织状态。正火还可作为最终热处理，为某些受力较小、性能要求不高的碳素钢结构零件提供合适的力学性能。正火还能消除过共析钢的网状碳化物，为球化退火做好组织准备。对于大型工件及形状复杂或截面变化剧烈的工件，用正火代替淬火和回火可以防止变形和开裂。

正火处理的加热温度通常在 $Ac_3$ 或 $Ac_{cm}$ 以上 30～50℃（图 10-1），高于一般退火的温度。对于含有 V、Ti、Nb 等碳化物形成元素的合金钢，可采用更高的加热温度，即为

$Ac_3+100\sim150℃$。为了消除过共析钢的网状碳化物，也可酌情提高加热温度，让碳化物充分溶解。正火保温时间和完全退火相同，应以工件透烧，即心部达到要求的加热温度为准，还应考虑钢材成分、原始组织、装炉量和加热设备等因素。通常根据具体工件尺寸和经验数据加以确定。正火冷却方式最常用的是将钢件从加热炉中取出在空气中自然冷却。对于大件也可采用吹风、喷雾和调节钢件堆放距离等方法控制钢件的冷却速度，达到要求的组织和性能。

正火工艺是较简单、经济的热处理方法，主要应用于以下几方面：

1. 改善低碳钢的切削加工性能

碳含量 $w_C<0.25\%$ 的碳素钢和低合金钢，退火后硬度较低，切削加工时易于“粘刀”，通过正火处理，可以减少自由铁素体，获得细片状珠光体，使硬度提高至 140～190HBW，可以改善钢的切削加工性，提高刀具的寿命和工件的表面光洁程度。

2. 消除中碳钢的热加工缺陷

中碳结构钢铸件、锻件、轧件以及焊接件在热加工后易出现魏氏组织、粗大晶粒等过热缺陷和带状组织。通过正火处理可以消除这些缺陷组织，达到细化晶粒、均匀组织、消除内应力的目的。

3. 消除过共析钢的网状碳化物，便于球化退火

过共析钢在淬火之前要进行球化退火，以便于机械加工，并为淬火做好组织准备。但当过共析钢中存在严重网状碳化物时，将达不到良好的球化效果。通过正火处理可以消除网状碳化物。为此，正火加热时要保证碳化物全部溶入奥氏体中，要采用较快的冷却速度抑制二次碳化物的析出，获得伪共析组织。

4. 提高普通结构件的力学性能

一些受力不大、性能要求不高的碳钢和合金钢结构件采用正火处理，可获得一定的综合力学性能，可以代替调质处理，作为零件的最终热处理。

## 三、退火和正火的选用

生产上退火和正火工艺的选择应当根据钢种，冷、热加工工艺，零件的使用性能及经济性综合考虑。

含碳量 $w_C<0.25\%$ 的低碳钢，通常采用正火代替退火。因为较快的冷却速度可以防止低碳钢沿晶界析出游离三次渗碳体，从而提高冲压件的冷变形性能；用正火可以提高钢的硬度，改善低碳钢的切削加工性能；在没有其他热处理工序时，用正火可以细化晶粒，提高低碳钢强度。

$w_C=0.25\%\sim0.5\%$ 的中碳钢也可用正火代替退火，虽然接近上限碳量的中碳钢正火后硬度偏高，但尚能进行切削加工，而且正火成本低，生产率高。

$w_C=0.5\%\sim0.75\%$ 的钢，因含碳量较高，正火后的硬度显著高于退火的情况，难以进行切削加工，故一般采用完全退火，降低硬度，改善切削加工性。

$w_C=0.75\%$ 以上的高碳钢或工具钢一般均采用球化退火作为预备热处理。如有网状二次渗碳体存在，则应先进行正火予以消除。

随着钢中碳和合金元素的增多，过冷奥氏体稳定性增加，等温转变图右移。因此，一些中碳钢及中碳合金钢正火后硬度偏高，不利于切削加工，应当采用完全退火。尤其是含较多

合金元素的钢，过冷奥氏体特别稳定，甚至在缓慢冷却条件下也能得到马氏体和贝氏体组织，因此应当及时采用高温回火来消除应力，降低硬度，改善切削加工性能。

此外，从使用性能考虑，如钢件或零件受力不大，性能要求不高，不必进行淬火、回火，可用正火提高钢的力学性能，作为最终热处理。从经济原则考虑，由于正火比退火生产周期短，操作简便，工艺成本低，因此在钢的使用性能和工艺性能能满足的条件下，应尽可能用正火代替退火。

## 第二节　钢的淬火与回火

钢的淬火与回火是热处理工艺中最重要也是用途最广泛的工序。淬火可以显著提高钢的强度和硬度。为了消除淬火钢的残余内应力，得到不同强度、硬度和韧性配合的性能，需要配以不同温度的回火。所以淬火和回火又是不可分割的、紧密衔接在一起的两种热处理工艺。淬火、回火作为各种机器零件及工、模具的最终热处理是赋予钢件最终性能的关键性工序，也是钢件热处理强化的重要手段之一。

### 一、钢的淬火

将钢加热至临界点 $Ac_3$ 或 $Ac_1$ 以上一定温度，保温后以大于临界冷却速度的速度冷却得到马氏体（或下贝氏体）的热处理工艺称为淬火。淬火的主要目的是使奥氏体化后的工件获得尽量多的马氏体，然后配以不同温度回火获得各种需要的性能。例如，淬火加低温回火可以提高工具、轴承、渗碳零件或其他高强度耐磨件的硬度和耐磨性；结构钢通过淬火加高温回火可以得到强韧结合的优良综合力学性能；弹簧钢通过淬火加中温回火可以显著提高钢的弹性极限。

对淬火工艺而言，首先必须将钢加热到临界点（$Ac_3$ 或 $Ac_1$）以上获得奥氏体组织，其后的冷却速度必须大于临界淬火速度（$v_c$），以得到全部马氏体（含残留奥氏体）组织。为此，必须注意选择适当的淬火温度和冷却速度。由于不同钢件过冷奥氏体稳定性不同，钢淬火获得马氏体的能力各异。实际淬火时，工件截面各部分冷却速度不同，只有冷却速度大于临界淬火速度的部位才能得到马氏体，而工件心部则可能得到珠光体、贝氏体等非马氏体组织。这就需要弄清钢的“淬透性”的概念。此外，钢在淬火冷却过程中，由于工件内外温差产生胀缩不一致以及相变不同时还会引起淬火应力，甚至会引起变形或开裂，在制定淬火工艺时应予以特别注意。

#### （一）淬火应力

工件在淬火过程中会发生形状和尺寸的变化，有时甚至要产生淬火裂纹。工件之所以变形或开裂，是因为淬火过程中在工件内产生了内应力。

淬火内应力主要有热应力和组织应力两种。工件最终变形或开裂是这两种应力综合作用的结果。当淬火应力超过材料的屈服强度时，就会产生塑性变形；当淬火应力超过材料的抗拉强度时，工件则发生开裂。

工件加热或冷却时由于内外温差导致热胀冷缩不一致而产生的内应力称为热应力。下面以圆柱形零件为例分析热应力的变化规律。为消除组织应力的影响，将零件加热到 $Ac_1$ 以下温度保温后快速冷却（无组织转变），其心部和表面温度及热应力变化如图 10-3 所示。零

件从 $Ac_1$ 温度开始快速冷却时，零件表面首先冷却，冷却速度比心部快得多，于是零件内外温差增大（图 10-3a）。表面层金属温度低，收缩量大；心部金属温度高，收缩量小。同一零件内外收缩变形量不同，相互间会产生作用力。零件表面冷缩必受心部的阻止，故表面层承受拉应力，而心部则承受压应力。冷却的后期，表面层金属的冷却和体积收缩已经终止，心部金属继续冷却并产生体积收缩，但心部由于受到表面层的牵制作用转而受拉应力，冷硬状态的表面则受到压应力（图 10-3b）。由于此时温度较低，材料的屈服强度较高，不会发生塑性变形，此应力状态残留于工件内。因此，工件淬火冷至室温时，由热应力引起的残余应力为表面受压应力，心部受拉应力。

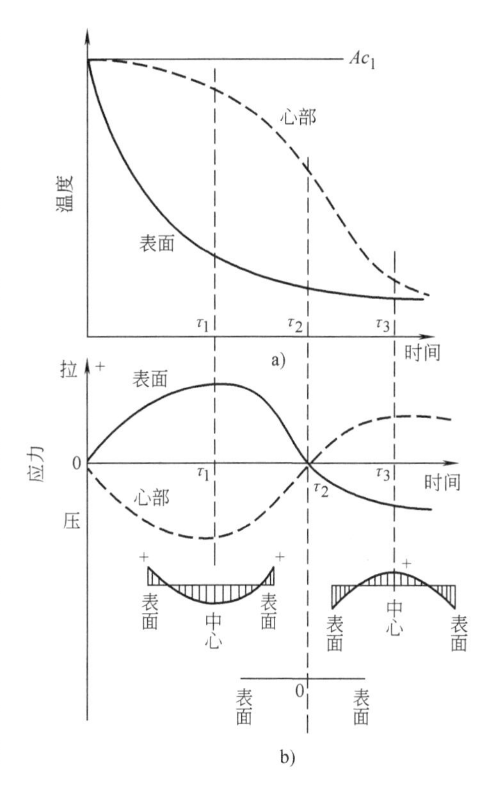


图 10-3 圆柱体试样在 $Ac_1$ 点以下急冷过程中热应力的变化

热应力是由快速冷却时工件截面温差造成的。因此，冷却速度越大，则热应力越大。在相同冷却介质条件下，淬火加热温度越高、截面尺寸越大、钢材热导率和线膨胀系数越大，均使工件内外温差越大，热应力越大。

工件在冷却过程中，由于内外温差造成组织转变不同时，引起内外比体积的不同变化而产生的内应力称为组织应力。如前所述，钢中各种组织的比体积是不同的，从奥氏体、珠光体、贝氏体到马氏体，比体积逐渐增大。因此，钢淬火时由奥氏体转变为马氏体将造成显著的体积膨胀。下面仍以圆柱形零件为例分析组织应力的变化规律。为消除淬火冷却时热应力的影响，选用过冷奥氏体非常稳定的钢，使其从淬火温度极缓慢冷却至 *Ms* 之前不发生非马氏体转变并保持零件内外温度均匀。

零件从 *Ms* 点快速冷却的淬火初期，其表面首先冷却到 *Ms* 点以下发生马氏体转变，体积要膨胀，而此时心部仍为奥氏体，体积不发生变化。因此心部阻止表面体积膨胀使零件表面处于压应力状态，而心部则处于拉应力状态。继续冷却时，零件表面马氏体转变基本结束，体积不再膨胀，而心部温度才下降到 *Ms* 点以下，开始发生马氏体转变，心部体积要膨胀。此时表面已形成一层硬壳，心部体积膨胀将受到表面层的约束而受压应力，表面则受拉应力。可见，组织应力引起的残余应力与热应力正好相反，表面为拉应力，心部为压应力。

组织应力大小与钢件尺寸、在马氏体转变温度范围的冷却速度、钢的导热性及淬透性等因素有关。

实际工件淬火冷却过程中，在组织转变发生之前，只产生热应力，冷却到 *Ms* 点以下时，则热应力和组织应力同时存在。因此工件淬火冷却过程中的瞬时应力和残余应力是热应力和组织应力叠加的结果。热应力和组织应力的分布规律正好相反，那么能否认为热应力和组织应力会相互抵消而使工件内不存在淬火应力呢？淬火应力与钢件化学成分、尺寸、钢的淬透性以及淬火冷却介质和冷却方法等许多因素有关。其热应力和组织应力的综合分布是很复杂的。不同条件下热应力和组织应力的大小和分布也不相同。只有搞清具体条件下起主导作用的是热应力还是组织应力，才能有针对性地采取措施予以减小，从而达到控制零件变形和防止零件开裂的目的。

淬火工件内应力分布与钢中碳和合金元素的含量有关。钢中含碳量增加，马氏体比体积增大，工件淬火后的组织应力增加。但奥氏体中碳的含量增加，使 *Ms* 点下降，淬火后残留奥氏体量增多，又使组织应力减小。两者综合作用的结果是低碳钢件淬火时，热应力起主导作用；随着碳含量增加，从中碳钢至高碳钢热应力作用减弱，但组织应力逐渐增大。

钢中加入合金元素使导热性能下降，增大了工件内外温差，使热应力和组织应力都增大。但多数合金元素使 *Ms* 点下降，故热应力作用增强。凡提高奥氏体稳定性的合金元素，在工件未淬透的情况下，都有增强组织应力的作用。

同种钢在相同介质中淬火，工件尺寸也影响内应力的分布。工件尺寸小，内外温差小，热应力作用较小，内外均易得到马氏体，故组织应力起主导作用。随着工件尺寸增大，工件心部不易得到马氏体，热应力型的应力分布越来越显著。

淬火冷却介质和冷却方法对工件内部淬火应力分布也有明显影响。各种淬火冷却介质在不同温度区间冷却能力不同，如在 *Ms* 点以上高温区冷却速度快，则工件中热应力显著；若在 *Ms* 点以下冷却速度快，则工件中组织应力较大。碳素钢水淬，以热应力作用为主；合金钢油冷，组织应力比较突出。采用等温淬火，热应力起主要作用，组织应力较小。

淬火应力引起的工件形状变形发生在工件心部屈服强度较低、塑性较好的高温区。此时如果以热应力为主，心部在多向压应力作用下，使立方体向球形方向变化，如使长圆柱体长度方向缩短，直径方向胀大。如果以组织应力为主，心部在多向拉应力作用下被拉长，使工件中尺寸较大的一方伸长，而尺寸较小的一方缩短。如使长圆柱体长度方向伸长，直径方向缩短。不同形状的工件由热应力或组织应力引起的变化规律见表 10-1。

**表 10-1　各种典型钢件的淬火变形规律**

| | 杆　件 | 扁 平 件 | 四 方 体 | 套　筒 | 圆　环 |
|---|---|---|---|---|---|
| 初始状态 | 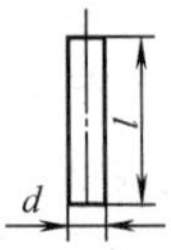 *l* *d* | 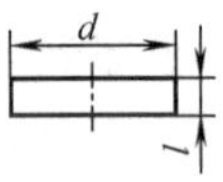 *d* *l* | 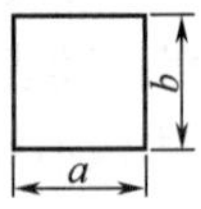 *b* *a* | 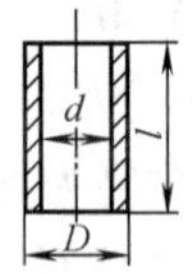 *d* *l* *D* | 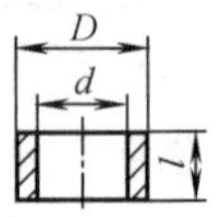 *D* *d* *l* |
| 热应力作用 |  | 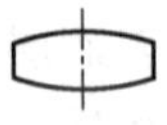 | 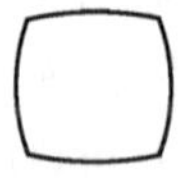 |  | 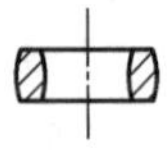 |
| 组织应力作用 |  | 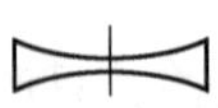 |  | 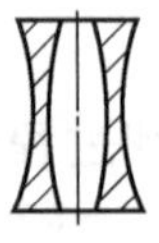 | 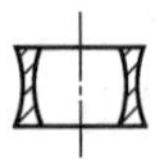 |

工件淬火冷却时，如果瞬时应力超过工件的断裂强度，将产生淬火裂纹。如在工件完全淬透的情况下，因组织应力过大，在表面拉应力作用下产生沿轴向由表面裂向心部的纵向裂

纹；在未淬透的大型工件上，常由热应力引起由内往外的横向裂纹或弧形裂纹，这是由于在淬透层向非淬透层的过渡区出现最大拉应力所致。

因此，选择适当的淬火加热温度、淬火冷却介质和冷却方式都能控制工件中淬火应力的大小及分布，从而有效地防止淬火工件的变形与开裂。

**（二）淬火加热温度**

淬火加热温度的选择应以得到均匀细小的奥氏体晶粒为原则，以便淬火后获得细小的马氏体组织。淬火温度主要根据钢的临界点确定，亚共析钢通常加热至 $Ac_3$ 以上 30～50℃；共析钢、过共析钢加热至 $Ac_1$ 以上 30～50℃。亚共析钢淬火加热温度若在 $Ac_1$～$Ac_3$ 之间，淬火组织中除马氏体外，还保留一部分铁素体，使钢的硬度和强度降低。但淬火温度也不能超过 $Ac_3$ 点过高，以防奥氏体晶粒粗化，淬火后获得粗大的马氏体。对于低碳钢、低碳低合金钢，如果采用加热温度略低于 $Ac_3$ 点的亚温淬火，获得铁素体 + 马氏体（5%～20%）双相组织，既可保证钢的一定强度，又可保证钢具备良好的塑性、韧性和冲压成形性。过共析钢的加热温度限定在 $Ac_1$ 以上 30～50℃是为了得到细小的奥氏体晶粒和保留少量渗碳体质点，淬火后得到隐晶马氏体和其上均匀分布的粒状碳化物，从而不但可使钢具有更高的强度、硬度和耐磨性，而且也具有较好的韧性。如果过共析钢淬火加热温度超过 $Ac_{cm}$，碳化物将全部溶入奥氏体中，使奥氏体中的含碳量增加，降低钢的 *Ms* 和 *Mf* 点，淬火后残留奥氏体量增多，会降低钢的硬度和耐磨性；淬火温度过高，奥氏体晶粒粗化、含碳量又高，淬火后易得到含有显微裂纹的粗片状马氏体，使钢的脆性增大；此外，高温加热淬火应力大、氧化脱碳严重，也增大了钢件变形和开裂倾向。

对于低合金钢，淬火温度也应根据临界点 $Ac_1$ 或 $Ac_3$ 确定，考虑合金元素的作用，为了加速奥氏体化，淬火温度可偏高些，一般为 $Ac_1$ 或 $Ac_3$ 以上 50～100℃。高合金工具钢含较多强碳化物形成元素，奥氏体晶粒粗化温度高，则可采取更高的淬火加热温度。含碳、锰量较高的本质粗晶粒钢则应采用较低的淬火温度，以防奥氏体晶粒粗化。

**（三）淬火冷却介质**

钢从奥氏体状态冷至 *Ms* 点以下所用的冷却介质称为淬火冷却介质。介质冷却能力越大，钢的冷却速度越快，越容易超过钢的临界淬火速度，则工件越容易淬硬，淬硬层的深度越深。但是，冷却速度过大将产生巨大的淬火应力，易于使工件产生变形或开裂。因此，理想淬火冷却介质的冷却能力应当如图 10-4 曲线所示。650℃以上应当缓慢冷却，以尽量降低淬火热应力；650～400℃之间应当快速冷却，以通过过冷奥氏体最不稳定的区域，避免发生珠光体或贝氏体转变；但是在 400℃以下 *Ms* 点附近的温度区域，应当缓慢冷却，以尽量减小马氏体转变时产生的组织应力。具有这种冷却特性的冷却介质可以保证在获得马氏体组织条件下减小淬火应力，避免工件产生变形或开裂。

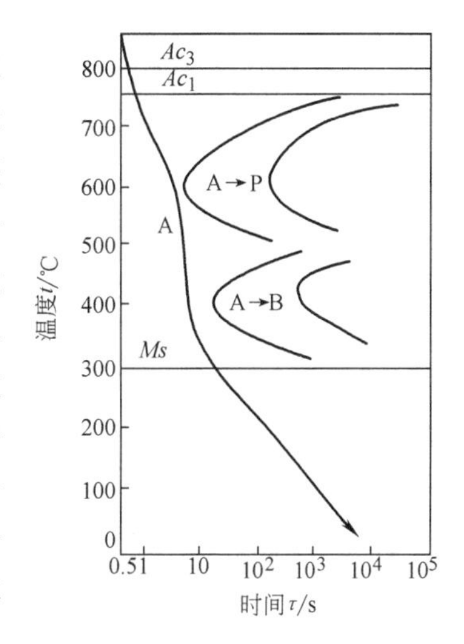

图 10-4 钢的理想淬火冷却曲线

常用淬火冷却介质有水、盐水或碱水溶液及各种矿物油等。各种介质的冷却特性见表 10-2。

表 10-2　常用淬火冷却介质的冷却特性

| 名　　称 | 最大冷却速度时① | | 平均冷却速度/℃·$s^{-1}$① | | 备　注 |
|---|---|---|---|---|---|
| | 所在温度/℃ | 冷却速度/℃·$s^{-1}$ | 650～550℃ | 300～200℃ | |
| 静止自来水，20℃ | 340 | 775 | 135 | 450 | 冷却速度由 $\phi$20mm 银球所测 |
| 静止自来水，40℃ | 285 | 545 | 110 | 410 | |
| 静止自来水，60℃ | 220 | 275 | 80 | 185 | |
| 浓度为 10% NaCl 的水溶液，20℃ | 580 | 2000 | 1900 | 1000 | |
| 浓度为 15% NaOH 的水溶液，20℃ | 560 | 2830 | 2750 | 775 | |
| 浓度为 5% $Na_2CO_3$ 的水溶液，20℃ | 430 | 1640 | 1140 | 820 | |
| L-AN15 全损耗系统用油，20℃ | 430 | 230 | 60 | 65 | |
| L-AN15 全损耗系统用油，80℃ | 430 | 230 | 70 | 55 | |
| 3 号锭子油，20℃ | 500 | 120 | 100 | 50 | |

① 各冷却速度值是根据有关冷却速度特性曲线估算所得。

水的冷却特性很不理想，在需要快冷的 650～400℃ 区间，其冷却速度较小，不超过 200℃·$s^{-1}$。而在需要慢冷的马氏体转变温度区，其冷却速度又太大，在 340℃ 最大冷却速度高达 775℃·$s^{-1}$，很容易造成淬火工件的变形或开裂。此外，水温对水的冷却特性影响很大，水温升高，高温区的冷却速度显著下降，而低温区的冷却速度仍然很高。因此淬火时水温不应超过 30℃，加强水循环和工件的搅动可以加速工件在高温区的冷却速度。水虽不是理想的淬火冷却介质，但却适用于尺寸不大、形状简单的碳钢工件淬火。

浓度为 10% NaCl 或 10% NaOH 的水溶液可使高温区（500～650℃）的冷却能力显著提高，前者使纯水的冷却能力提高 10 倍以上，而后者的冷却能力更高。这两种水基淬火冷却介质在低温区（200～300℃）的冷却速度也很快。

油也是一种常用的淬火冷却介质。目前工业上主要采用矿物油，如锭子油、全损耗系统用油、柴油等。油的主要优点是低温区的冷却速度比水小得多，从而可大大降低淬火工件的组织应力，减小工件变形和开裂倾向。油在高温区间冷却能力低是其主要缺点。但是对于过冷奥氏体比较稳定的合金钢，油是合适的淬火冷却介质。与水相反，提高油温可以降低黏度，增加流动性，故可提高高温区间的冷却能力。但是油温过高，容易着火，一般应控制在60～80℃。

上述几种淬火冷却介质各有优缺点，均不属于理想的冷却介质。水的冷却能力很大，但冷却特性不好；油冷却特性较好，但其冷却能力低。因此，寻找冷却能力介于油、水之间，冷却特性近于理想淬火冷却介质的新型淬火冷却介质是人们努力的目标。由于水是价廉、性能稳定的淬火冷却介质，因此目前世界各国都在发展有机水溶液作为淬火冷却介质。

### （四）淬火方法

选择适当的淬火方法同选用淬火冷却介质一样，可以保证在获得所要求的淬火组织和性能条件下，尽量减小淬火应力，减小工件变形和开裂倾向。

1. 单液淬火法

单液淬火法是将加热至奥氏体状态的工件放入某种淬火冷却介质中，连续冷却至介质温度的淬火方法（图 10-5 曲线 1）。这种淬火方法适用于形状简单的碳钢和合金钢工件。一般来说，碳钢临界淬火速度大，尤其是尺寸较大的碳钢工件多采用水淬；而小尺寸碳钢件及过冷奥氏体较稳定的合金钢件则可采用油淬。

为了减小单液淬火时的淬火应力，常采用预冷淬火法，即将奥氏体化的工件从炉中取出后，先在空气中或预冷炉中冷却一定时间，待工件冷至比临界点稍高一点的一定温度后再放入淬火冷却介质中冷却。预冷降低了工件进入淬火冷却介质前的温度，减小了工件与淬火冷却介质间的温差，可以减小热应力和组织应力，从而减小工件变形或开裂倾向。但操作上不易控制预冷温度，需要靠经验来掌握。

单液淬火的优点是操作简便。但只适用于小尺寸且形状简单的工件，对尺寸较大的工件实行单液淬火容易产生较大的变形或开裂。

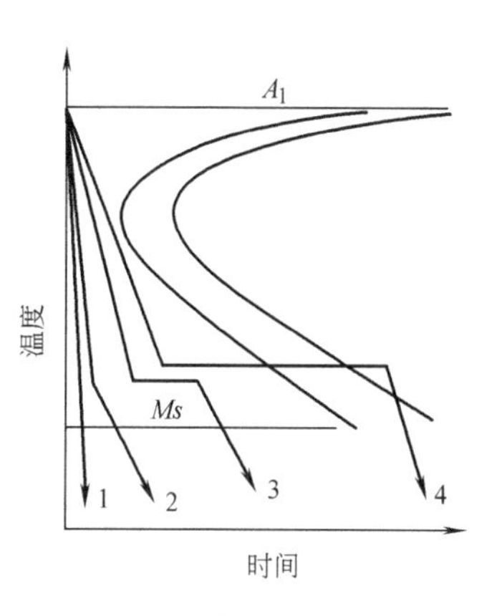

图 10-5 各种淬火方法冷却曲线示意图

2. 双液淬火法

双液淬火法是将加热至奥氏体状态的工件先在冷却能力较强的淬火冷却介质中冷却至接近 *Ms* 点温度时，再立即转入冷却能力较弱的淬火冷却介质中冷却，直至完成马氏体转变（图 10-5 曲线 2）。一般用水作为快冷淬火冷却介质，用油作为慢冷淬火冷却介质。有时也可以采用水淬、空冷的方法。这种淬火方法充分利用了水在高温区冷却速度快和油在低温区冷却速度慢的优点，既可以保证工件得到马氏体组织，又可以降低工件在马氏体区的冷却速度，减小组织应力，从而防止工件变形或开裂。尺寸较大的碳素钢工件适宜采用这种淬火方法。采用双液淬火法必须严格控制工件在水中的停留时间，水中停留时间过短会引起奥氏体分解，导致淬火硬度不足；水中停留时间过长，工件某些部分已在水中发生马氏体转变，从而失去双液淬火的意义。因此，实行双液淬火要求工人必须有丰富的经验和熟练的技术。通常要根据工件尺寸，凭经验确定。水淬油冷时，工件入水有嘶嘶声，同时发生振动，当嘶嘶声消失或振动停止的瞬间，立即出水入油。也可按每 5 ~ 6mm 有效厚度水冷 1s 的经验公式计算在水中的时间。

3. 分级淬火法

分级淬火法是将奥氏体状态的工件首先淬入温度略高于钢的 *Ms* 点的盐浴或碱浴炉中保温，当工件内外温度均匀后，再从浴炉中取出空冷至室温，完成马氏体转变（图 10-5 曲线 3）。这种淬火方法由于工件内外温度均匀并在缓慢冷却条件下完成马氏体转变，不仅减小了热应力（比双液淬火小），而且显著降低了组织应力，因而有效地减小或防止工件淬火变形和开裂，同时还克服了双液淬火出水入油时间难以控制的缺点。但这种淬火方法由于冷却介质温度较高，工件在浴炉中的冷却速度较慢，而等温时间又有限制，大截面零件难以达到其临界淬火速度。因此，分级淬火只适用于尺寸较小的工件，如刀具、量具和要求变形很小的精密工件。

“分级”温度也可取略低于 *Ms* 点的温度，此时由于温度较低，冷却速度较快，等温以后已有相当一部分奥氏体转变为马氏体，当工件取出空冷时，剩余奥氏体发生马氏体转变。因此这种淬火方法适用于较大工件的淬火。

4. 等温淬火

等温淬火是将奥氏体化后的工件淬入 *Ms* 点以上某温度盐浴中，等温保持足够长时间，使之转变为下贝氏体组织，然后取出在空气中冷却的淬火方法（图 10-5 曲线 4）。等温淬火实际上是分级淬火的进一步发展。所不同的是等温淬火获得下贝氏体组织。下贝氏体组织的强度、硬度较高而韧性良好。故等温淬火可显著提高钢的综合力学性能。等温淬火的加热温度通常比普通淬火高些，一般在 $Ms \sim Ms+30$℃之间。目的是提高奥氏体的稳定性和增大其冷却速度，防止等温冷却过程中发生珠光体型转变。等温过程中碳钢的贝氏体转变一般可以完成，等温淬火后不需进行回火。但对于某些合金钢（如高速钢），过冷奥氏体非常稳定，等温过程中贝氏体转变不能全部完成，剩余的过冷奥氏体在空气中冷却时转变为马氏体，所以在等温淬火后需要进行适当的回火。由于等温温度比分级淬火高，减小了工件与淬火冷却介质的温差，从而减小了淬火热应力；又因贝氏体比体积比马氏体小，而且工件内外温度一致，故淬火组织应力也较小。因此，等温淬火可以显著减小工件变形和开裂倾向，适宜处理形状复杂、尺寸要求精密的工具和重要的机器零件，如模具、刀具、齿轮等。同分级淬火一样，等温淬火也只能适用于尺寸较小的工件。

**（五）钢的淬透性**

对钢进行淬火希望获得马氏体组织，但一定尺寸和化学成分的钢件在某种介质中淬火能否得到全部马氏体则取决于钢的淬透性。淬透性是钢的重要工艺性能，也是选材和制定热处理工艺的重要依据之一。

1. 淬透性的概念

钢的淬透性是指奥氏体化后的钢在淬火时获得马氏体的能力，其大小以钢在一定条件下淬火获得的淬透层深度和硬度分布来表示。一定尺寸的工件在某介质中淬火，其淬透层的深度与工件截面各点的冷却速度有关。如果工件截面中心的冷却速度高于钢的临界淬火速度，工件就会淬透。然而工件淬火时表面冷却速度最大，心部冷却速度最小，由表面至心部冷却速度逐渐降低（图 10-6）。只有冷却速度大于临界淬火速度的工件外层部分才能得到马氏体（图 10-6b 中阴影部分），这就是工件的淬透层。而冷却速度小于临界淬火速度的心部只能

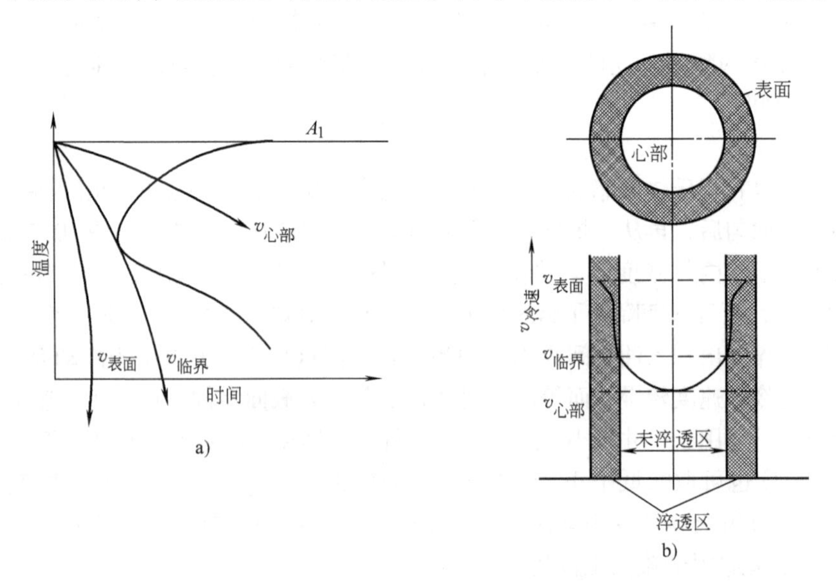


图 10-6　工件截面不同冷却速度与未淬透区示意图

a）工件截面不同的冷却速度　b）未淬透区

获得非马氏体组织，这就是工件的未淬透区。

在未淬透的情况下，工件淬透层深度如何确定呢？按理淬透层深度应是全部淬成马氏体的区域。但实际工件淬火后从表面至心部马氏体数量是逐渐减少的，从金相组织上看，淬透层和未淬透区并无明显的界限，淬火组织中混入少量非马氏体组织（如 $\varphi=5\%\sim10\%$ 的托氏体），其硬度值也无明显变化。因此，金相检验和硬度测量都比较困难。当淬火组织中马氏体和非马氏体组织各占一半，形成“半马氏体区”时，显微观察极为方便，硬度变化最为剧烈（图 10-7）。为测试方便，通常采用从淬火工件表面至半马氏体区距离作为淬透层深度。钢的半马氏体组织的硬度与其含碳量的关系如图 10-8 所示。研究表明，钢的半马氏体组织的硬度主要取决于奥氏体中含碳量，而与合金元素关系不大。这样，根据不同含碳量钢的半马氏体区硬度（图 10-8），利用测定的淬火钢件截面上硬度分布曲线（图 10-7），即可方便地测定淬透层深度。

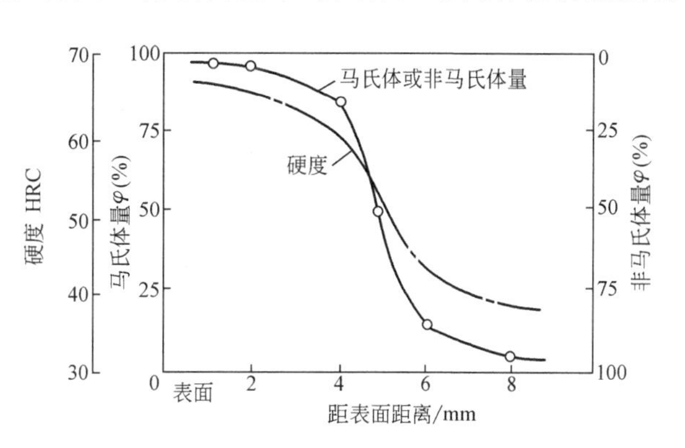


图 10-7　淬火工件截面上马氏体量与硬度的关系（$w_C=0.8\%$）

根据如上所述，应当注意如下两对概念的本质区别：一是钢的淬透性和淬硬性的区别，二是淬透性和实际条件下淬透层深度的区别。淬透性表示钢淬火时获得马氏体的能力，它反映钢的过冷奥氏体稳定性，即与钢的临界冷却速度有关。过冷奥氏体越稳定，临界淬火速度越小，钢在一定条件下淬透层深度越深，则钢的淬透性越好。而淬硬性表示钢淬火时的硬化能力，用淬成马氏体可能得到的最高硬度表示。它主要取决于马氏体中的含碳量。马氏体中含碳量越高，钢的淬硬性越高。显然，淬透性和淬硬性并无必然联系，例如，高碳工具钢的淬硬性高，但淬透性很低；而低碳合金钢的淬硬性不高，但淬透

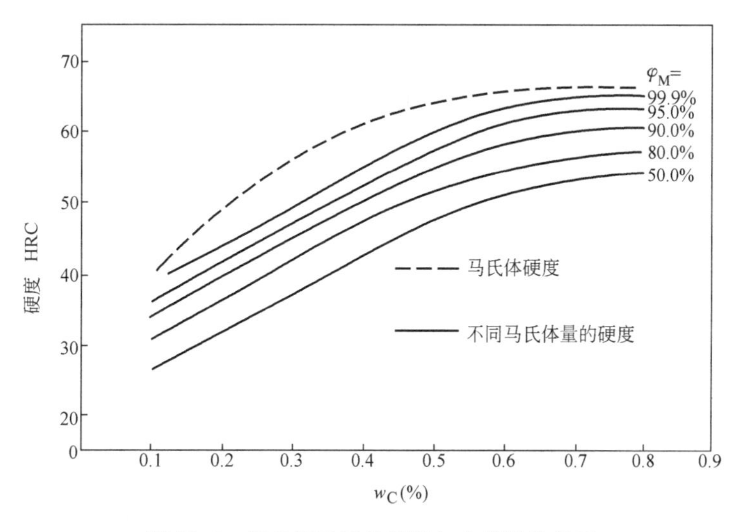


图 10-8　钢的半马氏体硬度与含碳量的关系

性却很好。实际工件在具体淬火条件下的淬透层深度与淬透性也不是一回事。淬透性是钢的一种属性，相同奥氏体化温度下的同一钢种，其淬透性是确定不变的。其大小用规定条件下的淬透层深度表示。而实际工件的淬透层深度是指具体条件下测定的半马氏体区至工件表面的深度，它与钢的淬透性、工件尺寸及淬火冷却介质的冷却能力等许多因素有关。例如，同一钢种在相同介质中淬火，小件比大件的淬透层深；一定尺寸的同一钢种，水淬比油淬的淬透层深；工件的体积越小，表面积越小，则冷却速度越快，淬透层越深。决不能说，同一钢种水淬时比油淬时的淬透性好，小件淬火时比大件淬火时淬透性好。淬透性是不随工件形状、尺寸和介质冷却能力而变化的。

2. 淬透性的测定方法

目前测定淬透性常用的方法是末端淬火法，简称端淬法。图 10-9 为末端淬火法测定钢的淬透性的示意图。采用 $\phi$25mm × 100mm 的标准试样，试验时将试样加热至规定温度奥氏体化后，迅速放入试验装置（图 10-9a）中喷水冷却。显然，试样喷水末端冷却速度最大，随着距末端距离的增加，冷却速度逐渐减小。其组织和硬度也发生相应的变化。试样末端至喷水口的距离为 12.5mm，喷水口的内径为 12.5mm，水温为 20℃，水柱自由高度调整为（65 ± 5） mm。这些规定保证了不同钢种获得统一的冷却条件。试样冷却后沿其轴线方向相对两侧面各磨去 0.4mm，然后从试样末端起每隔 1.5mm 测量一次硬度，即可得到硬度与至末端距离的关系曲线，这就是钢的淬透性曲线，如图 10-9b 所示。显然，淬透性高的钢（如 40Cr 钢），硬度下降趋势较为平坦；而淬透性低的钢（如 45 钢），硬度呈急剧下降的趋势。

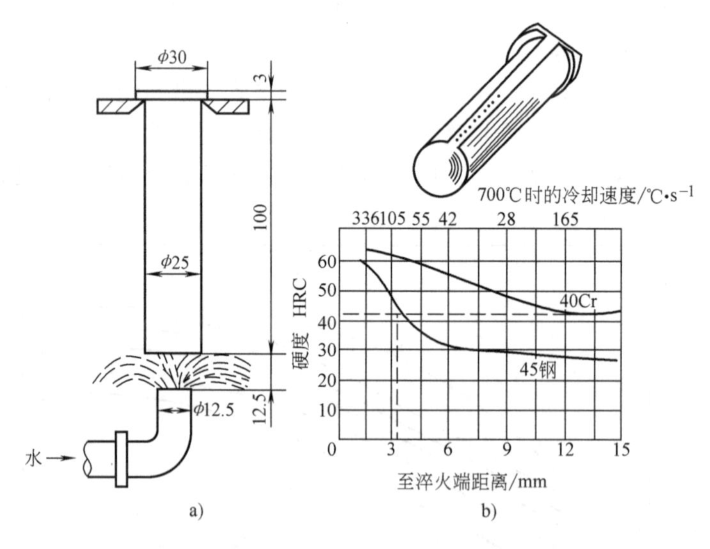


图 10-9 末端淬火法示意图

a）淬火装置 b）淬透性曲线

由于钢的化学成分允许在一个范围内波动，因此手册上给出的各种钢的淬透性曲线通常是一条淬透性带，如图 10-10 所示。

由于试样尺寸及冷却条件是固定的，末端淬火试样距离末端各点的冷却速度也是一定的，故可以把距末端不同距离处的冷却速度标在淬透性曲线的横坐标上，从而把冷却速度和淬火后的硬度联系起来。

根据钢的淬透性曲线，通常用 $J\text{HRC-}d$ 表示钢的淬透性。例如，$J40\text{-}6$ 表示在淬透性带上距末端 6mm 处的硬度为40HRC。显然 $J40\text{-}6$ 比 $J35\text{-}6$ 淬透性好。可见，根据钢的淬透性曲线，可以方便地比较钢的淬透性高低。

如果测出不同直径钢棒在不同淬火冷却介质中的冷却速度，获得钢棒从表面至心部各点的冷却速度对应于端淬试样距水冷端的距离的关系曲线，如图 10-11 所示，就可根据一定直径的钢棒不同半径处的淬火冷却速度，结合淬透性曲线来选用钢材及淬火冷却介质。

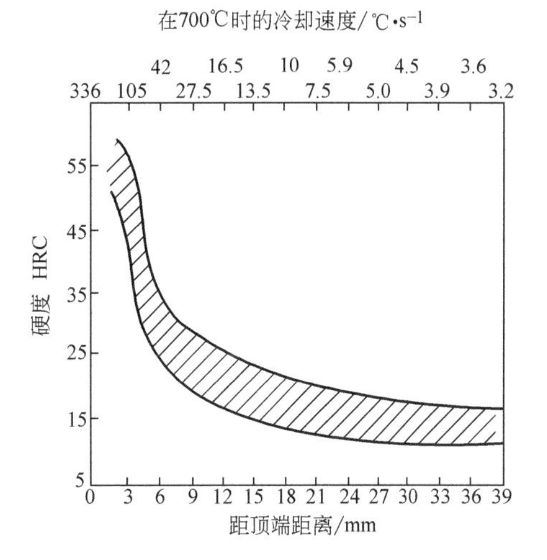


图 10-10 45 钢的端淬曲线

3. 淬透性的实际意义

钢的淬透性是钢的热处理工艺性能，在生产中有重要的实际意义。工件在整体淬火条件下，从表面至中心是否淬透，对其力学性能有重要影响。在拉压、弯曲或剪切载荷下工作的零件，例如各类齿轮、轴类零件，希望整个截面都能被淬透，从而保证这些零件在整个截面上得到均匀的力学性能。选择淬透性较高的钢即能满足这一性能要求。而淬透性较低的钢，零件截面不能全部淬透，表面到心部的力学性能不

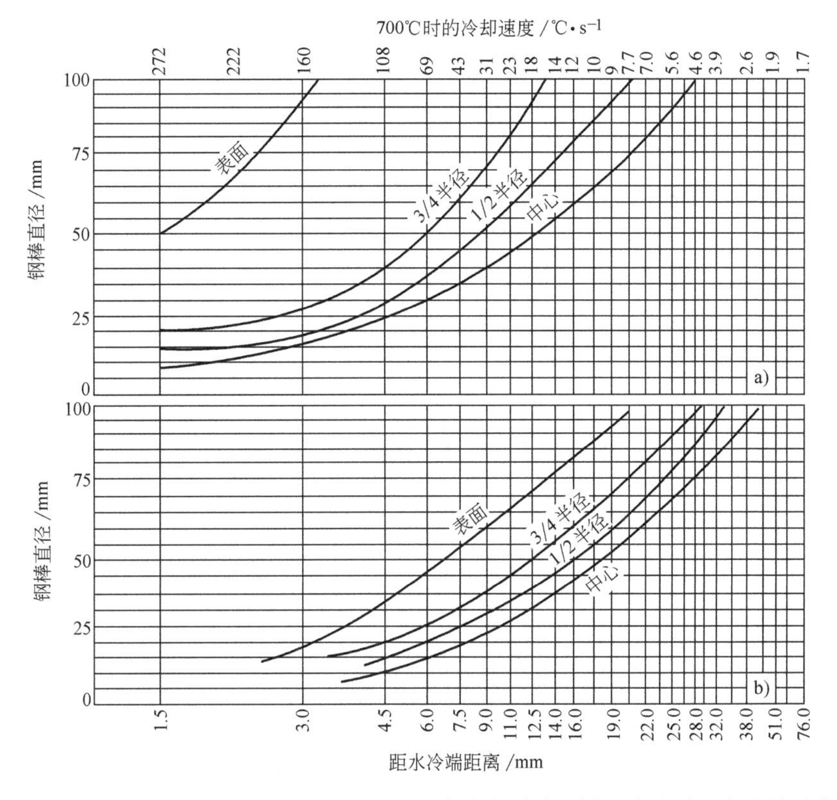


图 10-11 不同直径钢棒淬火后从表面至中心各点与端淬试样距水冷端距离的关系曲线

a）水淬（中等搅拌） b）油淬（中等搅拌）

相同，尤其心部的冲击韧度很低。

钢的淬透性越高，能淬透的工件截面尺寸越大。对于大截面的重要工件，为了增加淬透层的深度，必须选用过冷奥氏体很稳定的合金钢，工件越大，要求的淬透层越深，钢的合金化程度应越高。所以淬透性是机器零件选材的重要参考数据。

从热处理工艺性能考虑，对于形状复杂、要求变形很小的工件，如果钢的淬透性较高，例如合金钢工件，可以在较缓慢的冷却介质中淬火。如果钢的淬透性很高，甚至可以在空气中冷却淬火，那么淬火变形更小。

但是并非所有工件均要求很高的淬透性。例如承受弯曲或扭转的轴类零件，其外缘承受最大应力，轴心部分应力较小，因此有一定淬透层深度就可以了。一些汽车、拖拉机的重负荷齿轮通过表面淬火或化学热处理，获得一定深度的均匀淬硬层，即可达到表硬心韧的性能要求，甚至可以采用低淬透性钢制造。焊接用钢采用淬透性低的低碳钢制造，目的是避免焊缝及热影响区在焊后冷却过程中得到马氏体组织，从而可以防止焊接构件的变形和开裂。

## 二、钢的回火

回火是将淬火钢在 $A_1$ 以下温度加热，使其转变为稳定的回火组织，并以适当方式冷却到室温的工艺过程。回火的主要目的是减小或消除淬火应力，保证相应的组织转变，提高钢的韧性和塑性，获得硬度、强度、塑性和韧性的适当配合，以满足各种用途工件的性能要求。

决定工件回火后的组织和性能的最重要因素是回火温度。根据工件的组织和性能要求，回火可分为低温回火、中温回火和高温回火等几种。

### （一）低温回火

低温回火温度约为 150～250℃，回火组织主要为回火马氏体。和淬火马氏体相比，回火马氏体既保持了钢的高硬度、高强度和良好耐磨性，又适当提高了韧性。因此，低温回火特别适用于刀具、量具、滚动轴承、渗碳件及高频表面淬火工件。低温回火钢大部分是淬火高碳钢和高碳合金钢，经淬火并低温回火后得到隐晶回火马氏体和均匀细小的粒状碳化物组织，具有很高的硬度和耐磨性，同时显著降低了钢的淬火应力和脆性。对于淬火获得低碳马氏体的钢，经低温回火后可减小内应力，并进一步提高钢的强度和塑性，保持优良的综合力学性能。

### （二）中温回火

中温回火温度一般在 350～500℃之间，回火组织主要为回火托氏体。中温回火后工件的淬火应力基本消失。因此钢具有高的弹性极限，较高的强度和硬度，良好的塑性和韧性。故中温回火主要用于各种弹簧零件及热锻模具。

### （三）高温回火

高温回火温度约为 500～650℃，回火组织为回火索氏体。习惯上将淬火和随后的高温回火相结合的热处理工艺称为调质处理。经调质处理后，钢具有优良的综合力学性能。因此，高温回火主要适用于中碳结构钢或低合金结构钢制作的重要机器零件，如发动机曲轴、连杆、连杆螺栓、汽车半轴、机床主轴及齿轮等。这些机器零件在使用中要求较高的强度并能承受冲击和交变负荷的作用。

回火保温时间应保证工件各部分温度均匀，同时保证组织转变充分进行，并尽可能降低或消除内应力。生产上常以硬度来衡量淬火钢的回火转变程度。图 10-12 为 $w_C=0.98\%$ 的钢的不同回火温度和回火时间对硬度的影响。由图可见，在各个回火温度下，硬度变化最剧烈的时间一般在最初的 0.5h 内，回火时间超过 2h 后，硬度变化很小。因此，生产上一般工件的回火时间均为 1 ~2h。

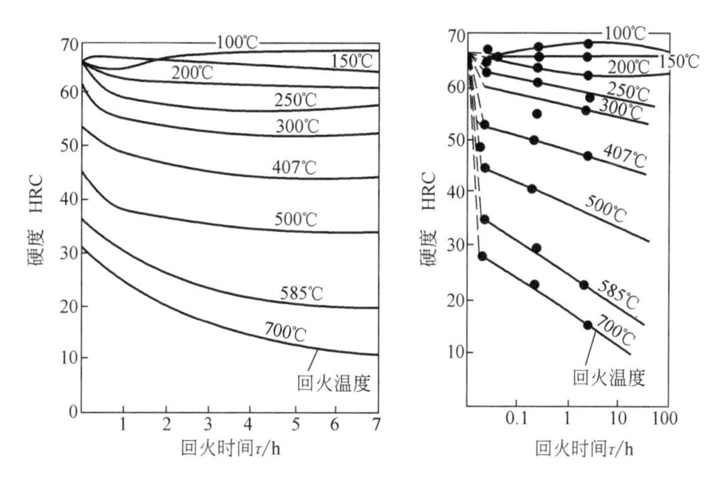


图 10-12　回火温度和时间对淬火钢（$w_C=0.98\%$）回火后硬度的影响

工件回火后一般在空气中冷却。一些重要的机器零件和工、模具，为了防止重新产生内应力和变形、开裂，通常都采用缓慢的冷却方式。对于有第二类回火脆性的钢件，回火后应进行油冷或水冷，以抑制回火脆性。

## 三、淬火加热缺陷及其防止

### （一）淬火工件的过热和过烧

工件在淬火加热时，由于温度过高或者时间过长造成奥氏体晶粒粗大的缺陷称为过热。由于过热不仅在淬火后得到粗大马氏体组织，而且易于引起淬火裂纹。因此，淬火过热的工件强度和韧性降低，易于产生脆性断裂。轻微的过热可用延长回火时间来补救。严重的过热则需进行一次细化晶粒退火，然后再重新淬火。

淬火加热温度太高，使奥氏体晶界出现局部熔化或者发生氧化的现象称为过烧。过烧是严重的加热缺陷，工件一旦过烧就无法补救，只能报废。

### （二）淬火加热时的氧化和脱碳

淬火加热时，钢制零件与周围加热介质相互作用往往会产生氧化和脱碳等缺陷。氧化使工件尺寸减小，表面光洁程度降低，并严重影响淬火冷却速度，进而使淬火工件出现软点或硬度不足等新的缺陷。工件表面脱碳会降低淬火后钢的表面硬度、耐磨性，并显著降低其疲劳强度。因此，淬火加热时，在获得均匀化奥氏体的同时，必须注意防止氧化和脱碳现象。

氧化是钢件在加热时与炉气中的 $O_2$、$H_2O$ 及 $CO_2$ 等氧化性气体发生的化学作用。在 570℃以下的温度加热，在工件表层主要形成氧化物 $Fe_3O_4$。由于这种处于工件表层的氧化物结构致密，与基体结合牢固，氧原子难以继续渗入，故氧化速度很慢。因此，钢在 570℃以下加热，氧化不是主要问题。但当加热温度高于 570℃时，表面氧化膜主要由 FeO 组成。由于 FeO 结构松散，与基体结合不牢，容易脱落，因此氧原子很容易透过已形成的表面氧化膜继续向里与铁元素化合发生氧化，使钢的氧化速度大大加快。由于氧化速度主要取决于氧原子或铁原子通过表面氧化膜的扩散速度，加热温度越高，原子扩散速度越快，钢的氧化速度越大（图 10-13），因此钢在加热时，在保证组织转变的条件下，加热温度应尽可能低，保温时间应尽可能短。采用脱氧良好的盐浴加热或可控气氛加热等方法可以防止钢的氧化。

钢件在加热过程中，钢中的碳与气氛中的 $O_2$、$H_2O$、$CO_2$ 及 $H_2$ 等发生化学反应，形成含碳气体逸出钢外，使钢件表面含碳量降低，这种现象称为脱碳。脱碳过程中的主要化学反应如下：

$$C_{\gamma\text{-}Fe} + O_2 \rightleftharpoons CO_2$$
$$C_{\gamma\text{-}Fe} + CO_2 \rightleftharpoons 2CO$$
$$C_{\gamma\text{-}Fe} + H_2O \rightleftharpoons CO + H_2$$
$$C_{\gamma\text{-}Fe} + 2H_2 \rightleftharpoons CH_4$$

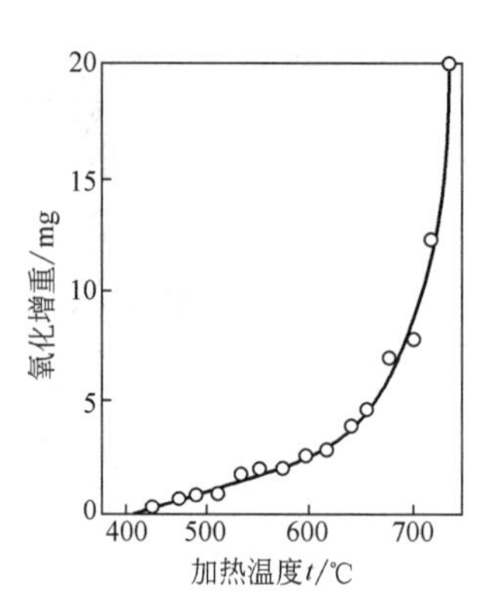

图 10-13 钢的氧化速度与加热温度的关系

可见，炉气介质中的 $O_2$、$CO_2$、$H_2O$ 和 $H_2$ 都是脱碳性气氛。工件表面脱碳以后，其表面与内部产生碳浓度差，内部的碳原子则向表面扩散，新扩散到表面的碳原子又被继续氧化，从而使脱碳层逐渐加深。脱碳过程进行的速度取决于表面化学反应速度和碳原子的扩散速度。加热温度越高，加热时间越长，脱碳层越深。

在空气介质炉中加热时，防止氧化和脱碳最简单的方法是在炉子升温加热时向炉内加入无水分的木炭，以改变炉内气氛，减少氧化和脱碳。此外，采用盐炉加热、用铸铁屑覆盖工件表面，或是在工件表面热涂硼酸等方法都可有效地防止或减少工件的氧化和脱碳。采用真空加热或可控气氛加热，是防止氧化和脱碳的根本办法。

## 第三节 其他类型热处理

某些机器零件在复杂应力条件下工作时，表面和心部承受不同的应力状态，往往要求零件表面和心部具有不同的性能。为此，除上述整体热处理外，还发展了表面热处理技术，其中包括只改变工件表面层组织的表面淬火工艺和改变工件表面层组织及表面化学成分的化学热处理工艺。为进一步提高零件的使用性能，降低制造成本，有时还把两种或几种加工工艺混合在一起，构成复合加工工艺。例如把塑性变形和热处理结合，形成形变热处理新工艺等。

### 一、钢的形变热处理

形变热处理是将塑性变形和热处理有机结合在一起的一种复合工艺。该工艺既能提高钢的强度，又能改善钢的塑性和韧性，同时还能简化工艺，节省能源。因此，形变热处理是提高钢的强韧性的重要手段之一。

根据形变的温度以及形变所处的组织状态，形变热处理分很多种，这里仅介绍高温形变热处理和低温形变热处理。

高温形变热处理是将钢加热至 $Ac_3$ 以上，在稳定的奥氏体温度范围内进行变形，然后立即淬火，使之发生马氏体转变并回火以获得需要的性能（图 10-14）。由于形变温度远高于钢的再结晶温度，形变强化效果易于被高温再结晶所削弱，故应严格控制变形后至淬火前的停留时间，形变后要立即淬火冷却。

高温形变热处理适用于一般碳钢、低合金钢结构零件以及机械加工量不大的锻件或轧材。如连杆、曲轴、弹簧、叶片及各种农机具零件。锻轧余热淬火是用得较成功的高温形变热处理工艺。我国的柴油机连杆等调质件已在生产上采用此种工艺。

高温形变热处理在提高钢的抗拉强度和屈服强度的同时，能改善钢的塑性和韧性。表 10-3 列出了 40CrNiMo 钢经时效后淬火并经 200℃ 回火 2h 后的力学性能。与一般热处理相比，形变加时效会使钢的强度有较大幅度的提高，而塑性也不减小。

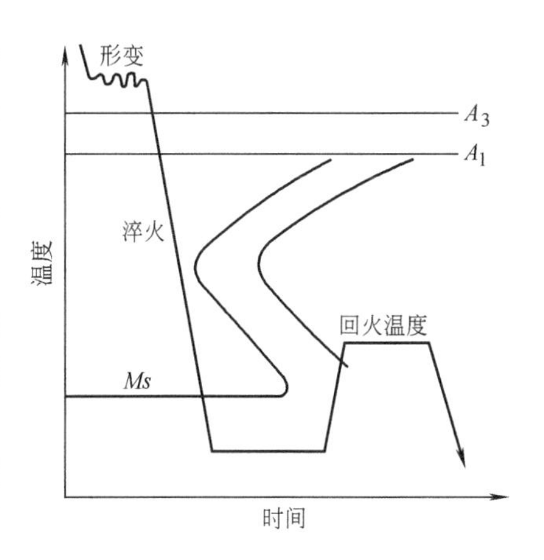


图 10-14　高温形变热处理工艺过程示意图

**表 10-3　钢经不同处理并经 200℃回火 2h 后的力学性能**

| 处 理 工 艺 | 维氏硬度 HV | 抗拉强度 $R_m$/MPa | 屈服强度 $R_{eL}$/MPa | 伸长率 $A$(%) |
|---|---|---|---|---|
| 不形变，在 550℃时效 60min 淬火 | 654 | 2136.4 | 1734.6 | 11 |
| 低温形变 60%，在 550℃时效 60min 淬火 | 726 | 2557.8 | 2165.8 | 10 |
| 高温形变 60%，在 550℃时效 60min 淬火 | 715 | 2401.0 | 2038.4 | 10.5 |

形变温度和形变量显著影响高温形变热处理的强化效果。形变温度高，形变至淬火停留时间长，容易发生再结晶软化过程，减弱形变强化效果，故一般终轧温度以 900℃ 左右为宜。形变量增加，强度增加，塑性下降。但当形变量超过 40% 以后，强度降低，塑性增加。这是由于形变热效应使钢温度升高，加快再结晶软化过程，故高温形变热处理的形变量控制在 20%～40% 之间可获得最佳的拉伸、冲击、疲劳性能及断裂韧度。

结构钢高温形变淬火不但能保留高温淬火得到的由残留奥氏体薄层包围的板条状马氏体组织，而且能克服高温淬火晶粒粗大的缺点，使奥氏体晶粒及马氏体板条束更加细化。若形变后及时淬火，可保留较高位错密度及其他形变缺陷，并能促进 ε-碳化物的析出和改变奥氏体晶界析出物的分布。这些组织变化是高温形变热处理获得较高强韧性的原因。

低温形变热处理是将钢加热至奥氏体状态，迅速冷却至 $Ac_1$ 点以下、$Ms$ 点以上过冷奥氏体亚稳温度范围进行大量塑性变形，然后立即淬火并回火至所需要的性能（图 10-15）。塑性变形可采用锻造、轧制或拉拔等加工方法。该工艺仅适用于珠光体转变区和贝氏体转变区之间（400～550℃）有很长孕育期的某些合金钢。在该温度区间进行变形可防止珠光体或贝氏体相变。低温形变热处理在钢的塑性和韧性不降低或降低不多的情况下，可以显著提高钢的抗拉强度和疲劳强度，提高钢的耐磨损和耐回火性。例如，用 50CrMnSi 钢制造的 $\phi$5mm 弹簧钢丝，奥氏体化后冷至 500℃ 经形变 50.5%，淬火后再经 400℃ 回火，可使抗拉强度提高 392～490MPa，疲劳强度提高 59～69MPa。表 10-3 中的数据表明，低温形变热处理比高温形变热处理具有更高的强化效果，而塑性并不降低。

低温形变热处理使钢显著强化的原因主要是钢经低温形变后，使亚晶细化，并使位错密度大大提高，从而强化了马氏体；形变使奥氏体晶粒细化，进而又细化了马氏体片，对强度也有贡献；对于含有强碳化物形成元素的钢，奥氏体在亚稳区形变时，促使碳化物弥散析出，使钢的强度进一步提高。由于奥氏体内合金碳化物析出使其碳及合金元素量减少，提高了钢的 $Ms$ 点，大大减少了淬火孪晶马氏体的数量，因而低温形变热处理钢还具有良好的塑性和韧性。

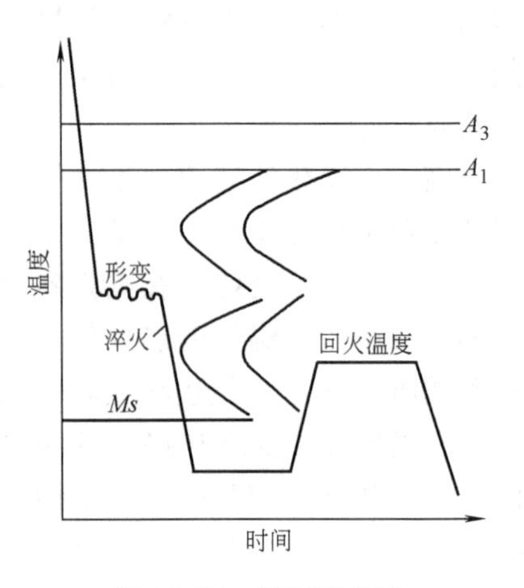


图 10-15　低温形变热处理工艺过程示意图

低温形变热处理可用于结构钢、弹簧钢、轴承钢及工具钢。经低温形变热处理后，结构钢强度和韧性显著提高；弹簧钢疲劳强度、轴承钢强度和塑性、高速钢切削性能和模具钢耐回火性均得到提高。

形变热处理虽有很大优点，但增加了变形工序，设备和工艺条件受到限制，对于形状复杂或尺寸较大的工件、变形后需要进行切削加工或焊接的工件不宜采用形变热处理。因此，此工艺的应用具有很大的局限性。

## 二、钢的表面淬火

表面淬火是将工件快速加热到淬火温度，然后迅速冷却，仅使表面层获得淬火组织的热处理方法。齿轮、凸轮、曲轴及各种轴类等零件在扭转、弯曲等交变载荷下工作，并承受摩擦和冲击，其表面要比心部承受更高的应力。因此，要求零件表面具有高的强度、硬度和耐磨性，要求心部具有一定的强度、足够的塑性和韧性。采用表面淬火工艺可以达到这种表硬心韧的性能要求。根据工件表面加热热源的不同，钢的表面淬火有很多种，如感应加热、激光加热、电子束加热及火焰加热等表面淬火工艺。这里仅介绍感应淬火。

### （一）感应加热的原理及工艺

感应淬火是利用电磁感应原理，在工件表面产生密度很高的感应电流，并使之迅速加热至奥氏体状态，随后快速冷却获得马氏体组织的淬火方法，如图 10-16 所示。当感应圈中通过一定频率交流电时，在其内外将产生与电流变化频率相同的交变磁场。若将工件放入感应圈内，在交变磁场作用下，工件内就会产生与感应圈内所通电流频率相同而方向相反的感应电流。由于感应电流沿工件表面形成封闭回路，故通常称为涡流。此涡流将电能变成热能，使工件加热。涡流在被加热工件中的分布由表面至心部呈指数规律衰减。因此，涡流主要分布于工件表面，工件内部几乎没有电流通过。这种现象称为趋肤效应或表面效应。感应加热就是利用趋肤效应，依靠电流热效应把工件表面迅速加热到淬火温度的。感应圈用纯铜管制作，内通冷却水。当工件表面在感应圈内加热到相变温度时，立即喷水或浸水冷却，实现表面淬火工艺。

电流透入深度 $\delta$（单位为 mm）在工程上定义为涡流强度由表向内降低至 $I_0/e$（$I_0$ 为表面处的涡流强度，$e=2.718$）处的深度。钢在 800～900℃范围内的电流透入深度 $\delta_{热}$ 及在室温 20℃时的电流透入深度 $\delta_{冷}$ 与电流频率 $f$（单位为 Hz）有如下关系：

$$\delta_{热}=500/\sqrt{f}$$

$$\delta_{冷}=20/\sqrt{f}$$

$\delta_{热}$ 比 $\delta_{冷}$ 大几十倍，可见当工件加热温度超过钢的磁性转变点 $A_2$ 时，电流透入深度将急剧增加。此外，感应电流频率越高，电流透入深度越小，工件加热层越薄。因此，感应加热透入工件表层的深度主要取决于电流频率。

生产上根据零件尺寸及硬化层深度的要求选择不同的电流频率。根据不同的电流频率，可将感应淬火分为三类：

（1）高频感应淬火　常用电流频率为 80～1000kHz，可获得的表面硬化层深度为 0.5～2mm。主要用于中小模数齿轮和小轴的表面淬火。

（2）中频感应淬火　常用电流频率为 2500～8000Hz，可获得 3～6mm 深的硬化层，主要用于要求淬硬层较深的零件，如发动机曲轴、凸轮轴、大模数齿轮、较大尺寸的轴和钢轨的表面淬火。

（3）工频感应淬火　常用电流频率为 50Hz，可获得 10～15mm 以上的硬化层。适用于大直径钢材的穿透加热及要求淬硬层深的大工件的表面淬火。

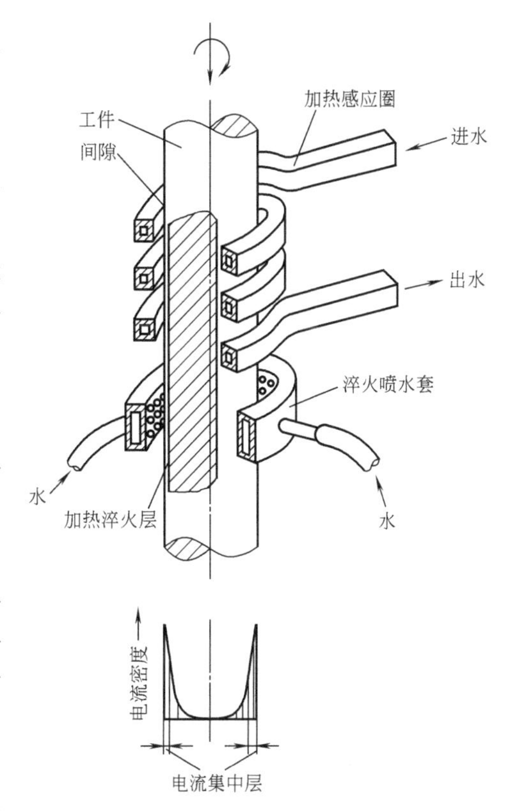


图 10-16　感应淬火示意图

感应加热速度快，一般不进行保温，为使先共析相充分溶解，感应淬火可采用较高的淬火加热温度。高频感应淬火比普通加热淬火温度高 30～200℃。

感应淬火通常采用喷射冷却法，冷却速度可通过调节液体压力、温度及喷射时间控制。

工件表面淬火后应进行低温回火以降低残余应力和脆性，并保持表面高硬度和高耐磨性。回火方式有炉中回火和自回火。炉中回火温度为 150～180℃，时间为 1～2h。自回火即控制喷射冷却时间，利用工件内部余热使表面进行回火。

为了保证工件表面淬火后的表面硬度和心部强度及韧性，一般选用中碳钢及中碳合金钢，其表面淬火前的原始组织应为调质态或正火态。

**（二）感应淬火的特点**

1）感应加热时，由于电磁感应和趋肤效应，工件表面在极短时间里达到 $Ac_3$ 以上很高的温度，而工件心部仍处于相变点之下。中碳钢高频淬火后，工件表面得到马氏体组织，往里是马氏体加铁素体加托氏体组织，心部为铁素体加珠光体或回火索氏体原始组织。

2）感应加热升温速度快，保温时间极短。与一般淬火相比，淬火加热温度高，过热度大，奥氏体形核多，又不易长大，因此淬火后表面得到细小的隐晶马氏体，故感应淬火工件的表面硬度比一般淬火的高 2～3HRC。

3）感应淬火后，工件表层强度高，由于马氏体转变产生体积膨胀，故在工件表层产生很大的残余压应力，因此可以显著提高其疲劳强度并降低缺口敏感性。

4）感应淬火后，工件的耐磨性比普通淬火的高。这显然与奥氏体晶粒细化、表面硬度高及表面压应力状态等因素有关。

5）感应加热淬火件的冲击韧度与淬硬层深度和心部原始组织有关。同一钢种淬硬层深度相同时，原始组织为调质态比正火态冲击韧度高；原始组织相同时，淬硬层深度增加，冲击韧度降低。

6）感应淬火时，由于加热速度快，无保温时间，工件一般不产生氧化和脱碳问题，又因工件内部未被加热，故工件淬火变形小。

7）感应淬火的生产率高，便于实现机械化和自动化，淬火层深度又易于控制，适于批量生产形状简单的机器零件，因此得到广泛应用。

感应加热方法的缺点是设备费用昂贵，不适用于单件生产。

感应淬火通常采用中碳钢（如40、45、50钢）和中碳合金结构钢（如40Cr、40MnB），用以制造机床、汽车及拖拉机齿轮、轴等零件。很少采用淬透性高的Cr钢、Cr-Ni钢及Cr-Ni-Mo钢进行感应淬火。这些零件在表面淬火前一般采用正火或调质处理。感应淬火也可采用碳素工具钢和低合金工具钢，用以制造量具、模具、锉刀等。用铸铁制造机床导轨、曲轴、凸轮轴及齿轮等，采用高、中频感应淬火可显著提高其耐磨性及抗疲劳性能。目前国内外还广泛采用低淬透性钢进行高频感应淬火，用以解决中、小模数齿轮因整齿淬硬而使心部韧性变差的表面淬火问题。这类钢是在普通碳钢的基础上，通过调整Mn、Si、Cr、Ni的成分，尽量降低其含量，以减小淬透性，同时附加Ti、V或Al，在钢中形成未溶碳化物（TiC、VC）和氮化物（AlN），以进一步降低奥氏体的稳定性。

## 三、钢的化学热处理

将金属工件放入含有某种活性原子的化学介质中，通过加热使介质中的原子扩散渗入工件一定深度的表层，改变其化学成分和组织并获得与心部不同性能的热处理工艺称为化学热处理。和表面淬火不同，化学热处理后的工件表面不仅有组织的变化，也有化学成分的变化。可以说，钢的化学热处理即是改变钢的表层化学成分和性能的一种热处理工艺。

化学热处理后的钢件表面可以获得比表面淬火所具有的更高的硬度、耐磨性和疲劳强度；心部在具有良好的塑性和韧性的同时，还可获得较高的强度。通过适当的化学热处理还可使钢件表层具有减摩、耐腐蚀等特殊性能。因此，化学热处理工艺已获得越来越广泛的应用。

化学热处理种类很多，根据渗入元素的不同，可分为渗碳、渗氮（氮化）、碳氮共渗、多元共渗、渗硼、渗金属等。

### （一）化学热处理的一般过程

化学热处理的一般过程通常是由分解、吸附和扩散三个基本过程组成的。

分解是在一定温度下从渗剂中分解出含有被渗元素“活性原子”的过程。例如，渗碳就是渗剂中的CO或$CH_4$等分解出活性碳原子［C］的过程：

$$2CO \rightleftharpoons CO_2 + [C]$$

$$CH_4 \rightleftharpoons 2H_2 + [C]$$

$$CO + H_2 \rightleftharpoons H_2O + [C]$$

反应产生的活性碳原子就是钢渗碳时表面碳原子的来源。又如气体渗氮，通入氨气与钢件表面产生如下反应：$2NH_3 \rightleftharpoons 3H_2 + 2[N]$。这个活性氮原子就是钢渗氮时表面氮原子的来源。由于活性原子处于高能状态，它能克服钢件表面铁原子的结合力而渗入钢件表层。

但是，并不是所有被渗元素含的物质都可以作为渗剂。化学热处理渗剂不但要含有被渗元素的物质，而且要易于分解出被渗元素原子。例如，$N_2$ 在普通渗氮温度下不能分解出活性氮原子，因此不能用 $N_2$ 作为渗氮的渗剂。为了加速被渗物质的分解，或直接产生被渗元素的活性原子，通常还需要添加一些催渗剂。例如固体渗碳时，加入碳酸钠和碳酸钡催化剂就是为了这一目的。在渗碳温度下，催化剂发生如下分解：

$$Na_2CO_3 \rightleftharpoons Na_2O + CO_2$$

$$BaCO_3 \rightleftharpoons BaO + CO_2$$

分解出的 $CO_2$ 与炭粒发生作用：

$$CO_2 + C \rightleftharpoons 2CO$$

CO 和钢件表面发生如下界面反应，产生活性碳原子：

$$2CO \rightleftharpoons CO_2 + [C]$$

具有高能状态的活性原子冲入铁晶格表面原子引力场范围之内，被铁表面晶格捕获并溶解的过程称为化学热处理的吸附过程。刚分解出的活性原子首先被钢件表面所吸附，然后向固溶体中溶解。一般金属元素多以置换方式溶入；碳、氮、硼等原子半径小的非金属元素以间隙原子溶入奥氏体中。

吸附能力与钢件的表面活性有关。钢件表面活性表示吸附被渗活性原子的能力大小。钢件表面存在大量的位错露头和晶界露头，这为活性原子的渗入提供了方便的通道，故表面活性大；钢件表面粗糙度值越小，吸附被渗原子的表面积越大，表面活性越大。钢件表面越新鲜，即不存在污垢、氧化锈斑、炭黑或其他有害杂质，由于原子的自由键力场完全暴露，捕获被渗元素气体分子的能力强，因而表面活性越高。所以，在化学热处理过程中，对钢件表面用卤化物进行轻微侵蚀，暴露出新鲜表面，减小工件表面粗糙度值，可以提高表面活性，促进化学热处理过程。

扩散是钢件表面吸收并溶解被渗元素活性原子后，由于造成表面和心部的浓度差而发生被渗元素的原子由高浓度表面向内部定向迁移的现象。扩散的结果是得到一定深度的扩散层。扩散层的特点是渗入元素在表层的浓度最高，离开表面越远，浓度越低。工件表面扩散层的厚度和浓度是由分解、吸附和扩散三个基本过程的速度以及它们之间的相互关系决定的。若渗入元素扩散速度很慢，则形成的渗层表面浓度会很高，渗层较薄。如果分解和吸附过程不强烈，虽然可以得到一定厚度的渗层，但渗层浓度会降低，渗层厚度也不大。可见，分解、吸附和扩散三个基本过程是互相联系、互相制约的。但是在一般情况下，扩散是控制化学热处理过程的主要过程。因为扩散是上述三个基本过程中最慢的一个环节，故加快扩散速度，可以加速化学热处理过程。例如气体渗碳时，增加渗剂中 CO 和 $CH_4$ 的含量，可以加快它们的分解速度，产生更多的活性碳原子。若这些碳原子都能被钢件表面吸收并迅速向钢内部扩散，则可加快渗碳速度。但是若活性碳原子增加过多，会使钢件表面很快饱和。那些来不及被工件表面吸收的原子就会相互结合而失去活性，沉积在工件表面，形成所谓炭黑。炭黑的形成反而阻碍碳原子的渗入过程，因而降低渗碳速度。

渗层深度与温度、时间及表面浓度有关。温度越高，扩散速度越快，渗层就越深。但温度也不能过高，否则会引起奥氏体晶粒粗化，使钢的性能变坏。所以，各种化学热处理都有适宜的温度范围。延长保温时间可增加渗层深度。如果渗入元素扩散速度很慢，则渗层表面浓度会很高，渗层也较浅。但是，表面浓度越高，扩散速度越快，在相同扩散时间里，渗层深度越深。

当表面扩散元素的浓度超过在基体金属中的溶解度极限时，就会在表面形成化合物。这种扩散引起相结构变化的现象称为反应扩散。钢在氮化、渗硼、渗铝、渗铬等化学热处理过程中都会发生反应扩散，甚至会形成多层结构的化合物层。

**（二）钢的渗碳**

将低碳钢件放入渗碳介质中，在 900 ~ 950℃ 加热保温，使活性碳原子渗入钢件表面并获得高碳渗层的工艺方法称为渗碳。齿轮、凸轮、活塞、轴类等许多重要的机器零件经过渗碳及随后的淬火并低温回火后，可以获得很高的表面硬度、耐磨性以及高的接触疲劳强度和弯曲疲劳强度。而心部仍保持低碳，具有良好的塑性和韧性。因此，渗碳可使同一材料制作的机器零件兼有高碳钢和低碳钢的性能，从而使这些零件既能承受磨损和较高的表面接触应力，同时又能承受弯曲应力及冲击负荷的作用。

根据渗碳剂的不同，渗碳方法有固体渗碳、气体渗碳和离子渗碳。常用的是前两种，尤其是气体渗碳应用最广泛。

固体渗碳是将低碳钢件放入装满固体渗碳剂的渗碳箱中，密封后送入炉中加热至渗碳温度保温，以便活性碳原子渗入工件表层。固体渗剂由一定颗粒度的木炭加碳酸盐（$w_{BaCO_3}$ 或 $w_{Na_2CO_3}=2\%\sim5\%$）混合而成。渗碳温度一般为 900 ~ 930℃，渗碳保温时间视层深要求确定，常常需要十几个小时。固体渗碳加热时间长，生产率低，劳动条件差，渗碳层深度及质量不易控制，目前已逐渐为气体渗碳所代替。但固体渗碳不需专门设备，工艺简单，适宜单件或小批量生产。因此，即使是工业技术先进的国家也不时使用固体渗碳工艺。

气体渗碳是把零件放入含有气体渗碳介质的密封高温炉罐中进行碳的渗入过程的渗碳方法。这种渗碳方法通常把煤油或丙酮等液态碳氢化合物直接滴入高温渗碳炉内，使其热裂分解为活性碳原子并渗入零件表面。渗碳温度一般为 920 ~ 950℃。但是由渗剂直接滴入炉内进行渗碳时，由于热裂分解出的活性碳原子过多，不能全部为零件表面吸收而以炭黑、焦油等形式沉积于零件表面，阻碍渗碳过程，而且渗碳气氛的碳势也不易控制。因此发展了滴注式可控气氛渗碳，即向高温炉中同时滴入两种有机液体，一种液体（如甲醇）产生的气体碳势较低，作为稀释气体；另一种液体（如醋酸乙酯）产生的气体碳势较高，作为富化气。通过改变两种液体的滴入比例，利用露点仪或红外分析仪控制碳势，使零件表面的含碳量控制在要求的范围内。

低碳钢（$w_C=0.15\%\sim0.25\%$）或低碳合金钢渗碳后，其渗层中含碳量是不均匀的，表面含碳量最高，由表层向心部含碳量逐渐降低，直至原始含碳量。因此渗碳缓冷组织表层为珠光体加二次渗碳体的过共析组织，往里是共析组织和亚共析组织的过渡区，直到原始组织，如图 10-17 所示。渗碳层深度按（过共析层 + 共析层 + 1/2 过渡区）计算。

为了充分发挥渗碳层的作用，使零件表面获得高硬度和高耐磨性，心部保持足够的强度和韧性，零件在渗碳后必须进行热处理。对于本质细晶粒钢，通常渗碳后可预冷至淬火温度直接淬火，然后进行 180 ~ 220℃ 低温回火。预冷的主要目的是减少零件与淬火冷却介质的温差，减小淬火应力和变形。对于固体渗碳零件、本质粗晶粒钢渗碳后不能直接淬火的零件，也可从渗碳温度直接空冷后再次加热淬火，然后进行低温回火。渗碳件经淬火并低温回火后，表层组织为高碳细针状回火马氏体组织加细粒状渗碳体及少量残留奥氏体，硬度为 58 ~ 62HRC。心部组织随钢种而异，低碳钢淬透性差，为铁素体加珠光体；低碳合金钢淬透性好，心部由低碳回火马氏体和少量铁素体组成。根据渗层组织和性能要求，一般零件表层含碳量最好控制在 $w_C$ = 0.85% ~ 1.05% 左右，渗层厚度一般为 0.5 ~ 2mm，渗层碳浓度变化应当平缓。

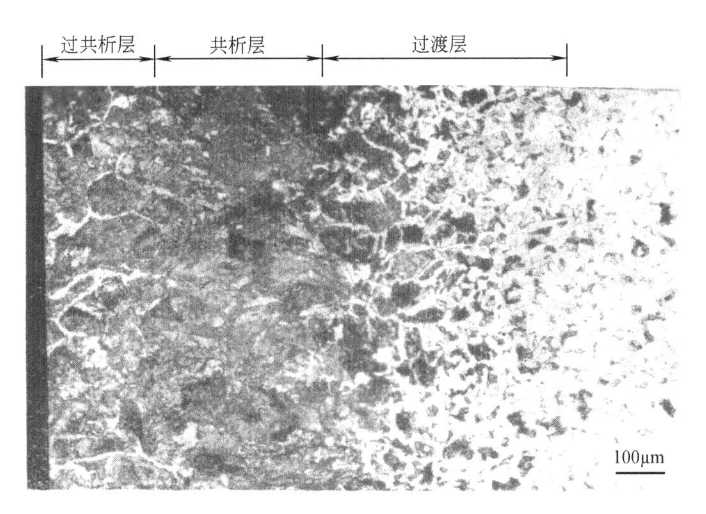


图 10-17　低碳钢渗碳缓冷后的渗层组织

**（三）钢的渗氮**

向钢件表面渗入氮元素，形成富氮硬化层的化学热处理称为渗氮，旧称为氮化。

和渗碳相比，钢件渗氮后具有更高的表面硬度和耐磨性。渗氮后钢件的表面硬度高达 950 ~ 1200HV，相当于 65 ~ 72HRC。这种高硬度和高耐磨性可保持到 560 ~ 600℃而不降低，故渗氮钢件具有很好的热稳定性。由于渗氮层体积胀大，在表层形成较大的残余压应力，因此可以获得比渗碳更高的疲劳强度、抗咬合性能和低的缺口敏感性。渗氮后由于钢件表面形成致密的氮化物薄膜，因而具有良好的耐蚀性能。此外，渗氮温度低（500 ~ 600℃），渗氮后钢件不需热处理，因此渗氮件变形很小。由于上述性能特点，渗氮在机械工业中获得了广泛应用，特别适宜许多精密零件的最终热处理，如磨床主轴、镗床镗杆、精密机床丝杠、内燃机曲轴以及各种精密齿轮和量具等。

气体渗氮是将氨气通入加热到渗氮温度的密封渗氮罐中，使其分解出活性氮原子并被钢件表面吸收、扩散形成一定深度的渗氮层。氮和许多合金元素都能形成氮化物，如 CrN、$Mo_2N$、AlN 等，这些弥散的合金氮化物具有高的硬度和耐磨性，同时具有高的耐蚀性。因此 Cr-Mo-Al 钢得到了广泛应用，其中最常用的渗氮钢是 38CrMoAl。其中，Cr、Mo 还能提高钢的淬透性，有利于渗氮件获得强而韧的心部组织；Mo 还可以消除钢的回火脆性。钢件渗氮后一般不进行热处理。为了提高钢件心部的强韧性，渗氮前必须进行调质处理。

由于氨气分解温度较低，通常的渗氮温度在 500 ~ 580℃之间。在这种较低的处理温度下，氮原子在钢中扩散速度很慢，渗氮所需时间很长，渗氮层也较薄。例如，38CrMoAl 钢制压缩机活塞杆为获得 0.4 ~ 0.6mm 的渗氮层深度，渗氮保温时间需 60h 以上。

为了缩短渗氮周期，目前广泛应用离子渗氮工艺。低真空气体中总是存在微量带电粒子（电子和离子），当施加一高压电场时，这些带电粒子即做定向运动，其中能量足够大的带电粒子与中性的气体原子或分子碰撞，使其处于激发态，成为活性原子或离子。离子渗氮就是利用这一原理，把作为阴极的工件放在真空室，充以稀薄的 $H_2$ 和 $N_2$ 混合气体，在阴极和阳极之间加上直流高压后，产生大量的电子、离子和被激发的原子，它们在高压电场的作用下冲向工件表面，产生大量的热把工件表面加热，同时活性氮离子和氮原子为工件表面所吸附，并迅速扩散，形成一定厚度的渗氮层。氢离子则可以清除工件表面的氧化膜。离子渗氮适用于所有钢种和铸铁，渗氮速度快，渗氮层及渗氮组织可控，变形极小，可显著提高钢的表面硬度和疲劳强度。

**（四）钢的碳氮共渗**

向钢件表层同时渗入碳和氮的过程称为碳氮共渗，旧称为氰化。碳氮共渗方法有液体和气体碳氮共渗两种。液体碳氮共渗使用的介质氰盐是剧毒物质，污染环境，故逐渐为气体碳氮共渗所替代。根据共渗温度不同，碳氮共渗可分为高温（900～950℃）、中温（700～880℃）及低温（500～570℃）三种。目前工业上广泛应用的是中温和低温气体碳氮共渗。其中低温气体碳氮共渗主要是提高耐磨性及疲劳强度，而硬度提高不多，故又称为软氮化，多用于工模具。中温气体碳氮共渗多用于结构零件。

中温气体碳氮共渗是将钢件放入密封炉内，加热到820～860℃，并向炉内通入煤油或渗碳气体，同时通入氨气。在高温下共渗剂分解形成活性碳原子［C］和氮原子［N］，被工件表面吸收并向内层扩散，形成一定深度的碳氮共渗层。在一定的共渗温度下，保温时间主要取决于要求的渗层深度。一般零件的渗层深度为0.5～0.8mm，共渗保温时间约为4～6h。由于氮的渗入，提高了过冷奥氏体的稳定性，所以钢件碳氮共渗后可直接油淬，渗层组织为细针状马氏体加碳、氮化合物和少量残留奥氏体。淬火后钢件应进行低温回火。钢件碳氮共渗后可同时兼有渗碳和渗氮的优点。碳氮共渗温度虽低于渗碳温度，但碳氮共渗速度却显著高于单独的渗碳或渗氮。在渗层碳浓度相同的情况下，碳氮共渗件比渗碳件具有更高的表面硬度、耐磨性、耐蚀性、抗弯强度和接触疲劳强度。但耐磨性和疲劳强度低于渗氮件。

低温气体碳氮共渗是以渗氮为主的碳氮共渗过程。当氮和碳原子同时渗入钢中时，很快在表面形成很多细小的含氮渗碳体 $Fe_3(CN)$，它们是铁的氮化物的形成核心，加快了渗氮过程。低温碳氮共渗所用的渗剂一般采用吸热式气氛和氨气混合气，在软氮化温度下发生分解形成活性［C］、［N］原子。软氮化温度一般为（560±10）℃，保温时间一般为3～4h。到达保温时间后即可出炉空冷。为了减少钢件表面氧化以及防止某些合金钢的回火脆性，通常在油或水中冷却。低温碳氮共渗后，渗层外表面是由 $Fe_2N$、$Fe_4N$ 和 $Fe_3C$ 组成的化合物层，又称白亮层。往里为扩散层，主要由氮化物和含N的铁素体组成。白亮层硬度比纯气体渗氮低，脆性小，故低温碳氮共渗层具有较好的韧性。共渗层的表面硬度比纯气体渗氮稍低，但仍具有较高的硬度、耐磨性和高的疲劳强度，耐蚀性也有明显提高。低温碳氮共渗加热温度低，处理时间短，钢件变形小，又不受钢种限制，适用于碳钢、合金钢和铸铁材料，可用于处理各种工、模具以及一些轴类零件。

**（五）钢的渗硼**

用活性硼原子渗入钢件表层并形成铁的硼化物的化学热处理工艺称为渗硼。渗硼能显著提高钢件的表面硬度（1300～2000HV）和耐磨性，同时具有良好的耐热性和耐蚀性。因此渗硼工艺得到了迅速发展。

目前用得最多的是盐浴渗硼，最常用的盐浴渗硼剂由无水硼砂加碳化硼、硼铁或碳化硅组成。其中硼砂提供活性硼原子，碳化硅或碳化硼是还原剂。通常渗硼温度为900～950℃，时间为4～6h，渗硼层深度可达0.1～0.3mm。盐浴渗硼层的组织由化合物层和扩散层组成。常见的化合物层表面是FeB，次层是 $Fe_2B$；或者是单相 $Fe_2B$。由于FeB硬度高、脆性大，所以当渗硼层由 FeB 和 $Fe_2B$ 组成时，两者之间将产生应力，在外力作用下容易剥落。因此应当尽可能减少 FeB，最好获得单相 $Fe_2B$。在渗硼过程中，随着硼化物的形成，钢中的碳被排向内侧，所以紧靠化合物层是富碳区，可以形成珠光体型组织，称为扩散层。由于硼化物层的硬度与冷却速度无关，所以有些只要求耐磨、不要求心部强度的钢件渗硼后可以不淬火，采用空冷以减小变形。若要求较高的心部硬度和强度，可以采用油淬或分级淬火，以减小内应力，防止渗层开裂，淬火后应及时回火。由于硼化物层具有很高的硬度，并且淬火、回火之后也不发生变化，因此钢件渗硼后，其耐磨性比渗碳和碳氮共渗都高，尤其在高温下的耐磨性显得更为优越。渗硼层在 800℃ 以下仍保持很高的硬度和抗氧化性，并且在硫酸、盐酸及碱中具有良好的耐蚀性（但不耐硝酸腐蚀）。因此，渗硼处理广泛用于在高温下工作的工、模具及结构零件，使其使用寿命能成倍地增加。

## 习 题

10-1 何谓钢的退火？退火种类及用途有哪些？

10-2 何谓钢的正火？目的如何？有何应用？

10-3 在生产中为了提高亚共析钢的强度，常用的方法是提高亚共析钢中珠光体的含量，应该采用什么热处理工艺？

10-4 淬火的目的是什么？淬火方法有几种？比较几种淬火方法的优缺点。

10-5 试述亚共析钢和过共析钢淬火加热温度的选择原则。为什么过共析钢淬火加热温度不能超过 $Ac_{cm}$ 线？

10-6 何谓钢的淬透性、淬硬性？影响钢的淬透性、淬硬性及淬透层深度的因素是什么？

10-7 有一圆柱形工件，直径 35mm，要求油淬后心部硬度大于 45HRC，能否采用 40Cr 钢？

10-8 有一 40Cr 钢圆柱形工件，直径 50mm，求油淬后其横截面的硬度分布。

10-9 何谓调质处理？回火索氏体比正火索氏体的力学性能为何更优越？

10-10 为了减小淬火冷却过程中的变形和开裂，应当采取什么措施？

10-11 现有一批 45 钢卧式车床传动齿轮，其工艺路线为锻造—热处理—机械加工—高频感应淬火—回火。试问锻后应进行何种热处理？为什么？

10-12 有一 $\phi$10mm20 钢制工件，经渗碳热处理后空冷，随后进行正常的淬火、回火处理，试分析工件在渗碳空冷后及淬火、回火后，由表面到心部的组织。

10-13 设有一种 490 柴油机连杆，直径 12mm，长 77mm，材料为 40Cr，调质处理。要求淬火后心部硬度大于 45HRC，调质处理后心部硬度为 22～33HRC。试制定调质处理工艺。

10-14 写出 20Cr2Ni4A 钢重载渗碳齿轮的冷、热加工工序安排，并说明热处理工艺所起的作用。

10-15 指出 $\phi$10mm 的 45 钢（退火状态），经下列温度加热并水冷所获得的组织：700℃、760℃、840℃。

10-16 T10 钢经过何种热处理能获得下述组织：

1）粗片状珠光体 + 少量球状渗碳体。

2）细片状珠光体。

3）细球状珠光体。

4）粗球状珠光体。

10-17 一零件的金相组织是：在黑色的马氏体基体上分布有少量的珠光体组织，问此零件原来是如何热处理的？

Chapter 11

# 第十一章 工业用钢

工业用钢是经济建设中使用最广、用量最大的金属材料，在现代工农业生产中占有极其重要的地位。工业用钢中的碳素钢，由于价格低廉，便于冶炼，容易加工，且通过含碳量的增减和不同的热处理可使其性能得到改善，因此能满足很多生产上的要求，至今仍是应用最广泛的钢铁材料。但是，随着现代科学技术的发展，对钢铁材料的性能提出了越来越高的要求，即使采用各种强化途径，如热处理、塑性变形等，碳钢的性能在很多方面仍然不能满足要求。总的来看，碳钢主要存在以下不足之处。首先，碳钢的力学性能低，以应用十分广泛的 Q235 钢为例，经热轧空冷（相当于正火）后，其屈服强度为 240MPa，抗拉强度不足 400MPa。这样低的强度，势必使机器设备做得十分笨重，不能满足效率高、体积小、重量轻的要求。其次，碳钢的淬透性低。钢材只有通过淬火获得马氏体组织后才具有高的强度。例如，超高强度合金钢 35Si2MnMoV 在截面直径为 60mm 时，于油中淬火可以完全淬透，250℃低温回火后的 $R_m >$ 1700MPa、$Z > 40\%$、$a_K > 490 kJ \cdot m^{-2}$。对于 35 钢来说，只有其截面厚度不大于 5mm 的薄零件在盐水中经剧烈冷却淬火，并在 200℃低温回火后，力学性能才能接近以上水平。但是剧烈的冷却将使零件产生严重的变形甚至开裂，因而当零件的形状复杂、尺寸较大时，碳钢就不能满足要求。第三，现代工业的发展对钢材提出了许多特殊性能要求，例如，化工部门要求钢材具有耐酸不锈性能，仪表工业要求材料具有特殊的电磁性能，汽轮机制造部门则要求钢材具有良好的高温强度等，这些特殊的物理化学性能只有采用合金钢才能满足。

在碳钢的基础上有意地加入一种或几种合金元素，使其使用性能和工艺性能得以提高的以铁为基的合金即为合金钢。但是应当指出，合金钢并不是在一切性能上都优于碳钢，也有些性能指标不如碳钢，且价格比较昂贵，所以必须正确地认识并合理使用合金钢，以使其发挥出最佳效用。

## 第一节　钢的分类和编号

生产上使用的钢材品种很多，性能也千差万别，为了便于生产、使用和研究，就需要对钢进行分类及编号。

### 一、钢的分类

#### （一）按用途分类

这是主要的分类方法，我国合金钢的部颁标准一般都是按用途分类编制的。根据钢材的

用途可以分为三类。

（1）结构钢　用于制造各种工程结构（船舶、桥梁、车辆、压力容器等）和各种机器零件（轴、齿轮、各种联接件等）的钢种称为结构钢。其中用于制造工程结构的钢又称为工程用钢或构件用钢；机器零件用钢则包括渗碳钢、调质钢、弹簧钢、滚动轴承钢等。

（2）工具钢　工具钢是用于制造各种加工工具的钢种。根据工具的不同用途，又可分为刃具钢、模具钢、量具钢。

（3）特殊性能钢　特殊性能钢是指具有某种特殊的物理或化学性能的钢种，包括不锈钢、耐热钢、耐磨钢、电工钢等。

**（二）按化学成分分类**

按钢的化学成分可分为碳素钢和合金钢两大类。碳素钢又分为：①低碳钢，$w_C \leqslant 0.25\%$；②中碳钢，$w_C = 0.25\% \sim 0.6\%$；③高碳钢，$w_C > 0.6\%$。合金钢也可分为：①低合金钢，合金元素总含量 $w \leqslant 5\%$；②中合金钢，合金元素总含量 $w = 5\% \sim 10\%$；③高合金钢，合金元素总含量 $w > 10\%$。另外，根据钢中所含主要合金元素种类的不同，也可分为锰钢、铬钢、铬镍钢、硼钢等。

**（三）按显微组织分类**

（1）按平衡状态或退火状态的组织分类　可以分为亚共析钢、共析钢、过共析钢和莱氏体钢。

（2）按正火组织分类　可分为珠光体钢、贝氏体钢、马氏体钢和奥氏体钢。

（3）按室温时的显微组织分类　可分为铁素体钢、奥氏体钢和双相钢。

**（四）按品质分类**

主要以钢中有害杂质 P、S 的含量来分类，可分为普通质量钢、优质钢、高级优质钢和特级优质钢。例如，优质碳素结构钢的优质钢等级 $w_P$、$w_S$ 均 $\leqslant 0.035\%$，高级优质钢等级 $w_P$、$w_S$ 均 $\leqslant 0.030\%$；合金结构钢的优质钢等级 $w_P$、$w_S$ 均 $\leqslant 0.035\%$，高级优质钢等级 $w_P$、$w_S$ 均 $\leqslant 0.025\%$。

## 二、钢的编号

我国钢产品的编号采用汉语拼音字母、化学元素符号和阿拉伯数字相结合的原则。即：①钢号中的化学元素采用国际化学元素符号表示，如 Si、Mn、Cr、W 等，其中只有稀土元素，由于其含量不多但种类却不少，不易全部一一分析出来，因此用“RE”表示其总含量；②产品名称、用途、特性和工艺方法等，采用汉语拼音字母来表示，见表 11-1。下面介绍我国钢产品的编号方法。

**表 11-1　常用钢产品的名称、用途、特性和工艺方法表示符号**（GB/T 221—2008）

| 名称 | 采用汉字 | 采用符号 | 名称 | 采用汉字 | 采用符号 | 名称 | 采用汉字 | 采用符号 |
|---|---|---|---|---|---|---|---|---|
| 碳素结构钢 | 屈 | Q | 焊接用钢 | 焊 | H | 桥梁用钢 | 桥 | Q |
| 低合金高强度钢 | 屈 | Q | 钢轨钢 | 轨 | U | 锅炉用钢 | 锅 | G |
| | | | 铆螺钢 | 铆螺 | ML | 沸腾钢 | 沸 | F |
| 易切削钢 | 易 | Y | 汽车大梁用钢 | 梁 | L | 镇静钢 | 镇 | Z |
| 碳素工具钢 | 碳 | T | 压力容器用钢 | 容 | R | 特殊镇静钢 | 特镇 | TZ |
| 滚动轴承钢 | 滚 | G | | | | 质量等级 | — | ABCDE |

（一）碳素结构钢和低合金高强度结构钢

碳素结构钢采用表示屈服强度的拼音首位字母“Q”+规定的最小上屈服强度数值（单位为 MPa）+质量等级+脱氧方法等符号表示，按顺序组成牌号。质量等级由 A 到 D，硫、磷含量降低，钢的质量提高。牌号中表示镇静钢的符号“Z”和表示特殊镇静钢的符号“TZ”可以省略，如 Q235AF、Q275C 等。

低合金高强度结构钢都是镇静钢或特殊镇静钢，采用表示屈服强度的拼音首位字母“Q”+规定的最小上屈服强度数值（单位为 MPa）+交货状态+质量等级等符号表示，按顺序组成牌号。表示交货状态为热轧的符号“AR”可以省略，用符号“N”表示交货状态为正火或正火轧制状态，用符号“M”表示交货状态为热机械轧制状态。质量等级由 B 到 F，硫、磷含量降低，钢的质量提高，如 Q355C、Q355ND 等。

（二）优质碳素结构钢

牌号用两位数字表示。这两位数字表示平均含碳量的万分之几，如 45 钢表示钢中平均含碳量为 $w_C=0.45\%$，08 钢表示平均含碳量为 $w_C=0.08\%$。

含锰量较高的钢，须将锰元素标出，如平均 $w_C=0.50\%$、$w_{Mn}=0.70\%\sim1.00\%$ 的钢，其牌号为“50Mn”。

高级优质钢、特级优质钢分别以 A、E 表示，优质钢不用字母表示。

沸腾钢以及专门用途的优质碳素结构钢等，应在牌号后特别标出，如“20G”，即平均含碳量为 $w_C=0.20\%$ 的锅炉钢。

（三）碳素工具钢

在牌号前加“T”以表示碳素工具钢，其后跟以表示含碳量的千分之几的数字，如平均含碳量 $w_C=0.8\%$ 的钢，其钢号为“T8”。含锰量较高者，在牌号后标以“Mn”，如“T8Mn”。高级优质碳素工具钢在牌号后加“A”，如“T10A”。

（四）合金结构钢

合金结构钢的牌号由三部分组成，即“数字+合金元素符号+数字”。前面的两位数字表示平均含碳量的万分之几，合金元素后面的数字表示合金元素的平均含量，一般以百分之几表示，当其平均值 $w<1.5\%$ 时，牌号中一般只标明元素符号而不标明其含量。若其平均值 $w\geqslant1.5\%$、$\geqslant2.5\%$、$\geqslant3.5\%$……时，则在元素后面相应地标出 2、3、4……如为高级优质钢，则在牌号后面加“A”。如含碳量为 $w_C=0.35\%$、$w_{Si}=1.1\%\sim1.4\%$、$w_{Mn}=1.1\%\sim1.4\%$ 的钢，其牌号为“35SiMn”。

钢中的 V、Ti、Al、B、RE 等合金元素，虽然它们的含量很低，但在钢中能起相当重要的作用，故仍应在牌号中标出。如 $w_C=0.20\%$、$w_{Mn}=1.0\%\sim1.3\%$、$w_V=0.07\%\sim0.12\%$、$w_B=0.001\%\sim0.005\%$ 的钢，其牌号为“20MnVB”。

（五）合金工具钢

合金工具钢的编号原则与合金结构钢大体相同，所不同的只是含碳量的表示方法，如平均含碳量 $w_C\geqslant1.0\%$，则不标出含碳量；如平均含碳量 $w_C<1.0\%$ 时，则在牌号前以千分之几表示。如“CrMn”中的 $w_C=1.3\%\sim1.5\%$；“9Mn2V”中的 $w_C=0.85\%\sim0.95\%$。

合金元素的表示方法与合金结构钢相同，只有平均含铬量 $w_{Cr}<1.0\%$ 的合金工具钢，其含铬量以千分之几表示，并在数字前加“0”，以示区别。如平均 $w_{Cr}=0.6\%$ 的低铬工具钢

的牌号为“Cr06”。

在高速钢的牌号中，一般不标出含碳量，只标出合金元素含量平均值的百分之几。如“W18Cr4V”“W6Mo5Cr4V2”等。

**（六）铬滚动轴承钢**

铬滚动轴承钢牌号由 GCr + 数字组成，数字表示铬含量平均值的千分之几，如“GCr15”，就是铬的平均含量为 $w_{Cr}=1.5\%$ 的滚动轴承钢。

**（七）不锈钢与耐热钢**

不锈钢与耐热钢（珠光体型耐热钢除外）的牌号由“数字＋合金元素符号＋数字”组成。通常，前面的两位数字表示平均含碳量的万分之几。如“95Cr18 ”表示平均含碳量为 $w_C=0.95\%$。但当 $w_C \leqslant 0.08\%$ 时，以“06”表示，如06Cr19Ni10；当 $w_C \leqslant 0.03\%$ 时，以“022”表示，如022Cr19Ni10；当 $w_C \leqslant 0.01\%$ 时，以“008”表示，如008Cr30Mo2。

钢中主要合金元素的平均含量以百分之几表示，但在钢中能起重要作用的微量元素如Ti、Nb、Zr、N等也要在牌号中标出。

## 第二节 合金元素在钢中的作用

在碳素钢中加入合金元素后可以改善钢的使用性能和工艺性能，使合金钢得到许多碳钢所不具备的优良的或特殊的性质。例如，合金钢具有高的强度与韧性的配合，良好的耐蚀性，在高温下具有较高的硬度和强度，良好的工艺性能，如冷变形性、淬透性、耐回火性和焊接性等。合金钢之所以具备这些优异的性能，主要是合金元素与铁、碳以及合金元素之间的相互作用，改变了钢的相变过程和组织的缘故。

### 一、合金元素在钢中的分布

在钢中经常加入的合金元素有 Si、Mn、Cr、Ni、Mo、W、V、Ti、Nb、Zr、Al、Co、B、RE 等，在某种情况下 P、S、N 等也可以起合金元素的作用。这些元素加入到钢中之后究竟以什么状态存在呢？一般来说，它们或是溶于碳钢原有的相（如铁素体、奥氏体、渗碳体等）中，或者是形成碳钢中原来没有的新相。概括来讲，它们有以下四种存在形式：

1）溶入铁素体、奥氏体和马氏体中，以固溶体的溶质形式存在。

2）形成强化相，如形成合金渗碳体、形成元素本身的碳化物或形成金属化合物。

3）形成非金属夹杂物，如合金元素与 O、N、S 作用形成氧化物、氮化物和硫化物等。

4）有些元素如 Pb 等既不溶于铁，也不形成化合物，而是在钢中以游离状态存在。在高碳钢中碳有时也以自由状态（石墨）存在。

在这四种可能的存在形式中，合金元素究竟以哪一种形式存在，主要取决于合金元素的本质，即取决于它们与铁和碳的相互作用情况。

### 二、合金元素与铁和碳的相互作用

**（一）合金元素与铁的相互作用**

合金元素对铁的同素异构转变有很大影响，主要通过合金元素在 α-Fe 和 γ-Fe 中的固溶度及其对 γ 相区的影响表现出来，体现为合金元素与铁构成的二元合金相图的不同类型。

1. 无限扩大 γ 相区型（图 11-1a）

合金元素使 $A_3$ 温度降低，$A_4$ 温度升高，与 γ-Fe 形成无限固溶体，与 α-Fe 形成有限固溶体。当合金元素含量足够大时，合金在室温下为 γ 固溶体单相。这类元素有 Mn、Ni、Co 等。

2. 有限扩大 γ 相区型（图 11-1b）

合金元素使 $A_3$ 温度降低，$A_4$ 温度升高，虽然使 γ 相区扩大，但与 α-Fe 和 γ-Fe 均形成有限固溶体，这类元素有 C、N、Cu、Zn 等。

3. 封闭 γ 相区、无限扩大 α 相区型（图 11-1c）

合金元素使 $A_3$ 温度上升，$A_4$ 温度下降，以至达到某一含量时 $A_3$ 温度与 $A_4$ 温度重合，γ 区被封闭，超过此含量，则合金不再有 $\alpha \rightleftharpoons \gamma$ 相变，与 α-Fe 形成无限固溶体。合金在室温下可获得 α 固溶体单相。这类合金元素有 Cr、Si、P、V、Al、Be 等。

4. 封闭 γ 相区、有限扩大 α 相区型（图 11-1d）

合金元素使 $A_3$ 温度上升，$A_4$ 温度下降，γ 相区封闭，与 α-Fe 形成有限固溶体。这类合金元素有 Mo、W、Ti 等。

5. 缩小 γ 相区型（图 11-1e）

合金元素使 $A_3$ 温度上升，$A_4$ 温度下降，使 γ 相区缩小，但不封闭。这类元素有 B、Nb、Ta、Zr 等。

由此可知，各种合金元素对铁的同素异构转变的影响是不同的，可将合金元素分为两大类：将扩大 γ 相区的元素称为奥氏体形成元素；将缩小或封闭 γ 相区的元素称为铁素体形成元素。显然这种分类方法很有实际意义，例如，欲发展具有特殊性能的奥氏体钢时，需往钢

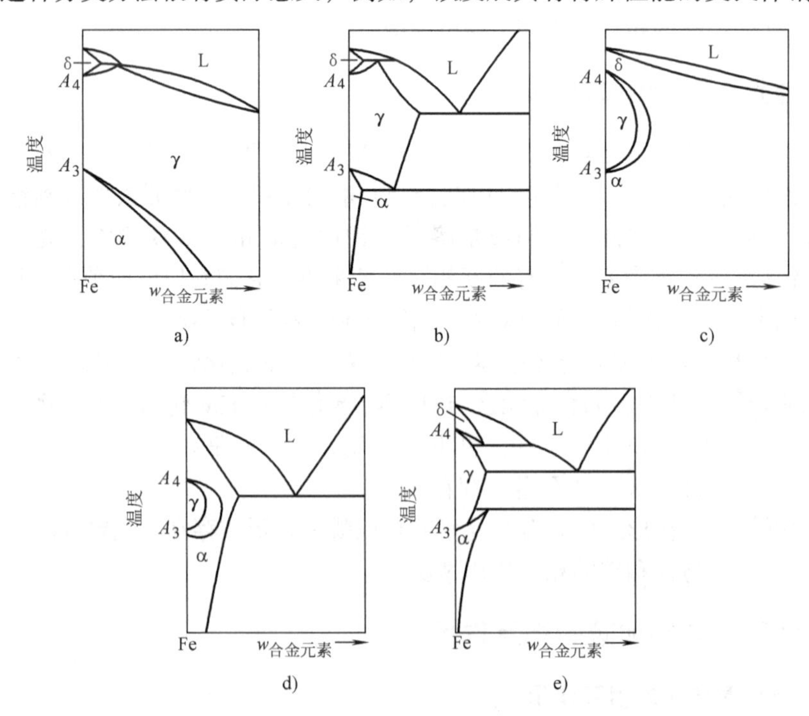


图 11-1　铁及其他合金元素平衡相图的类型

L—液相　α、γ、δ—固溶体相

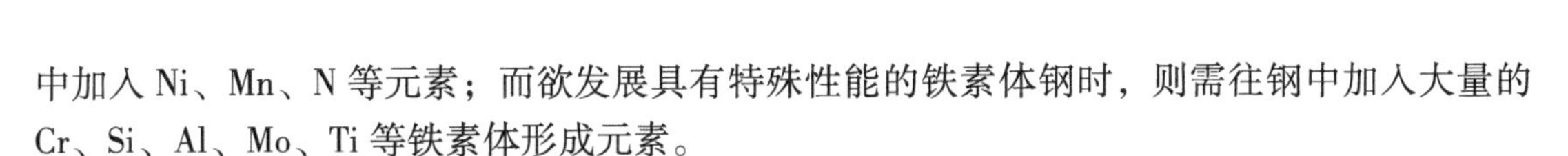


中加入 Ni、Mn、N 等元素；而欲发展具有特殊性能的铁素体钢时，则需往钢中加入大量的 Cr、Si、Al、Mo、Ti 等铁素体形成元素。

**（二）合金元素与碳的相互作用**

按照与碳的相互作用情况，可将合金元素分为两大类。

1. 非碳化物形成元素

这一类元素有 Ni、Si、Co、Al、Cu 等，通常固溶于铁素体或奥氏体中，起固溶强化作用，有的可形成非金属夹杂物和金属间化合物，如 $Al_2O_3$、AlN、$SiO_2$、FeSi、$Ni_3Al$ 等。另外，Si 的含量高时，可能使渗碳体分解，使碳游离呈石墨状态存在，即有所谓石墨化作用。

2. 碳化物形成元素

这一类元素按与碳的亲和力从大到小的次序排列有 Zr、Ti、Nb、V、W、Mo、Cr、Mn、Fe 等过渡族元素。合金元素与碳的亲和力越大，所形成碳化物的稳定性越大。其中，Zr、Ti、Nb、V 为强碳化物形成元素，与碳有极强的亲和力，只要有足够的碳，就能形成碳化物，仅在缺少碳的情况下，才以原子状态溶入固溶体中；Mn 为弱碳化物形成元素，除少量可溶于渗碳体中形成合金渗碳体外，几乎都溶解于铁素体和奥氏体中；中强碳化物形成元素为 W、Mo、Cr，当其含量较少时，多溶于渗碳体中形成合金渗碳体，当其含量较高时，则可能形成新的碳化物。

根据碳原子半径 $r_C$ 与金属原子半径 $r_M$ 的比值，可以将碳化物分为以下两类：

1）当 $r_C/r_M > 0.59$ 时，形成间隙化合物，如 $Cr_{23}C_6$、$Cr_7C_3$、$Mn_3C$、$Fe_3C$、$M_6C$（$Fe_3Mo_3C$、$Fe_3W_3C$）等。

2）当 $r_C/r_M < 0.59$ 时，形成间隙相，或称为特殊碳化物，如 WC、VC、TiC、$W_2C$、$Mo_2C$ 等。与间隙化合物相比，它们的熔点、硬度较高，很稳定，加热时不易溶于奥氏体中，回火析出温度较高，且不易长大。

合金元素还可以溶于碳化物中形成多元碳化物，如 $Fe_4Mo_2C$、$Fe_{21}Mo_2C_6$、$Fe_{21}W_2C_6$ 等，其中 Fe、W 或 Fe、Mo 的比例常有变化，故常以 $M_6C$、$M_{23}C_6$ 表示。合金元素溶于渗碳体中即为合金渗碳体，如 $(Fe, Cr)_3C$、$(Fe, Mn)_3C$ 等，常以 $(Fe, M)_3C$ 表示。

碳化物是钢中的重要组成相之一，其类型、数量、大小、形态及分布对钢的性能有显著影响。

## 三、合金元素对相变的影响

**（一）合金元素对 Fe-C 相图的影响**

由于 Fe-C 相图是研究钢中相变和对碳钢进行热处理时选择加热温度的依据，因此在研究合金元素对相变的影响之前，应当首先了解合金元素对 Fe-C 相图的影响。

1. 对奥氏体相区的影响

加入到钢中的合金元素，依其对奥氏体相区的作用可分为两类。一类是扩大奥氏体相区的元素，如 Ni、Co、Mn、N 等，这些元素使 $A_1$、$A_3$ 温度下降，$A_4$ 温度上升，如图 11-2 所示。当这些元素含量足够高（如 $w_{Mn} > 13\%$ 或 $w_{Ni} > 9\%$）时，$A_3$ 温度降至 0℃以下，钢在室温下为单相奥氏体组织，称为奥氏体钢。另一类是缩小奥氏体相区的元素，如 Cr、Mo、Si、Ti、W、Al 等，这些元素使 $A_1$、$A_3$ 温度上升，$A_4$ 温度下降，如图 11-3 所示。当这些元素含量足够高（如 $w_{Cr} > 13\%$）时，奥氏体相区消失，钢在室温下为单相铁素体组织，称为铁素体钢。这两类合金元素对共析温度的影响如图 11-4 所示。

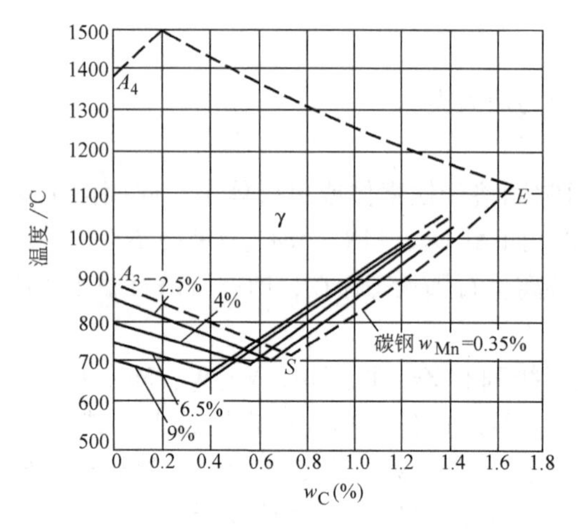


图 11-2　锰对奥氏体相区的影响

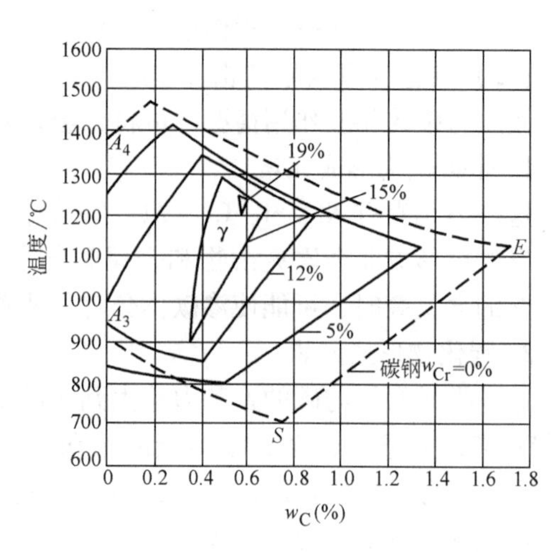


图 11-3　铬对奥氏体相区的影响

2. 对 $S$ 点和 $E$ 点位置的影响

几乎所有的合金元素都使 $S$ 点和 $E$ 点左移，即这两点的含碳量下降。由于 $S$ 点的左移，使含碳量 $w_C$ 低于 0.77% 的合金钢出现过共析组织而析出碳化物，如 40Cr13（$w_C$ = 0.4%）。另外，在退火状态下，相同含碳量的合金钢组织中的珠光体量比碳钢多，从而使钢的强度和硬度提高。合金元素对共析点含碳量的影响如图 11-5 所示。同样，由于 $E$ 点的左移，使含碳量 $w_C$ 低于 2.11% 的合金钢出现共晶组织，称为莱氏体钢，如 W18Cr4V（$w_C$ = 0.7%～0.8%）。

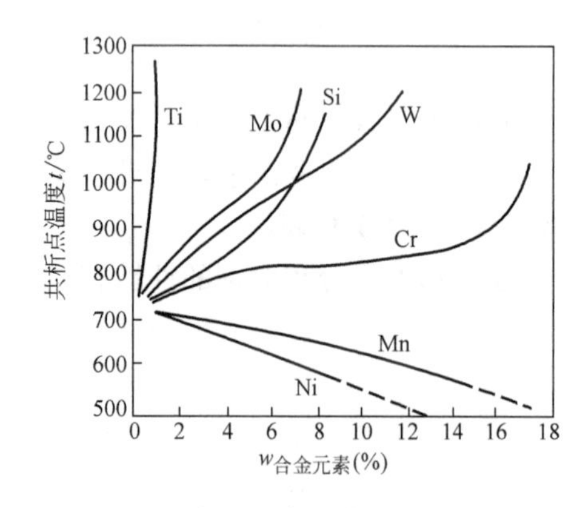


图 11-4　合金元素对共析温度的影响

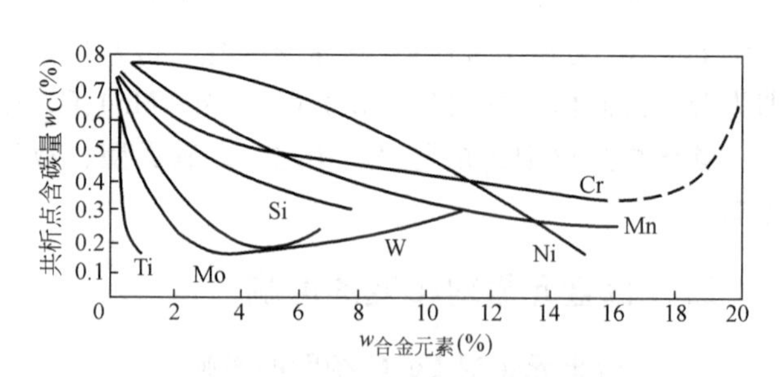


图 11-5　合金元素对共析点的影响

**（二）合金元素对钢加热转变的影响**

合金元素对钢奥氏体化过程的影响表现在两方面。一方面，为了获得成分均匀的奥氏体，希望有尽可能多的合金元素溶解于奥氏体中，发挥其提高淬透性的作用，必须将合金钢加热到更高的温度和保温更长的时间。这是由于大多数合金元素（Ni、Co 除外）均减慢奥氏体的形成过程，奥氏体成分均匀化的时间要比碳钢长得多。另一方面，所有的合金元素（Mn、P、C、N 除外）都有阻碍奥氏体晶粒长大的作用，但作用的强弱程度有所不同。一些强碳化物形成元素，如 Zr、Ti、Nb、V 都有强烈阻止奥氏体晶粒长大的作用，所以含有这些元素的合金钢即使在高温下加热，也易于获得细晶粒组织。

### （三）合金元素对冷却时过冷奥氏体转变的影响

合金元素对过冷奥氏体转变的影响主要体现为对过冷奥氏体等温转变图的影响。除 Co 之外，所有溶入奥氏体中的合金元素均使等温转变图右移，其中碳化物形成元素还使等温转变图的形状发生变化，提高过冷奥氏体的稳定性，从而提高了钢的淬透性，这往往是合金化的主要目的之一。

1. 合金元素对珠光体转变的影响

合金元素（Co、Al 除外）均显著推迟过冷奥氏体向珠光体的转变，其原因是：①珠光体转变时，碳及合金元素需要在铁素体和渗碳体间进行重新分配，由于合金元素的扩散速度慢，并且使碳的扩散减慢，因此使珠光体的形核困难，降低转变速度；②扩大 γ 相区的元素如 Mn、Ni 等均降低过冷奥氏体的转变温度，从而影响到碳与合金元素的扩散速度，阻止奥氏体向珠光体的转变；③微量元素 B 在晶界上内吸附，并形成共格硼相（$M_{23}C_3B_3$），可显著阻止铁素体的形核，从而增加了过冷奥氏体的稳定性。

同时加入两种或多种合金元素，其推迟珠光体转变的作用比单一元素的作用要大得多，如 Cr-Ni-Mo、Cr-Ni-W、Si-Mn-Mo-V 等合金系就是较为突出的多元少量综合合金化的例子。

2. 合金元素对贝氏体转变的影响

与珠光体转变相比，发生贝氏体转变时，奥氏体的过冷度进一步增大，此时铁与合金元素几乎不能进行扩散，唯有碳可以进行短距离的扩散，因此，合金元素对贝氏体转变的影响主要体现在对 γ→α 转变速度和对碳扩散速度的影响上。

Mn、Cr、Ni 等元素显著减慢贝氏体转变，这是因为它们都能降低 γ→α 的转变温度，从而减少了相变驱动力。Mn 与 Cr 还阻碍碳的扩散，推迟贝氏体转变的作用尤为强烈。

Si 对贝氏体转变有阻滞作用，这可能与它强烈地阻止过饱和铁素体的脱溶有关，因为贝氏体的形成过程是与过饱和铁素体的脱溶分不开的。

强碳化物形成元素 W、Mo、V、Ti 提高 γ→α 的转变温度，增大转变的驱动力，但由于降低了碳原子的扩散速度，因此对贝氏体转变还是有一定的延缓作用，但比 Mn、Cr、Ni、Si 要小得多。含有 W、Mo、V、Ti 的钢，如珠光体型耐热钢 12Cr1MoV，贝氏体转变的孕育期短，铁素体-珠光体转变的孕育期长，空冷时容易得到贝氏体组织。

3. 合金元素对马氏体转变的影响

除 Co、Al 之外，大多数固溶于奥氏体的合金元素均使 *Ms*、*Mf* 温度下降，使钢淬火后的残留奥氏体量增加。其中碳的作用最强烈，其次是 Mn、Cr、Ni，再次为 Mo、W、Si。每 1% 质量分数的合金元素对 *Ms* 点的影响见表 11-2。

**表 11-2 元素对钢的 *Ms* 温度的影响**

| 元　素 | C | Mn | Si | Cr | Ni | W | Mo | Co | Al |
|---|---|---|---|---|---|---|---|---|---|
| 每 1% 质量分数的合金元素使 *Ms* 下降量/℃ | -474 | -33 | -11 | -17 | -17 | -11 | -21 | +12 | +18 |

钢中有多种元素共存时，对 *Ms* 点的影响可以相互促进，下式为计算一般合金结构钢 *Ms* 温度的一种经验公式：

$$Ms(\text{单位为℃}) = 535 - 317w_C - 33w_{Mn} - 28w_{Cr} - 17w_{Ni} - 11w_{Si} - 11w_{Mo} - 11w_W$$

### （四）合金元素对淬火钢回火转变的影响

回火过程是使钢获得预期性能的关键工序，合金元素的主要作用是提高钢的耐回火性

（即钢对回火时发生软化过程的抵抗能力），使回火过程各个阶段的转变速度大大减慢，将其推向更高的温度，现分述如下。

1. 对马氏体分解的影响

合金元素对马氏体分解的第一阶段（两相式分解）没有影响，马氏体在发生第二阶段分解时，ε-碳化物继续生核，并从周围的马氏体中获得碳原子的供应而长大，碳原子要做长距离扩散，合金元素主要是通过影响碳的扩散而对此阶段分解发生作用。碳化物形成元素V、Nb、Cr、Mo、W等对碳有较强的亲和力，溶于马氏体中的碳化物形成元素阻碍碳从马氏体中析出，因而使马氏体分解的第二阶段减慢。在碳钢中，实际上所有的碳从马氏体中析出的温度都约在250～300℃，而在含碳化物形成元素的钢中，可将这一过程推移到更高的温度（400～500℃），其中V、Nb的作用比Cr、W、Mo更强烈。非碳化物形成元素对这一过程影响不大，但Si的作用比较独特。Si与Fe的结合力大于Fe与C的结合力，因此Si阻碍ε-碳化物的形核和长大。

2. 对残留奥氏体转变的影响

研究表明，残留奥氏体的转变基本上遵循着与过冷奥氏体相同的规律，两者的等温转变图形状也相类似，只是残留奥氏体的等温转变图的孕育期显著缩短。对合金元素含量较多的钢来说，不论是过冷奥氏体还是残留奥氏体，在其等温转变图上，于珠光体和贝氏体转变之间，均存在一个奥氏体中温稳定区。

合金元素大都使残留奥氏体的分解温度向高温方向推移，其中尤以Cr、Mn的作用最显著。在含有较多的W、Mo、V等元素的高合金钢（如高速钢）中，残留奥氏体在回火加热过程中析出细小弥散的碳化物，导致残留奥氏体中的碳及合金元素贫化，使其 *Ms* 点高于室温，因而在冷却过程中转变为马氏体，这种现象称为二次淬火。通过这种回火之后，淬火钢的硬度不但没有降低，反而有所升高，这种现象称为二次硬化，如图11-6所示。

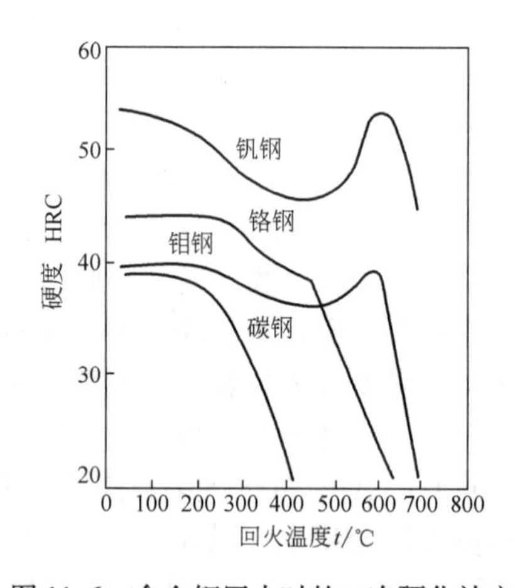


图11-6 合金钢回火时的二次硬化效应

钒钢（$w_C$=0.32%、$w_V$=1.36%）

钼钢（$w_C$=0.11%、$w_{Mo}$=2.14%）

铬钢（$w_C$=0.19%、$w_{Cr}$=2.91%）

碳钢（$w_C$=0.10%）

3. 对碳化物的形成、聚集和长大的影响

碳钢中的ε-碳化物于260℃转变为渗碳体，合金元素中唯有Si和Al强烈推迟这一转变，使转变温度升高到350℃。此外，Cr也有使转变温度升高的作用，不过比Si和Al的作用要弱得多。

随着回火温度的升高，合金元素能够进行明显地扩散时，开始在α相和渗碳体间重新分配：碳化物形成元素向渗碳体中富集，置换Fe原子，形成合金渗碳体；非碳化物形成元素将离开渗碳体。与此同时，将发生合金渗碳体的聚集长大，Ni对其聚集长大没有影响，而Si和V、W、Mo、Cr则对其聚集长大过程起阻碍作用。

含有强碳化物形成元素较多的钢中，回火时可能析出特殊碳化物。特殊碳化物的形成方式有两种。一种是原位析出，要求渗碳体中溶解较多的合金元素，这样才能保证其形成。在所有碳化物形成元素中，只有Cr在渗碳体中有较高的溶解度（$w_{Cr}$可达20%），所以在铬钢

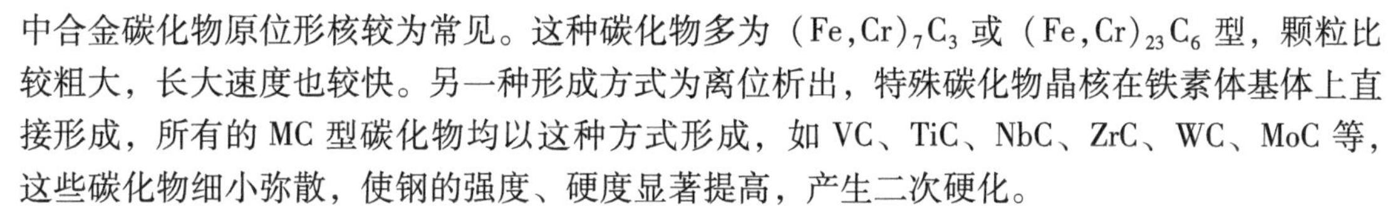

中合金碳化物原位形核较为常见。这种碳化物多为 $(Fe,Cr)_7C_3$ 或 $(Fe,Cr)_{23}C_6$ 型，颗粒比较粗大，长大速度也较快。另一种形成方式为离位析出，特殊碳化物晶核在铁素体基体上直接形成，所有的 MC 型碳化物均以这种方式形成，如 VC、TiC、NbC、ZrC、WC、MoC 等，这些碳化物细小弥散，使钢的强度、硬度显著提高，产生二次硬化。

4. 对 α 相回复再结晶的影响

大部分合金元素均延缓 α 相的回复与再结晶过程，其中 Co、Mo、W、Cr、V 显著提高 α 相的再结晶温度，Si、Mn 的影响次之，Ni 的影响不大。在碳钢中，α 相高于400℃开始回复过程，500℃开始再结晶。当往钢中加入 Co（$w_{Co}=2\%$）时，可将 α 相的再结晶温度升高至630℃，几种元素的综合作用可以更显著地提高再结晶温度，例如，$(w_{Cr}+w_{Mo}+w_W)=1\%\sim2\%$ 时，可把再结晶温度提高至650℃。

# 第三节　工程结构用钢

## 一、概述

工程结构用钢用于制作各种大型金属结构，如桥梁、船舶、屋架、车辆、锅炉、容器等工程构件，通常简称为工程用钢。一般说来，这些构件的工作特点是不做相对运动，承受长期静载荷；有一定使用温度要求，如有的（锅炉）使用温度可到250℃以上，而有的则在寒带条件下工作，长期承受低温作用；通常在野外（如桥梁）或海水中（如船舶）使用，承受大气和海水的侵蚀。

根据以上工作条件，要求构件在静载荷长期作用下结构稳定，需有较高的刚度；不允许产生塑性变形和断裂，因而要求材料具有较高的屈服强度和抗拉强度，且塑性、韧性较好；由于长期处于低温环境介质中工作，因而要求钢材必须有较小的冷脆倾向性和耐蚀性。

工程用钢必须具有良好的工艺性能。为了制成各种构件，需要将钢厂供应的棒材、板材、型材、管材、带材等钢材先进行必要的冷变形，制成各种部件，然后用焊接或铆接的方法连接起来，因而要求钢材必须具有良好的冷变形性和焊接性，构件用钢的化学成分的设计和选择，首先必须满足这两方面的要求，其使用性能的要求往往退居第二位。这一点与其他钢种的情况有所不同。

根据构件的工作条件和性能要求，工程用钢大多采用低碳钢（$w_C\leqslant0.2\%$）和含有少量合金元素的低合金钢。由于一般构件的尺寸大，形状复杂，不能进行整体淬火与回火处理，所以大部分构件是在热轧空冷（正火），有时也在正火、回火状态下使用，其基本组织为大量铁素体加少量珠光体。

## 二、工程结构用钢的力学性能特点

### （一）屈服现象

屈服现象是低碳钢所具有的力学性能特点，表现为在其工程应力-应变曲线上存在上、下屈服强度和屈服平台。屈服现象出现的原因是由于间隙原子 C、N 所形成的柯氏气团对位错有很强的钉扎作用，必须在较大的外加应力下才能使位错挣脱气团的钉扎而移动，这一应力值就是应力-应变曲线上的上屈服强度，位错一旦挣脱了气团的钉扎，就可以在较低的应力下运动，这就是下屈服强度，此时试样继续延伸而应力保持定值或做微小波动，这就是应力-应变曲线上的屈服齿或屈服平台。待产生一定程度的伸长后，应力又随应变而继续上升。

当应力达到上屈服强度时，预先抛光的拉伸试样表面产生与外力成一定角度的塑性变形条纹，通常称为吕德斯带。随着应力下降到下屈服强度，吕德斯带沿试样长度方向扩展，同时继续出现新的吕德斯带，于是在应力-应变曲线上出现屈服平台。当吕德斯带扩展到试样全长之后，屈服现象结束。与滑移带不同，吕德斯带是屈服现象中的不均匀塑性变形区穿过不同晶粒在试样表面产生的痕迹，是许多晶粒协调变形的结果。

屈服现象有时会影响到构件的表面质量，如汽车车门用低碳钢板时，冲压前的表面质量很好，但冲压后却在某些部分出现一种水波纹状的表面皱折（图 11-7），使钢板表面粗糙不平，破坏了表面外观。消除的方法有：①预变形法，即预先进行少量塑性变形，使位错挣脱柯氏气团的钉扎，消除屈服平台；②减少间隙溶质原子含量，或加入一些固定 C、N 原子的强碳化物形成元素 Ti、Nb 等，使 C、N 与之结合成稳定的化合物而从固溶体中消除出来，这样柯氏气团就无从产生了。

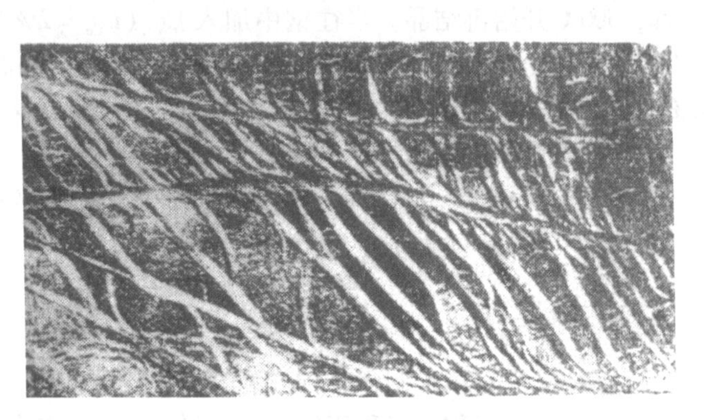

图 11-7　低碳钢板表面的皱折

**（二）应变时效和淬火时效**

构件用钢经冷塑性变形后，在室温放置较长时间或稍经加热后，其强度、硬度升高，塑性、韧性下降，这种现象称为应变时效。前已指出，低碳钢在开始塑性变形时位错挣脱柯氏气团的钉扎而运动，当多数位错都挣脱柯氏气团后，流变应力开始增大，产生加工硬化现象。如此时卸载放置或稍加热时，存在于 α-Fe 间隙中的 C、N 原子，通过扩散重新聚集于位错周围，形成柯氏气团，故屈服现象重又出现（图 11-8），与此同时，塑性降低，冷脆倾向增加。

淬火时效是低碳钢加热到接近于 $Ac_1$ 温度淬火，于室温放置或稍经加热后，其强度提高而塑性、韧性下降的现象。这是由于饱和的 α 固溶体脱溶，析出弥散的与母相共格的亚稳相 ε-碳化物（$Fe_{2.4}C$）和 α″氮化物（$Fe_{16}N_2$）。

应变时效和淬火时效都增加钢的冷脆倾向，提高钢的脆性转折温度。在制造各种构件时，经常采用弯曲、卷边、冲孔、剪裁等产生局部塑性变形的工艺操作，将引起应变时效，而焊接将会引起淬火时效。有时两种时效可能同时发生。如一种锅炉用钢板，在刚刚变形之后，其 $a_K$ 值为 120J · cm$^{-2}$，放置十天后降至 35J · cm$^{-2}$。用优质焊条焊接的钢板焊缝，三个月后，其 $a_K$ 值由 91J · cm$^{-2}$降至 33J · cm$^{-2}$。当这些结构在较低温度下工作时，这种影响就更为严重。

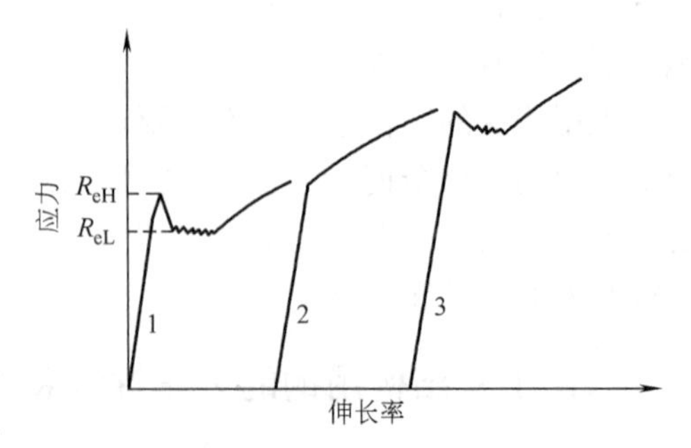


图 11-8　低碳钢的屈服现象及应变时效
1—屈服现象　2—去载后立即加载
3—去载后放置再加载

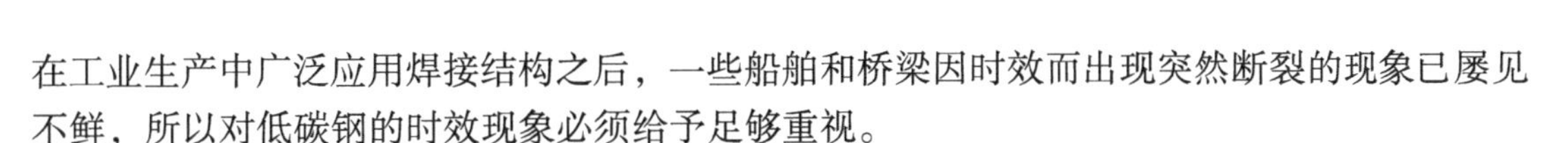

在工业生产中广泛应用焊接结构之后，一些船舶和桥梁因时效而出现突然断裂的现象已屡见不鲜，所以对低碳钢的时效现象必须给予足够重视。

### （三）冷脆倾向性

用低碳钢材制造的各种工程构件，室温下的强度不高，塑性、韧性良好，但是当温度降低时，可能由微孔聚集型的塑性断裂转变为脆性的解理断裂，这一现象称为冷脆。

构件上的缺口和裂纹会大大提高材料的脆性转折温度、应变时效和淬火时效。材料的组织状态对钢的冷脆倾向也有重要影响。通常希望得到细小均匀的铁素体晶粒和适量的细片状珠光体，以降低脆性转折温度。如果在钢中出现针状铁素体或魏氏组织，甚至形成少量的上贝氏体，则将使钢的塑性、韧性降低，脆性转折温度甚至上升至室温以上。

冶炼方法和钢材轧制工艺对冷脆倾向也有很大影响。如平炉钢优于侧吹转炉钢，镇静钢优于沸腾钢，这主要与钢中的S、P、N、O等杂质元素有关。侧吹转炉和沸腾钢的杂质多，而镇静钢的杂质少，尤其是用Al脱氧时，Al与钢中的N形成AlN，一方面清除N的有害作用，另一方面可细化晶粒，使冷脆倾向减小。同样，控制轧制的工艺规程，如降低终轧温度，提高轧后的冷却速度，均可得到细小的晶粒组织，降低钢的冷脆倾向。

## 三、合金元素对工程结构用钢性能的影响

### （一）对力学性能的影响

工程用钢的合金化必须在保证构件工作安全可靠的前提下尽可能地提高屈服强度和抗拉强度，从而达到减轻构件重量、节约钢材的目的。在设计上通常希望屈强比 $R_{eL}/R_m$ 值为0.65～0.75，实际上这是为超载提供一个安全系数，是一种塑性储备。

由于工程用钢是在热轧空冷状态下使用，所以合金化提高强度的途径主要有固溶强化、细化晶粒、增加珠光体数量及沉淀强化等方法。

所有溶入铁素体中的合金元素均能提高其硬度、抗拉强度和屈服强度，分别如图11-9、图11-10和图11-11所示。可以看出，除P外，Si、Mn的固溶强化作用最大，Ni次之，W、Mo、V、Cr的强化作用较小。合金元素对塑性和韧性的影响示于图11-12和图11-13。Cr、W、Mn、Si的含量 $w<1\%$ 时，使断面收缩率 $Z$ 有所增加，超过1%后，则使之下降。唯独Ni在 $w_{Ni}<5\%$ 范围内均使塑性增加；$w_{Si}\leqslant1\%$、$w_{Mn}\leqslant1\%$、$w_{Cr}\leqslant1.2\%$、$w_{Ni}\leqslant3.5\%$ 时使 $a_K$ 升高，超过以上含量时使 $a_K$ 有不同程度的降低，其中Mn使 $a_K$ 急剧降低，Cr使 $a_K$ 下降较慢，而Ni则使 $a_K$ 下降得很慢。总之，Ni的影响最为有利，既提高强度，又不降低韧性，Cr、Mn、Si在一定含量范围内也有一定的有利影响。

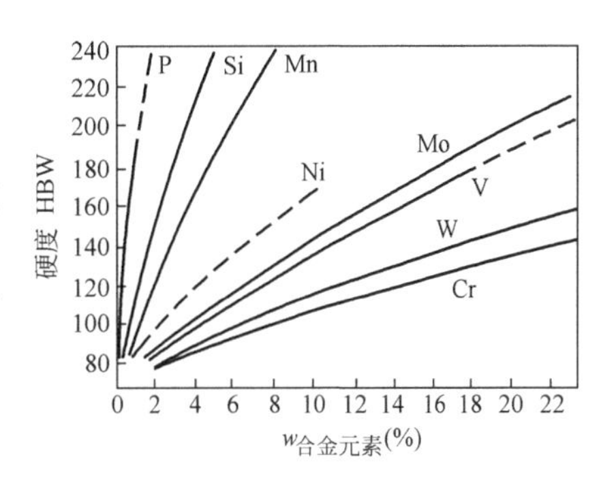


图11-9 合金元素对铁素体的固溶强化作用

所有的合金元素均使Fe-C相图的 $S$ 点左移，从而在同样含碳量条件下使珠光体的数量增加。由于珠光体比铁素体有较高的强度，所以钢的强度增加。

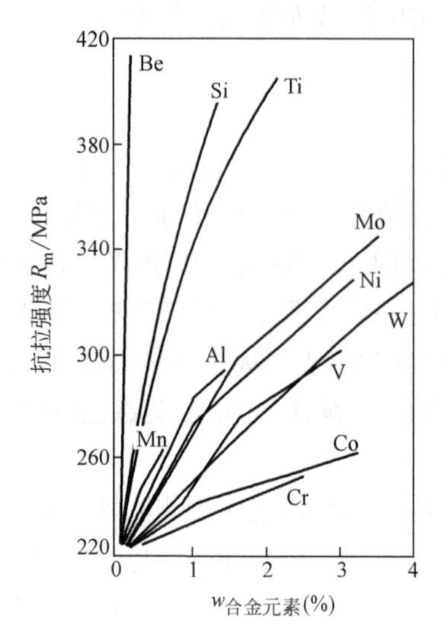


图 11-10　合金元素对铁素体抗拉强度的影响

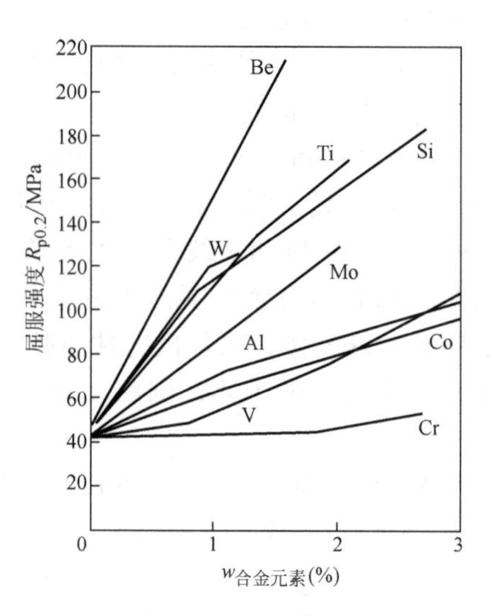


图 11-11　合金元素对铁素体屈服强度的影响

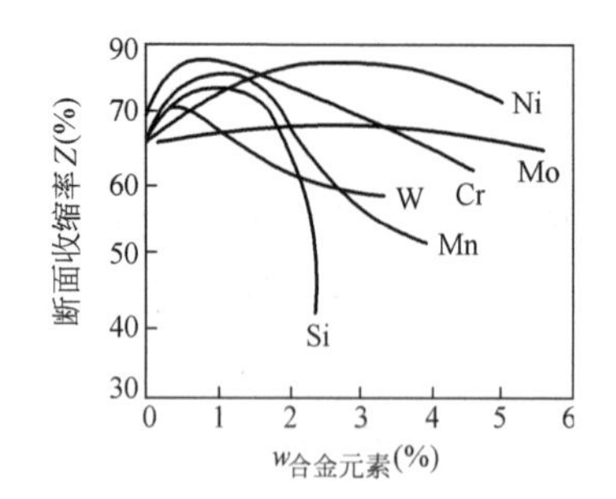


图 11-12　合金元素对铁素体断面收缩率的影响

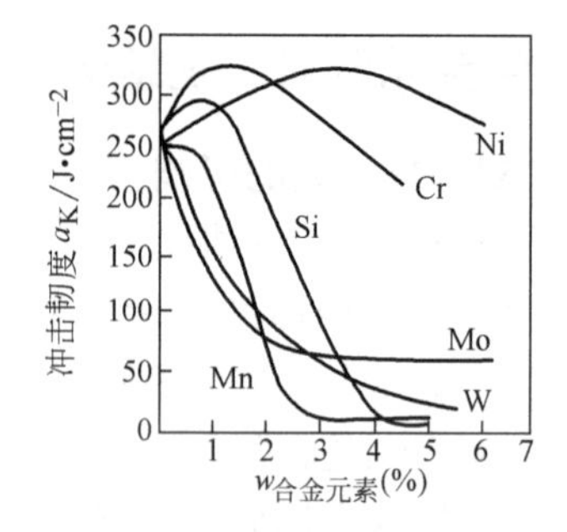


图 11-13　合金元素对铁素体冲击韧度的影响

强碳化物形成元素 Ti、Nb、V 在热轧空冷过程中，从奥氏体沉淀析出弥散细小的碳化物 TiC、NbC、VC，产生沉淀强化作用。

应当指出，合金元素的以上强化作用均使钢的塑性、韧性下降，尤其是使钢的冷脆倾向增加，脆性转折温度提高，降低构件的安全可靠性。唯独细化晶粒是一种既强化又韧化的有效措施。为此，一方面可加入 Al 和碳化物形成元素 Ti、Nb、V 等，以细化奥氏体晶粒；另一方面可加入 Mn、Ni 等降低 $A_3$ 温度的元素，增加过冷奥氏体的稳定性，在热轧空冷或正火条件下得到细小的铁素体晶粒和较多的细珠光体。

**（二）对焊接性的影响**

钢的焊接性是指在简单可行的焊接条件下，钢材焊接后不产生裂纹，并获得良好的焊缝区的性能。对于焊缝的熔化区来说，如果钢材或焊条中的 S、P 含量较高，在凝固过程中将产生热裂纹，因而必须控制 S、P 的含量。而由于焊接时热影响区被加热至远超过 $A_3$ 温度，奥氏体晶粒显著长大，在冷却时受到周围未被加热的基体金属的激冷，造成极大的过冷度，甚至发生马氏体转变，产生很大的热应力和组织应力，使硬度明显升高，塑性、韧性明显下降，因而在热影响区经常出现裂纹，称之为冷裂纹。这种开裂倾向的大小反映了钢的焊接性的优劣，取决于钢中的含碳量及合金元素的种类和含量，钢中碳及提高淬透性元素的含量越

多，则钢的开裂倾向越大。

为评估钢的焊接性的好坏，通常采用焊接碳当量的概念，即把单个合金元素对热影响区硬化倾向的作用折算成碳的作用，再与钢中碳的质量分数加在一起，用碳当量 $C_{eq}$ 来判断钢的焊接性。实践证明，碳当量大于0.4%~0.5%时，钢就不具有良好的焊接性。这方面有一些经验公式，例如：

$$C_{eq}=w_C+\frac{w_{Mn}}{6}+\frac{w_{Cr}}{5}+\frac{w_{Mo}}{4}+\frac{w_{Ni}}{15}+\frac{w_{Si}}{24}+\left(\frac{w_{Cu}}{13}+\frac{w_P}{2}\right)$$

从上式中可以看出，Mn、Cr、Mo等元素能显著提高碳当量，如 $w_{Mn}=1.5\%$ 时，就相当于 $w_C=0.25\%$，此时钢中的 $w_C$ 就不能超过0.20%。这就说明，为了保证工程用钢的焊接性，工程用钢只能是低合金化或微合金化，且 $w_C$ 应在0.20%以下。

#### （三）对耐大气腐蚀性能的影响

合金元素Cu加入钢中有利于在表面形成致密的保护膜，同时它溶入铁素体后尚可提高其电极电位，有利于提高钢的耐蚀性。Cu的加入量常在 $w_{Cu}=0.25\%$ 左右，若大于0.50%，将导致热脆。P也是提高耐蚀性的元素，当P与Cu共存时，效果更好，但由于P增加钢的冷脆性，所以对其用量应加以限制。在钢中加入适量的Cr、Ni、Ti等元素，可提高铁素体的电极电位，从而提高其耐蚀性。此外，Cr还促使在钢的表面形成致密的氧化膜，将金属表面与腐蚀介质隔开，从而阻碍其腐蚀过程。

### 四、常用的工程结构用钢

#### （一）碳素结构钢

碳素结构钢易于冶炼，价格低廉，性能基本满足一般工程结构的要求，用量约占钢材总产量的70%~80%。碳素结构钢含碳量低（$w_C=0.06\%\sim0.38\%$），硫、磷含量较高。通常以热轧空冷状态供应，其塑性高，焊接性好，使用状态下的组织为铁素体加珠光体。碳素结构钢常以热轧板、带、棒及型钢使用，适于焊接、铆接、栓接等。碳素结构钢的牌号、成分、性能及应用见表11-3。其中Q235A钢既有较高的塑性，又有适中的强度，成为应用最广泛的一种碳素结构钢，既可用作较重要的建筑、车辆及桥梁等的各种型材，又可用于制造一般的机器零件，也可进行热处理。

**表11-3　碳素结构钢的牌号、成分、性能及应用**（GB/T 700—2006）

| 牌号 | 等级 | 化学成分（质量分数,%），不大于 | | | 脱氧方法 | 力学性能 | | | 应用举例 |
|---|---|---|---|---|---|---|---|---|---|
| | | C | S | P | | $R_{eH}$/MPa | $R_m$/MPa | $A$(%) | |
| Q195 | — | 0.12 | 0.040 | 0.035 | F、Z | ≥195 | 315~430 | ≥33 | 承受小载荷的结构件（如铆钉、垫圈、地脚螺栓、开口销、拉杆、螺纹钢筋）、冲压件和焊接件 |
| Q215 | A | 0.15 | 0.050 | 0.045 | F、Z | ≥215 | 335~450 | ≥31 | |
| | B | | 0.045 | | | | | | |
| Q235 | A | 0.22 | 0.050 | 0.045 | F、Z | ≥235 | 370~500 | ≥26 | 薄板、螺纹钢筋、型钢、螺栓、螺母、铆钉、拉杆、齿轮、轴、连杆等，Q235C、Q235D可用作重要焊接结构件 |
| | B | 0.20 | 0.045 | | | | | | |
| | C | 0.17 | 0.040 | 0.040 | Z | | | | |
| | D | | 0.035 | 0.035 | TZ | | | | |

（续）

| 牌号 | 等级 | 化学成分（质量分数,%），不大于 | | | 脱氧方法 | 力学性能 | | | 应用举例 |
|---|---|---|---|---|---|---|---|---|---|
| | | C | S | P | | $R_{eH}$/MPa | $R_m$/MPa | $A$(%) | |
| Q275 | A | 0.24 | 0.050 | 0.045 | F、Z | ≥275 | 415～540 | ≥22 | 承受中等载荷的零件，如键、链、拉杆、转轴、链轮、链环片、螺栓及螺纹钢筋等 |
| | B | 0.22 | 0.045 | | Z | | | | |
| | C | 0.20 | 0.040 | 0.040 | | | | | |
| | D | | 0.035 | 0.035 | TZ | | | | |

此外尚有一些专门用钢，如造船钢、桥梁钢、压力容器钢等。它们除严格要求规定的化学成分和力学性能外，还规定某些特殊的性能检验和质量检验项目，如低温冲击韧性、时效敏感性、气体、夹杂和断口等。专门用钢一律为镇静钢。

**（二）低合金高强度结构钢**

低合金高强度结构钢是在含碳量 $w_C$≤0.20%的碳素结构钢基础上，加入总量低于5%的合金元素发展起来的，强度高于碳素结构钢。由于强度高，就可以1t此类钢抵1.2～2.0t碳素结构钢使用，从而可减轻构件重量，提高使用可靠性并节约钢材。低合金高强度结构钢还具有足够的塑性、低的冷脆转变温度以及良好的焊接性能和耐蚀性，目前已广泛应用于建筑、石油、化工、铁道、船舶、机车车辆、锅炉容器、农机农具等许多部门。

低合金高强度结构钢含碳量 $w_C$≤0.2%，以满足对塑性、韧性、焊接性及冷加工性能的要求。主要加入合金元素Mn，因为Mn的资源丰富，对铁素体具有明显的固溶强化作用，Mn还降低钢的冷脆转变温度，可使组织中的珠光体相对量增加，从而进一步提高强度。钢中加入少量的V、Ti、Nb等元素可细化晶粒，提高钢的韧性。加入稀土元素RE可提高韧性、疲劳极限，降低冷脆转变温度。

这类钢大多是在热轧后空冷状态下使用，组织为铁素体加珠光体。考虑到工件的性能要求，可以对这类钢进行热轧后正火或者进行正火轧制，以消除带状组织、细化晶粒、均匀成分和组织；也可以采用热机械轧制，控制热轧温度、变形量和轧后冷却速度，以获得细化的铁素体晶粒，并利用合金碳化物/氮化物的析出强化效果，改善钢的综合力学性能和焊接性能。如果对经正火或热机械轧制的钢材进行回火处理，则有利于消除残余应力，稳定组织。

低合金高强度结构钢的牌号、成分、性能见表11-4。Q355是应用最广、用量最大的低合金高强度结构钢，综合性能好，广泛用于制造石油化工设备、船舶、车辆、桥梁等大型钢结构。Q390钢含有V、Ti、Nb，强度高，可用于制造高压容器等。Q460钢含有Mo和B，正火后可得到贝氏体，强度高，可用于制造石化工业中温高压容器等。新旧低合金结构钢标准牌号对照及用途见表11-5。

## 五、铸钢

在实际生产中，有许多形状复杂的零件或大型部件难以用压力加工的方法成形，此时通常用铸钢制造。特别是近年来铸造技术的进步，精密铸造的发展，铸钢件在组织、性能、精度和表面粗糙度等方面都已接近锻钢件，可在不经切削加工或只需少量切削加工后使用，能大量节约钢材和成本，因此铸钢得到了更加广泛的应用。

**表 11-4 低合金高强度结构钢的化学成分和力学性能**（GB/T 1591—2018）

| 牌号 | 质量等级 | 化学成分（质量分数,%），不大于 | | | | | | | 力学性能 | | |
|---|---|---|---|---|---|---|---|---|---|---|---|
| | | C | Mn | Si | P | S | Ni | N | $R_{eH}$/MPa | $R_m$/MPa | $A$(%) |
| Q355 | B | 0.24 | 1.6 | 0.55 | 0.035 | 0.035 | 0.30 | 0.012 | ≥335 | 470～630 | ≥22 |
| | C | 0.22 | | | 0.030 | 0.030 | | | | | |
| | D | | | | 0.025 | 0.025 | | — | | | |
| Q390 | B | 0.20 | 1.7 | 0.55 | 0.035 | 0.035 | 0.50 | 0.015 | ≥390 | 490～650 | ≥21 |
| | C | | | | 0.030 | 0.030 | | | | | |
| | D | | | | 0.025 | 0.025 | | | | | |
| Q420 | B | 0.20 | 1.7 | 0.55 | 0.035 | 0.035 | 0.80 | 0.015 | ≥420 | 520～680 | ≥20 |
| | C | | | | 0.030 | 0.030 | | | | | |
| Q460 | C | 0.20 | 1.8 | 0.55 | 0.030 | 0.030 | 0.80 | 0.015 | ≥460 | 550～720 | ≥18 |

注：1. 除了 Q355 钢，各牌号钢中均含有不大于 0.05% Nb、0.13% V 和 0.05% Ti。

2. 各牌号钢中均含有不大于 0.30% Cr 和 0.40% Cu。

**表 11-5 新旧低合金结构钢标准牌号对照及用途**

| GB/T 1591—2018 | GB 1591—1988 | 用　途 |
|---|---|---|
| Q355 | 12MnV、14MnNb、16Mn、16MnRE、18Nb | 建筑结构、桥梁、车辆、压力容器、化工容器、船舶、锅炉、重型机械、机械制造及电站设备等 |
| Q390 | 15MnV、15MnTi、16MnNb | 桥梁、船舶、汽车、高压容器、电站设备、起重设备及中高压锅炉等 |
| Q420 | 15MnVN、14MnVTiRE | 大型桥梁和船舶、高压容器、电站设备、车辆及锅炉等 |
| Q460 | — | 大型桥梁及船舶、中温高压容器（<120℃）、锅炉、石油化工高压厚壁容器（<100℃） |

铸钢中的 $w_C$ =0.20%～0.60%，碳的含量过高，塑性不足，易产生龟裂。锰的含量与普碳钢相近。硅有改善钢液流动性的作用，$w_{Si}$ 比普碳钢略高，约为 0.20%～0.50%。$w_S$、$w_P$ 则限制在 0.04% 范围内。一般工程用铸造碳钢的牌号、成分、性能及用途列于表 11-6。

**表 11-6 一般工程用铸造碳钢的牌号、化学成分及力学性能**（GB/T 11352—2009）

| 牌　号 | 化学成分（质量分数,%），≤ | | | | | 力学性能（≥） | | |
|---|---|---|---|---|---|---|---|---|
| | C | Si | Mn | S | P | 屈服强度 $R_{eH}(R_{p0.2})$/MPa | 抗拉强度 $R_m$/MPa | 伸长率 $A$(%) |
| ZG 200-400 | 0.20 | 0.60 | 0.80 | 0.035 | 0.035 | 200 | 400 | 25 |
| ZG 230-450 | 0.30 | 0.60 | 0.90 | 0.035 | 0.035 | 230 | 450 | 22 |
| ZG 270-500 | 0.40 | 0.60 | 0.90 | 0.035 | 0.035 | 270 | 500 | 18 |
| ZG 310-570 | 0.50 | 0.60 | 0.90 | 0.035 | 0.035 | 310 | 570 | 15 |
| ZG 340-640 | 0.60 | 0.60 | 0.90 | 0.035 | 0.035 | 340 | 640 | 10 |

注：所列各牌号性能，适用于 100mm 以下的铸件。

牌号中的“ZG”分别为“铸”“钢”的拼音首位字母，第一组数字表示最低屈服强度值，第二组数字表示最低抗拉强度值，单位均为 MPa。

为了进一步改善铸钢的力学性能，常在碳素铸钢基础上加入少量 Mn、Si、Cr、Ni、Mo、Ti、V 等合金元素，制成低合金铸钢。当要求特殊物理化学性能时可采用特殊铸钢，如不锈铸钢、耐磨铸钢及耐热铸钢等。

铸钢晶粒粗大，偏析严重，铸造内应力大及易形成魏氏组织，使塑性和韧性显著下降。为了消除或减轻这些铸钢组织中的缺陷，应进行完全退火或正火，以消除魏氏组织、细化晶粒，消除铸造内应力，改善铸钢的力学性能。此外，对某些局部表面要求耐磨的中碳钢铸件，可采用局部表面淬火，如铸钢大齿轮，可逐齿进行火焰淬火。较小的中碳铸钢件，可采用调质以改善其力学性能。

## 第四节　机器零件用钢

### 一、概述

机器零件用钢是指用于制造各种机器零件，如轴类零件、齿轮、弹簧和轴承等所用的钢种，也称为机械结构用钢。

机器零件在工作时承受拉伸、压缩、剪切、扭转、冲击、振动、摩擦等一种力的作用，或几种力的同时作用，在零件的截面上产生拉、压、切等应力。这些应力值可以是恒定的或变化的；在方向上可以是单向的或反复的；在加载方式上可以是逐渐的或骤然的。机器零件工作环境也很复杂，有的在高温，有的在低温，有的还受腐蚀介质的作用。机器零件损伤及失效方式也各不相同。一般说来，根据机器零件的工作条件，对力学性能提出以下要求：

1）机器零件在常温或温度波动不大的条件下，承受反复同向或反复交变载荷，因而要求机器零件用钢有较高的疲劳强度。

2）机器零件有时承受短时超负荷作用，因而要求机器零件用钢要具有高的屈服强度、抗拉强度以及较高的断裂抗力，以防机器零件在使用过程中产生大量塑性变形或断裂，造成事故。

3）机器零件工作时往往相互间有相对滑动或滚动，产生磨损（这样会引起零件尺寸变化）及接触疲劳破坏，因而要求机器零件用钢具有良好的耐磨性及接触疲劳强度。

4）机器零件的形状往往比较复杂，不可避免地存在不同形式的缺口如台阶、键槽、油孔、螺纹等，这些缺口都会造成应力集中，使零件易于产生低应力脆断，因而要求机器零件用钢应具有较高的韧性（如 $K_{\mathrm{IC}}$、$a_{\mathrm{K}}$ 等），以降低缺口敏感性。

由此可见，机器零件用钢对力学性能的要求是多方面的，不仅要求高的强度、塑性和韧性，而且要求良好的疲劳强度和耐磨性。显然，这些要求比工程用钢要高得多，因此必须对机器零件用钢进行热处理强化，充分发挥钢材的性能潜力，以满足机器零件的结构紧凑、运转快速、安全可靠以及零件间要求公差配合等方面的要求。

另外，机器零件用钢还要求有良好的工艺性能。通常机器零件的生产工艺是：型材→锻造→毛坯热处理→切削加工→最终热处理→磨削等。在这些生产工艺中，尤以两大生产工艺最为重要，一是切削加工，二是热处理（包括预备热处理和最终热处理）。因为切削加工性能的优劣往往成为选择机器零件用钢的重要依据，而热处理是使机器产品结构紧凑、保持尺寸精度、保证安全运行并影响到切削加工性能的重要工艺，所以对机器零件用钢的工艺性能要求主要是切削加工性能和热处理工艺性能，其他工艺性能如冶炼性能、铸造性能、压力加工性能等，虽然也应有所要求，但一般问题不大。

机器零件用钢通常为优质钢和高级优质钢，使用状态为淬火加回火态。回火温度可按不同情况加以选择，有低温回火、中温回火和高温回火之分。根据不同钢种对性能的不同要求，钢中的含碳量有以下几个级别：渗碳钢和低碳马氏体钢 $w_C=0.2\%$；调质钢 $w_C=0.4\%$；弹簧钢 $w_C=0.5\%\sim0.7\%$；轴承钢 $w_C=1.0\%$。钢中的合金元素总的质量分数常小于3.5%，属于低合金钢范畴，一般不大于10%。由此可见，影响机器零件用钢力学性能的主要因素有三个方面，即：①钢中含碳量；②回火温度；③合金元素的种类和数量，并且在保证完全淬透的情况下，又以前两个因素为主，而合金元素往往只起辅助作用。

## 二、机器零件用钢的合金化特点

机器零件用钢中加入的合金元素主要有 Cr、Mn、Si、Ni、Mo、W、V、Ti、B 和 Al 等数种，或者是单独加入，或者是几种同时加入。它们在钢中的主要作用是：提高钢的淬透性；降低钢的过热敏感性；提高耐回火性；抑制第二类回火脆性；改善钢中非金属夹杂物的形态和提高钢的工艺性能等。其中有些内容前面已经做过介绍，现只就以下几个方面进行分析。

### （一）提高钢的淬透性

淬透性虽是一种热处理工艺性能，但是，合金元素可以通过提高钢的淬透性而影响钢的力学性能。如前所述，马氏体相变及其随后的回火是综合利用了固溶强化、晶界强化、位错强化和第二相强化，获得马氏体已成为钢的最重要强化手段。在相同硬度的条件下，淬火回火钢的 $R_{p0.2}$、$A$、$Z$ 远高于未淬透（或未淬火）的钢，前者的冲击韧度（图 11-14）和疲劳强度（图 11-15）也显著优于后者。非马氏体组织的出现对淬火低温回火钢的危害尤大，它不但降低钢的强度，使塑性、韧性恶化，而且显示出明显的冷脆倾向，特别是当亚共析钢淬火后出现铁素体时，使脆性转折温度显著提高。对于淬火高温回火钢来说，尽管马氏体和非马氏体组织经高温回火后的硬度相近，但非马氏体组织使钢的塑性和韧性，特别是冷脆倾向明显变差，并降低钢的疲劳强度。这就是机器零件用钢必须具备足够淬透性的重要原因。由此可见，合金元素的作用首先是通过淬透性来影响钢的力学性能，只要淬透性提高了，钢的力学性能就能得到改善。钢的截面尺寸越大，合金元素所表现的这种有利影响就越显著。

大量的试验结果表明，含有不同元素的机器零件用钢（含碳量相同），在完全淬透的情况下，当回火到相同的 $R_m$ 时，各种淬火回火钢的其他各种常规力学性能指标（$R_{p0.2}$、$A$、$Z$、$a_K$ 等）大致相同（图 11-16），这种情况称为淬火回火钢力学性能的相似性。在这里，合金元素的主要作用是保证有足够的淬透性，并不是直接保证钢的力学性能，只要能保证钢完全淬透，合金元素之间就可以互相代用。对于一般常用的机器零件用钢而言，只要满足了淬透性的要求（含碳量相当），就可以加以选用或相互代用。

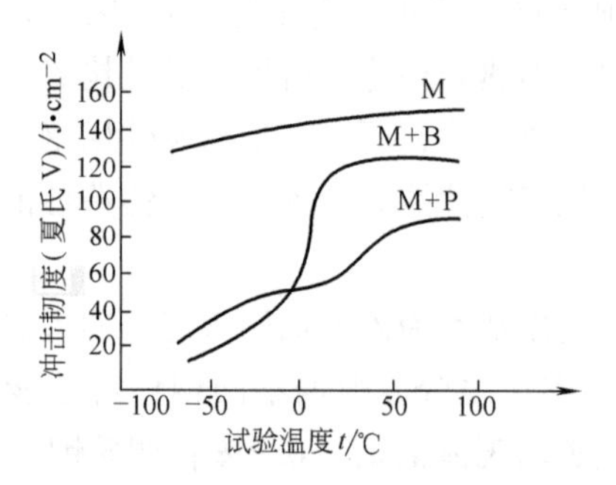


图 11-14 钢的组织对冲击韧度的影响

(35CrNiMo 钢淬火回火到 $R_m$ = 880MPa)

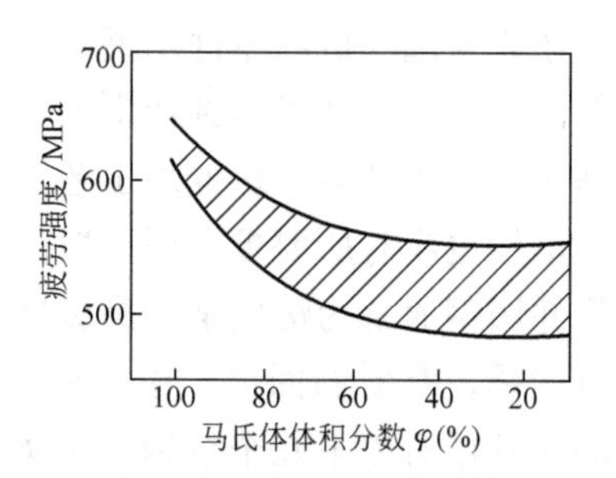


图 11-15 钢的组织对淬火回火后钢的疲劳强度的影响

(全部试样都热处理到 36HRC)

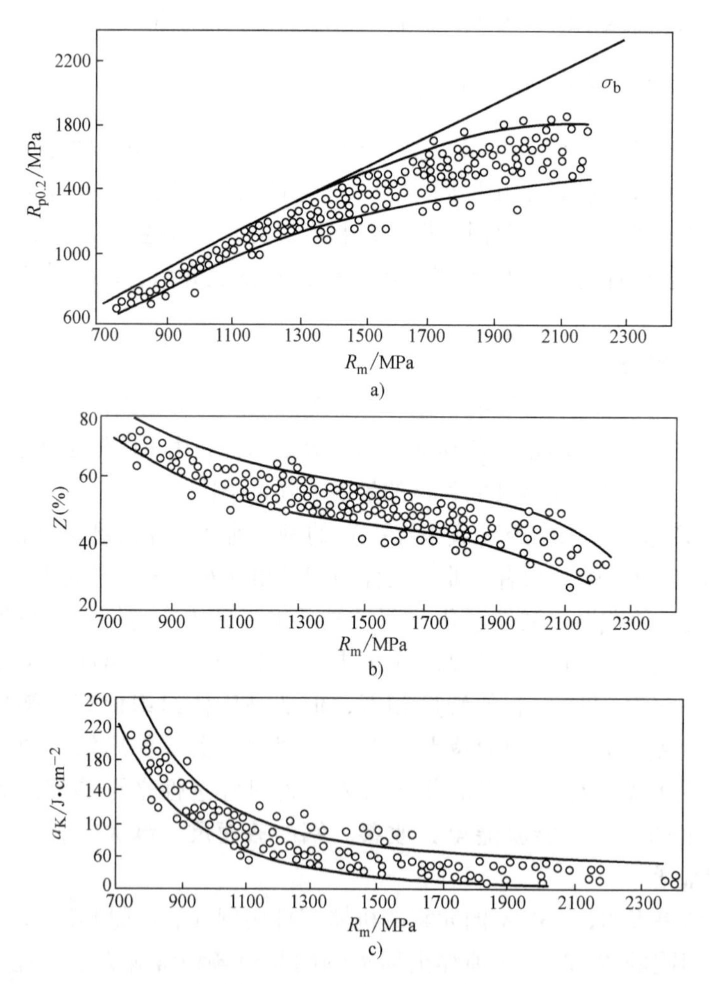


图 11-16 不同成分的淬火回火钢的 $R_m$ 与其他力学性能指标的关系

但是，这并不意味着不同的合金元素对钢的力学性能的影响完全相同，对于重要的机器零件用钢而言，就要考虑不同合金元素的特殊作用。例如，往钢中加入 Ni 能显著改善淬火低温回火钢的韧性，随着 Ni 含量的增加，$a_K$ 值不断提高（图 11-17），脆性转折温度 $T_c$ 不断下降（图 11-18）。而在钢的基本成分及热处理规程相同的条件下，随着 Cr 或 Mn 含量的增加，$a_K$ 和 $T_c$ 的变化规律与 Ni 有很大不同。在高强度范围内，Ni 还能明显降低钢的缺口敏感性（图 11-19），而在相同的 $R_m$ 下，Cr 和 Mn 都使钢的缺口强度显著下降。因此，通常在重要的机器零件用钢中都加入 Ni，主要是为了有良好的韧性和较小的缺口敏感性，当与 Cr 和 Mo 相配合使用时，效果更好。

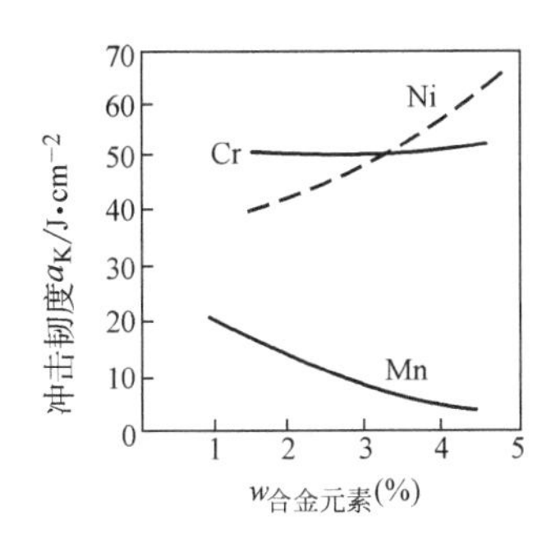


图 11-17 Ni、Cr、Mn 对低温回火钢（$w_C$ = 0.34%～0.4%）的冲击韧度的影响

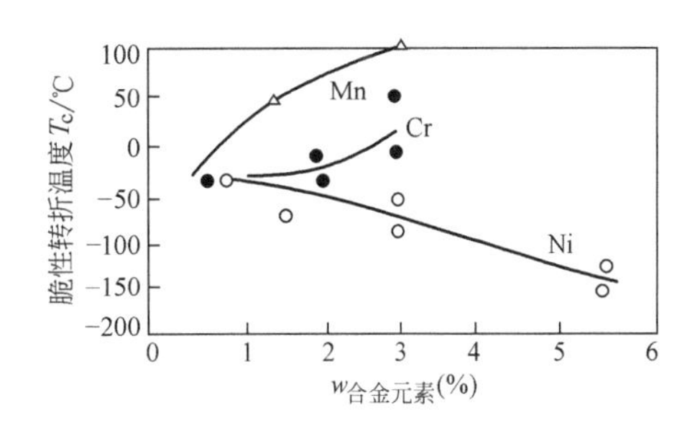


图 11-18 Ni、Cr、Mn 对低温回火钢（$w_C$ = 0.21%～0.27%）的脆性转折温度 $T_c$ 的影响

钢中加入一种合金元素，往往难以全面改进性能，所以重要的合金钢都含有好几种合金元素。根据合金元素的作用可以将其分为主加元素和辅加元素两类。主加元素是指这些元素分别地或复合地加入钢中，对提高钢的淬透性和综合力学性能起主导作用，Si、Mn、Cr、Ni 等元素属于此类。辅加元素如 Mo、W、V、Ti、B、RE 等，起着降低钢的过热敏感性与回火脆性，改善夹杂物的形态，进一步提高钢的淬透性，改善钢材性能的作用，含量通常在千分之几范围内变动。

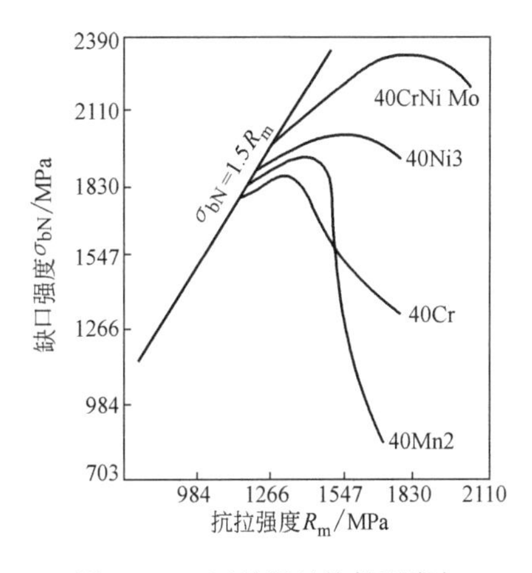


图 11-19 四种钢的抗拉强度与缺口强度关系的比较

**（二）含碳量的选择和回火温度的确定**

碳是机器零件用钢中的最重要元素，它不但直接决定了马氏体的硬度，而且对马氏体的形态及其回火后的性能都有很大影响。回火是热处理的最后一道工序，回火温度的确定就决定了钢的最后组织状态，因此从这一意义上来说，回火工艺在某种程度上决定了零件的使用性能和寿命。由于不同机器零件的工作条件及失效方式不同，对力学性能的要求也不同，因而在含碳量及回火温度的选择上，必须有针对性地进行考虑。现以含碳量分别为 $w_C$ = 0.2%、$w_C$ = 0.4%、$w_C$ = 0.6%～0.7%、$w_C$ = 1.0% 的钢为例，讨论其力学性能随回火温度变化的情况。

淬火钢在回火处理时，其力学性能的一般变化规律是，随着回火温度的升高，强度下降，塑性升高，韧性的变化比较复杂，分别在第一类和第二类回火温度范围内出现谷值。钢中碳的含量不同，其力学性能的变化也存在着各自的特殊性。淬火钢经低温回火后，低碳（合金）钢的组织为位错马氏体、少量残留奥氏体和弥散分布的碳化物，它在具有很高强度的同时，还具有良好的塑性和韧性，缺口敏感性低，脆性转折温度下降到 -60℃以下，使用上比较安全可靠。例如，18Cr2Ni4WA 钢经淬火低温回火后，可以达到很高的力学性能（$R_m$ = 1200 ~ 1300MPa，$Z$ = 50% ~ 60%，$a_K$ = 120 ~ 140J · $cm^{-2}$）。对于中碳（合金）钢来说，$w_C$ = 0.4% 时，淬火后得到的是位错马氏体和孪晶马氏体的混合组织，若也在低温回火，尽管强度很高（$R_m$ = 1600 ~ 1700MPa），但断裂韧度 $K_{IC}$ 下降，有较高的缺口敏感性。如果在高温回火（550 ~ 600℃），其组织为回火索氏体，则可获得良好的综合力学性能，在仍具有较高强度的同时，塑性、韧性得到明显改善，断裂形式为微孔聚集型，脆性转折温度很低，当出现第二类回火脆性时，钢的韧性即受到很大损害。对于 $w_C$ = 0.6% ~ 0.7% 的碳钢或合金钢，若在 300℃以下回火，由于未能消除淬火内应力和高碳马氏体的固有脆性，所以都呈现脆性断裂，在单向拉伸条件下，较难准确地测定各项力学性能指标。当在 350℃附近回火时，其弹性极限和屈服强度均达到峰值，并具有很高的疲劳强度。此时的组织为回火托氏体。

钢的耐磨性和接触疲劳强度与钢的表面硬度有关，表面硬度越高，则其耐磨性越好，接触疲劳强度也越高。所以为了保证钢有较好的耐磨性和接触疲劳强度，钢淬火后应进行低温回火。已知马氏体的硬度与钢中含碳量有关，随着钢中含碳量的增多，马氏体的硬度也随之增大，当钢中的碳达 $w_C$ = 1.0% 时，淬火低温回火后，其组织为回火马氏体和粒状碳化物。由于碳化物具有很高的硬度，所以此时钢将具有很高的耐磨性和接触疲劳强度。如果进一步增加钢中含碳量，在组织中出现网状碳化物或条状碳化物时，便使接触疲劳强度下降。所以轴承钢中的 $w_C$ = 1.0%，就可以保证轴承对耐磨性和接触疲劳强度的要求。

#### （三）提高钢的切削加工性

钢的切削加工性能是一种重要的工艺性能，对于大生产显得尤为重要，有时为了提高切削速度，发挥自动机床的加工能力，延长刀具使用寿命，常常不得不牺牲一部分使用性能而保证钢材的切削加工性能。

常用的以改善钢的切削加工性能的合金元素有 S、Pb、Ca、Te、Se 等元素，或者是单独加入，或者同时加入其中的几个元素。这些元素加入钢中之后，与钢中其他元素形成非金属夹杂物或金属间化合物，如 MnS、CaS、MnTe、PbTe、MnSe、PbSe、$2CaO \cdot Al_2O_3 \cdot SiO_2$ 等。还有的是以其本身金属态存在，如 Pb。这些夹杂物不溶于或几乎不溶于铁中，在钢锭压延时，沿延伸方向伸长，成为条状或纺锤状。它们的硬度一般均很低，类似无数个微小缺口，破坏钢的连续性，减少切削时把金属撕裂所需要的能量，切屑易断，减少刀具磨损，显著提高了切削加工性能。另一方面，由于这些夹杂物以细小条状或纺锤状形态存在，不会显著影响钢的纵向力学性能。

钢的硬度和组织对钢的切削加工性能也有明显影响。一般认为，当钢的硬度为 179 ~ 229HBW 时，其切削性能最佳。低碳钢的硬度太低，切削时容易粘刀，应采用正火处理，提高片状珠光体的数量，改善切削性能。高碳钢由于硬度高而难以加工，为此应进行球化处理，使硬度降低。

### 三、渗碳钢

#### （一）渗碳钢的工作条件及对性能的要求

所谓渗碳钢是指经渗碳处理后使用的钢种，碳氮共渗用钢与渗碳钢大体相同，可将其归于一类。

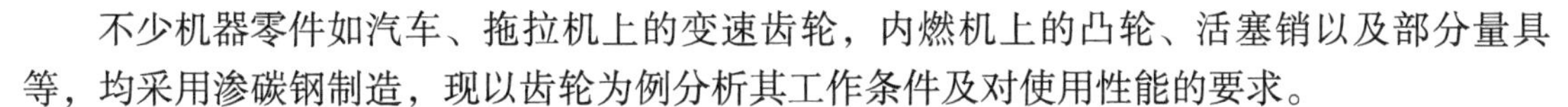

不少机器零件如汽车、拖拉机上的变速齿轮，内燃机上的凸轮、活塞销以及部分量具等，均采用渗碳钢制造，现以齿轮为例分析其工作条件及对使用性能的要求。

1）齿轮工作时，从啮合点到齿根的整个齿面上均受脉动的弯曲应力作用，而在齿根危险断面上造成最大的弯曲应力。在脉动弯曲应力作用小，可使齿轮产生弯曲疲劳破坏。破坏形式是断齿。

2）齿轮工作时，通过齿面接触传递动力。在接触应力的反复作用下，会使工作齿面产生接触疲劳破坏。破坏形式主要有麻点剥落与硬化层剥落两种。

3）齿轮工作时，两齿面相对运动（包括滚动与滑动），产生摩擦力，因而要求齿面有较高的耐磨性。

4）齿轮工作时，有时还会承受强烈的冲击载荷，要求齿轮有较高的强韧性。

由此可见，齿轮的工作条件是很复杂的，为了满足这些要求，齿轮用钢不但应有高的耐磨性、接触疲劳强度、弯曲疲劳强度和屈服强度，而且还应有较高的塑性和韧性。为此可采用低碳（合金）钢渗碳（或碳氮共渗）后进行淬火及低温回火处理，即可达到目的。经渗碳处理后，使零件表层为高碳钢（$w_C>0.8\%$），淬火并低温回火后的组织为回火马氏体和粒状碳化物，它具有高的硬度、耐磨性和接触疲劳强度；零件的心部仍为低碳钢，其组织为位错马氏体（全部淬透）或含部分铁素体（未淬透），它具有很高的强度、塑性和韧性。此外，由于表层和心部含碳量不同，因而在表层形成压应力，这将显著提高钢的弯曲疲劳强度。

**（二）渗碳钢的化学成分**

根据机器零件的工作条件及对性能的要求，渗碳钢的化学成分有以下特点。

1. 低碳

含碳量一般为 $w_C=0.10\%\sim0.25\%$。渗碳钢的含碳量实际上是渗碳零件心部的含碳量，这对于保证心部有足够的塑性和韧性是十分必要的。若含碳量过低，表面的渗碳层易于剥落；含碳量过高，则心部的塑性和韧性下降，并使表层的压应力减小，从而降低弯曲疲劳强度。

2. 加入提高淬透性的合金元素

提高心部的强度将提高齿轮的承载能力，并防止渗层剥落。而心部的强度则取决于钢中含碳量及淬透性。当淬透性足够时，心部得到全部位错马氏体组织；如淬透性不足，则出现非马氏体组织。常加入的合金元素有 Cr、Mn、Ni、B、Mo、W 和 Si 等。Ni 对渗层和心部的韧性和强度都十分有利，因而高级渗碳钢中都含有较多的 Ni。

3. 加入阻止奥氏体晶粒长大的元素

渗碳工艺是在 910～930℃高温下进行的，为了阻止奥氏体晶粒长大，渗碳钢用以铝脱氧的本质细晶粒钢。Mn 在钢中有促进奥氏体晶粒长大的倾向，所以在含 Mn 渗碳钢中常加入少量的 V、Ti 等阻止奥氏体晶粒长大的元素。

此外，为了提高渗层的碳浓度、渗层深度和渗入速度，可加入碳化物形成元素 Cr、Mo、W 等，非碳化物形成元素 Si、Ni 等则降低渗层碳浓度及厚度。但是碳化物形成元素过多，则导致渗层碳浓度分布曲线过陡，块状碳化物增多，降低渗层性能，所以对钢中合金元素的种类及数量必须全面考虑。

**（三）常用的渗碳钢**

常用渗碳钢的牌号、化学成分、力学性能及应用列于表 11-7，按淬透性大小或强度级别可将渗碳钢分为三类。

**表 11-7 常用渗碳钢的牌号、化学成分、热处理、性能及用途（GB/T 699—2015 和 GB/T 3077—2015）**

| 类别 | 钢号 | 化学成分（质量分数,%） | | | | | 热处理/℃ | | | 力学性能（不小于） | | | | | 毛坯尺寸/mm | 应用举例 |
|---|---|---|---|---|---|---|---|---|---|---|---|---|---|---|---|---|
| | | C | Mn | Si | Cr | 其他 | 第一次淬火 | 第二次淬火 | 回火 | $R_m$/MPa | $R_{eL}$/MPa | A(%) | Z(%) | $KU_2$/J | | |
| 低淬透性 | 15 | 0.12~0.18 | 0.35~0.65 | 0.17~0.37 | — | — | — | — | — | 375 | 225 | 27 | 55 | — | 25 | 小轴、小模数齿轮、活塞销等小型渗碳件 |
| | 20 | 0.17~0.23 | 0.35~0.65 | 0.17~0.37 | — | — | — | — | — | 410 | 245 | 25 | 55 | — | 25 | |
| | 20Mn2 | 0.17~0.24 | 1.40~1.80 | 0.17~0.37 | — | — | 850 水、油 | — | 200 水、空 | 785 | 590 | 10 | 40 | 47 | 15 | 代替20Cr做小齿轮、小轴、活塞销、十字销头等船舶主机螺钉、齿轮、活塞销、凸轮、滑阀、轴等 |
| | 15Cr | 0.12~0.17 | 0.40~0.70 | 0.17~0.37 | 0.70~1.00 | — | 880 水、油 | 780~820 水、油 | 200 水、空 | 735 | 490 | 11 | 45 | 55 | 15 | |
| | 20Cr | 0.18~0.24 | 0.50~0.80 | 0.17~0.37 | 0.70~1.00 | — | 880 水、油 | 780~820 水、油 | 200 水、空 | 835 | 540 | 10 | 40 | 47 | 15 | 机床变速箱齿轮、齿轮轴、活塞销、凸轮、蜗杆等 |
| | 20MnV | 0.17~0.24 | 1.30~1.60 | 0.17~0.37 | — | V0.07~0.12 | 880 水、油 | — | 200 水、空 | 785 | 590 | 10 | 40 | 55 | 15 | 锅炉、高压容器、大型高压管道等，工作温度上限为450~475℃ |
| 中淬透性 | 20CrMn | 0.17~0.23 | 0.90~1.20 | 0.17~0.37 | 0.90~1.20 | — | 850 油 | — | 200 水、空 | 930 | 735 | 10 | 45 | 47 | 15 | 齿轮、轴、蜗杆、活塞销、摩擦轮 |
| | 20CrMnTi | 0.17~0.23 | 0.80~1.10 | 0.17~0.37 | 1.00~1.30 | Ti0.04~0.10 | 880 油 | 870 油 | 200 水、空 | 1080 | 850 | 10 | 45 | 55 | 15 | 汽车、拖拉机上的齿轮、齿轮轴、十字销头等 |
| | 20MnTiB | 0.17~0.24 | 1.30~1.60 | 0.17~0.37 | — | Ti0.04~0.10 B0.0005~0.0035 | 860 油 | — | 200 水、空 | 1130 | 930 | 10 | 45 | 55 | 15 | 代替20CrMnTi制造汽车、拖拉机截面较小、中等负荷的渗碳件 |
| | 20MnVB | 0.17~0.23 | 1.20~1.60 | 0.17~0.37 | — | B0.0005~0.0035 V0.07~0.12 | 860 油 | — | 200 水、空 | 1080 | 885 | 10 | 45 | 55 | 15 | 代替2CrMnTi、20Cr、20CrNi制造重型机床的齿轮和轴、汽车齿轮 |
| 高淬透性 | 18Cr2Ni4WA | 0.13~0.19 | 0.30~0.60 | 0.17~0.37 | 1.35~1.65 | W0.8~1.2 Ni4.0~4.5 | 950 空 | 850 空 | 200 水、空 | 1180 | 835 | 10 | 45 | 78 | 15 | 大型渗碳齿轮、轴类和飞机发动机齿轮 |
| | 20Cr2Ni4 | 0.17~0.23 | 0.30~0.60 | 0.17~0.37 | 1.25~1.65 | Ni3.25~3.65 | 880 油 | 780 油 | 200 水、空 | 1180 | 1080 | 10 | 45 | 63 | 15 | 大截面渗碳件，如大型齿轮、轴等 |
| | 12Cr2Ni4 | 0.10~0.16 | 0.30~0.60 | 0.17~0.37 | 1.25~1.65 | Ni3.25~3.65 | 860 油 | 780 油 | 200 水、空 | 1080 | 835 | 10 | 50 | 71 | 15 | 承受高负荷的齿轮、蜗轮、蜗杆、轴、方向接头叉等 |

注：1. 钢中的磷、硫质量分数均不大于0.035%。

2. 15、20钢的力学性能为正火状态时的力学性能，15钢正火温度为920℃，20钢正火温度为910℃。

1. 低淬透性渗碳钢

其强度级别 $R_m$ 在 800MPa 以下，又称为低强度渗碳钢。常用的有 15、20、20Mn2、20MnV、15Cr 等。由于这类钢的淬透性低，因此只适用于对心部强度要求不高的小型渗碳件，如套筒、链条、活塞销等。

2. 中淬透性渗碳钢

其强度级别 $R_m$ 在 800～1200MPa 范围内，又称为中强度渗碳钢。常用的有 20CrMnTi、20MnVB、20MnTiB 等。这类钢的淬透性与心部的强度均较高，可用于制造一般机器中较为重要的渗碳件，如汽车、拖拉机的齿轮及活塞销等。

3. 高淬透性渗碳钢

其强度级别 $R_m$ 在 1200MPa 以上，又称高强度渗碳钢。常用的有 20Cr2Ni4A、18Cr2Ni4WA 等。由于具有很高的淬透性，心部强度很高，因此这类钢可用于制造截面较大的重负荷渗碳件，如航空发动机齿轮、曲轴、坦克齿轮等。

**（四）渗碳钢的热处理**

渗碳钢的热处理一般是渗碳后进行淬火及低温回火，以获得高硬度的表层及强而韧的心部。根据钢的成分的差异，常用的热处理方法有以下几种。

1. 渗碳后预冷直接淬火及低温回火

这种方法适用于合金元素含量较低又不易过热的钢，如 20CrMnTi、20CrTi 等。

2. 一次淬火

渗碳后缓冷至室温，重新加热淬火并低温回火。适用于渗碳时易过热的碳钢、低合金钢工件及固体渗碳后的零件等。

3. 两次淬火

渗碳后缓冷至室温，重新加热两次淬火并低温回火。适用于本质粗晶粒钢及对性能要求很高的工件，但生产周期长，成本高，易脱碳氧化和变形。

对于合金化程度较高的 18Cr2Ni4WA 等钢种，如果渗碳后预冷淬火，渗层将存在大量残留奥氏体，使硬度降低。为此，生产上采用渗碳空冷后进行高温回火，使残留奥氏体分解，然后再进行加热淬火和低温回火。

## 四、调质钢

**（一）调质钢的工作条件及对性能的要求**

经调质处理后使用的结构钢称为调质钢。许多机器设备上的重要零件如机床主轴、汽车拖拉机的后桥半轴、柴油发动机曲轴、连杆、高强度螺栓等，都是在多种应力负荷下工作的，受力情况比较复杂，要求具有比较全面的力学性能——不但要有很高的强度，而且要求有良好的塑性和韧性，即要求良好的综合力学性能，才能承受较大的工作应力，防止由于突然过载等偶然原因造成的破坏。调质钢经调质处理后具有较高的 $R_m$、$R_{p0.2}$、$A$、$Z$、$a_K$、$\sigma_{-1}$ 和 $K_{IC}$ 等性能指标，脆性转折温度 $T_c$ 也很低，可以满足以上这些机器零件对使用性能提出的要求。

调质钢具有良好的综合力学性能的原因，与经调质处理后组织为回火索氏体有关，这种组织状态有以下几个特点：

1）在铁素体基体上均匀分布的粒状碳化物起弥散强化作用，溶于铁素体中的合金元素起固溶强化作用，从而保证钢有较高的屈服强度和疲劳强度。

2）组织均匀性好，减少了裂纹在局部薄弱地区形成的可能性，可以保证有良好的塑性和韧性。

3）作为基体组织的铁素体是从淬火马氏体转变而成的，晶粒细小，使钢的冷脆倾向性大大减小。

**（二）调质钢的化学成分**

1. 中碳

含碳量一般为 $w_C=0.25\%\sim0.45\%$，以保证有足够的碳化物起弥散强化作用。但是碳是不利于调质钢冲击韧度的元素（图 11-20），故在选择钢中含碳量时，在满足强度要求的前提下，应将其限制在较低的范围内，从而提高钢的韧性，增加零件工作时的安全可靠性。

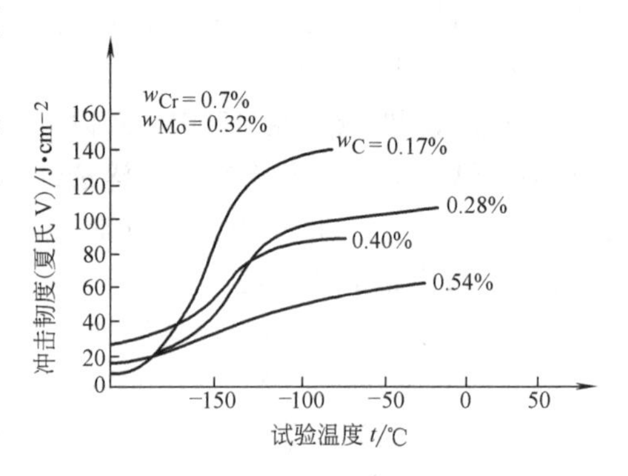


图 11-20　钢中碳的含量对马氏体高温回火后冲击韧度的影响

2. 加入提高淬透性的合金元素

对调质钢而言，合金化的主要着眼点是提高钢的淬透性。在设计钢的成分时，必须保证钢有足够的淬透性，只有淬火得到马氏体，才能使钢具有良好的综合力学性能。如果淬透性不足，淬火后得到了非马氏体组织，则钢的 $R_m$、$A$、$Z$、$a_K$ 等性能将显著下降。

对调质钢淬透性的要求是根据零件的实际受力情况确定的，对于承受单向拉压或切应力的零件，要求心部至少有 $\varphi=50\%$ 的马氏体，重要的零件如柴油机上的连杆与连杆螺栓等，甚至要求心部有 $\varphi=95\%$ 以上的马氏体。对于承受弯曲、扭转等应力的零件（如轴类零件），应力由表面至心部逐渐减小，最大应力位于表面，此时没有必要使零件心部淬透，淬火后一般只要求离表面 1/4 半径处保证获得 $\varphi=80\%$ 以上马氏体即可。调质钢中常用的提高淬透性的元素有 Mn、Si、Cr、Ni、B 等。

3. 加入防止第二类回火脆性的元素

调质钢的回火温度正好处于第二类回火脆性温度范围内，钢中含有 Mn、Cr、Ni、B 元素时，会增大回火脆性的敏感性，除了回火后快速冷却外，可加入抑制回火脆性的元素 Mo 和 W。

4. 加入细化奥氏体晶粒的元素

回火索氏体中的铁素体晶粒越细小，则钢的强韧性越好，为了细化铁素体晶粒，首先必须先细化奥氏体晶粒，常用的元素有 W、Mo、V、Al 等。

**（三）常用调质钢**

调质钢在机械制造中应用十分广泛，常用调质钢的热处理、力学性能及应用见表 11-8。根据淬透性的高低，可以将其分为三类。

1. 低淬透性调质钢

这类钢的油淬临界直径最大为 30～40mm，典型钢种有 45、40Cr 等。45 钢是比较便宜的钢种，淬透性低，用于对力学性能要求不高的零件，40Cr 钢有较高的力学性能和工艺性能，应用十分广泛，可用于制造汽车、拖拉机上的连杆、螺栓、传动轴及机床主轴等零件。

表 11-8 常用调质钢的牌号、化学成分、热处理、性能和用途（GB/T 699—2015 和 GB/T 3077—2015）

| 类别 | 牌号 | 化学成分（质量分数,%） | | | | | 热处理/℃ | | 力学性能（不小于） | | | | | 毛坯尺寸/mm | 应用举例 |
|---|---|---|---|---|---|---|---|---|---|---|---|---|---|---|---|
| | | C | Mn | Si | Cr | 其他 | 淬火 | 回火 | $R_m$/MPa | $R_{eL}$/MPa | A(%) | Z(%) | $KU_2$/J | | |
| 低淬透性 | 45 | 0.42~0.50 | 0.50~0.80 | 0.17~0.37 | ≤0.25 | — | 840水 | 600 | 600 | 355 | 16 | 40 | 39 | 25 | 小截面、中载荷的调质件，如主轴、曲轴、齿轮、连杆、链轮等 |
| | 40Mn | 0.37~0.44 | 0.70~1.00 | 0.17~0.37 | ≤0.25 | — | 840水 | 600 | 590 | 355 | 17 | 45 | 47 | 25 | 比45钢强韧性要求稍高的调质件 |
| | 40Cr | 0.37~0.44 | 0.50~0.80 | 0.17~0.37 | 0.80~1.10 | — | 850油 | 520 | 980 | 785 | 9 | 45 | 47 | 25 | 重要调质件，如轴类、连杆螺栓、机床齿轮、蜗杆、销子等 |
| | 45Mn2 | 0.42~0.49 | 1.40~1.80 | 0.17~0.37 | — | — | 840油 | 550 | 885 | 735 | 10 | 45 | 47 | 25 | 代替40Cr作为$\phi<50$mm的重要调质件，如机床齿轮、钻床主轴、凸轮、蜗杆等 |
| | 45MnB | 0.42~0.49 | 1.10~1.40 | 0.17~0.37 | — | B0.0005~0.0035 | 840油 | 500 | 1030 | 835 | 9 | 40 | 39 | 25 | |
| | 40MnVB | 0.37~0.44 | 1.10~1.40 | 0.17~0.37 | — | V0.05~0.10<br>B0.0005~0.0035 | 850油 | 520 | 980 | 785 | 10 | 45 | 47 | 25 | 可代替40Cr或40CrMo制造汽车、拖拉机和机床的重要调质件，如轴、齿轮等 |
| | 35SiMn | 0.32~0.40 | 1.10~1.40 | 1.10~1.40 | — | — | 900水 | 570 | 885 | 735 | 15 | 45 | 47 | 25 | 除低温韧性稍差外，可全面代替40Cr和部分代替40CrNi |
| 中淬透性 | 40CrNi | 0.37~0.44 | 0.50~0.80 | 0.17~0.37 | 0.45~0.75 | Ni1.00~1.40 | 820油 | 500 | 980 | 785 | 10 | 45 | 55 | 25 | 制作较大截面的重要件，如曲轴、主轴、齿轮、连杆等 |
| | 40CrMn | 0.37~0.45 | 0.90~1.20 | 0.17~0.37 | 0.90~1.20 | — | 840油 | 550 | 980 | 835 | 9 | 45 | 47 | 25 | 代替40CrNi作为受冲击载荷不大的零件，如齿轮轴、离合器等 |
| | 35CrMo | 0.32~0.40 | 0.40~0.70 | 0.17~0.37 | 0.80~1.10 | Mo0.15~0.25 | 850油 | 550 | 980 | 835 | 12 | 45 | 63 | 25 | 代替40CrNi制作大截面齿轮和高负荷传动轴、发电机转子等 |
| | 30CrMnSi | 0.28~0.34 | 0.80~1.10 | 0.90~1.20 | 0.80~1.10 | — | 880油 | 540 | 1080 | 835 | 10 | 45 | 39 | 25 | 用于飞机调质件，如起落架、螺栓、天窗盖、冷气瓶等 |
| | 38CrMoAl | 0.35~0.42 | 0.30~0.60 | 0.20~0.45 | 1.35~1.65 | Mo0.15~0.25<br>Al0.70~1.10 | 940水、油 | 640 | 980 | 835 | 14 | 50 | 71 | 30 | 高级氮化钢，作为重要丝杠、镗杆、主轴、高压阀门等 |
| 高淬透性 | 37CrNi3 | 0.34~0.41 | 0.30~0.60 | 0.17~0.37 | 1.20~1.60 | Ni3.00~3.50 | 820油 | 500 | 1130 | 980 | 10 | 50 | 47 | 25 | 高强韧性的大型重要零件，如汽轮机叶轮、转子轴等 |
| | 25Cr2Ni4WA | 0.21~0.28 | 0.30~0.60 | 0.17~0.37 | 1.35~1.65 | Ni4.00~4.50<br>W0.80~1.20 | 850油 | 550 | 1080 | 930 | 11 | 45 | 71 | 25 | 大截面、高负荷的重要调质件，如汽轮机主轴、叶轮等 |
| | 40CrNiMoA | 0.37~0.44 | 0.50~0.80 | 0.17~0.37 | 0.60~0.90 | Mo0.15~0.25<br>Ni1.25~1.65 | 850油 | 600 | 980 | 835 | 12 | 55 | 78 | 25 | 高强韧性大型重要零件，如飞机起落架、航空发动机轴等 |
| | 40CrMnMo | 0.37~0.45 | 0.90~1.20 | 0.17~0.37 | 0.90~1.20 | Mo0.20~0.30 | 850油 | 600 | 980 | 785 | 10 | 45 | 63 | 25 | 部分代替40CrNiMoA，如作为货车后桥半轴、齿轮轴等 |

注：钢中磷、硫质量分数均不大于0.035%。

2. 中淬透性调质钢

这类钢的油淬临界直径为 40～60mm，典型钢种有 40CrMn、35CrMo 等。由于淬透性较好，可用以制造截面尺寸较大的中型甚至大型零件，如曲轴、齿轮、连杆等。

3. 高淬透性调质钢

这类钢的油淬临界直径在 60mm 以上，大多含有 Ni、Cr 等元素。为了防止回火脆性，钢中还含有 Mo，如 40CrNiMo 等，用于制造大截面承受重载荷的重要零件，如航空发动机轴等。

**（四）调质钢的热处理**

1. 预备热处理

调质钢经热加工之后，必须经过预备热处理以降低硬度，便于切削加工，消除热加工时造成的组织缺陷（如带状组织）、细化晶粒、改善组织，为最终热处理做好准备。对于合金元素含量较低的钢，可进行正火或退火处理；对于合金元素含量较高的钢，正火处理后可能得到马氏体组织，尚需再在 $Ac_1$ 以下进行高温回火，使其组织转变为粒状珠光体，降低硬度，便于切削加工。

2. 最终热处理

调质钢的最终热处理是淬火加高温回火。合金钢的淬透性比较高，可以采用较慢的冷却速度淬火，一般都用油淬，以避免出现热处理缺陷，调质钢的最终性能取决于回火温度。当要求强度较高时，采用较低的回火温度，反之选用较高的回火温度。回火温度范围一般为 500～650℃。

某些零件除了要求有良好的综合力学性能外，还要求工件（局部）表面有较高的耐磨性，这时零件经调质处理后，还应对零件（局部）表面进行感应淬火，最后低温回火，表层硬度可达 56～58HRC。

应当指出，调质钢不一定非得进行调质处理，根据工作条件的要求，当零件的韧性不需要太高，而强度成为主要矛盾时，调质钢可以在中、低回火状态下使用，相应地其显微组织为回火屈氏体和回火马氏体。它们比回火索氏体有较高的强度，但冲击韧度较低。例如，模锻锤锤杆经中温回火，凿岩机活塞经低温回火后均显著提高了零件的使用寿命。

**（五）低碳马氏体钢**

调质钢经调质处理之后的主要不足之处是强度较低，其原因与调质处理后使钢获得中碳回火索氏体组织有关。为了提高钢的强度，就需要相应地改变其组织状态，降低回火温度，例如，用中碳回火马氏体代替中碳回火索氏体，强度水平即可大大提高，但随之而来的是断裂韧度（$K_{\mathrm{IC}}$）的显著降低。如何提高钢的断裂韧度呢？自从 20 世纪 60 年代人们搞清了低碳马氏体的精细结构之后，就为发展低碳马氏体钢提供了依据。如前所述，低碳马氏体分布着大量的位错，它不但强度高，塑性、韧性也好，缺口敏感性小，如将常用的渗碳钢和低合金高强度钢经淬火获得低碳马氏体并低温回火后，其力学性能在许多方面优于调质钢，可满足不少机器零件的使用性能要求。表 11-9 列出了这些钢种作为低碳马氏体钢使用的常规力学性能。例如，15MnVB 钢经 880℃淬火（盐水冷却）并 200℃回火后，$R_m = 1353\mathrm{MPa}$、$R_{p0.2} = 1133\mathrm{MPa}$、$Z = 51\%$、$a_K = 95\mathrm{J \cdot cm^{-2}}$；而 40Cr 钢 850℃淬油，500℃回火之后的 $R_m = 981\mathrm{MPa}$、$R_{p0.2} = 785\mathrm{MPa}$、$Z = 45\%$、$a_K = 58.9\mathrm{J \cdot cm^{-2}}$。因此，用冷镦法制造 M20 以下的高强度螺栓（如汽车连杆螺栓、气缸盖螺栓、半轴螺栓等）

已普遍应用15MnVB低碳马氏体钢代替40Cr调质钢。采用20SiMn2MoV或25SiMn2MoV钢制造石油钻机的吊环，具有低的冷脆转变温度及高的抗拉强度和屈服强度，可大大减轻吊环的重量。

表11-9 若干低碳马氏体型结构钢的常规力学性能

| 钢号 | 状态 | 硬度 HRC | $R_{p0.2}$ /MPa | $R_m$ /MPa | $A$ (%) | $Z$ (%) | $a_K$/ J·cm$^{-2}$ |
|---|---|---|---|---|---|---|---|
| 15 | 940℃淬10% NaOH[①]水溶液，200℃回火 | 36 | 940 | 1140 | 9.3 | 39 | 59 |
| 20 | 910℃淬10%盐水，200℃回火 | 44 | 1310 | 1530 | 11.1 | 45 | 41 |
| 20Mn2 | 880℃淬10%盐水，250℃回火 | 45 | 1265 | 1500 | 12.4 | 52.5 | 83 |
| 20MnV | 880℃淬10%盐水，200℃回火 | 45 | 1245 | 1435 | 12.5 | 43.3 | 89~126 |
| 20Cr | 880℃淬10% NaCl，200℃回火 | 45 | 1200 | 1450 | 10.5 | 49 | ≥70 |
| 20CrMnTi | 880℃淬10% NaOH水溶液，200℃回火 | 45 | 1310 | 1510 | 12.2 | 57 | 80~100 |
| 20CrMnSi | 880℃淬水，200℃回火 | 47 | 1315 | 1575 | 13 | 53 | 93~107 |
| 15MnVB | 880℃淬10% NaCl水溶液，200℃回火 | 43 | 1133 | 1353 | 12.6 | 51 | 95 |
| 25MnTiB | 850℃淬油，200℃回火 | — | 1330 | 1535 | 12.5 | 54 | 96 |
| 25MnTiBRE | 850℃淬油，200℃回火 | — | 1345 | 1700 | 13 | 57.5 | 95 |
| 20SiMn2MoV | 900℃淬油，250℃回火 | — | 1238 | 1511 | 13.4 | 58.5 | 160 |
| 25SiMn2MoV | 900℃淬油，250℃回火 | — | 1378 | 1676 | 11.3 | 51.0 | 68 |
| 18Cr2Ni4WA | 890℃淬油，220℃回火 | — | 1214 | 1496 | $A_{11.3}$ = 9.3 | 38.1 | — |
| 20Cr2Ni4A | 880℃淬油，250℃回火 | 44.5 | 1192 | 1437 | 13.8 | 59.6 | — |

① 10% NaOH水溶液表示的是$w_{(NaOH)}$=10%的水溶液，以下与此相同。

## 五、弹簧钢

### （一）弹簧的工作条件及对性能要求

弹簧钢是指用于制造各种弹簧的钢种。在各种机器设备中，弹簧的主要作用是吸收冲击能量，缓和机械振动和冲击。例如，用于汽车、拖拉机和机车上的板弹簧，它们除了承受车厢及载物的巨大重量外，还要承受因地面不平所引起的冲击载荷和振动，使汽车、火车等车辆运行平稳，以免某些零件因受冲击而过早地破坏。此外，弹簧还可储存能量使其他机件完成事先规定的动作，如气阀弹簧、高压油泵上的柱塞簧及喷嘴簧等，可以保证机器和仪表的正常工作。根据以上的工作条件，弹簧钢应具有以下性能：

1）高的弹性极限或屈服极限和高的屈强比（$R_{p0.2}/R_m$），以保证弹簧有足够高的弹性变形能力，并能承受大的载荷。

2）高的疲劳极限，以保证弹簧在长期的振动和交变应力作用下不产生疲劳破坏。

3）为了满足成形的需要和可能承受的冲击载荷，弹簧钢应具有一定的塑性和韧性。此外，一些在高温及易蚀条件下工作的弹簧，还应具有良好的耐热性和耐蚀性。

### （二）弹簧钢的化学成分

由于弹簧钢的性能要求以强度为主，因此它的化学成分有以下特点。

1. 中、高碳

目的是提高弹性极限和屈服极限。通常碳素弹簧钢的含碳量 $w_C = 0.60\% \sim 0.90\%$，合金弹簧钢的含碳量 $w_C = 0.50\% \sim 0.60\%$。

2. 加入 Si、Mn

Si 和 Mn 是弹簧钢中经常应用的合金元素，目的是提高淬透性，强化铁素体（固溶强化），提高钢的耐回火性。Si 还可提高屈强比，但含硅量高时有石墨化倾向，加热时使钢易于脱碳；Mn 会增大钢的过热倾向。

3. 加入 Cr、V、W

为了克服 Si-Mn 钢的缺点，加入这些碳化物形成元素，可以防止钢的过热和脱碳，提高淬透性（主要是 Cr），V 和 W 可以细化晶粒，并可保证钢在高温下仍具有较高的弹性极限和屈服极限。

### （三）常用的弹簧钢

常用的弹簧钢牌号、热处理、力学性能等列于表 11-10。碳素弹簧钢用于制造小截面弹簧，用冷拔钢丝和冷成形法制成。合金弹簧钢主要分为 Si-Mn 钢、Si-Cr 钢、Cr-Mn 钢等基本类型，其中的 65Mn 钢的价格低廉，淬透性显著优于碳素弹簧钢，可以制造尺寸为 8～15mm 的小型弹簧，如各种小尺寸的扁簧和坐垫弹簧、弹簧发条等。60Si2Mn 钢用于制造厚度为 10～12mm 的板簧和直径为 25～30mm 的螺旋弹簧，油冷即可淬透，力学性能显著优于 65Mn，常用于制造汽车、拖拉机和机车上的减振板簧和螺旋弹簧、汽车安全阀簧以及要求承受高应力的弹簧。55SiCr 钢具有较好的淬透性，较低的脱碳敏感性，较高的屈强比、疲劳强度，尤其是缺口疲劳强度，常用于制造汽车上的悬架弹簧、气门簧、离合器弹簧、制动器弹簧和实心稳定杆。当工作温度在 250℃ 以上时，可以采用 50CrV 钢，它具有良好的塑性和韧性，于 300℃ 以下工作时弹性不减，内燃机的气阀弹簧就是用这种钢制造的。

### （四）弹簧的成形及热处理

弹簧的加工处理方法有两种类型。

1. 热成形弹簧

这类弹簧多用热轧钢丝或钢板制成，现以汽车板簧为例，其热成形制造弹簧的工艺路线大致如下：扁钢剪断→热卷成形后淬火并中温回火→喷丸→装配。在淬火加热时，为了防止氧化和脱碳，应尽量采用快速加热，最好是在盐炉或带有保护性气氛的炉中进行，淬火后尽量快回火，以防延迟断裂。对于含 Si 弹簧钢来说，回火温度一般为 400～450℃，其组织为回火托氏体。此时的马氏体已充分分解，分解出的渗碳体以细小颗粒状分布在 α 相基体上；α 相的回复过程也已充分进行，开始多边化，但亚结构尚未长大；钢中的残留奥氏体已经分解，内应力已大幅度下降。钢的弹性极限达到了最高值。

弹簧钢也可以采用等温淬火，使钢在恒温下转变为下贝氏体，可提高钢的韧性和强度。如果在等温淬火后再在等温温度进行补充回火，则能进一步提高钢的比例极限和延迟断裂抗力。

弹簧的表面质量对使用寿命影响很大，表面微小的缺陷如脱碳、裂纹、夹杂、斑痕等，

**表 11-10 弹簧钢的牌号、化学成分、热处理、性能和用途（GB/T 1222—2016）**

| 牌号 | 化学成分（质量分数，%） | | | | | | | 热处理/℃ | | 力学性能（不小于） | | | | 用途 |
|---|---|---|---|---|---|---|---|---|---|---|---|---|---|---|
| | C | Mn | Si | Cr | P | S | 其他 | 淬火 | 回火 | $R_m$/MPa | $R_{eL}$/MPa | $A_{11.3}$或$A$（%） | Z（%） | |
| | | | | | 不大于 | | | | | | | | | |
| 65 | 0.62～0.70 | 0.50～0.80 | 0.17～0.37 | ≤0.25 | 0.030 | | — | 840 | 500 | 980 | 785 | 9.0 | 35 | 调压调速弹簧、柱塞弹簧、测力弹簧及一般机械上用的＜12mm螺旋弹簧 |
| 70 | 0.67～0.75 | 0.50～0.80 | 0.17～0.37 | ≤0.25 | 0.030 | | — | 830 | 480 | 1030 | 835 | 8.0 | 30 | |
| 85 | 0.82～0.90 | 0.50～0.80 | 0.17～0.37 | ≤0.25 | 0.030 | | — | 820 | 480 | 1130 | 980 | 6.0 | 30 | 机车车辆、汽车、拖拉机的板簧及螺旋弹簧 |
| 65Mn | 0.62～0.70 | 0.90～1.20 | 0.17～0.37 | ≤0.25 | 0.030 | | — | 830 | 540 | 980 | 785 | 8.0 | 30 | 小截面扁簧、圆簧、离合器弹簧、制动弹簧、气门簧 |
| 28SiMnB | 0.24～0.32 | 1.20～1.60 | 0.60～1.00 | ≤0.25 | 0.025 | 0.020 | B0.0008～0.0035 | 900 | 320 | 1275 | 1180 | 5.0 | 25 | 用于机车车辆、汽车、拖拉机上的板簧、螺旋弹簧，气缸安全阀簧、单向阀簧及其他高应力下工作的重要弹簧，还可用作250℃以下工作的耐热弹簧 |
| 55SiMnVB | 0.52～0.60 | 1.00～1.30 | 0.70～1.00 | ≤0.35 | 0.025 | 0.020 | V0.08～0.16<br>B0.0008～0.0035 | 860 | 460 | 1375 | 1225 | 5.0 | 30 | |
| 60Si2Mn | 0.56～0.64 | 0.70～1.00 | 1.50～2.00 | ≤0.35 | 0.025 | 0.020 | — | 870 | 440 | 1570 | 1375 | 5.0 | 20 | |
| 55SiCr | 0.51～0.59 | 0.50～0.80 | 1.20～1.60 | 0.50～0.80 | 0.025 | 0.020 | — | 860 | 450 | 1450 | 1300 | 6.0 | 25 | |
| 60Si2Cr | 0.56～0.64 | 0.40～0.70 | 1.40～1.80 | 0.70～1.00 | 0.025 | 0.020 | — | 870 | 420 | 1765 | 1570 | 6.0 | 20 | 用于承受重载荷及300～350℃以下工作的弹簧，如调速器弹簧、汽轮机汽封弹簧等 |
| 60Si2CrV | 0.56～0.64 | 0.40～0.70 | 1.40～1.80 | 0.90～1.20 | 0.025 | 0.020 | V0.10～0.20 | 850 | 410 | 1860 | 1665 | 6.0 | 20 | |
| 55CrMn | 0.52～0.60 | 0.65～0.95 | 0.17～0.37 | 0.65～0.95 | 0.025 | 0.020 | — | 840 | 485 | 1225 | 1080 | 9.0 | 20 | 用于载重汽车、拖拉机、小轿车上的板簧、＜50mm直径的螺旋弹簧 |
| 60CrMn | 0.56～0.64 | 0.70～1.00 | 0.17～0.37 | 0.70～1.00 | 0.025 | 0.020 | — | 840 | 490 | 1225 | 1080 | 9.0 | 20 | |
| 60CrMnB | 0.56～0.64 | 0.70～1.00 | 0.17～0.37 | 0.70～1.00 | 0.025 | 0.020 | B0.0008～0.0035 | 840 | 490 | 1225 | 1080 | 9.0 | 20 | |
| 50CrV | 0.46～0.54 | 0.50～0.80 | 0.17～0.37 | 0.80～1.10 | 0.025 | 0.020 | V0.10～0.20 | 850 | 500 | 1275 | 1130 | 10.0 | 40 | 大截面高负荷的重要弹簧及300℃以下工作的阀门弹簧、活塞弹簧、安全阀弹簧等 |
| 30W4Cr2V | 0.26～0.34 | ≤0.40 | 0.17～0.37 | 2.00～2.50 | 0.025 | 0.020 | V0.50～0.80<br>W4.00～4.50 | 1075 | 600 | 1470 | 1325 | 7.0 | 40 | 不高于500℃温度下工作的弹簧，如锅炉主安全阀弹簧、汽轮机汽封弹簧片等 |

注：淬火冷却介质为油。

均可使钢的疲劳强度降低，因此弹簧热处理后还用喷丸处理来进行表面强化，使表面层产生残余压应力，提高其疲劳强度。试验表明，60Si2Mn 钢制作的汽车板簧经喷丸处理后，使用寿命提高了 5～6 倍。

2. 冷成形弹簧

对于直径较细或厚度较薄的弹簧，可以先进行强化处理（冷变形强化或热处理强化），然后卷制成形，最后进行回火和稳定尺寸。根据强化方式的不同，可以分为以下三种情况：

（1）铅淬冷拔钢丝　铅淬处理是将弹簧钢（一般为 T8A、T9A、T10A）经正火酸洗后，先冷拔到一定尺寸，再加热到 $Ac_3$ +(80～100)℃奥氏体化，接着通过温度为 500～520℃的铅浴进行等温冷却，以获得索氏体组织。此时钢丝具有很高的塑性和较高的强度。在此基础上进行多次冷拔，最后可获得表面光洁并具有极高强度及一定塑性的弹簧钢丝，常称为白钢丝或琴弦丝，其强度可达 3000MPa 以上。

（2）冷拔钢丝　这种钢丝也是通过冷拔变形强化，但未经铅淬处理。在冷拔工序中间加入一道 680℃的中间退火，以提高塑性，使钢丝继续冷拔到最终尺寸。

（3）淬火回火钢丝　这种钢丝是在冷拔到最终尺寸后，进行淬火和中温回火处理。

以上三种强化方式的钢丝在冷卷成弹簧之后，必须进行回火，以消除应力，稳定尺寸。其回火温度一般为 250～300℃，保温 1h 后空冷。应当指出，对于退火状态供应的钢丝，冷卷成形后，仍须进行淬火中温回火处理，才能达到所要求的力学性能。

## 六、滚动轴承钢

### （一）滚动轴承的工作条件及对性能的要求

用于制造滚动轴承套圈和滚动体的专用钢称为滚动轴承钢，分为高碳铬轴承钢、渗碳轴承钢、不锈轴承钢及高温轴承钢。其中高碳铬轴承钢属于高碳钢，除了制作滚动轴承外，还广泛用于制造各类工具和耐磨零件。轴承元件的工作条件非常复杂和苛刻，因此对轴承钢的性能要求非常严格，主要有以下几个方面：

（1）很高的强度与硬度　轴承元件大多在点接触（滚珠与套圈）或线接触（滚柱与套圈）条件下工作，接触面积极小，在接触面上承受着极大的压应力，可达 1500～5000MPa。因此轴承钢必须具有非常高的抗压屈服强度和硬度，一般硬度应在 62～64HRC 之间。

（2）很高的接触疲劳强度　轴承在工作时，滚动体在套圈之中高速运转，应力交变次数每分钟可达数万次甚至更高，容易造成接触疲劳破坏，如产生麻点剥落等。因此，要求轴承钢必须具有很高的接触疲劳强度。

（3）很高的耐磨性　滚动轴承在高速运转时，不仅有滚动摩擦，而且还有滑动摩擦，因此要求轴承钢应具有很高的耐磨性。

除了以上要求外，轴承钢还应具有一定的韧性、对大气和润滑油的腐蚀抗力及尺寸稳定性等。

### （二）高碳铬轴承钢的化学成分

1. 高碳

轴承钢通常含碳量为 $w_C$ =0.95%～1.10%，以保证钢有高的硬度及耐磨性。决定钢硬度的主要因素是马氏体中的含碳量，只有含碳量足够高时，才能保证马氏体的高硬度，此外，碳还要形成一部分高硬度的碳化物，进一步提高钢的硬度和耐磨性。

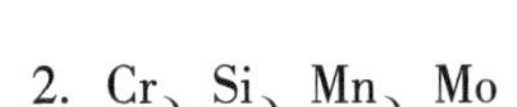

2. Cr、Si、Mn、Mo

常用的轴承钢以 Cr 为主要合金化元素，Cr 一方面可以提高淬透性，另一方面还可以形成合金渗碳体，使钢中的碳化物非常细小均匀，从而大大提高钢的耐磨性和接触疲劳强度。Cr 还可提高钢的耐蚀性。钢中 Cr 的含量不能太多，如若 $w_{Cr}>1.65\%$，则将增加残留奥氏体的数量，降低硬度及尺寸稳定性。另外，Cr 的含量过高，还会增加碳化物的不均匀性，降低钢的韧性和疲劳强度。因此，Cr 的含量一般控制在 $w_{Cr}=1.65\%$ 以下。制造大型轴承时，可进一步加入 Si、Mn、Mo，以提高钢的淬透性和强度。

3. 高的冶金质量

轴承钢中的非金属夹杂物对钢的滚动接触疲劳性能会产生有害影响，其种类、形状和尺寸不同，对钢材的疲劳寿命的损害程度也不同。当尺寸相同时，TiN 或 Ti（C，N）夹杂物的危害性超过氧化物夹杂物。这是由于 TiN 或 Ti（C，N）是有棱角的硬而脆的夹杂物，在热加工过程中不发生形变，轴承钢承受循环交变的多轴应力时，TiN 或 Ti（C，N）夹杂物的棱角处易引起应力集中，加速疲劳裂纹源的形成和疲劳裂纹的扩展，从而显著减少钢材的疲劳寿命。轴承钢中的单颗粒球状夹杂物（≥13μm）主要是镁铝尖晶石和钙铝酸盐的复相夹杂物，其尺寸越大，对钢的疲劳寿命的损害越大。过多的球状不变形氧化物、硅酸盐、氧化铝和硫化物等非金属夹杂物可使钢的接触疲劳强度降低。此外，钢中残余的 P、S、Cu 和 As、Sn、Sb、Pb 等低熔点金属元素对轴承钢的冷、热加工性能会产生不利影响，在冶炼和浇注时必须严格控制其含量。

轴承钢按冶金质量提高的顺序分为优质钢、高级优质钢（牌号后加“A”）和特级优质钢（牌号后加“E”），其中优质钢要求 $w_O$ 不大于 0.0012%，$w_{Ti}$不大于 0.0050%，$w_{Al}$不大于 0.050%，$w_S$不大于 0.020%，$w_P$不大于 0.025%。

**（三）高碳铬轴承钢的牌号及热处理**

高碳铬轴承钢常用牌号列于表 11-11，其中应用最广泛的是 GCr15。轴承钢的热处理包括两个环节，首先是进行球化退火处理。球化退火的目的：一是降低硬度（GCr15 钢的硬度降至 179～207HBW），以利于切削加工；二是获得均匀分布的细粒状珠光体，为最终热处理做好组织准备。碳化物的形状、大小、数量和分布对最终性能影响很大，而碳化物的组织状态是很难由最后的淬火和回火改变的，因为淬火时有相当一部分碳化物不能溶解，它们的组织状态基本上仍是由球化退火决定的，所以应对球化退火严格控制。对 GCr15 钢来说，球化退火温度为 780～810℃，保温时间根据炉子类型和装炉量确定，一般为 2～6h，然后以 10～30℃/h 的速度冷却至 600℃出炉空冷。若冷速太快，碳化物比较细小弥散，硬度较高，太慢则碳化物聚集长大，硬度较低。

**表 11-11 高碳铬轴承钢的牌号、成分及退火硬度**（GB/T 18254—2016）

| 牌号 | 化学成分（质量分数,%） | | | | | 退火硬度 HBW |
|---|---|---|---|---|---|---|
| | C | Si | Mn | Cr | Mo | |
| G8Cr15 | 0.75～0.85 | 0.15～0.35 | 0.20～0.40 | 1.30～1.65 | ≤0.10 | 179～207 |
| GCr15 | 0.95～1.05 | 0.15～0.35 | 0.25～0.45 | 1.40～1.65 | ≤0.10 | 179～207 |
| GCr15SiMn | 0.95～1.05 | 0.45～0.75 | 0.95～1.25 | 1.40～1.65 | ≤0.10 | 179～217 |
| GCr15SiMo | 0.95～1.05 | 0.65～0.85 | 0.20～0.40 | 1.40～1.70 | 0.30～0.40 | 179～217 |
| GCr18Mo | 0.95～1.05 | 0.20～0.40 | 0.25～0.40 | 1.65～1.95 | 0.15～0.25 | 179～207 |

淬火加低温回火是热处理的第二个环节，也是最后决定轴承钢性能的热处理工序。淬火加热温度在$Ac_1$ ~$Ac_{cm}$之间，加热温度过高，将会增加残留奥氏体的数量，并会由于过热得到粗片状马氏体，以致急剧降低钢的冲击韧度和疲劳强度。对GCr15钢来说，淬火温度应严格控制在（840±10）℃范围内，淬火组织应为隐晶马氏体和细小均匀分布的碳化物及少量的残留奥氏体。

淬火后应立即回火，以消除内应力，提高韧性，稳定组织及尺寸。GCr15钢的回火温度为150~160℃，回火时间约为3h，回火组织为回火马氏体、均匀细小的碳化物及少量的残留奥氏体。为了消除零件在磨削加工时产生的磨削应力并进一步稳定组织及尺寸，在磨削加工后再进行一次附加回火，回火温度为120~150℃，回火时间为3~5h。精密轴承必须保证在存放或使用过程中尺寸不发生变化，而尺寸变化的原因是存在未完全消除的内应力和残留奥氏体。为了保证尺寸的稳定性，淬火后还应立即进行冷处理（-70~-80℃），然后再回火，磨削加工后最后再进行一次尺寸稳定性处理（在120~150℃保温5~10h）。

除了高碳铬轴承钢外，渗碳轴承钢也越来越受到重视。轴承的内外套圈及滚动体经渗碳—淬火—低温回火后，表面具有高硬度、耐磨性和抗接触疲劳性能，而心部具有很高的冲击韧度。目前国内主要用这类钢制造受冲击负荷的特大型轴承和少数中小型轴承，常用的牌号有G20CrMo、G20CrNiMo、G10CrNi3Mo及G20Cr2Mn2Mo等。值得注意的是，渗碳钢的加工性能很好，可以采用冲压技术，提高材料的利用率；经渗碳淬火后，在表层形成有利的残余压应力，提高轴承的使用寿命。因此已开始用来部分代替高碳铬轴承钢。

## 第五节　工　具　钢

### 一、概述

工具钢是用以制造各种加工工具的钢种。根据用途不同，分为刃具钢、模具钢和量具钢三大类。按照化学成分不同，工具钢可分为碳素工具钢、合金工具钢和高速钢三类。

各类工具钢由于工作条件和用途不同，对性能的要求也不同。但各类工具钢除了具有各自的特殊性能之外，在使用性能及工艺性能上也有许多共同的要求。高硬度和高耐磨性是工具钢最重要的性能要求之一。工具材料若没有足够高的硬度和耐磨性是不能进行切削加工或成形的。否则，在应力作用下，工具的形状和尺寸都要发生变化。高硬度是保证高耐磨性的必要条件。而耐磨性的高低除了与硬度有关外，还取决于碳化物的类型、形态、大小、数量和分布。为使工具钢，尤其是刃具钢具有足够高的硬度，一般采用高碳钢，其含碳量$w_C$ = 0.65%~1.35%，热处理后的硬度可达60~65HRC。为使钢具有足够高的耐磨性，还必须增加钢中碳化物的数量。含有特殊碳化物的钢，其耐磨性远远高于只含有渗碳体的钢。此外，大量坚硬的碳化物细小均匀地分布可进一步提高钢的耐磨性。为此，工具钢中必须加入较多的强碳化物形成元素，以形成$M_7C_3$、MC等类型的特殊碳化物，同时要进行适当的热处理。

刃具钢和热作模具钢除要求高硬度外，热稳定性和热硬性也是最重要的性能要求之一。热稳定性表示钢在使用变热过程中保持其原金相组织和性能的能力。热硬性表示工具在高温下仍然保持高硬度的能力。工具在高速切削或重载条件下工作时，受热温度较高，其耐磨性主要与钢的热稳定性有关。对于切削速度高的刃具，加入较多的W、Mo、V、Co等元素，形成稳定性很高的特殊碳化物，可以显著提高钢的热稳定性或热硬性。一般来说，碳素工具钢热稳定性最差，合金工具钢较高，高速钢最好。

淬透性是选择和使用工具钢时的另一个重要性能要求。提高钢的淬透性可以保证工具淬硬并获得高强度。淬透性高的钢可以采用较缓慢的冷却方式，有利于减小淬火工具的变形和内应力，并使工具获得均匀的性能。钢的淬透性低也影响工具钢的热稳定性和耐磨性。合金元素 Si、Mn、Mo、Cr、Ni、V 等溶入奥氏体中可提高工具钢的淬透性。对于在较高温度下使用的模具钢和高速钢，要加入 W、Mo、V 等元素，使其具有高硬度和强度。根据加入合金元素的种类及数量，工具钢的淬透性不同。其中碳素工具钢，包括一部分低合金工具钢的淬透性低，通常采用急冷（如水冷）淬火；中合金工具钢淬透性较好，一般可以油淬，在 150～180℃热介质中也能淬硬；高合金钢（如高速钢）淬透性很好，甚至空冷也能淬火。

此外，工具钢作为优质钢或高级优质钢，其化学成分、脱碳层及碳化物不均匀度等必须符合有关规定的标准，否则也会影响工具的使用寿命。

工具钢的使用寿命与热处理质量有关。一般工具钢均经淬火加低温回火处理，得到回火马氏体加粒状碳化物组织以保证所要求的性能。为此淬火加热温度一般选择在碳化物不完全溶解的温度范围，以保证淬火组织中有适量过剩碳化物。淬火后的低温回火可以消除内应力而又保持钢的高硬度和高耐磨性。对于需要高韧性的工具钢，例如热锻模钢，可采用淬火加高温回火处理，以获得回火托氏体或回火索氏体组织。

不同用途的工具钢也有各自特殊的性能要求。刃具钢主要要求高硬度、高耐磨性和热硬性以及一定的强度和韧性；冷作模具钢要求高硬度、高耐磨性、较高的强度和一定的韧性；热作模具钢则要求高的韧性和耐热疲劳性能；对于量具钢，除要求高硬度、高耐磨性外，还要求很高的尺寸稳定性。

## 二、刃具钢

### （一）刃具钢的工作条件及性能要求

刃具钢是用来制造各种切削加工工具的钢种。车刀、铣刀、刨刀、钻头、丝锥、板牙等刃具在切削过程中，切削刃与工件表面金属相互作用使切屑产生变形与断裂，并从整体上剥离下来。故切削刃本身承受弯曲、扭转、剪切应力和冲击、振动负荷，同时还要受到工件和切屑的强烈摩擦作用。由于切屑层金属变形以及刃具与工件、切屑的摩擦产生大量切削热，使刃具温度升高，有时高达 600℃左右。刃具的失效形式有卷刃、崩刃和折断等，但最普遍的失效形式是磨损。为了防止刃具卷刃，刃具钢必须具有很高的硬度，为此刃具钢应具备以高碳马氏体为基体的组织。为了延长刃具的使用寿命，刃具钢应有足够的耐磨性。为了防止刃具在切削过程中因温度升高而使硬度下降，刃具钢必须具有高的热硬性。若在马氏体基体上分布着稳定性高、弥散度大的特殊碳化物颗粒，则既能显著提高刃具钢的耐磨性，又能保证刃具钢具有足够的热硬性。为了防止刃具由于冲击、振动负荷的作用而发生崩刃或折断，刃具钢还必须具有足够的塑性和韧性。

### （二）碳素工具钢

碳素工具钢是 $w_C=0.65\%\sim1.35\%$ 的高碳钢。因其生产成本低，冷、热加工性能好，热处理工艺简单，热处理后有相当高的硬度，切削热不大时也具有较好的耐磨性。因此碳素工具钢在生产上获得广泛的应用。

常用碳素工具钢的牌号、化学成分及用途见表 11-12。碳素工具钢淬火后的硬度均可达到 62～65HRC。但含碳量对淬火并低温回火后钢的强度、塑性和韧性有影响。含碳量低，塑性和韧性好。高碳工具钢随着含碳量增加，过剩碳化物增多，钢的耐磨性增大，而塑性和韧性下降。因此不同含碳量的碳素工具钢可用于不同性能要求的使用条件。T7 钢淬火并低温回火后的硬度为 58HRC，具有较高的强度和较好的塑性，适于制作承受冲击负荷或切削软材料的刃具，如凿子、锤子和木工工具。T8A、T8Mn 钢因淬透性较高，淬火组织较均匀，可用于制造截面稍大的木工工具或切削软金属的刃具。T10 钢淬火并低温回火后硬度为 56～60HRC，可用于制造要求硬度、耐磨性和强度较高并承受一般冲击的工具，如冲子、拉丝模、丝锥、车刀等。T12 钢淬火并低温回火后的硬度高达 60～62HRC，耐磨性好，但塑性、韧性较低，可用来制作不受冲击、要求高硬度和耐磨性的刃具，如丝锥、锉刀、铰刀、刻刀等。

**表 11-12　碳素工具钢的牌号、化学成分及用途**（GB/T 1298—2008）

| 牌号 | 化学成分（质量分数,%） | | | | | 退火硬度 HBW 不大于 | 淬火温度/℃ | 淬火硬度 HRC 不小于 | 用途举例 |
|---|---|---|---|---|---|---|---|---|---|
| | C | Si | Mn | S | P | | | | |
| | | | | 不大于 | | | | | |
| T7 | 0.65～0.74 | ≤0.35 | ≤0.40 | 0.030 | 0.035 | 187 | 800～820 | 62 | 承受冲击、韧性较好、硬度适当的工具，如扁铲、冲头、手钳、大锤、螺钉旋具、木工工具、压缩空气工具 |
| T8 | 0.75～0.84 | ≤0.35 | ≤0.40 | 0.030 | 0.035 | | 780～800 | | |
| T8Mn | 0.80～0.90 | ≤0.35 | 0.40～0.60 | 0.030 | 0.035 | | | | 同上，但淬透性较大，可制造断面较大的工具 |
| T9 | 0.85～0.94 | ≤0.35 | ≤0.40 | 0.030 | 0.035 | 192 | 760～780 | | 韧性中等、硬度高的工具，如冲头、木工工具、凿岩工具 |
| T10 | 0.95～1.04 | ≤0.35 | ≤0.40 | 0.030 | 0.035 | 197 | | | 不受剧烈冲击、高硬度耐磨的工具，如车刀、刨刀、丝锥、钻头、手锯条 |
| T11 | 1.05～1.14 | ≤0.35 | ≤0.40 | 0.030 | 0.035 | 207 | | | 不受冲击、要求高硬度及高耐磨性的工具，如锉刀、刮刀、精车刀、丝锥、量具 |
| T12 | 1.15～1.24 | ≤0.35 | ≤0.40 | 0.030 | 0.035 | | | | |
| T13 | 1.25～1.35 | ≤0.35 | ≤0.40 | 0.030 | 0.035 | 217 | | | |

注：淬火冷却介质均为水。

碳素工具钢在淬火并低温回火状态下使用。亚共析碳素刃具钢淬火温度在 $Ac_3$ 以上 30～50℃，淬火后获得细针状马氏体加残留奥氏体。过共析钢淬火温度在 $Ac_1$ 以上 30～50℃，淬火后获得隐晶马氏体和颗粒状未溶渗碳体及残留奥氏体。这种组织具有较高硬度和耐磨性。低温回火温度一般为 180～200℃，回火时间一般为 1～2h。回火的目的是在保持高硬度的条件下消除淬火应力，提高塑性和韧性。碳素工具钢淬透性低，淬火时要采用水、盐或碱水溶液等激烈的冷却介质，因此淬火内应力很大，淬火后应及时回火，以免引起工具变形或开裂。只有形状复杂、尺寸很小的工具才进行油淬、分级淬火或等温淬火。

碳素工具钢锻、轧后淬火前应进行球化退火处理，其目的是降低硬度、便于机械加工，并为淬火准备均匀细小的粒状珠光体组织。

由于碳素工具钢淬透性低，截面超过 10～12mm 的刃具只能使表面淬硬；热硬性低，当工作温度超过 200℃后，硬度明显下降而使刃具丧失切削能力；此外，碳素工具钢淬火加热时易过热，导致钢的强度、塑性和韧性降低。因此，碳素工具钢通常只能用来制造截面较小、形状简单、切削速度较低的刃具，对硬度低的软金属或非金属材料进行切削加工。

### （三）低合金刃具钢

低合金刃具钢是在碳素工具钢基础上加入 Cr、Mn、Si、W、V 等元素形成的合金工具钢。低合金刃具钢的含碳量 $w_C = 0.75\% \sim 1.45\%$，以保证形成适量的碳化物，使钢在淬火加低温回火后获得高硬度和高耐磨性。合金元素的总量在 $w = 5\%$ 以下，其中加入 Cr、Mn、Si 主要是提高钢的淬透性，同时也提高钢的强度和硬度；加入强碳化物形成元素 V、W 形成特殊碳化物（$M_{23}C_6$、$M_6C$），可以提高钢的耐磨性和硬度，并降低钢的过热敏感性、细化奥氏体晶粒、提高钢的韧性；加入 Si 还能提高钢的耐回火性，使淬火钢在 250～300℃回火仍保持 60HRC 以上的硬度，但 Si 量过高会增加钢的脱碳倾向并恶化加工性能，若 Si、Cr 同时加入钢中则能降低脱碳倾向。Mn 能增加钢中残留奥氏体量，减少淬火工具的变形，但 Mn 量过高会增大钢的过热倾向。

低合金工具钢的牌号、化学成分、热处理及用途见表 11-13。其中常用的钢种有 Cr2、CrMn、9SiCr 和 CrWMn 等。滚动轴承钢也可作为低合金刃具钢选用。Cr06 和 Cr2 钢含碳量高，硬度和耐磨性高，Cr 可显著提高钢的淬透性，如 Cr2 钢在油中淬透直径为 30～35mm。因此，含 Cr 钢可以制造截面较大（20～35mm）、形状复杂的刃具，如车刀、铰刀、插刀等。

**表 11-13 低合金工具钢的牌号、化学成分、热处理与用途**（GB/T 1299—2014）

| 牌号 | 化学成分（质量分数,%） | | | | | 淬火 | | 交货状态硬度 HBW | 用途举例 |
|---|---|---|---|---|---|---|---|---|---|
| | C | Si | Mn | Cr | 其他 | 温度/℃ | 硬度 HRC | | |
| 9SiCr | 0.85～0.95 | 1.20～1.60 | 0.30～0.60 | 0.95～1.25 | — | 820～860 油 | ≥62 | 241～197 | 丝锥、板牙、钻头、铰刀、齿轮铣刀、冲模、轧辊 |
| 8MnSi | 0.75～0.85 | 0.30～0.60 | 0.80～1.10 | — | — | 800～820 油 | ≥60 | ≤229 | 一般多用作木工凿子、锯条或其他刀具 |
| Cr06 | 1.30～1.45 | ≤0.40 | ≤0.40 | 0.50～0.70 | — | 780～810 水 | ≥64 | 241～187 | 用作剃刀、刀片、刮片、刻刀、外科医疗刀具 |
| Cr2 | 0.95～1.10 | ≤0.40 | ≤0.40 | 1.30～1.65 | — | 830～860 油 | ≥62 | 229～179 | 低速、材料硬度不高的切削刀具、量规、冷轧辊等 |
| 9Cr2 | 0.80～0.95 | ≤0.40 | ≤0.40 | 1.30～1.70 | — | 820～850 油 | ≥62 | 217～179 | 主要用作冷轧辊、冲头、木工工具等 |

（续）

| 牌号 | 化学成分（质量分数,%） | | | | | 淬火 | | 交货状态硬度HBW | 用途举例 |
|---|---|---|---|---|---|---|---|---|---|
| | C | Si | Mn | Cr | 其他 | 温度/℃ | 硬度HRC | | |
| W | 1.05~1.25 | ≤0.40 | ≤0.40 | 0.10~0.30 | W0.80~1.20 | 800~830 水 | ≥62 | 229~187 | 低速切削硬金属的工具，如麻花钻、车刀等 |
| 9Mn2V | 0.85~0.95 | ≤0.40 | 1.70~2.00 | — | V0.10~0.25 | 780~810 油 | ≥62 | ≤229 | 丝锥、板牙、铰刀、小冲模、冷压模、料模、剪刀等 |
| CrWMn | 0.90~1.05 | ≤0.40 | 0.80~1.10 | 0.90~1.20 | W1.20~1.60 | 800~830 油 | ≥62 | 255~207 | 拉刀、长丝锥、量规及形状复杂精度高的冲模、丝杠等 |

注：各钢种 S、P 的质量分数均不大于 0.030%。

9SiCr 钢淬透性较高，直径 40~50mm 的工具可在油中淬透；耐回火性较高，淬火后即使经 250~300℃ 回火，硬度仍大于 60HRC。与碳素工具钢相比，切削寿命提高 10%~30%。此外，9SiCr 钢碳化物的分布较均匀。因此该钢可用于制造板牙、丝锥、搓丝板等精度及耐磨性要求较高的薄刃刃具。但该钢脱碳倾向较大，退火硬度较高，可加工性差些。

CrWMn 钢是一种微变形钢，具有高的淬透性（油中淬透直径为 50~70mm）、硬度和耐磨性。W 能细化晶粒，改善韧性。由于该钢淬火后残留奥氏体较多（18%~20%），可以抵消马氏体相变引起的体积膨胀，故淬火变形小。因此 CrWMn 钢适于制造截面较大、要求耐磨和淬火变形小的刃具，如板牙、拉刀、长丝锥、长铰刀等。一些精密量具和形状复杂的冷作模具也常使用该钢种。

低合金刃具钢的热处理过程基本上与碳素工具钢相同，在锻造或轧制以后要进行球化退火及淬火并低温回火，最终获得回火马氏体加未溶粒状碳化物组织。低合金刃具钢淬火后总存在少量残留奥氏体，若用该类钢制作量具，为稳定尺寸，淬火后常进行冷处理，使残留奥氏体转变为马氏体，然后及时进行低温回火。低合金刃具钢因含碳量高和含较多碳化物形成元素，在热处理前要进行反复的锻造或轧制，以破碎碳化物网，并使碳化物均匀分布于基体之中，以防存在于切削刃处的粗大碳化物在淬火时造成应力集中，产生微裂纹，使用时产生崩刃现象。

低合金刃具钢热硬性虽比碳素刃具钢有所提高，但其工作温度仍不能超过 250℃，否则硬度下降，会使刃具丧失切削能力。因此，低合金刃具钢只能用于制造低速切削或耐磨性要求较高的刨刀、铣刀、板牙、丝锥、钻头等刃具。

**（四）高速钢**

高速钢是由大量 W、Mo、Cr、Co、V 等元素组成的高碳、高合金钢。它是适应高速切削的需要而发展起来的一类刃具钢。

高速钢的主要性能特点是具有很高的热硬性，钢在淬火并回火后的硬度一般高于 63HRC，高的可达 68~70HRC，后者通常称为超硬型高速钢。一般高速钢在高速切削时，刃口温度升高至 600℃ 左右，硬度仍保持在 55HRC 以上。故高速钢能在较高温度下保持高速切削能力和耐磨性，同时具有足够高的强度，并兼有适当的塑性和韧性。高速钢还具有很

高的淬透性，中、小型刃具甚至在空气中冷却也能淬透。因此高速钢广泛用于制造尺寸大、切削速度快、负荷重、工作温度高的各种机加工刃具，如车刀、铿刀、铣刀、刨刀、拉刀、钻头等，也可用来制造要求耐磨性高的冷、热模具。

1. 高速钢的化学成分

常用高速钢牌号、化学成分、热处理及硬度见表11-14。由表可见，高速钢是含有大量多种合金元素的高碳钢。各种高速钢的化学成分均在C、W、Mo、Cr、V、Co等多种元素中变动。

**表11-14 常用高速钢的牌号、化学成分、热处理及硬度**（摘自GB/T 9943—2008）

| 牌号 | 化学成分（质量分数,%） | | | | | | | | 热处理温度/℃ | | 退火硬度HBW | 淬火回火HRC |
|---|---|---|---|---|---|---|---|---|---|---|---|---|
| | C | Mn | Si | Cr | W | Mo | V | 其他 | 淬火 | 回火 | | |
| W18Cr4V | 0.73~0.83 | 0.10~0.40 | 0.20~0.40 | 3.80~4.50 | 17.20~18.70 | — | 1.00~1.20 | — | 1260~1280 | 550~570 | ≤255 | ≥63 |
| W12Cr4V5Co5 | 1.50~1.60 | 0.15~0.40 | 0.15~0.40 | 3.75~5.00 | 11.75~13.00 | — | 4.50~5.25 | Co4.75~5.25 | 1230~1250 | 540~560 | ≤277 | ≥65 |
| W6Mo5Cr4V2 | 0.80~0.90 | 0.15~0.40 | 0.20~0.45 | 3.80~4.40 | 5.50~6.75 | 4.50~5.50 | 1.75~2.20 | — | 1210~1230 | 540~560 | ≤255 | ≥64 |
| W6Mo5Cr4V3 | 1.15~1.25 | 0.15~0.40 | 0.20~0.45 | 3.80~4.50 | 5.90~6.70 | 4.70~5.20 | 2.70~3.20 | — | 1200~1220 | 540~560 | ≤262 | ≥64 |
| W9Mo3Cr4V | 0.77~0.87 | 0.20~0.40 | 0.20~0.40 | 3.80~4.40 | 8.50~9.50 | 2.70~3.30 | 1.30~1.70 | — | 1220~1240 | 540~560 | ≤255 | ≥64 |
| W6Mo5Cr4V2Al | 1.05~1.15 | 0.15~0.40 | 0.20~0.60 | 3.80~4.40 | 5.50~6.75 | 4.50~5.50 | 1.75~2.20 | Al0.80~1.20 | 1230~1240 | 550~570 | ≤269 | ≥65 |

注：1. 各钢种S、P的质量分数均不大于0.030%。
2. 淬火冷却介质为油。

高速钢的含碳量$w_C$=0.7%~1.6%，以保证与碳化物形成元素形成足量碳化物，并保证得到强硬的马氏体基体，以提高钢的硬度和耐磨性。研究指出，高速钢中含碳量只有和碳化物形成元素满足合金碳化物分子式中的定比关系时，才可获得最佳的二次硬化效果。

高速钢中加入W、Mo、V主要是形成VC（MC型）、$W_2C$、$Mo_2C$（$M_2C$型）以及$Fe_3W_3C$、$Fe_4W_2C$（$M_6C$型）等碳化物，这些碳化物硬度很高（如VC的硬度可达2700~2990HV），在回火时弥散析出，产生二次硬化效应，显著提高钢的热硬性、硬度和耐磨性。此外，V还能有效地细化晶粒，降低钢的过热敏感性。这是由于淬火加热时未溶的VC起阻止奥氏体晶粒长大的作用。

高速钢中加Cr主要是为了提高淬透性，也能提高钢的抗氧化、脱碳和耐腐蚀能力。

有些高速钢中加Co可显著提高钢的热硬性。Co虽然不能形成碳化物，但能提高高速钢的熔点，从而提高淬火温度，使奥氏体中溶解更多的W、Mo、V等元素，促进回火时合金碳化物的析出。同时Co本身可形成金属间化合物，产生弥散强化效果，并能阻止其他碳化物的聚集长大。

应用最广泛的高速钢分别是 W 系的 W18Cr4V 和 W-Mo 系的 W6Mo5Cr4V2。后者 W 和 Mo 的总量比前者 W 的量少，但 V 的含量较高，故前者耐磨性稍高，而后者热硬性较好。由于 W 的碳化物粒子比 Mo 的粗大，所以 W18Cr4V 的韧性比 W6Mo5Cr4V2 差。由于含 Mo 高速钢脱碳和过热倾向较大，所以 W6Mo5Cr4V2 淬火加热时的气氛、温度和时间控制较严。

2. 高速钢的铸态组织及其压力加工

$w_W=18\%$、$w_{Cr}=4\%$ 的 Fe-W-Cr-C 系变温截面图（图 11-21）可用来分析 W 系高速钢的组织转变。图中合金 I 相当于 W18Cr4V 钢。钢从液态极缓慢冷却时，首先从液相中析出含碳和合金元素极少的高温铁素体（δ 相），温度下降到 L + δ + γ 三相区时，进行三相包晶反应，L + δ→γ，形成奥氏体。在 1345℃附近，开始发生四相包晶反应 L + δ→γ + C′。温度继续下降至 1330 ~ 1300℃时，进入 L + γ + C′三相区，剩余液相发生共晶反应 L→γ + C′，形成共晶莱氏体，到 1300℃结晶过程结束。此时组织为奥氏体和沿奥氏体晶界呈鱼骨状分布的共晶莱氏体。继续冷却时，进入 γ + C′区，随着温度降低不断从 γ 相中析出二次碳化物（$M_6C$）。约在 900 ~ 800℃，还析出 α 相。冷至 785℃时发生共析反应 γ→α + C″，形成珠光体。因此，W18Cr4V 钢在室温下的平衡组织为莱氏体、珠光体及碳化物。

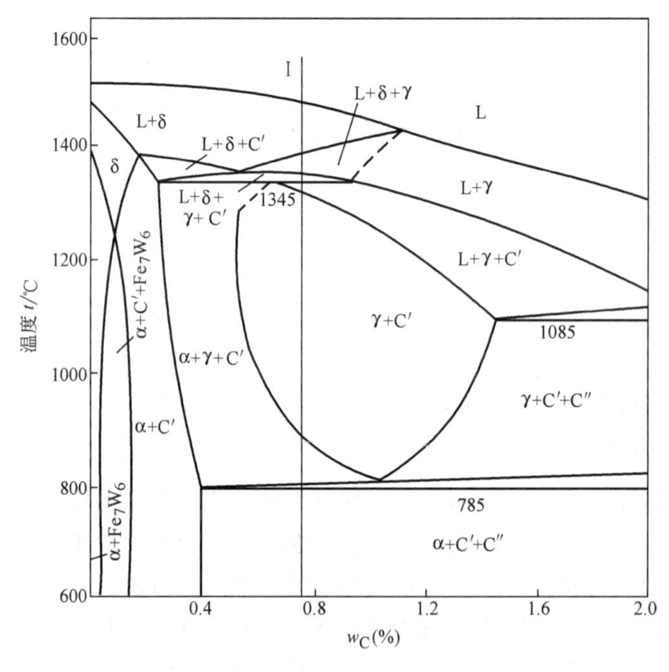


图 11-21 Fe-W-Cr-C 系变温截面

L—液相 δ、α—铁素体 γ—奥氏体 C′—$M_6C$ C″—$Cr_{23}C_6$

但是，实际高速钢铸锭冷却速度较快，得不到上述平衡的铸态组织。图 11-22 为 W18Cr4V 钢的铸态组织，主要由粗大的共晶莱氏体和黑色组织组成。共晶莱氏体是由 γ 相和 $M_6C$ 组成的机械混合物。$M_6C$ 以粗大鱼骨状的形式分布，其间充填的是共晶 γ 相。黑色组织叫 δ 共析体，它是由于包晶反应不能充分进行保留下来的 δ 相在 1340 ~ 1320℃ 发生共析分解的产物（δ→γ + $M_6C$），类似于珠光体组织形态，故称为 δ 共析体。这种组织易被腐蚀，在低倍显微镜下又不能分辨其层片状结构而呈黑色，故称为黑色组织。在黑色组织的外层是呈白色的马氏体和残留奥氏体，它们是高温包晶反应产物γ相未能进行共析反应而过冷到较低温度的转变产物。高速钢由于含有大量合金元素，虽然含碳量 $w_C$ 在 0.7%～1.6% 之间，但其退火组织或铸态组织中仍出现莱氏体，故属于莱氏体钢。由上可见，高速钢铸态组织和化学成分是极不均匀的，尤其是处于晶界处的鱼骨状的共晶莱氏体硬度很高（约 65～67HRC），脆性很大。因此，高速钢通常不能直接在铸态下使用。铸态组织的这种不均匀性不能用热处理方法改变，只有经热压力加工（锻造或轧制）才能打碎粗大的共晶碳化物并使之在钢中均匀分布。但是高速钢中共晶碳化物的数量很多，如 W18Cr4V 钢中高达 25%～30%，在锻、轧过程中，随着变形度增加，破碎后的碳化物颗粒沿变形方向呈带状分布，或呈变形的网络，尤其堆积于初生奥氏体晶界处。因此一般锻、轧后碳化物的分布仍保留着不均匀性。这种碳化物的不均匀分布显著降低高速钢刃具或钢材的强度和韧性，出现力学性能的各向异性，并影响钢的耐磨性和热硬性。如刀具刃口处存在粗大碳化物，则使用时易于发生崩刃现象。生产上高速钢中碳化物不均匀性按国家标准进行评级，以控制钢材质量。为了消除带状组织，改善碳化物分布的不均匀性，通常要增大锻、轧比，实行多向锻、轧。一些精密刃具，在成形之前往往采用反复多次镦粗、拔长的锻造工艺。此外，通过降低浇注温度，改方锭为扁锭以减小粗大共晶莱氏体；或通过孕育处理细化晶粒等也能改善高速钢碳化物的不均匀分布。由于高速钢空冷可以发生马氏体转变，故锻、轧后应缓慢冷却，或终锻（轧）后直接入炉退火。

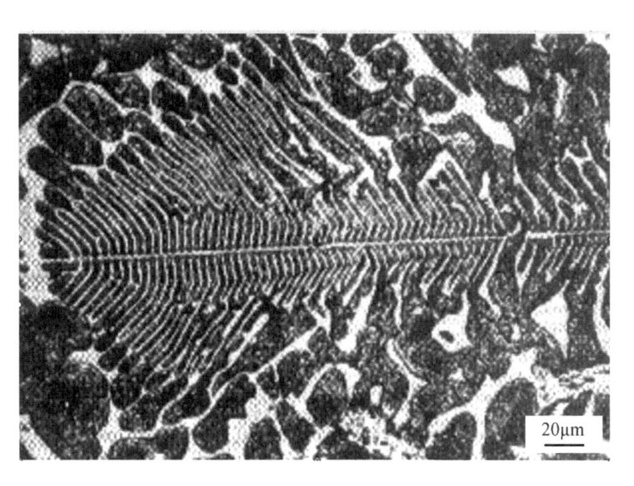


图 11-22 W18Cr4V 钢铸态组织

3. 高速钢的热处理

高速钢热处理具有许多特点，但仍包括加工前的退火和成形后的淬火、回火两部分。

（1）高速钢的退火 高速钢锻、轧后应进行退火，其目的是降低硬度，以利于切削加工；同时也使碳化物形成均匀分布的颗粒，为淬火做组织准备。退火工艺分普通退火和等温退火两种。对于 W18Cr4V 钢，$Ac_1$ 为 820～840℃，普通退火加热温度为 850～870℃，保温 2～4h 后以 20℃·$h^{-1}$的速度缓冷至 500℃出炉空冷。为缩短退火时间，也可采用等温退火工艺，即加热至 850～870℃保温 4h 后，打开炉门快冷至 720～760℃保温 6h，再以 40～50℃·$h^{-1}$的速度冷却至 500℃后出炉空冷。W18Cr4V 钢退火后硬度为 207～255HBW，退火组织为索氏体及其上分布的细小颗粒状碳化物。高速钢退火温度不能超过 $Ac_1$ 过高，否则大量合金元素将溶入奥氏体中，使其在冷却时稳定性增大，退火后硬度偏高。

（2）高速钢的淬火 高速钢淬火加热的最大特点是奥氏体化温度很高。如果加热温度不够高，虽然珠光体转变为奥氏体，但此时奥氏体中碳和合金元素的含量很低。只有将高速钢中 W、Mo、Cr、V 等大量碳化物形成元素更多地溶解到奥氏体中，才能充分发挥碳和合金元素的作用，淬火后获得高碳高合金的马氏体，回火后才析出合金碳化物，从而保证高速钢获得高的淬透性、淬硬性和热硬性。但是退火状态下这些合金元素大部分存在于合金碳化物中，而这些合金碳化物稳定性很高，需要加热到很高的淬火温度，才能使其向奥氏体中大量溶解。例如，$Cr_{23}C_6$ 加热到 1100℃才基本上全部溶入奥氏体中，VC 加热至 1000～1200℃才开始向奥氏体中大量溶解，而钨碳化物（$M_6C$）在 1150℃以上才开始迅速溶解，1325℃也不能完全溶解。因此，为使合金碳化物大量溶入奥氏体中，高速钢淬火加热温度必须很高。W18Cr4V 钢淬火加热温度通常取（1280±5）℃。高速钢淬火温度也不能过高，否则奥氏体晶粒迅速粗化，残留奥氏体数量迅速增多，淬火变形和氧化、脱碳加剧，从而使高速钢性能降低。

高速钢淬火加热保温时间应保证足够的碳化物溶入奥氏体中而又不引起晶粒粗化，须严格控制。一般应根据刃具的形状、尺寸和加热设备而定。在高温盐炉中加热，按刃具厚度或直径计算，加热系数为 8～15s·$mm^{-1}$。

高速钢中合金元素多，导热性差，工件由室温直接加热至很高的淬火温度时，容易产生内应力，引起变形或开裂。因此高速钢淬火加热时必须进行预热。形状简单、尺寸较小的刃具在 800～850℃一次预热即可。对于一些大件刃具或形状复杂的刃具，通常要采用 500～650℃及 800～850℃两次预热，预热时间等于或两倍于淬火加热时间。

虽然高速钢淬火加热后空冷也能获得马氏体，但为了防止钢在空冷时发生氧化、脱碳现象以及析出碳化物，降低过冷奥氏体中的合金元素含量，一般小型或形状简单的刃具可采用油淬空冷的淬火方法。

由于 W18Cr4V 钢奥氏体等温转变图在 400～600℃之间存在一个过冷奥氏体非常稳定的区域（图 11-23），因此可以采用分级淬火方法，以防止淬火变形和开裂。分级温度为 580～600℃，停留时间要严加控制，一般不超过 15min，随后在空气中冷却。对于像细长拉刀和薄片铣刀这样的刃具，淬火变形要求很严，淬火冷却时要采用 580～600℃和 350～400℃两

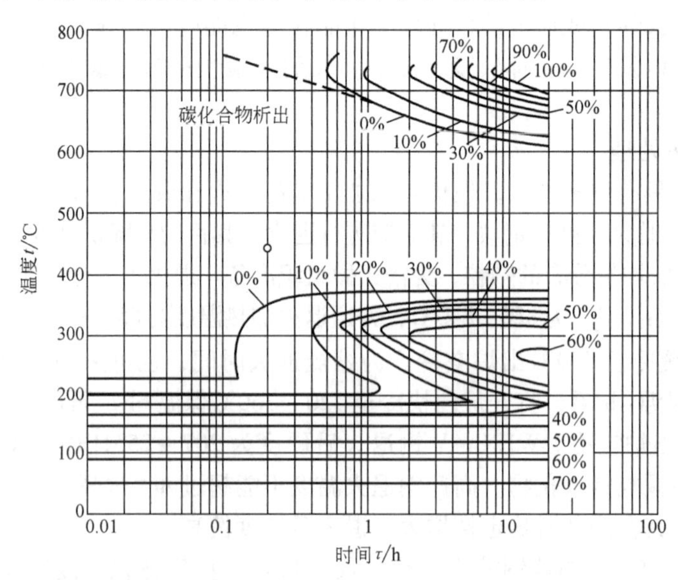


图 11-23　W18Cr4V 钢在 1290℃奥氏体化后奥氏体的等温转变图

（图中的百分数指的是奥氏体转变产物的质量分数）

次分级淬火，以进一步减小刃具的变形。

对于要求变形极微的精密刃具或模具，可采用260～280℃、保温2～4h的等温淬火。高速钢正常温度淬火后的组织为马氏体（$\varphi$=60%～65%）、残留奥氏体（$\varphi$=25%～30%）和未溶合金碳化物（约$\varphi$≈10%），如图11-24所示。硬度为62～64HRC。等温淬火后的组织为下贝氏体（$\varphi$≈50%）、残留奥氏体（$\varphi$≈40%）和未溶碳化物（$\varphi$≈10%）。硬度略低于正常温度淬火组织，而冲击韧度较高。

（3）高速钢的回火　高速钢淬火加热后的奥氏体中含有大量碳和合金元素，*Ms*和*Mf*点显著降低，淬火后钢中保留着大量残留奥氏体，影响尺寸稳定性。若经－70～－80℃冷处理，残留奥氏体可减少至$\varphi$=6%～8%，经一、二次回火后可基本消除。一些高精密工件常采用这种工艺处理。

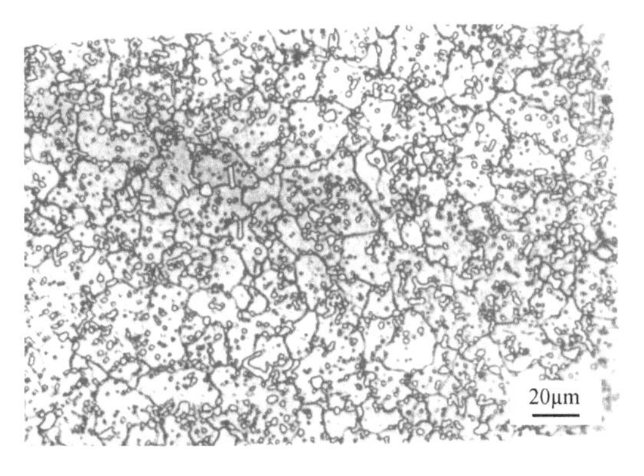


图11-24　W18Cr4V钢正常淬火后组织

W18Cr4V钢正常淬火后，在不同温度回火时硬度、强度和塑性的变化如图11-25所示。由图可见，在150～250℃回火时，由于从马氏体中析出ε-碳化物，使硬度略有下降，而强度、塑性有所提高。回火温度从250℃增至400℃时，ε-碳化物转变为渗碳体型碳化物并开始发生聚集，淬火内应力消除，从而使钢的硬度有所下降，塑性有所增加。回火温度在400～450℃之间时，由于析出$Cr_{23}C_6$型碳化物，使硬度又有提高。淬火高速钢回火时性能变化的最大特点是在500～600℃回火时具有二次硬化效应，出现了硬度和强度的峰值，塑性有所下降。所谓二次硬化是指淬火高速钢在500～600℃温度范围内回火时，由于细小弥散的$W_2C$和VC型特殊碳化物从马氏体析出而使钢的硬度和强度明显升高的现象。其最高硬度值出现在560℃左右。二次硬化效应还与二次淬火现象有关。当回火温度升至500～600℃时，残留奥氏体中碳和合金元素的含量由于大量碳化物的析出而降低，使其*Ms*点升高而转变为马氏体。这种因残留奥氏体在回火冷却过程中转变为马氏体而引起钢的硬度和强度升高的现象称为二次淬火。回火温度提高至600℃以上时，由于马氏体的迅速分解以及合金碳化物的聚集长大，钢的硬度、强度下降，而塑性升高。

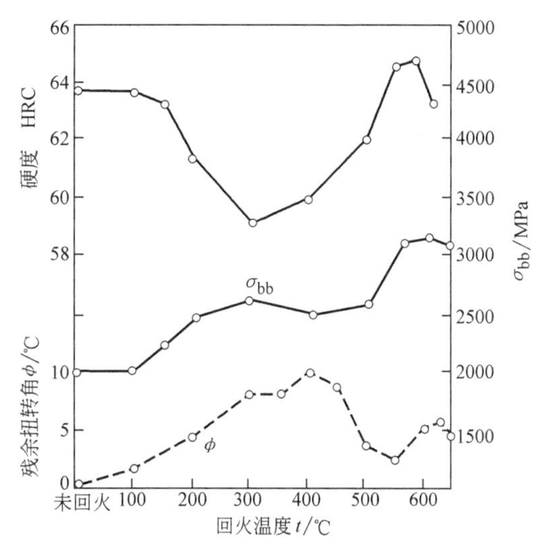


图11-25　回火温度对W18Cr4V钢（1280℃淬火）硬度和强度的影响

为了使高速钢获得很高的硬度、热硬性和耐磨性，一般高速钢淬火后都要在560℃进行回火。由于高速钢淬火后残留奥氏体量多而且稳定，一次560℃回火只能对淬火马氏体起回火作用，不能使所有残留奥氏体转变为马氏体（图11-26）。为了尽量多地消除高速钢残留奥氏体，通常要在560℃进行三次回火，每次回火1h。经第三次回火后，残留奥氏体量降到了$\varphi=1\%\sim2\%$。高速钢回火后的组织为回火马氏体加颗粒状的合金碳化物及少量残留奥氏体。硬度高达65～66HRC。

除了上述淬火、回火热处理外，高速钢还可进行渗氮等表面强化处理。例如，用550～560℃的气体渗氮，可使钻头、铰刀、丝锥、铣刀等刃具刃面达到很高的硬度（1000～1100HV），显著提高钢的耐磨性和热硬性，并提高这些刃具的切削能力和使用寿命。为了进一步提高刃具工作面的硬度和耐磨性，还可采用物理气相沉积法在刃具刃面沉积TiC或TiN覆层，从而得到极高的硬度（2500～4500HV）。

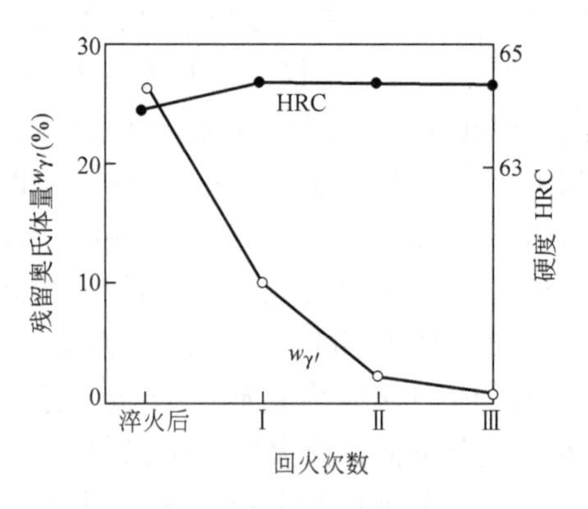


图11-26　W18Cr4V钢的残留奥氏体量和硬度与回火次数的关系（回火温度560℃）Ⅰ、Ⅱ、Ⅲ—分别为一、二、三次回火

## 三、模具钢

模具钢是用来制造各种锻造、冲压或压铸成形工件模具的钢种。根据模具的工作条件，模具钢分为冷作模具钢和热作模具钢。

### （一）冷作模具钢

1. 冷作模具钢的工作条件及性能要求

冷作模具钢是指在常温下使金属变形的模具用钢，如切边模、冲模、冷镦模、拉丝模、挤压模、搓丝模、弯曲模等。冷作模具的工作条件和刃具有些相似，但因被加工材料在冷态下变形，故变形抗力很大，如冲裁模在工作时承受很大的冲压力；冷镦模和冷挤压模在工作时承受巨大的挤压力；凹模则承受巨大的张力。金属在变形时，模具工作面与工件之间产生强烈的摩擦作用，这就要求模具必须具有高的强度、高的硬度、高的耐磨性以及足够的韧性。此外，模具钢还应具备良好的工艺性能，最重要的是淬透性要高，淬火变形和开裂倾向要小。与刃具钢相比，冷作模具钢应当要求更高的淬透性、耐磨性和韧性，而热硬性的要求可低些，一般冷作模具工作时温度不会超过200～300℃。

2. 冷作模具钢合金化及其钢种选择

冷作模具钢的基本性能要求是高硬度和高耐磨性，故一般应是高碳钢。在冲击条件下工作的高强韧模具钢要求$w_C$为0.55%～0.70%，而要求高硬度、高耐磨性的冷作模具钢的$w_C$为0.85%～2.3%，都属于过共析钢。

冷作模具钢中加入W、Mo、V等元素能形成弥散的特殊碳化物，产生二次硬化效应，并能阻止奥氏体晶粒长大，起细化晶粒作用。因此能显著提高冷作模具钢的耐磨性、强韧性并减小钢的过热倾向。Cr和Mn的主要作用是提高钢的淬透性，减小工件的淬火变形。Si可强烈提高钢的变形抗力和冲击疲劳抗力。

对于工作中承受很重冲击载荷的冷冲、冷挤压模具，需要很高的强度和韧性，通常采用降碳高速钢和基体钢。所谓基体钢，是指化学成分与高速钢的淬火组织中基体成分相似的钢种，其含碳量（$w_C=0.55\%\sim0.70\%$）及合金元素总量（$w=10\%\sim13\%$）均低于高速钢，如6Cr4W3Mo2VNb钢。基体钢既具有高速钢的高强度、高硬度，又因不含有大量的碳化物而使韧性和疲劳强度优于高速钢，成本也低于高速钢。

根据钢的使用条件和承载能力，不同类型的冷作模具可以选用不同的钢种，由于冷作模具钢工作条件和性能要求与刃具钢有相同之处，故刃具用钢一般均可用作冷作模具用钢。

尺寸小、形状简单、负荷轻的冷作模具，如小冲头、剪薄钢板的剪刀可选用 T7A、T8A、T10A、T12A 等碳素工具钢制造。有些大型简单切边模，也可选用 T8A、T10A、T12A 等碳素工具钢制造。这类钢淬透性低，其中以 T10A 钢应用最普遍。

尺寸较大、形状复杂、淬透性要求较高的冷作模具，一般选用 9SiCr、9Mn2V、CrWMn 等高碳低合金刃具钢或 GCr15 轴承钢。这类钢属低变形冷作模具钢。

尺寸大、形状复杂、负荷重、变形要求严的冷作模具，须采用中合金或高合金模具钢，如 Cr12、Cr12MoV、Cr4W2MoV、Cr5Mo1V 等。这类钢淬透性高、耐磨性高，属于微变形钢。高速钢 W18Cr4V、W6Mo5Cr4V2 也满足这类模具的性能要求。但是选用高速钢制作冷作模具主要是利用其高淬透性和高耐磨性，而不用其高热硬性的特点，故一般采用高速钢低温淬火，如 W18Cr4V 钢采用 1100℃淬火，可以提高钢的韧性，延长模具的使用寿命。

冷作模具钢的化学成分及热处理后的性能见表 11-15。

**表 11-15 冷作模具钢的牌号、化学成分及硬度**（GB/T 1299—2014）

| 牌号 | 化学成分（质量分数,%） | | | | | | | 淬火 | | 交货状态硬度 HBW |
|---|---|---|---|---|---|---|---|---|---|---|
| | C | Si | Mn | Cr | W | Mo | V | 温度/℃冷却剂 | 硬度 HRC | |
| 9Mn2V | 0.85~0.95 | ≤0.40 | 1.70~2.00 | — | — | — | 0.10~0.25 | 780~810 油 | ≥62 | ≤229 |
| CrWMn | 0.90~1.05 | ≤0.40 | 0.80~1.10 | 0.90~1.20 | 1.20~1.60 | — | — | 800~830 油 | ≥62 | 255~207 |
| Cr12 | 2.00~2.30 | ≤0.40 | ≤0.40 | 11.50~13.00 | — | — | — | 950~1000 油 | ≥60 | 269~217 |
| Cr12Mo1V1 | 1.40~1.60 | ≤0.60 | ≤0.60 | 11.00~13.00 | — | 0.70~1.20 | 0.50~1.10 | 1000（盐浴）或 1010（炉控气氛）空冷，200 回火 | ≥59 | ≤255 |
| Cr12MoV | 1.45~1.70 | ≤0.40 | ≤0.40 | 11.00~12.50 | — | 0.40~0.60 | 0.15~0.30 | 950~1000 油 | ≥58 | 255~207 |
| Cr5Mo1V | 0.95~1.05 | ≤0.50 | ≤1.00 | 4.75~5.50 | — | 0.90~1.40 | 0.15~0.50 | 940（盐浴）或 950（炉控气氛）空冷，200 回火 | ≥60 | ≤255 |
| 9CrWMn | 0.85~0.95 | ≤0.40 | 0.90~1.20 | 0.50~0.80 | 0.50~0.80 | — | — | 800~830 油 | ≥62 | 241~197 |
| Cr4W2MoV | 1.12~1.25 | 0.40~0.70 | ≤0.40 | 3.50~4.00 | 1.90~2.60 | 0.80~1.20 | 0.80~1.10 | 960~980 油或 1020~1040 油 | ≥60 | ≤269 |
| 6Cr4W3Mo2VNb（0.20~0.35% Nb） | 0.60~0.70 | ≤0.40 | ≤0.40 | 3.80~4.40 | 2.50~3.50 | 1.80~2.50 | 0.80~1.20 | 1100~1160 油 | ≥60 | ≤255 |

（续）

| 牌　号 | 化学成分（质量分数,%） | | | | | | | 淬　火 | | 交货状态硬度HBW |
|---|---|---|---|---|---|---|---|---|---|---|
| | C | Si | Mn | Cr | W | Mo | V | 温度/℃冷却剂 | 硬度HRC | |
| 6W6Mo5Cr4V | 0.55~0.65 | ≤0.40 | ≤0.60 | 3.70~4.30 | 6.00~7.00 | 4.50~5.50 | 0.70~1.10 | 1180~1200 油 | ≥60 | ≤269 |
| 7CrSiMnMoV | 0.65~0.75 | 0.85~1.15 | 0.65~1.05 | 0.90~1.20 | | 0.20~0.50 | 0.15~0.30 | 870~900 油或空冷<br>150 回火 | ≥60 | ≤235 |

注：各钢种 S、P 的质量分数均不大于 0.030%。

3. 典型冷作模具钢及其热处理

用作冷作模具的碳素工具钢、低合金刃具钢及轴承钢，其典型钢种及热处理已在前面介绍过，这里不再重复。下面仅就 Cr12 型冷作模具钢及其代用钢种进行讨论。

Cr12 型冷作模具钢属于高碳高铬钢，代表钢种为 Cr12、Cr12MoV、Cr12Mo1V1，也包括 Cr4W2MoV、Cr5Mo1V 等钢。这类钢的共同特点是具有高的淬透性、耐磨性、热硬性和抗压强度。由于淬火钢中高硬度的碳化物热膨胀系数小，残留奥氏体数量多，故 Cr12 型钢热处理变形很小。因此，Cr12 型钢属于高耐磨、微变形的冷作模具钢，它是冷冲裁模、冷镦模的主要材料。

Cr12 型钢含碳量 $w_C > 1.5\%$，合金元素含量（$w_{Cr} \approx 12\%$）较高，使 $S$ 点和 $E$ 点显著左移，钢中含有大量一次和二次碳化物，故 Cr12 型钢属于莱氏体钢。铸态组织为马氏体加共晶碳化物。退火和淬火组织中也有大量碳化物。这些碳化物（主要是 $Cr_7C_3$）显著提高了钢的耐磨性。加入 Mo 和 V 能细化晶粒，提高钢的韧性。

和高速钢相似，Cr12 型钢也有组织和碳化物不均匀性问题。由于含碳量高，共晶莱氏体数量多，碳化物不均匀性更为严重，故 Cr12 型钢脆性较大。为了克服这个缺点而保留 Cr12 型钢较高耐磨性的优点，相应发展了 Cr4W2MoV、Cr5Mo1V 等高碳中铬型冷作模具钢。由于 Cr 和 C 量降低，碳化物数量少，碳化物不均匀性有所改善，因此韧性和切削加工性有所提高。改善 Cr12 型钢碳化物不均匀性的方法主要靠锻造，通过反复镦粗、拔长的锻造工艺，打碎一次或二次碳化物并使之均匀分布。钢经锻造后应缓慢冷却，随后进行退火，以消除内应力、降低硬度，并使碳化物球化。退火方法一般采用等温退火，如 Cr12MoV 钢在 850~870℃加热 3~4 h，尽快冷至 730~750℃等温 6~8 h，炉冷至 500℃然后空冷，可以获得粒状珠光体型组织。退火后钢的硬度为 207~255HBW。

Cr12MoV 钢通常采用 980~1030℃油淬，150~180℃回火 2~3h。热处理后的硬度为 61~63HRC。为了提高钢的韧性，可将回火温度提高至 200~275℃，硬度降低为 57~59HRC。研究表明，采用 1030℃油淬并 400℃回火，可使模具获得最好的强韧性。用此工艺处理的冷镦模断裂抗力高，使用寿命长。Cr12 型钢在 275~375℃之间存在回火脆性，应当避开这个回火温度区间。

Cr12MoV 钢导热性差，为减小热应力，淬火加热前要在 550~650℃和 820~850℃进行两次预热。该钢含铬量高，淬透性好，小尺寸模具空冷即可淬火，采用油冷淬火是为了减少

氧化、脱碳现象。对于形状比较复杂的模具，为减小变形和开裂倾向，可在硝盐槽中进行250~300℃分级淬火，对于形状特别复杂的模具，甚至可采用多次分级淬火。

**（二）热作模具钢**

1. 热作模具钢的工作条件及性能要求

热作模具钢是使热态金属或液态金属成形的模具用钢。热作模具包括热锻模、热挤压模和压铸模三类。

热作模具工作时与热金属相接触，模膛表面会受热升温至300~400℃（热锻模）、500~800℃（热挤压模），甚至高达千摄氏度以上（压铸模）。因此，热作模具钢应具有足够的高温硬度和高温强度，即要求钢具有高的耐回火性。热作模具在工作时还承受很大的冲击力和较大的摩擦、磨损，因此热作模具钢必须具备良好的耐磨性和一定的韧性。热作模具在每次使热金属成形之后需用水、油或空气冷却，模腔表面金属由于反复急冷急热产生交变热应力作用而引起的龟裂现象称为热疲劳。因此，热作模具钢应当具有高的抗热疲劳性能和抗氧化能力。对于尺寸较大的热作模具，为使整个截面性能均匀，热作模具钢还应具有高的淬透性和较小的热处理变形。

为满足上述性能要求，热作模具钢一般采用中碳钢（$w_C$ = 0.3% ~ 0.6%），既保证钢的塑性、韧性和导热性，又不降低钢的硬度、强度和耐磨性。加入合金元素Cr、W、Mo、Si等能提高钢的高温硬度、强度和耐回火性，同时提高钢的临界点$Ac_1$，从而避免模具在受热和冷却过程中产生组织应力，有助于提高钢的抗热疲劳性能。此外，加入Cr、Ni、Si、Mn等元素可以提高钢的淬透性。

热作模具钢的牌号、化学成分及硬度见表11-16。

**表11-16　热作模具钢的牌号、化学成分及硬度**（GB/T 1299—2014）

| 牌　号 | 化学成分（质量分数,%） | | | | | | | | 淬火温度/℃冷却剂 | 交货状态硬度HBW |
|---|---|---|---|---|---|---|---|---|---|---|
| | C | Si | Mn | Cr | W | Mo | V | 其他 | | |
| 5CrMnMo | 0.50~0.60 | 0.25~0.60 | 1.20~1.60 | 0.60~0.90 | — | 0.15~0.30 | — | — | 820~850 油 | 241~197 |
| 5CrNiMo | 0.50~0.60 | ≤0.40 | 0.50~0.80 | 0.50~0.80 | — | 0.15~0.30 | — | Ni140~1.80 | 830~860 油 | 241~197 |
| 3Cr2W8V | 0.30~0.40 | ≤0.40 | ≤0.40 | 2.20~2.70 | 7.50~9.00 | — | 0.20~0.50 | — | 1075~1125 油 | ≤255 |
| 5Cr4Mo3SiMnVAl | 0.47~0.57 | 0.80~1.10 | 0.80~1.10 | 3.80~4.30 | — | 2.80~3.40 | 0.80~1.20 | Al0.30~0.70 | 1090~1120 油 | ≤255 |
| 3Cr3Mo3W2V | 0.32~0.42 | 0.60~0.90 | ≤0.65 | 2.80~3.30 | 1.20~1.80 | 2.50~3.00 | 0.80~1.20 | — | 1060~1130 油 | ≤255 |
| 5Cr4W5Mo2V | 0.40~0.50 | ≤0.40 | ≤0.40 | 3.40~4.40 | 4.50~5.30 | 1.50~2.10 | 0.70~1.10 | — | 1100~1150 油 | ≤269 |
| 8Cr3 | 0.75~0.85 | ≤0.40 | ≤0.40 | 3.20~3.80 | — | — | — | — | 850~880 油 | 255~207 |

（续）

| 牌号 | 化学成分（质量分数,%） | | | | | | | | 淬火温度/℃冷却剂 | 交货状态硬度HBW |
|---|---|---|---|---|---|---|---|---|---|---|
| | C | Si | Mn | Cr | W | Mo | V | 其他 | | |
| 4CrMnSiMoV | 0.35~0.45 | 0.80~1.10 | 0.80~1.10 | 1.30~1.50 | — | 0.40~0.60 | 0.20~0.40 | — | 870~930 油 | <255 |
| 4Cr3Mo3SiV | 0.35~0.45 | 0.80~1.20 | 0.25~0.70 | 3.00~3.75 | — | 2.00~3.00 | 0.25~0.75 | — | 1010 盐浴或 1020 炉控/空，550 回火 | ≤229 |
| 4Cr5MoSiV | 0.33~0.43 | 0.80~1.20 | 0.20~0.50 | 4.75~5.50 | — | 1.10~1.60 | 0.30~0.60 | — | 1010 盐浴或 1020 炉控/空，550 回火 | ≤229 |
| 4Cr5MoSiV1 | 0.32~0.45 | 0.80~1.20 | 0.20~0.50 | 4.75~5.00 | — | 1.10~1.75 | 0.80~1.20 | — | 1000 盐浴或 1010 炉控/空，550 回火 | ≤229 |
| 4Cr5W2VSi | 0.32~0.42 | 0.80~1.20 | ≤0.40 | 4.50~5.50 | 1.60~2.40 | — | 0.60~1.00 | — | 1030~1050 油 | ≤229 |

注：各钢种 S、P 的质量分数均不大于 0.030%。

2. 典型热作模具钢及其热处理

热锻模是在高温下通过冲击压力迫使金属成形的热作模具，在工作过程中承受较大的冲击负荷和较高的单位压力。5CrNiMo 和 5CrMnMo 是常用的热锻模用钢，属于中碳低合金钢。含碳量 $w_C$ 为 0.5%~0.6% 既保证淬火后获得一定的硬度，同时也具有良好的淬透性和导热性。加入 Cr（$w_{Cr}=1\%$）可提高钢的淬透性、冲击韧度和耐回火性。Ni 能显著提高钢的强度、韧性和淬透性。Mo 能细化晶粒，提高韧性、耐回火性，减小过热倾向和回火脆性。因此，5CrNiMo 具有最佳综合性能，其冲击韧度和淬透性均优于其他模具用钢，通常用于形状复杂、冲击负荷大的大型或特大型热锻模（边长达 600mm）。5CrMnMo 以 Mn 代 Ni，虽然强度不降低，但塑性、韧性及淬透性均比 5CrNiMo 钢低，过热敏感性稍大。因此 5CrMnMo 一般用来制造中、小型热锻模（边长为 400mm 以下）。

热锻模用钢在工作时承受很高应力和冲击，应当具有均匀的组织和性能。尤其是尺寸较大的锻模，通常要进行多向锻造，并反复镦粗和拔长。锻造后应缓冷以防产生白点。

锻模坯料锻后应进行退火，5CrNiMo 钢退火加热温度为 780~800℃，电炉加热一般保温 4~6 h，炉冷至 500℃左右空冷。退火后硬度为 197~241HBW。5CrNiMo 钢淬火温度通常为 830~860℃，由于钢的淬透性好，可以采用空冷、油冷、分级淬火或等温淬火。尺寸较大的锻模，为了防止淬火变形或开裂，应先在空气中预冷至 750~780℃，然后油冷至 150~200℃并出油空冷。模具淬火后应立即回火。锻模的回火温度应根据其尺寸大小和硬度要求决定。小型模具要求硬度为 44~47HRC，回火温度为 490~510℃，得到回火托氏体组织；中型模具硬度要求 38~42HRC，回火温度为 520~540℃，得到回火托氏体或回火索氏体组织；大型模具硬度要求为 34~37HRC，回火温度为 560~580℃，得到回火索氏体组织。较低的回火硬度可以保证锻模足够的韧性。一般来说，锻模燕尾部分的回火温度应比工作部位回火温度高 60~80℃，以保持较高的韧性；也可在锻模淬、回火后对燕尾再进行一次 600~650℃高温回火，得到均匀回火索氏体组织。为了减小锻模内应力，回火加热应缓慢升温或预热。回火后应油冷，以防止第二类回火脆性。

热挤压模或压铸模在工作时与热态金属长时间接触，受热温度高达500～800℃甚至千度以上，同时还承受很高的应力，因此高的热稳定性、高温强度和耐热疲劳性能是这类模具用钢的主要性能要求。代表钢号有3Cr2W8V、4Cr5MoSiV等中碳高合金钢。3Cr2W8V钢中W含量较高，耐回火性高，在500～600℃回火时能析出$W_2C$、VC等碳化物，产生二次硬化，故该钢具有较高的热硬性、耐磨性和热稳定性。W还提高钢的$Ac_1$点，故可提高钢的热疲劳抗力。Cr主要提高钢的淬透性，并可提高热疲劳抗力、抗氧化性和耐蚀性。少量的V能细化晶粒，提高耐磨性。3Cr2W8V钢由于W、Cr含量高，相当于过共析钢。锻造后应进行不完全退火。退火温度为830～850℃，退火组织为铁素体加颗粒状碳化物（$M_{23}C_6$及$M_6C$型），退火后硬度为207～255HBW。

为使$M_{23}C_6$及$M_6C$型碳化物较多地溶解到奥氏体中又不使晶粒粗化，对于冲击负荷较大、尺寸较大的3Cr2W8V钢模具，其淬火温度以1050～1100℃为宜。对于冲击负荷较小的模具，淬火温度可提高到1140～1150℃。3Cr2W8V钢淬透性很好，一般采用油冷即可，但对形状复杂的模具必须采用分级或等温淬火。

3Cr2W8V钢回火时在550℃左右，从马氏体中析出弥散合金碳化物，产生明显二次硬化。回火温度升高到600～650℃时硬度显著下降。回火硬度处于峰值时，冲击韧度最低。通常回火温度的选择应根据性能要求和淬火温度高低决定（见表11-17）。回火次数以进行2～3次为宜。多次回火不仅能保证模具的热硬性，也能大大减少模具裂纹的形成。研究表明，适当提高3Cr2W8V钢的回火温度，降低硬度，可以提高钢的断裂韧度，有利于提高热挤压模具的热疲劳抗力和防止模具的早期脆断。

**表11-17 3Cr2W8V钢硬度与淬火温度和回火温度的关系**

| 淬火温度/℃ | 淬火后硬度 HRC | 回火后硬度 HRC | | | | | |
|---|---|---|---|---|---|---|---|
| | | 500℃ | 550℃ | 600℃ | 625℃ | 650℃ | 700℃ |
| 1050 | 49 | 46 | 47 | 43 | 40 | 36 | 27 |
| 1075 | 50 | 47 | 48 | 44 | 41 | 37 | 30 |
| 1100 | 52 | 48 | 49 | 45 | 42 | 40 | 32 |
| 1150 | 55 | 49 | 53 | 50 | 47 | 45 | 34 |
| 1250 | 57 | — | 54 | 52 | — | 49 | 40 |

为了克服3Cr2W8V钢冲击韧度和热疲劳抗力较低的缺点，发展了$w_{Cr}=5\%$型热作模具钢。4Cr5MoSiV是其中代表钢号之一。这类钢的主要特点是含铬量高，淬透性高，淬火时空冷即得到马氏体组织；在500～600℃回火时，由于$Mo_2C$、VC等合金碳化物弥散析出产生二次硬化，因此有较高的耐回火性。钢的高温强度、冲击韧度、热疲劳抗力及抗氧化性能优于3Cr2W8V钢，因此，能适应急冷急热的工作条件。

## 四、量具钢

### （一）量具钢的工作条件及性能要求

量具钢是用以制造卡尺、千分尺、块规等各种度量工具的钢种。量具在使用和存放过程中保持其尺寸精度是量具钢最基本的性能要求。为此，量具钢必须具有高的尺寸稳定性。热处理后的钢由于残留奥氏体转变、马氏体分解及残余应力作用会导致尺寸变化。因此，精密量具必须尽量减少不稳定组织并降低内应力。量具在使用中常与被测工件接触，易于发生磨损和碰撞。因而要求量具有高的硬度和耐磨性，并有一定的韧性。对于块规等量具，为保证彼此紧密接触和贴合，要求有很高的表面光洁程度。为此，除要求高硬度外，还应要求钢材纯净，组织致密，不允许有粗大碳化物或大块非金属夹杂物。此外，量具钢还应具有一定的淬透性，较小的淬火变形和良好的耐蚀性。

为了满足上述性能要求，量具钢的含碳量较高（$w_C=0.9\%\sim1.5\%$），以保证足够的硬度和耐磨性。钢中加入 Cr、Mn、W 等合金元素能形成大量合金碳化物，从而进一步提高钢的耐磨性，同时也提高钢的淬透性，从而允许采用较缓的介质淬火，有利于减小淬火应力和变形。这些元素还能提高钢的耐回火性，使马氏体或残留奥氏体稳定性增加，在常温使用时不发生转变，以保证量具的尺寸稳定性。

**（二）常用量具钢及其热处理**

根据量具的种类及精度要求，量具可选用不同的钢种。

形状简单、精度要求不高的量具可选用碳素工具钢，如 T10A、T11A、T12A。但碳素工具钢淬透性低，尺寸大的量具需采用水淬，但会引起较大变形。因此这类钢只能制造尺寸小、形状简单、精度较低的卡尺、样板、量规等。

精度要求较高的量具（如块规、塞规等），通常选用高碳低合金工具钢，如 Cr2、GCr15、CrMn 和 CrWMn 等。由于这类钢是在高碳钢中加入 Cr、Mn、W 等元素，可以提高淬透性，减小淬火变形，提高钢的耐磨性和尺寸稳定性。

对于形状简单、精度不高、使用中易受冲击的量具，如简单平样板、卡规、直尺及大型量具，可采用渗碳钢 15、20、15Cr、20Cr 等制造。量具经渗碳、淬火并低温回火后表面具有高硬度、高耐磨性，心部保持足够的韧性。用中碳钢 50、55、60、65 制作量具经调质后再进行高频表面淬火，也可保证量具的尺寸精度。

在腐蚀条件下工作的量具可选用不锈钢 4Cr13、9Cr18 制造，经淬火后钢的硬度达到 56～58HRC，可同时保证量具具有良好的耐蚀性和足够的耐磨性。

若量具要求特别高的硬度、耐磨性及尺寸稳定性，可选用渗氮钢 38CrMoAl 或冷作模具钢 Cr12MoV 制造。38CrMoAl 钢经调质后精加工成形，氮化后研磨可使量具有高的耐磨性，良好的耐蚀性及尺寸稳定性。Cr12MoV 钢经调质或淬、回火后再进行表面渗氮或碳氮共渗，也可使量具具有很高的耐磨性、耐蚀性和尺寸稳定性。

对用于制造量具的过共析钢，如低合金工具钢等，通过正常的淬火和低温回火可以获得高硬度和高耐磨性。但在热处理工艺上应采取一些附加措施，以保证量具的尺寸精度。量具淬火时，在保证高硬度、高耐磨性条件下要尽量降低淬火加热温度；淬火加热时量具要进行预热，这样可以减小加热和冷却过程中的温差及淬火应力。淬火冷却采用油冷而不进行分级或等温淬火，否则残留奥氏体量增加过多影响量具的尺寸稳定性。量具低温回火时间一般较长，以提高钢的组织稳定性，保证量具的尺寸精度。精度要求较高的量具淬火后要进行冷处理，使残留奥氏体继续转变为马氏体，减少残留奥氏体数量可增加钢的尺寸稳定性。一般淬火冷却至室温应立即在 −70～−80℃进行冷处理，以免残留奥氏体发生陈化稳定。精度要求特别高的量具在低温回火后有时还要再进行一次冷处理，以进一步消除残留奥氏体，并相应再增加一次低温回火。或者在淬火并回火后进行 120～130℃、几小时至几十小时的人工时效处理，使马氏体析出碳化物、降低其正方度，使残留奥氏体稳定并消除残余内应力，从而使量具尺寸进一步趋于稳定。

## 第六节　特殊性能钢

具有特殊使用性能的钢种称为特殊性能钢。特殊性能钢包括不锈钢、耐热钢、超高强度钢、耐磨钢、磁钢等。本节只讨论机械工程中最常用的几种特殊性能钢。

### 一、不锈钢

不锈钢是石油、化工、化肥等工业部门中广泛使用的金属材料。各种容器、管道、阀门、泵等总是同各种腐蚀性气体和介质相接触，在工作中常因腐蚀而失效。通常所说的不锈钢是不锈钢和耐酸钢的总称。所谓“不锈钢”是指能抵抗大气及弱腐蚀介质腐蚀的钢；而“耐酸钢”是指在各种强腐蚀介质中耐蚀的钢。实际上没有绝对不锈、不受腐蚀的钢种，只是在不同介质中腐蚀速度不同而已。

#### （一）金属腐蚀的概念

金属腐蚀的形式有两种：一种是化学腐蚀；一种是电化学腐蚀。化学腐蚀是金属直接与周围介质（非电解质）发生纯化学作用。例如，钢在氧化性气氛中加热发生氧化反应形成氧化铁皮。电化学腐蚀是金属在酸、碱、盐等电解质溶液中由于原电池的作用而引起的腐蚀。

钢在电解质中由于各局部区域电极电位的不同而构成原电池。如图 11-27 所示，Ⅰ区电位低，为阳极；Ⅱ区电位高，为阴极。钢的这两个区域在电解质溶液中发生不同的反应。在阳极发生氧化反应：$Fe \rightarrow Fe^{2+}+2e$，即铁原子变成离子进入溶液，而在阳极区留下价电子。在阴极发生还原反应：$2H^{+}+2e \rightarrow H_2\uparrow$。显然，电位较低的阳极区将不断被腐蚀，而电位较高的阴极区受到保护。可见，金属在电解质溶液中的腐蚀是由于形成原电池的结果。钢中的阳极区是组织中化学性较活泼的区域，如晶界、塑性变形区、温度较高的区域等；而晶内、未塑性变形区、温度较低的区域等则为阴极区。钢中化学成分、组织及应力的不均匀分布都可造成电化学腐蚀。微区之间的不均匀性越大，电极电位差也越大，钢的腐蚀速度就越快。大部分钢的腐蚀属于电化学腐蚀。钢的电化学腐蚀形式主要有点腐蚀、晶间腐蚀和应力腐蚀，造成较大危害。

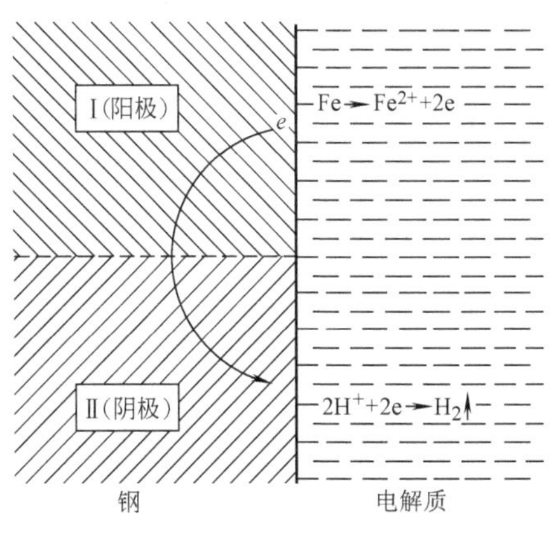


图 11-27　金属腐蚀过程原电池作用示意图

#### （二）不锈钢的合金化原理

提高钢耐蚀性的方法很多，如表面镀金属、涂非金属层、电化学保护和改变腐蚀环境、介质等。但是钢件在高温、高压以及强腐蚀性介质下工作时，利用合金化方法，提高材料本身的耐蚀性是最有效的控制腐蚀的措施。

加入合金元素 Cr、Ni、Si 等提高基体金属的电极电位，减少微电池数目，可有效提高钢的耐蚀性。Cr 是决定不锈钢耐蚀性的主要元素。当 Cr 加入铁中形成固溶体时，固溶体的电极电位随 Cr 含量增加呈突变式变化（$n/8$ 规律），当固溶体中含铬量分别达到摩尔比 $r_{Cr}$ = 12.5%、25%…，即 1/8、2/8、…、$n/8$ 时，固溶体的电极电位突然显著升高（图11-28），腐蚀则跳跃式地显著减弱。$r_{Cr}$为 12.5% 时，可折合 $w_{Cr}$为 11.6%。如果考虑钢中 C 和 Cr 形成一系列碳化物夺走基体中的一部分 Cr，不锈钢总的铬含量 $w_{Cr}$应当超过 11.6%。因此，一般不锈钢中含铬量 $w_{Cr}$均在 13% 以上。在 Cr 钢中加 Ni，也能显著提高基体的电极电位，但 Ni 较为稀缺。Si 虽然也能提高基体的电极电位，但当 $w_{Si}>4\%\sim5\%$ 时，钢的脆性很大，不能锻、轧。因此，Cr 是提高钢电极电位的主要元素。

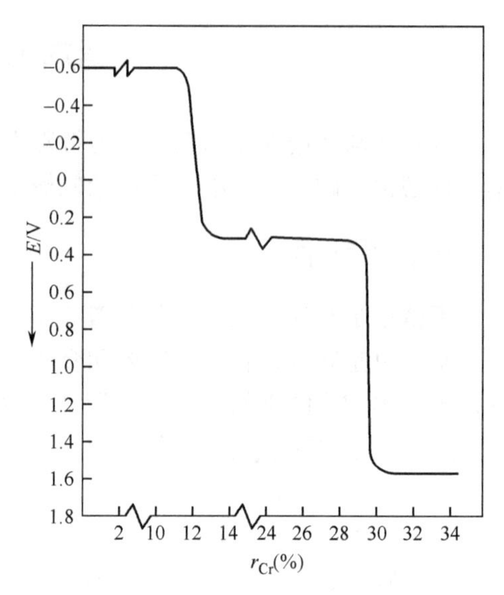

图 11-28　Cr 对 Fe-Cr 合金电极电位的影响

加入合金元素使钢在室温下获得单相固溶体组织，也能减少微电池数目，从而有效提高钢的耐蚀性。不锈钢中的 Ni、Mn、Cu 等都是扩大 γ 相区的元素。从图 11-29 可见，当超过一定含镍量后，Fe-Ni 合金不再出现 α 相，从高温到室温都是单相奥氏体。Cr 是很强的铁素体形成元素，当含铬量 $w_{Cr}$超过 12.7% 时，Fe-Cr 合金为单相铁素体组织（图 11-30）。

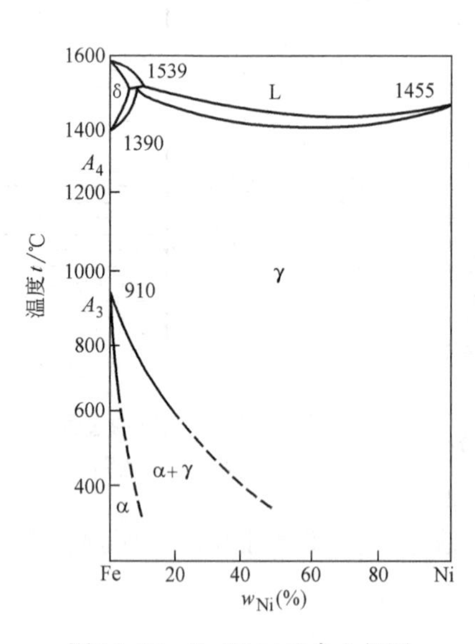

图 11-29　Fe-Ni 二元合金相图

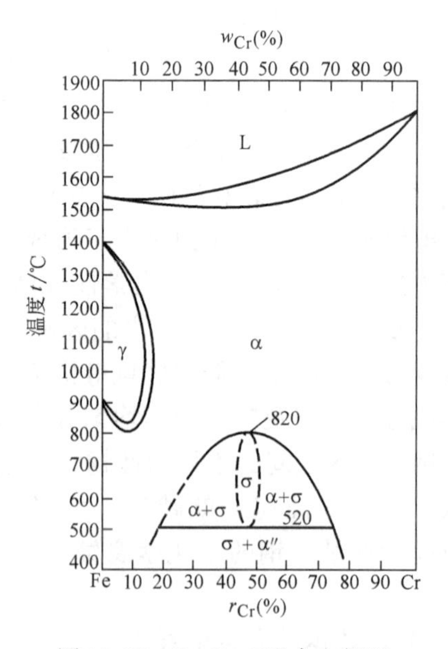

图 11-30　Fe-Cr 二元合金相图

在钢中加入合金元素使钢的表面形成结构致密、不溶于腐蚀介质的保护膜也能显著提高钢的耐蚀性。金属表面形成致密的氧化膜可使电极电位升高，产生钝化效应。在钢中加入 Cr 可使钢的表面很快形成一层致密、稳定、完整并能与铁的基体牢固结合的 $Cr_2O_3$ 钝化膜，

从而有效地防止或减轻钢的继续腐蚀。为了形成氧化物膜，溶液中必须有氧存在，因此 Cr 不锈钢只有在氧化性酸中才容易发生钝化。在 Fe-Cr、Fe-Cr-Ni 不锈钢中加入 Mo 能形成致密稳定的含 Mo 钝化膜，可在氧化性及非氧化性介质中具有良好的耐蚀性。Mo 还能提高 Ni-Cr 不锈钢抗晶间腐蚀的能力。

碳对不锈钢的耐蚀性有重要影响，如钢中的碳完全进入固溶体，则对耐蚀性无明显影响。当不锈钢中的含碳量增高时，则以碳化物的形式析出，一方面增加钢中微电池的数目，同时也减少基体中的含 Cr 量，使其电极电位降低，从而加剧钢的腐蚀。如果 Cr 碳化物沿晶界析出，将使晶界附近基体中的含 Cr 量减少，电极电位降低，从而导致晶间腐蚀。因此不锈钢含碳量一般较低，大多数不锈钢的 $w_C=0.1\%\sim0.2\%$，不超过 0.4%。只有要求高硬度、高耐磨性的不锈钢，含碳量 $w_{Cr}$ 才增加到 0.85%～0.95%（如 9Cr18 钢），为了提高钢的耐蚀性，必须相应提高钢中的含铬量。

此外，减少或消除钢中各种不均匀现象也是提高钢的耐蚀性的重要措施。通过真空冶炼、电渣重熔等净化工艺，提高钢的纯度，减少夹杂物数量；加入合金元素，提高钢的淬透性；进行适当的热加工和热处理，消除应力、组织及化学成分的不均匀性，如细化晶粒、去应力退火或回火及均匀化退火等。

应当指出，不锈钢除了要求良好的耐蚀性，还应要求一定的力学性能和工艺性能，因此各种合金元素和碳的含量应有合理的配比。

### （三）马氏体不锈钢

这类钢的 $w_{Cr}=13\%\sim18\%$，$w_C=0.1\%\sim1.0\%$，主要包括 Cr13 型不锈钢和高碳不锈轴承钢 95Cr18 等（见表 11-18）。生产上应用最广泛的马氏体不锈钢是 12Cr13、20Cr13、30Cr13、40Cr13 等。

**表 11-18　常用不锈钢的牌号、成分、热处理、力学性能及用途**（摘自 GB/T 1220—2007）

| 类别 | 牌号（旧牌号） | 化学成分（质量分数）（%） | | | 热处理/℃ | | 力学性能（不小于） | | | | | 用途举例 |
|---|---|---|---|---|---|---|---|---|---|---|---|---|
| | | C | Cr | 其他 | 淬火 | 回火 | $R_{p0.2}$/MPa | $R_m$/MPa | A（%） | Z（%） | 硬度 | |
| 马氏体型 | 12Cr13（1Cr13） | 0.08～0.15 | 11.50～13.50 | Si≤1.00 Mn≤1.00 | 950～1000 油冷 | 700～750 快冷 | 345 | 540 | 25 | 55 | ≥159 HBW | 制作耐弱腐蚀介质并承受冲击载荷的零件，如汽轮机叶片、水压机阀、螺栓、螺母等 |
| | 20Cr13（2Cr13） | 0.16～0.25 | 12.00～14.00 | Si≤1.00 Mn≤1.00 | 920～980 油冷 | 600～750 快冷 | 440 | 635 | 20 | 50 | ≥192 HBW | |
| | 30Cr13（3Cr13） | 0.26～0.35 | 12.00～14.00 | Si≤1.00 Mn≤1.00 | 920～980 油冷 | 600～750 快冷 | 540 | 735 | 12 | 40 | ≥217 HBW | |
| | 40Cr13（4Cr13） | 0.36～0.45 | 12.00～14.00 | Si≤0.60 Mn≤0.80 | 1050～1100 油冷 | 200～300 空冷 | — | — | — | — | ≥50 HRC | 制作具有较高硬度和耐磨性的医疗器械、量具、滚动轴承等 |
| | 95Cr18（9Cr18） | 0.90～1.00 | 17.00～19.00 | Si≤0.80 Mn≤0.80 | 1000～1050 油冷 | 200～300 油、空冷 | — | — | — | — | ≥55 HRC | 不锈切片机械刀具，剪切刀具，手术刀片，高耐磨、耐蚀件 |
| 铁素体型 | 10Cr17（1Cr17） | ≤0.12 | 16.00～18.00 | Si≤1.00 Mn≤1.00 | 退火 780～850 空冷或缓冷 | | 205 | 450 | 22 | 50 | ≤183 HBW | 制作硝酸工厂、食品工厂的设备 |

（续）

| 类别 | 牌号 | 化学成分（质量分数）（%） | | | 热处理/℃ | | 力学性能（不小于） | | | | | 用途举例 |
|---|---|---|---|---|---|---|---|---|---|---|---|---|
| | | C | Cr | 其他 | 淬火 | 回火 | $R_{p0.2}$/MPa | $R_m$/MPa | $A$（%） | $Z$（%） | 硬度 | |
| 奥氏体型 | 06Cr19Ni10（0Cr18Ni9） | ≤0.08 | 18.00～20.00 | Ni8.00～11.00 | 固溶 1010～1150 快冷 | | 205 | 520 | 40 | 60 | ≤187 HBW | 具有良好的耐蚀及耐晶间腐蚀性能，为化学工业用的良好耐蚀材料 |
| | 12Cr18Ni9（1Cr18Ni9） | ≤0.15 | 17.00～19.00 | Ni8.00～10.00 | 固溶 1010～1150 快冷 | | 205 | 520 | 40 | 60 | ≤187 HBW | 制作耐硝酸、冷磷酸、有机酸及盐、碱溶液腐蚀的设备零件 |
| | 06Cr18Ni11Nb（0Cr18Ni11Nb） | ≤0.08 | 17.00～19.00 | Ni9～12 Nb10C%～1.10 | 固溶 980～1150 快冷 | | 205 | 520 | 40 | 50 | ≤187 HBW | 在酸、碱、盐等腐蚀介质中的耐蚀性好，焊接性能好 |
| 奥氏体-铁素体型 | 022Cr25Ni6Mo2N | ≤0.030 | 24.00～26.00 | Ni5.50～6.50 Mo1.20～2.50 N0.10～0.20 Si≤1.00 Mn≤2.00 | 固溶 950～1200 快冷 | | 450 | 620 | 20 | — | ≤260 HBW | 抗氧化性、耐点腐蚀性好，强度高，适于制作化工、化肥、石油化工领域的热交换器、蒸发器等 |
| | 022Cr19Ni5Mo3Si2N | ≤0.030 | 18.00～19.50 | Ni4.5～5.5 Mo2.5～3.0 Si1.3～2.0 Mn1.0～2.0 N0.05～0.12 | 固溶 920～1150 快冷 | | 390 | 590 | 20 | 40 | ≤290 HBW | 适于含氯离子的环境，用于炼油、化肥、造纸、石油、化工等工业热交换器和冷凝器等 |

注：1. 表中所列奥氏体不锈钢的 $w_{Si}$≤1%、$w_{Mn}$≤2%。
2. 表中所列各钢种的 $w_P$≤0.040%、$w_S$≤0.030%。

马氏体不锈钢中的含铬量 $w_{Cr}$ >12%，使钢的电极电位明显升高，因而耐蚀性有明显提高。但这类钢含有较高的碳，含碳量增加，钢的硬度、强度、耐磨性及切削性能显著提高，耐蚀性能下降。因此，马氏体不锈钢多用于制造力学性能要求较高、耐蚀性要求较低的产品。

Cr13 型不锈钢含大量 Cr 元素，淬透性好，故高温加热后空冷也能淬硬。这类钢锻造后应缓慢冷却，以防残余应力过大引起锻件表面产生裂纹。锻造后应立即进行完全退火或高温回火以提高钢的塑性。高温回火温度为 700～800℃，保温 2～6h 后空冷；完全退火工艺是加热 840～900℃，保温 2～4h，然后缓冷至 600℃再出炉空冷。

为了提高钢的耐蚀性和力学性能，Cr13 型钢要进行淬火加回火。除了 12Cr13 以外，20Cr13、30Cr13 及 40Cr13 钢高温都是单相奥氏体，淬火得到马氏体。Cr13 型钢淬火加热是为了得到较多或完全的奥氏体，让碳化物充分溶解而晶粒又不过分粗大。马氏体不锈钢淬透性较高，一般均采用油冷淬火。12Cr13、20Cr13、30Cr13 钢淬火后进行高温回火，得到综合力学性能良好的回火索氏体组织，主要用于制造要求塑、韧性较好的耐蚀零件，如汽轮机叶片等。40Cr13 钢淬火后进行低温回火，得到回火马氏体组织，基体中保留大量的 Cr，可使钢在得到较高硬度的同时具有较高的耐蚀性。主要用于制造有一定耐蚀性的工具，如医疗器

械、量具等。马氏体不锈钢有回火脆性倾向，回火后应采用较快的速度冷却。

### （四）铁素体不锈钢

这类钢的成分特点是含铬量高（$w_{Cr}>15\%$），含碳量低（$w_C\leqslant 0.15\%$）。在加热和冷却过程中没有或很少发生$\alpha\rightleftharpoons\gamma$转变，属于铁素体钢（图11-30），多在退火状态使用。随着含铬量增多，基体电极电位升高，钢的耐蚀性提高。该类钢在氧化性酸中具有良好的耐蚀性，同时具有较高的抗氧化性能，广泛用于硝酸、氮肥、磷酸等工业，也可作为高温下的抗氧化材料。工业上常用的铁素体不锈钢牌号有10Cr17、10Cr17Mo及008Cr30Mo2等，其化学成分、热处理和力学性能见表11-18。其中以Cr17型不锈钢使用最为普遍。008Cr30Mo2钢的含铬量更高，含碳量更低，在氧化性酸介质中耐蚀性更高。

铁素体不锈钢的主要缺点是韧性低，脆性大。引起脆性的原因有以下三点：

（1）晶粒粗大　铁素体不锈钢在加热和冷却时不发生相变，粗大的铸态组织只能通过压力加工碎化，而不能通过热处理改变。若高温加热、焊接或压力加工不当，如温度超过850~900℃，晶粒即显著粗化。粗大晶粒导致钢的冷脆倾向增大，室温冲击韧度很低。采用真空冶炼、加入少量合金元素Ti、降低停轧温度等办法可防止因晶粒粗大产生的室温脆性。

（2）475℃脆性　$w_{Cr}>15\%$的高铬铁素体不锈钢在400~550℃温度范围内长时间停留或在此温度范围内缓冷时，会导致室温脆化，强度升高，塑性、韧性接近于零，同时耐热性能降低。由于475℃左右脆化现象最严重，故称为475℃脆性。引起这种脆性的原因是在475℃加热时，铁素体内的铬原子趋于有序化，形成许多富铬的铁素体（$w_{Cr}=80\%$、$w_{Fe}=20\%$）。它们与母相保持共格关系，产生很大的晶格畸变和内应力，同时使滑移难以进行，易于产生孪晶，孪晶界成为解理裂纹形核地点，因而导致钢的脆化，降低钢的耐蚀性。通过加热至580~650℃保温1~5h后快冷的办法可以消除475℃脆性。

（3）σ相脆性　$w_{Cr}>15\%$的高铬铁素体不锈钢在520~820℃长时间加热时，从δ铁素体中析出金属间化合物FeCr，称为σ相。由于σ相的析出使铁素体不锈钢变脆的现象叫σ相脆性。σ相硬度很高（>68HRC），脆性很大，σ相析出的同时还伴随很大的体积变化，且σ相又常常沿晶界分布，导致钢产生很大脆性，也会引起钢的晶间腐蚀。已产生σ相脆性的钢重新加热至820℃以上，使σ相溶入δ-铁素体，随后快速冷却，从而消除σ相脆性，也避免产生475℃脆性。

### （五）奥氏体不锈钢

奥氏体不锈钢是工业上应用最广泛的不锈钢。最常见的是$w_{Cr}=18\%$、$w_{Ni}=9\%$的所谓18-8型不锈钢，这样的成分配合有利于得到单相奥氏体组织及提高钢的电极电位。06Cr19Ni10、12Cr18Ni9、06Cr18Ni9Ti等都属于18-8型钢。在18-8型钢基础上加Ti、Nb是为了消除晶间腐蚀，加入Mo是为了提高钢在盐酸、硫酸、磷酸、尿素中的耐蚀性，如06Cr17Ni12Mo2Ti等。常用奥氏体不锈钢的化学成分、热处理及性能见表11-18。这类钢有很好的耐蚀性，同时具有优良的抗氧化性和力学性能。其在氧化性、中性及弱氧化性介质中的耐蚀性远比铬不锈钢好，室温及低温韧性、塑性及焊接性也是铁素体不锈钢不能比拟的。

奥氏体不锈钢中若含碳量较多，则奥氏体在冷却时易发生分解形成$(Cr,Fe)_{23}C_6$，不能保持单相奥氏体状态，故奥氏体不锈钢中含碳量 $w_C$ 应小于 0.1%。

Cr-Ni 奥氏体不锈钢在 400~850℃保温或缓慢冷却时会发生严重的晶间腐蚀破坏。这是由于晶界上析出富铬的 $Cr_{23}C_6$，使其周围基体形成贫铬区造成的。钢中含碳量越高，晶间腐蚀倾向越大。奥氏体不锈钢在进行气焊或电弧焊等工艺时，焊接接头（550~800℃）晶间腐蚀尤为严重，甚至导致晶粒剥落，钢件脆断。

防止晶间腐蚀的方法：一是改变钢的化学成分；二是在工艺上采取一些措施。

降低钢中含碳量，当其降低至 400~850℃碳的溶解度极限以下或稍高时，使 Cr 碳化物不能析出或析出甚微，可有效地防止晶间腐蚀，如钢中 $w_C \leqslant 0.03\%$ 时，焊后或在 400~850℃间加热都不会发生晶间腐蚀。

加入 Ti、Nb 等能形成稳定碳化物（TiC 或 NbC）元素，避免在晶界上沉淀出 Cr 碳化物，也可有效防止奥氏体不锈钢的晶间腐蚀。

改变钢的化学成分，使组织中铁素体的体积分数达 5%~20%，从而形成铁素体和奥氏体双相组织，也能防止晶间腐蚀。由于铁素体大多沿晶界形成，含铬量又高，当 Cr 碳化物在晶界上析出时，所引起的贫 Cr 程度不足以产生晶间腐蚀。具体办法是在 18-8 型钢基础上增加含铬量或加入其他铁素体形成元素，形成奥氏体-铁素体型双相不锈钢。我国这种奥氏体-铁素体钢有 022Cr25Ni6Mo2N、022Cr19Ni5Mo3Si2N、14Cr18Ni11Si4AlTi 等。这类钢具有良好的耐蚀性、焊接性和韧性，晶间腐蚀和应力腐蚀倾向较奥氏体不锈钢低，但由于含铬量高，在高温长期工作会从铁素体中析出 σ 相，引起脆性并降低钢的耐蚀性能。

为使奥氏体不锈钢得到最好的耐蚀性能以及消除加工硬化，必须进行热处理。常用的热处理工艺有固溶处理、稳定化处理和去应力处理。

固溶处理是将 $\omega_C < 0.25\%$ 的 18-8 型钢加热至 1000~1150℃，使碳化物全部溶解到奥氏体中，然后快速冷却获得单相奥氏体组织的热处理工艺。含碳量偏高取上限温度，含碳量偏低时取下限温度。固溶处理后的冷却方式，对于薄壁件可采用空冷，一般情况多采用水冷。

稳定化处理是将含 Ti、Nb 的奥氏体不锈钢经固溶处理后，再经 850~900℃保温 1~4h 后空冷的一种处理方法。其目的是使之析出 TiC、NbC，抑制 $Cr_{23}C_6$ 的析出，从而达到防止晶间腐蚀的最大效果。

去应力处理是消除钢在冷加工或焊接后的残余应力的热处理工艺。一般加热至 300~350℃回火。对于不含稳定化元素 Ti、Nb 的钢，加热温度不超过 450℃，以免析出 Cr 碳化物而引起晶间腐蚀。对于超低碳和含 Ti、Nb 不锈钢的冷加工件和焊接件，需在 500~950℃加热，然后缓冷消除应力，可以减轻晶间腐蚀倾向并提高钢的应力腐蚀抗力。

## 二、耐热钢

耐热钢是指在高温下工作并具有一定强度和抗氧化、耐腐蚀能力的钢种。

### （一）耐热钢的抗氧化性和热强性

耐热钢常用来制造蒸汽锅炉、蒸汽轮机、燃气涡轮、喷气发动机以及火箭、原子能装置等构件或零件。这些零、构件一般在 450℃以上，甚至高达 1100℃以上工作，并且承受静载、疲劳或冲击负荷的作用。钢件与高温空气、蒸汽或燃气相接触，表面要发生高温氧化或腐蚀破坏。材料在高温作用下，屈服极限和抗拉强度要降低，尤其要降低钢的形变强化作用。如果在高温下给钢件加一低于该温度下屈服极限的恒定应力，那么在温度和载荷的长时间作用下，钢将以一定的速度产生塑性变形，这一现象称为蠕变。蠕变的发生可能导致钢件的断裂。因此，钢件要在高温下承受各种负荷应力的作用，必须具备足够的抗氧化性和热强性。

钢的抗氧化性是指钢在高温下抗氧化的能力。钢在高温下与氧发生化学反应，若能在表面形成一层致密的并能牢固地与金属表面结合的氧化膜，那么钢将不再被氧化。但是碳钢一般不能满足这个要求。铁与氧可以形成 FeO、$Fe_3O_4$ 及 $Fe_2O_3$ 三种氧化物。但氧化膜的结构与温度有关。560℃以下，形成的氧化膜由 $Fe_2O_3$ 和 $Fe_3O_4$ 组成。这种氧化物层很致密，点阵结构复杂，点阵常数小，铁离子难以通过它们进行扩散，可以防止铁的进一步氧化。当温度超过560℃时，在 $Fe_2O_3$ 和 $Fe_3O_4$ 下面形成 FeO 层。FeO 层很厚，点阵结构简单，是铁原子的缺位固溶体，铁离子易通过 FeO 层由里向外扩散，氧原子易于向内扩散与铁离子结合，因此加剧铁的氧化。

为了提高钢的抗氧化性，首先要防止 FeO 形成，或提高其形成温度。加入元素 Cr、Al、Si 形成 $Cr_2O_3$、$Al_2O_3$ 或 FeO · $Cr_2O_3$、FeO · $Al_2O_3$、$Fe_2SiO_4$ 等很致密的、与钢件表面牢固结合的合金氧化膜，可以阻止铁离子和氧原子的扩散，故具有良好的保护作用。加入这些元素还能提高 FeO 形成温度，当 Cr、Al、Si 含量较高时，钢和合金在 800 ~ 1200℃ 也不出现 FeO。零件工作温度越高，Cr、Al、Si 含量也应越高。Al 也是提高钢抗氧化性能的重要元素，但 Al 亦能导致钢的强度下降，脆性增大。由于 Si 增大钢的脆性，一般 $w_{Si}$ 要限制在 3% 以下。为了提高钢的抗氧化性，通常 Cr、Al、Si 要同时加入抗氧化性钢中。

碳对钢的抗氧化性不利，因为碳和铬很容易形成铬的碳化物，减少基体中含铬量，易产生晶间腐蚀。所以耐热钢中 $w_C$ 一般为 0.1% ~ 0.2%。

热强性表示金属在高温和载荷长时间作用下抵抗蠕变和断裂的能力，即表示材料的高温强度。通常以蠕变强度和持久强度来表征。蠕变强度是在一定温度下，规定时间内试样产生一定蠕变变形量的应力，如某钢 $\sigma_{1/100000}^{550} = 69\text{MPa}$，表示钢在 550℃ 下，$10^5$h 后产生 1% 应变量的应力为 69MPa。持久强度表示在一定温度下，经过规定时间发生断裂时的应力，如 $\sigma_{1000}^{700}$ 表示在 700℃ 下，经 1000h 的持久强度。

和钢的常温力学性能不同，钢的高温力学性能不仅与加载时间有关，而且还与温度和组织变化有关。

温度升高，钢的晶内强度和晶界强度都下降。但是由于晶界原子排列不规则，扩散易在晶界进行，因此晶界强度下降较快，如图 11-31 所示。晶内强度和晶界强度相等时的温度叫等强温度。当受载零件在等强温度以上时，金属断裂由常温常见的穿晶断裂过渡为晶间断裂。这是由于在高温下钢中原子扩散显著加剧，晶界区含有大量空位、位错等缺陷，在应力作用下，原子易于沿晶界产生有方向性的扩散移动，引起塑性变形。这种变形机构和扩散在本质上是相似的，所以又称扩散形变。由于此时晶界强度低于晶内强度，故在高温下塑性变形集中于薄弱的晶界区。如果受载零件在等强温度以下

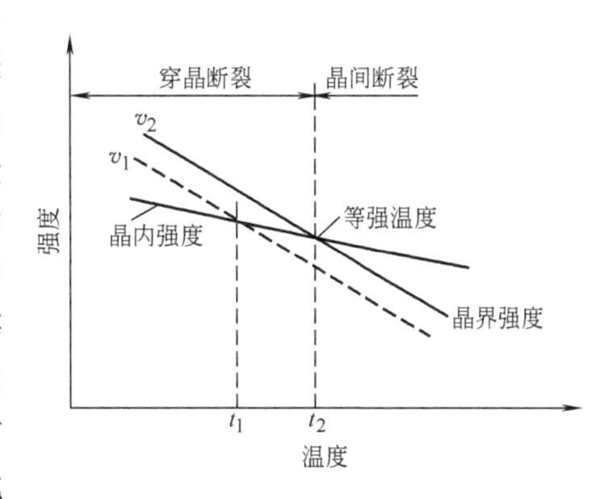


图 11-31　温度对晶粒和晶界强度影响示意图（加载速度 $v_2 > v_1$）

的较低温度，由于晶界原子排列规则性差，存在较大的点阵畸变，滑移只能在晶内进行，晶界阻碍位错运动，从而使钢得到强化。由此可见，钢在低温下细晶粒材料比粗晶粒材料蠕变强度高。高温下蠕变主要是晶界扩散变形引起的，晶界反而加速了多晶体弱化过程。因此，粗晶粒材料具有较高的蠕变强度。但是晶粒过于粗大，又会影响高温塑性和韧性。

因此，提高钢的热强性可通过提高基体金属原子间的结合力、强化晶界及弥散强化等途径来实现。金属原子间结合力越大，则热强性越高。可以近似地认为，金属熔点越高，原子间结合力越大，再结晶温度越高，则钢可在更高温度下使用，故热强性越高。此外，对于铁基合金来说，面心立方晶体的原子间结合力较强，体心立方晶体则较弱。所以，奥氏体型钢的蠕变抗力较高。通过合金化既可提高原子间结合力，又可通过热处理造成适当的组织结构，从而达到提高钢的热强性的目的。

往基体钢中加入一种或几种合金元素，形成单相固溶体，可提高基体金属原子间的结合力和热强性。溶质原子和溶剂金属原子尺寸差异越大，熔点越高，则基体热强性越高。

W、Mo、Cr、Mn 是提高基体热强性效果显著的几种合金元素。W、Mo 等高熔点金属溶入固溶体，阻碍扩散、自扩散过程，增强原子结合力，提高基体的再结晶温度，故可使处于高强度的不平衡组织状态能保持在更高的温度，从而提高钢的热强性。

晶界是钢在高温下的一个弱化因素，加入化学性质极活泼的元素（如 B、Zr 及稀土等）与 S、P 及其他低熔点杂质形成稳定的难熔化合物，可以减少晶界杂质偏聚，提高晶界区原子间结合力。加入 B 等表面活化元素，可以充填晶界空位，阻碍晶界原子扩散，提高蠕变抗力。

从过饱和的固溶体中沉淀出弥散的强化相可以显著提高钢的热强性。W、Mo、V、Ti、Nb 等元素在钢中能形成各种类型的碳化物或其他金属化合物，如 $Mo_2C$、$V_4C_3$、VC、NbC 等。这些强化相在沉淀时与基体保持共格或半共格联系，在其周围产生很强的应力场，阻碍位错运动，使钢得到强化。由于这些强化相的熔点和硬度很高，晶体结构复杂，且与基体晶格不同，因此在高温下很稳定，既不易溶解，又不易聚集长大。故在高温下能保持很高的强化效果，从而显著提高钢的热强性。

### （二）常用耐热钢及热处理

耐热钢按照正火组织可分为珠光体型钢、马氏体型钢和奥氏体型钢等。

1. 珠光体耐热钢

这类钢属于低碳合金钢，工作温度在 450～550℃时有较高的热强性。其主要用于制造载荷较小的动力装置上的零部件，如锅炉钢管或其他管道材料。常用的典型钢种有 15CrMo 和 12Cr1MoV，其中 12Cr1MoV 是大量使用的钢管材料（见表 11-19）。这类钢中的 Cr 可提高钢的抗氧化性和耐气体腐蚀能力；Cr、Mo 可溶于铁素体，提高其再结晶温度，从而提高基体金属的蠕变强度；V、Ti、Mo、Cr 能形成稳定弥散的碳化物，起沉淀强化作用。

珠光体耐热钢的热处理一般采用正火（950～1050℃）加高温回火（600～750℃），得到铁素体-珠光体组织。正火冷却速度快些可以得到贝氏体组织，提高其持久强度。回火温度高些，可以得到弥散的碳化物并使组织更加稳定。

2. 马氏体耐热钢

这类钢包括用来制造汽轮机叶片的 $w_{Cr}$ 为 10%～13% 的 Cr 钢和用于制造汽油机或柴油机排气阀的 Cr-Si 钢。工作温度可在 550～600℃之间。

汽轮机叶片用钢的常用牌号有 13Cr13Mo、12Cr12Mo、20Cr13、18Cr12MoVNbN 等（见表 11-19）。在 12Cr13 马氏体不锈钢基础上，加入 W、Mo、V、Ti、Nb 是为了强化基体固溶体及形成更稳定的碳化物，加入 B 可以强化晶界，从而可以提高钢的热强性和叶片的使用温度。这类钢的热处理工艺为 1000 ~ 1150℃ 油淬，650 ~ 740℃ 回火，得到较为稳定的回火托氏体或回火索氏体组织。

**表 11-19 常用耐热钢的牌号、成分、热处理、力学性能及用途**（摘自 GB/T 1221—2007）

| 类别 | 牌号 | 化学成分（质量分数,%） | | | 热处理/℃ | | 力学性能（不小于） | | | | | 用途举例 |
|---|---|---|---|---|---|---|---|---|---|---|---|---|
| | | C | Cr | 其他 | 淬火 | 回火 | $R_{p0.2}$/MPa | $R_m$/MPa | $A$（%） | $Z$（%） | 硬度 HBW | |
| 珠光体型（GB/T 3077—2015） | 12CrMo | 0.08 ~0.15 | 0.40 ~0.70 | Mo0.40 ~ 0.55 | 900 空 | 650 空 | 265 | 410 | 24 | 60 | ≤179 | 450℃ 的汽轮机零件、475℃ 的各种蛇形管 |
| | 15CrMo | 0.12 ~0.18 | 0.80 ~1.10 | Mo0.40 ~ 0.55 | 900 空 | 650 空 | 295 | 440 | 22 | 60 | ≤179 | <550℃ 的蒸汽管、≤650℃ 的水冷壁管及联箱和蒸汽管等 |
| | 12CrMoV | 0.08 ~0.15 | 0.30 ~0.60 | Mo0.25 ~ 0.35<br>V0.15 ~ 0.30 | 970 空 | 750 空 | 225 | 440 | 22 | 50 | ≤241 | ≤540℃ 的主汽管、≤ 570℃ 的过热器管等 |
| | 12Cr1MoV | 0.08 ~0.15 | 0.90 ~1.20 | Mo0.25 ~ 0.35<br>V0.15 ~ 0.30 | 970 空 | 750 空 | 245 | 490 | 22 | 50 | ≤179 | ≤585℃ 的过热器管及≤570℃ 的管路附件 |
| 马氏体型 | 12Cr13（1Cr13） | 0.08 ~ 0.15 | 11.50 ~13.50 | Si≤1.00<br>Mn≤1.00 | 950 ~ 1000 油冷 | 700 ~ 750 快冷 | 345 | 540 | 22 | 55 | ≥159 | 800℃ 以下耐氧化用部件 |
| | 20Cr13（2Cr13） | 0.16 ~0.25 | 12.00 ~14.00 | Si≤1.00<br>Mn≤1.00 | 920 ~ 980 油冷 | 600 ~ 750 快冷 | 440 | 640 | 20 | 50 | ≥192 | 汽轮机叶片 |
| | 12Cr5Mo（1Cr5Mo） | ≤0.15 | 4.00 ~6.00 | Mo0.40 ~ 0.60<br>Si≤0.50<br>Mn≤0.60 | 900 ~ 950 油冷 | 600 ~ 750 空冷 | 390 | 590 | 18 | — | — | 再热蒸汽管、石油裂解管、锅炉吊架、泵的零件 |
| | 42Cr9Si2（4Cr9Si2） | 0.35 ~0.50 | 8.00 ~ 10.00 | Si2.00 ~ 3.00<br>Mn≤0.70 | 1020 ~ 1040 油冷 | 700 ~ 780 油冷 | 590 | 885 | 19 | 50 | — | 内燃机进气阀、轻负荷发动机的排气阀 |
| | 14Cr11MoV（1Cr11MoV） | 0.11 ~0.18 | 10.00 ~11.50 | Mo0.50 ~ 0.70<br>V0.25 ~ 0.40<br>Si≤0.50<br>Mn≤0.60 | 1050 ~ 1100 油冷 | 720 ~ 740 空冷 | 490 | 685 | 16 | 55 | — | 用于透平叶片及导向叶片 |
| | 15Cr12WMoV（1Cr12WMoV） | 0.12 ~0.18 | 11.00 ~13.00 | Mo0.50 ~ 0.70<br>V0.18 ~ 0.30<br>W0.70 ~ 1.10<br>Si≤0.50<br>Mn0.50 ~ 0.90 | 1000 ~ 1050 油冷 | 680 ~ 700 空冷 | 585 | 735 | 15 | 45 | — | 透平叶片、紧固件、转子及轮盘 |

（续）

| 类别 | 牌号 | 化学成分（质量分数,%） | | | 热处理/℃ | | 力学性能（不小于） | | | | | 用途举例 |
|---|---|---|---|---|---|---|---|---|---|---|---|---|
| | | C | Cr | 其他 | 淬火 | 回火 | $R_{p0.2}$/MPa | $R_m$/MPa | $A$（%） | $Z$（%） | 硬度 HBW | |
| 铁素体型 | 10Cr17（1Cr17） | ≤0.12 | 16.00~18.00 | Si≤1.00<br>Mn≤1.00<br>P≤0.040<br>S≤0.030 | 退火 780~850 空冷或缓冷 | | 205 | 450 | 22 | 50 | ≤183 | 900℃以下耐氧化部件、散热器、炉用部件、油喷嘴 |
| 奥氏体型 | 06Cr19Ni10（0Cr18Ni9） | ≤0.08 | 18.00~20.00 | Ni8.00~11.00 | 固溶 1010~1150 快冷 | | 205 | 520 | 40 | 60 | ≤187 | 可承受 870℃以下反复加热 |
| | 22Cr21Ni12N（2Cr21Ni12N） | 0.15~0.28 | 20.00~22.00 | Ni10.5~12.5<br>N0.15~0.30<br>Si0.75~1.25<br>Mn1.00~1.60 | 固溶 1050~1150 快冷<br>时效 750~800 空冷 | | 430 | 820 | 26 | 20 | ≤269 | 以抗氧化为主的汽油及柴油机用排气阀 |
| | 06Cr23Ni13（0Cr23Ni13） | ≤0.08 | 22.00~24.00 | Ni12.0~15.0 | 固溶 1030~1150 快冷 | | 205 | 520 | 40 | 60 | ≤187 | 可承受 980℃以下反复加热。炉用材料 |
| | 06Cr25Ni20（0Cr25Ni20） | ≤0.08 | 24.00~26.00 | Ni19.0~22.0<br>Si≤1.50<br>Mn≤2.00 | 固溶 1030~1180 快冷 | | 205 | 520 | 40 | 50 | ≤187 | 可承受 1035℃加热。炉用材料、汽车净化装置材料 |
| | 16Cr25Ni20Si2（1Cr25Ni20Si2） | ≤0.20 | 24.00~27.00 | Ni18.0~21.0<br>Si1.50~2.50<br>Mn≤1.50 | 固溶 1080~1130 快冷 | | 295 | 590 | 35 | 50 | ≤187 | 制作承受应力的各种炉用构件 |

注：1. 表中所列珠光体耐热钢 $w_{Si}=0.17\%\sim0.37\%$、$w_{Mn}=0.40\%\sim0.70\%$；奥氏体耐热钢除标明外，$w_{Si}\leqslant1\%$，$w_{Mn}\leqslant2\%$。

2. 表中所列珠光体耐热钢的 $w_P\leqslant0.035\%$、$w_S\leqslant0.035\%$；马氏体和奥氏体耐热钢的 $w_P\leqslant0.040\%$、$w_S\leqslant0.030\%$。

排气阀用钢的常用牌号有 42Cr9Si2 等（见表 11-19），钢中的 Cr 和 Si 量适当配合，可以获得较高的热强性。Si 能提高钢的 $Ac_1$ 点，从而提高钢的使用温度。Mo 可提高钢的热强性和消除回火脆性。42Cr9Si2 钢在 800~880℃退火状态下使用，40Cr10Si2Mo 钢在 1050℃油淬并 720~780℃回火后使用，这两种钢的使用温度最高可在 750℃以下。

3. 奥氏体耐热钢

由于 γ-Fe 原子排列较 α-Fe 致密，原子间结合力较强，再结晶温度高。因此，奥氏体耐热钢比珠光体、马氏体耐热钢具有更高的热强性和抗氧化性，最高工作温度可达 850℃。

这类钢中加入大量的 Cr 和 Ni 是为了提高钢的抗氧化性和稳定奥氏体，也有利于热强性。加入 W、Mo、V、Ti、Nb、Al、B 等元素，起强化奥氏体（W、Mo 等）、形成合金碳化物（V、Nb、Cr、W、Mo 等）和金属间化合物（Al、Ti、Ni 等）以及强化晶界（B）等作用，可进一步提高钢的热强性。

奥氏体耐热钢钢种很多，06Cr19Ni10、06Cr17Ni12Mo2 等钢（见表 11-19）属于固溶强化奥氏体耐热钢，可在 600～700℃以下使用，具有良好的抗氧化性和一定的热强性。通常用来制作喷气发动机排气管和冷却良好的燃烧室零件。

4Cr13Ni8Mn8MoVNb（GH2036）是国内外应用较多的一种以碳化物作为强化相的奥氏体耐热合金，具有较高的热强性，可在 600～700℃使用，用来制作喷气发动机涡轮及叶片材料或高温紧固件。

奥氏体耐热钢的热处理通常加热至 1000℃以上保温后油冷或水冷，进行固溶处理；然后在高于使用温度 60～100℃进行一次或两次时效处理，以析出强化相，稳定钢的组织，进一步提高钢的热强性。

各种耐热钢的化学成分、热处理规范及用途见表 11-19。

## 三、耐磨钢

耐磨钢是指具有高耐磨性的钢种，广义上也包括结构钢、工具钢、滚动轴承钢等。高锰铸钢在大的压力和冲击负荷下能产生强烈的加工硬化，因而具有高耐磨性，属于奥氏体钢，具有优良的韧性。因此，高锰铸钢广泛用来制造承受严重磨损及强烈冲击的零件，如坦克和矿山拖拉机履带板、破碎机颚板、挖掘机铲齿以及铁路和有轨电车道岔等耐磨件。

常用的高锰铸钢为 ZG120Mn13 型，其化学成分为 $w_C=1.05\%\sim1.35\%$、$w_{Mn}=11.0\%\sim14.0\%$、$w_{Si}=0.30\%\sim0.9\%$、$w_P\leqslant0.06\%$。为了某种特定目的，还可加入 Cr、Mo、RE 等元素。C 和 Mn 是高锰钢中两个主要元素，高碳保证高锰钢足够的强度、硬度和耐磨性，$w_C$ 过高易析出较多碳化物，影响钢的韧性，故一般 $w_C$ 不超过 1.3%。钢中含大量的 Mn 是为了得到奥氏体组织、增大钢的加工硬化率和提高钢的韧性及强度。Mn 量过多会增大钢冷凝时的收缩量，形成热裂纹，降低钢的强度和韧性。故 C 与 Mn 的含量比取 0.1 为宜。Si 能改善钢的铸造性能，提高钢中固溶体的硬度和强度，但 Si 量过高易使碳化物沿晶界析出降低钢的韧性和耐磨性，导致铸件开裂。高锰铸钢中含磷量应尽量低，以免在晶界形成脆性磷化物共晶体，产生低温冷脆。

高锰铸钢的机械加工性能差，通常都是铸造成形。铸态组织基本上由奥氏体和残余碳化物 $(Fe,Mn)_3C$ 组成。由于碳化物沿晶界析出，会降低钢的强度和韧性，影响钢的耐磨性。因此，铸造零件必须进行热处理，以获得全部奥氏体组织。高锰铸钢消除碳化物并获得单相奥氏体组织的热处理叫“水韧处理”或固溶处理。将铸件加热到 1050～1100℃保温一段时间，使碳化物完全溶解于奥氏体中，然后水冷，以获得均匀的过饱和单相奥氏体。加热温度不宜过高，保温时间不宜太长，否则晶粒粗大，氧化脱碳严重，降低钢的强度。水韧处理后不能再加热至 250℃以上，否则会有针状碳化物析出，使钢的性能脆化。所以高锰铸钢水韧处理后不回火。

高锰铸钢经水韧处理后力学性能为：$R_m=784\sim981\text{MPa}$，$R_{eL}=392\sim441\text{MPa}$，$A=40\%\sim80\%$，$Z=40\%\sim60\%$，$a_K=1960\sim2940\text{kJ}\cdot\text{m}^{-2}$，硬度为 180～220HBW。由此可见，高锰铸钢屈强比很低，硬度不高，塑性和韧性很好。高锰铸钢在使用过程中，在很大的压力和冲击载荷作用下产生表面形变强化，表面形变强化的原因是：一方面，大形变导致奥氏体基体中产生大量位错和层错，成为位错运动的障碍；另一方面，大形变诱发奥氏体向马氏体转变并析出碳化物。这样，表面硬度可由原来的 180～220HBW，提高至 450～550HBW，硬化层深度可达10～20mm，而心部仍是高韧性的奥氏体。因此，能承受严重磨损及强烈冲击而不破裂。即使表面硬化层被逐渐磨损掉，由于强大压力和冲击载荷的作用，硬化层不断向内发展。

但是，如果压力或冲击载荷很小，由于不能产生足够的表面形变强化，这时高锰铸钢的耐磨性不好，甚至不及一般的马氏体组织钢或合金耐磨铸铁。因此，要充分发挥高锰铸钢高耐磨性特点，必须有足够的C、Mn溶入固溶体，必须进行正确的热处理（水韧处理），同时还必须选择适当的使用条件。

除ZGMn13钢外，在液体或气体流冲击作用下受磨损的零件可采用30Cr10Mn10钢制造，由于水力冲击作用，钢的表面会产生形变马氏体，具有高的耐气蚀性能。

对于工作压力不大而只要求耐磨的零件，不应选用高锰铸钢。一般的农业机械和矿山机械，在很多情况下可采用中碳低合金钢，甚至低碳低合金钢，如41Mn2SiRE、55SiMnCuRE、65SiMnRE及18MnPRE等。41Mn2SiRE钢经850℃淬火，400～450℃回火后，硬度为38～45HRC，具有较高耐磨性，其热轧状态和45钢相比，强度提高40%，耐磨性提高50%，冲击韧度也有提高，可用于制造大型履带式拖拉机履带板。55SiMnCuRE钢淬透性好，具有良好的耐磨性和一定的耐蚀性，韧性也较好，适于制造在撞击和磨损条件下工作的构件，如推土机铲刀、犁铧等。其热处理工艺为780～820℃淬火，200～250℃回火，热处理后的硬度为50HRC。65SiMnRE钢也有较高的强度和耐磨性，淬透性和耐回火性也良好，主要用于制造农机犁铧，其使用寿命比65Mn钢提高25%～50%。对于煤矿输煤槽和洗煤设备中一些受压力不大但要求耐磨的零件，用18MnPRE钢即能满足性能要求。

## 习　题

11-1　试述影响材料强度的因素及提高强度的途径。

11-2　试述影响材料塑性的因素及提高塑性的途径。

11-3　试述影响材料韧性的因素及提高韧性的途径。

11-4　试就合金元素与碳的相互作用进行分类，指出

1）哪些元素不形成碳化物？

2）哪些元素为弱碳化物形成元素？性能特点如何？

3）哪些元素为强碳化物形成元素？性能特点如何？

4）何谓合金渗碳体？与渗碳体相比，其性能如何？

11-5　合金元素提高淬透性的原因是什么？常用以提高淬透性的元素有哪些？

11-6　合金元素提高钢耐回火性的原因是什么？常用以提高耐回火性的元素有哪些？

11-7　试述碳及合金元素在低合金高强度结构钢中的作用，提高低合金高强度结构钢强韧性的途径是什么？

11-8　分析说明如何根据机器零件的服役条件选择机器零件用钢中的含碳量和组织状态。

11-9　汽车、拖拉机变速器齿轮和后桥齿轮多半用渗碳钢来制造，而机床变速箱齿轮又多半用中碳（合金）钢来制造，你能分析其原因吗？

11-10　某厂原用45MnSiV生产$\phi$8mm高强度钢筋，要求$R_m>1450$MPa，$R_{p0.2}>1200$MPa，$A>5\%$，其热处理工艺是920℃油淬，470℃回火。因该钢种缺货，库存有25MnSi钢，请考虑是否可能代用，热处理规程该如何调整？

11-11　分析碳和合金元素在高速钢中的作用及高速钢热处理工艺的特点。

11-12　比较热作模具钢和合金调质钢的合金化及热处理工艺的特点，并分析合金元素作用的异同。

11-13 为什么正火状态的40CrNiMo及37SiMnCrMoV钢（直径25mm）都难以进行切削加工？请考虑最经济的改善切削加工性能的方法。

11-14 滚齿机上的螺栓，本应用45钢制造，但错用了T12钢，退火、淬火都沿用45钢的工艺，问此时将得到什么组织？性能如何？

11-15 用9SiCr钢制成圆板牙，其工艺路线为：锻造→球化退火→机械加工→淬火→低温回火→磨平面→开槽开口。试分析：①球化退火、淬火及回火的目的；②球化退火、淬火及回火的大致工艺。

11-16 大螺钉旋具要求杆部为细珠光体而顶端为回火马氏体，只有一种外部热源，应如何处理？

11-17 有一批碳素工具钢工件淬火后发现硬度不够，估计或者是表面脱碳，或者是淬火时冷却不好未淬上火，如何尽快判断发生问题的原因？

11-18 简述不锈钢的合金化原理。为什么Cr12MoV钢不是不锈钢，也不能通过热处理的方法使它变为不锈钢？

11-19 高碳高铬钢的拔丝模磨损之后内孔变大，采用怎样的热处理能减小内孔直径？

11-20 分析合金元素对提高钢的热强性和抗氧化性方面的特殊作用，比较高温和常温结构钢的合金化方向。

11-21 有些量具在保存和使用过程中，尺寸为何发生变化？可采用什么措施使量具的尺寸长期稳定？

Chapter 12

# 第十二章 铸　　铁

## 第一节　概　　述

铸铁是 $w_C > 2.11\%$ 的铁碳合金。除碳以外，铸铁还含有较多的 Si、Mn 和其他一些杂质元素。同钢相比，铸铁熔炼简便、成本低廉，虽然强度、塑性和韧性较低，但是具有优良的铸造性能，很高的减摩和耐磨性，良好的消振性和切削加工性以及缺口敏感性低等一系列优点。因此，铸铁广泛应用于机械制造、冶金、石油化工、交通、建筑和国防工业各部门。

根据碳在铸铁中存在的形式，铸铁可分为以下几种：

（1）白口铸铁　碳全部或大部分以渗碳体形式存在，因断裂时断口呈白亮颜色，故称白口铸铁。

（2）灰铸铁　碳大部分或全部以游离的石墨形式存在，因断裂时断口呈暗灰色，故称为灰铸铁。根据石墨的形态，灰铸铁可分为：①普通灰铸铁，石墨呈片状；②球墨铸铁，石墨呈球状；③可锻铸铁，石墨呈团絮状；④蠕墨铸铁，石墨呈蠕虫状。

（3）麻口铸铁　碳既以渗碳体形式存在，又以游离态石墨形式存在。

铸铁与钢具有相同的基体组织，主要有铁素体、珠光体及铁素体加珠光体三类。由于基体组织不同，灰铸铁可分为铁素体灰铸铁、珠光体灰铸铁和铁素体加珠光体灰铸铁。

### 一、铸铁组织的形成

无论是铸铁的基体组织，还是游离态石墨，它们的形成都与铸铁的石墨化过程有关。

铸铁中石墨的结晶过程称为石墨化过程。石墨是碳的一种结晶形态，$w_C = 100\%$，具有六方晶格，原子呈层状排列（图 12-1）。同一层晶面上碳原子间距为 0.142nm，相互呈共价键结合；层与层之间的距离为 0.34nm，原子间呈分子键结合。石墨本身的强度和塑性非常低。

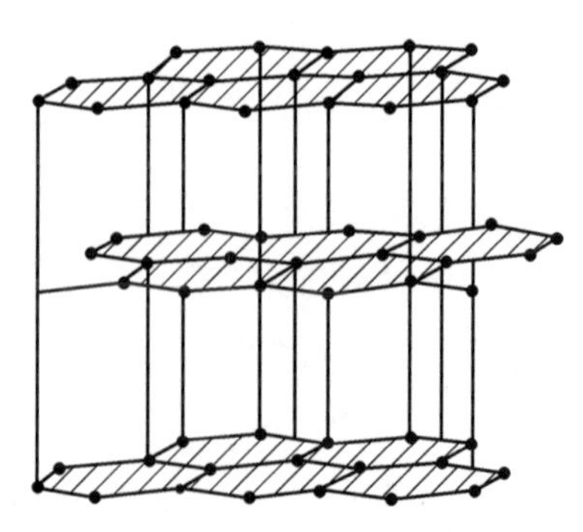

图 12-1　石墨的晶体结构

由于铁液化学成分、冷却速度以及铁液处理方法不同，铸铁中的碳除了少量固溶于铁素体外，既可以形成石墨碳，也可以形成渗碳体。

渗碳体的 $w_C$(6.69%)和铁液的 $w_C$(4.26%)之差远小于石墨的 $w_C$(100%)和铁液的 $w_C$ 之差；奥氏体和渗碳体

之间在成分上较奥氏体与石墨更相近；铁液中近程有序原子集团的空间结构以及奥氏体的晶体结构又与渗碳体晶格相近。因此，从成分和结构方面来看，从铸铁液相或奥氏体中析出渗碳体比析出石墨碳较为容易。

但是，石墨是稳定相，而渗碳体是亚稳定相，即铁素体 + 石墨或奥氏体 + 石墨的组织比铁素体 + 渗碳体或奥氏体 + 渗碳体的组织有较低的自由能。当铁液中 C、Si 的含量较高，并且冷却非常缓慢时，可直接从铁液中析出石墨。已经形成渗碳体的铸铁在高温下长时间退火，可使渗碳体分解析出石墨碳：$Fe_3C \longrightarrow 3Fe + C$（石墨），可见，从热力学上考虑，在一定条件下，从铁液或奥氏体中形成石墨更为有利。

因此，根据成分和冷却速度不同，铁碳合金的结晶过程和组织形成规律，可用 Fe-$Fe_3C$ 相图和 Fe-C（石墨）相图综合在一起形成的铁碳双重相图来描述（图 12-2）。图中实线表示 Fe-$Fe_3C$ 相图，虚线表示 Fe-C（石墨）相图。虚线与实线重合的线条都用实线表示。由图可见，虚线在实线的上方或左上方。表明 Fe-C（石墨）系较 Fe-$Fe_3C$ 系更为稳定。Fe-C（石墨）系的共晶温度和共析温度比 Fe-$Fe_3C$ 系相应的温度要高。在同一温度下，石墨在液相、奥氏体和铁素体中的固溶度分别低于渗碳体在这些相中的固溶度。

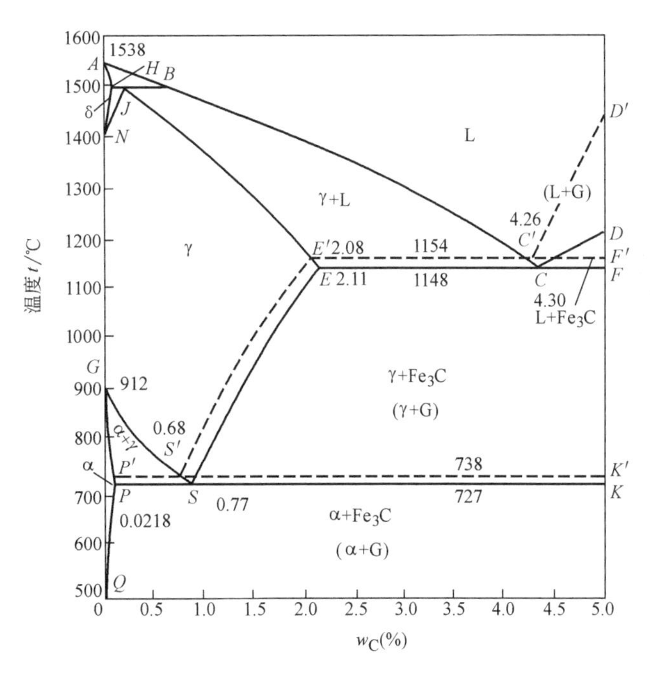


图 12-2 铁碳双重相图

$Fe_3C$—渗碳体 G—石墨

对于同一成分的铁碳合金，在熔炼条件等完全相同的情况下，石墨化过程主要取决于冷却条件。当铁液或奥氏体以极缓慢速度冷却（过冷度很小）至图 12-2 中 $S'E'F'$ 和 $SEF$ 之间温度范围时，通常按 Fe-C（石墨）系结晶，石墨化过程能较充分地进行。例如，共晶成分铁液从高温一直缓冷至 1154℃ 开始凝固，形成奥氏体加石墨的共晶体。此时奥氏体的含碳量 $w_C$ = 2.08%；随着温度下降，奥氏体的溶碳量下降，其固溶度按 $E'S'$ 线变化，从奥氏体中析出二次石墨；当温度降至 738℃ 时，奥氏体含碳量达到 $w_C$ = 0.68%，发生共析转变，形成铁素体加石墨的共析体，此时铁素体的含碳量 $w_C$ = 0.0206%；温度再继续下降，铁素体中溶碳量减少，其固溶度沿 $P'Q$ 线变化，从铁素体中析出的三次石墨量很少，冷至室温时，铁素体中含碳量 $w_C$ 远小于 0.0006%。上述共晶合金的石墨化过程如图 12-3 所示。

如果合金冷却较快，过冷度较大，通过 $S'E'C'$ 和 $SEC$ 范围共晶石墨或二次石墨来不及析出，而过冷到实线以下的温度时将析出 $Fe_3C$。

根据铁碳双重相图和上述共晶合金结晶过程分析，在极缓慢冷却条件下，铸铁石墨化过程可分为两个阶段：在 $P'S'K'$ 线以上发生的石墨化称为第一阶段石墨化，包括结晶时共晶石

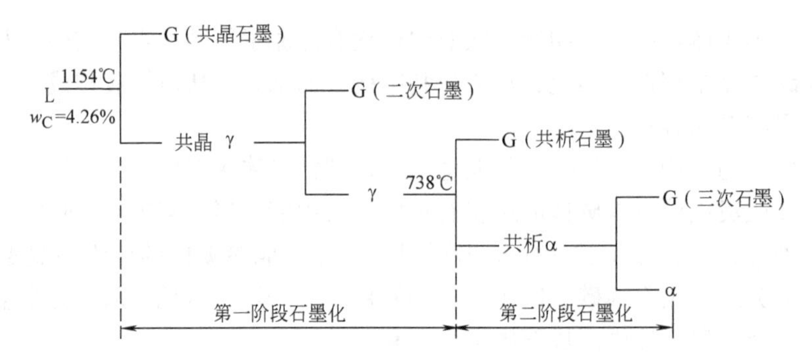


图 12-3　共晶合金石墨化过程

墨、一次石墨、二次石墨的析出和加热时共晶渗碳体、一次渗碳体及二次渗碳体的分解；在 $P'S'K'$ 线以下发生的石墨化称为第二阶段石墨化，包括冷却时共析石墨的析出和加热时共析渗碳体的分解。第二阶段石墨化形成的石墨大多优先附加在已有石墨片上。

铸铁的组织与石墨化过程及其进行的程度密切相关。石墨的形态主要由第一阶段石墨化所控制（以铁素体基灰铸铁为例）。普通灰铸铁由液态结晶的石墨多为粗片状（图 12-4a）。如果在浇注前向铁液中加入少量硅铁或硅钙等孕育剂，进行孕育处理，促进石墨的非均匀生核，可使灰铸铁粗片状石墨细化（图 12-4b）形成孕育铸铁。如果在浇注前向铁液中加入纯镁或稀土镁合金，可以阻止铁液结晶时片状石墨析出，促进球状石墨生成（图 12-4c），形成球墨铸铁。如果在浇注前向铁液中加入稀土硅铁、稀土镁钛等稀土合金进行适当处理，可促使石墨呈蠕虫状（图 12-4d），形成蠕墨铸铁。若将白口铸铁经长时间石墨化退火，使渗碳体分解，由于石墨数量较少，可形成团絮状分布于金属基体中（图 12-4e），形成可锻铸铁。

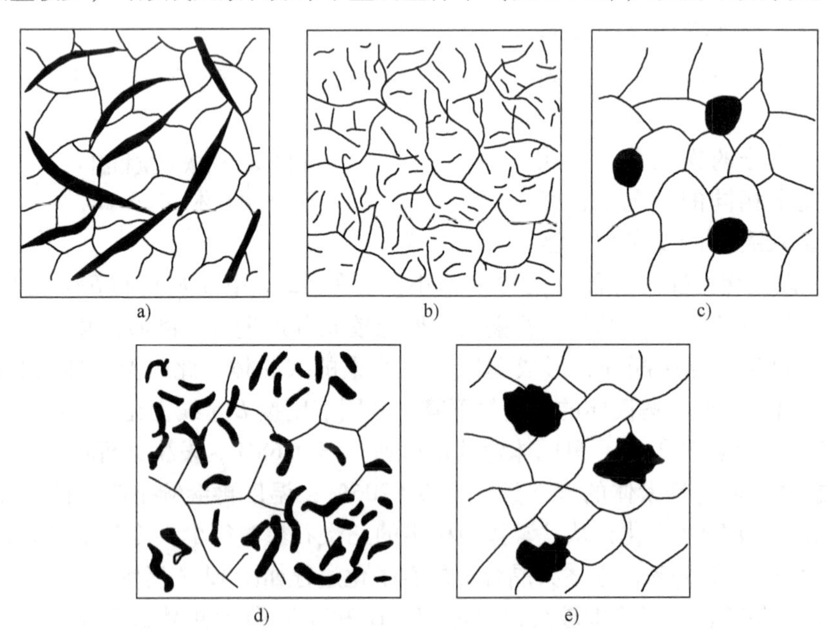


图 12-4　铁素体基铸铁不同石墨形态示意图

a）粗片状（灰铸铁） b）细片状（孕育铸铁） c）球状（球墨铸铁）
d）蠕虫状（蠕墨铸铁） e）团絮状（可锻铸铁）

根据石墨化过程进行的程度，将得到铸铁的不同基体组织（以灰铸铁为例）。如果第一阶段和第二阶段石墨化过程都能够充分地进行，那么可得到铁素体基灰铸铁（图 12-5a）。如果第一阶段完全石墨化，而第二阶段石墨化完全没有进行，则得到珠光体基灰铸铁（图 12-5c）。如果第一阶段石墨化充分进行，第二阶段石墨化能部分进行，则得到铁素体-珠光体基灰铸铁（图 12-5b）。若第一阶段和第二阶段石墨化都不进行，那么将得到白口铸铁（图 4-15）。

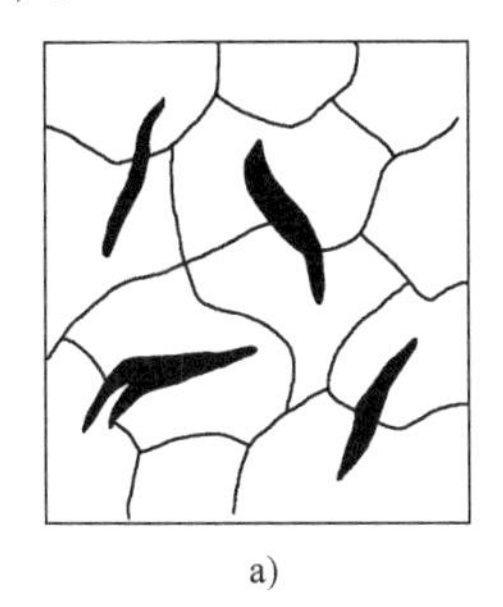
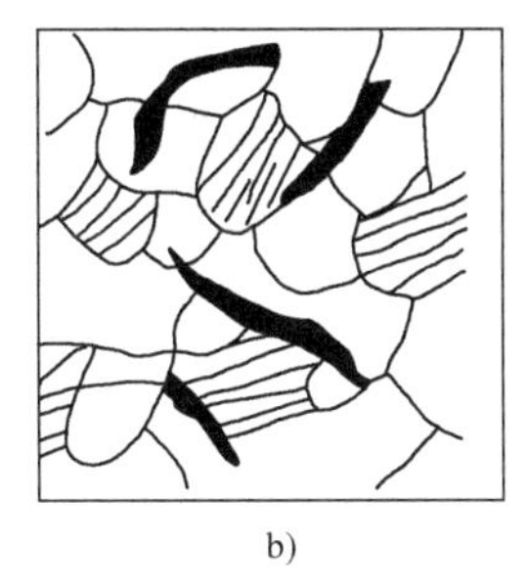
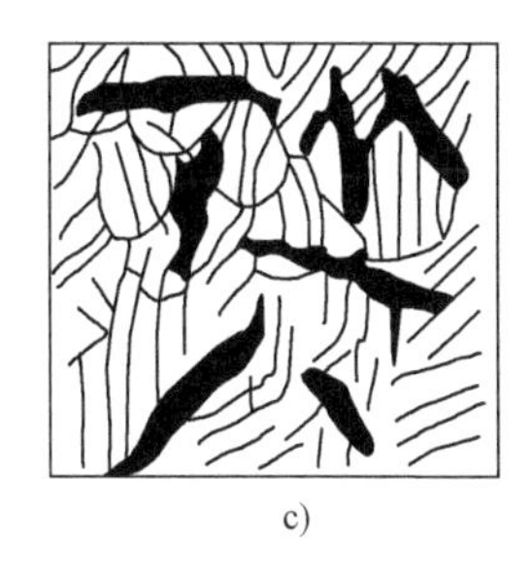

a) b) c)

图 12-5 不同基体的灰铸铁示意图

a）铁素体基 b）铁素体-珠光体基 c）珠光体基

由上可见，影响铸铁组织或石墨化的主要因素有化学成分和冷却速度。图 12-6 表示不同 C、Si 含量和不同壁厚铸铁件的组织。在其他条件一定的情况下，铸铁的冷却速度取决于铸件壁厚，铸件越厚，冷却速度越小。由图 12-6 可见，当铸件壁较薄时，为防止出现白口或麻口，必须增加铸铁中 C、Si 的含量。当铸件中 C、Si 的含量一定时，铸件越厚，铸铁石墨化程度越充分，所得片状石墨越粗大，铁素体数量增加；要得到珠光体基灰铸铁，必须相应地降低铸铁中 C、Si 的含量。图 12-6 将 C 和 Si 对组织的影响同等看待是不符合实际的。C 和 Si 是影响铸铁组织和性能的主要元素，为综合考虑它们的影响，引入碳当量（$C_{eq}$）和共晶度（$S_c$）的概念。碳当量是将 $w_{Si}$ 折合成作用相当的 $w_C$ 与实际 $w_C$ 之和，即 $C_{eq}=w_C+\frac{1}{3}w_{Si}$。共晶度是指铸铁的实际 $w_C$ 与其共晶 $w_C$ 之比值，即 $S_c=\frac{w_C}{4.26-w_{Si}/3}$。它反映了当 $S_c=1$（即 $C_{eq}=4.26\%$）时，为共晶铸铁；当 $S_c<1$（即 $C_{eq}<4.26\%$）时，为亚共晶铸铁；当 $S_c>1$（即 $C_{eq}>4.26\%$）时，为过共晶铸铁。随着铸铁碳当量和共晶度的增加，石墨的数量增多且变得粗大，铁素体数量增加。图 12-7 为铸铁的共晶度和壁厚与铸铁组织的关系。生产中一般将铸铁的碳当量控制在 4% 左右，共晶度应该接近于 1。

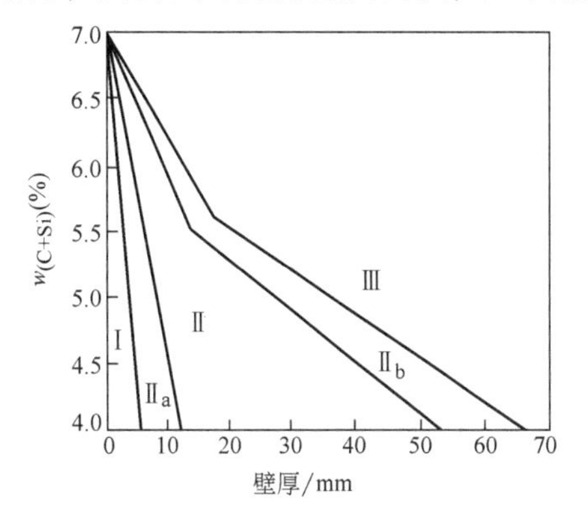


图 12-6 C、Si 总量及铸件壁厚对铸铁组织的影响

Ⅰ—$Ld+P+Fe_3C$ Ⅱa—$P+Fe_3C+G$

Ⅱ—$P+G$ Ⅱb—$P+F+G$ Ⅲ—$F+G$

除了 C 和 Si 是强烈促进石墨化的元素外，Al、P、Ni、Cu 等元素也是促进石墨化的元素，而 B、Mg、V、Cr、S、Mo、Mn、W 等元素属于阻碍石墨化的元素。Cu 和 Ni 既促进共晶时的石墨化又能阻碍共析时的石墨化。生产中为了避免产生白口和麻口，铸铁中必须加入

足够的C、Si、Al等促进石墨化的元素。为了提高铸铁的强度，又希望得到珠光体基体，加入Cu和Ni可起这种作用。铸铁中加入适量的Mn（$w_{Mn}$ = 0.5%~1.4%）可溶于基体及碳化物中，强化基体，促使珠光体形成并细化珠光体，且与S结合生成MnS，削弱S的有害作用；但过多的Mn又易使铸铁产生白口。除了Si、Mn外，一般铸铁中还存在S、P等杂质元素。S是铸铁中一个有害元素，它强烈阻碍石墨化，恶化铸铁力学性能及铸造性能，因此应该严格控制铸铁中的含硫量，一般其质量分数应小于0.15%。P是一个促进石墨化不太强的元素，它在奥氏体或铁素体中固溶度很低，并随含碳量的增加而降低，当超过其固溶极限时，会出现$Fe_3P$，它同渗碳体和铁素体形成磷共晶，磷共晶硬而脆，若沿晶界分布，将使铸铁强度降低，脆性增大，所以含磷量$w_P$一般限制在0.2%以下；但少量的均匀分布的磷共晶能显著提高铸铁硬度和耐蚀性。因此C、Si、Mn为调节组织元素，P是控制使用元素，S属于限制元素。

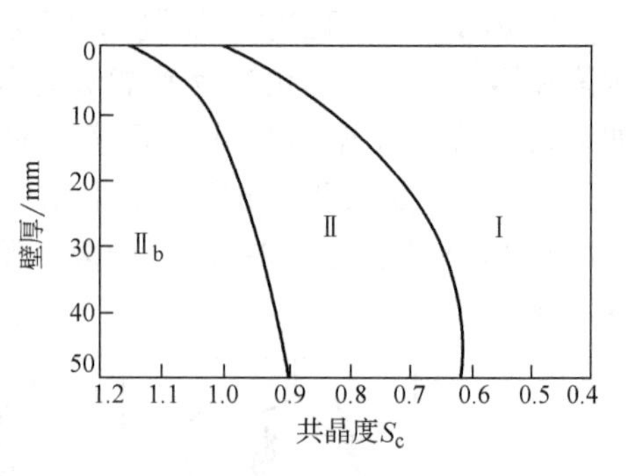


图12-7 铸铁组织图

Ⅰ—白口、麻口铸铁 Ⅱ—珠光体灰铸铁

Ⅱ$_b$—珠光体-铁素体灰铸铁

## 二、石墨与基体对铸铁性能的影响

铸铁的组织由基体组织和石墨组成。铸铁的性能取决于基体组织的性能和石墨的性能及其数量、大小、形态和分布。

石墨十分松软而脆弱，抗拉强度在20MPa以下，伸长率趋近于零。因此，片状石墨就像基体组织中的孔洞和裂缝，可以把铸铁看成是含有大量孔洞和裂缝的钢。石墨一方面破坏了基体金属的连续性，减少了铸铁的实际承载面积；另一方面石墨边缘好似尖锐的缺口或裂纹，在外力作用下会导致应力集中，形成断裂源。因此，灰铸铁的抗拉强度、塑性和韧性都很低。

石墨的数量、大小和分布对铸铁的性能有显著影响。就片状石墨而言，石墨数量越多，对基体的削弱作用和应力集中程度越大，灰铸铁的抗拉强度和塑性越低。但是灰铸铁的抗压强度比抗拉强度高得多，这是由于在压应力作用下，石墨片不引起过大的局部应力。石墨数量一定时，石墨片过粗，虽然应力集中程度减弱，但在局部区域使承载面积急剧减少，性能也显著下降；石墨片过细，石墨片增多，应力集中程度增大，尤其当石墨片相互连结时，承载面积显著下降，所以石墨片尺寸应以中等为宜（长度约为0.03~0.25mm）。当石墨的数量和尺寸一定时，石墨分布不均匀，产生方向性排列，则灰铸铁的强度和塑性也显著下降。尤其当石墨形成封闭的网络时，则铸铁的力学性能最低。

石墨形态也显著影响铸铁的性能。当基体为珠光体的铸铁，石墨由粗片状（灰铸铁）分别变成细片状（孕育铸铁）、团絮状（可锻铸铁）和球状（球墨铸铁）时，则抗拉强度由100~200MPa分别提高到200~400MPa、450~700MPa和600~800MPa；伸长率从0~0.3%，分别提高到0.2%~0.5%、2.5%~5%和2.0%~4.0%；无缺口试样冲击韧度则从0~3J·cm$^{-2}$分别提高到3~8J·cm$^{-2}$、5~15J·cm$^{-2}$和15~30J·cm$^{-2}$。这是因为片状石墨对基体的削弱程度和应力集中程度最大，所以灰铸铁强度最低，塑性和韧性最差。可锻铸铁中石墨呈团絮状，对基体的割裂作用显著降低，因而强度增大，塑性明显提高。球墨铸铁中石墨呈球状，对基体的割裂作用最小，并不造成明显的应力集中，故对基体的破坏作用最小，强度利用率最高（达到70%~90%），因此强度最高，塑性和韧性也明显改善，断裂韧度也较高。当石墨呈团絮状或球状时，铸铁的强度可以和中碳钢的强度相当。因此改善石墨形状是提高铸铁性能的一条最重要的途径。

基体组织对铸铁的力学性能也起着重要的作用。对于同一类铸铁来说，在其他条件相同的情况下，可以显示出基体组织对铸铁性能的影响。铸铁基体中铁素体相越多，铸铁塑性越好；基体中珠光体数量越多，则铸铁的抗拉强度和硬度越高（图12-8）。但是普通灰铸铁由于粗片状石墨对基体的强烈割裂作用，即使得到全部铁素体基体组织，塑性和冲击韧度仍然很低。因此，只有当石墨为团絮状、蠕虫状或球状时，改变基体组织才能显示出其对性能的影响。例如，铁素体基可锻铸铁具有一定的强度和较高的塑性和韧性。珠光体可锻铸铁具有较高的强度、硬度和耐磨性及一定的塑性和韧性。球墨铸铁的基体组织对铸铁的力学性能起着更显著的作用。铁素体基球墨铸铁塑性和韧性相当高，伸长率为10%~20%，冲击韧度可达50~150J·cm$^{-2}$。珠光体基球墨铸铁强度很高，耐磨性较好，并具有一定的塑性和韧性。例如，铸态珠光体基球墨铸铁抗拉强度高达588~735MPa。此外，通过热处理可使球墨铸铁基体得到下贝氏体、回火马氏体、回火索氏体等组织，从而使球墨铸铁具有更高的强度、塑性和断裂韧度。

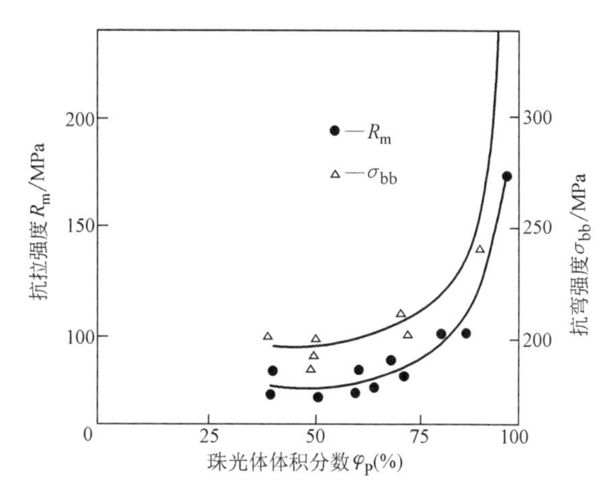

图12-8 灰铸铁珠光体体积分数与强度的关系（$\phi$40mm）

因此强化铸铁时，一方面要改变石墨的数量、大小、形态和分布，尽量减少石墨的有害作用；另一方面又可通过合金化、热处理或表面处理方法调整基体组织，提高基体性能，以改善铸铁的强韧性。表12-1列出了具有不同基体组织和石墨形态的灰铸铁的抗拉强度及化学成分。

**表12-1 灰铸铁的抗拉强度及化学成分**

| 铸铁牌号 | 抗拉强度 $R_m$/MPa | 基体组织 | 石墨 | 铸件壁厚/mm | 化学成分（质量分数,%） | | | | |
|---|---|---|---|---|---|---|---|---|---|
| | | | | | C | Si | Mn | P | S |
| HT100 | ≥100 | 珠光体 $\varphi_P$=30%~70% 粗片状；铁素体 $\varphi_\alpha$=70%~30%；二元磷共晶 $\varphi$<7% | 粗片状 | — | 3.4~3.9 | 2.1~2.6 | 0.5~0.6 | <0.3 | <0.15 |
| HT150 | ≥150 | 珠光体 $\varphi_P$=40%~90% 中粗片状；铁素体 $\varphi_\alpha$=10%~60%，二元磷共晶 $\varphi$<7% | 较粗片状 | <30<br>30~50<br>>50 | 3.2~3.5 | 2.0~2.4<br>1.9~2.3<br>1.8~2.2 | 0.5~0.8<br>0.5~0.8<br>0.6~0.9 | <0.30 | <0.15 |

（续）

| 铸铁牌号 | 抗拉强度 $R_m$/MPa | 基体组织 | 石墨 | 铸件壁厚/mm | 化学成分（质量分数,%） | | | | |
|---|---|---|---|---|---|---|---|---|---|
| | | | | | C | Si | Mn | P | S |
| HT200 | ≥200 | 珠光体 $\varphi_P$ >95% 中片状；铁素体 $\varphi_\alpha$ <5%；二元磷共晶 $\varphi$ <4% | 中等片状 | <30<br>30~50<br>>50 | 3.2~3.5<br>3.1~3.4<br>3.0~3.3 | 1.6~2.0<br>1.5~1.8<br>1.4~1.6 | 0.7~0.9<br>0.7~0.9<br>0.8~1.0 | <0.3 | <0.12 |
| HT250 | ≥250 | 珠光体 $\varphi_P$ >98% 中细片状；二元磷共晶 $\varphi$ <2% | 较细片状 | <30<br>30~50<br>>50 | 3.0~3.3<br>2.9~3.2<br>2.8~3.1 | 1.5~1.8<br>1.4~1.7<br>1.3~1.6 | 0.8~1.0<br>0.9~1.1<br>1.0~1.2 | <0.2 | <0.12 |
| HT300 | ≥300 | 珠光体 $\varphi_P$ >98% 中细片状；二元磷共晶 $\varphi$ <2% | 细小片状 | <30<br>30~50<br>>50 | 3.0~3.3<br>2.9~3.2<br>2.8~3.1 | 1.4~1.7<br>1.3~1.6<br>1.2~1.5 | 0.8~1.0<br>0.9~1.1<br>1.0~1.2 | <0.15 | <0.12 |
| HT350 | ≥350 | 珠光体 $\varphi_P$ >95% 细片状；二元磷共晶 $\varphi$ <1% | 细小片状 | <30<br>30~50<br>>50 | 2.8~3.1<br>2.8~3.1<br>2.7~3.0 | 1.3~1.6<br>1.2~1.5<br>1.1~1.4 | 1.0~1.3<br>1.0~1.3<br>1.1~1.4 | <0.15 | <0.10 |

石墨除了影响铸铁常规力学性能外，还能使铸铁具有某些特殊性能及优良的工艺性能。

石墨在铸铁中具有良好的吸振作用。石墨对铸铁的振动起缓冲作用，将振动能转变为热能，削弱和阻止振动能的传递。尤其是粗片状石墨对基体分割作用大，吸振能量比较强，所以普通灰铸铁比球墨铸铁具有更好的消振性。因此，对于承受振动的零、部件，如机床床身、气缸体等往往采用低强度灰铸铁制造。

石墨本身具有良好的润滑作用和减摩作用。在有润滑的条件下，石墨脱落后的孔洞可以吸附和储存润滑油，使摩擦面保持良好润滑条件，从而使铸铁比钢有更好的耐磨性。就灰铸铁而言，石墨呈均匀片状分布时，珠光体基灰铸铁耐磨性最高，铁素体基灰铸铁耐磨性较差。同样，珠光体基球墨铸铁的耐磨性比铁素体基球墨铸铁高。

一般钢制零件，表面若有刀痕、键槽、油孔等缺口存在，易造成应力集中，使疲劳强度降低，故缺口敏感性高。石墨的存在，尤其是片状石墨的存在，相当于存在很多小切口，因此，铸铁的疲劳强度对表面缺口或缺陷几乎不具有敏感性，但铸铁疲劳强度绝对值比钢低。

由于石墨具有润滑作用和断屑作用，因此铸铁具有良好的切削加工性，尤其是灰铸铁切削加工性最好。此外，铸铁比钢具有优良的铸造性能。因为铸铁的 C、Si 含量较高（一般碳当量调整到共晶成分），其熔点比钢低，具有良好的流动性，并且，由于石墨比体积大，使凝固时铸件的收缩量减少，可减小铸件内应力，防止铸件变形和开裂，同时可以减少冒口，简化铸造工艺。因此，铸铁是工业上十分有价值的结构材料，可以广泛用于制造各种机器零件，尤其适宜铸造薄壁复杂的机器零件。

# 第二节　常用铸铁

## 一、灰铸铁

### （一）灰铸铁的牌号、成分及组织

灰铸铁价格便宜，应用广泛，其产量约占铸铁总产量的80%以上。

按GB/T 9439—2010规定，根据直径30mm单铸试棒的抗拉强度，将灰铸铁分为八个牌号。灰铸铁牌号由“灰铁”二字拼音字首“HT”和其后的数字组成。数字表示最低抗拉强度$R_m$。例如，灰铸铁HT200，表示最低抗拉强度为200MPa，见表12-1，其中HT300和HT350两种灰铸铁的化学成分为经孕育处理后的化学成分。

灰铸铁的组织是由铁液缓慢冷却时通过石墨化过程形成的，由片状石墨和基体组织组成。根据石墨化进行的程度，可以分别得到铁素体、铁素体-珠光体和珠光体三种不同基体组织的灰铸铁，其显微组织分别如图12-9、图12-10和图12-11所示。铁素体灰铸铁（HT100）用于制造盖、外罩、手轮、支架、重锤等低负荷、不重要的零件。铁素体-珠光体灰铸铁（HT150）用来制造支柱、底座、齿轮箱、工作台等承受中等负荷的零件。珠光体灰铸铁（HT200、HT250）可以制造气缸套、活塞、齿轮、床身、轴承座、联轴器等承受较大负荷和较重要的零件。孕育铸铁（HT300、HT350）可用来制造齿轮、凸轮、车床卡盘、高压液压筒和滑阀壳体等承受高负荷的零件。

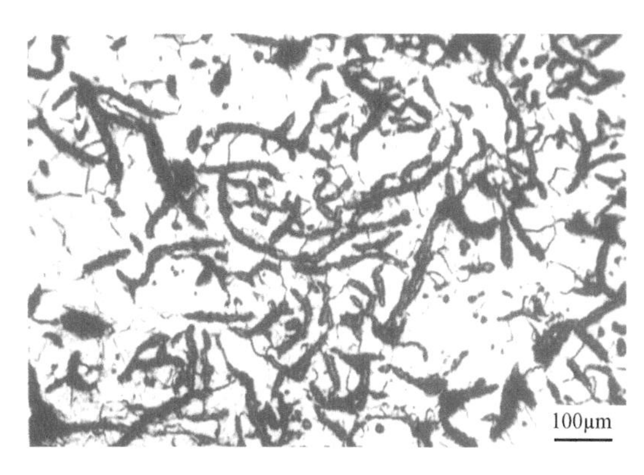


图12-9　铁素体灰铸铁

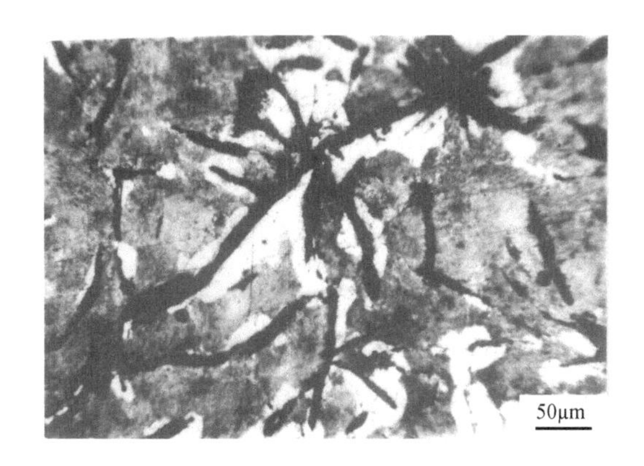


图12-10　铁素体-珠光体灰铸铁

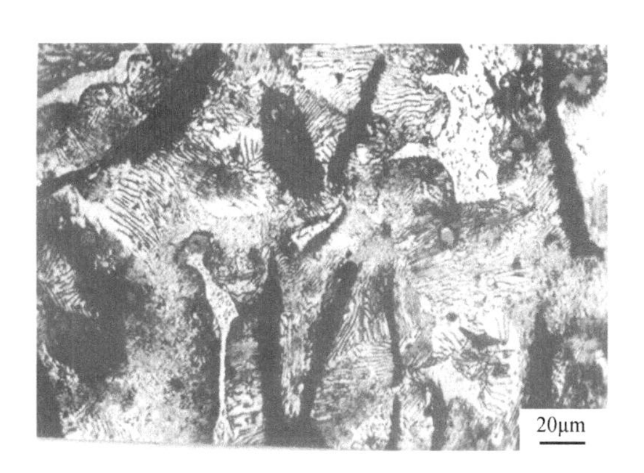


图12-11　珠光体灰铸铁

生产高强度灰铸铁时，希望获得珠光体基体和细片状石墨。为此，可以适当减少C、Si含量，降低铸铁石墨化程度，但是C、Si含量的下降又增大壁厚较小的铸件出现麻口倾向，为消除麻口，可提高铸型温度，减小铸铁的冷却速度。此外，可以提高加热温度，增大铁的过冷度并加快冷却速度，促进均匀生核，从而得到细片状石墨。采用孕育处理方法可以促进石墨的非均匀形核并细化石墨，适当增加共晶团数和促进细片状珠光体的形成，从而提高组织和性能的均匀性，提高铸铁的力学性能。常用的孕育剂为 $w_{Si}=75\%$ 的硅铁、$w_{Si}=60\%\sim65\%$ 和 $w_{Ca}=25\%\sim35\%$ 的硅钙合金。经孕育处理后得到具有细小石墨片的珠光体基铸铁，亦即孕育铸铁。孕育铸铁的力学性能与灰铸铁相比，具有较高的强度、硬度、耐磨性、伸长率和冲击韧度。孕育铸铁 HT300 和 HT350 属于高强度耐磨铸铁。

#### （二）灰铸铁的热处理

灰铸铁热处理只能改变基体组织，不能改变石墨的形态和分布，所以灰铸铁热处理不能显著改善其力学性能，主要用来消除铸件内应力、稳定尺寸、改善切削加工性和提高铸件表面耐磨性。

1. 消除内应力退火

在铸造过程中，产生很大的内应力不仅降低铸件强度，而且使铸件产生翘曲、变形，甚至开裂。因此，铸铁件铸造后必须进行消除应力退火，又称人工时效。即将铸件缓慢加热到500～550℃适当保温（每 10mm 截面保温 2h）后，随炉缓冷至 150～200℃ 出炉空冷。去应力退火加热温度一般不超过 560℃，以免共析渗碳体分解、球化，降低铸件强度、硬度和耐磨性。

2. 消除白口组织的退火或正火

铸件冷却时，表层及截面较薄部位由于冷却速度快，易出现白口组织使硬度升高，难以切削加工。通常将铸件加热至 850～950℃ 保温 1～4h，然后随炉缓冷，使部分渗碳体分解，最终得到铁素体基或铁素体-珠光体基灰铸铁，从而消除白口，降低硬度，改善切削加工性。正火是将铸件加热至 850～950℃ 保温 1～3h 后出炉空冷，使共析渗碳体不发生分解，最终得到珠光体基灰铸铁，从而既消除了白口、改善了可加工性，又提高了铸件的强度、硬度和耐磨性。

3. 表面淬火

铸铁件和钢一样，可以采用表面淬火工艺使铸件表面获得回火马氏体加片状石墨的硬化层，从而提高灰铸铁件（如机床导轨）的表面强度、耐磨性和疲劳强度，延长其使用寿命。为了获得较好的表面淬火效果，对高、中频淬火铸铁，一般希望采用珠光体灰铸铁，最好是细片状石墨的孕育铸铁。

### 二、可锻铸铁

可锻铸铁是由一定成分的白口铸铁经石墨化退火得到的一种高强度铸铁。由于石墨呈团絮状分布，对基体破坏作用较小，所以可锻铸铁比灰铸铁具有较高的强度、塑性和冲击韧度，但并不能锻造。

#### （一）可锻铸铁的牌号、性能及组织

可锻铸铁根据化学成分、热处理工艺、性能及组织不同分为黑心可锻铸铁和珠光体可锻铸铁以及白心可锻铸铁三类。表 12-2 列出了部分黑心可锻铸铁和珠光体可锻铸铁的牌号及力学性能。

表 12-2　黑心可锻铸铁和珠光体可锻铸铁的牌号及力学性能（GB/T 9440—2010）

| 牌　　号 | 试样直径 $d$/mm | $R_m$/MPa | $R_{p0.2}$/MPa | $A$(%) ($l_0=3d$) | HBW |
|---|---|---|---|---|---|
| | | 不　小　于 | | | |
| KTH300-06 | 12 或 15 | 300 | — | 6 | ≤150 |
| KTH330-08 | | 330 | — | 8 | |
| KTH350-10 | | 350 | 200 | 10 | |
| KTH370-12 | | 370 | — | 12 | |
| KTZ450-06 | 12 或 15 | 450 | 270 | 6 | 150～200 |
| KTZ550-04 | | 550 | 340 | 4 | 180～230 |
| KTZ650-02 | | 650 | 430 | 2 | 210～260 |
| KTZ700-02 | | 700 | 530 | 2 | 240～290 |

注：1. 试样直径 12mm 只适用于铸件主要壁厚小于 10mm 的铸件。

2. 牌号 KTH300-06 适用于气密性零件。

可锻铸铁牌号中“KT”为“可铁”汉语拼音字首，其后面的 H 表示黑心可锻铸铁；Z 表示珠光体可锻铸铁；B 表示白心可锻铸铁。符号后面的两组数字分别表示最低抗拉强度和最低伸长率值。例如，KTH350-10 表示最低抗拉强度 $R_m=350$MPa，最低伸长率 $A=10\%$ 的黑心可锻铸铁。

黑心可锻铸铁和珠光体可锻铸铁是由白口铸铁经长时间石墨化退火得到的。如白口铸铁在退火过程中的第一阶段和第二阶段石墨化能充分进行，将得到铁素体基加团絮状石墨的组织（图 12-12），称铁素体可锻铸铁，其断口心部由于铁素体基体上分布大量石墨而呈墨绒色，表层因退火时脱碳而呈灰白色，故有“黑心可锻铸铁”之称。如白口铸铁在退火过程中完成第一阶段石墨化和析出二次石墨后，以较快速度冷却通过共析转变温度，使共析渗碳体不发生分解，则可得到珠光体加团絮状石墨组织（图 12-13），即为珠光体可锻铸铁。

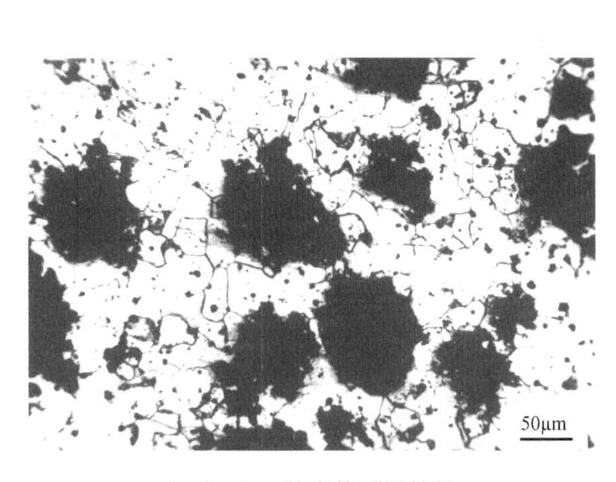


图 12-12　铁素体可锻铸铁

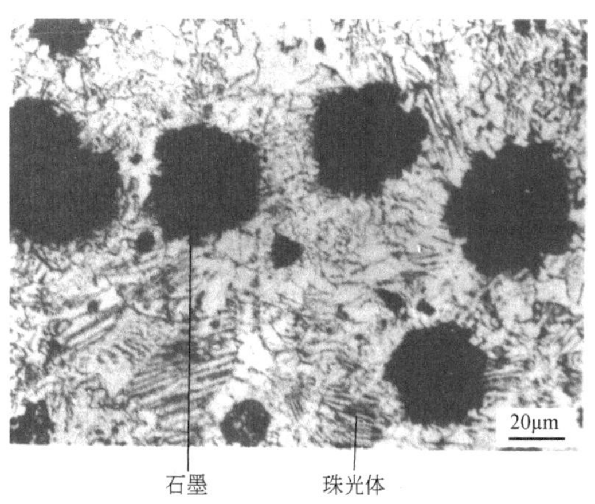


图 12-13　珠光体可锻铸铁

如果白口铸铁件在氧化性介质中退火，深度为 1.5～2.0mm 的表层完全脱碳，得到铁素体组织，心部为珠光体基加团絮状石墨，其断口中心呈白色，表层呈暗灰色，故有“白心可锻铸铁”之称。目前我国生产的可锻铸铁多数为黑心可锻铸铁和珠光体可锻铸铁。白心可锻铸铁生产工艺较为复杂，退火周期长，性能和黑心可锻铸铁差不多，故应用较少。

黑心可锻铸铁强度不算高，但具有良好的塑性和韧性。珠光体可锻铸铁塑性和韧性不及黑心可锻铸铁，但强度、硬度和耐磨性高。因此，可根据性能要求选择适当的基体。若要求高强度和高耐磨性，应选择珠光体可锻铸铁，如汽油机或柴油机曲轴、连杆、齿轮、凸轮及活塞等零件。若要求高塑性和韧性，应选用黑心可锻铸铁，如汽车、拖拉机后桥外壳、转向机构、低压阀、管接头等受冲击和振动的零件。

**（二）可锻铸铁的化学成分及石墨化退火**

可锻铸铁的生产首先必须得到白口铸件，然后进行石墨化退火，使渗碳体较快地分解，得到团絮状石墨，而不至于出现片状石墨。为了保证获得完全的白口组织，必须控制铸铁的化学成分，适当降低 C、Si 等促进石墨化元素的含量和增加 Mn、Cr 等阻碍石墨化元素的含量。但是 C、Si 的含量也不能太低，否则会影响石墨化过程，延长退火周期。为此，C、Si 含量应分别控制在 $w_C=2.4\%\sim2.8\%$ 和 $w_{Si}=0.8\%\sim1.4\%$；Mn 含量以去除 S 的有害作用为宜，一般 $w_{Mn}$ 为 $0.3\%\sim0.6\%$，珠光体可锻铸铁 $w_{Mn}$ 提高到 $1.0\%\sim1.2\%$。此外，$w_{Cr}\leqslant0.06\%$，$w_S\leqslant0.18\%$，$w_P\leqslant0.20\%$。

可锻铸铁的显微组织取决于石墨化退火工艺。图 12-14 为可锻铸铁石墨化退火工艺曲线。如将白口铸铁在中性介质（高炉炉渣、细砂）中加热到 950～1000℃长时间保温，珠光体转变为奥氏体，渗碳体在此温度下完全分解，形成团絮状石墨，此乃石墨化第一阶段。然后从高温随炉缓冷到 720～750℃，以便从奥氏体中析出二次石墨。在 720～750℃之间应以极缓慢速度($3\sim5℃\cdot h^{-1}$）通过共析转变温度区，避免二次渗碳体析出，保证奥氏体直接转变为铁素体加石墨，完成第二阶段石墨化，则可得到铁素体基体的可锻铸铁（图 12-12）。为了便于控制第二阶段石墨化，也可从高温加热后直接缓冷至略低于共析转变温度范围（720～750℃）长时间（15～20h）等温保持，如图 12-14 中虚线所示，使共析渗碳体分解为铁素体加石墨。当共析渗碳体石墨化完毕后，即可随炉缓冷至 600～700℃出炉空冷。

若将白口铸铁在 950～1000℃加热保温完成第一阶段石墨化后，随炉缓冷至 800～860℃，使奥氏体析出二次石墨，然后出炉空冷通过共析转变温度，使共析渗碳体不发生石墨化分解，从而得到珠光体基体的可锻铸铁（图 12-13）。也可将铁素体可锻铸铁重新加热至共析温度以上进行一次正火处理得到珠光体可锻铸铁。

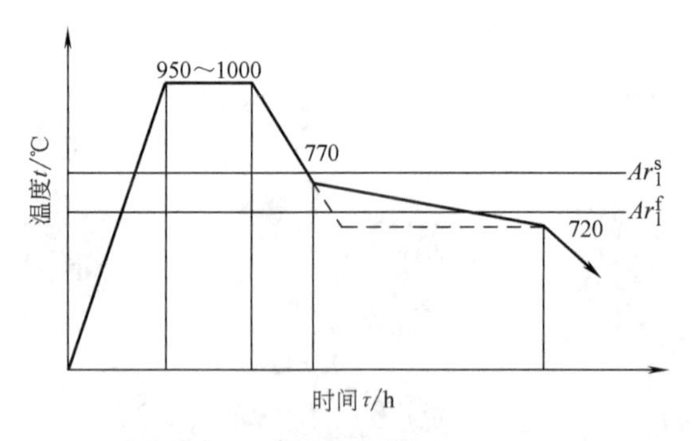


图 12-14　可锻铸铁石墨化退火工艺曲线

可锻铸铁石墨化退火周期很长，一般需 70～80h 甚至上百小时。为了缩短退火周期，提高生产率，可采用“低温时效”“淬火”等新工艺。低温时效即在退火前将白口铸件先在 300～400℃加热保温 3～6h。经这种处理后可显著加快高温保温时渗碳体的分解，使退火时间缩短到 15～16h。这是由于在低温时效过程中发生了碳原子的偏聚，促进了高温退火时石墨晶核的形成。

白口铸铁在石墨化退火前先进行淬火，也可实现可锻铸铁的快速退火。铸件淬火后得到细晶粒组织和高内应力，造成大量的石墨结晶核心，从而大大加速了第一、二阶段石墨化过程，可使石墨化退火时间缩短到 10～15h。

## 三、球墨铸铁

球墨铸铁是石墨呈球状的灰铸铁，简称球铁。球墨铸铁是将经球化和孕育处理的铁液石墨化后得到的，具有比普通灰铸铁高得多的强度、塑性和韧性，同时保留普通灰铸铁耐磨、消振、易切削、铸造性能好、缺口不敏感等一系列优点。球墨铸铁也比可锻铸铁具有更高的力学性能。因此，球墨铸铁是重要的铸造金属材料，在工业上获得了广泛的应用，产量仅次于普通灰铸铁。

### （一）球墨铸铁的化学成分及其处理方法

球墨铸铁的化学成分和灰铸铁相比，主要是 C、Si 含量较高，含锰量较低，S、P 含量限制很严，同时含有一定量的残余 Mg 和稀土元素。表 12-3 列出球墨铸铁和灰铸铁化学成分的对比。球墨铸铁碳当量较高（4.5%～4.7%），属于过共晶铸铁。碳当量过低，石墨球化不良；碳当量过高，容易出现石墨漂浮现象。球墨铸铁含较高的碳量，铁液石墨化能力强，石墨结晶核心多，可以细化石黑，提高石墨球圆整度，改善铁液的流动性。适当提高硅含量可降低球墨铸铁因镁及稀土处理引起的白口化倾向，促进石墨析出，并有利于获得铁素体基球墨铸铁，提高塑性和韧性。适当降低硅含量有利于得到高强度的珠光体基球墨铸铁。球墨铸铁中一般 $w_{Mn}<1\%$，要求高塑性的球墨铸铁，$w_{Mn}$以小于 0.6% 为宜，若要得到珠光体基球墨铸铁，$w_{Mn}$可为 0.6%～0.9%。球墨铸铁 S、P 含量应严格控制，即 $w_S<0.03\%$、$w_P<0.1\%$，S 量过多，易造成球化元素的烧损，P 量过多，则降低球墨铸铁的塑性和韧性。

**表 12-3 球墨铸铁与普通灰铸铁化学成分对比**

| | $w_C$(%) | $w_{Si}$(%) | $w_{Mn}$(%) | $w_P$(%) | $w_S$(%) |
|---|---|---|---|---|---|
| 球墨铸铁 | 3.5～3.9 | 2.0～2.8 | ≤0.3～0.8 | <0.08 | <0.03 |
| 球化处理前的铁液 | 3.7～4.0 | 1.0～2.0 | ≤0.3～0.8 | <0.08 | <0.06 |
| 灰铸铁 | 2.9～3.5 | 1.4～2.1 | 0.6～1.0 | 0.1～0.15 | 0.1～0.12 |

将球化剂加入铁液的操作过程叫球化处理。我国常用的球化剂有镁、稀土或稀土-硅铁-镁合金三种。纯镁的球化作用很强，球化率高，容易获得完整的球状石墨。但是纯镁又是强烈的阻碍石墨化元素，有增大铸铁白口化倾向。由于纯镁的沸点（1120℃）远低于铁液温度，因此纯镁加入铁液中沸腾飞溅、烧损严重，需采用压力加镁办法，处理工艺较为复杂，而且铸件的收缩、疏松夹渣、皮下气泡等缺陷较为严重。我国目前广泛应用的球化剂是稀土-硅铁-镁合金，其主要成分为 $w_{RE}=17\%\sim25\%$、$w_{Mg}=3\%\sim12\%$、$w_{Si}=34\%\sim42\%$、$w_{Fe}=21\%\sim22\%$。采用这种球化剂时，由于镁含量低，球化反应平稳，通常采用包底冲入法，即将球化剂放入浇包中，然后冲入铁液使球化剂逐渐熔化。

因为镁及稀土元素都强烈阻碍石墨化，铁液经球化处理后容易出现白口，难以产生石墨核心。因此球化处理的同时，必须进行孕育处理。孕育剂必须含有强烈促进石墨化的元素，通常采用硅铁和硅钙合金。要想得到珠光体基球墨铸铁，孕育剂的含量为 0.5%～1.0%（质量分数）；要想得到铁素体基球墨铸铁，孕育剂的含量为 0.8%～1.6%（质量分数）。经孕育处理后的球墨铸铁，石墨球数量增加，球径减小，形状圆整，分布均匀，从而显著改善了球墨铸铁的力学性能。

### （二）球墨铸铁的牌号、组织和性能

根据国家标准 GB/T 1348—2009，我国球墨铸铁的牌号用“球铁”汉语拼音字首“QT”和其后两组数字表示。第一组数字表示最低抗拉强度，第二组数字表示最低伸长率。表 12-4列出了球墨铸铁的具体牌号、力学性能及其用途。

**表 12-4 球墨铸铁的牌号、力学性能及用途**（GB/T 1348—2009）

| 牌号 | $R_m$/MPa | $R_{p0.2}$/MPa | $A$(%) | 供参考 | | 应用举例 |
|---|---|---|---|---|---|---|
| | 不小于 | | | 硬度 HBW | 基体组织 | |
| QT400-18 | 400 | 250 | 18 | 120～175 | 铁素体 | 汽车、拖拉机底盘零件；阀门的阀体和阀盖等 |
| QT400-15 | 400 | 250 | 15 | 120～180 | 铁素体 | |
| QT450-10 | 450 | 310 | 10 | 160～210 | 铁素体 | |
| QT500-7 | 500 | 320 | 7 | 170～230 | 铁素体-珠光体 | 机油泵齿轮等 |
| QT600-3 | 600 | 370 | 3 | 190～270 | 珠光体-铁素体 | 柴油机、汽油机的曲轴；磨床、铣床、车床的主轴；空压机、冷冻机的缸体、缸套 |
| QT700-2 | 700 | 420 | 2 | 225～305 | 珠光体 | |
| QT800-2 | 800 | 480 | 2 | 245～335 | 珠光体或索氏体 | |
| QT900-2 | 900 | 600 | 2 | 280～360 | 回火马氏体或托氏体＋索氏体 | 汽车、拖拉机传动齿轮等 |

球铁组织由基体组织和球状石墨组成。由表 12-4 可见，球铁的基体组织常用的有珠光体、珠光体-铁素体和铁素体三种。图 12-15 为这三种基体组织球铁的显微组织。经合金化和热处理，也可以获得下贝氏体、马氏体、托氏体、索氏体和奥氏体等基体组织。珠光体基球墨铸铁的抗拉强度比铁素体基球墨铸铁高 50% 以上，而铁素体基球墨铸铁的伸长率是珠光体基球墨铸铁的3～5倍。经热处理后马氏体基球墨铸铁具有高硬度、高强度，下贝氏体基球墨铸铁具有优良的综合力学性能。球状石墨的大小也显著影响球墨铸铁的力学性能。一般来说，石墨球径越小，强度越高，塑性、韧性越好。例如，石墨球径为 0.05～0.11mm 的珠光体基球墨铸铁，$R_m=676$MPa，$A=1.1\%$，而球径为 0.04～0.06mm 的珠光体基球墨铸铁，$R_m=784$MPa，$A=2.6\%$。同其他铸铁相比，球墨铸铁不仅抗拉强度高，而且屈服强度也很高，屈强比达到0.7～0.8，比钢高得多。因此对承受静载荷的零件，可以用球墨铸铁代钢，以减轻机器重量。球墨铸铁的塑性和韧性虽低于钢，但高于其他各类铸铁。此外，球墨铸铁的疲劳强度也可和钢相媲美。总之，球墨铸铁具有优异的力学性能，可用于制造负荷较大、受力复杂的机器零件。如铁素体基球墨铸铁多用于制造受力较大、承受振动和冲击的零件，珠光体基球墨铸铁常用于承受重载荷及摩擦磨损的零件。

### （三）球墨铸铁的热处理

球墨铸铁的力学性能主要取决于基体组织，通过热处理改变基体组织可以显著改善球墨铸铁的力学性能。球墨铸铁的相变规律同钢相似，但球墨铸铁中有石墨存在并含有较多的 C、Si、Mn 等元素，因此热处理又具有一定的特殊性。

球墨铸铁共晶和共析转变温度较高，而且是在一个温度范围内进行，因此奥氏体化加热温度一般高于碳钢。在共析温度范围内存在一个由铁素体、奥氏体和石墨组成的三相平衡区，在此温度范围不同温度下，铁素体和奥氏体有不同的相对量，所以控制不同的加热温

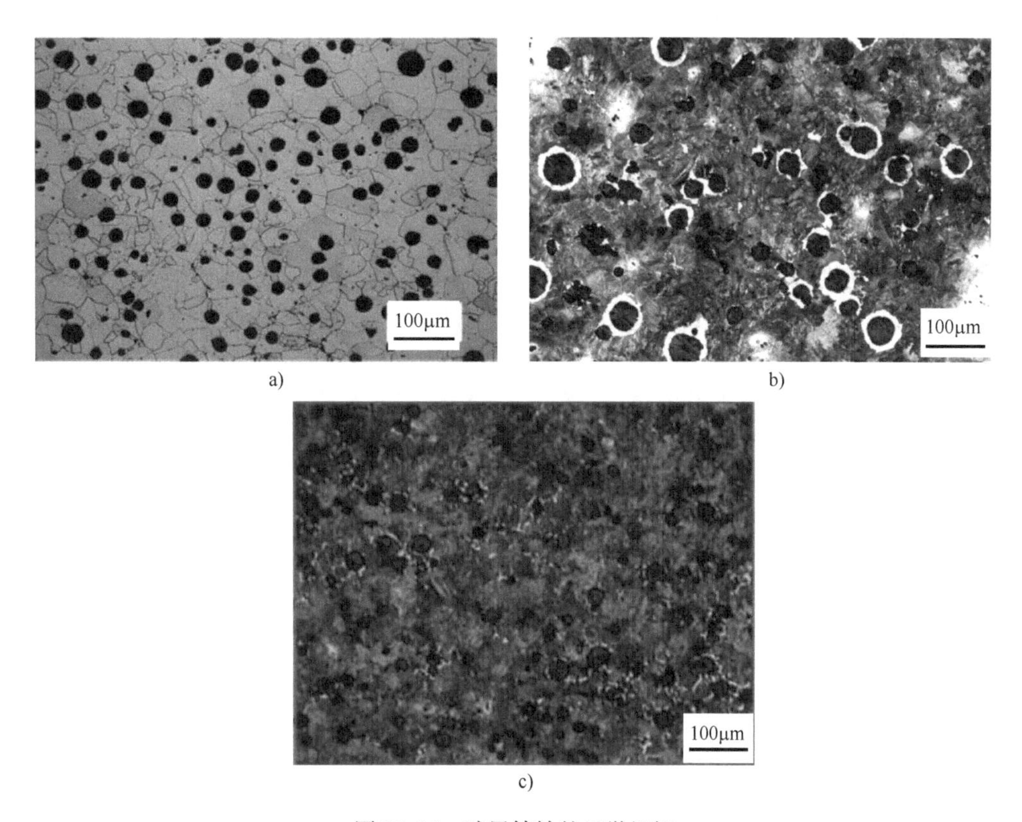


a)　b)　c)

图 12-15　球墨铸铁的显微组织

a）铁素体基体　b）铁素体-珠光体基体　c）珠光体基体

度和保温时间可以获得不同比例铁素体和珠光体基体，从而可大幅度调整球墨铸铁的力学性能。

在热处理过程中，石墨作为球墨铸铁中的一个相，也参与相变过程。石墨的存在相当于一个“贮碳库”，形成铁素体基球墨铸铁时，碳全部或绝大部分集中于石墨这个碳库中。球墨铸铁热处理加热时，球状石墨表面的碳又部分溶入奥氏体，提供必要的碳量。控制加热温度可以控制奥氏体中含碳量，从而得到低碳马氏体或者高碳马氏体。奥氏体化后的球墨铸铁在 $Ar_1$ 以下缓慢冷却时析出石墨，或沉积在原来石墨表面上，形成退火石墨；冷却速度较快时将沿奥氏体晶界析出网状渗碳体。因此，控制奥氏体化温度、保温时间和冷却条件可以改变奥氏体及其转变产物碳的含量，从而可在较大范围内改变球墨铸铁的力学性能。

由于硅能减小碳在奥氏体中的溶解能力，因此为使奥氏体中溶解必要的碳量，高温下保温时间应延长。石墨导热性差，故石墨向奥氏体中溶解较渗碳体困难，因此球墨铸铁热处理时加热温度要高，保温时间要长，加热和冷却速度要缓慢。

球墨铸铁主要热处理工艺有退火、正火、调质和等温淬火。

1. 退火

球墨铸铁退火工艺包括消除内应力退火、高温退火和低温退火三种。球墨铸铁消除内应力退火工艺与灰铸铁相同，此处不再介绍。

（1）高温退火　球墨铸铁形成白口组织的倾向较大，铸态组织中常出现莱氏体和自由渗碳体，使铸件脆性增大，硬度升高，切削性能恶化。为消除白口，获得高韧性的铁素体球墨铸铁，需进行高温石墨化退火，其工艺是将铸件加热至900～950℃，保温2～4h，进行第一阶段石墨化，然后炉冷至720～780℃（$Ac_1$～$Ar_1$），保温2～8h，进行第二阶段石墨化。如果在900～950℃保温后炉冷至600℃空冷，则由于第二阶段石墨化没有进行，将得到铁素体-珠光体球墨铸铁。

（2）低温退火　当铸态球墨铸铁组织只有铁素体、珠光体及球状石墨而无自由渗碳体时，为了获得高韧性的铁素体球墨铸铁，可采用低温退火。其工艺是将铸件加热到720～760℃，保温3～6h，然后随炉缓冷至600℃出炉空冷，使珠光体中渗碳体发生石墨化分解。

2. 正火

正火的目的是使铸态下的铁素体-珠光体球墨铸铁转变为珠光体球墨铸铁，并细化组织，以提高球墨铸铁的强度、硬度和耐磨性。根据正火加热温度不同，可分为高温正火和低温正火两种。

高温正火即将铸铁加热到800～950℃保温1～3h，使基体全部转变为奥氏体，然后出炉空冷、风冷或喷雾冷却，从而获得全部珠光体基体球墨铸铁。球墨铸铁导热性差，正火冷却时容易产生内应力，故球墨铸铁正火后需进行回火予以消除，即加热到550～600℃保温2～4h空冷。

低温正火即将铸件加热到820～860℃（共析温度区间），保温1～4h使球墨铸铁组织处于奥氏体、铁素体和球状石墨三相平衡区，然后出炉空冷，得到珠光体加少量铁素体加球状石墨组织，可使球墨铸铁获得较高的塑性、韧性和一定的强度，具有较高的综合力学性能。前已述及，在共析温度范围内，不同温度对应着不同铁素体和奥氏体的平衡数量，温度越高，奥氏体越均匀，则珠光体数量越多。因此通过控制正火温度，可以在很宽范围内控制球墨铸铁的力学性能。

3. 调质处理

调质处理即将球墨铸铁加热到奥氏体区（850～900℃），保温2～4h后油淬，再经550～600℃回火4～6h，得到回火索氏体基体加球状石墨组织。其目的是得到高的强度和韧性的球墨铸铁，其综合力学性能比正火还高，尤其适于铸造受力复杂、截面较大、综合性能要求高的连杆、曲轴等重要机器零件。球墨铸铁淬透性比钢好，一般中、小铸件，甚至形状简单的较大铸件均可采用油淬，以防淬火开裂。控制球墨铸铁淬火温度和保温时间可以获得不同碳量奥氏体，淬火后得到不同成分的马氏体，从而可以控制淬火后球墨铸铁的基体组织和性能。在保证完全奥氏体化条件下应尽量采用较低的淬火温度，以获得低碳马氏体基体组织，经回火后可以获得较好的综合力学性能。过高淬火温度将使马氏体针变粗并出现较多的残留奥氏体量，在冷却稍慢时甚至可出现网状二次渗碳体，从而使球墨铸铁性能变坏。

4. 等温淬火

球墨铸铁的等温淬火工艺是将球化率≥85%、石墨球数≥100/$mm^2$的铸件在850～930℃保温，使基体完全奥氏体化，获得含碳量饱和的奥氏体，然后将铸件以避免形成珠光体的冷却速度快速淬入230～380℃的硝盐浴中，保温0.5～3h后空冷至室温，获得由针状铁素体和稳定的高碳奥氏体组成的基体组织，这种双相组织称为奥铁体。经过这种热处理工艺加工的球墨铸铁称为等温淬火球墨铸铁（Austempered Ductile Iron），简称ADI。图12－16是ADI典型的显微组织，由球状石墨和奥铁体组成。

球墨铸铁的化学成分和冶金质量是保证 ADI 获得卓越性能的基础。等温淬火工艺参数（包括奥氏体化温度和时间、等温淬火温度和时间）决定了 ADI 的力学性能和奥氏体的组织稳定性。一方面，采用不同的等温淬火工艺可以改变基体组织中奥氏体和铁素体的晶粒尺寸、奥氏体含量和针状铁素体的形态，使 ADI 的力学性能可以在较大范围内变化，满足铸件在不同工作条件下的性能要求。另一方面，等温淬火工艺能够控制奥氏体的含碳量，从而影响其组织稳定性。例如，适宜的等温淬火温度和时间使得奥氏体含碳量 $w_C = 1.8\% \sim 2.2\%$，这种奥氏体在室温时热力学和动力学上都是稳定的，受力时不会转变成马氏体；而同样的等温淬火温度下，如果保温时间不足，奥氏体中含碳量 $w_C$ 仅为 $1.2\% \sim 1.6\%$，这种奥氏体在室温时是稳定的，但受力或机械加工时会转变为马氏体；如果铸件在等温盐浴中保温时间过长，高碳奥氏体将分解为更加稳定的铁素体和碳化物。

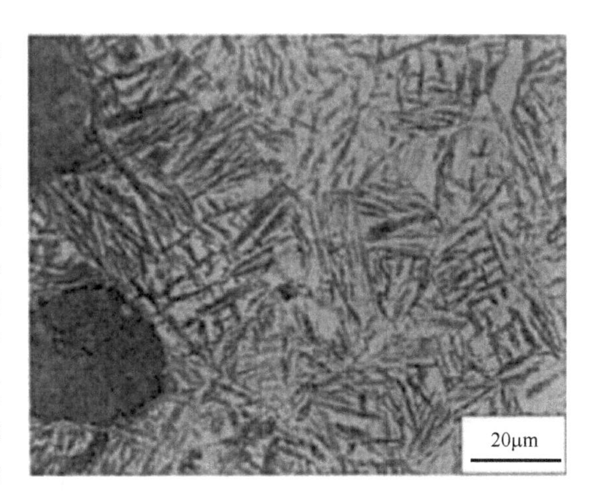


图 12-16 等温淬火球墨铸铁的显微组织

与普通球墨铸铁、铸钢、锻钢及经调质处理的碳钢和低合金钢相比，ADI 具有以下性能特点：强度高，塑性好，断裂韧度高，缺口敏感性小，比强度（抗拉强度与密度之比）大，弯曲疲劳强度和接触疲劳强度等动载性能高，抗磨性能好以及降噪吸振性能好。此外，采用表面强化处理方法（如喷丸、圆角滚压）可显著提高 ADI 的弯曲疲劳强度。因此，ADI 在结构材料领域具有极强的竞争优势，可广泛应用于制造齿轮、齿轮架、曲轴、连杆、轮毂、衬套、销套、磨板、衬板等机械零件。ADI 的牌号、力学性能及用途见表 12-5。

**表 12-5 等温淬火球墨铸铁（ADI）的牌号、力学性能及用途**（GB/T 24733—2009）

| 牌 号 | $R_m$/MPa | $R_{p0.2}$/MPa | $A$(%) | 硬度 HBW | 应用举例 |
|---|---|---|---|---|---|
| | 不小于 | | | | |
| QTD800-10 | 800 | 500 | 10 | 250～310 | 船用发动机支承架、注射机液压件、中型货车悬架件、恒速联轴器、柴油机曲轴（经圆角滚压）等 |
| QTD900-8 | 900 | 600 | 8 | 270～340 | 真空泵传动齿轮、风镐缸体、载重货车后钢板弹簧支架、衬套、控制臂、转向节、转动轴轴颈支撑等 |
| QTD1050-6 | 1050 | 700 | 6 | 310～380 | 大马力柴油机曲轴、柴油机正时齿轮、工程机械齿轮、拖拉机轮轴传动器轮毂、坦克履带板体等 |
| QTD1200－3 | 1200 | 850 | 3 | 340～420 | 柴油机正时齿轮、链轮、铁路车辆销套等 |
| QTD1400-1 | 1400 | 1100 | 1 | 380～480 | 凸轮轴、轻型货车后桥弧齿锥齿轮、滚轮、冲剪机刀片等 |

注：铸件主要壁厚≤30mm。

## 四、蠕墨铸铁

蠕墨铸铁兼具灰铸铁和球墨铸铁的某些优点，可以用来代替高强度灰铸铁、合金铸铁、黑心可锻铸铁及铁素体球墨铸铁，因此日益引起人们的重视。

### (一) 蠕墨铸铁的获得

蠕墨铸铁的化学成分要求与球墨铸铁相似，即要求高碳、低硫、低磷，一定的硅、锰含量。一般成分范围如下：$w_C = 3.3\% \sim 3.8\%$，$w_{Si} = 2.1\% \sim 2.4\%$，$w_{Mn} \leqslant 0.4\%$ 或 $w_{Mn} = 1.5\% \sim 2.5\%$，$w_S$、$w_P < 0.03\%$，碳当量为 $4.1\% \sim 4.5\%$。

蠕墨铸铁的生产是在上述成分铁液中，加入一定量蠕化剂和孕育剂进行炉前处理得到的。我国目前采用的蠕化剂主要有稀土镁硅铁合金、稀土硅铁合金、稀土镁钙合金等。蠕化剂的加入量与原铁液的含硫量有关，原铁液的含硫量越高，则蠕化剂的消耗量越多。蠕化处理的同时要进行适宜的孕育处理，以消除蠕化处理带来的白口倾向，达到良好的蠕化效果。常用的蠕化处理工艺方法有包底冲入法、喂丝法和 Sinter Cast 两步法。在控制生产成本、避免片状石墨的形成和稳定获得高蠕化率等方面，这些蠕化方法有各自的优点和应用范围。当铸件比较重要、复杂，年产量较高时，选择 Sinter Cast 两步法最为有利。

### (二) 蠕墨铸铁的组织和性能特点

蠕墨铸铁是指铸铁试样的抛光平面上观察到至少 80% 的蠕虫状石墨，其余 20% 是球状石墨和团状、团絮状石墨，不允许出现片状石墨。图 12-17 为蠕化率为 90% 的蠕墨铸铁的显微组织。蠕虫状石墨在光学显微镜下的形状似乎呈片状，但是石墨片短而厚，端部较圆钝，形似蠕虫，蠕墨铸铁因此得名。蠕墨铸铁的基体组织主要是铁素体与珠光体的混合组织，其中珠光体体积分数约为 50% 或更低。在铁液中加入 Cu、Sn、Ni 等元素，可使铸态组织中珠光体体积分数增加至 70% 左右，有利于提高蠕墨铸铁的强度和硬度。图 12-18 示出了蠕化率为 85%、珠光体体积分数约为 60% 的蠕墨铸铁的显微组织。若再进行正火处理，珠光体体积分数可增加至 $90\% \sim 95\%$。

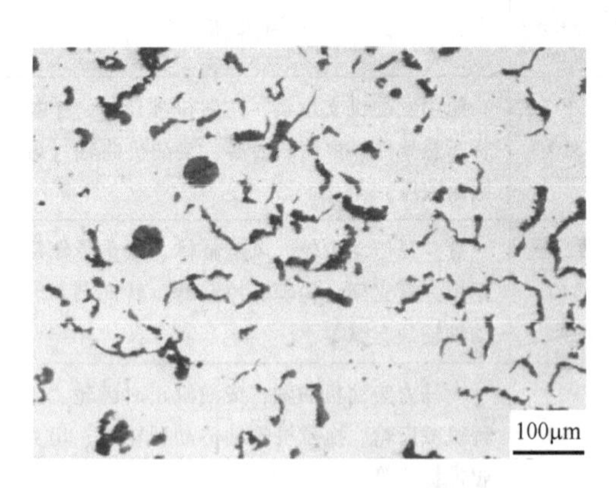


图 12-17　蠕化率为 90% 的蠕墨铸铁的显微组织（试样抛光后未侵蚀）

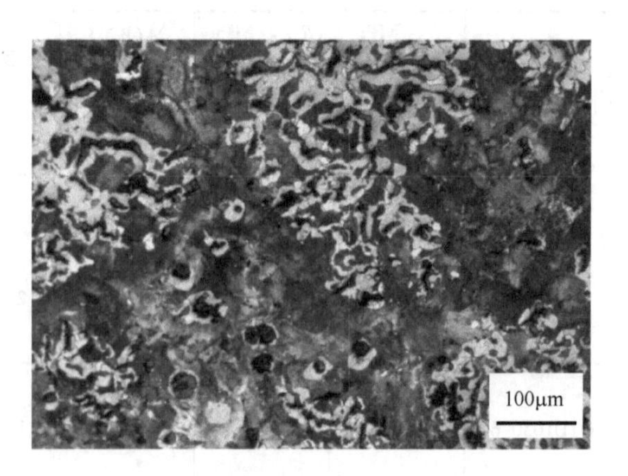


图 12-18　基体组织为 P + F 的蠕墨铸铁的显微组织

通过电子显微镜观察到，蠕虫状石墨的立体形态是相互连结的曲折复杂的珊瑚状骨架。与灰铸铁相似，这种石墨分布的连续性使蠕墨铸铁具有良好的导热性和减振性，其曲折复杂的形态分布使蠕墨铸铁具有很高的疲劳强度、优异的耐热疲劳性能和耐磨性。当成分一定时，蠕墨铸铁的弹性模量、屈服强度、抗拉强度和硬度与球墨铸铁接近，高温强度和流动性与灰铸铁相当，疲劳强度和塑性、韧性优于灰铸铁。此外，蠕墨铸铁还具有良好的焊接性和可加工性。相较于灰铸铁和铝合金，蠕墨铸铁这些优异的综合性能使其成为铸造汽车高功率密度内燃机缸体、缸盖和其他关键零件的最佳材料。蠕墨铸铁的牌号、力学性能、主要基体组织及用途见表12-6。

**表12-6　蠕墨铸铁的牌号、力学性能、主要基体组织及用途**（GB/T 26655—2011）

| 牌　号 | $R_m$/MPa | $R_{p0.2}$/MPa | $A$(%) | 硬度　HBW | 主要基体组织 | 应用举例 |
|---|---|---|---|---|---|---|
| | 不小于 | | | | | |
| RuT300 | 300 | 210 | 2.0 | 140~210 | F | 排气歧管、大功率内燃机缸盖、增压器壳体、纺织机零件等 |
| RuT350 | 350 | 245 | 1.5 | 160~220 | F+P | 机床底座、联轴器、钢锭模、铝锭模、变速箱体、液压件等 |
| RuT400 | 400 | 280 | 1.0 | 180~240 | P+F | 内燃机缸体和缸盖、载重货车制动毂、机车车辆制动盘、泵壳、液压件、钢锭模、铝锭模、玻璃模具等 |
| RuT450 | 450 | 315 | 1.0 | 200~250 | P | 汽车内燃机缸体和缸盖、气缸套、载重货车制动盘、泵壳、液压件、玻璃模具、活塞环等 |
| RuT500 | 500 | 350 | 0.5 | 220~260 | P | 高负荷内燃机缸体、气缸套等 |

# 第三节　特殊性能铸铁

在普通铸铁基础上加入某些合金元素，可使铸铁具有某种特殊性能，如耐磨性、耐热性或耐蚀性等，从而形成一类具有特殊性能的合金铸铁。

## 一、耐磨铸铁

铸铁件经常在摩擦条件下工作，承受不同形式的磨损。为了保持铸铁件精度和延长其使用寿命，除要求一定力学性能外，还需要提高其耐磨性。

耐磨铸铁分为减摩铸铁和抗磨铸铁两类。前者在有润滑、受黏着磨损条件下工作，如机床导轨、发动机缸套、活塞环、轴承等；后者在干摩擦的磨料磨损条件下工作，如轧辊、犁铧、磨球等。

### （一）减摩铸铁

减摩铸铁的组织通常是在软基体上牢固地嵌有坚硬的强化相。控制铸铁的化学成分和冷却速度获得细片状珠光体基体能满足这种要求，铁素体是软基体，在磨损后形成沟槽能贮油，有利于润滑，可以降低磨损；石墨也起贮油和润滑作用；而渗碳体很硬，可承受摩擦。铸件的耐磨性随珠光体数量增加而提高，细片状珠光体耐磨性比粗片状好；粒状珠光体的耐磨性不如片状珠光体。故减摩铸铁希望得到细片状珠光体基体。托氏体和马氏体基体铸铁耐磨性更好。球墨铸铁的耐磨性比片状石墨铸铁好，但球墨铸铁吸振性能差，铸造性能又不及灰铸铁。所以，减摩铸铁一般多采用灰铸铁。在灰铸铁基础上，加入适量的 Cu、Mo、Mn 等元素，可以强化基体，增加珠光体含量，有利于提高基体耐磨性；加入少量的 P 能形成磷共晶，加入 V、Ti 等碳化物形成元素形成稳定的、高硬度的 C、N 化合物质点，起支撑骨架作用，能显著提高铸铁的耐磨性。

在灰铸铁基础上加入质量分数为 0.4%～0.7% 的 P 即形成高磷铸铁，由于高硬度的磷共晶细小而断续地分布，提高了铸铁的耐磨性。用高磷铸铁作为机床床身，其耐磨性比孕育铸铁 HT250 提高一倍。

在高磷铸铁基础上加入质量分数为 0.6%～0.8% 的 Cu 和质量分数为 0.1%～0.15% 的 Ti，形成磷铜钛铸铁。Cu 在铸铁凝固时能促进石墨化并使石墨均匀分布，在共析转变时促进珠光体形成并使之细化。少量 Ti 能促进石墨细化，并形成高硬度的化合物 TiC。因此磷铜钛铸铁的耐磨性超过高磷铸铁和镍铬铸铁，是用于精密机床的一种重要结构材料。

利用我国钒、钛资源加入一定量稀土硅铁，处理得到高强度稀土钒钛铸铁，其中 $w_V$ = 0.18%～0.35%，$w_{Ti}$ = 0.05%～0.15%。钒、钛是强碳化物形成元素，能形成稳定的高硬度的强化相质点，并能显著细化片状石墨和珠光体基体。其耐磨性高于磷铜钛铸铁，比孕育铸铁 HT300 高约 2 倍。

近年来迅速发展了廉价的硼耐磨铸铁，其中 $w_B$ = 0.02%～0.2%，形成珠光体基体加石墨加硼化物的铸铁组织。若铸铁中含少量磷，则可形成磷共晶、硼化物硬质点，珠光体是软基体，因此具有优良的耐磨性。硼耐磨铸铁用来制造柴油机缸套，其寿命比高磷铸铁提高 50%。

**（二）抗磨铸铁**

抗磨铸铁在干摩擦及磨粒磨损条件下工作。这类铸铁件不仅受到严重的磨损，而且承受很大的负荷。获得高而均匀的硬度是提高这类铸铁件耐磨性的关键。

白口铸铁就是一种良好的耐磨铸铁，普通白口铸铁中加入 Cr、Mo、Cu、V、B 等元素，形成珠光体合金白口铸铁，既具有高硬度和高耐磨性，又具有一定的韧性。加入 Cr、Ni、B 等提高淬透性的元素可以形成马氏体合金白口铸铁，可以获得更高的硬度和耐磨性。

将铁液注入放有冷铁的金属型成形，形成激冷铸铁，铸件表层因冷速快得到一定深度的白口层而获得高硬度、高耐磨性，而心部为灰铸铁，具有一定的强度和韧性。加入合金元素 Cr、Mo、Ni 可进一步提高铸件表面的耐磨性和心部强度，可广泛用作轧辊和车轮等耐磨件。

$w_{Mn}$ = 5.0%～9.0%、$w_{Si}$ = 3.3%～5.0% 的中锰合金球墨铸铁耐磨性很好，并具有一定的韧性。这种铸铁的组织为马氏体加碳化物加球状石墨（$w_{Mn}$ = 5%～7%）或奥氏体加碳化物加球状石墨（$w_{Mn}$ = 7%～9%），适于制造在冲击载荷和磨损条件下工作的零件，如犁铧、球磨机的磨球及拖拉机履带板等。这种铸铁可以用来代替部分高锰铸钢和锻钢。

抗磨等温淬火球墨铸铁 QTD HBW400 和 QTD HBW450 的布氏硬度分别大于 400HBW 和 450HBW，是高锰钢、合金钢很好的代用材料，适用于制造斧、锹、锤头、铣刀、渣浆泵壳体水泥输送管、破碎机齿板、球磨机衬板、挖掘机斗齿等。

## 二、耐热铸铁

加热炉炉底板、换热器、坩埚、废气管道以及压铸型等在高温下工作的铸件要求选用耐热性高的合金耐热铸铁。铸铁的耐热性是指在高温下铸铁抵抗“氧化”和“生长”的能力。氧化是铸铁在高温下与周围气氛接触使表层发生化学腐蚀的现象，还会发生氧化性气体沿石墨片边界或裂纹渗入铸铁内部的内氧化现象。生长是铸铁在反复加热冷却时产生的不可逆体积长大的现象。这是由于铸件中的渗碳体在高温下分解形成密度小而体积大的石墨以及在加热冷却过程中铸铁基体组织发生 $\alpha \rightleftharpoons \gamma$ 相变引起的体积变化。铸件在高温和负荷作用下，由于氧化和生长最终会导致零件变形、翘曲、产生裂纹，甚至破裂。耐热铸铁就是在高温下能抗氧化和生长，并能承受一定负荷的铸铁。

加入 Cr、Al、Si 等元素可在铸铁表面形成 $Cr_2O_3$、$Al_2O_3$、$SiO_2$ 等稳定性高、致密而完整的氧化膜，具有良好的保护作用，能阻止铸铁继续氧化和生长。Cr、Si、Al 等元素能提高铸铁的相变温度，促使铸件得到单相铁素体基体。加入 Ni、Mn 或 Cu 时，能降低相变温度，有利于得到单相奥氏体基体，从而使铸件在高温时不发生相转变。加入 Cr、V、Mo、Mn 等元素使碳化物稳定，在高温下不发生分解，以免发生石墨化过程。此外，通过加入球化剂和 Cr、Ni 等合金元素，促使石墨细化和球化，球状石墨互不连通可防止或减少氧化性气体渗入铸铁内部。白口铸铁无石墨存在，氧气渗入机会少。显然，白口铸铁、球墨铸铁的耐热性比灰铸铁要好。

耐热铸铁分为硅系、铝系、铝硅系及铬系铸铁等。

牌号为 HTRSi5 的中硅耐热铸铁，$w_{Si}=4.5\%\sim5.5\%$，高温下能形成 $SiO_2$ 保护膜，同时能获得单相铁素体基体，其上分布细片状石墨，Si 还使铸铁的相变温度（$Ac_1$ 点）提高到 900℃以上，故在 850℃以下温度范围不发生 $\alpha \rightleftharpoons \gamma$ 转变，因此中硅耐热铸铁具有良好的耐热性，工作温度在 700℃以下。但是这种耐热铸铁的含硅量高，故硬度高，脆性大，适宜制造载荷较小、不受冲击的零件，如锅炉炉栅、横梁、换热器、节气阀等零件。

采用 QTRSi5 中硅球墨铸铁可进一步提高中硅铸铁的耐磨性。这种铸铁的组织为铁素体加球状石墨（珠光体体积分数不大于 10%），由于石墨呈球状，不仅可改善力学性能，铸铁的耐热性也明显提高，工作温度可提高到 900℃。

铸铁中加入 Al（$w_{Al}=20\%\sim24\%$），形成高铝耐热铸铁（QTRAl22），在高温下表面可形成 $Al_2O_3$ 保护膜，能得到单相铁素体基体。因此具有很高的耐热性，能在 950℃以下温度长期使用，可用于制造加热炉炉底板、炉条、滚子框架等零件。同样，采用高铝球墨铸铁可以改善高铝耐热铸铁脆性较大的缺点，并使耐热温度提高到 1000～1100℃，用于制造炉管、热交换器以及粉末冶金用坩埚等零件。

$w_{Si}=3.5\%\sim5.2\%$ 和 $w_{Al}=4.0\%\sim5.8\%$ 的铝硅耐热铸铁（QTRAl4Si4、QTRAl5Si5），铸造性能良好，耐热性能更高，可在 900～1050℃高温下工作，是耐热铸铁中最常用的一种材料，广泛用于制造加热炉炉门、炉条、炉底板、炉子传送链及坩埚等。

含铬耐热铸铁也具有很好的耐热性，含铬量越高，铸铁耐磨性越好。例如，低铬铸铁（HTRCr 和 HTRCr2）适用于 600℃以下工作；高铬铸铁（HTRCr16）使用温度高达 900℃，可制作在 900℃下工作的热处理炉的运输链条等，但因价格高，应用较少。

## 三、耐蚀铸铁

在石油化工、造船等工业中，阀门、管道、泵体、容器等各种铸铁件经常在大气、海水及酸、碱、盐等介质中工作，需要具备较高的耐蚀性能。普通铸铁通常是由石墨、渗碳体和铁素体组成的多相合金。在电介质溶液中，石墨的电极电位最高，渗碳体次之，铁素体最低。石墨和渗碳体是阴极，铁素体是阳极，组成微电池。因此，铁素体将不断被溶解，产生严重的电化学腐蚀。铸铁表面与水汽接触，也能产生化学腐蚀作用。

耐蚀合金中加入 Si、Al、Cr、Mo、Ni、Cu 等合金元素可在铸件表层形成牢固、致密的保护膜（Si、Al、Cr），能提高铸铁基体的电极电位（Cr、Si、Mo、Cu、Ni 等），还可使铸铁得到单相铁素体或奥氏体基体（Cr、Si、Ni），从而显著提高铸铁的耐蚀性。此外，减少石墨数量、形成球状或团絮状石墨等也能减少微电池数目，提高铸铁的耐磨性。

常用耐蚀铸铁有高硅、高铝、高铬、高硅钼等耐蚀铸铁。

高硅耐蚀铸铁的组织由硅铁素体、细小石墨和硅化铁（$Fe_3Si$ 或 FeSi）组成，主要有高硅铸铁和稀土高硅铸铁。高硅铸铁硬度很高，强度和韧性很低，加工性能差。此外，流动性好，但吸气性大，线收缩和内应力较大，铸造时易于开裂。稀土高硅铸铁由于加入稀土合金处理，去气效果好，铸件致密度增加。稀土元素又能细化晶粒和改善石墨形态，因此合金强度和冲击韧度都有提高。高硅铸铁硅含量高，力学性能下降，为进一步提高铸铁强度，适当降低 $w_{Si}$ 至 10%～12%，再加入质量分数为 1.8%～2.0% 的 Cu、0.4%～0.6% 的 Cr，仍用稀土合金处理，形成稀土中硅合金，虽然耐蚀性稍有下降，但力学性能显著提高，广泛用于耐酸泵、管道、阀门等零件。

近年来在 $w_{Si}=11\%$ 的基础上加入质量分数为 2.0% 的 Cu，或在含稀土并含 $w_{Si}=14.5\%$ 的基础上加入质量分数为 7%～9% 的 Cu，使铸铁既有很高的耐蚀性，又能提高其强度和冲击韧度。

高铝耐蚀铸铁主要用作重碳酸钠、氯化铵、硫酸氢铵等设备上的耐蚀材料，如各种泵类零件。其化学成分为：$w_{Al}=4\%\sim6\%$、$w_C=2.8\%\sim3.3\%$、$w_{Si}=1.2\%\sim2.0\%$、$w_{Mn}=0.5\%\sim1.0\%$、$w_P<0.2\%$、$w_S<0.12\%$。其组织为珠光体加铁素体加石墨和少量的 $Fe_3Al$。质量分数为 4%～6% 的 Al 可在铸铁表面形成 $Al_2O_3$ 保护膜，因而高铝铸铁具有良好的耐蚀性能，同时具有一定的耐热性，其工作温度可达到 600～700℃。

高铬耐蚀铸铁中铬含量 $w_{Cr}$ 高达 26%～36%，能在铸铁表面形成 $Cr_2O_3$ 保护膜，并能提高基体电极电位。因此高铬铸铁不仅具有优良的耐蚀性，同时具有优异的耐热性，而且力学性能良好。其主要缺点是耗 Cr 量太多。高铬耐蚀铸铁常用来制作离心泵、冷凝器、蒸馏塔、管子等各种化工铸件。

## 习　题

12-1　整理教材中的性能数据，说明石墨的形态、大小、数量和分布以及基体组织对铸铁性能的影响。

12-2　在实际生产中，用灰铸铁制成的薄壁铸件上，常有一层硬度高的表面层，致使机械加工困难，试指出形成高硬度表面层的原因。如何消除？在什么工作条件下应用的铸件，反而希望获得这种表面硬化层？

12-3　机床导轨是用铸铁制成的，试根据工作条件选择铸铁牌号并制定热处理工艺规程。

12-4　在铸铁的石墨化过程中，如果第一阶段完全石墨化，第二阶段或完全石墨化，或部分石墨化，或未石墨化，问它们各得何种组织铸铁?

12-5　现有三块铸铁试样，其硬度分别为170HBW、340HBW、50HRC，试分析三个试样的铸铁类型、金相组织特点及获得条件。

12-6　假定白口铸铁的组织十分密实，当进行可锻化退火时，渗碳体全部转变为石墨和铁素体，此时铸铁的组织发生什么变化?

12-7　为什么铸铁焊接时一定要预热?为了保证焊接点的塑性，为什么焊后必须完全退火?

Chapter 13

# 第十三章 有色金属及合金

有色金属及合金是钢铁材料以外的各种金属材料，又称非铁材料。这些金属及合金具有许多特殊的性能，如比强度高、导电性好、耐蚀性及耐热性高等。因此，有色金属材料在机电、仪表，特别是在航空、航天及航海等工业中具有重要的作用。本章仅介绍机械工业中常用的铝、钛、铜及其合金和轴承合金的成分、组织和性能。

## 第一节　铝及铝合金

### 一、铝及铝合金的性能特点及分类编号

纯铝的最大特点是密度小（$\rho = 2.7 \times 10^3 kg/m^3$）、熔点低（660℃）、强度低（$R_m$ = 80MPa）、塑性高（$Z$ = 80%）。铝合金的密度也很小，热处理后强度高，$R_m$ = 490 ~ 588MPa，因此铝合金具有很高的比强度（$R_m/\rho$），是重要的航空结构材料。

纯铝导电性和导热性良好，仅次于银和铜。室温电导率约为纯铜电导率的 65%，按单位质量的导电能力计算，其导电能力是铜的 2 倍。因此，大量用 Al 代替 Cu 制作导线。

铝由于在其表面能形成致密的 $Al_2O_3$ 保护膜，因而在空气或其他介质中具有良好的耐蚀性。纯度越高，铝的耐蚀性越好。

铝具有面心立方结构，塑性高、强度低，因此纯铝和许多铝合金可以进行各种冷、热加工，能轧制成很薄的铝箔和冷拔成极细的丝，焊接性能也良好。经冷变形或热处理可以显著提高纯铝及其合金的强度。例如，冷变形可使工业纯铝的抗拉强度提高到 150MPa，伸长率降低至 6%。

纯铝的纯度为 99.00% ~ 99.9995%，可根据需要用于科研，制造铝箔、包铝及铝合金，制造电线、电缆和电容器等。纯铝的强度和硬度低，不能用来制造承载的机械零件。向铝中加入合金元素制成铝合金可改变其组织结构，提高力学性能。铝合金中常用的合金元素有 Si、Mg、Cu、Mn、Zn 等。这些元素在 Al 中能形成 Al 基有限固溶体（α），它们大多能与 Al 形成二元或三元共晶类型相图（图 13-1）。根据合金元素和加工工艺特性，可将铝合金分为变形铝合金和铸造铝合金两大类。由图 13-1 可见，这两类合金理论分界线应该是共晶温度下饱和固溶体的极限溶解度。变形铝合金加热时，呈单相固溶体状态，合金塑性好，适宜压力加工。通过冷变形和热处理，可使其强度进一步提高。变形铝合金又可分为可热处理强化铝合金和不可热处理强化铝合金，这两类铝合金的理论分界线应该是室温下饱和固溶体的极

限溶解度。实际铝合金按相图分为铸造铝合金和变形铝合金是有局限性的，因为铝合金的铸态组织并非平衡组织。

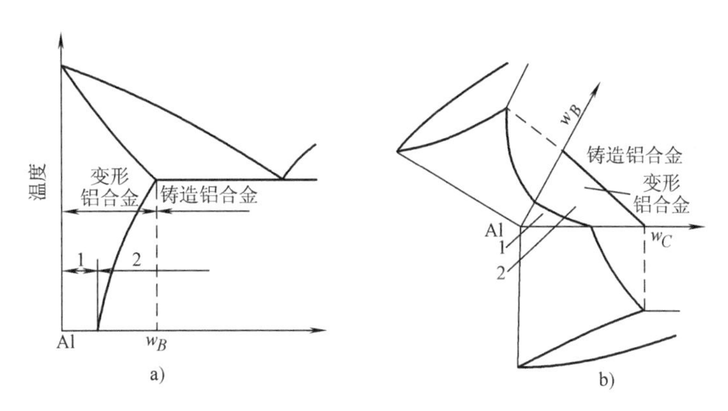


图 13-1　铝合金分类示意图

a）二元系　b）三元系

1—不可热处理强化铝合金　2—可热处理强化铝合金

变形铝合金按照性能特点和用途分为防锈铝、硬铝、超硬铝和锻铝四种。防锈铝属于不可热处理强化铝合金，硬铝、超硬铝、锻铝属于可热处理强化铝合金。

根据国家标准 GB/T 16474—2011 规定，变形铝及铝合金可直接引用国际四位数字体系牌号。未命名为国际四位数字体系牌号的变形铝及铝合金，应采用四位字符牌号命名。两种编号方法的第一位为阿拉伯数字，表示铝及铝合金的组别。1 表示铝含量 $w_{Al}$不小于 99.00%的纯铝；2 表示以 Cu 为主要合金元素的铝合金；3 表示以 Mn 为主要合金元素的铝合金；4 表示以 Si 为主要合金元素的铝合金；5 表示以 Mg 为主要合金元素的铝合金；6 表示以 Mg 和 Si 为主要合金元素并以 $Mg_2Si$ 相为强化相的铝合金；7 表示以 Zn 为主要合金元素的铝合金。两种编号方法的第二位表示原始合金的改型情况，其中国际四位数字体系牌号的第二位为阿拉伯数字，0 表示原始合金；四位字符牌号的第二位为英文大写字母，A 表示原始合金。两种编号方法的最后两位为阿拉伯数字，无特殊意义，仅用以区别同一组中的不同铝合金。例如，5A06 表示 6 号 Al-Mg 系变形铝合金；2A14 表示 14 号 Al-Cu 系变形铝合金。

铸造铝合金按加入主要合金元素不同，分为 Al-Si 系、Al-Cu 系、Al-Mg 系和 Al-Zn 系四种，其代号分别用 ZL1、ZL2、ZL3 和 ZL4 加两位数字的顺序号表示（ZL 分别为“铸”“铝”拼音首字母）。如 ZL101 表示 1 号铝硅系铸造合金；ZL202 表示 2 号铝铜系铸造铝合金，其余类推。表 13-1 为铝合金的分类及性能特点。

## 二、铝合金的强化

通过合金化、热处理或其他强化方式，可使铝合金在保持密度小、耐蚀性好等条件下得到显著强化。

### （一）形变强化

纯铝及不可热处理强化的铝合金，如 Al-Mg、Al-Si 和 Al-Mn 等合金，通常只能以退火或冷作硬化状态使用。冷作硬化可使简单形状的工件强度提高，塑性下降。例如，$w_{Mn}$ =

1.0%～1.6%、$w_{Mg}$<0.05%的铝合金，退火态 $R_m$=127MPa、$A$=23%，经强烈加工硬化后 $R_m$=216MPa、$A$=5%。经冷作硬化的铝合金，需进行再结晶退火，以达到消除加工硬化和获得细小晶粒的目的。大多数铝合金当变形度为50%～70%时，开始再结晶温度约为280～300℃。再结晶退火温度约为300～500℃，保温时间为0.5～3h。退火温度也可低于再结晶温度，得到多边化组织或部分再结晶组织，以获得介于冷变形和再结晶之间的性能。这种不完全退火方法通常用于不可热处理强化的铝合金。

**表13-1　铝合金的分类及性能特点**

<table>
<tr><th colspan="2">分　类</th><th>合金名称</th><th>合　金　系</th><th>性能特点</th><th>编号举例</th></tr>
<tr><td colspan="2" rowspan="8">铸造铝合金</td><td>简单铝硅合金</td><td>Al-Si</td><td>铸造性能好，不能热处理强化，力学性能较低</td><td>ZL102</td></tr>
<tr><td rowspan="4">特殊铝硅合金</td><td>Al-Si-Mg</td><td rowspan="4">铸造性能良好，能热处理强化，力学性能较高</td><td>ZL101</td></tr>
<tr><td>Al-Si-Cu</td><td>ZL107</td></tr>
<tr><td>Al-Si-Mg-Cu</td><td>ZL105、ZL110</td></tr>
<tr><td>Al-Si-Mg-Cu-Ni</td><td>ZL109</td></tr>
<tr><td>铝铜铸造合金</td><td>Al-Cu</td><td>耐热性好，铸造性能与耐蚀性差</td><td>ZL201</td></tr>
<tr><td>铝镁铸造合金</td><td>Al-Mg</td><td>力学性能高，耐蚀性好</td><td>ZL301</td></tr>
<tr><td>铝锌铸造合金</td><td>Al-Zn</td><td>能自动淬火，宜于压铸</td><td>ZL401</td></tr>
<tr><td rowspan="8">变形铝合金</td><td rowspan="2">不可热处理强化铝合金</td><td rowspan="2">防　锈　铝</td><td>Al-Mn</td><td rowspan="2">耐蚀性、压力加工性与焊接性能好，但强度较低</td><td>3A21（LF21）</td></tr>
<tr><td>Al-Mg</td><td>5A05（LF5）</td></tr>
<tr><td rowspan="6">可热处理强化铝合金</td><td>硬　　铝</td><td>Al-Cu-Mg</td><td>力学性能高</td><td>2A11（LY11）、2A12（LY12）</td></tr>
<tr><td>超　硬　铝</td><td>Al-Cu-Mg-Zn</td><td>室温强度最高</td><td>7A04（LC4）</td></tr>
<tr><td rowspan="2">锻　　铝</td><td>Al-Mg-Si-Cu</td><td>可锻性好</td><td>2A50（LD5）、2A14（LD10）</td></tr>
<tr><td>Al-Cu-Mg-Fe-Ni</td><td>耐热性能好</td><td>2A80（LD8）、2A70（LD7）</td></tr>
<tr><td rowspan="2">铝锂合金</td><td>Al－Mg－Li</td><td>焊接性能、耐蚀性及低温力学性能好</td><td>5A90</td></tr>
<tr><td>Al－Li－Cu－Mg</td><td>强度和模量、热稳定性及疲劳裂纹扩展抗力高</td><td>8090、2A97</td></tr>
</table>

注：括号中的牌号为旧牌号。

### （二）沉淀强化

可热处理强化的铝合金中，如Al-Cu、Al-Cu-Mg、Al-Mg-Si等铝合金，Cu、Mg、Si等元素与Al能形成$CuAl_2$、$Mg_2Si$、$Al_2CuMg$等金属化合物（强化相）。这些强化相在铝中有较大溶解度，且随温度下降而显著减小。因此，过饱和固溶体由于强化相在脱溶过程中的某些中间状态具有特殊晶体结构，而使铝合金得到强化。铝合金加热到单相区保温后，快速冷却得到过饱和固溶体的热处理工艺称为固溶处理。过饱和固溶体在室温放置或加热到某一温度保温，随着时间延长，其强度和硬度升高，塑性和韧性下降的现象称为沉淀强化或时效硬化。沉淀强化是铝合金强化的主要途径。合金经固溶处理后在室温下放置发生过饱和固溶体脱溶的过程称为自然时效，加热到室温以上某一温度等温保持发生过饱和固溶体脱溶的过程称为人工时效。铝合金的时效硬化效果取决于α固溶体的浓度和时效温度及时间

（图 13-2）。一般来说，α 固溶体浓度越高，时效强化效果越好。提高时效温度，可以显著加快时效硬化速度，却显著降低时效获得的最高硬度值。时效温度过高，时效时间过长，将使合金硬度降低，谓之“过时效”。

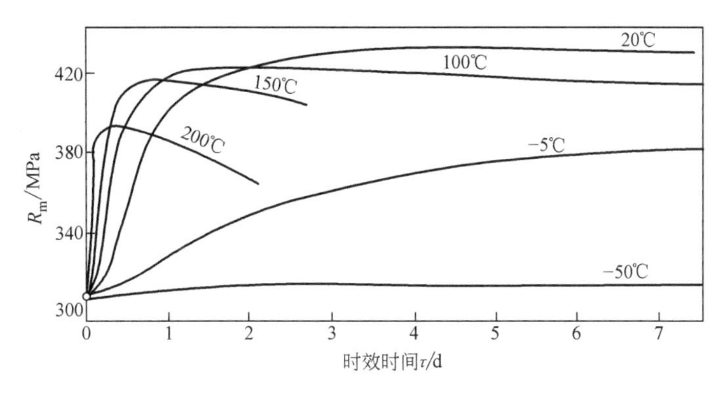


图 13-2　铝合金在不同温度时的时效硬化曲线

现以 $w_{Cu}$ = 4% 的 Al-Cu 合金为例，说明铝合金的时效硬化过程。该合金室温平衡组织为 α + $CuAl_2$。

图 13-3 为 Al-Cu 合金经固溶处理后，在 130℃ 时效时，合金硬度及析出相随时效时间的变化规律。合金时效过程即发生过饱和 α 固溶体分解，同时伴随着合金强化的过程。尽管最终析出相是 $CuAl_2$（又称 θ 相），但时效过程早期阶段析出的是几个过渡相，并因此造成时效曲线上硬度的复杂变化。时效过程大致分以下几个阶段。

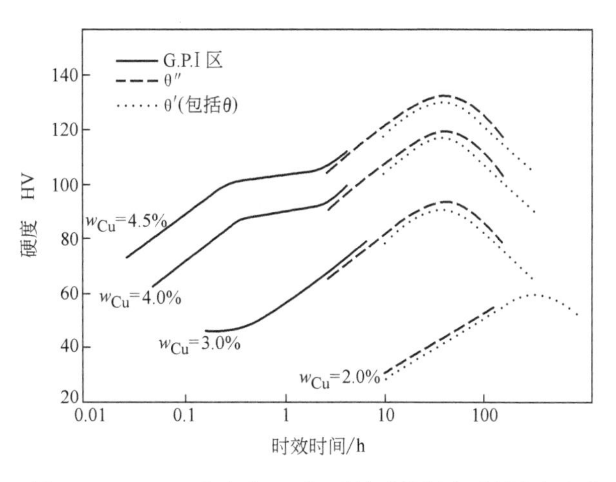


图 13-3　Al-Cu 合金在 130℃ 时效时的硬度及析出相变化

1. 形成铜原子的富集区（G. P. Ⅰ区）

过饱和 α 固溶体在时效的初期阶段发生铜原子在母相 {100} 晶面上富集，形成铜原子的富集区，称为 G. P. Ⅰ区。G. P. Ⅰ区呈薄片状，其厚度约为 0.4 ~ 0.6nm，直径约为 9.0nm，密度达 $10^{17}$ ~ $10^{18}/cm^3$。G. P. Ⅰ区的结构与基体 α 相相同，两者保持共格界面。由于 G. P. Ⅰ中的 Cu 原子浓度高，Cu 原子比 Al 原子又小，故使 G. P. Ⅰ区周围的母相产生严重的晶格畸变，阻碍位错运动，因而使合金的硬度、强度升高，在图 13-3 中，第一个硬度峰就是由于 G. P. Ⅰ区的形成而产生的。

2. 铜原子富集区有序化（G. P. Ⅱ区）

随着时效过程的继续，铜原子在 G. P. Ⅰ区基础上继续富集，G. P. Ⅰ区不断增大并发生有序化，即溶质原子和溶剂原子按一定的规则排列。这种有序化的富集区称为 G. P. Ⅱ区，又称 θ″相，θ″相是具有正方晶格的中间过渡相，直径约为 10.0 ~ 40.0nm，厚度可达 1.0 ~ 4.0nm。由于 θ″相仍以 {100} 晶面与母相保持共格，故使其周围基体产生比 G. P. Ⅰ区更大的弹性畸变，对位错运动的阻碍更大，因而产生更大的强化效果。由图 13-3 中的硬度曲线可见，由于θ″相的析出，使 $w_{Cu}=4\%$ 的 Al-Cu 合金达到最大强化阶段。

3. 形成过渡相 θ′

θ″相形成以后，随着时效过程的进一步发展，铜原子进一步富集，当 $r_{Cu}$ 和 $r_{Al}$ 之比为1∶2时，即形成过渡相 θ′。θ′相与 $CuAl_2$ 化学成分相当，具有正方晶格，并仍以｛100｝晶面与母相保持共格，所以对于 $w_{Cu}=4\%$ 的 Al-Cu 合金来说，当开始出现 θ′相时，时效曲线上硬度达到最大值，以后随着 θ′相增多、增厚，与母相的共格关系开始破坏，由完全共格变为局部共格，故合金硬度开始降低，发生过时效现象。可见 $w_{Cu}=4\%$ 的 Al-Cu 合金，时效形成 θ″相后期与过渡相 θ′相析出初期，具有最大的强化效果。

4. 形成平衡相 θ

在时效后期，合金进入过时效阶段，过渡相 θ′和母相 α 固溶体共格关系被破坏，过渡相完全从母相脱溶，形成稳定的 θ 相（$CuAl_2$）和平衡的 α 固溶体。θ 相具有正方晶格，由于 θ 相与母相脱离共格关系，弹性畸变消失，合金开始软化，随着 θ 相的聚集长大，合金硬度和强度进一步下降（图 13-3）。

应当指出，上述过饱和 α 固溶体脱溶过程的四个阶段并不是截然分开的，由于时效温度和时间不同，几个阶段可以交叉进行，在一定温度和时间内，则以某一阶段为主。

此外，其他合金的时效原理和一般规律与铝铜二元合金基本相似。但时效过程中的四个阶段可能不全部出现，也可能一开始就直接析出 θ′相甚至 θ 相。所形成的过渡相及平衡相不相同，它们的形成温度和时间范围也不相同，因此沉淀强化效果也不一样。

总之，在铝合金时效过程中，当形成 G. P. Ⅰ区时，由于质点引起一定的应变场，所以强度升高，当形成共格应变场最大的 θ″相时，强度达到最高值，出现 θ′或 θ 相时，由于过时效，强度反而降低。

铝合金在淬火后进行一定量的塑性变形，然后再进行时效处理的复合工艺称为形变时效。合金经塑性变形后，位错密度显著增加，促进时效时过渡相的生成，加速人工时效过程，提高铝合金的常温力学性能及热强性。例如，$w_{Cu}=4\%$ 的 Al-Cu合金在 500℃淬火后，以 10%、50% 形变量冷轧，并在 160℃进行人工时效，其屈服强度的峰值增加，出现的时间提前（图 13-4）。

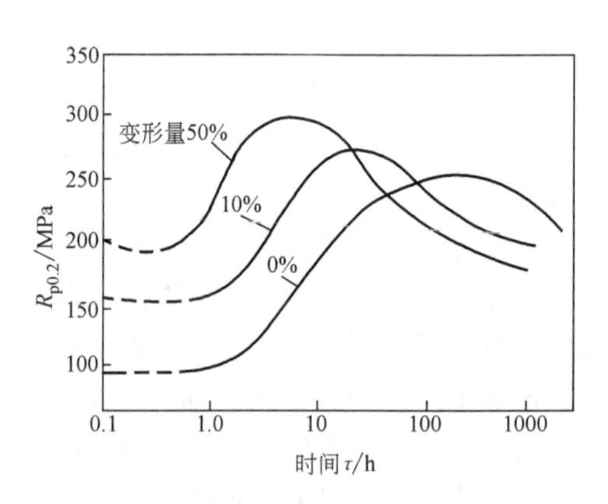


图 13-4　预变形对 $w_{Cu}=4\%$ 的 Al-Cu 合金在 160℃时效后屈服强度的影响

除了沉淀强化之外，铝中加入合金元素的含量若超过其极限溶解度，则淬火加热时便有一部分不能溶解到固溶体中的强化相质点存在，称为过剩相。铝合金中的过剩相多数为硬而脆的金属化合物。它们存在于合金中，同样也起阻碍位错运动的作用，因而能产生过剩相强化，使合金强度、硬度升高，而塑性、韧性下降。例如，二元铝硅铸造合金，其主要强化手段就是通过过剩相弥散强化。随着含硅量增加，铝硅合金中的过剩相（硅晶体）数量增多，合金的强度、硬度相应提高，过剩相过多，合金强度和塑性反而显著下降。

### （三）固溶强化和细晶强化

纯铝中加入合金元素，形成铝基固溶体，起固溶强化作用，可使其强度提高。Al-Cu、Al-Mg、Al-Si、Al-Zn、Al-Mn 等二元合金一般都能形成有限固溶体，并且均有较大的溶解度，因此具有较大的固溶强化效果。

对于不可热处理强化或强化效果不大的铸造铝合金和变形铝合金，可以通过加入微量合金元素细化晶粒，提高铝合金的力学性能。例如，二元铝硅合金以及所有高硅合金淬火及时效后强化效果很弱，若在浇注前往液态合金中加入微量的钠或钠盐等进行变质处理，那么合金组织将显著细化，从而显著提高合金的强度和塑性。例如，$w_{Si}=13\%$ 的 Al-Si 合金，未经变质处理时，$R_m=137\text{MPa}$、$A=3\%$，而经变质处理后，合金的 $R_m=176\text{MPa}$、$A=8\%$。

变形铝合金中加入微量 Ti、Zr、Be 及稀土元素，能够形成难熔化合物，可作为合金结晶的非均匀形核核心，从而细化晶粒，提高合金的强度和塑性，如 Al-Mn 防锈铝合金，添加 $w_{Ti}=0.02\%\sim0.3\%$ 的 Ti 时，可使组织显著细化。

## 三、变形铝合金

### （一）不可热处理强化的变形铝合金

这类铝合金主要包括 Al-Mn 系和 Al-Mg 系合金。因其主要性能特点是具有优良的耐蚀性，故称为防锈铝合金。此外这类合金还具有良好的塑性和焊接性，适宜制造需深冲、焊接和在腐蚀介质中工作的零、部件。防锈铝合金的主要牌号、化学成分、力学性能及用途见表 13-2。

**表 13-2　常用变形铝合金的牌号、化学成分、力学性能及用途**（摘自 GB/T 3190—2008）

| 类别 | 牌号（旧牌号） | 化学成分（质量分数,%） | | | | | | | | 热处理状态 | 力学性能 | | | 用途举例 |
|---|---|---|---|---|---|---|---|---|---|---|---|---|---|---|
| | | Si | Fe | Cu | Mn | Mg | Zn | Ti | 其他 | | $R_m$/MPa | A（%） | 硬度 HBW | |
| 防锈铝合金 | 5A05（LF5） | 0.5 | 0.5 | 0.10 | 0.3～0.6 | 4.8～5.5 | 0.20 | — | — | 退火 | 280 | 20 | 70 | 中载零件、焊接油箱、油管、铆钉等 |
| | 3A21（LF21） | 0.6 | 0.7 | 0.20 | 1.0～1.6 | 0.05 | 0.10 | 0.15 | — | | 130 | 20 | 30 | 焊接油箱、油管、铆钉等轻载零件及制品 |
| 硬铝合金 | 2A01（LY1） | 0.50 | 0.50 | 2.2～3.0 | 0.20 | 0.2～0.5 | 0.10 | 0.15 | — | 淬火+自然时效 | 300 | 24 | 70 | 工作温度不超过100℃的中强铆钉 |
| | 2A11（LY11） | 0.7 | 0.7 | 3.8～4.8 | 0.4～0.8 | 0.4～0.8 | 0.30 | 0.15 | Ni 0.10 (Fe+Ni) 0.7 | | 420 | 18 | 100 | 中强零件，如骨架、螺旋桨叶片、铆钉 |
| | 2A12（LY12） | 0.50 | 0.50 | 3.8～4.9 | 0.3～0.9 | 1.2～1.8 | 0.30 | 0.15 | Ni 0.10 (Fe+Ni) 0.5 | | 470 | 17 | 105 | 高强、150℃以下工作零件，如梁、铆钉 |

（续）

| 类别 | 牌号（旧牌号） | 化学成分（质量分数,%） | | | | | | | | 热处理状态 | 力学性能 | | | 用途举例 |
|---|---|---|---|---|---|---|---|---|---|---|---|---|---|---|
| | | Si | Fe | Cu | Mn | Mg | Zn | Ti | 其他 | | $R_m$/MPa | A（%） | 硬度HBW | |
| 超硬铝合金 | 7A04（LC4） | 0.50 | 0.50 | 1.4~2.0 | 0.2~0.6 | 1.8~2.8 | 5.0~7.0 | 0.10 | Cr 0.10~0.25 | 淬火+人工时效 | 600 | 12 | 150 | 主要受力构件，如飞机大梁、起落架 |
| | 7A09（LC9） | 0.50 | 0.50 | 1.2~2.0 | 0.15 | 2.0~3.0 | 5.1~6.1 | 0.10 | Cr 0.16~0.30 | | 680 | 7 | 190 | 主要受力构件，如飞机大梁、起落架 |
| 锻铝合金 | 2A50（LD5） | 0.7~1.2 | 0.7 | 1.8~2.6 | 0.4~0.8 | 0.4~0.8 | 0.30 | 0.15 | Ni 0.10（Fe+Ni）0.7 | 淬火+人工时效 | 420 | 13 | 105 | 形状复杂中等强度的锻件及模锻件 |
| | 2A70（LD7） | 0.35 | 0.9~1.5 | 1.9~2.5 | 0.20 | 1.4~1.8 | 0.30 | 0.02~0.1 | Ni 0.9~1.5 | | 415 | 13 | 120 | 高温下工作的复杂锻件、内燃机活塞 |
| | 2A14（LD10） | 0.6~1.2 | 0.7 | 3.9~4.8 | 0.4~1.0 | 0.4~0.8 | 0.30 | 0.15 | Ni 0.10 | | 480 | 19 | 135 | 承受高载荷的锻件和模锻件 |
| 铝锂合金 | 5A90 | 0.15 | 0.20 | 0.05 | — | 4.5~6.0 | — | 0.10 | Li1.9~2.3 Na0.005 Zr0.08~0.15 | 淬火+人工时效 | 412 | 7 | 100 | 火箭低温燃料贮箱、飞机机身和座舱 |
| | 2A97 | 0.15 | 0.15 | 2.0~3.2 | 0.20~0.6 | 0.25~0.50 | 0.17~1.0 | 0.001~0.10 | Li0.8~2.3 Be0.001~0.10 Zr0.08~0.20 | | 556 | 5.6 | 167 | 飞机机身框梁结构和蒙皮、机翼下壁板及燃料贮箱 |

注：1. Al为余量。

2. 其他元素单个质量分数为0.05%，总量为0.10%或0.15%。

1. Al-Mn系防锈铝合金

Al-Mn系防锈铝合金的主要牌号是3A21（LF21），它是$w_{Mn}$ = 1.0% ~ 1.6%的二元Al-Mn合金。退火状态的组织为$\alpha + MnAl_6$。锰的主要作用是产生固溶强化和提高耐蚀性，并能形成少量$MnAl_6$，起弥散强化作用。该合金性能特点是强度较低，塑性很好，耐蚀性能和焊接性能优良。主要用于制造各种深冲压件和焊接件。

由图13-5可见，Mn在Al中的最大溶解度为1.82%，合金结晶温度区间小，水平间隔很大，因此Mn在结晶过程中极易产生晶内偏析，造成微区分布不均匀。但Mn能显著提高再结晶温度，因此退火时贫Mn区易发生再结晶，使退火板材晶粒特别粗大，在随后深冲或弯曲时使表面粗糙或产生裂纹。为了细化3A21合金制件的晶粒，在合金中加入少量Ti的同时，可适当加入质量分数为0.4%左右的Fe，以形成不固溶于Al中的$(Mn,Fe)Al_6$，减少Mn的偏析，达到细化合金组织的目的。此外，提高板材退火加热速度，也有利于获得细小晶粒。为消除晶内偏析，可对铸锭进行600~620℃的均匀化退火。

2. Al-Mg 系防锈铝合金

这类合金除主要合金元素 Mg 外，还加入少量 Mn、Ti、Si 等元素。从 Al-Mg 合金相图（图 13-6）可见，Mg 在 Al 中溶解度较大，并随温度下降而显著减小。经固溶处理，可充分发挥 Mg 的固溶强化效果，理论上应具有强烈的时效硬化效应。但该合金时效产生的过渡相 β′与基体不存在共格关系，而平衡相 β（$Mg_5Al_8$）易沿晶界分布，因此合金不具有明显的时效硬化。通常合金在退火或一定程度的冷作硬化状态使用。为了防止 β 相沿晶界呈网状析出或 β 相过多而使合金变脆，耐蚀性降低，合金的 $w_{Mg}$应小于 5%～6%。Al-Mg 系防锈铝合金常用牌号有 5A02、5A03、5A05、5A06（见表 13-2）。这类合金的主要性能特点是密度小、塑性好、强度较低、耐蚀性和焊接性优良，故在工业上得到广泛应用。

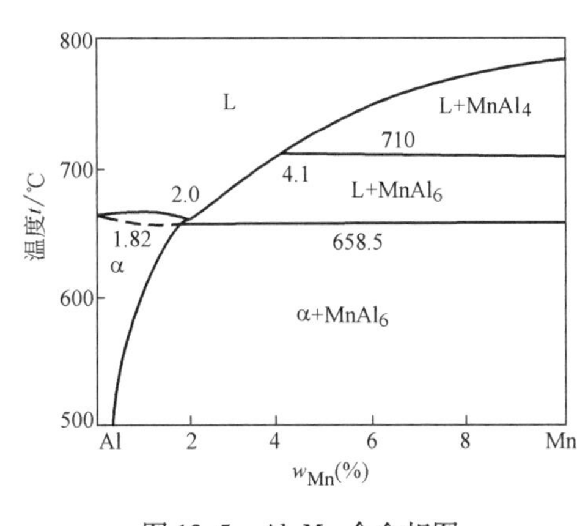


图 13-5 Al-Mn 合金相图

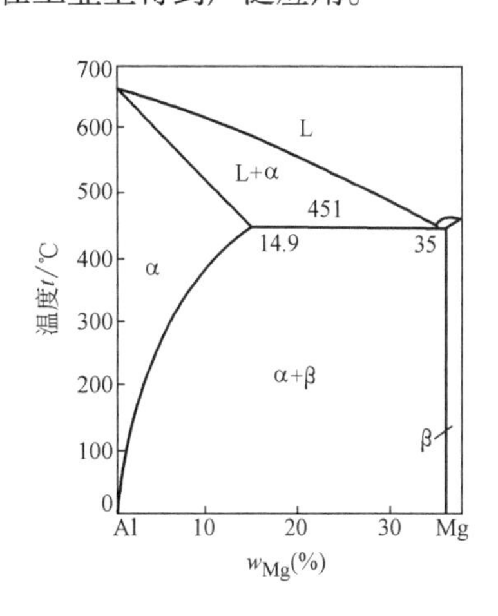


图 13-6 Al-Mg 合金相图

**（二）可热处理强化的变形铝合金**

工业上得到广泛应用的可热处理强化变形铝合金不是二元合金，而是成分更复杂的三元系和四元系合金。其主要有 Al-Cu-Mg 系、Al-Cu-Mn 系合金（硬铝）；Al-Zn-Mg 系、Al-Zn-Mg-Cu系合金（超硬铝）；Al-Mg-Si 系、Al-Mg-Si-Cu 系合金（锻铝）；Al-Mg-Li 系、Al-Li-Cu-Mg 系合金（铝锂合金）。这些合金主要通过时效硬化提高强度。

1. 硬铝合金

Al-Cu-Mg 系合金是使用最早，用途很广，具有代表性的一种铝合金，由于该合金强度和硬度高，故称为硬铝，又称杜拉铝。

该合金系主要强化相有 S 相（$CuMgAl_2$）、θ 相（$CuAl_2$）、β 相（$Mg_5Al_8$）和 T 相（$CuMg_4Al_6$）。其中 S 相强化作用最大，θ 相次之，β 相和 T 相较差，这些化合物在 Al 中均有显著的溶解度变化（图 13-7）。因此硬铝合金具有明显的热处理强化能力。硬铝合金的相组成因合金中 Cu、Mg 的含量比不同而异，其强化效果也不同。Cu 含量增多，S 相少，θ 相是主要强化相，合金强化效果不高；Mg 含量增多，θ 相少，S 相是主要强化相，合金强化效果好；Mg 含量进一步增加，则形成强化效果较差的 T 相和 β 相。研究表明，Cu、Mg 含量比为 2.61（即 $w_{Cu}$=4%～5%、$w_{Mg}$=1.5%～2.0%）时，合金强化相几乎全是强化效果最高的 S 相。除 Cu 和 Mg 外，硬铝合金还加入 $w_{Mn}$=0.3%～1.0% 的 Mn，目的是提高合金耐蚀性，提高再结晶温度，细化晶粒，改善力学性能。合金中加入少量 Ti，可细化晶粒，降低热脆倾向。

常用硬铝合金牌号、成分和力学性能见表13-2。其中2A12是航空工业应用最广泛的一种高强度硬铝合金，经445～503℃淬火并自然时效4d，具有较高的强度和塑性：$R_m$ = 392～441MPa，$R_{p0.2}$ = 255～304MPa，$A$ = 8%～12%。若合金在150℃以上使用，可采用185～195℃人工时效处理。

2A12及其他Al-Cu-Mg系硬铝合金，由于含Cu固溶体和$CuAl_2$电极电位比晶界高，容易产生晶间腐蚀，故自然时效态的硬铝抗海水和大气腐蚀性能差，人工时效后其耐蚀性更差。为了提高硬铝合金的耐蚀性，通常在硬铝板材表面通过热轧包覆一层工业纯铝，称之为包铝。以包铝板材使用的2A12合金具有很高的耐蚀性，广泛用于生产锻件以外的各种类型半成品，用以制造飞机蒙皮、桁条和梁及建筑结构等。

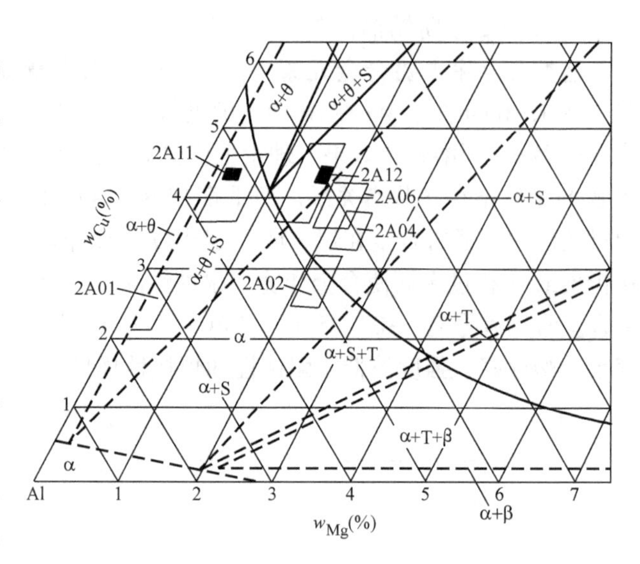


图13-7　Al-Cu-Mg三元系相图（富Al角）
——500℃时的等温截面　- - - - -室温时的等温截面

Al-Cu-Mn系合金属耐热硬铝合金，主要牌号有2A16和2A17。2A16合金的主要相组成物为α固溶体、θ相（$CuAl_2$）和T相（$CuMn_2Al_{12}$），并有少量的$TiAl_3$相，其中θ相和T相是合金的主要耐热强化相。与2A12和2A70相比，由于合金中$w_{Cu}$较高（约6.5%），故合金中θ相数量较多。Cu、Ti和Mn还有利于提高合金的再结晶温度，在250～300℃的高温强度比2A12和2A70高。例如，2A16合金的持久强度$\sigma_{100}^{350}$ = 39MPa，超过耐热强度很高的2A70合金。二元Al-Cu合金的持久强度$\sigma_{100}^{350}$ = 10MPa。

2A17合金是在2A16基础上加入$w_{Mg}$ = 0.25%～0.45%的合金。Mg能提高合金的室温强度，有利于提高合金在150～250℃温度下的耐热性能。工作温度在300℃以下，2A17合金的持久强度最高。2A16和2A17合金均在人工时效状态下使用，2A16合金淬火温度520～530℃，时效温度165～175℃（时效10～16h）；2A17合金淬火温度515～525℃，时效温度180～190℃（16h）。耐热硬铝合金可用于制造在200～300℃下工作的零件，如发动机叶片、盘，还可用作焊接容器。

2. 超硬铝合金

Al-Zn-Mg-Cu系合金是变形铝合金中强度最高的一类铝合金，因其强度高达588～686MPa，超过硬铝合金，故称超硬铝合金。除强度高外，塑性比硬铝低，但在相同强度水平下，断裂韧度比硬铝高，同时具有良好的热加工性能，适宜生产各种类型和规格的半成品，因此超硬铝是航空工业中的主要结构材料之一。

超硬铝是在Al-Zn-Mg三元系基础上加入Cu及其他微量元素发展起来的。主要强化相η($MgZn_2$)和T($Al_2Mg_3Zn_3$)在α固溶体中有很大的固溶度并随温度下降而显著减少，因此合金有强烈的时效强化效果。增加Zn和Mg的含量，可提高合金强度，但塑性和耐应力腐蚀性能却显著降低。合金中加入一定量Cu可显著改善其塑性和耐应力腐蚀性能；同时形成

θ 和 S 相，能提高合金强度。但是 $w_{Cu}$ 若超过 3%，合金耐蚀性下降，强化效果也减弱。超硬铝合金中加入 Cr、Mn、Ti 等少量元素可进一步提高合金的力学性能，改善合金塑性和耐应力腐蚀性能。

超硬铝合金的主要牌号、化学成分和力学性能见表 13-2。

7A04 是超硬铝的代表性牌号，具有较高的综合力学性能，是使用最早、最广泛的一种超硬铝合金。其退火状态下，$R_m = 245$MPa；人工时效的板材，$R_m = 490$MPa；挤压材料，$R_m = 568$MPa。7A04 合金抗拉强度比 2A12 高 20%，屈服强度比 2A12 高 40%，但伸长率不如 2A12。该合金的主要缺点是耐热性低，工作温度一般不超过 120℃。

和硬铝合金一样，超硬铝合金耐蚀性低，故也需包铝保护，但超硬铝合金电位比纯铝低，故采用电位更低的 $w_{Zn} = 1\%$ 的 Al-Zn 合金作为包铝层。

超硬铝合金通常在淬火加人工时效状态使用，各种超硬铝合金淬火温度为 465 ~ 475℃。其板材人工时效 120℃（24h）；为了改善合金耐应力腐蚀性能，还可采用 120℃、3h 加 160℃、3h 的分级时效工艺，以进一步消除内应力并大大缩短时效时间。

3. 锻造铝合金

一类是 Al-Mg-Si-Cu 系合金，具有优良的热塑性，适于生产各种锻件或模锻件，故称锻造铝合金。该合金系是在 Al-Mg-Si 系基础上加入 Cu 和少量 Mn 发展起来的。其主要强化相为 $Mg_2Si$，它在基体中有较大的溶解度，并随温度下降而显著减小。因而合金具有明显的时效强化效应。Al-Mg-Si 系中加入 Cu 能形成强化相 W（$Cu_4Mg_5Si_4Al$），铜含量高时还会出现 $CuAl_2$（θ）和 $Al_2CuMg$（S）相，随铜含量增加，时效强化能力增大。$Mg_2Si$ 和 W 相在室温下析出速度很慢，故通常采用人工时效。Al-Mg-Si-Cu 系合金常用牌号有 6A02、2A50、2A14 等，它们的 Si、Mn 含量相同，含铜量则顺次增加。其常用牌号、合金平均化学成分、力学性能和用途见表 13-2。6A02 淬火温度为 546℃，时效温度为 150 ~ 160℃（6 ~ 15h）；2A50 淬火温度为 515 ~ 525℃，时效温度为 150 ~ 170℃（4 ~ 5h）；2A14 淬火温度为（500 ± 5）℃，时效温度为 165℃（6 ~ 15h）。

另一类是 Al-Cu-Mg-Fe-Ni 系合金，可形成耐热强化相 $Al_9FeNi$，为耐热锻铝合金。常用牌号有 2A70 和 2A80 等，这类合金耐热性好，主要用于制造 150 ~ 225℃以下工作的零件，如压气机叶片、超声速飞机的蒙皮等。

4. 铝锂合金

在铝合金中添加 $w_{Li} = 1\%$ 的锂，可使合金密度降低约 3%，弹性模量提高 5% ~ 6%。因此，与传统铝合金材料相比，铝锂合金具有密度低、比强度高和比模量高等优点，所制成的薄板、厚板、挤压件和锻件在航空航天领域有着广泛而重要的应用。

铝锂合金是在 Al-Li 二元合金系基础上加入 Mg、Cu、Mn、Zn 及 Zr 等合金元素发展起来的。这些合金元素一方面可以产生固溶强化效果；另一方面，可以影响人工时效时析出相的种类、析出序列和时效动力学。Al-Li 二元合金的强化相是与基体（α 固溶体）完全共格的 δ′相（$Al_3Li$），合金的力学性能表现出较为强烈的各向异性。加入 Mg 可以促进更多的 δ′相弥散析出，并形成强化相 T 相（$Al_2MgLi$），使合金进一步强化。合金中添加微量 Zr 能提高合金的时效速率，在晶界或亚晶界析出 β′相（$Al_3Zr$）的弥散质点，对晶界有钉扎作用，能抑制合金再结晶并细化晶粒，从而改善合金的强韧性以及力学性能的各向异性。同时加入 Cu 和 Mg 时，铝锂合金中可形成细小弥散分布的析出相 S′相（$Al_2CuMg$），S′相通过阻碍位错运动，促进合金均匀变形，改善合金的韧性。此外，铝锂合金中还可能形成θ′相（$Al_2Cu$）和$T_1$相（$Al_2CuLi$），这两种富铜相均有助于提高时效硬化效果。添加适量的Mn会形成$Al_6Mn$弥散相，能够抑制合金的再结晶，细化晶粒，降低合金的各向异性。添加Zn能够促进δ′相、S′相、$T_1$相等强化相的析出，抑制强化相长大，使其分布更加均匀，从而提高合金的强度和塑性。合金化元素Zn、Ag以及较高的Cu含量可以改善铝锂合金的耐蚀性。

5A90铝锂合金属于Al-Mg-Li系合金，是目前国产密度最低的商业铝合金，相当于俄罗斯的1420铝锂合金。与其他铝锂合金相比，其密度更低，焊接性能、耐蚀性能和低温性能更优异，具有中等强度，主要用于火箭低温燃料贮箱、飞机机身和座舱等部位。但是5A90铝锂合金型材存在各向异性、强度低、成形性差等缺点。其固溶处理时加热温度为450～460℃，时效温度为115～125℃，时效时间为7～12h，主要强化相为δ′相、β′相和T相。

2A97铝锂合金属于Al-Li-Cu-Mg系合金，是我国自主研发的国产第三代新型铝锂合金，具有加工性能好、耐蚀性好、焊接性好及耐损伤性能优异等特点，可用于飞机机身框梁结构和蒙皮、机翼下壁板及燃料贮箱等航空航天结构件。其固溶处理时加热温度为520℃，时效温度为165～200℃，主要强化相为δ′相、θ′相、$T_1$相和β′相。2A97铝锂合金经固溶处理、形变时效后可获得较好的强度与塑性配合。

## 四、铸造铝合金

铸造铝合金除要求必要的力学性能和耐蚀性外，还应具有良好的铸造性能，为此铸造铝合金比变形铝合金含有较多的合金元素，可形成较多低熔点共晶体，以提高流动性，改善合金的铸造性能。

1. Al-Si系铸造铝合金

Al-Si系合金是航空工业中应用最广的铸造铝合金，该合金具有良好的铸造性能、耐蚀性能和力学性能。二元Al-Si合金（ZL102）又称硅铝明，含硅量$w_{Si}$为11%～13%，就其组织而言，属于过共晶合金（图13-8），共晶温度为577℃，共晶成分中含硅量$w_{Si}$为11.7%。该合金铸造后的组织为α固溶体和粗针状的硅晶体组成的共晶体（α+Si）及少量块状的初晶硅（图13-9a）。由于共晶硅呈粗大针状，所以合金强度和塑性都很低。若浇注前在液态合金中加入微量钠或钠盐进行变质处理，可以得到由初晶α固溶体和细小共晶体（α+Si）组成的亚共晶组织（图13-9b）。这是因为加入变质剂，可降低Al-Si合金的共晶温度，并使共晶点明显右移（图13-8）。因此，$w_{Si}$=12%～13%的过共晶合金变成了亚共晶合金。在过冷条件下，形核率急剧升高，共晶组织变细，对于过共晶合金，由于共晶温度降低又使Si质点的形核点减少。由于脆性的初晶硅的消失和共晶体细化，使合金的力学性能得到明显改善。例如，$w_{Si}$=13%的Al-Si合金经变质处理后，抗拉强度由125MPa提高到195MPa，伸长率由2%提高到13%。简单的Al-Si合金的流动性好，铸件致密，不易产生铸造裂纹，是比较理想的铸造合金。然

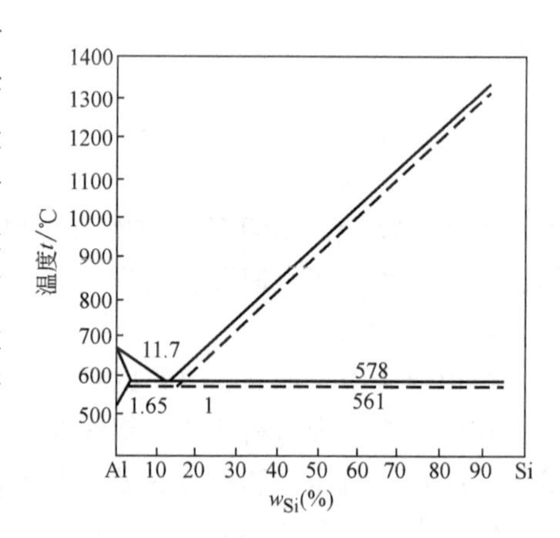


图13-8　Al-Si合金相图

- - - —变质处理　—— —未变质处理

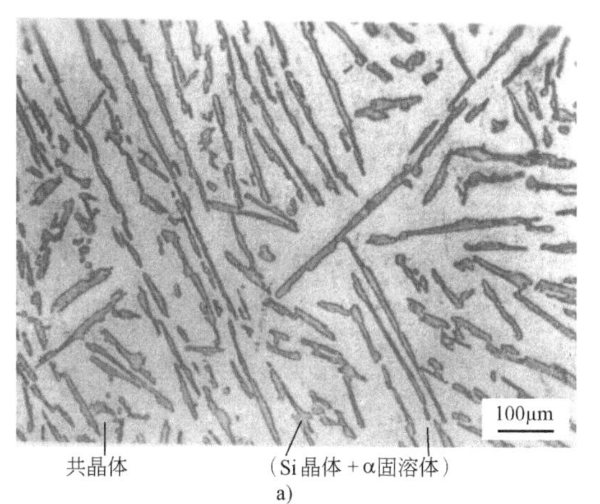

a)

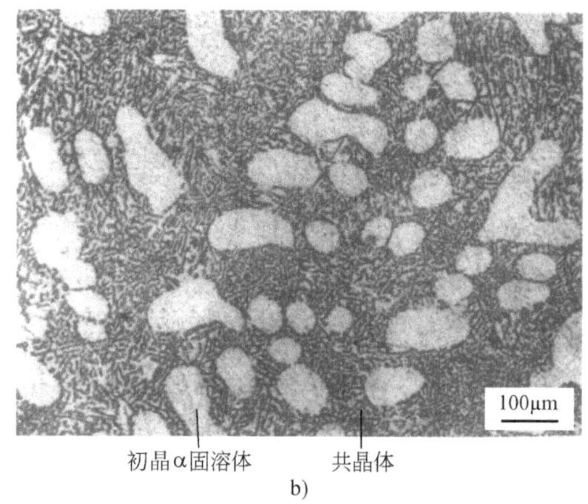

b)

图 13-9　$w_{Si}=12\%$ 的 Al-Si 合金铸态组织

a）未变质处理　b）变质处理

而即使经过变质处理，合金强度仍然较低，通常用来制作力学性能要求不高而形状复杂的铸件。

为了进一步提高 Al-Si 合金的力学性能，通常需要加入 Cu、Mg、Mn 等合金元素，形成强化相，通过淬火和时效使合金进一步强化，称为特殊硅铝明。常用的特殊硅铝明合金有 ZL101、ZL104、ZL107、ZL103 和 ZL105 等。

ZL101 和 ZL104 合金是含 Mg 的特殊硅铝明，合金经淬火和人工时效得到细小亚共晶加强化相 $Mg_2Si$ 组织，使强度得到提高。ZL104 合金的强度比 ZL101 合金高，经变质处理金属型铸造后再进行淬火加完全人工时效处理，抗拉强度 $R_m=235$MPa，伸长率 $A=2\%$。ZL101 和 ZL104 合金的铸造性能很好。前者用于铸造薄壁、形状复杂和中等负荷的零件；后者适宜铸造柴油机气缸体、排气管等大负荷零件。

ZL107 是含 Cu 的特殊硅铝明，在 Al-Si 合金中加入 Cu 能形成 θ 相（$CuAl_2$），该合金经变质处理金属型铸造后再进行淬火加完全人工时效，抗拉强度 $R_m=275$MPa，伸长率 $A=3\%$。其力学性能超过 ZL101、ZL104 合金。该合金铸造性能较好，适宜铸造高强度和尺寸稳定的零件。

ZL103 和 ZL105 是同时含 Cu 和 Mg 的特殊硅铝明。其强化相除 $Mg_2Si$ 和 $CuAl_2$ 外，还有 $Al_2CuMg$ 和 W 相（$Al_xCu_4Mg_5Si_4$）。其强度和耐热性更高，故有耐热硅铝明之称。这两种合金适宜金属型铸造，制作在 250℃以下工作的负荷较大的零件，如内燃机缸体、缸盖、曲轴箱等。

耐热铸造铝合金主要用来制造内燃机活塞，又称活塞铝合金。活塞材料要求密度小，高温疲劳强度大，热膨胀系数小，导热性、耐热性及耐磨性好。二元 Al-Si 合金铸造性能好，热膨胀系数小，但高温强度低，因此活塞材料通常在二元 Al-Si 合金（ZL102）基础上分别加入一定量的 Cu、Mg、Ni、Mn 及稀土元素，组成多元 Al-Si 铸造合金。

常用的耐热铸造铝合金牌号有 ZL110、ZL108 和 ZL109。ZL108 和 ZL109 合金是铸造铝合金中 Cu、Mg 含量较高的两种合金，Si 含量也高。因此合金铸造性能好，线膨胀系数小，硬度和高温强度高，耐磨性和耐蚀性好，是良好的铸铝活塞材料，但伸长率低。这两种合金铸造活塞通常要经变质处理，铁型铸造。铸造后合金可进行热处理强化，ZL108 合金在 (515 ±5)℃淬火（保温 6 ~8h），在（205 ±10)℃时效 8h，主要用于柴油机活塞。ZL109 合金在 513 ~518℃淬火（保温 8h），在（225 ±5)℃时效 8h，主要用于在较高温度下工作的活塞。ZL110 合金中含铜量高（$w_{Cu}$ =5% ~8%），也具有上述类似的性能特点，但强度较低。这类合金的主要耐热强化相是 S 相（$Al_2CuMg$）。降低含铜量、增加含镁量有利于得到最多数量的 S 相，从而提高合金的耐热性。

2. Al-Cu 系铸造铝合金

Al-Cu 系合金是应用最早的一种铸造铝合金，其最大特点是耐热性高，因此适宜铸造高温铸件，但合金铸造性能和耐蚀性较差。航空工业上常用的铝铜系铸造合金有 ZL201、ZL202 和 ZL203，其化学成分和力学性能见表 13-3。其中，ZL201 合金是 Al-Cu-Mn 系合金，加 Ti 是为了细化晶粒，改善铸态组织。Mn 在合金结晶冷却过程中具有获得过饱和固溶体的特性，该合金除含有强化相 $CuAl_2$（θ）外，还生成耐热强化效果更好的 T 相（$CuMn_2Al_{12}$），因此，合金既具有高的室温强度，又具有良好的耐热性，故有高强度耐热合金之称。该合金能进行热处理强化，塑性要求较高的铸件可采用自然时效状态，要求高屈服强度的铸件则进行淬火加人工时效处理，也可以进行淬火加稳定化处理。该合金适于铸造在 300℃以下工作的形状简单、负荷较大的零件。

**表 13-3　常用铸造铝合金的牌号、化学成分、力学性能及用途**（摘自 GB/T 1173—2013）

| 类别 | 代号 | 牌号 | 化学成分（质量分数,%） | | | | 铸造方法 | 热处理 | 力学性能（不低于） | | | 用途举例 |
|---|---|---|---|---|---|---|---|---|---|---|---|---|
| | | | Si | Cu | Mg | 其他 | | | $R_m$/MPa | A（%） | 硬度 HBW | |
| 铝硅合金 | ZL 102 | ZAlSi12 | 10.0 ~13.0 | — | — | — | SB<br>J<br>SB<br>J | F<br>F<br>T2<br>T2 | 145<br>155<br>135<br>145 | 4<br>2<br>4<br>3 | 50<br>50<br>50<br>50 | 形状复杂的零件，如飞机、仪器零件、抽水机壳体 |
| | ZL 104 | ZAlSi9Mg | 8.0 ~10.5 | — | 0.17 ~0.35 | Mn 0.2 ~0.5 | J<br>J | T1<br>T6 | 195<br>235 | 1.5<br>2 | 65<br>70 | 220℃以下形状复杂零件，如电机壳体、气缸体 |
| | ZL 105 | ZAlSi 5Cu1Mg | 4.5 ~5.5 | 1.0 ~1.5 | 0.4 ~0.6 | — | J<br>S | T5<br>T7 | 235<br>175 | 0.5<br>1 | 70<br>65 | 250℃以下形状复杂件，气缸头、机匣、液压泵壳 |
| | ZL 107 | ZAlSi7Cu4 | 6.5 ~7.5 | 3.5 ~4.5 | — | — | SB<br>J | T6<br>T6 | 245<br>275 | 2<br>2.5 | 90<br>100 | 强度和硬度较高的零件 |
| | ZL 109 | ZAlSi12Cu1 Mg1Ni1 | 11.0 ~13.0 | 0.5 ~1.5 | 0.8 ~1.3 | Ni 0.8 ~1.5 | J<br>J | T1<br>T6 | 195<br>245 | 0.5<br>— | 90<br>100 | 较高温度下工作的零件，如活塞 |
| | ZL 111 | ZAlSi 9Cu2Mg | 8.0 ~10.0 | 1.3 ~1.8 | 0.4 ~0.6 | Mn 0.1 ~0.35<br>Ti 0.1 ~0.35 | SB<br>J | T6<br>T6 | 255<br>315 | 1.5<br>2 | 90<br>100 | 活塞及高温下工作的其他零件 |

（续）

<table>
<tr><th rowspan="2">类别</th><th rowspan="2">代号</th><th rowspan="2">牌号</th><th colspan="4">化学成分（质量分数,%）</th><th rowspan="2">铸造方法</th><th rowspan="2">热处理</th><th colspan="3">力学性能（不低于）</th><th rowspan="2">用途举例</th></tr>
<tr><th>Si</th><th>Cu</th><th>Mg</th><th>其他</th><th>R<sub>m</sub>/MPa</th><th>A（%）</th><th>硬度HBW</th></tr>
<tr><td rowspan="2">铝铜合金</td><td>ZL201</td><td>ZAlCu5Mn</td><td>—</td><td>4.5～5.3</td><td>—</td><td>Mn 0.6～1.0<br>Ti 0.15～0.35</td><td>S<br>S</td><td>T4<br>T5</td><td>295<br>335</td><td>8<br>4</td><td>70<br>90</td><td>温度为175～300℃零件，如内燃机气缸头、活塞</td></tr>
<tr><td>ZL203</td><td>ZAlCu4</td><td>—</td><td>4.0～5.0</td><td>—</td><td>—</td><td>J<br>J</td><td>T4<br>T5</td><td>205<br>225</td><td>6<br>3</td><td>60<br>70</td><td>中等载荷、形状比较简单的零件</td></tr>
<tr><td rowspan="2">铝镁合金</td><td>ZL301</td><td>ZAlMg10</td><td>—</td><td>—</td><td>9.5～11.0</td><td>—</td><td>S</td><td>T4</td><td>280</td><td>10</td><td>60</td><td rowspan="2">大气或海水中工作，承受冲击载荷，外形简单的零件，如舰船配件、氨用泵体等</td></tr>
<tr><td>ZL303</td><td>ZAlMg5Si</td><td>0.8～1.3</td><td>—</td><td>4.5～5.5</td><td>Mn 0.1～0.4</td><td>S，J</td><td>F</td><td>145</td><td>1</td><td>55</td></tr>
<tr><td rowspan="2">铝锌合金</td><td>ZL401</td><td>ZAlZn11Si7</td><td>6.0～8.0</td><td>—</td><td>0.1～0.3</td><td>Zn 9.0～13.0</td><td>J</td><td>T1</td><td>245</td><td>1.5</td><td>90</td><td rowspan="2">结构形状复杂的汽车、飞机、仪器零件，也可制造日用品</td></tr>
<tr><td>ZL402</td><td>ZAlZn6Mg</td><td>—</td><td>—</td><td>0.5～0.65</td><td>Cr 0.4～0.6<br>Zn 5.0～6.5<br>Ti0.15～0.25</td><td>J</td><td>T1</td><td>235</td><td>4</td><td>70</td></tr>
</table>

注：1. Al为余量。

2. J—金属型铸造；S—砂型铸造；B—变质处理；F—铸态；T1—人工时效；T2—退火；T4—固溶处理+自然时效；T5—固溶处理+不完全人工时效；T6—固溶处理+完全人工时效；T7—固溶处理+稳定化处理。

3. Al-Mg系铸造铝合金

Al-Mg系铸造合金的最大特点是耐蚀性高，密度小（$2.55\times10^3kg/m^3$），强度和韧性较高，切削加工性好，表面粗糙度值低。该类合金的主要缺点是铸造性能差，容易氧化和形成裂纹。此外该类合金热强性较低，工作温度不超过200℃。Al-Mg系合金主要用于造船、食品和化学工业，主要牌号有ZL301、ZL302，其化学成分和力学性能见表13-3。其中，ZL301是高镁合金（$w_{Mg}=10\%$的Al-Mg合金），利用镁在铝中的固溶强化效果获得较高的强度和优良的耐蚀性能。固溶处理是该合金唯一的热处理方式。合金经（430±5）℃加热10～20h后于40～50℃油冷或80～100℃水冷淬火，可具有综合的力学性能，$R_m=300\sim400MPa$，$R_{p0.2}=170MPa$，$A=12\%\sim15\%$，并有良好的耐蚀性。适于铸造在海水环境下工作的、承受大载荷的、外形简单的零件，但是该合金铸造性能和高温性能较差，且具有自然时效倾向，在使用或存放过程中，塑性会明显降低，因而限制了它的广泛应用。

4. Al-Zn系铸造铝合金

Al-Zn系铸造合金的主要特点是具有良好的铸造性、可加工性、焊接性及尺寸稳定性，铸态下就具有时效硬化能力，故称为自强化合金。Al-Zn系铸造合金具有较高的强度，是一种最便宜的铸造合金，其主要缺点是耐蚀性差。常用的 Al-Zn 系铸造合金牌号有 ZL401 和 ZL402，其主要化学成分和力学性能见表 13-3。其中，ZL401 合金属于 Al-Zn-Si 系合金，加入大量的 Si 可显著改善 Al-Zn 合金的铸造工艺性能，故有含锌硅铝明之称，可用砂型或金属型铸造，亦可压铸并进行变质处理。合金中加入少量的 Mg、Fe 和 Mn，可以提高合金的耐热性。ZL401 合金通常进行人工时效（175℃，5～10h）或退火处理（250～300℃，1～3h）即可提高强度和尺寸稳定性。ZL401 合金经人工时效后，$R_m=220\sim230$MPa，$R_{p0.2}=150$MPa，硬度为 80HBW，$A=2\%$。该合金主要用于制造工作温度不超过 200℃、形状复杂的压铸件，如汽车、飞机零件及医疗器械和仪器零件等。

## 第二节　钛及钛合金

钛及其合金是航空、航天、船舶、化工工业重要的结构材料以及医疗生物材料，由于具有比强度高、耐热性好、耐蚀性能优异等突出优点，近 30 年来发展极为迅速。但是，钛的化学性质十分活泼，因此钛及钛合金熔铸、焊接和部分热处理均要在真空或惰性气体中进行，加工工艺复杂，价格昂贵，限制了其推广应用。但随着钛及钛合金生产技术的发展，其成本必然会降低并获得更广泛的应用。

### 一、纯钛

Ti 的性质与其纯度有关，纯度越高，硬度和强度越低。用 Mg 还原 $TiCl_4$ 制成的工业纯钛称为海绵钛（镁热法钛），其纯度可达 99.5%；用 $TiI_4$ 分解生产的钛（碘化法钛）属于高纯度钛，其纯度高达 99.9%。

Ti 在固态下具有同素异构转变。在 882.5℃ 以下为 α-Ti，具有密排六方晶格，在 882.5℃ 以上直至熔点为 β-Ti，具有体心立方晶格。

钛的密度小（$4.5\times10^3$kg/m$^3$）、熔点高（1668℃），钛及钛合金的强度相当于优质钢，因此钛及钛合金比强度很高，而且高比强度可保持到 550～600℃，是很好的热强金属材料，低温下仍具有很好的力学性能。钛的热膨胀系数很小，在加热和冷却过程中产生的热应力较小。钛的导热性差（约为 Fe 的 1/6），摩擦因数大（$\mu=0.422$），因此钛及其合金切削、磨削加工性能和耐磨性较差。此外，钛的弹性模量较低，既不利于结构的刚度，也不利于钛及钛合金的成形和校直。钛在大气、高温气体（550℃以下）以及中性、氧化性及海水等介质中具有极高的耐蚀性。钛在不同浓度的硝酸、铬酸以及碱溶液和大多数有机酸中，也具有良好的耐蚀性，但氢氟酸对钛有很大的腐蚀作用。

钛中的常见杂质有 O、N、C、H、Fe、Si 等。O、N、C 与 Ti 能形成间隙固溶体，显著提高钛的强度和硬度，降低其塑性和韧性。Fe、Si 等元素与 Ti 能形成置换固溶体，亦能起固溶强化作用。H 的危害最大，微量的 H 即能强烈降低钛的冲击韧度，增大缺口敏感性，并引起氢脆，故 $w_H$ 应当不大于 0.015%。

工业纯钛经冷塑性变形可显著提高强度，如经 40% 冷变形可使工业纯钛强度从 588MPa 提高至 784MPa。工业纯钛消除应力退火温度为 450～650℃，保温 0.25～3h，采用空冷方式；再结晶退火温度为 593～700℃，保温 0.25～3h，采用空冷方式。工业纯钛是航空、船舶、化工等工业中常用的一种 α-Ti 合金，其板材和棒材可以制造 350℃ 以下工作的零件，

如飞机蒙皮、隔热板、热交换器等。

## 二、钛的合金化

钛有 α-Ti（密排六方）和 β-Ti（体心立方）两种晶体结构。钛合金化的主要目的就是利用合金元素对 α-Ti 或 β-Ti 的稳定作用，改变 α 和 β 相的组成，从而控制钛合金的性能。合金元素与钛的相图主要有四种类型（图 13-10）。按照合金元素对 α-Ti⇌β-Ti 转变温度的影响和在 α 或 β 相中的溶解度不同，所有合金元素分为三类。能提高 α⇌β 转变温度，在 α 相中比在 β 相中有较大溶解度并扩大 α 相区的元素称为 α 稳定元素，如 Al、O、N、C、B 等（图 13-10a）。能降低 α⇌β 转变温度，在 β-Ti 中比在 α-Ti 中有较大溶解度并扩大 β 相区的元素称为 β 稳定元素，其中 Mo、V、Nb 等元素与 β-Ti 同晶型，形成无限固溶体，与 α-Ti 形成有限固溶体（图 13-10b）；Cu、Mn、Cr、Fe、Ni、Co、H 等元素与 β-Ti 形成有限固溶体并形成共析型相图（图 13-10c）。Sn、Zr 等元素对 α⇌β 转变温度影响不大，在 α 和 β 相均能大量溶解或完全互溶，称为中性元素（图 13-10d）。

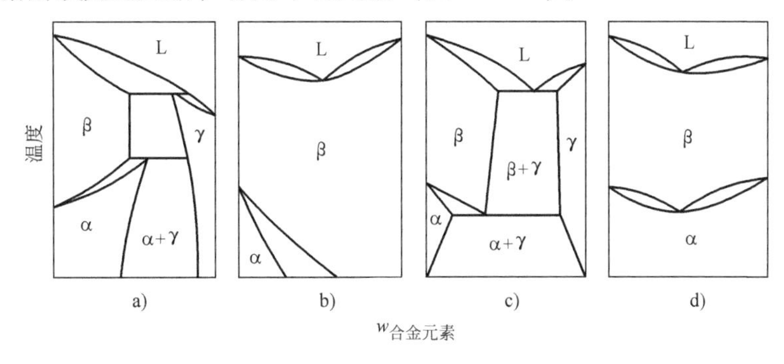


图 13-10 钛与合金元素之间的四种基本类型相图示意图

a）α 稳定元素 b）同晶型 β 稳定元素 c）共析型 β 稳定元素 d）中性元素

工业钛合金的主要合金元素有 Al、Zr、Sn、Mo、V、Fe、Mn、Cr、Cu 及 Si 等。

Al 是典型的 α 稳定元素，Al 在 Ti 中主要溶入 α 固溶体，少量溶于 β 相。在室温下 Al 在 α-Ti 中的溶解度达 7%，故有明显的固溶强化效果。Al 还能提高钛合金的热稳定性和弹性模量，Ti-Al 合金的密度小，所以 Al 是钛合金中重要的合金元素。

Zr 和 Sn 同属中性元素。Zr 在 α-Ti 和 β-Ti 中均能形成无限固溶体。Sn 在 α-Ti 和 β-Ti 中的溶解度也较大。因此 Zr 和 Sn 不仅能强化 α 相，还能提高合金的抗蠕变能力，也是钛合金中的主要合金元素之一。

Mo、V 都是 β-Ti 的同晶型元素，钛中加入 Mo 或 V 都能起固溶强化作用，并能提高钛合金的热稳定性和蠕变抗力。这类元素越多，钛合金中 β 相越多、越稳定。当其达到某一临界含量（如 Mo 和 V 的临界质量分数分别为 11% 和 19.3%）时，快冷至室温，可以得到全部 β 相，形成 β-Ti 合金，这一含量称为“临界浓度”。

Fe、Mn、Cr、Cu、Si 等 β 稳定元素能形成共析反应，其临界浓度比 β 同晶元素都低，故其稳定 β 相能力比 β 同晶元素还大。其中 Cu、Si 等属于活性共析型 β 稳定元素，其共析反应速度很快，在一般冷却条件下，β 相能完全分解，使合金具有时效强化能力，提高合金的热强性。例如，Cu 加入 Ti 中，β 相可以分解为 α 相和金属化合物 $TiCu_2$，从而明显提高钛合金的热稳定性和热强性。Ti 合金中 Cu 的含量超过极限溶解度时，也可产生弥散强化作用。

## 三、工业用钛合金

工业钛合金按其退火组织可分为 α、β 和（α + β）三大类，分别称为 α 钛合金、β 钛合金和（α + β）钛合金。牌号分别以“钛”字汉语拼音字首“T”后跟 A、B、C 和顺序号表示。例如，TA5 ~ TA36 表示 α 钛合金；TB2 ~ TB17 表示 β 钛合金，TC1 ~ TC32 表示（α + β）钛合金。表 13-4 列出了国产钛合金的化学成分及其力学性能。

**表 13-4　常用钛合金的牌号、化学成分和力学性能**（GB/T 3620.1—2016、GB/T 3621—2007）

| 合金牌号 | 化学成分组 | 化学成分（质量分数,%） | | | 状态 | 板材厚度/mm | 室温力学性能（不小于） | | | 高温力学性能（不小于） | | |
|---|---|---|---|---|---|---|---|---|---|---|---|---|
| | | Al | Mo | 其他 | | | $R_m$/MPa | $R_{p0.2}$/MPa | $A$（%） | 温度/℃ | $R_m$/MPa | $\sigma_{100}$/MPa |
| TA5 | Ti-4Al-0.005B | 3.3 ~ 4.7 | — | B 0.005 | M | >1.0 ~ 2.0<br>>2.0 ~ 5.0<br>>5.0 ~ 10.0 | 685 | 585 | 15<br>12<br>12 | — | — | — |
| TA6 | Ti-5Al | 4.0 ~ 5.5 | — | — | M | >1.5 ~ 2.0<br>>2.0 ~ 5.0<br>>5.0 ~ 10.0 | 685 | — | 15<br>12<br>12 | 350<br>500 | 420<br>340 | 390<br>195 |
| TA7 | Ti-5Al-2.5Sn | 4.0 ~ 6.0 | — | Sn 2.0 ~ 3.0 | M | >1.6 ~ 2.0<br>>2.0 ~ 5.0<br>>5.0 ~ 10.0 | 735 ~ 930 | 685 | 15<br>12<br>12 | 350<br>500 | 490<br>440 | 440<br>195 |
| TA10 | Ti-0.3Mo-0.8Ni | — | 0.2 ~ 0.4 | Ni 0.6 ~ 0.9 | M | 0.8 ~ 10.0 | 485 | 345 | 18 | — | — | — |
| TB2 | Ti-5Mo-5V-8Cr-3Al | 2.5 ~ 3.5 | 4.7 ~ 5.7 | Cr 7.5 ~ 8.5<br>V 4.7 ~ 5.7 | C<br>CS | 1.0 ~ 3.5 | ≤980<br>1320 | — | 20<br>8 | — | — | — |
| TC1 | Ti-2Al-1.5Mn | 1.0 ~ 2.5 | — | Mn 0.7 ~ 2.0 | M | >1.0 ~ 2.0<br>>2.0 ~ 5.0<br>>5.0 ~ 10.0 | 590 ~ 735 | — | 25<br>20<br>20 | 350<br>400 | 340<br>310 | 320<br>295 |
| TC2 | Ti-4Al-1.5Mn | 3.5 ~ 5.0 | — | Mn 0.8 ~ 2.0 | M | >1.0 ~ 2.0<br>>2.0 ~ 5.0<br>>5.0 ~ 10.0 | 685 | — | 15<br>12<br>12 | 350<br>400 | 420<br>390 | 390<br>360 |
| TC3 | Ti-5Al-4V | 4.5 ~ 6.0 | — | V 3.5 ~ 4.5 | M | 0.8 ~ 2.0<br>>2.0 ~ 5.0<br>>5.0 ~ 10.0 | 880 | — | 12<br>10<br>10 | 400<br>500 | 590<br>440 | 540<br>195 |
| TC4 | Ti-6Al-4V | 5.5 ~ 6.8 | — | V 3.5 ~ 4.5 | M | 0.8 ~ 2.0<br>>2.0 ~ 5.0<br>>5.0 ~ 10.0 | 895 | 830 | 12<br>10<br>10 | 400<br>500 | 590<br>440 | 540<br>195 |

注：Ti 余量。

**（一）α 钛合金**

α 钛合金的主要合金元素是 α 稳定元素 Al，主要起固溶强化作用，在 500℃以下能显著提高合金的耐热性。但 $w_{Al}>6\%$ 后会出现有序相 $Ti_3Al$ 而变脆，因此，钛合金中的 $w_{Al}$ 很少超过 6%。α 钛合金有时也加入少量 β 稳定元素，因此 α 钛合金又分为完全由单相 α 组成的 α 合金和 β 稳定元素质量分数小于 2% 的类 α 合金。α 钛合金不能通过热处理强化，通常在退火或热轧状态下使用。α 钛合金的主要化学成分和力学性能见表 13-4。其中 TA7 是应用较多的 α 钛合金。

TA7 合金是强度较高的 α 钛合金。它是在 $w_{Al}=5\%$ 的 Ti-Al 合金中加入 $w_{Sn}=2.5\%$ 的 Sn 形成的，其组织是单相 α 固溶体。由于 Sn 在 α 和 β 相中都有较高的溶解度，故可进一步固溶强化。其合金锻件或棒材经（850 ± 10）℃空冷退火后，强度由 700MPa 增加至 800MPa，塑性为 $A=10\%$，而且合金组织稳定，热塑性和焊接性能好，热稳定性也较好，可用于制造在 500℃以下长期工作的零件，如用于冷成形半径大的飞机蒙皮和各种模锻件。在 TA7 的基础上，发展了间隙夹杂物极少的 TA7ELI 合金，以提高低温强度和韧性，用于制造超低温用的容器，如航天器用液氧、液氮、液氢的贮箱。

**（二）（α+β）钛合金**

（α+β）钛合金是同时加入 α 稳定元素和 β 稳定元素，使 α 和 β 相都得到强化。加入 $w=4\%\sim6\%$ 的 β 稳定元素的目的是得到足够数量的 β 相，以改善合金高温变形能力，并获得时效强化的能力。因此，（α+β）钛合金的性能特点是常温强度、耐热强度及加工塑性比较好，并可进行热处理强化。但这类合金组织不够稳定，焊接性能不及 α 钛合金。然而（α+β）钛合金的生产工艺较为简单，其力学性能可以通过改变成分和选择热处理制度在很宽的范围内变化，因此这类合金是航空工业中应用比较广泛的一种钛合金。（α+β）钛合金的牌号、化学成分及其力学性能见表 13-4。这类合金的牌号达 10 种以上，分别属于 Ti-Al-Mn 系（TC1、TC2）、Ti-Al-V 系（TC3、TC4 和 TC10）、Ti-Al-Cr 系（TC6）和 Ti-Al-Mo 系（TC9、TC11 和 TC12）等。

其中，Ti-Al-V 系的 TC4（Ti-6Al-4V）合金是应用最多的一种（α+β）钛合金。该合金经热处理后具有良好的综合力学性能，强度较高，塑性良好。该合金通常在 α+β 两相区锻造或经 750～800℃保温 1～2h 空冷退火，均可以得到等轴细晶粒的 α+β 组织。TC4 合金多在退火状态下使用，退火状态下 $R_m=931$MPa，$A=10\%$，$Z=30\%$。对于要求较高强度的零件，TC4 合金可进行淬火加时效处理，淬火温度通常在 α+β 相区，为（925 ± 10）℃，保温 0.5～2h 后水冷；时效温度为（500 ± 10）℃，保温 4h 后空冷。经过淬火和时效后，合金组织为（α+β）和针状 α 相，抗拉强度 $R_m$ 可进一步提高至 1166MPa，伸长率 $A=13\%$。合金在 400℃时有稳定的组织和较高的蠕变抗力，又有很好的耐海水和耐热盐应力腐蚀能力，因此广泛用来制作在 400℃长期工作的零件，如火箭发动机外壳、航空发动机压气机盘和叶片以及其他结构锻件和紧固件。

**（三）β 钛合金**

β 钛合金中含有大量的 β 稳定元素，在水冷或空冷条件下可将 β 相全部保留到室温。β 相为体心立方结构，故合金具有优良的冷成形性，经时效处理，从 β 相中析出弥散 α 相，合金强度显著提高，同时具有高的断裂韧度。β 钛合金的另一特点是 β 相淬透性好，大型工件能够完全淬透。因此 β 钛合金是一种高强度钛合金（$R_m$ 可达 1372～1470MPa），但该合金的密度大、弹性模量低、热稳定性差、工作温度一般不超过200℃、冶炼工艺复杂。β钛合金中TB2的化学成分和力学性能见表13-4。

TB2合金（Ti-5Mo-5V-8Cr-3Al）淬火后得到稳定均匀的β相，时效后从β相中析出均匀细小、弥散分布的α相质点，使合金强度显著提高，塑性大大降低。TB2合金多以板材和棒材供应，主要用来制作飞机结构零件以及螺栓、铆钉等紧固件。

## 四、钛合金的热处理

纯钛自高温缓冷至882.5℃时，发生同素异构转变，体心立方的β相转变为密排六方结构的α相。钛合金中β⇌α的同素异构转变与过冷度有关。当过冷度很小，也就是略低于β⇌α平衡转变温度时，通常以扩散的形式发生转变，得到多边形的α固溶体组织（图13-11a）；当过冷度很大时（如自β区淬火），将发生非扩散型马氏体转变，形成过饱和的α固溶体，得到针状（片状）的马氏体组织（图13-11b）。

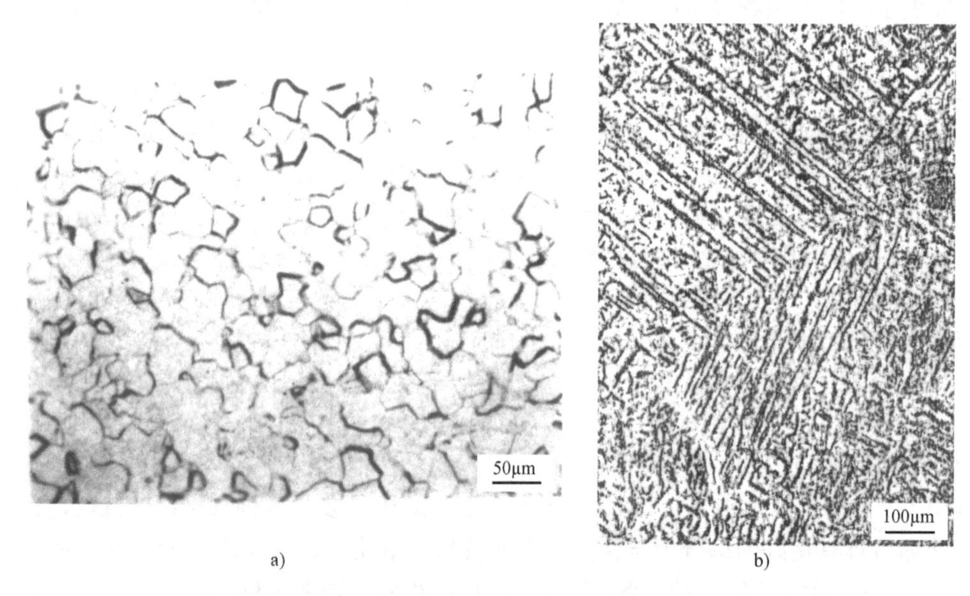


图13-11　钛合金的显微组织

a）工业纯钛等轴α固溶体　b）TC4经1050℃加热1h水淬后的针状α′

仅含单一α稳定元素或中性元素的α钛合金不能热处理强化。

含β稳定元素的钛合金自高温快速冷却（淬火）时，随着合金成分和热处理条件不同，β相可以得到马氏体α′（或α″）、ω或过冷β等不同的亚稳定相，从而改变合金的力学性能。这类钛合金可以进行热处理强化。

从图13-12可以看出β稳定元素的含量对β→α转变的影响。合金从β相区缓冷时，将从β相中析出α相，其成分沿$AC_\alpha$曲线变化，β相成分沿$AB$曲线变化。合金自β区快速冷却（淬火）时，将发生马氏体转变，形成过饱和的α固溶体。同钢中的马氏体转变一样，钛合金中的马氏体转变也存在一个马氏体转变开始温度$Ms$点和马氏体转变终了温度$Mf$点，并且$Ms$和$Mf$点随β稳定元素含量的增加而降低（图13-12中虚线）。如果β稳定元素含量少，则体心立方晶格β相将转变为密排六方晶格的马氏体，即α′相；如果合金元素含量较大，由于晶格转变阻力大，只能形成斜方晶格的马氏体，即α″；如果合金元素含量很高（大于图13-12中的临界浓度 $C_k$），马氏体开始转变温度 *Ms* 点降低至室温以下，则淬火后β相保留至室温，不发生马氏体转变，这种β相称为过冷β相，用β′表示。

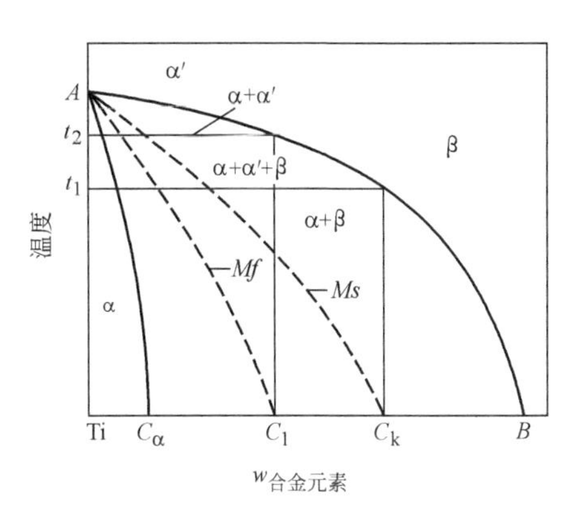


图13-12　（α+β）钛合金淬火温度和淬火组织关系示意图

同样，成分一定的合金，在α+β相区温度范围内，随着淬火加热温度的降低，β相的成分沿 *AB* 曲线增加。当淬火加热温度降低至某一临界温度 $t_1$（图13-12）时，β相浓度升高至临界浓度 $C_k$，则淬火至室温时，β相也不发生马氏体转变。由图13-12可见，在 $t_1$ 温度以下，β相成分大于临界浓度 $C_k$，淬火不发生马氏体相变，淬火组织为α+β′；当加热温度在 $t_1$ 和 $t_2$ 之间时，β相成分低于临界浓度 $C_k$，淬火冷却过程中发生马氏体转变，但是淬火至室温，β相不能全部转变为马氏体，因β相成分高于室温时 *Mf* 点所对应的临界浓度 $C_1$，淬火组织为α+α′+β′；当加热温度高于 $t_2$ 时，β相成分相对应的 *Mf* 点已高于室温，合金淬火冷却至室温时，β相全部转变为马氏体α′，淬火组织为α+α′；若加热温度高于α+β→β相变温度（图13-12中 *AB* 曲线），则淬火组织为α′相。由于β相中原子扩散系数大，钛合金的加热温度超过相变点（或β转变温度）后，β相晶粒极易发生异常长大，而在α或α+β相区加热时，晶粒大小变化不大。粗大的β相晶粒会使合金脆性显著增大。因此，在制定钛合金加热工艺时，应当注意这一特点。

成分位于临界浓度 $C_k$ 附近的合金，从高温淬火时，还能通过无扩散型相变形成ω相，用 $\omega_q$ 表示。这是一种特殊形式的马氏体相，具有特异的六方晶格，并且与母相β保持共格关系。β′（过冷β）相可以转变为ω相。这种ω相称为回火或时效ω相，用 $\omega_a$ 表示。回火时形成 $\omega_a$ 相的原因是由于不稳定的过冷β相，在回火时发生溶质原子偏聚，形成溶质原子的富集区和贫化区，当贫化区浓度接近 $C_k$ 时即转变为 $\omega_a$ 相。ω相硬而脆（硬度为500HBW，$A=0$），虽然使合金的硬度和强度显著提高，但塑性急剧下降，脆性显著增大。ω相是钛合金中的一种有害相结构，应从合金成分和热处理工艺上设法避免和消除。例如，钛合金中加Al可以抑制ω相的形成；淬火和回火时避开ω相形成区间等。

钛合金淬火形成的上述亚稳定相α′（或α″）、ω及β′是不稳定相，加热时要发生分解，其分解过程比较复杂，但最终分解产物均为平衡态的α+β。如果钛合金中有共析反应，则最终分解产物为α+$Ti_xM_y$。

钛合金的时效强化主要依靠β′和α′相分解析出高度弥散的（α+β）相来提高合金的强度。时效温度较低时（250～450℃），由于原子扩散比较困难，β相往往不能直接分解为（α+β），而是先析出ω相，再由ω相转变为平衡的（α+β）。如果时效温度转高（500～600℃），可由β′相直接分解出α相，不经ω相的过渡阶段。若钛合金淬火后进行适当冷塑性变形再时效，将析出更细的α相，使合金强度进一步提高。

钛合金热处理强化效果与合金中β稳定元素的含量及热处理工艺有关。图13-13是不同热处理过程中钛合金的抗拉强度与合金成分之间变化关系示意图。退火合金的强度随合金中β稳定元素含量增加呈线性提高。合金从β相区淬火后的强度与合金成分之间呈复杂的变化关系。当合金中β稳定元素含量低时，β→α′的马氏体转变也起到了对合金的一些强化作用，但这种强化效果远不如钢铁材料马氏体转变的强化效果大。在马氏体转变终了温度 $Mf$ 是室温时所对应那一点的成分（图 13-12 $C_1$ 成分），β→α′的马氏体转变引起的强化作用最大。合金中β稳定元素含量继续增大，由于从β相区或（α+β）相区淬火保留下来的β′相逐渐增加而使淬火合金的强度逐渐下降至最小值，该成分是马氏体开始转变温度 $Ms$ 在室温时所对应的那一点的成分（图 13-12 中的 $C_k$），即得到100%亚稳定相β′，所以强度最低。

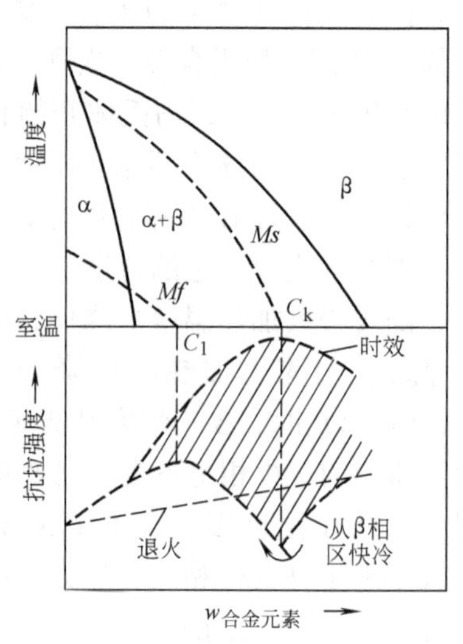


图 13-13　二元β同晶钛合金热处理强化效果示意图

合金淬火并时效后的强化效果随着合金中β稳定元素含量的增多而增大，由于合金中β稳定元素含量越多，淬火后得到亚稳定相β′越多，合金时效强化越大。当合金中β稳定元素含量达到临界浓度 $C_k$ 时，因淬火得到100%亚稳定相β′，故合金时效强化效果最大。β稳定元素进一步增加，由于β相稳定性增大，时效析出的α相量减少，强化效果反而下降。

钛合金中不同的合金元素对热处理的强化效果不同。一般来说，临界浓度 $C_k$ 越低的元素（即稳定β相能力越强的元素），热处理强化效果越大。

## 第三节　铜及铜合金

### 一、纯铜

纯铜又称紫铜，密度为 $8.9\times10^3 kg/m^3$，熔点为1083℃。纯铜有良好的导电性和导热性，在大气、淡水和冷凝水中有良好的耐蚀性。纯铜具有面心立方结构，无同素异构转变，塑性高而强度低，伸长率 $A=50\%$，强度 $R_m=240MPa$。冷变形可使退火纯铜的强度提高一倍以上，但使塑性明显降低，还使铜的导电性略微降低，因此纯铜可在加工硬化状态下用作导线。Sn、Bi、Pb、O、S、P等杂质元素对纯铜的力学性能和物理性能影响极大，应当严格限制它们在Cu中的含量。

纯铜强度低，不宜直接用作结构材料，除用于制作导电、导热材料及耐蚀器件外，多作为配制铜合金的原料。

### 二、黄铜

以锌作为主要合金元素的铜合金称为黄铜。简单的Cu-Zn合金称为普通黄铜。图 13-14 是Cu-Zn合金相图。图中有五个包晶转变和六个单相区。锌在铜中的溶解度随着温度下降而增加。α相是Zn在铜中的固溶体，具有面心立方晶格，塑性良好，适宜进行冷、热加工。β相是以电子化合物CuZn为基的固溶体，具有体心立方晶格，塑性好，可进行热加工。当温度下降至456～468℃时，它发生有序化转变，成为有序固溶体β′，脆性很大。γ相是以电子化合物 $Cu_5Zn_8$ 为基的固溶体，具有复杂立方晶格。普通黄铜不能热处理强化，一般进行再结晶退火和去应力退火。

黄铜的力学性能与化学成分、组织状态的关系极大（图 13-15）。$w_{Zn} \leq 32\%$时，强度和塑性都随含锌量的增加而提高。当$w_{Zn}$超过 32% 以后，因组织中有 β′相出现，故塑性急剧下降，而强度在$w_{Zn}=45\%$附近达到最大值。当$w_{Zn}$达 47% 时，合金全部为 β′相，强度和塑性都很低，无实用价值。工业用黄铜的$w_{Zn}$一般不超过 50%，按其退火组织可分为 α 黄铜和（α + β）黄铜。

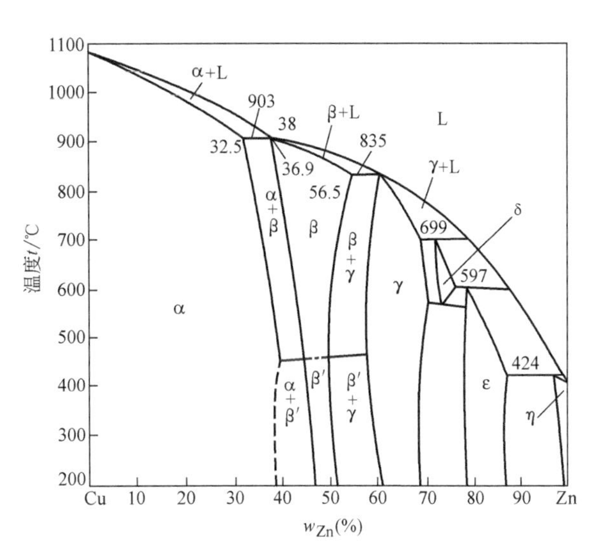


图 13-14　Cu-Zn 合金相图

1. α 黄铜

α 黄铜又称单相黄铜。它的塑性很好，可进行冷、热压力加工，适宜制造冷轧板材、冷拉线材以及形状复杂的深冲压零件。单相黄铜在铸态下化学成分不均匀，有树枝状偏析（图 13-16），经变形和再结晶退火后可得到带有退火孪晶的多边形晶粒（图 13-17）。常用的 α 黄铜典型牌号有 H80、H70、H68 等。其中，“H”表示黄铜，其后的数字表示平均铜含量的百分数。

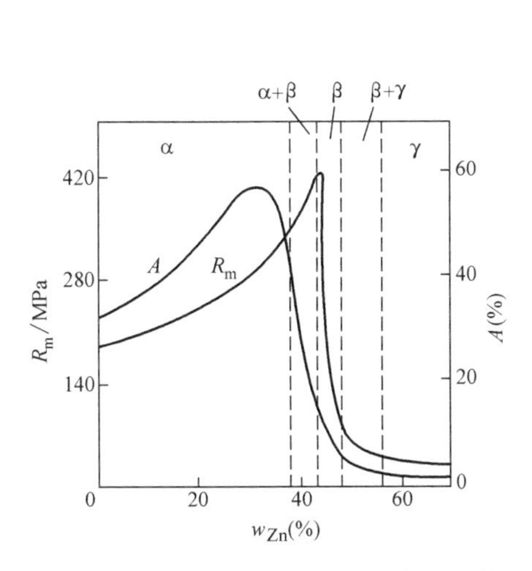


图 13-15　锌对铜力学性能的影响（退火）

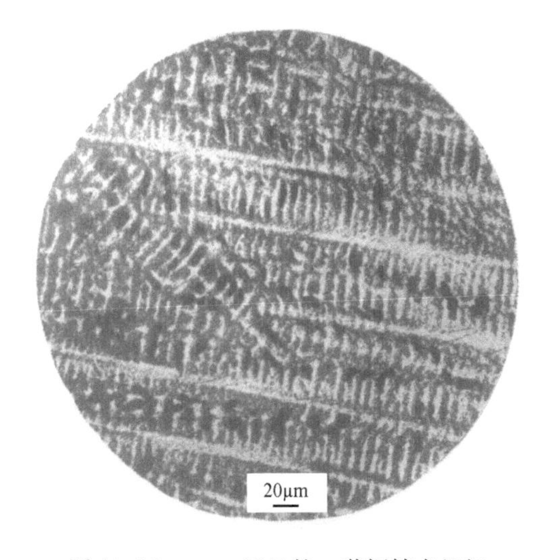


图 13-16　$w_{Zn}=30\%$的 α 黄铜铸态组织

2. （α + β）黄铜

（α + β）黄铜又称双相黄铜。其典型牌号有 H59、H62。由于 β 相高温塑性好，所以（α + β）黄铜适宜热加工。图 13-18 为 H62 的铸态组织。双相黄铜一般轧成棒材、板材，再经切削加工制成各种零件。

黄铜的耐蚀性与纯铜相近，在大气和淡水中是稳定的，在海水中耐蚀性稍差。黄铜最常见的腐蚀形式是“脱锌”和“季裂”。

图 13-17 $w_{Zn}=30\%$ 的 α 黄铜变形退火组织

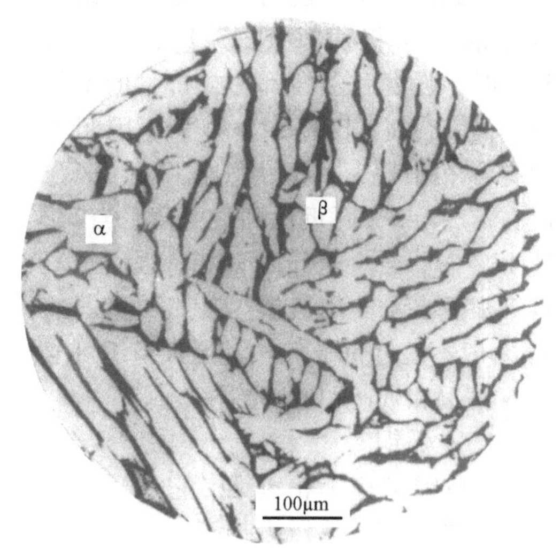

图 13-18 $w_{Zn}=40\%$ 的（α + β）黄铜铸态组织

脱锌是指黄铜在酸性或盐类溶液中，由于锌优先溶解受到腐蚀，使工件表面残存一层多孔（海绵状）的纯铜，因而合金遭受破坏。（α + β）黄铜脱锌比 α 黄铜更显著。为防止 α 黄铜脱锌，可加入少量砷（$w_{As}=0.02\%\sim0.06\%$）。添加元素镁，形成致密的 MgO 薄膜也能防止脱锌。

季裂是指 $w_{Zn}>7\%$ 的冷变形黄铜零件因内部存在残余应力，在潮湿大气中，特别在含氨的大气、汞和汞盐溶液中受腐蚀而产生的应力腐蚀开裂现象。为了防止黄铜的季裂，加工后的黄铜零件应在 260～300℃进行去应力退火或用电镀层（如镀锌、镀锡）加以保护。

在二元黄铜的基础上添加 Al、Fe、Si、Mn、Pb、Ni、Sn 等元素形成特殊黄铜。按添加第二主添元素不同分别称为铝黄铜、铁黄铜、硅黄铜、锰黄铜、铅黄铜、镍黄铜和锡黄铜。它们具有比普通黄铜更高的强度、硬度，更好的耐蚀性能和铸造性能。生产中用得较多的有锰黄铜、铝黄铜、含铁的锰黄铜等，用来制造螺旋桨、压紧螺母等许多重要的船用零件及其他耐蚀零件。在黄铜中加入 $w_{Mn}=1\%\sim4\%$ 的 Mn 能显著提高合金强度及在海水、过热蒸汽中的耐蚀性，且不降低其塑性，如 HMn58-2 用于制造海船零件及电信器材。含铁的锰黄铜用于制造螺旋桨。硅黄铜耐磨性好且具有较高的耐蚀性和良好的铸造性能，并能与钢铁焊接。黄铜中加铅可改善其切削加工性能。铝黄铜强度很高，塑性良好，耐蚀性也较高。如铝黄铜 HAl59-3-2（$w_{Cu}=57\%\sim60\%$、$w_{Al}=2.5\%\sim3.5\%$、$w_{Ni}=2.0\%\sim3.0\%$，余为 Zn）的耐蚀性是所有黄铜中最好的，可用来制作在常温工作的高强度耐蚀件，在造船、电机及化学工业中得到广泛应用。

## 三、青铜

铜与锡的合金最早称为青铜，现在则把除黄铜和白铜以外的所有铜合金均称作青铜。这里重点介绍锡青铜以及铝青铜、铍青铜等特殊青铜。

### （一）锡青铜

以锡为主加元素的铜合金称为锡青铜。Cu-Sn 合金相图如图 13-19 所示。α 相是锡在铜中的固溶体，为面心立方晶格，塑性良好。β 相是以电子化合物 $Cu_5Sn$ 为基的固溶体，为体心立方晶格，高温塑性很好。γ 相是以 $Cu_3Sn$ 为基的固溶体，硬而脆。δ 相是以电子化合物 $Cu_{31}Sn_8$ 为基的固溶体，为复杂立方晶格，硬而脆。ε 相是以电子化合物 $Cu_3Sn$ 为基的固溶体。在实际生产条件下，相图中的一系列共析转变常常进行得不完全，尤其在低温下进行的 $\delta \rightleftharpoons \alpha + \varepsilon$ 转变更是如此。一般情况下得不到 α + ε 组织，只能得到 α + δ 组织。

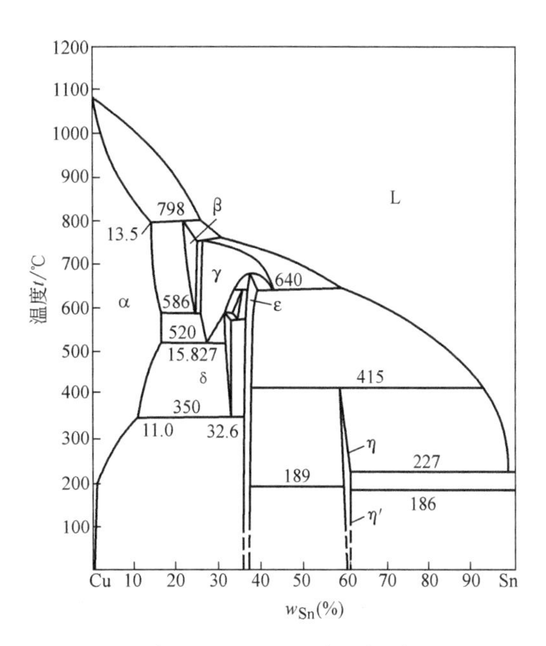


图 13-19　Cu-Sn 合金相图

含锡量对青铜力学性能的影响如图 13-20 所示。$w_{Sn}$ < 5% ~ 6% 时，随着含锡量增多，合金强度和塑性均上升。当 $w_{Sn}$ 超过 5% ~ 6% 以后，因出现硬脆相 δ，塑性显著下降。当 $w_{Sn}$ 达到 20% 以上时，由于 δ 相过多，合金已完全变脆，强度也显著下降。故工业锡青铜 $w_{Sn}$ 大多在 3% ~ 14% 范围内。变形用锡青铜塑性要求高，故 $w_{Sn}$ 一般应低于 5% ~ 7%。$w_{Sn}$ 大于 10% 的青铜适于铸造。锡青铜在大气、海水及低浓度的碱性溶液中耐腐蚀性能极高，超过纯铜和黄铜。因而锡青铜应用于航海事业。

QSn4-3 及 QSn6. 5-0. 1 等是航空工业中常用的变形锡青铜，有高的弹性和耐磨性，耐蚀性好，用以制造仪器上的弹性元件、抗磁元件及耐磨零件，如弹簧、片簧、振动片以及轴承、衬套、蜗轮等。铸造锡青铜含有较多的铅及锌，可以改善其铸造工艺性。主要牌号有 ZCuSn10Pb1、ZCuSn10Zn2 等。锡青铜铸件收缩率小，具有优良的减摩性和耐蚀性，可浇注成形状复杂、壁厚变化大的零件，如阀门、泵体、齿轮、水管附件、轴承材料等。

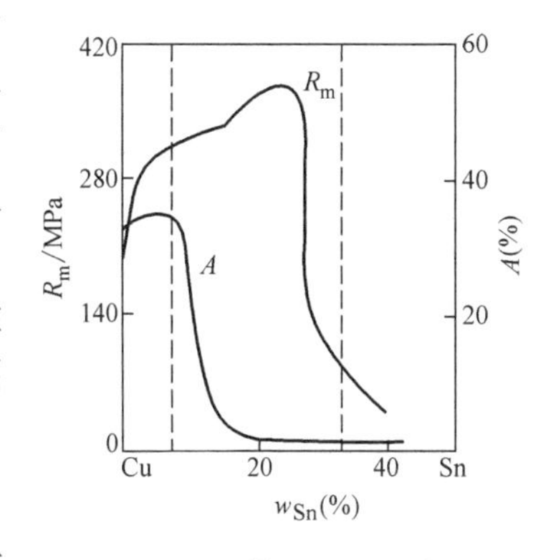


图 13-20　铸造 Cu-Sn 合金力学性能与含 Sn 量的关系

### （二）铝青铜

以铝为主加元素的铜合金称为铝青铜。图 13-21 是 Cu-Al 二元相图。β 相是以电子化合物 $Cu_3Al$ 为基的固溶体，$\gamma_2$ 相是以 $Cu_{32}Al_{19}$ 化合物为基的固溶体，硬而脆。在平衡条件下，$w_{Al}$ < 9. 4% 的合金应为单相 α 组织。但是 $w_{Al}$ = 8% ~ 9% 的合金在实际铸造条件下，由于 β→α 转变进行得不完全，仍有一部分 β 相被保留，随后分解成 α + $\gamma_2$ 组织。当 $w_{Al}$ 超过 10% 时，由于出现含有脆性的 $\gamma_2$ 共析组织，不仅塑性降低，而且强度也降低。因此，变形铝青铜 $w_{Al}$ 不大于 7%。

铝青铜的强度、硬度、耐磨性和耐蚀性都超过锡青铜和黄铜，铸造性能好、但切削性能、焊接性能较差。

工业上应用的有二元铝青铜和多元铝青铜两类合金。QAl5 及 QAl7 属于二元铝青铜，退火后具有均一的 α 相组织，塑性好，有较高的强度、弹性和耐蚀性，可在压力加工状态下使用，用于制造弹簧及要求耐蚀的弹性元件。

QAl9-2、QAl9-4、QAl10-3-1.5、QAl10-4-4 是航空工业中用得较多的复杂铝青铜。这些合金由于在铜铝基础上又添加了 Fe、Mn、Ni 等元素，使合金的强度、耐磨性及耐蚀性均显著提高，可用来制作在复杂条件下工作的高强度耐磨零件，如齿轮、轴套、螺母、蜗轮等。

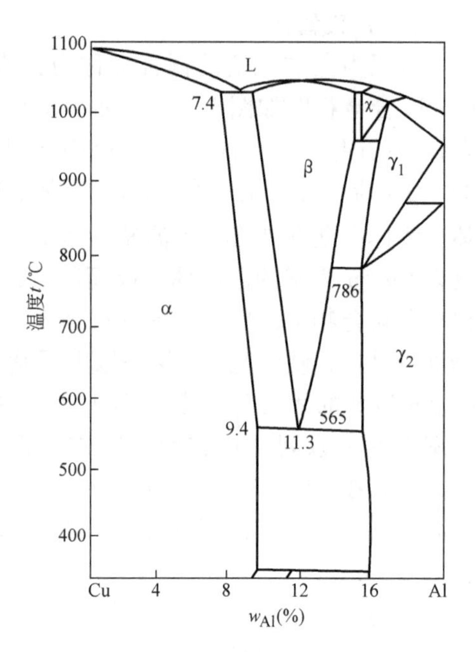


图 13-21　Cu-Al 合金相图

**（三）铍青铜**

铍青铜是 $w_{Be}$ 为 1.7%～2.0% 的铜合金。铜内添加少量的铍即能使合金性能发生很大变化。铍青铜热处理后，可以获得很高的强度和硬度，$R_m$ = 1250～1500MPa，硬度为 350～400HBW，远远超过其他所有铜合金，甚至可以和高强度钢相媲美。与此同时，铍青铜的弹性极限、疲劳极限、耐磨性、耐蚀性也都很优异。此外，还具有良好的导电性、导热性和耐蚀性以及无磁性、受冲击时不产生火花等一系列优点。因此铍青铜在工业上用来制造各种精密仪器、仪表的重要弹性元件、耐磨零件（如钟表、齿轮、高温高压高速工作的轴承和轴套）和其他重要零件（如航海罗盘、电焊机电极、防爆工具等）。由于铍在铜中有较高的溶解度，并随温度下降而显著减少，故铍青铜有强烈的淬火时效硬化效应。$w_{Be}$ 高于 1.7% 的铍青铜的最佳热处理规范是：加热到 780～790℃，保温 8min 至 1h（视零件厚度和装炉量而定），然后水冷。时效规范为：时效温度为 300～330℃，保温 1～3h。铍青铜淬火时效强化效果与合金成分和热处理工艺有关。当 $w_{Be}$ 在 2% 以下时，硬度和强度随含铍量增加而急剧升高，超过 2% 以后，合金塑性明显下降（图 13-22），故铍青铜的 $w_{Be}$ 不应超过 2.3%。

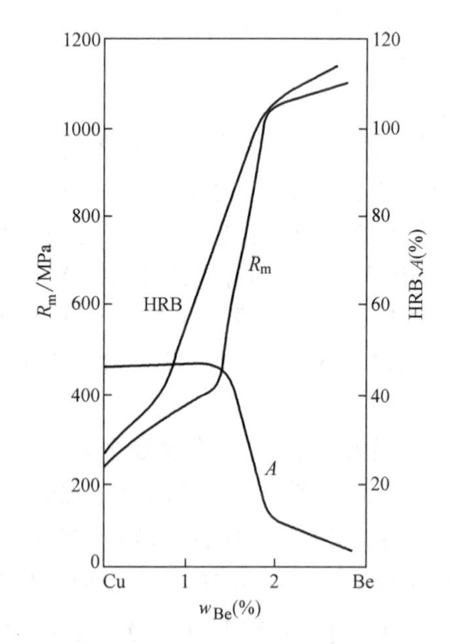


图 13-22　铍对铜力学性能的影响
（780℃淬火，300℃时效 3h）

工业铍青铜的主要牌号有 TBe2、TBe1.7 和 TBe1.9。TBe1.7 和 TBe1.9 中 $w_{Ti}$ = 0.1%～0.25%，减少了贵重金属铍的含量，改善了工艺性能，提高了周期强度，减少了弹性滞后，还保持了很高的强度和硬度。

# 第四节 轴承合金

## 一、轴承合金的性能要求

滑动轴承是汽车、拖拉机及机床等机械制造工业中用以支承轴进行工作的零件，是由轴承体和轴瓦组成的。制造轴瓦及其内衬的耐磨合金称为轴承合金。轴在轴瓦中高速旋转时，必然发生强烈摩擦，同时轴瓦还要承受轴颈传给它的周期性负荷，因此必然造成轴和轴承的磨损。轴通常造价昂贵，经常更换是不经济的。选择满足一定性能要求的轴承合金可以确保轴的最小磨损。

轴承合金应当耐磨并具有较小的摩擦因数，以减少轴的磨损；应当有较高的疲劳强度和抗压强度，以承受巨大的周期性负荷；应具有足够的塑性和韧性，以抵抗冲击和振动，并改善轴和轴瓦的磨合性能；应有良好的导热性和耐蚀性，以防轴瓦和轴因强烈摩擦升温而发生咬合，并能抵抗润滑油的侵蚀。

在合金组织中，如在软基体上均匀分布一定大小的硬质点（或在硬基体上分布一定的软质点），则基本上能满足上述性能要求。当轴在轴承中运转时，软基体（或质点）易于磨损而凹陷，而硬质点（或基体）则凸出起承载和耐磨作用。这样，轴和轴瓦的接触面积减小，其间空隙可贮存润滑油，降低了轴和轴承的摩擦因数，减少了磨损。软基体或质点可以承受冲击和振动并使轴和轴瓦能很好地磨合。此外，软基体或质点可嵌藏偶然进入的外来硬质点，以免擦伤轴颈。

常用轴承合金，按其主要化学成分可分为锡基、铅基、铝基、铜基和铁基。其中，锡基和铅基轴承合金又称巴氏合金，是应用最广的轴承合金。

## 二、锡基轴承合金

锡基轴承合金是以锡为主加入少量锑、铜等元素组成的合金。最常用的锡基轴承合金是ZSnSb11Cu6，合金中约含质量分数为11%的Sb、6%的Cu，余为Sn。Sb和Cu溶解于Sn中的α固溶体是软基体（图13-23中黑色部分），而Sn和Sb、Cu形成的化合物$Cu_3Sn$（图13-23中白色针状或星状）及SnSb（白色方块或多边状）是硬质点。当$w_{Cu}=6\%$时，形成高熔点化合物$Cu_3Sn$，可以阻止以SnSb为基的固溶体在溶液中上浮，防止密度偏析，同时也能提高合金的耐磨性。

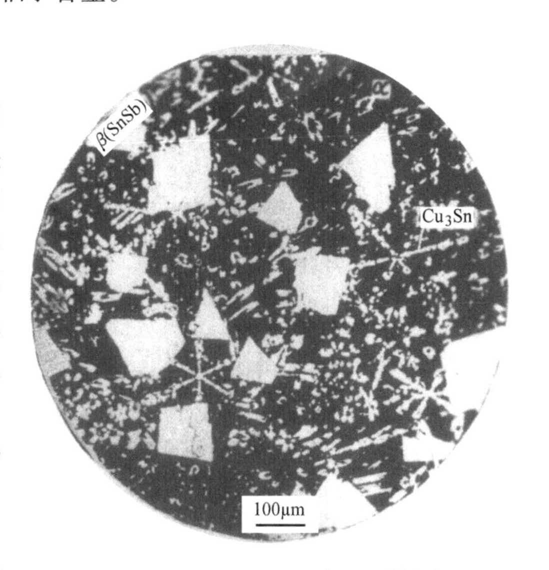

图13-23 ZSnSb11Cu6合金显微组织

锡基轴承合金摩擦因数小，塑性和导热性好，是优良的减摩材料，应用于最重要的轴承上，如用来浇注汽轮机、发动机、压气机等重型机器的高速轴承，工作温度不超过150℃。

锡基轴承合金的强度，尤其是疲劳强度较低，生产上常采用双金属轴承，即采用离心浇

注法，在低碳钢轴瓦上浇注一薄层锡基轴承合金，提高了轴承的强度和寿命，而且节省了大量锡基轴承合金。

## 三、铅基轴承合金

铅基轴承合金是以铅为主加入少量锑、锡、铜等元素组成的合金，可作为锡基轴承合金的代用品。其中以 Pb-Sb 系合金应用最广。

Pb-Sb 二元合金相图（图 13-24）具有共晶型转变。共晶成分中 $w_{Sb}$ 为 11.2%。图中阴影部分为合金的室温组织，由初生 β 相硬质点和（α+β）共晶软基体组成。但是由于二元 Pb-Sb合金同样有严重偏析，而且 β 相很脆，易破碎，基体又太软，易磨损，因此 Pb-Sb 合金还加入 Cu、Sn 等其他元素。加 Cu 可形成 $Cu_3Sn$，防止密度偏析，还可形成 $Cu_2Sb$ 硬质点，提高合金耐磨性。加 Sn 能形成金属化合物 SnSb 硬质点，它能大量溶解于铅中而强化基体，故可提高合金的强度和耐磨性。ZPbSb16Sn16Cu2 是工业中最常用的铅基轴承合金，其 $w_{Sb}=16\%$、$w_{Sn}=16\%$、$w_{Cu}=2\%$，属于过共晶合金。其组织中的（α+β）共晶体是软基体，白色方块为化合物 SnSb，白色针状晶体是化合物 $Cu_3Sn$。初生的 β 相和化合物 $Cu_2Sn$、SnSb 是合金中的硬质点（图 13-25）。

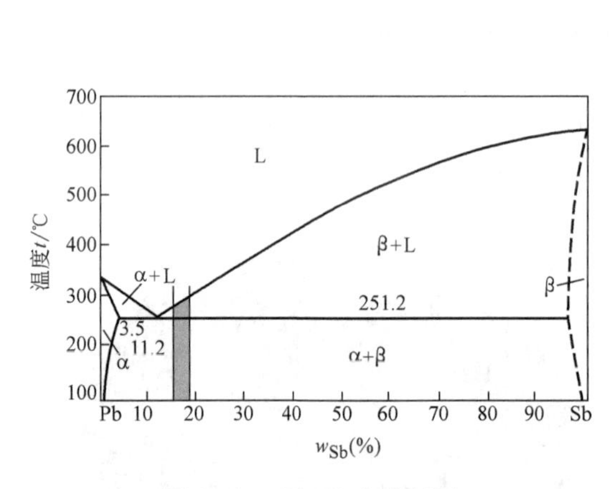


图 13-24 Pb-Sb 合金相图

图 13-25 ZPbSb16Sn16Cu2 的显微组织

铅基轴承合金可以制成双层或三层金属结构，其强度、硬度和耐磨性虽低于锡基轴承合金，但由于锡含量减少，成本降低。此外铸造性能及耐磨性较好，一般用于制造中、低载荷的轴瓦，如汽车、拖拉机曲轴轴承。

## 四、铝基轴承合金

铝基轴承合金是 20 世纪 60 年代发展起来的一种新型减摩材料。我国也已逐渐用它代替锡基、铅基和铜基轴承合金，因而大量节约了工业用铜。铝基轴承合金资源丰富，价格低廉，疲劳强度高，导热性能好，其耐蚀性也不亚于锡锑巴氏合金。因此铝基轴承合金广泛用于高速度、高载荷下工作的汽车、拖拉机的柴油机轴承。

常用的铝基轴承合金有 Al-Sb 轴承合金和 Al-Sn 轴承合金。

**（一）Al-Sb 轴承合金**

其成分中 $w_{Sb}$=3.5%~5%、$w_{Mg}$=0.3%~0.7%，余为 Al。由图 13-26 可见，$w_{Sb}$=4%的 Al-Sb 合金的组织为金属化合物 β（AlSb）硬质点加软基体 α（Al）。加入镁可形成锑镁化合物硬质点并能使针状的 AlSb 变为片状，改善合金的塑性、韧性和强度。Al-Sb 合金的显微组织是金属化合物 AlSb 和 $Mg_3Sb_2$ 硬质点均匀地分布在软的以铝为基的固溶体上。该合金用低碳钢作为衬背，将 Al-Sb-Mn 轴承合金浇注在钢背上做成双金属轴承，或与低碳钢带复合在一起轧制成双金属钢带。

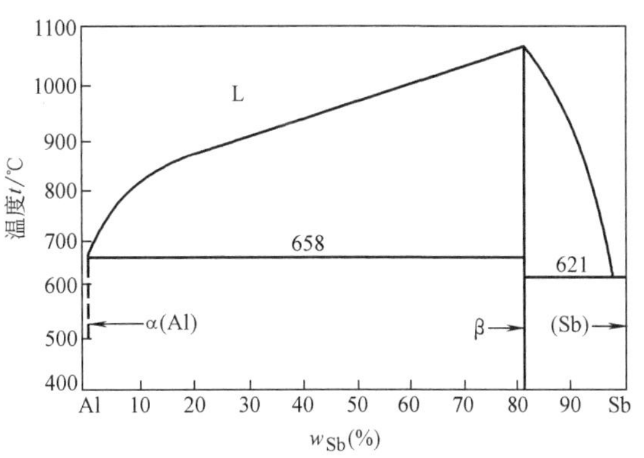


图 13-26 Al-Sb 合金相图

Al-Sb 轴承合金有高的疲劳强度及耐磨性，但其承载能力不大，用于中等负荷的内燃机上。

**（二）Al-Sn 轴承合金**

高锡铝基轴承合金具有更高的承载能力和疲劳强度。它和低碳钢一起轧制成双金属轴瓦，可在压力为 28MPa、滑动线速度为 13m·s$^{-1}$的条件下工作，其抗咬合性能与巴氏合金相当。高锡铝基轴承合金的化学成分为：$w_{Sn}$=20%、$w_{Cu}$=1%，余为 Al。锡在铝中的溶解度极小。$w_{Sn}$=20%的 Al-Sn 合金的共晶组织较多，锡呈网状包围着铝晶体，大大降低了合金的力学性能。为了消除网状共晶体，浇注以后可与钢背一起轧制并经 350℃退火 3h，则锡被球化。因此该合金的实际组织是在硬的铝基体上均匀分布着软的粒状锡质点。

在 Al-Sn 合金中加入 Cu 和 Ni，因它们能溶于 Al 中，可进一步提高基体强度。

高锡铝基轴承合金生产简便，成本不高，在我国已经广泛应用于中、高速汽车，拖拉机的柴油机轴承上，已在许多机器上取代了巴氏合金和其他轴承材料。但是生产这种轴瓦时，如果合金层与钢背结合不牢固，使用时会造成合金层早期剥落。为使高锡铝基轴承合金和钢背结合牢固，目前这种轴承采用由钢带、Al-Sn 合金及夹有铝箔中间层的三层合金轧制而成。轧制过程中铝表面的氧化膜由于延伸而破碎，剩下的氧化膜由随后再结晶退火而球化，故大大提高了与钢背的结合强度。

当前英、美等国在含多量锡的铝合金方面进行了大量研究，已经把 $w_{Sn}$提高到 30%、40%。例如，$w_{Sn}$=30%的 Al-Sn 轴承合金可用轧制方法制造双金属钢带，其减摩性能和抗咬合性能均很好，只是疲劳强度稍低，适于在恶劣、复杂的条件下工作。

## 习 题

13-1 试述铝合金的合金化原则。为什么 Si、Cu、Mg、Mn 等元素作为铝合金的主加元素，而 Ti、B、RE 等作为辅加元素？

13-2 2A11、2A12 合金中的主要成分是什么？其热处理有何特点？其性能和用途如何？

13-3 为什么铸造的或经压力加工及热处理后的 Al-Cu 系铝合金的耐蚀性不如纯铝和 Al-Si 系合金好？

13-4 硅铝明属哪类铝合金？为什么硅铝明具有良好的铸造性能？

13-5　怎样的合金才能进行时效强化？黄铜和铍青铜各采用何种强化方式？为什么？

13-6　Cu-Al 合金相图在 $w_{Al}=11.8\%$ 处与 $Fe-Fe_3C$ 相图在 $w_C=0.77\%$ 处在形式上有什么相似之处？铝青铜淬火和回火处理与钢的淬火和回火处理有什么异同？

13-7　钛合金的合金化原则是什么？为什么几乎所有钛合金中均含有合金元素铝？为什么铝的质量分数通常限制在 5%～6%？

13-8　轴承合金在性能上有何要求？在组织上有何特点？

13-9　有色金属的强化方法和钢的强化方法有何不同？

# 参考文献

[1] 王健安. 金属学与热处理［M］. 北京：机械工业出版社，1980.
[2] 胡赓祥，钱苗根. 金属学［M］. 上海：上海科学技术出版社，1980.
[3] 刘国勋. 金属学原理［M］. 北京：冶金工业出版社，1980.
[4] 宋维锡. 金属学［M］. 北京：冶金工业出版社，1980.
[5] 曹明盛. 物理冶金基础［M］. 北京：冶金工业出版社，1983.
[6] 卢光熙，侯增寿. 金属学教程［M］. 上海：上海科学技术出版社，1985.
[7] 胡德林. 金属学原理［M］. 北京：航空专业教材编审室，1984.
[8] 费豪文. 物理冶金基础［M］. 卢光熙，赵子伟，译. 上海：上海科学技术出版社，1980.
[9] 盖伊，等. 物理冶金学原理［M］. 徐纪楠，等译. 北京：机械工业出版社，1981.
[10] 哈宽富. 金属力学性质的微观理论［M］. 北京：科学出版社，1983.
[11] 弗里埃德尔. 位错［M］. 王煜，译. 北京：科学出版社，1980.
[12] 余宗森，田中卓. 金属物理［M］. 北京：冶金工业出版社，1982.
[13] 汪复兴. 金属物理［M］. 北京：机械工业出版社，1981.
[14] 李庆春. 铸件形成理论基础［M］. 北京：机械工业出版社，1982.
[15] 王家炘，等. 金属的凝固及其控制［M］. 北京：机械工业出版社，1983.
[16] 闵乃本. 晶体生长的物理基础［M］. 上海：上海科学技术出版社，1982.
[17] 弗莱明斯. 凝固过程［M］. 关玉龙，等译. 北京：冶金工业出版社，1981.
[18] 乌曼斯基，斯卡科夫. 金属物理［M］. 赵坚，蔡淑卿，译. 北京：冶金工业出版社，1985.
[19] 胡汉起. 金属凝固［M］. 北京：冶金工业出版社，1985.
[20] 戴维斯. 凝固与铸造［M］. 陈邦迪，舒震，译. 北京：机械工业出版社，1981.
[21] HIGGINS R A. Engineering Metallurgy：Part I［M］. 5th ed. London：Hodder and Stoughton，1983.
[22] 陈永彝. 钢冶金［M］. 北京：冶金工业出版社，1980.
[23] 侯增寿，陶岚琴. 实用三元合金相图［M］. 上海：上海科学技术出版社，1983.
[24] 俞德刚，谈育煦. 钢的组织强度学——组织与强韧性［M］. 上海：上海科学技术出版社，1983.
[25] 金属机械性能编写组. 金属机械性能［M］. 北京：机械工业出版社，1982.
[26] 斯莫尔曼. 现代物理冶金［M］. 张人佶，译. 北京：冶金工业出版社，1980.
[27] 葛列里克. 金属与合金的再结晶［M］. 仝健民，等译. 北京：机械工业出版社，1985.
[28] 古里亚耶夫. 金属学［M］. 赵振果，等译. 北京：机械工业出版社，1986.
[29] 上海交通大学金相分析编写组. 金相分析［M］. 北京：国防工业出版社，1982.
[30] 邹僖，等. 焊接方法及设备第四分册：钎焊与胶接［M］. 北京：机械工业出版社，1981.
[31] 徐祖耀. 马氏体相变与马氏体［M］. 北京：科学出版社，1980.
[32] 姚忠凯，等. 钢的组织转变译文集［M］. 北京：机械工业出版社，1980.
[33] 刘云旭. 金属热处理原理［M］. 北京：机械工业出版社，1981.
[34] 刘永铨. 钢的热处理［M］. 北京：冶金工业出版社，1981.
[35] 赵连城. 金属热处理原理［M］. 哈尔滨：哈尔滨工业大学出版社，1987.
[36] 夏立芳. 金属热处理工艺学［M］. 哈尔滨：哈尔滨工业大学出版社，1986.
[37] 热处理手册编委会. 热处理手册：第1卷［M］. 3版. 北京：机械工业出版社，2001.
[38] 洪班德，等. 化学热处理［M］. 哈尔滨：黑龙江人民出版社，1981.
[39] 雷廷权，傅家骐. 热处理工艺方法300种［M］. 北京：中国农业机械出版社，1984.

[40] 史密斯. 工程材料的组织与性能 [M]. 张泉，等译. 北京：冶金工业出版社，1983.

[41] 布瑞克，等. 工程材料的组织与性能 [M]. 王健安，等译. 北京：机械工业出版社，1984.

[42] 章守华. 合金钢 [M]. 北京：冶金工业出版社，1981.

[43] 崔崑. 钢铁材料及有色金属材料 [M]. 北京：机械工业出版社，1981.

[44] 王笑天. 金属材料学 [M]. 北京：机械工业出版社，1987.

[45] 肖纪美. 金属的韧性与韧化 [M]. 上海：上海科学技术出版社，1980.

[46] ГОЛБДЩТЕЫН М И. Специалъные стали [M]. Москва：М. Металлургия，1985.

[47] 赵世臣. 常用金属材料手册：钢铁产品部分 [M]. 北京：冶金工业出版社，1987.

[48] 肖纪美. 不锈钢的金属学问题 [M]. 北京：冶金工业出版社，1983.

[49] 冯晓曾，等. 模具用钢和热处理 [M]. 北京：机械工业出版社，1984.

[50] 易文质. 模具热处理 [M]. 长沙：湖南人民出版社，1981.

[51] 陈蕴博，汤志强. 冷作模具用材料及热处理 [M]. 北京：机械工业出版社，1986.

[52] 陆文华. 铸铁及其熔炼 [M]. 北京：机械工业出版社，1981.

[53] 赵建康. 铸造合金及其熔炼 [M]. 北京：机械工业出版社，1986.

[54] 林肇琦. 有色金属材料学 [M]. 沈阳：东北工学院出版社，1986.

[55] 有色金属及其热处理编写组. 有色金属及其热处理 [M]. 北京：国防工业出版社，1981.

[56] 波尔米尔. 轻合金 [M]. 北京：国防工业出版社，1985.

[57] 徐坚，等. 腐蚀金属学及耐腐蚀金属材料 [M]. 杭州：浙江科学技术出版社，1981.

[58] БЕЛЯЕВ А И. Металлоеедение алюминия и его сплавов [M]. Москва：М. Металлургия，1983.

[59] КОЛАГЕВ Б А. Металловедение и термиеская обработка цветных металлов и сплавов [M]. Москва：М. Металлургия，1981.

[60] 郑明新. 工程材料学 [M]. 北京：中央广播电视大学出版社，1986.

[61] 冯端，等. 金属物理学：第1卷　结构与缺陷 [M]. 北京：科学出版社，2000.

[62] 冯端，等. 金属物理学：第2卷　相变 [M]. 北京：科学出版社，2000.

[63] 冯端，等. 金属物理学：第3卷　金属力学性质 [M]. 北京：科学出版社，2000.

[64] 黄昆原. 固体物理学 [M]. 韩汝琦，改编. 北京：高等教育出版社，1988.

[65] 冯端，师昌绪，刘治国. 材料科学导论——融贯的论述 [M]. 北京：化学工业出版社，2002.

[66] 杨顺华. 晶体位错理论基础：第1卷 [M]. 北京：科学出版社，2000.

[67] 余永宁. 金属学原理 [M]. 北京：冶金工业出版社，2003.

[68] DONALD R A, PRADEEP P P. Essentials of Materials Science and Engineering（材料科学与工程基础）[M]. 北京：清华大学出版社，2005.

[69] JAMES P S. 工程材料科学与设计 [M]. 余永宁，等译. 北京：机械工业出版社，2003.

[70] PAUL R H. The Pearlite Reaction in steel：Mechanisms and Crystallography [J]. Materials Characterization，1998，40：227-260.

[71] GEORGE K. Martensite in Steel：Strength and Structure [J]. Materials Science and Engineering A，1999，273-275：40-57.

[72] 崔忠圻，刘北兴. 金属学与热处理原理 [M]. 哈尔滨：哈尔滨工业大学出版社，1998.

[73] 徐洲，赵连城. 金属固态相变原理 [M]. 北京：科学出版社，2004.

[74] 石德珂. 材料科学基础 [M]. 北京：机械工业出版社，1999.

[75] 胡赓祥，蔡珣. 材料科学基础 [M]. 上海：上海交通大学出版社，2005.

[76] 黄天佑. 材料加工工艺 [M]. 北京：清华大学出版社，2004.

[77] 赵文轸. 材料表面工程导论 [M]. 西安：西安交通大学出版社，1998.

[78] 崔约贤，王长利．金属断口分析 [M]．哈尔滨：哈尔滨工业大学出版社，1998.
[79] 戴起勋，金属材料学 [M]．北京：化学工业出版社，2005.
[80] 于永泗，齐民．机械工程材料 [M]．5 版．大连：大连理工大学出版社，2004.
[81] 蔡亚翔，刘荣贵．实用金属材料产品手册 [M]．北京：中国物资出版社，2004.